Bobby Schenk
YACHTNAVIGATION

BOBBY SCHENK
YACHT NAVIGATION

Vom Zirkel bis zum GPS

Delius Klasing Verlag

Von Bobby Schenk erschienen
im Delius Klasing Verlag folgende Titel:

80 000 Meilen und Kap Horn
Astronavigation
Blauwassersegeln
Freiheit hinterm Horizont
Hafenmanöver
Navigation nur zum Ankommen
Segeln im Reich der Stürme
Transatlantik in die Sonne
Yachtnavigation

Die Deutsche Bibliothek – CIP-Einheitsaufnahme

Schenk, Bobby:
Yachtnavigation : vom Zirkel bis zum GPS /
Bobby Schenk. [Zeichn.: Helmut Seltmann]. –
8., überarb. Aufl. – Bielefeld : Delius Klasing, 1994
ISBN 3-7688-0799-1

8., überarbeitete Auflage
ISBN 3-7688-0799-1

Zeichnungen: Helmut Seltmann
Auszüge aus Karte 1 (INT 1), aus dem Nautischen Jahrbuch und Ausschnitt aus Seekarte D 676 mit freundlicher Genehmigung des Bundesamtes für Seeschiffahrt und Hydrographie (BSH), Hamburg
Schutzumschlagentwurf: Buchholz/Hinsch/Hensinger, Hamburg, unter Verwendung einer Illustration von Peter M. Ludwig, Hamburg, und Fotos der Firmen Cassens & Plath GmbH, Bremerhaven, und ELNA GmbH, Rellingen
Druck: Ludwig Auer GmbH, Donauwörth
Printed in Germany 1994

Vorwort

Mehrere Jahre dauert die Navigationsausbildung in der Berufsschiffahrt. Der Yachtskipper, der auf dem Meer Freiheit und Erholung von der Anstrengung in Beruf und Alltag sucht, kann sich dies schon von der Zeit her nicht leisten. Obwohl er als Navigator natürlich die gleiche Verantwortung für die Sicherheit seiner Mannschaft trägt wie der Seeoffizier. Auch sind die Gewässer für den Hobbyskipper keineswegs ungefährlicher als für den, der in der Schiffahrt sein tägliches Brot verdient. Die Navigation läßt sich deshalb nicht einfach für den Fahrtensegler zusammenkürzen. Aber der Stoff kann so zugeschnitten werden, daß einerseits dem Sicherheitsgebot voll Genüge getan wird, andererseits aller Ballast aus der Großschiffahrt über Bord gegeben werden kann. Dies wird im vorliegenden Buch versucht. Es richtet sich allein nach den Bedürfnissen und den Möglichkeiten der Yachtschiffahrt. Und es wurde ausschließlich für die Praxis – nicht für den Schreibtisch – geschrieben. Was nicht heißt, daß der Leser Stoff vermißt, der für irgendwelche Führerschein-Prüfungen im Fach Navigation von Bedeutung wäre.
Besonders im Hinblick auf die jetzige Entwicklung in der Elektronik, die bereits in den nächsten Jahren Navigationshilfen revolutionieren wird, mußte der Bogen weit gespannt werden – vom messingglänzenden Kartenzirkel bis zur kaum mehr begreiflichen Satellitennavigation. Den Newcomer, der zu Beginn seiner Segellaufbahn nur an den Küsten im heimatlichen Revier herumschippern möchte, braucht vieles zunächst noch nicht zu interessieren. Deshalb wurde der Lernstoff durch das ganze Buch hindurch mit Symbolen gekennzeichnet, was auch für die Vorbereitung zum Erwerb von Führerscheinen hilfreich ist. Hierbei wurde unterschieden zwischen dem Stoff, der als Grundkenntnis auch für die Revierfahrt notwendig ist, den Wissensgebieten, deren Beherrschung die Küstenfahrt erfordert, und dem Wissen, das jeder Skipper im Fach Hochseenavigation vorweisen sollte.
Wesentlich zum Gelingen dieses Buches haben beigetragen unzählige befahrene Skipper, die praktische Tips beisteuerten, und die gesamte Mannschaft der Zeitschrift YACHT, allen voran „Skipper" Harald Schwarzlose sowie Helmuth Seltmann, der für die Gestaltung des Buches verantwortlich zeichnet, und Michael Naujok, dessen Fachwissen als Gerätetester bei dieser Zeitschrift im Buch vielfach verwendet wurde.

Anmerkung zur 8. Auflage

In der Navigation ist eine kleine Revolution im Gange. Wie schon in der 1. Auflage dieses Buches vorausgesagt, übernehmen die Statelliten die Navigation. Nicht nur in der Seefahrt, sondern in allen Lebensbereichen. In wenigen Jahren werden die Satelliten aus dem GPS-System Schiffe über die Weltmeere führen, automatisch Flugzeuge lenken, und unsere Autos werden Leitsysteme eingebaut haben, die ebenfalls ihre Standortbestimmung den GPS-Satelliten verdanken, die auch unsere Yachten über die Meere auf vorgeplanten Kursen segeln lassen.
Der eine oder andere mag deshalb verleitet werden, zu meinen, die bewährten einfachen Navigationsmethoden seien veraltert, nicht mehr up to date. Das wäre töricht, denn das GPS-System, das die nächsten zwanzig Jahre die Navigation bestimmen wird, ist von Menschenhand geschaffen und installiert, kann deshalb auch jederzeit abgeschalten werden oder aus anderen Gründen versagen. Zudem ist es ein Grundsatz der Seemannschaft, sich niemals auf ein System allein zu verlassen. So haben die bewährten althergebrachten Navigationsmethoden noch lange nicht ausgedient. Ganz abgesehen davon, daß es eine Menge Spaß und Zufriedenheit bringt (und deshalb lieben wir ja den Yachtsport!), seinen eigenen Standort mit einfachen, meist preiswerten Hilfsmitteln und mit Können zu bestimmen.
Übrigens, bei all der raffinierten Elektronik, die heute schon auf kleinen Yachten zu finden ist, sollten wir uns gelegentlich daran erinnern, daß sich die wohl genialsten und niemals ersetzbaren Navigationshilfen zwischen den Ohren des Navigators befinden!

Juni 1994 *Bobby Schenk*

Die Symbole haben folgende Bedeutung:

Revierfahrt

Küstenfahrt

Hochseefahrt

Inhaltsverzeichnis

Einleitung

Navigation ist die Kunst, ein tüchtiges Schiff auf dem brauchbaren, kürzesten Weg in einer geeigneten Richtung von einem Ort loszusegeln und trotz Stürmen und Naturgewalten mit den besten Navigationshilfen den Bestimmungsort aufzufinden.

Dr. John Dee im Vorwort zu „The Elements of Geometrie" von H. Billingsley

Diese Weisheit stammt aus dem Jahre 1579, hat aber heute noch volle Gültigkeit, und zwar gleichgültig, ob der Navigator vor einem riesigen Kartentisch auf der vollklimatisierten Brücke eines Tankerriesen steht oder auf einer Yacht gerade mit klammen Fingern im tropfenden Ölzeug auf der feuchten Seekarte seine Dreiecke verschiebt.
Hier wie da hängen von der Arbeit dieses wichtigsten Mannes an Bord eines seegehenden Schiffes Menschenleben ab. Deshalb wird sowohl im Yachtsport als auch bei der Berufsschiffahrt während der Ausbildung größter Wert auf das Fach Navigation gelegt. Das ist aber sicher nicht der einzige Grund, warum viele Segler zugleich leidenschaftliche Navigatoren sind. Vielmehr rührt dies daher, daß die Navigation das einzige Mittel ist, auch außerhalb der Saison – zumindest in der Phantasie – im Wohnzimmer auf Törn zu gehen. Navigation ist ja viel spannender als beispielsweise die trockene Gesetzeskunde, die oftmals wegen der Führerschein-Prüfung nur notgedrungen gepaukt wird.
Aber gerade am Schreibtisch wird das Wesen der Navigation am meisten verfälscht. Dort gibt es fast nur Schiffsorte, die einen winzigen exakten Kreis bilden, dort ist eine Funkstandlinie auf der Seekarte immer die exakte Peilung, und natürlich ist der Navigator sich seiner Sache meistens absolut sicher.
Dazu macht es Spaß, sich eigene Rechenmethoden und Schemata auszudenken, und wenn man sich mal verrechnet – na ja, dann beginnt man die ganze Arbeit wieder von vorne. Kaum jemals macht sich der Schreibtischsegler darüber Gedanken, daß ihm ein solcher Fehler in der Praxis ein Vermögen, nämlich sein Schiff, oder gar sein Leben kosten kann.
Nein, wirklich navigiert wird nur auf dem Wasser, und die Arbeit zu Hause kann nur Vorbereitung sein – gegebenerweise eine recht interessante. Auf der Yacht wird dann auch die ganze Kunst der Navigation auf den einfachen Nenner gebracht, den Dr. John Dee bereits vor über vierhundert Jahren so scharf erkannte: Das Ergebnis aller Bemühungen des Mannes am Kartentisch wird letztlich aus dem Kurs bestehen, den er dem Steuermann angibt und der das Schiff sicher zum Ziel bringt, also meist – ernüchternd – aus einer nackten dreistelligen Zahl.
Wie der Navigator zu diesem Ergebnis gekommen ist, spielt keine Rolle. Hauptsache, der Kurs stimmt. Auch wenn er noch so raffiniert gerechnet, auch wenn er seinen Computer noch so originell programmiert hat, ein kleiner Leichtsinnsfehler beim Zusammenzählen macht alle seine Bemühungen zunichte und kann den Navigator disqualifizieren, wenn er den Irrtum nicht rechtzeitig bemerkt.
Deshalb hat sich dem einzigen Ziel der ganzen Arbeit am Kartentisch, den Kurs und allenfalls noch die Entfernung zum Ziel zu berechnen, alles in der Navigation unterzuordnen. Denn was soll der Rudergänger ohne den richtigen Kompaßkurs? Nach dieser Fähigkeit bestimmt sich auch der Wert eines Navigators. Wie groß ist der Wert eines Mannes in der Praxis, der alle Scheine bis herauf zum C-Schein hat, der alle Navigationsverfahren bis zur Satellitennavigation und zur Leitpunktberechnung beherrscht und der dann im entscheidenden Moment seekrank in der Koje liegt, unfähig, auch nur eine Kursverwandlung durchzuführen?
Es ist deshalb auch nicht ganz verständlich, warum das Fach Navigation in den Führerschein-Prüfungen unter der Überschrift „Theoretischer Teil" geführt wird. Es ist doch ohne weiteres möglich, an Bord einer Yacht zusammen mit der praktischen Prüfung im betreffenden Fahrtgebiet die Prüfung in Navigation abzunehmen. Das ist in jedem Falle realistischer als zu Hause am Schreibtisch. Allzu groß ist die Gefahr, daß ein frischgebackener Führerschein-Inhaber, der in der Prüfung die Kartenarbeit mit hundert Prozent gelöst hat, in der Praxis seine Fähigkeiten gewaltig überschätzt. Wie soll ein Ungeübter beispielsweise die Qualität von Messungen (Kompaßpeilungen, Winkelmessungen etc.) beurteilen können, wenn ihm in der Kartenaufgabe irgendwelche

Unter rauhen Seebedingungen kann Navigation zu einer recht sportlichen Beschäftigung werden – ein großer Unterschied zum betulichen Ausarbeiten von Kartenaufgaben am häuslichen Schreibtisch.

Werte vorgegeben werden und er munter mit Zehntelgraden weiterrechnet, obwohl eine Genauigkeit von höchstens fünf Grad angemessen wäre? Nein, zu Hause findet nur die Vorbereitung statt, navigiert wird auf dem Wasser!
Innerhalb dieser Vorbereitung läßt sich aber viel für das Ziel tun, ein guter Navigator zu sein. Was aber ist ein guter Navigator?

Der Navigator ist körperlich fit, so daß er seine Entscheidungen wirklich unabhängig treffen kann.
Der Navigator ist vorsichtig, verfügt über das für das jeweilige Fahrtgebiet notwendige Wissen und ist seiner Umwelt gegenüber aufgeschlossen.
Der Navigator ist ein guter Seemann und beachtet als solcher die Gesetze der Seemannschaft.
Und schließlich schöpft der gute Navigator die an Bord vorhandenen Navigationsmittel soweit wie irgend möglich voll aus.

Die Seekrankheit ist der größte Feind einer guten Navigation

Nicht wenige werden sich wundern, daß ausgerechnet ein so banales Thema an den Anfang eines Buches über die Yachtnavigation gestellt wird. Vielleicht schafft hier ein Erlebnis des Autors Verständnis. Als er als Navigator auf einer recht modern ausgerüsteten Yacht über die bewegte Nordsee segelte, war es wieder einmal an der Zeit, den genauen Schiffsort festzustellen, um die Notwendigkeit einer Kursänderung zu überprüfen. Das Omega-Gerät war eingeschaltet, der Bordrechner spulte sein Rechenprogramm ab, und der Navigator hätte nur einmal runtergehen müssen, um eine Taste auf dem Rechner zu drücken. In weniger als einer Minute wäre der genaue Standort fix und fertig ermittelt gewesen. Ähnlich wie anderen Mannschaftskameraden war es dem Autor in diesem Moment so speiübel, daß mit Sicherheit der Gang in die muffige Navigationsecke neben dem dieselstinkenden Motor das Faß zum Überlaufen gebracht hätte. Er hat deshalb darauf verzichtet, den Schiffsort festzustellen. Eine wahrhaft schwache Navigation!

Jede Kette ist so stark wie ihr schwächstes Glied, und das war in diesem Fall die körperliche Verfassung des Navigators. Daran hatten auch Computer und Omega nichts geändert, deren Gebrauchswert in diesem Moment gleich Null war.

Ähnliche Geschichten wird wohl schon jeder Segler mit ein paar Seemeilen auf dem Buckel erlebt haben. Wie oft stürzt sich zu Beginn eines Törns die halbe Crew – frischgebackene BR-Schein-Inhaber – auf die Seekarte, peilt alle fünf Minuten eine Landmarke, zeichnet, radiert und konstruiert. Kurz gesagt, man läßt keine Kabellänge unnavigiert unter dem Kiel hindurchziehen. Natürlich nur so lange, bis sich das Wetter ändert. Dann wird es plötzlich verdächtig ruhig am Kartentisch, und der Navigationsbetrieb wird schließlich ganz eingestellt. Meistens ist das der Zeitpunkt, wo exakte Kursangaben viel wichtiger wären als zu Beginn des Törns in Landnähe bei bester Sicht – aber was hilft's? Der Herr Navigator liegt unansprechbar in seiner Koje mit einer Pütz davor. All das, was in monatelangen Kursen im Winter an Wissen erarbeitet worden war, ist in diesem Moment – das muß einmal ganz klar gesagt werden – keinen Pfifferling mehr wert.

Nun wird sich mancher Leser sagen: „Was soll's, ich werde nicht seekrank!" Hier sind Zweifel angebracht, denn das traurige Lied der Seekrankheit hat viele Strophen, und nur ganz wenige Menschen sind dagegen vollkommen unempfindlich. Der eine oder andere mag vor dem entscheidenden Schritt, dem Erbrechen, verschont bleiben, doch gibt es viele Vorstufen, die die Konzentrationsfähigkeit und damit die zuverlässige Leistung eines Navigators bereits erheblich herabsetzen können.

Das sind die ersten Symptome der Seekrankheit, die die Qualität der Navigation schon in gefährlicher Weise beeinflussen können:

Gleichgültigkeit
Appetitlosigkeit
Müdigkeit
Zerstreutheit
Kopfschmerzen
Schweißausbruch
Übelkeit

Wenn die Seekrankheit dann voll zuschlägt, also mit Pulsjagen, völliger Apathie, Durchfall und Erbrechen, quälen sich nur noch Gemütsathleten an den Kartentisch. Ob sie allerdings dort noch etwas Solides zustande bringen, ist eine andere Frage. Der Durchschnittssegler ist aber in diesem Zustand zu nichts mehr zu gebrauchen – am allerwenigsten in der muffigen Luft unter Deck.

Nun wäre es völlig verfehlt, diesen Mitseglern Vorwürfe zu machen – sie sind ja im wirklichen Sinne krank – doch kann der Navigator eine ganze Menge dafür tun, um diesen Zustand von vornherein zu vermeiden. Die Vorbeugung gegen die Seekrankheit gehört nämlich genauso zur navigatorischen Vorbereitung eines Törns wie zum Beispiel der Einkauf der richtigen Karten.

Meistens geht es nur darum, die ersten 24 Stunden heil zu überstehen. Ist das einmal geschafft, so wird der Segler auf diesem Törn weitgehend unempfindlich sein – bis zum nächsten Landaufenthalt. Die größte Sicherheit gegen die Seekrankheit – wenn auch keine Garantie – bieten Tabletten. Erfahrungsgemäß ist es sogar so, daß auch unerfahrene Segler nach Einnahme von Seekrankheitstabletten wesentlich widerstandsfähiger gegen diese unangenehme Krankheit sind als manch alter Salzwasserbuckel, der es unbedingt darauf anlegt, heroisch den Kampf ohne Tabletten aufzunehmen.

Alle Medikamente können nur dann helfen, wenn sie nach Möglichkeit vor den ersten Symptomen, also am besten vor dem Auslaufen, genommen werden. Dies gilt auch für die Kaugummi gegen Seekrankheit *(Superpep),* die allerdings eine sehr schnelle, wenn auch zeitlich begrenzte Wirkung erzielen können. Ist der Navigator schon seekrank, helfen die eilig eingenommenen Tabletten nichts mehr, schon allein deswegen, weil der Magen sie nicht mehr bis zu ihrer Wirksamkeit behält. Möglicherweise sind Zäpfchen noch ein Ausweg.

Leider haben alle Medikamente gegen Seekrankheit einige recht unangenehme Nebenwirkungen.* Sie machen nämlich müde, und manche vermitteln sogar ein Gefühl der Resignation, was den Mann am Kartentisch natürlich auch nicht gerade in seiner Leistung steigert. Jeder wird wohl auf die verschiedenen Medikamente anders reagieren, so daß meine eigenen Erfahrungen nicht unbedingt allgemeinverbindlich sind. Auf *Peremesin* und *Stutgeron* wurde ich besonders müde, wohingegen das vor allem in den USA verbreitete *Bonamine* am wenigsten Nebenwirkungen zeigte, bis auf die Tatsache, daß es etwas euphorisch stimmte, was freilich wesentlich angenehmer ist als die durch andere Mittel oftmals erzeugte Apathie. Andere Medikamente, zum Beispiel Beruhigungstabletten, haben überhaupt keinen Einfluß auf die Seekrankheit, so daß wir wohl um die vorge-

* Arzt befragen! Die meisten sind ohnehin verschreibungspflichtig.

Allein der Gedanke, sich bei einem solchen Wetter zum Kartentisch „runterquälen“ zu müssen, bereitet schon das berüchtigte flaue Gefühl im Magen.

nannten Mittelchen trotz ihrer Nebenwirkungen nicht herumkommen.
Mit Sicherheit keine Nebenwirkungen hat ein Mittel, das seit kurzem auf dem Markt ist und mittels Akupressur gegen die Übelkeit helfen soll. Es wird unter dem Namen SEA-BAND angeboten und ist nichts anderes als zwei Gummiarmbänder, in denen ein runder Knopf eingearbeitet ist, der so plaziert werden muß, daß er beim Tragen des Bandes einen ständigen Druck auf den sogenannten Nei-Kuan-Punkt ausübt. Wenn es wirklich funktionieren sollte, wäre es die Ideallösung.
Kein Mittel ist aber ein hundertprozentiger Schutz vor der Seekrankheit. Mit Sicherheit erwischte sie uns beim ersten schweren Wetter, wenn wir

- vor oder während des Törns Alkohol zu uns nehmen,
- übernächtigt oder
- gestreßt sind,
- Angst haben,
- hastig schwer körperlich arbeiten, nichts essen, viel unter Deck sind, uns nicht vor penetranten Dünsten schützen (Diesel, Petroleum usw.),
- mit dem Kopf nach unten arbeiten (Maschine),
- lange rechnen oder
- viel Kleingedrucktes lesen (Seekarte, Tabellen).

Wie sich aus dieser Aufstellung ergibt, ist der Navigator besonders gefährdet. Denn wie kann er den Standort feststellen, wenn er nicht an der Karte unter Deck arbeiten soll? Wie wird eine Mondstandlinie ausgerechnet, wenn es unklug ist, in langen Tabellen nach der Gesamtberichtigung für dieses Gestirn zu suchen? Wie soll er die richtigen Karten benutzen, wenn er nicht den passenden Übersegler unter den Bodenbrettern heraussuchen darf?
Sicher, es wird sich nie ganz vermeiden lassen, daß der Navigator unter allen Mitseglern in erster Linie den

Gefahren der Seekrankheit ausgesetzt ist, doch kann er eine ganze Menge dagegen tun:

Die nautischen Unterlagen, die während des Törns benutzt werden, müssen vorbereitet in Griffnähe beim Kartentisch sein.

Der Navigator soll keine überflüssigen Spielereien am Kartentisch veranstalten, selbst wenn ihm zu diesem Zeitpunkt noch recht gut sein sollte – das kann sich schnell ändern!

Der Navigator muß sich auf wesentliche Berechnungen beschränken; einen Kompaßkurs beispielsweise auf Zehntelgrad genau auszurechnen, ist unsinnig, weil der Rudergänger doch nicht so genau steuern kann.

Wenn möglich, sollte der Navigator die Arbeit ins Freie verlegen. Warum sollten einfache Berechnungen nicht im Schutze des Klappverdecks im Cockpit gerechnet und erst danach am Kartentisch die entsprechenden Zeichnungen dazu angefertigt werden?

Zwischen den Arbeiten am Kartentisch müssen nach Möglichkeit Pausen zum „Luftholen" im Cockpit eingelegt werden!

Wenn gerade keine navigatorischen Arbeiten notwendig sind, soll der Navigator sozusagen auf Vorrat schlafen. Schlaf ist neben Medikamenten der beste Schutz vor Seekrankheit. Günstig ist dabei ein Nikkerchen an der frischen Luft (Plicht!).

Gelingt es dem Navigator trotz allem nicht, seefest zu bleiben, so sollten seine Kameraden ihm keine Vorwürfe machen; niemand ist hundertprozentig gegen die Seekrankheit gefeit. Trotzdem wird er natürlich in diesem Moment nicht verhindern können, daß die Mannschaftskameraden seine Qualitäten als Navigator nicht danach beurteilen, wie gut er im Winterkurs seine Kartenaufgaben gelöst hat, sondern ganz allein nach dem, was er im Moment für die Schiffssicherheit leistet, und das ist – nichts.

Eigenschaften des guten Navigators: gründliche Ausbildung, Vorsicht und Aufgeschlossenheit

Der Reiz der Navigation besteht unter anderem darin, daß es „die richtige Navigation" nicht gibt. Wenn sich in einigen Jahren beispielsweise auch auf Yachten hochentwickelte Satellitennavigationssysteme endgültig durchgesetzt haben, wird sich ein guter Navigator nicht damit begnügen, alle zwei Stunden den Standort abzulesen, sondern er wird sich immer und immer wieder vergewissern, ob die Ergebnisse des Computers auch wirklich stimmen können. Sollte die Elektronik versagen, wird der Mann am Kartentisch auch nicht resignieren und dem Skipper melden, daß nunmehr keine Navigation mehr stattfindet. Er wird halt wieder wie eh und je mit Hilfe der Sterne oder Leuchtfeuer weiterarbeiten. In noch größerem Maße gilt dies heutzutage, wo unsere verschiedenen Methoden der Standortbestimmung noch weit davon entfernt sind, perfekt zu sein. Ein schlechter Skipper ist der, der sich beispielsweise einen Rechner und einen Sextanten kauft und sich dann nur noch auf die Astronavigation verläßt. Gott sei Dank ist die Navigation – noch – nicht käuflich. Nein, der Navigator muß in der Lage sein, mit möglichst vielen Mitteln einen möglichst genauen Standort und daraus den entsprechenden Kurs zu berechnen. Ein Arzt sagt: „Die Diagnose muß abgesichert sein."

Tatsächlich lassen sich hier Vergleiche mit der Medizin ziehen. Welcher Doktor konstatiert ohne weitere Befragung schon Grippe, wenn der Patient lediglich über Fieber klagt? Ein guter Arzt wird erst dann die Diagnose stellen, wenn er möglichst viele Symptome ausgewertet hat. Genau dasselbe sollte der Navigator machen. Er wird sich nicht zufriedengeben, wenn er aus der geloteten Tiefe und einer Kompaßpeilung einen Standort erhält, sondern er wird weitere Peilungen nehmen, um ganz sicherzugehen. Denn wer garantiert ihm schon, daß er auf der richtigen 6-m-Linie ist oder ob er auch wirklich die richtige Landmarke verwendet hat?

Erst wenn er weitere Hinweise für die Richtigkeit des Schiffsortes gefunden hat, kann er sich sicherer fühlen. Vor dem Prädikat „ganz sicher" sollte er sich aber hüten, denn nur zweifelnde Navigatoren bleiben wachsam. Ungezählte Schiffbrüche – auch von Yachten – sind auf „ganz sichere" Schiffsortsbestimmungen zurückzuführen.

Am gefährdetsten aber sind jene Navigatoren, die immer am Kartentisch und an Instrumenten kleben und die die Natur sozusagen nur als Replik des Karteninhalts ansehen. Sehr eindrucksvoll hat mir einmal ein Freund, von Beruf Fischer auf einem Binnensee, meine eigene – gefährliche – Betriebsblindheit vor Augen geführt. Es war an einem schönen sonnigen Vormittag, als ich die Durchfahrt durch einen Kanal zwischen zwei jugoslawischen Inseln suchte. Mein Freund beobachtete eine Zeitlang meine vergeblichen Bemühungen mit Peilkompaß und Echolot. Schließlich deutete er auf eines der zahlreichen Ruderboote mit einem Sportfischer darin und meinte: „Da drüben ist es mindestens vier

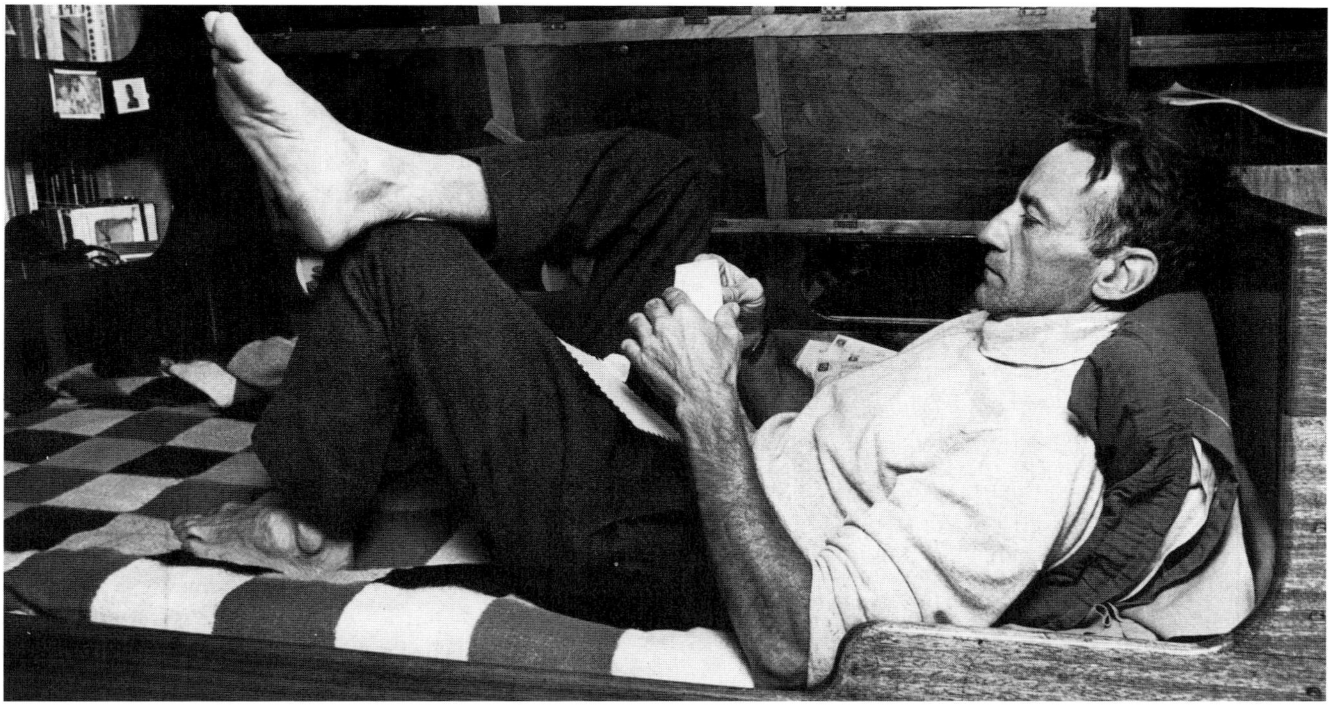

Bernard Moitessier wurde in der Koje seiner MARIE-THÉRÈSE überrascht, als diese auf Diego Garcia strandete. Aus diesem Navigationsfehler hat der geniale Segler gelernt und brachte anschließend die JOSHUA – nonstop – eineinhalbmal heil um die Welt.

Meter tief, da können wir durch!" In meiner Ehre als frischgebackener C-Schein-Inhaber tiefgekränkt, fragte ich ihn, der noch nie auf dem Meer gesegelt war und auch selbstverständlich noch nie einen Navigationskursus besucht hatte, woher er das nun so genau wüßte. Die Antwort beschämte mich: „Ja, hast du nicht bemerkt, wie der Mann eben seine Angel vom Grund heraufgeholt hat? Dabei hat er doch viermal die Angelschnur durch die Finger gezogen!"

Wer nun allerdings glaubt, ganz ohne Arbeit am Kartentisch – sozusagen nach dem Motto „zurück zur Natur" – auskommen zu können, verfällt in das andere Extrem. Der bereits legendäre französische Segler Bernard Moitessier hat einmal diesen Fehler gemacht und sich nicht gescheut, ihn auch einzugestehen. Als er mit der MARIE-THÉRÈSE den Indischen Ozean überquerte, hatte er an Bord keine genau gehende Uhr und war deshalb auch nicht in der Lage, seine Länge mit Hilfe der astronomischen Navigation zu bestimmen. Aber er machte sich darüber keine weiteren Sorgen, denn das Auftauchen von Landvögeln würde ihn schon rechtzeitig vor der Insel Diego Garcia am Rande des Chagos-Archipels warnen. Warum es nicht geklappt hat, konnte auch Moitessier nicht erklären, jedenfalls wurde er in der Morgendämmerung unsanft vom Tosen der Brandung aufgeweckt – zu spät, um MARIE-THÉRÈSE noch zu retten.

Ganz sicher ein überzeugendes Beispiel für den Fehler, sich nicht moderner technischer Methoden zu bedienen. Es ist auch falsch, Reisen vergangener Jahrhunderte in die heutige Zeit übertragen zu wollen, nach dem Motto etwa: „Kolumbus ist auch ohne GPS nach Amerika gesegelt und dort sicher angekommen." Jene, die aus Bequemlichkeit, Sparsamkeit oder auch Faulheit gerne die alten Seefahrer als Vorbilder hochhalten, übersehen (oder verschweigen) die wichtige Tatsache, daß alle jene Reisen mit einer Ausrüstung und Ausbildung unternommen wurden, die dem damaligen Höchststand der Wissenschaft entsprach.

Zuviel theoretisches Wissen schadet sicher nicht. Doch sollte man sich davor hüten, überheblich zu werden. Denn nichts ist einer sicheren Navigation mehr abträglich als übertriebene Selbstsicherheit, die man sich während eines Segelkurses im Winter angeeignet hat.

Kein Wunder, da kann ja nichts schiefgehen. Die Meßergebnisse bekommt man fix und fertig geliefert, ein falsches Ergebnis erkennt man sofort, weil die ganze Aufgabe dann halt nicht mehr zusammenpaßt, und wenn man sich doch einmal auf dem Papier versegelt – ab in den Papierkorb! Damit wird aber nicht gesagt, daß diese Art von Ausbildung wertlos ist. Im Gegenteil: Sie ist eine gute Vorbereitung auf die Praxis, wenn man sich bewußt ist, daß der echte Bordbetrieb Überraschungen auf Lager hat, die in der Übungsaufgabe nicht auftauchen.

Verhängnisvolle Fehler können sich in der Navigation im Bordbetrieb einschleichen, wenn

- Instrumente fehlerhaft anzeigen (Kompaß, Log usw.),
- unrichtig oder ungenau gemessen wird,
- Ablesefehler vorliegen,
- sich Rechenfehler einschleichen (häufig!),
- unbekannte Einflüsse (Strom) die Navigation verfälschen,
- die Unterlagen veraltet sind,
- die Elektronik versagt.

Leider ist es nicht etwa so, daß diese Fehler Seltenheitswert haben. Sie sollen nicht, können aber auf einem Törn durchaus ein paarmal vorkommen, ohne daß man besonderes Pech haben muß. Es liegt am Navigator, hier wachsam und argwöhnisch mitzudenken. Vor Überraschungen ist er dann weitgehend gewappnet.

Der Navigator ordnet sich den Gesetzen der Seemannschaft unter

Es ist ein großer Irrtum, zu glauben, Navigation hätte mit allgemeiner Seemannschaft nichts zu tun. Das ließe sich leicht dadurch beweisen, daß man einen Nichtsegler am Schreibtisch Navigation erlernen und ihn dann auf einem Törn am Kartentisch arbeiten läßt. Er wird Kurse ausrechnen, die das Schiff gar nicht laufen kann, er wird Routen wählen, die wesentlich mehr Zeit erfordern, als ein erfahrener Skipper sonst brauchen würde, er wird Standorte koppeln und gissen, die schlichtweg falsch sind, weil er die Leistung eines Schiffes trotz guter Instrumente gar nicht exakt abschätzen kann, und wird letztlich so Yacht und Besatzung in Gefahr bringen.
Der see-erfahrene Navigator dagegen weiß sehr wohl, wie nah er an eine Insel ranhalten darf, damit er in jedem Fall ohne Grundberührung um die Huk kommt; er wird mit Fallwinden rechnen, die gerade am Fuße des Grates nahe der Huk herunterwehen und eine ganz andere Richtung haben als der derzeitige Wind; er wird erkennen, daß zwei Seemeilen weiter landeinwärts ein Neerstrom setzt, der viel günstiger ist als der Strom, mit dem er sich im Augenblick herumschlagen muß; und er wird schließlich die Ungenauigkeit seiner Standorte, die sich nun mal nicht ganz vermeiden läßt, bei seinen weiteren Berechnungen so berücksichtigen, daß er – wie es die Seemannschaft gebietet – immer auf der sicheren Seite ist.
Für einen guten Navigator wird es nur sehr selten Situationen geben, in denen sich „das Schiff" der Navigation unterordnen muß. Denken wir nur an Hochseeregatten. Liegt das Ziel in Luv, wird der Steuermann so hoch wie möglich segeln, er wird jede noch so kleine Winddrehung mitnehmen. Dabei kommt natürlich kein sehr gerader Kurs heraus, so daß der Mann am Kartentisch nicht ohne weiteres einen einfachen Strich in die Karte einzeichnen kann. Exaktes Koppeln ist deshalb nicht möglich, so daß der Navigator seinen Schiffsort halt anders feststellen muß. Armselig wäre der und sicher nur für eine einzige Regatta als Navigator engagiert, der wegen des Koppelortes vom Rudergänger verlangen würde, einen Kurs zu segeln, der immer – trotz des unsteten vorlichen Windes – gehalten werden könnte. Zwar wäre der Schiffsort dann leichter festzustellen, doch die Yacht würde so viel an Höhe verschenken, daß sie für den Sieg von vornherein nicht mehr in Frage käme.
Ein ähnliches Problem zwingt den Navigator auch beim Fahrtensegeln, sich unterzuordnen. Geniale Windselbststeueranlagen nehmen der Crew die Last des tagelangen Rudergehens ab. Die eisernen Rudergänger richten sich natürlich nach jeder Winddrehung und nutzen damit die Windkraft viel optimaler als der Mensch. Freilich, der Kurs wird zur Schlangenlinie, aber das nimmt man gern in Kauf. Schlecht wäre der Navigator, der nun einen geraden, von Hand gesteuerten Kurs verlangen würde, um möglichst bequem mitkoppeln zu können.
Damit ist nicht gesagt, daß es keine Situation gibt, in der die Navigation nicht Vorrang hat. Wenn im Nebel durch schwierige Gewässer navigiert werden muß, kein Radar an Bord ist, die Funkpeilung mangels guter Funkfeuer unzuverlässig ist, wird – um beim vorangegangenen Beispiel zu bleiben – die bequeme Windselbststeueranlage ausgekuppelt, damit der Navigator mittels Koppeln, der letztendlich verbliebenen Möglichkeit der Schiffsortbestimmung, die Orientierung nicht verliert.
Bei der Abwägung, wieweit die Navigation im Vordergrund zu stehen hat, kommt es entscheidend darauf an, was der Navigator kann, welche Methoden er kennt und beherrscht. Den idealen Navigator wird der Schiffsführer gar nicht spüren. Er wird aber von ihm zu jeder Zeit den richtigen Kurs und die Entfernung zum Zielhafen erfahren. Voraussetzung für dieses Ideal ist natürlich ein umfassendes Wissen, das wiederum nur durch gründliche Ausbildung erworben werden kann. Man kann jedem raten, dieses Ziel anzustreben. Kaum ein Teilbereich beim Fahrtensegeln vermittelt nämlich soviel Freude durch Erfolgserlebnisse wie eine fundierte Navigation.

Erdkugel und Seekarte

Das geistige Rüstzeug für die Navigation

Jeder, der Hemmungen hat, sich mit der Navigation näher zu befassen, weil er glaubt, seine Schulbildung reiche für diese „Wissenschaft" nicht aus oder es fehle ihm an technischem Verständnis, ist irgendwann einmal grundlos abgeschreckt worden. Vielleicht tröstet der Hinweis, daß von jeher die Meere auch von einfachen Menschen befahren wurden, die keine Gelegenheit hatten, eine höhere Schule zu besuchen. Trotzdem hat ihre Navigation nicht darunter gelitten. Denken wir an den Fischer, der von den Azoren aus täglich in den Atlantik zum Thunfischfang hinausfährt, der also echte Hochseenavigation betreibt, und dabei eine Schulbildung in seinem Dorf in Horta mitbekommen hat, die etwa vier Klassen unserer Grundschule entspricht. Natürlich weiß auch dieser einfache Mann nichts von trigonometrischen Funktionen, Phasenverschiebung, Modulation oder gar von C-Mos-Technik.

Braucht er auch nicht zu wissen, denn letztlich läuft die Navigation immer darauf hinaus, daß der Rudergänger den richtigen Kompaßkurs gesagt bekommt. Nicht mehr und nicht weniger! Wenn unser Fischer von den Azoren richtig zu diesem Ergebnis kommt – gleichgültig wie – und hierbei kein Spezialwissen anwenden muß, dann ist letzteres eben Luxus und nicht notwendig. Was nicht heißen soll, daß nicht der eine Navigator aus reiner Freude an seinem Hobby sich intensiver mit den technischen Hintergründen seiner Ausrüstungsgegenstände befaßt als der andere. Nur muß klar festgestellt werden, daß die „Kunst der Navigation" dies nicht verlangt. Dies ergibt sich schon daraus, daß es für den Hobbysegler und auch für den Berufsseemann gar nicht mehr möglich ist, bei der heutigen sich rasend schnell fortentwickelnden Technik, speziell auf dem Gebiet der Elektronik, Schritt zu halten.

Allein wichtig ist es, unser technisches Werkzeug richtig zu benutzen, nicht aber seine Arbeitsweise zu verstehen.

Schalten wir nicht täglich zu Hause oder auf dem Boot unser Radiogerät ein und erfreuen uns an der Musik oder hören mit Spannung den Wetterbericht? Selbstverständlich brauchen wir deshalb nicht die Arbeitsweise eines Radioempfängers zu begreifen; auch dann nicht, wenn wir nach den Stationsmeldungen eine Bordwetterkarte skizzieren.

Es wird nicht übersehen, daß es noch gar nicht so lange her ist, daß in Lehrbüchern für die Berufsschiffahrt das Prinzip des Empfanges von Radiowellen erklärt worden ist. Das war aber zu einem Zeitpunkt, als die gesamte Technik auch für einen Laien noch einigermaßen überschaubar gewesen ist. Das ist auch der Grund, warum derartige Abhandlungen mitunter sogar in die Bücher für die Sportschiffahrt übernommen worden sind. Nicht sehr sinnvoll, wie sich heute zeigt, wo nicht einmal die elektronische Arbeitsweise eines ganz primitiven 20-Mark-Taschenrechners einem Nichtelektroniker auf weniger als hundert Seiten erklärt werden kann! So wie zu Hause der Benutzer eines Farbfernsehgerätes sich für dessen Technik nicht mehr interessiert, so hat auch der Navigator das Recht, an Bord vor der Technik zu resignieren; sie läuft auch ihm davon – zu seinem Vorteil!

Rechen-Vorkenntnisse

Gott sei Dank sind jene Zeiten nun endgültig vorbei, wo zumindest die „höhere" Navigation nicht ohne Grundkenntnisse in der Trigonometrie zu meistern war. Heute genügen für alle Navigationsaufgaben tatsächlich Grundkenntnisse im Rechnen – Mathematik wäre schon ein übertriebener Ausdruck. Es ist eigentlich selbstverständlich, daß sich jeder angehende Navigator mit irgendeinem elektronischen Taschenrechner auseinandersetzt. Denn selbst bei einfachen Aufgaben vermeidet er damit Rechenfehler. Deshalb wird dringend geraten, sich in jedem Fall ein billiges Modell zuzulegen, gleichgültig, ob man sich nun mit Primitiv-Rechnungen oder mit Rechnungen aus der astronomischen Navigation herumschlägt. Solche Rechner (am geeignetsten sind die sogenannten technisch-wissenschaftlichen) kosten kaum mehr als ein Füllfederhalter. Diese Rechenhilfen sollten nicht mit den fortgeschrittenen elektronischen Taschencomputer in einen Topf geworfen werden.

Nicht nur für den Umgang mit Elektronenrechnern, sondern ganz allgemein sind gewisse Grundrechenregeln von Wichtigkeit, die hier noch einmal ganz kurz rekapituliert werden:

- Einzelfunktionen müssen zuerst ausgelöst werden. Einzelfunktionen sind beispielsweise ein Quadrat, Wurzel oder aber auch sin, cos, tan. Heutzutage brauchen letztere nicht mehr mit Hilfe von Tafeln ausgerechnet zu werden; ein Knopfdruck auf einem Rechner reicht aus.
  Beispiel: $3 + 4^2 = 19$
- „Punkt geht vor Strich" bedeutet, daß grundsätzlich Multiplikationen (Malnehmen) und Divisionen (Teilung) vor einer Addition (Zusammenzählung) oder einer Subtraktion (Abziehen) durchgeführt werden müssen.
  Beispiel: $4 + 2 \times 7 = 18$
- Der Klammerinhalt muß zuerst aufgelöst werden, das heißt, alles, was innerhalb von zwei gleichen Klammern steht, muß unter eventueller Beachtung der Punkt-Strich-Regel bevorzugt durchgerechnet werden.
  Beispiel: $4 - (2 + 9) = -7$
- Beim „Bruchrechnen" werden alle Probleme gelöst, wenn sowohl die Zahlen auf als auch unter dem Bruchstrich in ein Klammerpaar gesetzt und anschließend beide Teile (Zähler und Nenner) durch ein Geteiltzeichen (Doppelpunkt) verbunden werden.

  Beispiel: $\frac{3 \times 2 + 3}{4 - 1} =$

  $(3 \times 2 + 3) : (4 - 1) = 3$

Bei allen Rechnungen ist es ein Sicherheitsgebot, übersichtlich zu schreiben und sich auch einer einheitlichen Schreibweise zu bedienen.

Die verhängnisvollsten Navigationsfehler, die in der Seefahrt zu Schiffbrüchen geführt haben, sind fast ausschließlich auf Leichtsinnsfehler zurückzuführen.

Bei Rechnungen mit Grad, Minuten und Sekunden ist die korrekte Schreibweise genauso wichtig wie beispielsweise die regelmäßige Wartung von Sicherheitseinrichtungen am Schiff. Keinesfalls verwende man die gleichen Abkürzungen bei der Uhrzeit wie bei einem Winkel oder bei Koordinaten. Das würde die Gefahr von Rechenfehlern vergrößern!

Im wesentlichen haben wir es in der Navigation mit folgenden Maßeinheiten zu tun:

Zeitangaben
Kurse
Winkel
Koordinaten
Seemeilen
Meter

Grundsätzlich geht es in erster Linie darum, daß der Navigator sein eigenes Gekritzel ohne weiteres wiedererkennen kann. Es wäre aber falsch, sich deshalb eine eigene Schreibweise zurechtzulegen. Oftmals nämlich muß ein anderes Mannschaftsmitglied (wenn der Navigator schläft) in der Karte weiterarbeiten, oder der Skipper selbst möchte Entscheidungen in Abwesenheit des Navigators treffen. Außerdem sollten navigatorische Berechnungen im Anschluß an einen Törn von jedermann nachprüfbar sein, wenn es beispielsweise darum geht, ein Unfallereignis zu rekonstruieren. Man halte sich deshalb einheitlich an folgende Schreibweisen, die mit Sicherheit auch immer mehr internationalen Gepflogenheiten entsprechen:

Schreibweise von Uhrzeiten

Hier wird die abgekürzte Schreibweise empfohlen, die sechsstellig erfolgt: Beispielsweise ist 5 Uhr 12 Minuten 7 Sekunden so zu schreiben:

05–12–07

Diese Schreibweise gilt für die Angabe von Zeitspannen und von Zeitpunkten gleichermaßen.

Nachdem es überflüssig ist, in die Seekarte auch die Sekunden einzutragen, darf hier weiter vereinfacht die Uhrzeit als vierstellige Zahl – nämlich die Stunden und die Minuten – ohne Bindestrich angegeben werden:

0512

Schreibweise von Winkeln

Handelt es sich um Kursangaben, so wird empfohlen, den Winkel als dreistellige Zahl und allenfalls nach dem Komma noch die Zehntelgrade anzugeben, also:

078,5

Winkel, die aus Sextantmessungen oder aus sonstigen unmittelbaren Winkelmessungen resultieren, werden grundsätzlich als zwei- beziehungsweise dreistellige Gradzahl und anschließend mit den Minuten angegeben. 49 Grad 12 Minuten werden angegeben als:

49°12′

In besonderen Fällen können hier auch noch die Zehntelminuten angegeben werden, also:

49°12,5′

Schreibweise von Koordinaten

Die Koordinaten, also Länge und Breite eines Punktes auf der Oberfläche, werden entsprechend den obigen Winkeln angegeben.

Man gewöhne sich bei den Koordinatenangaben unbedingt die Abkürzungen N, W, S und E an. Es wäre gefährlich, für Osten ein O zu verwenden, da mit Sicherheit irgendwann einmal Verwechslungen mit der Ziffer Null (0) vorkommen.

Darüber hinaus ist es eine gute Idee, die Ziffer Null folgendermaßen zu schreiben: Ø. Dies ist ein Trick, mit dem beispielsweise Funker einer solchen Verwechslung in Telegrammen vorbeugen.

Da Breitenangaben bis maximal 90 Grad gehen können, werden bei der Breite die Gradangaben zweistellig geschrieben, also zum Beispiel: 40°22,4′N. Längenangaben werden bis 180 Grad durchgezählt, so daß sie auch dreiziffrige Zahlen ergeben können. Da sich aber unsere Törns üblicherweise in Europa oder vielleicht gerade noch in Westindien abspielen, wäre es etwas übertrieben (wenn auch ganz korrekt), die Längengrade immer dreistellig anzugeben. Der Autor bevorzugt deshalb auch bei den Längenangaben die ein- oder zweistellige Gradangabe, also zum Beispiel 3°43,22′W.

Schreibweise von Seemeilen

Seemeilen werden als ganze Seemeilen und Dezimalbruchteile davon angegeben, also:

178,23 sm

Schreibweise von Geschwindigkeiten

Die Geschwindigkeiten entsprechen den Seemeilen, wobei bekannterweise die Geschwindigkeit bei Schiffen ausschließlich in Knoten (1 Knoten ist 1 Seemeile/Stunde) angegeben wird, also:

6,4 kn

Schreibweise von Rechnungen mit Winkel und Zeiteinheiten

Obgleich jeder von uns auch diesen „Stoff" schon einmal in der Schule gelernt hat, macht er den meisten in der Praxis einige Schwierigkeiten. Deshalb zur Wiederholung die einzige Regel:

Aus der Tatsache, daß eine Stunde aus 60 Minuten, eine Minute wiederum aus 60 Sekunden besteht, folgt, daß Zeiteinheiten nicht nach den Regeln übers Rechnen im Dezimalsystem addiert, subtrahiert, dividiert oder multipliziert werden dürfen. Man gehe beim Zusammenzählen oder Abziehen von Zeiteinheiten von rechts nach links schrittweise vor und achte dabei auf die richtige Schreibweise: Angenommen, zu einer Uhrzeit von 12 Uhr 24 Minuten und 32 Sekunden muß ein Zeitraum von 18 Stunden, 38 Minuten und 48 Sekunden addiert werden:

```
         12–24–32
       + 18–38–48
         --------
         30–62–80  oder
         30–63–20  oder
         31–03–20  oder
1 Tag     7–03–20
```

ÜBUNGS-AUFGABE 1

Berechnen Sie unter Beachtung der korrekten Schreibweise*:

```
   19–09–58
 + 14–55–22**
```

Beim etwas schwierigeren Abziehen „leiht" man sich vorher eine Minute oder eine Stunde.

```
Wieviel ist     22 – 12 – 14
              – 14 – 20 – 30
              --------------

oder            22 – 11 – 74
              – 14 – 20 – 30
              --------------

oder            21 – 71 – 74
              – 14 – 20 – 30
              --------------
                 7 – 51 – 44
```

ÜBUNGS-AUFGABE 2

```
Rechnen Sie     12 – 12 – 30
              –  2 – 24 – 58
```

* Die *ganz* korrekte Schreibweise für einen Zeitpunkt wäre: $12^h24^m32^s$, während die exakte Schreibweise für einen Zeitraum folgendermaßen aussieht: 18h38m48s. Zumindest in der Sportschiffahrt aber ist die obige vereinfachte Schreibweise mit Gedankenstrichen wesentlich übersichtlicher und zuverlässiger. Daß Zeitspannen und Uhrzeiten hierbei unterschiedslos geschrieben werden, kann nicht zu irgendwelchen Fehlern führen.

** Die Lösungen für die Übungsaufgaben befinden sich auf den Seiten 319–324.

Rechnen mit Winkeleinheiten

Zeitangaben werden immer in Stunden, Minuten und vielleicht noch in Sekunden angegeben, Winkelangaben dagegen üblicherweise in Grad und Zehntelgrad (beispielsweise bei Kursberechnungen), Koordinaten ausschließlich – und nicht ganz logisch – in Grad, Minuten und Zehntelminuten. Es ist unüblich, bei Winkelangaben die Sekunden anzugeben. Insbesondere alle Seekarten sind heute mit Minuten und deren Zehntelbruchteilen gezeichnet. Bitte sehen Sie sich die Skalen auf der beigefügten Seekarte daraufhin an! Höchstens auf sehr großmaßstäblichen Hafenplänen findet sich ausnahmsweise die Angabe in Sekunden statt in Zehntelminuten. Dies hat jedoch für die rechnerische Navigation keine Bedeutung.
Beispiel für die Schreibweise eines Kurses:

172,2°

Beispiele für die Schreibweise von Breiten- oder Längenangaben:

	12°24′N
oder	23°14,5′E
oder	178°02,8′W
oder	2°59′S

Man beachte also, daß die Minuten grundsätzlich zweistellig geschrieben werden sollen. Auf die Verwechslung der Ziffer Null mit der Himmelsrichtung Ost (= E) wurde bereits hingewiesen.
Es handelt sich also bei Breiten- und Längenangaben um eine sogenannte Mischzahl, das heißt, inkonsequenterweise sind die Minuten und Zehntelminuten angegeben statt die Minuten und Sekunden. Dies führt speziell im Umgang mit elektronischen Taschenrechnern leider zu nennenswerten Schwierigkeiten, die im Kapitel über Taschenrechner noch erwähnt werden.
Außerordentlich häufig kommt bei der Navigation in Landsicht vor, daß beim Zusammenzählen von Winkeln, Peilungen, Kursen als Ergebnis mehr als 360° oder beim Abziehen negative Gradzahlen herauskommen. Nachdem ein Kreis aber nur 360° hat, können bei größeren Winkelmaßen als 360° diese 360° abgezogen oder bei negativen Winkeln 360° hinzugezählt werden.

Beispiele:

```
  244°54,9′
+ 122°19,8′
-----------
  366°74,7′
= 367°14,7′
= 007°14,7′
===========
```

```
        310°12,2′
      – 320°14,8′

oder    309°72,2′
      – 320°14,8′

oder    669°72,2′  (309°72,2′+360°)
      – 320°14,8′
      -----------
        349°57,4′
      ===========
```

ÜBUNGSAUFGABE 3

Wieviel ist: 248°19,9′ + 312°54,7′

ÜBUNGSAUFGABE 4

Wieviel ist: 009°02,1′ – 348°09,3′

Noch einmal: Man gewöhne sich eine ganz exakte Schreibweise an. Bei der Navigation zählt nur der Erfolg. Wenn der angegebene Kurs falsch ist und das Schiff strandet, hilft es nichts, wenn der Navigator erklärt, er habe „im Prinzip" richtig gerechnet. Es ist also nicht wie in der Schule, wo der Schüler trotz eines falschen Ergebnisses noch eine ganz gute Note bekommen kann.
Eine ergiebige Quelle für Rechenfehler liegt dann vor, wenn die Zahlen nicht genau untereinander geschrieben werden. Damit die Reihen immer beibehalten werden können, müssen fehlende Stellen auf jeden Fall mit einer Null aufgefüllt werden, also nicht: 312°4′, sondern 312°04,0′ oder, wenn keine Zehntelminuten verwendet werden und nur mit ganzen Minuten gerechnet wird: 312°04′.

Geographische Vorkenntnisse

Daß die Erde – fast – eine Kugel ist, wissen wir aus den allerersten Geographiestunden. Zwar ist ihre Form nicht so gleichförmig, daß sie beispielsweise in der Raumfahrt oder auch bei der Satellitennavigation als Kugel angesehen werden kann. Deshalb sind dort hochkomplizierte Elektronengehirne notwendig gewesen, um die Bahndaten der Raumschiffe zu berechnen. In der Navigation brauchen wir uns damit nicht herumzuschlagen, weil für unsere Zwecke die Abplattung an den Polen gar nicht ins Gewicht fällt oder sie von Computern berücksichtigt wird. Damit wir uns aber mal vergegenwärtigen, um welche Größenordnungen es sich da handelt, seien sie kurz genannt: Der Durchmesser unse-

rer Erde beträgt von Pol zu Pol 12 714 km, während er am Äquator nur 43 km mehr, also 12 757 km, ausmacht. Bei einem schönen großen Globus mit einem Durchmesser von 60 cm würden wir diesen Unterschied gar nicht bemerken, denn er wäre nur 2 mm.
Die Erde dreht sich in einem Tag, also in 24 Stunden, um eine Achse, die genau vom Nordpol zum Südpol verläuft. Dies ist wichtig für die Anordnung des Gradnetzes, das der Mensch unsichtbar über die Kugel gelegt hat. Denn gäbe es eine solche Achse nicht, so wüßte man zunächst gar nicht, wo man anfangen sollte zu

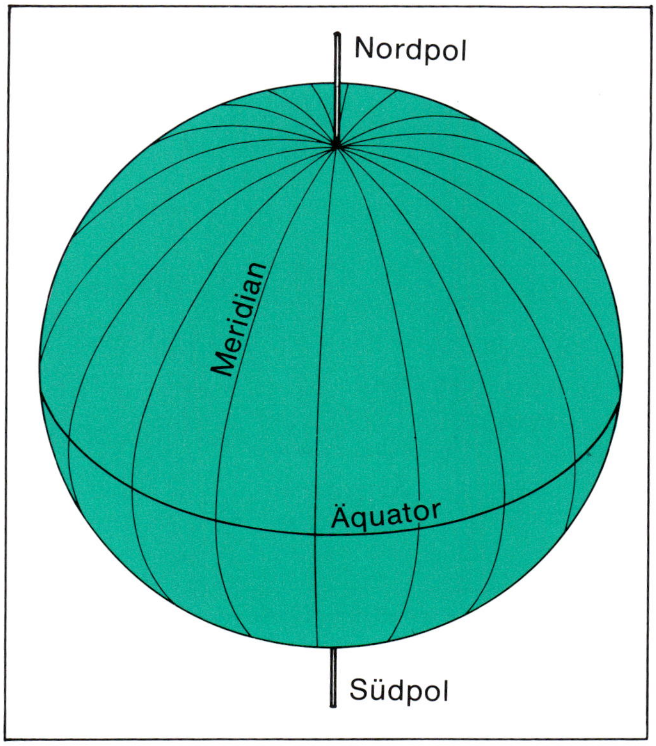

Die Linien, die von Pol zu Pol verlaufen, bezeichnet man als Längengrade oder, richtiger, als Meridiane.

zählen. Immerhin hat man damit zwei feste Orientierungspunkte. Zwischen den beiden Polen verlaufen insgesamt 360 Längengrade. Diese Linien werden auch Meridiane genannt. Von größter Bedeutung für die Navigation ist die Tatsache, daß der Abstand zwischen den Längengraden sich je nach Pol-Entfernung ändert. Am geringsten ist er an den Polen, während er genau zwischen ihnen am größten ist. Wenn man dort, also genau auf halbem Weg von Pol zu Pol, im rechten Winkel zu den Meridianen eine Linie um die Erde zieht, hat man den Äquator.

Die Linien, die von Pol zu Pol verlaufen, heißen Längengrade oder Meridiane.

Der Äquator, der die Erde in eine Südhalbkugel und in eine Nordhalbkugel teilt, ist ein *Breitenparallel*, genauso wie alle anderen Linien, die parallel zum Äquator um die Erde herumverlaufen.

Alle Linien, die parallel zum Äquator verlaufen, heißen Breitenparallele.

Nördlich vom Äquator befinden sich 90 und südlich davon ebenfalls 90 Breitengrade. Damit haben wir schon das Koordinatennetz der Erde zusammen, das

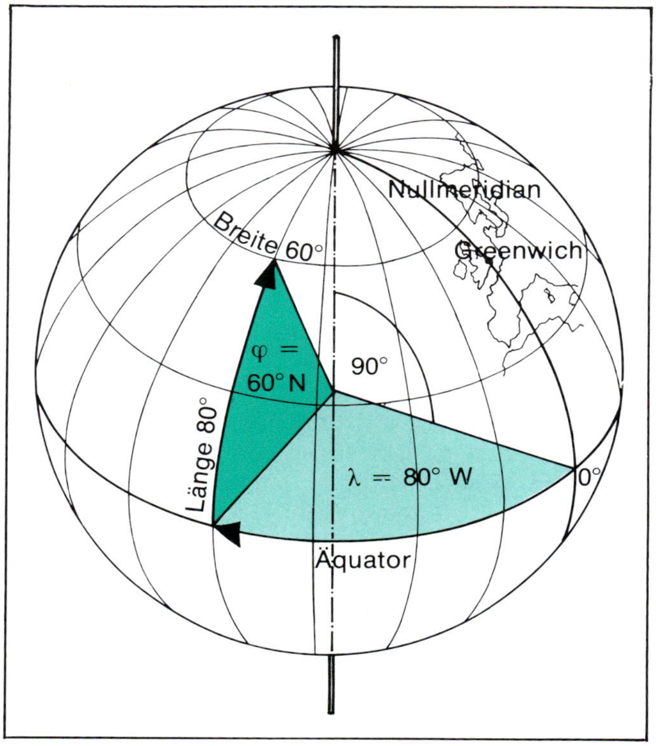

Die Koordinaten werden als Winkelmaße angegeben, weil sie tatsächlich Winkel am Erdmittelpunkt darstellen.

ausreicht, um für jeden Punkt der Erde die „Adresse" anzugeben. Ohne solche Koordinaten wäre keine Navigation möglich. Jeder Ort muß nach Breiten- und Längengraden angegeben werden oder, wie der Nautiker sagt, nach Breite und Länge.
Natürlich ist ein solches Gradnetz äußerst grob. Ein Grad hin oder her macht doch schon eine ganze Menge aus: bei einem Längengrad am Äquator den 360. Teil des Erdumfangs (ca. 40 000 km), also ungefähr 110 km. In der Navigation aber sind genaue Ortsangaben unerläßlich, so daß diese grobe Einteilung nicht ausreicht. Deshalb verwendet man bei den Erdkoordinaten die Einteilung in Grade, Minuten und Zehntelminuten – wie bei allen Winkeleinheiten.
Winkeleinheiten? Ja, die Erdkoordinaten können als

Winkel am Erdmittelpunkt angesehen werden.
Deshalb verwendet man für die Koordinaten griechische Buchstaben, zum Zeichen, daß es sich hier um Winkelangaben handelt. In der Zeichnung auf Seite 19 (rechts) ist ganz gut zu sehen, daß der Winkel vom Äquator bis zum Nordpol 90° beträgt, also nördlich vom Äquator 90 Breitengrade gezählt werden und in Richtung Südpol ebenfalls 90 Grade. Die Längengrade bilden einen ganzen Kreis, also 360°.
Bei der Zählung der Breitengrade bietet sich der Äquator als Nullpunkt geradezu an. Deshalb spricht man von einer Breite von beispielsweise 22°N und meint damit den vom Äquator aus gesehen 22. Breitengrad in Richtung Nordpol.
Nicht ganz so einfach ist es bei der Längenkoordinate, weil hier ein natürlicher Nullpunkt fehlt. Jeder Meridian ist im Gegensatz zu den Breitenparallelen, deren Umfang polwärts immer geringer wird, gleich lang. Deshalb hat man vor mehr als einem Jahrhundert willkürlich einen Meridian als den Nullpunkt angenommen, und das ist der Längenkreis, der durch die englische Stadt Greenwich, einen Vorort von London, verläuft. Man hätte nun die 360 Längengrade um die Erde herum numerieren können, aber die damaligen Geographen zogen es vor, ähnlich wie beim Äquator die Breitenparallele nach beiden Richtungen, also nach Westen und nach Osten, zu zählen. Deshalb liegt New York auf 73°W und Moskau auf 38°E Länge. Irgendwo auf der „Rückseite" des Globus, also gegenüber von Greenwich, treffen sich dann exakt auf dem 180. Längengrad die östlichen und die westlichen Meridiane.
Wenn eine Yacht auf der üblichen Passatstrecke um die Welt segelt, wird sie auf einer Länge von 17° (Kanarische Inseln) absegeln, sich in Westindien auf 59°W befinden, durch den Panamakanal bei 80°W motoren, bei Galapagos auf 90°W zum erstenmal den Äquator nach Süden überqueren, dann bei Samoa sich dem 180. Längengrad nähern und diesen in Fidschi überschritten haben. Die Torresstraße liegt dann auf 143°E, das Kap der Guten Hoffnung auf 20°E, und anschließend segelt sie bei St. Helena im Atlantik wieder auf westlicher Länge.

Es ist nicht nur üblich, sondern beugt Verwechslungen vor: Breitenangaben erfolgen immer vor Längenangaben.

Die Entfernungsangaben in der Navigation

Bisher wurde von Kilometern gesprochen, einer Maßeinheit, die zwar Landratten geläufig ist, die aber in der Navigation nichts zu suchen hat. Denn das Koordinatensystem der Erde ergibt automatisch eine viel nützlichere Maßeinheit: die Seemeile. Sie ist nichts anderes als eine Breitenminute oder eine Längenminute am Äquator.

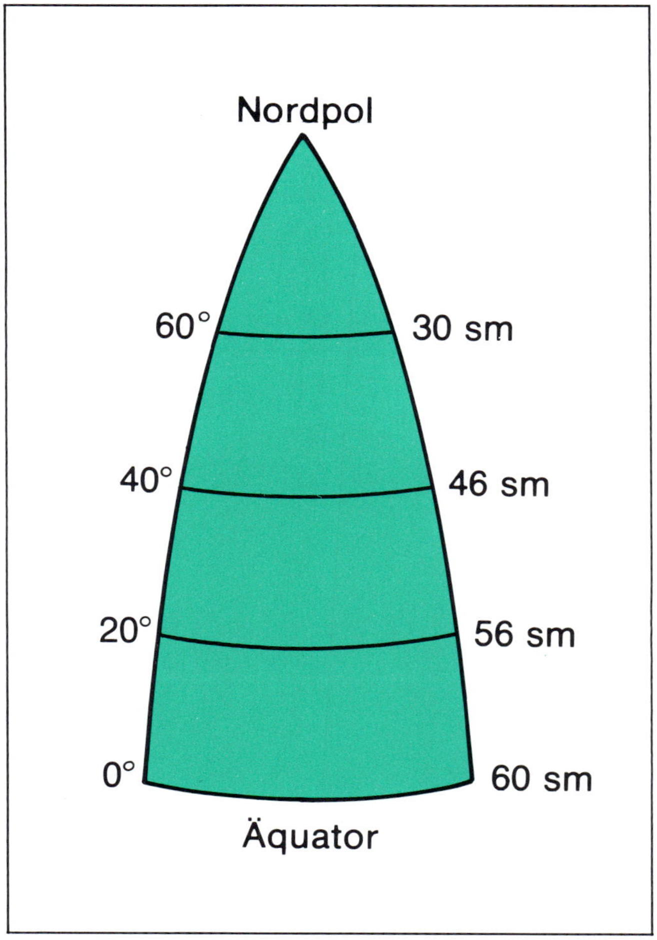

Während ein Längengrad am Äquator genau 60 sm lang ist, sind es auf dem 60. Breitengrad nur noch 30 sm.

Jede Breitenminute ist genau eine Seemeile lang. Jeder Grad auf einem Meridian ist also 60 Seemeilen lang. Eine Längenminute ist nur am Äquator eine Seemeile lang.

Daß nicht jede Längenminute gleich einer Seemeile sein kann, ersieht man aus der Zeichnung. Gerade in Polnähe wird deutlich, daß eine Längenminute oder ein Längengrad viel kleiner als eine Breitenminute oder ein Breitengrad ist. In der Ostsee zum Beispiel ist eine Längenminute nur noch 0,58mal eine Seemeile lang. Direkt am Pol schrumpft eine Längenminute auf Null zusammen, während eine Breitenminute dort noch immer so lang wie der Äquator ist.
Besonders in der Bordpraxis ist dieser Umstand wichtig, denn beim Arbeiten in der Seekarte benutzt man nicht

irgendeinen Maßstab, sondern den natürlichen Maßstab für die Seefahrt, die Breitenminuten (= Seemeilen), die mit dem Zirkel am linken oder rechten Kartenrand abgegriffen werden. Niemals dürfen die Winkelminuten am unteren oder oberen Rand abgegriffen werden, weil dies ja Längenminuten sind. Dies wäre einer der unverzeihlichsten Fehler, der in der Navigation überhaupt gemacht werden könnte.
Nur ausnahmsweise und zum letztenmal wird nunmehr der Autofahrer-Maßstab Kilometer verwendet, um einen Begriff von der Größe einer Seemeile zu geben:

1 Seemeile entspricht 1,852 Kilometer

Eine Kabellänge, eine Maßeinheit, die nur noch geringe praktische Bedeutung hat, ist der 10. Teil einer Seemeile, also 185,2 Meter.
Die Schiffsgeschwindigkeit wird nur in Knoten angegeben. Ein Knoten ist exakt eine Seemeile pro Stunde, sechs Knoten sind also sechs Seemeilen in einer Stunde. Es ist unseemännisch, weil falsch, von einem Knoten pro Stunde zu sprechen.
Eine Geschwindigkeit von einem Knoten ist das Zurücklegen von einer Seemeile in einer Stunde.
Weil eine Seemeile der 60. Teil eines Breitengrades ist, lassen sich in Sonderfällen allein schon aus der geographischen Position zweier Orte Entfernungsangaben machen. Wenn beispielsweise eine Yacht genau südwärts segelt und auf 20°30′N steht, dann kann fast im Kopf ausgerechnet werden, daß es bis zur Äquatortaufe noch 20 × 60 + 30, also 1230 Breitenminuten und somit 1230 sm sind.

ÜBUNGS-AUFGABE 5

Wie weit ist eine Yacht von Romsö (55°31′N 10°48′E) enfernt, wenn sie auf 55°47′N 10°48′E steht?

Wenn dagegen eine Yacht, deren Position genau 30°00′N 20°40′W ist, stur nach Westen segelt, läßt sich nicht ohne weiteres sagen, wie weit sie vom 21. westlichen Längengrad entfernt ist. Denn 30 Längenminuten sind eben nicht 30 sm, sondern bedeutend weniger. Um wieviel weniger, läßt sich mit einem 30-Mark-Taschenrechner mit einem Tastendruck ausrechnen, wenn er nur „Sinus", „Kosinus" und „Tangens" sowie die Umkehrfunktionen „Arkussinus", „Arkuskosinus" und „Arkustangens" auf dem Tastenfeld hat. Was diese trigonometrischen Funktionen bedeuten, braucht der Segler für rein navigatorische Zwecke heute nicht mehr zu wissen. Hauptsache, er findet die richtige Taste, was ein Kinderspiel sein dürfte.*
Die Formel für den Verkürzungsfaktor von Längenminuten gegenüber Breitenminuten ist wahrscheinlich die einfachste in der ganzen Navigation:

Anzahl der Längenminuten × cos Breite = Seemeilen

Im obigen Beispiel also:
20 × cos 30° = 17,3 sm

Früher ein mühsames Logarithmenrechnen, ist heute auch die Entfernungsberechnung zwischen zwei Punkten auf der Erdoberfläche (selbst wenn diese nicht auf derselben Länge oder auf derselben Breite liegen) ein einfaches Eintippen in den Elektronenrechner. Die Formel** hierzu:

Entfernung in Seemeilen = [arccos (sin Breite A × sin Breite B + cos Breite A × cos Breite B × cos Längenunterschied)] × 60

ÜBUNGS-AUFGABE 6

Wie viele Seemeilen beträgt die Entfernung zwischen folgenden Punkten:
A 14°15′N 12°22′E
B 22°14,5′N 24°34,8′W

Die Seekarte

Mercatorprojektion

Ohne Seekarte wäre keine Navigation möglich. Denn die Details in der Natur, die in unserem Gesichtskreis liegen, sind vielleicht ausreichend, um uns mit einer Jolle beim Kaffeesegeln am Sonntagnachmittag orientieren zu können; für das Fahrtensegeln, wenn wir also mit einer Yacht reisen, sind sie viel zu dürftig. Wir wollen ja wissen, wie es an unserem Zielort aussieht, ob wir überhaupt mit unserem tiefgehenden Schiff dorthin segeln können und welchen Weg wir nehmen müssen, um uns nicht in Gefahr zu bringen.
Die Seekarte hat also in erster Linie die Aufgabe, die

* Ein Elektronenrechner arbeitet grundsätzlich nur im Dezimalsystem. Wenn ihm beispielsweise 30°30′ eingegeben werden sollen, dürfen keinesfalls 30,30 gedrückt werden. Die Grade und Minuten müssen deshalb immer zuerst in „Dezimalgrade" umgewandelt werden. Bei einfachen Rechnungen kann man das sogar im Kopf machen, indem die Minutenzahl durch 6 geteilt wird, was dann die Zahl hinter dem Komma ergibt, oder, besser, man rechnet im Rechner:
30 : 60 + 30 = 30,5 (Punkt-geht-vor-Strich-Regel beachten!)

** Die Formel ist wie alle anderen in diesem Buch so aufgebaut, daß Ostlängen und Südbreiten mit negativem Vorzeichen eingegeben werden.

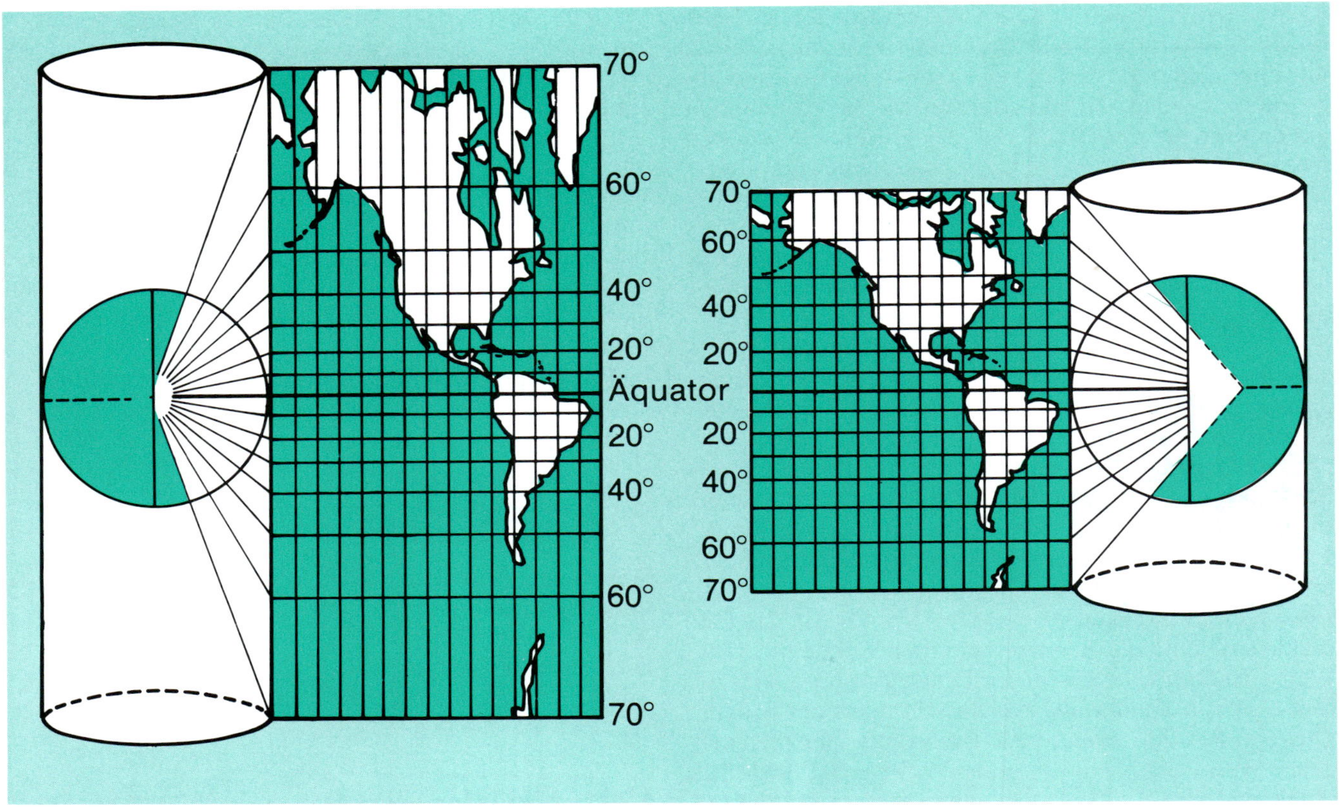

Die einfache Zylinderprojektion eignet sich noch nicht zur Navigation, weil sie starke Verzerrungen in Nord-Süd-Richtung aufweist.

Die Mercatorprojektion entstand aus der Zylinderprojektion. Der Unterschied liegt darin, daß als Bezugspunkt nicht der Zylindermittelpunkt genommen wird.

Wirklichkeit auf unseren Kartentisch zu projizieren und uns Details mitzuteilen, die für die Seefahrt wichtig und mit bloßem Auge unter Umständen gar nicht zu erkennen sind, sei es, weil es dunkel, neblig, diesig ist, sei es, weil sie wegen zu großer Entfernung unsichtbar sind oder aber deshalb nicht ausgemacht werden können, weil sie unter Wasser liegen.

Leider ist es gar nicht so leicht, eine dreidimensionale Kugel auf ein zweidimensionales Blatt Papier zu bringen. Genaugenommen geht das überhaupt nicht, ohne die Erdoberfläche zu verzerren. Man kann nun aber die unbedingt notwendige Verzerrung so wählen, daß die Seekarte für die Zwecke der Navigation voll verwendbar ist. Welche Anforderungen sind an eine Navigationskarte zu stellen?
Vergegenwärtigen wir uns: Die gesamte Navigation läuft darauf hinaus, daß der Navigator dem Rudergänger den zu steuernden Kurs und höchstens noch die Entfernung zum Ziel angeben kann. Diese Antworten bekommt er aus der Seekarte, das heißt, eine Karte ist dann voll tauglich für die Navigation, wenn sie Kurse und Entfernungen mit der Wirklichkeit übereinstimmend wiedergibt. Ob dagegen beispielsweise die Fläche des Mittelmeers aus einer Seekarte herausgemessen werden kann, ist nicht so wichtig. Eine Seekarte braucht nicht „flächentreu“ zu sein.
Es muß also möglich sein, die Entfernung in Seemeilen zwischen zwei beliebigen Punkten auf der Erdoberfläche aus der Seekarte abzugreifen. Noch wichtiger: Eine Verbindungslinie zwischen diesen beiden Punkten (das ist der Kartenkurs) muß die Meridiane, also alle Linien, die vom Nord- zum Südpol verlaufen, immer unter dem gleichen Winkel schneiden, so daß der Kurs (Winkel mit dem Meridian) jederzeit aus der Karte herausgemessen oder in die Karte wirklichkeitsgetreu eingezeichnet werden kann. Die Seekarte muß „winkeltreu“ sein.
Beide Forderungen erfüllt die Mercatorkarte. Sie entstand aus der Zylinderprojektion. Aus der Zylinderprojektion ergibt sich zunächst eine Plattkarte mit einer starken Verzerrung in Nord-Süd-Richtung. Zwar gibt diese Plattkarte die Entfernung, die am Kartenrand in Seemeilen beziehungsweise in Breitengraden gemessen wird, wirklichkeitsgetreu wieder, doch ist sie mangels Möglichkeit einer Kursbestimmung zwischen zwei Orten für die Navigation noch nicht tauglich. Deshalb wen-

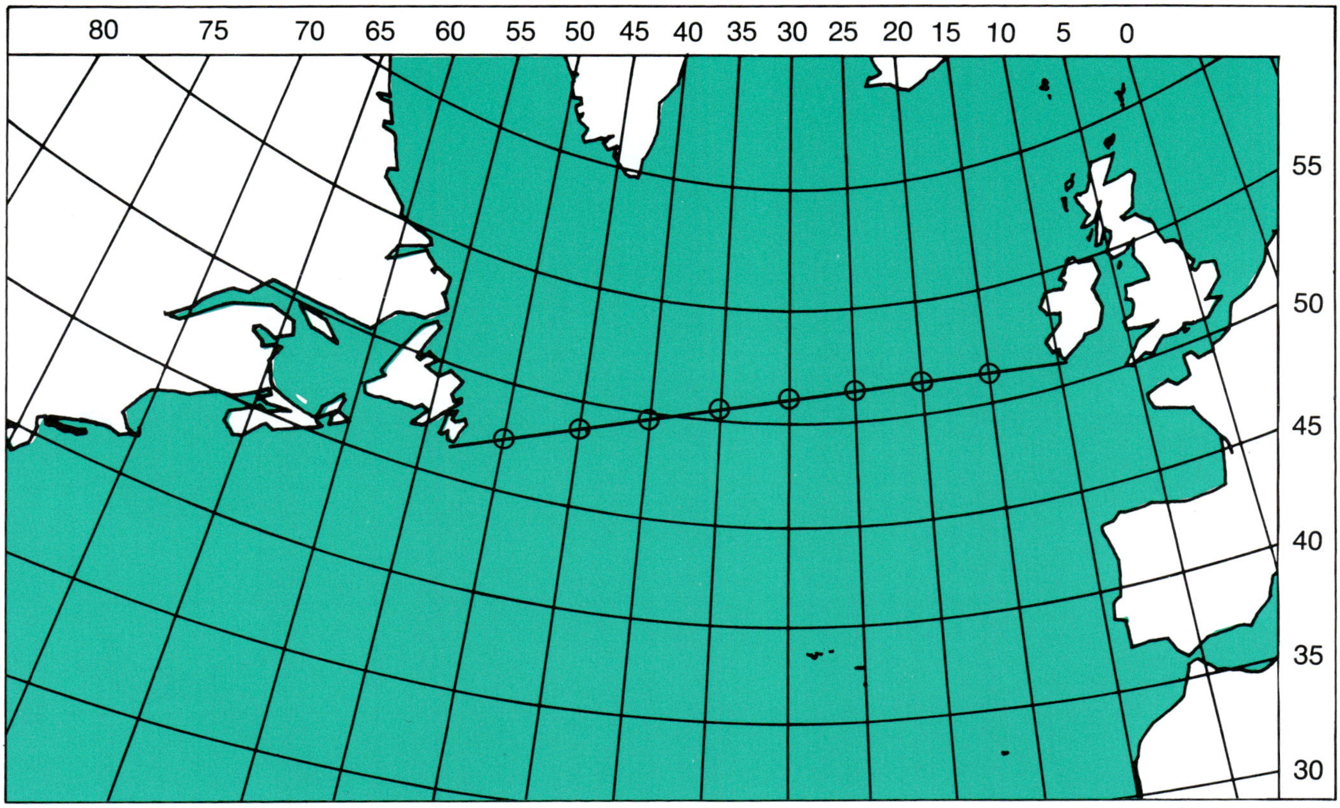

Auf der Großkreiskarte sind die Großkreiskurse Gerade und gleichzeitig kürzeste Verbindung zweier Punkte auf der Erdkugel.

dete man bei der Mercatorkarte eine Zylinderprojektion an, bei der die Entzerrung nach mathematischen Forderungen so gewählt wurde, daß schließlich die notwendige Winkeltreuheit erzielt werden konnte.
Auch hier aber dürfen die Entfernungen nur in Winkelminuten am Kartenrand abgegriffen werden, und zwar – nach Möglichkeit – in Höhe des Geschehens. Wie jeder leicht auf der Seekarte mit einem Kartenzirkel nachprüfen kann, ergeben sich nämlich – bedingt durch die Mercatorprojektion – geringe bis deutliche Unterschiede der Breitenminuten am oberen und am unteren Kartenrand. Oft spielt dies in der Bordkarte keine wesentliche Rolle, doch mache man es sich zur seemännischen Gewohnheit, in jedem Fall Entfernungen in der entsprechenden Höhe am Kartenrand zu messen.
Bei intensiven Arbeiten in der Seekarte geht leicht der Überblick verloren, daß die Seefahrt sich eigentlich auf einer Kugeloberfläche abspielt. Deshalb vergegenwärtige man sich des öfteren, daß im Gegensatz zur Mercatorkarte in der Natur die Breitenparallele über die ganze Erdkugel hinweg immer den gleichen Abstand haben, und nicht die Meridiane. Das erwähnte Verhältnis von Längen- zu Breitengraden (1 Längengrad = cos × Breitengrad) läßt sich – nebenbei gesagt – aus jeder Mercatorkarte herausmessen und nachprüfen.

Die Großkreiskarte

Bei der Mercatorprojektion kann der Kurs zum Ziel an *jedem* Meridian als vollkreisiger Winkel zu diesem herausgemessen werden. Segelt eine Yacht genau diesen Kurs, so wird sie zum Ziel kommen. Sie wird dabei aber nicht die kürzeste Entfernung zurückgelegt haben, sondern eine geringfügig längere Strecke gesegelt sein.
Dies läßt sich leicht beweisen: Man lege über den Globus, beispielsweise von der Südspitze Irlands (Cape Clear) nach Cape Race vor New York, einen Faden, so daß dieser straff gespannt ist. Dabei wird ersichtlich, daß dieser Faden unter einem leicht veränderten Winkel alle Längengrade schneidet. Der Kurs, den der Faden hierbei zeigt, ist der sogenannte Großkreis und würde eine Yacht auf dem kürzesten Weg zum Ziel führen. Freilich hat dies in der Yachtpraxis eine sehr untergeordnete Bedeutung, weil die Entfernungsunterschiede beim Segeln in Küstennähe und auf kleinen Revieren

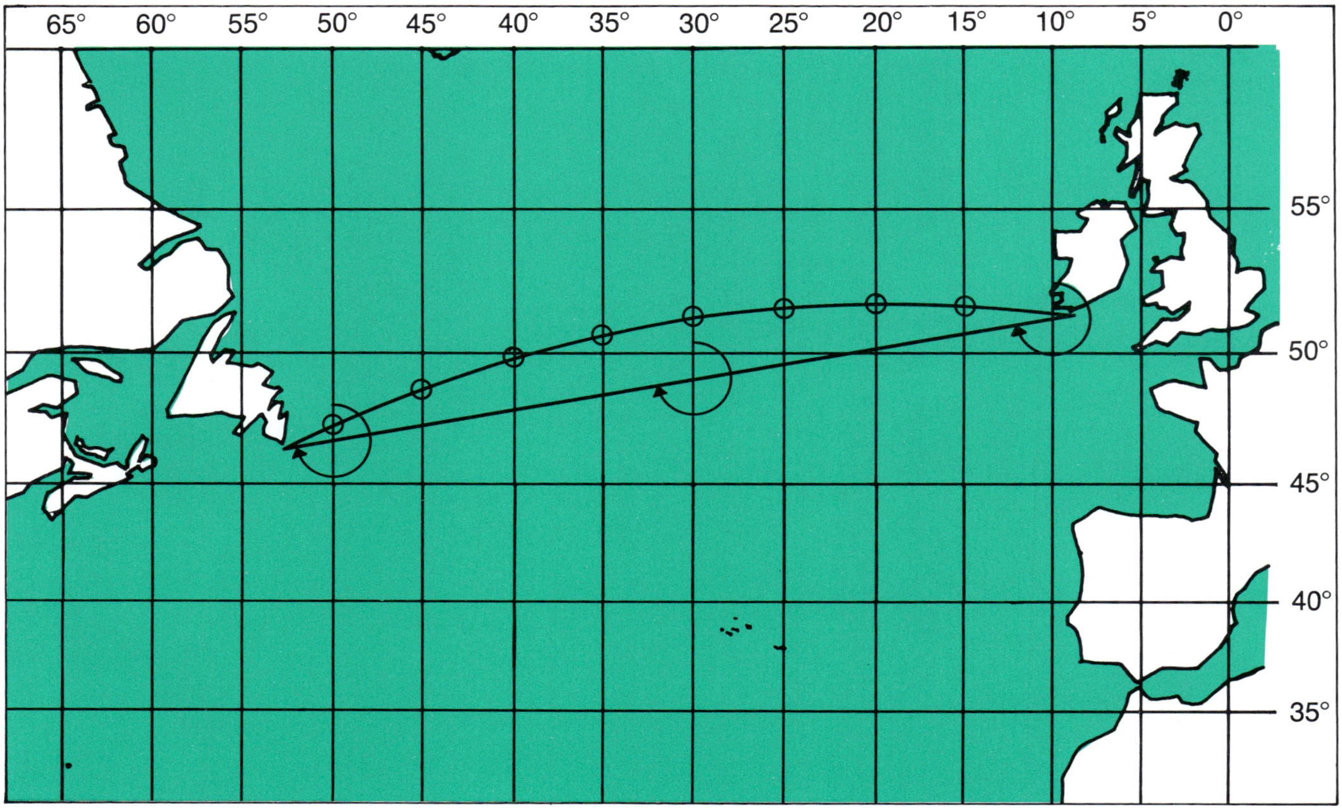

In der Mercatorkarte ist der Großkreis zwischen Cape Clear und Cape Race eine polwärts gekrümmte Kurve, obwohl sie die kürzeste Verbindung ist. Der Mercatorkurs dagegen ist hier eine Gerade. Um den Großkreiskurs feststellen zu können, müssen aus der Großkreiskarte in die Mercatorkarte Hilfspunkte übertragen werden, damit die jeweiligen Kurse herausgemessen werden können. In der Praxis sind weder Großkreis- noch Mercatorkurs exakt zu steuern.

kaum meßbar sind. Deshalb reicht es dort völlig aus, mit Hilfe der Mercatorkarte einen Kurs abzusetzen und diesen Kurs auch bis zum Ziel beizubehalten.
Um wieviel die Entfernungen differieren, hängt zunächst von der Kursrichtung ab. Bei allen östlichen und westlichen Kursen ist sie am größten. Einen noch größeren Einfluß auf den Unterschied zwischen der Mercator- und der Großkreisentfernung hat die geographische Breite, auf der gesegelt wird. In Äquatornähe ist er praktisch gleich Null, während er in Polnähe – wo freilich nicht mehr gesegelt wird – erheblich sein kann.
Zwei Beispiele mögen dies verdeutlichen: Die Entfernung zwischen Cape Clear (51°30′N 9°30′W) und Cape Race (46°45′N 53°00′W) beträgt nach Mercator 1732 sm, wobei der Kartenkurs 260° ist, und nach Großkreis 1705 sm, wofür die Yacht zu Beginn einen Kurs von 278° steuern muß.
Die Entfernung zwischen den Kanarischen Inseln (28°00′N 15°20′W) und Barbados (13°06′N 59°39′W) beträgt nach Mercator 2645,5 sm (Kartenkurs 250°) und auf dem Großkreis 2628 sm (Anfangskurs 259°).
Auf dem Großkreis ist die Entfernung von Cape Clear nach Cape Race also um ganze 27 sm kürzer. Man könnte nun leicht auf die Idee kommen, nach Cape Race grundsätzlich auf dem Großkreis zu steuern. Dies ist jedoch in der Praxis kaum zu verwirklichen. Einerseits ist der Kurs kaum so genau zu steuern, daß der tatsächliche Großkreis gehalten werden kann – es wird immer eine Mixtur aus Großkreis- und Mercatorkurs werden. Andererseits führt der Anfangsgroßkreiskurs von 278° doch in relativ unfreundliche Breiten, nachdem der Großkreis immer polwärts vom Mercatorkurs verläuft. Die Tatsache, daß sich der Großkreiskurs ständig ändert, bereitet praktisch keine Schwierigkeiten, weil von Zeit zu Zeit der neue Großkreiskurs vom jeweiligen Standort aus noch einmal herausgemessen oder berechnet werden muß.

Wie wird der Großkreiskurs festgelegt?

Am einfachsten bedient man sich einer sogenannten Großkreiskarte. Wenn auf der Großkreiskarte Abfahrts- und Zielort mit einer Geraden verbunden werden, ist damit der Großkreis, also der kürzeste Weg zum Ziel, eingezeichnet. Ein Blick in die Großkreiskarte zeigt sofort, daß diese Gerade jeden Meridian in einem etwas anderen Winkel schneidet. Man unterteilt nun die Reisestrecke in kurze Abstände und übernimmt für die Zwischenpunkte die Koordinaten aus der Großkreiskarte in die Mercatorkarte. Dort läßt sich dann der Großkreiskurs feststellen.

Etwas umständlich läßt sich eine Großkreiskarte auch zur Bestimmung der kürzesten Entfernung verwenden. Hierzu werden auf Transparentpapier Abfahrts- und Bestimmungsort miteinander verbunden und das Papier von dieser Stellung aus um den mit dem Bleistift fixierten Berührungspunkt von Kartenebene und Erdkugel (der auf jeder Großkreiskarte in der Mitte mit „H" angegeben ist) gedreht, bis die ursprüngliche Kurslinie wie ein Meridian verläuft. Anschließend kann durch Abgreifen der Breitengrade beziehungsweise -minuten die Großkreisentfernung festgestellt werden.

Mit Hilfe der heutigen Elektronenrechner ist es jedoch möglich, Entfernung und Abfahrtskurs auf dem Großkreis wesentlich schneller festzustellen als mit der umständlichen Großkreiskarte, die kaum eine Yacht noch an Bord hat. Die Formel:

$$\text{Seemeilen} = 60 \times [\arccos(\sin \text{Abfahrtsbreite} \times \sin \text{Zielbreite} + \cos \text{Abfahrtsbreite} \times \cos \text{Zielbreite} \times \cos \text{Längenunterschied in Grad})]$$

Ebenso leicht kann der Anfangskurs mit dem Elektronenrechner ausgerechnet werden:

$$\text{Anfangskurs} = \arccos \frac{\sin \text{Zielbreite} - \sin \text{Abfahrtsbreite} \times \cos \text{Entfernung}}{\cos \text{Abfahrtsbreite} \times \sin \text{Entfernung}}$$

Die „Entfernung" muß hier als „Breitengrade" (= Meilen durch 60) eingetippt werden. Zum Beispiel sind 1705 sm 28,87.

Bei dieser Formel ist zu beachten, daß der Großkreisanfangskurs „halbkreisig" angegeben wird. Handelt es sich um Kurse, die nach östlicher Richtung weisen, also von 1° bis 179°, so gilt das Rechenergebnis als Anfangskurs. Handelt es sich dagegen um westliche Kurse (181° bis 359°), so ergibt sich der endgültige vollkreisige Kurs dadurch, daß das Ergebnis von 360° abgezogen wird. Nachdem sich der Großkreiskurs fortlaufend ändert, ist es empfehlenswert, alle zwei Längengrade den Großkreiskurs vom neuen Schiffsort wiederum zu bestimmen.

Großkreiskurse verlaufen immer zwischen den Mercatorkursen und den Polen.

Die Arbeit in der Seekarte

Das Werkzeug

Der Bleistift

Im Gegensatz zu einem sonstigen Blatt Papier, das nach einmaligem Beschreiben seinen Zweck erfüllt hat, wird die Seekarte – vor allem diejenige vom heimatlichen Revier – oftmals gebraucht. Eintragungen müssen deshalb einerseits wegen der Sicherheit klar und deutlich zu lesen sein, sollen aber andererseits leicht und ohne Beschädigung der teuren Seekarte zu entfernen sein. Als Schreibwerkzeug kommt deshalb nur ein Graphitbleistift in Frage. Man verwende keine Drehbleistifte, weil deren Minen in ihren Halterungen nicht exakt genug geführt werden. Man benutze weder einen zu harten Bleistift (Stärke H2) noch einen zu weichen (Stärke B2). Ersterer würde auf dem weichen Papier der Seekarte – vor allem in der salzwasserfeuchten Luft an Bord – das Papier anritzen, so daß die Schrift mittels Radiergummi nicht mehr vollständig zu entfernen wäre. Auch ist der Strich eines harten Bleistiftes bei schlechtem Licht (nachts) nicht gut auszumachen. Ein Bleistift der Stärke B2 dagegen schmiert zu sehr und bereitet große Schwierigkeiten, wenn es darum geht, auf detailreichen Seekarten feine Kurslinien abzusetzen oder sonstige notwendige Eintragungen in der Karte zu machen. Allzuleicht wird durch den dicken Bleistiftstrich ein winziges Riff oder eine Untiefe überdeckt.

Für die Arbeit in der Seekarte ist ein Bleistift der Stärke HB am geeignetsten.

Selbst bei der Auswahl solcher Primitivwerkzeuge sollte man sich immer an die Bedürfnisse in der Bordpraxis halten. Ein runder Bleistift ist ungeeignet, weil er von der Karte rollt, was bei Lage einem drei- oder sechskantigen kaum passiert. Daß nur mit spitzem Bleistift gearbeitet werden darf, ist selbstverständlich. Als Anspitzer eignet sich an Bord nur die Sorte, bei der Holz- und Graphitspäne in einem Behälter aufgefangen werden. Der Radiergummi sollte möglichst groß sein, damit auch mit klammen Fingern radiert werden kann.

Der Kartenzirkel

Es sollte weder der in der Schule übliche Bleistiftzirkel noch der gewöhnliche Stechzirkel, sondern ein spezieller Kartenzirkel benutzt werden. Dessen Spitzen sind etwas stumpfer als die eines normalen Stechzirkels, was die Karten schont und insbesondere die Gefahr mindert, daß sich der Navigator verletzt. Der Kartenzirkel ist das Grundwerkzeug des Navigators.

Der englische Kartenzirkel ist an Bord viel praktischer als der in Deutschland übliche. Mit diesem Einhandzirkel läßt sich bei bewegter See mal schnell im Stehen etwas nachmessen, wobei sich der Navigator mit der anderen Hand an einem Handläufer festhalten kann. Außerdem rollt dieser Zirkel nicht so leicht vom Kartentisch, so daß er für kurze Zeit auf der Karte liegen

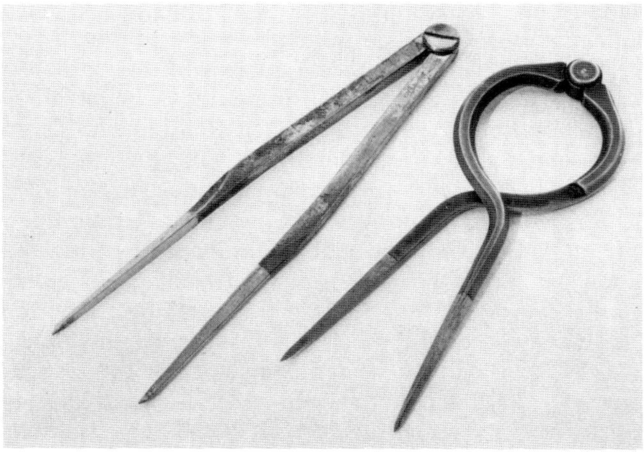

Links: Deutscher Kartenzirkel. Er läßt sich nur schwer einhändig bedienen und rollt bei Lage leicht vom Kartentisch. Rechts: Der englische Kartenzirkel kann mit Innenhand, Zeigefinger und Daumen einer Hand geöffnet und geschlossen werden.

bleiben kann, auch wenn man es sich grundsätzlich zur Gewohnheit machen muß, ihn so schnell wie möglich wieder zu sichern. Wenn sich die Yacht nämlich überraschend überlegt, kann so ein Zirkel zu einem gefährlichen Geschoß für den Mann in der Koje gegenüber werden.

Der Bleistiftzirkel

Es ist nicht so, daß der Bleistiftzirkel in der Navigation niemals verwendet wird. Auch in der terrestrischen Navigation lassen sich bestimmte Aufgabenkonstellationen denken, wo sein Einsatz unumgänglich ist, beispielsweise bei der Ortsbestimmung mit Hilfe von zwei Horizontalwinkelmessungen. Allerdings kommen diese in der Praxis so selten vor, daß ein Bleistiftzirkel nicht unbedingt an Bord sein muß. Bei der Ortsbestimmung mit Hilfe eines Radargerätes (Position aus zwei Entfernungen zu Landmarken) ist der Gebrauch eines solchen Zirkels aber nicht zu vermeiden. Welchen Typ man wählt, ist gleichgültig, doch ist es für die Seekarte sicher schonender, wenn vor Gebrauch die Spitze des Bleistiftzirkels etwas stumpf gefeilt wird.

Kurslineale, Parallellineale, Kartendreiecke

Alle diese Werkzeuge haben die Aufgabe, in der Karte den Winkel einer Geraden zur Nord-Süd-Richtung zu messen. Winkelmesser, wie wir sie aus der Schule gewohnt sind, sind zu diesem Zweck in keinem Fall geeignet. Welches der vorgenannten Werkzeuge letztlich am Kartentisch Verwendung findet, ist Geschmackssache.

Das Kurslineal

Das Kurslineal hat den Vorteil, daß damit sehr schnell gearbeitet werden kann, die Genauigkeit jedoch nicht sehr groß ist. Es wäre aber übertrieben, die in der Sportschiffahrt mit einem Kurslineal zu erzielende Genauigkeit als unzureichend zu bewerten. Beim Kurslineal wird der Winkel zwischen Nordrichtung und dem Kurs

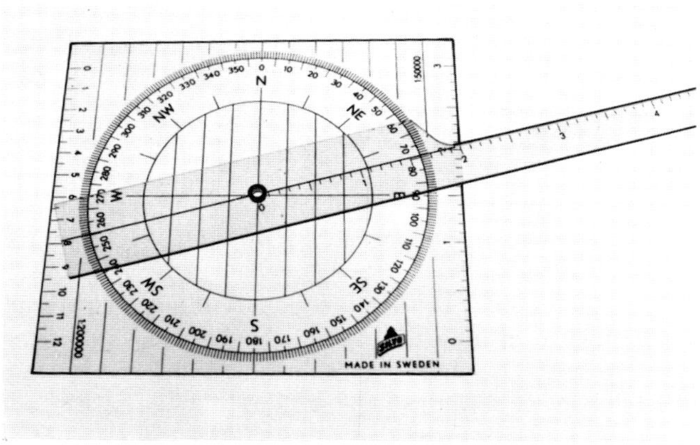

Kurslineal

direkt am Lineal abgelesen. Die Ungenauigkeit resultiert daraus, daß oftmals der Schiffsort beziehungsweise die Peilmarke, die in den Mittelpunkt des Kurslineals gelegt wird, zufälligerweise so ungünstig auf der Karte ist, daß die senkrechten Linien des Kurslineals nicht ganz in der Nähe eines Meridians plaziert werden können, so daß der Navigator auf eine Schätzung der Nord-Süd-Richtung angewiesen ist.

Das Parallellineal

Das Parallellineal ist besonders bei unseren englischen Yachtfreunden beliebt. Es hat den Vorteil, daß zum Herausmessen oder Einzeichnen von Kursen nur ein einziges Instrument benutzt werden muß. Es gibt hierbei zwei verschiedene Arten. Das einfache Kurslineal wird auf die in jeder Seekarte sich befindliche Kompaß-

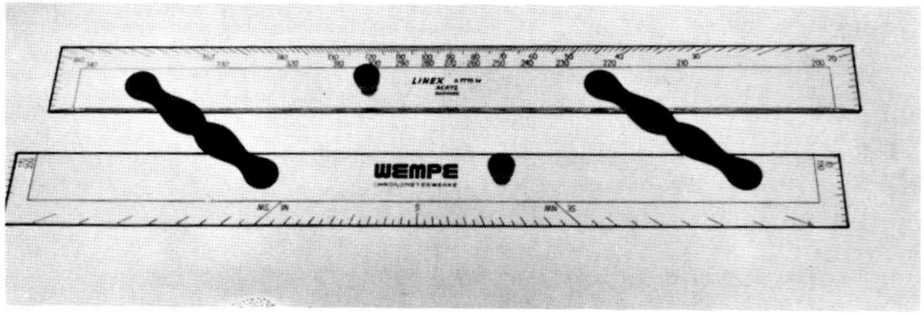

Parallellineal

rose gelegt, worauf diese Richtung durch „Marschieren“ über die Karte zum entsprechenden Ort übertragen wird. Die „besseren“ Parallellineale haben bereits

ein Gradnetz eingraviert, so daß sie an jedem beliebigen Meridian angelegt werden können, wobei lediglich darauf zu achten ist, daß der Meridian exakt durch den Südpunkt der Gradeinteilung läuft (unten), worauf die Richtung des Lineals an dem Meridian auf der dem Südpunkt gegenüberliegenden Seite abgelesen werden kann.
Bei längerem Gebrauch eines Parallellineals kann es passieren, daß die Lager, die die beiden Teile des Lineals verbinden, etwas ausleiern, ohne daß der Benutzer dies sogleich bemerken würde. Eine Überprüfung der Qualität des Lineals erfolgt dadurch, daß eine Richtung quer über die Karte und zurück „transportiert" wird. Die Ausgangsposition muß dann mit der Schlußposition exakt übereinstimmen. Erfahrungsgemäß aber sind Ungenauigkeiten meist so klein, daß sie für die Praxis bedeutungslos sind.
Für die Navigation ungünstig sind „Rollineale", mit deren Hilfe man Richtungen von der Kompaßrose auf einen anderen Ort in der Karte durch Rollen überträgt. Ein genaues Arbeiten mit diesen Linealen – selbst für die grobe Yachtnavigation – ist nicht möglich.

Kartendreiecke

Vorweg der einzige Nachteil: Man benötigt immer zwei Instrumente, um in der Seekarte arbeiten zu können, also das eigentliche Kursdreieck und ein Anlegedreieck. Statt eines Anlegedreiecks kann ohne weiteres auch irgendein Lineal benutzt werden. Das Kursdreieck sollte möglichst groß, durchsichtig und mit einem Griff versehen sein. Seine längste Seite (Hypotenuse) sollte

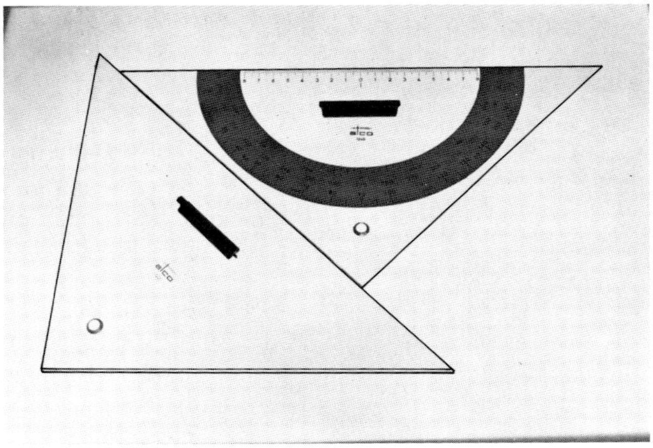

Kartendreiecke

eine Länge von etwa 30 cm und gerade (keine abgeschrägten) Kanten haben. Nach den Erfahrungen des Autors ist die Arbeit mit dem Kursdreieck am einfachsten, sichersten und auch am genauesten. An deutschen Segelschulen wird nahezu ausschließlich mit Kartendreiecken gearbeitet.

Die drei Grundaufgaben in der Seekarte

Bei der Navigation hat es der Navigator in der Seekarte immer wieder mit drei Grundaufgaben zu tun: der Bestimmung von Position, Entfernung und Kurs.

Bestimmen einer Position

Jeder Ort auf der Erdoberfläche hat seine genaue Adresse, nämlich Breite und Länge. Mit Hilfe einer Seekarte und eines Zirkels ist es einfach, diese Adresse zu ermitteln. Zuerst wird immer die Breite und dann die Länge angegeben, welche jeweils am Kartenrand abgenommen werden. Beim Herausmessen dieser Werte aus der Karte ist es nicht nötig, die Distanz des Ortes zum oberen oder seitlichen Kartenrand zu nehmen, sondern es genügt jede waagerechte Linie (Breitenparallele) oder senkrechte Linie (Meridian), die bis zum Kartenrand verläuft (siehe Abbildung Seite 28).

Das Einzeichnen eines Ortes

Im Gegensatz zum Herausmessen einer Position reicht zum Einzeichnen eines Ortes die alleinige Verwendung des Zirkels nicht aus. Zunächst wird die richtige Breitenlinie mit Hilfe des Kursdreiecks, dessen Hypothenuse in einem Winkel von 90° an einen Meridian angelegt wird, und der Breiteneinteilung am seitlichen Kartenrand eingezeichnet und sodann auf dieser Linie mit dem Zirkel die Länge abgetragen, die am unteren oder oberen Rand entnommen wurde (siehe Abbildung Seite 29).

Herausmessen einer Richtung

Hierzu sind das Anlegedreieck und das Kursdreieck notwendig. Der Kurs oder die Peilung, also eine Richtung, wird nicht mit Hilfe der vier Himmelsrichtungen, nämlich Nord, Ost, Süd und West und deren altertümlichen Strichunterteilungen, angegeben, sondern ausschließlich nach Graden. Nachdem alle Längengrade oder Meridiane zu den Polen laufen, ist auf Seekarten oben immer Nord und unten immer Süd.
Nord ist 000°, Süd 180°. Ost ist am Kartenrand stets rechts und West links. Die Breitenparallele verlaufen von Osten nach Westen beziehungsweise umgekehrt; sie haben also immer einen Kurs von 090° oder 270°. Alle anderen Richtungen liegen zwischen diesen vier Hauptkursen. Wie bei den Meridianen und Breitparallelen ersichtlich, kann eine Richtung immer zweifach bezeichnet werden, wobei sich die Gradangaben genau um 180° unterscheiden. Wenn wir beispielsweise von A nach B segeln, so wird dieser Kurs natürlich nur einfach ange-

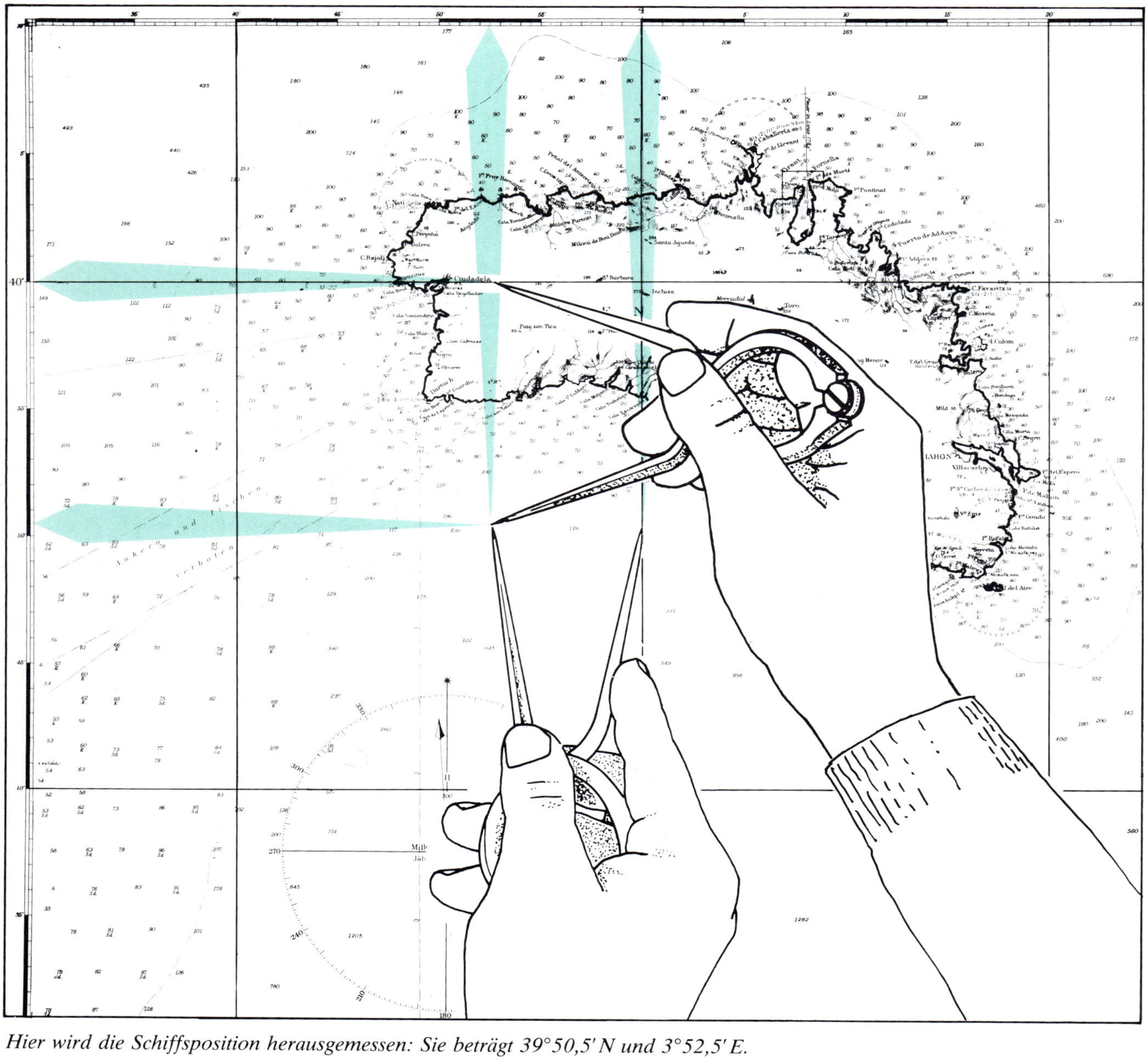

Hier wird die Schiffsposition herausgemessen: Sie beträgt 39°50,5' N und 3°52,5' E.

geben, weil wir ja nach B segeln. Beträgt die Richtung dorthin 002°, ist sie also fast nördlich, so segelt ein Schiff, das uns entgegenkommt und von B nach A läuft, auf fast südlichem Kurs, also auf 182°. Aus diesem Grunde befinden sich auf dem Kursdreieck stets um 180° verschiedene Kursangaben untereinander.
Diese Angaben geben die Richtung der längsten Seite des Dreiecks (Hypotenuse) an, aber nur dann, wenn ein Meridian, der ja genau die Nordrichtung beziehungsweise 000° angibt, durch die betreffende Kursangabe und gleichzeitig durch den Nullpunkt des Kursdreiecks läuft. Wenn also die Richtung irgendeiner Kurslinie herausgemessen werden soll, muß das Dreieck so angelegt werden, daß die Hypotenuse genau auf der Kurslinie liegt und gleichzeitig irgendein Meridian durch den Nullpunkt läuft.

Die der Hypotenuse gegenüberliegende Spitze des Dreiecks muß immer zum Navigator zeigen.

Handelt es sich um eine ziemlich nördliche (südliche) Richtung, so kann das Herausmessen schwierig sein, weil die längste Seite des Dreiecks zu kurz ist, um einen Meridian zu erreichen. Dann muß das Dreieck verscho-

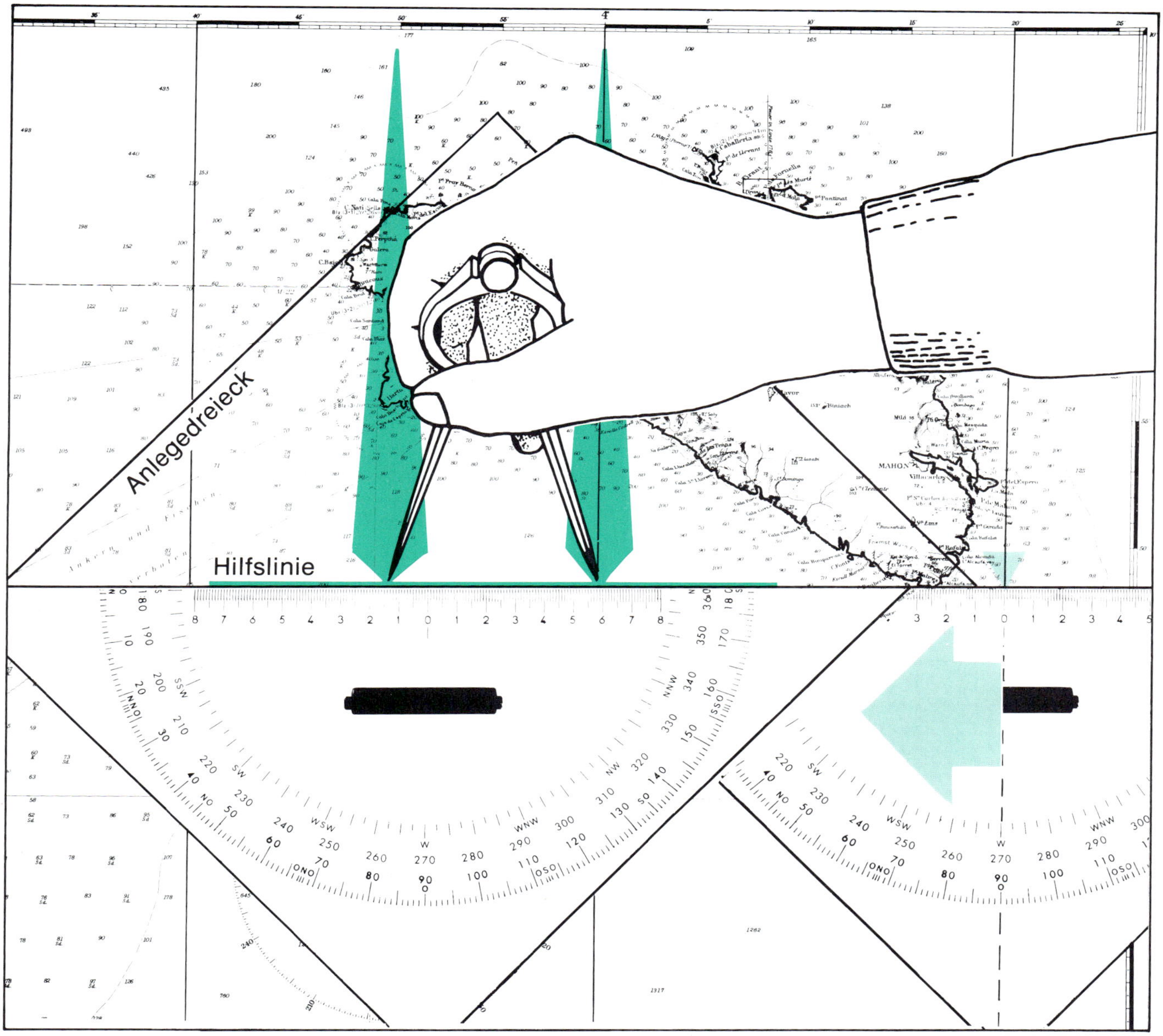

Die Position 39°48′ N und 3°50′ E wird eingezeichnet. Hierzu sind die Kursdreiecke erforderlich.

ben werden, ohne die Richtung der Hypotenuse zu verändern. Das geschieht dadurch, daß an irgendeiner anderen Seite des Dreiecks ein Lineal oder ein anderes Dreieck angelegt und mit dessen Hilfe das Kursdreieck so lange parallel verschoben wird, bis sein Nullpunkt durch einen Meridian geht. Zwar liegt die Hypotenuse nun nicht mehr auf der Kurslinie, aber ihre Richtung ist dieselbe geblieben, wie man sich durch ein Zurückschieben vergewissern kann. Man sollte es sich zur Gewohnheit machen, stets die letzte Methode anzuwenden, auch wenn Meridiane günstiger liegen als im obigen Beispiel. Bei bewegter See läßt sich so viel sicherer arbeiten. Zu Beginn achte der angehende Navigator unbedingt darauf, daß die Hand, die das Dreieck verschiebt, schön locker bleibt, während die andere das Anlegedreieck fest auf den Kartentisch drückt.

Ein kleiner Verrutscher kann das Schiff kosten. Lieber zur Sicherheit die Messung wiederholen.

Wird ein Parallellineal benutzt, muß der Kurs in der Karte auf der Kompaßrose abgelesen werden, wenn das Lineal selbst keine Gradteilung hat. Die zu messende Richtung wird also auf die Rose verschoben (Mittel-

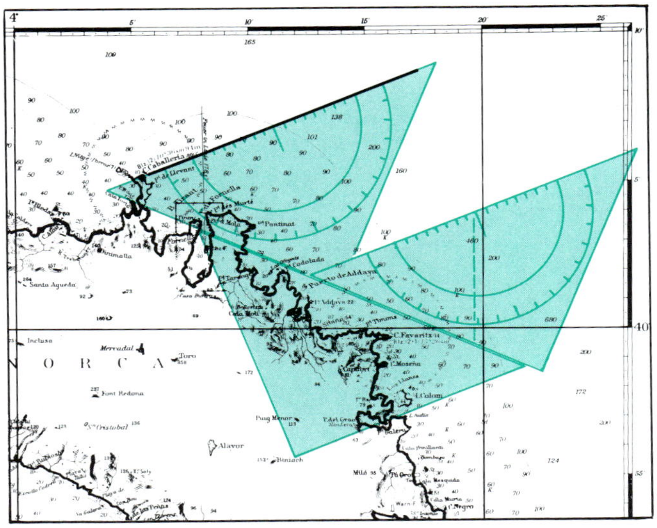

Beim Herausmessen einer Richtung wird die lange Seite des Kursdreiecks auf die Richtung gelegt und anschließend mit Hilfe des Anlegedreiecks so lange verschoben, bis der Nullpunkt durch einen Meridian verläuft. Dieser zeigt auf der Gradeinteilung dann die Richtung an.

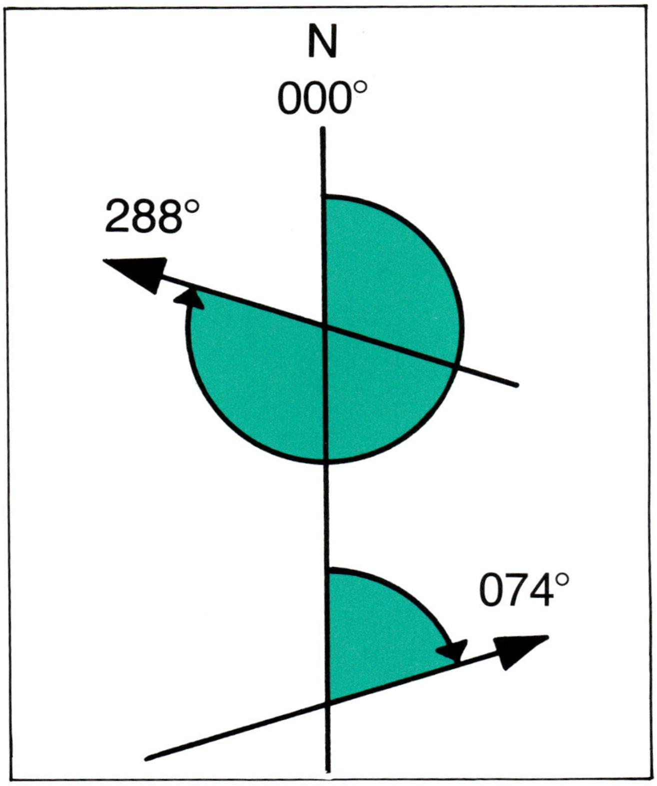

Kurse werden immer als Winkel zur Nord-Süd-Richtung angegeben, also als Winkel zu einem Meridian, und zwar vollkreisig. Im Beispiel oben ist der Kurs 288°, unten 074°.

punkt beachten!) oder gerollt und dort abgelesen. In den meisten Seekarten sind deshalb mehrere Rosen eingedruckt, um dem Navigator die Arbeit zu erleichtern, indem er sich die nächstliegende Rose zunutze macht.

Einzeichnen eines Kurses oder einer Peilung

Hierzu ist immer ein Punkt auf der Karte nötig, durch den die Peilung oder Kurslinie verlaufen soll. Der Navigator muß also zunächst diesen Punkt (Schiffsort oder Peilmarke) aufsuchen. Dann legt er sein Kursdreieck auf irgendeinen Meridian in der Nähe, so daß dieser sowohl durch den Nullpunkt des Kursdreieckes als auch durch den entsprechenden Grad auf dem Dreieck verläuft. Anschließend verschiebt er das Anlegedreieck an einer der beiden kurzen Seiten des Kursdreiecks, bis die Hypotenuse durch den betreffenden Punkt verläuft.

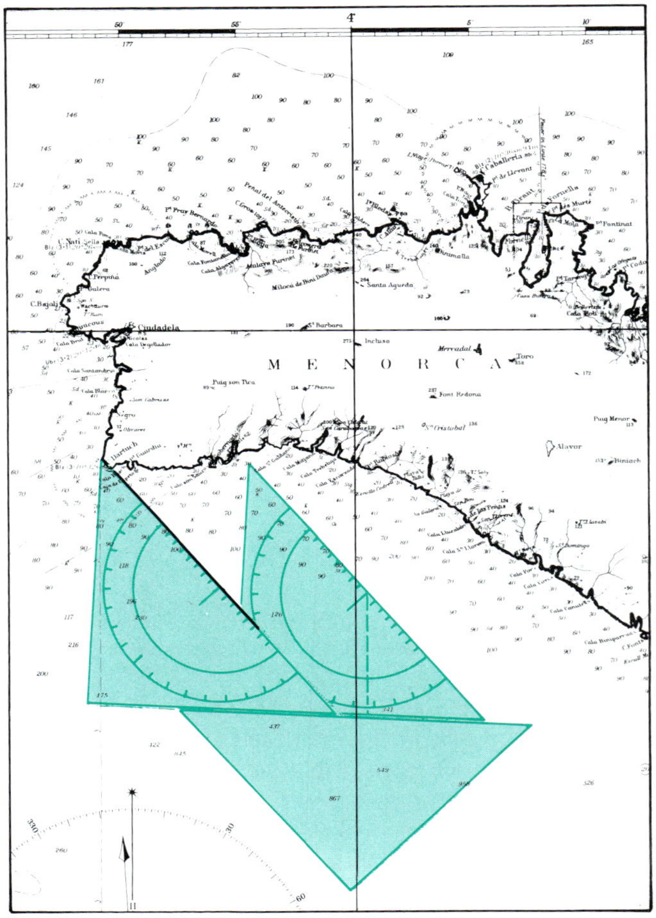

Beim Einzeichnen eines Kurses wird das Kursdreieck auf einen nahen Meridian so gelegt, daß dieser durch den Nullpunkt und die gewünschte Gradzahl läuft. Durch Verschieben mit dem Anlegedreieck wird dann die Kurslinie auf den betreffenden Ort gebracht.

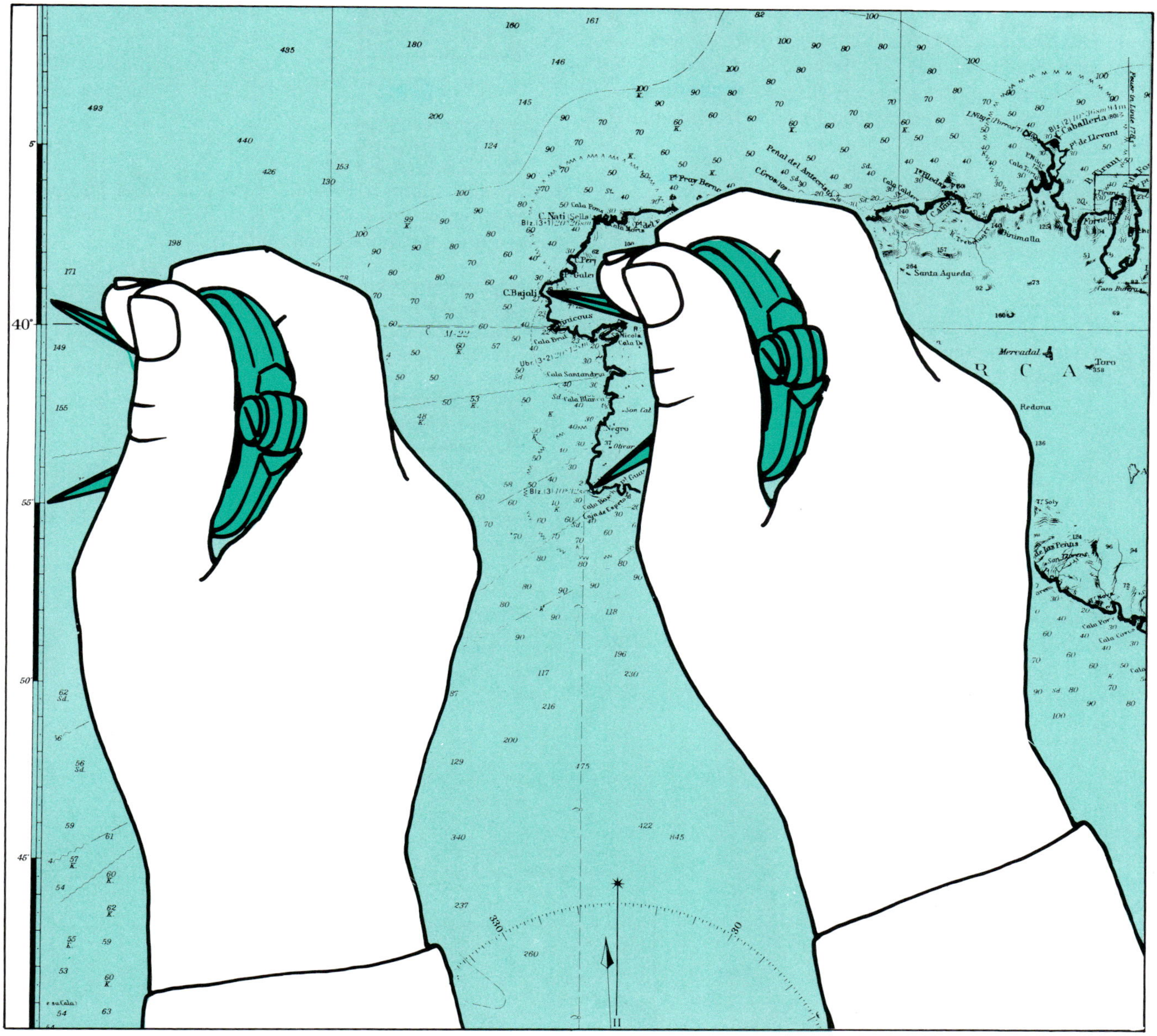

Hier ist die Entfernung 5,6 sm.

Herausmessen einer Entfernung

Zum Herausmessen einer Entfernung wird nur der Zirkel benötigt. Abgelesen wird die Entfernung zwischen zwei Punkten dann in Höhe des Geschehens rechts oder links am Kartenrand in Breitenminuten. Nicht vergessen: Eine Breitenminute ist eine Seemeile. Eine Zehntelbreitenminute ist eine Zehntelseemeile, also eine Kabellänge. Man achte darauf, ob die Teilung am Kartenrand in Zehntelbreitenminuten oder in Sekunden (sehr selten!) ist.
Gerade beim Abgreifen der Entfernungen schleichen sich leicht ernste Fehler ein, wenn auf dem Kartentisch mehrere Seekarten übereinanderliegen und aus Versehen die Anzahl der Seemeilen aus einer anderen als der obersten Karte entnommen wird. Deshalb sollte auf dem Kartentisch immer nur eine einzige Seekarte liegen!

Einzeichnen der Entfernung

Ähnlich wie ein Kurs stets durch einen Punkt auf der Erdoberfläche verläuft, wird auch eine Entfernung immer von einem Punkt in einer bestimmten Distanz abgetragen. Meist wird also zunächst ein Kurs einzuzeichnen sein. Die Seemeilen werden dann mit Hilfe der Breiteneinteilung am linken oder am rechten Kartenrand in den Zirkel genommen und in die Seekarte eingetragen. Welche Werkzeuge werden also für die Grundaufgaben in der Seekarte benötigt?

Herausmessen einer Position: Zirkel
Einzeichnen einer Position: Zirkel und Kursdreieck
Herausmessen einer Richtung: Kurs- und Anlegedreieck
Einzeichnen einer Richtung: Kurs- und Anlegedreieck
Herausmessen einer Entfernung: Zirkel
Einzeichnen einer Entfernung: Zirkel

Ohne die sichere Beherrschung dieser Grundaufgaben ist eine Yachtnavigation unmöglich. Gerade der Anfänger sollte deshalb unbedingt in der beigefügten Übungskarte* folgende Übungsaufgaben lösen:

ÜBUNGS-AUFGABE 7

Die FAIRWIND steht beim Leuchtfeuer El Toro an der Südwestecke Mallorcas. Sie möchte nach Cabo Lebeche auf Cabrera segeln. Wie lautet der Kartenkurs?

ÜBUNGS-AUFGABE 8

Wie ist die Entfernung nach Cabo Lebeche?

ÜBUNGS-AUFGABE 9

Kurze Zeit später stellt der Navigator durch Peilungen die Schiffsposition mit 39°24′N und 2°30,5′E fest. Wie lautet nunmehr der Kartenkurs?

ÜBUNGS-AUFGABE 10

Wie ist die Entfernung nach Cabo Lebeche?

ÜBUNGS-AUFGABE 11

Später wird am Log festgestellt, daß seit der letzten Positionsbestimmung auf dem Kartenkurs 4,8 sm zurückgelegt wurden. Der Schiffsführer möchte die Position wissen.

* Es wurden absichtlich die gleichen Übungsunterlagen beibehalten wie beim ersten Erscheinen dieses Buches. So können in Lehrgängen, Kursen etc. Bücher aus verschiedenen Auflagen gleichzeitig verwendet werden, weil alle Aufgaben und Lösungen identisch sind.

Darstellung von Höhen in der Karte 1 (INT 1) des BSH. (Das Kreuz in der dritten Spalte bedeutet, daß es sich um eine ältere Darstellung handelt, die im Laufe der Zeit durch die internationale Darstellung = erste Spalte ersetzt wird; das gilt auch für die folgenden Abbildungen aus der Karte 1.)

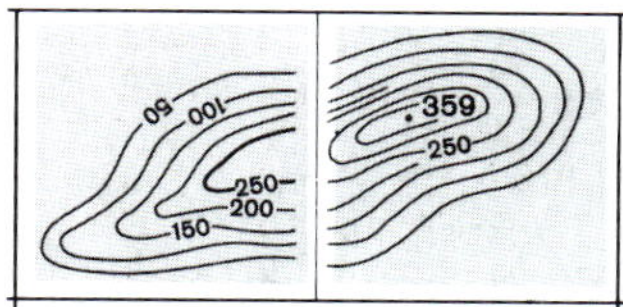	Höhenlinien mit Höhenpunkt *Contour lines with spot height*	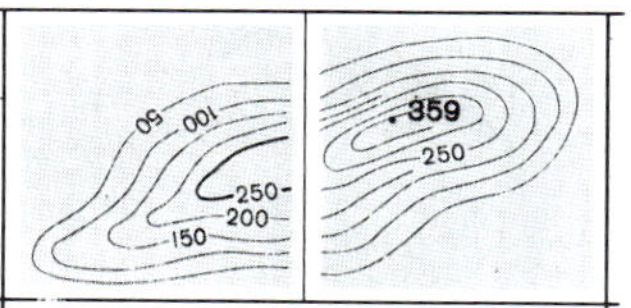
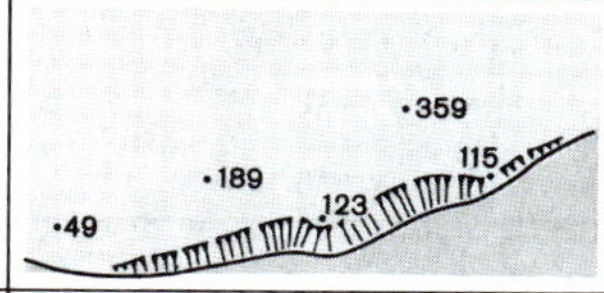	Höhenpunkte *Spot heights*	
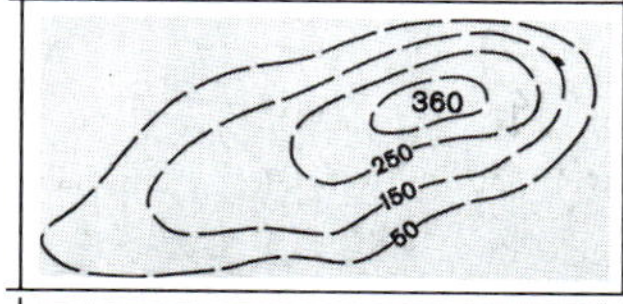	Angenäherte Höhenlinien mit angenäherter Höhe *Approximate contour lines with approximate height*	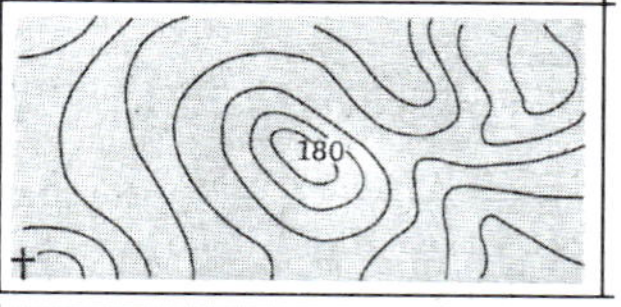
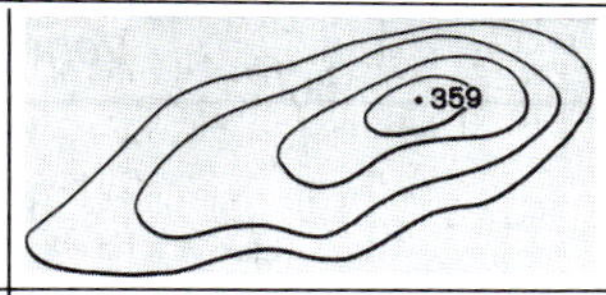	Formlinien mit Höhenpunkt *Form lines with spot height*	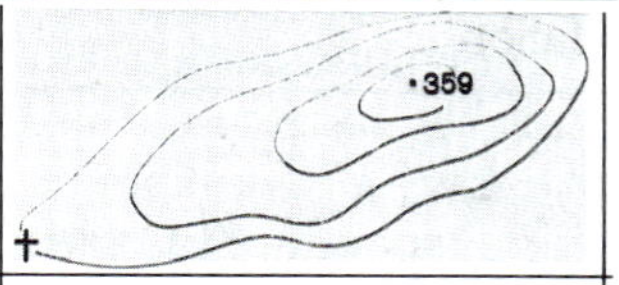
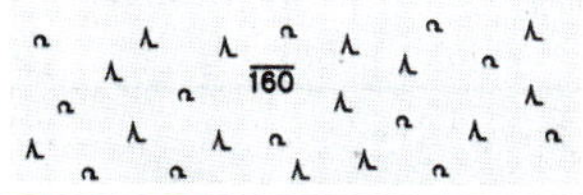	Angenäherte Wipfelhöhe von Bäumen (über Höhenbezugsfläche) *Approximate height of top of trees (above height datum)*	

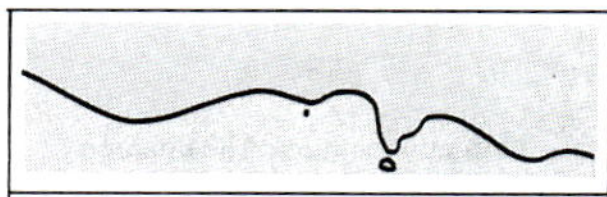	Küstenlinie, vermessen *Coastline, surveyed*	
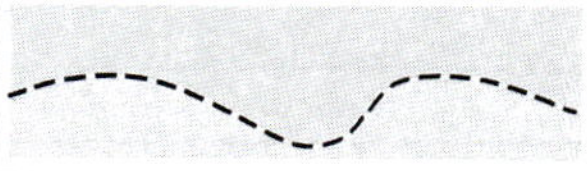	Küstenlinie, nicht vermessen *Coastline, unsurveyed*	
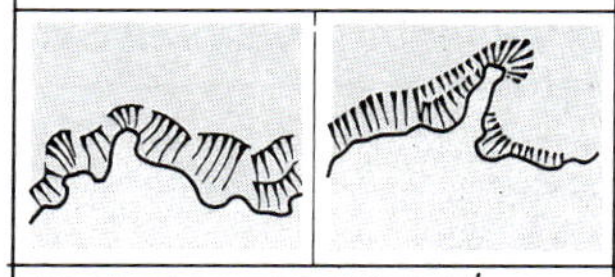	Steilküste, felsige Steilküste, Felsen *Steep coast, Steep coast with rock cliffs, Cliffs*	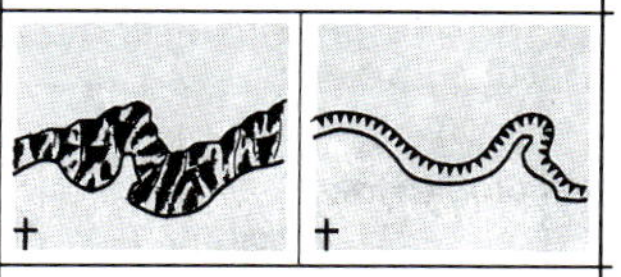
	Hügel *Coastal hillocks*	
	Flachküste *Flat coast*	
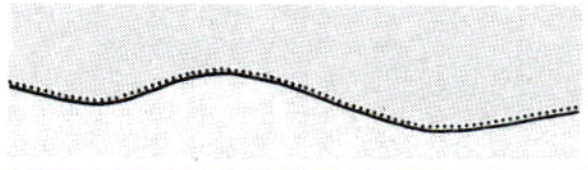	Sandküste *Sandy shore*	
	Steinküste, Kiesküste *Stony shore, Shingly shore*	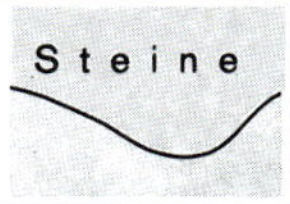
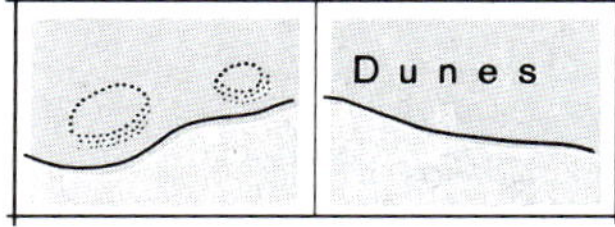	Sandhügel, Dünen *Sandhills, Dunes*	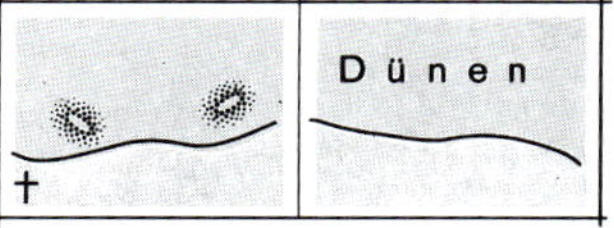

Die deutschen Bezeichnungen finden sich in deutschen Seekarten, die noch nicht auf internationale Bezeichnungen umgestellt worden sind. Die englischen Bezeichnungen sind in den umgestellten deutschen Seekarten und in den internationalen Seekarten enthalten.

Angaben in der Seekarte

Eine schwierige, doch unumgängliche Aufgabe in der Navigation ist es, Angaben, Zeichen oder Symbole in der Seekarte mit der Wirklichkeit in Einklang zu bringen. Ein Leuchtfeuer beispielsweise, das in der Dunkelheit am Horizont ausgemacht wird, sagt dem Navigator nicht viel, wenn es ihm nicht gelingt, dieses Leuchtfeuer in der Seekarte zu identifizieren. Nicht einmal der Schluß, daß dort drüben Land ist, ist meist richtig, denn das Feuer könnte auf einer kleinen Insel stehen, oder es befindet sich – sehr selten – weit landeinwärts, und der Skipper sitzt schon halb auf den Klippen. Erst wenn das Feuer in der Karte mit Hilfe seiner *Kennung* gefunden wird, kann es angepeilt und daraus unter Umständen ein sicherer Schiffsort gefunden werden.
Eine Seekarte ohne Interpretation ergibt kein wirkliches Bild von der natürlichen Umgebung. Gleichgültig, ob es sich um Navigationshilfen handelt, die von Menschenhand in die Landschaft gesetzt wurden, oder um topographische Gegebenheiten – in der Seekarte werden ausschließlich symbolhafte Darstellungen verwendet. Damit die Tonnen, Leuchtfeuer, Untiefen, Wracks, Feuerschiffe, Funkfeuer, Kirchen oder auch Bergspitzen „gelesen" werden können, benötigt der Navigator unbedingt ein Verzeichnis der Symbole und Abkürzungen. Für deutsche und internationale Seekarten ist das die Karte 1 (INT 1) des Bundesamtes für Seeschiffahrt und Hydrographie (BSH).

Die Karte 1 (INT 1) muß an Bord eines jeden Schiffes sein, auf dem mit deutschen Seekarten gearbeitet wird.

Die Karte 1 enthält alle in deutschen Seekarten gebräuchlichen Abkürzungen und Symbole. Nachdem deutsche Seekarten im Laufe der Zeit auf internationale (englische) Bezeichnungen umgestellt werden, ist die Karte 1 zweisprachig, nämlich englisch und deutsch. Es wird noch circa zehn Jahre dauern, bis die schrittweise Umstellung aller deutschen Seekarten abgeschlossen ist, weil Änderungen nur bei Neuauflagen vorgenommen werden. Besonders bei deutschen Seekarten, die nichtdeutsche Gewässer abdecken, werden Neuauflagen durch das BSH nicht sehr häufig vorgenommen.
Beiliegende Übungskarte von den Gewässern um Mal-

130 Maritimes IALA-Betonnungssystem — *IALA Maritime Buoyage System*

AISM Association Internationale de Signalisation Maritime
IALA International Association of Lighthouse Authorities

Das IALA-System wird bei allen festen und schwimmenden Seezeichen angewandt mit Ausnahme von Leuchttürmen, Sektorenfeuern, Richtfeuern, Richtmarken, Feuerschiffen und Lanbys.
Standard-Tonnenformen sind Stumpftonne, Spitztonne, Kugeltonne, Bakentonne, Spiere. Abweichend davon: Leuchtfloß.
In den folgenden Darstellungen sind die Standardformen verwendet. Bei festen Baken (beleuchtet oder unbeleuchtet) ist die Form des Toppzeichen von hervorgehobener Bedeutung.

Where in force, the IALA System applies to all fixed and floating marks except lighthouses, sector lights, leading lights and leading marks, light-vessels and lanbys. The standard buoy shapes are cylindrical (can), conical, spherical, pillar, and spar, but variations may occur, for example: light-floats.
In the illustrations below, only the standard buoy shapes are used. In the case of fixed beacons (lit or unlit) only the shape of the topmark is of navigational significance.

130.1 Laterale Zeichen (Seitenbezeichnung)

markieren festgelegte Fahrwasser. Es gibt die IALA-Betonnungsregionen „A“ und „B“, in denen sich die lateralen Zeichen unterscheiden.

Lateral marks are generally for well-defined channels. There are two international Buoyage Regions – A and B – where Lateral marks differ.

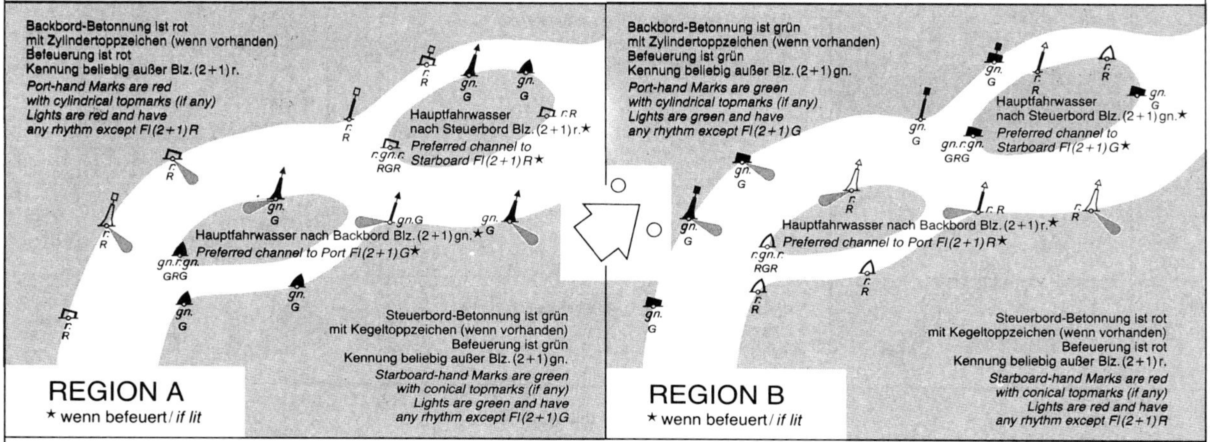

Hauptfahrwasser-Tonnen können auch Baken- oder Spierentonnen sein. Alle Tonnen, die die Abzweigung eines Nebenfahrwassers bezeichnen, haben waagerechte farbige Bänder.
Wenn eine Verwaltung in besonderen Fällen meint, keine grüne Tonnenfarbe benutzen zu können, kann schwarz verwendet werden.
A preferred channel buoy may also be a pillar or a spar. All preferred channel marks have horizontal bands of colour.
Where for exceptional reasons an Authority considers that a green colour for buoys is not satisfactory, black may be used.

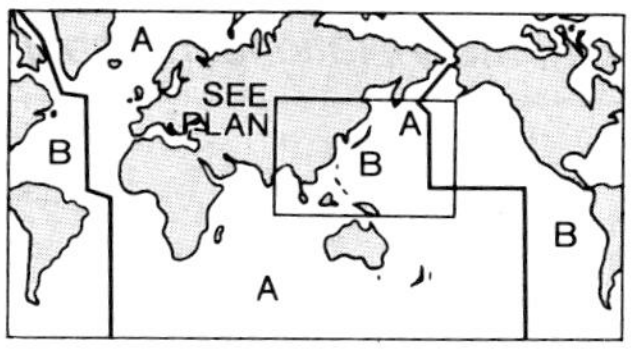

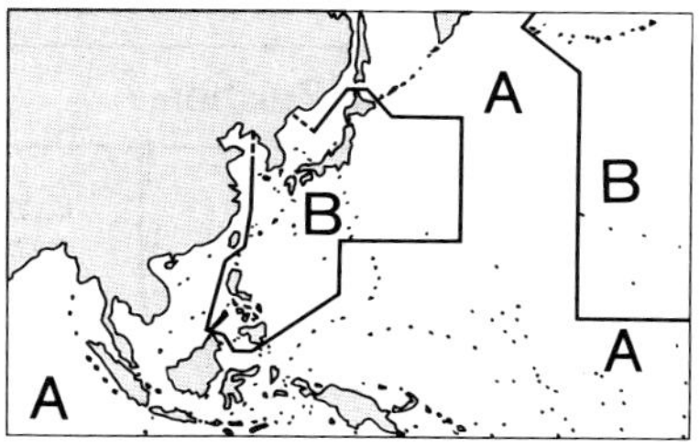

IALA-Betonnungsregionen A und B
IALA Buoyage Regions A and B

130.2 Betonnungsrichtung

Unter der „festgelegten Betonnungsrichtung“ versteht man entweder die Hauptrichtung bei der Ansteuerung eines Hafens, Flusses, einer Flußmündung oder anderen Wasserstraße von See kommend oder die von der zuständigen Behörde ggf. in Abstimmung mit den Nachbarländern festgelegte Richtung. Prinzipiell soll sie im Uhrzeigersinn um Landmassen herum verlaufen.

Direction of Buoyage

The direction of buoyage is that taken when approaching a harbour from seaward or, along coasts, the direction determined by buoyage authorities, normally clockwise around land masses.

Zeichen zeigt die Betonnungsrichtung an. Die Anwendung erfolgt dort, wo die Betonnungsrichtung nicht eindeutig ist.
Symbol showing direction of buoyage where not obvious.

Darstellung der Betonnungsrichtung in Karten mit mehrfarbigem Feuerkolorit.
Symbol showing direction of buoyage on multicoloured charts.

Betonnungssystem nach der Karte 1 (INT 1) des BSH.

lorca, Nr. 676, wird zum Beispiel erst Mitte der neunziger Jahre umgestellt. Die Unterschiede werden auch nicht sehr erheblich sein. So wird dann zum Beispiel beim Leuchtfeuer von El Toro an der Südseite von Mallorca statt „Blz. 3 s 11 sm“ stehen: „Fl. 3 s 11 M“. Nachdem also die deutsche Karte 1 bereits auch alle internationalen Bezeichnungen enthält, muß – im Gegensatz zu früher – auch beim Einsatz von englischen oder den beliebten amerikanischen Karten kein weiteres Abkürzungsverzeichnis wie zum Beispiel die englische CHART 5011 oder die amerikanische Chart 1 an Bord sein. Bei Benutzung anderer ausländischer Seekarten, die mit der Umstellung auf internationale Bezeichnungen noch weit mehr hinterherhinken, sollten das entsprechende nationale Abkürzungsverzeichnis und ein Lexikon der Landessprache an Bord sein.

Natürliche Landmarken

Im Gegensatz zu den künstlichen Navigationshilfen können natürliche Landmarken (zu denen auch auffällige Bauwerke gezählt werden) bei der Navigation nur sehr selten eingesetzt werden. Meistens ist es nämlich nicht möglich, mit der notwendigen Sicherheit eine Identifizierung dieser Landmarken mit den Eintragungen in der Seekarte zu erzielen. Eine nach Karte 1 (INT 1) auffällige Kirche beispielsweise kann in den letzten Jahren längst von auffälligen Hochbauten so in den Hintergrund gedrängt worden sein, daß sie kaum noch wahrgenommen wird. Bei der Bauwut in aller Welt kann auch mit dem nach Seekarte angeblich freistehen Gebäude nur dann navigiert werden, wenn irgendwelche Zweifel ausgeschlossen sind.
Berge sind wegen der perspektivischen Verzerrung von See aus nur dann unmißverständlich, wenn sich in der Nachbarschaft keine weiteren Gipfel befinden. Angaben über die Beschaffenheit der Küste (Flachküste, Steilküste, Steinküste, Sandhügel usw.) sind zum Zwecke der Navigation nahezu unbrauchbar. Sie erfüllen in der Seekarte fast ausschließlich Warnfunktion. Trotzdem wird dem Anfänger dringend geraten, bei seinen ersten Übungstörns mit der Seekarte in der Hand die Übereinstimmung von Natur und Karte laufend zu kontrollieren.

Künstliche Navigationshilfen – Tonnen und Leuchtfeuer

Tonnen

Tonnen erfüllen immer zwei Funktionen. Einerseits sind sie entweder Fahrwasser- oder Untiefenbezeichnungen, können aber auch sonstige Sonderbedeutungen haben (Sperrgebietstonnen, Reedetonnen, Kennzeichnung von Warnstellen). Diese Funktionen sind ausführlich beschrieben in der Seeschiffahrtsstraßen-Ordnung. In jedem Fall sind Tonnen immer wertvolle Navigationshilfen. Ganz selten nämlich ist es sonst in der Navigation möglich, aufgrund einer einzigen Eintragung in der Seekarte seinen Schiffsort bestimmen zu können. Alle Tonnen, die Sonderfunktionen erfüllen, eignen sich zur Navigation. Meist ist die Identifizierung der Tonne einfach. Am primitivsten geht es mit ihrer Aufschrift, die in gut betonnten Fahrwassern (Ostsee und Nordsee) mit Hilfe des Fernglases (empfehlenswerte Stärke: 7 × 50) bereits in einer Entfernung von mehreren hundert Metern ausgemacht werden kann. Falls die Aufschrift unleserlich ist, ist ein sicheres Erkennen der Tonne auf größere Entfernung auch aufgrund des Toppzeichens (Seekarte!) und möglicherweise an der Farbe möglich. Hier ist allerdings Vorsicht geboten. Besonders in rauhen Gewässern blättert die Farbe schnell ab und erweckt den Eindruck, es handle sich um eine rote Tonne. Empfehlenswert ist es, bei der Identifizierung einer Tonne immer die ganze Umgebung der Tonne auf der Seekarte zu prüfen. Wenn beispielsweise in der Nähe eine zweite zu sehen sein müßte, versuche man unter

Tonnen geben durch ihre Aufschrift meist unmittelbar eine Schiffsposition.

allen Umständen, diese zweite auszumachen, bevor man allzu sicher wird.
In der Seekarte ist die genaue Position der Tonne durch einen kleinen Kreis im Symbol der Tonne dargestellt. Navigiert man mit Hilfe von Seezeichen, ist es ein Muß, daß sich der Skipper vergewissert, ob die Seekarte neueren Datums und ob sie berichtigt ist.

Schwimmende Seezeichen sind tonnenschwere Gebilde. Eine Kollision mit ihnen könnte für eine Yacht folgenschwer sein.

Leuchtfeuer

Es gibt viele Skipper, die in schwierigen Gewässern Nachtfahrten bevorzugen, weil ihnen die Kennung eines Leuchtfeuers unmißverständlich einen Punkt auf der Seekarte zeigt. Grundsätzlich enthalten Seekarten ausreichenden Maßstabs alle notwendigen Details, um ein Leuchtfeuer navigatorisch verwerten zu können.
Immer wird symbolisch (oder ausgedruckt) die Kennzeichnung angegeben sein. Besonders bei Leuchtfeuern ist es wichtig, die Bedeutung der Symbole in der Karte 1 (INT 1) im Abschnitt „P" nachzulesen, wenn Zweifel auftreten. In der Seenavigation werden zwei Arten von Feuern unterschieden: Festfeuer und Taktfeuer.
Festfeuer/Fixed (F./F): weißes oder farbiges Licht von gleichbleibender Stärke und Farbe. Sie werden vor allem in der Nähe von Häfen verwendet.
Taktfeuer geben dem Navigator durch ihre Kennung die Möglichkeit zu ihrer Identifizierung. Man unterscheidet bei den Kennungen:
Unterbrochenes Feuer/Occulting (Ubr./Oc): Beim unterbrochenen Feuer werden weiße oder farbige Scheine durch Verdunkelungen unterbrochen, die kürzer sind als die Scheine. In einem Sonderfall (Gleichtaktfeuer/Isophase = Glt./Iso) werden Scheine mit Verdunkelungen gleicher Zeitdauer unterbrochen. Ansonsten werden Scheine von zwei bis vier Unterbrechungen abgelöst (beispielsweise Ubr. [2]/Oc [2]).
Blinkfeuer/Long-flashing (Blk./LFl): Ein Blink ist grundsätzlich kürzer als die Verdunkelung. Er ist mindestens zwei Sekunden lang. Auch bei Blinkfeuern finden sich gruppenförmige Anordnungen der Blinke in Zweier-, Dreier- oder Vierer-Blinke (beispielsweise Blk. [2]).
Blitzfeuer/Flashing (Blz./Fl): Ein Blitz ist ein Aufleuchten von höchstens einer Sekunde Dauer (nach deutscher Definition), wobei der Blitz ähnlich wie beim Blinkfeuer immer kürzer als die Verdunkelung ist. Auch beim Blitzfeuer werden weitere Unterscheidungen durch Blitzgruppen vorgenommen.
Funkelfeuer/Quick (Fkl./Q): Hierbei werden schnell aufeinanderfolgende Lichterscheinungen (50 oder 60 in der Minute) entweder von sehr kurzen lichtfreien Intervallen oder auch zusätzlich von längeren Unterbrechungen abgelöst (Fkl. Fkl. unt./IQ = Interrupted quick).
Schnelles Funkelfeuer/Veryquick (SFkl./VQ): Sehr schnelle aufeinanderfolgende Lichterscheinungen (100 oder 120 in der Minute) mit dauerndem schnellen Funkeln oder mit Gruppen von drei oder neun schnellen Funkeln oder mit Gruppen von sechs schnellen Funkeln und einem Blink.

Leuchtfeuer bei Gibraltar

Morsefeuer/Morse code (Mo.[k]/Mo[k]): Senden eine Kennung in Morsebuchstaben aus (heute nahezu weltweit nicht mehr vorhanden).

Zur Identifizierung eines Leuchtfeuers muß immer eine Stoppuhr benutzt werden.

Im Leuchtfeuerverzeichnis ist die Zeitdauer für die Wiederkehr besonders wichtig. Die Wiederkehr ist die Zeit vom Eintritt einer bestimmten Lichterscheinung bis zum Wiedereintritt derselben Erscheinung.
In den Seekarten werden Kennungen symbolhaft durch Feuerkreise bezeichnet. Die Bedeutung der Feuerkreise ergibt sich – wenn die Kennung nicht mit Buchstaben ausgezeichnet ist – aus der Karte 1 (INT 1).

44 **Spanien — Balearen/Isla de Menorca**

Nummer Int. Nr.	**Name** Feuerträger (Höhe über Erdboden) Breite: N Länge: O	**Kennung-Wdk.,** Zeitmaße • Sektoren • Bemerkungen	**Tw. (Sw.) sm,**	**Höhe**
04580 E 0342	**Cabo Dartuch** schwarz-weiß waagerecht gestreifter Turm (35 m), auf dem SW-Ende der Insel 39° 55′ 3° 49′	**Blz. (3)-10^{s}** 0,2+(1,8)+0,2+(1,8)+0,2+(5,8)^{s}	**32 (18) sm**	**45 m**
	Puerto de Ciudadela s. Nr. 04960			
04620 E 0366	**Isla del Aire** schwarz-weiß waagerecht gestreifter Turm mit weißem Wärterhaus (37 m), vor dem SO-Ende der Insel 39° 48′ 4° 18′	**Blz.-5 s** 0,2+(4,8)^{s} **F. r.** (Warn-F.) auf einem Funkmast (106 m), etwa 1,9 sm NW-lich	**30 (20) sm**	**53 m**
	Puerto de Mahon:			
04640 E 0354	**— Punta de San Carlos** schwarz-weißer, gestreifter, runder	**Ubr. (4)-15^{s}** (1,2)+1 [illegible] +(1,2)+1,3	**20 (16) sm**	**31 m**

Im Leuchtfeuerverzeichnis sind die Daten für die einzelnen Feuer angegeben. Die Beschreibung der Feuerträger ist für die Navigation untertags wichtig.

Tiefen- und Höhenangaben in der Seekarte

Gleichgültig, ob wir einen Kielschwerter oder ein tiefgehendes Schiff zu navigieren haben: Die Tiefenangaben werden in der Seekarte immer eine besondere Rolle spielen. Grundsätzlich sind in Karten neueren Datums, gleich welcher Nationalität, Wassertiefen immer in Meter angegeben. Vorsicht ist lediglich bei älteren englischen Seekarten geboten, wo die Tiefen immer noch in Faden (= 1,83 m) eingetragen sind. Besonders in flachen Gewässern ist peinlich darauf zu achten, ob es sich um Tiefenangaben oder um Höhenangaben handelt. In deutschen Seekarten werden die Tiefen durch Zahlen dargestellt, die sich leicht nach rechts neigen und die ganzen Meter bedeuten. Demgegenüber werden Höhenangaben in Meter in senkrecht stehenden Zahlen dargestellt. In englischen Seekarten werden die Höhen oftmals in Fuß angegeben.
Es ist ganz wichtig – besonders in Tidengewässern –, sich in der Seekarte beziehungsweise in der Karte 1 (INT 1) immer wieder zu vergewissern, auf welches *Kartennull* die Tiefe sich bezieht. In ausländischen Seekarten finden sich hierzu fast immer genaue Angaben. Bei deutschen Seekarten entspricht das Kartennull dem örtlichen mittleren Springniedrigwasser und bei der tidenfreien Ostsee dem Mittelwasser.
Wertvolle navigatorische Hinweise, insbesondere für die Schiffsortbestimmung mittels Lotungen, erhält der Navigator durch die Tiefenlinien, die sich praktisch aus jeder Seekarte von selbst ergeben. Eine Tiefenlinie bedeutet die Tiefe, die zwischen den Lotungsangaben links von der Linie und denjenigen rechts von der Linie liegt. Es ist nicht ratsam, sich die gebräuchlichen Symbole für die Tiefenlinien einzuprägen, weil sie auf Seekarten anderer Nationalitäten durchaus variieren können.

Welche Seekarten sind empfehlenswert?

Grundsätzlich sollten immer diejenigen Seekarten benutzt werden, die vom Land des betreffenden Fahrtgebietes herausgegeben werden. Selbst das gründliche Bundesamt für Seeschiffahrt und Hydrographie (BSH) beispielsweise ist nicht in der Lage, für ein portugiesisches Fahrtgebiet seine deutschen Seekarten so schnell auf dem laufenden zu halten wie eben Portugal. Befährt man allerdings Gebiete, für die keine Seekarten vom jeweiligen Land selbst existieren, so ist es vielfach Geschmackssache, welcher Seekarten man sich bedient.
Die persönliche Meinung des Autors hierzu: Wenn man wegen der sprachlichen Schwierigkeiten nicht grundsätzlich deutsche Seekarten benutzt, entscheide man sich schon aus Kostengründen für die englischen. Der wesentliche Unterschied zwischen englischen und amerikanischen Seekarten besteht darin, daß die englischen unabhängig vom Maßstab fast immer ausreichend genaue Details enthalten, dementsprechend aber auch schwer zu lesen sind. Amerikanische Seekarten empfindet der Autor als besonders übersichtlich und präzise, doch ist hier dann erhöhte Vorsicht geboten, wenn nicht sämtliche Seekarten des betreffenden Gebietes, also auch keine Detailkarten, zur Verfügung stehen. Werden Törns in entferntere Gewässer geplant, so vergewissere sich der Navigator bei der Planung aus entsprechendem Schrifttum (beispielsweise Veröffentlichungen der Seven Seas Cruising Association oder des deutschen Trans-Ocean-Clubs), welche Seekarten besonders empfehlenswert seien. So sind beispielsweise

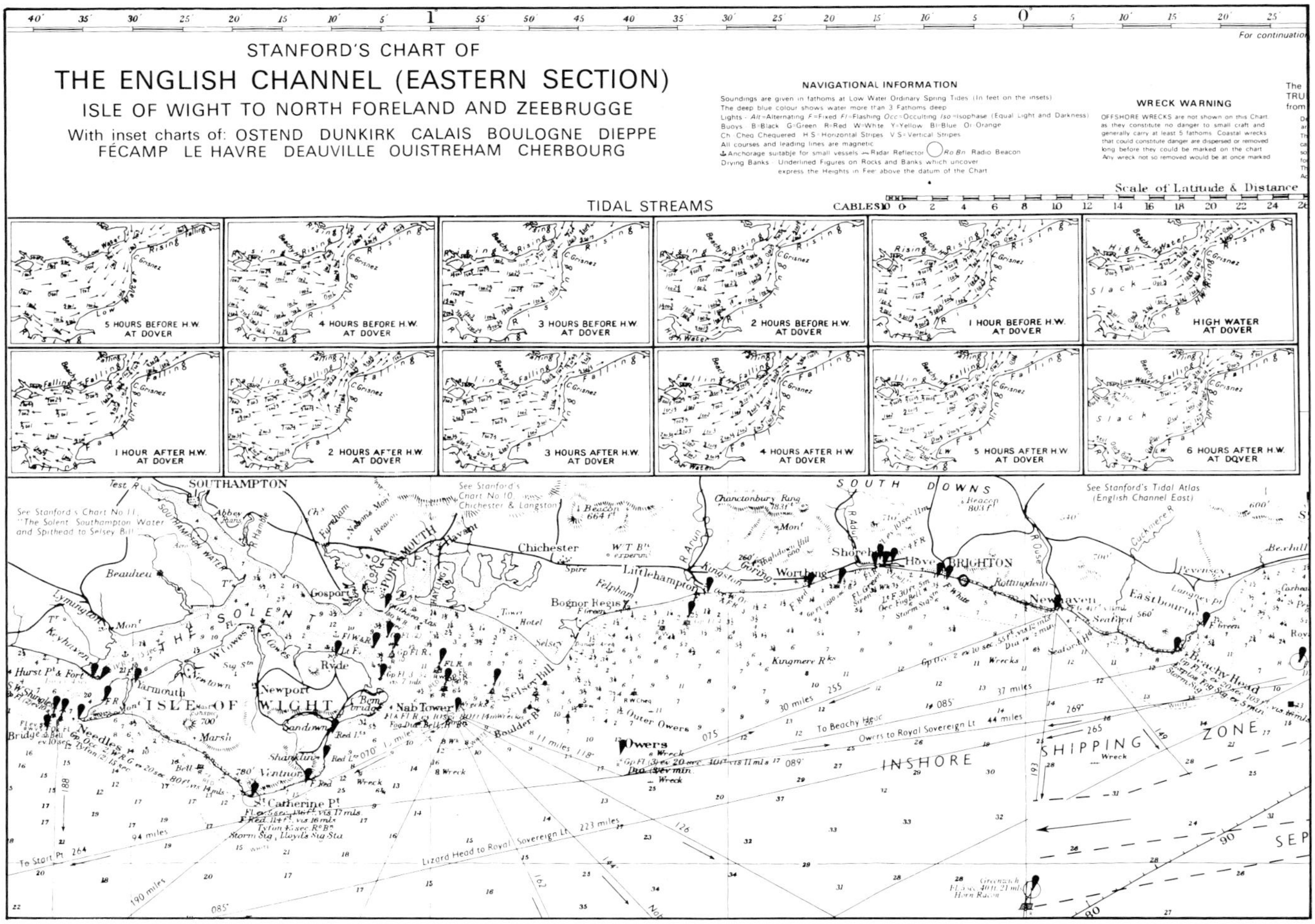

In englischen Spezialkarten für die Sportschiffahrt finden sich zahlreiche Zusatzinformationen – vor allem für die Kleinschiffahrt.

die amerikanischen von den Galapagosinseln den englischen von diesem Gebiet weit überlegen, während es in den ehemals englischen Kolonialgebieten meistens eher umgekehrt ist. Für die Tuamotus gibt es dagegen nur gute französische Karten.

Es ist leicht, die Forderung aufzustellen, immer Seekarten neuesten Datums zu benutzen. Es wird aber darauf hingewiesen, daß selbst diese Karten unter Umständen nicht auf dem laufenden sein müssen.

Der Autor selbst hat die Erfahrung gemacht – ohne hierfür allerdings garantieren zu wollen –, daß in den meisten Gebieten der Erde auch mit sogenannten veralteten Karten ganz gut zurechtzukommen ist. Dies gilt jedoch nicht für vielbefahrene Gebiete, wo der Navigator auf künstliche Seezeichen angewiesen ist.

Spezielle Karten für Sportschiffahrt

In zahlreichen Ländern, besonders in England und in Frankreich, gibt es Seekarten eigens für die Sportschiffahrt. Diese Karten sind von großem praktischem Wert. Sie ersetzen ohne weiteres die offiziellen Seekarten. Insbesondere enthalten sie Eintragungen, die speziell für den Skipper einer kleinen Yacht von Bedeutung sind, während andererseits Angaben für die Großschiffahrt entsprechend vernachlässigt und dadurch die Karten übersichtlicher gestaltet werden können. Auf der Rückseite oder am Kartenrand sind meistens noch weitere für die Sportschiffahrt wichtige Informationen angegeben, wie beispielsweise Umrechnungstabellen oder auch Angaben über Gezeiten, Leuchtfeuer und Funkfeuer. Mit diesen Spezialkarten erspart sich der Navigator die Anschaffung weiterer teurer und ansonsten notwendiger Literatur. Ein Beispiel dafür sind die *Stanford's Coloured Charts for Coastal Navigators* (siehe Abbildung oben).

Für die deutschen Nord- und Ostseegewässer geben das BSH und der N.V.-Verlag Bootssportkarten heraus.

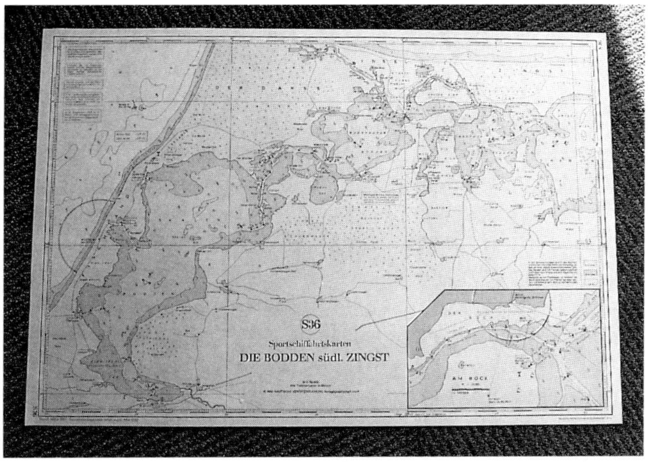

Spezielle Sportschiffahrtskarten sind für Yachten gelegentlich zweckmäßiger, weil auf die speziellen Bedürfnisse kleiner Boote besser Rücksicht genommen wird. Durch Weglassen von Details, die die Sportschiffahrt nicht interessieren, werden die Karten übersichtlicher. Das Format ist handlicher.

Weitere notwendige Navigationsliteratur

Seehandbücher

Zusätzlich zur Seekarte sollte ein entsprechendes Handbuch für das betreffende Fahrtgebiet an Bord sein. Leider werden die meisten offiziellen Seehandbücher so selten neu aufgelegt, daß viele der darin enthaltenen Informationen, wie die Strömungsverhältnisse, die empfohlenen Fahrtrouten, die die besonderen navigatorischen Schwierigkeiten usw. berücksichtigen, selten den Gegebenheiten entsprechen. Meistens werden sie mit einem Stoß Korrekturen (sogenannten Nachträgen) geliefert, wobei der Navigator sich bei der Törnvorbereitung dazu überwinden sollte, die Korrekturen einzuordnen, auch wenn das eine ärgerliche Fleißarbeit ist. Bei Benutzung der offiziellen Seehandbücher ist zu bedenken, daß sie eigentlich für die Großschiffahrt gedacht sind. Wenn dort also von einem Ankerplatz „nur für kleine Schiffe" die Rede ist, so kann es durchaus geschehen, daß der Skipper auf dem Platz ein paar Kümos mit 1000 t vorfindet.

In den letzten Jahren wurden immer mehr Handbücher speziell für Yachtsegler geschrieben, von denen wir selbstverständlich gern Gebrauch machen. Nahezu alle europäischen, amerikanischen und westindischen Gewässer sind bereits davon abgedeckt. Natürlich ist es am besten, jeweils auch das offizielle Handbuch mitzuführen. Wenn der Sportskipper allerdings vor der Wahl steht, sich für eins von beiden entscheiden zu müssen, so greife er nach dem Handbuch für Yachten. Allerdings darf hierbei nicht übersehen werden, daß im Vergleich zu den Veröffentlichungen des Bundesamtes für Seeschiffahrt und Hydrographie (BSH) diese Handbücher für die Sportschiffahrt von mehr oder weniger fleißigen Amateuren erstellt worden sind, die als Autoren oft nicht einmal die Möglichkeit hatten, alle in ihrem eigenen Buch angeführten Details auch tatsächlich nachzuprüfen.

Die Südküste von Isla de Menorca. Die zwischen Punta Mabres und Cabo Dartuch etwa 23 sm lange, meist steil abfallende, aber nur stellenweise hohe Südküste von Isla de Menorca ist nur wenig gegliedert. Einige Klippen und Untiefen liegen dicht unter Land. Häfen sind nicht vorhanden. Dicht landeinwärts zieht sich ein in der Mitte bis zu 136 m ansteigender Höhenrücken hin, der den unter dieser Küste ankernden Schiffen bei ablandigen Winden guten Schutz bietet. Die 20-m-Linie nähert sich dem Land überall auf 1 bis 4 Kblg Abstand (Ansicht **75** und **76**, S. 229).

Von Punta Mabres bis Punta Binibeca dehnt sich die felsige, steil abfallende Küste etwa 2 sm westwärts aus. Mehrere unbedeutende Buchten dringen in diese Küste ein. Der Wachtturm mit der Signalstelle *El Torret* steht auf einem 73 m hohen Hügel etwa 1 sm NO-lich von Punta Binibeca.

Bajo Es Caragol, eine überwaschene, nicht immer an Brandung kenntliche Untiefe, liegt südlich des Signalturms El Torret etwa 2 Kblg vor der Küste. Zwischen Bajo Es Caragol und dem Land ist 7 m und dicht südlich der Untiefe 20 m Wassertiefe.

Der Los Esquexos-Ankerplatz (39° 48′ N, 4° 16′ O) vor der Küste zwischen Punta Binibeca und der Westhuk von Isla del Aire bietet bei ablandigen Winden guten Schutz. Man ankert so dicht wie möglich unter Land, muß aber Bajo Es Caragol meiden.

Von Punta Binibeca bis Cala Santa Galdana ist die Küste zunächst niedrig und steil abfallend. In ihrer Mitte steigen die Küstenabhänge, auf denen etwa $6\frac{1}{2}$ sm NW-lich von Punta Binibeca der auffällige *Torre Nueva* steht, bis zu 80 m Höhe an. Nur mit genauer Ortskenntnis kann in die Buchten in diesem Küstenabschnitt eingelaufen werden (Ansicht **75**, Seite 229).

Gute A n k e r p l ä t z e und guten Schutz bei nördlichen Winden finden Küstenschiffe überall unter dieser Küste in 4 bis 5 Kblg Abstand auf 20 bis 30 m Wasser.

In *Cala Covas* und *Cala Porté,* $1\frac{1}{2}$ bzw. $\frac{1}{2}$ sm SO-lich von Torre Nueva suchen Fischerfahrzeuge bei ablandigen Winden gelegentlich Schutz. In der Nähe dieser beiden Buchten steigen die Küstenabhänge bis zu 70 m Höhe an.

Cala de Santa Galdana (39° 56′ N, 3° 57′ O), die geräumigste und beste Bucht an der Südküste von Isla de Menorca, ist etwa 300 m breit und hat im Scheitel einen schönen Sandstrand. Kleine Küstenfahrzeuge finden gegenüber einer Höhle an der Ostküste der Bucht gute A n k e r - p l ä t z e auf 5 m Wasser, Grund Sand (Ansicht **76**, S. 229).

Von Cala de Santa Galdana bis Cabo Dartuch verläuft die zunächst hohe felsige und dann niedrige Südküste von Menorca noch etwa 6 sm in westlicher Richtung.

Cala Macarella und *Cala Turqueta* dringen etwa 1 bzw. 2 sm westlich von Cala de Santa Galdana nordwärts ein und werden nur gelegentlich von Fischereifahrzeugen aufgesucht. Dicht westlich von Cala Turqueta steigt das felsige Land bis zu 62 m Höhe an. *Torre del Truch* steht etwa 3 Kblg landeinwärts in 69 m Höhe über dem Meer (Ansicht **76**, Seite 229).

Punta de la Guardia springt $2\frac{3}{4}$ sm westlich von *Punta Gobernadó,* einer $\frac{1}{2}$ sm SW-lich von Torre del Truch aus der Küstenlinie herausragenden Huk, nur wenig südwärts vor. Im Scheitel von *Cala Bosch,* der kleinen Bucht dicht westlich der Huk landet ein U n t e r - w a s s e r k a b e l. Die Klippe *Laja de Espets* mit 1,6 m Wasser liegt etwa $1\frac{1}{2}$ Kblg OSO-lich von Punta de la Guardia.

Cabo Dartuch (39° 55′ N, 3° 49′ O), die SW-Huk von Isla de Menorca, ist niedrig und rein und fällt steil ab. Die 20-m-Linie nähert sich der Huk bis auf 200 m Abstand. Bei gutem Wetter können an beiden Seiten des Kaps Winde aus verschiedenen Richtungen wehen (Ansicht **76**, S. 229).

Beschreibung der Küste Menorcas im Seehandbuch des Bundesamts für Seeschiffahrt und Hydrographie (BSH).

Zahlreiche Gebiete werden nun auch von deutschsprachiger Literatur abgedeckt. Seit vielen Jahren werden diese speziellen Handbücher im Delius Klasing Verlag und bei Edition Maritim immer wieder verbessert und aktualisiert. Sie sind verläßlich. Man bedenke aber, daß immer eine gewisse Zeit von der Veränderung in den Gebieten bis zur Neuauflage vergeht. Vorsicht ist also am Platze – wie bei allen nautischen Unterlagen.

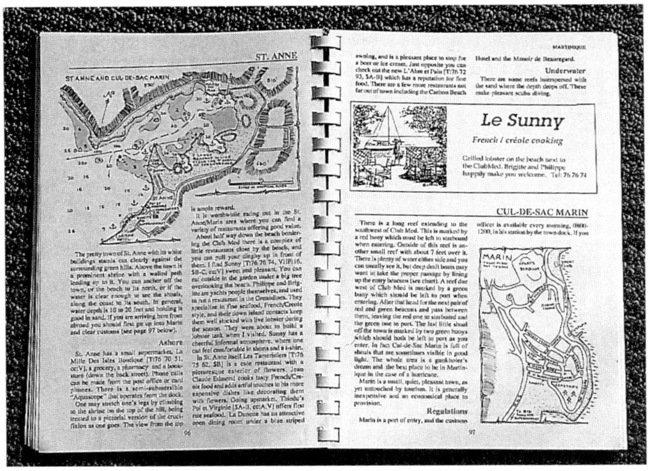

In bestimmten Revieren, die erst seit ein paar Jahren auch von deutschen Yachten stark frequentiert werden, kann es zweckmäßig sein, auf französische oder englische Handbücher für Yachten zurückzugreifen, weil von Seglern aus diesen Nationen meist schon jahrzehntelange Erfahrungen vorliegen. Freilich – die Fremdsprache sollte man dazu beherrschen, sonst kommt es nur zu Mißverständnissen.

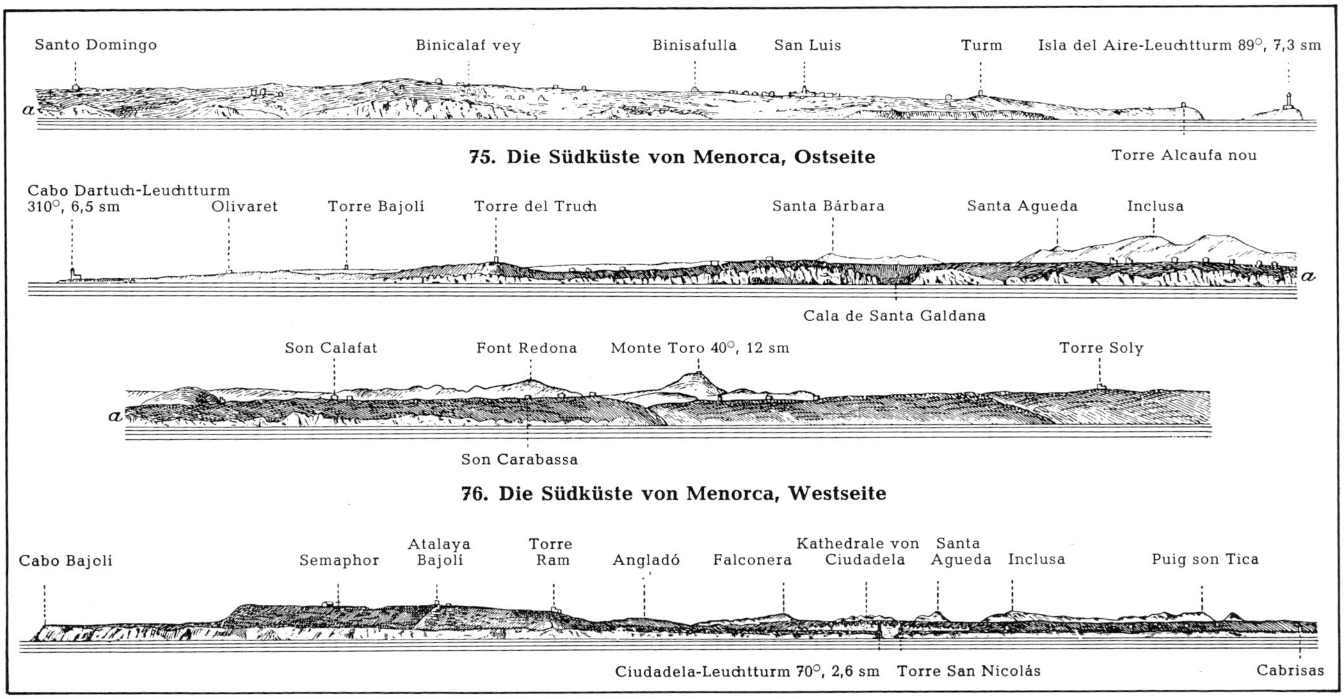

Nur selten gelingt in der Praxis eine klare Identifizierung der Küstensilhouette mit jener, die im Seehandbuch abgebildet ist.

Das Leuchtfeuerverzeichnis

Das Leuchtfeuerverzeichnis ist neben der Seekarte die wichtigste Unterlage. Für vielbefahrene Gewässer muß es – auch wenn es noch so mühsam ist – mit Hilfe der Nachträge auf den neuesten Stand gebracht werden. Leuchtfeuerverzeichnisse enthalten nicht nur die Kennung der Leuchtfeuer, sondern insbesondere Angaben über ihre Trag- beziehungsweise Sichtweite. Von besonderem Wert ist die Beschreibung der Feuerträger (Form, Farbe, Höhe, Standort und geographische Lage), so daß die Feuer auch am Tage für den Navigator ein überaus wertvolles Navigationshilfsmittel sind.

Gezeitentafeln

Die Gezeitentafeln müssen bei Fahrten in Tidengewässern für das betreffende Jahr an Bord sein. Im Mittelmeer sind sie wegen der geringen Gezeitenunterschiede nicht notwendig.

Der Nautische Funkdienst Band II (Funkortung)

Der Nautische Funkdienst Band II beziehungsweise der Jachtfunkdienst ist immer dann erforderlich, wenn mit Hilfe von Funkpeilungen navigiert wird. Näheres siehe dort.

Reed's Nautical Almanac

Dieses englische Handbuch nimmt eine Sonderstellung ein. Es ist bedauerlich, daß es hierzu kein deutschsprachiges Gegenstück gibt. Reed's Nautical Almanac enthält für englische Gewässer praktisch alle Angaben, die für den Sportschiffer interessant sind. Er erscheint jährlich und begnügt sich nicht nur mit Unterlagen für die terrestrische oder Funknavigation, sondern gibt auch in etwas vereinfachter Form die Gestirnsdaten für das jeweilige Jahr für die astronomische Navigation an. In den vom Reed's Nautical Almanac abgedeckten Gewässern (im wesentlichen englische Gewässer und Deutsche Bucht sowie Atlantikküste bis Gibraltar) braucht der Sportskipper neben den Seekarten keine weitere Literatur mehr an Bord zu haben.

Reed's Mediterranean Almanac

Das Pendant zum „Reed's Nautical Almanac", jedoch für das gesamte Mittelmeer.

Seit einigen Jahren gibt es „den Reed's" auch für das Mittelmeer.

Macmillan & Silkcut Nautical Almanac

Er ist auf die Belange der Sportschiffahrt besonders gut eingestellt. Sein Bereich erstreckt sich von der Deutschen Bucht westlich der Elbe bis zu den Gewässern um Britannien und Irland und endet bei Quessant. Der „Macmillan" geht mehr ins Detail als der „Reed's".

Gesamtkataloge

Die Hydrographischen Institute geben jährlich einen Gesamtkatalog ihrer nautischen Unterlagen heraus, in dem neben allen Seekarten auch die sonstige offizielle nautische Literatur verzeichnet ist. Meist sind diese Gesamtkataloge sehr preiswert und vermitteln einen guten Überblick über die zur Verfügung stehenden Karten. Bei größeren Törns sind sie zur Törnplanung unentbehrlich.
Das BSH gibt jährlich das „Verzeichnis der nautischen Karten und Bücher" heraus (ca. 15 DM).

Vertriebsstellen

für Seekarten und nautische Veröffentlichungen des Bundesamtes für Seeschiffahrt und Hydrographie (BSH):

1000 Berlin 10
Nauticon Handels-GmbH, Kaiserin-Augusta-Allee 40, Tel.: 0 30/3 44 80 90

2000 Hamburg 11
Bade & Hornig GmbH, Herrengraben 31, Tel.: 0 40/37 48 11-0

2000 Hamburg 11
Eckardt & Messtorff GmbH, Rödingsmarkt 16, Tel.: 0 40/37 13 34

2000 Hamburg 73
Versandbuchhandlung K. Radtke & Sohn, Hohenkamp 30, Tel.: 0 40/6 47 22 50

2212 Brunsbüttel
Seekarten-International, Heye-F. Ukena, Postfach 1203, Tel.: 0 48 52/10 99

2242 Büsum
Fischer-Genossenschaft Büsum e.G., Alte Hafeninsel 17, Postfach 1113, Tel.: 0 48 34/25 00, 24 23

2300 Kiel 17
Nautischer Dienst, Kapt. Stegmann & Co., Maklerstraße 8, Postfach 8070, Tel.: 04 31/33 17 72, 33 23 53

2400 Lübeck-Travemünde
Buchhandlung W. Nitz oHG, Postfach 150220, Rose 2, Tel.: 0 45 02/28 68

2800 Bremen 1
„Seekarte", Kapt. Dammeyer, Korffsdeich 3, Tel.: 04 21/39 50 51/52

6232 Bad Soden
Verlag Rheinschiffahrt, Sperberstraße 25, Postfach 1325, Tel.: 0 61 96/2 88 66

8000 München 45
Leonhartsberger, Seekarten & Yachtzubehör, Marienbader Straße 12, Tel.: 0 89/3 11 00 50

8050 Freising
Medicon GmbH, Wiesenthalstraße 13, Tel.: 0 81 61/2 23 30/31

O-2300 Stralsund
Seemännisch-Technische Handelsgesellschaft mbH, Querkanal 4a, Tel.: 0 38 31/29 30 63 und 29 74 93

O-2540 Rostock-Überseehafen 40
Nautischer Dienst, Kapt. Stegmann, Niederlassung Rostock, Postfach, Tel.: 03 81/36 63 16 00

A-1010 Wien
Freytag-Berndt & Artaria, Kohlmarkt 9, Tel.: 1/5 33 20 94/95

A-6020 Innsbruck
Nebenstelle Wilhelm-Greil-Straße 15, Tel.: 0 52 22/2 51 30

A-1140 Wien
Chr. Bernwieser, Schanzstraße 15, Tel.: 1/95 51 66

2850 Bremerhaven
Datema GmbH, Am Seedeich 39, Tel.: 04 71/79 98 15

2980 Norden 2
M. Wagner, Yacht- u. Bootszubehör, Fischereihafen 5, Postfach 1106, Tel.: 0 49 31/8 13 00

4000 Düsseldorf-Hafen
Wassersport am Rheinturm Olbermann & Gulla GmbH, Kaistraße 11a, Tel.: 02 11/30 50 23

A-8101 Gratkorn
Paju-Nautik, Eiersberg-Fuchs, Kirchweg 24, Tel.: 0 31 24/2 32 91

A-8073 Feldkirchen
Nebenstelle Rudersdorfer Straße 212, Tel.: 03 16/29 14 35

CH-5042 Hirschthal
Cumulus/S. Ragoni, Hauptstraße 84, Tel.: 0 64/81 35 62

Welcher Kurs wird gesteuert?

Dies ist – so simpel das auch klingen mag – die wirklich einzige Frage, die der Navigator an Bord eines jeden Schiffes zu beantworten hat. Die gesamte Arbeit am Kartentisch, die Peilungen mit der Peilscheibe, das langwierige Ausrechnen von Zahlenkolonnen, das mühsame Nachschlagen in Nautischen Tafeln, das Studieren der Seekarte oder auch das Arbeiten mit modernsten Hyperbelortungsgeräten dient lediglich dazu, letztlich dem Rudergänger beispielsweise zu sagen: Steuere 297°!
Die Arbeit am Kartentisch – oder auch schon bei der Törnvorbereitung – wird immer damit beginnen, daß der Navigator aus der Seekarte den *Kartenkurs* herausliest. Segelt eine Yacht beispielsweise im Mittelmeer, wo im allgemeinen mit wenig Strom, ungefährlichen Wetterecken, rifflosen Tiefen und guter Sicht zu rechnen ist, wird er ganz einfach sein Kursdreieck auf die Schiffsposition A und durch den Zielort B legen und diesen Kurs, die kürzeste Verbindung, auch als Kartenkurs ansehen. Selbstverständlich ist dies nur dann möglich, wenn dazwischen keine Landmassen sind und die Segelyacht den Kurs überhaupt anliegen kann. Dies ist der einfachste Fall der Navigation, hat der Navigator doch lediglich noch den Kartenkurs so umzurechnen, daß er schließlich vom Steuermann mit Hilfe des Kompasses auch gehalten werden kann.
Eine solche Navigation mit „Kunst" zu bezeichnen, ist sicherlich übertrieben. Im allgemeinen geht auch nicht alles so glatt ab. Oft wird eine Luftlinie durch tiefes Fahrwasser vom Abfahrtsort zum Zielort gar nicht zu zeichnen sein, weil dazwischen Inseln oder Landmassen in den Kurs hineinragen. Dann muß der Navigator einen Kurs wählen, der gut frei von diesen gefährlichen Stellen führt. Kaum jemand wird so töricht sein, so einen Kurs nur wenige Meter neben die Huk zu legen, also die Ecke zu „schrammen", sondern wird für das Schiff einen gewissen Sicherheitsspielraum berücksichtigen. Dieser hängt davon ab, ob mit Stromversetzung, plötzlich sich verschlechternder Sicht usw. zu rechnen ist. Der vorsichtige Skipper wird immer mit allen konkreten Gefahrmomenten rechnen. Gerade dem Anfänger wird empfohlen, sich stets auf der sicheren Seite zu halten und sich nicht zu scheuen, eventuell von seinen ignoranten Mitseglern als ängstlich angesehen zu werden.
Bei Zielen, die jenseits des Horizonts liegen, also nicht sichtbar sind, können beim Kursabsetzen besonders leicht Fehler gemacht werden. Wenn beispielsweise 50 sm weit über offenes Meer auf eine eintönige Küste zugelaufen wird, so muß der Navigator von vornherein damit rechnen, daß der tatsächlich gesteuerte Kurs schon wegen Steuerfehlern nicht gehalten werden kann und er letztlich nicht an der vorausberechneten Stelle Land ausmachen kann. In diesem Fall wird der Skipper mit dem Fernglas die Küste immer und immer wieder vergeblich absuchen, um die Hafeneinfahrt zu finden. Schließlich wird er nicht wissen, ob die Hafeneinfahrt an Steuerbord oder an Backbord liegt, und es kommt einem Glücksspiel gleich, ob er nunmehr die Küste nach der einen oder nach der anderen Richtung absucht.
In einem solchen Fall ist es schon einfacher, *von vornherein* den Kurs nicht direkt auf die Hafeneinfahrt abzusetzen, sondern auf einen Punkt, der deutlich neben ihr liegt. Beim Insichtkommen der Küste wird der Skipper sie dann in der einzig möglichen Richtung abfahren und dort letzten Endes die Hafenmole entdecken.
Schließlich wird der Navigator auf einem Segelschiff sich auch nach dem Wind richten müssen, denn es gehört zum Wesen dieser Sportart, daß das Ziel – nach Möglichkeit – mit den natürlichen Antriebsmitteln erreicht wird: den Segeln. Daß ein im Wind liegendes Ziel nicht direkt angelaufen werden kann, sondern hierzu auch gekreuzt werden muß, liegt auf der Hand. Aber auch wenn der Wind zunächst scheinbar aus einer gün-

stigen Richtung weht, sollte sich der Navigator immer überlegen, mit welcher Wetterentwicklung zu rechnen ist. Wird er den Kurs wirklich bis zum Ende halten können, oder ist es zunächst besser, etwas „Reservehöhe“ zu gewinnen? Daß hierbei der Wetterbericht unmittelbar in die Navigation mit eingehen kann, ist selbstredend – zur „Kunst“ der Navigation gehört eben ein wenig mehr, als nur ein paar Kurse umzurechnen.
Bei Törns in Küstengewässern oder auch in tidenlosen Reviergewässern allerdings wird die Arbeit des Navigators bei der richtigen Kurswahl tatsächlich meist darauf beschränkt sein, aus der Seekarte mit dem Dreieck ohne weitere Überlegungen einen Kurs herauszumessen und diesen sodann in den Kompaßkurs umzurechnen.

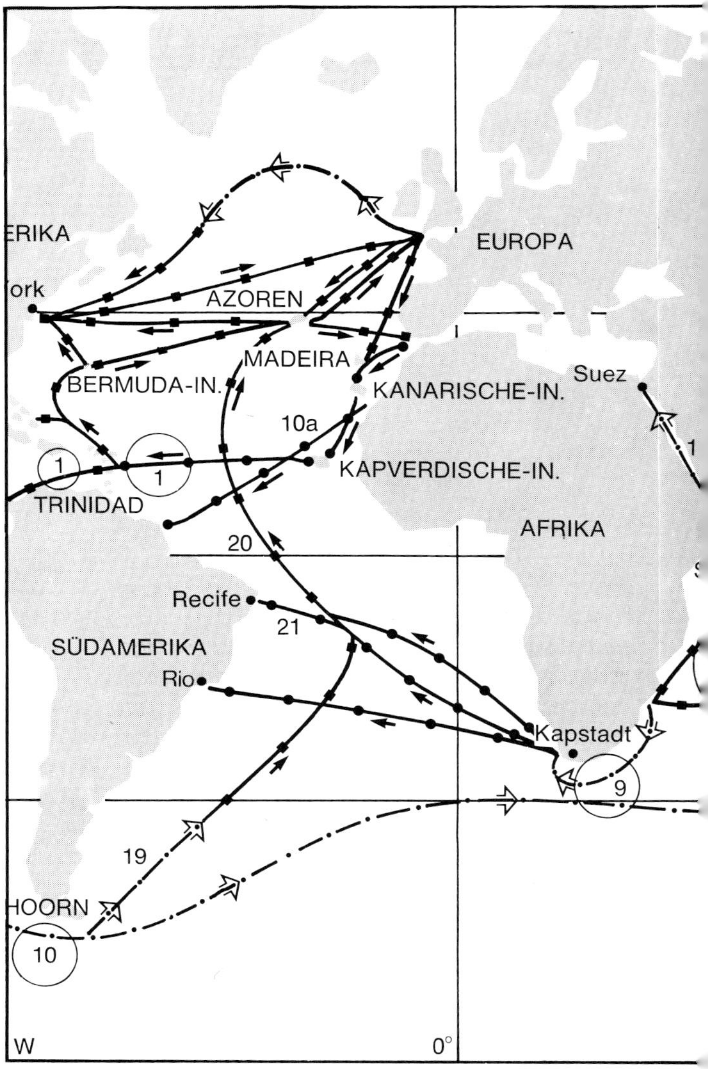

Der Kreis bezeichnet Gebiete, bei denen die Durchfahrt zu bestimmten Zeiten aus Sicherheitsgründen nicht empfohlen werden kann. Die Kreise stimmen mit den Grenzen der gefährdeten Gebiete nur ganz grob überein. 1. Hurrikan-Gefahr von Juni bis November. 2. Hurrikan-Gefahr von November bis April. 3. Hurrikan-Gefahr das ganze Jahr über; mehr Hurrikane, genannt Taifune, im Jahr als in der gesamten übrigen Welt; schlimmste Monate sind September und Oktober. 4. Das Befahren rotchinesischer Gewässer dürfte sich aus politischen Gründen noch nicht empfehlen. 5. Torres-Straße von Januar bis März wegen des NW-Monsuns und des engen, riffreichen Fahrwassers in Westrichtung nur schwer befahrbar. 6. Dezember bis April Gefahr von Willy-Willies (engbegrenzte tropische Orkane). 7. Tropische Orkane von April bis Januar. 8. Zyklone von Oktober bis Juni. 9. Zur Umrundung nach Westen eignen sich nur gut die „milden“ Monate Dezember und Januar, sonst immer Sturmgefahr. 10. Kap Hoorn ist auch in Ostrichtung nur im Südsommer einigermaßen passierbar, sonst Gefahr heftigster Stürme, in denen eine Yacht leicht hinter die nahe Eisberggrenze getrieben werden kann. 10a. Meistbefahre-

Kursplanung bei ausgedehnten Blauwasserfahrten

Bei Transozeanfahrten, Weltumseglungen oder sonstigen transkontinentalen Segelreisen beginnt die Navigation bereits zu Hause am Schreibtisch und ist die erste Arbeit für jede Törnplanung. Denn anders als in Küstennähe werden die Segelschiffsrouten – wie schon vor Jahrhunderten – durch die ausgeprägten Wind- und Wetterverhältnisse auf den Sieben Meeren geprägt. Beispielsweise ist es nicht nur unseemännisch, sondern geradezu unmöglich, gegen den Passat zu segeln. Das mag verwundern, weil doch soviel von den guten Amwindeigenschaften moderner Yachten die Rede ist. Ein Beispiel: Eine Segelyacht läuft ca. 6 kn auf einem Kurs, der

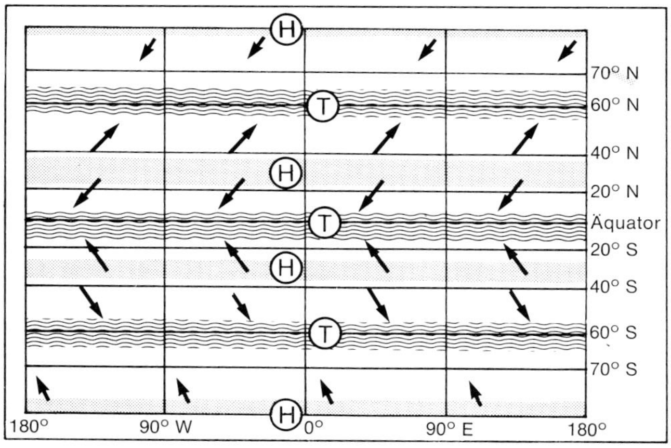

Wenn die Erdoberfläche nur aus Wasser bestehen würde, käme etwa die dargestellte Druckverteilung zustande, und es gäbe Nord- und Südwindzonen. Durch die Erddrehung werden die Winde aber abgelenkt.

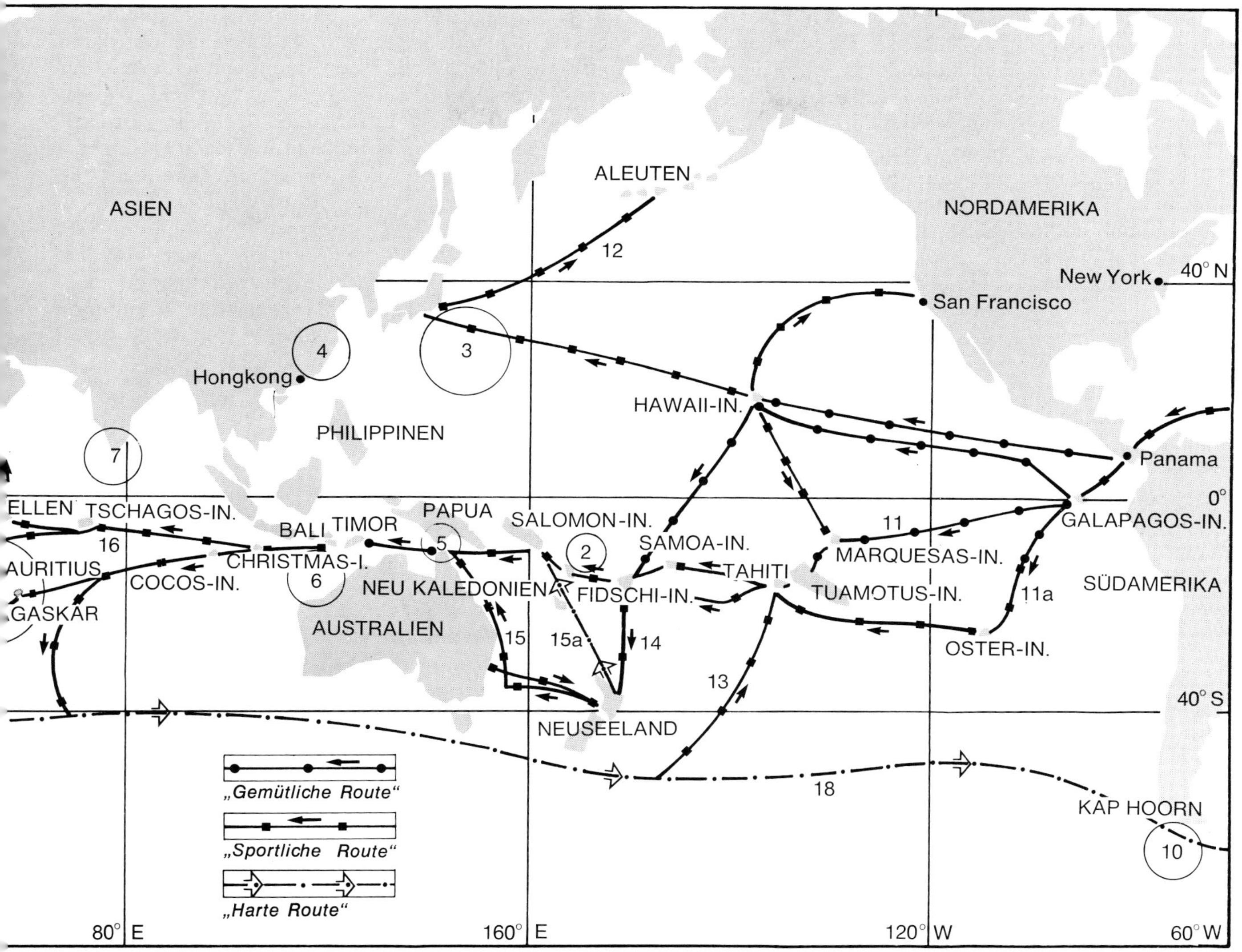

ne Strecke im Blauwasser überhaupt; viele starten auf den Kapverden zur Atlantiküberquerung, weil sie ohnehin so weit nach Süden müssen, um in die Passatwinde zu gelangen. 11. Schnellstraße in die Südsee mit dem zuverlässigsten Passat. 11a. Interessanter ist ein Umweg über die Osterinseln nach Tahiti; schwieriger, weil der Passat verlorengeht. Auf der ganzen Strecke keine wirklich guten Ankerplätze. 12. Der Geheimtip für Fahrtensegler mit sehr viel Zeit ist Alaska mit den Aleuten. 13. Diese Route würde jemand nehmen, dem es erst im Indischen Ozean einfällt, daß es in Polynesien doch am schönsten war. Er hat zwei Möglichkeiten: entweder im Passat nochmals um die Welt oder runter in die Vierziger auf die „Segelbahn West“ (Nr. 18). 14. Nach Neuseeland geht's im Südsommer, um aus dem Hurrikan-Bereich zu kommen und weil es dort so schön ist. 15. Das Große Barrier-Riff enttäuscht die meisten, weil es so anstrengend ist (nur tagsüber ist Segeln möglich – die Feuer sind für Yachtgeschwindigkeit zu weit auseinander) und weil es dabei auch nicht mehr bietet als die Inselwelt des Südpazifiks. 15a. Von Neuseeland kann man auch nordwärts steuern, um in wärmere Gefilde zu gelangen. 16. Auf eine Rast in Diego Garcia (Chagos-Archipel) hofft man besser nicht, denn es ist „Off Limits“ (geheime amerikanische Marine-Basis). Die Seychellen soll man nur anlaufen, wenn man durch das Rote Meer geht, weil man wegen des Stroms und Monsuns Schwierigkeiten bekommt, die Kurve nach Süden zu kratzen. Madagaskar wird zu Recht „Tahiti des Indischen Ozeans“ genannt. Ob nördlich oder südlich von Madagaskar (Christmas- und Cocos Island) nach Afrika – beide Routen sind recht ungemütlich. 17. Man soll nicht glauben, durch das Rote Meer segelte es sich besser – weil kürzer – nach Hause als um das Kap der Guten Hoffnung. Die meisten, die durch den Suezkanal gegangen sind, sagen wegen der heftigen Gegenwinde, Riffe und des starken Schiffsverkehrs: „Nie wieder!“ 18. „Segelbahn West“ – trotz Chichester, Moitessier und Bier-Regatten eine einsame Straße. 19. Der „logische Weg“ Moitessiers von Tahiti ins Mittelmeer. 20. Dieser große Bogen muß gesegelt werden, um nahe beim südamerikanischen Kontinent die engste Stelle durch die Doldrums am Äquator zu finden. 21. Wer nicht mehr nach Hause will (nach dem berühmten Yachty-Motto: „Europe is finished“), kann auf dieser Strecke gleich weitersegeln.

mit dem wahren Wind einen Winkel von 50° bildet. Wer hierbei an die 35° bis 38° denkt, die eine moderne Segelyacht hoch am Wind laufen kann, hat nicht mit der hohen Dünung auf der offenen See gerechnet. Dieses Wellenbild läßt solche in geschützten Revieren ermittelten Werte einfach nicht mehr zu. Außerdem muß bei den in Passatgebieten üblichen fünf Windstärken eine Abdrift von ca. 15° einkalkuliert werden. Von den 6 kn blieben damit nur noch 2,5 kn Luvgeschwindigkeit übrig – wenn kein Strom setzt. Bei den Winden, die jahraus, jahrein mit stetiger Heftigkeit aus der gleichen Richtung blasen, ist stets ein Strom von 1 bis 2 kn einzubeziehen. Damit verbleibt ein Etmal (Strecke, die in 24 Stunden zurückgelegt wird) von lächerlichen 20 sm, während eine Yacht, die mit Wind und Strom segelt, wohl mit über 100 sm Durchschnitt rechnen kann.

Während in unseren Breiten, vor allem im Binnenland und in Küstennähe, die Winde aus allen Richtungen blasen können, haben es die Segler auf den Weiten der Ozeane meist mit stetigen Winden aus einer Richtung zu tun. Man denke an die berüchtigten Westwinde in den „Brüllenden Vierzigern“ und natürlich an die Passatwinde, die die englischen Seefahrer *trade winds* (Handelswinde) nannten, weil deren Stetigkeit erst die Möglichkeit des Warenaustausches von Kontinent zu Kontinent eröffnete.

Warum sich nördlich und südlich des Äquators die Passatzonen gebildet haben, läßt sich einfach erklären: Bestünde die Erdoberfläche nur aus Wasser, würden sich aufgrund verschiedener Faktoren (Erddrehung, Sonnenstrahlung usw.) Druckzonen herausbilden, und zwar nördlich und südlich vom Äquator als Hochdruckzone, in Richtung der Pole gefolgt von einem Tiefdruckgebiet, das wiederum in Polnähe von einem Hochdruckgebiet abgelöst würde (siehe Abbildung Seite 44).

Da Luft bekanntlich immer versucht, aus einem Gebiet hohen Drucks auf möglichst direktem Weg in ein Gebiet tiefen Drucks zu strömen – wir spüren das als Wind –, müßten bei dieser Druckverteilung eigentlich reine Nord- und Südwinde entstehen. Ebenso wie ein freistehendes Pendel aber durch die Erddrehung ein wenig aus seiner Startrichtung abgelenkt wird – man nennt diesen Effekt Corioliskraft –, so wehen die Winde auf der Nordhalbkugel aus einem Hochdruckgebiet im Uhrzeigersinn abgelenkt heraus. Auf der Südhalbkugel ist es genau umgekehrt. Ergebnis: Südost- beziehungsweise Nordostpassate und die Zonen mit – fast – westlichen Winden.

Dieses Windsystem funktioniert auf der Erdoberfläche vor allem dort, wo sich ausgedehnte Wasserflächen befinden, also auf der Südhalbkugel. Während die Westwinde in den „Brüllenden Vierzigern“ um die Erde herum im Süden fast freie Bahn haben – nur die stürmischen Kaps ragen hinein –, kann man im Mittelmeer oder in unseren Breiten von einem ausgeprägten Westwindsystem wohl nicht mehr sprechen. Schuld daran sind die großen Landmassen der Kontinente mit der unterschiedlichen Erwärmung von Land und Wasser. Zu diesen störenden Windsystemen gehören zum Beispiel die Monsune. Im nördlichen Indischen Ozean verdrängen die Monsune des asiatischen Kontinents die Passatwinde je nach Jahreszeit fast völlig.

Wichtig sind auch die Trenngebiete zwischen den verschiedenen Windzonen, in denen die Segler seit Jahrhunderten wegen zeitraubender Flauten dümpeln müssen: die Doldrums am Äquator und die Roßbreiten zwischen Passat und Westwinden.

Stetige Winde verursachen zuverlässigen Strom

Wenn über die drei großen Weltmeere die Passatwinde und die Westwinde wochenlang mit gleicher Stetigkeit und Richtung wehen, beginnen sich die Wasserteilchen in Bewegung zu setzen. Der hierdurch entstandene Strom ist im Gegensatz zu den bekannten Gezeitenströmen unserer Küstengewässer in Stärke und Richtung viel stetiger. Ein Kentern des Stroms gibt es eigentlich nicht. Bei den „ewigen“ Passatwinden kann man sich leicht vorstellen, daß ein Stromkreislauf entsteht. Die ungeheuren Wassermassen, die durch den Strom zur Westseite des Ozeans transportiert werden, müssen ja irgendwann auf der Ostseite ausgeglichen werden. Im Nordatlantik werden sie an der Nordküste Südamerikas und dann in die Karibik hochgepreßt, wo anschließend der Golfstrom den Weitertransport übernimmt. Vom Labradorstrom nach Osten abgelenkt, münden die gewaltigen Wassermassen in die nordatlantische Drift, die ihren Antrieb bereits den Westwinden verdankt. Der Kreis schließt sich endlich, wenn an der europäischen Küste ein Großteil des Stromes über den Portugal- und Kanaristrom wieder in den Nordäquatorialkreislauf eingeschleust wird. Siehe dazu auch die Abbildung auf Seite 44/45.

Mit den Jahreszeiten wechseln die Winde

Die Windsysteme selbst, die Grenzen ihrer Zonen und damit die Strömungen verschieben sich mit den Jahreszeiten oder werden gar durch andere Winde abgelöst (Monsune). Man kann deshalb die Kurse nicht einfach ohne Rücksicht auf die Jahreszeit planen. Gerade die Grenzen der Windzonen sind manchmal von großem Interesse, denn der Segler macht weite Umwege, um auf günstige Winde zu treffen. Deshalb interessieren ihn da

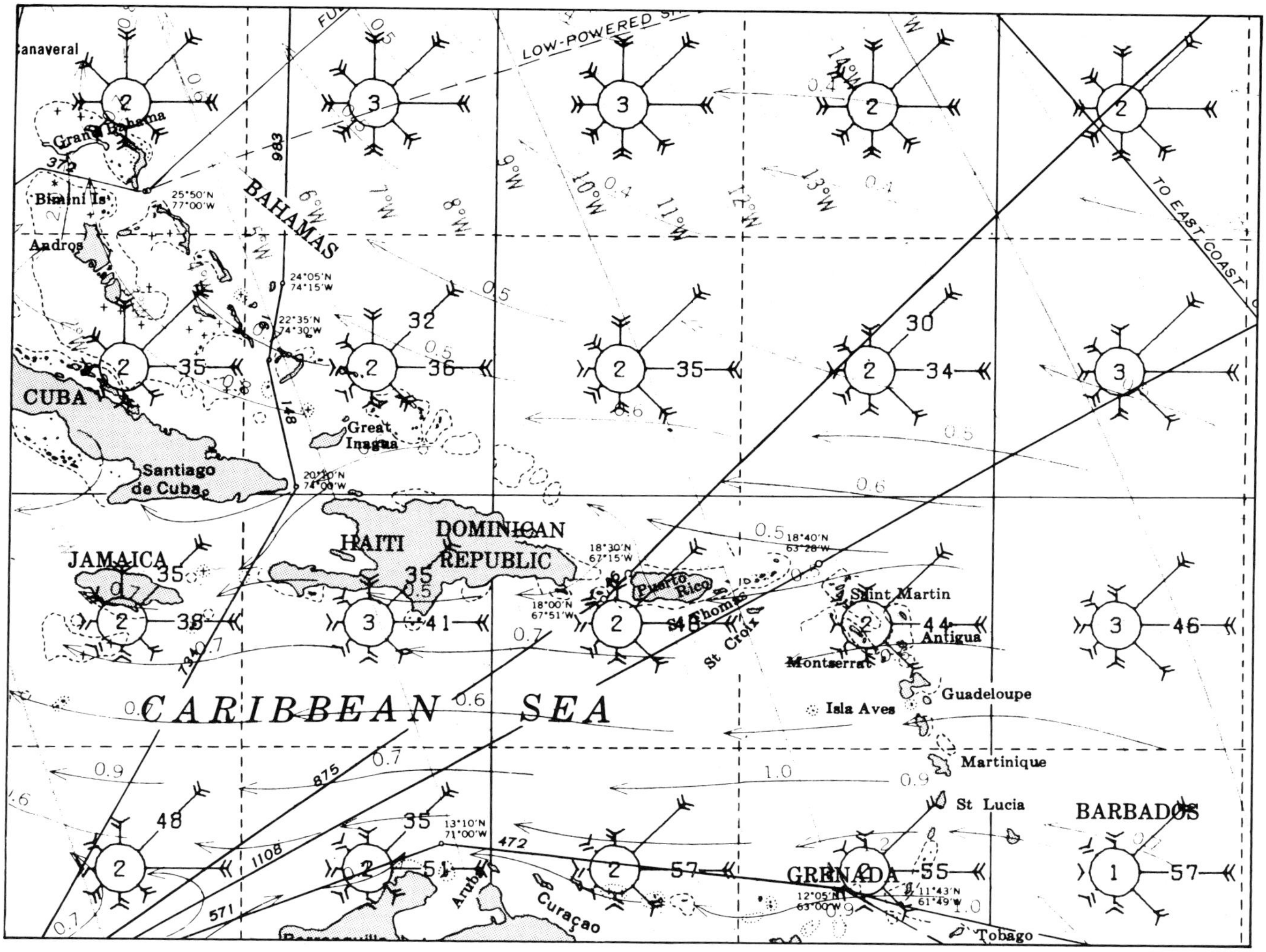

Windkarten oder Monatskarten (die amerikanischen heißen Pilot Charts) versorgen den Yachtmann mit wichtigen Informationen: Mißweisung, Strom, Hurrikan-Häufigkeit und -Zugbahnen, Sturm- und Flautenhäufigkeit und vor allem Windrichtungen und -stärken. Deutlich ist zu erkennen, daß auf der Breite von Barbados östliche Winde, der Passat, ausgeprägt sind, während nördlich der Bahamas der Passat immer mehr nachläßt und ebenso zahlreichen Winden aus den anderen Himmelsrichtungen Platz macht.

möglichst genaue Details. Hierzu wird er sogenannte Windkarten – Monatskarten oder Pilot Charts – benutzen, die auf zahlreichen Beobachtungen basieren und somit recht genaue Aussagen enthalten, mit welchen Winden gerechnet werden kann. Natürlich handelt es sich hier um statistische Werte, die unter unglücklichen Umständen im Einzelfall nicht zutreffen. Im Nordostpassat an einer Stelle, wo der Prozentsatz an Flauten laut Windkarte gleich Null ist, fand sich ein Segler einmal total bekalmt wieder – zwei Wochen lang.
Für die meisten Weltmeere erscheinen diese Windkarten nicht monatlich. Im allgemeinen stehen für die ganze Welt sowohl englische als auch amerikanische zur Verfügung. Einige Segler geben den englischen den Vorzug, weil sie auf einer größeren Anzahl von Informationen basieren.
Mit Hilfe der Windkarten läßt sich jede Reiseroute auf der Welt leicht ausarbeiten, wobei dies nach dem Grundsatz geschehen wird, sicher und bequem auf schnellem Wege von Punkt A nach Punkt B zu segeln.

Die Arbeit wird wesentlich dadurch erleichtert, indem man sich dem für den Blauwassersegler unersetzlichen Buch „Ocean Passages for the World“ anvertraut. In einem umfangreichen Kapitel sind alle in Frage kommenden Segelstraßen über die Weltmeere beschrieben, ebenso die Hurrikan-Zeiten. Gerade letztere haben einen ganz enormen Einfluß auf die Kursplanung, denn jeder Segler wird – das ist seemännisches Gesetz – nach Möglichkeit nur in hurrikanfreien Zeiten in den betreffenden Gebieten segeln.

In solchen Gewässern, einer Lagune innerhalb eines Riffs, muß mit den Augen der beste Kurs gesucht werden. Im Hintergrund ist der Paß in die Lagune zu erkennen, der von der Saling aus nur daran ausgemacht werden kann, daß die Brandung unterbrochen ist.

Kurse durch Korallengewässer

Die nördlichen und südlichen Grenzen der Passatzonen geben die Ausmaße der tropischen Gebiete an. Ganz großzügig kann gesagt werden, daß das Verbreitungsgebiet der Korallenriffe mit den tropischen Zonen zusammenfällt. Die Navigation in Korallengewässern weicht insofern von der üblichen Navigation durch Tiefwassergebiete ab, als dort nicht ohne weiteres immer nach dem Kompaß gesteuert werden darf. Dies gilt freilich nicht für die offene See; die Probleme beginnen erst in der Nähe der tropischen Inseln, wo die Korallen bis an die Wasseroberfläche wachsen. Riffe, die weitab von jeder Insel liegen, sind heutzutage ausreichend zuverlässig in den Seekarten verzeichnet, zumindest in jenen, die die vielbefahrenen Gewässer abdecken. Es sei in diesem Zusammenhang aber daran erinnert, daß der bekannte österreichische Katamaransegler Wolfgang Hausner in den Korallengewässern bei Neuguinea auf einem nicht in der Karte verzeichneten Riff gestrandet ist und dabei auch sein Schiff verloren hat. In vielen Seekarten des Pazifiks finden sich oft noch Einträge, daß beispielsweise 1910 an dieser Stelle von Kapitän Miller grünes Wasser beobachtet wurde. Das heißt, man muß damit rechnen, wenn es auch nicht wahrscheinlich ist, daß sich dort möglicherweise eine noch nicht kartographierte Untiefe befindet. Klugerweise wird man um derartige Gebiete einen großen Bogen machen.

Besonders in Riff- und Korallengebieten ist es wichtig, daß der Navigator sich von seiner Seekarte löst, auch nicht mehr seinem Kompaßkurs vertraut, sondern nur noch mit den Augen navigiert. Dies beginnt schon, wenn man sich einem niedrigen Atoll nähert. Die Marquesas-Gruppe beispielsweise ist diesbezüglich nicht gefährlich, weil deren Inseln alle vulkanischen Ursprungs sind und entsprechend hoch am Horizont aufragen. Aber nur 600 sm südlich davon, in den gefürchteten Tuamotus, ist ein Landfall schon problematisch. Diese Atolle erheben sich nämlich – auf ihrer unbewachsenen Seite – nur bis zu 3 m Höhe. Es ist deshalb leicht einzusehen, daß aus der normalen Augeshöhe von 2 m auf einer Yacht ein solches Motu erst aus einer Entfernung von wenigen Seemeilen entdeckt werden kann.

Und dieses nach einer Reise über mehrere hundert Seemeilen mit einem Schiffsort aus astronomischer Navigation, der vom System her nicht genauer als 2 sm sein kann. Es wird deshalb empfohlen, sich einer solchen flachen Insel nur von der mit Palmen bewachsenen Seite zu nähern.
Um die Insel frühzeitig zu entdecken, sollte der Navigator seine Augeshöhe dadurch verbessern, daß er in den Mast steigt. Deshalb auch haben alle Blauwasseryachten Sprossen am Mast oder zumindest eine Leiter zwischen den Wanten, die bis zur ersten Saling führt. Wenn die Insel dann gesichtet und eindeutig identifiziert ist, kann der Navigator darangehen, den Paß, also den Durchbruch des Korallenriffs, zu finden, um letztlich in die Lagune einzufahren, dem einzigen Platz, wo eine Yacht sicher ankern kann. Denn vor der Insel fällt der Meeresgrund meist unmittelbar in unlotbare Tiefen ab. Oftmals ist auch das die Inseln umgebende Ringriff mehrere Meilen von der eigenen Insel entfernt.
Ein Riff ist bei jedem Wetter – auch bei Flaute – daran zu erkennen, daß Brandung auf ihm steht. Das ist der einzige Anhaltspunkt. Diese Brandung wiederum ist auch erst nur aus kurzer Entfernung zu erkennen. Um den Paß aufzufinden, gibt es keine andere Möglichkeit, als an das Riff so nahe heranzufahren (ca. 200 m), bis irgendwo die Lücke in der Brandung und damit im Korallenriff entdeckt ist.
Ist die Yacht einmal innerhalb des Riffes, so beginnt die Navigation mit den Augen, denn auch auf sehr detailliert vermessenen Karten sind die einzelnen Korallenköpfe nicht so präzise eingezeichnet, daß nach Schulnavigation mit Kursdreieck und Zirkel gearbeitet werden kann. Hier gilt tatsächlich nur eines: Rauf in den Mast und von dort aus dem Rudergänger genaue Kursanweisungen zurufen, damit die zahlreichen Korallenköpfe sicher umfahren werden können. Sehr deutlich läßt sich von dort oben auch die Wassertiefe abschätzen:
braun: weniger als 2 m
hellgrün (smaragdgrün): 2 bis 5 m
leicht blau: 5 bis 8 m
dunkelblau: ab 8 m und tiefer
Bei bedecktem Himmel und tiefstehender Sonne ist die Navigation mit den Augen nicht möglich. Bei Fahrten durch eine Lagune muß der Navigator sich von der Zeit her also entsprechend einrichten. Passiert es, was nicht wahrscheinlich ist, daß der Himmel sich bezieht, muß notfalls auch geankert werden, was meist nicht sehr beruhigend ist, weil die Wassertiefen zwischen den Korallenköpfen zum Ankern recht unbequem sind (ca. 20 bis 40 m).
Dies hört sich alles sehr abenteuerlich an, Tatsache aber ist, daß nach einer kurzen Eingewöhnungszeit die Navigation mit den Augen ein – sehr reizvolles – Kinderspiel ist.

Der Kompaß

Der Kompaß ist das wichtigste und unentbehrlichste Navigationsinstrument. Eine Navigation ohne ihn ist praktisch nicht möglich.
Auf keinen Fall lasse man sich verführen, auf den Kompaß zu verzichten, wenn ein GPS-Gerät an Bord ist. Es ist zwar richtig, daß ein GPS-Empfänger ebenfalls den zurückgelegten(!) Kurs anzeigen kann, es kann aber

Heute wird nicht mehr nach Strichen, sondern nur noch nach Graden gesteuert, die von 000° bis 360° zählen.

niemals die Richtung der Schiffslängsachse angeben. Darüber hinaus ist das GPS-System insgesamt hochkompliziert und hat deshalb eine ganze Reihe von Punkten, wo eine Störung zum Versagen führen kann. Dies wird bei einem – vom Prinzip her – einfachen Magnetkompaß niemals passieren. Nicht umsonst ist es zum Beispiel in der Verkehrsfliegerei Vorschrift, daß auch im hochtechnisierten Airbus oder im Transatlantik-Jumbo immer der von den Fliegern als „Schnapskompaß" bezeichnete Magnetkompaß im Cockpit vorhanden sein und auch jährlich überprüft werden muß.
Die einzige Aufgabe des Kompasses auf dem Schiff besteht darin, dem Seemann Richtungen anzuzeigen, die sich auf die Erdkugel beziehen. Er soll also dem Steuermann ermöglichen, genau den Kurs zu steuern, den ihm vorher der Navigator aus der Karte herausgemessen hat.
Wenn sich beispielsweise als günstigster Kurs aus der Karte ein solcher von 297° ergeben hat, dient der Kompaß dazu, daß in Wirklichkeit auch tatsächlich – nach Möglichkeit – der Kartenkurs von 297° gesegelt wird.
Es ist heute nur noch üblich, einen Kurs in Graden anzugeben. Die frühere Stricheinteilung der Kompaßrose ist allgemein aufgegeben worden zugunsten der nüchternen und sachlichen Gradeinteilung von 000° bis 360°.

In der Schiffahrt werden heutzutage zwei Arten von solchen Richtungsweisern verwendet: der Kreiselkompaß und der Magnetkompaß.

Kreiselkompaß

Beim Kreiselkompaß macht man sich die Tatsache zunutze, daß die Achse eines schnell rotierenden Kreisels (denken wir an den früher so beliebten Kinderkreisel mit Peitsche) in ihrer Richtung ziemlich stabil verharrt. Es war der Deutsche Dr. Anschütz, der 1908 aus dieser Erkenntnis den ersten brauchbaren Kreiselkompaß entwickelt hat – zum Nutzen der Großschiffahrt. Der Vorteil des Kreiselkompasses gegenüber dem Magnetkompaß liegt in der Tatsache, daß die Richtungsanzeige nur von wenigen äußeren Einflüssen, beispielsweise der Fahrt, störend beeinflußt wird. Diese Störfaktoren sind sehr genau berechenbar.
Auf Yachten haben sich Kreiselkompasse, die heute in der Großschiffahrt unentbehrlich sind, nicht durchgesetzt. Der Grund für die Einführung von Kreiselkompassen in der Großschiffahrt waren nämlich in erster Linie die schwer zu beherrschende Ablenkung der Magnetkompasse durch riesige Eisenmassen und die für die schnellen Geschwindigkeiten nicht mehr ganz zureichende Präzision der Magnetkompasse. Beides spielt in der Sportschiffahrt nur eine untergeordnete Rolle. Die wesentlichen Argumente gegen Kreiselkompasse auf Sportyachten sind Preis, Größe und Stromverbrauch.
Gerade der letzte Grund ist wohl entscheidend. Selbst die Kreiselkompasse, bei denen die Erbauer vorgeben, sie seien speziell für Sportschiffe konstruiert worden, verbrauchen mehrere Ampere. Nun könnte man auf die Idee kommen, einen solchen Kompaß nicht laufend eingeschaltet zu lassen, sondern ihn immer dann eigens einzuschalten, wenn der exakte Kurs gefragt ist, um so den Stromverbrauch zu reduzieren. Das ist leider nicht möglich. Jeder Kreiselkompaß benötigt eine mehr oder weniger lange Einschwingzeit, die unter Umständen sogar mehrere Stunden betragen kann.

Magnetkompaß

Mit Sicherheit wird auch in den nächsten Jahren der Magnetkompaß auf Sportschiffen nicht verdrängt werden. Er stellt im Grunde genommen nichts anderes dar als eine frei drehbare Magnetnadel, die in der Mitte gelagert ist. Jeder von uns kennt dieses System als Spielzeugkompaß. Der Unterschied zu einem Kompaß, wie er auf Yachten als Steuerkompaß gefahren wird, liegt lediglich darin, daß statt einer einfachen Kompaßnadel eine Kompaßrose verwendet wird, an deren Unterseite – kaum von außen sichtbar – die entsprechenden Magnete (im besten Fall ein Ringmagnet) angeheftet sind. Ohne einen beweglichen Magneten kommen die sogenannten Fluxgate-Kompasse aus. Es handelt sich aber auch bei ihnen um Magnetkompasse. Der Unterschied besteht darin, daß beim Fluxgate die magnetische Feldlinienrichtung elektronisch gemessen und auf ein Anzeigeinstrument übertragen wird. Vorteile dieser Konstruktion, die sich auch auf Yachten immer mehr findet, sind darin zu sehen, daß im Gegensatz zu einem beweglichen Magneten die Messung trägheitslos – also unabhängig von den Bewegungen der Yacht – erfolgt. Zudem kann das Ergebnis der Messung auf ein Anzeigeinstrument in nahezu beliebiger Entfernung vom Aufstellungsort des Kompasses übertragen und dort abgelesen werden, so daß der eigentliche Kompaß an jedem störungsfreien Ort der Yacht installiert werden kann, was den Fluxgate zu einem fast idealen Fernkompaß, beispielsweise auf Stahlyachten, macht.
Die Kompaßrose auf herkömmlichen Kompassen hat gegenüber der Magnetnadel den Vorteil, daß man auf ihr selbst gleich die gewünschte Gradeinteilung aufbringen kann. Wie die Magnetnadel wird sich die Kompaßrose auf der Kompaßpinne so drehen, daß die auf der Unterseite angebrachten Magneten *ungefähr* nach Norden zeigen.
Denken wir noch einmal an den Spielzeugkompaß. Bei diesem muß das Gehäuse jeweils so gedreht werden, daß die Nadel auf ein „N", also Nord zeigt. So kann der Benutzer jederzeit ablesen, wo die anderen Himmelsrichtungen liegen. Anders beim Schiffskompaß. Hier

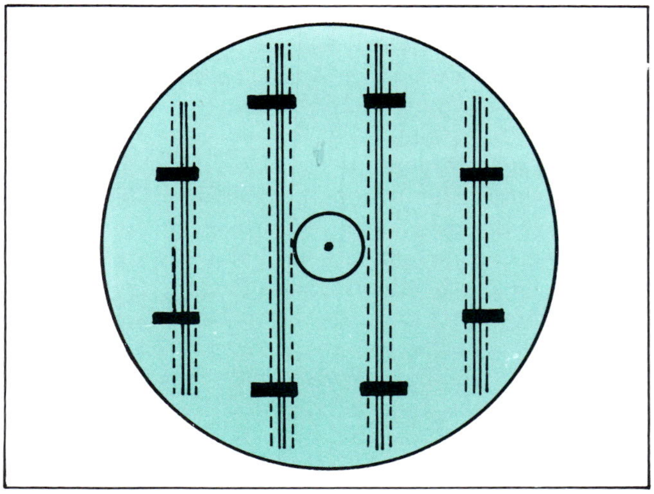

So wurden auf früheren Kompassen auf der Unterseite der Kompaßrose Stabmagnete angebracht. Heute werden Ringmagnete verwendet, die für die Ruhelage vorteilhafter sind.

sind die Himmelsrichtungen nicht am Kompaßgehäuse angebracht, sondern dort ist lediglich der Steuerstrich eingezeichnet. Das Gehäuse des Kompasses muß also auf einem Schiff derart angebracht werden, daß der Steuerstrich immer exakt voraus zeigt. Liegt das Schiff sodann auf Nordkurs, wird die Kompaßrose sich so einstellen, daß am Kompaßstrich genau ein „N" oder aber „000°" oder „360°" (was dasselbe ist) zu sehen ist. Bei jedem anderen Kurs wird an der Kompaßrose beim Steuerstrich des Kompaßgehäuses eben eine andere Zahl stehen, nämlich genau die Kurszahl, die anliegt.
Noch ein wesentlicher Unterschied – aber kein prinzipieller – besteht zwischen einem Spielzeug- und einem Schiffskompaß. Ein Wanderkompaß beispielsweise ist ein sogenannter Trockenkompaß, bei dem also die Magnetnadel lediglich auf der Pinne ungedämpft aufliegt.

Ein Trockenkompaß aus dem letzten Jahrhundert, auf dessen Rose der gesteuerte Kurs automatisch mitgeschrieben wurde. Schwer vorstellbar, daß so etwas funktioniert.

Derartige Trockenkompasse wurden bis in das 19. Jahrhundert auch in der Schiffahrt verwendet. Die Nachteile einer solchen Konstruktion liegen auf der Hand. Bei den yachtüblichen heftigen Schiffsbewegungen würde die wackelige Kompaßrose so stark hin- und herschwingen und dabei den Boden oder das Gehäuse des Kompasses berühren, daß sie kaum Gelegenheit hätte, sich möglichst reibungslos auf die Nordrichtung einzustellen und diese beizubehalten.
Denken wir daran: Die Kompaßrose soll sich ja eigentlich nicht bewegen, sondern lediglich das Kompaßgehäuse beziehungsweise das ganze Schiff. Die Kompaßrose muß möglichst stetig nach Norden zeigen. Würde durch die Schiffsbewegungen eine Berührung der Kompaßrose mit dem Gehäuse – außer an der obersten

Yachtkompasse sind heute immer flüssigkeitsgedämpfte Kompasse. Ein beliebter Aufstellungsort ist die Steuersäule. Ganz klar ist der Steuerstrich zu sehen.

Die meisten guten Kompasse sind heute Kugelkompasse mit Innenkardanik.

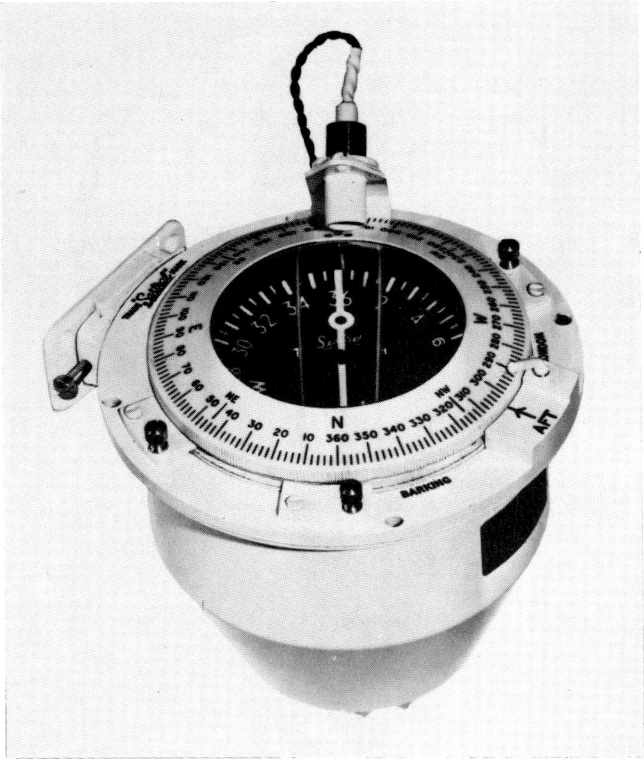

Beim Gridkompaß wird kein Steuerstrich verwendet, sondern der Kurs wird mit dem drehbaren Deckglas eingestellt. Der Rudergänger muß dann nur den Strich auf der Rose parallel zu den Linien auf dem Glas halten. Vorteil: Man braucht sich den Kurs nicht zu merken.

Ein besonders für Stahlschiffe geeigneter Kompaß. Mit ihm sind bei entsprechender Anbringung (meist über oder neben dem Niedergang) auch direkte Kompaßpeilungen möglich. Das Steuern mit Blickrichtung zum Horizont und(!) Kompaß ist sehr augenschonend. Dieser Kompaß wird mit einem Schattenstift geliefert, was bei der Deviationsbestimmung mit Sonnenazimut sehr hilfreich ist.

Spitze der Pinne – stattfinden, so würde die Kompaßrose ununterbrochen aus ihrer statischen Sollstellung herausgerissen werden und falsche Kurse anzeigen. Um dies zu verhindern, wird sie gedämpft. Man benutzt dazu Spezialflüssigkeiten, meist auf alkoholischer Basis. Früher wurde oftmals reiner Alkohol verwendet, was manchmal dazu führte, daß von der undisziplinierten Mannschaft heimlich der Kompaßkessel angebohrt und leergetrunken wurde.
Warum aber zeigt die Kompaßrose immer nach ein und derselben Richtung? Warum deuten die Magnete immer angeblich nach Norden? Letztere Frage ist schon in ihrer Stellung falsch. Denn eine Kompaßnadel beziehungsweise eine Rose zeigt eben nicht (oder nur zufällig) zum Nordpol. Sie zeigt nicht einmal unbedingt zum *magnetischen Nordpol*.

Sehr ermüdende Einzelgradeinteilung. Nur für Yachten mit ruhigen Bewegungen geeignet.

Mißweisung

Die Erde ist von einem magnetischen Feld umgeben. Wie jedes magnetische Feld hat auch dieses Magnetfeld zwei Pole. Doch der magnetische Nordpol fällt nicht mit dem geographischen Nordpol der Erde und umgekehrt der magnetische Südpol nicht mit dem geographischen Südpol der Erde zusammen. Derzeit liegt der magnetische Nordpol ungefähr auf einer Position von 76°N und 100°W. Der geographische Südpol befindet sich in der Nähe von 66°S und 139°E. Bei den magnetischen Polen handelt es sich übrigens um keine festabgegrenzten Punkte, sondern um Felder von einem Durchmesser von 40 bis 60 sm, in denen der Erdmagnetismus so beschaf-

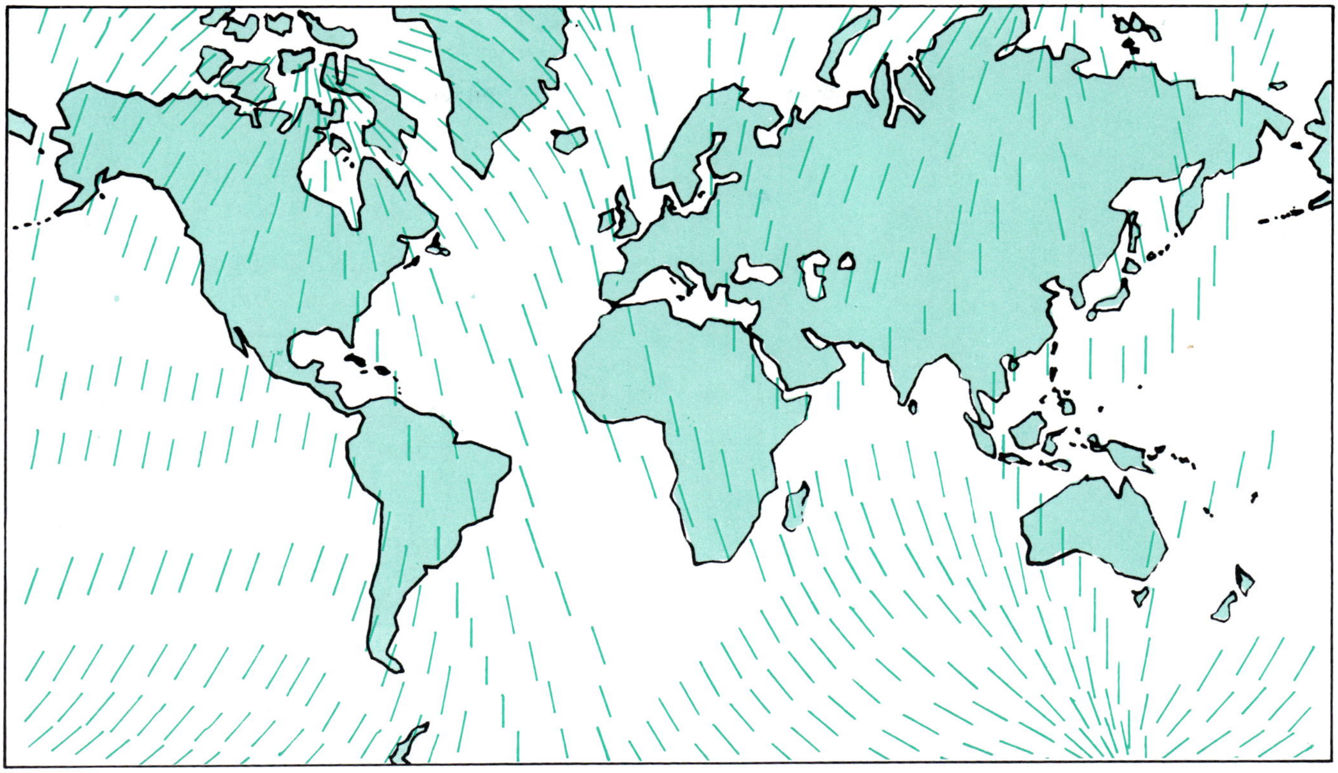

Die magnetischen Meridiane. Eine Magnetnadel stellt sich immer parallel zu ihnen ein. In der Adria zeigen die Striche nach Norden, dort ist die Mißweisung also 0, während sie auf dem Atlantik weit westlich (bis zu 20°) ist.

fen ist, daß sich dort eine Magnetnadel senkrecht zur Erdoberfläche einstellen würde.
Auch wenn die magnetischen Pole mit den geographischen Polen übereinstimmen würden, dann würde eine Magnetnadel nicht – wie es natürlich für die Navigation wünschenswert wäre – genau nach Norden zeigen. Es ist nämlich ein weitverbreiteter Irrtum, zu glauben, daß Magnetnadeln immer zum Pol deuten. Zwischen den magnetischen Polen verlaufen auf der Erdoberfläche – unsichtbar – magnetische Feldlinien. Man darf sich den Verlauf dieser Feldlinien keinesfalls ähnlich symmetrisch vorstellen wie beispielsweise bei dem Koordinatennetz, das von Menschenhand über die Erdkugel gelegt worden ist, sondern es handelt sich hier um Linien, die – leider – recht unregelmäßig über die Erdkugel laufen und dann bei den magnetischen Polen einmünden.
Man nennt diese Linien, die das Ergebnis mehrerer magnetischer Feldstärken sind, magnetische Meridiane, weil sich eine Magnetnadel immer parallel zu ihnen einstellt. Eine Magnetnadel (beziehungsweise eine Kompaßnadel) wird sich also nur dann zufälligerweise nach Norden einstellen, wenn der Magnetmeridian an diesem Ort genauso zufällig eine Nord-Süd-Richtung hat. In diesem Ausnahmefall würde keine *Mißweisung* vorliegen. Die Mißweisung wäre 0°. Meistens wird dieser Wert aber nicht 0° betragen, sondern die Nadel (Kompaßrose) wird um deutliche Beträge von der Nord-Süd-Richtung abweichen. In der Ostsee beispielsweise beträgt die Mißweisung ungefähr 2°W.

Eine westliche Mißweisung bekommt immer das Vorzeichen Minus.
Eine östliche Mißweisung bekommt immer das Vorzeichen Plus.

Bei deutschen Seekarten, die noch nicht auf das internationale System umgestellt worden sind, ist es nicht so wichtig, sich dies zu merken, weil dort die Mißweisung immer sowohl mit der Himmelsrichtung als auch mit dem Vorzeichen versehen ist. Bei INT-Seekarten dagegen ist der Eintrag lediglich E (Ost) oder W (West).
Die Mißweisung ändert sich – unmerklich – in einem gewissen Tagesrhythmus. Die täglichen Änderungen sind so gering, daß sie nicht einmal bei der Großschifffahrt berücksichtigt zu werden brauchen. Dagegen müssen die jährlichen Änderungen unter Umständen in Rechnung gestellt werden – vor allem dann, wenn man ältere Seekarten benutzt. Immer ist die jährliche Ände-

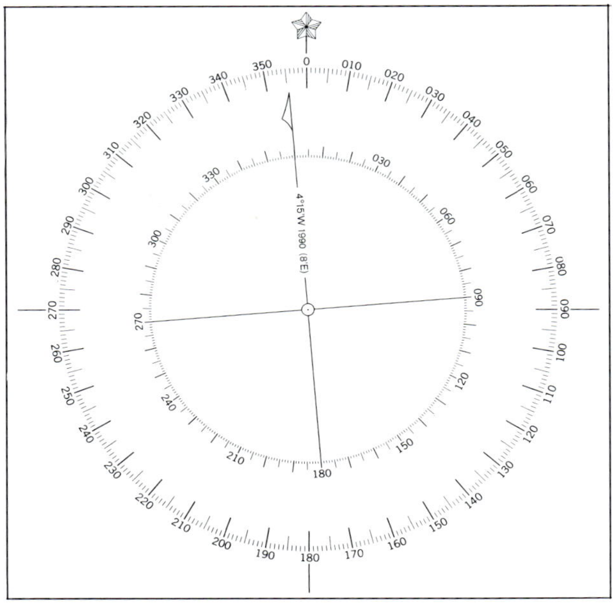

Auf den bereits auf das internationale System umgestellten und auf den bisherigen englischen Karten wird die Mißweisung – leider – nur noch mit der Himmelsrichtung, also „W“ oder „E“ angegeben, so daß bei der Berücksichtigung der Mißweisung der Navigator zu einem zusätzlichen Gedankenschritt gezwungen ist. Es wird empfohlen, bei Erstbenutzung der Karte gleich das Vorzeichen in die Kompaßrose reinzuschreiben (oben). Mit den noch nicht umgestellten deutschen Seekarten gibt es dieses Problem nicht (unten).

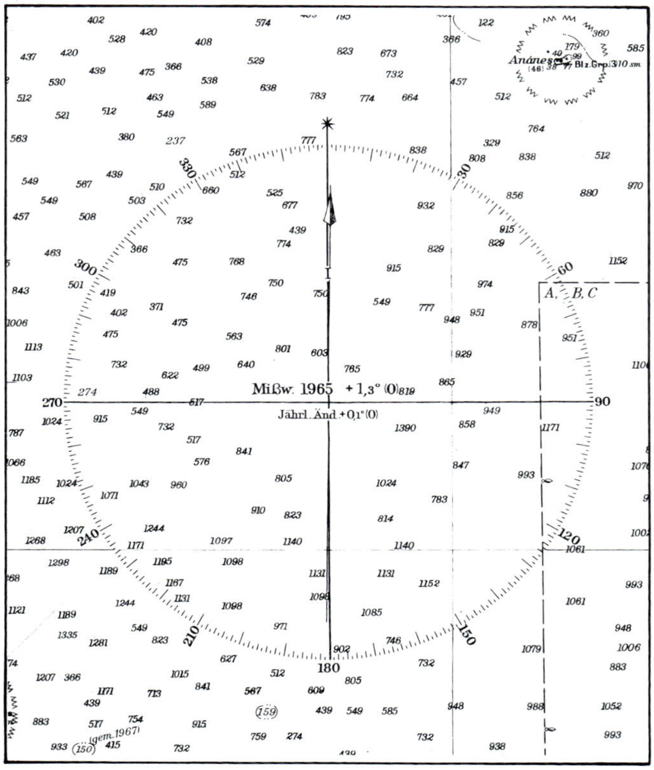

rung in der betreffenden Seekarte bei der Kompaßrose angegeben. Im Beispiel auf dieser Seite unten wäre die tatsächliche Mißweisung für das Jahr 1982:

Mißw. 1965	+ 1,3°
17 × jährl. Änd. = +0,1	+ 1,7°
Mißw. 1982	+ 3,0°

Nun könnte man leicht auf die Idee kommen, die Mißweisung zu vernachlässigen mit dem scheinbar richtigen Argument, daß der Steuermann den Kurs ohnehin nicht so genau halten könne, daß es letzlich auf eine Verbesserung des Kurses um 1° oder 2° oder gar Zehntelgrade ankommen würde. Das ist ein Trugschluß. Denn nur zufälligerweise ist die Mißweisung in den Gebieten Mitteleuropas so gering. Unternimmt man dagegen eine Atlantiküberquerung – für eine Yacht ein heutzutage fast alltägliches Unternehmen –, so hat man bereits mit Mißweisungen von bis zu −20° (also westlich!) zu rechnen. Eine Vernachlässigung der Mißweisung würde also einen um 20° falschen Kurs ergeben, so daß mit Sicherheit das angestrebte Reiseziel Barbados nicht mehr erreicht werden könnte.

Es gibt keine Mißweisung von 20° oder 10°, es gibt nur eine Mißweisung von −20° oder von +10°, also nur eine Mißweisung mit einem ganz bestimmten Vorzeichen.

Orte unsicherer Mißweisung

Es gibt auf der Erdoberfläche eine Reihe von Orten mit sogenannter unsicherer Mißweisung. Meistens sind diese Gegenden in ihrer Ausdehnung sehr begrenzt. In dem entsprechenden Seehandbuch und auch auf der Seekarte wird auf diesen nicht ungefährlichen Umstand stets hingewiesen. Kommt es beim Segeln in diesen Gegenden auf besonders exakte Kursberechnungen an, so weiß der Navigator zumindest, daß er sich hier auf die in der Seekarte angegebene Mißweisung nicht unbedingt verlassen kann. Häufige Kontrolle und äußerste Vorsicht sind dann am Platze.

Deviation (Ablenkung)

Insgesamt verhindern zwei Faktoren, daß der in der Karte errechnete und herausgemessene Kurs nicht unmittelbar auch gesteuert werden kann.
Neben der Mißweisung ist der zweite Störeinfluß auf die Ausrichtung der Kompaßrose, der bei der Berechnung des Kompaßkurses unbedingt berücksichtigt werden

muß, die Deviation. Die Deviation hat genau die gleiche Ursache wie die Mißweisung. Die Magnetnadel (Kompaßrose) stellt sich immer parallel zur jeweils herrschenden Feldstärke ein. Ohne weitere magnetische Einflüsse wird die Feldstärke allein vom Magnetfeld der Erde erzeugt. Auf einem Kunststoffschiff auf hoher See ohne Maschine und andere störende Einflüsse hat es der Navigator also ausschließlich mit der Mißweisung zu tun. Würde sie zufälligerweise genau 0° betragen, so könnte er den aus der Karte herausgemessenen Kurs dem Steuermann gleich als Kompaßkurs angeben. Tatsächlich aber ist eine solche Methode nicht angebracht, weil der Kompaß nicht nur vom Magnetfeld der Erde beeinflußt wird, sondern auch von magnetisch aktiven Substanzen auf dem Schiff oder – sehr selten – in der weiteren Umgebung.

Im wesentlichen kommen hierfür Eisenteile auf dem Schiff in Frage. Es leuchtet ein, daß ein Stahlschiff ein besonderes Problem darstellt. Aber auch auf anderen Schiffen ist – in geringerem Maße – mit solchen Störfunktionen zu rechnen. Man kann sich von der Gefahr der Deviation sehr eindrucksvoll dadurch überzeugen, indem man in die Nähe eines Kompasses ein Stück Eisen bringt und dieses in geringem Abstand um die Kompaßrose herumbewegt: Sie wird aus ihrer Stellung deutlich abgelenkt. Man braucht nicht einmal einen Magneten zu nehmen, der natürlich eine ungleich größere Wirkung hat. Schon mit einem einfachen Hausschlüssel aus Eisen lassen sich Abweichungen von zig Grad erzielen. Das zeigt deutlich die außerordentliche Gefahr von solchen Störmaterialien in der Nähe des Steuerkompasses auf der Yacht.

Es gibt keine Yacht, die vollkommen deviationsfrei ist. Zwar stören beispielsweise Ausrüstungsgegenstände aus Nirosta (V2A) im Regelfalle nicht, es sind aber mit Sicherheit eine ganze Reihe von anderen Dingen an Bord, die einen erheblichen Einfluß ausüben. Denken wir beispielsweise nur an die Maschine, an Anker, Lautsprecher (Magnet!) oder andere elektrische Geräte. Wie stark die Störquellen auf unserem Schiff den Kompaß beeinflussen können, hängt im wesentlichen von drei Umständen ab:

1. Art des Materials
2. Entfernung zum Kompaß
3. Richtung zum Kompaß

Man darf sich aber keinesfalls der Illusion hingeben, daß durch geschickte Auswahl von Materialien, Aufstellungsorten und ähnlichem die Deviation auf einem Schiff auf Null gehalten werden kann.

Es ist außerordentlich wichtig, sich immer wieder zu vergegenwärtigen, daß praktisch auf jedem Schiff eine mehr oder weniger große Deviation gegeben ist. Würde diese bei der Navigation nicht berücksichtigt werden, so wäre die gesamte Arbeit des Navigators am Kartentisch möglicherweise umsonst. Man muß sich die Navigation als eine lange Kette vorstellen, an deren Ende der vom Steuermann zu segelnde Kurs steht. Die Deviation, die den Kompaßkurs unmittelbar beeinflußt, würde unter Umständen die mit sündteuren elektronischen Geräten erzielte Genauigkeit wieder zunichte machen. Aus diesem Grunde ist es die wichtigste Aufgabe des Navigators, die Deviation auf seiner Yacht festzustellen und sie – wenn nötig – praxisgerecht, also durch Kompensation des Kompasses, zu vermindern. Letzteres wird üblicherweise bei einem Kunststoffschiff nie, bei einem Holzschiff selten und bei einem Stahlschiff immer der Fall sein. Mißweisung und Deviation unterscheiden sich folgendermaßen:

Mißweisung
Sie ist für alle Schiffe im gleichen Seegebiet gleich.
Sie ist auf jedem Kurs gleich.
Sie kann aus einer möglichst neuen Karte ohne weiteres entnommen werden.
Sie ändert sich nur unmerklich.

Deviation
Sie ist je nach Schiff völlig verschieden.
Sie ist je nach Kurs völlig verschieden.
Sie kann weitgehend kompensiert werden.
Sie kann sich sehr plötzlich ändern und muß deshalb laufend überwacht werden.
Sie kann nur umständlich durch die Aufstellung einer sogenannten Deviationtabelle bestimmt werden.

Merke: Ein Kompaß darf niemals benutzt werden, ohne daß sich der Navigator über die derzeit herrschende Deviation Gewißheit verschafft hat. Deshalb muß mindestens zu Beginn einer jeden Saison eine Deviationstabelle aufgestellt werden.

Aufstellung einer Deviationstabelle

Die Aufstellung einer Deviationstabelle ist etwas zeitraubend, aber außerordentlich einfach. Notwendig hierfür sind:

- ruhiges Wasser (am besten Windstille)
- eine Boje, um die das Schiff gedreht werden kann
- ein Peilobjekt, das mindestens 3 sm entfernt ist
- eine Vorrichtung, um mit dem Steuerkompaß dieses Peilobjekt anpeilen zu können

Handelt es sich um einen Kompaß, der eine flache Oberfläche hat, auf den also ein von der Herstellerfirma mitgelieferter Peilaufsatz aufgesteckt werden kann, so ist die letzte Forderung leicht zu erfüllen. Dies gilt selbstverständlich nur dann, wenn der Kompaß so angebracht ist, daß das Peilobjekt vom Kompaß aus noch wirklich anvisiert werden kann. Manchmal sind Kompasse unter einer dicken Glasscheibe in den Plichtboden eingebaut, so daß das Peilobjekt direkt nicht zu peilen ist. Dann muß mit einer Peilscheibe gearbeitet werden. Unverständlicherweise sieht man dieses früher so häufig benutzte – billige – Navigationsinstrument nur noch sehr selten, obwohl ohne ein solches bei ungünstiger Kompaßaufstellung oder bei Kugelkompassen eine Deviationskontrolle überhaupt nicht möglich ist.

Die Peilscheibe dient lediglich dazu, um letztlich zu einer Kompaßpeilung zu kommen. Mit der Peilscheibe selbst kann man nur sogenannte *Schiffsseitenpeilungen* erreichen, die aber, zum Kompaßkurs addiert, unmittelbar eine Kompaßpeilung ergeben.

Die Peilscheibe ist die Filiale des Steuerkompasses.

Wichtig bei der Verwendung einer Peilscheibe ist lediglich, daß dann, wenn die Peilung über den Diopter der Peilscheibe vorgenommen wird, gleichzeitig von einem zweiten Mann am Kompaß der in diesem Moment anliegende Kurs notiert wird. Die Kompaßpeilung ergibt sich wie folgt:

Kompaßkurs
\+ Schiffsseitenpeilung (Peilscheibe)
= Kompaßpeilung

Die Peilscheibe hat den Vorteil, daß sie an einer günstigen Stelle an Bord angebracht werden kann. Hierbei ist besonders wichtig, daß ihre Null-Grad-Richtung mit der Längsschiffsrichtung exakt parallel verläuft. Ist sie nicht in der Längsschiffsrichtung montiert, so darf ihre Null-Grad-Richtung auf keinen Fall auf den Bug zeigen. Das gleiche gilt übrigens auch für den Einbau des Kompasses.

Wird die Peilscheibe nicht ständig gefahren, so ist auf diesen Punkt besonderes Augenmerk zu richten. Die Qualität der späteren Steuertafel hängt wesentlich von der parallelen Ausrichtung zur Schiffslängsrichtung ab. Es ist nicht schwer, dies zu bewerkstelligen. Hat man einen geeigneten Aufstellungsplatz gefunden, der nach Möglichkeit einen freien Blick nach allen Seiten gewährleistet (häufig ist beispielsweise der Mast im Weg, aber das muß man einfach hinnehmen), so montiert man die Peilscheibe wie auf Seite 105 beschrieben.

Nachdem die Peilscheibe nicht nur zur Deviationsbestimmung genutzt wird, sondern auch, um zur Schiffsortbestimmung Schiffsseitenpeilungen vorzunehmen, markiere man exakt die Stellung der Peilscheibe und ihren Montageort, so daß sie, wenn sie nicht ständig gefahren wird, immer leicht und präzise für den ausgemessenen Ort zu montieren ist.

Bei der Aufstellung der Steuertafel gehe man folgendermaßen vor:

1. Der Schiffsort muß exakt bestimmt werden.
2. Die „Kurslinie" oder Peilung vom Schiffsort zum Peilobjekt muß aus der Karte herausgemessen werden (siehe Seite 28).
3. Mit Hilfe eines Beibootes (nicht mit der Maschine) wird die Yacht sodann *langsam* um die Boje gerudert.
4. Nach Möglichkeit soll nun alle 10° eine Peilung entweder über die Peilscheibe oder über den Kompaß direkt gemacht werden. Hierbei sind unbedingt zwei Mann erforderlich. Sollte eine Peilung nicht exakt bei 10° erfolgen, so ist dies nicht weiter schlimm. Wichtig ist nur, daß bei der Peilung des Objektes gleichzeitig der jeweils anliegende Kompaßkurs festgehalten wird. Je mehr Messungen, um so besser. Kann auf bestimmten Kursen – was immer vorkommt – keine Peilung vorgenommen werden, weil

Im Gegensatz zum Steuerkompaß läßt sich für die Peilscheibe immer ein Aufstellungsplatz mit guter Rundumsicht finden.

beispielsweise der Kajütaufbau oder der Mast im Weg ist, so macht es nichts aus.

5. Durch Vergleich der Kompaßpeilung mit der rechtweisenden Peilung zum Peilobjekt (Kartenkurs) wird die *Fehlweisung* festgelegt.

Die Fehlweisung besteht aus Mißweisung und Deviation. Es gilt die Formel:

Kartenkurs zum Peilobjekt
– Mißweisung
– Kompaßpeilung

= Deviation

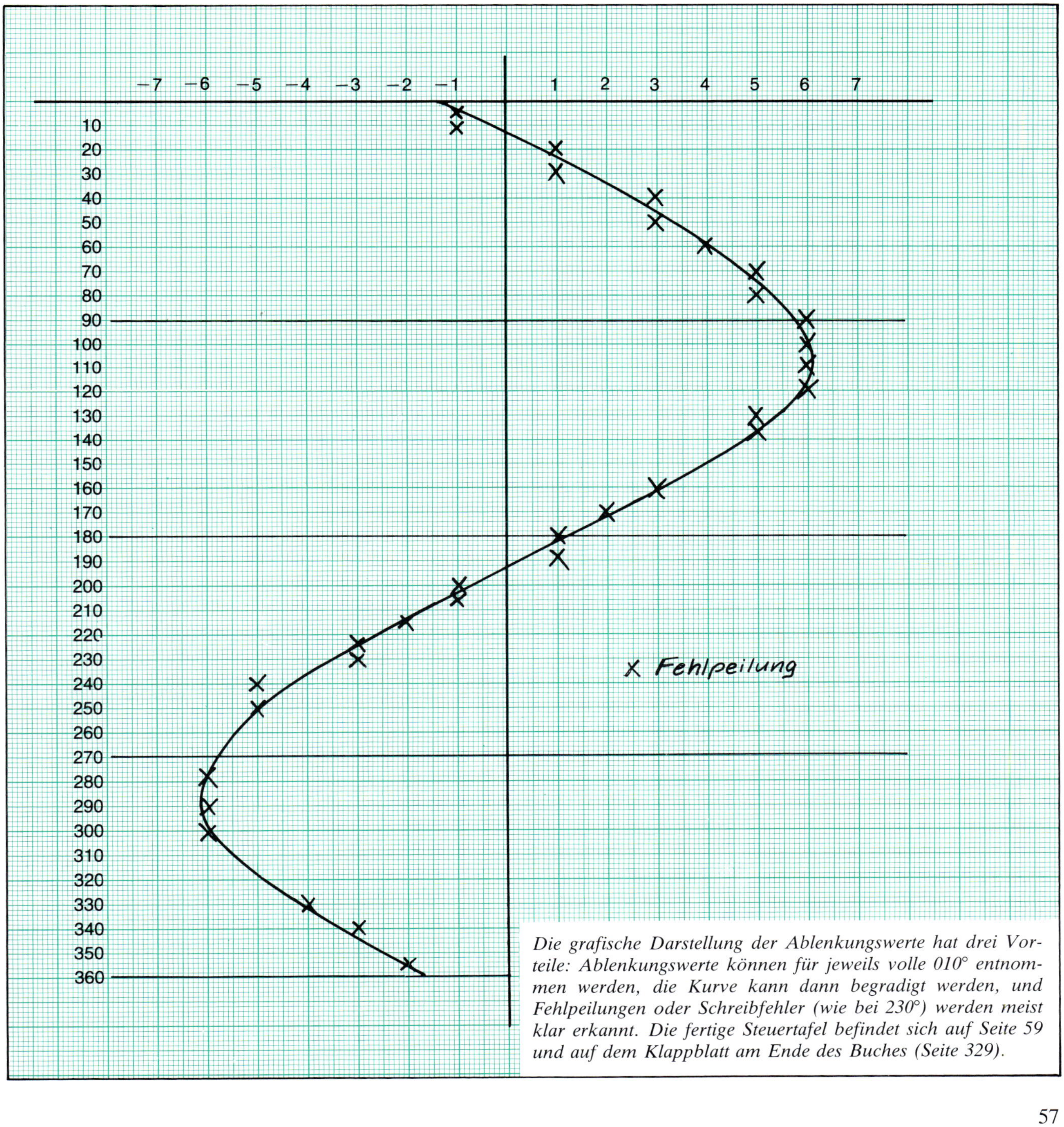

Die grafische Darstellung der Ablenkungswerte hat drei Vorteile: Ablenkungswerte können für jeweils volle 010° entnommen werden, die Kurve kann dann begradigt werden, und Fehlpeilungen oder Schreibfehler (wie bei 230°) werden meist klar erkannt. Die fertige Steuertafel befindet sich auf Seite 59 und auf dem Klappblatt am Ende des Buches (Seite 329).

Hierbei ist besonders auf die Vorzeichen zu achten. Eine westliche Mißweisung muß in dieser Formel also mit Minus eingesetzt werden.
Man gewöhne sich daran, einheitliche Abkürzungen zu verwenden. Die Abkürzungen lauten:

Mißweisung = Mw
Kompaßpeilung = MgP*
Deviation = Abl (von Ablenkung)

Bei der Rechnung mit Kursen und Peilungen wird dringend empfohlen, grundsätzlich dreistellig zu schreiben, also beispielsweise 009° MgP.
Ist diese Arbeit erledigt, so würde das Ergebnis unter Umständen schon ausreichen, um eine Deviationskurve und anschließend eine Deviationstabelle aufzustellen. Empfehlenswert ist es aber, das Ganze zu wiederholen, wobei das Schiff diesmal in der anderen Richtung gedreht wird. Der Grund hierfür ist, daß der Kompaß – sei er auch noch so gut – sicher nicht ohne *Schleppfehler* ist. Schleppfehler wird die Eigenschaft genannt, daß die Kompaßrose aufgrund der Reibung mit der sie umgebenden Flüssigkeit und ihrem Lager durch die Drehung des Schiffes aus ihrer Ruhelage herausbewegt wird und erst nach einer bestimmten Zeitspanne wieder ihre statische Lage einnimmt.
Dreht man die Yacht mit ähnlicher Geschwindigkeit nunmehr nach der anderen Seite, so besteht eine gute Chance, daß sich die beiden Schleppfehler gegenseitig aufheben. Weitgehend wird der Schleppfehler auch dadurch ausgeschaltet werden können, daß die Yacht sehr langsam gedreht wird. Aus diesem Grunde ist es auch nicht sehr günstig, eine Deviationskontrolle dann durchzuführen, wenn auf die Boje Wind steht. Es wird dem Mann im Beiboot nämlich nur sehr schwer gelingen, das Heck durch den Wind zu bringen, und falls er es doch geschafft hat, wird die Yacht sehr schnell nach der anderen Seite weiterdrehen.
Achtung: Es ist übrigens wesentlich einfacher, wenn sich der Mann, der den Steuerkompaß beobachtet, nach dem Mann an der Peilscheibe richtet und nicht umgekehrt. Wie wir gleich sehen werden, ist es nämlich nicht so wichtig, daß die Messungen exakt bei je 10° vorgenommen werden. Wünschenswert ist lediglich eine möglichst große Anzahl von Messungen.
Nach dem Drehen der Yacht und den obigen Rechnungen werden die gewonnenen Deviationswerte als sogenannte Deviationskurve aufgezeichnet. Wenn Messungen auch über größere Bereiche fehlen, so können sie durch Durchzeichnen der aus vielen Messungen entstehenden Kurve ohne weiteres ersetzt werden. Wurden Messungen aus zwei entgegengesetzten Drehungen gewonnen, so zeichne man sie nicht mit der gleichen Farbe ein, sondern fertige zwei getrennte Kurven an. Die endgültige Kurve wird dann durch das Mitteln der beiden Kurven gewonnen.
Damit später mit den Deviationen auf den verschiedenen *Kompaßkursen* auch praktisch gerechnet werden kann, muß nun zuallerletzt die sogenannte Steuertafel aufgestellt werden. Hierbei wird zweckmäßigerweise für alle 010° Kompaßkurs die dazugehörige Deviation mit richtigem (negativem oder positivem) Vorzeichen geschrieben. Also:

1. Die Deviationswerte werden zu ihrem dazugehörigen Kompaßkurs in eine Tafel eingetragen.
2. Mit Hilfe dieser Tafel wird die sogenannte Deviationskurve gefunden, die Peilfehler und Ungenauigkeiten weitgehend ausschließt.
3. Aufgrund dieser Deviationskurve wird schließlich die Deviation zu Kompaßkursen von 010° zu 010° entnommen und in einer sogenannten Steuertafel niedergeschrieben.

Ein praktisches Beispiel für die Aufstellung einer Steuertafel

Am 1. Mai 1983 möchte der Skipper der SCUPPER eine neue Steuertafel aufstellen. Er befindet sich an der Südmole von Palma de Mallorca und mißt aus der Seekarte die rechtweisende Peilung (= Kartenkurs) zum Cabo Rigana mit 151°. Die Mißweisung ergibt sich aus der auf der Seekarte befindlichen Windrose unter Berücksichtigung der jährlichen Änderung mit +0,1°. Zum Zwecke der Deviationsbestimmung läßt der Skipper einen leichten Anker ausbringen und mit Hilfe des Beibootes in der Flaute das Schiff langsam drehen. *Ungefähr* alle 010° – soweit wie möglich – wird der Kompaßkurs abgelesen und gleichzeitig auf den Ruf „Jetzt!“ von einem zweiten Mann über den Peilaufsatz des Hauptkompasses Cabo Rigana angepeilt. Nach einmaligem Drehen der Yacht werden die Peilungen mit den Kompaßkursen in eine Tabelle aufgenommen; gleichzeitig wird für jede Peilung die Ablenkung nach folgender Formel berechnet:

Ablenkung = rechtweisende Peilung
– Mißweisung
– Kompaßpeilung

Anschließend werden die Peilungen auf Millimeterpapier eingetragen, wobei sich auch gleich deutliche Fehlpeilungen zeigen (Seite 57).
Sodann wird durch die Peilungen, die aufgrund prakti-

* „MgP“ ist die offizielle Abkürzung für Magnetkompaßpeilung. Nachdem in der Yachtnavigation ausschließlich mit Magnetkompassen und nicht etwa Kreiselkompassen gearbeitet wird, ist es gestattet, „MgP“ verallgemeinernd als Kompaßpeilung zu lesen.

scher Unzulänglichkeiten nicht ganz präzise sein können, eine möglichst gleichmäßige Deviationskurve gezeichnet (siehe Abbildung Seite 57).
Zum Schluß wird dann die Steuertafel erstellt, wobei die Ablenkung für jeweils 010° Kompaßkurs angegeben wird.

MgK	MgP	Abl
162	151	3
170	152	2
180	153	1
189	153	1
200	155	−1
205	155	−1
215	156	−2
223	157	−3
230	157	−3
240	159	−5
251	159	−5
279	160	−6
291	160	−6
303	160	−6
320	151	3
328	158	−4
340	157	−3
355	156	−2
005	155	−1
010	155	−1
020	153	1
029	153	1
040	151	3
050	151	3
060	150	4
071	149	5
079	149	5
090	148	6
101	148	6
109	148	6
120	148	6
131	149	5
135	149	5

Steuertafel
SY Scupper

1. 5. 1983

MgK	Abl
000	−1,5
010	0
020	1
030	2
040	2,5
050	3
060	4
070	5
080	5,5
090	6
100	6
110	6
120	6
130	5,5
140	5
150	4
160	3
170	2
180	1
190	0
200	−1
210	−2
220	−3
230	−3,5
240	−4
250	−5
260	−5,5
270	−6
280	−6
290	−6
300	−6
310	−5,5
320	−5
330	−4
340	−3,5
350	−2
360	−1,5

Peilungen werden in ungefähren 010°-Abständen genommen. Rechts die fertige Steuertafel.

Praktische Tips für die Aufstellung einer Steuertafel

Während der Vornahme der Peilungen bedeutet es eine große Erleichterung, wenn die Peilungen und die jeweiligen Kompaßkurse auf ein Tonbandgerät (Kassettenrecorder) gesprochen werden. Erfahrungsgemäß gehen bei kleiner Mannschaft durch das mühselige Mitnotieren der erzielten Meßwerte viel Zeit und Übersicht verloren. Anschließend lassen sich anhand der Tonbandaufzeichnungen die verschiedenen Werte in Ruhe niederschreiben.
Hat man sehr viel Zeit und liegt längere Zeit an einer Boje, so kann man während der Flaute ohne die Hilfe eines Beibootes häufige Kompaßpeilungen eines weitentfernten Peilobjektes nehmen. Nach mehreren Tagen wird man wohl so viele Peilungen gesammelt haben, daß sich die Deviationskurve nach obigem Vorbild ohne weiteres zeichnen läßt. Diese Methode, bei der so nebenbei von Zeit zu Zeit Peilungen genommen werden, hat den großen Vorteil, daß Schleppfehler nicht in die Steuertafel eingehen können.
Es ist besser, statt irgendeines Peilobjektes eine Deckpeilung zu verwenden, bei der sich also zwei Peilobjekte in einer Linie zum Schiffsort befinden. Allerdings kommt dies nicht sehr häufig vor. Der Vorteil bei dieser Methode ist die Tatsache, daß aus der Karte sehr genau die rechtweisende Peilung (Kartenkurs) zu den beiden Peilobjekten herausgemessen werden kann und daß bei einem zu großen Drehkreis der Skipper am Auswandern der beiden Peilobjekte sofort merkt, daß die Peilung nicht mehr ganz exakt ist. Deckpeilungen von Tonnen, Leuchttürmen usw. lassen sich bei einem bestimmten Kurs auch während eines Törns zur einfachen Kontrolle der Steuertafel verwenden.

ÜBUNGS-AUFGABE 12

Erstellen Sie eine Steuertafel für die Yacht Südwind. Sie ankert am 1. Juni 1983 in der Bucht von Pollensa auf Pt. de la Avanzada. Als Peilobjekt sucht der Skipper sich Pt. Negra aus. Beim Drehen der Yacht werden zum jeweiligen Kompaßkurs folgende Kompaßpeilungen genommen:

MgK	*MgP*
155	102
164	103
172	103
180	105
195	107
209	107
219	108
229	109
245	110
255	109
271	109
282	110
290	109

304	108
319	106
329	105
345	104
354	102
010	100
021	099
030	097
044	097
061	097
072	096
080	096
119	098
125	099
134	099
145	101

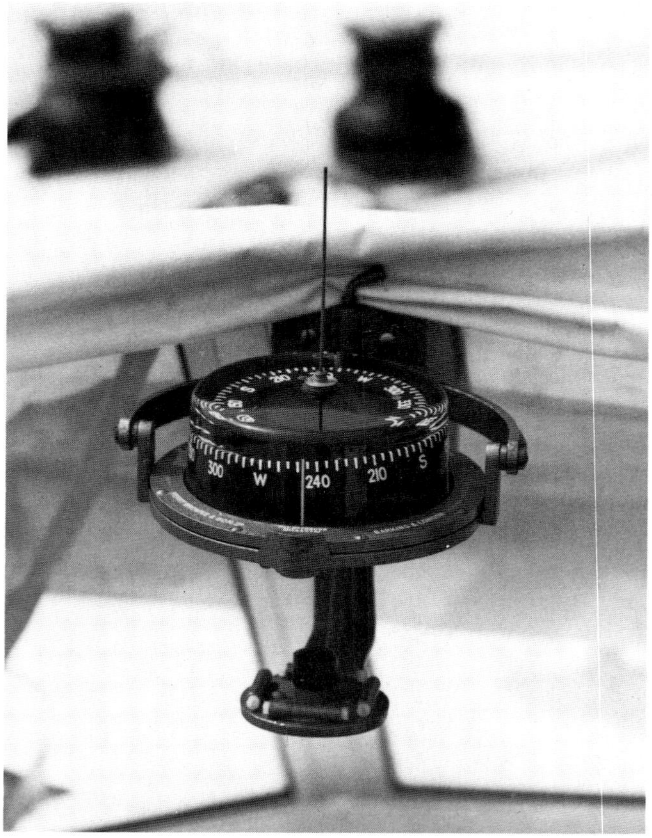

Bei der astronomischen Kompaßkontrolle wird die Sonne über einen Schattenstift angepeilt.

Aufstellung einer Steuertafel mit Hilfe einer Sonnenpeilung

Es ist schade, daß sich vor allem Anfänger bei der Aufstellung einer Steuertafel immer mit terrestrischen Problemen herumschlagen und sich nicht der astronomischen Deviationsbestimmung bedienen, weil diese ein wenig Rechenarbeit erfordert. Doch in der Praxis ist sie viel einfacher und genauer als die terrestrische Deviationsbestimmung. Das Prinzip der astronomischen Deviationskontrolle besteht ganz einfach darin, daß statt einer terrestrischen Peilung, die Sonne verwendet wird. Auch bei ungünstiger Aufstellung eines Kompasses eignet sich dazu meistens sogar der Steuerkompaß selbst, so daß es einer Peilscheibe nicht bedarf.
Einige Kompaßhersteller (Sestrel, Cassens & Plath) liefern für diesen Zweck sogar einen Schattenstift, der von den Navigatoren nur meistens kaum beachtet wird, weil sie damit nichts anfangen können. Wichtig beim Aufstecken des Stiftes auf der Kompaßoberfläche ist, daß der Schattenstift genau senkrecht steht. Die Kompaßpeilung zur Sonne ergibt sich dann daraus, daß die Sonne nicht etwa mit dem Auge angepeilt, sondern der von ihr geworfene Schatten auf der Kompaßrose abgelesen wird. Je nach Kompaßtyp sind 180° hinzuzuzählen. Bei einigermaßen hochstehender Sonne muß in unseren Breiten eine Peilung von ca. 100° bis ca. 260° herauskommen. Erhält man also auf der Kompaßrose eine Peilung 270° und darüber beziehungsweise 000° bis 080°, so ist die Peilung durch Hinzuzählen von 180° umzurechnen.
Aber nicht nur in der leichteren Peilung ist der Vorteil der astronomischen Kompaßkontrolle zu sehen. Man benötigt hierzu auch keinen exakten Standort, von dem man sich während der notwendigen Drehung kaum weg-

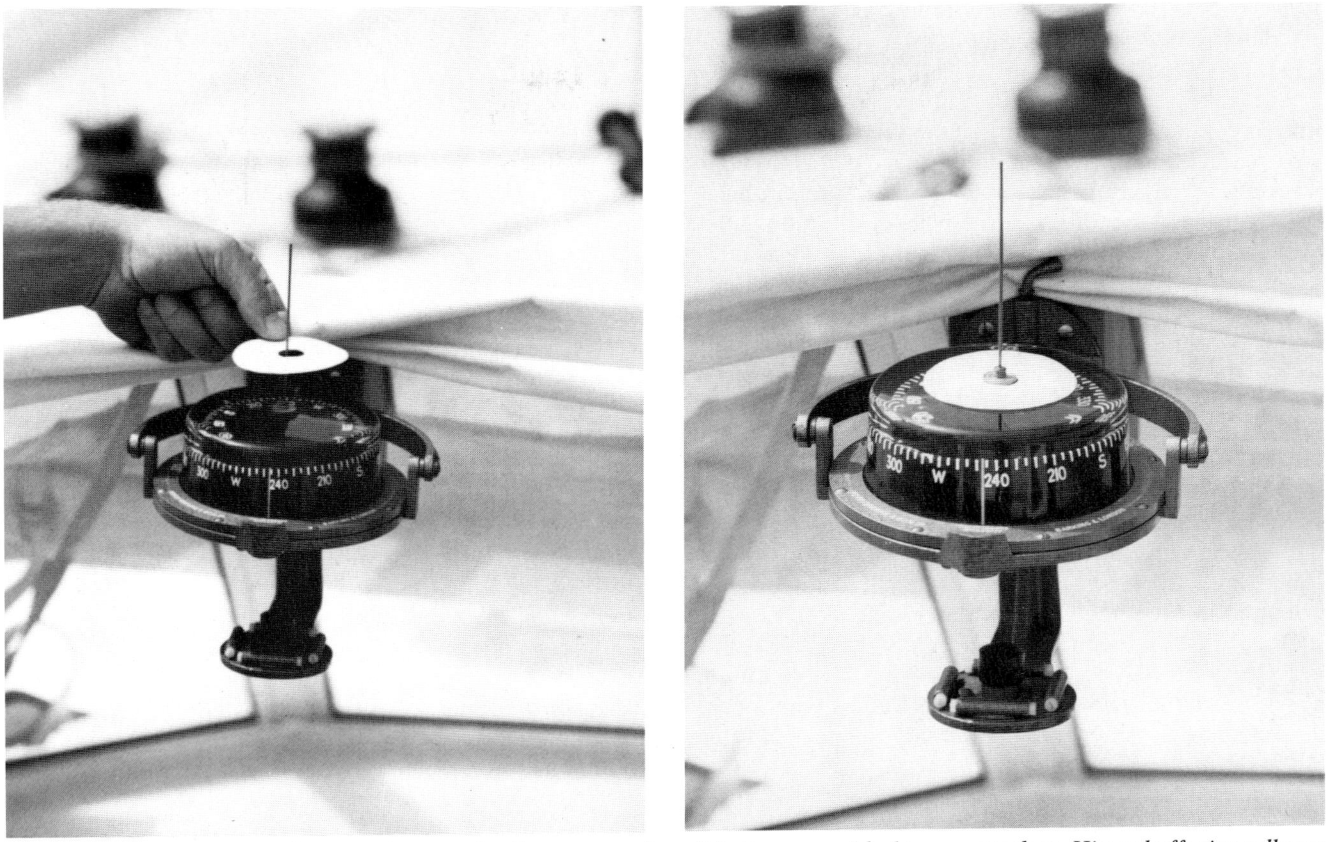

Auf der schwarzen Kompaßrose ist der von der Sonne geworfene Schatten nur schlecht auszumachen. Hier schafft eine selbstgeschnittene weiße Papierscheibe Abhilfe.

bewegen darf. Man kann eine solche Deviationstabelle – empfehlenswerterweise bei glattem Wasser – auch unterwegs aufstellen, indem man sehr, sehr langsam seinen Kurs um jeweils 010° ändert, bis man auf diese Weise einen ganzen Kreis gefahren hat. Ob dieser Kreis hierbei 100 m oder 5 sm Durchmesser hat, spielt für die Genauigkeit praktisch keine Rolle. Die einzige Schwierigkeit bei der astronomischen Kompaßkontrolle ist die Ermittlung der rechtweisenden Peilung zur Sonne, der Peilung also, in der weder Mißweisung noch Deviation enthalten sind. Noch vor zehn Jahren, als es keine Elektronenrechner gegeben hat und die Nautischen Tafeln in ihrer Handhabung umständlich waren, hat dies oft unüberwindliche Schwierigkeiten bereitet.

Heute besteht kein Grund mehr, warum nicht auch ein Newcomer sich dieser hervorragenden Methode der Bestimmung der Deviation bedienen soll. Am einfachsten ist die Berechnung des Azimuts mit einem Navigations-Spezialrechner, wie zum Beispiel den NAVTOOLS. Diese umfangreiche Programmsammlung hat sogar zusätzlich ein eigenes Programm zur Deviationsberechnung, welches automatisch fehlende Werte beim Drehen des Schiffes (Sonne hinter dem Mast etc.) ersetzt beziehungsweise interpoliert. Es zeigt auch die fertige Deviationskurve grafisch an, so daß man der Zeichenarbeit zur Erkennung von magnetischen Störeinflüssen und zum Interpolieren fehlender Messungen enthoben ist.

Diese Rechner sind von jedem Laien zu bedienen, wobei das Azimut (= rechtweisende Peilung) lediglich durch Eingabe des ungefähren Schiffsortes nach Breite und Länge, der Weltzeit UTC (genau eine Stunde weniger als mitteleuropäische Zeit) und des Datums erfolgt. Alles andere macht der Rechner. Ein interessierter Anfänger, der auch etwas Geduld aufbringt, kann selbst das Azimut mit Hilfe eines mittelteuren Taschenrechners errechnen, der nur über die trigonometrischen Funktionen und über eine Taste für die Umrechnung von rechtwinkligen in die polaren Koordinaten verfügen muß. Um welche Dinge es sich hierbei handelt, braucht er nicht zu wissen. Außerdem wäre hierzu noch das Nautische Jahrbuch für das betreffende Jahr erforderlich.

Sicher ist dies eine etwas mühseligere Angelegenheit als

die Arbeit mit den vollautomatischen Rechnern, doch hat diese Art von astronomischer Deviationskontrolle gegenüber der Kompaßkontrolle mit Hilfe von terrestrischen Peilungen immer noch enorme praktische Vorteile. Wie das Azimut mit einem Rechner ermittelt wird, kann auch derjenige, der sich nicht für die astronomische Navigation interessiert, auf Seite 234 erfahren. Der dazu benötigte Greenwicher Stundenwinkel (geographische Länge der Sonne) und die Declination (geographische Breite der Sonne) können dem Nautischen Jahrbuch entnommen werden.

Zur Deviationsbestimmung wird eine Zeit empfohlen, bei der die Sonne weder zu hoch steht (der Schattenstift würde keinen deutlichen Schatten werfen) noch zu tief, weil sie sonst bei niedrig eingebauten Kompassen (auf der Steuersäule im Cockpit) unter Umständen nicht gepeilt werden kann. Sehr gut eignen sich also Zeiten am Vormittag und am nicht zu späten Nachmittag. Praktisch gehe man folgendermaßen vor:

Man fahre sehr langsam einen weiten Kreis, wobei auf Kommando des Steuermanns direkt auf dem Kompaß über dem Schattenstift die Kompaßpeilung zur Sonne *ungefähr* von 010° zu 010° abgelesen wird. Der Steuermann (beziehungsweise ein weiterer Mann) muß hierbei gleichzeitig den anliegenden Kompaßkurs und minutengenau die Zeit (UTC) notieren.

Auch hier ist es wieder empfehlenswert, statt schriftlicher Notizen alle Messungen und Ablesungen auf einen Kassettenrecorder zu sprechen, damit sich die Mannschaft mehr auf das Messen als auf das Niederschreiben der Werte konzentrieren kann. Später können die Meßwerte dann in aller Ruhe auf ein Blatt Papier übertragen werden. Nachdem wie bei der terrestrischen Navigation nach Möglichkeit ungefähr von 010° zu 010° die Kompaßpeilung der Sonne (sie wird sich nur wenig geändert haben) zum entsprechenden Kompaßkurs notiert wird, kann sich der Navigator daranmachen, die jeweils zu dem notierten Zeitpunkt herrschende rechtweisende Peilung zur Sonne (Azimut) auszurechnen.

Beim Berechnen des Azimuts wird er feststellen, daß es sich nur sehr langsam ändert. Es ist also nicht so, daß ein Fehler in der Uhr von beispielsweise einer Minute das Azimut bereits um mehrere Grad verfälscht. Meistens wird die Änderung des Azimuts ungefähr alle zwei bis drei Minuten ein Grad betragen. Nachdem beim Drehen des Schiffes bis zu 36 Messungen vorgenommen worden sind, wäre es ein Zuviel an Fleiß, nunmehr 36mal für jeden Meßzeitpunkt das Azimut auszurechnen. Es genügt vollauf, wenn ein Azimut-Zeitplan angefertigt wird, der das Azimut von vier zu vier Minuten angibt. Meist wird der Navigator dann zwischen den Vierminutenzeiträumen nicht einmal interpolieren müssen, sondern kann das Azimut dazwischen ganz einfach über den Daumen peilen. Beim Drehen des Schiffes wird er ja ohnehin festgestellt haben, daß es praktisch sehr schwierig ist, eine Peilung auf ein Grad vorzunehmen. Die aus dieser Ungenauigkeit entstehenden Fehler sind jedoch in der Praxis so gering, daß sie die Brauchbarkeit einer so erstellten Steuertafel in keinem Fall einengen.

Die Deviationstabelle sollte möglichst bei Flaute und unter Maschine aufgestellt werden. Die Deviation kann bei laufender Maschine geringfügig anders sein als bei stehender Maschine – die Unterschiede sind jedoch nur von theoretischer Bedeutung. Der Autor hat auf Sportschiffen noch nie irgendwelche Unterschiede feststellen können, die sich in der Praxis nachteilig ausgewirkt hätten.

Diese Art der astronomischen Deviationskontrolle eignet sich übrigens vorzüglich, um eine untätige Crew während eines Flautentages unter Maschine in der heißen Mittelmeersonne etwas zu beschäftigen. Der ganze Zeitverlust für den Törn besteht in einem Kreis, der in etwa 10 bis 20 Minuten gefahren wird. Vielfach wird empfohlen, Deviationskontrollen während des Sonnenauf- oder -untergangs vorzunehmen, weil hierbei mit Hilfe von sehr einfachen Tafeln ohne weiteres die rechtweisende Peilung zur Sonne festgestellt werden kann.

Im Zeitalter der schnellen Nautischen Tafeln und der Elektronenrechner hat diese Methode jedoch kaum noch Daseinsberechtigung. Hinzu kommt, daß die zur Verfügung stehende Zeit beim Unter- oder Aufgang der Sonne häufig nicht ausreicht, um eine komplette Deviationstabelle aufzustellen, und aufgrund widriger Witterungsumstände eine Sicht zur Sonne unter Umständen gar nicht möglich ist. Bei der zuvor geschilderten Methode dagegen kann man die Deviation jederzeit bestimmen, das heißt vormittags und nachmittags. Deviationsbestimmungen um die Schiffsmittagszeit sind nicht nur wegen des hohen Standes der Sonne zu vermeiden, sondern auch aufgrund der Tatsache, daß sich zu dieser Zeit das Azimut besonders schnell ändert, was zu den übrigen Zeiten nicht der Fall ist.

Änderung der Deviation

Es ist selbstverständlich, daß die Deviationstabelle nach Möglichkeit so aufgestellt werden soll, daß sie dem seeklaren Schiff entspricht. Die Instrumente sollten also eingebaut und die verschiedenen Ausrüstungsgegenstände an ihrem Platz sein; in der Nähe des Kompasses sollte nichts Überflüssiges herumliegen. In jedem Fall muß eine neue Deviationstabelle erstellt werden, wenn an der Ausrüstung des Schiffes oder an der Einrichtung Änderungen vorgenommen werden, die die Deviation beeinflussen könnten. Dies ist insbesondere dann der Fall, wenn die Position von größeren metallischen Gegenständen in der Gegend des Kompasses verändert wird. Ob ein bestimmtes Metall Auswirkungen auf die Deviation hat, läßt sich leicht dadurch nachprüfen, indem ein Stück dieses Werkstoffes in die Nähe der Rose gehalten wird. Das Aluminium beispielsweise von Großbaum und Spinnakerbäumen verursacht keine Ablenkung, während größere Mengen von Konserven (Blech!) in der Bilge sich bereits bemerkbar machen können.

Ist der Kompaß günstigt aufgestellt, so wird die Deviation bei Holzschiffen wohl unter 010° bleiben und bei Kunststoffschiffen sogar unter 002°. Gerade im letzten – sehr häufigen – Fall braucht man sich wenige Gedanken um weitere Momente zu machen, welche die Deviation negativ beeinflussen können.

Rein rechnerisch wirken sich auf die Deviation bereits Einflüsse aus, an die man kaum denkt. Jede Krängung, also ein ganz alltäglicher Vorgang für eine Segelyacht, verändert sie bereits.

Es würde aber in der Sportschiffahrt zu weit führen, würde man für verschiedene Krängungen jeweils eine eigene Steuertafel aufstellen. Bei Kunststoffschiffen ist das mit Sicherheit nicht nötig, wenn die Deviation in den erwähnten engen Grenzen bleibt.

Die Deviation kann sich auch ändern, wenn das elektrische Gleichstromfeld in der Yacht sich ändert, also beim Betreiben starker störender Geräte, wie beispielsweise Radar oder Gleichstromgeräte, die sich in unmittelbarer Nähe des Kompasses befinden. Mit Sicherheit ist es einfacher, diese Geräte so einzubauen, daß sie den Kompaß möglichst wenig beeinflussen, als für die verschiedenen Alternativen „Radar an, Echolot aus“ usw. jeweils eigene Steuertafeln zu erstellen und zu benutzen. Der Eigner einer Yacht sollte immer bestrebt sein, mit möglichst einer Steuertafel für den Steuerkompaß auszukommen.

Es ist ein Gebot guter Seemannschaft, die Deviation von Zeit zu Zeit zu überprüfen. Dies gilt vor allem bei Änderungen der geographischen Breite, also bei Langfahrten. In den seltenen Fällen eines Blitzeinschlages kann es ebenfalls zu einer starken Veränderung des Schiffsmagnetismus kommen.

Befinden sich auf einer Fahrtenyacht zwei Steuerkompasse (einer für Steuerbord, einer für Backbord), so muß selbstverständlich für jeden eine Deviationstabelle an Bord und auf dem laufenden sein. Es wird aber darauf hingewiesen, daß es sich hier um eine höchst unnötige Einrichtung handelt, die eigentlich auf einer Fahrtenyacht nichts zu suchen hat. Wenn der Steuermann glaubt, er müsse je nach Sitzposition, die ja durch die Beobachtungsmöglichkeit der Segel gefordert ist, wegen der besseren Ablesbarkeit einen eigenen Kompaß haben, so wird sich in der Praxis wohl erweisen, daß durch die zusätzlich entstehenden Deviationsprobleme die so gewonnene Steuergenauigkeit mehr als verlorengeht.

Kompaßkompensierung

Wird bei der Deviationskontrolle festgestellt, daß eine Yacht auf bestimmten Kursen mehr als 10° Deviation aufweist, so *soll* der Kompaß kompensiert werden, und wenn die Deviation gar größer als 20° ist, so *muß* eine solche vorgenommen werden. Dies wird nahezu immer bei Stahlyachten der Fall sein.

Nachstehende Deviationskurve ist auf einer unkompensierten Stahlyacht bei sehr hoch angebrachtem, also sehr günstig aufgestelltem Magnetkompaß erstellt worden. Sie zeigt, warum eine Kompensation unbedingt notwendig ist. Eine rechnerische Eliminierung der Deviation ist praktisch nicht mehr möglich. Wenn nämlich auf einem

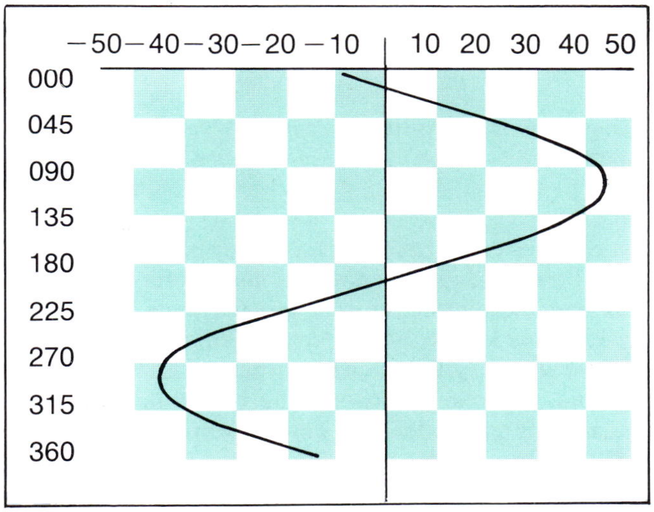

Diese Deviationskurve mit Werten bis zu 45° Deviation wurde auf einem Stahlschiff erstellt, obwohl der Kompaß am oberen Rand der Windschutzscheibe angebracht war, also ca. 1 m über allen Stahlmassen.

Kurs von 190° der Steuermann bei ungünstigem Wetter mit einer Ungenauigkeit von nur 020° steuert, so beträgt die Deviation eben nicht mehr – wie aus der Steuertafel zu entnehmen – +6°, sondern −9°, was zu gefährlichen Ungenauigkeiten führen würde.

Die Kompensierung des Kompasses wird dadurch erreicht, daß – sozusagen als magnetisches Gegengewicht gegen die störenden Einflüsse der Metallteile – Magnete in seiner Nähe angebracht werden. Die Kunst – und es ist wirklich eine Kunst – besteht darin, daß nur die Wirksamkeit der an Bord befindlichen Störeinflüsse ausgeschaltet und nicht etwa die Feldstärke des Magnetfeldes der Erde so überdeckt wird, daß eine richtige Anzeige nicht mehr möglich ist. Zum Kompensieren eines Kompasses gehören außerordentlich viel Erfahrung und Wissen um die verschiedenen Koeffizienten. Es ist nicht ratsam, daß diese Arbeit von einem Segler, also von einem Nichtfachmann vorgenommen wird, auch wenn er noch soviele Seemeilen auf dem Buckel hat.

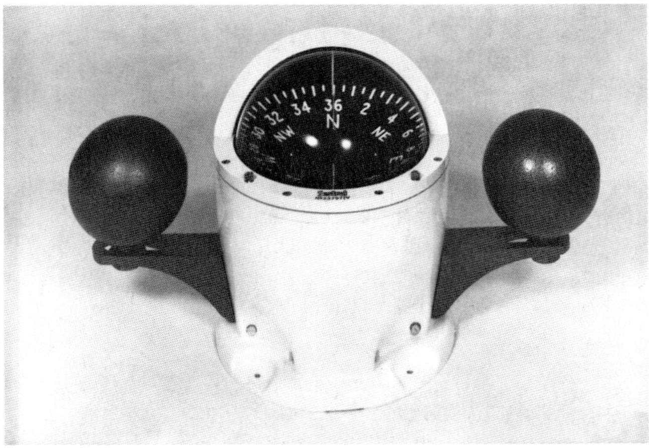

Kompaß mit Weicheisenkugeln zum Kompensieren des Kompasses

Als Skipper einer Stahlyacht ist man gut beraten, sich eines berufsmäßigen Kompaßkompensierers zu bedienen, was allerdings ein paar – gut angelegte – Hundertmarkscheine kostet. Er wird auch gerne darüber aufklären, wo die (magnetischen) Schwächen des Schiffes liegen und auf welchen Kursen die Deviation besonders gut beobachtet werden soll, um die Notwendigkeit einer Neukompensierung zu erkennen. Oft gelingt es ihm, die Deviationswerte auch auf einer Stahlyacht auf unter 2° zu drücken.

Es ist aber falsch zu glauben, daß der Eigner eines Stahlschiffes damit für ewig ausgesorgt hat. Gerade auf einem Stahlschiff ist es Aufgabe des Navigators, die Deviation ständig im Auge zu behalten und die Deviationskurve gegebenenfalls zu erneuern beziehungsweise zu verbessern. Auf gar keinen Fall dürfen die vom Kompensierer angebrachten Magnete entfernt oder in ihrer Stellung verändert werden. Daß die Position des Kompasses selbst nicht angetastet werden darf, dürfte selbstverständlich sein.

Wenn die Yacht neu ist, wird eine Nachkompensierung häufiger nötig sein, als bei einer älteren Stahlyacht. Nach Möglichkeit sollte das Schiff vor dem ersten Kompensieren ein paar Probeschläge unter Segel und unter Maschine hinter sich haben, damit der halbfeste Magnetismus sich zwischenzeitlich schon mal weitgehend verflüchtigt hat. Auch ist es bei einer Stahlyacht empfehlenswert, sie nicht monatelang in derselben Himmelsrichtung (während des Winters im Wasser) liegenzulassen, weil sich sonst ihr Gesamtmagnetismus so verändert, daß mit Sicherheit eine neue Kompensierung notwendig ist. Wahrscheinlich wird kaum zu umgehen sein, jedes Jahr neu zu kompensieren, so daß besonders bei den ersten Schlägen im Frühjahr äußerste Vorsicht geboten ist.

Auch wenn die Yacht das Revier wechselt, kann unter Umständen eine Neukompensierung erforderlich werden, weil das Magnetfeld der Erde sich in seiner Stärke verändert hat, während jenes des Stahlschiffes unter Umständen gleichgeblieben ist, was jedoch dazu führt, daß im Ergebnis die Deviation eine andere geworden ist. Dies kann bereits bei einem längeren Törn bei großen Breitenänderungen der Fall sein.

Es wird dringend davon abgeraten, einen Kompaß selbst zu kompensieren. Sollte aus irgendeinem Grund aber ein Kompaßkompensierer nicht zur Verfügung stehen, eine Kompensierung aber unumgänglich ist, so kann der Versuch unternommen werden, mit Hilfe folgender Anleitung eine Kompensierung vorzunehmen. Für einen derartigen Notfall ist sie von Deutschlands größtem Magnetkompaß-Hersteller, der Firma Cassens & Plath, gegeben worden:

B-Kompensierung*

Schiff auf magnetischen Ost- oder Westkurs legen,
in Längsschiffsrichtung befindlichen Magnet beziehungsweise Magnete (1) von oben oder von unten oder von der Seite seitenrichtig so weit nähern
oder 1 Magazin (2) der B- und C-Kompensierung Nr.

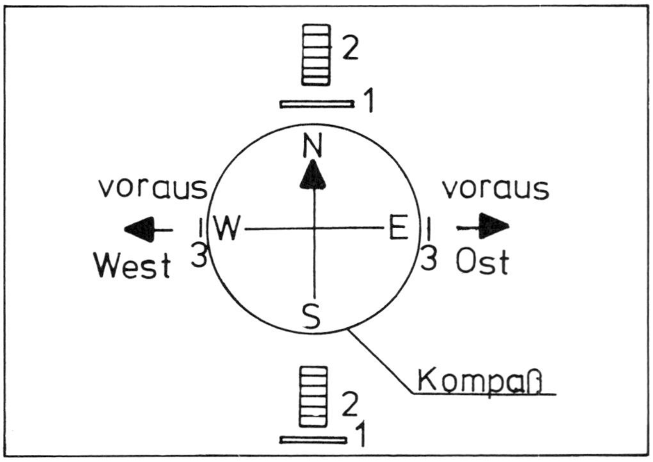

* B-, C- und D-Kompensierung bedeutet die Eliminierung spezieller Koeffizienten, die je nach Lage des Schiffes mit zur Gesamtdeviation beitragen.

18 150 so festschrauben, daß die darin enthaltenen Magnete sich in Längsschiffsrichtung befinden und diese dann seitenrichtig so legen
oder den hinter dem Kompaß befindlichen Schlitz (3) der bereits montierten Drehkompensierung für B und C so weit drehen,
bis die vorhandene Deviation ganz oder nahezu beseitigt ist.

C-Kompensierung

Schiff auf magnetischen Nord- oder Südkurs legen,
in Querschiffsrichtung befindlichen Magnet beziehungsweise Magnete (1) von oben oder unten oder von vorne oder hinten seitenrichtig so weit nähern
oder 1 Magazin (2) der B- und C-Kompensierung Nr.

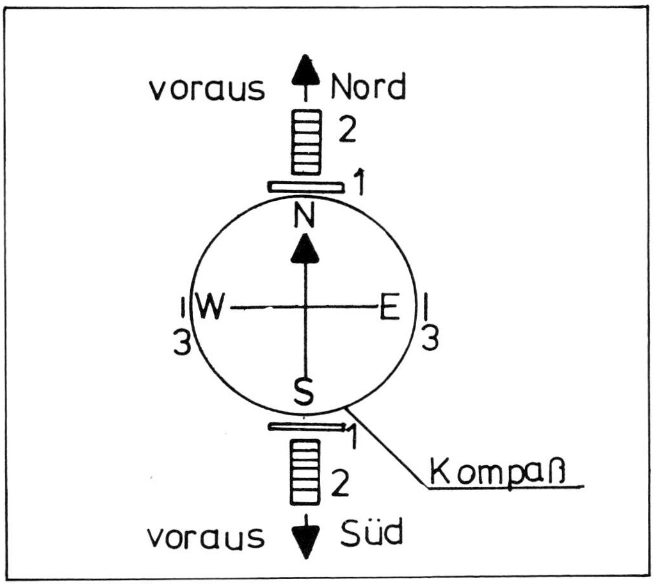

18 150 so festschrauben, daß die darin befindlichen Magnete sich in Querschiffsrichtung befinden, und dies dann seitenrichtig so legen
oder den seitlich vom Kompaß befindlichen Schlitz (3) der bereits montierten Drehkompensierung für B und C so weit drehen,
bis die vorhandene Deviation ganz oder nahezu beseitigt ist.

D-Kompensierung

Nach Beendigung der B- und C-Kompensierung – auf den oder in der Nähe des magnetischen Kurses NE (045°) oder SE (135°) oder NW (315°) – die auf oder unter dem Kompaß befindlichen Mu-Metallstreifen oder -stücke so dem Kompaß nähern beziehungsweise vergrößern, bis die vorhandene Deviation ganz beziehungsweise nahezu beseitigt ist.

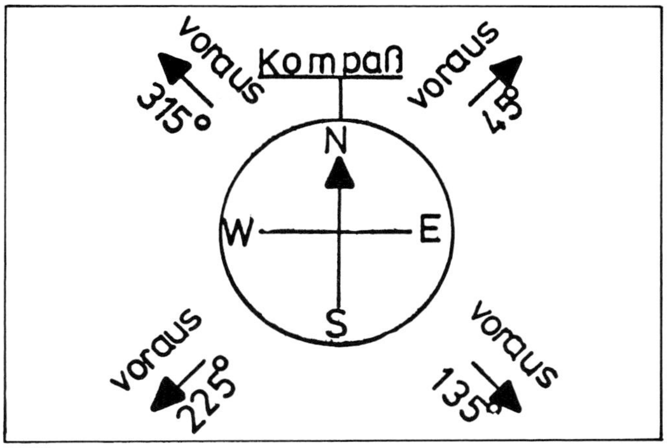

Welcher Kompaß für welche Yacht?

In Frage kommen selbstverständlich ausschließlich Flüssigkeitskompasse. Selbst für einen Fachmann aber ist es schwierig, bei der Vielzahl der angebotenen Kompasse herauszufinden, welcher nun ein „guter" und welcher ein „schlechter" ist.
Die YACHT hat unter der Leitung von Michael Naujok in einem großangelegten Test eine Reihe von Yachtkompassen untersucht und ist hierbei auch auf die Anforderungen an Kompasse im rauhen Bordbetrieb eingegangen:
Auf dem Kompaßprüfstand, der sich in einem Labor mit einem genau definierten Magnetfeld befindet, haben wir folgende Kriterien untersucht: den Reibungsfehler, den Schleppfehler und die Eisenhaltigkeit.
Zum besseren Verständnis ist es notwendig, vorab eine kleine Einführung in die Kompaßtechnik zu geben. Magnetkompasse der neuen Generation – so wie wir sie hier im Test haben – sind in der Regel kugelförmige oder nahezu kugelförmige Gebilde, die mit einer speziellen Kompaßflüssigkeit gefüllt sind. In der Mitte dieses Rosensystems befindet sich die Kompaßnadel (dieses ist nicht die „Kompaßnadel", wie sie unkorrekterweise bei einem Marschkompaß bezeichnet wird, sondern eine fein geschliffene und gehärtete Metallnadel), auf deren Spitze das Nadellager – ein geschliffener Halbedelstein – ruht. Dieses Lager trägt das Rosensystem. Das ist die Kompaßrose mit den dazugehörigen Magneten.
Um eine Vorstellung davon zu bekommen, wie präzise diese Lager gefertigt sein müssen, haben wir einmal das Drehmoment von einem Kompaß mit relativ starken Magneten ausgerechnet.
Das Ergebnis: An einem Hebelarm von einem Zentimeter „wirkt" eine Kraft von 0,12 Pond (nach alter Schreib-

Teilansicht des Labors zum Simulieren der Schiffsbewegungen.

Meßtisch zur Ermittlung von Schlepp- und Reibungsfehlern.

weise: Gramm), soviel wiegen gerade zwei kleine Briefmarken. Hinzu kommt: Je mehr der Kompaß in seine Nord-Südrichtung einpendelt, desto geringer wird dieses Moment, bis das Moment schließlich Null ist, wenn das Magnetsystem parallel zum Erdmagnetfeld gerichtet ist (auf Nord-Südrichtung).

Nun kann man sich leicht erklären, warum die Lager eines Kompasses mit höchster Präzision gefertigt werden müssen.

Bei unserem ersten Testlauf ging es daher auch um die Qualität dieses Lagers. Dazu wurde der Kompaß zentrisch auf dem Kompaßprüfstand ausgerichtet. Nach der Eichung des Prüfstandes wurde die Kompaßrose durch ein zugeschaltetes Magnetfeld genau um fünf Grad ausgelenkt. Hatte sich die Rose eingependelt, wurde das zugeschaltete Magnetfeld wieder abgeschaltet, und der Kompaß pendelte nun wieder, sofern er ein gutes Lager hatte, auf den Nullwert, oder aber er blieb schon vor der Null-Linie stehen. Dieser Betrag wurde vom automatischen Schreiber erfaßt und lieferte uns den sogenannten Reibungsfehler.

Bei der zweiten Untersuchung wollten wir zwei Dinge in Erfahrung bringen: den Schleppfehler und eine eventuelle Eisenhaltigkeit. Der Testkompaß wurde auf demselben Prüfstand, angetrieben von einem E-Motor mit Getriebe, kontinuierlich gedreht, er mußte dabei eine 360-Grad-Drehung in genau vier Minuten vollziehen. Die Kompaßrose verharrte bei dieser Drehung in der nahezu Nord-Südrichtung. Während dieser Drehung nahm eine magnetische Sonde die Richtung der Kompaßrose auf und lieferte diesen Wert an den automatischen Schreiber. Wir konnten also kontinuierlich messen, um wieviel Grad der Kompaß aufgrund der Lagerreibung und der Flüssigkeitsreibung zwischen Rose und Kompaß-Gehäuse mitgerissen wurde.

Ist die aufgezeichnete Linie fast gerade und parallel zur Null-Linie des Diagramms, liegt keine Eisenhaltigkeit vor. Weicht sie nicht mehr als zwei Grad ab, ist der Kompaß in Ordnung. Bei höheren Ablenkungen und einer schlangenförmigen Linie liegen eine erhöhte Lager- oder Flüssigkeitsreibung vor beziehungsweise eine Eisenhaltigkeit. Auch kann der kurvenförmige Verlauf auf ungenügend eingestellte Kompensiermagneten hinweisen. Wir haben daher vor dem Test alle Kompasse mit Kompensiermagneten genau justiert.

Dabei mußten wir feststellen, daß die Kompaßhersteller in manchen Fällen zu sorglos mit der Kompensiereinrichtung umgehen. In einigen Fällen waren die Magneten unzureichend gegen Verdrehen gesichert, in anderen Fällen gar nicht bezeichnet, so daß unbeabsichtigtes Verdrehen beim späteren Einbau an Bord leicht möglich gewesen wäre, was eine starke Kursverfälschung zur Folge gehabt hätte.

Kompensiereinrichtungen sollten nur auf besonderen Wunsch des Kunden separat mitgeliefert werden, mit einem entsprechenden Hinweis für den Einbau. Denn auf den meisten GFK-Yachten ist das Kompensieren des Kompasses in der Regel gar nicht nötig, und eine kleine Steuertabelle tut's allemal. Die Gefahr einer falsch eingestellten Kompensiereinrichtung wäre damit gebannt.

Eine gute Lösung: Einige Hersteller liefern die kleinen Kompensiermagneten getrennt mit, damit sie nur im wirklichen Bedarfsfall in vorbereitete Behälter gesteckt werden können.

Neben der mechanischen Prüfung des Rosensystems haben wir alle Kompasse einem Kältetest unterzogen. In einer Kältekammer wurden die Geräte bis minus 30 Grad Celsius heruntergekühlt. Bei diesem Test sollte herausgefunden werden, ob das Ausdehnungsgefäß in Ordnung war. Diesen Test haben nicht alle Kompasse überstanden, vereinzelt bildeten sich Blasen bis zu 46 Millimeter Durchmesser, die sich aber bei Erwärmung alle wieder abbauten.

Nach welchen Kriterien sollte man einen Kompaß auswählen. Zweifellos muß er bei den technischen Untersuchungen innerhalb der Norm liegen und und absolut

Die Meßkurve stellt unten den Reibungsfehler dar (Pfeile). Das obige Kurvenpaar entsteht während zwei 360°-Drehungen; die Ausschläge markieren den Schleppfehler, die Amplitude gibt die Eisenhaltigkeit an.

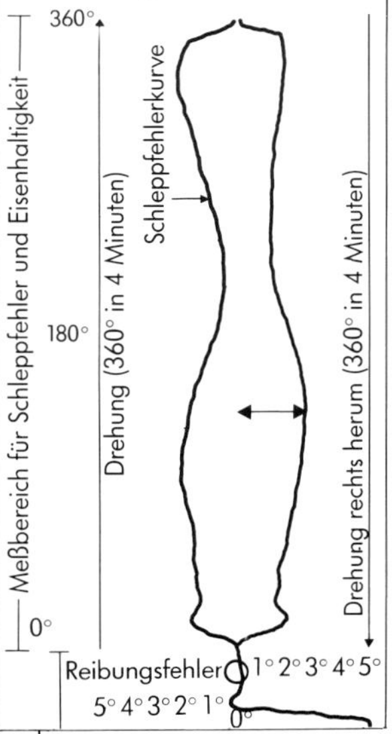

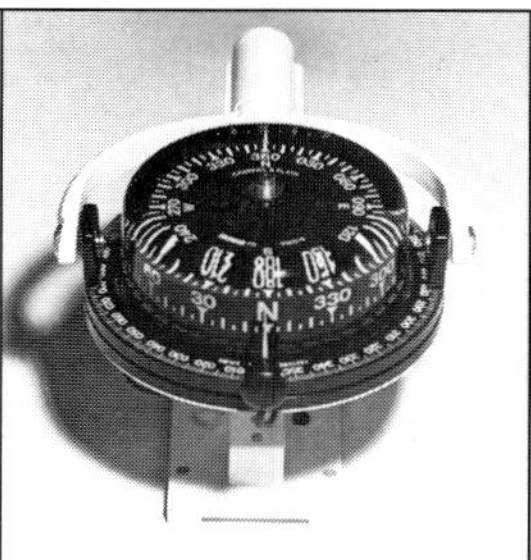

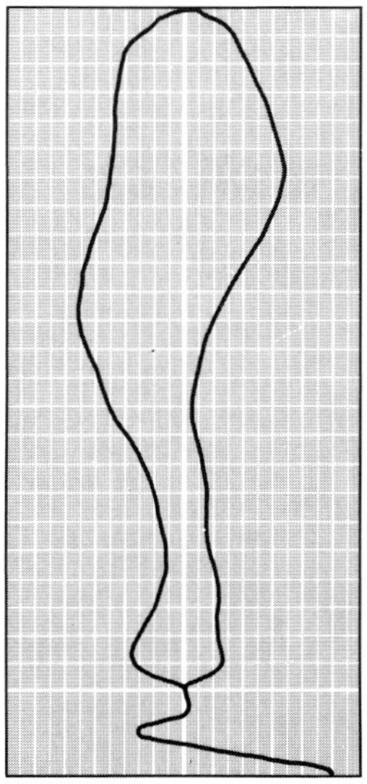

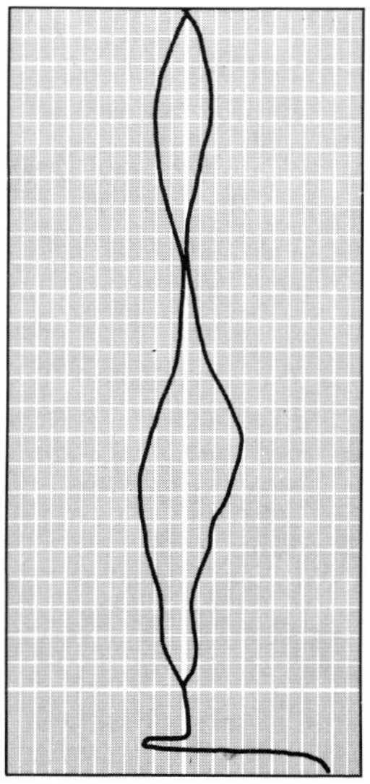

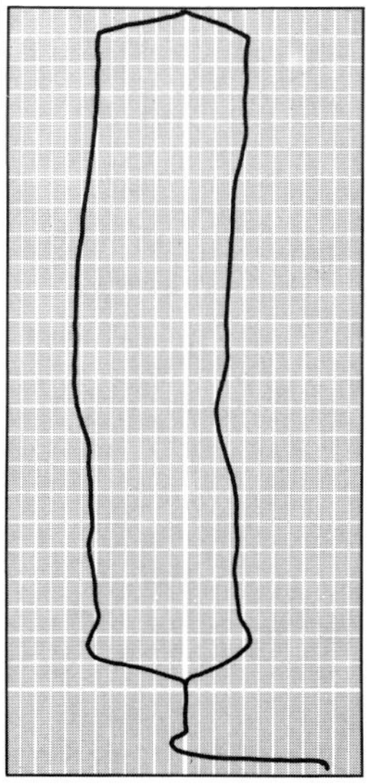

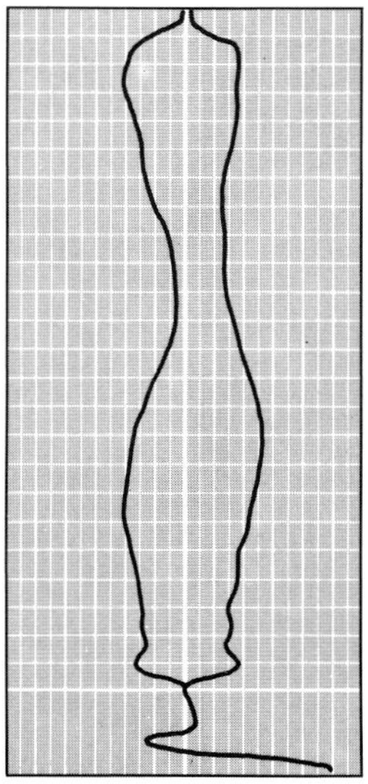

Kompaßtyp	**135**	**F 110**	**Sigma**	**Iota**
Hersteller	**Suunto**	**Suunto**	**Cassens & Plath, Bremen**	**Cassens & Plath, Bremen**
Scheinbarer Rosendurchmesser	135 mm	110 mm	125 mm	120 mm
Gehäusematerial	Metall/Kunststoffring	Metall	Metall	Metall
Kompaßglocke	Kunststoff	Kunststoff	Kunststoff	Mineralglas
Temperaturtest	keine Blase	keine Blase	keine Blase	keine Blase
Parallaxenfehler	2,5°	2°	3°	3°
Ablesbarkeit, tags	gute Rose, zu kleiner Steuerstrich	gute Rose, zu kleiner Steuerstrich	klares Rosenbild	als Draufsicht- und Rückansicht-Kompaß
Gesamteindruck	guter Kompaß mit klarem Rosenbild, geringer Einstellfehler, Schleppfehler maximal 2,8°	guter Kompaß mit klarem Rosenbild, geringer Einstellfehler, Schleppfehler maximal 1,5°	Bootskompaß speziell für Stahlschiffe, auch zum Peilen geeignet, geringer Reibungsfehler, Schleppfehler maximal 3,6° (über der Norm)	robuster Kompaß, auch für Stahlschiffe als Aufbaukompaß. Sehr kleiner Reibungsfehler, Schleppfehler maximal 2,5°, Kurve deutet auf geringe Eisenhaltigkeit hin.

	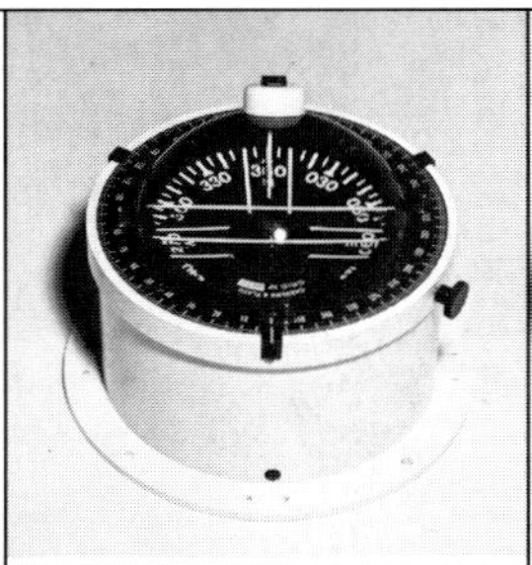 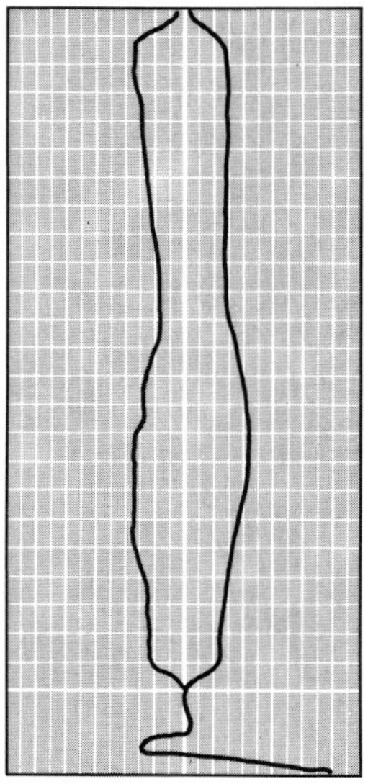	 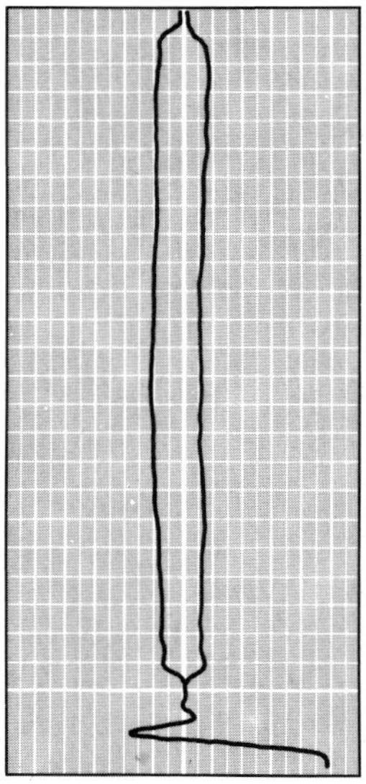	 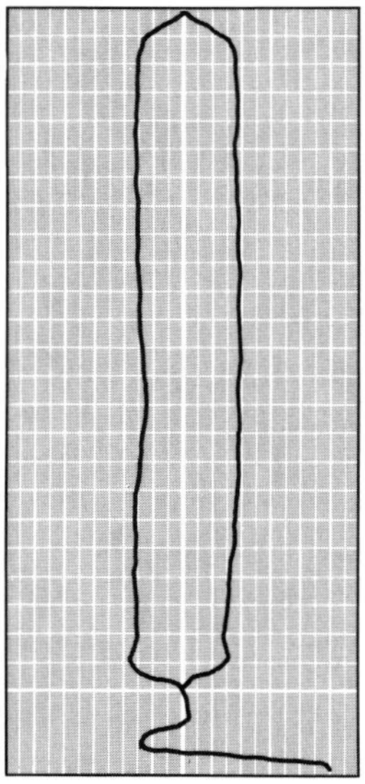	 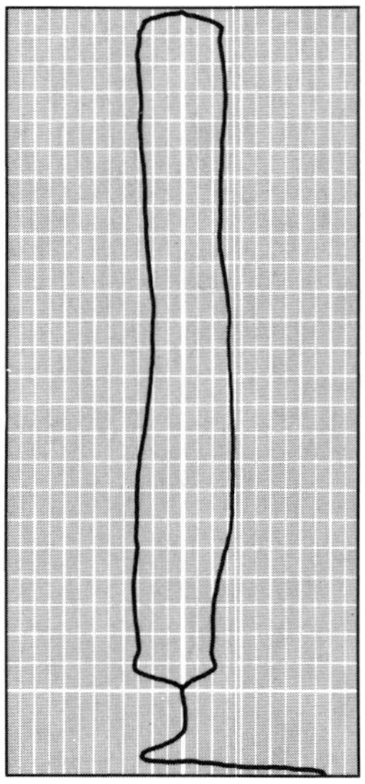
Kompaßtyp	**Delta**	**Grid**	**Merkur VZ mit Clinometer**	**Merkur S**
Hersteller	**Cassens & Plath, Bremen**	**Cassens & Plath, Bremen**	**C. Plath, Hamburg**	**C. Plath, Hamburg**
Scheinbarer Rosendurchmesser	130 mm	110 mm	120 mm	120 mm
Gehäusematerial	Messing	Metall	Metall	Metall
Kompaßglocke	Mineralglas	Mineralglas	Mineralglas	Mineralglas
Temperaturtest	Flüssigkeit trübe, keine Blase, nach Auftauen wieder klar	keine Blase	keine Blase	keine Blase
Parallaxenfehler	3°	entfällt durch Grid	2°	2°
Ablesbarkeit, tags	klares Rosenbild, farbiger Steuerstrich	sehr gut über Grideinrichtung	auf beiden Rosenbildern gut ablesbar	klares Rosenbild
Gesamteindruck	formschöner Kompaß, robuster Aufbau, sehr geringer Reibungsfehler, Schleppfehler maximal 2,3°	robuster Kompaß mit guter Grideinrichtung, sehr kleiner Einstellfehler, Schleppfehler maximal 1° – ein sehr gutes Ergebnis	robuster Kompaß für Schotteinbau, Reibungsfehler kaum meßbar, Schleppfehler maximal 1,5°, sehr gleichmäßiger Kurvenverlauf (keinerlei Eisenhaltigkeit)	robuster Kompaß für waagerechten Einbau, geringer Reibungsfehler, Schleppfehler maximal 1,8°

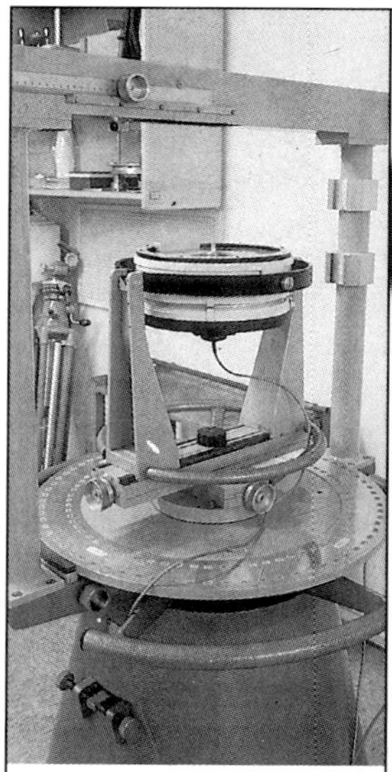	 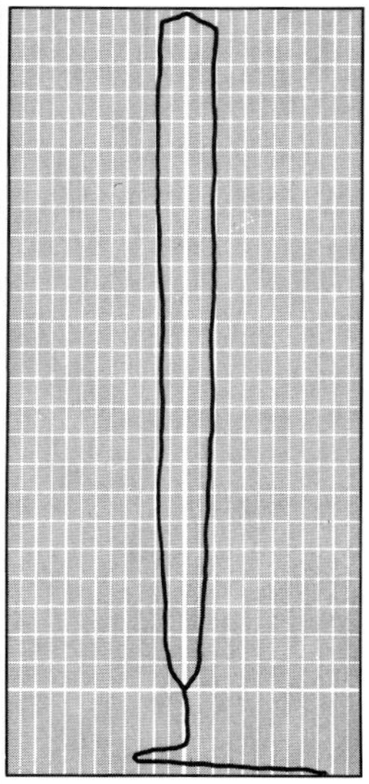	 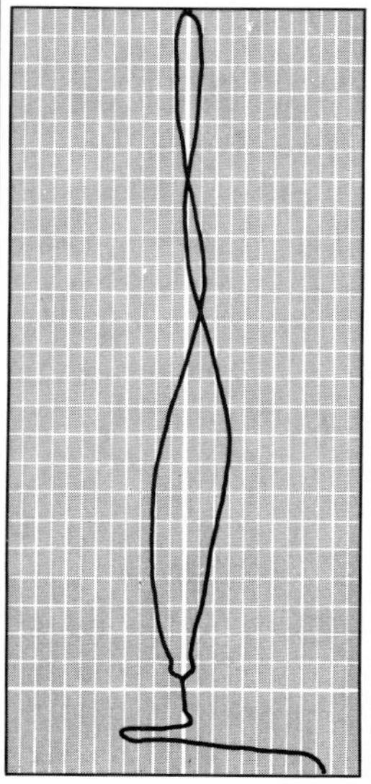	 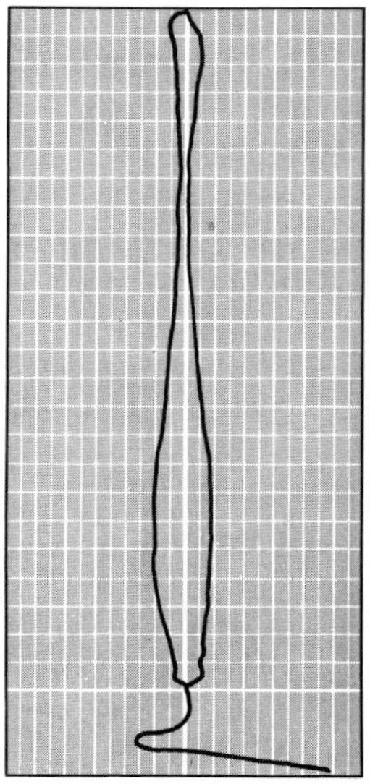	 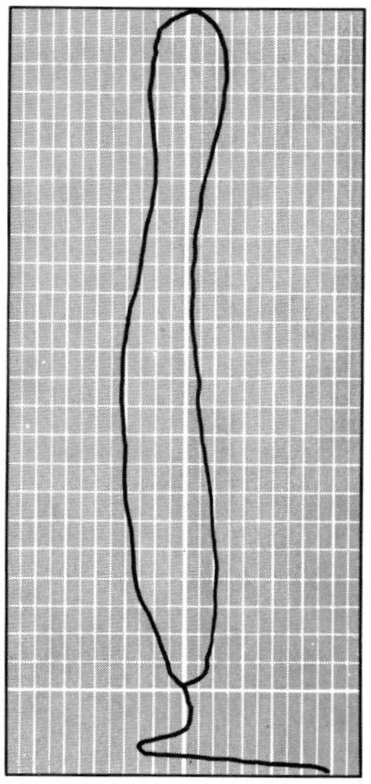
Kompaßtyp	**Venus**	**105 (Stahl/Aufbau)**	**105**	**150**
Hersteller	**C. Plath, Hamburg**	**Silva**	**Silva**	**Silva**
Scheinbarer Rosendurchmesser	150 mm	100 mm	100 mm	145 mm
Gehäusematerial	Metall	Kunststoff	Kunststoff	Metall
Kompaßglocke	Mineralglas	Kunststoff	Kunststoff	Kunststoff
Temperaturtest	keine Blase	Flüssigkeit klar, Blase 15 mm Durchmesser	Flüssigkeit klar, Blase 5,5 mm Durchmesser (löste sich wieder auf)	Blase 42 mm Durchmesser, löste sich wieder auf
Parallaxenfehler	1°	2°	3°	2°
Ablesbarkeit, tags	sehr klares Rosenbild, deutlicher Steuerstrich	von oben weniger gut lesbar, sonst klares Rosenbild	von oben weniger gut lesbar	sehr klares Bild, guter Steuerstrich
Gesamteindruck	guter Kompaß mit gutem Gesamtaufbau, Reibungsfehler kaum meßbar, Schleppfehler maximal 1°, ein sehr guter Wert	Spezialkompaß für Stahlschiffe, geringer Reibungsfehler, Schleppfehler maximal 1,7°, Kurve deutet auf geringe Eisenhaltigkeit hin	Einbaukompaß mit klarem Rosenbild, Reibungsfehler kaum meßbar, Schleppfehler maximal 1° bei ganz geringer Eisenhaltigkeit	guter Kompaß mit klarem Rosenbild, Reibungsfehler 0,3°, Schleppfehler maximal 2,2°, geringe Eisenhaltigkeit

Der Drehtisch des BSH zur Messung des Schlepp- und des Reibungsfehlers: YACHT-Tester Naujok beim Zentrieren und Einstellen der Nullmarke.

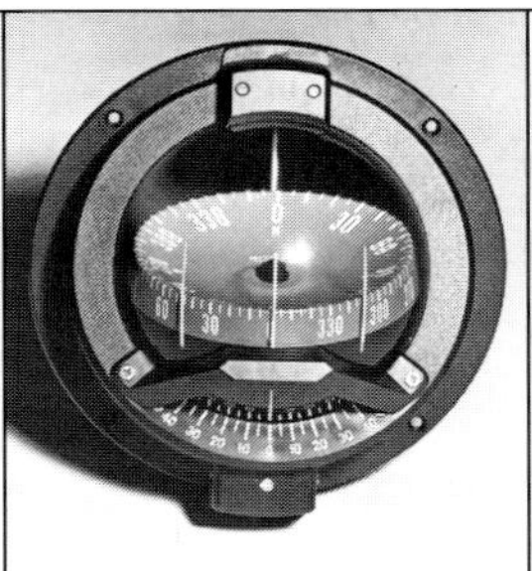

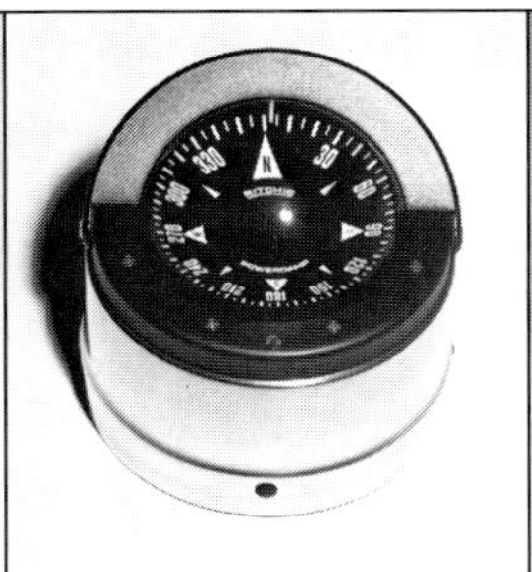

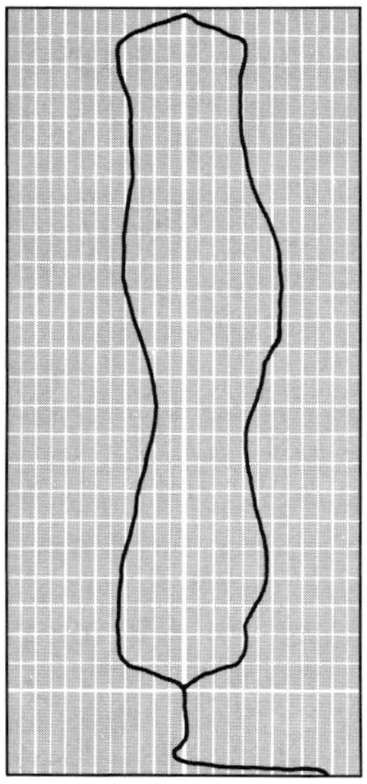

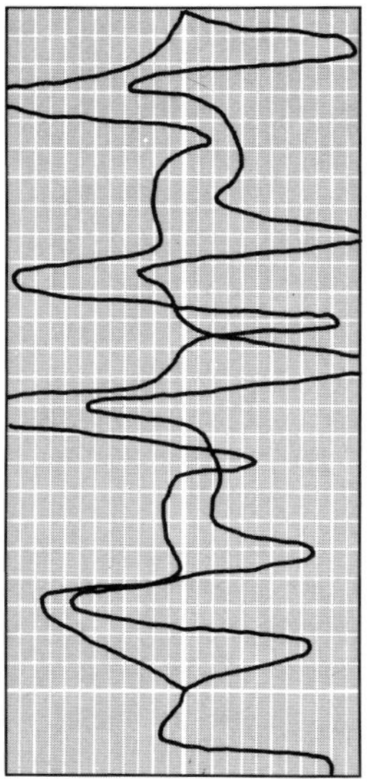

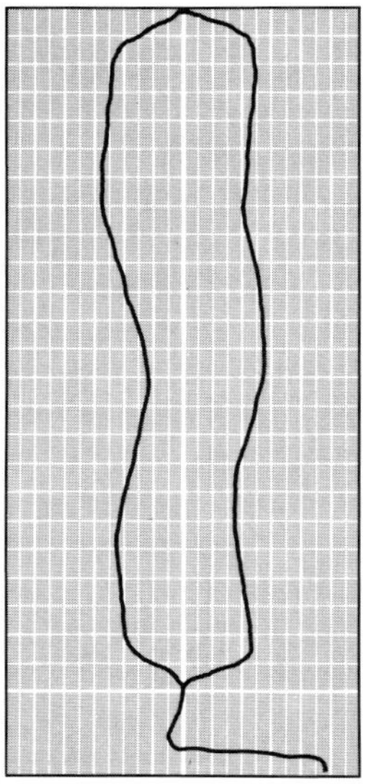

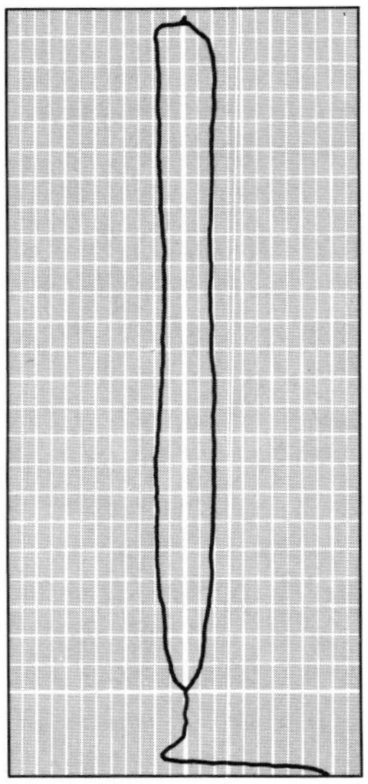

Kompaßtyp	**SP-5**	**BN-202**	**DN-P-200 Powerdamp**	**Major 1224/ER**
Hersteller	**Ritchie**	**Ritchie**	**Ritchie**	**Sestrel**
Scheinbarer Rosendurchmesser	127 mm	114 mm	114 mm	152 mm
Gehäusematerial	Metall	Kunststoff	Metall	Kunststoff
Kompaßglocke	Kunststoff	Kunststoff	Kunststoff	Kunststoff
Temperaturtest	keine Blase	Blase 46 mm Durchmesser, löste sich wieder auf	Blase 39,5 mm Durchmesser, löste sich wieder auf	keine Blase
Parallaxenfehler	2°	4°	3°	3°
Ablesbarkeit, tags	gut ablesbar auf klarem Rosenbild	befriedigendes Rosenbild	klares Rosenbild	von oben sehr gut ablesbar, Steuerstrich zu weit von der Rose entfernt
Gesamteindruck	formschöner Kompaß mit gutem Rosenbild, Reibungsfehler 0,6°, Schleppfehler maximal 3,3°, geringe Eisenhaltigkeit	Kompaß mit großen Schleppfehlern und zu geringer Stampffreiheit, geringer Reibungsfehler, Kurve deutet auf Eisenhaltigkeit hin	formschöner Bootskompaß, geringer Reibungsfehler, Schleppfehler maximal 2,5°, sehr harmonischer Verlauf, geringe Eisenhaltigkeit	großer Kompaß mit klarem Rosenbild, geringer Reibungsfehler, Schleppfehler maximal 1°, ein sehr guter Wert

dicht sein, da man moderne Kompasse in der Regel nicht mehr selbst nachfüllen kann. Sie stehen nämlich unter Druck.

Darüber hinaus muß er gut ablesbar sein, so daß der anliegende Kurs und der Steuerstrich aus allen Positionen des Rudergängers einwandfrei erkennbar sind. Über Zahlengröße und Rosenbild kann man unterschiedlicher Meinung sein, hier muß jeder für sich selbst entscheiden, welches Rosenbild er bevorzugt. Auf Übersichtlichkeit sollte auf jeden Fall geachtet werden.

Yacht-Kompasse sollten außerdem so konstruiert sein, daß man den sogenannten Aufstellungfehler (A-Fehler) ausgleichen kann, damit sich der Steuerstrich genau in Vorausrichtung befindet. Bei einigen Modellen ist dieses jedoch nicht möglich.

Die verwendeten Materialien beim Kompaßbau spielen für die Lebensdauer eine nicht unwichtige Rolle. Gehäuse aus Metall und Kompaß-Glocken aus Mineralglas halten länger als Kunststoff-Konstruktionen. Das ist aber auch eine Frage des Verkaufspreises – hier liegt die Entscheidung allein beim Anwender.

Zusammenfassend können wir sagen, daß die Kompaß-Industrie in den vergangenen Jahren erhebliche Fortschritte erzielt hat und die verbleibenden Mängel leicht in den Griff zu bekommen sind.

Wenn der Leser bei der Vielfalt dieser angebotenen Kompasse erschrickt, so kann er in ganz bescheidenem Rahmen eine Kaufentscheidung nach folgenden Grundsätzen treffen:

- Je kleiner das Schiff, um so größer und teurer sollte der Kompaß sein. Auch schlechte Kompasse funktionieren auf großen Yachten wegen der viel ruhigeren Bewegungen einigermaßen brauchbar. Oftmals kann man das Gegenteil beobachten: Auf kleinen Yachten finden sich billige Kompasse, was gerade falsch ist.
- Eine Innenkardanik ist der Außenkardanik immer vorzuziehen, weil die Ruhelager der Kompaßrose durch die Schiffsbewegungen hier wesentlich geringer beeinflußt werden.
- Für Kunststoffschiffe sollte man unbedingt Kompasse vorziehen, die keine eingebaute Kompensiermöglichkeit haben. Fast nie bedarf es bei einem Kunststoffschiff der Kompensation des Kompasses. Die Gefahr bei einer eingebauten Kompensiermöglichkeit aber besteht darin, daß die eingebauten Magnete sich in ihrer Position verändern und dadurch eine Deviation erzeugen, die ohne die Kompensiermöglichkeit überhaupt nicht vorhanden wäre.
- Grundsätzlich ist wegen der besseren Qualität ein Kugelkompaß einem Flachglaskompaß vorzuziehen. Besteht allerdings die Möglichkeit, einen Kompaß an Deck mit ausreichender Rundumsicht anzubringen, so sollte man sich dennoch für einen Flachglaskompaß entscheiden, weil nur bei diesem der Vorteil gegeben ist, direkt über den Kompaß peilen zu können.
- Es sollte immer ein Kompaß bevorzugt werden, der sich so einbauen läßt, daß der Steuermann in Richtung Horizont blicken und dabei auch den Kompaß ablesen kann. Der so sehr beliebte Einbau in die Steuersäule ist nicht optimal, weil das Stieren auf diesen Kompaß sehr ermüdend und auch der Seekrankheit recht förderlich ist. Auf keinen Fall sollten für eine Yacht Kompasse gewählt werden, die eine Einteilung von 2° zu 2° oder gar 1° zu 1° haben. Eine derartige Kompaßrose ist Sand in die Augen des müden Rudergängers. Bei einer Einteilung von 5° zu 5° mit Beschriftungen von 15° zu 15° läßt sich ebenso ausreichend genau steuern. Selbst Zwischenbeträge, wie beispielsweise 263°, lassen sich ganz gut abschätzen, nachdem auf hoher See die exakte Stellung 263° jeweils nur für wenige Augenblicke erreicht wird, worauf der Kompaß dann wieder nach der einen oder anderen Seite auswandert, um vom Rudergänger in die richtige Stellung zurückgeholt zu werden.
- Eine weiße Schrift auf schwarzer Kompaßrose ist wesentlich weniger ermüdend als umgekehrt.
- Rote Instrumentenbeleuchtung ist für die Praxis wichtig; ein grelles weißes Kompaßlicht blendet die Augen des Rudergängers. Gut bewährt hat sich auch das sogenannte Betalicht, eine lichtaktive Pille, die allerdings nur fünf Jahre ihre volle Leistung erbringen kann, andererseits aber keinen Strom – also auch keine Verkabelung – benötigt.

Beim Einkauf eines Kompasses kann der Navigator auf dem Ladentisch zwei sehr wichtige Tests selbst durchführen:

Der Schiebetest: Der Kompaß wird so auf den Laden-

Der Schiebetest. Ein guter Kompaß läßt seine Rose durch Schieben in Querrichtung nicht aus der Ruhelage auslenken.

tisch gelegt, daß die Nadel beziehungsweise der Steuerstrich genau N zeigt. Sodann wird er ca. 1 m entweder nach Osten oder nach Westen verschoben. Bei einem guten Kompaß wird die Auslenkung der Rose hierbei kaum spürbar sein, insbesondere dann, wenn sie mit einem Ringmagneten versehen ist, der von außen nicht gesehen werden kann.

Der Reibungstest: Hierbei wird das Kompaßgehäuse langsam um die Mittelachse gedreht, wobei die Rose in absoluter Ruhestellung verbleiben und nicht der Drehung hinterherzucken sollte.

Selten wird man mit diesen beiden Tests einen Kompaß für gut oder schlecht befinden können, doch gibt der Vergleich mit mehreren angebotenen Typen schon ganz gute Aufschlüsse.

Die Aufstellung des Kompasses

- Die Aufstellung soll so sein, daß die Deviation möglichst gering bleibt.
- Die Aufstellung soll so sein, daß der Rudergänger einerseits gut nach dem Kompaß steuern kann, andererseits – nach Möglichkeit – mit dem Steuerkompaß Kompaßpeilungen gemacht werden können.

Die Deviation kann nur dann sehr geringgehalten werden, wenn der Kompaß von allen Störquellen weit entfernt ist. Es ist hierbei wichtig zu wissen, daß eine Vergrößerung der Entfernung einer Störquelle wesentlich mehr positiv ins Gewicht fällt als eine Verringerung der störenden Massen. Der mehrere hundert Kilogramm schwere Dieselmotor einer Segelyacht übt bei einer Entfernung von 2,50 m vom Kompaß kaum noch einen Einfluß auf ihn aus. Dagegen kann er sich äußerst störend bemerkbar machen, wenn der Steuerkompaß in einer Steuersäule im Cockpit – genau über den großen Eisenmassen des Motors – angebracht ist. Deshalb wäre eine möglichst hohe Anbringung des Kompasses durchaus zu empfehlen. Achtung: Auch Radnabe und Steuerrad können stören, wenn sie nicht aus Niro gefertigt sind!

Neben den ständigen Störquellen – den großen Eisenmassen und natürlich auch Magneten, die besonders in den Lautsprechern von Radiogeräten zu finden sind – machen sich vor allem elektrische Gleichstromfelder störend bemerkbar. Gerade dieser Umstand bedarf einer sehr sorgfältigen Prüfung, weil bei nicht eingeschaltetem Verbraucher der Kompaß möglicherweise unbeirrt den richtigen Kurs anzeigt, während später unterwegs, wenn also das betreffende Gerät eingeschaltet wird, für den Navigator unbemerkt eine zusätzliche Deviation auftreten wird. Die Gefahr solcher Störungen besteht besonders dann, wenn in der Nähe des Kompasses elektrische Leitungen vorbeigeführt oder die Geräte selbst installiert werden.

Ist die elektrische Installation auf einer Yacht nach modernen Erkenntnissen durchgeführt, sind alle Leitungen also zweiadrig verlegt, so ist diese Gefahr allerdings nicht besonders groß.

Die Fahndung nach derartigen Störquellen stellt kein besonderes Problem dar. Man beobachtet den Kompaß, während die Yacht am Steg liegt, der Kurs sich also nicht verändert, ob sich die Kompaßrose beim Einschalten der betreffenden Verbraucher aus ihrer Ruhestellung herausbewegt. Diese Überprüfung muß mindestens auf zwei verschiedenen Kursen durchgeführt werden, die sich ungefähr um 090° unterscheiden sollten. Stellt man hierbei eine Störquelle fest, wird die Kompaßrose beim Einschalten des Stromes also sichtbar aus ihrer Ruhestellung gelenkt, sollte man die Leitung in einem etwas größeren Abstand vom Kompaß verlegen, bis

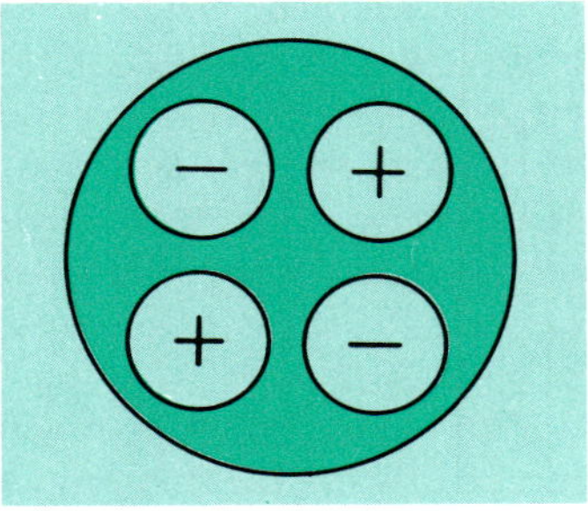

Damit das Gleichstromfeld einer elektrischen Leitung nicht stört, empfiehlt sich die Verwendung eines vieradrigen Kabels, bei dem die entgegengesetzten Pole diagonal angeordnet sind.

derartige Störungen nicht mehr auftreten. Ist dies nicht möglich, wie beispielsweise beim Kabel für die Kompaßbeleuchtung, so hilft meistens ein Verdrillen der beiden Leitungen. Man kann sich aber auch dadurch helfen, daß man statt der zweiadrigen Leitungen eine vieradrige Leitung benutzt und hierbei die Pole jeweils diagonal anordnet.

Unter den elektronischen Geräten, die heute auf Yachten so sehr beliebt sind und auch das Leben sicherer und leichter machen, ist als besondere magnetische Störquelle das Radargerät zu nennen. Bei einem auf Yachten recht häufig anzutreffenden 24-sm-Radargerät muß mit folgenden Beeinflussungen gerechnet werden:

zusätzliche Deviation	unter 1°	unter 2°
Antenne	unter 2,10 m	unter 1,80 m
Anzeigegerät	weniger als 30 cm	weniger als 30 cm

Für eine Yacht bedeutet dies, daß die Radarantenne mindestens 2,50 m vom Steuerkompaß entfernt sein soll.

Es wird häufig empfohlen, bei elektrischen Störungen mehrere Deviationstabellen aufzustellen – je nachdem, ob das störende Gerät ein- oder ausgeschaltet ist. Dies ist in der Theorie ganz richtig, läßt sich aber in der

Praxis kaum durchführen. Die meisten Navigatoren behalten nicht einmal sorgfältig genug die eine notwendige Deviationstabelle im Auge. Es ist deshalb kaum vorstellbar, daß ein Navigator mehrere Deviationstabellen sowohl auf dem laufenden hält als auch benutzt.

Fernkompasse

Sowohl auf Holz-, Aluminium-, Ferrozement- als auch auf Kunststoffschiffen wird es immer möglich sein, einen Aufstellungsplatz für den Steuerkompaß zu finden, der entweder eine Deviation von nahezu 0° aufweist oder zumindest so wenig Deviation hat, daß mit Hilfe einer sorgfältig geführten Deviationstabelle die Ablenkung des Kompasses rechnerisch ausgeschaltet werden kann. Ganz anders bei Stahlschiffen. Es gibt eine Reihe von Seglern, die aus diesem gewichtigen Grund – nicht ganz zu Unrecht – Stahlschiffe ablehnen. Bei manchen Konstruktionen kann die Ablenkung derart stark sein, daß sie nur durch eine einschneidende Kompensierung angegangen werden kann, wodurch gleichzeitig die magnetische Feldstärke der Erdoberfläche in der Nähe des Kompasses so geschwächt wird, bis er schließlich nur noch unzuverlässig und sehr labil nach Norden weist. Derartige Probleme lassen sich in gewissen Grenzen bereits beim Bau berücksichtigen, indem beispielsweise das Deckshaus aus nichtrostendem Stahl gefertigt wird – eine sehr teure und nicht immer erfolgversprechende Maßnahme.
Demgegenüber ist die Installation eines Fernkompasses ein wesentlich billigeres Mittel. Hierbei wird ein sogenannter Mutterkompaß gerade so hoch über dem Stahlrumpf im Mast montiert, daß dadurch die Deviation in erträglichen Grenzen bleibt. Auf größeren Schiffen bietet sich hierfür förmlich der Besanmast an. Die Montage sollte so niedrig erfolgen, daß die Ablenkung sehr klein ist. Bei hoher Anbringung würden sich zu starke Beschleunigungswerte für die Mutterkompaßrose ergeben. Mit Hilfe einer elektrischen Fernübertragung wird die Stellung des Kompasses im Mast sodann auf ein Anzeigegerät im Cockpit übertragen. Das Anzeigegerät ist lediglich ein elektronisch betriebener Indikator, der vollkommen unempfindlich gegen störende magnetische Einflüsse ist und deshalb überall montiert werden kann. Ein weiterer Vorteil dieser Anlage besteht darin, daß mehrere Tochterkompasse angeschlossen werden können, der Skipper also beispielsweise von seiner Koje aus immer den anliegenden Kurs kontrollieren kann. Der Preis für eine derartige Anlage bewegt sich in der Größenordnung von 1000 DM. Die Nachteile gegenüber einem gewöhnlichen Kompaß sind die Elektronik, die wie jede Elektronik störanfällig sein kann, und der (freilich nicht allzu große) Stromverbrauch. Bei einer gut ausgelegten Yacht dürften allerdings letztere Umstände keine größere Rolle spielen, weil es beispielsweise auf hoher See nicht unbedingt notwendig ist, ununterbrochen den Kompaß mitlaufen zu lassen, es sei denn, es kommt aus navigatorischen Gründen darauf an, einen möglichst genauen Kurs zu steuern.
Die bewährtesten elektrischen Kompaßanlagen für Yachten sind englischer Herkunft: Neco und Shorties-Armis. Eigner dieser Anlagen haben sich zufrieden geäußert.
Einen besonderen Komfort bietet der elektronische Fernkompaß SAILCOURSE von Cassens und Plath. Es handelt sich hier um einen selbstkompensierenden Kompaß. Das heißt, um die Kompensierung durchzuführen, muß nur ein Vollkreis bei möglichst ruhigem Wetter gedreht werden. Alles andere macht die Elektronik. Wem es (wie dem Autor) Schwierigkeiten macht, nach Ziffern, also digital zu steuern, kann auch den gewünschten Kurs eingeben, worauf nur noch nach einer roten und grünen Anzeige gesteuert werden kann.

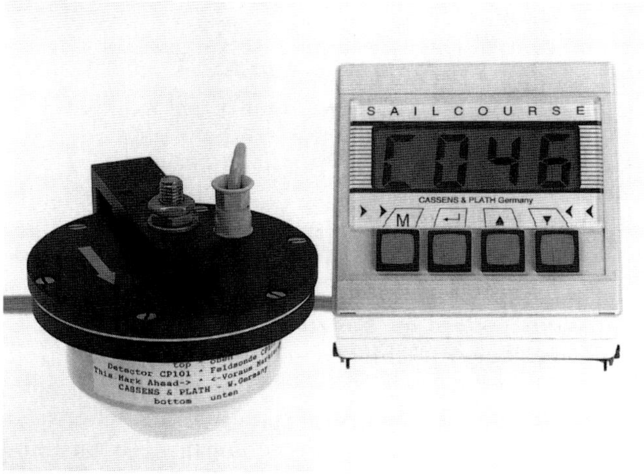

Die selbstkompensierende SAILCOURSE-Anlage, ein elektronischer Fernkompaß. Links der Fluxgate-Kompaß (Erdfelddetektor), rechts die Anzeigeeinheit; beide Einheiten können bis zu 12 m voneinander entfernt eingebaut werden.

Eine Episode am Rande: Der französische Weltumsegler Bernard Moitessier benutzte auf seiner Stahlyacht JOSHUA während der berühmt gewordenen Reise eineinhalbmal um die Welt überhaupt keinen Steuerkompaß, weil er die Deviation nicht in den Griff bekam. Er behalf sich, indem er gelegentlich einen Peilkompaß möglichst hoch über Deck hielt und so einigermaßen den anliegenden Kurs feststellte.

Behandlung von Kompassen

An und für sich ist ein guter Yachtkompaß ein recht robustes, wenig störanfälliges Gerät. Einer besonderen Pflege bedarf er nicht. Jeder Kompaß ist mit einer Membrane ausgerüstet, die die verschiedene Ausdehnung der Kompaßflüssigkeit bei wechselnden Temperaturen auffangen soll. Aus diesem Grunde auch sollte der Kompaß im Hafen vor Sonne geschützt werden, damit diese Membrane nicht überbeansprucht wird, was möglicherweise zu Leckagen führen kann.
Sollten sich im Kompaß Luftblasen zeigen, so beeinträchtigt das seine Funktionsfähigkeit zunächst nur unwesentlich. Es ist aber besser, diese Luftblasen zu entfernen. Dies ist nur durch Neueinfüllen der entsprechenden Flüssigkeit möglich. Viele Kompasse haben hierfür eigens auf der Unterseite eine Einfüllschraube. Es wird dringend empfohlen, nicht irgendeine Flüssigkeit zu nehmen, sondern sich von der Herstellerfirma des Kompasses die Originalflüssigkeit liefern zu lassen. Die gesamte Flüssigkeit ist deshalb auszutauschen, weil möglicherweise zur Herstellungszeit des jeweiligen Kompasses nicht dieselbe Kompaßflüssigkeit (früher Wasser-Alkohol-Gemisch, jetzt eine Dämpfungsflüssigkeit unterschiedlicher Zusammensetzung, die nicht gefrieren kann) verwendet worden ist.
Nur im äußersten Notfall, wenn also der Kompaß beispielsweise auf einem Langtörn undicht geworden ist, kann die Kompaßflüssigkeit durch eine bordeigene Füllung ersetzt werden. Falls auch nur die geringste Gefahr von Frost besteht, nehme man am besten reinen Alkohol, der mit gleichen Teilen Wasser verdünnt wird. Ist reiner Alkohol an Bord nicht vorhanden, so tut es auch Rum, Wodka oder Gin. Bis zum nächsten Hafen wird es den Rudergänger nicht besonders stören, wenn sein Blick dadurch etwas getrübt sein sollte. Petroleum sollte nicht verwendet werden, weil dadurch möglicherweise die Beschriftung der Kompaßrose angegriffen wird und sich auflöst.
Steht nichts anderes zur Verfügung und ist garantiert nicht mit Frost zu rechnen, so kann selbstverständlich zur Not auch Süßwasser genommen werden.
Der bekannte österreichische Einhandsegler Wolfgang Hausner, dem das Kompaßgehäuse auf einer Reise von Fidschi nach Neuseeland undicht geworden war, behalf sich mit einem dickflüssigen Kochöl. Das war keine ideale Lösung, denn es verdickte sich in den kälteren Breiten von Neuseeland derart, daß die Kompaßrose sich schließlich nicht mehr frei bewegen konnte.
Wird der Kompaß über längere Zeit nicht benutzt, so entferne man ihn von seinem Stammplatz und verstaue ihn mit dem Gehäuseboden nach oben. Denn das einzige, was bei einem Kompaß abgenutzt werden kann, ist die Lagerung, die Pinne. Durch eine derartige Lagerung wird dieses Verschleißteil selbst bei Veränderung der Schiffsrichtung am Liegeplatz geschont. Andererseits braucht der Kompaß auch bei – vorübergehenden – starken magnetischen Einflüssen nicht aus dem Schiff entfernt werden, denn entgegen einer weitverbreiteten Meinung ändern sich seine magnetischen Eigenschaften dadurch nicht.

Wie steuere ich nach dem Kompaß?

Setzt man einen Anfänger, der noch nie eine Yacht gesteuert hat, ans Ruder und gibt ihm an, einen bestimmten Kurs zu steuern, so wird er nach anfänglichen zahlreichen Fehlreaktionen ohne weitere Anweisung nach zehn bis 15 Minuten dazu in der Lage sein. Nicht auszuschließen ist allerdings, daß er bei nachlassender Aufmerksamkeit von Zeit zu Zeit immer wieder falsch reagiert – vor allem bei Gefahr einer unfreiwilligen Wende oder Halse. Je größer die Yacht, desto träger die Bewegungen, desto länger wird es dauern, bis ein Anfänger den angegebenen Kurs einigermaßen halten kann. Es bedarf also im Grunde gar keiner Erklärung, wie ein bestimmter Kompaßkurs zu steuern ist.
Deshalb nur ein Hinweis: Besonders der Anfänger wird sich schwertun, wenn man ihm erklärt, daß die Kompaßrose eigentlich stillsteht und sich lediglich das Schiff um die Kompaßrose dreht beziehungsweise pendelt. Dies entspricht zwar den physikalischen Tatsachen, fast immer aber wird sich das Auge weigern, dies zur Kenntnis zu nehmen. Für den Steuermann pendelt die Rose hin und her. Hier hilft vielleicht eine Eselsbrücke:

- Bei der Radsteuerung wird der Steuerstrich zur Kursmarke gezogen.
- Bei der Pinnensteuerung wird die Kursmarke zum Steuerstrich gezogen.

Befindet man sich am hellichten Tage auf See, so erleichtert es die Arbeit des Rudergängers ungemein, wenn er nicht ununterbrochen auf den Kompaß stiert, sondern Landmarken zu Hilfe nimmt und nur von Zeit zu Zeit überprüft, ob die recht voraus liegende Landmarke auch tatsächlich noch dem Kompaßkurs entspricht. Im Ergebnis wird der gesteuerte Kurs dadurch genauerer sein, als wenn der Rudergänger krampfhaft versucht, den Steuerstrich exakt auf dem Kompaßkurs zu halten.
Nachts eignen sich hierzu vorzüglich bestimmte Sterne, die der Rudergänger je nach Kompaßkurs auswählt. Länger als 15 Minuten sollte er sich aber wegen der scheinbaren Bewegung der Fixsterne auf so einen Leit-

Wenn beispielsweise 270° gesteuert werden sollen, muß bei der Radsteuerung der Steuerstrich zu den 270° am Kompaß gezogen werden.

Bei der Pinnensteuerung wird die Kursmarke zum Steuerstrich gezogen beziehungsweise gedrückt.

stern nicht verlassen, ohne den richtigen Kurs gelegentlich am Kompaß zu überprüfen.
Es ergibt nicht unbedingt den genauesten Kurs, wenn der Steuermann verkrampft versucht, einen möglichst exakten Kurs zu steuern. Die dabei notwendigen Ruderausschläge gehen zu Lasten der Geschwindigkeit. Ein gewandter Rudergänger wird bei ruhiger See den Kurs auf 002° bis 003° nach beiden Seiten halten und dazwischen mit ruhigen, harmonischen, ganz geringen Ruderausschlägen versuchen, langsam wieder auf den Sollkurs zu kommen. Dies gilt in erster Linie für das Rudergehen unter Maschine.
Unter Segel ist nicht so genau zu steuern, weil die Yacht natürlich viel mehr Eigenleben und Lebendigkeit entwickelt. Besonders auf raumem Kurs hat nahezu jedes Segelschiff die Tendenz, bei stärker einfallendem Wind stark anzuluven, und der Rudergänger muß es meist mit erheblichem Zug an der Pinne wieder auf den alten Kurs zurückbringen. Daraus resultiert fast immer ein Kompaßkurs, der gegenüber dem Sollkurs nach Luv führt. Ein erfahrener Rudergänger wird dies von vornherein berücksichtigen und nach seinem Gefühl dieser Tendenz entgegenwirken.
Es liegt am psychologischen Geschick des Navigators oder des Skippers, den Rudergänger einerseits davon abzuhalten, pausenlos wild am Rad zu kurbeln, was sich, wie gesagt, ungünstig auf die Geschwindigkeit des Schiffes auswirkt, ihn aber andererseits dazu zu bringen, nicht krampfhaft, sondern konzentriert den Kurs zu halten. Es ist nur zu verständlich, daß die Aufmerksamkeit am Rad oder an der Pinne im Laufe der Zeit nachläßt. Ein vernünftiges Crewmitglied hinter dem Kompaß wird es deshalb nicht übelnehmen, wenn der Navigator auch aus der Koje heraus den Kurs immer mitkontrolliert.
Es gibt hier verschiedene Tricks – einer sei erwähnt: Fällt durch ein Bullauge ein Lichtstrahl auf eine bestimmte Stelle in der Kajüte, so kann am Auswandern dieses Lichtstrahls beobachtet werden, wie genau der Kurs gehalten wird. Mit viel Erfahrung wird der Navigator am Kartentisch das Auslaufen aus dem Kurs auch an den veränderten Schiffsbewegungen und Seegeräuschen feststellen können.
Erhebliche Steuerfehler können dadurch entstehen, daß der Rudergänger nicht exakt hinter dem Steuerstrich sitzt, sondern seitlich davon. Besonders häufig ist dies unter Segel der Fall, die er beobachten will und soll. Ein guter Rudergänger wird diesen Parallaxenfehler berücksichtigen, der von vornherein eine Ungenauigkeit von bis zu 005° ausmachen kann. Er wird hierzu exakt hinter dem Steuerstrich sitzend den vorgegebenen Kompaßkurs steuern, dann den gewünschten Platz (meist in Lee, um die Fock beobachten zu können) einnehmen und dabei den Kurs ablesen, der zwar nunmehr um

mehrere Grad vom gewünschten Kompaßkurs abweicht, diesem aber tatsächlich entspricht.
Auf Stahlyachten wird häufig folgender Fehler gemacht: Hier kommt es oft vor, daß der Steuerkurs zunächst mit Hilfe eines Fernkompasses gefahren, hierbei ein in der Nähe des Ruderstandes befindlicher unkompensierter Magnetkompaß verglichen und dann später – um Strom zu sparen – anhand des Magnetkompasses weitergefahren wird. Der Rudergänger befindet sich in dem irrigen Glauben, daß er damit einen genauso guten Kurs steuern kann wie mit dem Fernkompaß, da es ja seiner Meinung nach ganz gleichgültig sein kann, ob er beispielsweise am Fernkompaß einen Kurs von 312° steuert oder am unkompensierten Magnetkompaß 290°. Wie sich aus dem Diagramm auf der Seite 63 ergibt, hat eine geringe Kursänderung unter Umständen eine ganz erhebliche Änderung der Anzeige des unkompensierten Magnetkompasses zur Folge, so daß damit nur sehr schlecht und höchst ungenau gesteuert werden kann.
Daß während des Steuerns in der Nähe des Magnetkompasses keine Gegenstände abgelegt werden dürfen, die ihn magnetisch beeinflussen können, ist selbstverständlich. Trotzdem wird diesbezüglich viel gesündigt. Unter anderem sind folgende Gegenstände Störfaktoren für einen Kompaß:

Brille	Feuerzeug
Belichtungsmesser	jegliche Art von Werkzeug
Fotoapparat	Winschkurbeln
Segelmesser	Quarzuhr

Diese Aufstellung erhebt indessen keinen Anspruch auf Vollständigkeit. Eine Winschkurbel beispielsweise ist nicht immer magnetisch inaktiv. Keinesfalls aber darf man allein auf die Tatsache vertrauen, daß irgendein Gegenstand aus Nirosta gefertigt ist. Ob er stört, läßt sich sehr leicht überprüfen, indem man ihn im Hafen von mehreren Seiten an das Kompaßgehäuse heranbringt. Läßt sich beispielsweise mit der Brille die Kompaßrose auch nur geringfügig aus ihrer Ruhestellung lenken, so darf sie selbstverständlich nicht in Kompaßnähe abgelegt oder gar bei der Arbeit mit einem Peilkompaß getragen werden.
Bei den obenerwähnten kleineren Gegenständen ist meistens – selbst wenn sie magnetisch aktiv sind – keinerlei Wirkung mehr zu spüren, wenn ein Sicherheitsabstand von ca. 50 cm eingehalten wird. Das Segelmesser in der Hosentasche des Steuermanns kann also nur dann störend auf den Kompaß einwirken, wenn es sich in dessen unmittelbarer Nähe befindet, was wohl kaum sehr oft der Fall ist.
Besondere Vorsicht ist bei Peilkompassen geboten, in die ja selbst Magnete eingebaut sind. Der Autor wäre einmal um ein Haar gestrandet, als ein Crewmitglied den Peilkompaß bei Nichtgebrauch achtlos neben den Steuerkompaß gelegt hatte.

Einflüsse auf die Richtung des Schiffes

Die Deviation (Ablenkung) und die Mißweisung sind Einflüsse, die den Kompaß davon abhalten, genau die geographische Richtung anzugeben. Aber auch das Schiff selbst kann bei seiner Fahrt durch äußere Einflüsse so aus seiner Richtung gebracht werden, daß es das Ziel, das anliegt, nicht erreicht. Genauso wie der Navigator bei der Berechnung des Steuerkurses die Deviation und die Mißweisung berücksichtigen muß, muß er sich auch darüber Gedanken machen, wie weit das Schiff während der Fahrt aus seiner Richtung abgelenkt wird, damit er das in seine Berechnungen mit einbeziehen kann. Er hat es hier mit zwei „störenden" Einflüssen zu tun: mit der Abdrift und mit der Versetzung durch Strom.

Abdrift

Keinem Segler muß erklärt werden, was Abdrift bedeutet. Jedes Schiff, das sich mit Hilfe der Windkraft vorwärtsbewegt, wird auch mehr oder weniger nach der Seite abgetrieben. Damit der Navigator sein Ziel erreicht, muß er die Abdrift berücksichtigen, er wird also

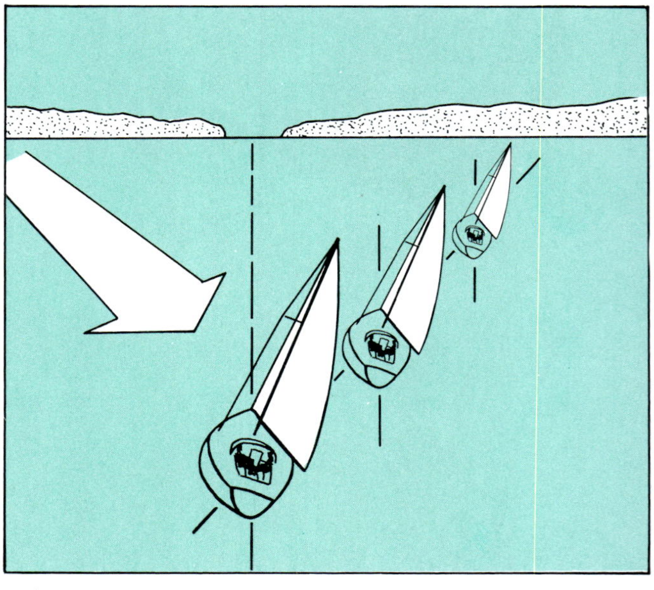

Folge der Abdrift ist eine seitliche Versetzung. Um ein bestimmtes Ziel in Luv zu erreichen, ist also ein Vorhalt nötig.

„vorhalten". Bei Rechnungen mit Abdrift ist es wichtig, genau das Vorzeichen zu beachten. Man kann nicht mit einer „Abdrift nach Backbord" in eine Rechnung eingehen.

Alle Einflüsse auf das Schiff, die es nach Steuerbord drehen, werden mit positivem Vorzeichen versehen, und die Einflüsse, die es nach Backbord wegdrehen, mit negativem Vorzeichen.

Die Abdrift wird immer in Grad ausgedrückt, also dem Winkel, der sich aus dem tatsächlichen gesegelten Kurs und dem Kurs ergeben würde, den das Schiff ohne die seitwärts beeinflussende Größe Abdrift zurücklegen würde*.

Strom

Daß jede Strömung den Kurs einer Yacht beeinflußt, ist ebenfalls einleuchtend. Enten in einem fließenden Gewässer beispielsweise nehmen diese „Beschickung für Strom" ganz automatisch vor. Wenn sie von einem Ufer zum anderen schwimmen, so deutet ihre Körperlängsachse nicht auf das Ziel hin; die Stellung ihrer Rückenfedern läßt vielmehr ganz klar den Vorhalt für Strom erkennen. Sie erreichen so auf dem kürzesten Weg das Ziel auf der anderen Seite des Flusses. Enten sind von der Natur für die Stromaufgabe vorprogrammiert. Ein Hund dagegen wird immer auf das Ziel zuschwimmen, dieses wohl auch erreichen, dabei aber eine „Hundekurve" zurücklegen.

Die Beschickung für Strom kann rechnerisch genauso wie die Beschickung für Wind (Abdrift) erfolgen. Hierzu muß natürlich bekannt sein, um wieviel Grad der Strom die Yacht aus ihrer ursprünglichen Richtung versetzt. Ebenso wie bei der Beschickung für Wind, bekommt der Strom hierbei ein Vorzeichen. Versetzt er das Schiff nach Backbord, so ist es negativ, versetzt er es nach Steuerbord, so ist es positiv.

Im allgemeinen jedoch wird der Strom beziehungsweise der Vorhalt für den Strom (Beschickung für den Strom) durch Zeichnung ermittelt. Man bedient sich dabei des Prinzips des Kräfteparallelogramms, das graphisch auf sehr einfache Weise zeigt, was aus zwei zusammenwirkenden oder entgegengesetzt wirkenden Kräften resultiert. Beim sogenannten Stromparallelogramm werden als jene zwei Kräfte, die letztlich die Fahrt und die Richtung des Schiffes durch das Wasser zeigen, folgende genommen:

- Die Fahrt durch das Wasser nach Richtung und Geschwindigkeit
- Der Strom nach Richtung und Stärke

* Selbstverständlich müssen bei starkem seitlichem Wind auch Motorboote mit einer Abdrift rechnen.

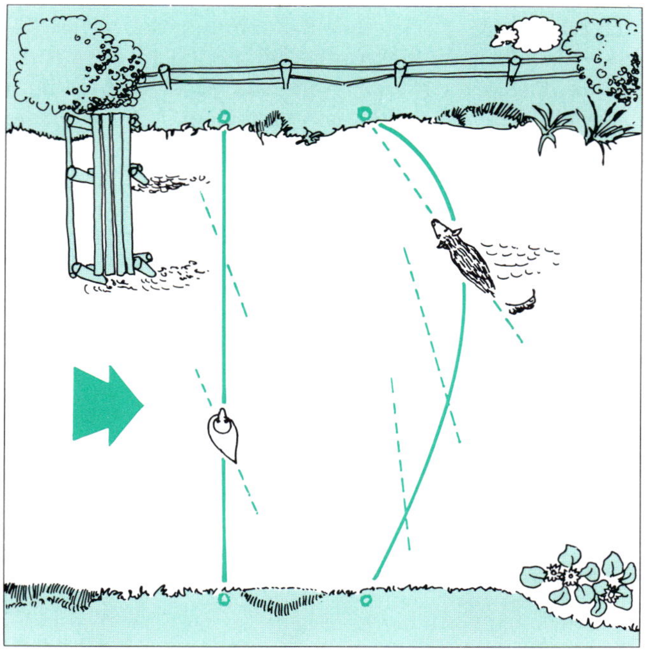

Eine Ente ist von der Natur auf Stromvorhalt vorprogrammiert, ein Hund dagegen wird eine „Hundekurve" schwimmen.

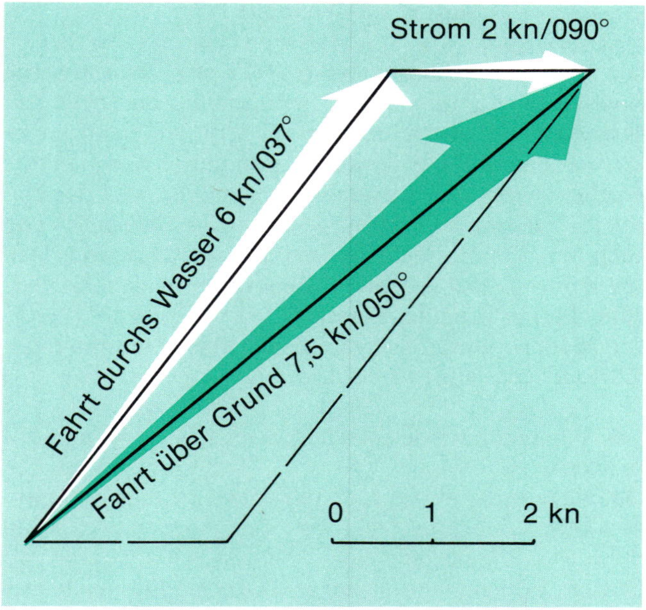

Das Vektorparallelogramm. Fahrt durch das Wasser und ihre Richtung sowie Strom nach Richtung und Stärke ergeben als Resultat die Fahrt über Grund und Richtung über Grund.

Wenn der Navigator sich nicht ganz sicher ist, wie so ein Parallelogramm anzulegen ist, so möge er sich ins Gedächtnis zurückrufen, daß beim Stromparallelogramm immer das Ergebnis, nämlich Fahrt und Geschwindigkeit über Grund, die Diagonale in dem Kräfteparallelogramm ist.
Wie aus der Zeichnung zu ersehen, ist es nicht erforderlich, stets ein ganzes Parallelogramm zu zeichnen, denn es handelt sich hier genaugenommen um zwei symmetrische Dreiecke, wovon eines bereits ausreicht, um dem Navigator Fahrt und Kurs über Grund zu zeigen. Wenn das Parallelogramm sozusagen nur halb gezeichnet wird, ergibt sich damit dann auch das berühmt-berüchtigte Stromdreieck.

Kursverwandlungen

Noch mal zur Erinnerung: Der Zweck der Navigation besteht einzig darin, daß dem Rudergänger letztlich ein Kompaßkurs angegeben wird, auf dem die Yacht sicher zum Ziel gebracht werden kann. Alle bisher besprochenen Einflüsse auf die Richtung der Yacht und natürlich auch auf die Stellung der Kompaßrose müssen hierbei berücksichtigt werden, also:

Kartenkurs
Abdrift
Strom
Mißweisung
Deviation (Ablenkung)

Die Arbeit des Navigators besteht also immer darin, einen Kurs aus der Karte herauszumessen (oder mit dem Rechner zu berechnen) und diesen dann so zu verwandeln, daß der daraufhin gesteuerte Kompaßkurs letztlich exakt dem Kartenkurs entspricht. Will der Navigator umgekehrt wissen, welcher Kurs beispielsweise hoch am Wind tatsächlich gesteuert wurde, wird er den am Kompaß abzulesenden Steuerkurs in den Kartenkurs rückverwandeln müssen.
Die beiden in der Navigation am häufigsten durchgeführten Rechnungen sind also:

- Verwandlung des Kartenkurses in den Kompaßkurs
- Verwandlung des Kompaßkurses in den Kartenkurs

Obwohl es sich hier um ganz einfache Additionen beziehungsweise Subtraktionen handelt, ist (an Bord!) die Gefahr eines Rechenfehlers – meist eines Vorzeichenfehlers – außerordentlich groß, wenn man sich nicht eines einfachen Schemas bedient und so die Gefahr eines Leichtsinnsfehlers nahezu ausschließt.
Die Regeln hierfür sind so ziemlich das einzige, was der Navigator in der Navigation auswendig kennen muß, gleichgültig, ob er in Küstennähe oder auf hoher See herumskippert. Er bedient sich dabei am besten einer Eselsbrücke. Wie der Name schon sagt, ist diese Gedächtnishilfe nicht exakt wissenschaftlich, sondern sie dient nur dazu, um Irrtümer zu vermeiden. Die Eselsbrücke lautet:

Vom falschen zum *richtigen* Kurs mit *richtigem* Vorzeichen.
Vom richtigen zum *falschen* Kurs mit *falschem* Vorzeichen.

Genaugenommen ist der Kompaßkurs natürlich nicht als „falsch“ anzusehen, doch ist er von einer ganzen Reihe von „Störfaktoren“ beeinflußt, so daß er – wiederum nur als Eselsbrücke – wohl als „falscher“ Kurs bezeichnet werden kann. Ähnlich läßt es sich mit den Vorzeichen halten. Das richtige Vorzeichen ist eben das Vorzeichen, das der Navigator beispielsweise bei der Beschickung für Wind und Strom kennengelernt hat („alles, was nach Steuerbord dreht, ist plus – alles, was nach Backbord dreht, ist minus“), während das „falsche“ Vorzeichen das umgekehrte, das andere, das entgegengesetzte ist.
Diese gedankliche Hilfestellung macht Vorzeichenfehler nahezu unmöglich, selbst wenn es dem Navigator beim Streß an Bord mit flauem Magen nicht so sehr gutgehen sollte. Es ist kein Geheimnis, daß selbst C-Schein-Inhaber mit zigtausend Seemeilen auf dem Bukkel oft deutlich vor sich hinmurmeln: „Vom falschen zum richtigen mit richtigem Vorzeichen . . .“, wenn sie vom Kompaß den Niedergang zum Kartentisch heruntergehen.
Neben obiger Merkregel ist lediglich noch die Reihenfolge der Berichtigungen zu berücksichtigen:

Rechnet man vom Kurs über Grund, also dem Kurs, der aus der Karte herausgemessen wird, zum Kompaßkurs*, so darf nur in folgender Reihenfolge vorgegangen werden**:

* Die offizielle Bezeichnung für den Kompaßkurs lautet „Magnetkompaßkurs“ und die Abkürzung hierfür „MgK“. Da in der Yachtnavigation nahezu ausschließlich mit Magnetkompassen gearbeitet wird und somit Mißverständnisse praktisch ausgeschlossen sind, wird weiterhin die vereinfachende Bezeichnung „Kompaßkurs“ (= MgK) benutzt.

** Die Reihenfolge bei der Rechnung vom Kurs über Grund zum Kompaßkurs läßt sich leicht mit einem etwas dümmlichen Merksatz behalten: *K*üsse (*Kü*G), *S*chnaps (= B*S*) und *W*ein (= B*W*) *m*ögen (= *M*w) *a*lle (= *A*bl) *M*atrosen (= *M*gK).

Kurs über Grund (KüG) ↑
Beschickung für Strom (BS)
Beschickung für Wind (BW)
Mißweisung (Mw)
Deviation oder Ablenkung (Abl)
↓ Magnetkompaßkurs (MgK)

Wenn vom Kompaßkurs zum Kurs über Grund gerechnet wird, so muß die Reihenfolge ebenfalls strikt eingehalten werden, jedoch von unten nach oben.
Es ist empfehlenswert, sich bei Rechnungen immer der gleichen Abkürzungen zu bedienen, damit der jeweilige Wachführer sie notfalls überprüfen kann. Würde jeder an Bord, der in der Karte arbeitet, eigene Abkürzungen verwenden, so könnte es leicht zu Mißverständnissen kommen.
Hält man sich peinlich genau an die Reihenfolge

KüG
BS
BW
Mw
Abl
MgK

oder

MgK
Abl
Mw
BW
BS
KüG

und verwendet gleichzeitig die genannte Vorzeichenregel, sollten bei der Kursverwandlung eigentlich keine Fehler gemacht werden können.
Wird der Kompaßkurs berechnet, so bezeichnet man den Kurs, bevor die Mißweisung angebracht wird, als rechtweisenden Kurs. Beim rechtweisenden Kurs sind also bereits die Beschickung für Strom und Wind enthalten.
Der mißweisende Kurs dagegen ist jener Kurs, der berechnet wird, bevor die Deviation (Ablenkung) berücksichtigt wurde.
Wie aus obigem „Fahrplan“ zu erkennen, ergeben sich bei der Benutzung einer Deviationstabelle, die wie auf Seite 59 beschrieben aufgestellt wurde, insofern Schwierigkeiten, als bei der Berechnung des Kompaßkurses die Deviation ja nicht aus der Ablenkungstafel entnommen werden kann, weil der genaue Kompaßkurs noch nicht bekannt ist. Handelt es sich jedoch um Ablenkungen von weniger als 10°, so entstehen keine wesentlichen Ungenauigkeiten, wenn für den mißweisenden Kurs die gleiche Ablenkung wie für den Kompaßkurs entnommen wird.
In Gegenden größerer Mißweisung jedoch muß für den mißweisenden Kurs eine eigene Steuertafel aufgestellt werden.
Übrigens: Die Merkregel „vom richtigen zum falschen ...“ kommt in der Navigation, also in der täglichen Bordpraxis, außerordentlich häufig vor. Ob es sich um Funkpeilungen, Uhrzeitberichtigungen oder Sextantvorausberechnungen handelt, immer wird der Navigator mit ihr konfrontiert. Es lohnt sich also, sich diese einfache Regel gründlich einzuprägen.
Ein Tip für die Praxis: Das einfache Schema für die Kursverwandlung und -rückverwandlung benötigt der Navigator auf einer Yacht mehrfach am Tage. Es ist deshalb empfehlenswert, sich das Schema auf einen Merkzettel zu schreiben und diesen deutlich sichtbar am Kartentisch anzubringen.
Eine Frage, die immer wieder gestellt wird: Sollen derartige Berechnungen auf ganze Grad oder auf Zehntelgrad durchgeführt werden? Wie jeder Praktiker weiß, ist es mit Bordmitteln unmöglich, Kompaßkurse auf 001°, geschweige denn auf Zehntelgrad genau zu steuern. Trotzdem empfiehlt es sich, die einzelnen Faktoren, die letztlich zum Kompaßkurs führen, in die Kursverwandlung auf Zehntelgrad genau aufzunehmen und das Ergebnis auf ganze Grad auf- oder abzurunden. Der Grund hierfür ist darin zu sehen, daß bei so vielen Rechenbestandteilen (bei Funkpeilungsverwandlungen beispielsweise sind es noch mehr) frühzeitige Aufrundungen im ungünstigsten Fall doch letztlich zu einer Ungenauigkeit von mehr als 2° führen können. Diese Genauigkeit sollten wir nicht einfach verschenken.
Mit Sicherheit aber ist es vom seemännischen Standpunkt aus falsch, dem Rudergänger beispielsweise einen Kompaßkurs von 249,4° anzugeben, weil ihn das nur verwirrt. Richtiger ist es, ihm einen Kompaßkurs von 249° raufzurufen, den er sich am besten gleich auf einem Zettel notiert und mit einem Klebeband am Kompaß befestigt, so daß er ihn während des Steuerns nicht vergißt.
Kursverwandlungen gehören in der Navigation zum Basiswissen. Deshalb wird dringend empfohlen, sämtliche Übungsaufgaben sorgfältig durchzurechnen.
Vorweg aber noch ein Beispiel:
Am 14. Juli 1982 segelt JOSHUA südlich von Menorca. Der Skipper hat den Kurs über Grund aus der Karte mit 117° herausgemessen. Der Nordoststrom (Strom setzt nach NE) ist so stark, daß mit einer Stromversetzung von 20° zu rechnen ist. Die Abdrift wird bei Bft N5 mit

10° geschätzt. Welcher Kompaßkurs muß gesteuert werden?

KüG	117°	
BS	+ 20°	(das Schiff wird nach Backbord versetzt, entgegengesetztes Vorzeichen!)
BW	− 10°	
Mw	+ 3,1°	
Abl	− 5,5°	(aus Steuertafel auf Seite 59)
MgK	124,6°	

Kurz darauf teilt der Rudergänger mit, daß er nur noch 140° halten kann. Welchen Kurs hat der Navigator in die Seekarte einzuzeichnen?

MgK	140°
Abl	+ 5°
Mw	− 3,1°
BW	+ 10°
BS	− 20°
KüG	131,9°

ÜBUNGS-AUFGABE 13

Die SÜDWIND möchte am 18. Juni 1981 von C. de Formentor nach C. del Freu segeln. Bei dem herrschenden Südwind rechnet der Skipper mit einer Abdrift von 5°. Strom wird nicht festgestellt. Wie lautet der Kompaßkurs?*

ÜBUNGS-AUFGABE 14

Im Juli 1983 steht die NORDWIND auf 39°48,5′N und 03°15,5′E. Bei frischem Nordwind muß der Skipper mit einer Abdrift von 15° rechnen. Außerdem wurde festgestellt, daß Südstrom herrscht und die Yacht deshalb um 10° versetzt wird, wenn sie nach Puerto de Pollensa segeln und sich dabei mindestens 1 sm von der nächsten Huk freihalten möchte. Wie lautet der Kompaßkurs?

ÜBUNGS-AUFGABE 15

Kurze Zeit später teilt der Rudergänger dem Navigator mit, daß er nur 350° am Kompaß halten kann. Welcher Kurs über Grund wurde bis dahin zurückgelegt und ist deshalb in die Seekarte einzuzeichnen?

* Wie bei dieser und allen folgenden Übungsaufgaben ist die Steuertafel von Seite 59 oder – praktischer – auf dem Klappblatt am Ende des Buches auf Seite 329 zu verwenden. Für die Kartenaufgaben ist hinten im Buch ein Ausschnitt aus der D.676 beigefügt.

ÜBUNGS-AUFGABE 16

Am 1. Mai 1983 steht die OSTWIND auf 39°53,5′N und 03°40,5′E. Sie möchte nach Mahón segeln, dabei aber aus Sicherheitsgründen mindestens 1 sm von der J. del Aire freibleiben. Welcher Kurs ist am Kompaß zu steuern, wenn bei starkem Südwind mit einer Abdrift von 15° und beim vorherrschenden Nordstrom ebenfalls mit einer Versetzung von 15° zu rechnen ist?

ÜBUNGS-AUFGABE 17

Einige Zeit später wird der Schiffsort von 39°54′N und 03°39,5′E festgestellt. Nachdem der Wind eingeschlafen ist, wird die Maschine angeworfen. Welcher Kompaßkurs ist zu steuern?

Noch ein Tip für die Praxis: Hält man sich längere Zeit in ein und demselben Revier auf, so ist folgende Methode eine große Arbeitserleichterung, die der Autor auf einer englischen Yacht entdeckt hat. Die Engländer mögen nicht so große Wissenschaftler wie die deutschen Navigatoren sein, eines aber kann man ihnen nicht abstreiten: daß sie praktisch veranlagt sind. Bei gleicher Mißweisung, was ja immer dann der Fall ist, wenn während der Saison das Revier nicht gewechselt wird, wiederholen sich nämlich bei jeder Kursverwandlung folgende Rechenvorgänge:

– die Verwandlung des rechtweisenden Kurses in den Kompaßkurs,
– die Verwandlung des Kompaßkurses in den rechtweisenden Kurs.

Was liegt also näher, als für diese Fälle eine fertige Tabelle anzufertigen, die dann während der gesamten Segelsaison benutzt werden kann, solange sich die Deviation nicht ändert. Mit der Steuertafel von Seite 59 würden die *zwei* Tafeln für das Gebiet von Menorca im Jahre 1983 wie nebenstehend aussehen.
Es ist empfehlenswert, jeweils eine Kopie der beiden Tafeln sowohl beim Kartentisch als auch beim Kompaß anzubringen. Hat man nämlich unerfahrene Mitsegler an Bord, so kann man sie sogar während der Nachtwache die Kurse überprüfen lassen, weil hierbei keinerlei Rechnungen vorzunehmen sind, sondern lediglich in den Tafeln nachgesehen werden muß. Wenn der Navigator beispielsweise schläft und der Wachführer aus der Karte einen Kurs von sagen wir 267° herausmißt, kann er mit einem Blick in die Tafel – über den Daumen gepeilt – dem Steuermann den Kompaßkurs mit 276° angeben.

Selbstverständlich müssen Beschickungen für Strom und Wind durchgeführt werden, aber immerhin läßt sich die Hälfte der Rechnungen einsparen, was letztlich zur Schiffssicherheit beiträgt, weil die Fehlermöglichkeiten reduziert sind.
In der Praxis wird man auf die Tafeln erst dann verzichten beziehungsweise neu aufstellen, wenn die Mißweisung sich bei Wechsel des Reviers oder auf einem längeren Törn um mehr als ein ganzes Grad ändert.
Der Navigator sollte sich aus Gründen der Schiffssicherheit bei allen Berechnungen an folgende für Navigation immer geltende Maxime erinnern:

So genau wie nötig – so einfach wie möglich.

Umrechnungstafel für Menorca
und Umgebung 1983 / SY Lord Jim

MgK	KüG	KüG	MgK
000	355,5	000	004,5
010	007	010	013
020	018	020	022
030	029	030	031
040	039,5	040	040,5
050	050	050	050
060	061	060	059
070	072	070	068
080	082,5	080	077,5
090	093	090	087
100	103	100	097
110	113	110	107
120	123	120	117
130	132,5	130	127,5
140	142	140	138
150	151	150	149
160	160	160	160
170	169	170	171
180	178	180	182
190	187	190	193
200	196	200	204
210	205	210	215
220	214	220	226
230	223,5	230	236,5
240	233	240	247
250	242	250	258
260	251,5	260	268,5
270	261	270	279
280	271	280	289
290	281	290	299
300	291	300	309
310	301,5	310	318,5
320	312	320	328
330	323	330	337
340	333,5	340	346,5
350	345	350	355

Kursverwandlungstafel für Lord Jim in den Gewässern von Mallorca. Erspart mühsame Umrechnungen, wenn weder Strom noch Abdrift zu berücksichtigen sind. Empfehlenswert: eine Kopie am Kartentisch und eine in der Plastikhülle am Kompaß.

Der Schiffsort

Es wird noch einmal wiederholt, daß die gesamte „Kunst" der Navigation stets darauf hinausläuft, dem Rudergänger anzugeben, welchen Kurs er am Kompaß zu steuern hat. Bisher wurde davon ausgegangen, daß der Standort eines Schiffes bekannt war, daß der Navigator also lediglich von diesem Standort zum Ziel auf der Karte eine Kurslinie zu zeichnen hatte und diesen Kurs über Grund dann in den Kompaßkurs verwandeln mußte, wobei selbstverständlich Strom, Abdrift, Mißweisung und Ablenkung zu berücksichtigen waren. Diese Aufgabenstellung kommt in der Praxis ziemlich häufig vor. Man denke nur an die Ausfahrt aus einem Hafen, wo beim Passieren der Hafenmole der Standort für die Bedürfnisse der Navigation exakt bekannt ist, oder man sich unmittelbar neben einer Tonne befindet, wo der Standort in der Regel aufgrund der Beschriftung in der Seekarte genügend genau identifiziert werden kann.
Tatsächlich aber ist die Bestimmung des Schiffsortes ansonsten der schwierigere Teil bei der Navigation. Schätzungsweise wird ein Navigator mindestens 90% seiner Zeit damit zubringen, den genauen Schiffsort festzustellen, und nur die restlichen 10% darauf verwenden, den Kurs für den Steuermann zu berechnen. Es ist auch leicht einzusehen, daß ein falscher Schiffsort immer in den Kurs eingehen wird, so daß das oberste Gebot für die Navigation lautet:

Der Schiffsort muß stets so genau wie möglich bekannt sein.

Die Standlinie

Der Schiffsort ergibt sich aus dem Schnittwinkel von zwei oder mehreren Standlinien.

Der Begriff Standlinie wird am besten durch ein einfaches Beispiel erklärt. Befindet sich eine Yacht in der Nähe der Punta Pantinat und mißt der Navigator mit seinem Echolot eine Wassertiefe von 100 m, dann ist bekannt, daß die Yacht, die Richtigkeit der Messung vorausgesetzt, irgendwo auf der 100-m-Linie um das Kap steht. Angenommen, es fehlen weitere Anhaltspunkte für den Schiffsort (weil beispielsweise wegen Nebels nicht auszumachen), dann könnte der Schiffsführer seine Position nicht genauer eingrenzen, das heißt, sie bliebe unbekannt, obwohl eine Standlinie vorliegt.

Die Standlinie ist eine Linie, auf der sich *irgendwo* das Schiff befindet.

Bei einer Tiefenmessung ist eine Standlinie nahezu immer eine recht unregelmäßig verlaufende Linie. Sie muß also nicht unbedingt eine Gerade oder ein Kreis sein. Standlinien können alle möglichen Formen haben. Wenn beispielsweise der Abstand zu einem Objekt gemessen wird, so ist sie ein Kreis um das Peilobjekt mit dem Durchmesser des Abstandes, während sie bei einer Anpeilung einer Landmarke über den Kompaß ein rechtweisender Kurs, also eine Gerade in der Karte ist. Zwar sind viele Fälle denkbar, in denen eine sichere Standlinie dem Navigator bereits entscheidend weiterhilft, viel besser aber ist immer ein Schiffsort, der aus dem Schnittpunkt mehrerer Standlinien gewonnen wird. Denken wir an obiges Beispiel: Der Schiffsführer hat mit Hilfe einer Tiefenmessung eine Standlinie, die 100-m-Linie, gewonnen. Erhält er aus der Peilung einer Landmarke (wie es schon bei der Feststellung der Kompaßablenkung gemacht wurde) eine weitere Standlinie, die die 100-m-Linie schneidet, so muß dies – in der Theorie – der Schiffsort sein. Denn eine Standlinie stellt immer eine Linie dar, auf der sich das Schiff befindet.

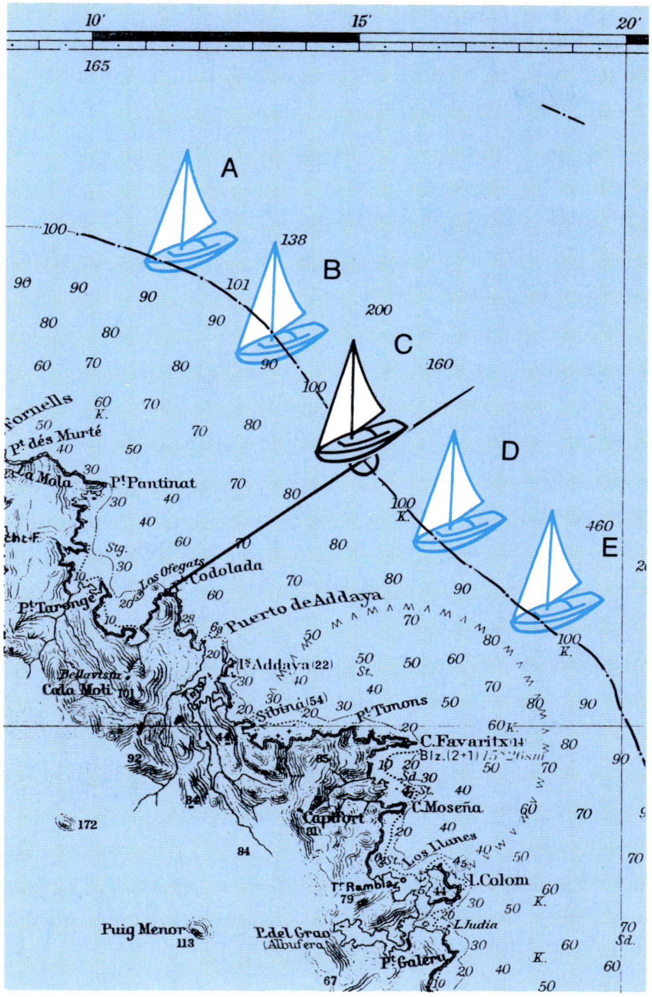

Alle fünf Schiffe befinden sich auf derselben Standlinie, also auf der 100-m-Linie. Nur für C aber ist der Standort bekannt, weil die Yacht zusätzlich auf der richtigen Peilung Pt. Codolada steht.

Schneiden sich zwei Standlinien, wird diese Bedingung für beide Standlinien nur an einem einzigen Punkt erfüllt: genau im Schnittpunkt. War es beispielsweise nach Messung der Wassertiefe mit 100 m durchaus noch denkbar, daß das Schiff in der Nähe von Punta de Fornells steht, so ist es jetzt ausgeschlossen, weil sich die Yacht ja auch auf der zweiten gewonnenen Standlinie, der Peilung zur Landmarke, befinden muß.

In der Theorie! Navigiert ein Navigator nämlich ausschließlich nach diesen Erkenntnissen, so würde er sein Schiff mit Sicherheit irgendwann einmal in größte Gefahr bringen. Vielleicht ist hierzu die Geschichte des holländischen Weltumseglers Claess Honig ein lehrreiches und warnendes Beispiel:

Es war in der Korallensee, als sich für ein paar Minuten eine dichte Wolkendecke öffnete, gerade so lange, daß Claess die gelbe Scheibe der Sonne im Sextanten auf die Kimm setzen konnte. Die so gewonnene astronomische Standlinie ergab mit der Funkpeilung des 200 sm entfernten Flugfunkfeuers Daru in der Seekarte einen schönen Schnittpunkt. Mit spitzem Bleistift malte Honig zufrieden einen kleinen Kreis um seinen Schiffsort, der danach gute 30 sm von einem gefährlichen Riff in der Nähe des Leuchtfeuers Bramble Cay entfernt war. Ein kurzer Rundblick, dann legte Claess sich wieder beruhigt in die Koje, während die Selbststeueranlage die Yacht zuverlässig weitersteuerte – mit direktem Kurs auf das Riff.

Kurze Zeit darauf brach sich die erste Brandungswelle über dem Cockpit, die zweite setzte die halbe Kajüte unter Wasser, und dann folgte das, was der Skipper hernach nur noch mit dem Ausdruck „Explosion" beschreiben konnte*.

Wie konnte das passieren, warum hat dieser so erfahrene Segler navigatorisch derart danebengegriffen? Die Erklärung ist – wie immer hinterher – sehr leicht: Die beiden Standlinien, die jenen schlechten Schiffsort ergaben, waren keineswegs falsch ausgewertet, sondern aufgrund der verschwommenen Sonne und der weiten Entfernung zum Funkfeuer mit einem derart großen Unsicherheitsfaktor behaftet, daß Claess mit der Möglichkeit einer Ungenauigkeit auch in dieser Größenordnung hätte rechnen müssen. Zur Klarstellung: Es war richtig, die Standlinien zu verwenden – er hatte ja nichts Besseres –, aber falsch, ihnen zu vertrauen.

Dieses Beispiel zeigt, daß es *den* richtigen Schiffsort in der Praxis kaum gibt. Nahezu jeder Schiffsort ist mit mehr oder weniger großen Ungenauigkeiten behaftet – je nachdem, welche Methode zur Standliniengewinnung benutzt wird.

Genaugenommen ist eine Standlinie in nahezu allen Fällen nicht einmal eine *Linie*. Nehmen wir an, daß die Kompaßpeilung einer Landmarke wegen der starken Schiffsbewegungen mit einer Ungenauigkeit von +/−5° behaftet ist. Dann kann bei einer festgestellten rechtweisenden Peilung von 270° die Peilung tatsächlich auch 265° oder 275° betragen. Damit ergibt sich bei einem Abstand von 10 sm von der Peilmarke ein Standstreifen von einer Breite von 1,7 sm (siehe Abbildung Seite 84 links).

Würden wir nun zwei solche – schlechte – Peilungen verwenden, so ergäbe dies natürlich keinen exakten Schiffsort, sondern bei einem Schnittwinkel von 90° *fast*

* Weil es gar so unglaublich ist, sei das Ende dieser Geschichte kurz erwähnt: Von den Seen hochgehoben und immer wieder aufs Riff geschmettert, setzte sich die RIK nach ein paar Stunden quer über die Untiefe in Bewegung und erreichte nach 4 sm wieder tiefes Wasser, hinter sich eine breite Spur zermahlener Korallen zurücklassend. Obwohl beide Kimmkiele um 90° verbogen waren, gelangte die schwer havarierte Slup mit ihrem verletzten Skipper in den Hafen Daru.

ein Quadrat mit einer Diagonale von immerhin 2,4 sm. In diesem Viereck also läge der Schiffsort. Wo genau, ließe sich mit Hilfe der benutzten Navigationsmethoden nicht mit letzter Sicherheit sagen.

Genauso entscheidend wie die Breite eines Standstreifens ist für die Genauigkeit des Schiffsortes der Schnittwinkel von zwei Standstreifen. Beim obigen Beispiel, bei dem sich ein Quadrat mit der Diagonale von 2,4 sm ergeben hat, könnte sich bei einem Schnittwinkel von nicht mehr als 90°, sondern von 60° immerhin ein Viereck ergeben, in dem die größte Entfernung von zwei möglichen Schiffsorten bereits 3 sm betragen würde.

Schneiden sich derartige Standstreifen dagegen nur noch in einem Winkel von 30°, so resultieren daraus Unsicherheiten im Schiffsort, die in Küstennähe gefährlich werden können.

Ratschlag: In der Praxis sollten nach Möglichkeit Schnittwinkel zwischen 60° und 90° verwendet werden. Notfalls sind Schnittwinkel von 25° gerade noch zu vertreten. Unter 25° sollten diese *schleifenden Schnitte* auf keinen Fall zur Schiffsortbestimmung benutzt werden.

Es ist übrigens ein großer Irrtum, zu glauben, daß die Ungenauigkeiten bei schleifenden Schnitten durch die Zeichnung verursacht werden. Eine solche irrige Meinung hat einmal dazu geführt, daß eine deutsche Yachtzeitschrift den Unsinn verbreitet hat, daß mit modernen Taschenrechnern die Schnittwinkel trotz Schleifens präzise berechnet werden könnten und damit auch die Verwendung von schleifenden Schnitten statthaft sei.

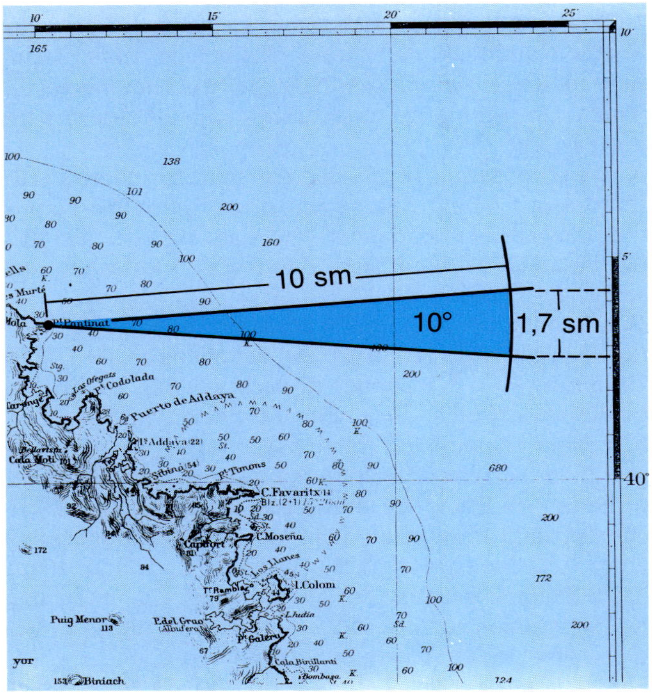

In 10 sm Abstand ergibt eine nur um 005° ungenaue Peilung bereits einen Standstreifen von 1,7 sm Ungenauigkeit.

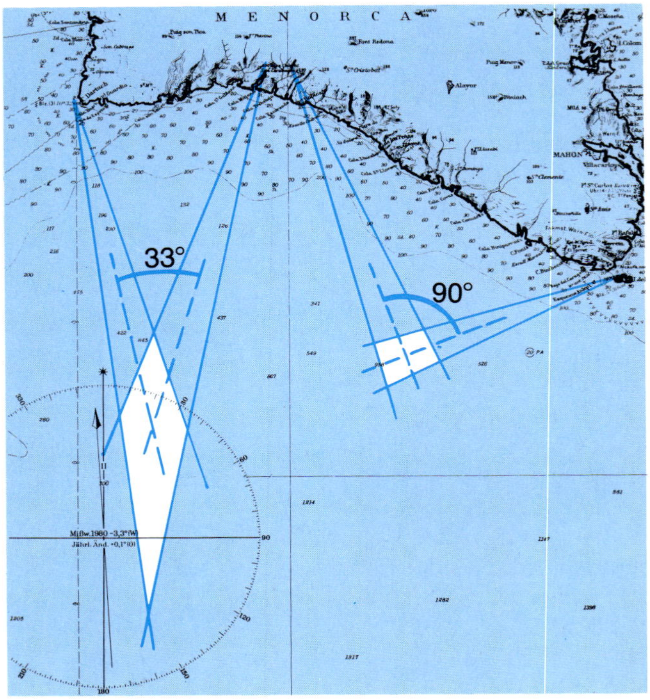

Werden Standstreifenbreite aus ungenauen Messungen und ungünstige Schnittwinkel berücksichtigt, ergeben sich „Schiffsorte" von erheblicher Ausdehnung. Links: Ungünstiger Schnittwinkel der Standlinien (Streifen) von 33°, rechts Schnittwinkel bei 90° (günstiger).

Die Genauigkeit eines Schiffsortes hängt also immer nur von zwei Faktoren ab:
1. der Breite des Standstreifens,
2. dem Schnittwinkel.

Der Navigator muß sich über die Breite des Standstreifens stets im klaren sein. Es ist schwierig, eine Tabelle der verschiedenen Standlinien mit ihren Ungenauigkeiten, also mit ihrer Breite aufzustellen. Bei der optischen Peilung einer Landmarke beispielsweise ist unter bestimmten Bedingungen mit einer Ungenauigkeit von +/−5° zu rechnen. Ist man nur 2 sm von der Landmarke entfernt, so wird diese optische Peilung immer genauer sein als etwa eine astronomische Standlinie, bei der vielleicht eine Ungenauigkeit von +/−2 sm auftritt. Anders verhält es sich dagegen schon, wenn die Yacht beispielsweise in einer Entfernung von 30 sm von dieser Landmarke segelt.

Natürlich läßt es sich in der Praxis niemals durchführen, daß der Navigator einen regelrechten Standstreifen in die Karte einzeichnet. Dies wäre sogar nicht einmal wünschenswert, weil die vielen Striche in der Karte zu verwirrend sein würden. Der Navigator muß sich aber, auch wenn er richtigerweise eine Standlinie tatsächlich als dünne Bleistiftlinie zeichnet, immer im klaren darüber sein, mit welchen Ungenauigkeiten er es zu tun haben kann. Einen navigatorischen Grundsatz soll er hierbei besonders beherzigen:

Es kommt niemals darauf an, wie genau, sondern wie ungenau eine Standlinie sein kann.

Dies läßt sich ganz gut mit einem Schützen vergleichen. Auch ein Anfänger, der noch nie eine Flinte in der Hand gehabt hat, kann mit einem Sonntagsschuß ins Schwarze treffen. Dafür wird er aber bei den nächsten zehn Schüssen die Scheibe verfehlen. Ein Navigator, der aufgrund eines guten Ergebnisses eine Navigationsmethode beurteilt, ist vergleichbar mit unserem Anfängerschützen, der sich nach einem solchen goldenen Schuß als olympiareif wähnt. Bei der Navigation ist es also ebenso. Der Navigator muß immer mit dem schlechtesten Ergebnis rechnen, denn nur dann kann er mit Sicherheit eine Strandung vermeiden.

Dies spielt auch eine große Rolle bei der Beurteilung des Schiffsortes. Ein Schiffsort auf hoher See, der vielleicht nur 10 sm genau ist, wird üblicherweise durchaus genügen, wenn das nächste Land noch einige Tage entfernt ist. Anders verhält es sich dagegen, wenn man sich bei schlechter Sicht nachts der Küste nähert und darauf angewiesen ist, eine bestimmte Tonne zu finden. Dann sind an den Schiffsort ganz andere Anforderungen zu stellen. In diesem Fall wird sich der Navigator auch kaum mit lediglich zwei Standlinien zufriedengeben, sondern er wird versuchen, unbedingt noch weitere zu erhalten, um sich so einen genaueren Eindruck von der Qualität seines Schiffsortes zu machen.

Bisher wurde davon ausgegangen, daß zur Bestimmung des Schiffsortes zwei Standlinien ausreichen. Oft ist das auch der Fall; dennoch ist es wünschenswert, möglichst viele Standlinien zur Verfügung zu haben. Nahezu niemals treffen sich mehrere Standlinien in einem Punkt – dem Schiffsort –, sondern sie bilden ein mehr oder weniger großes Dreieck beziehungsweise Vieleck. Es ist ein weitverbreiteter Irrglaube, daß sich der Schiffsort bei drei Standlinien auch innerhalb des so gebildeten Dreieckes befinden muß; es ist aber wahrscheinlich, daß er in der Mitte liegt. Ein kleines Dreieck spricht für einen genauen Schiffsort, garantiert ihn aber nicht. Ähnliches gilt für ein Vieleck, wenn mehr als drei Standlinien verwendet werden.

Grundsätzlich können zur Bestimmung eines Schiffsortes beliebige Standlinien herangezogen werden. Das Kriterium ist dabei nicht, um welche Navigationsmethode es sich handelt; entscheidend sind allein die Breite des Standstreifens und der Schnittwinkel. Es soll hier versucht werden, dem Leser einen Eindruck von der Qualität verschiedener Navigationsmethoden zu geben, wobei von „durchschnittlichen" Bedingungen und einwandfreier seemännischer Handhabung ausgegangen wird. Innerhalb dieser durchschnittlichen Bedingungen aber werden – und das allein ist für den Navigator entscheidend – die größten Ungenauigkeiten angegeben.

Standlinie aus	Genauigkeit	wann einsetzbar
zurückgelegter Strecke	+/−5%	bei bekanntem Strom
abgelaufenem Kurs	+/−5°	bei bekanntem Strom und Abdrift
Deckpeilung	+/−0,5°	immer bei Vorhandensein entsprechend gelegener Landmarken (selten)
Horizontalwinkelmessung mit Sextanten	+/−1°	bei Vorhandensein geeigneter Landmarken
Tiefenmessung beziehungsweise Reihenlotungen	+/−5°	bei bekannter Tide und steil abfallendem oder aufsteigendem Meeresgrund sehr genau
Kompaßpeilung	+/−5°	häufigste Art der Standlinienbestimmung
Abstandsmessung mit Sextanten (Höhenwinkel Objekt vor der Kimm)	+/−5%	Höhe der Landmarke muß bekannt sein
Abstandsmessung mit Sextanten (Höhenwinkel Objekt hinter der Kimm)	+/−10%	Höhe des Objekts und Augeshöhe müssen bekannt sein
Consolfunkpeilung	+/−3°	nicht in der Nacht und Dämmerung verwenden
VOR-Navigation	+/−2°	nur in wenigen Revieren ausreichende Anzahl von VOR-Stationen

Omega	+/−4 sm*	weltweit Tag und Nacht verwendbar, unabhängig vom Wetter
Decca	+/−1 sm	nur für bestimmte Gebiete: westeuropäische Gewässer, vom Nordkap bis Gibraltar
Loran C	+/−2 sm*	nur für bestimmte Gebiete: amerikanische Küstengewässer, Nordsee, westliches Mittelmeer
Satellitennavigation (TRANSIT)	+/−2 sm*	ist nur noch wenige Jahre in Betrieb
Satellitennavigation (GPS)	+/−0,5 sm	das modernste Navigationssystem. Wird außer Radar die meisten Navigationssysteme ablösen
Radarabstandsbestimmung	+/−75 m	bei richtiger Identifizierung der Peilmarke wahrscheinlich das universellste und sicherste Verfahren – unabhängig vom Wetter
Radarseitenpeilung einer Landmarke	+/−5°	schlechter als Kompaßpeilung; bei richtiger Identifizierung der Landmarke unabhängig vom Wetter
astronomischer Navigation	+/−2 sm	Gestirnssicht notwendig, nachts keine Möglichkeit zur genauen astronomischen Navigation
Abstandsschätzungen	schlechter als 50%	eine unverantwortliche Standlinie
akustischen Peilungen mit Hilfe von Gehör und Peilkompaß	+/−20°	oft im Nebel die einzige Möglichkeit der Orientierung
Feuer in der Kimm	+/−10%	nachts eine sehr einfache Standliniengewinnung
Funkeigenpeilung	+/−20%	keine gute Standlinie – für kleine Yachten bei unsichtigem Wetter aber oft die einzige Orientierungsmöglichkeit
Funkfremdpeilung	+/−5%	besser als Funkeigenpeilung, jedoch nur auf Anforderung in bestimmten Revieren
Entfernungsmessungen mit Hilfe eines Entfernungsmessers	+/−15%	nur bei bekannter Größe eines Objektes verwendbar

* In den Werbeprospekten werden viel optimistischere Angaben gemacht. Nach Aussagen von Skippern, die unter den rauhen Bedingungen an Bord mit diesen Geräten gearbeitet haben, ist doch mit den genannten Ungenauigkeiten zu rechnen.

Nahezu niemals wird dem Navigator die ganze Palette der möglichen Standlinien zur Verfügung stehen, sondern oft wird er froh sein, wenn er nur zwei irgendwelcher Art bekommt – wie der holländische Segler Honig (siehe Seite 83). Es gehört zu den größten Fehlern des Navigators, die Genauigkeit seines Schiffsortes zu überschätzen, was schon oft zu schweren Unglücksfällen geführt hat. Vielleicht sollten sich auch manche angehenden Navigatoren jene Geschichte hinter die Ohren schreiben, die gern auf englischen Seefahrtschulen kolportiert wird:

Ein junger eifriger Fähnrich arbeitet am Kartentisch, als er vom Wachhabenden nach dem Schiffsort gefragt wird. Fein säuberlich spitzt er den Bleistift und bringt auf der Seekarte zwei Standlinien zum Schnittpunkt, um den er einen winzigen Kreis zeichnet. Darunter schreibt er die Uhrzeit und verkündet stolz: „Das ist unser momentaner Schiffsort." Der Wachhabende geht nach oben auf die Brücke, wo gerade der Erste Offizier dem Rudergänger einen neuen Kurs angibt, und deutet mit dem Finger in die Karte: „Hier ist unser Schiffsort." Kurze Zeit darauf betritt der „Alte" das Ruderhaus, sucht prüfend mit dem Glas den Horizont um das Schiff ab, wie seit 30 Jahren immer nach dem Betreten der Brücke, wirft danach einen kurzen Blick in die Karte, bis er schließlich seine offene Pranke mit gespreizten Fingern auf die Karte legt und damit den derzeitigen Schiffsort anzeigt.

Eine einzelne Standlinie hilft manchmal weiter

Gar nicht so selten sind Gelegenheiten, wo es dem Skipper nicht gelingt, einen Schiffsort festzustellen, er aber eine einzelne Standlinie erhält. Es gibt zahlreiche Fälle, in denen auch eine einzelne Standlinie fast so wertvoll sein kann wie ein kompletter Schiffsort. Meistens kommt es hierbei auf die Genauigkeit der Standlinie und vor allem auf ihre Richtung an. Ein Beispiel soll das verdeutlichen:

Eine Yacht nähert sich bei diesigem Wetter der Nordküste von Menorca. Der Skipper sieht vor sich eine Reihe von Bergen, mit denen er aber nichts anfangen kann, weil er die Berggipfel nicht zu identifizieren, sie also nicht zur Standliniengewinnung heranzuziehen vermag. Er nimmt deshalb eine Sonnenhöhe, die folgende Standlinie ergibt:

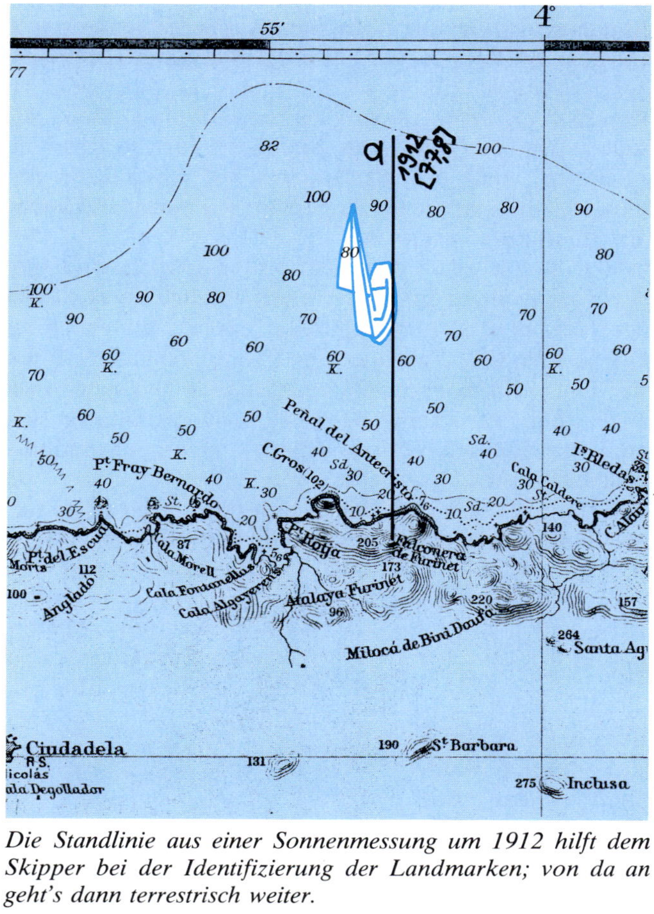

Die Standlinie aus einer Sonnenmessung um 1912 hilft dem Skipper bei der Identifizierung der Landmarken; von da an geht's dann terrestrisch weiter.

Wenn der Skipper sein Schiff nunmehr in Richtung der Standlinie legt, wird der Bug auf den Berg Falconera de Furinet zeigen, der durch die Standlinie definiert ist. Damit ist eine Identifizierung des Berggipfels möglich, und der Skipper kann sodann terrestrisch weiternavigieren. Er wird hierbei berücksichtigen, daß die Sonnenstandlinie nur bis auf +/−2 sm genau ist, so daß wahrscheinlich der richtige Berggipfel erkannt wurde.

Eine andere Situation, in der eine einzelne Standlinie weiterhilft, veranschaulicht nebenstehende Abbildung. Die beliebteste Art der Verwendung einer einzelnen Standlinie ist die sogenannte *Zielfahrt* entweder auf ein optisches Objekt oder auf ein Funkfeuer. Letzteres wird gern im Nebel verwendet, wobei der Skipper sein Schiff lediglich so zu steuern braucht, daß die Standlinie mit dem Kurs über Grund übereinstimmt. Steht das Seefunkfeuer beispielsweise auf der Mole des Zielhafens, so wäre dies eine recht gute Möglichkeit, sicher in den Hafen zu gelangen.

Man sollte sich vergegenwärtigen, daß der Verwendung einer einzelnen Standlinie vor einigen hundert Jahren viele Inseln ihre Entdeckung und vor allem das Wiederauffinden verdanken. Vor Erfindung einer genau gehenden Uhr war es nämlich nur möglich, aus einer Sonnenmessung die Schiffsbreite, nicht aber die -länge zu bestimmen. Nachdem die Schiffsbreite exakt einer Standlinie in Ost-West-Richtung entspricht, also einen Kurs über Grund von 090° beziehungsweise 270°, muß-

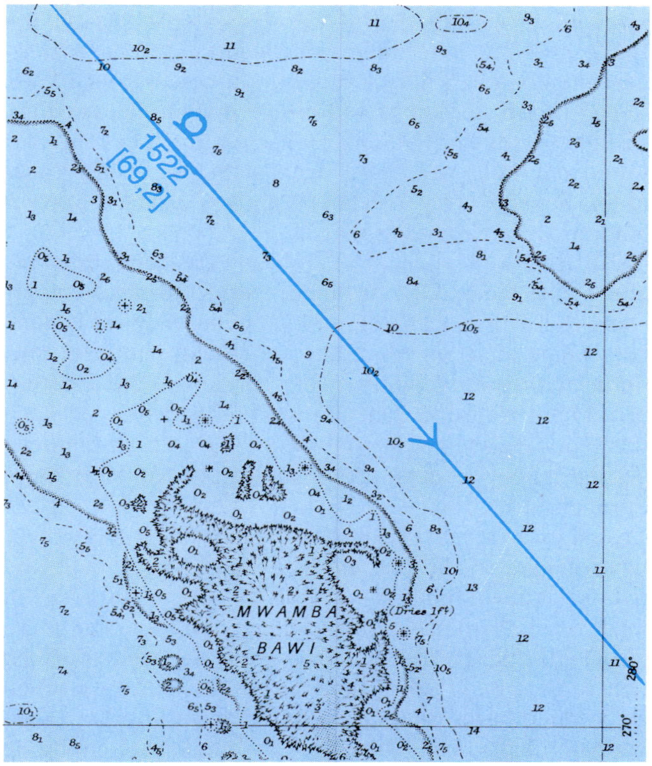

Der Navigator hat keinen Schiffsort, er weiß auch nicht, wie weit er von dem Riff entfernt ist. Dank einer Standlinie bleibt er aber mit Sicherheit vom Riff frei, wenn er auf ihr weitersegelt.

ten damals die Westindischen Inseln dergestalt angesteuert werden, daß sich das Schiff frühzeitig auf die betreffende Breite setzte und dann nur noch stur Westrichtung lief.
Böse Zungen bezeichnen deshalb eine Atlantiküberquerung im Passat nach Barbados immer noch als Butterbrottörn: „So lange nach Süden halten, bis die Butter flüssig wird, und dann rechts abbiegen!“ Es soll auch heute noch Weltumsegler geben, die sich so – wie die Österreicher sagen – um die Welt „breiteln“.

Der gesteuerte Kurs

Der gesteuerte Kurs ist eine Gerade als Standlinie.

Die Verwendung des abgelaufenen Kurses als Standlinie ist nur dann sinnvoll, wenn der Navigator den Kartenkurs tatsächlich auch berechnen kann, wenn ihm also die Beschickung für Wind und Strom bekannt ist. Daß er die Mißweisung und die Ablenkung für den jeweiligen Kurs weiß, wird als selbstverständlich vorausgesetzt.
Eine andere Schwierigkeit ergibt sich daraus, daß Rudergänger selten den vorgegebenen Kompaßkurs auch tatsächlich steuern. Selbst der sorgfältigste Mann am Rohr wird nur eine mehr oder weniger flache Schlangenlinie um den Sollkurs steuern können. Sind die Ausschläge nach beiden Seiten einigermaßen gleichmäßig, so heben sich die Fehler gegenseitig auf. Dies ist aber selten der Fall, vor allem dann nicht, wenn die Yacht unter Segel läuft, so daß ständig ein etwas stärkerer Ruderdruck vorhanden ist.
Natürlich spielt auch die Erfahrung des Rudergängers eine große Rolle. Der Anfänger wird krampfhaft versuchen, den Kurs zu halten, und dabei durch harte Ruderausschläge nicht nur die Fahrt der Yacht mindern, sondern letztlich auch einen nicht sehr genauen Kurs steuern. Der Erfahrene dagegen wird Abweichungen nach der einen Seite – mehr unbewußt – durch absichtliche geringfügige Kursabweichungen nach der anderen Seite kompensieren.
Trotzdem zeigt die Praxis, daß die meisten Rudergänger dazu neigen – und das gilt vor allem bei raumen und nahezu Amwindkursen –, etwas zu viel anzuluven. Im letzteren Fall ist dies verständlich, weil niemand gerne eine Halse bauen möchte. Der Navigator sollte deshalb den Rudergänger sehr genau beobachten, um beurteilen zu können, wieweit er sich auf den gesteuerten Kurs verlassen kann. Dies sollte er aber möglichst unauffällig tun, damit der Rudergänger nicht verunsichert wird oder sich, was üblich ist, lediglich während der Zeit der Beobachtung Mühe gibt. Es ist nicht das Schlechteste, den Steuermann immer wieder zu ermahnen, den Kurs zu halten, weil er sich dann etwas mehr anstrengt und vor allem niemals weiß, ob er noch beobachtet wird oder nicht.
Selbstverständlich werden die Leistungen des Rudergängers Stunde um Stunde schlechter, weil die Aufmerksamkeit nachläßt. Er sollte also häufig abgelöst werden, wenn es auf einen möglichst genauen Kurs ankommt.
Soll ein Ziel in Luv angesegelt werden, so wäre es selbstverständlich töricht, dem Rudergänger einen bestimmten Kurs vorzugeben. Würde er nämlich einen Kurs segeln, auf dem keine Gefahr besteht, daß die Fock back kommt und unfreiwilligerweise durch den Wind gegangen wird, so würde viel Höhe verschenkt werden. In einem solchen Fall *muß* der Steuermann unter Beobachtung des Windeinfallswinkels an der Fock oder am Windrichtungsanzeiger bei optimaler Geschwindigkeit so hoch wie möglich segeln, damit er auch aus kurzzeitigen Winddrehungen Kapital schlägt.
Je nachdem, wieviele Seemeilen der Steuermann schon auf dem Buckel hat, wird er aufgrund seiner Erfahrung bei der Ablösung recht genau angeben können, welchen Kompaßkurs er in der vergangenen Zeit tatsächlich gesteuert hat. Um dann eine Standlinie für die Karte zu gewinnen, muß der Navigator selbstverständlich von diesem Kurs und nicht von dem ursprünglich gewünschten Steuerkurs ausgehen.
Wie groß der Fehler beim Kurshalten letztlich ist, hängt also vom Können des Steuermanns, mehr aber noch von der Heftigkeit der Bewegungen der Yacht, von ihrer Größe und vom Seegang, ab. Exakte Angaben lassen sich hier nicht machen, doch helfen dem Navigator vielleicht folgende Erfahrungswerte weiter, damit er sich eine Vorstellung von der Genauigkeit seiner Standlinie machen kann:
Bei einer 10-m-Yacht haben sich nach jeder Seite folgende Abweichungen vom Sollkurs ergeben:

	Windstärke mit entsprechendem Seegang		
	Bft 2	Bft 4	Bft 6
Kurs nahe am Wind	3°	5°	7°
Kurs raumer Wind	4°	8°	10°
Kurs vor dem Wind	4°	10°	15°

Auf einem längeren Schiff oder unter Maschine sind die Ergebnisse natürlich besser, auf kleineren Kreuzern wahrscheinlich schlechter.
Mit elektrischen Steuerautomaten, die ihre Weisheit vom Kompaß beziehen, wird man – je nach Qualität – zu gleichen oder besseren Ergebnissen kommen, wäh-

rend die Windselbststeueranlage* hier schlecht abschneidet. Denn der beste Automat kann nicht besser steuern, als es die Windrichtung eingibt. Wer auf einem Vorwindkurs schon mal seinem Verklicker zugeschaut hat, wie er rumwedelt, kann sich vorstellen, daß die Leistung einer Windselbststeueranlage für navigatorische Zwecke auf bestimmten Kursen ungenügend ist, wie nachstehende Erfahrungstabelle zeigt:

	Windstärke mit entsprechendem Seegang		
	Bft 2	Bft 4	Bft 6
Kurs nahe am Wind	3°	5°	7°
Kurs raumer Wind	5°	10°	15°
Kurs vor dem Wind	10°	20°	25°

Selbstverständlich kann der von der Selbststeueranlage vor dem Wind gesteuerte Kurs nicht mehr mit gutem Gewissen zu einer Standlinie verarbeitet werden. Dies erzeugt übrigens auch einen nicht ganz verständlichen Widerwillen von älteren Seglern gegen diese eisernen Rudergänger. Denn der gesegelte Kurs oder *Koppelkurs* war so eine Art Pflichteintragung in die Seekarte. Sicher nicht zuletzt deswegen, weil es sich um eine recht bequeme Standlinie gehandelt hat, die sich vom trockenen Kartentisch aus durch Befragen des Rudergängers und kurze Umrechnerei gut gewinnen ließ.

Das heißt aber nicht, daß der Koppelkurs für die Navigation heute keine Bedeutung mehr hat. Es gibt genügend Situationen (Nebel!), in denen ein exakter Koppelkurs eine wertvolle Navigationshilfe ist. Es versteht sich von selbst, daß in einem solchen Fall von Selbststeuerung auf Handsteuerung umgestellt werden muß, weil aus Gründen der Sicherheit die Navigation Vorrang hat.

Betrachten wir die Werte aus beiden obigen Tabellen, so bleibt ein kleiner Trost: Wenn beispielsweise bei einem raumen Wind von Bft 4 auf +/−10° genau gesteuert wird, dann heißt das nicht, daß der tatsächlich gesegelte Kurs um +/−10° vom Sollkurs abweichen kann, denn der Rudergänger steuert ja nicht ständig nach der einen Seite daneben, sondern er pendelt mehr oder weniger um den gewollten Kurs. Für Navigationszwecke ist es deshalb durchaus vertretbar, wenn als mögliche Ungenauigkeit lediglich die Hälfte der Abweichung vom beabsichtigten Kurs angenommen wird. Bei diesem Beispiel kann die tatsächliche Standlinie bei einem gesteuerten Kurs von 090° also im Bereich von 085° bis 095° MgK liegen.

* Der beliebte Werbeslogan der Hersteller von Selbststeueranlagen „besser als der beste Rudergänger" bedarf einer Einschränkung. Dies gilt höchstens bei Amwindkursen. Mit Sicherheit aber ist bei kleiner Mannschaft die Selbststeueranlage genauer als ein übermüdeter Segler, der schon sechs Stunden an der Pinne sitzt.

Erinnern wir uns: Die Verarbeitung des gesteuerten Kompaßkurses in eine Standlinie, also in den Kurs über Grund, ist genauso leicht wie die Kursverwandlung von einem Kartenkurs in einen Kompaßkurs.

Merkregel beachten: „Vom falschen zum richtigen mit richtigem Vorzeichen . . ."

MgK (Kompaßkurs)
Abl (Ablenkung)
Mw (Mißweisung)
BS (Beschickung für Strom)
BW (Beschickung für Wind)
KüG (Kurs über Grund = Standlinie)

Zur Klarstellung: Natürlich wird in die Karte kein Standstreifen eingezeichnet, sondern eine feine, aber deutliche Linie, nämlich der Kurs über Grund, was aber nicht dazu verleiten sollte, in der Praxis davon auszugehen, daß diese Standlinie mit der in der Karte eingezeichneten Koppelkurslinie unbedingt *exakt* übereinstimmen muß. In der Seekarte kann man aus praktischen Gründen nur mit Stand*linien* arbeiten, weil das Zeichnen von Standstreifen zu kompliziert wäre. Der gute Navigator berücksichtigt aber immer im Kopf, wie genau seine Standlinie tatsächlich ist.

Noch ein Hinweis für das Einzeichnen des Koppelkurses: Es ist nicht empfehlenswert, den Kompaßkurs in die Seekarte einzutragen. Das führt nur zu Verwirrung und Mißverständnissen, denn in der Karte wird ausschließlich rechtweisend navigiert.

Grundsatz für die Arbeit in der Seekarte: Eintragungen sollen aus Gründen der Übersichtlichkeit so sparsam wie möglich vorgenommen werden, andererseits aber soll die gesamte Art der Navigation aus der Karte hervorgehen. Dazu reicht aus, zur Standlinie beziehungsweise zum Schiffsort lediglich den jeweiligen Logstand (in eckigen Klammern) sowie die Uhrzeit zum Zeitpunkt der Feststellung von Standlinie oder Position zu notieren.

Der gesteuerte Kurs ergibt erst nach Berücksichtigung von Abdrift und Strom eine Standlinie.

Abdrift

Die Abdrift läßt sich nicht exakt messen. Früher, auf den schweren Rahseglern, war dies durchaus möglich, indem am Heck ein ganz einfaches Winkelmeßinstrument montiert war, über das der Winkel zwischen der Kielrichtung und dem Kielwasser gemessen wurde. Dies läßt sich auf Yachten nicht durchführen. Es ist auch nicht möglich, genaue Werte für die Beschickung für Wind festzustellen – nicht einmal für eine spezielle

Yacht. Es spielen nämlich eine ganze Reihe von Faktoren eine Rolle:

Seegang
Unterwasserschiff
Lateralplan
Ruderdruck
Segeldruck
Geschwindigkeit

Nur durch viel Erfahrung wird der Navigator für sein eigenes Schiff die Abdrift einigermaßen in den Griff bekommen. Trotzdem sollen einige Anhaltspunkte für die Größe der Abdrift gegeben werden. Bei einer „durchschnittlichen" Yacht von 8 bis 12 m Länge dürfte sie wie folgt sein:

	Windstärke mit entsprechendem Seegang		
	Bft 2	Bft 4	Bft 6
Kurs nahe am Wind	10°	15°	20°
Kurs raumer Wind	5°	5°	5°
Kurs vor dem Wind	0°	0°	0°

Das richtige Vorzeichen für die Abdrift hängt davon ab, nach welcher Seite das Schiff abgetrieben wird. Wie beim Strom ist das Vorzeichen positiv (+), wenn die Yacht nach Steuerbord versetzt wird (Wind von Backbord), während bei Wind *von* Steuerbord die Abdrift negativ (−) ist (Versetzung nach Backbord).

Strom

Das Bestimmen des zurückgelegten Kurses und des Stromeinflusses ist nicht das Schwierigste bei der Stromnavigation. Die Probleme liegen vielmehr darin, den Strom nach Richtung und Stärke zu ermitteln. Strom kann mit Bordmitteln nicht direkt gemessen werden.
Es reicht auch nicht aus, den Strom nur nach seiner Richtung oder nur nach seiner Stärke zu kennen, weil der Stromeinfluß in einem Vektorparallelogramm (siehe Seite 77) nur dann Eingang finden kann, wenn sowohl seine Stärke als auch seine Richtung feststehen.
Die Stromstärke wird mit Knoten (in manchen Büchern unkorrekt auch als sm/h) und die Stromrichtung wie ein Kurs angegeben, also vollkreisig beziehungsweise nach Himmelsrichtung. Hier heißt es aufpassen: Im Gegensatz zur Windrichtung wird beim Strom immer die Richtung angegeben, in die der Strom setzt.

Südwind weht *aus* Süden, während Südstrom *nach* Süden setzt.

> ... infolge des Zuflusses auf, ...
> aus der Straße von Gibraltar und bei nördlichen Winden aus Golfe du Lion kommt.
>
> **Strömung.** Unter Cabo de la Mola und Isla del Aire läuft die Strömung fast ständig SW-wärts; sie besitzt bei Cabo de la Mola vermutlich eine Geschwindigkeit von etwa 1 sm/h. Bei Nord- bis SO-Winden ist sie bedeutend stärker. Bei starken SW-lichen Winden setzt die Strömung jedoch NO-wärts.
>
> **Canal de Menorca,** die Durchfahrt zwischen Isla de Menorca und ... Mallorca, ist an ihrer engsten Stelle ... und

Die Angaben in den Seehandbüchern über den Strom sind in der Regel recht vage.

Zur Feststellung des Stromes gibt es fünf Möglichkeiten:

1. Der Strom wird nach Richtung und Stärke aus den Seehandbüchern entnommen. Meistens sind die Angaben dort sehr vage und beziehen sich entweder auf die vorherrschenden Windverhältnisse oder die Gezeitenverhältnisse. In Tidengewässern ist also das Vorhandensein einer Gezeitentafel erforderlich.
2. Oftmals ist Strom in Seekarten mit Pfeilen angegeben. Auch hier muß meistens das Seehandbuch herangezogen werden. Finden sich in einer Seekarte keine derartigen Strompfeile, so kann davon ausgegangen werden, daß unter „normalen" Umständen dort auch kein Strom steht, es sei denn, das Schiff befindet sich in einem ausgesprochen tiefen Gewässer, wo immer mit Strom zu rechnen ist.
3. Unter günstigen Umständen kann der Strom aufgrund seines Erscheinungsbildes geschätzt werden. Hierzu kommen fast ausschließlich schwimmende, jedoch fest verankerte Gegenstände in Frage. Am einfachsten ist die Feststellung des Stromes, wenn die Yacht an einer Muring hängt. Der eingeschaltete Speedometer gibt direkt die Stromstärke an, wäh-

Jeder schwimmende und verankerte Gegenstand eignet sich, die Richtung des Stromes festzustellen.

Je nach Tonnenform ist das „Kielwasser“ mehr oder weniger verwirbelt: Strom 1 kn.

Die Länge des „Kielwassers“ gibt bei ruhiger See ganz guten Aufschluß über die Stärke des Stromes: ca. 1,5 kn.

rend an der Kielrichtung bei Strom ab 0,5 kn und nicht zu starkem Wind immer die Stromrichtung zu ermitteln ist. Mit *großer* Erfahrung läßt sich Strom nach Stärke und Richtung auch beim Passieren von Tonnen feststellen. Zumindest sind Tonnen und sonstige schwimmende Seezeichen ein guter Indikator dafür, ob jene Stromverhältnisse tatsächlich noch vorherrschen, mit denen der Navigator zur Zeit arbeitet.

4. In ausgesprochenen Gezeitengewässern wird der Strom nach Richtung und Stärke dem Stromatlas entnommen. Dieser kann meistens nur im Zusammenhang mit einer Gezeitentafel verwendet werden, weil sich die Angaben zum Strom immer auf bestimmte Gezeitenverhältnisse eines markanten Ortes beziehen, für den als Bezugsort die Hoch- und Niedrigwasserzeiten in der Gezeitentafel verzeichnet sind (siehe Abbildung Seite 93). Auf einigen Seekarten, die speziell für die Sportschiffahrt herausgegeben werden, ist der Stromatlas in Auszügen für das betreffende Seegebiet bereits eingedruckt. Für die englischen Gewässer und die Deutsche Bucht sind die Stromatlanten auch in Reed's Nautical Almanac enthalten. Doch Achtung: In den neuesten Ausgaben wird der Strom nicht mehr in Knoten, sondern in Zehntelknoten angegeben – ein bemerkenswerter englischer Beitrag zum Dezimalsystem! 22,04 sind also keinesfalls 22, sondern 2,2 kn Strom.
5. Nachdem sich der Strom nach Richtung und Stärke im allgemeinen laufend ändert, wird dringend empfohlen, möglichst oft eine genaue Positionsbestimmung durchzuführen. Falls diese Möglichkeit besteht, ergibt sich aus dem zeichnerischen Vergleich des Koppelortes und des tatsächlichen Schiffsortes unmittelbar die Stromversetzung. Wenn diese mit Hilfe des Kräfteparallelogramms beziehungsweise, einfacher, mit dem Stromdreieck auf eine Versetzung/Stunde reduziert wird, kann der Strom nach Stärke und Richtung unmittelbar aus der Zeichnung herausgelesen werden. Doch Achtung: Es handelt sich immer um den Strom, der gerade geherrscht hat. Wie hoch die Wahrscheinlichkeit ist, daß er auch für die nächsten Meilen gilt, muß der Navigator unter Berücksichtigung der jeweiligen Verhältnisse von Fall zu Fall entscheiden.

Bei der zeichnerischen Ermittlung des Stromes gehe man in folgenden Schritten vor:

1. Es wird der Koppelort gezeichnet. Hierzu wird (wie auf Seite 89) der gesteuerte Kompaßkurs in den Kurs über Grund umgewandelt, wo selbstverständlich eine Beschickung für Strom nicht vorgenommen wird. Anschließend wird dieser Kurs durch den Abfahrtsort auf der Karte eingezeichnet, und auf diesem Kurs werden die zurückgelegten Seemeilen ab-

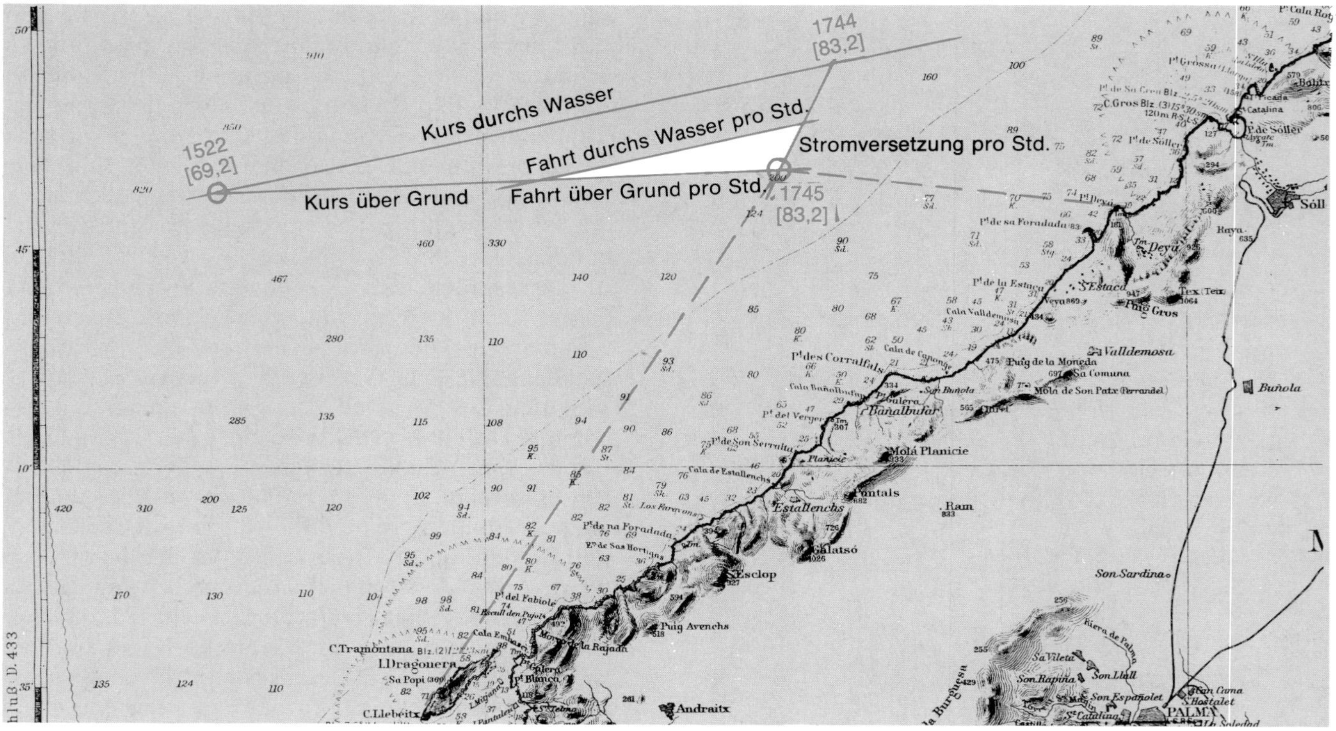

Will der Rudergänger den Kurs durchs Wasser erfahren, den er bei bekanntem Strom und zu erwartender Geschwindigkeit laufen möchte, zeichnet er am festen Schiffsort ein neues Stundendreieck und kann daraus den Kurs durchs Wasser herausmessen, den er wie einen Kurs über Grund in den Kompaßkurs verwandelt.

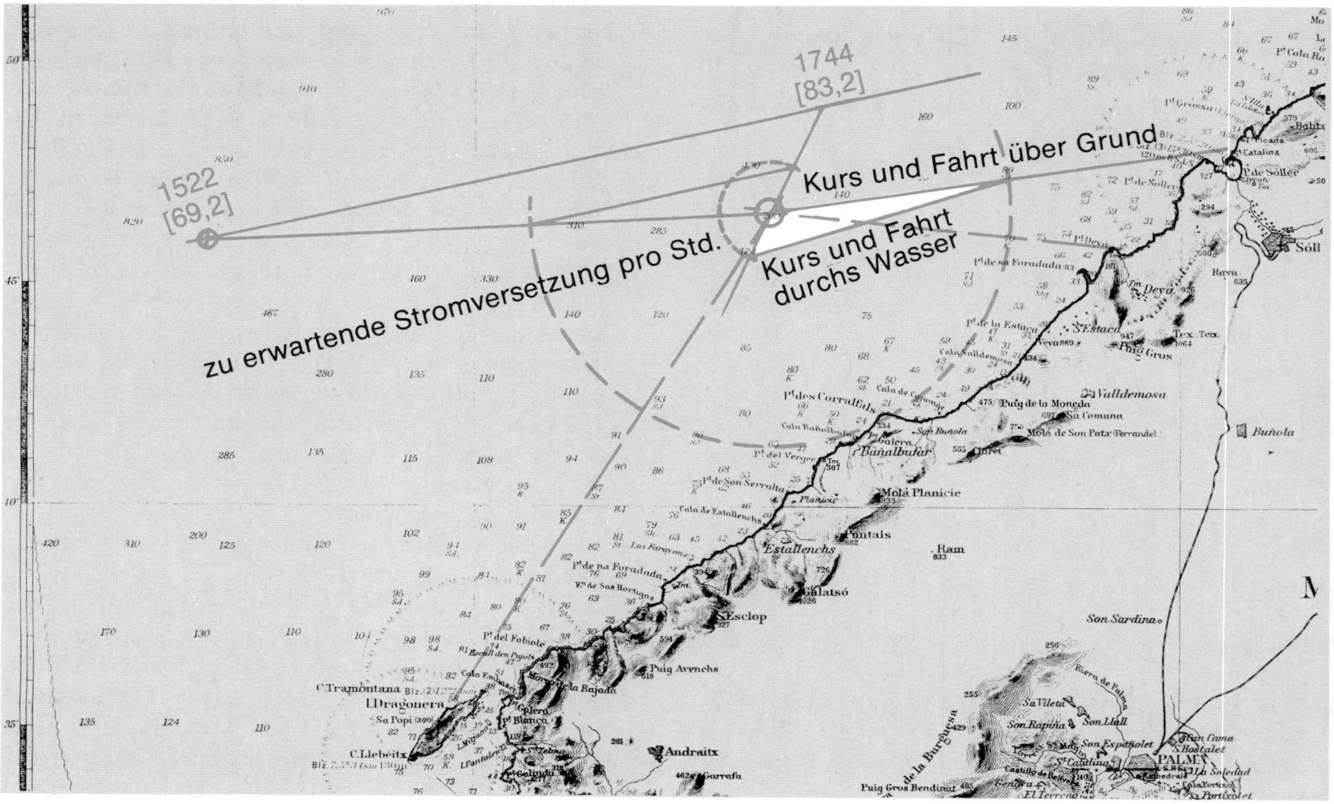

getragen, die der Navigator vom Log abliest oder aufgrund der Geschwindigkeit durchs Wasser ermittelt.
2. Der Schiffsort wird mit Hilfe von zwei oder mehreren Standlinien ermittelt.
3. Die Verbindungslinie zwischen dem Koppelort und der genauen Schiffsposition ergibt unmittelbar die Stromrichtung und -stärke (siehe Abbildung Seite 92 oben). Hierbei ist zu beachten, daß sich die Länge der Besteckversetzung (Seemeilen) auf die gesamte Zeit zwischen Abfahrtszeit und Schiffsortbestimmung bezieht.
4. Mit einer einfachen Umrechnung der Strecke durchs Wasser (auf dem Koppelkurs) in die Stundengeschwindigkeit durchs Wasser wird das ursprüngliche Stromdreieck zum Stundendreieck reduziert, so daß die Stromstärke – also wirklich bezogen auf eine Stunde – unmittelbar aus der Zeichnung herausgemessen werden kann.

Welcher Kurs über Grund führt bei bekanntem Stromeinfluß zum Ziel?

Auch diese Aufgabe wird am besten zeichnerisch gelöst. Die Antwort ergibt sich wiederum aus dem Stromdreieck, besser gesagt, aus dem Stundendreieck.
Man gehe folgendermaßen vor (siehe Seite 92 unten):
1. Vom bekannten Schiffsort wird zum Zielort der Kurs über Grund eingetragen.
2. Im Schiffsort wird der Strom nach Richtung und Stärke (auf die Stunde bezogen!) eingezeichnet und am Ende der Stromlinie, also nicht im Schiffsort, der Zirkel eingestochen.
3. In den Zirkel wird die Fahrt durchs Wasser (auf die Stunde bezogen!) genommen. Dorthin, wo der Zirkel den Kurs über Grund schneidet, wird vom Ende der Stromlinie der Kurs durchs Wasser gezogen.

Um schließlich zum Kompaßkurs zu kommen, wird der Kurs durchs Wasser nach dem Kursverwandlungsschema in den Kompaßkurs umgerechnet.
Es ist übrigens nicht unbedingt notwendig, immer ein Stundendreieck zu zeichnen. Manchmal kann es aus Gründen der Genauigkeit oder des Platzbedarfs auf der Seekarte zweckdienlich sein, die Seiten des Stromdreiecks auf andere Zeiteinheiten zu beziehen, also beispielsweise auf eine halbe Stunde oder auf zwei und mehr Stunden. Dies ist ohne weiteres möglich. Wichtig ist nur, daß bei allen Seiten des Stromdreiecks dieselbe Zeiteinheit zugrunde gelegt wird.
Achtung: Die Schwäche jeder Stromnavigation liegt darin, daß der Navigator den Strom niemals exakt bestimmen kann. Er ist immer auf irgendwelche empirischen Werte angewiesen, oder aber er verwendet den Strom, den er für die *vergangene* Zeit festgestellt hat. Dies ist eine Gegebenheit, die in der Praxis nicht die Regel ist. Strom kann sich sehr schnell durch die Gezeitenverhältnisse, aber auch durch Wind und Seegang ändern.

Jede Koppelei mit Stromeinfluß ist riskant und sollte nur dann vorgenommen werden, wenn es keine andere Möglichkeit der genauen Schiffsortbestimmung gibt.

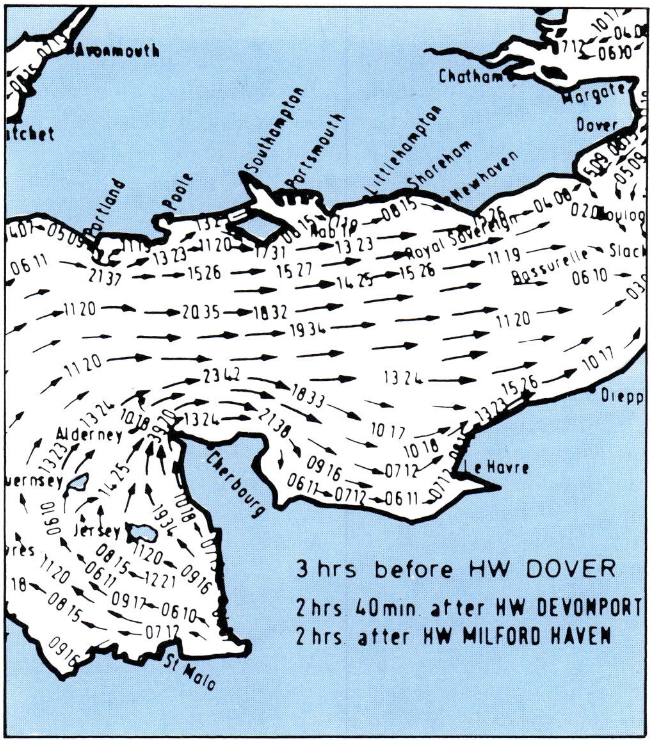

Englischer Kanal – Stromverhältnisse drei Stunden vor Hochwasser Dover (Gezeitentafel!)

Standlinie aus zurückgelegter Strecke

Die zurückgelegte Entfernung von einem Punkt aus ergibt einen Kreis als Standlinie.
Die zurückgelegte Strecke läßt sich auf fünf Arten feststellen:

1. durch Vergleich des Logstandes zum Abfahrtszeitpunkt und des derzeitigen Logstandes,
2. durch Berechnung der Entfernung aus der Durchschnittsgeschwindigkeit (Speedometer),
3. durch Meilenfahrten,
4. durch Relingslog,
5. durch Schätzung.

Mechanische Meßinstrumente

Das Log entspricht dem Kilometerzähler und das Speedometer dem Tachometer im Auto. Das Log zeigt also die zurückgelegte Strecke und das Speedometer die Geschwindigkeit an. Es wird jeweils nur die Geschwindigkeit beziehungsweise die Strecke gegenüber dem vorbeiströmenden Wasser gemessen. Die einfachste Methode für diesen Vorgang ist ein Impeller, der sich im Wasserstrom dreht. Jeder kennt diese Art der Messung von dem kleinen Rädchen her, das an der Tankstelle die Menge des vorbeifließenden Benzins mißt. Die Drehung des Impellers wird über eine flexible Achse (bei den alten Schlepplogs ist es sogar nur eine Leine) auf ein einfaches Zählwerk übertragen, das so die zurückgelegte Wegstrecke durchs Wasser (!) mitzählt.

Eine andere, nicht sehr häufige Methode ist die Messung des Wasserdrucks auf einem Fühler, der natürlich bei steigender Geschwindigkeit mehr oder weniger stark umgelegt wird. In diesem Fall läßt sich nur die Geschwindigkeit unmittelbar messen; die zurückgelegte Wegstrecke muß dann noch elektronisch oder durch eine einfache Rechnung ermittelt werden. Darüber hinaus gibt es Speedometer, die nach dem Prinzip des Dopplereffekts arbeiten. Diese Instrumente verschwinden jedoch langsam wieder vom Markt, weil sie die an sie gestellten Anforderungen bezüglich ihrer Meßgenauigkeit bei weitem nicht erfüllen. Das ist verwunderlich, denn gerade in der Berufsschiffahrt sind es die Dopplerspeedometer, die zu den genauesten Ergebnissen führen und deshalb besonders auf großen Schiffen (zum Beispiel Tankern) eingesetzt werden. Allerdings sind letztere technisch ungleich aufwendiger und entsprechend teurer als jene, die in der Sportschiffahrt verwendet werden.

Die Genauigkeit der verschiedenen Instrumente hängt in erster Linie von der Einbauörtlichkeit und erst in zweiter Linie von der Bauart ab.

Recht preiswert sind Logs, deren Geber über eine biegsame Welle mit dem Anzeigeinstrument verbunden ist.

Elektronische Logs

Eine ganz neue Ära ist vor ca. 20 Jahren mit den elektronischen Meßgeräten aufgekommen, bei denen der Impeller nicht mehr über eine mechanische Welle mit dem Anzeigegerät verbunden ist. Die Übertragung erfolgt über einen kleinen Magneten, der in das Kunststoffrädchen eingegossen ist und beim Vorbeidrehen an einer Feder jeweils einen Kontakt öffnet oder schließt; ein elektronisches Zählwerk registriert diese Impulse. So kann im Schiff die „Menge des vorbeigeflossenen Wassers“ beziehungsweise die Wegstrecke zur Anzeige gebracht werden.

Es ist elektronisch sehr einfach, die Anzahl der Impulse gleichzeitig für eine Geschwindigkeitsanzeige zu verarbeiten, so daß der Navigator auch die Knoten ablesen kann. Der Vorteil bei diesen elektronischen Logs ist, daß der Geber – eben jenes kleine Kunststoffrädchen – sehr klein gehalten werden kann, so daß ein solcher Geschwindigkeitsmesser keinen Einfluß auf die Geschwindigkeit der Yacht hat. Die Genauigkeit ist natürlich je nach Fabrikat (und leider auch nach Preis) verschieden, doch kann generell gesagt werden, daß die elektronischen Logs den mechanischen überlegen sind.

Schlepplog

Über mehr als hundert Jahre hinweg haben sich die guten alten Schlepplogs bewährt. Das Prinzip ist das gleiche wie bei den modernen elektronischen Logs, doch wird der Propeller an einer langen Leine im Wasser nachgeschleppt und die Drehung des Propellers mit Hilfe der Schleppleine auf ein Anzeigeinstrument übertragen. Es gibt heute bereits Schlepplogs, die im Gegensatz zu früher die Geschwindigkeit auch direkt anzeigen. Bei den älteren Modellen wurde in der Anzeigeuhr eine bestimmte Anzahl von Umdrehungen abgezählt und die Zeit gestoppt. Mit einem Blick konnte man dann jeweils aus einer Tabelle die jeweilige Geschwindigkeit ablesen. Die Vorteile des Schlepplogs sind die einfache Montage (keine Borddurchbrüche) und der stromlose Betrieb. Auch im Anschaffungspreis liegen diese Logs (beispielsweise jene der englischen Firma Walker) oftmals weit unter dem von elektronischen Geschwindigkeitsmessern.

Eine solche Logge scheint veraltert. Aber tatsächlich haben so ein Instrument viele Blauwassersegler auch heute noch dabei. Man weiß nie! Jedenfalls erspart diese Logge vielleicht das Tauchen unterwegs, wenn der Geber der elektronischen Logge verkrautet ist.

Ein Nachteil von Schlepplogs aber sei nicht verschwiegen: Oftmals vergißt die Mannschaft, beim Einlaufen in den Hafen den nachgeschleppten Propeller einzuholen, so daß er dann bei langsamer Geschwindigkeit absinkt und schließlich abreißt. Ein weiterer Nachteil ist die Tatsache, daß Schlepplogs bei Geschwindigkeiten unter 2,5 kn nicht richtig anzeigen.
Bei Weltumseglern kommt es – wenn auch selten – vor, daß ihr nachgeschleppter Propeller einen unwiderstehlichen Anreiz auf Raubfische ausübt, die ihn unter Umständen abbeißen. Der Autor hat dies allerdings über 30 000 sm noch nicht erlebt. Ein probates Mittel gegen diesen Biß weiß der schwedische Einhand-Weltumsegler Ulf Petersen, der empfiehlt, den letzten Meter der Schleppleine vor dem Propeller in Epoxidharz zu tauchen, so daß sie an dieser Stelle steinhart wird. Dies soll den gierigen Fisch dazu verleiten, den Propeller wieder auszuspucken, ohne die Leine durchzubeißen.
Wahrscheinlich aber ist der Verlust so manchen Propellers auf mangelnde Kontrolle der Schleppleine zurückzuführen. An der Stelle, wo sie in den Propeller mündet, ist die Gefahr des Schamfilens besonders groß, so daß sie von Zeit zu Zeit um einige Zentimeter verkürzt und erneuert werden sollte, damit das Durchscheuern verhindert wird.
Ein Hinweis für das Einholen des Propellers und der Leine: Niemals die Schleppleine am Anzeigegerät aushängen und sie dann vom Verbindungshaken her aufschießen. Durch die Törns in der Leine wird eine üble Wuling entstehen. Einfacher geht es, wenn die Leine ausgehängt und über Hand eingeholt wird, während der Tampen mit dem Haken im Wasser achteraus gebracht

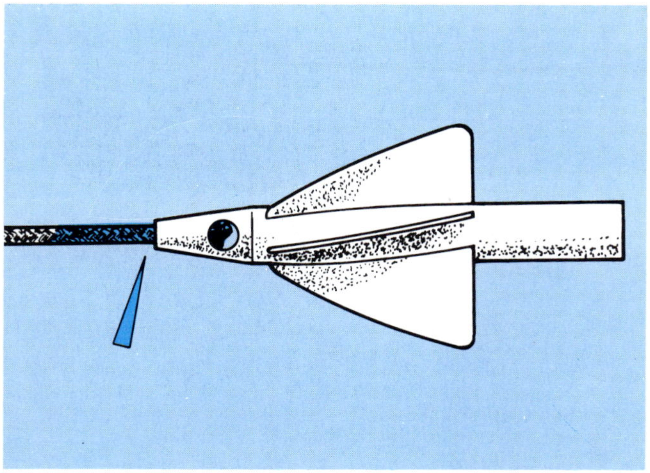

Beim Schlepplogpropeller muß von Zeit zu Zeit nachgeprüft werden, ob nicht die Gefahr des Schamfilens besteht.

wird. Hat man den Propeller dann in der Hand, ist die nachgeschleppte Leine, die sich ja nun nicht mehr dreht, in kurzer Zeit enttörnt, und man kann sie in Ruhe aufschießen.

Logs arbeiten nicht genau

Auch wenn ein Log beispielsweise digital eine Geschwindigkeit oder eine Entfernung auf mehrere Stellen hinter dem Komma anzeigt, so hat dies keinerlei Bedeutung für die Genauigkeit des Instruments. Leider neigen wir im Zeitalter des Mikroprozessors, der Digitalanzeige und des Quarzes dazu, aufgrund der schönen Anzeigen allein schon an größere Genauigkeiten zu glauben. Dem ist aber keineswegs so. Man muß davon ausgehen, daß auch teure elektronische Geräte unter Umständen bis zu 20% falsch anzeigen können, während die Spitzeninstrumente, die allerdings auch entsprechend teuer sind, die Geschwindigkeit des vorbeiströmenden Wassers bis auf 0,5% genau messen. Die Betonung liegt hier tatsächlich auf Geschwindigkeit des *vorbeiströmenden Wassers*. Diese braucht nicht unbedingt identisch mit der tatsächlichen Geschwindigkeit des Bootes zu sein. Wie jeder Yachtkonstrukteur bestätigen wird, kann aufgrund von Wirbelbildung am Unterwasserschiff das vorbeiströmende Wasser eine ganz andere Geschwindigkeit haben als das Boot selbst. Das Problematische hierbei ist, daß die Geschwindigkeit des vorbeiströmenden Wassers je nach Anbringung des Fühlers für das Log höchst verschieden sein kann. Die Genauigkeit eines Speedometers oder eines Logs hängt also auch ganz entscheidend davon ab, an welcher Stelle am Unterwasserschiff der Fühler montiert ist.
Die meisten Logs haben eine Vorrichtung, um das Gerät innerhalb bestimmter Grenzen den Strömungsverhältnissen am Unterwasserschiff anzugleichen. Man wird hierzu eine sogenannte Meilenfahrt unternehmen, bei der die Yacht bei einer bestimmten Geschwindigkeit eine Meßstrecke zwischen zwei Markierungsbojen abfährt (meistens eine Meile). Zweckmäßigerweise wird man die Strecke bei gleicher Geschwindigkeit in beiden Richtungen zurücklegen, um eventuelle Einflüsse durch Strom kleinzuhalten, eine Methode, die nur bei sehr wenig Strom funktioniert. Man kann sich zu diesem Zweck bei ruhigem Wasser irgendwelcher Tonnen bedienen, wenn sich deren Position in der Karte eindeutig identifizieren läßt. Die Geschwindigkeit ist dann mit dem Elektronenrechner in einer einfachen Formel zu berechnen:

$$\text{Geschwindigkeit in Knoten} = \frac{\text{Strecke in Seemeilen} \times 3600}{\text{Sekunden}}$$

Nur wenige Yachteigner werden die Geduld aufbringen, solche Meilenfahrten sorgfältig durchzuführen. Wenn die Geschwindigkeit – was wahrscheinlich ist – mit der

angezeigten Geschwindigkeit nicht übereinstimmt, so muß man sie nämlich des öfteren durchführen, bis eine einigermaßen genaue Anzeige erreicht wird.
Herb wird dann die Enttäuschung sein, wenn der Eigner die erreichte Justierung mittels einer Meilenfahrt bei einer anderen Geschwindigkeit überprüft. Mit großer Wahrscheinlichkeit wird er eine weitere Abweichung feststellen können. Der Grund dafür ist in der Tatsache zu sehen, daß die Abweichung der Wasserströmung an der Oberfläche des Unterwasserschiffes von der Schiffsgeschwindigkeit nicht unbedingt bei jeder Geschwindigkeit gleich ist.
Dies hängt vom Ort des Einbaus des Fühlers für das Log ab. Hierzu äußert sich der bekannte Yachtkonstrukteur Carsten Wagner:

Grobe Anordnungsfehler lassen sich sicher vermeiden, aber einen durchschlagenden Erfolg erreicht man nur mit ausfahrbaren Geräten (zum Beispiel einem Staudruckmesser), die in einer größeren Entfernung vom Schiffsrumpf messen und so die verwirbelte Zone umgehen.
Bei Einsatz von Farbanstrichversuchen im Modellschlepptank läßt sich gewiß ein verwirbelungsarmer Bereich finden, jedoch entspricht das nicht den natürlichen Bedingungen im Seegang.
Einzelne Geräte seitlich am Schiffsrumpf führen bei unterschiedlichen Anströmrichtungen unweigerlich zu falschen Ergebnissen, da Druck- und Saugseite mit ihren unterschiedlichen Geschwindigkeiten abwechselnd wirken.
Bei einem mittschiffs angeordneten Gerät außerhalb von Kiel/Schwert-Wirbeln im Vorschiffsbereich ist die Gefahr des Austauchens im Seegang sehr groß.
Bei zwei Geräten, seitlich im hinteren Drittel angeordnet, lassen sich Krängungseinflüsse und Druck/Saugseiteneffekte vermeiden, aber genaugenommen müßte es für jede Schwimmlage eine Abweichungstabelle geben, da man ein Gerät nur für *eine* Schwimmlage eichen kann.

Der Konstrukteur Horst Glacer meint hierzu:

Beim Langkieler halte ich zwei Geber, Bb und Stb, umschaltbar, für notwendig, und zwar 25 bis 30% hinter der LWL und in einem Winkel von ca. 10° vom WL-Einlauf.
Beim Kurzkieler braucht man nur einen Geber, und zwar auch ca. 25 bis 30% hinter dem WL-Einlauf in der Mitte. Es kann zu einer geringen Fehlanzeige kommen, weil am Wind durch die Abdrift schon in der Kielmitte ein Unterdruck entsteht, der eine erhöhte Strömung hervorruft. Am besten wären auch hier zwei Geber. Die genaueste Anzeige ist natürlich die des Schlepplogs.

Oberingenieur Karl Feltz hat das Problem besonders gründlich untersucht:

Speedometer müssen an stillstehendem, ruhigem Wasser messen, wenn sie richtig anzeigen sollen. Daraus folgt, daß nur noch die Grenzschichtströmung untersucht werden muß. Das sind die Laminar- und die Turbulenzschicht. Die Laminarschicht bildet sich ganz vorn am Bug, wenn die Oberfläche sehr glatt und strömungsgünstig ausgebildet ist. Diese Laminarströmung kann bei kleinen Geschwindigkeiten eine längere Strecke an der Außenhaut entlangfließen und bei höheren Geschwindigkeiten kürzere Strecken. Die Laminarströmung schlägt dann um in Turbulenz.
Diese Turbulenzschicht ist erheblich dicker als die Laminarschicht. Beide Grenzschichtströmungsarten entstehen beim Fahren, indem mit der gleichen Geschwindigkeit des Bootes eine ganz dünne Schicht mitgeführt wird. Die Schicht reibt sich dann an der anliegenden Schicht und nimmt diese mit weniger Geschwindigkeit mit.
Stellen wir uns eine Schicht nach der anderen vor, dann kommen wir weiter ab von der benetzten Außenhaut auf die Geschwindigkeit Null. Theoretisch geht diese Geschwindigkeit auf Null, das heißt, sie ist unendlich dick.
Dies ist natürlich praktisch nicht so, sondern die Geschwindigkeit ist sehr schnell auf nur noch 1% herunter. Diese Dicke können wir nach der Formel $\frac{\delta}{l} = 0{,}37 \left(\frac{v \times l}{\nu}\right)^{-\frac{1}{5}}$ berechnen.

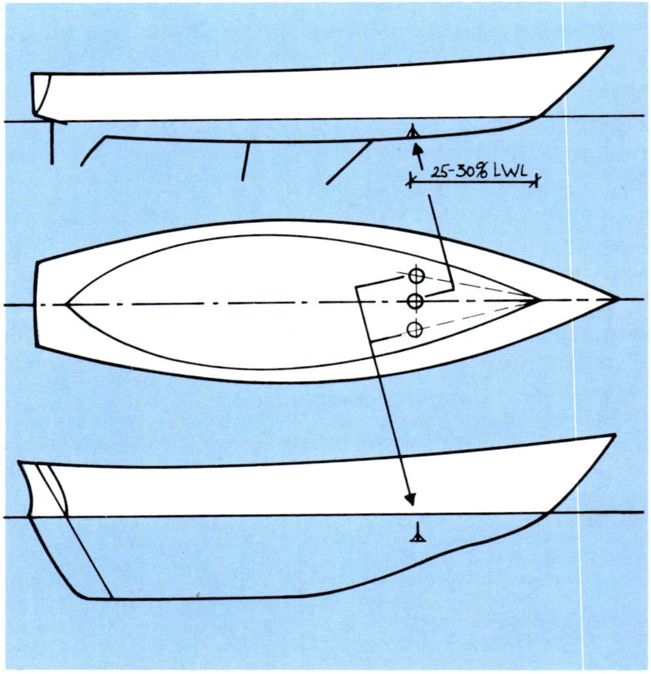

Vorschlag von Horst Glacer für den Einbau eines Logs bei einem Kurzkieler (oben) und einem Langkieler (unten)

δ = Schichtdicke für die turbulente Grenzschichtströmung
v = Geschwindigkeit des Bootes
l = Strömungslänge von vorn gemessen
ν = kinematische Zähigkeit des Wassers

Die Laminarschicht ist zwar wesentlich dünner. Am Bootsrumpf aber können wir nicht damit rechnen, weil sie sehr empfindlich ist und zum Beispiel schon gestört wird, wenn Rauhigkeiten von Staubkorngröße vorhanden sind.

Ich habe die Dicke δ der turbulenten Grenzschicht in einer Kurve aufgezeichnet, in Abhängigkeit der Länge von vorn und der jeweiligen Geschwindigkeit des Bootes für Wasser von 20 °C (siehe Abbildung Seite 98/99). Ist das Wasser kälter, wird δ merkbar dicker, ist es wärmer, wird δ merkbar dünner. Wir sehen an der Formel und an den Kurven, daß die Schicht sich nach hinten bei gleicher Geschwindigkeit stark verdickt. Würde ein Speedometer beispielsweise auf halber Länge des Bootes liegen, dann hätte das größere Boot bei gleicher Geschwindigkeit dort eine dickere mitströmende turbulente Strömung. Die Formel gilt für ebene, in Längsrichtung angeströmte Platten und wird an Strömungskörpern nicht viel anders sein.

Wir können also sagen, daß Speedometer, gleich welcher Ausführung, nur richtig anzeigen, wenn sie aus dieser Schicht herausragen und an ruhendem Wasser messen. Es besteht allenfalls eine Möglichkeit, wenn man bei einer regelmäßigen Strömung mißt. Man kann die Anzeigeskala dann entsprechend eichen.

Wenn wir einen Ort suchen, der regelmäßig gestört wird, dann bedeutet das für jedes Boot eine andere Skala oder eben ein Umrechnen nach Testfahrten.

Bei dieser Lösung sind Ablösungen von kleineren und größeren Wasservolumen aus der mitlaufenden Schicht gemeint, die sich mit Wirbeln in das umgebende ruhende Wasser einordnen wollen, und Störungen an der Außenhaut, die einen Nachstrom haben: Löcher, also zum Beispiel Rohraustritte, vorstehende Flanschen, größere Rauhigkeiten usw., denen man aus der Strömungsrichtung ausweichen kann, also nicht hinter sichtbaren Unregelmäßigkeiten. Vom Flossenkiel seitlich ca. 30 cm frei. Vor einer Kielflosse aus deren Stau heraus ca. zwei bis drei Flossendicken davor. Nicht hinter Kulminationspunkten, sondern davor. Das gilt sowohl für die dickste Stelle am Rumpf als auch für Beulen, die es ja hin und wieder noch gibt. Zu weit ins Vorschiff sollte man nicht gehen, auch wenn dort die dünnere Grenzschicht ist, denn dort wäre auch noch der Übergang von Laminarströmung in Turbulenz möglich.

Die Außenhaut soll am Ort des Speedometers schwingungsfrei sein. Man kann das mit Klopfen abfühlen, notfalls die Außenhaut absteifen. Weil die Grenzschicht vorn noch verhältnismäßig dünn ist und wir bei großer Glätte auf kurzer Länge Laminarströmung haben, weist das darauf hin, daß wir vorne eine Flosse für das Speedometer haben müssen. Dabei ist natürlich zu beachten, daß die Glätte auch stets vorhanden ist, was bei einer größeren Yacht schon schwierig ist, oder man macht die Strömung durch leichte Aufrauhung turbulent. Die abweichende Strömung bei Abdrift haben wir auch an anderen Stellen des Rumpfes: Direkt hinter einer ausgeprägten Flosse schießt das Wasser dann seitlich heraus, so daß ein Speedometer nicht richtig anzeigen kann. Auch ziehen Strömungsprofile lange Wirbelstraßen hinter sich her. Denken wir aber an starken Bewuchs der Außenhaut bei längeren Fahrten, dann werden die üblichen im Handel befindlichen Geräte wohl versagen. Es müßte in diesem Falle ein teleskopartig ausfahrbares Gerät sein.

Damit ist alles gesagt. Es liegt mir fern, dem Yachteigner die Lust an seinen schönen Spielzeugen – sprich Digitalinstrumenten – zu nehmen. Aber selbst wenn er in der glücklichen Lage war, im Schiffsboden einen richtigen Platz für den Einbau seines teuren Instruments zu finden – Feltz weist mit Recht auf das Problem des Bewuchses hin. Dies mag den Segler auf den Revieren hierzulande wenig berühren, weil am Ende der Saison das Unterwasserschiff sicher noch einigermaßen sauber ist. Bei Langtörns aber – speziell in tropischen Gewässern – wird durch Bewuchs (vor allem mit den langstieligen Entenmuscheln) unter Umständen eine so große Verwirbelung erzeugt, daß die Anzeige des Logs so verfälscht wird, daß es für die Navigation ernsthaft nicht mehr in Betracht kommt. Ganz abzulehnen sind elektronische Geschwindigkeitsmesser, deren Geber vom Schiffsinnern aus nicht eingezogen werden können, um sie vom Bewuchs zu reinigen. Selbst ein einziger Grashalm, der sich im Propeller verfängt, oder winzige Algenästchen machen die Anzeige unbrauchbar.

Warnung: Der Impeller muß durch Bewuchs nicht unbedingt zum Stillstand gebracht werden; es kann durchaus sein, daß lediglich die Anzeige verfälscht wird.

Aus all diesen Überlegungen heraus ergeben sich zahlreiche Pluspunkte für das altmodische Schlepplog: Es läßt sich jederzeit kontrollieren, ob der Propeller verschmutzt ist, man kennt ziemlich genau die Ungenauigkeit von $+/-5\%$, und das Log ist vor allem recht preiswert. Wenn jemand auf einer fremden Yacht als Navigator anheuert, sollte er sich so ein Ding immer mitbringen und sich lieber auf ein Schlepplog verlassen als auf ein modernes elektronisches Log.

Relingslog

Es gibt aber noch weitere Methoden, die Geschwindigkeit einer Yacht festzustellen. Bekanntlich kann aus der Geschwindigkeit, wenn sie nur einigermaßen gleichmäßig war, für die zurückliegende Zeit auch ohne weiteres die Strecke ausgerechnet werden, die die Yacht zwischen zwei Zeitpunkten zurückgelegt hat. Die Formel hierfür lautet:

$$\text{Strecke in Seemeilen} = \frac{\text{verflossene Zeit in Minuten} \times \text{Knoten}}{60}$$

Nicht viel ungenauer als mit einem Speedometer ist die Geschwindigkeit eines Schiffes mit einer uralten Methode zu ermitteln: mit dem Relingslog.

Das Prinzip ist ganz einfach: Ein Mann am Bug wirft einen schwimmenden Gegenstand (leere, beidseitig angebohrte Bierdose, faule Eier oder ähnliches – jedoch keine Plastikflaschen) voraus ins Wasser und gibt ein akustisches Signal, wenn dieser Gegenstand auf gleicher Höhe mit ihm ist. Achtern steht der Navigator mit der Stoppuhr und mißt exakt die Zeit, bis das Meßobjekt

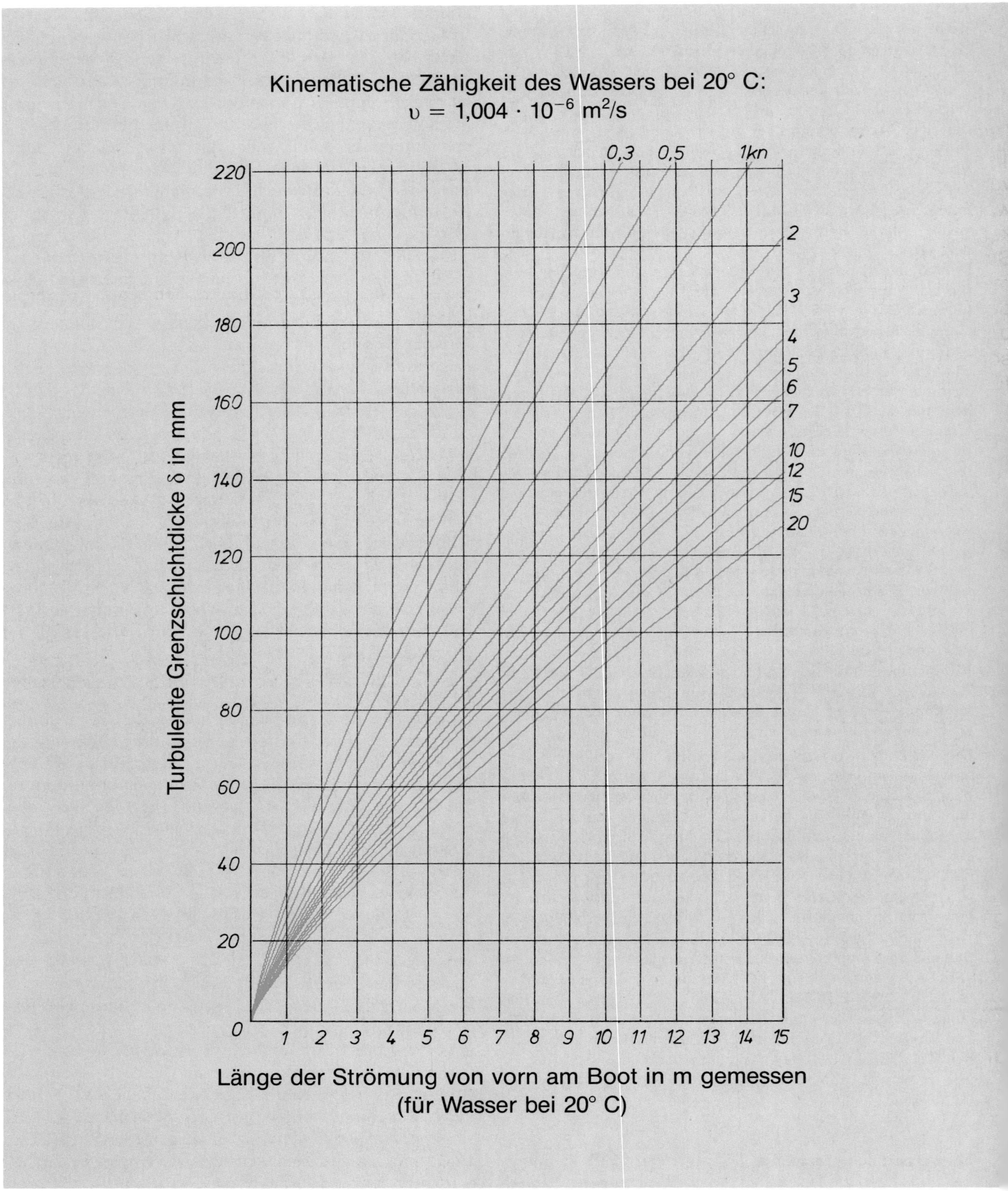
Kinematische Zähigkeit des Wassers bei 20° C:
υ = 1,004 · 10⁻⁶ m²/s
0,3
0,5
1kn
2
3
4
5
6
7
10
12
15
20
Turbulente Grenzschichtdicke δ in mm
220
200
180
160
140
120
100
80
60
40
20
0
1 2 3 4 5 6 7 8 9 10 11 12 13 14 15
Länge der Strömung von vorn am Boot in m gemessen
(für Wasser bei 20° C)

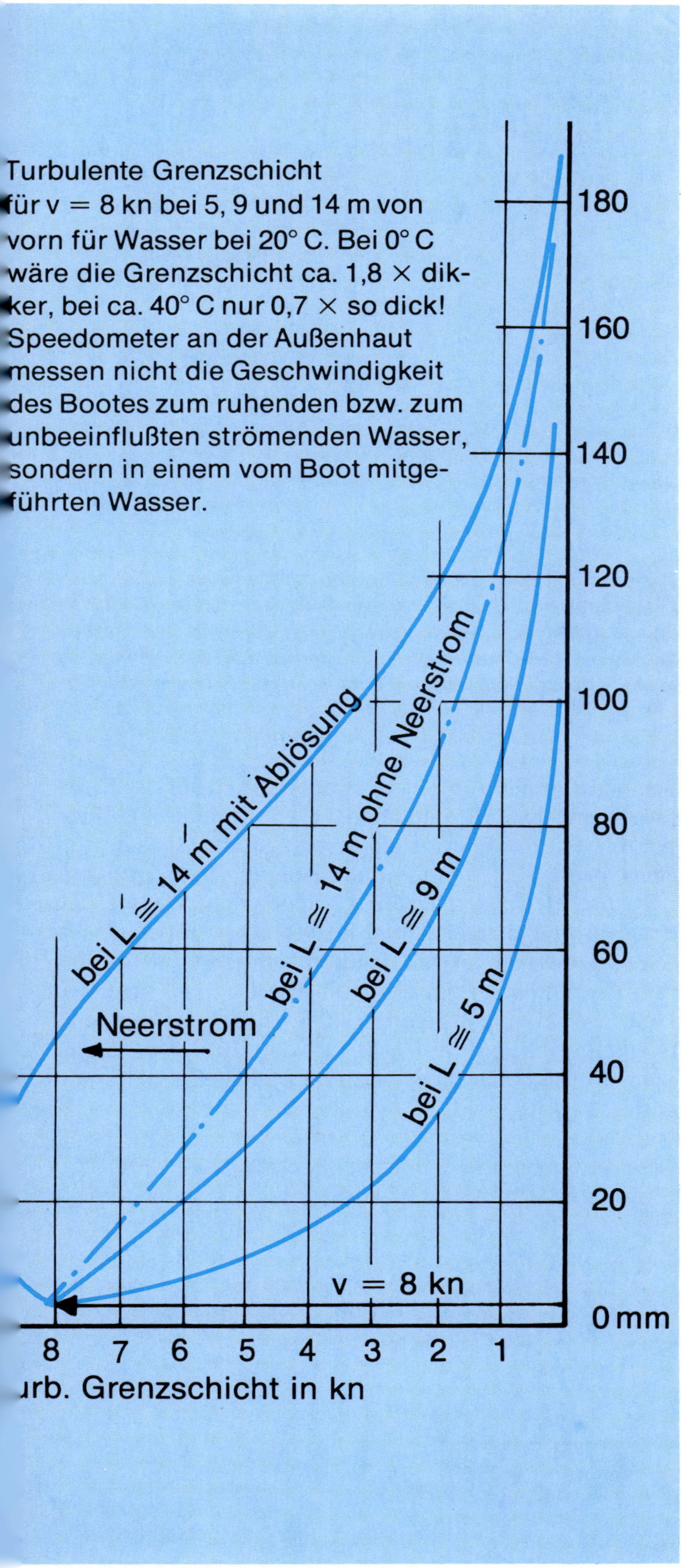

ihn passiert. Jetzt braucht er nur noch die Strecke zwischen sich und dem Mann auf dem Bug, um die Geschwindigkeit ermitteln zu können. Mit dem Elektronenrechner ist das eine Sache von Sekunden:

$$\text{Geschwindigkeit in Knoten} = \frac{\text{Meter} \times 1{,}94}{\text{Sekunden}}$$

Fast einfacher geht's im Kopf, wenn man die Meter mal zwei nimmt und durch die Sekunden teilt. Benötigt die Bierbüchse also für 10,50 m sieben Sekunden, so laufen wir mit einer Geschwindigkeit von 3 kn (im Kopf gerechnet) oder 2,91 kn per Elektronenrechner. Bei etwas Übung läßt sich sicher eine mehr als zehnprozentige Genauigkeit erzielen.

Möchte man aus der so gemessenen Geschwindigkeit schließlich die Strecke ausrechnen, die zurückgelegt wurde, so muß natürlich bedacht werden, ob die Geschwindigkeit in der vergangenen Zeit einigermaßen konstant war oder ob sie aufgrund wechselnder Windverhältnisse häufig variiert hat. Im letzteren Falle ist es am besten, möglichst oft Geschwindigkeitsmessungen vorzunehmen und jeweils in kurzen Zeitabständen die zurückgelegte Strecke zu notieren, um sie anschließend zu addieren. (Die dadurch gesteigerte Genauigkeit wird aber möglicherweise durch den hohen Bierkonsum des Navigators ziemlich beeinträchtigt . . .)

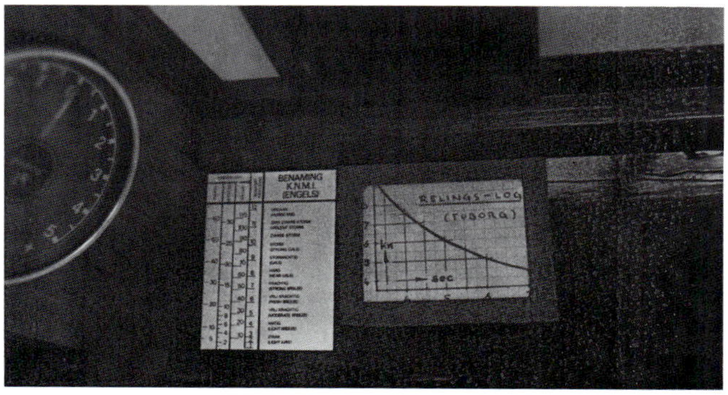

Eine patente Lösung für das Relingslog fand dieser Skipper, der mit der gestoppten Zeit nur noch in eine graphische Darstellung eingehen muß und unmittelbar die Knoten ablesen kann. Ein erfahrener Skipper übrigens, wie die Tatsache zeigt, daß seine Superyacht mit modernster Elektronik ausgerüstet ist, er aber trotzdem dem Bierdosenlog vertraut.

Schätzung der Geschwindigkeit

Als vor Jahren Elga und Ernst-Jürgen Koch auf ihrer Weltumseglung das Log ausbauten, weil es zu störanfällig war, und behaupteten, sie würden Geschwindigkeit ebensogut nach dem Geräusch des an der Bordwand vorbeiströmenden Wassers schätzen können, zog der

Autor das energisch in Zweifel. Zwischenzeitlich hat er seine Meinung geändert und ist zu dem Ergebnis gekommen, daß der Skipper auf dem eigenen Schiff in der Lage ist, bei viel Erfahrung die Geschwindigkeit des Schiffes durchaus auf +/−0,5 kn genau zu schätzen. Trotzdem werden sich dabei wohl Ungenauigkeiten von +/−15% einschleichen können, so daß diese Methode zu Navigationszwecken nur bei sehr kurzen Strecken und entsprechender Erfahrung Verwendung finden sollte.
Selbst wenn man nun aber alle diese möglichen Ungenauigkeiten in Rechnung stelle, bleibt noch ein weiterer Faktor, der die Genauigkeit einer Streckenmessung auf einer Yacht mindert, und das sind Steuerfehler. Selbst ein guter Rudergänger steuert immer eine leichte Schlangenlinie, die je nach Ausschlag nach beiden Seiten ein gutes Stück Weg mehr ausmacht als die Gerade als kürzeste Verbindung zwischen zwei Punkten. Je nach Rudergänger wird man deshalb von der gemessenen Strecke 5 bis 10% für Schlangenlinienfahren abziehen können, wenn man letztlich die zurückgelegte Strecke als Kreis ansieht, dessen Radius (Gerade!) ja die zurückgelegte Strecke ist.

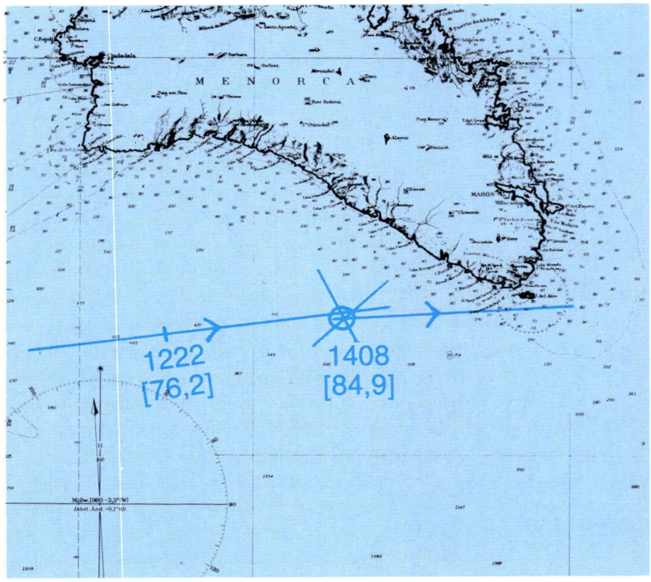

Bezeichnung eines Koppelortes in der Seekarte (1222); um 1408 dann ein Fix aus mehreren Peilungen. Es ist überflüssig und verschlechtert die Übersichtlichkeit, wenn in der Seekarte Kurs- oder Positionsangaben gemacht werden, weil sie mit Zirkel und Kursdreieck jederzeit herausgemessen werden können.

Der Koppelort

Die einfachste Art der Schiffsortbestimmung ist von alters her die Verwendung der zurückgelegten Strecke als Standlinie, die mit dem gesegelten Kurs als zweite Standlinie zum Schnittpunkt gebracht wird. Obwohl es sich von der Methodik der Navigation her um einen „Schiffsort" handelt, wird er üblicherweise nicht als solcher bezeichnet, sondern als Koppelort. Das kommt wohl von dem schlechten Gewissen, das man einem solchen „Schiffsort" seit jeher entgegenbrachte, wohlwissend um die Ungenauigkeiten, die sich auch im Zeitalter der Elektronik nicht viel gebessert haben.
Ein Koppelort wird immer in der Weise gezeichnet, daß zunächst der Kurs über Grund in die Karte als Bleistiftstrich eingetragen und anschließend erst mit Hilfe des Kartenzirkels die zurückgelegte Strecke markiert wird. Im Gegensatz zu einem genaueren Schiffsort aus anderen Standlinien, der in der Seekarte stets als Kreuz mit einem kleinen Kreis markiert wird, besteht der Koppelort lediglich aus einem kurzen Bleistiftstrich auf der Kurslinie. Aber auch beim Koppelort sollten wie beim Schiffsort unbedingt die Uhrzeit und (in eckigen Klammern) der Logstand angegeben werden, damit aus diesen Eintragungen die Reise jederzeit rekonstruiert werden kann.
Es ist unmöglich, alle möglichen gefährlichen Unsicherheitsfaktoren des Koppelortes in der Karte zeichnerisch darzustellen. Der Navigator wird eben einen solchen Schiffsort immer mit einem dünnen Strich auf der Kurslinie markieren. Er muß aber, *wenn* er mit diesem Koppelort weiternavigiert, sich unbedingt bewußt sein, welche Ungenauigkeiten in einem Koppelort stecken können. Ein Beispiel mag das verdeutlichen: Nähert sich eine Yacht bei schlechtem Wetter einer unbefeuerten Untiefe, die vom letzten sicheren Schiffsort 160 sm entfernt ist, und zeigt das elektronische Log 140 sm an, so kann es bei ungünstigem Einbau des Logs durchaus möglich sein, daß die Yacht von der Untiefe entweder noch 30 sm oder aber auch nur noch 2 oder 3 sm entfernt ist.

Der Koppelort ist immer der schlechteste Schiffsort. Mit dem Koppelort darf nur dann gerechnet werden, wenn kein besserer Ort zu erhalten ist. Wer in einem solchen Fall weiterkoppelt, ist ein schlechter Navigator, auch wenn er trotzdem ankommt. Je länger er ohne festen Schiffsort – Fix – gearbeitet hat, um so ungenauer wird die Schiffsposition.

ÜBUNGS-AUFGABE 18

Am 12.8.1983 befindet sich die KAIROS auf genau 39°05′N und 3°01′E. Sie möchte die Insel Del Aire anlaufen. Um 1412 werden auf dem Log 22,9 abgelesen. Wie lautet der Kurs über Grund?

ÜBUNGS-AUFGABE 19

Wie ist der Kompaßkurs, wenn wegen des starken Nordwestwindes mit einer Abdrift von 12° gerechnet wird?

ÜBUNGS-AUFGABE 20

Um 1714 zeigt das Log 39,8. Wie hoch war die Durchschnittsgeschwindigkeit bis dorthin?

ÜBUNGS-AUFGABE 21

Wo liegt der Koppelort?

ÜBUNGS-AUFGABE 22

Durch mehrere Peilungen wird der Schiffsort kurz darauf mit 39°09,5′N und 3°18,2′E festgestellt. Um wie viele Seemeilen ist die KAIROS versetzt worden?

ÜBUNGS-AUFGABE 23

Welche Richtung hat der Strom, wenn davon ausgegangen wird, daß die Versetzung allein auf den Strom zurückzuführen ist?

ÜBUNGS-AUFGABE 24

Wie lautet der tatsächliche Kurs über Grund?

ÜBUNGS-AUFGABE 25

Wie stark ist der Strom in Knoten?

ÜBUNGS-AUFGABE 26

Wie war die Geschwindigkeit der KAIROS über Grund (zeichnerisch lösen)?

ÜBUNGS-AUFGABE 27

Wie lautet jetzt der Kompaßkurs zur Insel Del Air, wenn mit gleichbleibendem Strom, Abdrift und Geschwindigkeit durchs Wasser gerechnet wird?

ÜBUNGS-AUFGABE 28

Mit welcher Geschwindigkeit über Grund ist zu rechnen?

ÜBUNGS-AUFGABE 29

Wo liegt der Koppelort, wenn das Log 60,2 anzeigt und die Geschwindigkeit unverändert war?

ÜBUNGS-AUFGABE 30

Wie viele Seemeilen sind es noch bis zur Punta de Mahón?

Terrestrische Standlinien

Identifizierung von Landmarken

Der Segler, der sich immer in seinem Heimatrevier aufhält, macht sich selten darüber Gedanken, daß die Navigation nach Landsicht eigentlich bei der Identifizierung der Peilobjekte beginnt. Für ihn ist es selbstverständlich, daß der Kirchturm recht voraus eben die Kirche von A-Dorf ist und der Leuchtturm an Steuerbord eben an der westlichen Mole seines Heimathafens steht. Nachts braucht er gar nicht mehr ins Leuchtfeuerverzeichnis zu sehen, weil er „seine" Feuer ohnehin kennt. Ganz anders ist es, wenn ein Navigator in ungewohnten Gewässern schippert. Dann wird er plötzlich feststellen, daß er zwar von einer riesigen Anzahl von auffälligen Punkten in Küstennähe umgeben ist, zunächst aber gar nicht mit der Standortbestimmung beginnen kann. Auch wenn es ihm ohne weiteres möglich ist, Peilungen zu nehmen, die sich sogar in einem sehr günstigen Schnittwinkel schneiden würden, so helfen ihm diese Standlinien doch nicht weiter, weil er sie ja nicht in die Karte einzeichnen kann. Und selbst wenn er eine Landmarke zufällig erkennen würde, so könnte er nur dann eine Standlinie erhalten, wenn die Landmarke auch in der Karte verzeichnet ist. Das wird bei auffälligen Objekten häufig der Fall sein, ist aber nicht immer so. Denken wir beispielsweise nur an ein alles überragendes Hochhaus, das eben nicht in der Karte eingezeichnet ist und dazu noch das „auffällige rote Kirchlein" verdeckt, das im Seehandbuch als bemerkenswert verzeichnet ist.
In den Gewässern von Ost- und Nordsee wird der Skipper nur sehr selten Schwierigkeiten haben, geeignete Peilobjekte zu finden, es sei denn, die Sicht ist wesentlich beeinträchtigt. Ganz anders aber ist es bereits im Mittelmeer, wo beispielsweise mit dem Standort beschriftete Tonnen fast völlig fehlen. Und noch schlimmer wird es in entlegeneren Gebieten, wo künstliche

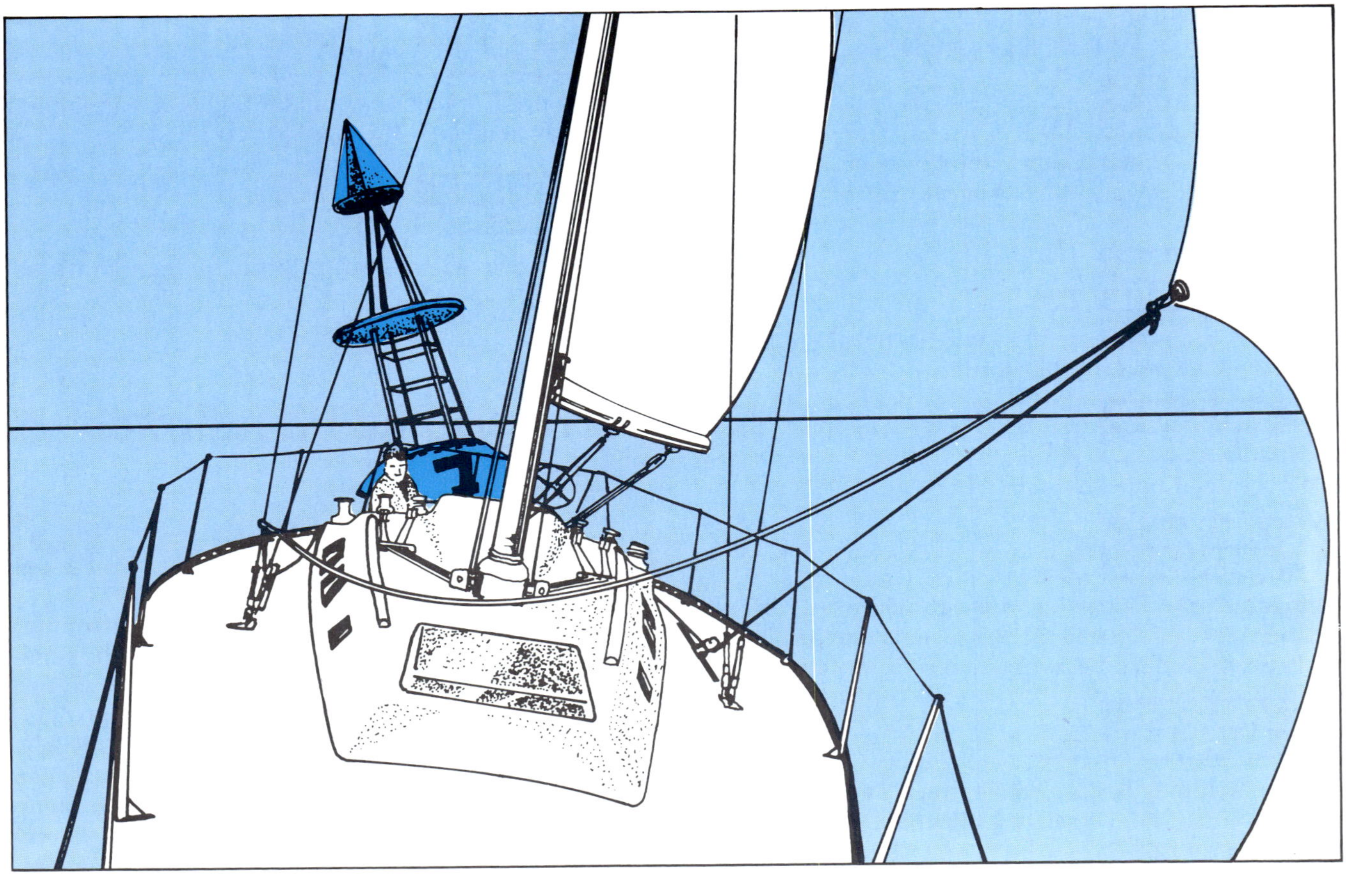

Nach Passieren einer Tonne behalte man sie im Auge, um eine eventuelle Versetzung (Abdrift oder Strom) feststellen zu können.

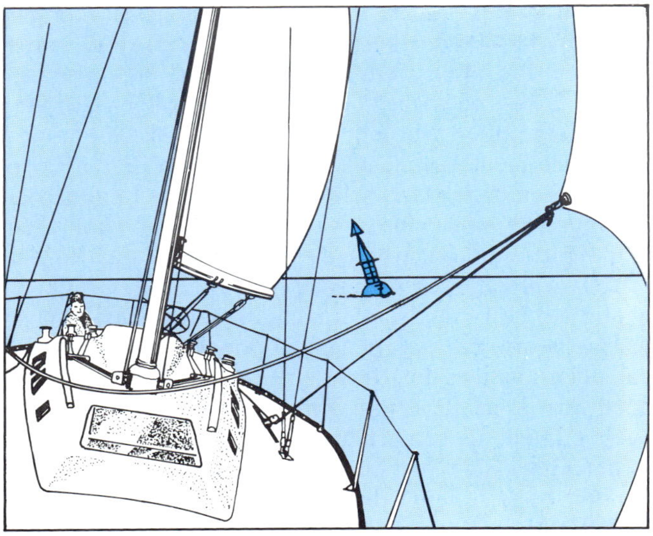

Navigationshilfen praktisch unbekannt sind. Dort wird sich der Navigator mit Navigationsmarken behelfen müssen, die die Natur geschaffen hat. Davon sind genügend vorhanden, doch besteht die Schwierigkeit darin, sie zu identifizieren.

Die Identifizierung von Landmarken bei Nacht

Es gibt eine ganze Reihe von Navigatoren, die lieber nachts als am Tage schippern, weil nachts die Peilobjekte meistens eindeutig ausgemacht werden können. Leuchtfeuer haben eine Kennung, die sich mit der Stoppuhr zweifelsfrei feststellen läßt. Wenn auch selten Feuer mit einer ähnlichen Kennung nahe beieinanderliegen, so kommt es doch schon hin und wieder vor, daß man das falsche erwischt.

Schwierigkeiten gibt es meistens bei Leuchtfeuern in der Nähe von großen – hell beleuchteten – Städten. Es ist manchmal unglaublich, wie so ein starkes Leuchtfeuer von gewöhnlichen Straßen- und Reklamebeleuchtungen regelrecht „zugedeckt“ werden kann. Jeder erfahrene Skipper kennt dieses stundenlange Absuchen der Küste mit dem Fernglas nach dem entsprechenden Feuer, das endlich Klarheit über den Schiffsort bringen würde. Dabei ist es mit weißen Lichtern noch relativ einfach, wohingegen rote oder grüne Feuer bei ungünstiger Richtung sich kaum noch von „Coca Cola" oder „Palcolor" abheben. Gute Peilobjekte stellen in der Nacht oftmals Flughafenlichter dar, die am Widerschein am Himmel erkannt werden können. Sie sind aber nur mit Vorsicht zu gebrauchen, weil ihre Position möglicherweise nicht exakt dem in der Seekarte eingezeichneten Flugplatz entspricht.

Die Identifizierung von Landmarken bei Tage

Tonnen

Zwar nicht im wörtlichen Sinne Landmarken, sind Tonnen doch immerhin von Menschenhand geschaffene Navigationshilfen. Der große Vorteil von Tonnen für die Navigation liegt darin, daß sie meist fix und fertige Standorte geben, eine Rarität in der Navigation. Man scheue sich nie, in die Nähe der Tonne zu segeln und sie mit Hilfe ihrer Aufschrift in der Seekarte zu identifizieren. Aber Vorsicht, meist muß man mit der Yacht ziemlich nahe ran: Tonnen dürfen nicht unterschätzt werden; es sind Metallgebilde, die von weither recht harmlos aussehen. Eine Kollision mit diesen bis zu zehn Tonnen schweren Kolossen kann jedoch arg ins Auge gehen.
Nach Passieren einer Tonne behalte man sie im Auge, weil sie aus größerer Entfernung zwar noch zu erkennen, aber nicht mehr zu identifizieren ist.
Für die Navigation ist es indessen immer gut, über weitere „Fixpunkte" in der Landschaft zu verfügen. Eine Tonne achteraus gibt im übrigen bei einigermaßen gleichmäßig gehaltenem Kurs Aufschluß über die gerade herrschende Versetzung – sei sie auf Abdrift oder auf Strom zurückzuführen (siehe Abbildungen Seite 102).

Leuchtfeuer

Leuchtfeuer sind am Tage recht geeignete Peilobjekte, weil sie mit Hilfe der Beschreibung im Leuchtfeuerverzeichnis gut identifiziert werden können. Einige Navigatoren glauben, ohne Leuchtfeuerverzeichnis auskommen zu können, weil ja in der Karte ohnehin meist die Kennung des Leuchtfeuers angegeben ist. Sie begeben sich damit der Chance, einen Leuchtturm oder ein sonstiges Feuer untertags mit Hilfe der Beschreibung im Leuchtfeuerverzeichnis zu identifizieren.

Bauwerke

Bei Bauwerken ist Vorsicht geboten. Meist sind sie als auffällige Punkte in der Karte eingetragen (beispielsweise Tm. = Turm), doch entstehen sehr leicht Schwierigkeiten, wenn ein solches Bauwerk in seiner Umgebung nicht einzigartig ist. Man soll unbedingt nach weiteren auffälligen Punkten in der Landschaft suchen, um ein solches Bauwerk zweifelsfrei identifizieren zu können. Probepeilungen mit dem Peilkompaß, ob alles so recht „zusammenpaßt", sind auf jeden Fall angebracht, bevor man die Landmarke als Peilmarke verwendet und sich bei der Schiffsortbestimmung fest darauf verläßt.
Vielfach ist es eine Hilfe, wenn man bei der Identifizierung einer Peilmarke an Land auf die Höhe achtet. Steht das große Gebäude, das in der Karte als Hotel angegeben ist, auch tatsächlich auf dem Hügel in 113 m Höhe? Manchmal hilft auch die Prüfung weiter, wieweit eine Peilmarke sich landeinwärts befindet. Das läßt sich von See aus nicht ohne weiteres feststellen, es sei denn, wir haben beispielsweise einen Felsen im Vordergrund. Zumindest kann dann herausgefunden werden, welches von beiden Objekten das hintere und welches das vordere ist. Dies ist aber nur dann der Fall, wenn sich unsere Yacht gerade seitlich vorbeibewegt und nicht zufällig auf die beiden Peilobjekte zufährt. Blickt man nämlich nach beiden Peilobjekten, so bewegt sich das hintere scheinbar in Fahrtrichtung.

Natürliche Landmarken

Als natürliche Landmarken kommen Berge, Huks, Felsbrocken oder kleine Inseln in Frage. Es sind sicher die schwierigsten Peilobjekte, soweit es ihre Identifizierung anbetrifft. Kaum jemandem gelingt es nämlich, das Bild der Landschaft ohne weiteres mit der zweidimensionalen Seekarte in Einklang zu bringen.
Was sonst aber soll man in den vielen Gewässern, wo Tonnen weitgehend unbekannt sind (beispielsweise Mittelmeer), als Peilhilfen verwenden? Hier muß der Skipper besonders vorsichtig sein, gleichgültig, ob er diesiges Wetter oder ausnahmsweise beste Sicht hat.
Dann sind Landmassen schon von weitem auszumachen. Man sollte die Karte jedoch sehr genau studieren, bevor die „Kante" einer solchen Huk zu einer Peilung

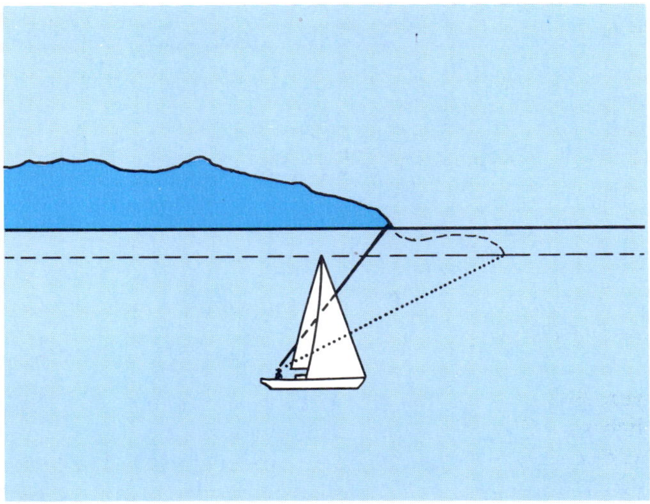

Beim Peilen einer Huk passiert es bei größeren Entfernungen leicht, daß die eigentliche Huk von der Kimm verdeckt ist.

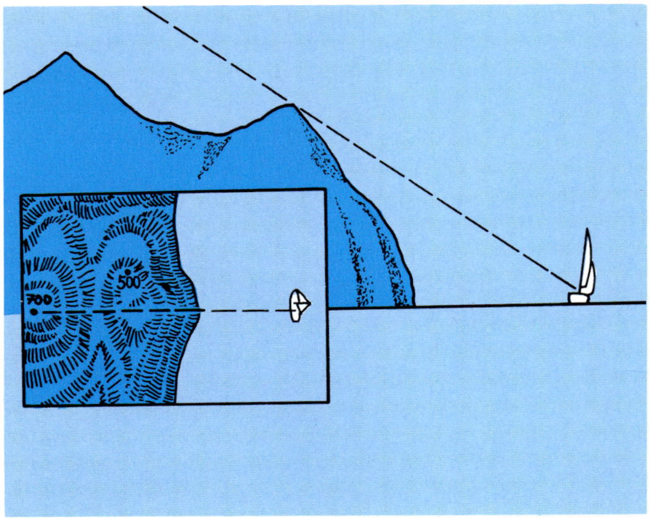

Vorsicht beim Peilen von Bergen! Leicht kann der falsche Gipfel erwischt werden, weil oft nicht zu erkennen ist, daß beispielsweise der verdeckte Gipfel mit 700 m der gesuchte war.

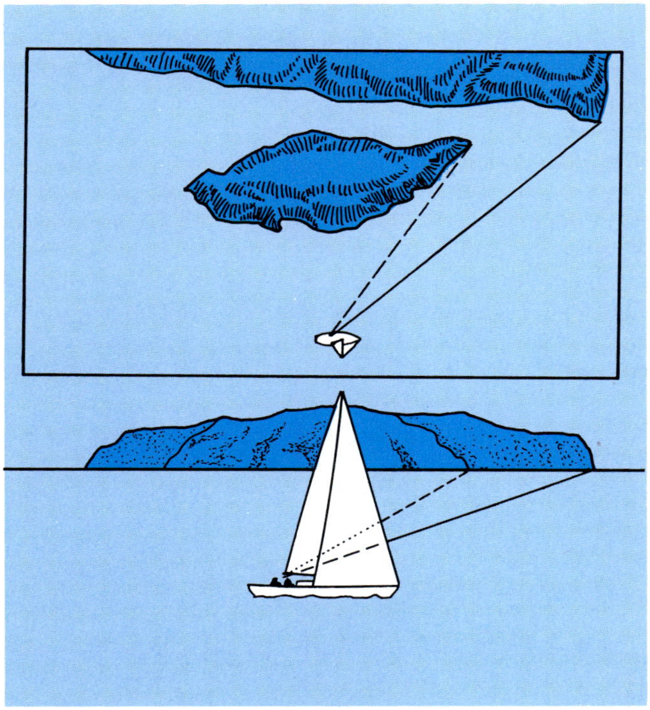

Inselhuks können vor anderen Landmassen manchmal kaum ausgemacht werden.

verarbeitet wird. Aus großer Entfernung sieht das nämlich so aus, wie die Abbildung oben zeigt.
Wer erst beim Näherkommen entdeckt, daß die eigentliche Huk von der Erdkrümmung verdeckt war, befand sich also ganz woanders. Ergebnis: eine krasse Fehlpeilung.

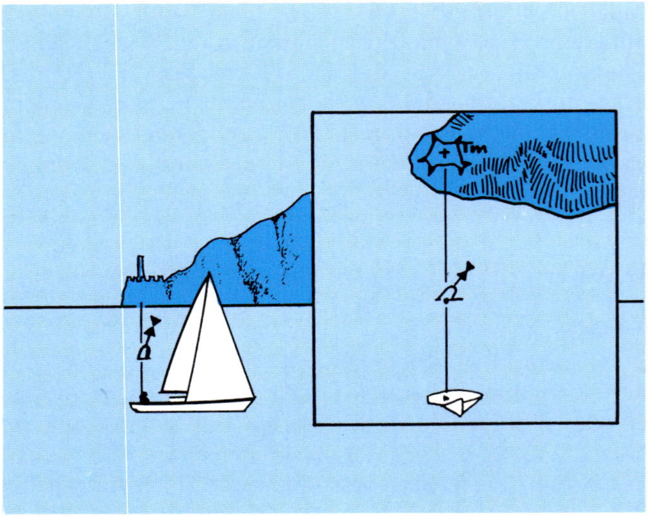

Deckpeilungen ergeben immer die genauesten Standlinien. Tonnen als Peilmarken aber sollten mit Vorbehalt benutzt werden – ihre Position kann unsicher sein.

Peilt man einen Berg, der in seiner Umgebung der höchste und deshalb vermeintlich leicht zu identifizieren ist, so können sich auch dabei Fehler einschleichen, wenn die Yacht sich zu nahe unter Land befindet.
Besonders in der jugoslawischen Inselwelt kann es leicht passieren, daß man beim Peilen einer Insel eine andere Landmasse erwischt, die viel weiter hinter dem eigentlichen Peilobjekt liegt und bei der der Skipper nicht damit gerechnet hat, daß die Sicht so gut ist.
Es ist außerordentlich wichtig, daß der Skipper eine Landmarke bis zur endgültigen Sicherheit (soweit es eine solche überhaupt gibt) nur mit größter Vorsicht verwendet. Er wird immer wieder überprüfen, ob sie bei seinen Peilungen wirklich hineinpaßt – kleine Fehlerdreiecke sprechen dafür, große dagegen. Niemals darf sich der Skipper aber damit beruhigen, indem er sich sagt, das wird schon stimmen oder es hat sich seit der Vermessung in der Karte halt etwas geändert. Nur dumme Navigatoren sind sich ihrer Sache ganz sicher.

Kompaßpeilungen

Die Kompaßpeilung ergibt als Standlinie eine Gerade. Eine Kompaßpeilung ist wohl der häufigste Fall einer terrestrischen Standlinie. Der Grund liegt darin, daß an Bord jeder Yacht ein Kompaß vorhanden ist, daß in der Landschaft immer mindestens eine Peilmarke entdeckt werden kann und daß die Umrechnung von einer Kompaßpeilung in eine rechtweisende Peilung (die dem Kartenkurs zur Landmarke entspricht) ohnehin zur Routine eines Navigators gehört, weil es sich prinzipiell um die gleiche Arbeit handelt wie bei Kursverwandlungen. Damit ist die Art der Verarbeitung einer Kompaßpeilung eigentlich bereits umschrieben.

Die Peilung mit dem ganzen Schiff

Die einfachste Art der Kompaßpeilung, auf vielen Schiffen auch die beste Methode, ist „die Peilung mit dem ganzen Schiff". Dieser treffende Ausdruck stammt von Ernst-Jürgen Koch, der mit seiner Stahlyacht in Landsicht nahezu ausschließlich so navigiert hat. Wegen der besonderen Problematik auf einem Stahlschiff drängt es sich förmlich auf, Peilungen mit dem Steuerkompaß vorzunehmen. Denn für diesen muß ja eine genaue Ablenkungstafel (Steuertafel) vorhanden sein. Wenn der Kompaß – wie meist der Fall – so angebracht ist, daß eine Peilung über den Kompaß direkt auf die Landmarke nicht möglich ist, so läßt sich nach der Methode Koch eine Kompaßpeilung dadurch erzielen, indem man für den Moment der Peilung ein kurzes Stück genau auf die Landmarke zufährt, sie also vor den Bugkorb setzt. Liest man dann den Kompaß ab, so hat man direkt die „Kompaßpeilung".

Achtung: Bei der Kompaßpeilung darf allerdings keine Beschickung für Strom oder Wind vorgenommen werden. Es handelt sich ja hierbei nicht um eine Fahrt über Grund, sondern sozusagen um eine Momentaufnahme, bei der sich weder die Abdrift noch eine Stromversetzung bemerkbar machen kann.

Wenn mit dem ganzen Schiff gepeilt wird, kann es nicht ausbleiben, daß der „Peilkurs" beispielsweise direkt im Wind ist, so daß das Schiff von diesem Kurs sehr schnell wieder wegdreht. Hier kann es zu recht erheblichen Fehlern dadurch kommen, daß der Kompaß nachschleppt, ein bauartbedingter Mangel. Dieser Schleppfehler macht sich nicht bemerkbar, wenn das Schiff für mehrere Sekunden auf ein und demselben Kurs liegt. Er würde sich also nicht in großem Maße auswirken, wenn beispielsweise über eine Peilscheibe gepeilt wird, weil hierzu der Kurs nicht geändert werden mußte.

Peilungen mit der Peilscheibe (Schiffsseitenpeilung)

Eigenartigerweise haben viele Anfänger Schwierigkeiten, Peilungen mit der Peilscheibe in eine rechtweisende Peilung umzurechnen. Dabei lösen sich alle Unklarheiten, wenn man sich einprägt, daß die Peilscheibe nur die Filiale des Kompasses darstellt. Aus einer Schiffsseitenpeilung die Kompaßpeilung zu berechnen, ist denkbar einfach. Man braucht lediglich die Schiffsseitenpeilung zum Kompaßkurs zu addieren. Ergibt sich ein Betrag von über 360°, so zieht man diese von der Summe ab. Wenn also am Kompaß ein Kurs von 131° anliegt und gleichzeitig mit der Peilscheibe ein Leuchtfeuer mit 330° gepeilt wird, so ergibt sich folgende Kompaßpeilung:

	MgK	131°
+	SP	330°
	MgP	461°
–		360°
	MgP	101°

Nachdem die Peilscheibe sozusagen die Filiale des Kompasses ist, sind Schiffsseitenpeilungen als mit Fehlern behaftet anzusehen. Eine Schiffsseitenpeilung wird wie folgt in eine rechtweisende Peilung umgewandelt, die dem Kartenkurs zum Objekt entspricht:

	Kompaßkurs (MgK)
+	Schiffsseitenpeilung (SP)
+	Ablenkung (Abl) für den anliegenden Kompaßkurs
+	Mißweisung (Mw)
=	rechtweisende Peilung (rwP)

Vollkardanisch gelagerte Peilscheibe. Plexiglasdiopter sind nicht sehr günstig, wenn nachts Leuchtfeuer gepeilt werden, weil die Reflexe auf dem Glas stören.

Allerdings ist eine Peilung mit der Peilscheibe in der Praxis oftmals nicht so ganz einfach. Dazu sind mindestens zwei Personen nötig: Der Rudergänger steuert zum Zeitpunkt der Peilung einen möglichst gleichmäßigen, geraden Kurs und liest zum Zeitpunkt der Peilung, der allein vom Mann an der Peilscheibe bestimmt wird („Jeeetzt!"), den gerade anliegenden Kompaßkurs ab. Oft wird der Kurs auch bei dieser Art der Peilung geändert werden müssen, damit nicht von Teilen des Riggs oder der Rettungsinsel die Sicht von der Peilscheibe zur Peilmarke verdeckt wird.

Auf unseren kleinen Schiffen ist es meist nicht möglich, eine Peilscheibe ständig an Deck zu fahren, weil die Gefahr der Beschädigung allzu groß ist. In diesem Falle muß die Peilscheibe jeweils vor Gebrauch montiert werden. Hierbei ist sicherzustellen, daß die Null-Grad-Peilung auch tatsächlich parallel zur Schiffslängsachse verläuft. Die Peilscheibe muß nicht unbedingt in der Schiffsmitte, also auf der Längsachse angebracht werden, was sogar oftmals ungünstig ist. Wenn sie seitlich davon abweicht, dann muß eine Null-Grad-Peilung auf einen Punkt am Vorschiff weisen, der eine gleiche Entfernung von der Schiffslängsachse hat wie die Peilscheibe selbst. Dies läßt sich bei der Aufstellung am besten dadurch erreichen, daß der Abstand der Peilscheibe zur Schiffslängsachse nach Zentimetern ausgemessen wird, anschließend ein Mann sich in den Bugkorb setzt und mit Hilfe des Bootshakens genau diesen Abstand nach der Seite hinaus zeigt, wobei dann das Ende des Bootshakens mit 0° gepeilt werden muß. Hat man diese Einstellung einmal gefunden, so sollte sie am Anbringungsort der Peilscheibe markiert werden, damit gewährleistet ist, daß die Peilscheibe immer in dieser Art und Weise fixiert wird. Hier können ganz grobe Fehler gemacht werden, die in ihrem vollen Betrag in die Peilung und damit in die Standlinie eingehen. Man bedenke, daß – wenn so über den Daumen gepeilt würde – leicht 5° Parallaxenfehler gemacht werden, was geradezu absurd ist, wenn man bedenkt, daß der Navigator später einerseits mit diesem Schnitzer und andererseits mit Zehntelgraden bei der Mißweisung weiterrechnet.

Eine besondere Schwierigkeit bei der Arbeit mit der Peilscheibe besteht darin, daß nachts oftmals die Peilfäden nicht erkannt werden können, was insbesondere dann leicht der Fall ist, wenn sich beispielsweise ein anzupeilendes Feuer im Plexiglasdiopter widerspiegelt. Bevor man sich eine Peilscheibe anschafft, sollte man deshalb verschiedene Fabrikate daraufhin überprüfen, ob sie auch nachts zu gebrauchen sind.

Manche Leuchtfeuer, die als Kennung nur Blitze haben, sind sehr schwer zu peilen. Man sollte sie so lange anpeilen, bis sie zufällig in der vorher eingestellten Peilscheibe auftauchen, und den Rudergänger durch einen Zuruf auf den Moment der Peilung hinweisen, damit er sich den gerade anliegenden Kompaßkurs merken kann. Gelingt dies nicht, so daß die Schiffsseitenpeilung durch gefühlsmäßiges Nachstellen des Diopters geschätzt werden muß, ist bereits mit Ungenauigkeiten von bis zu 10° zu rechnen.

Peilungen über den Steuerkompaß

In besonders glücklichen Fällen ist der Kompaß so angebracht, daß über den Kompaß gepeilt werden kann. Am besten eignet sich hierzu der recht beliebte Sestrel-Moore, auf dem sich ein Peilaufsatz befestigen läßt. Auch hier muß der Fehler vermieden werden, daß bei der Verwandlung der Peilung in die rechtweisende Peilung der Ablenkungswert für die Kompaßpeilung verwendet wird. Allein auf die Ablenkung für den Kompaßkurs kommt es sowohl bei Kursverwandlungen als auch bei Peilungsverwandlungen an. Deshalb muß auch bei Peilungen der Kompaßkurs festgestellt werden (was immer zwei Mann erfordert) – natürlich nicht ganz exakt, denn anders als bei der Arbeit mit der Peilscheibe geht ja nicht der Kompaßkurs selbst in die Rechnung ein, sondern lediglich seine Ablenkung, wobei es bei der Ablesung des Kompaßkurses auf ein paar Grad nicht so sehr ankommt, wie ein Blick in die Steuertafel zeigt. Die Ablenkung von −1° ist bei 200° ungefähr ähnlich wie bei 210°, nämlich −2°.

Hinweis: Wenn der Navigator sich bei Peilungen über den Kompaß in unmittelbarer Nähe der Kompaßrose befindet, muß er darauf achten, daß er keine magnetischen Störquellen an sich trägt. Besonders Brillenträger sind hier eine Gefahr, weil die meisten Brillenfassungen aus Metall einen nicht unwesentlichen Einfluß auf die Kompaßrose ausüben. Deshalb sollten Brillenträger ihre Brillen in einer ruhigen Minute im Hafen mal von mehreren Seiten an die Kompaßrose heranbringen und überprüfen, ob sie aus ihrer Ruhestellung abgelenkt wird. Das ist nicht etwa ein Kuriosum, sondern kommt außerordentlich häufig vor. Es hilft dann oftmals nur eine andere Brille (Sonnenbrille!), oder aber es muß beim Peilen über den Kompaß ein Mindestabstand zur Kompaßrose von 50 cm eingehalten werden, was möglicherweise auch wieder zu kleineren Peilfehlern führen kann.

Der Peilkompaß

Gleich vorweg: Der Peilkompaß kann nur auf Kunststoff- oder Holzschiffen, nicht aber auf Stahlschiffen eingesetzt werden, da hier unberücksichtigte Ablenkungen viel zu groß sind, um eine exakte Navigation zu

gewährleisten. Auf einer Yacht aus Holz oder gar Kunststoff wird sich aber immer ein Platz finden lassen, der nahezu deviationsfrei ist. Auch dies läßt sich im ruhigen Hafen verhältnismäßig leicht mit Hilfe des Steuerkompasses überprüfen, dessen Ablenkung auf allen Kursen bekannt sein muß.
Ist auf einem Kunststoffschiff die Deviation für den Kompaß, der ja meist in der Nähe der Maschine aufgestellt ist, ohnehin weniger als 3° oder 4°, so braucht man sich erst recht um die Deviation eines hochgehaltenen Peilkompasses keine großen Gedanken mehr zu machen. Vor ein paar Jahren war dies noch ein gewisses Problem, wo Stagen und Wantenspanner meist aus Eisen und nicht aus unmagnetischem Nirostamaterial hergestellt waren. Heute ist bei einem Peilkompaß üblicherweise mit einer Deviation von weniger als 2° zu rechnen. Es ist deshalb etwas unsinnig, wenn oftmals – vom Schreibtisch aus – mit warnendem Finger darauf hingewiesen wird, daß auch ein Peilkompaß nur mit „gültiger Ablenkungstafel" benutzt werden darf. Bei so geringen Deviationen ist eine Aufstellung der Ablenkungstafel nämlich gar nicht möglich, weil dies an unzureichender Peilgenauigkeit scheitert. Darüber hinaus würde es auch bedeuten, daß immer nur von einem ganz bestimmten Platz aus gepeilt werden dürfte, dessen zentimetergenaue Einhaltung ausgeschlossen ist. Wie gesagt – das gilt nur für Kunststoff- und Holzschiffe, nicht für Stahlschiffe.

Auch bei einfachen Navigationshilfen zieht Hightech ein. Dieser Peilkompaß – ein Zentimeter flach zum Einstecken – zeigt die Kompaßpeilung digital an und bietet die Möglichkeit, mehrere Peilungen zum späteren Auswerten abzuspeichern.

Es ist also im Normalfall unbedenklich, mit dem Peilkompaß stehend zu arbeiten. Erfahrungsgemäß gibt es an Deck nur einen einzigen gefährlichen Ort für dieses Gerät, und das ist gleichzeitig der beliebteste: der Niedergang. Meistens befindet er sich in unmittelbarer Nähe des Steuerkompasses, der seinerseits als Magnet einen enormen Störeinfluß auf den Peilkompaß ausübt. Weitere Störquellen sind wiederum nur am Benutzer zu suchen, insbesondere also Belichtungsmesser oder eine Brille. Besonders genau muß die letzte Gefahr überprüft werden, wenn man sich eines Peilkompasses bedient, der nur dann richtige Ergebnisse anzeigt, wenn er unmittelbar am Auge benutzt wird. Gleiches gilt natürlich auch für die immer beliebter werdenden Peilkompasse, die in ein Fernglas integriert werden.
Wichtig bei der Auswahl eines Peilkompasses ist übrigens seine Handlichkeit, und zwar nicht beim Peilen, sondern nach dem Peilen. In Landnähe wird er nämlich außerordentlich oft gebraucht. Viele dieser empfindlichen Geräte sind jedoch so konstruiert, daß sie – meist wegen der zerbrechlichen Visiereinrichtung – nicht einfach in die Backskiste oder auf Deck gelegt werden können, sondern in eine spezielle Halterung in einer Aufbewahrungsbox oder an der Wand gesteckt werden müssen. Vorteilhafter sind jene handlichen Peilkompasse, die man um den Hals hängen kann, so daß sie immer griffbereit sind. Ebenso wichtig aber ist auch ihre Verwendbarkeit bei Nacht. Der Peilkompaß muß also über irgendeine Art von Beleuchtung verfügen: mit Hilfe von Batterien oder einer selbstleuchtenden Einrichtung. Es kommt zwar selten vor, aber man sollte die Batterien daraufhin prüfen, ob sie wegen ihres Stahlmantels den Kompaß stören. Man nimmt sie heraus und führt sie um die Kompaßrose herum. Bewegt sich die Rose nicht, dann können die Batterien verwendet werden.

Welcher Peilkompaß ist der richtige?

Die Zeitschrift YACHT testete unter der Leitung von Joachim F. Muhs Peilkompasse. Hier der Testbericht:

Handpeilkompasse sind Flüssigkeits- oder Trockenkompasse mit einer Einrichtung zum Peilen. Gepeilt wird über einen einfachen Strich, durch ein Prisma oder durch eine Linse. Einfachere Ausführungen gibt es mit Kimme und Korn, ganz teure zusammen mit einem Marineglas, in dessen Optik die Kompaßanzeige eingespiegelt wird. Die meisten Geräte haben Taschenformat. Man kann sie sich um den Hals hängen, griffbereit für eine schnelle Peilung.
An Bord eines kleinen Schiffes kommt es darauf an, daß sich die Kompaßrose schnell einpendelt. Nur ein schnel-

Plastimo Mini Compas

Gesehen bei: Herm. Sprenger
Abmessungen:
85 × 68 × 35 mm
Gewicht: 180 g
Beleuchtung: Betalicht
Rosenteilung: 1°

Konzept:
Gummiarmierter Flüssigkeitskompaß im Taschenformat. Peilung über Prisma ohne Peilstrich.

Testurteil:
Handlicher Peilkompaß mit guter heller Anzeige für zufriedenstellende Peilungen tage und nachts.

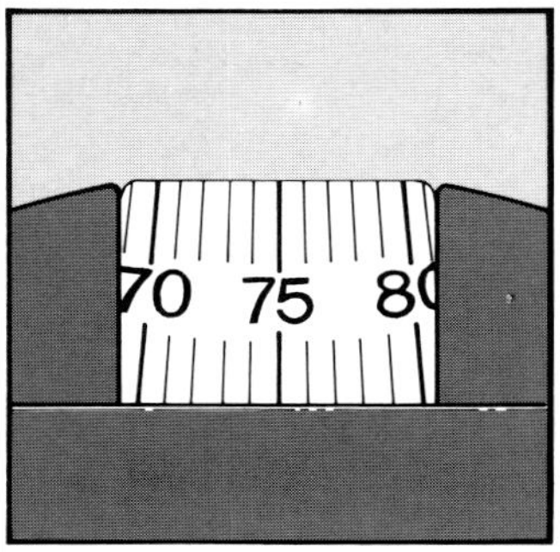

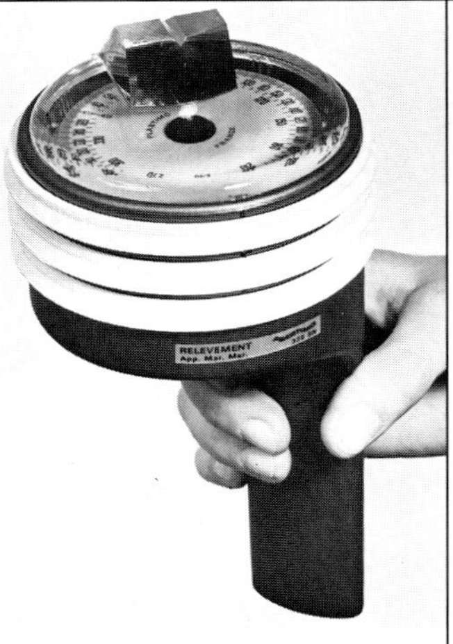

Plastimo Peilkompaß

Gesehen bei: Herm. Sprenger
Abmessungen:
196 × 96 ∅ mm
Gewicht: 350 g
Beleuchtung: Batterie
Rosenteilung: 1°

Konzept:
Flüssigkeitskompaß mit aufgebautem Prisma und Handgriff; drehbare Merkringe.

Testurteil:
Peilkompaß mit guter heller Anzeige für gute Peilungen tags und nachts.

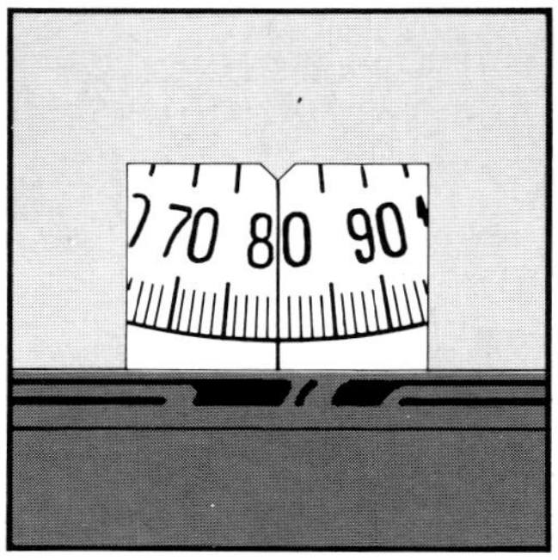

Ritchie MA 100

Gesehen bei: Ferropilot
Abmessungen:
120 × 85 × 35 mm
Gewicht: 220 g
Beleuchtung: Batterie
Rosenteilung: 2°

Konzept:
Trockenkompaß mit festsetzbarer Rose; roter Peilpunkt im Okular; Schattenglas.

Testurteil:
Peilkompaß mit gut zu sehender Peilmarke für zufriedenstellende Peilungen tags und nachts.

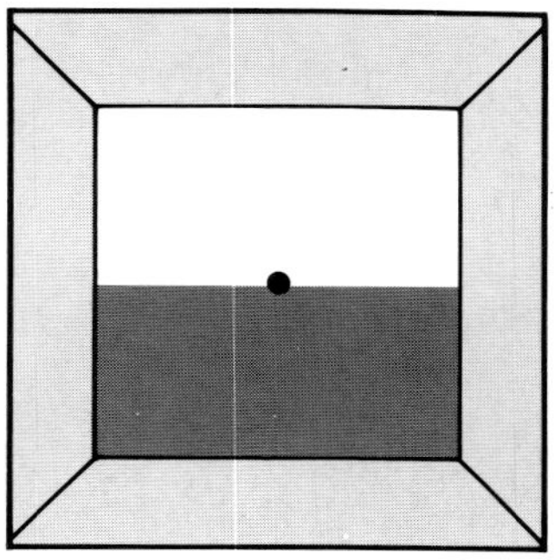

Im Moment des Peilens zeigt das Okular einen roten Punkt, der mit dem Peilobjekt in Dekkung gebracht wird. Ablesen kann man die blockierte Rose von oben.

Plath Handpeilkompaß

Gesehen bei: C. Plath
Abmessungen:
190 × 97 ∅ mm
Gewicht: 650 g
Beleuchtung: Batterie
Rosenteilung: 2°

Konzept:
Flüssigkeitskompaß mit aufgesetztem Prisma und Handgriff.

Testurteil:
Peilkompaß mit sehr guter heller Anzeige für sehr gute Peilungen tags und nachts

ler „Schuß“ eliminiert weitgehend die Bewegungen des Bootes. Der Definition des Schießens kommt der Kompaß von Ritchie am nächsten: Ein Knopfdruck löst die Rose, und ein aufleuchtender roter Punkt im Okular dient als Peilmarke, während die Kompaßrose einschwingt. Das Loslassen des Knopfes blockiert sie; auch unter Deck kann abgelesen werden. Alle anderen Handpeilkompasse muß man im Moment des Peilens ablesen. Man peilt in der Regel mit einem Auge, das Peilmarke und Objekt in Deckung bringt. Einfach geht das mit einem Prisma. Mit einem Peilstrich versehen, zeigt es gleichzeitig den zum Ablesen nötigen Ausschnitt der Kompaßrose. Mehr Umstände macht ein getrennter Peilstrich im Kompaßdeckel mit aufklappbarer Lupe. Solche Systeme taugen wenig für den schnellen Schuß.

Ohne Peilstrich arbeiten Prismenkompasse im Taschenformat, wo sich der Strich der Kompaßrose mit dem Peilobjekt decken soll. Ebenfalls ohne Peilstrich kom-

Silva 60

Gesehen bei: Schmeding
Abmessungen:
80 × 68 × 22 mm
Gewicht: 76 g
Beleuchtung: Betalicht (Tritium)
Rosenteilung: 1°

Konzept:
Trockenkompaß in aufschiebbarer Kassette; Peilung über Prisma ohne Peilstrich.

Testurteil:
Handlicher Peilkompaß mit guter heller Anzeige für zufriedenstellende Peilungen tags und nachts.

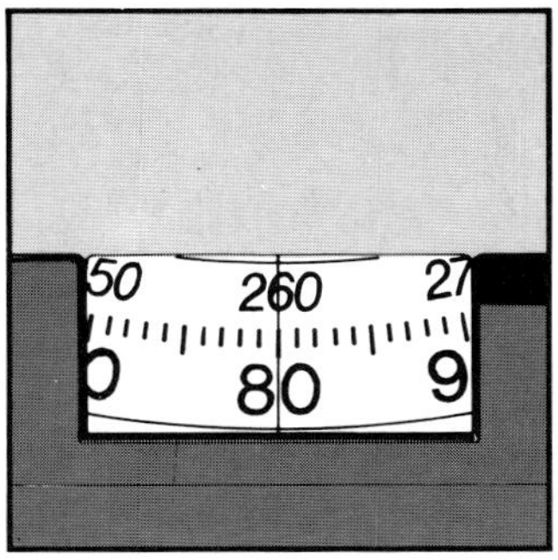

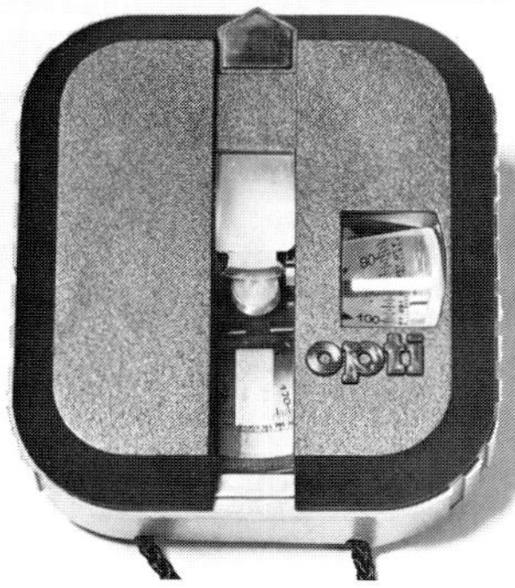

Opti Morin

Gesehen bei: Schmeding, Schefferling, Niemeyer
Abmessungen:
85 × 76 × 33 mm
Gewicht: 150 g
Beleuchtung: Betalicht
Rosenteilung: 1°

Konzept:
Gummiarmierter Flüssigkeitskompaß im Taschenformat; Peilung über Prisma ohne Peilstrich.

Testurteil:
Handlicher Peilkompaß mit zufriedenstellender Anzeige für zufriedenstellende Peilungen tags und nachts.

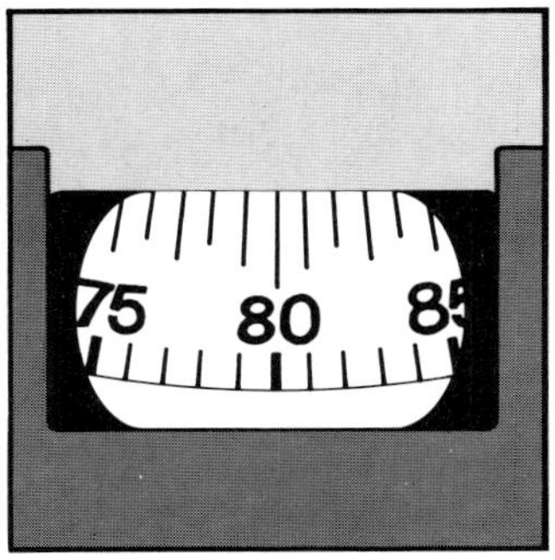

Suunto KB 77

Gesehen bei: Schmeding, Niemeyer
Abmessungen:
76 × 52 × 22 mm
Gewicht: 120 g
Beleuchtung: Betalicht
Rosenteilung: 1°

Konzept:
Flüssigkeitskompaß im Taschenformat; Peilung über Prisma; Tabelle auf der Rückseite.

Testurteil:
Handlicher Peilkompaß mit guter heller Anzeige für gute Peilungen tags und nachts.

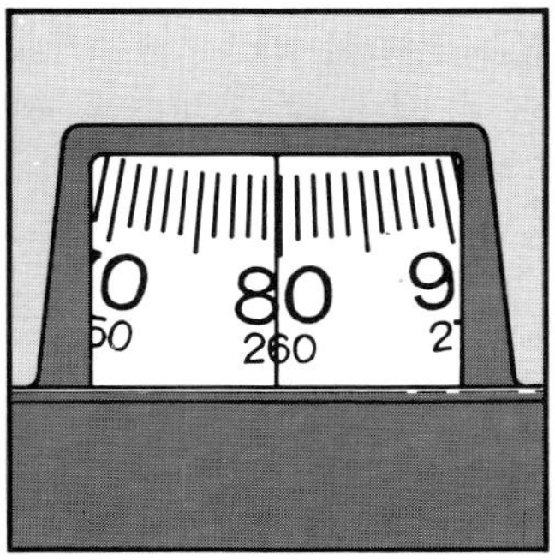

Silva 70 UNB

Gesehen bei: Schmeding, Hohorst
Abmessungen:
170 × 80 ∅ mm
Gewicht: 270 g
Beleuchtung: Betalicht (Tritium) – Rosenteilung: 5°

Konzept:
Schwimmfähiger Flüssigkeitskompaß als Peil- und Steuerkompaß.

Testurteil:
Peilkompaß mit zufriedenstellender Anzeige für gute Peilungen tags und nachts.

men Kompasse mit Linse aus, mit denen man mit beiden Augen peilt. Sie funktionieren mit einer optischen Täuschung: Das eine Auge peilt das Objekt, das andere schaut in die Linse. Ein bißchen Übung gehört dazu, Peilobjekt und Rosenstrich so übereinander zu bekommen.
Ob Prisma oder Linse – entscheidend für die Qualität des Systems sind Rosenteilung und der sichtbare Ausschnitt der Rose. Eine Unterteilung in Ein-Grad-Striche erhöht zwar die Ablesegenauigkeit, sie ist aber nur sinnvoll, wenn die Rose genügend gedämpft ist. Trotzdem haben wir gleichgute Ergebnisse beispielsweise auch mit dem Silva 70 erzielt, der „nur“ mit einer Fünf-Grad-Teilung arbeitet. Ihm kommt seine einfache und damit schnelle Ablesung zugute.
Ein großer Ausschnitt erleichtert auf jeden Fall das Ablesen, weil man die Schwingungen der Rose immer berücksichtigen muß. Manche Kompasse verlangen auch Ge-

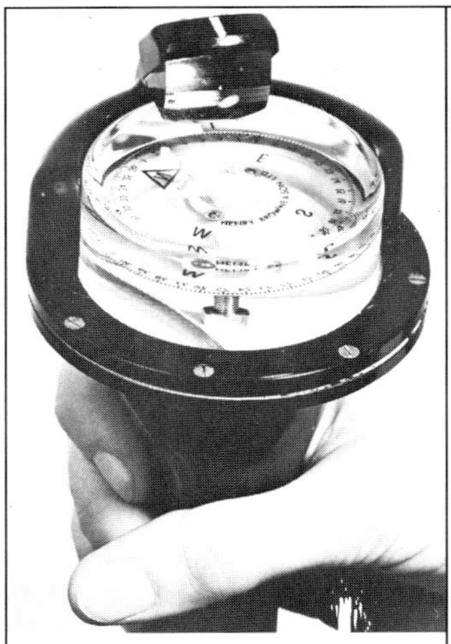

Sestrel Suresight

Gesehen bei: Schmeding, Hansabras
Abmessungen:
152 × 73 ∅ mm
Gewicht: 450 g
Beleuchtung: Betalicht
Rosenteilung: 2°

Konzept:
Flüssigkeitskompaß mit aufgebautem Prisma und Handgriff.

Testurteil:
Peilkompaß mit guter heller Anzeige für gute Peilungen tags und nachts.

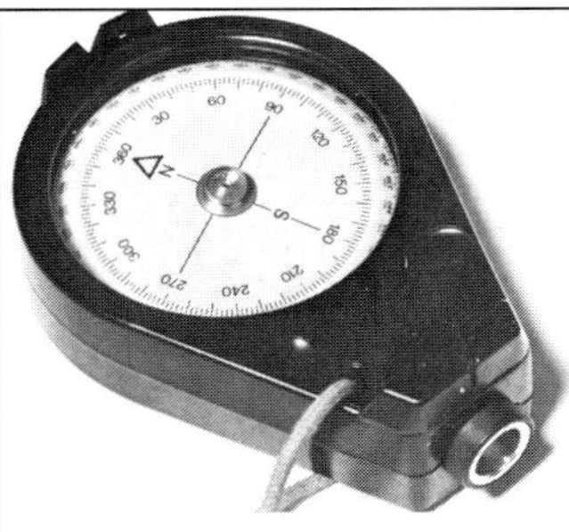

Wilkie 9607

Gesehen bei: A. W. Niemeyer
Abmessungen:
71 × 50 × 22 mm
Gewicht: 26 g
Beleuchtung: Betalicht (Nordmarke)
Rosenteilung: 1°

Konzept:
Flüssigkeitskompaß mit Linse und Kimme und Korn im Taschenformat.

Testurteil:
Handlicher Peilkompaß mit zufriedenstellender Anzeige für zufriedenstellende Peilungen am Tag.

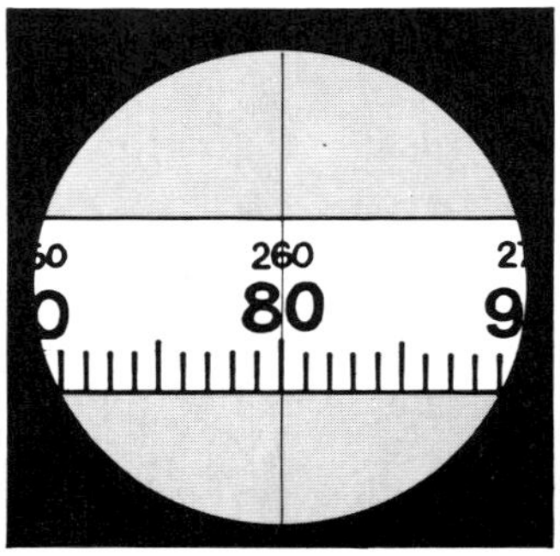

Suunto KB 14

Gesehen bei: A. W. Niemeyer
Abmessungen:
75 × 52 × 15 mm
Gewicht: 105 g
Beleuchtung: –
Rosenteilung: 0,5°

Konzept:
Flüssigkeitskompaß mit Linse im Taschenformat; Tabelle auf der Rückseite.

Testurteil:
Peilkompaß zum Peilen mit beiden Augen; zufriedenstellende Anzeige für zufriedenstellende Peilungen am Tag.

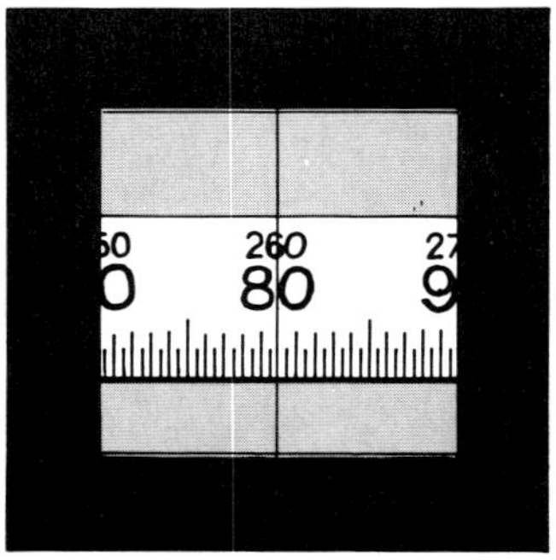

Silva 50 NL

Gesehen bei: Hohorst
Abmessungen:
80 × 68 × 25 mm
Gewicht: 70 g
Beleuchtung: –
Rosenteilung: 1°

Konzept:
Trockenkompaß in aufschiebbarer Kassette; Peilung über Prisma ohne Peilstrich.

Testurteil:
Handlicher Peilkompaß mit guter heller Anzeige für gute Peilungen am Tage.

wöhnung. Jedenfalls die, deren Einteilung, bedingt durch die Einspiegelung von vorn, von rechts nach links zählt, also anders herum, als man normalerweise liest.
Für den nächtlichen Einsatz sind Handpeilkompasse mit einer Beleuchtung ausgerüstet. Gut sind batteriebetriebene Lampen. Ihre Stromspender müssen amagnetisch sein. Taschengeräte sind oft mit einer Art Leuchtziffern bestückt; dieses sogenannte Betalicht ist radioaktiv und für den Dauerbetrieb nicht anzuraten, was selbst die Hersteller im Kleingedruckten sagen. Als Beleuchtungsart funktionieren sie jedoch erstaunlich hell.
Für einen möglichst präzisen Schuß von einem sich bewegenden Schiff bedarf es des besten Peilkompasses. Man sollte bei dieser Anschaffung also nicht sparen. Welcher Kompaß für den Skipper jedoch am besten ist, das muß er am eigenen Auge ausprobieren. Brillenträger beispielsweise kommen nicht mit allen Konstruktionen zurecht. Für sie sind Geräte mit verstellbarer Optik am

Silva 73 R

Gesehen bei: Hohorst
Abmessungen:
170 × 80 ∅ mm
Gewicht: 270 g
Beleuchtung: –
Rosenteilung: 5°

Konzept:
Schwimmfähiger Flüssigkeitskompaß als Peil- und Steuerkompaß.

Testurteil:
Peilkompaß mit zufriedenstellender Anzeige für gute Peilungen am Tag.

Navcon Tele-Compass

Gesehen bei: Kaden
Abmessungen:
185 × 112 × 48 mm
Gewicht: 180 g
Beleuchtung: –
Rosenteilung: 1°

Konzept:
Flüssigkeitskompaß als Vorsatz für Fernglas oder mitgelieferten „Telepeiler".

Testurteil:
Peilkompaß mit guter (etwas zu dunkler) Anzeige für zufriedenstellende Peilungen am Tag.

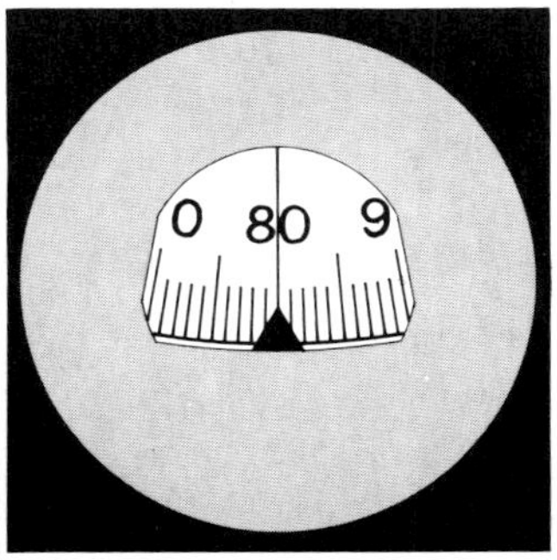

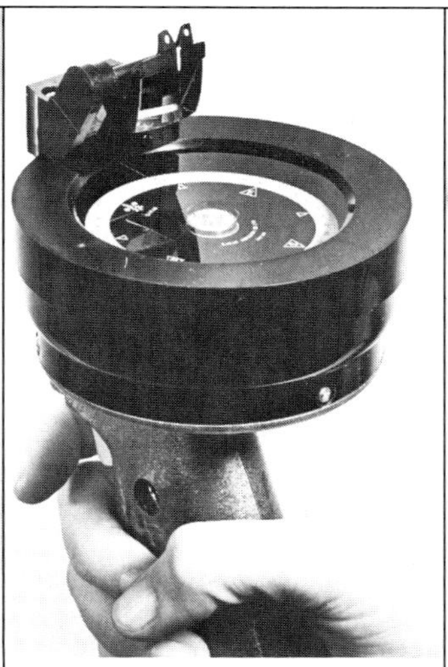

Carac N 2000

Gesehen bei: Kaden
Abmessungen:
168 × 94 ∅ mm
Gewicht: 400 g
Beleuchtung: Batterie
Rosenteilung: 1°

Konzept:
Flüssigkeitskompaß mit einhandverstellbarem Prisma und Handgriff.

Testurteil:
Peilkompaß mit guter Anzeige für gute Peilungen tags und nachts.

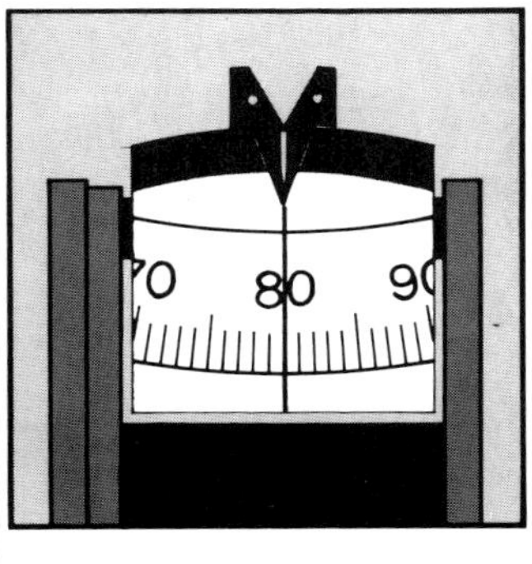

Steiner Commander

Gesehen bei: Steiner-Optik
Abmessungen:
200 × 130 × 84 mm
Gewicht: 1050 g
Beleuchtung: Batterie
Rosenteilung: 1°

Konzept:
Flüssigkeitskompaß-Aufsatz auf Marine-Fernglas.

Testurteil:
Peilkompaß mit eingespiegelter heller und zufriedenstellender Anzeige im Fernglas. Gute Peilungen tags und nachts.

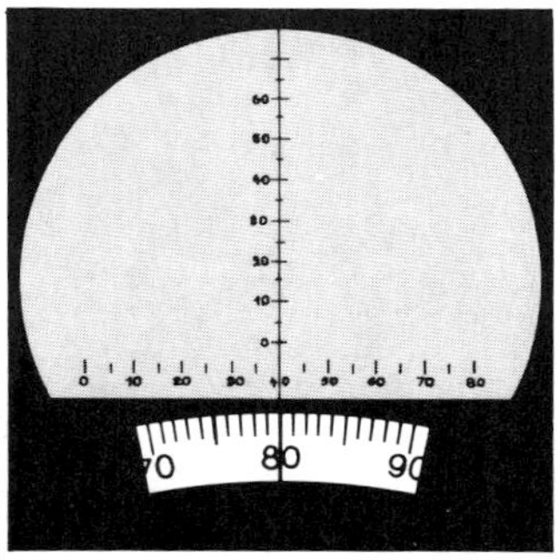

Nr.	Kompaß	Handhabung/ Peilen	Ablesbarkeit tags	Ablesbarkeit nachts	Ablesbarkeit auf bewegtem Boot	Anzeige-genauigkeit	Wasser-dichtigkeit
1	Plastimo Mini	++	+	++	○	○	++
2	Plastimo Peil	+	++	++	+	○	+
3	Ritchie MA 100	++	++	++	○	○	––
4	Plath Handpeil	++	++	++	+	++	++
5	Silva 60	+	+	++	○	○	++
6	Opti Morin	+	+	+	○	○	++
7	Suunto KB 77	++	+	++	○	+	○
8	Silva 70 UNB	+	++	++	+	+	++
9	Sestrel Sure	+	+	+	+	++	++
10	Wilkie 9607	○	+	–	○	○	––
11	Suunto KB 14	+	+	––	○	○	○
12	Silva 50 NL	+	○	––	○	+	++
13	Silva 73 R	+	++	––	+	+	++
14	Navicon Tele	++	○	––	+	○	○
15	CARAC N 2000	+	+	++	+	+	○
16	Steiner Comm	++	++	++	+	○	++
17	Sestrel Radiant	+	++	++	+	++	++
18	Sestrel Junior	+	+	–	+	+	++
19	Mini Morin 2000	++	+	++	○	+	+
20	Suunto KB 20	+	○	–	○	○	○

++ sehr gut + gut ○ zufriedenstellend – nicht zufriedenstellend –– schlecht

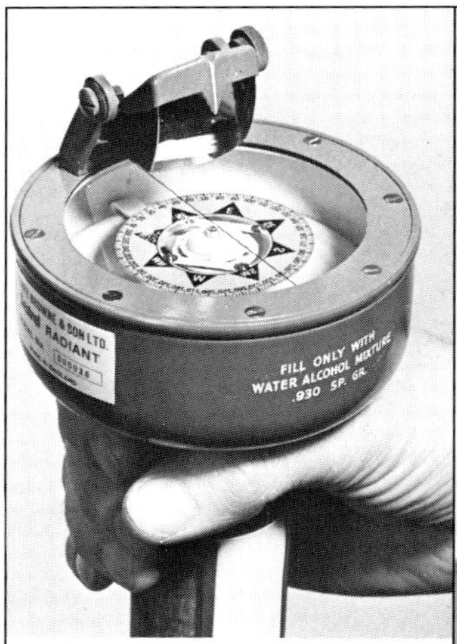

Sestrel Radiant

Gesehen bei: Hansabras, Schefferling
Abmessungen:
200 × 105 ∅ mm
Gewicht: 1100 g
Beleuchtung: Betalicht
Rosenteilung: 2°

Konzept:
Flüssigkeitskompaß mit verstellbarem Prisma und Teak-Handgriff.

Testurteil:
Peilkompaß mit sehr guter heller Anzeige für gute Peilungen tags und nachts.

Sestrel Junior

Gesehen bei: Hansabras
Abmessungen:
140 × 66 ∅ mm
Gewicht: 250 g
Beleuchtung: –
Rosenteilung: 5°

Konzept:
Flüssigkeitskompaß mit Kimme und Korn; Handgriff.

Testurteil:
Peilkompaß mit guter Anzeige für gute Peilungen am Tag.

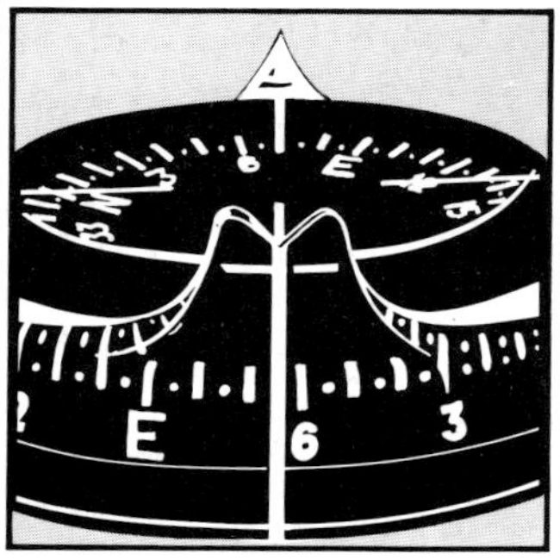

Mini Morin 2000

Gesehen bei: Schefferling
Abmessungen:
30 × 80 ∅ mm
Gewicht: 120 g
Beleuchtung: Betalicht
Rosenteilung: 1°

Konzept:
Gummiarmierter Flüssigkeitskompaß im Taschenformat; Peilungen über Prisma ohne Peilstrich.

Testurteil:
Handlicher Peilkompaß mit guter heller Anzeige für zufriedenstellende Peilungen tags und nachts.

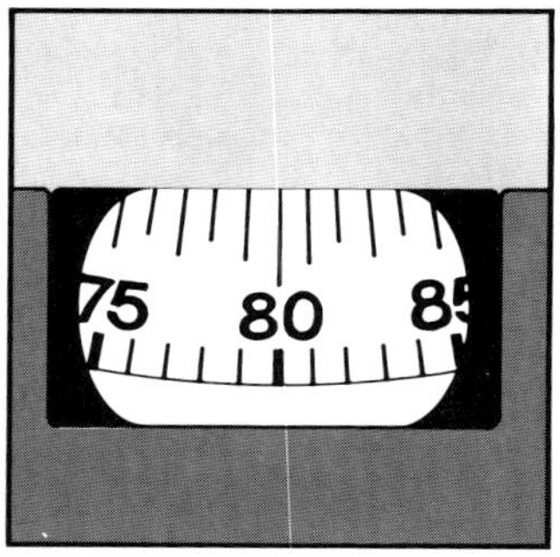

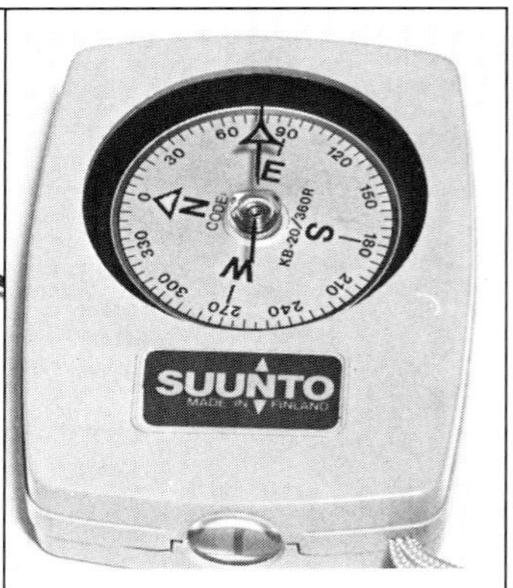

Suunto KB 20

Gesehen bei: Schefferling
Abmessungen:
73 × 52 × 15 mm
Gewicht: 40 g
Beleuchtung: Betalicht (Nordmarke)
Rosenteilung: 1°

Konzept:
Flüssigkeitskompaß mit Linse im Taschenformat.

Testurteil:
Handlicher Kompaß zum Peilen mit beiden Augen; zufriedenstellende Peilungen am Tage.

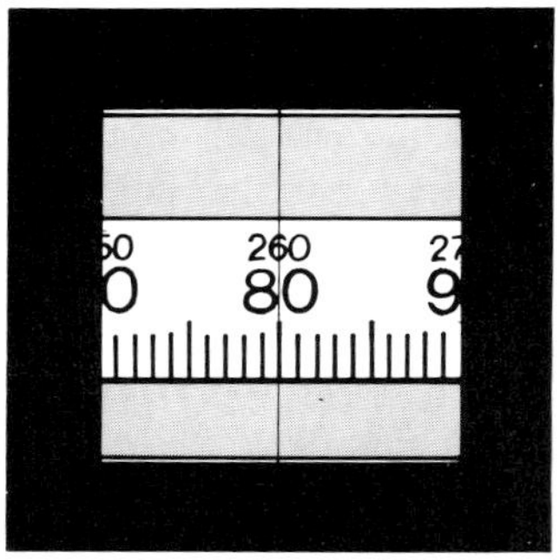

besten. Ansonsten ist es egal, ob man über Kimme und Korn, durch Linse oder Prisma peilt – entscheidend ist allein ein ausreichender Ausschnitt der Rose (in der Optik) zum Einpendeln und eine hohe Lichtstärke zum Ablesen der Peilung. Der Rest ist Übung.

Wie genau sind Kompaßpeilungen?

Die Genauigkeit einer Peilung hängt nicht nur von der Qualität des Peilkompasses ab, sondern ganz entscheidend auch von den Gegebenheiten an Bord einer kleinen Yacht. Im wesentlichen wird die ruhige Hand des Navigators von den Schiffsbewegungen beeinflußt. Erfahrungsgemäß sind Peilungen direkt über den Kompaß oder mit Hilfe des Peilkompasses um mindestens 3° bis 5° genauer als eine Kompaßpeilung, die erst über die Filiale des Kompasses, die Peilscheibe, gewonnen wird. Wenn ein Objekt versuchsweise mehrfach gepeilt wird, dann werden ungefähr folgende Abweichungen von der Peilung festgestellt werden können:

Windstärke 2 und entsprechender Seegang	Windstärke 4 und entsprechender Seegang	Windstärke 6 und entsprechender Seegang
Abweichung von der Soll-Peilung:		
+/− 3°	+/− 5°	+/− 10°

Das ist nicht gerade ermutigend: Bei Windstärke 6 und einem Peilobjekt in 6 sm Entfernung muß also mit einem Fehler von +/− 1 sm gerechnet werden. Das macht eine *Standzone* von 2 sm Breite – und das in einem Abstand von nur 6 sm.

Verwandlung von Kompaßpeilungen in rechtweisende Peilungen

Peilungen mit der Peilscheibe, also Schiffsseitenpeilungen, werden ganz einfach durch Zusammenzählen von Schiffsseitenpeilung und Kompaßkurs zur Kompaßpeilung verarbeitet. Der weitere Weg zur Umrechnung in eine rechtweisende Peilung (rwP) ist dann identisch, gleichgültig, ob über den Steuerkompaß mit Hilfe eines Peildiopters oder mit einem Peilkompaß gearbeitet wurde. Die Verwandlung entspricht genau den Kursverwandlungen auf Seite 81. Der einzige Unterschied besteht darin, daß bei der Verwandlung einer Kompaßpeilung in die rechtweisende Peilung auf keinen Fall eine Beschickung für Strom oder Wind vorgenommen werden darf. Es handelt sich ja hierbei nicht um eine Fahrt über Grund, sondern sozusagen um eine Momentaufnahme, bei der sich weder die Abdrift noch eine Stromversetzung bemerkbar machen kann.
Auf einen beliebten Fehler, den man schon als klassischen Navigationsirrtum bezeichnen kann, wird ausdrücklich hingewiesen: Auf keinen Fall darf als Ablenkungswert aus der Steuertafel die Ablenkung für die Kompaßpeilung entnommen werden, sondern die Ablenkung für den Kompaßkurs. Sie hängt ja immer von der Himmelsrichtung ab, in die der Kiel zeigt, also vom gerade anliegenden Kurs.

Auch bei den Peilungsverwandlungen gilt der Grundsatz: Vom falschen zum richtigen mit richtigem Vorzeichen!

Beispiele für Peilungsverwandlungen

Peilungen mit dem Peilkompaß

Beim Peilkompaß braucht keine Ablenkung berücksichtigt zu werden. Auf einem Stahlschiff, auf dem die Ablenkung eine große Rolle spielen würde, kann dieses Navigationsinstrument nicht benutzt werden.
In der Gegend von Menorca wurde 1980 eine Huk mit 023° am Peilkompaß gepeilt. Wie ist die rechtweisende Peilung?

MgP		023°
Mw	−	3,3°
rwP		019,7°

Peilungen mit dem Steuerkompaß

Kurze Zeit darauf wurde über den Peildiopter auf dem Steuerkompaß die gleiche Huk mit 24° gepeilt, während am Kompaß 250° anlagen. Wie ist die rechtweisende Peilung?

KpP		24°
Abl	−	5,5°
Mw	−	3,3°
rwP		15,2°

Peilungen mit der Peilscheibe

Anschließend wurde ein Leuchtfeuer auf der Peilscheibe mit 212° angepeilt, während der Rudergänger einen Kurs von 260° hielt. Wie ist die rechtweisende Peilung?

SP		212°
MgK	+	260°
MgP		472°
	−	360°
MgP		112°
Abl	−	5,5°
Mw	−	3,3°
rwP		103,2°

In der Bordpraxis kommen im allgemeinen nur Verwandlungen von Schiffsseitenpeilungen oder Kompaßpeilungen in rechtweisende Peilungen vor. Der umgekehrte Weg wird dann gewählt, wenn beispielsweise auf der Peilscheibe vorher ein Wert eingestellt wird, bei dem der Rudergänger den Kurs zu ändern hat, um von einer Gefahrenstelle gut freizubleiben. Die Verwandlung in die Kompaßpeilung wird wie bei der Kursverwandlung in umgekehrter Richtung vorgenommen, wobei selbstverständlich jeweils das entgegengesetzte Vorzeichen verwendet werden muß.

Diese Fotoserie wurde innerhalb weniger Sekunden geschossen. Sehr genau kann der Moment der Deckung zwischen der Tonne und dem Mast im Hintergrund festgestellt werden. Zur Deckpeilung eignen sich nahezu alle Landmarken, wenn sie einwandfrei identifiziert sind.

ÜBUNGS-AUFGABE 31

Auf der BEBINKA wird 1983 das Feuer auf dem Cabo de Pera (Nordost-Mallorca) mit dem „ganzen Schiff" gepeilt, was einen Kompaßkurs von 270° ergibt, während gleichzeitig Pt. de Amer an der Peilscheibe in 313° gepeilt wird. Wie lautet die rechtweisende Peilung zum Cabo de Pera?

ÜBUNGS-AUFGABE 32

Wie lautet die rechtweisende Peilung zur Pt. de Amer?

ÜBUNGS-AUFGABE 33

Wie ist die Schiffsposition?

Deckpeilung

Die Standlinie aus einer Deckpeilung ist eine Gerade.

Eine Deckpeilung liegt dann vor, wenn sich zwei eindeutig identifizierte Objekte vom Schiff aus gesehen genau hintereinander, also auf einer Linie befinden (siehe Abbildung Seite 104 oben rechts). Wenn durch diese beiden Objekte auf der Seekarte eine Linie gezogen wird, ist die Standlinie fertig. Es gibt keine genauere. Bei Regatten macht man sich diese Tatsache zunutze, indem man die Startlinie durch eine Deckpeilung anzeigt, so daß bis auf wenige Dezimeter genau gesagt werden kann, ob der Regattasegler sich noch vor oder schon hinter der Startlinie befindet.
Eine Deckpeilung ist um so genauer, je weiter die beiden Peilobjekte voneinander entfernt sind. Der große Vorteil dieser Art von Standlinienbestimmung ist, daß weder Ungenauigkeiten des Kompasses und der Ablenkung noch sonst irgendwelche Einflüsse wie Abdrift oder Strom in die Standlinie eingehen können. Es ist auch keine Rechenarbeit vonnöten.
Nachdem der Navigator dadurch immer eine hundertprozentige Standlinie hat, wird er den Moment der Deckpeilung zu einer weiteren Peilung benutzen, um einen Schiffsort zu erhalten, der möglichst genau ist. Denn eine Schiffsposition aus einer sehr genauen und einer weniger genauen Standlinie ist einer Position vorzuziehen, die von zwei weniger genauen Standlinien bestimmt wird. Hat sich der Navigator bei der Navigation in Landsicht einmal mit der Landschaft vertraut gemacht, so wird er stets Gelegenheiten finden, zu irgendwelchen Peilungen zu kommen. Ein der Küste vorgelagerter Felsen beispielsweise ermöglicht beim Passieren der Küste laufend Deckpeilungen, wenn man nur die dahinter liegenden Objekte auf der Karte identifizieren kann.
Schwierige Hafeneinfahrten sind häufig mit Richtfeuerlinien gekennzeichnet, deren Richtbaken beziehungsweise Richtfeuer eine Deckpeilung ergeben. Jeder, der schon einmal auf Richtbaken zugesteuert ist, wird festgestellt haben, wie durch ein „Öffnen" der Richtfeuer bereits optisch deutlich geringe Kursabweichungen angezeigt werden. Nach welcher Seite der Rudergänger

vom Kurs abgewichen ist, wird ihm durch die hintere Marke angezeigt. Befindet er sich links vom gewünschten Kurs, dann wird auch die hintere Peilmarke links von der vorderen zu sehen sein, und umgekehrt. Man sollte sich vor dem Fahren auf einer Deckpeilung, wenn diese beispielsweise bei einer Hafeneinfahrt haarscharf an einer Untiefe vorbeiführt, immer daran erinnern. Insbesondere bei Nacht ist dies eine bessere Hilfe, als erst an einem verkehrten Ruderausschlag zu merken, daß man sich noch weiter von der Deckung entfernt. Im Seehandbuch ist angegeben, welche Bake oder welches Feuer das hintere ist – meist wird es das höhere sein. Gewöhnlich ist bei Richtfeuern oder Richtbaken in der Karte auch gleich der rechtweisende Kurs angegeben, so daß ein aufmerksamer Navigator die Fahrt auf einer Deckpeilung *immer* dazu benutzen wird, die Ablenkung seines Kompasses zu überprüfen.

Leider wird der Navigator nur sehr selten die Möglichkeit haben, gleichzeitig zwei Deckpeilungen zu erhalten. Das gäbe nämlich den denkbar genauesten Schiffsort auf einige Meter genau. Manchmal kann es aber darauf ankommen, einen bestimmten Ort auf dem Wasser wiederzufinden, so daß man sich in der Landschaft zum betreffenden Ort, wo man sich gerade befindet, zwei Deckpeilungen sucht. Dies wird im allgemeinen immer möglich sein, indem man irgendwelche Bäume, Häuser, Bergkanten usw. heranzieht. In diesen Sonderfällen ist es nicht nötig, den Ort in die Karte einzuzeichnen; es kommt nur darauf an, ihn später noch einmal identifizieren zu können.

Die Notwendigkeit eines exakten Schiffsortes ergibt sich beispielsweise beim Ankerliegen, um feststellen zu können, ob der Anker auch wirklich hält. Dies kann jedoch zu Verunsicherungen führen, wenn das Schiff nur geringfügig um den Anker schwojt. In diesem Fall decken sich *beide* Peilungen nicht mehr, so daß manch überängstlicher Skipper schon gedacht hat, sein Anker würde schlieren. Es ist deshalb empfehlenswert, zu den beiden Deckpeilungen vor Anker gleichzeitig den Kompaßkurs abzulesen, denn nur auf diesem Kurs ist später bei festsitzendem Anker die Wahrscheinlichkeit groß, daß sich die vier Landobjekte weiterhin in Deckung befinden. Zwei Deckpeilungen in der Landschaft sind auch mit Sicherheit das einzige Mittel, um einen im Sturm aufgegebenen oder verlorenen Anker wiederzufinden.

Noch etwas sei hier erwähnt, was mit der Navigation zwar nicht unbedingt etwas zu tun hat, aber häufig vorkommt. Fällt vor Anker liegend irgendein wertvoller Gegenstand über Bord, so muß als erstes versucht werden, zwei Deckpeilungen zu erhalten. Nur so läßt sich der Verlustort exakt eingrenzen. Das gleiche gilt für eine untergegangene Boje. Hat man den Standort mit Hilfe von zwei Deckpeilungen exakt festgelegt, so ist es später mit Hilfe eines Suchdraggens oder eines Tauchers nicht hoffnungslos, das Bojengeschirr wieder heraufzufischen.

Benötigt man für Sonderzwecke (beispielsweise terrestrische Ablenkungskontrolle des Kompasses) einen möglichst exakten Schiffsort, so wird man sich im Schnittpunkt von zwei Deckpeilungen, die man sich auf der Karte herausgesucht hat, vor Anker legen oder sich im Schnittpunkt drehen. Dies hat den Vorteil, daß man keine Deviationstonne benötigt, die bei unseren kleinen Kunststoffschiffen unter Umständen selbst ein so starker Magnetstörer ist, daß dadurch die Ablenkung des Kompasses verfälscht wird. Es ist übrigens nur dann sehr leicht, den Schnittpunkt von zwei Deckpeilungen aufzufinden, wenn man auf einer Deckpeilung langsam dahinsegelt, bis sich die beiden anderen Objekte an Land decken. Eine derartige Methode wird der Navigator auch dann anwenden, wenn er beispielsweise einen schwierigen Hafen oder eine gefährliche Durchfahrt anzusteuern hat, wo es in der Navigation auf wenige Meter Genauigkeit ankommt und er als Ausgangsbasis für die Ansteuerung einen exakten Schiffsort braucht.

Feuer in der Kimm – ein Sonderfall der Deckpeilung

Die Methode „Feuer in der Kimm" ist hinreichend präzise und sehr beliebt. Der Grund liegt darin, daß der Moment „Feuer in der Kimm" fast sekundengenau bestimmt werden kann. Nähert sich eine Yacht bei Nacht einem Leuchtfeuer, so ist der Widerschein am Himmel schon von weither zu erkennen. Allmählich wird der Schein am Horizont immer heller, bis dann plötzlich nicht mehr der Schein, sondern der „Kern" des Feuers genau in der Kimm zu sehen ist. In diesem Moment spielt bei der Abstandsbestimmung „Feuer in der Kimm" die Augeshöhe, also die Höhe der Augen über dem Wasser, eine entscheidende Rolle. Hat man das Feuer in der Kimm stehend ausgemacht, braucht man sich nur hinzusetzen, und der Kern verschwindet wieder.

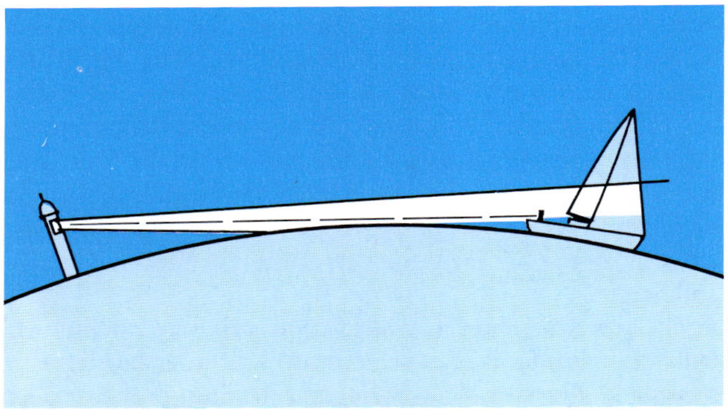

Feuer in der Kimm – aus dem Cockpit ist der Schein des Feuers meist schon auszumachen, lange bevor der Kern des Feuers erscheint. Mit zunehmender Augeshöhe kommt das Feuer eher in Sicht.

Bei der Abstandsmessung muß der Navigator die Augeshöhe (auf einen Meter geschätzt) und die Höhe des Feuers über dem Wasser kennen. Letztere entnimmt er dem Leuchtfeuerverzeichnis, seltener aus der Karte direkt. Bei ausländischen Seekarten ist darauf zu achten, ob die Höhe in Fuß oder Meter angegeben ist. Aus der nebenstehenden Tabelle können die Abstände zum Leuchtfeuer in Seemeilen abgelesen werden.

Formel für den Taschenrechner

Abstand in Seemeilen zum Feuer $= 2{,}075 \times (\sqrt{\text{Feuerhöhe in Meter}} + \sqrt{\text{Augeshöhe in Meter}})$

Feuerhöhe in Meter	Augeshöhe 1 m	2 m	3 m
1	4,15 sm	5,01 sm	5,67 sm
2	5,01 sm	5,87 sm	6,53 sm
3	5,67 sm	6,53 sm	7,19 sm
4	6,23 sm	7,08 sm	7,74 sm
5	6,71 sm	7,57 sm	8,23 sm
6	7,16 sm	8,02 sm	8,68 sm
7	7,56 sm	8,42 sm	9,08 sm
8	7,94 sm	8,80 sm	9,46 sm
9	8,30 sm	9,16 sm	9,82 sm
10	8,64 sm	9,50 sm	10,15 sm
11	8,96 sm	9,82 sm	10,48 sm
12	9,26 sm	10,12 sm	10,78 sm
13	9,56 sm	10,42 sm	11,08 sm
14	9,84 sm	10,70 sm	11,36 sm
15	10,11 sm	10,97 sm	11,63 sm
16	10,38 sm	11,23 sm	11,89 sm
17	10,63 sm	11,49 sm	12,15 sm
18	10,88 sm	11,74 sm	12,40 sm
19	11,12 sm	11,98 sm	12,64 sm
20	11,35 sm	12,21 sm	12,87 sm
21	11,58 sm	12,44 sm	13,10 sm
22	11,81 sm	12,67 sm	13,33 sm
23	12,03 sm	12,89 sm	13,55 sm
24	12,24 sm	13,10 sm	13,76 sm
25	12,45 sm	13,31 sm	13,97 sm
26	12,66 sm	13,51 sm	14,17 sm
27	12,86 sm	13,72 sm	14,38 sm
28	13,05 sm	13,91 sm	14,57 sm
29	13,25 sm	14,11 sm	14,77 sm
30	13,44 sm	14,30 sm	14,96 sm
31	13,63 sm	14,49 sm	15,15 sm
32	13,81 sm	14,67 sm	15,33 sm
33	13,99 sm	14,85 sm	15,51 sm
34	14,17 sm	15,03 sm	15,69 sm
35	14,35 sm	15,21 sm	15,87 sm
36	14,53 sm	15,38 sm	16,04 sm
37	14,70 sm	15,56 sm	16,22 sm
38	14,87 sm	15,73 sm	16,39 sm
39	15,03 sm	15,89 sm	16,55 sm
40	15,20 sm	16,06 sm	16,72 sm
41	15,36 sm	16,22 sm	16,88 sm
42	15,52 sm	16,38 sm	17,04 sm
43	15,68 sm	16,54 sm	17,20 sm
44	15,84 sm	16,70 sm	17,36 sm
45	15,99 sm	16,85 sm	17,51 sm
46	16,15 sm	17,01 sm	17,67 sm
47	16,30 sm	17,16 sm	17,82 sm
48	16,45 sm	17,31 sm	17,97 sm
49	16,60 sm	17,46 sm	18,12 sm
50	16,75 sm	17,61 sm	18,27 sm
55	17,46 sm	18,32 sm	18,98 sm
60	18,15 sm	19,01 sm	19,67 sm
65	18,80 sm	19,66 sm	20,32 sm
70	19,44 sm	20,30 sm	20,95 sm
75	20,05 sm	20,90 sm	21,56 sm
80	20,63 sm	21,49 sm	22,15 sm
85	21,21 sm	22,07 sm	22,72 sm

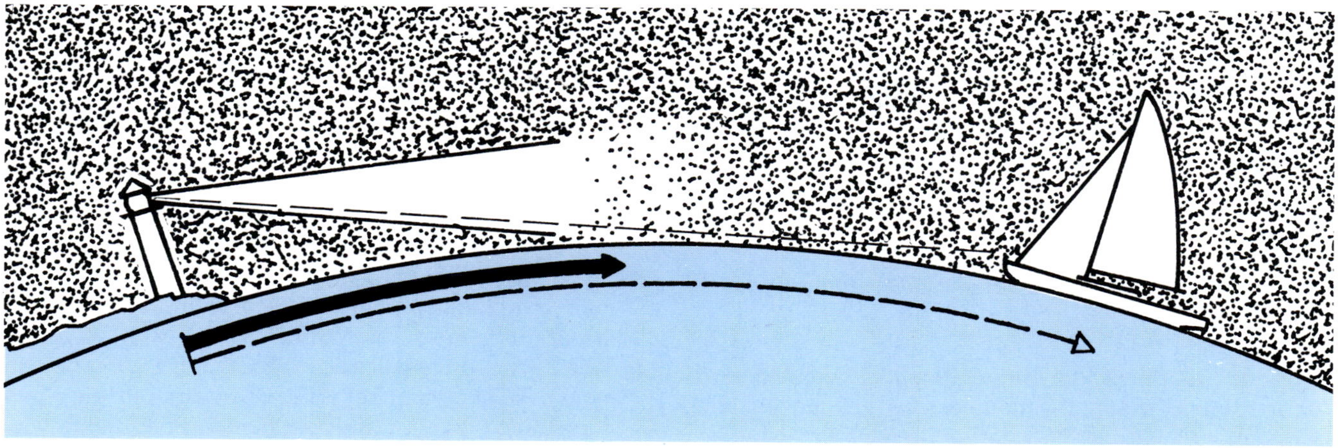

Die Tragweite eines Feuers wird durch die Stärke, die Sichtweite ausschließlich durch die Höhe des Feuers über Kartennull bestimmt.

Vorsicht: Bei großen Temperaturunterschieden zwischen Wasser und Luft können Luftspiegelungen entstehen, die die so berechneten Entfernungen beträchtlich verfälschen können. Dies gilt besonders für die frühen Abendstunden in den Tropen.

In Tidengewässern bezieht sich die Höhenangabe der Leuchtfeuer auf Kartennull. Bei extremen Tidenverhältnissen muß deshalb auch der jeweilige Tidenstand mit berücksichtigt werden.

Nähert er sich einer Küste, so wird der Navigator schon frühzeitig den Abstand zum Feuer in der Kimm ausrechnen. Die Eingangswerte sind bekannt: die Höhe des Leuchtfeuers und die Augeshöhe. Bei einer Augeshöhe von 2 m kann er also schon am Nachmittag in der Seekarte notieren, daß das 14 m hohe Feuer in der Kimm dann erscheinen wird, wenn das Schiff noch einen Abstand zum Feuer von 10,7 sm hat.

Wichtig: Mit einem Blick in das Leuchtfeuerverzeichnis muß man sich immer versichern, ob die Tragweite des Feuers überhaupt ausreicht, diese Sichtweite zu erzielen. Ein aufmerksamer Navigator wird dies allerdings auch an der Beobachtung des Feuers selbst erkennen können, weil das Auftauchen des Feuers in der Kimm außerordentlich typisch und kaum zu verwechseln ist.

Warnung: Auf keinen Fall darf der Abstand zu einem Feuer nach seiner Tragweite bestimmt werden. Wenn also im Leuchtfeuerverzeichnis eine Tragweite von 8 sm angegeben ist und das Feuer dann endlich im Fernglas ausgemacht werden kann, so bedeutet das *in der Praxis* noch lange nicht, daß die Schiffsposition nur 8 sm vom Feuer entfernt ist. Die Tragweite eines Feuers kann von so vielen äußeren Umständen beeinträchtigt werden, daß es eine navigatorische Todsünde ist, sich darauf zu verlassen.

ÜBUNGS-AUFGABE 34

Die GFK-Yacht Lord Jim peilt 1983 bei einem Kompaßkurs von 022° El Toro und C. de Cala Figuera in Linie und gleichzeitig C. Llebeipx mit 020° am Kompaß. Wie lautet die rechtweisende Peilung zum C. Llebeipx?

ÜBUNGS-AUFGABE 35

Wie ist die Schiffsposition?

ÜBUNGS-AUFGABE 36

Wie lautet der Kompaßkurs zum C. Lebeche auf Cabrera, wenn weder Abdrift noch Strom festgestellt wurden?

ÜBUNGS-AUFGABE 37

In der Dunkelheit sieht der Schiffsführer voraus am Himmel ein Leuchtfeuer, wobei er alle 15 Sekunden drei Blitze zählt. Kurze Zeit darauf sieht er den Kern des Feuers in der Kimm, wobei er seine Augeshöhe mit ca. 2 m schätzt. Gleichzeitig wird das Feuer mit dem Peilkompaß in 125° gepeilt. Um welches Feuer handelt es sich?

ÜBUNGS-AUFGABE 38

Wie weit ist Lord Jim vom Feuer noch entfernt?

ÜBUNGS-AUFGABE 39

Wie ist die rechtweisende Peilung zu diesem Feuer?

ÜBUNGS-AUFGABE 40

Wie lautet die Schiffsposition?

Horizontalwinkelmessungen

Eine Horizontalwinkelmessung ergibt einen Kreis als Standlinie.

Wie jede Standlinie, die ohne Kompaß gewonnen wird, gehört eine Horizontalwinkelmessung zu den genauesten Standlinien in der Navigation. Je nach Präzision des Winkelmeßinstrumentes wird ihre Genauigkeit lediglich von der Möglichkeit begrenzt, Winkel zu zeichnen. Nachdem dies kaum genauer als 0,25° möglich ist, reicht auch ein Winkelmeßinstrument aus, das mit dieser Präzision den Winkel zwischen zwei Peilobjekten an Land messen kann. Heutzutage wird hierfür ausschließlich ein Sextant verwendet. Im Gegensatz zur astronomischen Navigation und zur Höhenwinkelmessung in der terrestrischen Navigation reicht ein billiger Plastiksextant vollkommen aus, um eine exakte Standlinie aus einer Horizontalwinkelmessung zu gewinnen. Es muß aber darauf hingewiesen werden, daß eine Messung mit einem Primitivsextanten schwieriger durchzuführen ist als mit einem hochwertigen Präzisionsinstrument.
Bei der terrestrischen Navigation zeigt sich der Vorteil eines Sextanten gegenüber einem Oktanten viel häufiger. Der wesentliche Unterschied zwischen beiden Winkelmeßinstrumenten liegt im größeren Meßumfang des Sextanten. Nachdem in der terrestrischen Navigation auch Winkel über 100° keine Seltenheit sind, ist hier der Sextant dem Oktanten deutlich überlegen.
Ist kein Sextant an Bord – einen Plastiksextanten bekommt man schon für ca. 100 DM –, so kann die Schiffsseitenpeilung der beiden Landmarken zur Not auch mit der Peilscheibe festgestellt und daraus dann der Winkel „Landmarke 1 – Beobachter – Landmarke 2" berechnet werden. Dies empfiehlt sich aber nur dann, wenn sich der Kurs zwischen den beiden Schiffsseitenpeilungen nur unmerklich ändert, wenn das Schiff also beispielsweise bei Flaute unter Maschine läuft und der Kompaßkurs sehr genau eingehalten werden kann. Freilich, die ganz große Genauigkeit einer normalen Horizontalwinkelmessung ist damit verschenkt.
Um aus einer Horizontalwinkelmessung zwischen zwei Objekten zu einer Standlinie (Kreis) zu kommen, gibt es eine zeichnerische und eine rechnerische Lösung. Es sei vorweg gesagt, daß trotz Einsatzes moderner vollprogrammierbarer Taschenrechner die rechnerische Lösung nicht viel einfacher als die zeichnerische ist.

Die zeichnerische Lösung

Bei der – recht einfachen – zeichnerischen Lösung geht man folgendermaßen vor:

1. Man ziehe eine Verbindungslinie zwischen beiden Peilobjekten.
2. An der Verbindungslinie trage man bei beiden Peilobjekten den Komplementwinkel aus dem gemessenen Horizontalwinkel an. Der Komplementwinkel ist: 90° – gemessener Winkel.
3. Der sich so ergebende Schnittpunkt der beiden neuen Winkelschenkel ist der Mittelpunkt für einen Kreis, der sowohl durch die beiden Peilobjekte verläuft als auch eine Standlinie für den Schiffsort abgibt. Der Beobachter befindet sich also auf diesem Kreis.

Ist der gemessene Horizontalwinkel größer als 90°, so ist der Komplementwinkel ein negativer Winkel. In diesem Falle wird der Komplementwinkel bei den Peilobjekten nach der vom Beobachter abgewandten Seite in die Karte eingezeichnet (Abbildung Seite 120 oben).
An und für sich läßt sich diese Konstruktion ohne Bleistiftzirkel kaum bewerkstelligen, es sei denn, man ritzt den Kreis mit dem Kartenzirkel in die Karte, was selbstverständlich vermieden werden muß. In den allermei-

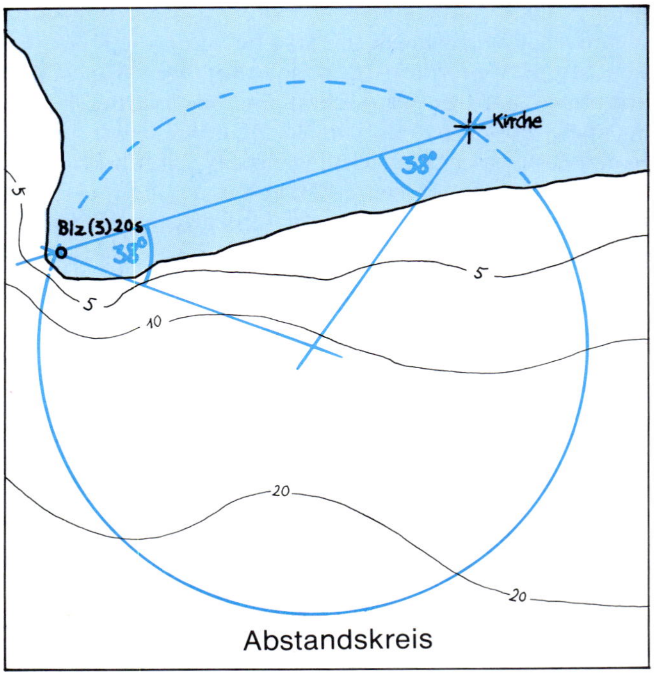

Horizontalwinkelmessung – zur Konstruktion des Mittelpunktes für den Standlinienkreis wird der Komplementwinkel in den beiden Landmarken eingetragen. Der Schnittpunkt der beiden Schenkel ist der Mittelpunkt für den Abstandskreis.

Horizontalwinkelmessung zweier Landmarken mit dem Sextanten

sten Fällen ist es aber so, daß bei derart günstigen Beobachtungsmöglichkeiten (zwei brauchbare Peilobjekte) meistens noch eine zweite Standlinie (Kompaßpeilung) zur Verfügung steht. In diesem Falle trage man zunächst die andere Standlinie ein, so daß nicht mehr der ganze Kreis gezeichnet werden muß, um zu einem Schiffsort zu gelangen. Dann reicht auch der Kartenzirkel aus, weil der Kreis nicht mehr ausgezeichnet werden muß, sondern lediglich der Schiffsort auf der zweiten Standlinie zu markieren ist.

Die rechnerische Lösung

Wie eben dargelegt, ergibt sich bei der zeichnerischen Lösung aus der Konstruktion mit den Komplementwinkeln nicht unmittelbar die Standlinie (Kreis), sondern zunächst der Mittelpunkt des Kreises.
Wollte man die Standlinie beziehungsweise den Mittelpunkt des Kreises mit Hilfe des Taschenrechners berechnen, so müßte man in den Rechner die Positionen der beiden Landobjekte eingeben – es müßten also zunächst die Breiten- und Längenkoordinaten herausgemessen werden. Der Rechner würde dann auch nur beispielsweise Länge und Breite für den Mittelpunkt des Kreises angeben, was wiederum in die Karte hineingemessen werden müßte, so daß nur der Mittelpunkt für den Kreis als Standlinie vorliegen würde. Die Vorbereitungen zur Berechnung und die Auswertung des Rechenergebnisses sind also letztlich mindestens genauso umständlich, als wenn man die Komplementwinkel bei den Peilobjekten gleich anträgt und im Schnittpunkt der Schenkel den Zirkel ansetzt.
Eine gute Mischform zwischen zeichnerischer und rechnerischer Lösung hat YACHT-Leser Albrecht gefunden, die tatsächlich gegenüber der rein zeichnerischen Horizontalwinkelkonstruktion einen Zeit- und Zuverlässigkeitsvorteil bringt, wenn ein einfacher Rechner mit trigonometrischen Funktionen vorhanden ist. Aus der Messung des Abstandes zwischen den Peilmarken in Seemeilen läßt sich der Radius des Standlinienkreises wie folgt berechnen:

$$\text{Radius} = \frac{\text{Abstand zwischen den beiden Peilmarken}}{2 \times \sin \text{Horizontalwinkel}}$$

Nach Berechnen des Radius wird dieser in den Bleistiftzirkel genommen, bei den beiden Peilmarken eingesto-

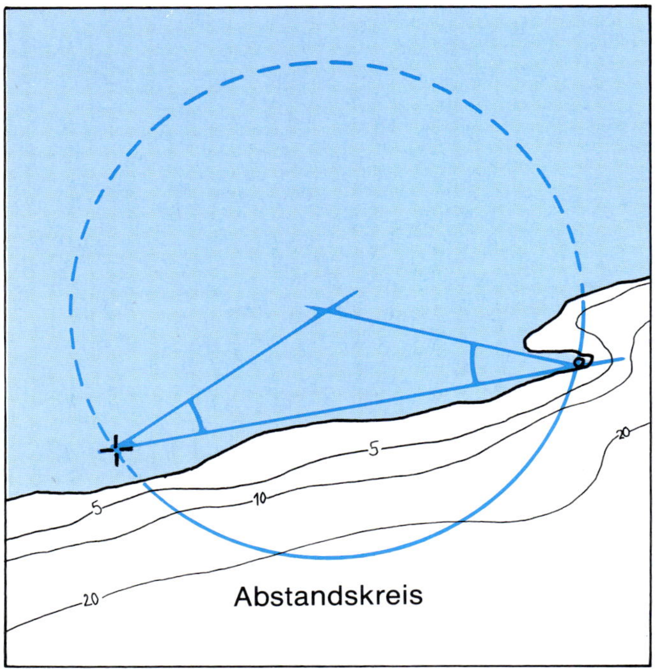

Ist der gemessene Horizontalwinkel größer als 90°, wird der Komplementwinkel bei den beiden Landmarken landeinwärts abgetragen.

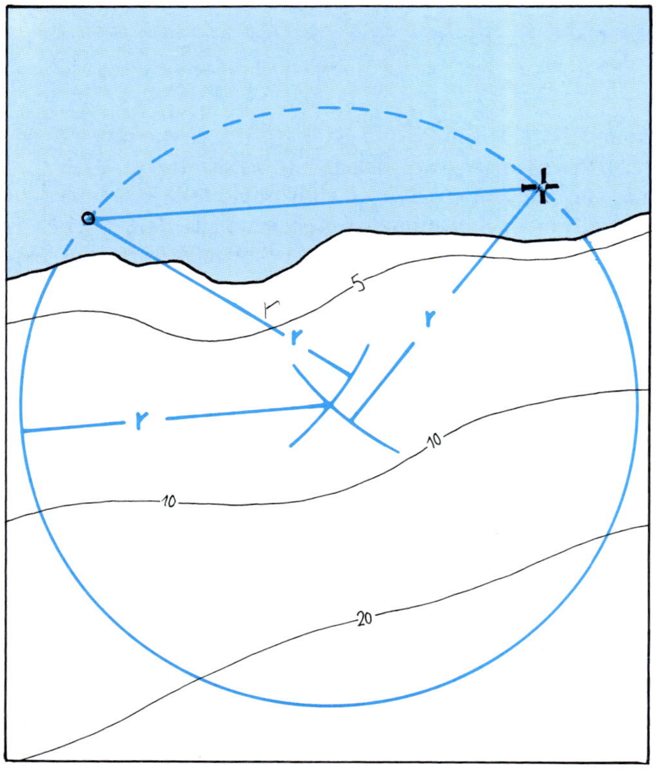

Bestimmung des Mittelpunktes für den Abstandskreis. Hierzu wird zunächst der Radius berechnet und dann mit zwei Zirkelschlägen der Mittelpunkt gefunden.

chen und der Schnittpunkt beider Radien als Mittelpunkt des Standlinienkreises angesehen. Wenn der Horizontalwinkel größer als 90° war, müssen die beiden Radien landwärts abgetragen werden, so daß der Mittelpunkt des Standlinienkreises vom Beobachter aus jenseits der Verbindungslinie zwischen beiden Peilmarken liegt (Abbildung links unten).

Positionsbestimmung mit Horizontalwinkel

Nachdem es sich bei einer Horizontalwinkelmessung um eine sehr genaue Standlinienbestimmung handelt, sollte man sie immer dann benutzen, wenn zwei Peilobjekte zur Verfügung stehen. Oftmals aber scheut der Navigator die geringe Arbeit am Kartentisch, weil er sich insbesondere bei schlechtem Wetter lieber an Deck in der frischen Luft aufhält. Der bequeme Skipper wird zwei Kompaßpeilungen (mit dem Peilkompaß) der beiden Peilmarken vorziehen, weil sich der Schiffsort auf diese Weise ohne weitere Konstruktion aus dem Schnittpunkt der beiden Geraden ergibt. Dies ist aber nicht die optimale Genauigkeit. Der aus einer Horizontalwinkelmessung und *einer* Kompaßpeilung gewonnene Schiffsort ist um einiges besser, wenn auch geringfügig unbequemer. Es hindert den Navigator aber niemand daran, in die-

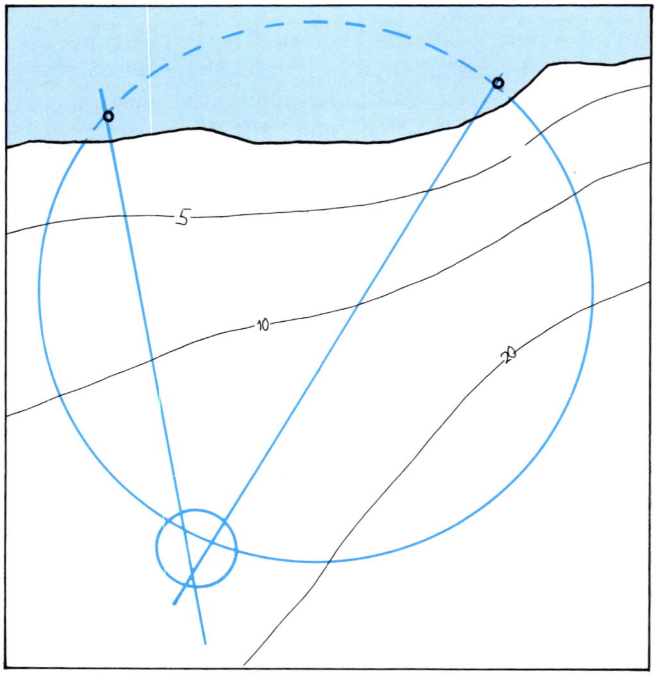

Sind zwei Landmarken vorhanden, sollte man in jedem Fall eine Horizontalwinkelmessung und zwei Kompaßpeilungen machen.

sem Fall gleich drei Standlinien zur Schiffsortbestimmung zu benutzen: zwei Kompaßpeilungen und eine Horizontalwinkelmessung. Das so eventuell entstehende Standliniendreieck (Fehlerdreieck) hat nicht den Vorteil, daß man damit die Qualität seiner Messungen beurteilen kann, denn es läßt sich ja nur feststellen, daß eine der beiden Kompaßpeilungen ungenau ist. Die Horizontalwinkelmessung selbst wird in jedem Fall sehr viel genauer sein als die Kompaßpeilung.
Der eigentliche Vorzug des Fehlerdreiecks aber besteht darin, daß möglicherweise Fehler bei Identifizierung der Landmarken erkannt beziehungsweise ausgeschlossen werden können. Diese Methode eignet sich deshalb auch dann, wenn man sich bei der Annäherung an die Küste nicht hundertprozentig über die Identität einer Landmarke im klaren ist.

Verwendung einer Horizontalwinkelmessung zur Gefahrvermeidung

Ist der Küste eine Gefahrenstelle (Riff) vorgelagert, so läßt sich die Horizontalwinkelmessung hervorragend dazu verwenden, um auf einfache Art und Weise seinen Kurs laufend daraufhin zu kontrollieren, daß das Schiff vom Riff gut freibleibt. Man wähle einen Punkt, der im gefahrlosen Bereich und zwischen dem und den beiden Peilmarken das Riff liegt, und messe aus der Karte den Horizontalwinkel heraus. Anschließend läßt sich beim Vorbeisegeln mit Hilfe des im Sextanten vorher eingestellten Gefahrenwinkels leicht kontrollieren, ob das Schiff gut freibleibt. Wird der Gefahrenwinkel *überschritten,* so bedeutet das, daß das Schiff sich gefährlich nahe am Riff befindet (Abbildung rechts).
Selbstverständlich kann diese Horizontalwinkelmessung auch dazu verwendet werden, eine Durchfahrt zwischen zwei Hindernissen laufend mitzukontrollieren. Hier müssen nur zwei Winkel in der Karte ermittelt werden, wovon der eine nicht *überschritten* und der andere nicht *unterschritten* werden darf.

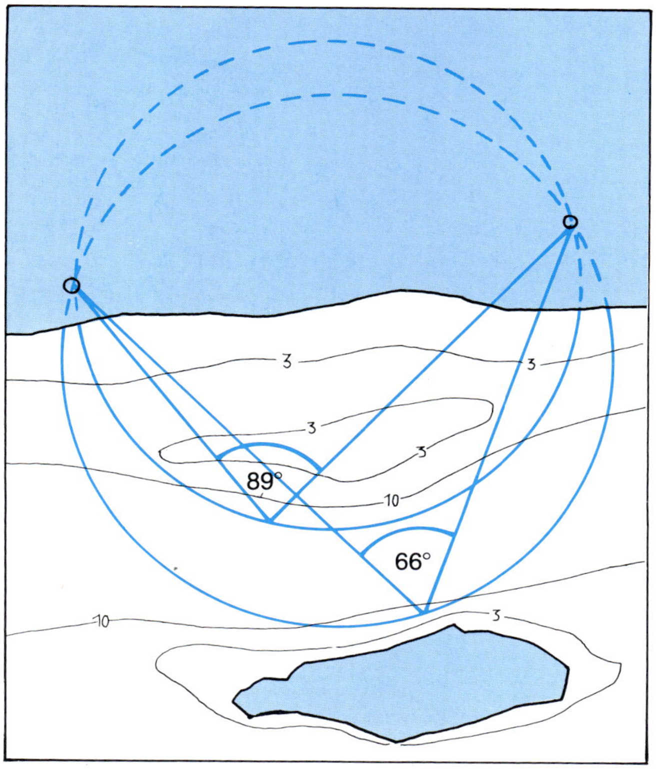

Solange hier 89° nicht überschritten und 66° nicht unterschritten werden, bleibt die Yacht sowohl von der Insel als auch von der Untiefe frei.

Doppelwinkelmessung

Eine Doppelwinkelmessung ist ein Spezialfall der Horizontalwinkelmessung. Sie besteht praktisch aus zwei Horizontalwinkelmessungen. Standorte daraus ergeben wahrscheinlich die genaueste Positionsbestimmung, die in der Bordpraxis überhaupt durchgeführt werden kann. Es sind hierzu drei Landmarken notwendig. Zum Messen verwendet man heutzutage einen gewöhnlichen Sextanten, während früher ausgesprochene Doppelwinkelmeßgeräte eingesetzt wurden. Nachdem diese aber wesentlich mehr kosten als ein preiswerter Plastiksextant, sind sie aus der modernen Kartenecke praktisch verschwunden. Die Auswertung von zwei Horizontalmessungen erfolgt am einfachsten dadurch, daß sie wie ganz gewöhnliche Horizontalwinkelmessungen behandelt werden, daß also bei jeder der Mittelpunkt eines Kreises bestimmt wird. So wie eine Schiffsposition immer der Schnittpunkt von zwei oder mehreren Standlinien ist, so ergibt auch der Schnittpunkt beider Kreise automatisch die Position. Zweckmäßig ist es allerdings, hierfür statt eines Kartenzirkels einen Bleistiftzirkel zu verwenden. Mit dieser Methode wird der Navigator in der Praxis immer sehr gute Ergebnisse erzielen.
Der Vollständigkeit halber sollen noch andere gebräuchliche Methoden zur Schiffsortbestimmung aus einer Doppelwinkelmessung aufgeführt werden.

Die Transparentpapiermethode

Mit Hilfe der Transparentpapiermethode läßt sich der genaue Schiffsort wohl am einfachsten und genau genug herausfinden, wenn man die gemessenen Winkel von einem Punkt ausgehend auf ein Stück durchsichtiges Papier aufzeichnet und dieses auf der Karte so lange hin

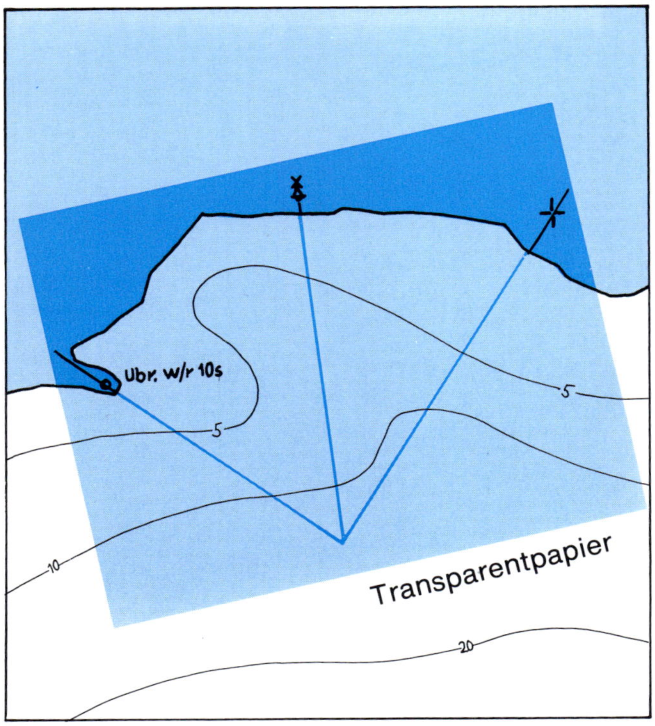

Bei der Transparentpapiermethode werden die beiden Horizontalwinkel auf ein durchsichtiges Papier aufgezeichnet und dann auf der Seekarte so lange verschoben, bis alle drei Winkelschenkel durch die beiden Landmarken verlaufen.

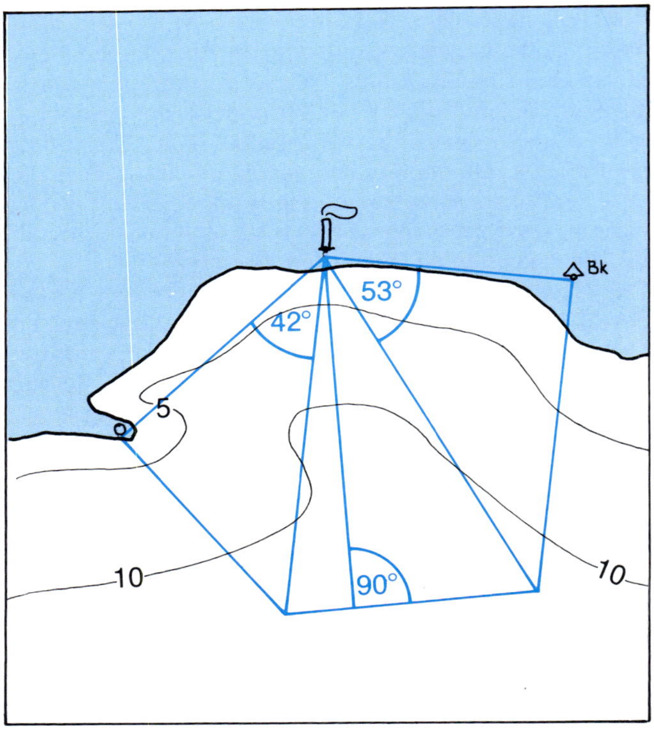

Doppelwinkelkonstruktion

und her schiebt, bis die drei Bleistiftstrahlen exakt durch die gemessenen Landobjekte verlaufen (Abbildung links oben). Das klingt umständlich, ist aber tatsächlich eine Angelegenheit von Sekunden.

Die Doppelwinkelkonstruktion

Die Doppelwinkelkonstruktion wird in folgenden Schritten durchgeführt (Abbildung links unten):

1. Die Landmarken werden in der Karte mit Bleistiftstrichen verbunden.
2. Die beiden Komplementwinkel werden nur bei der mittleren Landmarke angebracht.
3. In den beiden äußeren Landmarken wird eine Senkrechte zur Verbindung mit der mittleren Landmarke gezeichnet.
4. Zwischen den beiden so entstehenden neuen Schnittpunkten wird eine Verbindungslinie gezogen und auf dieser Verbindungslinie eine Senkrechte in die mittlere Landmarke eingezeichnet. Dort, wo diese Senkrechte auf der Verbindungslinie beginnt, ist der Schiffsort.

Die rechnerische Lösung (nach Albrecht)

Die von Albrecht vorgeschlagene Lösung des einfachen Horizontalwinkels läßt sich ebenso bei der Doppelwinkelmessung verwenden. Der einzige Unterschied besteht darin, daß nicht nur ein Radius berechnet werden muß, sondern mit Hilfe des Abstands der zweiten zur dritten Landmarke ein zweiter. Zwar sind dann statt zweier Zirkelschläge sechs notwendig, doch besteht der Vorteil darin, daß nicht nur eine Standlinie gewonnen werden kann, sondern der fertige Schiffsort. Der Radius wird nach der gleichen Formel wie bei der einfachen Horizontalwinkelmessung berechnet:

$$r = \frac{\text{Abstand in Seemeilen zwischen 2 Landmarken}}{2 \times \sin \text{Horizontalwinkel}}$$

Ein Vorzug bei diesem Verfahren liegt darin – und das macht es dann wirklich schnell –, daß insgesamt zwar sechs Zirkelschläge erforderlich sind, der Zirkel aber nur ein einziges Mal für den zweiten Radius verstellt werden muß.

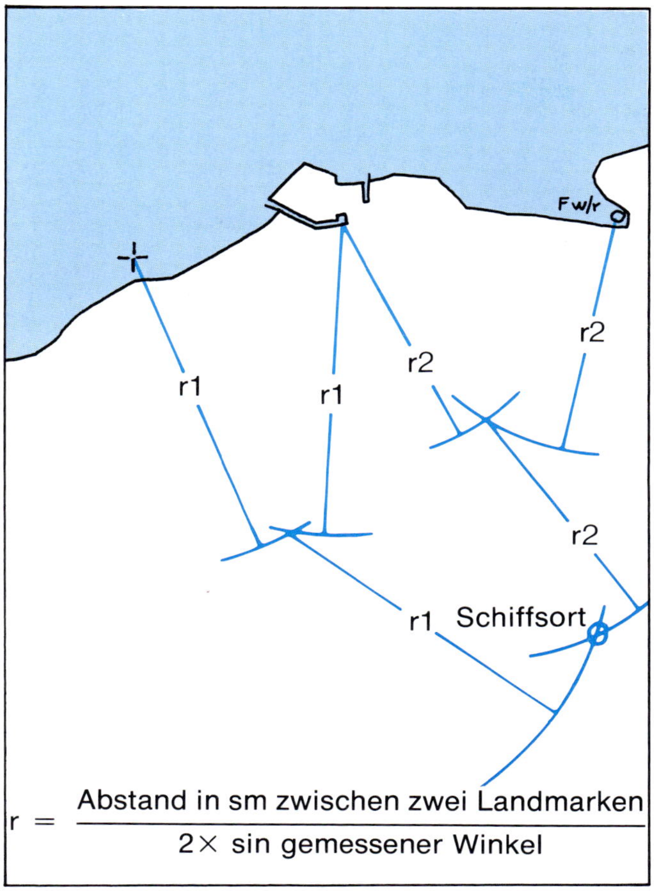

Doppelwinkelkonstruktion nach Albrecht mit einem Elektronenrechner. Sieht kompliziert aus, ist aber die einfachste Methode. Ausprobieren!

Höhenwinkel

Aus einer Höhenwinkelmessung ergibt sich ein Kreis als Standlinie.

Bei der Höhenwinkelmessung wird vom Beobachter der Winkel zur Spitze eines Objektes mit bekannter Höhe und zu dessen Fußpunkt beziehungsweise dem sichtbaren Horizont gemessen (Abbildung Seite 124/125).
Vom Prinzip her sollte eine Standlinie aus einer Höhenwinkelmessung genauso exakt sein wie eine Standlinie aus einer Horizontalwinkelmessung. Dies ist aber bei weitem nicht so, wenn auch eingeräumt werden muß, daß bei nicht allzu kleinen Winkeln die Präzision einer derartigen Standlinie immer noch wesentlich höher zu veranschlagen ist als beispielsweise bei Standlinien, für die in irgendeiner Form der Kompaß mitverwandt wurde.

Meist handelt es sich bei Höhenwinkelmessungen um Winkel unter 15°. Eine Ungenauigkeit in der Sextantmessung von mehreren Minuten, wie sie bei der Horizontalwinkelmessung ohne weiteres zu verkraften ist, kann hier nicht hingenommen werden. Deshalb können genaue Höhenwinkelmessungen *nur* mit solchen Sextanten gemacht werden, die üblicherweise auch in der Astronavigation eingesetzt werden. Zumindest sollte es sich um einen Trommelsextanten mit Fernrohr handeln, so daß eine Genauigkeit von +/− 2 min erreicht werden kann.
Fast immer wird man bei der Horizontalwinkelmessung einen Turm, ein Feuer, einen Berg oder ähnliches als die eine Peilmarke benutzen und den senkrecht darunter liegenden Punkt am Strand (Strandkimm!) als zweite.
Es ist deshalb bei jeder Höhenwinkelmessung streng danach zu unterscheiden, ob der „Fußpunkt“ auch wirklich gesehen werden kann, oder ob er etwa durch die Kimm dazwischen verdeckt ist.
Selbst mit guten Ferngläsern ist es nicht immer möglich, dies zweifelsfrei zu erkennen. Es sollte deshalb stets die Kimmentfernung berechnet werden. Die Kimmentfernung ist nur von einem einzigen Faktor abhängig, und das ist die Augeshöhe. Je höher das Auge, desto weiter ist die Kimm entfernt. Sie berechnet sich nach dieser Formel:

$$2{,}1 \times \sqrt{\text{Augeshöhe}} = \text{Kimmentfernung}$$

Man kann sie aber genausogut aus der folgenden Tabelle ablesen und interpolieren:

Augeshöhe	1 m	2 m	3 m	4 m	5 m
Kimmentfernung in Seemeilen	2,1	3,0	3,6	4,2	4,7

Berechnung der Entfernung

Die Formel für die Berechnung der Entfernung ist so einfach, daß sie bereits in der Navigation benutzt wurde, als es noch keine Elektronenrechner gegeben hat. Sie lautet:

$$\text{Abstand in Seemeilen} = \frac{\text{Objekthöhe in Meter} \times 13}{\text{Höhenwinkel in Minuten} \times 7}$$

Für die Abstandsbestimmung mit Hilfe eines Höhenwinkels muß die Höhe des Objekts, und zwar von der Strandkimm (Fußpunkt) bis zu seiner Spitze, genau bekannt sein. Die Angaben erhalten wir aus dem Leuchtfeuerverzeichnis oder aus der Seekarte. Nachdem es sich aber bei den Höhenwinkelmessungen meist um sehr kleine Winkel handelt, spielt die Genauigkeit der Ob-

jekthöhe eine sehr wichtige Rolle. Wenn der Winkel zwischen Feuer und Strandkimm gemessen wird, so muß in Tidengewässern auch der Tidenstand berücksichtigt werden, der im Extremfall bis zu 10 m Unterschied ausmachen kann. Es bleibt also nichts anderes übrig, als in die Gezeitentafel einzugehen (siehe Seite 128). Bei Leuchttürmen ist darauf zu achten, ob im Leuchtfeuerverzeichnis die Objekthöhe für das Feuer oder aber für den obersten Punkt des Leuchtturms angegeben ist. Im ersten Fall kann dies am Tage, im zweiten bei Nacht zu Fehlmessungen führen.
Ob man ein Objekt hinter oder vor der Kimm erwischt hat, erkennt man an dem berechneten Abstand. Ergibt sich ein Wert, der größer als die Kimmentfernung (siehe oben) ist, so darf man das obige Ergebnis nicht verwenden, sondern man muß den Abstand dann mit der beschriebenen Formel berechnen.

Berechnung der Abstandsentfernung bei einem Objekt hinter der Kimm

Da die Entfernung zu Objekten vor der Kimm bei der yachtüblichen Augeshöhe sehr kurz ist, beeinflussen ungünstige Lichtbrechungsverhältnisse (Dämmerung) das Ergebnis kaum. Anders ist es bei Objekten, die sich in größerem Abstand von der Schiffsposition befinden*. Hier können erhebliche Verfälschungen bis zu 15° eintreten, selbst wenn sich – rein rechnerisch – der Abstand sehr genau angeben läßt. Je größer der gemessene Winkel aber ist, um so sicherer wird das Ergebnis. Dies spielt besonders im häufigsten Anwendungsfall dieser Formel eine Rolle, nämlich dann, wenn ein Berggipfel gemessen wird. Die Schwierigkeiten dabei aber liegen wieder bei der Identifizierung des höchsten Punktes des Berges, weil dieser häufig von See aus nicht einwandfrei ausgemacht werden kann. Diese Abstandsbestimmung ist vor allem in den betonnungsarmen Gewässern des Mittelmeers von Bedeutung, weil hier oftmals Berggipfel als alleinige Orientierungshilfen zur Verfügung stehen.

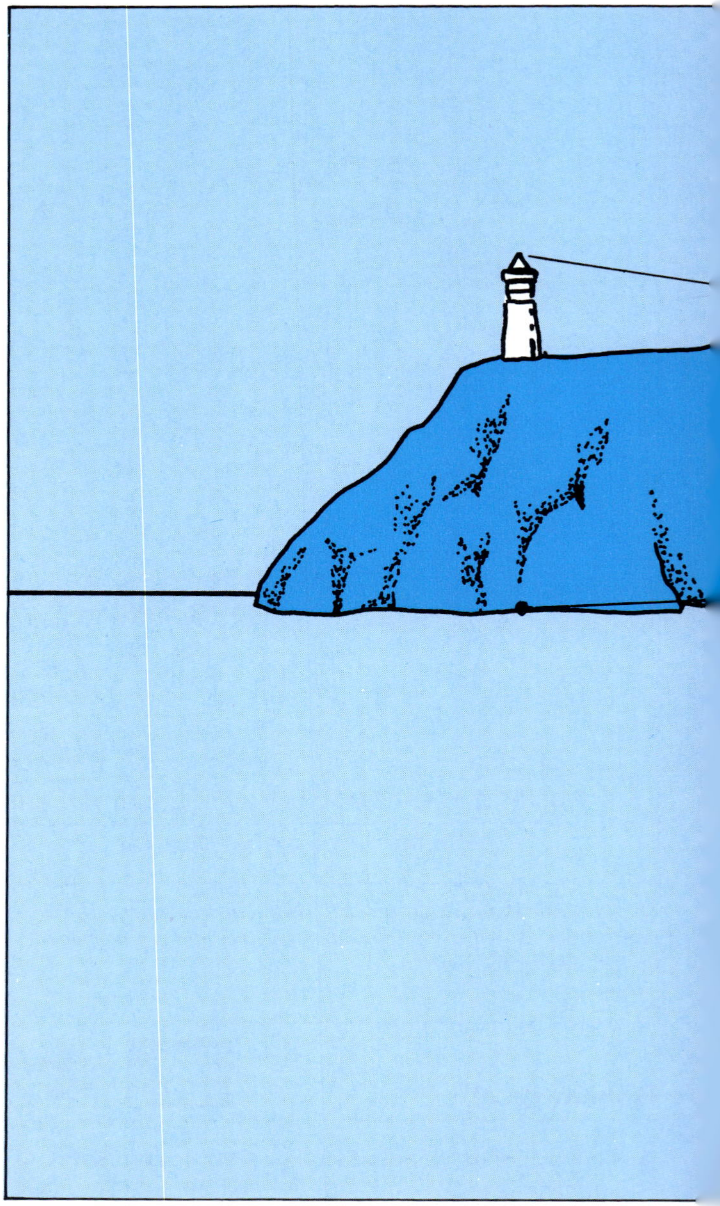

Bei der Höhenwinkelmessung mit dem Sextanten muß darauf geachtet werden, ob die „Strandkimm" vor oder hinter der eigentlichen Kimm liegt. Es gelten nämlich für die Abstandsberechnung verschiedene Formeln.

Bei der untenstehenden Formel erweist sich der Vorteil eines Elektronenrechners in der Navigation. Diese Formel konnte früher nur mit Hilfe von mühselig zu handhabenden Grafiken einigermaßen gelöst werden. Heute ist es eine Angelegenheit von wenigen Minuten, zu einem richtigen Rechenergebnis zu kommen.

* Übrigens handelt es sich bei der Methode der Abstandsbestimmung durch Messung eines Objektes hinter der Kimm mit einem Sextanten um die gleiche Methode, die bei der astronomischen Navigation angewendet wird. Dort ist es lediglich statt des Berggipfels die Sonne oder ein anderes Gestirn. Das Ergebnis bei der astronomischen Navigation ist ebenfalls eine Standlinie in Form eines Kreises mit dem senkrecht unter dem Stern liegenden Punkt auf der Erdoberfläche als Mittelpunkt.

$$\text{Abstand in Seemeilen} = \sqrt{3{,}71 \times (\text{Objekthöhe in Meter} - \text{Augeshöhe in Meter}) + (\text{Höhenwinkel in Minuten} - 1{,}8 \times \sqrt{\text{Augeshöhe}})^2} - (\text{Höhenwinkel in Minuten} - 1{,}8 \times \sqrt{\text{Augeshöhe in Meter}})$$

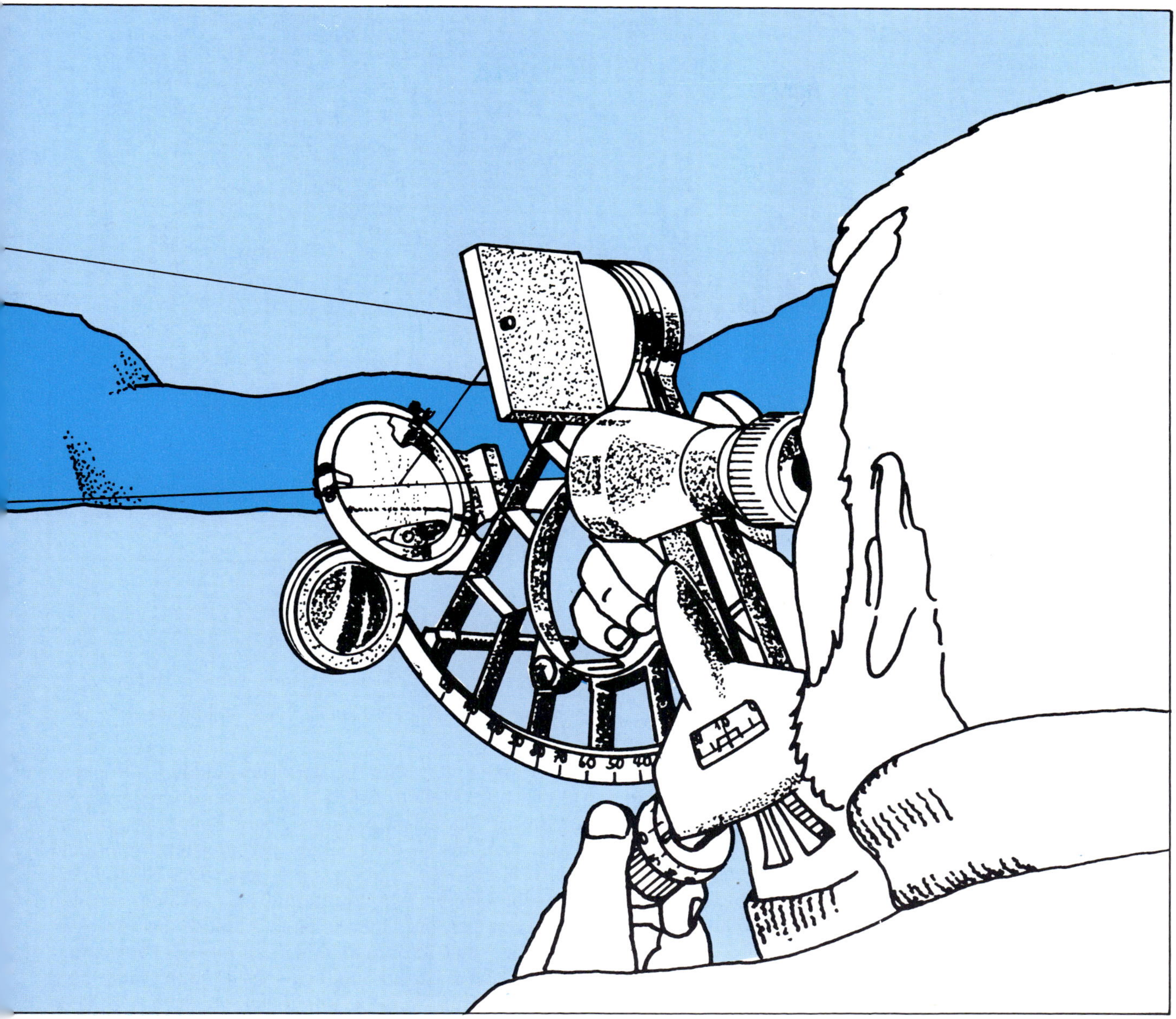

Insbesondere bei ausländischen Seekarten achte man darauf, ob die Höhe des Objekts in Meter oder Fuß angegeben ist. Selbstverständlich muß dann für obige Formeln zunächst einmal eine Umrechnung in Meter vorgenommen werden.

Entfernungsmessung mit Hilfe einer Sofortbildkamera

Die Standlinie ist ein Kreis.

Diese Methode beruht eigentlich auf dem Prinzip der Horizontalwinkelmessung. Voraussetzung hierfür sind eine Sofortbildkamera, die Kenntnis einer Objektgröße in der Landschaft oder des Abstandes von zwei Landmarken in der Landschaft sowie die Kenntnis der Brennweite des Objektivs.

Die Methode wurde in der deutschen Literatur zum erstenmal in YACHT Nr. 18/66 veröffentlicht.

Das geschilderte Verfahren von Hans G. Strepp konnte sich jedoch nicht so recht durchsetzen, weil die damals auf dem Markt befindlichen Polaroidkameras wohl noch nicht so ein Massenverkaufsartikel waren wie heutzutage. Es ist sicher auch nicht Sinn der Sache, alle zehn Minuten ein Bild für 2,50 DM für eine Abstandsbestimmung zu opfern. Es kann aber unter Umständen einmal

Bei einer Objektivbrennweite von 180 mm und einer Abbildungsgröße von 12,5 mm ergibt sich ein Abstand von ca. 0,9 sm.

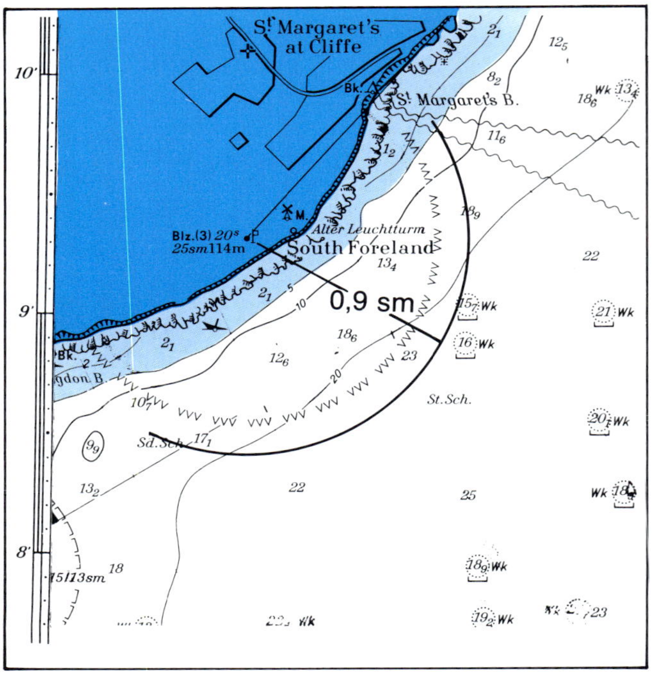

derart auf eine sehr genaue Ortsbestimmung ankommen, daß diese Investition lohnend ist. Wenn wir bei manch anderen teuren Navigationsgeräten nachrechnen würden, was jede Standlinie gekostet hat, so würden wir wahrscheinlich auf erschreckend hohe „Standlinienkosten" kommen. Ein Nebeneffekt der Navigation mit einer Polaroidkamera ist ein manchmal recht nettes Erinnerungsbild, das gleich ins Logbuch eingeklebt werden kann.

Die Ausrechnerei ist mit einem Elektronenrechner heute kein Problem mehr. Als Strepp 1966 die Arbeit veröffentlichte, wäre wohl mit der ganzen Auswertung eines solchen Schnappschusses so viel Zeit vergangen, daß schließlich die daraus gewonnene Information (Standlinie) nur noch Erinnerungswert gehabt hätte.

Die Abstandsbestimmung von einem Objekt vor der Kimm (!) wird folgendermaßen praktiziert:

1. Foto mit der Polaroidkamera machen.
2. Höhe des geschossenen Leuchtturms aus dem Leuchtfeuerverzeichnis oder der Seekarte entnehmen.
3. Aus dem fertig entwickelten Bild (beim Schwarzweißfoto zehn Sekunden, bei Farbe 60 Sekunden) die Leuchtturmhöhe von der Strandkimm bis zur Spitze mit dem Zirkel möglichst genau nach Millimetern herausmessen.
4. Den Abstand zum Leuchtturm nach folgender Formel mit dem Elektronenrechner ausrechnen:

$$\text{Abstand in Seemeilen} = \frac{\text{Peilobjekthöhe in Meter} \times \text{Brennweite in Millimeter}}{\text{Abbildung des Peilobjekts auf dem Foto in Millimeter} \times 1852}$$

Die Brennweite steht meist vorne auf dem Objektiv. Man wird feststellen, daß dieses Verfahren in der Praxis nur bei geringen Entfernungen zum Peilobjekt gut arbeitet, weil die Sofortbildkameras meistens mit recht kurzen Brennweiten ausgestattet sind. Das führt zu einem sehr kleinen Abbildungsmaßstab auf dem fertigen Foto. Läßt sich bei einer solchen Kamera das Objektiv wechseln – das wird im allgemeinen nur bei Profikameras mit Polaroidzusatz möglich sein –, dann wähle man eine lange Brennweite, also ein Teleobjektiv. Übrigens kennt jeder Fotograf das Problem der fallenden Linien bei sehr nahen und hohen Objekten. Diese würden bei der Abstandsmessung zu deutlichen Ungenauigkeiten führen. Sie lassen sich aber leicht vermeiden, indem ohne Rücksicht auf den Bildausschnitt die Kamera bei der Aufnahme möglichst senkrecht gehalten wird.

Für die Belange der terrestrischen Navigation ist eine Polaroidkamera ein mehr als guter Ersatz für einen teuren Sextanten, zumal diese unter Umständen ohnehin schon vorhanden ist.

Abstandsmessungen mit Hilfe von anderen Entfernungsmessern

Die Entfernung ist ein Kreis als Standlinie.

Es gibt auf dem Markt eine ganze Reihe von Entfernungsmessern, die meist auf dem Prinzip der Winkelmessung beruhen. Sie haben sich alle nicht durchsetzen können, weil sie letztlich doch zu ungenau sind und der Sextant in der Plastikausführung gewiß nicht schlechter ist. Im wesentlichen sind zu unterscheiden: Entfernungsmesser, bei denen die Größe eines Objekts in der Natur bekannt sein muß, und Entfernungsmesser, bei denen das nicht der Fall ist.
Bei letzteren wird dasselbe Prinzip angewandt wie bei den früheren Entfernungsmessern im Durchblicksucher einer Kamera (Leica), als es noch keine Spiegelreflexkameras gab. Diese Entfernungsmesser haben für eine Entfernung bis 20 m durchaus ausgereicht; anschließend war auf der Kamera ja nur noch „unendlich" einzustellen. Ihre Genauigkeit hing im wesentlichen von der „Meßbasis" auf der Kamera ab. Mit anderen Worten: Je größer so ein Instrument ist, um so genauer werden die Messungen. Bei Entfernungen über 100 m – sollen sie für die Navigation verwertbar sein – muß der Entfernungsmesser mindestens 50 cm groß sein, damit eben diese Meßbasis von 50 cm für eine genaue Abstandsbestimmung präzise genug ist. In der Praxis haben sich diese unhandlichen Instrumente, die auch nur in Amerika verkauft worden sind, deshalb nicht durchsetzen können. Es besteht auch kein Anlaß, einem solchen Instrument gegenüber einem billigeren Plastiksextanten, der universell und übungshalber auch in der Astronavigation einzusetzen ist, den Vorzug zu geben.

ÜBUNGS-AUFGABE 41

Die NANUK steht 1983 auf ca. 40°06,2'N und 3°15'E. Logstand: 23,4. Mit einem Kompaßkurs von 160° läuft sie unter Maschine, bis das Log 32,9 anzeigt. Wie lautet der Kurs über Grund?

ÜBUNGS-AUFGABE 42

Wie ist die Koppelposition?

ÜBUNGS-AUFGABE 43

Kurz darauf werden C. del Pinar und Feuer C. de Formentor mit dem Sextanten gemessen. Der Winkel zwischen beiden Kaps ist 36°. Gleichzeitig wird bei einem Kompaßkurs von 160° über die Peilscheibe C. de Formentor mit 131° gemessen. Wie lautet der Schiffsort?

ÜBUNGS-AUFGABE 44

Wie groß war nach Richtung und Seemeilen die Besteckversetzung?

ÜBUNGS-AUFGABE 45

Zur Sicherheit nimmt der Skipper eine Doppelwinkelmessung vor. Er peilt C. de Formentor und C. del Pinar in 31° und den Winkel zwischen C. del Pinar und C. Ferruch in 72°. Wie lautet die Schiffsposition?

Tiefenmessungen

Eine Standlinie aus Tiefenmessungen ergibt eine unregelmäßig verlaufende Linie.

Die einfachste Art einer Standlinie aus einer Tiefenmessung ist beispielsweise die Feststellung einer Wassertiefe von 10 m. In diesem Fall weiß der Navigator, daß er sich genau auf der 10-m-Linie befindet. „Ungerade" Tiefen ergeben meist keine klar erkenntliche Standlinie. Doch bleibt es dem Navigator überlassen, sozusagen durch geistiges Interpolieren die „Tiefenlinie" für 13 m auf der Karte zu finden. Generell kann gesagt werden, daß sich Tiefenmessungen zur Standliniengewinnung nur bei markantem Grundprofil eignen. Meistens wird eine Tiefenmessung zum Zwecke der Navigation mehr zur Kontrolle als zur Gewinnung eines Standortes benutzt.

Reihenlotungen

Reihenlotungen ergeben gleich einen fertigen Schiffsort – in der Theorie! In der Praxis ist es außerordentlich schwierig, durch derartige aufeinanderfolgende Tiefenmessungen zweifelsfrei einen Schiffsort zu gewinnen. Man sollte auf dieses Hilfsmittel nur im äußersten Notfall zurückgreifen. Bei der Reihenlotung wird in möglichst kurzen Abständen die Wassertiefe gemessen, wobei es wichtig ist, entweder die Zeit zwischen den Messungen genau zu notieren oder gleich – was besser ist – die Strecke, die zwischen den Messungen zurückgelegt worden ist. Mit einiger Geduld läßt sich dann ein Lotstreifen anfertigen, der, wenn man Glück hat, in die Grundstruktur paßt.
Reihenlotungen führen nur dann zum Erfolg, wenn
- die *über Grund* zurückgelegte Strecke zweifelsfrei festgestellt werden kann,
- die Lotungen genau sind und

– es sich nicht um einen ebenen Grund handelt.

Reihenlotungen sind eine unsichere Art der Schiffsortbestimmung.

Nr.	Ort	Geogr. Lage: Breite	Länge	HW	NW	Mittlere Höhen des Bezugsortes			
		° ′	° ′	h m	h m	m	m	m	m
	Bezugsort: DEVONPORT (Seite 77-79)					SpHW 5,5	NpHW 4,4	SpNW 0,8	NpNW 2,2
				Zeitunterschiede		Höhenunterschiede			
	M G Z + 01h00m	N	W						
1070	Exmouth	50 37	3 25	+00 50	+00 35	-1,5	-1,6	-0,6	-0,9
1071	Lyme Regis	50 43	2 56	+00 50	00 00	-1,2	-1,3	-0,2	-0,5
1072	Bridport	50 42	2 45	+00 33	00 00	-1,4	-1,4	-0,2	-0,6
1075	Portland 6	50 34	2 26	+01 06	-00 27	-3,4	-3,0	-0,6	-1,4
	G			+01 06	+03 08	-3,4	-3,0	-0,6	-1,4
	PORTSMOUTH (Seite 85-87)					SpHW 4,7	NpHW 3,8	SpNW 0,6	NpNW 1,8
1079	Swanage . . . . T	50 37	1 57	-02 50	-01 05	-2,7	-2,4	-0,3	-0,7
	Poole Harbour								
1080	Einfahrt . . . . T	50 40	1 56	-02 40	-00 45	-2,7	-2,4	-0,3	-0,7
1081	Brücke . . . . T	50 43	1 59	-02 15	-00 08	-2,5	-2,3	-0,2	-0,6
1082	Bournemouth . . . . T	50 43	1 52	-02 40	-00 40	-2,7	-2,3	-0,3	-0,8
1084	Christchurch . . . . T Sp	50 43	1 45	-02 30	-00 35	-2,9	-	-0,2	-1,2
	T Np			+00 30	-00 35	-	-2,4	-0,2	-1,2
	The Solent								
1085	Totland Bay . . . . T Sp	50 41	1 33	-01 30	-00 40	-2,0	-	-0,1	-0,5
	T Np			-00 45	-00 40	-	-1,5	-0,1	-0,5
1087	Hurst Point . . . . T Sp	50 42	1 33	-01 15	-00 28	-2,0	-	-0,1	-0,5

Für Swanage (Nr. 1079) beispielsweise ist Portsmouth der Bezugsort. Die Unterschiede gegen Portsmouth werden ganz einfach von dessen Werten entsprechend dem Vorzeichen abgezogen.

Tiefenmessungen in Gezeitengewässern

Um Tiefenmessungen in Gewässern mit deutlich ausgeprägten Gezeiten verwenden zu können, müssen die Wasserstandsverhältnisse bekannt sein. Hierzu ist als Unterlage eine Gezeitentafel für das betreffende Jahr und Gebiet notwendig. Es gibt beispielsweise Gewässer, in denen wir es mit einem Gezeitenunterschied von bis zu 10 m zu tun haben. Um den jeweiligen Wasserstand zu ermitteln, gehe man folgendermaßen vor:

1. Man stelle die Zeit und die Höhe des vorangegangenen und des nachfolgenden Hoch- beziehungsweise Niedrigwassers fest (Gezeitentafel).
2. Mit Hilfe der Tafel 2 (Angenäherter Höhenunterschied gegen die Niedrigwasserhöhe), einer einfachen Rechnung mit dem Elektronenrechner oder einer speziellen Tidenkurve wird sodann die für den betreffenden Zeitpunkt exakte Höhe des Wasserstandes ermittelt.

Dies hört sich sehr einfach an, in der Praxis sind jedoch einige Schwierigkeiten zu überwinden. Zunächst einmal ist in der Gezeitentafel nicht für jeden Ort eigens eine Seite mit den jeweiligen Gezeiten zu finden. Beim Durchblättern der Gezeitentafel fällt auf, daß die genauen Tidenverhältnisse lediglich für die sogenannten Bezugsorte angegeben sind. Nur selten werden wir uns an einem der wenigen Bezugsorte befinden. Meistens

Portsmouth 1980

Breite: 50° 48′ N, Länge: 1° 07′ W.

Juni				Juli						August					
Höhe m		Zeit h m	Höhe m		Zeit h m	Höhe m		Zeit h m	Höhe m		Zeit h m	Höhe m		Zeit h m	Höhe m
4,5	16	0214	4,5	1	0152	4,5	16	0233	4,4	1	0313	4,6	16	0324	4,3
0,7		0730	0,8		0716	0,7		0750	0,9		0839	0,5		0837	1,1
4,4	Mo	1450	4,5	Di	1428	4,5	Mi	1507	4,5	Fr	1553	4,8	Sa	1549	4,4
0,9		1949	1,2		1938	0,9		2009	1,2		2101	0,8		2057	1,3
4,4	17	0252	4,4	2	0238	4,5	17	0311	4,3	2	0404	4,6	17	0359	4,2
0,7		0809	1,0		0800	0,6		0828	1,1		0927	0,7		0912	1,3
4,4	Di	1531	4,5	Mi	1517	4,6	Do	1545	4,4	Sa	1644	4,6	So	1625	4,2
1,0		2031	1,4		2023	0,9		2050	1,4		2151	1,0		2135	1,5
4,3	18	0334	4,3	3	0327	4,4	18	0350	4,2	3	0457	4,4	18	0436	4,0
0,8		0852	1,2		0848	0,7		0908	1,2		1018	0,9		0954	1,5
4,3	Mi	1614	4,3	Do	1609	4,5	Fr	1625	4,3	So	1739	4,5	Mo	1704	4,1
1,1		2117	1,6		2112	1,0		2132	1,5		2246	1,2		2221	1,7
4,2	19	0418	4,1	4	0418	4,3	19	0432	4,1	4	0556	4,2	19	0522	3,8
0,9		0940	1,4		0938	0,8		0952	1,4		1118	1,2		1046	1,8
4,3	Do	1702	4,2	Fr	1704	4,5	Sa	1708	4,2	Mo	1840	4,3	Di	1756	3,9
1,2		2212	1,7		2206	1,2		2221	1,7		2354	1,5		2320	1,9
4,1	20	0510	3,9	5	0514	4,2	20	0519	3,9	5	0708	4,0	20	0623	3,6
1,0		1036	1,6		1035	1,0		1043	1,6		1231	1,5		1154	1,9
4,2	Fr	1757	4,1	Sa	1802	4,4	So	1758	4,0	Di	1949	4,1	Mi	1902	3,8
1,4		2314	1,8		2307	1,3		2318	1,8						
4,0	21	0611	3,8	6	0616	4,1	21	0617	3,7	6	0112	1,5	21	0034	2,0
1,1		1140	1,7		1139	1,2		1144	1,8		0826	3,9		0742	3,6
4,2	Sa	1859	3,9	So	1906	4,3	Mo	1857	3,9	Mi	1349	1,6	Do	1314	1,9
1,4											2059	4,1		2017	3,8
4,0	22	0021	1,8	7	0017	1,4	22	0023	1,9	7	0226	1,5	22	0151	1,8
1,2		0720	3,7		0727	4,0		0725	3,6		0939	4,0		0900	3,8
4,2	So	1249	1,7	Mo	1251	1,3	Di	1253	1,8	Do	1458	1,5	Fr	1426	1,7
		2003	3,9		2012	4,3		2001	3,9		2201	4,2		2124	4,0
1,4	23	0128	1,8	8	0128	1,4	23	0131	1,8	8	0329	1,3	23	0255	1,5
4,0		0828	3,7		0838	4,1		0834	3,7		1040	4,2		1002	4,0
1,2	Mo	1352	1,6	Di	1401	1,3	Mi	1400	1,8	Fr	1555	1,4	Sa	1525	1,4
4,3		2100	4,0		2113	4,4		2103	4,0		2254	4,3		2222	4,2
1,2	24	0225	1,6	9	0235	1,3	24	0233	1,7	9	0421	1,1	24	0348	1,2
4,2		0927	3,9		0943	4,2		0937	3,9		1131	4,4		1055	4,3
1,0	Di	1447	1,5	Mi	1505	1,2	Do	1458	1,6	Sa	1644	1,2	So	1613	1,1
4,5		2150	4,2		2210	4,5		2159	4,1		2340	4,4		2310	4,5
1,0	25	0312	1,5	10	0335	1,1	25	0325	1,4	10	0506	0,9	25	0435	0,9
4,4		1016	4,1		1042	4,4		1031	4,1		1215	4,5		1143	4,6
0,9	Mi	1532	1,4	Do	1600	1,1	Fr	1548	1,4	So	1726	1,1	Mo	1658	0,9
4,7		2234	4,3		2302	4,5		2248	4,3					2354	4,6
0,9	26	0354	1,3	11	0427	0,9	26	0410	1,2	11	0022	4,5	26	0519	0,6
4,6		1100	4,2		1137	4,5		1118	4,3		0546	0,8		1226	4,8
0,8	Do	1613	1,2	Fr	1651	1,0	Sa	1632	1,2	Mo	1254	4,5	Di	1743	0,7
4,8		2314	4,5		2351	4,6		2332	4,5		1803	1,0			
0,7	27	0434	1,1	12	0515	0,8	27	0453	0,9	12	0101	4,5	27	0038	4,8
4,7		1141	4,4		1226	4,5		1202	4,5		0621	0,8		0605	0,5
0,8	Fr	1653	1,1	Sa	1735	1,0	So	1715	1,0	Di	1331	4,5	Mi	1310	4,9
		2353	4,5								1839	1,0		1828	0,6
4,8	28	0513	0,9	13	0036	4,6	28	0013	4,6	13	0137	4,4	28	0123	4,9
0,6		1221	4,5		0558	0,7		0536	0,7		0657	0,8		0652	0,4
4,7	Sa	1732	1,0	So	1311	4,6	Mo	1244	4,6	Mi	1406	4,5	Do	1356	5,0
0,8					1817	1,0		1758	0,9		1914	1,0		1914	0,6
4,7	29	0031	4,5	14	0117	4,5	29	0054	4,6	14	0212	4,4	29	0209	4,9
0,6		0552	0,8		0637	0,7		0620	0,6		0730	0,9		0737	0,4
4,7	So	1300	4,5	Mo	1351	4,5	Di	1328	4,7	Do	1441	4,5	Fr	1444	5,0
0,9		1813	0,9		1855	1,0		1842	0,8		1948	1,1		1959	0,6
4,6	30	0110	4,5	15	0156	4,4	30	0139	4,7	15	0248	4,4	30	0257	4,8
0,7		0633	0,7		0714	0,8		0705	0,5		0804	1,0		0823	0,5
4,6	Mo	1343	4,5	Di	1430	4,5	Mi	1414	4,8	Fr	1515	4,5	Sa	1532	4,9
1,0		1855	0,9		1932	1,1		1928	0,7		2023	1,1		2044	0,7
							31	0225	4,7				31	0346	4,7
								0752	0,4					0908	0,7
							Do	1502	4,8				So	1620	4,7
								2014	0,8					2131	1,0

M G Z + 01^h 00^m (M E Z)

Aus der Gezeitentafel ergibt sich durch groben Vergleich mit den übrigen Tagen, daß beispielsweise am 29. 8. 1980 in Portsmouth und damit auch in Swanage Springtide herrscht.

Tafel 2

Angenäherter Höhenunterschied gegen die Niedrigwasserhöhe

Zeitunterschied gegen das nächstliegende Hochwasser bei einer Steig- oder Falldauer von					Tidenstieg oder Tidenfall											
h min 04 00	h min 05 00	h min 06 00	h min 07 00	h min 08 00	m 1,0	m 2,0	m 3,0	m 4,0	m 5,0	m 6,0	m 7,0	m 8,0	m 9,0	m 10,0	m 11,0	m 12,0
h min	h min	h min	h min	h min	m	m	m	m	m	m	m	m	m	m	m	m
00 00	00 00	00 00	00 00	00 00	1,0	2,0	3,0	4,0	5,0	6,0	7,0	8,0	9,0	10,0	11,0	12,0
00 07	00 08	00 10	00 12	00 13	1,0	2,0	3,0	4,0	5,0	6,0	7,0	8,0	9,0	10,0	11,0	12,0
00 13	00 17	00 20	00 23	00 27	1,0	2,0	3,0	4,0	5,0	6,0	6,9	7,9	8,9	9,9	10,9	11,9
00 20	00 25	00 30	00 35	00 40	1,0	2,0	2,9	3,9	4,9	5,9	6,9	7,9	8,8	9,8	10,8	11,8
00 27	00 33	00 40	00 47	00 53	1,0	1,9	2,9	3,9	4,8	5,8	6,8	7,8	8,7	9,7	10,7	11,6
00 33	00 42	00 50	00 58	01 07	1,0	1,9	2,9	3,8	4,8	5,7	6,7	7,6	8,6	9,5	10,5	11,4
00 40	00 50	01 00	01 10	01 20	0,9	1,9	2,8	3,7	4,7	5,6	6,5	7,5	8,4	9,3	10,3	11,2
00 47	00 58	01 10	01 22	01 33	0,9	1,8	2,7	3,6	4,5	5,5	6,4	7,3	8,2	9,1	10,0	10,9
00 53	01 07	01 20	01 33	01 47	0,9	1,8	2,6	3,5	4,4	5,3	6,2	7,1	7,9	8,8	9,7	10,6
01 00	01 15	01 30	01 45	02 00	0,9	1,7	2,6	3,4	4,3	5,1	6,0	6,8	7,7	8,5	9,4	10,2
01 07	01 23	01 40	01 57	02 13	0,8	1,6	2,5	3,3	4,1	4,9	5,7	6,6	7,4	8,2	9,0	9,9
01 13	01 32	01 50	02 08	02 27	0,8	1,6	2,4	3,1	3,9	4,7	5,5	6,3	7,1	7,9	8,7	9,4
01 20	01 40	02 00	02 20	02 40	0,8	1,5	2,3	3,0	3,8	4,5	5,3	6,0	6,8	7,5	8,3	9,0
01 27	01 48	02 10	02 32	02 53	0,7	1,4	2,1	2,8	3,6	4,3	5,0	5,7	6,4	7,1	7,8	8,5
01 33	01 57	02 20	02 43	03 07	0,7	1,3	2,0	2,7	3,4	4,0	4,7	5,4	6,0	6,7	7,4	8,1
01 40	02 05	02 30	02 55	03 20	0,6	1,3	1,9	2,5	3,2	3,8	4,4	5,0	5,7	6,3	6,9	7,6
01 47	02 13	02 40	03 07	03 33	0,6	1,2	1,8	2,3	2,9	3,5	4,1	4,7	5,3	5,9	6,5	7,0
01 53	02 22	02 50	03 18	03 47	0,5	1,1	1,6	2,2	2,7	3,3	3,8	4,3	4,9	5,4	6,0	6,5
02 00	02 30	03 00	03 30	04 00	0,5	1,0	1,5	2,0	2,5	3,0	3,5	4,0	4,5	5,0	5,5	6,0
02 07	02 38	03 10	03 42	04 13	0,5	0,9	1,4	1,8	2,3	2,7	3,2	3,7	4,1	4,6	5,0	5,5
02 13	02 47	03 20	03 53	04 27	0,4	0,8	1,2	1,7	2,1	2,5	2,9	3,3	3,7	4,1	4,5	5,0
02 20	02 55	03 30	04 05	04 40	0,4	0,7	1,1	1,5	1,9	2,2	2,6	3,0	3,3	3,7	4,1	4,4
02 27	03 03	03 40	04 17	04 53	0,3	0,7	1,0	1,3	1,6	2,0	2,3	2,6	3,0	3,3	3,6	3,9
02 33	03 12	03 50	04 28	05 07	0,3	0,6	0,9	1,2	1,4	1,7	2,0	2,3	2,6	2,9	3,2	3,5
02 40	03 20	04 00	04 40	05 20	0,3	0,5	0,8	1,0	1,3	1,5	1,8	2,0	2,3	2,5	2,8	3,0
02 47	03 28	04 10	04 52	05 33	0,2	0,4	0,6	0,9	1,1	1,3	1,5	1,7	1,9	2,1	2,3	2,6
02 53	03 37	04 20	05 03	05 47	0,2	0,4	0,5	0,7	0,9	1,1	1,3	1,4	1,6	1,8	2,0	2,1
03 00	03 45	04 30	05 15	06 00	0,1	0,3	0,4	0,6	0,7	0,9	1,0	1,2	1,3	1,5	1,6	1,8
03 07	03 53	04 40	05 27	06 13	0,1	0,2	0,4	0,5	0,6	0,7	0,8	0,9	1,1	1,2	1,3	1,4
03 13	04 02	04 50	05 38	06 27	0,1	0,2	0,3	0,4	0,5	0,5	0,6	0,7	0,8	0,9	1,0	1,1
03 20	04 10	05 00	05 50	06 40	0,1	0,1	0,2	0,3	0,3	0,4	0,5	0,5	0,6	0,7	0,7	0,8
03 27	04 18	05 10	06 02	06 53	0,0	0,1	0,1	0,2	0,2	0,3	0,3	0,4	0,4	0,5	0,5	0,6
03 33	04 27	05 20	06 13	07 07	0,0	0,1	0,1	0,1	0,2	0,2	0,2	0,2	0,3	0,3	0,3	0,4
03 40	04 35	05 30	06 25	07 20	0,0	0,0	0,1	0,1	0,1	0,1	0,1	0,1	0,2	0,2	0,2	0,2
03 47	04 43	05 40	06 37	07 33	0,0	0,0	0,0	0,0	0,0	0,0	0,1	0,1	0,1	0,1	0,1	0,1
03 53	04 52	05 50	06 48	07 47	0,0	0,0	0,0	0,0	0,0	0,0	0,0	0,0	0,0	0,0	0,0	0,0
h min 04 00	h min 05 00	h min 06 00	h min 07 00	h min 08 00	m 0,0	m 0,0	m 0,0	m 0,0	m 0,0	m 0,0	m 0,0	m 0,0	m 0,0	m 0,0	m 0,0	m 0,0

Für die Zwecke der Navigation kann zur Ermittlung der Wasserhöhe entweder die Tidenkurve (Springtide!) oder die Tafel 2 benutzt werden.

sind wir aber in der Nähe eines sogenannten Anschlußortes, für den in der Gezeitentafel die Unterschiede in der Zeit und in der Höhe gegenüber dem Bezugsort angegeben sind. Befinden wir uns nicht direkt vor einem Anschlußort, so müssen wir den nächstgelegenen nehmen. Im einzelnen wird folgendermaßen vorgegangen:
Aus der Gezeitentafel wird im Inhaltsverzeichnis ein Ort herausgesucht, der uns am nächsten liegt.
Haben wir Glück gehabt, handelt es sich um einen Bezugsort, für den wir unter dem jeweiligen Datum direkt die Gezeiten herauslesen können. Meistens wird es sich aber um einen Anschlußort handeln. Dann muß vorher festgestellt werden, an welchen Bezugsort dieser Ort angeschlossen ist, um sodann zunächst für den Bezugsort die vorangegangenen und die nachfolgenden Hoch- und Niedrigwasserzeiten und -höhen herauszuschreiben (Abbildungen Seite 128). Anschließend werden rechnerisch mit dem angegebenen Vorzeichen die beim Anschlußort aufgefundenen Zeit- und Höhenunterschiede angebracht.
Sodann kann in die Tafel 2 eingegangen werden, um dort für den genauen Zeitpunkt die Wasserhöhe herauszulesen (Abbildung oben).
Statt der etwas umständlich zu handhabenden Tafel 2 kann für die überschlägige Feststellung der Wasserhöhe auch die sogenannte 1/12-Regel angewendet werden. Sie

besagt nichts anderes, als daß der Tidenhub sich *ungefähr* wie folgt vollzieht:
1. Stunde: $^{1}/_{12}$ des Tidenhubs
2. Stunde: $^{2}/_{12}$ des Tidenhubs
3. Stunde: $^{3}/_{12}$ des Tidenhubs
4. Stunde: $^{3}/_{12}$ des Tidenhubs
5. Stunde: $^{2}/_{12}$ des Tidenhubs
6. Stunde: $^{1}/_{12}$ des Tidenhubs

Bei einem vollprogrammierbaren Rechner ist es unter Umständen ganz zweckmäßig, bei einem gleichmäßigen Verlauf der Tide (Nachsehen in den Tidenkurven!) folgende Formel einzugeben und damit jeweils zu rechnen:

$$\text{Wasserhöhe} = \text{Tidenhöhe vorher} + \left[\cos\left(\frac{\text{Zeit gegen nächste Tide} \times 90}{\text{Steig- oder Falldauer}}\right)\right]^2 \times \text{Tidenstieg oder Tidenfall}$$

Bei dieser Formel ist zu beachten, daß in Dezimalstunden gerechnet wird, also vorher eine Umwandlung der Stunden und Minuten ins Dezimalsystem stattfinden muß.
In seltenen Fällen allerdings sind die Tidenkurven so atypisch, daß die Tafel 2, der ein kosinusförmiger Verlauf der Gezeiten zugrundeliegt, nicht verwendet werden kann. Dann muß die entsprechende Wasserhöhe aus der Tidenkurve direkt entnommen werden. Meistens ist in der Tidenkurve sowohl der Verlauf bei Springtide (das ist eine besonders ausgeprägte Tide) als auch der Nipptide (hierbei sind die Gezeitenunterschiede am geringsten) angegeben. Beim Gebrauch der Tidenkurven ist also zusätzlich wichtig, herauszufinden, ob Spring-, Mitt- oder Nippzeit herrscht. Dies läßt sich – recht kompliziert – dadurch feststellen, daß die Springverspätung ausgehend von der nächstgelegenen Neu- oder Vollmondphase ermittelt wird. Viel einfacher ist ein Blick in die Gezeitentafel, wobei die Gezeitenunterschiede von etwa einem Monat überflogen werden. Haben wir einen Tag mit besonders großen Tidenunterschieden, ist Springzeit, bei besonders geringen Gezeitenunterschieden herrscht Nippzeit.
Für die Zwecke der Standliniengewinnung aus Tiefenmessungen ist es immer ausreichend genau, die so ermittelte Tidenhöhe von der gemessenen Wassertiefe abzuziehen, um auf die Kartentiefe zu kommen.

Vorsicht! Gezeitenberechnungen, gleich welcher Methode man sich bedient, sind in der Praxis niemals mit einer höheren Genauigkeit als 50 cm anzunehmen.

Warnung: Wenn ein mit anderen Mitteln ermittelter Schiffsort von der Tiefenmessung bestätigt wird, so ist dies kein Beweis für seine Richtigkeit. Widerspricht andererseits der Schiffsort der mit dem Lot festgestellten Tiefe, so muß er unrichtig sein.

Handlot

Das Handlot besteht aus einem Stück Blei (Lotkörper) an einer Leine (Lotleine), die traditionsgemäß wie folgt markiert ist:

2, 12, 22, 32 m:	schwarz
4, 14, 24, 34 m:	weiß
6, 16, 26, 36 m:	rot
8, 18, 28, 38 m:	gelb
10, 20, 30, 40 m:	Lederstreifen mit 1, 2, 3 und 4 Löchern

Das Handlot sollte so benutzt werden, daß es im Moment der Messung senkrecht nach unten zeigt.

Nachdem es sich bei der Standliniengewinnung aus Tiefenmessungen ohnehin um eine etwas fragwürdige Art der Positionsbestimmung handelt, eignet sich das Handlot hierzu eigentlich nicht mehr. Es ist nicht exakt genug, selbst wenn es fachmännisch gehandhabt wird. Die Kunst bei der Messung mit dem Handlot besteht darin, daß die Lotleine dann, wenn der Lotkörper auf den Grund aufprallt, auch senkrecht nach unten zeigt. Dies wird dadurch erreicht, daß der Mann am Bug den Lotkörper etwas voraus wirft, damit er absinken kann, während das Schiff sich weiter vorwärtsbewegt.
Es ist aber nicht so, daß ein Handlot an Bord einer modernen Yacht überflüssig ist. Es hat beispielsweise gegenüber den elektronischen Navigationshilfen den Vorteil, daß mit ihm Aufschlüsse über die Grundbeschaffenheit zu bekommen sind. Hierbei wird in die Vertiefung unten am Lotkörper eine Lotspeise (weicher Talg, Kaugummi) eingepreßt, an der dann nach Grundberührung Spuren von Sand, Schlick, Lehm oder ähnlichem hängenbleiben, die durch Vergleich mit der Grundbeschreibung in der Seekarte weitere gute Aufschlüsse über den Schiffsort geben.

Dies ist ein ganz vornehmes Gerät, nämlich ein Sonar. Im Gegensatz zum einfachen Echolot gibt es nicht nur die Tiefe an, sondern – ähnlich einem Radargerät – auch ein Bild von der Unterwasser-Bodenstruktur. Nicht zu verwechseln mit einem Echoschreiber, der nur die Tiefenmessung fortlaufend mitschreibt und damit auch die Anfertigung von Lotstreifen erleichtert.

Geradezu unersetzlich ist ein Handlot dann, wenn der Skipper einmal das Pech haben sollte, auf Schiet zu laufen. Mit Hilfe des Beibootes kann dann nämlich die Umgebung um das trockengefallene Schiff ausgelotet werden, so daß der Skipper sich beim Steigen der Flut auch in die richtige Richtung verholt und mit etwas Glück sein Schiff freibekommt. Das Handlot eignet sich auch vorzüglich, bei tiefgehenden Schiffen die Passage zu einem engen Ankerplatz zu finden: Die Wassertiefe wird von dem vorausfahrenden Dingi aus ausgelotet.

Echolot

Vielfach wird angenommen, daß das Echolot vor allem dazu dient, um Grundberührungen vermeiden zu helfen. Hierzu ist es eigentlich gar nicht so sehr gut geeignet. Viel besser läßt es sich für die Zwecke der Navigation einsetzen. Bei einem Preis von ca. 150 DM aufwärts ist es nämlich insbesondere auf kleinen Yachten ohne GPS das einzige Gerät, das zum Beispiel im Nebel noch einigermaßen brauchbare Anhaltspunkte für den Schiffsort ergibt.

Arbeitsweise des Echolots

Das Echolot ist das Radargerät des kleinen Mannes.

Die Arbeitsweise des Echolots ist prinzipiell einfach erklärt: Es besteht aus einem Sender und einem Emp-

fänger. Der Sender sendet über den „Schwinger" ein Signal aus, das sich durch das Wasser zum Meeresgrund fortsetzt und von dort reflektiert wird. Wenn der im Echolot eingebaute Empfänger nunmehr das Echo empfängt, berechnet das Gerät aus der zwischen Aussendung und Empfang vergangenen Zeit unter Berücksichtigung der Schallgeschwindigkeit im Wasser automatisch die Wassertiefe.
Obwohl es eine Unzahl von verschiedenen Gerätetypen gibt, arbeiten sie stets nach obigem Prinzip. Lediglich in der Art der Anzeige der gemessenen Wassertiefe unterscheiden sie sich. Dies kann geschehen durch Zeigerausschlag, durch Ziffern (Digitalanzeige) und schließlich durch Leuchtdioden. Die exakteste Anzeige, nämlich die digitale mit meist mehreren Ziffern hinter dem Komma, ist auch die unzuverlässigste. Ähnliches gilt für die Zeigeranzeige. Denn es ist leider so, daß Echos nicht nur vom Meeresgrund, sondern unter Umständen auch von Fischen im Wasser zurückgeworfen werden. Bei einem ungünstigen Einbau eines Zeigerinstrumentes kann es beispielsweise passieren, daß unter Maschinenfahrt wegen der aufgewirbelten Blasen ein solches Instrument ständig einen Meter Wassertiefe anzeigt, obwohl der Meeresgrund so tief liegt, daß er gar nicht mehr meßbar ist. Lediglich bei der Leuchtdiodenanzeige läßt sich schon nach kurzer Erfahrung mit dem Gerät einigermaßen beurteilen, ob es sich hier um ein „dikkes" Echo vom Meeresgrund oder um ein Fischecho oder ähnliches handelt. Oft kann man dies bereits aus der Tatsache herleiten, daß gleichzeitig mehrere Echos auf der Flimmerscheibe zu sehen sind.
Bei Zeiger- und Digitalinstrumenten dagegen wird immer nur ein einziges Echo angezeigt, so daß die Gefahr besteht, daß der Skipper von einer falschen Tiefe ausgeht. Mit einiger Erfahrung kann man bei der Leuchtanzeige sogar beurteilen, um welche Art von Grund es sich handelt, um sehr weichen Grund (gibt dünne Echos) oder um Fels.

Danavigate 3300

Hersteller: Danaplus, Dänemark
Vertrieb: Dantronik, Helenenallee 4, 2390 Flensburg
Abmessungen: 125 ∅ × 95 mm
Anzeige: Zeiger
Meßbereich: 0...12 m, 0...120 m
Flachwasseralarm: –
Spannungsversorgung: 12 Volt Bordnetz
Stromaufnahme: 80 mA
Ablesbarkeit: zufriedenstellend
Bedienung: keine
Anzeigegenauigkeit: gut

Konzept:
Einbau-Zeigerinstrument mit automatischer Meßbereichs-Umschaltung; Bereichsmeldung durch Leuchtdiode.

Testurteil:
Echolot mit guter Leistung; zum Danavigate-Instrumentensystem passend.

Silva 3200

Hersteller: Silva, Schweden
Vertrieb: Martin Hohorst, Steindamm 52–54, 2820 Bremen 77
Abmessungen: 125 × 125 × 35 mm
Anzeige: digital (LCD)
Meßbereich: 0,6...120 m, entsprechend Fuß und Faden
Flachwasseralarm: ja
Spannungsversorgung: 12 Volt Bordnetz
Stromaufnahme: 100 mA
Ablesbarkeit: gut
Bedienung: gewöhnungsbedürftig
Anzeigegenauigkeit: sehr gut

Konzept:
Einbaugerät mit großer LCD-Anzeige, Tiefen- und Flachwasseralarm einstellbar.

Testurteil:
Echolot mit sehr guter Leistung; als Ankerwache einsetzbar.

Welches Echolot?

Bei der Auswahl eines Echolotes für Navigationszwecke ist es von großer Wichtigkeit, daß es einen großen Tiefenbereich hat. Leider kann dies den üblichen Prospektangaben nicht unbedingt entnommen werden. Viele Echolote, die bei einem angeblichen Meßbereich von beispielsweise 100 m diese Tiefe auf Felsboden noch sehr gut anzeigen, bringen keine Echos mehr auf die Flimmerscheibe, wenn es sich um wenig reflektierenden Lehmboden handelt. Deshalb sollte bei Prospektangaben die erreichbare Tiefe in ein Verhältnis zu der Art des Meeresgrundes gesetzt werden.
Das Ganze gilt selbstverständlich nur dann, wenn ein Echolot auch wirklich für die Navigation eingesetzt werden soll, was dringend empfehlenswert ist. Benutzt man es lediglich dazu, einen geeigneten Ankerplatz aufzusuchen, so ist auch ein Tiefenbereich von 30 oder 40 m ausreichend.

Die YACHT testete unter der Leitung von Joachim F. Muhs eine Reihe von Geräten:

Moderne Halbleitertechnik mit integrierten Schaltkreisen, manche gar mit Computer-Chips, macht es möglich, Geräte in Abmessungen und Stromaufnahme sehr klein zu bauen. So gibt es Echolote inzwischen in vielen Versionen und Preisklassen, so daß jeder Skipper sich ein

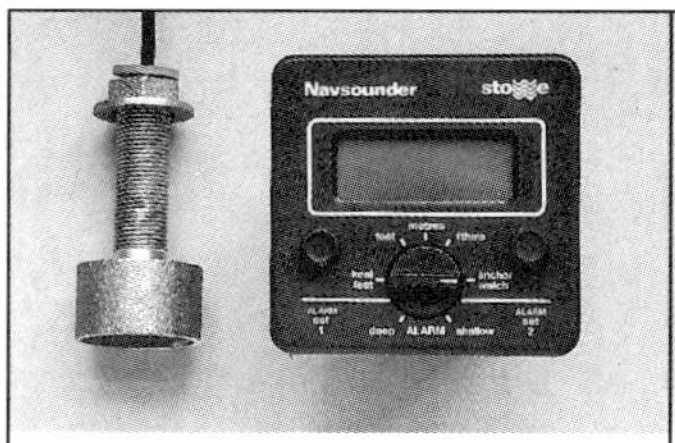	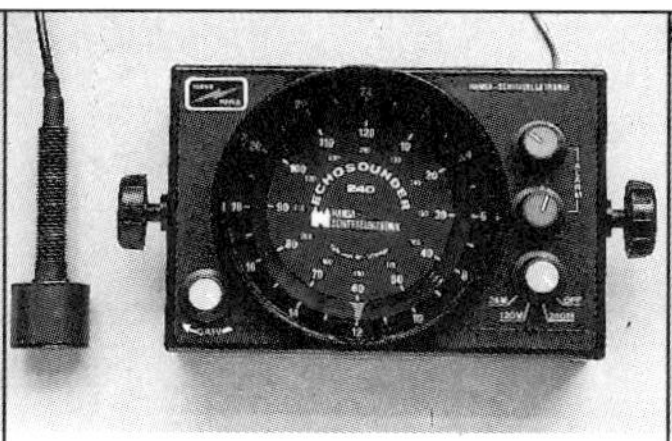	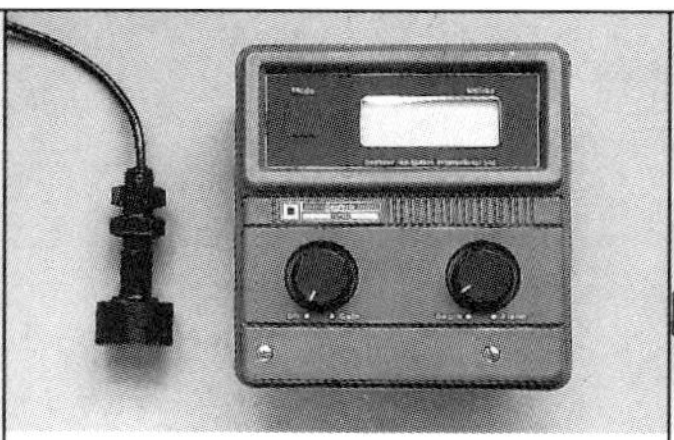	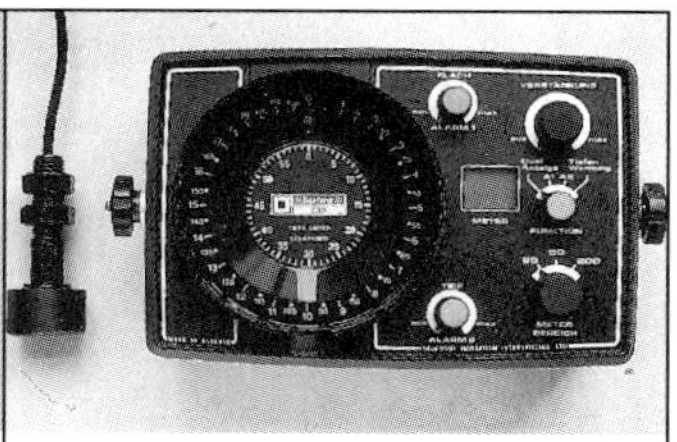
Navsounder	**Echosounder 240**	**Seafarer D 800**	**Seafarer 700**
Hersteller: Stowe, England Vertrieb: Hansa Schiffs-elektronik, Zippelhaus 3, 2000 Hamburg 11 Abmessungen: 102 × 102 × 80 mm Anzeige: digital (LCD) Meßbereich: 0...100 m, entsprechend Fuß und Faden Flachwasseralarm: ja Spannungsversorgung: 12 Volt Bordnetz Stromaufnahme: 80 mA Ablesbarkeit: gut Bedienung: einfach Anzeigegenauigkeit: zufriedenstellend	Hersteller: Hansa Schiffs-elektronik Vertrieb: Hansa Schiffs-elektronik, Zippelhaus 3, 2000 Hamburg 11 Abmessungen: 225 × 140 × 80 mm Anzeige: rotierende Leuchtdioden – Meßbereich: 0...24 m, 0...120 m, 0...240 m Flachwasseralarm: ja Spannungsversorgung: 12 und 24 Volt Bordnetz, 9 V-Batterie Stromaufnahme: 120 mA Ablesbarkeit: zufriedenstellend, jedoch gute Interpretierbarkeit Bedienung: einfach Anzeigegenauigkeit: gut	Hersteller: Seafarer, England Vertrieb: Seafarer, Grevenweg 80, 2000 Hamburg 26 Abmessungen: 158 × 168 × 77 mm Anzeige: digital (LCD) Meßbereich: 0,6...100 m Flachwasseralarm: ja Spannungsversorgung: Batterie (6 × 1,5 Volt) Stromaufnahme: 12 mA Ablesbarkeit: sehr gut Bedienung: einfach Anzeigegenauigkeit: zufriedenstellend	Hersteller: Seafarer, England Vertrieb: Seafarer, Grevenweg 80, 2000 Hamburg 26 Abmessungen: 225 × 150 × 135 mm Anzeige: rotierende Leuchtdioden, digital (LCD) Meßbereich: analog 0...20 m, 0...60 m, 0...200 m; digital 0...9,9 m, 0...99 m Flachwasseralarm: ja Spannungsversorgung: 12 und 24 Volt Bordnetz, Batterie 9 Volt Stromaufnahme: 120 mA Ablesbarkeit: zufriedenstellend, gute Interpretierbarkeit Bedienung: einfach Anzeigegenauigkeit: gut
Konzept: Einbau-Gerät mit großer LCD-Anzeige; Tiefen- und Flachwasseralarm einstellbar.	**Konzept:** Nach dem „Flimmerkasten-Prinzip" arbeitendes Gerät mit Tiefen- und Flachwasseralarm.	**Konzept:** Gerät mit großer LCD-Anzeige; Flachwasseralarm einstellbar.	**Konzept:** Nach dem „Flimmerkasten-Prinzip" arbeitendes Gerät mit zusätzlicher LCD-Anzeige; Tiefen- und Flachwasseralarm einstellbar.
Testurteil: **Echolot mit zufriedenstellender Leistung; als Ankerwache einsetzbar.**	**Testurteil:** **Echolot mit guter Leistung; als Ankerwache einsetzbar.**	**Testurteil:** **Echolot mit zufriedenstellender Leistung und besonders geringem Stromverbrauch.**	**Testurteil:** **Echolot mit guter Leistung; als Ankerwache einsetzbar.**

solches Gerät an Bord holen kann. Die Physik indes ist immer gleich: Echolote sind elektronische Tiefenmesser, die in Metern, Faden oder Fuß die Wassertiefe zwischen einem Schwinger (der im Bootsboden sitzt) und dem Grund anzeigen.

Sie bestehen aus einem Anzeigegerät mit einer eingebauten Elektronik und dem Sender-Empfänger für Schwingungen um 150 kHz. Dieser sogenannte Schwinger sendet (drei bis 30 Impulse pro Sekunde) Ultraschallwellen in Richtung Grund und empfängt deren Echos. Aus der Ausbreitungsgeschwindigkeit von zirka 1500 m/s ergibt sich die Wassertiefe.

Der Schwinger ist eine in Kunstharz eingegossene Blei-Zirkon-Titanatplatte. Er arbeitet nach dem elektrostriktiven Prinzip, wo eine angelegte Wechselspannung die Platte in mechanische Schwingungen versetzt und umgekehrt eine auftreffende Schwingung an der Platte eine Spannung erzeugt. Die empfangenen Schwingungen werden wieder in elektrische Signale umgewandelt, verstärkt und der Zeitabstand zwischen der Impulsaussendung und dem Eintreffen gemessen. Eine analoge Spannung auf einem Anzeigegerät gibt die Wassertiefe an.

Unsere 19 getesteten Geräte geben einen guten Querschnitt von dem, was heute auf Yachten in bezug auf Loten mit Ultraschall möglich ist.

Mit dem Redaktionsboot „Tintenfisch" hatten wir die Möglichkeit, unterschiedliche Wassertiefen und -gründe abzufahren und die Testlote einzeln, miteinander, ohne

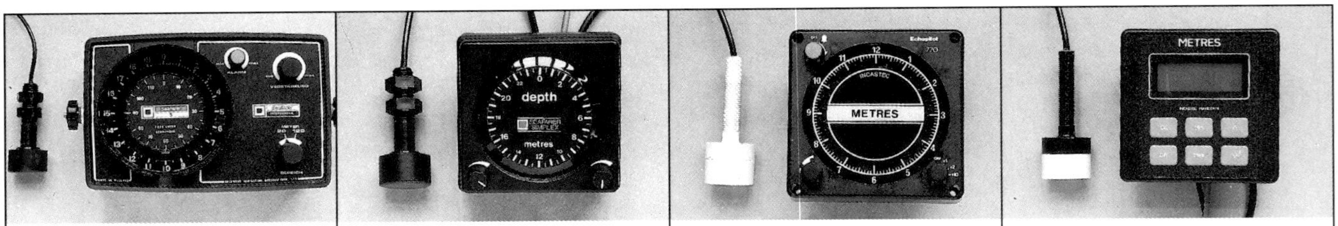

Seafarer 5	Seafarer Simplex	Echopilot 770	Maxidepth
Hersteller: Seafarer, England Vertrieb: Seafarer, Grevenweg 80, 2000 Hamburg 26 Abmessungen: 225 × 150 × 135 mm Anzeige: rotierende Leuchtdioden Meßbereich: 0...20 m, 0...120 m Flachwasseralarm: ja Spannungsversorgung: 12 und 24 Volt Bordnetz Batterie 9 Volt Stromaufnahme: 120 mA Ablesbarkeit: zufriedenstellend, gute Interpretierbarkeit Bedienung: einfach Anzeigegenauigkeit: zufriedenstellend	Hersteller: Seafarer, England Vertrieb: Seafarer, Grevenweg 80, 2000 Hamburg 26 Abmessungen: 125 × 125 × 70 mm Anzeige: rotierende Leuchtdioden Meßbereich: 0...24 m Flachwasseralarm: – Spannungsversorgung: 12 Volt Bordnetz Stromaufnahme: 40 mA Ablesbarkeit: zufriedenstellend, gute Interpretierbarkeit Bedienung: einfach Anzeigegenauigkeit: zufriedenstellend	Hersteller: Incastec Vertrieb: Ferropilot, Siemensstraße 35, 2000 Hamburg 54 Abmessungen: 125 × 125 × 110 mm Anzeige: rotierende Leuchtdioden Meßbereich: 0...12 m, 0...24 m, 0...120 m Flachwasseralarm: ja Spannungsversorgung: 12 und 24 Volt Bordnetz Stromaufnahme: 100 mA Ablesbarkeit: zufriedenstellend, gute Interpretierbarkeit Bedienung: einfach Anzeigegenauigkeit: zufriedenstellend	Hersteller: Incastec Vertrieb: Ferropilot, Siemensstraße 35, 2000 Hamburg 54 Abmessungen: 115 × 115 × 50 mm Anzeige: digital (LCD) Meßbereich: 0...120 m Flachwasseralarm: ja Spannungsversorgung: 12 Volt Bordnetz Stromaufnahme: 60 mA Ablesbarkeit: gut Bedienung: einfach Anzeigegenauigkeit: gut
Konzept: Nach dem „Flimmerkasten-Prinzip" arbeitendes Gerät mit Flachwasseralarm.	**Konzept:** Nach dem „Flimmerkasten-Prinzip" arbeitendes Einbaugerät.	**Konzept:** Nach dem „Flimmerkasten-Prinzip" arbeitendes Einbau-Instrument mit Flachwasseralarm.	**Konzept:** Einbau-Instrument mit großer Digitalanzeige; Tief- und Flachwasseralarm einstellbar.
Testurteil: **Echolot mit zufriedenstellender Leistung; abgespeckte Version des Seafarer 700.**	**Testurteil:** **Echolot mit zufriedenstellender Leistung; geringer Stromverbrauch für ein Leuchtdioden-Gerät.**	**Testurteil:** **Echolot mit zufriedenstellender Leistung. Nebenechos am Testgerät waren nur bedingt wegregelbar.**	**Testurteil:** **Echolot mit guter Leistung; als Ankerwache einsetzbar.**

und mit Wellengang zu untersuchen. Eingesetzt in einen Holzrahmen, dessen Querstreben beweglich waren, kamen die Schwinger zu Wasser. Beweglich deshalb, um auch die noch mögliche Messung bei Krängung zu untersuchen. Um es vorwegzunehmen, bis zu 20 Grad Krängungen geben alle Lote noch brauchbare Meßwerte. Die Abstrahlwinkel ihrer Schwinger liegen zwischen 40 und 50 Grad.

Yachtlote arbeiten alle mit der (ungefähr) gleichen Frequenz, wie es auch schon die Durchmesser der einzelnen Schwinger zeigen. Unsere Testgeräte hatten damit gleiche Voraussetzungen für eine akkurate Anzeige. Niedrigere Frequenzen nämlich als die zwischen 120 und 200 kHz liegenden Schwingerfrequenzen besitzen eine günstigere Schallfortpflanzung, außerdem ist die Reichweite größer wie etwa bei Echoloten (wie sie die Forschungsschiffe verwenden), die mit etwa 40 kHz arbeiten. Durch den breiteren abgestrahlten Kegel werden bei zerklüftetem Grund hier jedoch mehr Seitenechos zurückgeschickt, was nachteilig ist.

Beim Yachtgerät zählt für das Auflösevermögen jedoch mehr die Impulsdauer. Zu lange Impulse verursachen eine schlechtere Auflösung. Die eingebaute Technik also macht es, ob ein Echolot auf einer Yacht zu gebrauchen ist oder nicht.

So sind gute Geräte mit einer Verstärkungsregelung ausgerüstet, entweder automatisch oder manuell, die Nebenechos unterdrückt. Wie wichtig diese Regelung ist, wird

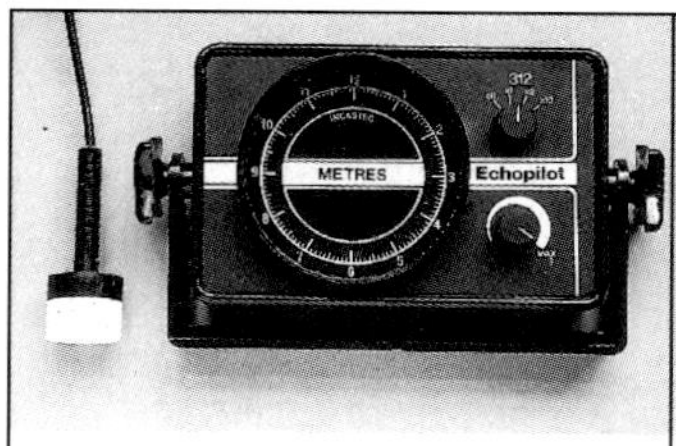		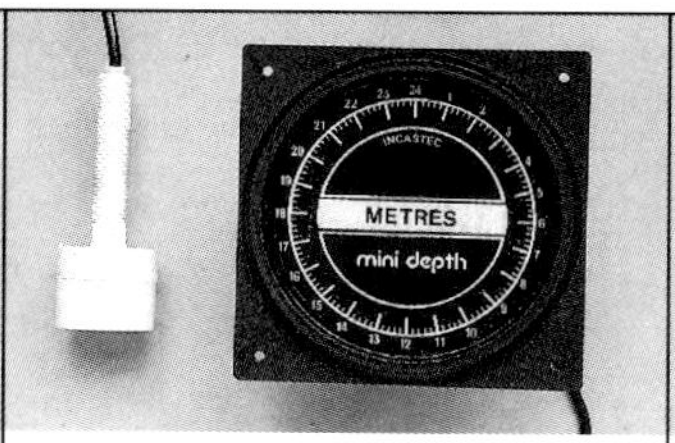	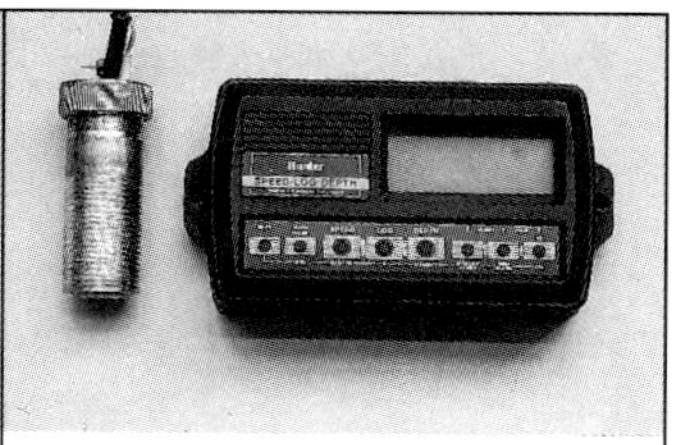
Echopilot 312	**Echopilot 312 A**	**Mini Depth**	**Hecta**
Hersteller: Incastec Vertrieb: Ferropilot, Siemensstraße 35, 2000 Hamburg 54 Abmessungen: 260 × 130 × 125 mm Anzeige: rotierende Leuchtdioden Meßbereich: 0...12 m, 0...24 m, 0...120 m Flachwasseralarm: – Spannungsversorgung: 12 und 24 Volt Bordnetz, Batterie 9 Volt Stromaufnahme: 90 mA Ablesbarkeit: zufriedenstellend, interpretierbar Bedienung: einfach Anzeigegenauigkeit: gut	Hersteller: Incastec Vertrieb: Ferropilot, Siemensstraße 35, 2000 Hamburg 54 Abmessungen: 260 × 130 × 125 mm Anzeige: rotierende Leuchtdioden Meßbereich: 0...12 m, 0...24 m, 0...120 m Flachwasseralarm: ja Spannungsversorgung: 12 und 24 Volt Bordnetz Batterie 9 Volt Stromaufnahme: 100 mA Ablesbarkeit: zufriedenstellend, interpretierbar Bedienung: einfach Anzeigegenauigkeit: gut	Hersteller: Incastec Vertrieb: Ferropilot, Siemensstraße 35, 2000 Hamburg 54 Abmessungen: 125 × 125 × 70 mm Anzeige: rotierende Leuchtdioden Meßbereich: 0...24 m Flachwasseralarm: – Spannungsversorgung: 12 Volt Bordnetz Stromaufnahme: 150 mA Ablesbarkeit: zufriedenstellend, Nebenechos Bedienung: einfach Anzeigegenauigkeit: nicht zufriedenstellend	Hersteller: Brookes & Gatehouse, England Vertrieb: Hansabras, Altstädter Straße 11, 2000 Hamburg 1 Abmessungen: 20 × 127 × 62 mm Anzeige: digital (LCD), analoges Tochtergerät Meßbereich: 0,9...137 m, entsprechend Fuß und Faden Flachwasseralarm: ja Spannungsversorgung: 12 und 24 Volt Bordnetz Stromaufnahme: 400 mA Ablesbarkeit: gut Bedienung: gewöhnungsbedürftig Anzeigegenauigkeit: sehr gut
Konzept: Nach dem „Flimmerkasten-Prinzip" arbeitendes Gerät; einfache Version	**Konzept:** Nach dem „Flimmerkasten-Prinzip" arbeitendes Gerät; Flachwasseralarm einstellbar.	**Konzept:** Nach dem „Flimmerkasten-Prinzip" arbeitendes Einbaugerät, einfache Ausführung.	**Konzept:** Gerät mit großer LCD-Anzeige und Anschluß für Tochterinstrumente; Tief- und Flachwasseralarm einstellbar.
Testurteil: **Echolot mit guter Leistung und geringem Stromverbrauch.**	**Testurteil:** **Echolot mit guter Leistung; identisch mit Echopilot 312.**	**Testurteil:** **Testgerät zeigte permanente Nebenechos, die nicht wegregelbar sind.**	**Testurteil:** **Gerät mit sehr guter Leistung; als Ankerwache einsetzbar.**

am besten bei der Anzeige durch rotierende Dioden deutlich, wo diese ablesbar sind. Bei der Handregelung kann der Knopf der „gain control" normalerweise auf maximale Empfindlichkeit gestellt werden. Bei rauher See (Geräuschstörungen durch sich brechende Seen) und in verschmutzten Gewässern (Echos von im Wasser schwimmenden Gegenständen) ist es jedoch vorteilhaft, mit der Empfindlichkeit herunterzugehen, um Nebenechos auszuschalten.

Die Anzeige nach dem Prinzip der umlaufenden Dioden, auch „Flimmerkisten-Prinzip" genannt, ist geradezu klassisch. Hier trägt eine umlaufende Scheibe einige übereinanderliegende Leuchtdioden, die beim Sendeimpuls aufleuchten, wenn der Zeiger durch die Nullmarke einer Kreisskala geht. Sie leuchten ein zweites Mal auf, wenn der Impuls als Echo zurückkommt. Je länger der Schall für die Strecke Schwinger–Grund und zurück benötigt, um so weiter ist der Weg, den die von einem Motor angetriebene Scheibe zurücklegt, um so größer auch die Tiefenanzeige.

Neben der Sendeleistung des Schwingers und der Empfangsgenauigkeit des Empfängers hängt die Qualität einer „Flimmerkiste" in erster Linie von der Präzision des Motors ab. Die Anzeige eines solchen Echolots ist gut interpretierbar, weil bei weichem Grund zum Beispiel ein breiteres Echo abzulesen ist, Nebenechos und Interferenzen (Überlagerungen von Echos) ebenfalls angezeigt werden.

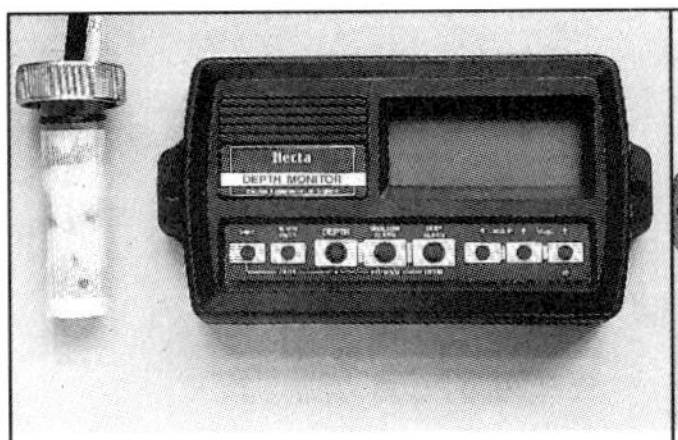

Hunter

Hersteller: Brookes & Gatehouse, England
Vertrieb: Hansabras, Altstädter Straße 11, 2000 Hamburg 1
Abmessungen:
230 × 127 × 62 mm
Anzeige: digital (LCD)
Meßbereich: 0,9 . . . 137 m, entsprechend Fuß und Faden
Flachwasseralarm: ja
Spannungsversorgung:
12 und 24 Volt
Stromaufnahme: 250 mA
Ablesbarkeit: gut
Bedienung:
gewöhnungsbedürftig
Anzeigegenauigkeit:
sehr gut

Konzept:
Kombi-Gerät mit großer LCD-Anzeige und Anschluß für Tochterinstrumente;
Tief- und Flachwasseralarm einstellbar.

Testurteil:
Echolot (kombiniert mit Speedometer und Log) mit sehr guter Leistung; als Ankerwache einsetzbar.

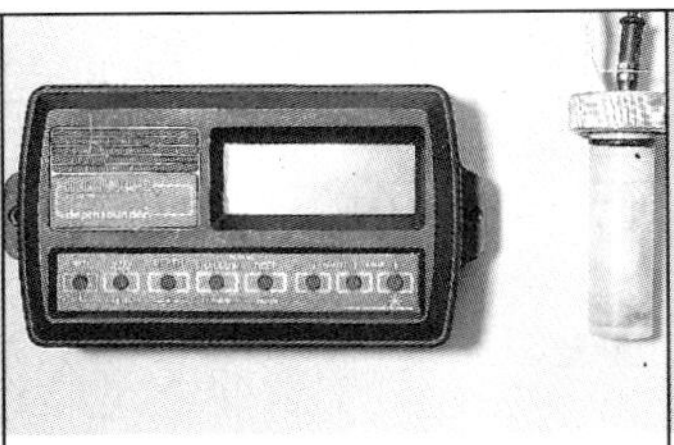

Hercules 2

Hersteller: Brookes & Gatehouse, England
Vertrieb: Hansabras, Altstädter Straße 11, 2000 Hamburg 1
Abmessungen:
230 × 127 × 62 mm
Anzeige: digital (LCD)
Meßbereich: 0,9 . . . 200 m, entsprechend Fuß und Faden
Flachwasseralarm: ja
Spannungsversorgung:
12 und 24 Volt Bordnetz
Stromaufnahme: 260 mA
Ablesbarkeit: gut
Bedienung:
gewöhnungsbedürftig
Anzeigegenauigkeit:
sehr gut

Konzept:
Gerät als Baustein zum Hercules-290-System mit großer LCD-Anzeige; Anschluß für Tochterinstrumente; Tief- und Flachwasseralarm.

Testurteil:
Echolot mit sehr guter Leistung; als Ankerwache einsetzbar.

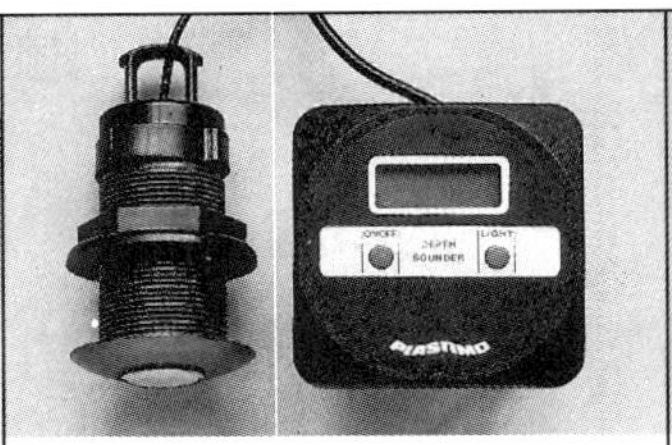

Depth Sounder

Hersteller: Plastimo
Vertrieb: Herm. Sprenger, Postfach 307, 5860 Iserlohn
Abmessungen:
100 × 100 × 60 mm
Anzeige: digital (LCD)
Meßbereich: 0 . . . 50 m
Flachwasseralarm: –
Spannungsversorgung:
12 Volt Bordnetz
Stromaufnahme: 40 mA
Ablesbarkeit:
zufriedenstellend
Bedienung: einfach
Anzeigegenauigkeit:
zufriedenstellend

Konzept:
Einbau-Instrument mit LCD-Anzeige; zum Plastimo-Segelinstrumenten-System passend.

Testurteil:
Echolot mit zufriedenstellender Leistung und geringem Stromverbrauch.

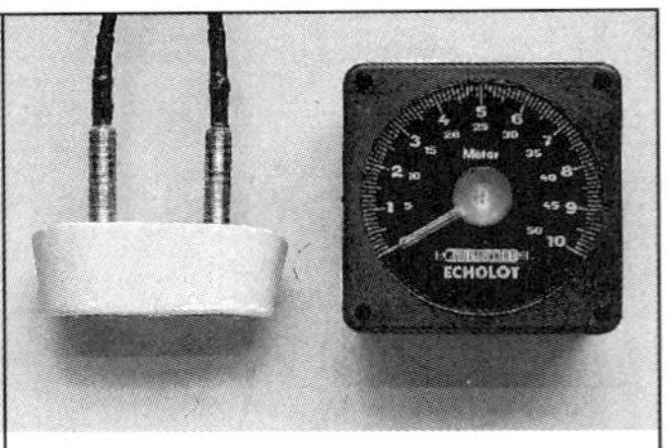

Echolot

Hersteller: Goldbrunner
Vertrieb: Schneider GmbH, Postfach 1225, 7758 Meersburg
Abmessungen:
120 × 120 × 70 mm
Anzeige: analog (Zeiger)
Meßbereich:
0 . . . 10 m, 0 . . . 50 m
Flachwasseralarm: –
Spannungsversorgung:
12 Volt Bordnetz
Stromaufnahme: 120 mA
Ablesbarkeit: sehr gut
Bedienung: einfach
Anzeigegenauigkeit: gut

Konzept:
Einbau-Zeigerinstrument; Doppelschwinger.

Testurteil:
Echolot mit guter Leistung; zum Goldbrunner-Segelinstrumenten-System passend.

Die heute am häufigsten verwendete Anzeige ist die mit Flüssigkristallen, LCD genannt. Solche Anzeigen sind billig und verbrauchen wenig Strom. Doch sie haben Nachteile: Bei Störungen, zum Beispiel Luftblasen unter dem Schwinger, oder Propellergeräuschen ist oft keine Messung möglich, und Zwischenechos bewirken Fehlanzeigen, da immer nur das erste Echo angezeigt wird. Dennoch sind sie für Yachten mit kleiner Batterie eine gute Alternative, wenn sie mit komplizierteren elektronischen Schaltungen ausgerüstet wurden, die solche Störungen aussondern können. Solche Selektierung und Störunterdrückung ist nötig, ein Digitalinstrument verarbeitet sonst alles, was am Schwinger an Geräuschen und Echos ankommt, zu einer mittleren Anzeige. Optimal ist zweifellos eine rotierende Diodenanzeige mit einem eingebauten „Digi-Display“ oder ein zusätzliches digitales Tochtergerät, das dann auch im Cockpit besser abgelesen werden kann.

Zeigerinstrumente haben praktisch die gleichen Nachteile wie Instrumente mit digitaler Anzeige, nur kann man sie bei Sonneneinstrahlung besser ablesen. Auch sie können Hauptechos von Nebenechos nicht unterscheiden und zeigen immer einen Mittelwert an. Bei diesen Geräten ist also Skepsis hinsichtlich ihrer Anzeige immer angebracht; dennoch ist es möglich, auch durch Störungen „hindurchzusehen“. Wenn das Echo durch Luftansammlung ausgelöst wird, schlägt beispielsweise der Zeiger voll aus. Durch Wellen und andere Geräusche ausgelöste

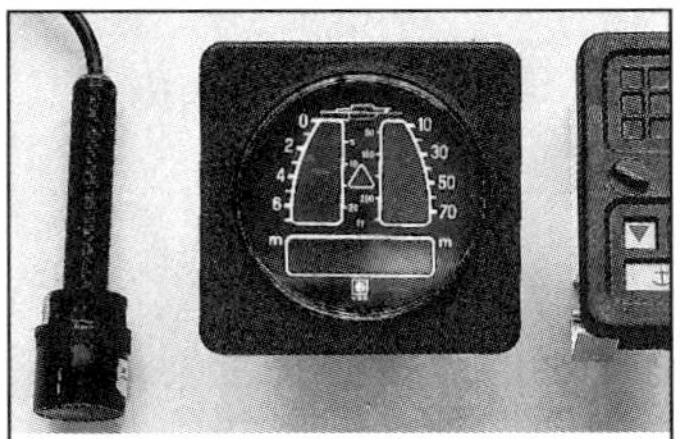

Echolot

Hersteller: VDO
Vertrieb: VDO Marine GmbH, Sodener Straße 9, 6231 Schwalbach
Abmessungen: 120 × 120 × 110 mm
Anzeige: digital/analog (LCD)
Meßbereich: 0...7 m, 10...70 m, digital 0...120 m
Flachwasseralarm: ja (zusätzliches Steuergerät)
Spannungsversorgung: 12 und 24 Volt
Stromaufnahme: 130 mA
Ablesbarkeit: zufriedenstellend; analog: gewöhnungsbedürftig – Bedienung: einfach
Anzeigegenauigkeit: gut

Konzept:
Einbau-Gerät mit LCD-Anzeige (Digital- und Balkenanzeige); Tief- und Flachwasseralarm einstellbar am Steuergerät.

Testurteil:
Echolot mit guter Leistung; als Ankerwache einsetzbar; Analoganzeige nicht ideal.

Echos können eine Null-Anzeige bewirken. Diese extremen Anzeigen muß man ignorieren; nur die Zwischenablesungen haben navigatorischen Wert.
Resümee: Yacht-Echolote sind heute in Technik und Stromverbrauch so weit entwickelt, daß sie auch auf kleinen Booten ihren Platz haben. Dabei gibt es für jeden Geldbeutel etwas. Mit der nötigen Vorsicht bei der Interpretation ihrer Anzeige tun es billige Geräte auch. Wichtiger ist der richtige Einbau des Schwingers. Teure Geräte unterscheiden sich von den einfachen lediglich in aufwendigerer Technik, die nötig wird für das Ausselektieren von Neben- und Nullechos. Erstere entstehen durch Störungen aus dem Bordnetz, Schraubengeräusche usw., die anderen rühren von Luftblasen unter dem Schwinger her.
Ebenfalls muß man mehr Aufwand treiben für eine höhere Impulsfolge und größere Sendeleistung. Das Prinzip der Laufzeitmessung ist jedoch für alle Echolote gleich.

Video-Echolote

Der Fischerei haben wir „Echolote" zu verdanken, die nicht nur die Tiefe anzeigen, sondern uns möglichst noch einen plastischen Eindruck des Grundes vermitteln sollen. Ihre Funktionsweise ist etwa dem eines Radargerätes vergleichbar. Echos werden sowohl nach der Laufzeit bis zum Grund und zurück zum Geber als auch nach der Intensität auf einem Bildschirm abgebildet. Es bedarf großer Erfahrung, das so empfangene Bild zu interpretieren, damit es über die reine Wassertiefe hinaus aussagekräftig ist. Für die reine Navigation sind also derartige Video-Echolote nicht viel aussagekräftiger als „normale" Echolote. Trotzdem, ein Mehr an Information ist immer gut, wenn man sich es leisten kann. Wobei hier auch die Stromprobleme angesprochen sind. Auch diese Geräte wurden von der YACHT getestet:

Beim Video-Echolot steuert aufwendige Elektronik gleichzeitig den Sender und einen elektronischen Speicher. Die Anzeige erfolgt auf einem Bildschirm, wo jeder Impuls auf einer Nullinie im oberen Teil markiert wird. Die Steuerelektronik mißt Schallaussendung und Echo und zeichnet einen entsprechenden Punkt auf dem Schirm. Der Abstand zwischen Null und dieser Markierung ergibt die Wassertiefe.
Bis zu 30 Impulse pro Sekunde senden Video-Echolote aus. Zur Herstellung des Videobildes werden sie im Speicher gesammelt und als senkrecht angeordnete Bildpunkte auf den Schirm gegeben. Das so von rechts nach links laufende Bild stellt ein Produkt vieler Echos dar, vom Meeresgrund, aber auch von zwischen Grund und Schwinger liegenden Echos, etwa von Plankton, Luftblasen und Fischen.
Einzelne Echos sind nicht in der Lage, die Art des Grundes, ob weich oder hart, ob bewachsen oder nicht, oder gar einen verlorenen Anker anzuzeigen. Erst gespeichert und videoaufbereitet ergeben die reflektierten Ultraschallsignale das Gesamtbild. Sozusagen hintereinander geschaltete Echos zeichnen alle Variationen auf, die von unterschiedlichen Gründen herrühren und abhängig sind von der Stärke des reflektierten Signals seiner Bündelung und der Tiefe des Objektes. Das ist der Vorzug von Video-Echoloten gegenüber Loten mit Zeiger- oder Digitalanzeigen.
Ein so entstehendes Echogramm kann man auf verschiedene Weise darstellen. Für Yachtgeräte haben sich Flüssigkristallanzeigen, nach „Liquid Christal Display" LCD genannt, bewährt, die wenig Strom verbrauchen und sehr

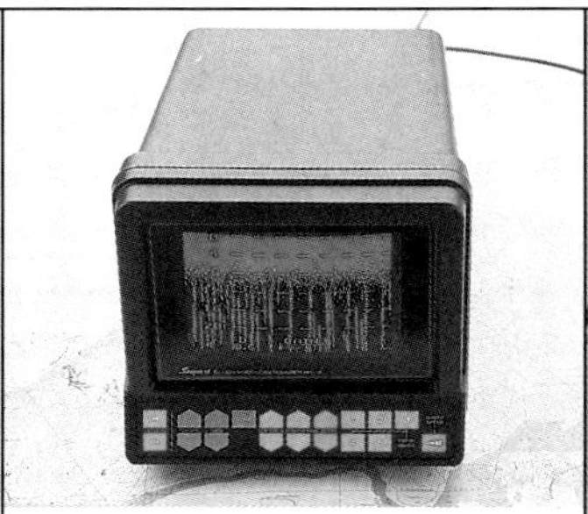

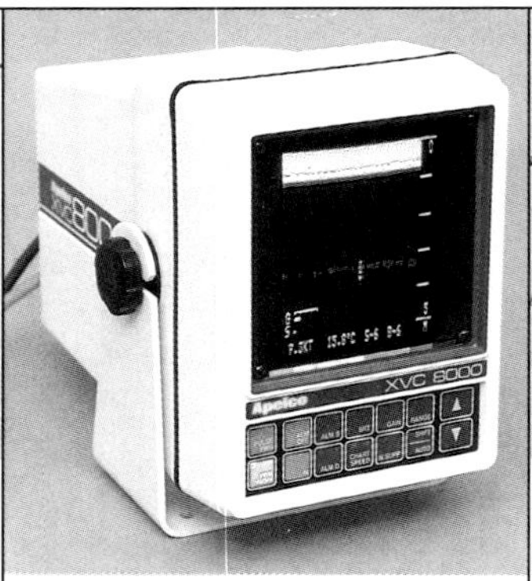

MK IV	**MK VI**	**XVC 8000**	**XCD 240**
Hersteller/Vertrieb: Seaport/AW-marin Abmessungen: 180 × 192 × 248 mm Gewicht: 2 kg Anschlußspannung: 12 V GS Stromaufnahme: 1,5 A Ausgangsleistung: 100 W Frequenz: 200 (50) kHz Tiefenbereiche: 5 (0 . . . 160 [320] m) Sonstige Funktionen: Flach- und Tiefwasseralarm, Bildausschnitt Anzeige: Katodenstrahlrohr, 180-mm-Bildschirm Bedienung: Einfach Ablesbarkeit: Gut Anzeigecharakter: Schwarzweiß, 20 480 Bildpunkte Anzeigegenauigkeit: Gut	Hersteller/Vertrieb: Seaport/AW-marin Abmessungen: 180 × 192 × 310 mm Gewicht: 3 kg Anschlußspannung: 12 V GS Stromaufnahme: 1,8 A Ausgangsleistung: 100 W Frequenz: 200 (50) kHz Tiefenbereiche: 5 (0 . . . 160 [320] m) Sonstige Funktionen: Flach- und Tiefwasseralarm, Bildausschnitt Anzeige: Katodenstrahlrohr, 180-mm-Bildschirm Bedienung: Einfach Ablesbarkeit: Sehr gut Anzeigecharakter: 7 Farbabstufungen, 20 480 Bildpunkte Anzeigegenauigkeit: Gut	Hersteller/Vertrieb: Apelco/Eissing Abmessungen: 225 × 180 × 267 mm Gewicht: 4 kg Anschlußspannung: 12 V GS Stromaufnahme: 1,5 A Ausgangsleistung: 150 W Frequenz: 200 kHz Tiefenbereiche: 5 (0 . . . 297 m) Sonstige Funktionen: Flach- und Tiefwasseralarm, Wassertemperatur, Schiffsgeschwindigkeit Anzeige: Katodenstrahlrohr, 150-mm-Farbbildschirm Bedienung: Einfach Ablesbarkeit: Sehr gut Anzeigecharakter: 8 Farbabstufungen, 16 384 Bildpunkte Anzeigegenauigkeit: Gut	Hersteller/Vertrieb: Apelco/Eissing Abmessungen: 140 × 143 × 57 mm Gewicht: 1 kg Anschlußspannung: 12 V GS Stromaufnahme: 500 mA Ausgangsleistung: 50 W Frequenz: 200 kHz Tiefenbereiche: 5 (0 . . . 240 m) Sonstige Funktionen: Flach- und Tiefwasseralarm Anzeige: LCD, Bildschirm 41 × 95 mm Bedienung: Sehr einfach Ablesbarkeit: Zufriedenstellend Anzeigecharakter: Mittlere Rasterung Anzeigegenauigkeit: Gut
Beurteilung: Schwarzweiß anzeigendes Videolot mit hoher Bildauflösung und hohem Stromverbrauch, leistungsfähige Stormversorgung nötig.	**Beurteilung: Farbig anzeigendes Videolot mit hoher Bildauflösung und hohem Stromverbrauch; leistungsfähige Stromversorgung nötig.**	**Beurteilung: Farbig anzeigendes Videolot mit vielen Möglichkeiten; hohe Bildauflösung; hoher Stromverbrauch; leistungsfähige Stromversorgung nötig.**	**Beurteilung: Schwarzweiß anzeigendes Videolot im Taschenformat mit ausreichender Bildauflösung und geringem Stromverbrauch.**

flach sind. In der Regel ist ihre Rasterung jedoch sehr grob, so daß einige Übung dazugehört, ihre Anzeigen zu interpretieren.
Katodenstrahlröhren besitzen mit weitaus mehr benutzten Lichtpunkten eine bessere Auflösung, verbrauchen aber erheblich mehr Strom. Dazu bauen sie sehr tief, sie werden daher meist als Tischgerät ausgeführt. Ihre Leistungen hinsichtlich einer gut auslegbaren Anzeige sind indessen enorm, besonders wenn man einen Farbbildschirm wählt.
Weiche Strukturen wie Schlickboden, Seegras, Störgeräusche vom Propeller oder Luftblasen absorbieren einiges von der Schalleistung. Die Echos kommen nur schwach zurück. Auf einem Farbbildschirm werden sie hellblau angezeigt. Mittelstarke Echos zeigen sich in Gelb, starke Echos, die von festem Grund und Steinen reflektiert werden, in der Farbe Rot. Die Skala geht über alle Regenbogenfarben. Eine Interpretation ist dadurch in der Tat kinderleicht.
Schwarzweiß anzeigende Schirme können das nur in Grauschattierungen tun. Hier steht Hellgrau für die starken Echos und Schwarz für die schwachen auf den

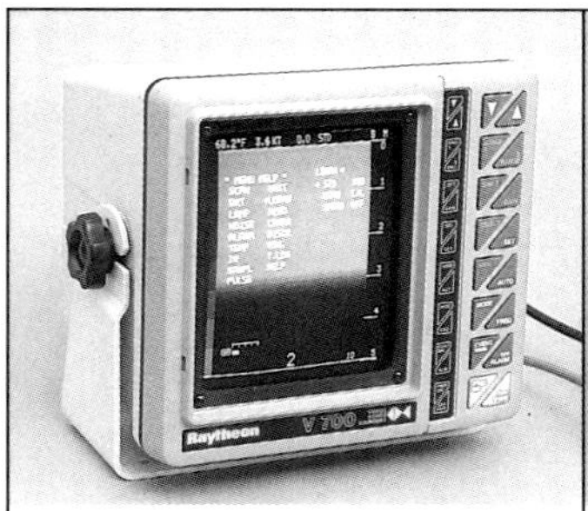

V 700

Hersteller/Vertrieb: Raytheon/Eissing
Abmessungen: 207 × 222 × 225 mm
Gewicht: 4,2 kg
Anschlußspannung: 11 . . . 40 V GS
Stromaufnahme: 1,25 A (12 V)
Ausgangsleistung: 150 W
Frequenz: 200/50 kHz
Tiefenbereiche: bis 995 m einstellbar in 5-m-Stufen
Sonstige Funktionen: Flach- und Tiefwasseralarm, Bildausschnitt, Wassertemperatur, Schiffsgeschwindigkeit, Loran-C-Schnittstelle, Zeit
Anzeige: Katodenstrahlrohr, 210-mm-Bildschirm
Bedienung: Gewöhnungsbedürftig
Ablesbarkeit: Sehr gut
Anzeigecharakter: Schwarzweiß, 65 536 Bildpunkte
Anzeigegenauigkeit: Sehr gut

Beurteilung: Schwarzweiß anzeigendes Videolot mit vielen Möglichkeiten; sehr hohe Bildauflösung; mittlerer Stomverbrauch.

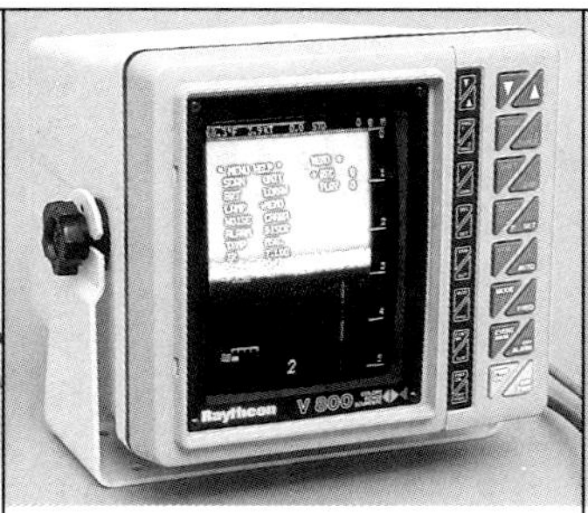

V 800

Hersteller/Vertrieb: Raytheon/Eissing
Abmessungen: 220 × 230 × 270 mm
Gewicht: 7,7 kg
Anschlußspannung: 11 . . . 40 V GS
Stromaufnahme: 2 A (12 V)
Ausgangsleistung: 150 W
Frequenz: 200/50 kHz
Tiefenbereiche: bis 995 m einstellbar in 5-m-Stufen
Sonstige Funktionen: Flach- und Tiefwasseralarm, Bildausschnitt, Wassertemperatur, Schiffsgeschwindigkeit, Loran-C-Schnittstelle
Anzeige: Katodenstrahlrohr, 230-mm-Bildschirm
Bedienung: Gewöhnungsbedürftig
Ablesbarkeit: Sehr gut
Anzeigecharakter: 8 Farbstufen, 65 536 Bildpunkte
Anzeigegenauigkeit: Sehr gut

Beurteilung: Aufwendiges, farbig anzeigendes Videolot mit vielen Möglichkeiten, sehr hohe Bildauflösung, hoher Stromverbrauch; leistungsfähige Stromversorgung nötig.

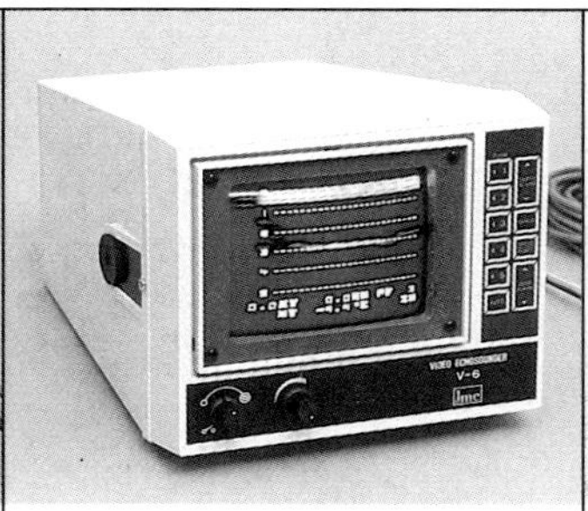

V-6

Hersteller/Vertrieb: Japan Marina Company/Eissing
Abmessungen: 156 × 198 × 255 mm
Gewicht: 2,6 kg
Anschlußspannung: 10,5 . . . 16 V
Stromaufnahme: 1,6 A (12 V)
Ausgangsleistung: 100 W
Frequenz: 200 kHz
Tiefenbereiche: 5 (0 . . . 500 m)
Sonstige Funktionen: Flach- und Tiefwasseralarm, Bildausschnitt, Schiffsgeschwindigkeit, Wassertemperatur
Anzeige: Katodenstrahlrohr, 180-mm-Farbbildschirm
Bedienung: Einfach
Ablesbarkeit: Sehr gut
Anzeigecharakter: 7 Farbstufen, 16 384 Bildpunkte
Anzeigegenauigkeit: Gut

Beurteilung: Farbig anzeigendes Videolot mit vielen Möglichkeiten; hohe Bildauflösung; hoher Stromverbrauch; leistungsfähige Stromversorgung nötig.

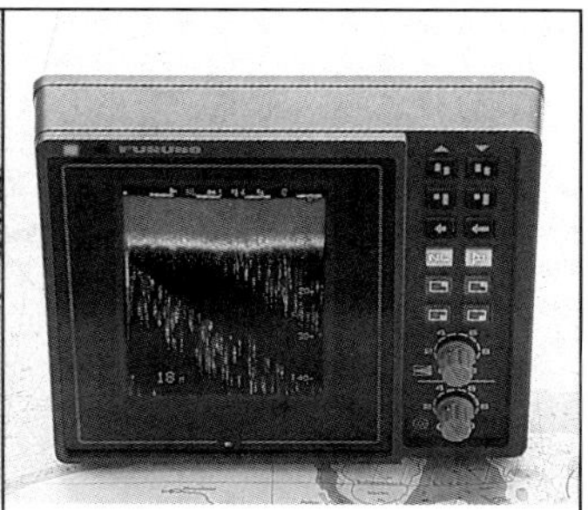

FCV-661

Hersteller/Vertrieb: Furuno/Ferropilot
Abmessungen: 194 × 194 × 365 mm
Gewicht: 4,3 kg
Anschlußspannung: 11 . . . 40 V GS
Stromaufnahme: 2,5 A (12 V)
Ausgangsleistung: 100 W
Frequenz: 200 (50) Hz
Tiefenbereiche: 7 (0 . . . 320 m)
Sonstige Funktionen: Flach- und Tiefwasseralarm
Anzeige: Katodenstrahlrohr, 180-mm-Farbbildschirm
Bedienung: Gewöhnungsbedürftig
Ablesbarkeit: Gut
Anzeigecharakter: 8 Farbabstufungen, 16 384 Bildpunkte
Anzeigegenauigkeit: Sehr gut

Beurteilung: Aufwendiges, farbig anzeigendes Videlot mit hoher Bildauflösung und hohem Stromverbrauch; leistungsfähige Stromversorgung nötig.

Schwinger wieder auftreffenden Ultraschallsignale.
Wir haben 14 Echolote, die einen Videoschirm aufweisen, erprobt und dabei verschiedene Gründe abgefahren. Dazu schleppten wir einen Holzrahmen durch das Wasser, der die Schwinger der Geräte trug.
Die Anzeigen der einzelnen Geräte waren erstes Kriterium für unseren Test. Neben den Standardmerkmalen, wie Abmessungen, Stromaufnahme und so weiter, kam es uns hier besonders auf die Auslegbarkeit der Echolotanzeigen an. Mit einem guten Videolot sollte man selbst mittlere Steine oder auch schon mal einen verlorenen Anker identifizieren können. Die Tiefe muß man natürlich leicht ablesen können. Sie wird bei fast allen Geräten digital angezeigt, ist aber auch von einem seitlich ins Bild geschobenen Maßstab abzulesen.
Ein nächster wichtiger Testpunkt war die Bedienbarkeit. Trotz aller Möglichkeiten, die Video-Echolote bieten, sollen sie doch immer noch einfach zu bedienen sein. Da ist bei einigen immer wieder die Bedienungsanleitung nötig, um sie optimal zu nutzen.
Dann untersuchten wir den Anzeigecharakter. Er hängt stark mit der Interpretierbarkeit einer Anzeige zusam-

FMV-601

Hersteller/Vertrieb:
Furuno/Ferropilot
Abmessungen:
191 × 193 × 218 mm
Gewicht: 2,6 kg
Anschlußspannung:
11...40 V GS
Stromaufnahme: 1,25 A (12 V)
Ausgangsleistung: 100 W
Frequenz: 50 Hz
Tiefenbereiche:
7 (0...320 m)
Sonstige Funktionen:
Flach- und Tiefwasseralarm
Anzeige: Katodenstrahlrohr,
180-mm-Bildschirm
Bedienung:
Gewöhnungsbedürftig
Ablesbarkeit: Gut
Anzeigecharakter: Schwarzweiß, 16384 Bildpunkte
Anzeigegenauigkeit: Gut

Beurteilung:
Aufwendiges, schwarzweiß anzeigendes Videolot mit hoher Bildauflösung und mittlerer Stromaufnahme.

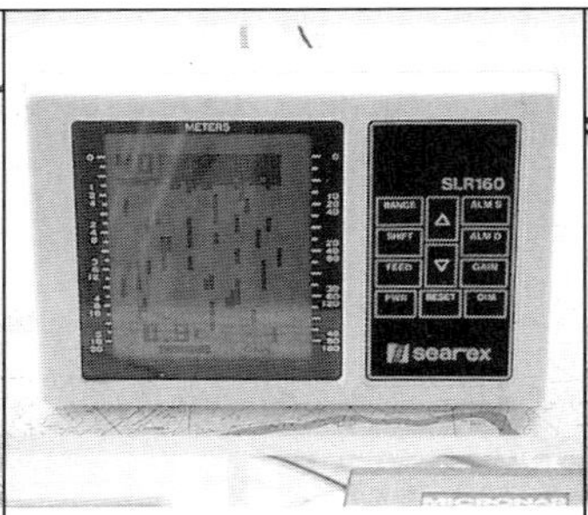

SLR 160

Hersteller/Vertrieb:
Searex/Hagenuk
Abmessungen:
146 × 211 × 54 mm
Gewicht: 0,6 kg
Anschlußspannung: 12 V GS
Stromaufnahme: 460 mA
Ausgangsleistung: 65 W
Frequenz: 200 kHz
Tiefenbereiche:
6 (0...160 m)
Sonstige Funktionen:
Flachwasseralarm, Wassertemperatur
Anzeige: LCD, Bildschirm
106 × 82 mm
Bedienung: Einfach
Ablesbarkeit:
Zufriedenstellend
Anzeigecharakter: Grobe Rasterung, 1519 Bildpunkte
Anzeigegenauigkeit: Gut

Beurteilung:
Schwarzweiß anzeigendes Videolot mit zufriedenstellender Bildauflösung und geringem Stromverbrauch.

Video-Echolot

Hersteller/Vertrieb:
Nasa/Mörer
Abmessungen:
150 × 220 × 220 mm
Gewicht: 2,3 kg
Anschlußspannung: 12 V GS
Stromaufnahme: 900 mA
Ausgangsleistung: 60 W
Frequenz: 150 kHz
Tiefenbereiche:
18 (0...100 m)
Sonstige Funktionen:
Flach- und Tiefwasseralarm,
Programme für Morsecode,
Fahrwassermarkierungen
(Tonnen); UKW; Log
Anzeige: Katodenstrahlrohr,
180-mm-Bildschirm
Bedienung:
Gewöhnungsbedürftig
Ablesbarkeit: Sehr gut
Anzeigecharakter: Schwarzweiß, 16384 Bildpunkte
Anzeigegenauigkeit: Gut

Beurteilung:
Schwarzweiß anzeigendes Videolot mit vielen Möglichkeiten; hohe Bildauflösung; mittlerer Stromverbrauch.

M 430

Hersteller/Vertrieb:
Hondex/Salén & Wicander
Abmessungen:
140 × 115 × 23 mm
Gewicht: 0,32 kg
Anschlußspannung: 12 V GS
(oder 6 Mignonzellen)
Stromaufnahme: 220 mA
Ausgangsleistung: 20 W
Frequenz: 200 kHz
Tiefenbereiche:
5 (0...60 m)
Sonstige Funktionen:
Flachwasseralarm, Wassertemperatur
Anzeige: LCD, Bildschirm
95 × 35 mm
Bedienung: Einfach
Ablesbarkeit:
Zufriedenstellend
Anzeigecharakter:
Grobe Rasterung
Anzeigegenauigkeit:
Zufriedenstellend

Beurteilung:
Für Batterie und Bordnetz konzipiertes, schwarzweiß anzeigendes Taschen-Videolot mit zufriedenstellender Bildauflösung; geringster Stromverbrauch aller Testgeräte.

men. Eine hochauflösende Katodenstrahlröhre mit mehr als 16000 Bildpunkten kann naturgemäß ein besseres Bild von der berühmten Handbreit Wasser unter dem Kiel liefern als ein LCD-Display mit nur wenig mehr als 1500 Punkten.

Ein weiterer sehr wesentlicher Testpunkt war die Genauigkeit der angezeigten Tiefe. Sie ist erfreulicherweise kaum noch Kriterium bei Videoloten. Die Messung der Laufzeit des Schalls ist ohnehin kein Problem, und die „Verarbeitung" von Störungen kann man am Schirm ablesen, werden sie doch jederzeit auf dem Videobild sichtbar. Eine daraus resultierende Tiefenmessung ist mithin immer interpretierbar.

In diesem Test zeigte sich kein Gerät, was seine Eignung als Yachtlot angeht, als besonders herausragend, keines aber auch als besondes schlecht. Jedes kann man dem Yachtskipper empfehlen, wenn man ein Zeiger- oder Digitalgerät dagegensetzt. Die Tiefe als letztlich wichtigstes Kriterium zeigen sie alle genau genug an, wobei Störungen auf allen erkannt werden können. Sie unterscheiden sich lediglich im Aufwand und damit in der Einfachheit der Interpretation ihrer Anzeigen.

Micro Scan M-810	M 700
Hersteller/Vertrieb: Hondex/Salén & Wicander	Hersteller/Vertrieb: Hondex/Salén & Wicander
Abmessungen: 162 × 236 × 45 mm	Abmessungen: 108 × 148 × 248 mm
Gewicht: 1,4 kg	Gewicht: 2 kg
Anschlußspannung: 12 V GS	Anschlußspannung: 12 V GS
Stromaufnahme: 1,2 A	Stromaufnahme: 1,9 A
Ausgangsleistung: 100 W	Ausgangsleistung: 100 W
Frequenz: 400 kHz	Frequenz: 107 kHz
Tiefenbereiche: 9 (0...120 m)	Tiefenbereiche: 7 (0...300 m)
Sonstige Funktionen: Variable Horizontal- und Vertikalmarkierung (Cursor)	Sonstige Funktionen: Flach- und Tiefwasseralarm, Wassertemperatur, Berechnung der geloteten Fläche
Anzeige: LCD, 90-Grad-Sektor	Anzeige: Katodenstrahlrohr, 120-mm-Farbbildschirm
Bedienung: Gewöhnungsbedürftig	Bedienung: Einfach
Ablesbarkeit: Zufriedenstellend	Ablesbarkeit: Sehr gut
Anzeigecharakter: Grobe Rasterung, 2880 Bildpunkte	Anzeigecharakter: 7 Abstufungen
Anzeigegenauigkeit: Sehr gut	Anzeigegenauigkeit: Gut
Beurteilung: Als Abtastgerät ausgelegtes Videolot mit um 45° nach Backbord und Steuerbord „suchendem“ Schwinger, zufriedenstellende Bildauflösung; mittlerer Stromverbrauch.	**Beurteilung: Farbig anzeigendes Videolot mit vielen Möglichkeiten; hohe Bildauflösung; hoher Stromverbrauch; leistungsfähige Stromversorgung nötig.**

Alle Geräte eignen sich zudem für den Fischfang. Manche sind besonders dafür ausgestattet. Fischlupe, Anzeige der Wassertemperatur, der Schiffsgeschwindigkeit und eine Schnittstelle für einen Loran-C-Navigator sind Dinge, die der Segler von einem Lot nicht erwartet, die aber wohl vom berufsmäßigen Fischer gern genutzt werden.

Bleibt zu resümieren, daß Video-Echolote eine wertvolle Hilfe für die Yacht-Navigation darstellen. Ihre guten Eigenschaften, Fische zu orten, qualifizieren sie ebenso, exakte Auskünfte über die Bodenbeschaffenheit des

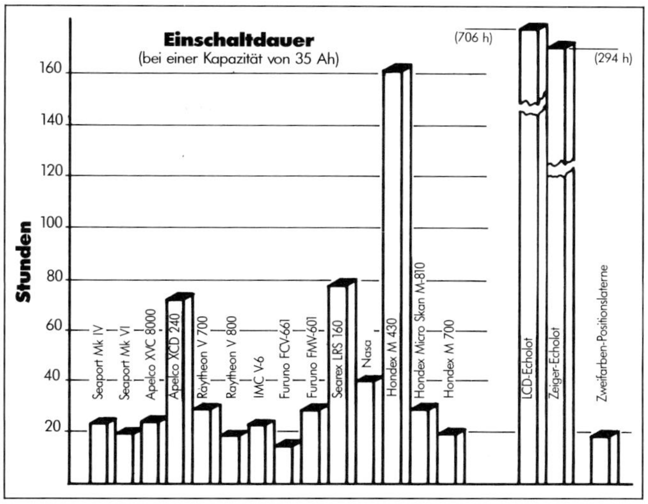

Das Diagramm zeigt die Betriebsdauer der Geräte, wenn jedes als einzelner Verbraucher von einer 12-Volt-Batterie mit einer Kapazität von 60 Amperestunden gespeist wird, wie es normal ist für eine Zehnmeter-Yacht. Berücksichtigt ist dabei ein Sicherheitsfaktor von 1,7 für Wirkungsgrad und sonstige Negativeinflüsse, so daß nur 35 Amperestunden zur Verfügung stehen. Parallel haben wir ein digitalanzeigendes und ein Zeigerlot dazugestellt. Der Vergleich mit einer Zweifarben-Positionslaterne (25 Watt) macht eindeutig klar, daß die meisten Videolote Stromfresser und damit für den Dauerbetrieb auf Yachten mit kleinem Kraftwerk nicht geeignet sind.

Schiffsstandortes zu geben und Störungen aller Art, die eine Tiefenmessung verfälschen, zu erkennen.

Mit ihren Leistungen sind indessen auch die Stromaufnahmen erheblich. Kriterium für ihren Einbau sollte daher auch die Größe des Bordkraftwerkes sein (siehe hierzu die Verbrauchsgrafik). Ausgangsleistungen von 100 Watt und mehr ziehen Strom aus der Batterie, dessen Größe nicht mehr im Milliampere-Bereich liegt, wie bei den Digitalloten gewohnt. Hohe Impulsleistungen und hohe Schallfrequenzen ergeben dafür große Reichweiten mit stark gebündelten Schallkegeln.

Seglers Traum von einem Vorauslot, das ihm rechtzeitig Hindernisse, Untiefen und Schären anzeigt, geht damit in Erfüllung. Ein Ultraschallschwinger, der vorerst noch motorisch angetrieben einen Sektor von bis zu 45 Grad nach Backbord und Steuerbord abtastet (Micro Scan), soll in einem geeigneten Dom eingebaut auch bis zu 120 Meter voraus orten. Einem Yacht-Sonargerät (von Sound Navigation and Ranging) steht damit nichts mehr im Wege.

Einbau eines Echolots

Beim Einbau sowohl des Gebers als auch des Anzeigegerätes selbst ist auf einige Dinge zu achten:

Das Anzeigegerät sollte entsprechend den Aufgaben

eines Echolotes – Sicherheit und Navigation – so angebracht werden, daß es vom Rudergänger und Navigator gleichermaßen eingesehen werden kann. Dies wird nur in den seltensten Fällen zu verwirklichen sein. Deshalb ist nach einem Mittelweg zu suchen. Keinesfalls ist der richtige Platz für das Anzeigegerät im Cockpit, wo es der direkten Sonneneinstrahlung ausgesetzt ist. Möglicherweise findet sich eine nicht störende Anbringung im Niedergang, so daß das Gerät, das sich hier im Schatten befindet, sowohl zum Rudergänger hingedreht werden kann, als auch bei Bedarf zur Navigationsecke zeigt. Günstig sind hierbei natürlich Geräte, die über ein Tochtergerät verfügen. Ist die Tochter ein Zeigerinstrument, so kann dieses selbstverständlich auch im Cockpit untergebracht werden, wenn es nur gegen überkommendes Wasser entsprechend geschützt ist, was in den meisten Fällen indessen fragwürdig ist.

Der Geber sollte am Unterwasserschiff möglichst strömungsgünstig angebracht werden. Der größte Fehler, durch den die Arbeitsweise eines Echolots entscheidend beeinflußt werden kann, ist der, die Oberfläche des Gebers entweder mit Farbe zu überstreichen oder gar mit Zweikomponentenkleber strömungsgünstig zu verkleiden. An und für sich wäre der günstigste Platz für den Geber genau unter dem Kiel. Das läßt sich jedoch aus mehreren Gründen nicht realisieren (aufslippen, auflaufen usw.).

Meistens wird das Echo in einem Kegel von ca. 45° ausgestrahlt. Wenn nun der Geber seitwärts am Kiel angebracht wird, kann es leicht passieren, daß dieser Kegel bei Krängung durch den Kiel so eingeengt wird, daß eine viel zu große Wassertiefe angezeigt wird.

Bei manchen Schiffen werden zwei Geber eingebaut,

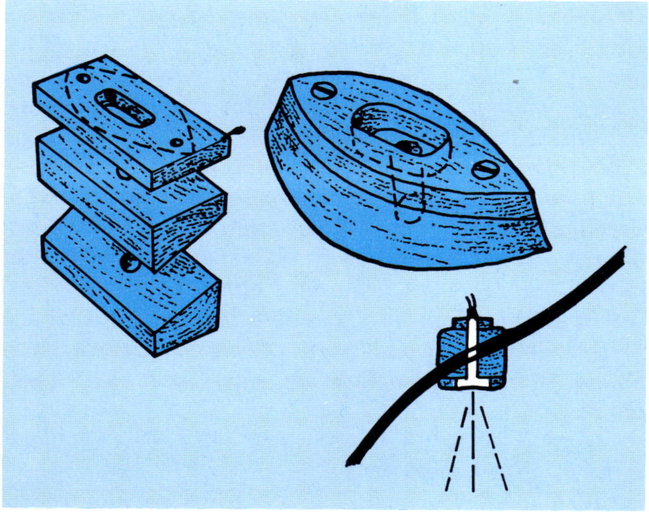

Der Geber (Schwinger) für das Echolot sollte möglichst strömungsgünstig eingebaut werden, was mit Hölzern kein Problem sein dürfte.

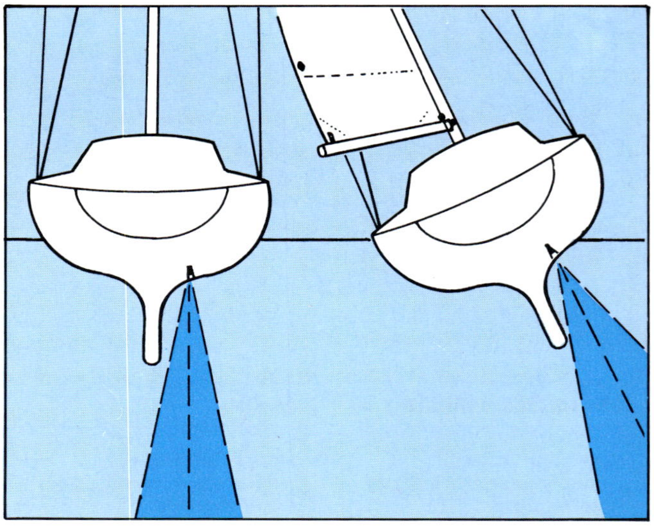

Beim Einbau neben dem Kiel kann es zu Fehlmessungen bei Krängung kommen, weil die Strahlungskeule durch den Kiel eingegrenzt wird.

die sich sogar automatisch je nach Krängung einschalten. So kompliziert sollte man aber ein so einfaches Gerät wie das Echolot nicht handhaben. Ein recht günstiger Platz für den Geber ist unmittelbar vor dem Kielansatz. Hier liegt er geschützt genug, und sein Bereich ist durch den Kiel nicht eingeengt.

Bei Kunststoffschiffen wird der Einbau häufig innerhalb des Schiffes vorgenommen. Dabei muß freilich unbedingt darauf geachtet werden, daß das Gehäuse, in dem sich der Geber befindet, mit Wasser gefüllt ist.

Hiervon wird aber trotz der leichten Montage abgeraten, weil die Senderenergie des Echolots auch durch Kunststoff erheblich beeinträchtigt wird, so daß die angegebenen Tiefenreichweiten nicht immer auch tatsächlich erreicht werden. Bei einem Stahlschiff muß man darauf achten, daß die Halterung des Gebers nicht aus Bronze ist, was zu schwerwiegender Elektrolyse führen kann.

Das Echolot mißt die Tiefe des Wassers vom Geber aus.

Wenn also zwischen der gemessenen Wassertiefe und den Tiefenangaben in der Karte Vergleiche angestellt werden sollen, muß zunächst die tatsächliche Wassertiefe berichtigt, zur gemessenen Wassertiefe also die Einbautiefe hinzugezählt werden. Es gibt einige Geräte, die eine Vorrichtung haben, um diese Berichtigung von vornherein anzubringen. In solchen Fällen lieben es Eigner, die Berichtigung so zu wählen, daß nicht die tatsächliche Wassertiefe angezeigt wird, sondern die Tiefe unter dem Kiel. Dies hat zwar den Vorteil, daß der Navigator immer genau ersehen kann, wann es zum

Auflaufen kommt, er aber andererseits praktisch zweimal die gemessene Wassertiefe auf die Kartentiefe umrechnen muß: gemessene Wassertiefe – Einbautiefe – Wassertiefe.

Standlinie aus einer akustischen Peilung

Eine akustische Peilung ergibt eine Gerade.

Eine solche kommt vor allem in nördlichen Gewässern viel häufiger vor, als man denkt. Wie oft passiert es einer Yacht, daß sie im Nebel hängt, der Grund so tief ist, daß das Echolot nichts mehr anzeigt, und Strom setzt, so daß nach ein paar Stunden bereits große Unklarheit über den Standort herrscht. In gut befeuerten Gewässern wird man dann immer (mangels Radar oder GPS) auf akustische Peilungen angewiesen sein. Letztere sind naturgemäß nicht besonders genau, deshalb also mit Vorsicht zu genießen.

Da aber andere Standlinien in derartigen Situationen kaum noch zu bekommen sind, scheue man nicht davor zurück, mit der gebotenen Zurückhaltung auch Standlinien aus akustischen Peilungen zu benutzen. Befindet man sich in der Nähe eines Feuerschiffes, einer Heul- oder Glockentonne, so können derartige Peilungen unter Umständen wesentlich genauer sein als beispielsweise Funkpeilungen. Eine Zielfahrt gar auf eine solche Peilmarke wird dem verunsicherten Skipper Klarheit über seinen Schiffsort bringen, wenn er sie schließlich schemenhaft aus dem Nebel auftauchen sieht.

Die Ungenauigkeit bei akustischen Peilungen resultiert nicht so sehr daraus, daß das Gehör so unzuverlässig ist, sondern vielmehr aus der Tatsache, daß Schallsignale sich im Nebel nicht geradlinig ausbreiten, weil sie von den Schwaden abgelenkt oder gar reflektiert werden. Jeder, der sich aber schon einmal in einer derartigen Suppe befunden hat, wird mit Dankbarkeit festgestellt haben, daß akustische Peilungen eine große Hilfe bedeuten können.

Die erste Schwierigkeit bei solchen Standlinien besteht – wie nahezu bei allen Peilungen – in der eindeutigen Identifizierung des Schallsignals. Sind an Bord geeignete Unterlagen (Leuchtfeuerverzeichnis, ausreichend dimensionierte Seekarten), so ergibt sich die Kennung der Schallsignale daraus.

Meistens ist dicker Nebel mit Flaute verbunden, so daß während der Nebelfahrt häufig der Motor benutzt wird. In diesem Fall ist es wichtig, daß ein Mannschaftsmitglied mit möglichst gleichmäßig gutem Gehör auf beiden Ohren sich auf das Vorschiff stellt, wo die Maschine im allgemeinen kaum noch zu hören ist. Gepeilt werden sollte mit einem Peilkompaß – eine Peilscheibe ist untauglich. Am besten hält der Beobachter den Peilkompaß mit festen Armen an das Auge und dreht sich während des Ertönens des Schallsignals *mit dem ganzen Oberkörper* in dessen Richtung und liest dabei die Peilung ab. Es ist empfehlenswert, mindestens fünf derartige Peilungen vorzunehmen, um die richtige Peilung einigermaßen einzugrenzen. Erleichtert wird dem Mann auf dem Vorschiff die Arbeit dadurch, daß der Rudergänger für die Zeit der Peilung einen möglichst gleichmäßigen Kurs hält, damit das Schallsignal nach Möglichkeit immer aus derselben Richtung zu hören ist. Die Peilung mit dem Peilkompaß wird sodann in gleicher Weise zur rechtweisenden Peilung verarbeitet wie die optische Peilung.

Auf einem Stahlschiff ist diese Methode nicht anwendbar. Hier deutet der Mann auf dem Vorschiff bei Maschinenfahrt während des Ertönens des Schallsignals mit ausgestreckter Hand in die Richtung der Schallquelle. Sodann muß der Rudergänger mit einem Blick auf den Kompaß die Richtung abschätzen. Besser ist allerdings, wenn der Rudergänger mit Hilfe der Richtungsanzeigen vom Vorschiff aus Kurs auf die Schallquelle nimmt und hierbei „mit dem ganzen Schiff" peilt. Diese Methode sollte auch unter Segel angewendet werden, wenn sich das mit der Richtung von Standlinie und Wind vereinbaren läßt. Auf keinen Fall aber darf eine Abstandsbestimmung durch Schätzen der Schallquelle gemacht werden, weil die verschiedene Dicke des Nebels zu gefährlichen Täuschungen führen kann.

Achtung: Hat der Segler – vermeintlich – schönes Wetter, sieht den blauen Himmel über sich und hört in der Ferne Nebelhörner oder andere Nebelsignale, so muß er damit rechnen, daß dort, wo die Signale ertönen, bereits Nebel herrscht und er sich alsbald unter ähnlichen Bedingungen wiederfindet. In diesem Falle ist es oberstes Gebot der Seemannschaft, seinen Standort so exakt wie nur möglich zu bestimmen, damit etwaige Koppelorte, auf die der Navigator später angewiesen ist, mit möglichst wenig Unsicherheiten behaftet sind.

Dies gilt selbstverständlich nicht, wenn der Skipper lediglich eine Heul- oder Glockentonne vernimmt, weil derartige Tonnen nicht nur bei Nebel arbeiten, sondern allein durch die Bewegung der See in Aktivität versetzt werden.

Versegelte Standlinien

Eine versegelte Standlinie hat die gleiche Form wie die ursprüngliche Standlinie.

Grundsätzlich kann jede Standlinie versegelt werden. Versegelung bedeutet nichts anderes, als daß die Standlinie nicht im Zeitpunkt ihrer Gewinnung verwendet wird, sondern daß sie auch dann noch zur Anwendung kommen kann, wenn zwischen ihrer Gewinnung und der Positionsbestimmung ein mehr oder weniger langer Zeitraum verstrichen ist. Die Standlinie wird sozusagen weitertransportiert oder mitgenommen. Es läßt sich so mit jeder Standlinie verfahren, doch kann die Versegelung erhebliche Ungenauigkeiten bringen.

In die Versegelung gehen sämtliche Fehler ein, die auch in einen Koppelort eingehen würden.

Bei der Versegelung einer Standlinie müssen beim Zeichnen stets die Fahrt über Grund und der Kurs über Grund verwendet werden. Der häufigste Anwendungsfall einer versegelten Standlinie dürfte in der terrestrischen Navigation dann gegeben sein, wenn nur ein Peilobjekt zur Verfügung steht. Ein Beispiel soll dies veranschaulichen (siehe Abbildung unten):

1. Der Skipper peilt um 0700 C. de Formentor in rechtweisende 107° (Logstand 48,9, Kurs über Grund 064°). Nachdem er keine zweite Standlinie zur Verfügung hat, kann er mit dieser einen Peilung zunächst nichts anfangen. Trotzdem wird er die Standlinie in der Karte einzeichnen.
2. Nach einer Stunde (Logstand 54,8) ergibt eine neuerliche Peilung des gleichen Peilobjektes in rechtweisend 159° eine zweite Standlinie.
3. Um nun zu einem Schiffsort zu kommen, muß der Skipper die erste Standlinie versegeln, das heißt, er muß sie um die zurückgelegte Strecke (5,9 sm) über Grund in

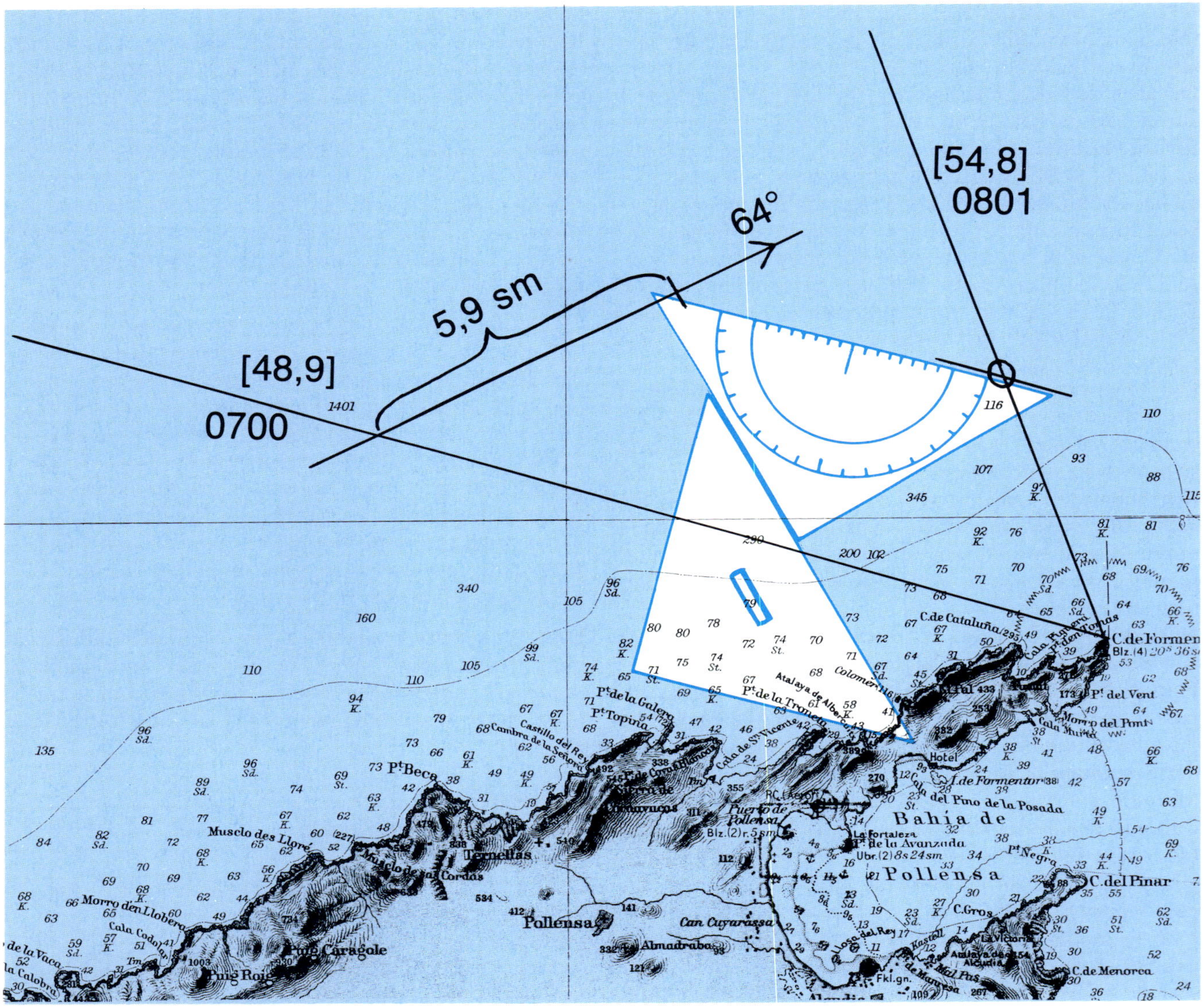

Der zu versegelnde Kurs und die Strecke können an jedem Punkt der ersten Standlinie abgetragen werden.

der Richtung des Kurses über Grund (064°) *parallel verschieben.*
Besonders in Tidengewässern mit ihren meist nur schlecht berechenbaren Strömungen ist also hier neben den bereits unter „Koppelort" geschilderten Ungenauigkeiten mit einer Reihe von Unsicherheitsfaktoren zu rechnen. Versegelte Standlinien sind deshalb unbedingt zu vermeiden, wenn andere fixe Standlinien auch zu einem Schiffsort verhelfen können. Wenn sie aber verwendet werden müssen, dann sollte die Zeit der Versegelung gerade so kurz gehalten werden, daß sich ein vernünftiger Schnittwinkel der neuen Standlinie mit der versegelten Standlinie, also über 30°, ergibt.
Es ist übrigens gleichgültig, ob bei der zweiten Peilung ein neues Peilobjekt verwendet wird (das ist meistens dann der Fall, wenn das alte abgedeckt und ein neues aufgetaucht ist) oder ob ein und dasselbe zweimal hintereinander in gehörigem Abstand gepeilt wird.
Hinweis: Die Versegelung kann an jedem Punkt der zu versegelnden Standlinie angebracht werden. Irgendwo auf der zu versegelnden Standlinie sind also Kurs über Grund und Fahrt über Grund abzutragen.

Obige Standortgewinnung wird auch als Doppelpeilung bezeichnet.

Ein Sonderfall der Doppelpeilung: die Vierstrichpeilung

Die Vierstrichpeilung hat ihren Namen daher, daß früher einmal vier Strich auf der Kompaßrose den 45° auf der jetzigen 360-Grad-Rose entsprachen. Ein einzelnes Objekt wird nämlich unter einer Schiffsseitenpeilung (Peilscheibe genügt!) von 45° angepeilt und dann der Zeitpunkt festgehalten, in dem das gleiche Objekt in einem Winkel von 90° zur Kurslinie wiederum erscheint. Die zwischen den beiden Meßzeitpunkten zurückgelegte Strecke ergibt den Abstand zum Peilobjekt während der zweiten Peilung. Diese Standlinie ist also ein Kreis mit dem Durchmesser des Abstandes um die Peilmarke.
Bei der Vierstrichpeilung ist mit folgenden Fehlerquellen zu rechnen, die sich unmittelbar auf die Genauigkeit der Standlinie auswirken:

1. Unbekannter Strom
2. Steuerfehler
3. Logfehler
4. Während der zweiten Messung hat nicht der gleiche Kurs angelegen wie bei der ersten Messung.

Wird bei dieser Methode wegen Strom oder Wind mit einem Vorhaltewinkel gesegelt, so muß dieser Winkel bei der Schiffsseitenpeilung abgezogen beziehungsweise hinzugezählt werden (Abbildung oben).
Bei so vielen Fragezeichen sollte die Vierstrichpeilung nur notfalls angewendet werden. Die Versuchung ist

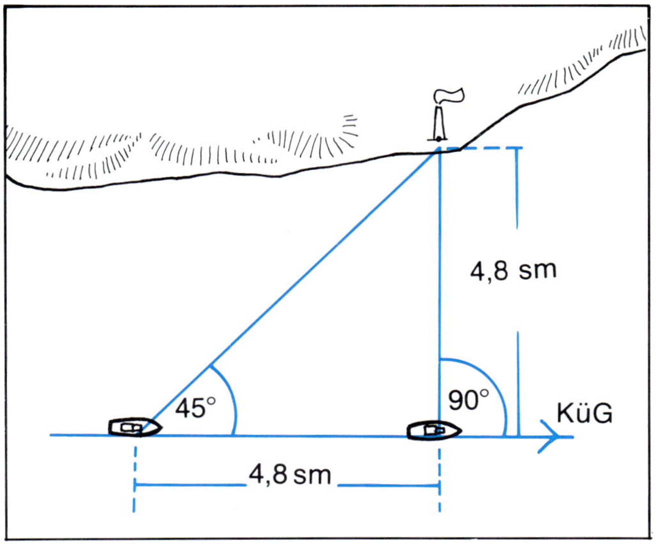

Wird ein Landobjekt unter einer Schiffsseitenpeilung von 045° (entsprechend an Backbord 315°) angepeilt und anschließend genau querab gesehen 090° beziehungsweise 270°), ist die dazwischen zurückgelegte Strecke gleich dem Abstand zur Peilmarke.

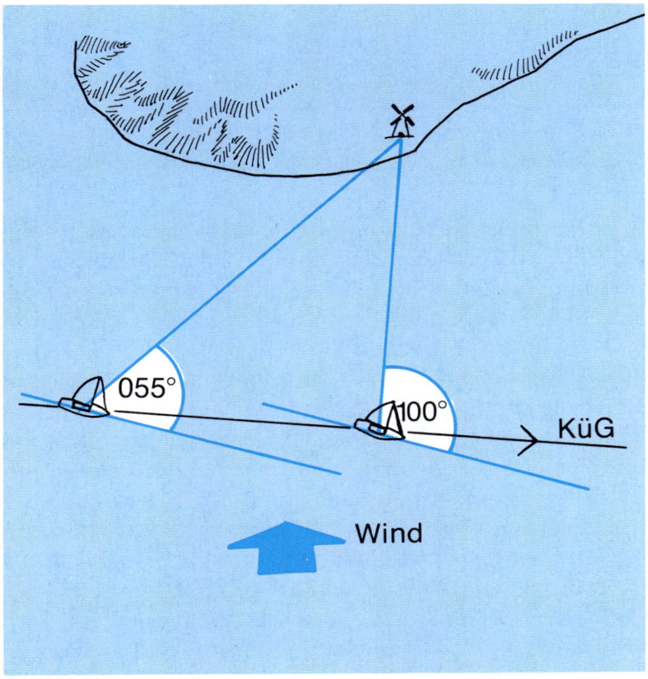

Bei einem Vorhalt für Wind muß bei der Vierstrichpeilung der Vorhaltewinkel berücksichtigt werden.

Mit einem Stück Tape läßt sich der 45°-Winkel für die Vierstrichpeilung an Bord ganz gut darstellen. Das Visier für die Peilung besteht dann beispielsweise aus dem Tape und einer Relingstütze. Keine Peilscheibe nötig.

natürlich groß, sich ihrer trotzdem zu bedienen, zumal man ohne Peilscheibe auskommen kann. Man braucht sich nur auf Deck eine Deckpeilung anzufertigen, die eine Schiffsseitenpeilung von 045° und eine solche von 090° zuläßt (Abbildung oben).
Die Vierstrichpeilung bedeutet für den Rudergänger eine Orientierungshilfe. Er kann mit einfachsten Mitteln den Passierabstand zu einer Landmarke feststellen und somit auch schnell beurteilen, ob er sich in einem gefährlichen Bereich befindet. Hat er kein Log in seiner Reichweite, so braucht er nur Zeitpunkte zwischen den beiden Messungen festzuhalten, um so überschlagmäßig die zurückgelegte Strecke bei geschätzter Schiffsgeschwindigkeit und damit den Abstand zur Peilmarke festzustellen. Auch hier ist wiederum extrem wichtig, daß er während beider Peilungen den gleichen Kurs einhält.

Abstandsbestimmung durch allgemeine Doppelpeilung

Die Vierstrichpeilung ist ein Sonderfall dieser Doppelpeilung. Mit Hilfe eines Elektronenrechners läßt sich der Abstand aber auch auf sehr einfache Art und Weise dann bestimmen, wenn beliebige Schiffsseitenpeilungen oder, besser gesagt, Winkel zur Kursrichtung gemessen werden. Die einfache Formel lautet:

Abstand in Seemeilen:

$$\frac{\text{Distanz zwischen den beiden Meßzeitpunkten} \times \sin \text{Schiffsseitenpeilung 1}}{\sin (\text{Schiffsseitenpeilung 2} - \text{Schiffsseitenpeilung 1})}$$

Andere versegelte Standlinien

Grundsätzlich läßt sich jede Standlinie versegeln, also auch beispielsweise ein Abstandkreis, der durch eine Horizontalwinkelmessung gewonnen worden ist. In diesem Falle müssen beim Mittelpunkt des Kreises lediglich die versegelte Distanz und der Kurs über Grund abgetragen werden, um den Mittelpunkt des Kreises zu versetzen und darum den versegelten Kreis zu schlagen. In der Praxis kommt diese Methode mit Recht niemals zur Anwendung, weil beim Vorhandensein von zwei Peilobjekten (Horizontalwinkel, Vertikalwinkel!) keine Notwendigkeit für die Versegelung einer Standlinie be-

steht. Ebenso läßt sich natürlich beispielsweise eine Funkstandlinie versegeln, wobei aber die Ungenauigkeiten bei der Funkpeilung ohnehin so groß sind, daß unter Zuhilfenahme einer Versegelung eigentlich kein seriöser Schiffsort mehr zustande kommen kann.
Große Bedeutung hat die versegelte Standlinie in der astronomischen Navigation, weil auf hoher See untertags meistens allein die Sonne zur Verfügung steht und ein Standort *nur* mit Hilfe einer versegelten Sonnenstandlinie und einer zweiten Sonnenstandlinie ein bis zwei Stunden später gewonnen werden kann. Selbstverständlich gehen auch hier unbekannte Größen wie Abdrift und Strom in den Schiffsort als Fehler ein, was aber in der astronomischen Schiffsortbestimmung keine große Rolle spielt, weil es hier nicht wie in der terrestrischen Navigation auf Bruchteile von Seemeilen ankommt, sondern höchstens eine Genauigkeit von 2 bis 3 sm benötigt wird.

Achtung: Auf keinen Fall eignen sich versegelte Standlinien, um eventuell den Strom nach Richtung und Stärke (Besteckversetzung) festzustellen!

ÜBUNGS-AUFGABE 46

Am 1. 8. 1983 läuft SKYLARK unter Maschine an der Nordküste von Mallorca entlang. In der Abenddämmerung wird um 2100 (Logstand 98,6) C. Ferruch mit der Peilscheibe in 136° gepeilt, während gleichzeitig ein Kompaßkurs von 072° anliegt. Wie lautet die rechtweisende Peilung?

ÜBUNGS-AUFGABE 47

Gegen 2400 wird das Feuer C. de Formentor mit dem Peilkompaß in 258° gepeilt, während gleichzeitig am Log 8,4 sm abgelesen werden. Wie lautet der Schiffsort?

ÜBUNGS-AUFGABE 48

Der Skipper ändert den Kurs auf 161°. Wie lautet der Kurs über Grund?

ÜBUNGS-AUFGABE 49

Beim Logstand 14,7 wird C. Dartuch an Backbord voraus in 045° gepeilt. Beim Logstand von 18,4 ist C. Dartuch dann genau querab, derweil liegen am Kompaß noch immer 161° an. Wie ist der Abstand zum C. Dartuch?

ÜBUNGS-AUFGABE 50

Wie lautet die rechtweisende Peilung zum C. Dartuch?

ÜBUNGS-AUFGABE 51

Wie lautet die Schiffsposition aus Entfernung und rechtweisender Peilung?

Funkstandlinien

Die Standlinie aus einer Funkpeilung ist praktisch eine Gerade (Großkreis).

Eigenpeilungen

Funkpeilung war das erste auf Yachten eingesetzte elektronische Navigationsverfahren. In den 60er und 70er Jahren war die Funkpeilung bei schlechter Sicht (Nebel) die einzige Hilfe zur Kursfindung. Die modernen elektronischen Orientierungshilfen wie Decca, Loran-C oder GPS haben die Funkpeilung fast bedeutungslos gemacht. In einem Sonderfall allerdings kann die herkömmliche Funkpeilung auch heute noch von unschätzbarem Wert sein: Nähert man sich bei schlechter Sicht (Regen, Nebel) der Küste und ist das GPS auf der Satelliten- oder Bord-Seite gestört, ausgefallen oder abgeschaltet, dann kann der Funkpeiler von unschätzbarem Wert sein. Man denke daran, daß dann nicht nur Seefunkfeuer, sondern auch Flugfunkfeuer oder gewöhnliche Rundfunkstationen (wenn sich die Peil-Antenne auch bei Mittelwelle verwenden läßt) in einem solchen Fall angepeilt werden können.
Flugfunkfeuer an der Küste eignen sich in den meisten Fällen für die Funkpeilung ebensogut wie spezielle Seefunkfeuer, die ohnehin alle in nächster Zukunft eingestellt werden. Flugfunkfeuer werden jedoch noch mindestens zehn Jahre betrieben.
Jede richtungsempfindliche Antenne hat eine Stellung, in der sie viel Sendeenergie aufnimmt und dem Empfänger zuführt oder bei der weniger Sendeenergie absorbiert werden kann. Das Ergebnis sind Unterschiede in der Lautstärke, die nicht nur akustisch wahrgenommen, sondern auch an einem bei vielen Radiogeräten eingebauten Zeigerinstrument abgelesen werden können.

Das Prinzip der Funkpeilung. Je nach Stellung der in einem Radiogerät eingebauten Antenne zum Sender wird mehr oder weniger Sendeenergie aufgenommen. Aus der Stellung zum Sender ergibt sich, wo der Sender steht.

Geht man nun einen Schritt weiter und stellt ein solches billiges Transistorgerät auf eine Scheibe mit einer Gradteilung von 0° bis 360°, so wird man feststellen können, daß bei einer bestimmten Stellung des Gerätes, die von der Position des jeweiligen Senders abhängt, ein *Maximum* an Lautstärke und 90° weiter ein Minimum an Lautstärke zu erzielen ist. Wiederum 90° weiter kommt ein erneutes Maximum, und eine weitere Drehung um 90° gibt dann schließlich noch ein zweites Minimum.

Das gleiche Prinzip wird bei einer Funkpeilung auf einer Yacht benutzt. Entweder wird das gesamte Gerät so wie das Transistorradio gedreht (Handfunkpeiler), oder aber es wird lediglich die Antenne gedreht, wobei dann die Maximum- oder Minimumstellung wie bei einer Peilscheibe an einem Gradnetz abgelesen werden kann. Aufgrund der Stellung der Antenne läßt sich sodann die Richtung ablesen – ähnlich wie bei einer optischen Peilung –, in der der ausstrahlende und am Empfänger eingestellte Sender sich befindet.

Grundsätzlich werden zum Anpeilen von Funkfeuern sogenannte Rahmenantennen benutzt. Die Ebene des Rahmens entspricht dann der Richtung zum Sender, wenn sie am wenigsten Sendeenergie aufnimmt, die Lautstärke des Empfängers am geringsten ist oder die Nadel am Zeigerinstrument am wenigsten ausschlägt.

Bei Rahmenantennen läßt sich schon äußerlich an ihrer Stellung erkennen, in welcher Richtung der Sender steht. Ist das Minimum eingestellt, so befindet sich die Ebene der Rahmenantenne genau senkrecht zur Richtung des Senders. Bei einer sogenannten Ferritantenne ist es – scheinbar – umgekehrt. Hier zeigt die Antenne

Zeigt die Ebene der Rahmenantenne zum Sender, nimmt sie ein Maximum an Sendeenergie auf, der Peilton ist am lautesten, das Meßinstrument am Empfänger zeigt den größten Ausschlag.

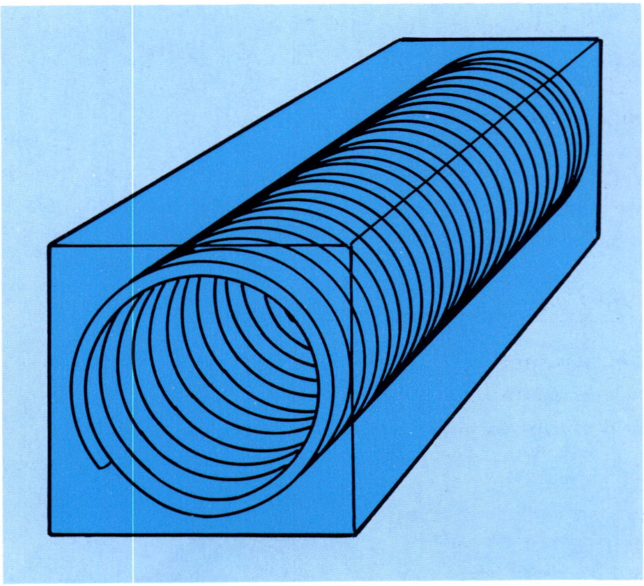

Die sogenannte Ferritantenne (Ferritstab) entspricht mehreren Rahmenantennen hintereinander.

Gonio-Antenne auf dem Masttopp. Das ist kein optimaler Platz.

2300 T Spanien

			Kennung		
Almeria	310 kHz	A 2	AMR	36° 50,9′ N	2° 22,7′ W
Alicante	280	A 2	ALT	38 17,3	0 33,1 W
Asturias	325	A 2	AVS	43 33,5	6 01,6 W
• Bagur	319	A 1	BGR	41 57	3 13 E
Barcelona	325	A 1	QU	41 17,2	2 00,5 E
• Bilbao	370	A 1	BLO	43 19,6	2 58,5 W
Castix (Mallorca)	351	A 2	CST	39 38,5	2 55,3 E
• Ibiza	394	A 2	IBZ	38 54,8	1 28,2 E
La Coruña	401	A 2	LRA	43 21,9	8 19,7 W
Menorca	344	A 2	MN	39 50,2	4 12,7 E
Málaga	330	A 2	RMA	36 39,5	4 28,9 W
• Pollensa	280	A 2	POS	39 54,7	3 05,9 E
• Port Colom	401	A 2	PTC	39 25,6	3 15,3 E
• Reus	272	A 2	RES	41 08,7	1 09,0 E
• Rota	265	A 2	AOG	36 38,6	6 18,9 W
Sagunto	356	A 1	SGO	39 40,4	0 12,2 W
• San Sebastián	328	A 1	SBT	43 20,1	1 48,9 W
• Valencia	340	A 2	VLC	39 26,6	0 21,0 W
Vigo	258	A 2	VGO	42 11	8 38 W
• Villanueva	380	A 1	VNV	41 12,6	1 42,4 E

Verzeichnis von Flugfunkfeuern im Nautischen Funkdienst Bd. II (Funkortung) mit Frequenz, Sendeart, Kennung und Position.

in der Minimumstellung auf den Sender. Das liegt daran, daß in der Ferritantenne eine Reihe von Windungen hintereinander liegen, also sozusagen eine größere Anzahl von Rahmenantennen.
Bei den wesentlich teureren Gonio-Funkpeilern wird das elektrische Feld der Empfangsantenne (meistens zwei um 90° versetzte Rahmenantennen) gemessen und ohne manuelles Drehen der Antenne das Minimum auf ein Anzeigegerät übertragen, so daß dort die Richtung zum Funkfeuer sofort abgelesen werden kann.
Auf Segelyachten wurden gelegentlich die aus der Fliegerei stammenden automatischen ADF-Funkpeiler (ADF = Automatic Direction Finding) gefahren. Es handelt sich hierbei um sehr kompakte Gonio-Funkpeiler, bei denen manuell nichts mehr nachgestellt werden muß, weil meistens ein Pfeil die abzulesende Funkseitenpeilung direkt anzeigt.

Die Peilobjekte: See- und Flugfunkfeuer

Ein besonderer Vorteil bei der Funkpeilung ist die leichte Identifizierung der Peilobjekte, denn See- und Flugfunkfeuer senden eine Kennung aus, die fast immer aus mehreren Morsebuchstaben besteht und die den speziellen Unterlagen (Nautischer Funkdienst Band II – Funkortung –, Jachtfunkdienst) entnommen werden kann.
Alle See- und Flugfunkfeuer arbeiten im Langwellenbereich (etwa zwischen 200 und 400 kHz). Nur Langwellen eignen sich gut, um aus einer Funkpeilung Standlinien zu gewinnen, denn diese Wellen geben die größte Garantie, daß sie lediglich Bodenwellen darstellen und nicht aus irgendwelchen Richtungen reflektiert werden (Raumwellen). Dies ist überhaupt eines der ganz großen Probleme bei der Funkpeilerei. Zuverlässig gepeilt werden können nur Bodenwellen, so daß selbst bei der Benutzung der Langwellen für die Zwecke der Schiffahrt Funkpeilungen zur Dämmerungszeit auf keinen Fall gemacht werden dürfen. Während der Dämmerung morgens und abends hat der Navigator keine Garantie, daß er nur die Raumwelle erwischt. Es gibt auch keine Möglichkeit der Anzeige an einem Gerät, wie die Qualität der ausgestrahlten Radiowellen ist. Höchstens bei einem Sichtfunkpeiler könnten aus der Form der Zeichnung auf der Braunschen Röhre Rückschlüsse auf die Güte der Peilung gezogen werden.

Anforderung an die Sender

Seefunkfeuer sind speziell zum Zweck der Funkpeilung durch Schiffe eingerichtet worden. Man sollte aber nur jene benutzen, die an der nächsten Küste stehen, also keinesfalls bei der Annäherung an eine Insel ein Seefunkfeuer, das auf der anderen Seite der Insel sendet. Es sei denn, es ist auf einer Anhöhe errichtet, so daß bei guten Sichtverhältnissen ein direkter optischer Kontakt möglich ist.
Nachdem Seefunkfeuer immer mehr reduziert und kaum noch neue errichtet werden, ist der Segler in vielen Gebieten der Erde auch auf andere Peilsender angewiesen. In erster Linie eignen sich hierzu Flugfunkfeuer, die wesentlich mehr verbreitet sind als Seefunkfeuer. Es bestehen keine Bedenken, auch Flugfunkfeuer für die

Liste der Kennungen (Fortsetzung)

Kennziffern mit „T" bezeichnen ein Flugfunkfeuer im Abschnitt Ba

AXB	Cape Leeuwin	2536 N
AXC	Cape Borda	2536 H
AXD	Alexandria	2366 T
AY	Abertay	2151 K
AYT	Antalya	2339 T
AYV	Amacuro	2772 T
AZ	Ōma Saki	2505 K
B	Almirante	2780 B
	Beaver Island	2863 K
	Button Islands	2882
	Cabo Trafalgar	2296 F
	Cape Bauld	2875 K
	Cape Wickham	2535 F
	Chetco River Entrance	2633 C
	Great Duck Island	2918 B
	Point Piedras Blancas	2642 K
	Quatsino	2610 H
	Red Islet	2868 H
	Slate Island	2927 E
	South Buffalo	2915 B
BBBB	Fu-Kuei Chiao	2483 P

BJ	Björnsund	2192 K
BJO	Björnöya	2221 T
BK	Breaksea	2160 H
	Baltijsk	2052 D
BL	Baljusek	2513 J
	Blónduós	2330 T
	Butt of Lewis	2153 H
	Salinópolis	2735 E
BLA	Barcelona	2772 T
BLO	Bilbao	2300 T
BM	Brämön	2082 F
	Makung	2483 T
BN	Balycotton Island	2177 S
	Banias	2360
	Belkina	2514 E
	Brisbane	2538 T
	Brunei	2469 T
	Cap Bon	2275
	Les Baleines	2260 D
	Svenska Björn	2090 D
BNA	Béni Amrane	2377 T
	Benina	2370 T
BND	Bandar Abbas	2455 T
BO	Mikojanovsk	2520 F
BOD	Beirut	2361 T
BÖ	Bökfjord	2197 K
BP	Bastia	2280 T
	Batu Pahat	2464 T

Besonders hilfreich im Nautischen Funkdienst Bd. II (Funkortung) kann das alphabetische Verzeichnis nach Kennungen sein. Oft entdeckt man einen Peilsender auf der Langwelle, den man nur mit Hilfe dieses Verzeichnisses identifizieren kann.

Zwecke der Navigation zu benutzen, sofern sie in Küstennähe aufgestellt oder aber landeinwärts so errichtet sind, daß ein optischer Kontakt zu ihnen möglich ist. Funkfeuer senden ihre Kennung in Form einer gemorsten Buchstabengruppe aus. Besonders Seefunkfeuer strahlen sie so langsam aus, daß nach einem kurzen Einhören auch jemand, der des Morsens unkundig ist, die Buchstaben erkennen und die Feuer mit Hilfe der Eintragungen in speziellen Funkortungskarten, im Nautischen Funkdienst Band II (Funkortung) oder im Jachtfunkdienst ausmachen kann.

Das Morsealphabet:

A	· –	N	– ·
B	– · · ·	O	– – –
C	– · – ·	P	· – – ·
D	– · ·	Q	– – · –
E	·	R	· – ·
F	· · – ·	S	· · ·
G	– – ·	T	–
H	· · · ·	U	· · –
I	· ·	V	· · · –
J	· – – –	W	· – –
K	– · –	X	– · · –
L	· – · ·	Y	– · – –
M	– –	Z	– – · ·

Nach der Ausstrahlung der Kennung wird von fast allen Funkfeuern ein Dauerton gesendet, der dazu dient, sich an das Minimum heranzutasten und die Minimumstellung zu finden. Es ist dabei selbstverständlich, daß der Rudergänger möglichst genauen Kurs halten muß, damit die Richtung des Minimums eindeutig festgestellt werden kann.

Der Funkpeiler

Anforderungen an den Empfänger

Grundsätzlich sind Funkpeiler, wie bereits erwähnt, gewöhnliche Langwellenempfänger mit einer drehbaren Antenne. Es muß ganz klar gesagt werden, daß zum Empfang von See- oder Flugfunkfeuern keine hochqualifizierten Empfänger notwendig sind. Der Empfänger muß lediglich über den Funkfeuerbereich (Langwelle) verfügen. Hat der Empfänger einen automatischen Schwundausgleich (Vorrichtung zum Ausgleich von Lautstärkeschwankungen), so muß dieser zum Peilen unbedingt abgeschaltet werden, weil er automatisch die Lautstärke anheben würde, wenn der Peiler sich dem Minimum nähert.

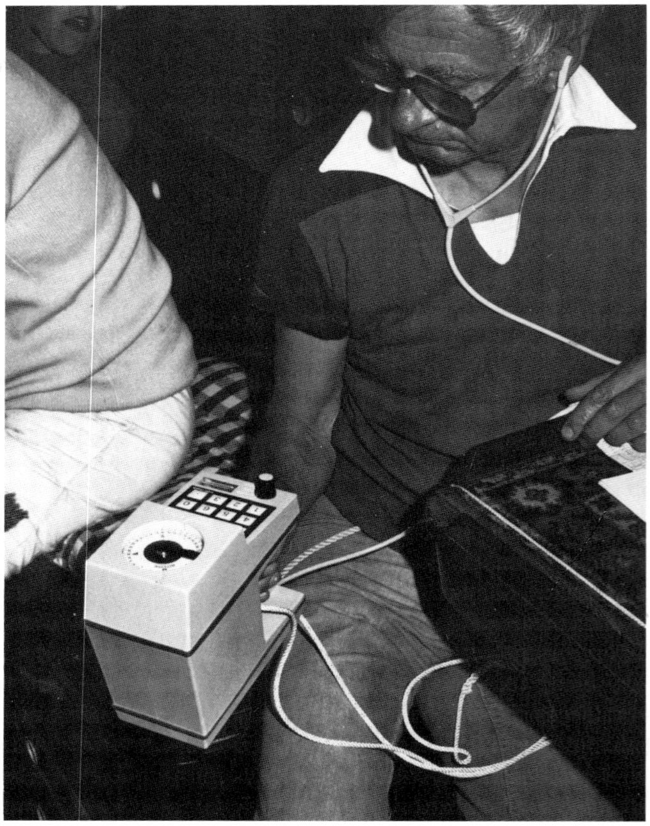

Nur auf Kunststoff- und Holzschiffen ist es möglich, vom Kartentisch aus mit einem Handfunkpeiler zu peilen. Wegen der unberechenbaren Ablenkung des Kompasses ist allerdings eine Peilung von Deck aus empfehlenswerter.

Bei vielen Funkfeuern (vor allem Flugfunkfeuer) ist ein sogenannter BFO (Beat Frequency Oscillator = Überlagerer) notwendig, denn sie senden lediglich den sogenannten Träger, der zwar durch den Ausschlag an einem Zeiger beobachtet, aber nicht gehört werden kann. Dies läßt sich übrigens bei jedem Rundfunksender feststellen, wenn beispielsweise in den Sendepausen nicht gesprochen wird. Am Vollausschlag eines Zeigerinstrumentes sieht der Benutzer, daß der Sender eingestellt ist, aber trotzdem unhörbar bleibt (Sendeart A 1 A). Mit einem sogenannten Überlagerer könnte auf der Empfängerseite die Sendeenergie (Träger) durch einen Pfeifton hörbar gemacht werden. Bei der Sendeart A 2 A wird der Träger ununterbrochen gesendet und der Morseton als solcher aufmoduliert.

Das Peilen eines Senders

Man gehe beim Peilen eines Senders wie folgt vor:

1. *Feststellen in der Karte, ob ein Funkfeuer in der Nähe ist.*
   Wie die einzelnen Funkfeuer in der Seekarte gekennzeichnet sind, entnehme man der Karte 1 (INT 1). Man schlage im Nautischen Funkdienst Band II (oder im Jachtfunkdienst) die Frequenz und Kennung des betreffenden Funkfeuers nach.
2. *Einstellen der Frequenz des Funkfeuers auf den Empfänger.*
   Hierzu gehe man wie bei einem normalen Radioempfänger vor. Verfügt der Empfänger über mehrere Wellenbereiche, so stelle man zuerst den Langwellenbereich ein, denn dort wird fast immer die Frequenz für das Funkfeuer zu suchen sein. Die anschließende Feinabstimmung erfolgt mit Hilfe der Skala. Hierbei ist die Antenne auf *Rundempfang* zu schalten, wenn dies möglich ist. Bei dieser Schaltung ist die eigentliche Peilantenne außer Betrieb, so daß ihre Richtung beim Einstellen des Senders gleichgültig ist. Bei Empfängern, die keine derartige Umschaltung auf Rundempfang besitzen, also bei recht preiswerten und gar nicht so untauglichen Geräten, muß beim Einstellen des Senders gleichzeitig die Peilantenne bewegt werden, damit nicht zufällig gerade das Minimum eingestellt ist, so daß der Sender möglicherweise nicht zu hören ist.
   Wenn man mit Hilfe der Skalenbezeichnung die richtige Frequenz gefunden hat, stelle man den Empfänger auf mittlere Lautstärke. Falls der Sender nicht zu hören ist, wohl aber die Nadel des bei einem Funkpeiler fast notwendigen Anzeigegeräts (früher magisches Auge) beim langsamen Absuchen der Frequenz deutlich ausschlägt, sollte man den BFO hinzuschalten, worauf ein Pfeifen ertönt.
   Dieser Pfeifton ist am besten mit Hilfe der Senderabstimmung über eine Feinabstimmung (soweit vorhanden) auf mittlere Tonhöhe und maximale Tonstärke einzustellen. Anschließend vergewissere man sich, daß die in regelmäßigen Abständen (ca. 10 bis 20 Sekunden) wiederkehrende Kennung auch mit dem ausgewählten Sender übereinstimmt.
   Sodann wird auf die Peilantenne umgeschaltet. Meistens wird die Lautstärke daraufhin zurückgehen. Durch Hin- und Herdrehen der Peilantenne läßt sich nunmehr leicht feststellen, ob der Empfänger peilbereit ist.
   Bei der Verwendung von modernen Peilempfängern mit Digitaleinstellung erübrigt sich die Prozedur des Einpfeifens der Station, weil durch das Eintippen der entsprechenden Frequenz mit Sicherheit auch der entsprechende Sender eingestellt ist.
3. *Peilen des Funkfeuers*
   Wird ein Funkfeuer gepeilt, muß der Rudergänger einen möglichst steten Kurs steuern. Ist das Schiff aus dem Ruder gelaufen, so ist es wichtig, daß er nicht ruckartig auf den vorgegebenen Kurs zurückkommt, sondern mit ruhigen und kleinen Ruderausschlägen. Ein etwaiger Schleppfehler des Kompasses, der bei heftigen Ruderausschlägen nicht ausbleiben kann, würde nämlich voll als Fehler in die Standlinie eingehen.
   Hat der Empfänger eine Einrichtung zum „Schärfen" des Minimums, so sollte die Peilantenne mit Blick auf das Anzeigeninstrument (optische Kontrolle ist viel genauer als akustische) *ungefähr* eingestellt werden. Sodann kann durch das Drehen des Schärfenreglers die Anzeigenadel auf ein Minimum zurückgestellt werden. Diese Vorrichtung dient dazu, daß beim Drehen aus dem Minimum heraus die Nadelausschläge wesentlich steiler werden als üblich. Das Minimum ist somit auf wenige Grad genau zu erkennen.
   Während der Sender nunmehr einen *Peilstrich* ausstrahlt, kann das Minimum gepeilt werden. In diesem Moment gebe der Navigator dem Rudergänger ein Zeichen („Jeeetzt!"), so daß er sich den im Moment der Peilung anliegenden Kompaßkurs merken kann. Es empfiehlt sich, hierbei eine Phase von weniger heftigem Seegang abzuwarten, um möglichst gute Peilungen zu erhalten.
   Bei einem einzigen Funkfeuer auf der Frequenz wird man wenig Schwierigkeiten haben, dieses einzupeilen. Der Peilstrich wird lediglich immer wieder von der Kennung unterbrochen, so daß der Navigator sich ruhig Zeit lassen kann. Etwas schwieriger ist es, wenn eine ganze Feuerkette angepeilt werden muß. Hier stehen dem Navigator nur etwa zwei Minuten zur Verfügung, eine Zeit, die ungeübten Leuten am

Kartentisch meistens reichlich kurz vorkommt. Aber es ist ja kein Unglück, wenn mehrere Zyklen abgewartet werden müssen, um schließlich zu einer Reihe von guten Peilungen zu kommen.

4. *Seitenbestimmung*
   Wie schon erwähnt, ergeben sich beim Drehen der Peilantenne jeweils zwei Maxima und zwei Minima. Das Minimum kann also beispielsweise bei 80° und ein weiteres Mal bei 260° liegen. Mit anderen Worten: Die Stellung der Peilantenne gibt die Richtung zum Funkfeuer hin oder vom Funkfeuer weg, also zweideutig an.
   Nur ganz selten wird der Navigator im unklaren sein, welche von beiden Seitenpeilungen die richtige ist. Ihm wird bekannt sein, ob das Feuer an Steuerbord voraus oder an Backbord achteraus steht. Zweifel kann es höchstens dann geben, wenn das Feuer sich beispielsweise auf einer Insel oder auf einem Feuerschiff befindet oder ansonsten totale Unklarheit über den Schiffsort besteht.
   Bessere Peilempfänger haben deshalb eine Vorrichtung, um eine Seitenbestimmung vorzunehmen.

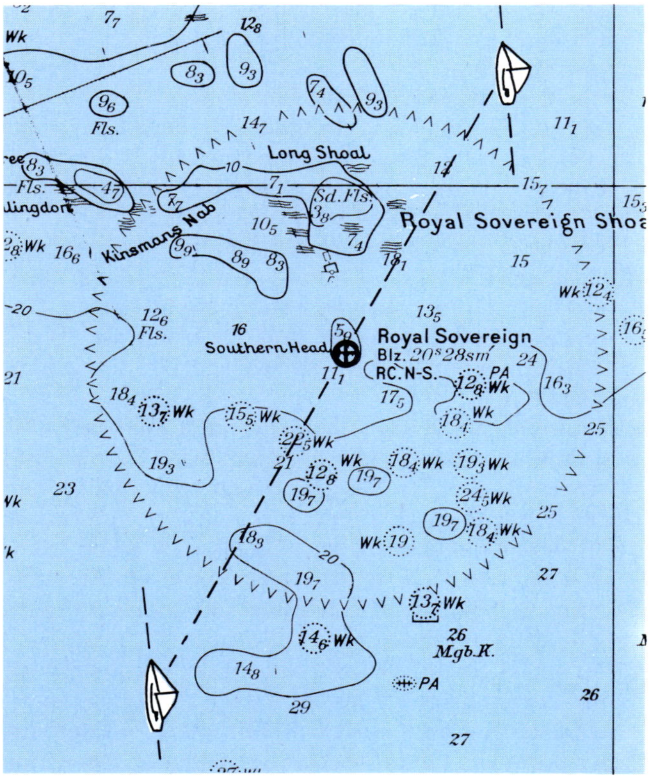

Die Stellung der Peilantenne ist die gleiche, ohne Unterschied, ob die Insel an Steuerbord oder Backbord liegt. Hier hilft nur eine Vorrichtung am Peilempfänger, die eine Peilung „Seite“ erlaubt.

Das Verwandeln der abgelesenen Funkpeilung in die rechtweisende Peilung

Grundsätzlich wird hierbei ähnlich vorgegangen wie bei der Verwandlung einer optischen Schiffsseitenpeilung mit Peilscheibe in eine rechtweisende Peilung. Der wesentliche Unterschied zwischen einer optischen Schiffsseitenpeilung und einer Funkpeilung besteht darin, daß bei der letzteren noch die *Funkbeschickung* berücksichtigt werden muß. Die Funkbeschickung ist eine Verbesserung für die Tatsache, daß die Funkwellen auf ihrem Weg vom Sender zum Empfänger durch das Rigg und sonstige Metallteile der Yacht abgelenkt werden. Im Gegensatz zu einer optischen Peilung, wo die Landmarke tatsächlich dort steht, wo sie der Navigator auch sieht, ist es bei der Funkpeilung so, daß der Sender sich nicht unbedingt in der Richtung befindet, in die die

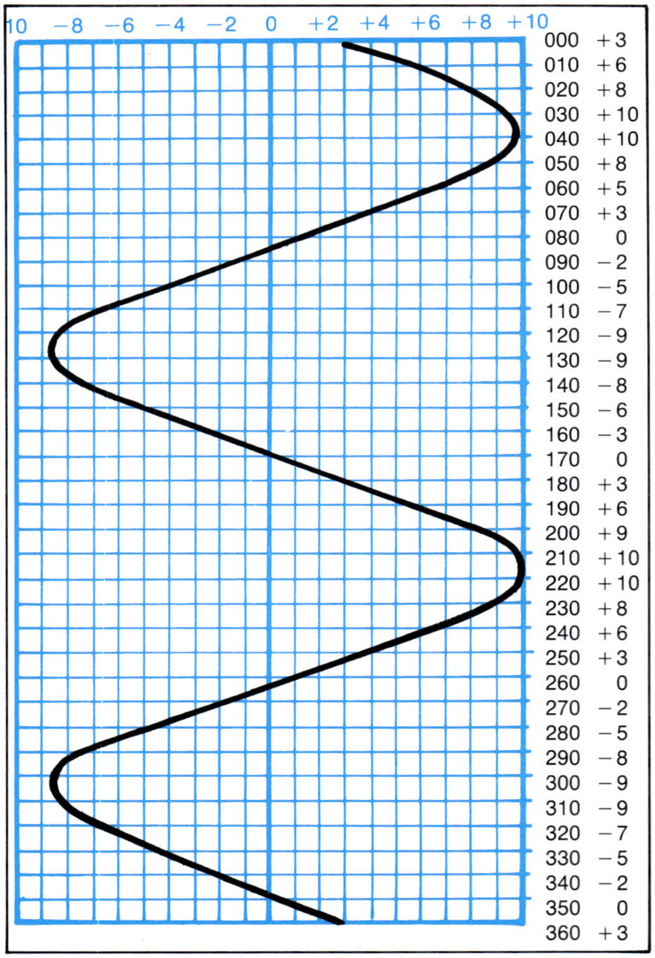

Die Funkbeschickung ergibt sich aus dem Vergleich der optischen Peilung mit der Funkseitenpeilung. Bei der Aufstellung der Funkbeschickungstafel wird ähnlich vorgegangen wie bei der Erstellung der Steuertafel.

Ferritantenne bei Minimumstellung zeigt. Die Position des Senders kann bis zu 20° anders sein als die angezeigte Funkseitenpeilung.
Am leichtesten läßt sich die Funkseitenpeilung dadurch feststellen, daß bei guter Sicht ein Funkfeuer, das meistens an den Sendemasten erkennbar ist, sowohl mit der Peilscheibe als auch mit dem Funkpeiler angepeilt wird. Der Unterschied zwischen beiden Peilungen ergibt unmittelbar die Funkbeschickung, die bei Rechnungen mit dem Buchstaben f bezeichnet wird.
Um die abgelesene Funkseitenpeilung (q) in die beschickte (wahre) Funkseitenpeilung (P) verwandeln zu können, muß f also bekannt sein. Weil der Navigator einen Funkpeiler benutzen, so wird er hierfür deshalb immer zunächst die Funkbeschickung ermitteln. Zu diesem Zweck muß ähnlich wie bei der Ermittlung der Ablenkung des Magnetkompasses das Schiff in der Nähe eines Funkfeuers gedreht und durch Vergleich von optischen und Funkpeilungen die Funkbeschickung festgelegt werden.
Die Formel, um aus dem Vergleich einer Funkseitenpeilung mit einer optischen Seitenpeilung die Funkbeschikkung zu erhalten, lautet:
optische Schiffsseitenpeilung − abgelesene Funkseitenpeilung = Funkbeschickung also: $SP - q = f$
Wie die Kurve links zeigt, sind die Fehler, die durch die Nichtberücksichtigung einer Funkbeschickung entstehen können, ganz beachtlich. An und für sich müßte man aus einer solchen Kurve den Schluß ziehen, daß die Berücksichtigung der Funkbeschickung wichtiger ist als beispielsweise die Kompaßablenkung.
Die Werte der Funkbeschickung sind auf einem Kunststoff- und Holzschiff wesentlich größer als die Ablenkung aus der Steuertafel. Die Ablenkung der Funkwellen wird nämlich fast ausschließlich von Metallteilen (Rigg) verursacht, wobei es im Gegensatz zur magnetischen Ablenkung gleichgültig ist, ob es sich um Nirosta oder um Eisen handelt.
Die Umwandlung einer abgelesenen Funkseitenpeilung in eine rechtweisende Peilung, die schließlich als Standlinie in die Seekarte eingeht, ist bis auf die ersten beiden Schritte identisch mit der Umwandlung einer optischen Schiffsseitenpeilung in eine Standlinie. Aber Achtung: f wird nicht etwa auf den Kompaßkurs bezogen, sondern allein auf die abgelesene Funkseitenpeilung.

Bei der Umwandlung gehe man folgendermaßen vor:

	abgelesene Funkseitenpeilung (q)
+	Funkbeschickung (f)
+	Kompaßkurs (MgK)
+	Ablenkung (Abl)
+	Mißweisung (Mw)
=	rechtweisende Peilung (rwP)

Die Funkbeschickung läßt sich dadurch etwas beeinflussen, indem mit Sorgfalt der Aufstellungsort für die Peilantenne – also nicht notwendigerweise des Empfängers – ausgesucht wird. Die Funkbeschickungskurve auf Seite 152 entspricht einer Funkbeschickung, die typisch ist für eine auf dem Dach eines Kunststoffschiffes etwas außerhalb der Längsachse angebrachte Peilantenne. Dies ist ein beliebter, aber nicht sehr guter Ort, weil er sich meistens über dem Kartentisch befindet. Als die ersten Goniopeiler auf den Markt kamen, bei denen die Antenne nicht mehr von Hand gedreht werden muß und somit außerhalb der Reichweite des Navigators sein kann, glaubte man, daß der ideale Anbringungsort der Masttopp sei. Ramert hat dies mit eingehenden Untersuchungen widerlegt und herausgefunden, daß ein wesentlich besserer Platz beim Heckkorb zu finden ist.
Nun könnte man sagen: Nachdem die Funkbeschickung ohnehin rechnerisch berücksichtigt wird, ist es gleichgültig, wie groß sie letztlich ist. Das ist falsch. Die Peilung selbst ist nämlich in der Praxis mit Ungenauigkeiten (Schiffsbewegung) behaftet, so daß bereits hier mit kleineren Fehlern zu rechnen ist.

Sonstige Fehlerquellen bei der Funkpeilung

Dämmerungs- und Nachteffekt

Achtung: Funkpeilungen während der Dämmerung dürfen nur mit allergrößter Vorsicht verwertet werden.

Während der Dämmerung kommt es häufig zu Überlagerungen zwischen Raum- und Bodenwelle des Senders. Dies kann zu Fehlmessungen von 90° und darüber führen. Mit einem normalen Minimumpeiler läßt sich die Qualität eines Radiopeilsignals nicht beurteilen. Nimmt man in der Dämmerung in unregelmäßigen Abständen Funkpeilungen vor, so wird man feststellen, daß zwischen den einzelnen Messungen große Abweichungen existieren.
Mit ähnlichen Effekten soll nachts nur in geringem Maße zu rechnen sein. Aber auch hier sind schon erhebliche Fehlmessungen beobachtet worden, weshalb auch Funkpeilungen in der Nacht nicht empfohlen werden.
Bei Sichtfunkpeilern kann die Qualität eines Peilsignals einigermaßen beurteilt werden, so daß mit solch teuren Geräten mit der nötigen Vorsicht auch nachts Funkpeilungen gemacht werden können.

Landeffekt

Dieser Fehler ist nahezu dann ausgeschlossen, wenn die Küste senkrecht zur Standlinie verläuft.

Verläuft die Standlinie allerdings nahezu parallel zur Küste, so kann es zu Peilfehlern kommen. Ihr Ausmaß ist noch nicht exakt erforscht; im allgemeinen liegen die Beträge aber unter denen der Funkbeschickung, so daß der Landeffekt – vor allem bei Seefunkfeuern – keine große Rolle spielt. Bei Flugfunkfeuern dagegen sollte ihre Position in der Karte auf einen möglichen Landeffekt hin überprüft werden, und man sollte sie mit der nötigen Vorsicht behandeln.

Funkpeilungen können sehr ungenau sein.

Die Funkpeilerei gehört zu den schlechtesten Navigationshilfen.

Warnung: Viele Navigatoren benutzen ihre Funkpeilgeräte mit ausgesprochener Vorliebe. Manche von ihnen machen sich nur wenig Gedanken über die vielfältigen Fehlermöglichkeiten bei der Funkpeilerei. Einzelne schwören sogar auf diese Art von Navigation. Sie vergessen dabei, daß ihre Standorte nur selten nachgeprüft werden können und das Erreichen des sicheren Hafens durchaus auch auf zufällig richtigen Ergebnissen beruhen kann. Es wird besonders der Grundsatz außer acht gelassen, die Qualität eines Navigationsmittels nicht nach den besten Ergebnissen zu beurteilen, sondern nach den schlechtesten. Die Wiederholung des Vergleichs mit einem Schützen sei erlaubt. Auch ein Anfänger trifft schon mal ins Schwarze; deswegen wird ihn aber niemand als olympiareif verdächtigen. Erst wenn seine Schüsse immer im Schwarzen liegen, wird man ihn für einen hervorragenden Schützen halten. Bei dem Gebrauch auch von sehr teuren Funkpeilern sind selbst erfahrenen Fahrtenseglern schon extreme Fehlmessungen unterlaufen. Deshalb noch einmal die wichtigsten Fehlerquellen:

Funkbeschickung (bis 20°)
Dämmerungseffekt (bis zu 90°)
Landeffekt (bis zu 10°)
Kompaßablenkung (je nach Bootsbaustoff)

Es sind in den letzten zehn Jahren erhebliche Anstrengungen gemacht worden, durch Verbesserung der Geräte die Fehlerquellen beim Funkpeilen zu reduzieren. Man übersieht dabei aber leicht, daß die Fehlmessung durch mangelhafte Bedienung eines Gerätes oder ein zu unscharfes Minimum selten 5° übersteigt. Durch Verbesserung der Geräte ist hierbei eine *Meßgenauigkeit* von bis zu einem halben Grad erreicht worden. Die anderen Fehlerquellen sind davon aber kaum berührt worden, wenn man von der technisch sehr aufwendigen Kompensierung des Riggs absieht.
Aus diesem Grund gibt es Segler, die nicht ganz zu Unrecht die Funkpeilerei als unseriös ablehnen. Deshalb erhebt sich die Frage nach der Existenzberechtigung dieser Navigationsmethode.
Ein Funkpeiler ist eine wertvolle Navigationshilfe. Im Nebel kann er unter Umständen den einzigen Hinweis auf einen Schiffsort oder auf ein bestimmtes Ziel geben. Daher hat er auf einem Schiff durchaus seine Daseinsberechtigung. Jedoch muß eindringlich davor gewarnt werden, die Qualität einer Funkpeilung zu überschätzen.

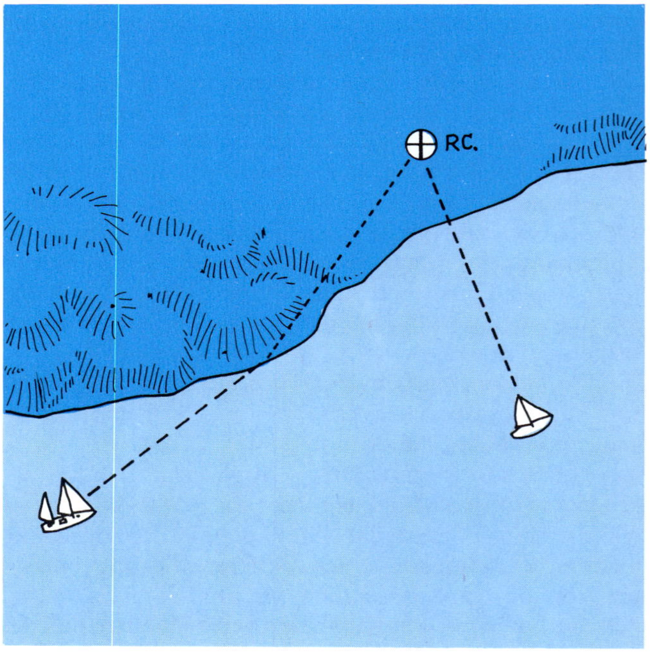

Beim Übergang von See auf Land kann bei schrägem Auftreffen auf die Küste der Funkstrahl „gebrochen“ werden.

In früheren Veröffentlichungen hat der Autor bewegliche Peilantennen oder Handfunkpeiler in Bausch und Bogen verdammt. Der Grund hierfür war klar: Während bei fest installierten Funkpeilern die Funkbeschikkung und die Ablenkung des Kompasses einigermaßen genau berücksichtigt werden können, ist dies bei Handfunkpeilern nicht der Fall. Der Rat, den Handfunkpeiler nur an Orten mit bekannter Ablenkung und Funkbeschickung zu verwenden, ist reichlich praxisfremd, denn wenige Zentimeter Abweichung von einem Platz, für den derartige Kurven aufgestellt worden sind (was selten genug der Fall sein dürfte), könnten schon eine erhebliche Veränderung dieser Beschickung bewirken.
In der Praxis wird der gedankenlose Navigator mit einem so patent wirkenden Gerät munter drauflos peilen und die erhaltenen Peilungen ohne große Umrechnungen in die Karte einzeichnen.
Auf einem Stahlschiff ist der Gebrauch eines Peilkompasses und damit auch eines Handfunkpeilers, in dem ja

der Peilkompaß eingebaut ist, ausgeschlossen. Auf einem Kunststoffschiff jedoch läßt sich der Gebrauch eines Handfunkpeilers vertreten, vor allem, wenn vom Heck aus gepeilt wird. Denn der Autor mußte die Erfahrung machen, daß auch mit sehr sorgfältigen und teuren Geräten nicht die Genauigkeit erzielt werden konnte, die nach der Lektüre mancher Werbebroschüre zu erwarten war. Mit anderen Worten: Die durch Handfunkpeiler verschenkte Genauigkeit fällt gegenüber der Unvollkommenheit von Funkpeilungen auch nicht mehr ins Gewicht.

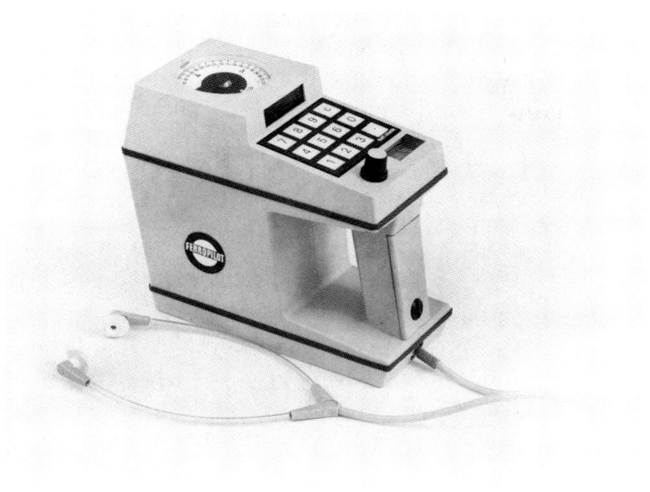

Der DDF 300 ist ein bewährter guter Handfunkpeiler mit bequemer Bedienung. Die Frequenz wird digital eingestellt, ein Kompaß ist integriert und wird beim Peilen festgestellt.

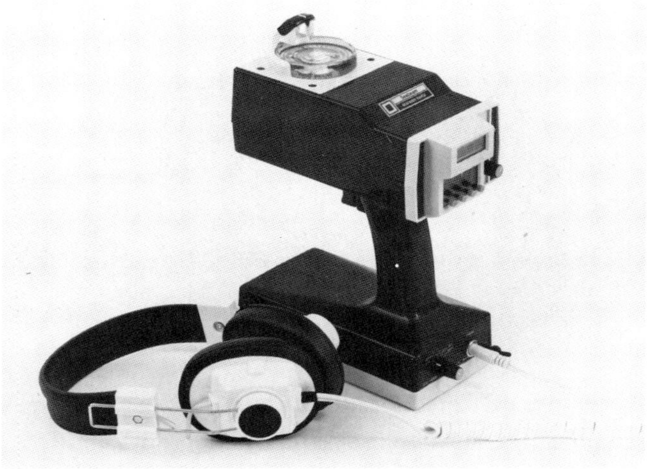

Handfunkpeiler Seabeam

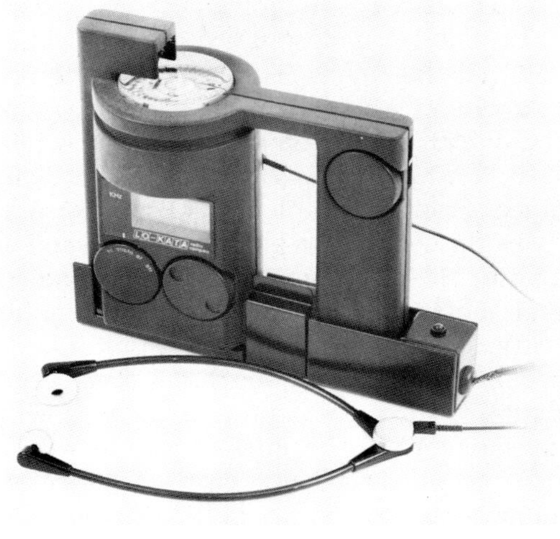

Handfunkpeiler Lo-Kata

Zielfahrt

Vielfach wird die Meinung vertreten, daß es empfehlenswert sei, mit dem Funkpeiler ähnlich wie bei einer optischen Peilung über die Schiffslängsachse zu peilen, weil dann die Funkbeschickung gleich Null sei. Dies mag in den Sonderfällen, in denen sich die Peilsonde exakt auf der Schiffslängsachse befindet, zutreffen. Die so gewonnene Genauigkeit wird aber durch einen anderen Umstand wieder verschenkt: Ein Blick in die Funkbeschickungstafel auf Seite 152 zeigt, daß bei einer Seitenpeilung von Null (Funkfeuer genau voraus) die Funkbeschickungskurve am steilsten ist. Ein Peilfehler von wenigen Grad würde also zu einer erheblichen Änderung der Funkbeschickung führen.

Besser wäre es, beispielsweise in einem Bereich von 30° bis 70° Seitenpeilung zu peilen, weil dort Peilfehler sich nur wenig auswirken, was zu einer Erhöhung der Genauigkeit führen könnte. Allerdings nur dann, wenn eine Funkbeschickungskurve aufgenommen worden ist, deren Aufstellung die meisten Navigatoren jedoch scheuen.

Nahezu jeder Funkpeiler, gleich welcher Qualität, läßt sich jedoch für eine Zielfahrt einsetzen, beispielsweise, um ein Funkfeuer unmittelbar neben einer Hafeneinfahrt anzulaufen. Ist eine solche Situation auf dem Heimatrevier gegeben, so kann zur Anschaffung eines Funkpeilers nur geraten werden. Allerdings hüte man sich davor, zu glauben, daß das Funkfeuer (bzw. die Hafeneinfahrt) auf dem kürzesten Wege erreicht wird. Es ist auch außerordentlich schwierig, bei einer Zielfahrt nach der Nadel des Anzeigegerätes am Funkpeiler zu steuern. Wandert sie beim Verlassen des Minimums, also des Zielkurses, nach oben oder nach rechts, läßt sich nicht feststellen, nach welcher Seite die Kurskorrektur vorzunehmen ist. Es wird dem Rudergänger also nichts anderes übrigbleiben, als bei der Nadelstellung „Minimum“ den Kompaß zu beobachten und in erster Linie nach diesem zu steuern.

Ebenso wie beim rein optischen Zulaufen auf ein Ziel

muß bei der Funkzielfahrt der Vorhaltewinkel für Strom und Abdrift berücksichtigt werden. Andernfalls würde man sich dem Ziel in einer Hundekurve nähern, was insbesondere bei in der Nähe befindlichen Gefahrenstellen gefährlich wäre. Man kann bei der Funkzielfahrt das Funkfeuer also nicht unbedingt „auf den Kopf" nehmen.

ÜBUNGS-AUFGABE 52

Am 12. 6. 1981 nimmt der Skipper der MAUNA KEA, die sich westlich von Menorca befindet, auf seinem Funkpeiler die Morsezeichen ·——· ——— ··· auf. Um welches Funkfeuer handelt es sich?

ÜBUNGS-AUFGABE 53

Das Funkfeuer wird am Funkpeiler in 142° (beziehungsweise 322°) gepeilt, während gleichzeitig am Kompaß 130° anliegen. Unmittelbar darauf wird das Feuer von C. de Pera mit dem Peilkompaß in 183° gepeilt. Wie lautet die rechtweisende Peilung zum Funkfeuer, wenn die Funkbeschickung aus der Tabelle auf Seite 152 entnommen wird?

ÜBUNGS-AUFGABE 54

Wie lautet die rechtweisende Peilung zum C. de Pera?

ÜBUNGS-AUFGABE 55

Wo befindet sich die MAUNA KEA?

Consolfunk

Eine Consolfunkpeilung ergibt eine Gerade (Großkreis) als Standlinie.

Das Consolfunkverfahren ist ein sterbendes Weitbereichs-Navigationsverfahren, weil es in den nächsten Jahren durch Loran-C- und Decca- sowie durch das Global-Positioning-System abgelöst wird. Es kann jedoch im Notfall, wenn alles andere versagt, immer noch mit einfachsten Mitteln eine Standlinie liefern.

1. Es ist einfach und universell zu handhaben.
2. Außerhalb des Küstenbereiches ist es von annehmbarer Genauigkeit.
3. Es ist eines der billigsten Navigationsverfahren.

Das Prinzip des Consolfunkverfahrens ist vergleichsweise einfach erklärt: Ein Sender – bestehend aus Haupt- und Nebensender – strahlt auf *Langwelle* in bestimmten Zyklen Morsepunkte und -striche aus. Je nach Standort des Schiffes beginnt ein solcher Zyklus mit Punkten oder Strichen, so daß der Skipper sofort weiß, ob er sich in einem Punktsektor (A-Sektor) oder in einem Strichsektor (B-Sektor) befindet. Je nach der Anzahl der dann ausgestrahlten Punkte beziehungsweise Striche kann er in einer speziellen Consolfunkfeuerkarte direkt die Standlinie herauslesen.

Die mit Consolfunk erzielbare Genauigkeit hängt von der Entfernung des Consolfunkfeuers ab. Im allgemeinen sollte sie besser sein als +/− 12 sm, was für die hohe See (Biskaya) ein nicht sehr schlechter Wert ist. Näher als 25 sm beim Consolfunkfeuer sollte damit nicht navigiert werden. Auch in der Nacht sind wegen Überlagerung der Boden- und Raumwellen Peilungen nach Consolfunk mit großer Vorsicht zu verwenden. Consolfunkfeuer können noch bis zu einer Entfernung von 1000 sm vom Sender aus verwendet werden.

Wegen des Abbaus des Consolfunkfeuernetzes arbeitet nur noch das Consolfunkfeuer Stavanger:

Consolfunkfeuer	Rufzeichen	Frequenz	Sendedauer
Stavanger (Norwegen)	LEC	319 kHz	60 Sekunden

Durch Stavanger wird ein weiter Bereich des Nordatlantiks abgedeckt. Doch weder in der Ostsee noch im Mittelmeer und auch nicht südlich von Gibraltar läßt sich noch etwas mit ihm anfangen.

Das ist sehr schade, denn außer einem einfachen Radioempfänger, der über Langwelle verfügt und einen BFO (Überlagerer, um tonlose Sendeenergie im Empfänger hörbar zu machen), benötigt der Navigator keine aufwendigen Geräte.

Eine Consolfunkfeuersendung dauert 40 beziehungsweise 60 Sekunden und hört sich beispielsweise so an: Nach der Kennung und einem Dauerstrich zum Abstimmen wird mit der Aussendung einer Reihe von deutlich hörbaren Punkten oder Strichen begonnen, die dann schwächer werden und in einen Dauerton übergehen. Aus diesem lösen sich dann etwas lauter werdend eine Reihe von Strichen oder Punkten. Insgesamt werden pro Sendung 60 Zeichen ausgestrahlt, wovon für den Navigator nur die Anzahl der ersten Punkte oder der ersten Striche interessant ist. Ein Consolfunkfeuer, das kreisförmig ausstrahlt, ist, wie schon gesagt, von Punkt- beziehungsweise Strichsektoren umgeben. Wenn die Sendung mit Punkten beginnt, so wissen wir, daß wir uns in einem A-Sektor befinden. Beginnt sie mit Strichen, so halten wir uns in einem B-Sektor auf. Darüber, in welchem der A- oder B-Sektoren wir mit unserem

Stavanger

A-Sektoren
Richtsignal beginnt mit Punkten

Gezählte Punkte	1	2	3	4	5	6	7	8
0	023,0	046,7	067,0	087,3	111,0			203,0
2	022.5	046.3	066,7	087,0	110,6			203,4
4	022.0	045,9	066,3	086,6	110,1			203,9
6	021,5	045,6	066,0	086,3	109,7			204,3
8	021.0	045,2	065,7	085,9	109,2			204,8
10	020.6	044,9	065,3	085,6	108,8			205,2
12	020.1	044,5	065,0	085,2	108,3			205,7
14	019,6	044,1	064,7	084,9	107,9			206,1
16	019,1	043,8	064,3	084,5	107,4	152,6	161,4	206,6
18	018.6	043,4	064,0	084,2	107,0	149,4	164,6	207,0
20	018,1	043,1	063,7	083,8	106,6	147,2	166,3	207,4
22	017,6	042,7	063,3	083,5	106,2	145,4	168,6	207,8
24	017.1	042.3	063,0	083,2	105,7	143,9	170,1	208,3
26	016.6	042,0	062,7	082,8	105,3	142,5	171,5	208,7
28	016.0	041,6	062,3	082,5	104,9	141,2	172,8	209,1
30	015,5.	041,2	062,0	082,1	104,5	140,0	174,0	209,5
32	015.0	040.9	061,7	081.8	104,1	138,9	175,1	209,9
34	014.4	040.5	061.3	081,4	103.6	137,9	176,1	210,4
36	013.9	040,1	061,0	081,1	103,2	136,9	177,1	210,8
38	013.3	039.8	060.7	080.8	102.8	136,0	178.0	211,2
40	012.8	039,4	060,3	080,4	102.4	135,1	178,9	211.6
42	012.2	039.0	060,0	080,1	102.0	134,2	179.8	212,0
44	011.6	038.6	059,7	079.7	101,6	133,3	180,7	212.4
46	011.0	038.2	059,3	079,4	101.2		181,5	212.8
48	010.4	037.9	059.0	079.0	100,8		182.3	213.2
50	009.8	037,5	058,7	078,7	100,4		183,0	213,6
52	009.2	037.1	058.3	078.4	100.0		183.8	214.0
54	008.6	036.7	058.0	078.0	099.6		184.5	214.4
56	007,9	036.3	057,7	077,7	099.2		185.2	214.8
58	007.3	036.0	057,3	077.3	098.8		185,9	215.2
60	006,6	035,6	057.0	077,0	098,4		186,6	215.6

Peiltafel für das Consolfunkfeuer Stavanger (A-Sektoren)

Schiff stehen, sollte kein Zweifel bestehen, da die einzelnen A-Sektoren weit auseinander sind.
Wo genau wir uns innerhalb des A-Sektors (beziehungsweise B-Sektors) befinden, sagt uns die Anzahl der Punkte (beziehungsweise Striche). Ohne weiteres kann die Anzahl der Punkte nicht ausgezählt werden, weil die Punkte ja im obigen Beispiel allmählich in einem Dauerton untergehen, in dem sie nicht mehr genau erkannt werden können. Deshalb müssen auch die nachfolgenden Striche gezählt werden.
Der Sinn dieser Maßnahme ist folgender: Nachdem bei jeder Sendung genau 60 Zeichen ausgestrahlt werden, muß der Navigator auch die dem Dauerstrich nachfolgenden Zeichen auszählen, um daraus schließen zu können, wieviele Zeichen im Dauerstrich verlorengegangen sind. Die zur Gesamtzahl von 60 Zeichen fehlenden Striche und Punkte sind vom Dauerstrich aufgezehrt worden. Hat der Navigator beispielsweise 18 Striche und anschließend 38 Punkte gezählt, so weiß er, daß insgesamt vier Zeichen im Dauerstrich verlorengegangen sind. Er kann immer annehmen, daß die verlorengegangenen Zeichen zur Hälfte Striche und zur Hälfte Punkte sind. Im Beispiel fehlen also vier Zeichen, dementsprechend zwei Striche, so daß davon ausgegangen werden kann, daß insgesamt 20 Striche empfangen worden sind.
Um zu einer Standlinie zu kommen, wird lediglich in einer Consolfunkfeuerkarte im richtigen B-Sektor eine Linie ausgesucht, die mit 20 Strichen gezeichnet ist. Diese Linie ergibt unmittelbar die Standlinie aus der Consolfunkpeilung.
Es wird dringend geraten, die Auszählung mehrfach vorzunehmen. Aufgrund von atmosphärischen Bedingungen können besonders über weite Entfernungen zum Consolfunkfeuer leicht Unzulänglichkeiten in der Aussendung auftreten. Diese lassen sich dadurch weitgehend ausschließen, indem beispielsweise eine Reihe von fünf Auszählungen vorgenommen und anschließend gemittelt wird.
Es ist empfehlenswert, den Standort mit Hilfe einer zweiten Consolfunkpeilung in der Consolfunkfeuerkarte festzustellen, um anschließend den daraus sich ergebenden Schiffsort über die Längen- und Breiteneinteilung der Karte herauszumessen, der in eine normale Seekarte übertragen wird.

Achtung: Es gibt beim Consolfunkverfahren Bereiche, in denen eine Peilung nicht zuverlässig ist, obwohl mit Sicherheit nur die Bodenwelle benutzt wurde. Vor der Verwendung eines Consolfunkfeuers empfiehlt es sich deshalb, dementsprechende Vermerke im Nautischen Funkdienst Band II zu studieren!

VOR-Navigation

Eine VOR-Peilung ergibt eine Gerade als Standlinie.
Wenig bekannt auf Yachten ist ein Standardnavigationssystem der Luftfahrt – auch der Sportfliegerei –, nämlich das UKW-Drehfunkfeuer, genannt VOR (= VHF Omnidirectional Range). Je nach Revier kann sich aber die Anschaffung eines VOR-Empfängers durchaus lohnen, denn die Vorteile gegenüber der „normalen" Funkpeilerei sind vielfältig: keine mühselige Peilerei, sondern automatische Anzeige der Peilung, keine Funkbeschickung, kein Dämmerungs- oder Nachteffekt, keine Beeinflussung durch statische Störungen (Gewitter), hohe Genauigkeit von ca. zwei Grad, kein mühseli-

ges Verwandeln einer Seitenpeilung, leichter und unkritischer Einbau.
Die VOR-Drehfunkfeuer arbeiten weltweit im Frequenzbereich von 108,00 bis 117,95 Megahertz. Im Morsecode – ähnlich wie Flug- und Seefunkfeuer – strahlen sie in kurzen Abständen ihre Kennung zur Identifizierung aus, die aus drei Buchstaben besteht.
Zur Peilung werden zwei Signale abgestrahlt, wobei eines „rundum" zu empfangen ist, während das zweite so gesendet wird, daß es nur in einem ganz schmalen Sektor empfangen werden kann. Allerdings wird es rotierend (mit 1800 Umdrehungen pro Minute) gesendet, so daß sich je nach Standort der Empfangsanlage ein ganz bestimmter Zeitabstand zum ersten Signal ergibt. Automatisch wird dieser Abstand aus dem Phasenvergleich beider Signale (oder nach dem Dopplerprinzip) gemessen und unmittelbar auf dem Empfänger angezeigt, und zwar direkt, auf welcher Peilung vom Funkfeuer das Schiff oder das Flugzeug sich befindet.
Man kann sich so einen VOR-Sender wie ein altmodisches Wagenrad vorstellen, wobei die VOR-Station die Achse und die verschiedenen Peilungen um die Station herum die Radspeichen sind. Treffenderweise werden diese Peilungen als Radials bezeichnet. Der Empfänger zeigt also an, auf welchem Radial sich das Schiff befindet. Der wichtigste Unterschied zur üblichen Funkpeilung besteht darin, daß die Radials die *mißweisende* Peilung *von* der Station angeben.

> VOR-Peilungen geben die mißweisende Peilung von der Station an.

Einen wesentlichen Nachteil hat die VOR-Navigation: Die wenigen an der Küste stehenden – nur diese eignen sich zur Yachtnavigation – haben eine begrenzte Reichweite, die – wie bei allen UKW-Sendern – in erster Linie von der Höhe des Senders und der Antenne abhängt. Deshalb sollten die einfachen VOR-Antennen auf die Mastspitze gesetzt werden. Bei einer Masthöhe von 12 Metern kann man mit einer Reichweite von 25 bis 30 Seemeilen rechnen. Wo die einzelnen Stationen stehen, ergibt sich aus Unterlagen für Piloten, die kaum auf Yachten zu finden sind. Es rentiert sich deswegen aber nicht, sich entsprechende Flugliteratur zu kaufen. Ein freundlicher Anruf bei einer Flugschule, einem Fliegerclub etc. vermittelt sicher auch die Positionen, Kennungen, Frequenzen und die Zeiten für den über die VOR-Feuer regelmäßig gesendeten Flugwetterberichte, die auch für den Sportskipper interessant sind, weil sie immer wieder in kurzen Abständen auf aktuellen Stand gebracht werden.
Ob es sich „rentiert", eine VOR-Anlage in die Navigationsecke zu stellen, hängt weitgehend vom Revier ab. Stehen mindestens zwei VOR-Stationen an der Küste des Heimatreviers, sollte man schon über die Anschaffung nachdenken. In der Lübecker Bucht kann man mit drei VOR-Stationen navigieren. Wie gut sich die VOR-Navigation auch für die Seefahrt eignen kann, zeigte ein großes Projekt, das vorsah, die Gewässer vor der Themsemündung mit UKW-Drehfunkfeuer für die Schiffahrt zu bestücken.
Es sollte auch dem Yachtskipper zu denken geben, daß der gesamte weltweite Berufs-Luftverkehr immer noch mit Funkpeilung (siehe Seite 147) und VOR-Navigation abgewickelt wird und nicht etwa mit GPS.

Omega

Eine Standlinie aus einer Omega-Peilung ergibt praktisch eine Gerade (Hyperbel).
Die Hauptvorteile des Omega-Verfahrens sind:
- weltweit verwendbar
- jederzeit fortlaufend Standorte
- zu jeder Tageszeit verwendbar
- geringer Installationsaufwand
- keine Nebenkosten

Jedenfalls theoretisch. In der Praxis hat sich jedoch gezeigt, daß in der Seefahrt die Einsatzmöglichkeiten doch nicht so universell sind. Es gibt weite Bereiche auf der Erde, auf denen unsere Yachtempfänger keine brauchbaren Ergebnisse erzielen. Das mag der Grund sein, warum sich Omega auf Yachten in vielen Gegenden nicht bewährt hat. Gleichwohl ist auf einigen Yachten noch ein Omega-Gerät vorhanden.

Omega – ein Hyperbel-Navigationssystem

Omega stellt wie Decca und Loran C ein Hyperbel-Navigationssystem dar. Die Erklärung des Systems ergibt sich aus der Form einer Radiowelle: Bei Punkt X ist der sogenannte Null-Durchgang, während bei Punkt Y wiederum ein Null-Durchgang der nächsten Welle erfolgt. Bei der Omega-Navigation werden zur Bestimmung einer Standlinie jeweils zwei Sender herangezogen. Über die ganze Welt sind acht Sender verteilt, nämlich A B C D E F G H:

Omega-Bezeichnung	Stationsname	ungefähre Position
A	Norwegen	66°N 13°E
B	Liberia	09°N 11°W
C	Hawaii	21°N 158°W
D	North Dacota	46°N 98°W
E	Reunion	21°S 55°E
F	Argentinien	43°S 65°W
G	Australien	38°S 147°E
H	Japan	35°N 129°E

Zu einer ganz bestimmten Zeit, die hochgenau (1 Sekunde Abweichung /30 000 Jahre) von einem Cäsium-Atom kontrolliert wird, beginnt der Sender A eine ca. eine Sekunde lange Aussendung, wobei der Empfänger nunmehr elektronisch extrem genau feststellt, wann bei der Sendung des Senders A am Empfangsort Null-Durchgang erfolgte. Anschließend verfährt er bei Sender B, der unmittelbar nach A zu senden beginnt, ebenso. Höchstwahrscheinlich erfolgt der Null-Durchgang beider Sender nicht bei gleichen Abständen vom Beginn ihrer Sendung an. Es besteht zwischen beiden Sendungen eine gewisse *Phasendifferenz*. Wenn der Null-Durchgang des Senders B am Ende der Phase des Senders A erfolgte, also bei dessen zweitem Null-Durchgang, so ist die Phasendifferenz am größten und beträgt 100 *Centilanes*. Kommt der Null-Durchgang zufällig exakt zum gleichen Zeitpunkt seit Beginn der Ausstrahlung, so beträgt die Phasendifferenz Null.

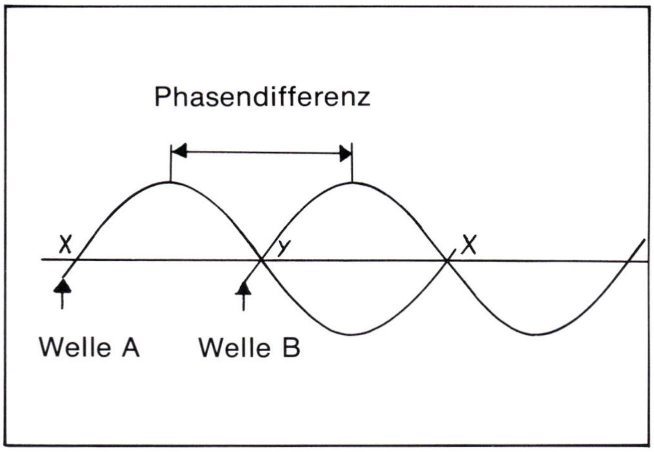

In diesem Fall ist die Phasendifferenz „50"; die Yacht würde sich also genau zwischen zwei AB-Lanes befinden.

Alle Schiffe, die an verschiedenen Orten der Welt zwischen A und B eine Phasendifferenz von Null messen, befinden sich auf einer *Lane*, die auf der Erdoberfläche eine hyperbelähnliche Form hat. Deshalb spricht man beim Omega-Verfahren (ähnlich wie bei Decca und Loran C) auch von einem Hyperbel-Verfahren. Zeichnet man auf speziellen Omegakarten nunmehr Linien durch alle Punkte, in denen bei den Sendern A/B eine Phasendifferenz von Null gemessen wird, so ergibt sich eine große Anzahl von nahezu parallel laufenden Hyperbeln. Entsprechend der Sendefrequenz aller Omega-Sender von 10,2 kHz (Längstwelle) sind die so entstehenden Lanes ca. 8 sm voneinander entfernt.

Ein Omega-Empfänger macht also nichts anderes, als festzustellen, wie groß die Phasendifferenz zweier Sender ist. Ist sie Null, dann wird er „ ,00" anzeigen, oder in einem anderen Fall beispielsweise „ ,88". Zeigt der

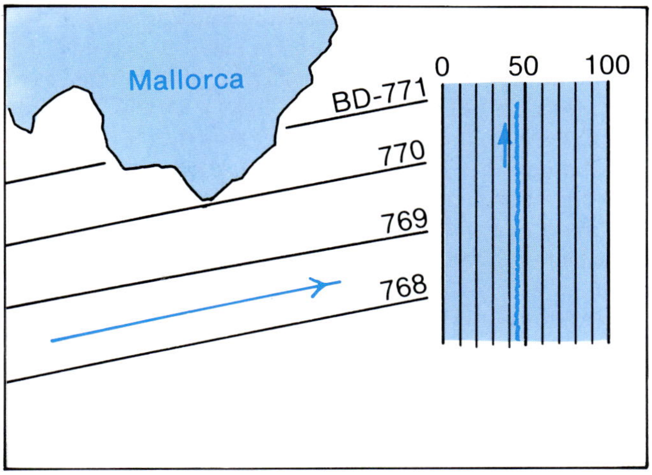

So läuft eine Yacht parallel zu den Lanes. Auf dem Schreibstreifen ergibt dies eine senkrechte Linie.

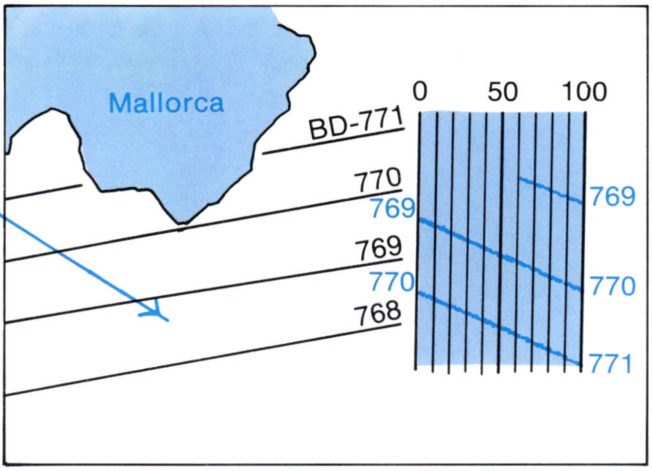

Hier läuft die Yacht schräg zu den Lanes, entsprechend verläuft der Schrieb.

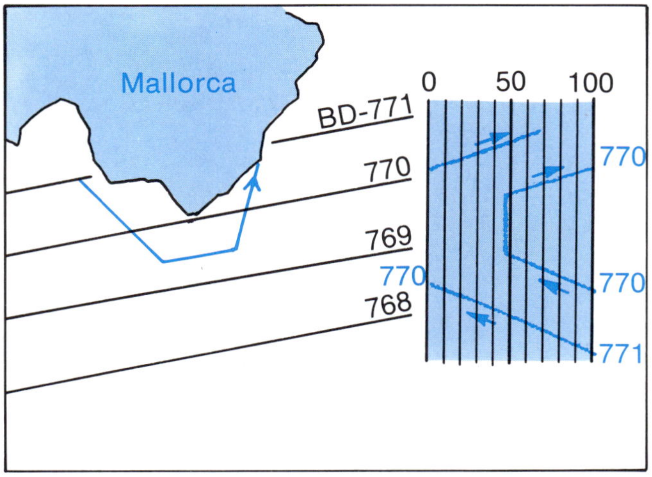

Schrieb bei sich ändernder Schiffsbewegung

Empfänger bei eingestellter Senderpaarung A/B „ ,50“ an, so besagt dies zunächst nichts anderes, als daß sich das Schiff exakt zwischen zwei Lanes der Sender A/B befindet (Abbildung Seite 159 links). Auch bei allen anderen Anzeigen kann der Navigator durch Interpolation auf der Omegakarte leicht feststellen, um wieviel er von der nächsten Lane entfernt ist. Bei welcher Lane von den vielen, die um die beiden Sender auf der Erdoberfläche existieren, weiß er allerdings damit noch nicht.

Diese Information bekommt er wiederum vom Omega-Empfänger, und zwar aufgrund dessen zweiter Aufgabe. Er muß nämlich neben der Messung des Phasenunterschiedes in der Lage sein, beim Überfahren einer ganzen Lane, also immer, wenn die Anzeige „ ,00“ lautet, mitzuzählen, daß eine Lane überfahren worden ist. Würde man sich beispielsweise auf einer A/B-Lane befinden und die Anzeige wäre dort „000,00“, dann würde beim Weitersegeln die Anzeige über „000,40“, „000,50“ usw. weiterzählen, bis sie bei „000,90“ anlangt und anschließend auf „001,00“ springt. Ein Blick in Omegakarten, in denen die brauchbarsten Senderpaarungen und ihre Lanes eingedruckt sind, zeigt, daß die Lanes alle durchnumeriert sind.

Die Lane-Nummern, also nicht die Centilanes, können dem Empfänger manuell eingegeben werden. Würde man beispielsweise die Lane Nr. 756 eingeben, so würde er auf dieser Lane „756,00“ anzeigen und beim Überfahren der nächsten ganzen Lane fortschreiten: „756,99 – 757,00 – 757,01“ usw. Entnimmt der Navigator also aus der Karte, welche Lane in der Nähe seines Auslaufhafens verläuft, und gibt er die entsprechende Nummer auf der Omegakarte dem Empfänger ein, so wird er später immer feststellen können, zwischen welchen Lanes er sich befindet. Selbstverständlich zählt der Empfänger beim Überfahren einer ganzen Lane nicht nur nach vorne fort, sondern er rechnet bei entgegengesetztem Kurs auch zurück. Um eine Standlinie zu erhalten, braucht der Navigator also lediglich festzustellen, um wieviel er sich zwischen zwei Lanes befindet.

Zur Verdeutlichung: Es ist bei der Omega-Navigation also unbedingt notwendig, bei der Ausfahrt einen

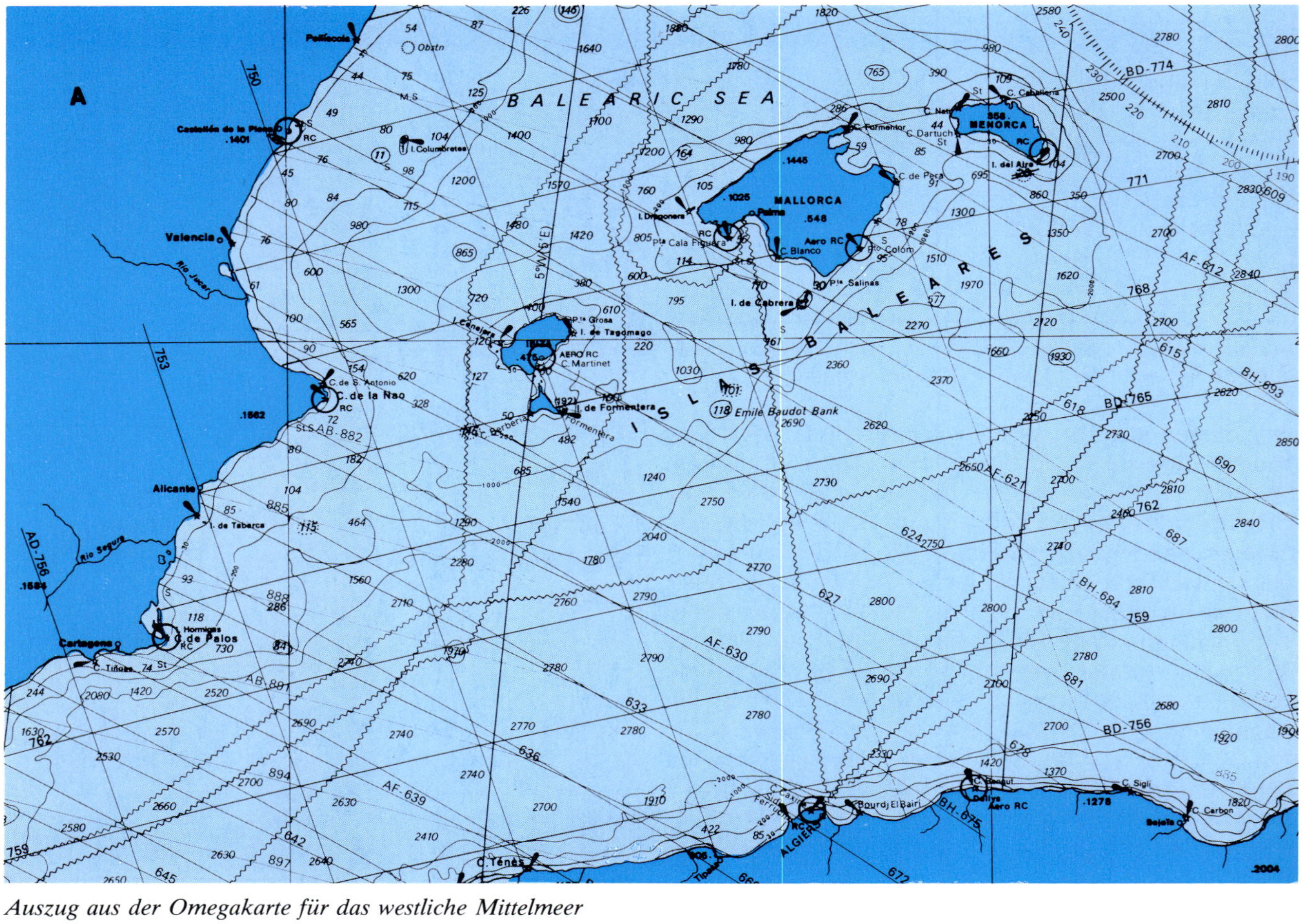

Auszug aus der Omegakarte für das westliche Mittelmeer

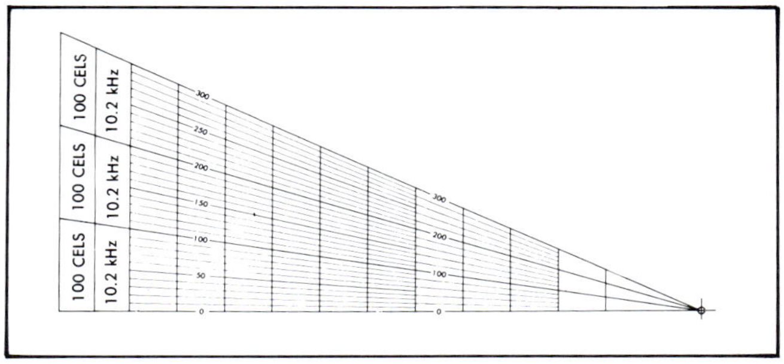

Auf jeder Omegakarte befindet sich diese Interpolationshilfe, auf der mit dem Kartenzirkel Zwischenwerte abgegriffen werden können.

Schiffsort, der sich ja aus der Seekarte ergibt, mit Hilfe einer Omegakarte in Lane-Nummern (je nach ausgewählten Senderpaarungen) zu ermitteln und diese Lane-Nummern für die verschiedenen Senderpaarungen in den Empfänger einzugeben. Die meisten für Yachten geeigneten Empfänger können jeweils drei Standlinien gleichzeitig mitrechnen, so daß man drei verschiedene Senderpaarungen und ihre Lane-Nummern eingeben kann. Beim Lossegeln wird der Empfänger dann beim Überfahren einer Lane jeweils eine Lane dazuzählen beziehungsweise bei entgegengesetztem Kurs abziehen. Das Funktionieren der Omega-Navigation hängt also zunächst davon ab, daß

- zu Beginn eines Törns ein bekannter Schiffsort eingegeben wird,
- der Empfänger ununterbrochen mitläuft.

Loran C

Standlinien aus Loran-C-Peilungen sind praktisch Geraden (Hyperbeln).

Das Loran-C-Verfahren gehört zu den Hyperbel-Funkortungsverfahren. Es hat sich aus dem Loran-A-Verfahren entwickelt, das sich wegen seiner begrenzten Reichweite nie so recht hat durchsetzen können. Loran C ist erst in jüngster Zeit für die Sportschiffahrt interessant geworden. Ähnlich wie beim Omegaverfahren verhinderte der ungewöhnlich hohe Anschaffungspreis für den Empfänger einen frühzeitigen Einzug auf Yachten. Auch hier haben Mikroprozessoren umwälzende Änderungen gebracht.
Mit Loran C dagegen kann an amerikanischen Küsten, in der Nordsee und vor allem im Mittelmeer genau navigiert werden. Vor allem im westlichen Mittelmeer haben Yachties mit Loran C ausgezeichnete Erfahrungen gemacht. Der Betrieb der Loran-C-Ketten bleibt dort mindestens aufrechterhalten, bis das Global Positioning System voll funktionsfähig ist, also in den nächsten Jahren. Seine Vorteile sind:

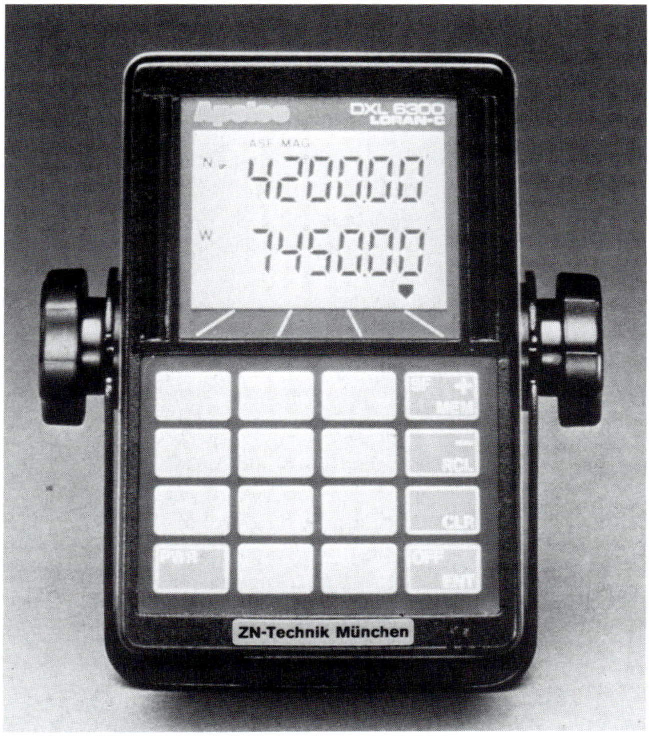

Moderne Yacht-Loran-C-Geräte zeigen den Schiffsort nach Länge und Breite an. Komplizierte Benutzung von Spezialkarten hat sich erübrigt!

- genau
- einfach in der Handhabung
- wenig störanfällig
- geringer Stromverbrauch

Der letzte Punkt bedarf einer Erklärung: Zwar liegt der Verbrauch moderner Loran-C-Empfänger bei ca. 1 bis 2 Ampere, doch braucht Loran C nicht ununterbrochen mitzulaufen. Der Navigator kann sich darauf beschränken, zur Standortermittlung den Empfänger einzuschalten und unmittelbar danach wieder abzuschalten. So ergibt sich im Stromverbrauch insgesamt ein deutliches Plus zugunsten von Loran C.
Die Funktionsweise von Loran C läßt sich sehr gut mit dem Omega-System vergleichen. Wird bei ersterem die Phasendifferenz zwischen zwei irgendwo auf der Welt stehenden Sendern gemessen, ist es bei Loran C die Laufzeitdifferenz der Ausstrahlung eines *Hauptsenders* mit der von einem oder mehreren Nebensendern (die zu einer Loran-C-Kette zusammengefaßt sind). Genau wie bei Omega liegen alle Punkte mit gleicher Laufzeitdifferenz auf einer hyperbelförmigen Standlinie, deren für

die Schiffsortbestimmung in Frage kommender kurzer Abschnitt allerdings auch praktisch als Gerade angesehen werden kann. Im Gegensatz zu Omega sind die ausgestrahlten Signale bei Loran C auf 100 kHz jedoch so beschaffen, daß aus der sogenannten Group-Laufzeitdifferenzmessung und einer zusätzlichen Impuls-Hüllkurvenmessung eine Vieldeutigkeit der Standlinien wie bei Omega vermieden wird. Der Loran-C-Empfänger zeigt also unmittelbar die richtige Standlinie an, ohne daß ihm vorher irgendein Abfahrtsort oder ähnliches eingegeben werden mußte. Daher rührt auch der Vorteil, daß das Gerät zur Standortbestimmung jeweils eingeschaltet und unmittelbar danach wieder ausgeschaltet werden kann.
Die modernen Loran-C-Geräte zeigen den Schiffsort unmittelbar in Länge und Breite an. Und das bei einem Preis ab 500 DM. Viele Geräte haben die Möglichkeit, zahlreiche Wegpunkte schon vorher einzugeben. Sie können dann auch gleich den Kurs zum nächsten „Waypoint" anzeigen. Diese fast autoradiogroßen Empfänger sind eben kleine Wunderwerke der Technik. Für die deutschen Segler ist Loran C vor allem im Mittelmeer, das vollständig von Loran C abgedeckt ist, von großer Bedeutung. Zahlreiche Segler sind mit dem Loran-C-Verfahren hochzufrieden. Allerdings hat es auch von der jugoslawischen Adria negative Berichte gegeben. Klaus Zell von ZN-Technik (Loran-C-Verkäufer) hat darauf hingewiesen, daß sich gute Ergebnisse auch in der jugoslawischen Adria erzielen lassen, wenn man ausnahmsweise der Automatik der Empfänger nicht vertraut. Die Empfänger suchen sich nämlich die Senderketten automatisch aus. Empfänger in der jugoslawischen Adria wählen als Hauptsender Sella Marina in Süditalien. Als Nebensender werden Lampedusa, Estartit in Spanien und Kargaburun in der Türkei gerastet. Das Signal des türkischen Senders muß zwangsläufig einen langen Weg über Land zurücklegen. Hierbei lenken hohe Berge den Funkstrahl ab. Die dadurch entstehende Laufzeitverzögerung bewirkt den ungenauen Standort im Bereich der oberen Adria. Abhilfe: Den türkischen gegen den spanischen Sender auswechseln!

Loran-C-Geräte, die nicht für Europa modifiziert sind, können in Europa falsche Werte liefern! Deshalb beim Kauf sich eine entsprechende Versicherung (schriftlich!) geben lassen!

Die Genauigkeit des Loran-C-Verfahrens

Hierbei ist zu unterscheiden, ob sich das Schiff im Bereich der Bodenwelle der Loran-C-Senderkette oder im Bereich der Raumwelle befindet. Die Bodenwelle kann noch in einem Bereich von 800 bis 1200 sm empfangen werden. In diesem Bereich läßt sich der Schiffsort mit der überragenden Genauigkeit von ca. 0,5 sm oder besser bestimmen. Theoretisch! Soweit Erfahrungsberichte vorliegen, können in der Praxis aber auch Fehler bis zu 2 sm vorkommen – selbst im Bereich der Bodenwelle –, was aber immer noch hervorragend ist. Wenn allerdings nur noch die Raumwelle empfangen werden kann, muß mit Fehlern bis zu 20 sm gerechnet werden. In begrenzten Gebieten, die gut von Loran C abgedeckt sind, wie beispielsweise Mittelmeer und Teile der Nordsee, stellt Loran C daher ein gutes Navigationsverfahren dar, ähnlich leistungsfähig wie GPS.

Decca

Standlinien aus Deccapeilungen sind praktisch Geraden (Hyperbeln).

Decca ist das älteste Hyperbel-Navigationsverfahren. Die Firma Decca hat schon vor Jahrzehnten in der Nordsee Deccasender errichtet. Ähnlich wie bei dem Omegaverfahren verglich ein spezieller Deccaempfänger die Phasen von drei oder vier Sendern aus einer Deccakette. Anschließend mußte der Navigator recht mühsam aus Spezialkarten seine Position herausmessen. Allerdings war die Genauigkeit dieses Verfahrens allen anderen Systemen weit überlegen.
Der Grund, warum Decca in der Sportschiffahrt kaum anzutreffen war, lag aber nicht in der Kompliziertheit der Anwendung, sondern in den hohen Kosten. Die stromhungrigen klobigen Empfänger konnten nämlich gar nicht gekauft, sondern mußten gegen eine entsprechende Gebühr gemietet werden – wogegen sich deshalb nichts einwenden ließ, weil Decca die Sender ja eingerichtet hatte und auch betrieb.
Somit schien das Decca-System der Berufsschiffahrt vorbehalten zu sein, bis 1981 in Deutschland ein handlicher, aber hochmoderner Deccaempfänger für ca. 6000 DM (heute gibt es bereits Geräte für unter 1000 DM) auf den Markt gebracht wurde.
Die erste Begeisterung vieler Nord- und Ostseesegler, die sich den AP-Navigator – so seine Bezeichnung – angeschafft hatten, wurde schnell gedämpft, als nicht ganz unverständlich die Deccasender offensichtlich so manipuliert wurden, daß die Original-Deccaempfänger sehr gut, nicht aber mehr die AP-Navigatoren arbeiteten. Erst auf scharfe Proteste hin wurden die Änderungen an den Deccasendern rückgängig gemacht.
Die Folge dieser Episode sollte für den Kaufinteressenten sein, daß er sich genau informiert, ob und wie lange

er noch die Deccasender benutzen kann, bevor er sich ein Navigationsgerät für diese Navigationsart anschafft. Der AP-Navigator liefert beispielsweise auf einer großen LCD-Anzeige alle 20 Sekunden, praktisch fortlaufend also, einen Schiffsort nach Breite und Länge, der trotz der auch hier nicht auszuschließenden Änderungen in den Ausbreitungsbedingungen immer genauer als eine Seemeile ist. Fischer, die dieses System zum Wiederauffinden ihrer Netze benutzen, berichten sogar von Genauigkeiten von 20 Metern und besser, was aber möglicherweise nicht der Regelfall ist.
Zur Zuverlässigkeit der Decca-Navigation wird der Vollständigkeit angemerkt: Es gibt auch Ketten, die zwei Nebensender benutzen. Sie sind erheblich ungenauer, als die, die mit drei „Slaves" arbeiten. Selbst die Orginal-Decca-Geräte erzielen im Kalmarsund keine präzisen Ergebnisse. Mit Ungenauigkeiten muß auch in der Nähe der Verbindungslinien der Sender, an den sogenannten Basislinien, gerechnet werden.
Bei Sendern, die in unmittelbarer Nähe der Küste aufgestellt sind (Mönsklint, Sandhammeren), ist die Feldstärke so stark, daß die anderen Sender der Kette in etwa zwei Seemeilen Umkreis nicht empfangen werden können. Sie werden überlagert, während vom Gerät die letzte vorangegangene Position festgehalten wird.
In der Nähe steiler Küsten treten Reflektionen auf, die zu falschen Positionsangaben führen.
Ist Decca also die Erfüllung aller Navigationsträume? Ein zögerndes „Ja" mit zwei Einschränkungen: Längst nicht alle Gewässer sind von Decca abgedeckt und die Abhängigkeit des Navigators von einem nichtbordeigenem System bleibt. Verfügt die Navigationsecke da über kein Reservesystem, kann es zu fatalen Folgen kommen, wenn aus irgendwelchen Gründen – siehe oben! – die Sender nicht mehr empfangen werden können.
Die Zukunft des Decca-Systems sieht düster aus, weil es vom Global Positioning System verdrängt wird.

Der AP-Navigator ist ein kinderleicht zu bedienender Decca-Empfänger, der fortlaufend den Schiffsort nach Länge und Breite angibt. Stromverbrauch 10 Watt. In den integrierten Rechner können bis zu 10 Wegpunkte eingegeben werden, worauf der AP-Navigator unmittelbar die jeweilige Abweichung zum Wunschkurs und die noch verbleibende Entfernung zum Ziel anzeigen kann. Zum Kurswechsel fordert ein akustisches Signal rechtzeitig auf.

Satellitennavigation

Global Positioning System (GPS)

GPS ist der Navigationsstandard für die nächsten Jahrzehnte

Kein anderes Navigationssystem hat in der Jahrtausende währenden Geschichte der Seenavigation die Technik der Ortsbestimmung so revolutioniert wie das Global Positioning System. Freilich, auch kein anderes System ist mit einem so ungeheuren technischen (und finanziellen) Aufwand installiert worden wie das GPS (sprich: „Tschi – Pi – eS" oder, wenn es deutsch sein soll: „Ge Pe eS").
Ursprünglich sollten 24 Satelliten im Weltall stationär so plaziert werden, daß zu jeder Zeit und von jedem Ort der Erde aus mindestens vier Satelliten gleichzeitig empfangen werden können. Das furchtbare Challenger-Unglück 1986 warf jedoch diese Pläne und den geplanten Zeitablauf der Installation des Systems weitgehend um. Nunmehr wird man sich mit 21 Satelliten begnügen, wodurch aber die Gebrauchsfähigkeit, vor allem für die Schiffahrt, in keiner Weise eingeschränkt wird.
Bereits jetzt, da sich das System offiziell noch in der Erprobung befindet, ist für die ganztägige, weltweite Abdeckung zugunsten der Schiffahrt gesorgt. Die Industrie bietet Hunderte von GPS-Empfänger-Typen an, wobei die Preise sich gewiß bald, je nach Ausrüstung, um die 1000 DM und darunter einpendeln werden. Um diesen Preis richtig würdigen zu können, darf darauf hingewiesen werden, daß noch in der vorangegangenen

Auflage dieses Buches von einem Gerätepreis von 50 000 DM die Rede war.
Hat der Autor also noch vor wenigen Jahren prophezeit, daß die Geräte dereinst nicht größer sein werden als Autoradios (was nunmehr erreicht ist – siehe den verbreiteten Garmin!), so ist heute wohl die Annahme nicht mehr vermessen, daß wir in naher Zukunft GPS-Empfänger wie Armbanduhren am Handgelenk tragen werden. Es gibt bereits für Computer Steckkarten, auf denen ein kompletter GPS-Empfänger integriert ist. Verkauft werden GPS-Empfänger, die von der Größe her mit einem elektronischen Peilkompaß verwechselt werden können. Für Autos werden Geräte erprobt, die mit Hilfe eines integrierten elektronischen Stadtplans dem Mann am Steuerrad den Weg zur eingegebenen Adresse weisen.
Manch einer ist verwirrt vor dem nunmehr riesig gewordenen, immer noch wachsenden Angebot. Trotz der jetzt erträglichen Preise bestehen noch erhebliche Differenzen zwischen den verschiedenen Fabrikaten, und der Verbraucher denkt vielleicht: je teurer, desto leistungsfähiger. Dies ist ein Irrtum!
Um die Fähigkeiten eines GPS-Empfängers einigermaßen richtig beurteilen zu können, müssen wir uns vergegenwärtigen, was das GPS überhaupt leisten kann. Denn nur dann läßt sich der scheinbar hohe oder niedrige Anschaffungspreis relativieren. Also, vom System her kann auch der beste und leistungsfähigste Empfänger von den Satelliten „lediglich" (was aber letztlich gigantisch ist) nichts anderes empfangen als:

- die Position des GPS-Empfängers
- die hochgenaue Zeit

Alle anderen Werte, die das GPS-Gerät laut Prospekt liefert, werden mit Hilfe von Position und Uhrzeit im Empfänger von einem eingebauten Computer berechnet und mehr oder weniger elegant angezeigt. Es gibt auch keine Unterschiede bei den Geräten in punkto Genauigkeit. Der GPS-Empfänger ist mit einem (elektronischen) Lineal zu vergleichen. Deshalb zeigen alle funktionierenden Empfänger an einem Ort fortlaufend die gleiche Position und die gleiche Uhrzeit an.
Und das ist viel genug. Denn damit ist ein Jahrtausende alter Wunschtraum aller Navigatoren in Erfüllung gegangen: die genaue Position zu bekommen, ohne selbst messen oder rechnen zu müssen und ohne sich irren zu können. Die Genauigkeit des GPS-Systems ist so gut, daß sie an und für sich kein Thema ist, denn sie übertrifft in jedem Fall bei weitem die Anforderungen, welche der Skipper einer Yacht stellt.
Einst galt in der elektronischen Navigation eine Genauigkeit von einer Seemeile als das Traumziel, denn im Küstenbereich behalf sich der Navigator mit den Augen beziehungsweise mit bekannten Peilobjekten an Land. Und mit Radar konnte man sich auch bei unsichtigem Wetter bestens schon immer orientieren.
GPS ist in jedem Fall genauer als 100 Meter, was nun ein Genauigkeitsgrad ist, dem zahlreiche Seekarten, auch offizielle, nicht mehr genügen. Damit sind auch schon die Grenzen, dessen aufgezeigt, was für den Yachtskipper überhaupt noch interessant ist. Denn wenn er die Position in zunächst nichtssagenden Ziffern erhält und wenn dieser hohe Genauigkeitsgrad gar nicht mehr weiterverarbeitet werden kann, dann ist jede Mark mehr hierfür sinnlos ausgegebenes Geld.
Da auch irgendeine Mithilfe des Skippers bei der Positionsfindung außer dem Einschalten des Gerätes und der Bereitstellung eines entsprechenden (geringen) Vorrates an elektrischer Energie nun nicht mehr notwendig ist, ist man versucht zu sagen, es sei überflüssig, die Funktionsweise von GPS kennenzulernen. Der Autor rät hier zur Vorsicht. Schließlich lassen sich eventuelle Störungen an System oder Gerät nur dann erkennen, wenn man ungefähr die Arbeitsweise von GPS und die vorgegebene Genauigkeit kennt.

Funktionsweise von GPS

Beim GPS handelt es sich, ähnlich wie beim Loran-C-Verfahren, um eine Ortsbestimmung aus Laufzeitmessungen. Von Satelliten werden also Funksignale ausgesendet, und die Laufzeit des Signals vom Satelliten zum Schiff beziehungsweise zum GPS-Empfänger wird mit hoher Genauigkeit gemessen und daraus die Position des Empfängers gemessen.
Das Prinzip ist nicht viel anders, als wir es schon aus der terrestrischen Navigation kennen: Die Position des Satelliten ist bekannt, so daß aus der Laufzeit des Funksignals die Entfernung vom Satelliten zum GPS-Empfänger auf der Yacht automatisch berechnet werden kann. Bei der Navigation in Landsicht wurde hierzu – vereinfacht – gesagt, daß bei bekannter Entfernung zu einem Peilobjekt die so erhaltene Standlinie ein Kreis ist. Diese Denkweise war erlaubt, weil sich in der Seenavigation alles auf der Oberfläche abspielt.
Bei der Satellitennavigation aber sollten wir hier einen Schritt weiterdenken, weil GPS nicht nur zur Navigation auf der Erdoberfläche installiert wurde, sondern quasi als dreidimensionales System (also auch für Flugzeuge oder eben auch für Raketen!). Wenn wir uns also den Standlinienkreis dreidimensional, also räumlich, vorstellen, so ergibt die Laufzeitmessung nicht nur einen Kreis als Standlinie, sondern eine Kugeloberfläche. Die Messung zweier Satelliten ergibt zwei Kugeloberflächen, auf denen sich die Position befinden muß.
Wenn wir uns die zwei Kugeloberflächen wie zwei Tischtennisbälle vorstellen, die ineinandergedrückt wer-

den, so begreifen wir, daß zwei Satelliten einen Kreis ergeben, auf dem sich unsere Position befindet.
Wir müssen uns nun von der Vorstellung lösen, daß dieser Kreis auf der Erdoberfläche aufliegt. Dann wären diese beiden Messungen schlicht unbrauchbar. Nein, der Kreis schneidet unter einem Winkel in die Erdoberfläche ein. Nachdem sich aber unsere Yachten üblicherweise in Meereshöhe befinden, bekommen wir so bereits einen Schiffsort, nämlich da, wo dieser Kreis in die Oberfläche, also bei Höhe „0", einschneidet. Ganz präzise gesagt, sind es sogar zwei Schiffsorte, denn ein Kreis schneidet immer zweimal in eine Oberfläche (ähnlich den Schnittpunkten zweiter Kreise!). Allerdings wird der zweite Standort (vom Empfänger aus gesehen) so unsinnig sein, daß der zweite Schnittpunkt automatisch eliminiert wird.
Stark vereinfacht kann gesagt werden, daß auf dem Wasser grundsätzlich zwei Satelliten genügen würden, um eine zweidimensionale Standortbestimmung zu ermöglichen. Was für unsere Zwecke ausreicht, denn unsere Höhe über der Wasseroberfläche ist ja bekannt, nämlich null Meter oder, wenn wir es ganz genau machen wollen, zwei oder drei Meter.
Oder andersrum gedacht: Wenn zwei Satelliten zwei Kugeloberflächen bieten, die sich ineinander-„drükken", dann läßt sich ein eindeutiger Schiffsort dort festlegen, wo die von den zwei Kugeloberflächen gebildete Kreisfläche die Meeresoberfläche schneidet. Denn nur dort ist die Meereshöhe gleich Null, nur dort kann die Yacht sein.

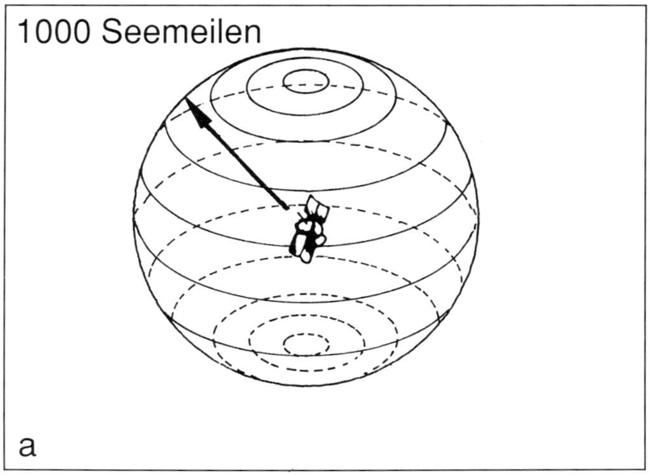

Das Prinzip vom Global Positioning System. Ein Satellit im Weltraum sendet Radiosignale. An Bord wird aus der Laufzeit des Radiosignals die Entfernung der Yacht zum Satelliten hochgenau berechnet, also zum Beispiel 1000 Seemeilen. Dies ergibt eine „Stand-Kugeloberfläche". Denn alle Orte auf der Kugel sind vom Satelliten gleich weit, nämlich 1000 Seemeilen, entfernt, kommen also als Schiffsort bei einer Messung in Frage.

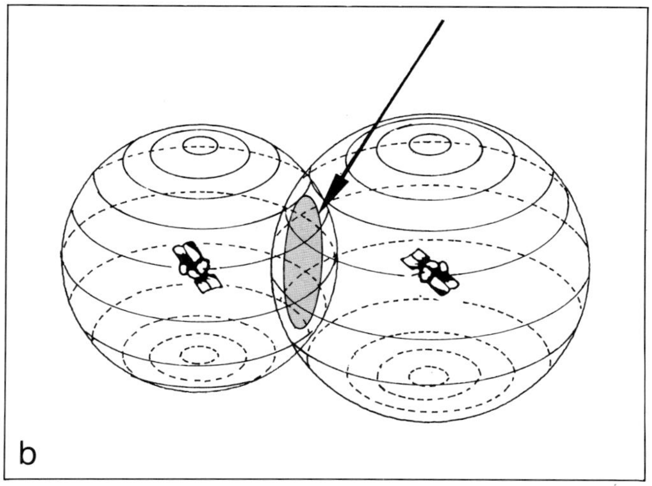

Wenn zwei Satelliten vom GPS-Gerät an Bord gemessen werden, dann ergeben sich zwei Kugeloberflächen, die sich – ähnlich wie zwei ineinandergedrückte Tischtennisbälle – ineinander-„schneiden", was letztlich einen Kreis – irgendwo im Raum – ergibt. Die Yacht muß also irgendwo auf diesem Kreis stehen. Da die Yacht sich genau in Meereshöhe befindet, wird der Schiffsort genau da sein, wo dieser Kreis in der Meeresoberfläche „eintaucht".

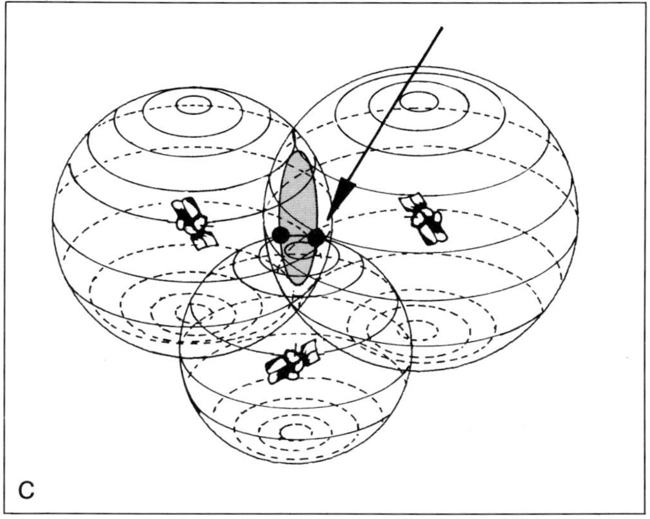

Erst wenn drei Satelliten-Entfernungen zur Messung günstig zueinander stehen und „sichtbar" sind, ergibt sich ein Ort nach geographischer Breite und Länge und mit einer bestimmten Höhe über der Erdoberfläche. Wie aus der Zeichnung ersichtlich, ergeben sich zwei Orte, was aber in der Praxis zu keinen Schwierigkeiten führt, weil der zweite Ort immer so abwegig ist, daß er als Position nicht in Frage kommt.
Tatsächlich ist aber zur Messung(!) jeweils ein weiterer Satellit notwendig, von dem die entsprechenden Uhrzeitkorrekturen zur Laufzeitmessung kommen. Ein zweidimensionaler Ort (Yacht auf dem Meer, also Höhe 0 Meter) setzt somit insgesamt drei Satelliten über dem Horizont voraus und ein dreidimensionaler Ort (Flugzeug in einer bestimmten Höhe) vier Satelliten.

Logisch wird der Empfänger, so er zur Verfügung hat, von selbst dreidimensionale Orte bilden, also auch die Höhe angeben, was aber für Yachten keine praktische Bedeutung hat.
Soweit in der Theorie! Danach reichen für zweidimensionale Orte zwei Satelliten und für dreidimensionale Orte drei Satelliten. In der Praxis aber ist noch ein weiterer Satellit nötig. Denn für die Laufzeitmessung ist eine extrem genaue Meßbasis vonnöten, weil die elektrischen Funkwellen sich ja ungefähr mit Lichtgeschwindigkeit ausbreiten. Eine exakte Berechnung der Laufzeit ist deshalb nur mittels ganz genauer, nahezu ideal synchronisierter Uhren möglich. Hierfür liefert die Bezugszeit ein weiterer Satellit, ohne den eine Positionsbestimmung nicht möglich wäre.

Für einen zweidimensionalen Ort sind somit drei Satelliten in der geeigneten Empfangskonstellation nötig, für dreidimensionale Orte (in der Fliegerei benötigt man zur Position immer noch die Höhe dazu) müssen schon vier Satelliten gleichzeitig zu empfangen sein.

Die von den Satelliten „gelieferte" Uhrzeit ist übrigens die genaueste Zeit, die an Bord erhältlich ist. Sie kommt aus einer Atomuhr des Satelliten und hat die – theoretische – Abweichung von einer Sekunde auf dreißigtausend Jahren.
Ursprünglich waren 24 Satelliten als notwendig erachtet worden, um für jeden Ort der Erde zu jeder Zeit vier Satelliten gleichzeitig empfangen zu können, also einen dreidimensionalen Ort zu gewährleisten. Auf Grund des bereits erwähnten Unglücks und der enormen Kostensteigerungen wird man sich bis zum Jahre 1993 mit 18 Satelliten und drei Reservesatelliten begnügen, die allerdings so positioniert sind, daß ebenfalls für uns auf allen Weltmeeren und zu jeder Zeit eine Ortsbestimmung möglich sein wird. Später wird man 21 + 3 Satelliten anstreben.
Bereits jetzt steht uns GPS rund um die Uhr zur Verfügung. Die offizielle Freigabe wird in Kürze erfolgen, was heißt, daß wir GPS bis dahin sozusagen auf eigene Gefahr benutzen. Ein Risiko ist damit nicht verbunden, denn es ist nicht davon auszugehen, daß GPS falsche Positionen, sondern höchstens ungenaue Positionen oder gar keine anzeigt. Letzteres ist dann der Fall, wenn zu Servicezwecken das System ganz oder teilweise abgeschaltet wird.
Überall auf der Welt stehen Informationsdienste zur Verfügung, bei denen der Satellitenstatus abgefragt werden kann. Dort erfährt man zum Beispiel, daß der Satellit Nr. 13 die nächsten drei Tage wegen Servicearbeiten nicht zur Verfügung steht. In Deutschland ist ein derartiger Informationsdienst unter der Telefonnummer 069/6 33 34 35 (Anrufbeantworter) zu erreichen. Vor einem Törn sollte dort abgehört werden, was die Satelliten die nächsten Tage machen. Aber auch unterwegs wird man über die üblichen Zeitzeichensender (WWV) mit aktuellen Informationen über das GPS-System versorgt.

Die Präzision von GPS

Ein paar Worte zur Genauigkeit. GPS wurde zu martialischen Zwecken geschaffen, wie man während des Golfkrieges 1991 leider am Fernsehapparat mitverfolgen konnte. Mit Hilfe von GPS sollen also Flugzeuge, Schiffe, vor allem aber Raketen möglichst zentimetergenau gelenkt werden. Tatsächlich werden mit GPS die hierfür erforderlichen Genauigkeiten auch erreicht. Allerdings nur im sogenannten P-Code (auf 1227.6 MHz), nötigenfalls in einem – geheimen – „Y-Code". Dieser Code, der eine Genauigkeit von wenigen Zentimetern gewährleistet, steht nur den Militärs zur Verfügung. Wir Yachtleute müssen uns mit dem gröberen „C/A-Code" (Course Acquisition Code) begnügen, der auf der Frequenz 1575.42 MHz ausgestrahlt wird. In der Anfangs-(Test-)Phase wurden auf Yachten Positionen mit einer Genauigkeit von besser als 40 Meter gemessen. Dieser Code wurde sodann in der Folge weiter künstlich verschlechtert, so daß im normalen Bordbetrieb in 98% aller Fälle mit einer Genauigkeit von besser als 100 Meter zu rechnen ist. Zu jeder Tageszeit und für jeden Ort.
Wie aber schon häufig hingewiesen, ist aus Sicherheitsgründen für den Navigator nicht die erzielbare Genauigkeit maßgeblich, sondern die mögliche Ungenauigkeit. Und „98%" besagt eben auch: „In 2% aller Fälle ungenauer"! Der große Vorteil beim GPS besteht aber darin, daß unter normalen Umständen (einwandfreie Funktion von Satelliten, Rechner und Empfänger vorausgesetzt) die Ungenauigkeit bei ungefähr 500 Meter liegt. Diese Aussage steht im Gegensatz zu nahezu allen Prospektversprechungen, läßt sich aber schon durch fortlaufende Beobachtung nur über 24 Stunden leicht bestätigen.
Zwar gibt es beim GPS, so wie bei nahezu allen Navigationsverfahren, „eingebaute" Fehler (Reflexions-, Refraktions- und Uhrfehler), doch können diese Fehler im Meter-Bereich in der Bordpraxis vernachlässigt werden, da sie innerhalb der vorgegebenen Ungenauigkeit von 100 Metern nicht ins Gewicht fallen.
Bei diesen Genauigkeitsbetrachtungen werden günstige Satellitenkonstellationen zueinander (auch hier gibt es das Problem der schleifenden Schnitte) vorausgesetzt. Um die aus einer ungünstigen Satellitengeometrie resultierenden Fehler abschätzen oder berechnen zu können, wurde der (H)DOP-Faktor (HDOP = Horizontal Dilution of Precision) eingeführt, den einige Geräte auch

anzeigen. Ein HDOP-Faktor von „1" bedeutet eine optimale Konstellation und starke Empfangssignale, während ein HDOP von „2" aussagt, daß der mögliche Fehler (an Bord von 100 Metern) mit „2" zu multiplizieren ist.
Nichts mit GPS, sondern mit der Ungenauigkeit unserer Seekarten haben Abweichungen in der Position aus dem GPS-Empfänger und aus den Seekarten zu tun. Im Zweifelsfalle kann immer davon ausgegangen werden, daß die GPS-Position zuverlässiger ist als die Kartenposition. Hierbei wird vorausgesetzt, daß im GPS-Empfänger das richtige „Kartendatum" eingestellt worden war. Die Erde als Ellipsoid ist nämlich nach einem bestimmten System vermessen, das mit zunehmender Verbesserung der Vermessungssysteme präziser geworden ist. Wenn also in der Seekarte darauf hingewiesen ist, daß sie auf dem Kartendatum „WGS 84" beruht, dann muß im GPS-Empfänger ebenfalls WGS 84 ausgewählt worden sein. Die verbleibenden Differenzen zwischen GPS-Empfänger und Karte können nach Anweisungen aus der Karte eliminiert werden. Dort steht zum Beispiel:

Satellite derived positions

Positions obtained from satellite navigation systems to the World Geodetic System (WGS 84) must be moved 0′.06, **northward** and 0′.03, **eastward** to agree with this chart.

In diesem Falle müßte also die Schiffsposition sechs hundertstel Meilen nördlich und drei hundertstel Längenminuten östlich in die Karte eingezeichnet werden. Dieser Mühe wird sich in diesem Fall wohl kein vernünftiger Navigator unterziehen, doch können die Unterschiede in schlecht vermessenen Gebieten (auch im Mittelmeer) schon mal bis zu zwei Meilen anwachsen.
Einige Empfänger haben die Möglichkeit, diese Verschiebung in das Gerät einzugeben, worauf die Positionen so auf dem Display erscheinen, daß sie gleich direkt in die Karte übernommen werden können.

Welcher GPS-Empfänger?

Man lasse sich durch aufwendige Prospekte nicht täuschen. Wie schon erwähnt, kann zunächst jeder Empfänger nur die Position berechnen und die Uhrzeit empfangen. Da eine Vielzahl von Empfängern angeboten werden, müssen die einzelnen Herstellerfirmen gerade Eigenschaften ihres Empfängers herausstellen, die diesen als allen anderen überlegen darstellen. Das führt zu Superlativen, die für den Bordbetrieb ohne großen praktischen Wert sind.
Nur der Vollständigkeit wegen wird deshalb darauf hingewiesen, daß es „Mehrkanal-", „Multiplex-" und „Sequenzing-"Geräte gibt. Bei Mehrkanal-Geräten werden Daten mehrerer Satelliten gleichzeitig auf mehreren Kanälen empfangen, wohingegen Multiplex-Geräte in Sekundenbruchteilen je einen Satelliten abarbeiten und dann zum nächsten weiterschalten. Die einfacheren Sequenzing-Geräte empfangen den ersten Satelliten und verarbeiten dessen Signal zur Gänze und schalten dann erst zum nächsten weiter.
In der Seepraxis, wo wir es üblicherweise nur mit Geschwindigkeiten unter 30 Knoten zu tun haben, ergeben sich keine Unterschiede daraus, welchen Empfänger wir verwenden. Es mag also ein unterschiedlicher Anschaffungspreis – technisch – durchaus in der Kompliziertheit des Empfängers begründet sein, doch besteht deshalb kein Bedürfnis und bei Yachten keine Rechtfertigung für eine Mehrausgabe.

Anforderungen an GPS-Yachtempfänger

Was früher eines der größten Probleme schlechthin beim Einsatz von Navigationselektronik war, spielt heute kaum noch eine nennenswerte Rolle, nämlich der Stromverbrauch. Hinzu kommt, daß GPS nicht ständig eingeschaltet sein muß. Voll tauglich für den Bordgebrauch sind deshalb auch tragbare Geräte, die mit den eingebauten Batterien bis zu acht Stunden durchgehend arbeiten können. Letztere haben den Vorteil, daß man sie z. B. auf eine Charteryacht mitbringen kann, wenn man der vorhandenen Navigationsausrüstung nicht so traut. Allerdings wird man sich Gedanken um den Einbau beziehungsweise den Einsatzort machen.

Der Einbau der GPS-Geräte

Das einzige nennenswerte Problem beim Einbau von GPS-Geräten ist die Frage: Wohin mit der Antenne? Die Antenne des GPS-Empfängers muß nämlich seine Satelliten „sehen" können, daß heißt, es sollte für eine optische Verbindung zu den künstlichen Gestirnen gesorgt sein. Es wäre aber nun übertrieben, deshalb die Antenne in den Masttopp zu verbannen. Häufig wird die Kabelzuleitung ohnehin nicht ausreichen. Ist sie lang genug, bietet sich ein Platz an der Heckreling an. Achtung: Die Antenne und deren Zuleitung zum Empfänger sind fast immer genau aufeinander abgestimmt, so daß eine beliebige Verkürzung der Antennenleitung oder gar Verlängerung nicht möglich ist. „Paßt" die mitgelieferte Zuleitung nicht, muß man sich vor dem Einbau unbedingt mit dem Hersteller absprechen.
Aber das Thema „Antenne", das sonst bei Empfängern an Bord eine so große Rolle spielt, ist beim GPS nicht so kritisch, wie man meinen sollte. Die Antenne funktioniert häufig sogar, wenn die optische Verbindung zu Satelliten durch eine Glasscheibe getrübt ist. Unter Um-

ständen läßt sich der GPS-Empfänger sogar zufriedenstellend betreiben, wenn seine Antenne am Empfänger selbst hinter der Windschutzscheibe im Deckshaus aufgestellt ist. Optimal ist dieser Ort freilich nicht, denn vor allem dann, wenn die Scheibe naß wird, ist die Empfangsempfindlichkeit erheblich eingeschränkt. Es sollte kein Problem sein, die Antenne vor dem endgültigen Einbau versuchsweise zu betreiben und sie zum Beispiel mit Klebeband am Heck oder eben dort, wo sie vorgesehen ist, einstweilen zu befestigen.

Wichtiger als bei vielen anderen elektronischen Navigationshilfen ist, daß das GPS-Gerät nach Möglichkeit wasserdicht oder zumindest spritzwassergeschützt ist. Denn wer sich einmal von der enormen Leistungsfähigkeit von GPS überzeugt hat, der wird der Versuchung nicht widerstehen können, den GPS-Empfänger statt Kompaß und Speedometer zu benutzen. Das bedeutet aber, den Aufstellungsort so zu wählen, daß der Rudergänger das Display vor sich sieht, der Empfänger also Wind und Wetter ausgesetzt ist.

Gerade bei tragbaren Empfängern mit fest angebauter Antenne muß also die Forderung erfüllt sein, daß er auch Wind und Wetter ausgesetzt werden darf, denn andernfalls läßt er sich in der rauhen Bordpraxis gar nicht so recht benutzen. Unter Deck ist die Antenne abgedeckt, also höchstens nur ein notdürftiger Empfang möglich, und im Cockpit kommt Wasser über.

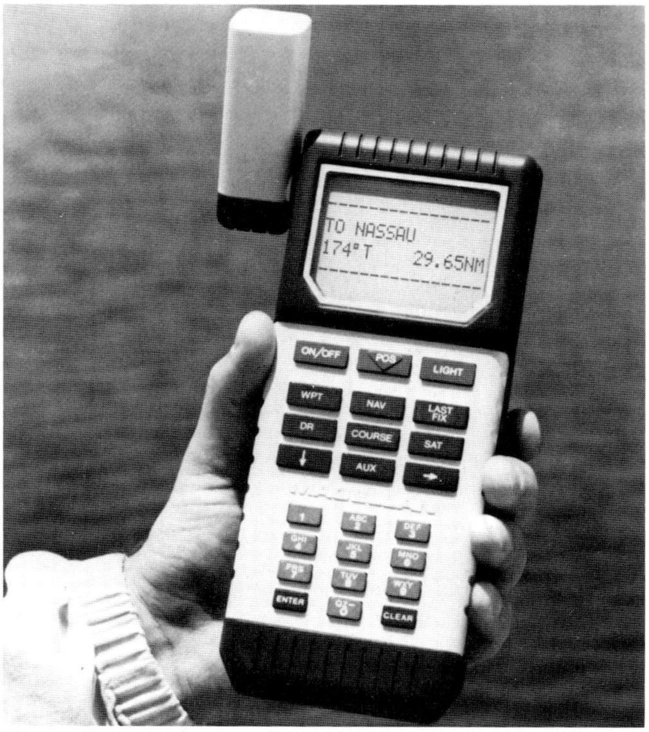

Ein tragbarer und wasserdichter (schwimmt sogar!) GPS-Empfänger. Kann somit auch bei schlechtem Wetter im Cockpit betrieben werden. Seine Batterien reichen für zehn Stunden.

Aber keine Angst: Die Meßergebnisse werden deshalb nicht ungenauer. Entweder man bekommt eine Position oder nicht.

Wichtiger als der Aufstellungsort (der sich immer finden läßt) ist die Frage, was ein Empfänger anzeigen soll. Dies berücksichtigt auch der Wunschkatalog des Autors an einen GPS-Empfänger:

- Der GPS-Empfänger sollte spritzwassergeschützt oder, noch besser, wasserdicht sein. Ein tragbarer GPS-Empfänger muß so unempfindlich gegen mechanische Belastungen sein, daß er es „überlebt“, wenn er im Cockpit mal von der Backskiste auf den Boden rutscht.
- Das Display sollte ein stromsparendes LCD-Display und beleuchtbar sein.
- Fortlaufend müssen auf einer „Bildschirmseite“ die Position (meist angegeben als „LAT/LON“), der Kurs („CMG“ = Course Made Good oder „COG“ = Course Over Ground) und die Geschwindigkiet („SMG“ = Speed Made Good oder „SOG“ = Speed Over Ground) angezeigt werden, wobei zumindest der Kurs in so großen Lettern angegeben sein muß, daß er bequem vom Ruderrad aus abgelesen werden kann.
- Daneben sollte der Empfänger die Möglichkeit haben, den Satellitenstatus abzurufen. Dies ist für die Beurteilung der Zuverlässigkeit der GPS-Navigation von großer Bedeutung. Nur dadurch läßt sich nämlich früh erkennen, ob der zeitweilige Ausfall der Positionsangabe auf momentane schlechte Empfangsverhältnisse (z. B. Gewitter mit heftigen Regengüssen!) zurückzuführen ist oder darauf, daß einige Satelliten aus Servicegründen abgeschaltet sind. Im letzteren Fall wird man damit rechnen müssen, mit anderen Navigationssystemen und damit mit erheblich herabgesetzten Genauigkeitsgrenzen weiterarbeiten zu müssen.
- Besonders wichtig ist eine klare Anzeige, die unmißverständlich darauf hinweist, wenn zur Positionsbestimmung keine ausreichende Zahl von Satelliten zur Verfügung steht. Es gibt einige GPS-Geräte, die in einem derartigen Fall ohne Warnung einfach automatisch weiterkoppeln. Dies beinhaltet ein erhebliches Risiko, denn ein Koppelort kann in keinem Fall auch nur annähernd einem Genauigkeitsvergleich mit GPS standhalten.
- Angabe des Cross Track Errors („XTE“). Da der Empfänger ja fortlaufend die Position erhält, ist es für ihn eine leichte Rechenaufgabe, festzustellen, wie weit die Yacht von einem vorgegebenen(!) Kurs abweicht. Mit Hilfe dieser Funktion kann also dem GPS-Gerät an Bord vorgegeben werden, auf welchem Kurs über Grund das Ziel erreicht werden soll. Anwendungsbeispiel: Hafenansteuerung an Untiefen vorbei, also auf einem gegebenen Kurs.
- Wegpunktabspeicherung muß möglich sein. Beim Einsatz des GPS-Systems an Bord wird man nicht um-

hinkommen, mit Wegpunkten zu arbeiten, will man die Vorteile dieses Systems ausnutzen. Nachdem der GPS-Empfänger die Position in Breiten- und Längenkoordinaten anzeigt, hat man generell zwei Möglichkeiten, weiterzunavigieren. Entweder man zeichnet die Position in die Seekarte ein und mißt auf althergebrachte Weise mit Kursdreieck den Kurs zum Ziel heraus, oder aber man hat bereits vorher das Ziel aus der Karte herausgemessen und läßt sich vom GPS den Kurs zum Wegpunkt berechnen und fortlaufend anzeigen. Letztere Methode ist erheblich zeitsparender und fehlersicherer. Zudem können die Wegpunkte schon bei der Törnvorbereitung sozusagen „auf Vorrat" eingegeben werden.

Es gibt GPS-Geräte, die bis zu 1000 Wegpunkt speichern können. Dies klingt eindrucksvoll. Tatsächlich aber läßt sich damit in der Praxis nicht sehr viel anfangen, weil der Navigator wegen der kleinen Anzeigefläche der GPS-Empfänger nur allzu leicht den Überblick über derart viele Wegpunkte verliert. Wird mit Wegpunkten gearbeitet, sollte das GPS-Gerät eine alphanumerische Anzeige haben, also die Möglichkeit, Wegpunkte nicht nur nach Nummern (z. B. „004"), sondern auch mit einem prägnanten Namen zu kennzeichnen (z. B. „DTONNE").

Erheblich besser lassen sich Wegpunkte in einem Computer verwalten, der immerhin die Möglichkeit hat, ca. 20 Wegpunkte auf einmal anzuzeigen. Freilich muß der Computer dann auch mit dem entsprechenden Programm ausgestattet sein, um mit dem GPS-Gerät über die RS232-Schnittstelle zu kommunizieren. Beim Programm GPS-NavTools zum Beispiel besteht sogar die Möglichkeit, mit dem Zusatzgerät YEOMAN Wegpunkte aus einer beliebigen Seekarte auszuwählen und auf Knopfdruck zu übernehmen, also ohne daß aus der Seekarte mühsam und fehlerträchtig die Koordinaten herausgemessen und in den Computer eingetippt werden müssen.

● Der GPS-Empfänger muß deshalb über eine Schnittstelle verfügen, um mit anderen Geräten kommunizieren zu können. Auch wenn der Navigator nicht beabsichtigt, den GPS-Empfänger mit einem Computer zu verbinden, so sollte er sich dennoch nicht von vorneherein um diese Möglichkeit bringen. Denn in Zukunft werden immer mehr Geräte auf den Markt kommen, die mit der Standard-Schnittstelle NMEA-0183 ausgestattet sind, seien es Kompasse, Loggen, Selbststeueranlagen, Radargeräte etc. Im übrigen verfügen heute fast alle GPS-Geräte über die NMEA-Schnittstelle.

Schon bei der Anschaffung des GPS achte man darauf, daß für die Schnittstelle auch ein passender Stecker mitgeliefert wird. Bei der Schnellebigkeit unserer Zeit ist damit zu rechnen, daß dann, wenn die Schnittstelle später mal in Betrieb genommen wird, das Gerät und damit der passende Stecker schon nicht mehr auf dem Markt ist!

Praxistest von GPS-Geräten

Die Zeitschrift YACHT hat unter der Leitung von Joachim F. Muhs GPS-Geräte getestet. Auch wenn das eine oder andere der Geräte bald nicht mehr auf dem Markt sein wird, ist es möglicherweise hilfreich, bei der Anschaffung oder Beurteilung von GPS-Geräten folgende Vergleiche vor Augen zu haben:

Auf der Brücke eines der Schiffe, die DGPS (Differential-GPS) benutzen, führten wir unseren Test von Yacht-GPS-Geräten durch: auf der Ostseefähre „Silja Symphony". Deren DGPS-Rechner navigiert auf zwei Meter genau – die richtige Präzision, um unsere Empfänger daran zu messen.

Auf der Fahrt nach Helsinki hatten wir diese Testgeräte bereits auf der Turbinen-Fähre „Finnjet" installiert und kamen auf phänomenale Positionsgenauigkeiten. Das vorweg.

Siebzehn Geräte erfüllten die Preisvorgabe. Sechs davon sind batteriebetriebene Handgeräte, manche nicht größer als ein Taschenrechner. Zwischen zwei und vierzehn Stunden liegt ihre Betriebsdauer mit einem Batteriesatz. GPS-Navigatoren kann man also extrem stromsparend bauen, was ein wichtiger Faktor für ihren Einsatz auf einem Segelboot ist.

Der Stromverbrauch ist nämlich ein wichtiges Kriterium für die Beurteilung eines elektronischen Navigationsgerätes. Auch wenn ein GPS-Empfänger nicht permanent mitlaufen muß, wie seinerzeit die Loran-C- und Decca-Geräte (die meisten GPS-Empfänger sind mit einem automatischen Start versehen, der innerhalb von Minuten den neuesten Fix errechnet), so möchte man doch Kurs und Fahrt über Grund mitkoppeln können.

Von den Einbaugeräten sind naturgemäß die am besten zu installieren, deren gesamte Technik kompakt in einem Gehäuse steckt. Lediglich die Antenne muß noch zusätzlich aufgebaut werden. Sehr viel kleiner wird das Anzeige-Bediengerät, wenn etwa der Empfänger in einem separaten Gehäuse an Bord kommt. Oft lassen sich solche Anzeiger hervorragend mit anderen Gerätesystemen kombinieren. So paßt das VDO-GPS-Gerät exakt in das Segelinstrumenten-Angebot dieses Herstellers. Eine andere Möglichkeit ist, die gesamte GPS-Technik in der Antenne unterzubringen. Als Anzeigegerät kann dann ein beliebiges anderes Gerät mit entsprechendem Display dienen – ein (alter) Decca-Navigator etwa oder gar ein Video-Echolot. Ein Antennen-Beispiel ist das GPS-System Globalnav von Lowrance. Beide Systeme dokumentieren die Anzeigegrenzen der auf dem Markt verfüg-

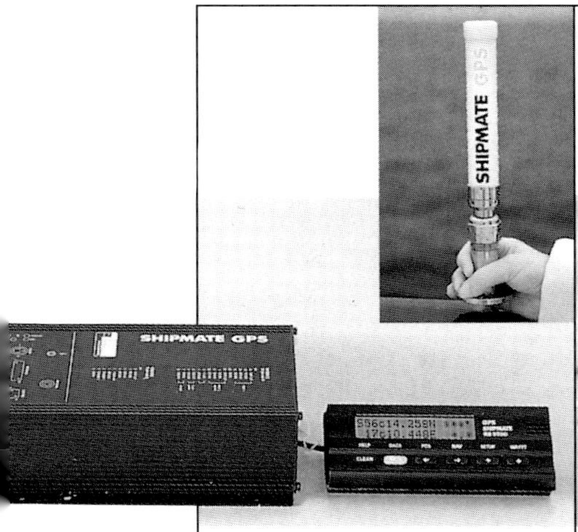	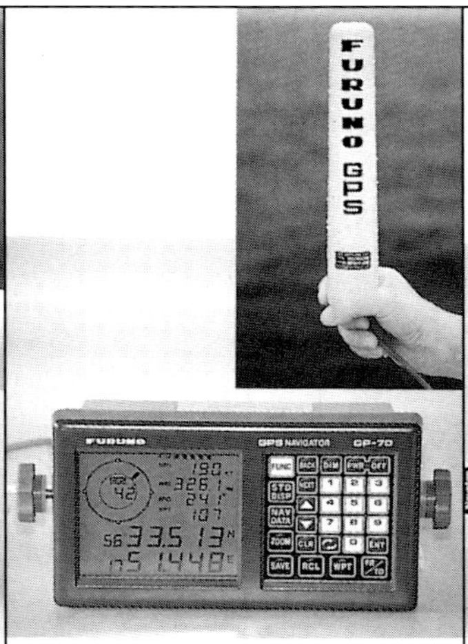	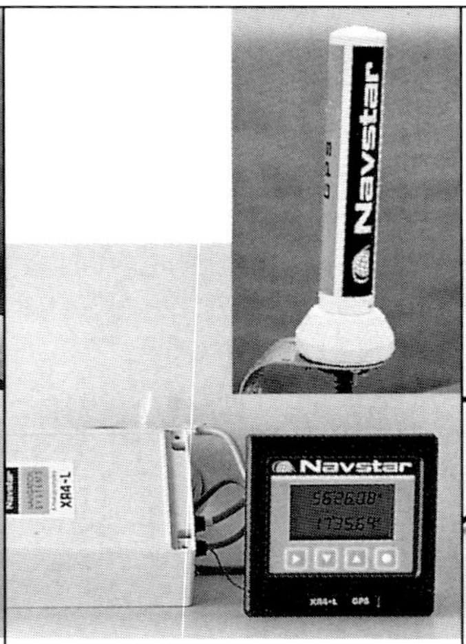	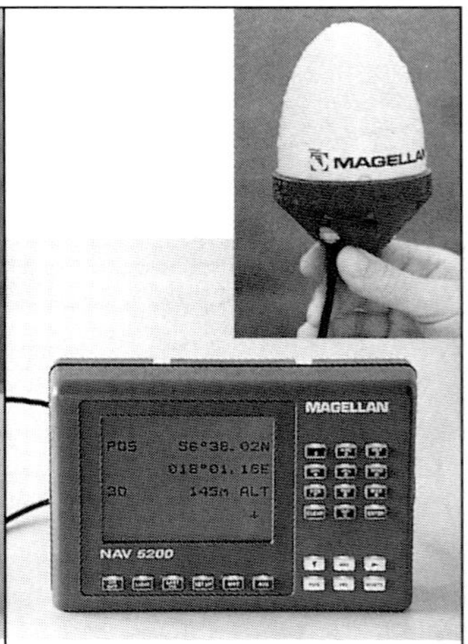
RS 5500	**GP-70**	**XR 4-L**	**NAV 5200**
Hersteller: Shipmate Vertrieb: Shipmate Robertson, 2070 Emden Abmessungen/Gewicht: Empfänger: 260 × 160 × 80 mm/2,35 kg Anzeigegerät: 185 × 72 × 20 mm/0,35 kg Antenne: 265 × 32 ∅ mm/0,5 kg Antennenkoppler: – Typ: Multiplexer (5 Satelliten) Anlaufzeit (1. Fix)*: 6 . . . 7 min (schneller)** Genauigkeit der Startposition: 40 sm (Autostart)** max. Stromaufnahme (14,2 V): 660 mA Wegpunkte: 200 Routen: – (10)** Wegpunkte in Routen: – (20)** Größe der Anzeige/Ziffern: 100 × 25/8 mm Schnittstellen: NMEA 0180/3	Hersteller: Furuno Vertrieb: Ferropilot, 2084 Rellingen Abmessungen/Gewicht: Empfänger: 235 × 130 × 100 mm/2,1 kg Anzeigegerät: – Antenne: 290 × 50 ∅ mm/0,25 kg Antennenkoppler: – Typ: Multiplexer (8 Satelliten) Anlaufzeit (1. Fix)*: 2 . . . 3 min Genauigkeit der Startposition: 600 sm max. Stromaufnahme (14,2 V): 470 mA Wegpunkte: 100 Routen: 10 Wegpunkte in Routen: 10 Größe der Anzeige/Ziffern: 100 × 85/14 mm Schnittstellen: NMEA 0180/3, Furuno CIF	Hersteller: Navstar Vertrieb: Ferropilot, 2084 Rellingen Abmessungen/Gewicht: Empfänger: 120 × 240 × 60 mm/0,9 kg Anzeigegerät: 125 × 125 × 45 mm/0,25 kg Antenne: 270 × 45 ∅ mm/0,5 kg Antennenkoppler: – Typ: Multiplexer (5 Satelliten) Anlaufzeit (1. Fix)*: 5 . . . 6 min Genauigkeit der Startposition: Autostart max. Stromaufnahme (14,2 V): 440 mA Wegpunkte: 50 + 10 Routen: – Wegpunkte in Routen: – Größe der Anzeige/Ziffern: 70 × 40/8 mm Schnittstellen: NMEA 0180/3, Furuno CIF	Hersteller: Magellan Vertrieb: Ferropilot, 2084 Rellingen Abmessungen/Gewicht: Empfänger: 220 × 150 × 60 mm/1,6 kg Anzeigegerät: – Antenne: 140 × 85 ∅ mm/0,25 kg Antennenkoppler: – Typ: 5-Kanal-Parallel Anlaufzeit (1. Fix)*: 40 s Genauigkeit der Startposition: Autostart max. Stromaufnahme (14,2 V): 320 mA Wegpunkte: 100 Routen: 10 Wegpunkte in Routen: 10 Größe der Anzeige/Ziffern: 100 × 80/6 mm Schnittstellen: NMEA 0180/3
Konzept: 2-Zeilen-Anzeigegerät mit externem Empfänger; Laufbandanzeige.	**Konzept:** Einbauempfänger mit 7-Zeilen-Display für mehrere Daten gleichzeitig; Kreisgrafik für analoge Anzeige.	**Konzept:** Wasserdichtes Anzeigegerät, dreizeilig, mit externer Empfangselektronik.	**Konzept:** Einbauempfänger mit 4zeiligem Display.
Beurteilung: **Sehr langsam anlaufender GPS-Empfänger; benötigt zu seinem Start eine auf 40 Längen- und Breitenminuten genaue Position; hoher Stromverbrauch; Systemgenauigkeit wird erreicht; gut abzulesende Anzeige; einfache Bedienung; Postzulassung. Testgerät war noch mit alter Software ausgerüstet.**	**Beurteilung:** **Langsam anlaufender GPS-Empfänger; benötigt zu seinem Start eine auf 10 Grad genaue Position; mittlerer Stromverbrauch; Systemgenauigkeit wird erreicht; sehr gut abzulesende Anzeige; einfache Bedienung; Postzulassung.**	**Beurteilung:** **Sehr langsam anlaufender GPS-Empfänger; Start ohne Ortsvorkenntnis; mittlerer Stromverbrauch; Systemgenauigkeit wird erreicht; Anzeige relativ gut ablesbar; ablesbare Genauigkeit: 18,5 m (1/100 Breitenminute); gewöhnungsbedürftige Bedienung über Rolltasten.**	**Beurteilung:** **Sehr schnell anlaufender GPS-Empfänger; Start ohne Ortsvorkenntnis; geringer Stromverbrauch; Systemgenauigkeit wird erreicht; Anzeige gut ablesbar; ablesbare Genauigkeit: 1/100 Breitenminute; sehr einfache Bedienung.**

* letzter Fix vor weniger als 2 h
** mit neuer Software
*** schnellerer Start bei Eingabe der ungefähren Position

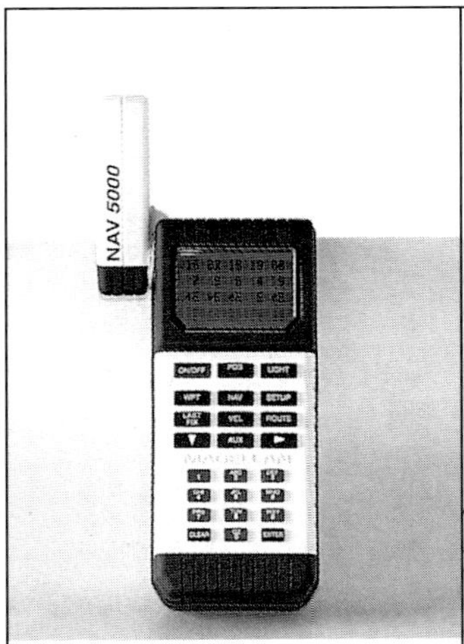

NAV 5000

Hersteller: Magellan
Vertrieb: Ferropilot, 2084 Rellingen
Abmessungen/Gewicht:
Empfänger:
85 × 220 × 50 mm/0,8 kg
Anzeigegerät:
–
Antenne:
110 × 30 × 30 mm/integriert
Antennenkoppler: –
Typ: 5-Kanal-Parallel
Anlaufzeit (1. Fix)*:
40...50 s
Genauigkeit der Startposition: Autostart (300 sm)***
Batteriebetriebsdauer 10 h
Wegpunkte: 100
Routen: 10
Wegpunkte in Routen: 10
Größe der Anzeige/Ziffern:
64 × 45/6 mm
Schnittstellen: NMEA 0180/3

Konzept:
Wasserdichtes und schwimmfähiges Handgerät; Anzeige 4zeilig; Zubehör: externe Antenne, Adapter etc.

Beurteilung:
Sehr schnell anlaufender GPS-Empfänger; Start ohne Ortsvorkenntnis; Systemgenauigkeit wird erreicht; Batteriebetrieb; Anzeige gut ablesbar; ablesbare Genauigkeit: 1/100 Breitenminute; sehr einfache Bedienung.

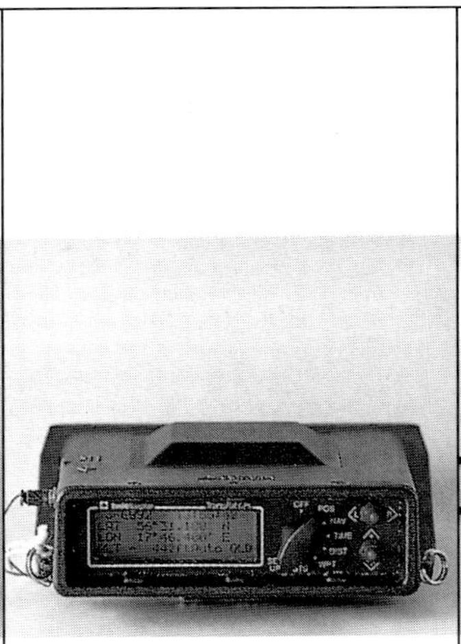

Transpak

Hersteller: Trimble Navigation
Vertrieb: Sailtec, 2000 Schenefeld
Abmessungen/Gewicht:
Empfänger:
185 × 60 × 220 mm/1,85 kg
Anzeigegerät:
–
Antenne:
integriert
Antennenkoppler: –
Typ: 3-Kanal-Sequentiel (7 Satelliten)
Anlaufzeit (1. Fix)*:
2...3 min
Genauigkeit der Startposition: Autostart
Batteriebetriebsdauer 3,5 h
Wegpunkte: 99 (999 Option)
Routen: –
Wegpunkte in Routen: –
Größe der Anzeige/Ziffern:
75 × 23/4 mm
Schnittstellen: –

Konzept:
Robustes, wassergeschütztes Handgerät mit 4zeiliger Anzeige; Zubehör: Tasche, Adapter etc.

Beurteilung:
Langsam anlaufender GPS-Empfänger; Start ohne Ortsvorkenntnis; Systemgenauigkeit wird erreicht; Batteriebetrieb; relativ gut ablesbar; sehr einfache Bedienung.

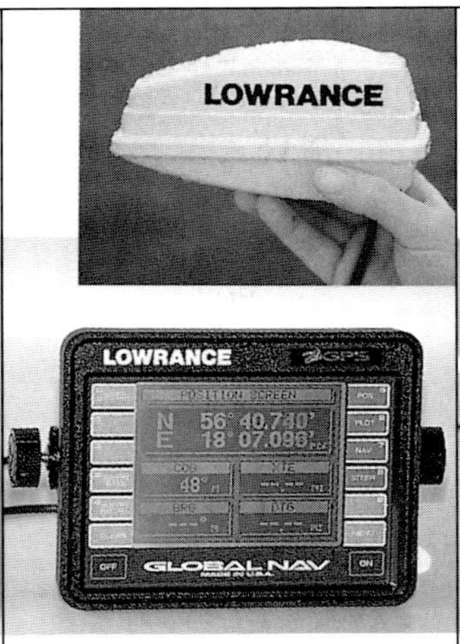

Globalnav

Hersteller: Lawrance
Vertrieb: Becker Technik, 2000 Wedel
Abmessungen/Gewicht:
Empfänger:
180 × 140 × 95 mm/1,05 kg
Anzeigegerät:
–
Antenne:
100 × 85 × 170 mm/0,7 kg
Antennenkoppler: –
Typ: 5-Kanal-Parallel
Anlaufzeit (1. Fix)*:
1...2 min
Genauigkeit der Startposition: Autostart (100 sm)***
max. Stromaufnahme (14,2 V): 640 mA
Wegpunkte: 75
Routen: 18
Wegpunkte in Routen: 10
Größe der Anzeige/Ziffern:
105 × 85/6 mm (variabel)
Schnittstellen: NMEA 0180/3

Konzept:
Wassergeschütztes Gerät mit aufwendigem Bildschirm (128 × 160 Punkte); mehrere Displayvariationen; Empfangselektronik in Antenne.

Beurteilung:
Relativ schnell anlaufender GPS-Empfänger; Start ohne Ortsvorkenntnis; hoher Stromverbrauch; Systemgenauigkeit wird erreicht; sehr gute Bildschirmanzeige mit Menüführung und Plottfunktion; einfache Bedienung.

GLX 1100

Hersteller: Apelco
Vertrieb: Nordwest Elektronik, 2800 Bremen
Abmessungen/Gewicht:
Empfänger:
85 × 130 × 70 mm/0,45 kg
Anzeigegerät:
–
Antenne:
190 × 100 ∅ mm/0,9 kg
Antennenkoppler: –
Typ: Multiplexer (5 Satelliten)
Anlaufzeit (1. Fix)*:
1...1½ min
Genauigkeit der Startposition: Autostart (100 sm)***
max. Stromaufnahme (14,2 V): 490 mA
Wegpunkte: 100
Routen: –
Wegpunkte in Routen: –
Größe der Anzeige/Ziffern:
52 × 38/10 mm
Schnittstellen: NMEA 0180

Konzept:
Kleines, wassergeschütztes Anzeigegerät; 2½-Zeilen-Information; Empfängerelektronik in der Antenne.

Beurteilung:
Relativ schnell anlaufender GPS-Empfänger; Start ohne Ortsvorkenntnis; mittlerer Stromverbrauch; Systemgenauigkeit wird erreicht; gut ablesbare Anzeige; ablesbare Genauigkeit: 1/100 Breitenminute; einfache Bedienung.

* letzter Fix vor weniger als 2 h
** mit neuer Software
*** schnellerer Start bei Eingabe der ungefähren Position

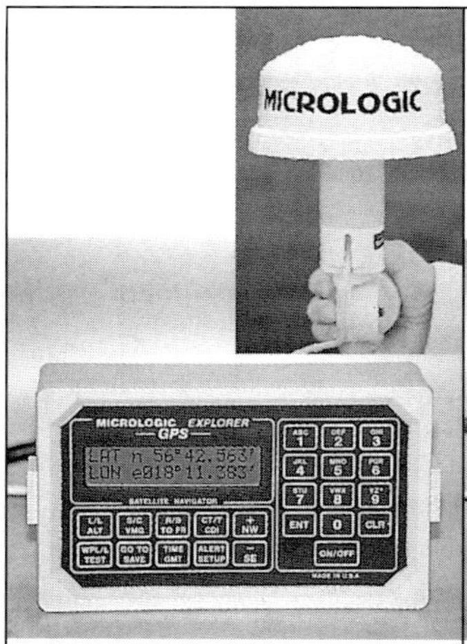

Explorer

Hersteller: Micrologic
Vertrieb: Mörer Schiffselektronik, 2000 Hamburg
Abmessungen/Gewicht:
Empfänger:
230 × 135 × 70 mm/1,3 kg
Anzeigegerät:
–
Antenne:
220 × 140 ∅ mm/1,0 kg
Antennenkoppler: –
Typ: Multiplexer (5 Satelliten)
Anlaufzeit (1. Fix)*:
1 ... 2 min
Genauigkeit der Startposition: Autostart (600 sm)***
max. Stromaufnahme
(14,2 V): 1040 mA
Wegpunkte: 100
Routen: –
Wegpunkte in Routen: –
Größe der Anzeige/Ziffern:
100 × 25/8 mm
Schnittstellen: NMEA 0180/3

Konzept:
Wassergeschützter Einbauempfänger mit 2zeiliger Anzeige; bis zu vier Töchter anschließbar.

Beurteilung:
Relativ schnell anlaufender GPS-Empfänger; Start ohne Ortsvorkenntnis; sehr hoher Stromverbrauch; Systemgenauigkeit wird erreicht; relativ gut abzulesende Anzeige; einfache Bedienung.

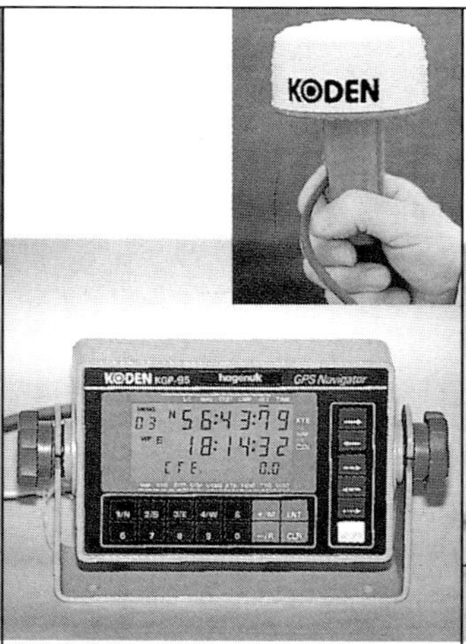

KGP-95

Hersteller: Koden
Vertrieb: Hagenuk, 2000 Hamburg
Abmessungen/Gewicht:
Empfänger:
175 × 110 × 75 mm/1,65 kg
Anzeigegerät:
–
Antenne:
130 × 85 ∅ mm/0,25 kg
Antennenkoppler: –
Typ: 5-Kanal-Parallel
Anlaufzeit (1. Fix)*:
1 ... 1½ min
Genauigkeit der Startposition: Autostart
max. Stromaufnahme
(14,2 V): 560 mA
Wegpunkte: 89
Routen: 1
Wegpunkte in Routen: 10
Größe der Anzeige/Ziffern:
85 × 45/10 mm
Schnittstellen: NMEA 0183

Konzept:
Einbauempfänger mit 3zeiliger Anzeige; kleines Gerät mit der Software des KGP-910.

Beurteilung:
Relativ schnell anlaufender GPS-Empfänger; Start ohne Ortsvorkenntnis; mittlerer Stromverbrauch; Systemgenauigkeit wird erreicht; gut abzulesende Anzeige; ablesbare Genauigkeit: 1/100 Breitenminute; einfache Bedienung; Postzulassung.

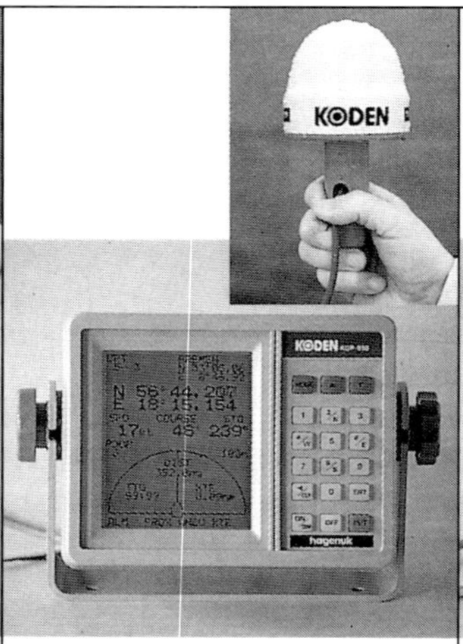

KGP-910

Hersteller: Koden
Vertrieb: Hagenuk, 2000 Hamburg
Abmessungen/Gewicht:
Empfänger:
175 × 140 × 85 mm/1,75 kg
Anzeigegerät:
–
Antenne:
165 × 85 ∅ mm/0,2 kg
Antennenkoppler: –
Typ: 5-Kanal-Parallel
Anlaufzeit (1. Fix)*:
1 ... 1½ min
Genauigkeit der Startposition: Autostart
max. Stromaufnahme
(14,2 V): 410 mA
Wegpunkte: 90
Routen: 9
Wegpunkte in Routen: 10
Größe der Anzeige/Ziffern:
80 × 100/6 mm
Schnittstellen: NMEA 0182/3, Koden 717

Konzept:
Einbauempfänger mit großem Anzeigefeld; 18 Zeilen für die gleichzeitige Anzeige verschiedener Daten; analoges Plottdisplay.

Beurteilung:
Relativ schnell anlaufender GPS-Empfänger; Start ohne Ortsvorkenntnis; mittlerer Stromverbrauch; Systemgenauigkeit wird erreicht; gut abzulesende Anzeige, gute analoge Steuerfehler- und Distanzanzeige; einfache Bedienung; Postzulassung.

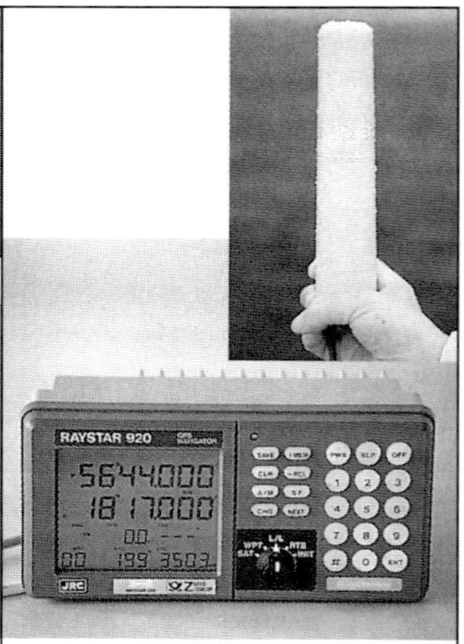

Raystar 390 (920)

Hersteller: Raytheon
Vertrieb: Eissing,
2970 Emden
Abmessungen/Gewicht:
Empfänger:
–
Anzeigegerät:
200 × 110 × 60 mm/0,7 kg
Antenne:
210 × 120 ∅ mm/1,5 kg
Antennenkoppler: –
Typ: Multiplexer (5 Satelliten)
Anlaufzeit (1. Fix)*:
2 ... 3 min
Genauigkeit der Startposition: 100 sm
max. Stromaufnahme
(14,2 V): 560 mA
Wegpunkte: 300
Routen: 1
Wegpunkte in Routen: 300
Größe der Anzeige/Ziffern:
90 × 80/15 mm
Schnittstellen: NMEA 0180/3

Konzept:
Einbauanzeigegerät mit 4zeiligem Display; Empfangselektronik in der Antenne; mehrere Tochtergeräte anschließbar; Software mit 920er identisch.

Beurteilung:
Langsam anlaufender GPS-Empfänger; benötigt zu seinem Start eine auf 100 Minuten genaue Position; hoher Stromverbrauch; Systemgenauigkeit wird erreicht; gut abzulesende Anzeige; ablesbare Genauigkeit: 1/100 Breitenminute; einfache Bedienung; Postzulassung (920).

* letzter Fix vor weniger als 2 h
** mit neuer Software
*** schnellerer Start bei Eingabe der ungefähren Position

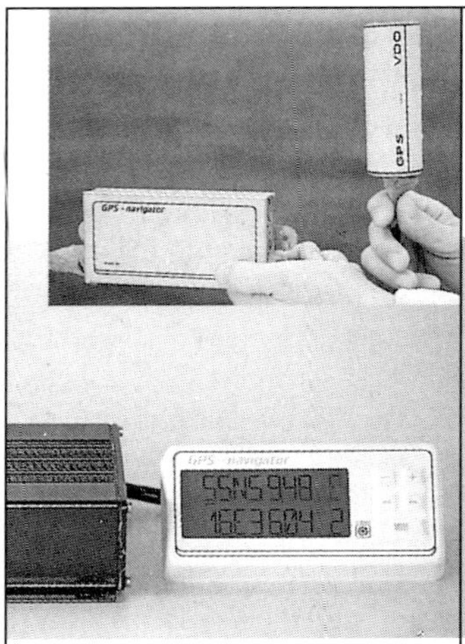

GPS-Navigator	**IPS-360**	**GPS 50**	**GPS 100**
Hersteller: VDO Vertrieb: VDO, 6000 Frankfurt a. M. Abmessungen/Gewicht: Empfänger: 100 × 180 × 45 mm/0,75 kg Anzeigegerät: 125 × 60 × 20 mm/0,15 kg Antenne: 115 × 40 ∅ mm/0,10 kg Antennenkoppler: 145 × 75 × 30 mm/0,25 kg Typ: Multiplexer (8 Satelliten) Anlaufzeit (1. Fix)*: 3 ... 3½ min Genauigkeit der Startposition: Autostart max. Stromaufnahme (14,2 V): 300 mA Wegpunkte: 50 Routen: – Wegpunkte in Routen: – Größe der Anzeige/Ziffern: 74 × 32/12 mm Schnittstellen: NMEA 0183	Hersteller: Sony Vertrieb: Elna, 2084 Rellingen Abmessungen/Gewicht: Empfänger: 100 × 70 × 40 mm/0,55 kg Anzeigegerät: – Antenne: 35 × 100 ∅ mm/integriert Antennenkoppler: – Typ: 4-Kanal-Parallel Anlaufzeit (1. Fix)*: 30 ... 40 s Genauigkeit der Startposition: Autostart Batteriebetriebsdauer 2 h Wegpunkte: 100 Routen: 9 Wegpunkte in Routen: 10 Größe der Anzeige/Ziffern: 70 × 12/4 mm	Hersteller: Garmin Vertrieb: Elna, 2084 Rellingen Abmessungen/Gewicht: Empfänger: 80 × 160 × 36 mm/0,5 kg Anzeigegerät: – Antenne: 110 × 25 ∅ mm/integriert Antennenkoppler: – Typ: Multiplexer (8 Satelliten) Anlaufzeit (1. Fix)*: 1½ ... 2 min Genauigkeit der Startposition: Autostart Batteriebetriebsdauer ca. 6 h Wegpunkte: 250 Routen: 9 + 1 Wegpunkte in Routen: – Größe der Anzeige/Ziffern: 60 × 40/6 mm Schnittstellen: NMEA 0180/2/3	Hersteller: Garmin Vertrieb: Elna, 2084 Rellingen Abmessungen/Gewicht: Empfänger: 160 × 50 × 125 mm/0,85 kg Anzeigegerät: – Antenne: 120 × 25 ∅ mm/integriert Antennenkoppler: – Typ: Multiplexer (8 Satelliten) Anlaufzeit (1. Fix)*: 1½ ... 2 min Genauigkeit der Startposition: Autostart Batteriebetriebsdauer 14 h Wegpunkte: 250 Routen: 10 Wegpunkte in Routen: 9 Größe der Anzeige/Ziffern: 80 × 22/4 mm Schnittstellen: NMEA 0180/2/3
Konzept: Wassergeschütztes Anzeigegerät; 2zeilig; mit getrenntem Rechner und Konverter; mehrere Töchter anschließbar.	**Konzept:** Handgerät mit aufgebauter Antenne; Anzeige 2zeilig.	**Konzept:** Kleines Handgerät mit integrierter Antenne; 3zeilige Anzeige; Zubehör: externe Antenne, Halterung, Tasche etc.	**Konzept:** Hand- und Einbaugerät im Autoradioformat; 3zeilige Anzeige; Zubehör: diverse Adapter.
Beurteilung: **Langsam anlaufender GPS-Empfänger; Start ohne Ortsvorkenntnis; geringer Stromverbrauch; Systemgenauigkeit wird erreicht; schwer abzulesende Anzeige; einfache Bedienung.**	**Beurteilung:** **Sehr schnell anlaufender GPS-Empfänger; Start ohne Ortsvorkenntnis; Batteriebetrieb; Systemgenauigkeit wird erreicht; relativ gut abzulesende Anzeige; einfache Bedienung.**	**Beurteilung:** **Relativ schnell anlaufender GPS-Empfänger; Start ohne Ortsvorkenntnis; Batteriebetrieb; Systemgenauigkeit wird erreicht; gut abzulesende Anzeige; abzulesende Genauigkeit: 1/100 Breitenminute; sehr einfache Bedienung.**	**Beurteilung:** **Relativ schnell anlaufender GPS-Empfänger; Start ohne Ortsvorkenntnis; Batteriebetrieb; Systemgenauigkeit wird erreicht; relativ gut abzulesende Anzeige; abzulesende Genauigkeit: 1/100 Breitenminute; gewöhnungsbedürftige Bedienung.**

* letzter Fix vor weniger als 2 h
** mit neuer Software
*** schnellerer Start bei Eingabe der ungefähren Position

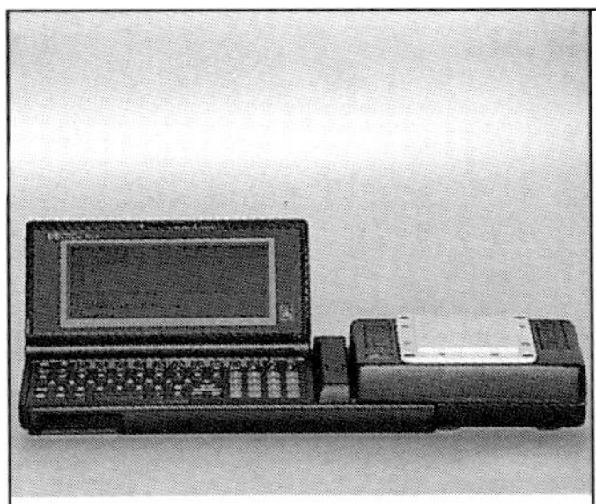

GPS pac (mit HP 95 LX)

Hersteller: Gessa
Vertrieb: W&W Software Products
Abmessungen/Gewicht:
Empfänger:
305 × 85 × 45 mm
Anzeigegerät:
–
Antenne:
integriert
Antennenkoppler:
–
Typ: 5-Kanal-Parallel
Anlaufzeit (1. Fix)*:
40 s (bei Ortsvorgabe)
Genauigkeit der Startposition: 600 sm
Batteriebetriebsdauer 4 h
Wegpunkte: 99
Routen: –
Wegpunkte in Routen: 99
Größe der Anzeige/Ziffern:
144 × 47/5 mm
Schnittstellen: –

Konzept:
GPS-Sensor zum Anschluß an einen Rechner, speziell HP 95 LX; mehrzeilige Anzeigen mit Plottfunktion.

Beurteilung:
Schnell anlaufender GPS-Empfänger; benötigt zu seinem Start eine auf 10 Grad genaue Position; Systemgenauigkeit wird erreicht; relativ gut abzulesende Anzeige; für Computerfreaks mit Ambitionen zum individuell einrichtbaren GPS-Navigator

Liefernachweise

Gebr. Becker Technik GmbH
Werkstraße 8
2000 Wedel/Hamburg

Elna
Elektro-Navigation und Industrie GmbH
Siemensstraße 35
2084 Rellingen

H. E. Eissing KG
Hansastraße 2
2970 Emden

Ferropilot
Elektronische und hydraulische Geräte GmbH
Siemensstraße 35
2084 Rellingen

Hagenuk
Vertriebs- und Service GmbH
Große Elbstraße 277–279
2000 Hamburg 50

Mörer Schiffselektronik GmbH
Rödingsmarkt 39
2000 Hamburg 11

Nordwest Elektronik GmbH
Goebenstraße 12
2800 Bremen

Sailtec
Gnass und Schneider GmbH
Hasselbinnen 28
2000 Schenefeld

Shipmate Robertson GmbH
Dithmarscher Straße 13
2970 Emden

VDO Vertriebsgesellschaft mbH
Rüsselsheimer Straße 22
6000 Frankfurt 1

W&W Software Products GmbH
Odenthaler Straße 214
5060 Bergisch Gladbach 2

baren Geräte: VDO präsentiert das kleinste, nämlich zweizeilige Display, Globalnav das größte, einen Bildschirm mit 128 mal 160 Bildpunkten für die gleichzeitige Anzeige mehrerer Daten und einer analogen Plotterfunktion. Dazwischen liegen alle anderen Geräte. Analoge beziehungsweise Plottanzeigen bieten auch der Navigator

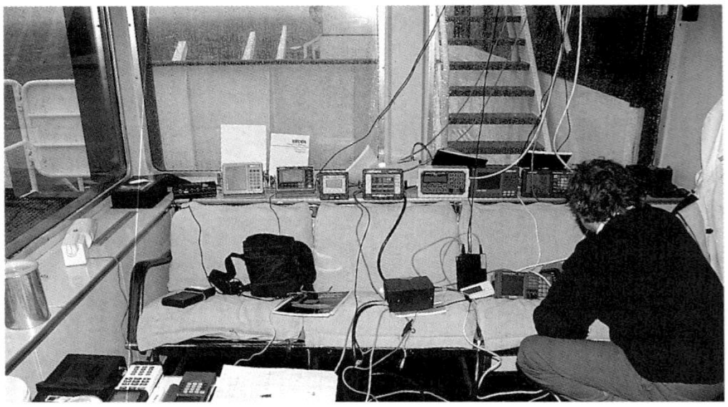

GP-70 von Ferropilot und der Navigator KGP-910 von Hagenuk.
Das Einschalten der Geräte und auch der erste Fix bereiten keine Schwierigkeit und sind in der Regel ohne großes Studium der meist mehr als 100 Seiten umfassenden Handbücher möglich.
Vor dem ersten Start jedoch muß ein Gerät initialisiert werden. Das bedeutet, der augenblickliche Standort (seine Genauigkeit hängt von der Rechner-Software ab), die Einbauhöhe der Antenne (Altitude), die Ortszeit, das Bezugssystem der Karte WGS 84 bei Benutzung von Seekarten des BSH (Bundesamt für Schiffahrt und Hydrographie) und oft auch die Sprache (also Deutsch) müssen eingegeben werden. Mit diesen Daten rechnet der GPS-Navigator nach Empfang seines ersten Satelliten zunächst spezielle Satellitendaten auf. Diese Prozedur kann dauern und bei batteriebetriebenen Rechnern einen ganzen Batteriesatz aufbrauchen. Nach dem ersten Einschalten sollte man deshalb die Batterien wechseln.
Die nachfolgenden Einschaltungen verbrauchen weit weniger Batteriestrom. Wir haben ihn unter „maximale Stromaufnahme“ (mit Beleuchtung etc.) angegeben. Nach der Aufnahme der aktuellen Satellitendaten muß man die neue Position nach erneutem Einschalten nur noch relativ ungenau angeben (siehe Genauigkeit der Startposition). Viele Geräte besitzen aber auch eine automatische Startfunktion, die keine Ortsangabe benötigt.
Am meisten interessiert uns, ob die neue GPS-Generation hinsichtlich ihrer Positions- und Geschwindigkeitsrechnungen genauso zuverlässig und exakt arbeitet wie die in YACHT 2/91 getesteten Empfänger, die seinerzeit noch bis zu viermal teurer waren. Zur Beruhigung: Sie tun es – und das oft sehr viel schneller.
Dazu überwachen sich die Kleinen selbst: Da die Genauigkeit in erster Linie von der Konstellation der Satelliten abhängt, gibt es auch bei ihnen eine Kontrollanzeige für eine Funktion, die in den Handbüchern HDOP genannt wird.
Bei der Fahrt über Grund betrugen die Abweichungen nur 0,1 bis 0,2 Knoten.

Getestet haben wir auch die Aufrechnungszeit bis zum ersten Fix (nach dem Initiieren). Satellitendaten im Speicher des Empfängers nämlich sollten schon mal drei Tage alt sein dürfen, ohne daß ein Gerät neu in Betrieb genommen werden muß. Hier erlebten wir Überraschungen: In oft nur weniger als zwei Minuten errechneten die meisten Geräte ihren neuen Standort, selbst wenn die Versegelung einer Entfernung von Helsinki nach Hamburg gleichkam. Das bedeutet, daß man auf einer langen Reise etwa über den Atlantik nur einmal am Tag die Position zu bestimmen braucht. Darüber hinaus kann der GPS-Navigator ausgeschaltet bleiben. Er findet sich am nächsten Tag selbst zurecht. So kommt man über sehr lange Strekken mit extrem wenig Batteriekapazität aus.

Ein weiteres Testkriterium war die Genauigkeit, mit der man die Startposition eingeben muß. Hier liefern selbst Handgeräte einen Autostart. Geräte, die nicht automatisch anfangen zu rechnen und erst ihre mehr oder weniger genaue Startposition vorgegeben bekommen müssen, besitzen in der Regel eine alte Software, die man nicht mehr kaufen sollte.

Die Geräte von Shipmate können jedenfalls inzwischen auch automatisch starten und einige Kunststücke mehr. Die Programme seiner Rechner hat der dänische Hersteller auf den neuesten Stand gebracht. Auch andere Hersteller verfeinern laufend ihre Software, so daß man immer das letzte Modell verlangen sollte.

Der Typ eines GPS-Navigators ist entscheidend für die Signalverfolgung von Satelliten, besonders bei schwierigen Satelliten-Konstellationen. In der neuen Geräte-Palette gibt es außer dem Sequentiel-Empfänger Navpac nur noch zwei Typen: den Parallelempfänger, der pro eingebautem Kanal einen Satelliten kontinuierlich verfolgen kann, und den sogenannten Multiplexer. Er schaltet sehr schnell von einem Satelliten auf den anderen und kann je nach Konstruktion mit mehr als fünf Satelliten gleichzeitig kommunizieren.

Beachten sollten man immer die Größe einer Anzeige und die damit verbundene bessere Ablesbarkeit. Große Ziffern sind kleineren vorzuziehen. Gefallen haben uns auch die Anzeigen, die ein Ablesen von mehreren Daten gleichzeitig zulassen. Sie ersparen ein „Durchrollen“ der verschiedenen Displays.

Ob ein Display allerdings so groß sein sollte, daß auch Plottfunktionen dargestellt werden können, muß man von Fall zu Fall entscheiden. Als Cockpitanzeige braucht man sie sicher nicht.

Zusammenfassung: Geräte, die mit Hilfe von GPS-Satelliten ihren Standort bestimmen und darüber hinaus Kurs und Geschwindigkeit über Grund angeben, sind heute trotz des Preisverfalls hervorragende Navigationsmittel. Vier Satelliten rund um die Uhr – insgesamt siebzehn dieser künstlichen Sterne umkreisen momentan unseren Planeten – garantieren ihre Genauigkeit, vorausgesetzt, die amerikanischen Satellitenbetreiber lassen den die Genauigkeit reduzierenden SA-Faktor (Verschlüsselung) abgeschaltet. Exakte Positionen bis zu 15 Metern haben wir gemessen. Die Systemgenauigkeit mit eingeschalteter Verschlüsselung beträgt um die 100 Meter. Unsere Testgeräte glichen sich etwa im Preis, aber nicht in ihrer Ausrüstung. Da gibt es schon gravierende Unterschiede. So sind nicht alle Empfänger mit einem Autostart ausgerüstet. Manche verbrauchen immer noch übermäßig viel Strom. Andere sind vergleichsweise große und schwere Kästen. Wenig relevant für eine doch relativ langsam segelnde Yacht scheint uns die Daten-Aufrechnungszeit: An Bord eines allenfalls bis zu zehn Knoten schnellen Schiffes kommen auch langsame Rechner gut zurecht.

Überhaupt nicht gekümmert haben wir uns um die Programmierung von Wegpunkten. Hier setzt jedes Gerät individuelles Handbuchwissen voraus. Bei längerem Benutzen seines Navigators muß das jeder Skipper ohnehin lernen. Nicht unterschätzen sollte man allerdings die Möglichkeit, mehrere Daten gleichzeitig ablesen zu können.

Die getesteten Geräte stellen im Moment das Preiswerteste dar, was der GPS-Markt zu bieten hat. Eine weitere Preiskorrektur nach unten ist zu erwarten, wenn auch nicht so extrem wie im vergangenen Jahr. Wenn erst einmal auch Autos mit GPS ausgerüstet werden, dann kommt ganz sicher noch einmal ein Preissturz auf uns zu.

Ein anderes Thema sind die Postabnahmen der Geräte. Nur fünf der getesteten Empfänger konnten sich mit einer ZZF-Nummer schmücken. Die meisten anderen Gerätevertreiber begnügten sich mit dem Hinweis, daß ihr Gerät „auf Schiffen unter deutscher Flagge nicht zugelassen“ ist, und sie schielen damit schon auf den Gemeinsamen Europäischen Markt. Aber auch dessen postalische Harmonisierung steht weitgehend noch in den Sternen. Sicher ist nur, daß es am Ende europäische Richtlinien und damit keine Geräte ohne Zulassung mehr geben wird.

Bedenken gegen GPS

GPS stellt einen gewissen Schlußpunkt in der Entwicklung genauer und bequemer, neuerdings auch preiswerter Ortsbestimmungsmethoden dar. Es ist einfach in der Anwendung (letztlich wird nicht viel mehr vorausgesetzt als das Einschalten eines Empfängers), hochgenau, zuverlässig in der Anwendung und für praktische Zwecke fehlerfrei. Gerade wegen der überzeugenden Einfachheit müssen jedoch Bedenken angemeldet werden. Nicht gegen das GPS an sich, sondern deswegen, weil es dazu verführen könnte, sich auf GPS allein zu verlassen. Es ist nicht gerade wahrscheinlich, daß GPS jemals versagt oder ausfällt. Es ist aber schon geschehen, daß es

zum Beispiel ohne Vorwarnung zu Servicezwecken für mehrere Tage abgeschaltet wurde. Wohl dem, der in diesen Tagen auch mit konventionellen Mittel weiternavigieren konnte.
Neben Servicearbeiten kommt noch in Betracht, daß GPS aus militärischen Gründen von den Betreibern selbst oder von Kontrahenten außer Funktion gesetzt wird. Das kann nicht ausgeschlossen werden, auch wenn es nur selten zu erwarten ist. Zum Beispiel haben während des Golfkrieges nicht wenige erwartet, daß die Amerikaner zumindest die zivile Nutzung von GPS einschränken oder ausschließen würden, nachdem damals GPS-Geräte in der ganzen Welt bereits frei erhältlich waren. Aber nichts dergleichen geschah.
Es gebietet gute Seemannschaft, an Bord ein Reservesystem zu haben, so daß notfalls auch ohne GPS weiternavigiert werden kann. Das heißt in der Hochseepraxis nicht, daß ein zweiter GPS-Empfänger zur Hand ist, denn schließlich besteht GPS nicht nur aus dem Empfänger an Bord, sondern auch aus zwei Dutzend Satelliten, aus Bodenstationen etc. Das einzige Backup-System sind z. B. bei einer Atlantiküberquerung ein Sextant, die notwendigen Tafeln (nautisches Jahrbuch, HO 249) oder ein entsprechend programmierter Computer und(!) ein Skipper, der mit dem Sextant umgehen und aus den Messungen eine Position berechnen kann.

GPS in der Bordpraxis

Bei allen GPS-Empfängern besteht die Möglichkeit, zumindest den Zielort nach geographischer Breite und Länge einzugeben – und auf der Anzeige fortlaufend Geschwindigkeit und gesegelten Kurs zu diesem Zielort zu verfolgen. Außer beim Segeln über die freie See gebietet es eine sorgfältige Navigation, in bestimmten Zeitabständen fortlaufend die GPS-Positionen in die Seekarte einzutragen. Dies beugt nicht nur Leichtsinnsfehlern (z. B. bei der Eingabe des Zielortes in das GPS-Gerät) vor, sondern gibt auch einen guten Überblick über das Vorwärtskommen und die Genauigkeit beim Rudergehen. Bei keinem anderen Navigationssystem hat der Skipper diese Kontrollmöglichkeit. Sie nicht zu nutzen, heißt, auf einen der wesentlichen Errungenschaften von GPS zu verzichten.
Übertrieben wäre es aber, darüber hinaus etwa mit Logge und Kompaß mitzukoppeln. Es sei denn, man möchte den gerade herrschenden Strom herausfinden. Denn die Koppelnavigation ist im Vergleich mit GPS derart unsicher und ungenau, daß sie als Kontrolle für GPS nichts taugt.
In der allgemeinen Begeisterung für GPS wird leicht übersehen, daß die Superpräzision dieses Systems ganz neue Gefahren mit sich bringt. Denn GPS verführt dazu, sich nur noch auf die Satelliten zu verlassen und zu vergessen, daß es an Bord ein noch wichtigeres und genialeres Navigationssystem gibt, nämlich unsere Augen. So strandete unlängst eine Yacht an der tunesischen Küste, wobei sich sachkundige Beobachter darüber einig waren, daß es ohne GPS zu diesem Schiffbruch nicht gekommen wäre:
Es war stockfinster, und der Nordwind blies mit ca. sechs Windstärken quer zur Hafeneinfahrt von Port el Kantaoui/Tunesien. Wegen der zahlreichen Untiefen vor der Hafeneinfahrt herrschte starker Schwell in der Hafeneinfahrt. Die 42-Fuß-Yacht hatte mit dem GPS, das fortlaufend von einem Mannschaftsmitglied beobachtet wurde, keine Schwierigkeiten, die Ansteuerungstonnen zu finden, und befand sich genau auf der vorgeschriebenen 305-Grad-Richtung in der Hafeneinfahrt. Kurz vor dem schützenden Hafen wurde die Yacht von einem seitlichen Brecher erwischt, der sie in kurzer Zeit so weit aus dem Fahrwasser nach der Seite versetzte, daß sie kurz darauf Grundberührung hatte. Sie kam mit der Maschine nicht mehr frei und wurde auf den Strand geworfen (siehe Karte rechts oben!.
Im nachhinein einen Unfall zu kommentieren, ist immer problematisch, aber zu Lehrzwecken ist es wohl erlaubt, ein paar Überlegungen anzustellen: Möglicherweise hätte sich dieser Unfall ohne GPS nicht ereignet. Denn das Wetter und die örtlichen Verhältnisse waren so, daß ohne ein hochgenaues Navigationssystem die Einfahrt von vornherein nicht hätte angesteuert werden können. Wäre die Yacht zum Beispiel nur mit Kompaß und Logge ausgerüstet gewesen, so hätte der Skipper die Ansteuerung nachts sicher nicht gewagt. Wahrscheinlich hätte er bis zum Tagesanbruch gewartet, um dann bei gleich schlechtem Wetter sicher einzulaufen.
Dies ist auch eine Situation, die nachts vielleicht beherrscht worden wäre, wenn der Skipper sich nicht auf das GPS, sondern auf ein Radargerät verlassen hätte. Auf dem Radarschirm bilden sich nämlich die Ansteuerungstonnen und die Hafeneinfahrt selbst dann deutlich ab, wenn die Empfindlichkeit wegen des starken Seegangs zurückgenommen werden muß. Auf dem Radar wäre dann sofort(!) zu erkennen gewesen, daß die Yacht von einem Brecher weit nach der Seite versetzt wurde. Etwas, was auch ein geübter Navigator am GPS-Gerät auf Grund der zunächst nichtssagenden Ziffernanzeige von Breite und Länge niemals so schnell erkennen kann, um rechtzeitig gegen den seitlichen Versatz zu steuern. Diese Strandung geht wohl auf das Konto des GPS.

GPS und andere Navigationssysteme

Es tröstet, daß auch dann, wenn ein GPS-Empfänger an Bord ist, das gute alte Log oder ein Speedometer noch

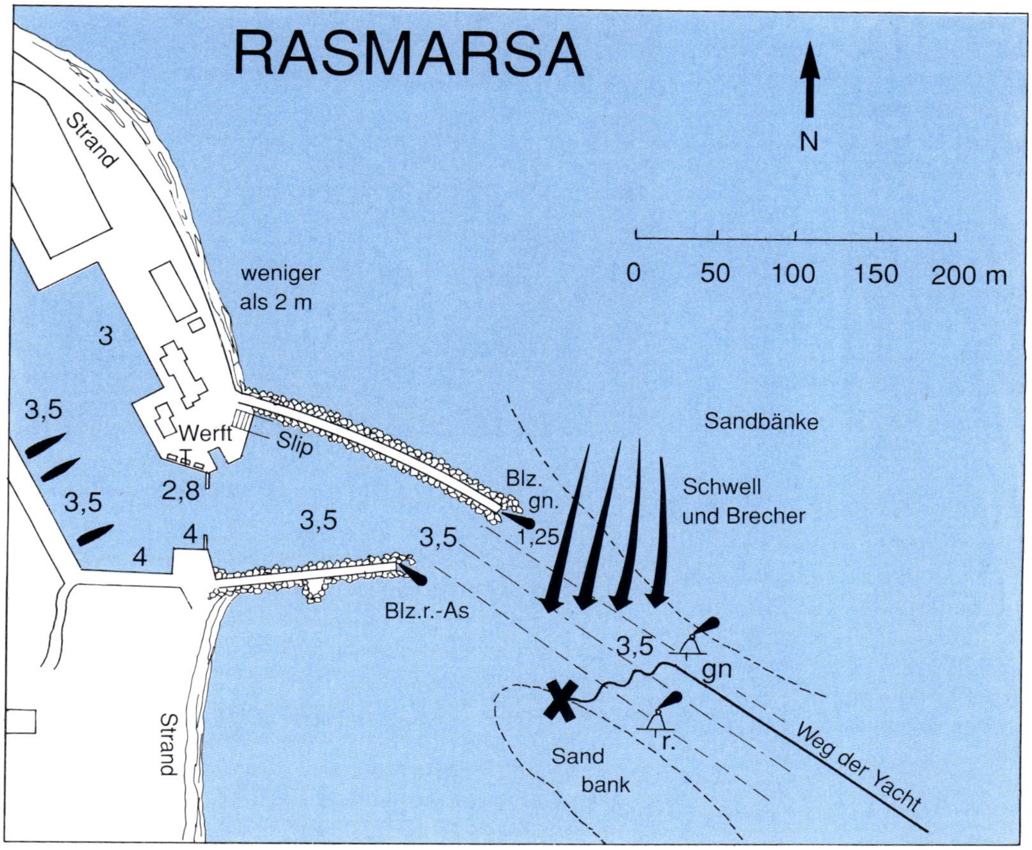

Die Yacht befand sich – dank GPS – bereits auf der 305-Grad-Linie, die in den schützenden Hafen führt. Am GPS war in finsterer Nacht der seitliche Versatz durch Brecher und Schwell nicht sofort zu erkennen, weil eine Ziffernanzeige erst zweidimensional umgesetzt werden mußte. Am Radar oder bei Tag mit Hilfe der Augen wäre die Gefahr möglicherweise früh genug erkannt worden, um noch rechtzeitig gegenanzusteuern.

nicht ausgedient hat. Im Gegenteil! Erst mit GPS, Kompaß und Log zusammen läßt sich die genaue Versetzung durch Strom oder Wind (Abdrift) feststellen. Nahezu alle GPS-Empfänger vergleichen nämlich fortlaufend intern die berechneten GPS-Positionen und errechnen daraus Geschwindigkeit und Kurs über Grund(!), während am Speedometer und am Kompaß Kurs und Geschwindigkeit durch das Wasser festgestellt werden können. Daraus können wir mit einem Navigationscomputer oder mit Hilfe des Stromdreiecks den tatsächlichen Strom (ungefähr!) erkennen.

Ist der GPS-Empfänger über eine entsprechende Schnittstelle mit Kompaß und Speedometer verbunden, so liefert er uns direkt die Versetzung. Freilich, meist ist dies Wunschdenken, denn fast immer „passen" die verschiedenen Geräte nicht zusammen, auch wenn sie sich nach Prospekt der gleichen standardisierten Schnittstelle bedienen.

Vergleichsweise einfach ist der Anschluß eines GPS-Empfängers an einen Computer, der die vom GPS empfangenen Daten, vor allem also Position und Uhrzeit, über die NMEA-0183-Schnittstelle erhält und mit dem entsprechenden Programm weiterverarbeiten kann. So

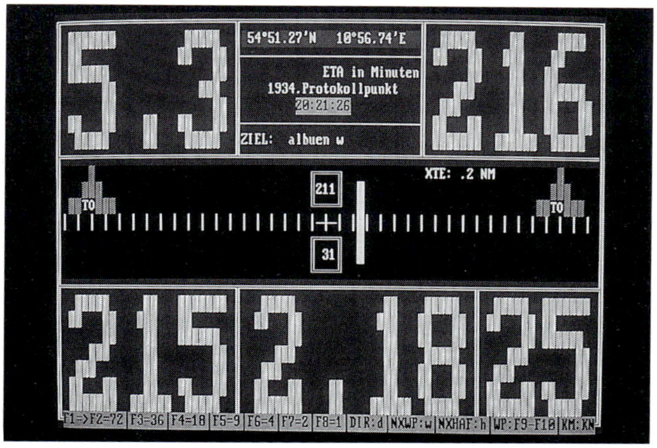

Foto unten: Hier ist der GPS-Empfänger mittels Software GPS-NavTools an einen normalen, auch an Bord einsetzbaren, Computer angeschlossen. Die Anzeige ist erheblich übersichtlicher und aussagekräftiger als auf den meisten GPS-Empfängern. Hier wird mit einer Geschwindigkeit von 5.3 Knoten (links oben) mit einem Kurs von 215° (links unten) gesegelt. Der vorgewählte Sollkurs zum Ziel ist 211° (Kästchen, Bild Mitte), während der direkte Kurs zum Ziel 216° beträgt (rechts oben). Der Cross-Track-Error (Abweichung vom Sollkurs) beträgt 0.2 Meilen. Distanz zum Ziel ist 2.18 Meilen (unten Mitte), Ankunft in etwa 25 Stunden (rechts unten). Der Rudergänger sollte nach Steuerbord halten, um auf den Sollkurs zu kommen, weil der Steuerstrich rechts von der Mitte steht. Mit einem Tastendruck kann auch eine grafische Darstellung der Situation zum Ziel in Ausschnitten bis hinunter zu einer Seemeile angewählt werden. Gleichzeitig wird der gesamte Törn grafisch und digital mitprotokolliert.

bietet das Programm GPS-TOOLS dem Computer nicht nur die Möglichkeit, mit der Position aus dem GPS-Empfänger und Tausenden Wegpunkten (die im Computer sehr einfach und zweckmäßig verwaltet werden können) zu navigieren, sondern auch ein ausdruckbares Protokoll eines ganzen Törns automatisch und mit GPS-Genauigkeit zu erstellen.
Hochwertige Radarsysteme haben ebenfalls die Einspielung der GPS-Position vorgesehen. Hierbei besteht sogar die Möglichkeit, elektronisch die Seekarte im richtigen Maßstab zu unterlegen und so den Schiffsort mit höchster Genauigkeit in seiner natürlichen Umgebung vor sich zu haben. Navigation in Vollendung!

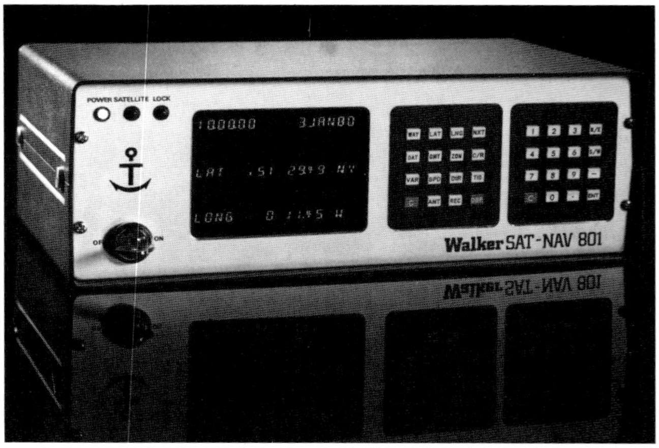

Preiswertes Satellitennavigationsgerät von Walker. Eines der ersten Satellitengeräte auf Yachten – für das alte Navsat-System.

Differential-GPS

Wie erwähnt, steht uns der militärische P-Code nicht zur Verfügung, was lediglich zur Konsequenz hat, daß unsere Positionen „nur" auf hundert Meter genau sind und nicht auf fünf. Allerdings werden bereits jetzt Geräte angeboten, die sich für Differential-GPS eignen. Nur deshalb wird an dieser Stelle darauf hingewiesen.
Beim Differential-GPS wird das normale GPS-System verwendet und aus Vergleichsmessungen mit einer erdgebundenen Referenzstation die jeweilige derzeit geltende Ungenauigkeit festgestellt. Dadurch kann die Genauigkeit von GPS im zivilen Bereich bis in den Dezimeter-Bereich gesteigert werden.
Ganz abgesehen davon, daß es hierzu nicht nur eines speziellen (und teuren) Empfängers bedarf, funktioniert Differential-GPS auch nur an den Orten, wo eine entsprechende Referenzstation zur Verfügung steht. Bis auf Sonderzwecke hat also Differential-GPS für den Yachtbereich keine Bedeutung.

Das Navsat-System

GPS darf nicht mit dem Navsat-System verwechselt werden. Das Navsat-System war das erste Satelliten-Navigationssystem der Menschheit. Es war etwa ab 1980 funktionsfähig und ist heute – traurig, dies feststellen zu müssen – bereits veraltert. Das GPS-System und das Navsat-System haben miteinander nichts zu tun (außer, daß sie beide mit künstlichen Himmelskörpern arbeiten). Insbesondere sind die an Bord verwendeten Empfänger untereinander nicht kompatibel. Nachdem auch vom Anschaffungspreis her nichts mehr gegen GPS spricht, wird Navsat in nächster Zeit sicher eingestellt.
Es ist deshalb dringend davon abzuraten, etwa ein scheinbar günstiges Gebrauchs-Navsat-Gerät zu kaufen. Es ist praktisch wertlos. Allenfalls könnte heute noch ein vorhandener Navsat-Empfänger als Backup-System für GPS verwendet werden. Deshalb und weil auf einigen Yachten noch Navsat-Geräte existieren, das System also noch(!) arbeitsfähig ist, soll auf die Funktionsweise eingegangen werden.
Für dieses Satellitennavigationssystem werden fünf spezielle Navigationssatelliten verwendet, die in ca. 1000 km Höhe die Erde umkreisen. Ihre Bahndaten werden von Erdstationen aus durch Peilung ermittelt, um sodann den Satelliten fortlaufend eingespeist zu werden. Deshalb sind diese Satelliten im Navsat-System in der Lage, ununterbrochen ihre Bahndaten zu senden.
Es würde zu weit führen, die genaue Funktionsweise der Satellitennavigation im Navsat-System zu erklären, denn der Navigator braucht sich darum nicht mehr zu kümmern. Ja, er könnte die vom Navigationsempfänger ermittelten Werte manuell gar nicht mehr auswerten. Hierzu ist in jedem Satellitennavigationsempfänger ein eigener Computer eingebaut, der fix und fertig die Koordinaten der Schiffsposition nach Breite und Länge auf einem Bildschirm anzeigt. Nur soviel: Die Satelliten senden auf der Frequenz von ca. 400 MHz ein Signal, das sich bei Annäherung des Satelliten an das Schiff je nach dessen Position in der Frequenz verändert, und zwar nach dem Dopplereffekt. Wir kennen diesen Dopplereffekt von einem Fahrzeug (Auto, Zug) her, das auf uns zufährt und sich dann wieder von uns entfernt. Hierbei verändert sich – scheinbar – sehr deutlich die Tonhöhe. Im Satellitennavigationsempfänger wird die Veränderung der Frequenz beim Passieren eines Satelliten mehrfach in Minutenabständen gemessen, wobei der Satellit in dieser Zeit zwischen 2400 und 3600 sm zurücklegt.
Aufgrund dieser großen Meßbasis ist es möglich, durch mehrere Peilungen, die insgesamt zehn bis 18 Minuten dauern, mit Hilfe von überkomplizierten Rechenvor-

gängen, die nur ein Computer verarbeiten kann, die genaue Position des Schiffes zu bestimmen.
Zur Positionsbestimmung sind keinerlei Karten oder Tafeln nötig. Voraussetzung ist nur, daß in das Navigationsgerät Datum, ungefähre mittlere Greenwich-Zeit und ein gegißter Schiffsort eingegeben werden, der lediglich auf 60 sm genau zu sein braucht. Nachdem sich die Schiffsposition zwischen den einzelnen Satelliten – „Peilungen“ – verändert, ist zur Erzielung der äußersten Genauigkeit auch noch die Eingabe der Schiffsgeschwindigkeit notwendig. Außerdem muß der Satellit die genaue Höhe der Antenne kennen, und zwar nicht gegenüber der Wasseroberfläche, sondern gegenüber dem „Sphäroid“, denn für die Genauigkeit der Satellitennavigation ist es nicht ausreichend, von der Erde als Kugel auszugehen. Wenn alle diese Werte eingegeben werden, ist die Positionsbestimmung mit Hilfe des Navsat-Systems auf 100 m genau.
Und der Haken bei der Sache? Mit Hilfe des Navsat-Systems läßt sich zwar die übergenaue Position des Schiffes ermitteln, jedoch nur für den Zeitpunkt des Satellitendurchgangs. Im Gegensatz zu GPS kann also Navsat ein Schiff nicht ununterbrochen mit Positionsmeldungen versorgen.
Die Zeichnung gibt die Zeiten an, die angeblich vergehen, bis mit einem neuen Satelliten-Fix zu rechnen ist.

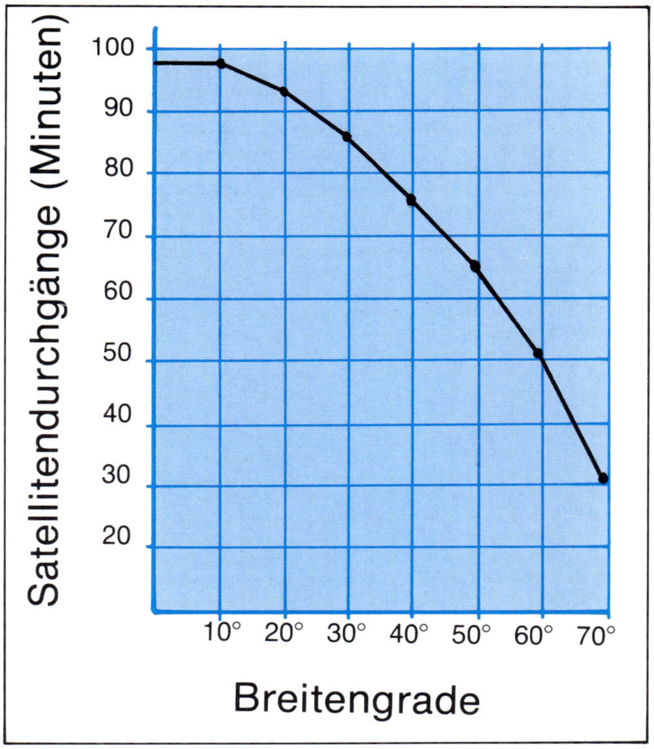

Die Zeitintervalle zwischen den Satellitendurchgängen hängen von der geographischen Breite ab.

Aus dieser Zeichnung kann leicht abgelesen werden, daß beispielsweise im Mittelmeer (40°) etwa alle 75 Minuten eine Schiffsposition mit Hilfe eines Satelliten zu erhalten sein soll. Der Autor hat viele Besitzer von Satellitennavigationsempfängern hierzu befragt und die einhellige, etwas ernüchternde Antwort bekommen: „Manchmal vergehen bis zu sechs oder sieben Stunden, bis ein neues Fix auf dem Bildschirm erscheint“.

Radarnavigation

Radarpeilungen ergeben als Standlinien Geraden (Radarseitenpeilungen) oder Kreise (Abstandsbestimmungen).

Als Marconi, der große italienische Erfinder, am 30. Juli 1934 von einem zu Testzwecken verdunkelten Kartenraum auf dem Motorschiff ELLETRA aus mit Hilfe eines von ihm entwickelten Radargerätes den Kurs so genau errechnete, daß schließlich die Durchfahrt durch ein von zwei im Abstand von 90 m ausgelegten Tonnen gebildetes Tor aus einer Entfernung von 9 sm sicher gefunden wurde, ahnten die Gäste an Bord der ELLETRA, daß diese Entwicklung die Großschiffahrt einmal revolutionieren würde. Daß Radargeräte heutzutage auch auf Yachten ab 10 m Länge eingesetzt werden könnten, daran dachte damals natürlich noch niemand.
Der Grund,warum sich Radargeräte erst in jüngster Zeit auf Yachten durchsetzten, liegt in dem Umstand, daß sie erst seit einigen Jahren preiswert und in ihrem Stromverbrauch dem Leistungsvermögen von Segelyachten entsprechend auf dem Markt angeboten werden. Es gibt bereits recht taugliche Geräte für unter 5000 DM, was im Vergleich zu dem elektronischen und mechanischen Gegenwert als preiswert angesehen werden kann. Der technische Aufwand, um zu einem Radarbild von der Umgebung des Schiffes zu kommen, ist nämlich beträchtlich, obwohl die Funktionsweise des Radars vergleichsweise einfach ist.
Ähnlich wie beim Echolot werden von der sich drehenden Radarantenne Sendeimpulse mit einer Wellenlänge von ca. 3 cm (bei Yachtgeräten) ausgestrahlt, die von geeigneten Objekten in der Umgebung (Schiffe, Tonnen, Felswände usw.) als Echos zurückgeworfen werden. Die Radarantenne empfängt diese Echos, die auf einem Bildschirm als helle Punkte auf- und nachleuchten. Je länger es von der Impulsstrahlung bis zum Empfang des Echos gedauert hat, um so weiter werden Echos auf dem Bildschirm vom Mittelpunkt desselben entfernt projiziert. Außerdem werden sie, von der Bildschirmmitte aus gesehen, in einer ganz bestimmten

Richtung aufgezeichnet, entsprechend der momentanen Stellung der kreisenden Radarantenne bei der Abstrahlung. Auf diese Weise entsteht auch bei Nacht, Nebel oder schlechter Sicht ein Bild von der Umgebung des Schiffsortes (Bildschirmmitte).

Wenn also Radargeräte als preiswert bezeichnet wurden, so möge man auch bedenken, was beispielsweise für Windrichtungsanzeiger und -lupen anzulegen ist, die bei weitem nicht die gleiche Nützlichkeit für die Schiffssicherheit haben wie Radar.

Radar hat auf einem Schiff zwei Aufgaben zu erfüllen:

– Vermeidung von Zusammenstößen
– Schiffsortbestimmung

Hier soll ausschließlich von der zweiten Aufgabe die Rede sein, was wohl auch der ursprüngliche Verwendungszweck war, wie der Name sagt: **Ra**dio **D**etection **a**nd **R**anging.

Radar – das wirkungsvollste Navigationsinstrument in Küstennähe

Es gibt in der Navigation kein Hilfsmittel, das dem Seemann zu besseren, schnelleren und einfacheren Schiffsorten verhilft als Radar. Es muß ausdrücklich betont werden, daß Radar zu diesem Zweck (also nicht zur Verhütung von Zusammenstößen) von jedem Skipper nach vielleicht zehn Stunden Erfahrung am Bildschirm äußerst nutzbringend in der Navigation eingesetzt werden kann, wenn er nur die bei jeder Art von Navigation übliche Sorgfalt walten läßt. Was nicht heißt, daß er nach dieser kurzen Einarbeitungszeit schon alle Möglichkeiten von Radar ausschöpfen kann. Es sollte deshalb also niemand, der es sich von der Größe des Schiffes her, vom Leistungsvermögen seines Bordnetzes und natürlich finanziell leisten kann, auf dieses allerwichtigste Hilfsmittel verzichten.

Den Nutzen eines Radargerätes beweist wohl am besten eine kurze Episode, die sich vor etwa 20 Jahren in einem schottischen Fischerhafen abgespielt hat. Die dortigen Fischer waren zwar nicht vom sprichwörtlichen Geiz der Schotten befallen, aber zu sparsam, um sich ein für damalige Verhältnisse unglaublich teures Radargerät zu leisten. Außer einem, der sich von der englischen Herstellerfirma Decca so ein Wunderding einbauen ließ, das – wie er aus seiner aktiven Zeit als Seemann im Zweiten Weltkrieg wußte – damals fast kriegsentschei-

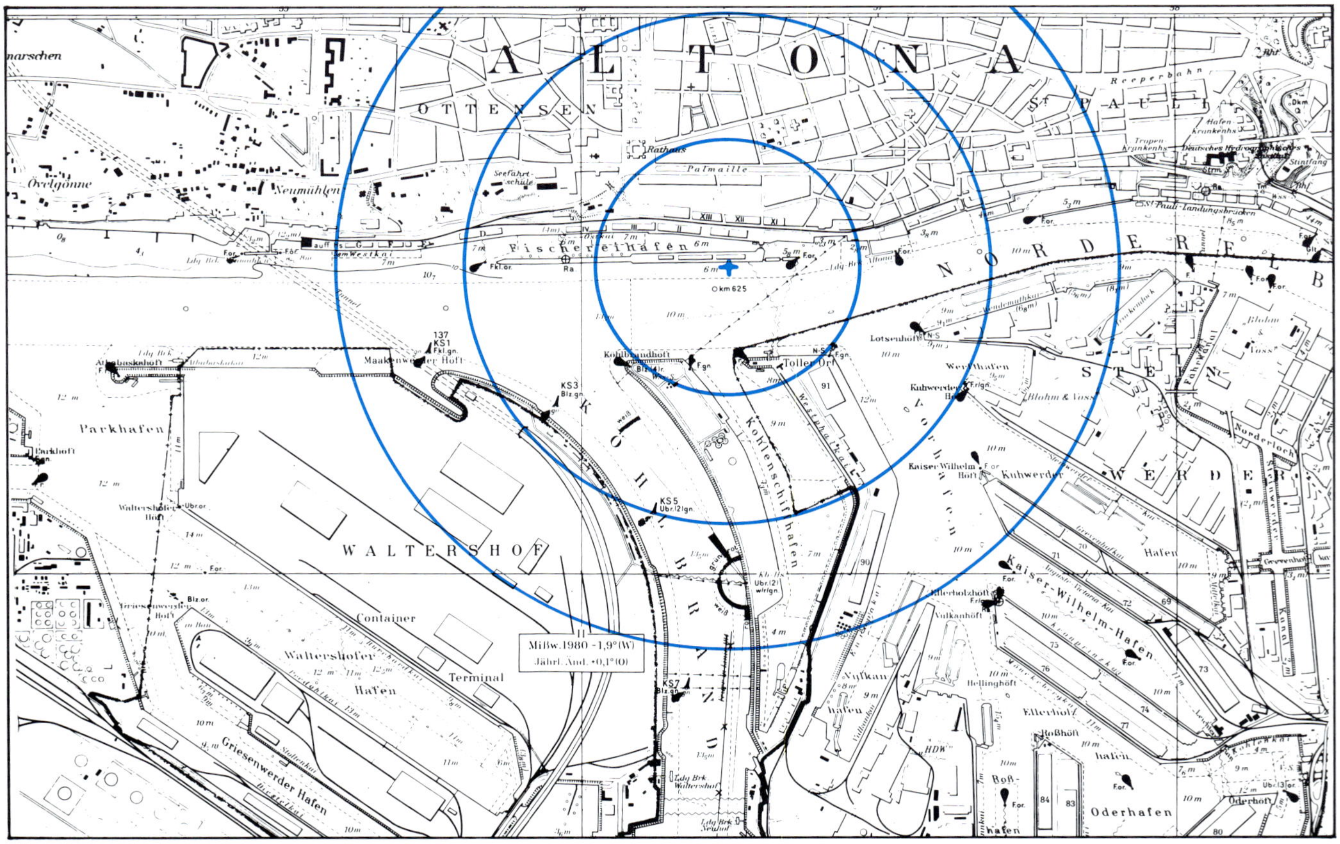

Karte (oben) und Radarbild (rechts) des Fischereihafens von Hamburg-Altona. Der Bildmittelpunkt ist der Radarstandort. Jeder der konzentrischen Ringe entspricht einem Abstand vom Standort von 0,25 sm.

dende Bedeutung hatte. Als die Fischgründe wieder einmal von einer dicken Nebelsuppe heimgesucht wurden, blieb die Fischerflotte für zwei Tage im Hafen, bis auf jenen investitionsfreudigen Seemann, der nach zwei Tagen mit einer vollen Ladung Fisch zurückkam und damit bereits einen großen Teil der Kosten für das Radargerät wieder heraus hatte. Tags darauf gingen bei Decca 26 Bestellungen für eine Radarausrüstung ein...

Die Standliniengewinnung mit dem Radargerät

Anfängliche Schwierigkeiten bei der Bedienung eines Radargerätes können nicht nur in der Beurteilung des Radarbildes liegen, sondern vor allem auch in dessen Einstellung und Abstimmung. Deshalb muß die Gebrauchsanweisung aufmerksam studiert werden.

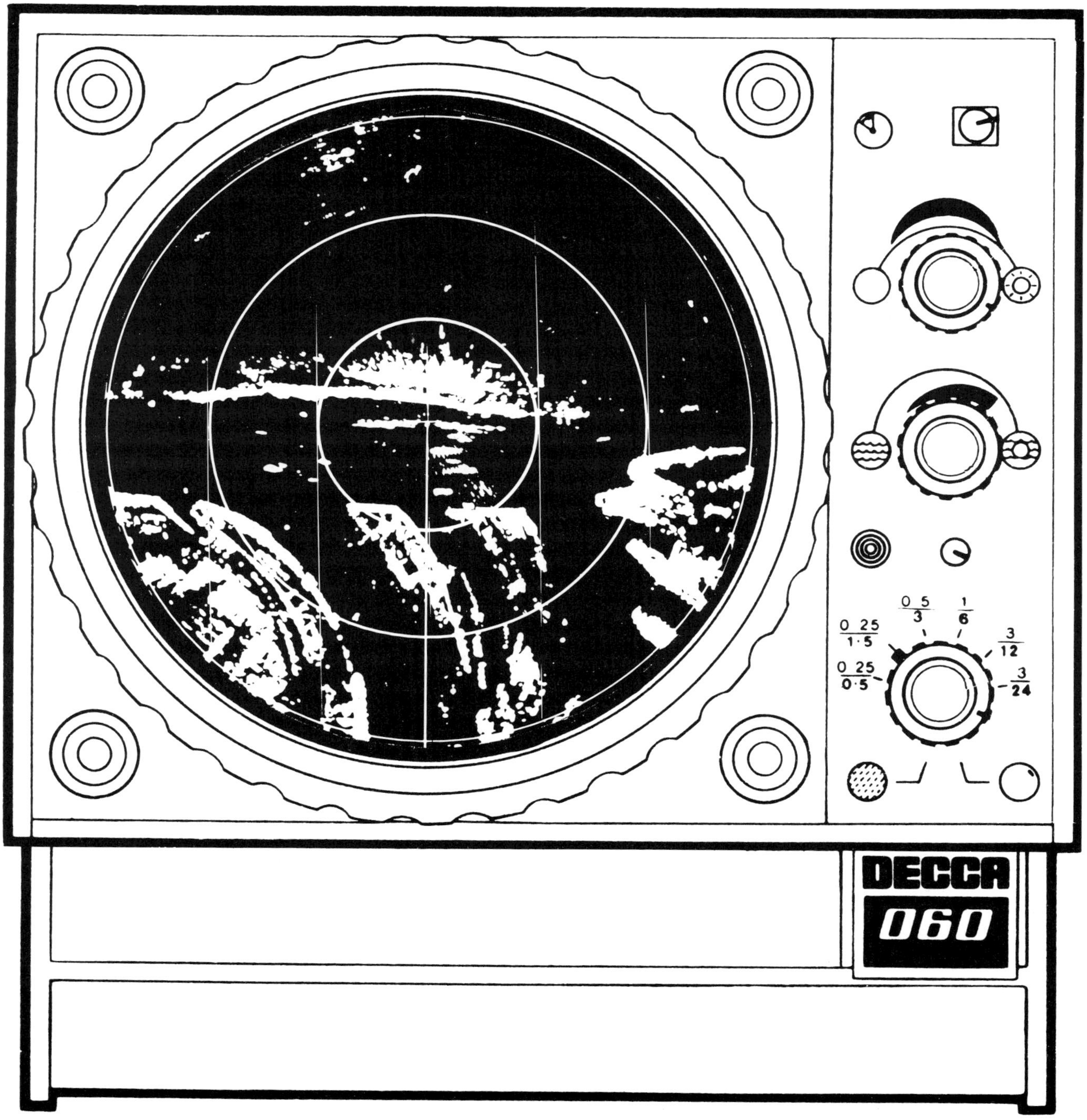

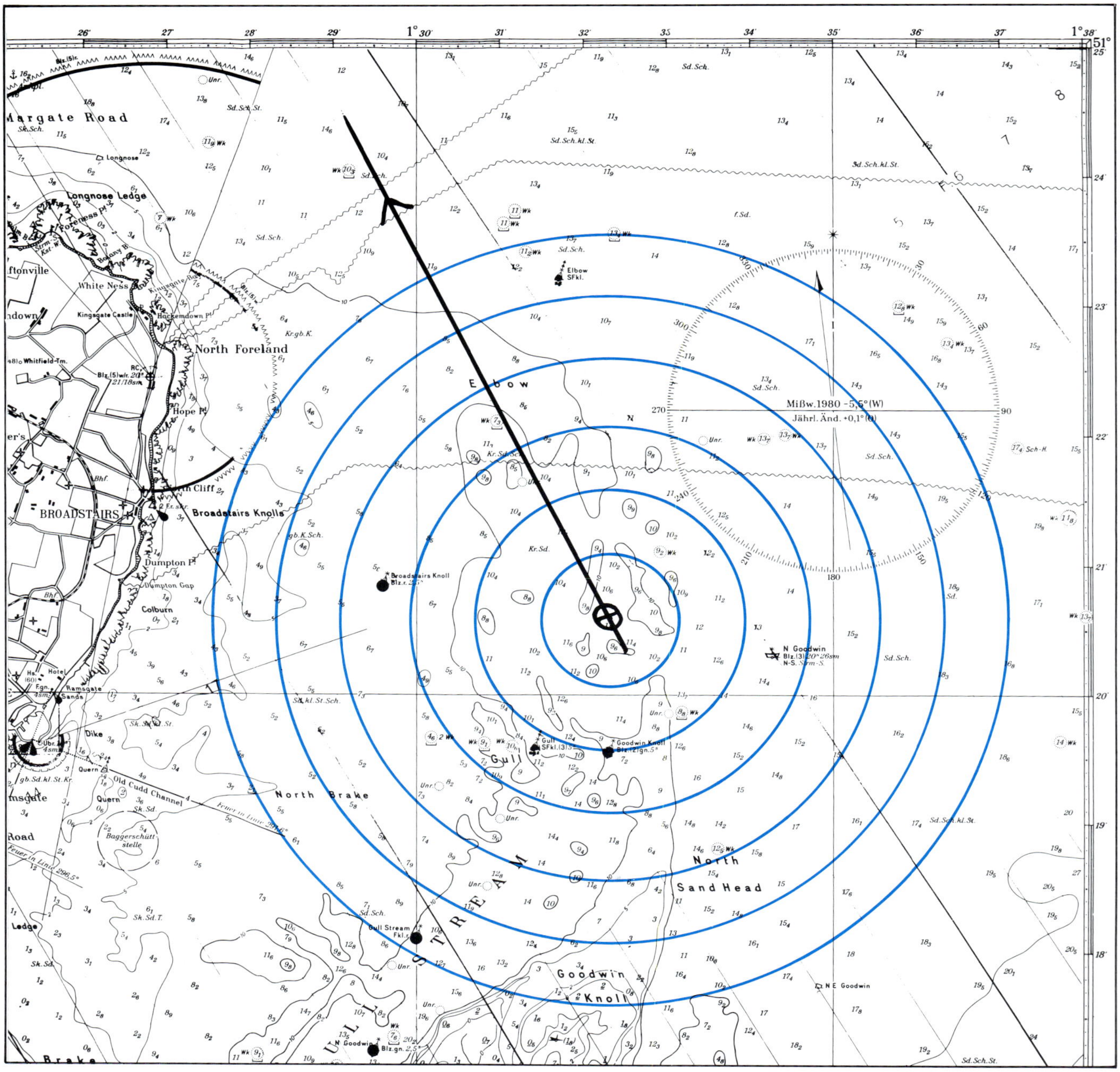

Achtung: Man vermeide jedes Herumspielen an einem Radargerät, lasse also als Skipper möglichst keine Anfänger ran, da durch fehlerhafte Bedienung Schäden verursacht werden können. So kann beispielsweise durch zu frühes Aufdrehen der Verstärkung und der Brillanz bei älteren Modellen ein Loch in die Bildmitte des Bildschirms gebrannt werden.

Die einzige wirkliche Kunst aber, mit einem Radargerät Standlinien zu gewinnen und daraus einen Schiffsort zu bestimmen, besteht ähnlich wie bei optischen Peilungen in der richtigen Identifizierung der Peilmarken. Ein Radarschirm gibt die Umgebung um das Schiff zwar *naturgetreu* wieder, doch eben nur bezüglich der Reflektierfähigkeit von elektronischen Impulsen. Oftmals stimmt dieses Bild mit dem tatsächlichen Bild oder gar auch

Tonnen können aus ihrer Stellung zueinander oft eindeutig identifiziert werden (siehe Kartenausschnitt links). Jeder Peilring bezeichnet bei diesem eingestellten Bereich eine Entfernung von 0,5 sm (siehe Radarbild unten). Feuerschiff N Goodwin ist also ca. 1,2 sm vom Schiff (Bildschirmmitte) entfernt.

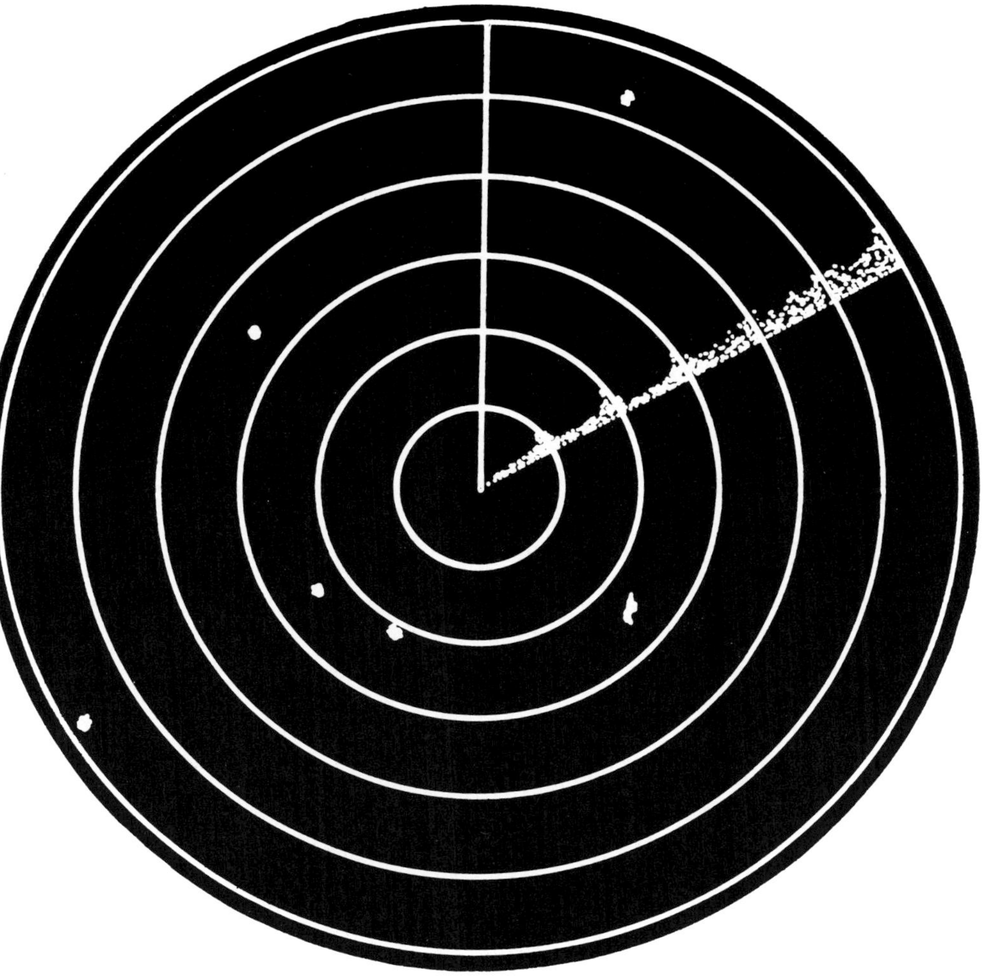

dem Bild auf der Seekarte so deutlich überein, daß auch der Neuling ohne Zögern ein paar Peilmarken bezeichnen kann.

Eine weitere Erleichterung im Erkennen – vor allem im Wiedererkennen – von Landmarken liefern die modernen Farbradar-Anlagen. Hier wird der Bildschirminhalt nicht mehr in Grautönen, sondern in sechs verschiedenen Farben dargestellt. Die Farben entsprechen natürlich nicht den Farben, die das Auge beim Betrachten der Landschaft wahrnimmt, sondern sie geben nur die Stärke der Echos wieder. Eine gute, aber sehr teure Hilfe!
In einigen Seehandbüchern älteren Datums finden sich noch Radarbilder, die bei der Identifizierung von Landmarken große Hilfe leisten können. Verfügt man dagegen nur über das Radarbild an Bord – das dürfte die Regel sein –, so bedarf es schon einiger Zeit des Studierens, um markante Punkte herauszufinden, damit so das gesamte Radarbild in einer Seekarte verarbeitet werden kann.
Bei dem auf Seite 181 abgebildeten Radarbild handelt es sich um ein solches des Hamburger Fischereihafens. Das Radargerät ist am Ende des langen Gebäudes (siehe Kreuz in der Abbildung auf Seite 180) auf der Mole des Fischereihafens aufgestellt. Ganz eindeutig ist die gegenüberliegende Pier vom Köhlbrandhöft zu erkennen. Mit Hilfe dieser „Pilotmarke“ können nahezu

alle Punkte des Radarbildes mit der Seekarte in Einklang gebracht werden. Der Vorteil der Radarnavigation besteht ja darin, daß nach Einordnen des Radarbildes in die Seekarte dem Navigator im allgemeinen eine beliebig große Anzahl von geeigneten Peilmarken zur Verfügung stehen. Es ist dann immer möglich, einen reichlich genauen Schiffsort zu bestimmen. Darüber hinaus wird der Navigator sich, je länger er den Radarschirm betrachtet, immer besser in die Landschaft einfinden und immer mehr Peilobjekte ausmachen können. Dies ist ein Teil der Radarnavigation. Wichtig ist dabei, daß das Radarbild von Zeit zu Zeit mit dem Knopf „Abstimmung“ nachgestimmt (Tuning) wird, weil insbesondere in der ersten halben Stunde nach dem Einschalten die Frequenz nicht hundertprozentig stabil bleibt und so kaum merklich Bildinformationen verlorengehen. Ständig muß auch mit folgenden Knöpfen gespielt werden:

- Verstärkung (Gain)
- Nahechodämpfung (Anticlutter Sea)

wobei letztere dazu dient, Seegangsreflexe und natürlich auch andere schwache Objekte (Yachten ohne Radarreflektor!) zu unterdrücken.
Bei zu wenig Verstärkung gehen schwache Ziele verloren, bei zuviel Verstärkung läßt der Kontrast nach. Die eingeschaltete Nahechodämpfung unterdrückt von vornherein neben den Seegangsechos auch schwache Ziele, so daß sich dadurch auch eine optische „Verfälschung“ des Radarbildes ergeben kann – der Navigator erkennt die Landschaft nicht mehr. Die Nahechodämpfung wirkt vor allem in einem Entfernungsbereich bis zu 6 sm.
Zum Zwecke der Navigation (!), also nicht zur Kollisionsvermeidung, kann es aber durchaus erwünscht sein, das Schirmbild von verwirrenden Echos zu reinigen, indem entweder die Verstärkung etwas zurückgenommen oder aber die Nahechodämpfung eingeschaltet wird. Unter Umständen lassen sich durch das so entstehende übersichtlichere Schirmbild die Landschaft und eventuell Peilmarken besser identifizieren. Hat der Navigator sich dann in den Küstenverlauf „eingefunden“, so kann er die Verstärkung wieder leicht aufdrehen und/oder die Nahechodämpfung zurücknehmen, damit vielleicht mehr Peilmarken auf dem Bild auszumachen sind.
Besonders gut zum Peilen eignen sich Tonnen, die natürlich isoliert für sich betrachtet kaum jemals hundertprozentig zu identifizieren sind. In gut befeuerten Fahrwassern werden auf dem Schirm aber meistens mehrere Tonnen sichtbar sein, so daß aus der Stellung zueinander oftmals ihre Identität gewonnen werden kann (siehe Abbildungen auf Seite 182/183).

Radarbaken

Ramark

Die besten Peilmarken – weil am leichtesten auszumachen – sind Radarbaken, die ähnlich wie Leuchtfeuer eine deutlich erkennbare Kennung auf dem Bildschirm abgeben, meistens bestehend aus Punkten und Strichen. Diese Radarfunkfeuer werden als Ramark bezeichnet. Besondere Aufmerksamkeit am Bildschirm ist notwendig, weil es sonst passieren kann, daß die Aussendung des Ramarks ausgerechnet dann geschieht, wenn der Betrachter den Bildschirm nicht im Auge hat. Oft sind nicht nur die Sendepausen des Ramarks ziemlich lang; es kommt auch vor, daß das Echo noch so schwach ist, daß besonders auf dümpelnden Yachten die Kennung sich nur gelegentlich auf dem Bildschirm abzeichnet.

Racon

Eine weitere Art eines Radarfunkfeuers ist das Racon, das sich vom Ramark dadurch unterscheidet, daß es erst durch das Auftreffen der Sendeenergie der Yacht aktiviert wird. Es antwortet je nach Eintreffen der Sendeenergie mit einem mehr oder weniger deutlich sichtbaren Kennungssignal, das ebenso wie bei Ramark im Nautischen Funkdienst Bd. II (Funkortung) beschrieben ist. Es kann sich hierbei um Morsebuchstaben, die auf dem Leuchtschirm als Punkte und Striche auftauchen, oder aber auch um einen einfachen Dauerleuchtstrich handeln.
Achtung: Wenn die Entfernung bis zu einem Radarfunkfeuer gemessen wird, dann immer bis zu dem Punkt, an dem das Antwortsignal beziehungsweise die Kennung beginnt.
Nähere Details über Radarbaken finden sich im Nautischen Funkdienst Band II.

Mit Radar sind sowohl Abstandsbestimmungen als auch Schiffsseitenpeilungen möglich.

Jedes Radargerät ist mit zuschaltbaren Entfernungsringen und einem drehbaren Peillineal (Peilstrich) ausgestattet. Mit Hilfe der Entfernungsringe kann der Abstand zu einer identifizierten Landmarke mit einem Blick sehr genau festgehalten werden. Es wäre hierbei Zufall, wenn der Distanzring, der je nach eingestelltem Bereich eine andere Entfernung zum Schiff anzeigt, exakt durch die Peilmarke verlaufen würde. In der Praxis ist es jedoch nicht schwierig, die ziemlich genaue Entfernung zu interpolieren, wenn sich ein Peilobjekt zwischen zwei Peilringen befindet, woraus sich leicht der

Abstand zu einem der beiden Peilringe und damit die Gesamtentfernung zum Schiff schätzen läßt.
Fast alle modernen Yacht-Radargeräte verfügen nunmehr über verstellbare Distanzringe (variable rangemarker), die ein genaues Drauflegen eines Peilringes auf das Objekt erlauben und an einem Zusatzgerät die Entfernung digital anzeigen. Die Genauigkeit der Entfernungsmessung mittels Radar ist außerordentlich groß. Sie ist nahezu immer besser als 75 m und ergibt mit der gemessenen Entfernung als Radius als Standlinie einen Kreis um die Peilmarke. Und das mit einer so großen Zuverlässigkeit, wie sie kaum in der Navigation mit anderen Mitteln wiederholbar ist.
Zur Schiffsortbestimmung mit einem Radargerät reicht stets ein einziges Peilobjekt aus. Neben der Abstandsbestimmung kann nämlich durch Drehen des Peillineals leicht die Radarseitenpeilung (RaSP) festgestellt werden. Sie ist besser als 3°, die richtige Justierung der Radarantenne parallel zur Schiffslängsachse vorausgesetzt.
Eine Radarseitenpeilung wird zur rechtweisenden Peilung in der gleichen Weise verarbeitet wie eine optische Peilung. Trotz der erwähnten Ungenauigkeit von möglichen 3° dürfte eine Radarseitenpeilung genauer sein, weil es sich mit dem Peillineal eines Radarschirms wesentlich schneller und zuverlässiger arbeiten läßt als mit einer Peilscheibe. Selbstverständlich gehen Schleppfehler des Kompasses und nichtberücksichtigte Ablenkung beziehungsweise Fehler in der Steuertafel voll in die rechtweisende Peilung ein.
Aus diesem Grund sollte versucht werden, nach Möglichkeit zwei Peilobjekte zu finden, so daß der Schiffsort aus zwei Entfernungsmessungen gewonnen werden kann. Das Auffinden einer zweiten Peilmarke dürfte nach eindeutiger Identifizierung einer Peilmarke in der Landschaft nicht besonders schwierig sein.

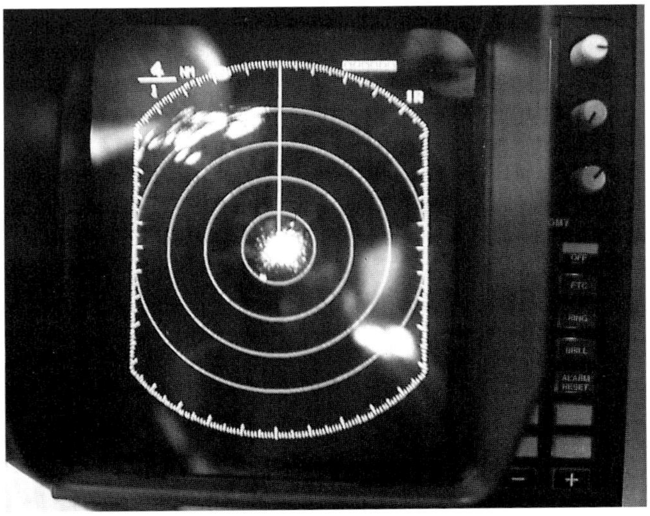

Bei dieser Situation interessiert den Skipper nur, daß die Küste an Backbord voraus noch dreieinhalb Seemeilen entfernt ist. Mit der Stoppuhr könnte die Geschwindigkeit festgestellt werden. Sind es nach 10 Minuten nur noch 2,5 sm zur Küste, läuft die Yacht genau 6 Knoten.

Weitere Navigationsmöglichkeiten mit Radar

Überprüfung der Funkbeschickung

Können Seefunkfeuer oder auch Flugfunkfeuer mit deren Sendemasten auf dem Radarbild eindeutig identifiziert werden, so kann beim Passieren eines solchen Feuers mit Hilfe von Radarseitenpeilungen die Funkbeschickungskurve überprüft werden, indem die Yacht langsam einen Kreis fährt und zwei Leute gleichzeitig Funkseitenpeilungen und Radarseitenpeilungen nehmen. Die Ungenauigkeit von besser als 3° bei der Radarseitenpeilung fällt gegen die erheblich höheren Werte bei der Funkbeschickung nur wenig ins Gewicht. Der Unterschied zwischen Radarseitenpeilung und abgelesener Funkpeilung ergibt die direkte Funkbeschickung.

Ermittlung der Fahrt über Grund

Segelt die Yacht auf eine Tonne zu oder von ihr weg, so kann mit Hilfe der Distanzringe und einer Stoppuhr auf sehr bequeme und leichte Art die Fahrt über Grund festgestellt werden. Man stoppt einfach die Zeit, die zwischen dem Passieren des Tonnenechos auf zwei Distanzringen vergeht, und rechnet die Geschwindigkeit je nach eingeschaltetem Bereich und Distanzring-Abstand mit dem Taschenrechner nach.

Bestimmung der Abdrift oder Stromversetzung

Besonders in Tidengewässern läßt sich nach dem Passieren einer Tonne auf dem Radarbild sehr leicht nachprüfen, ob der Strom beispielsweise schon gekentert ist. Man beobachtet auf dem Radarschirm lediglich, wie weit eine Tonne – scheinbar – nach dem Passieren achteraus zur Seite versetzt wird.
Vor allem in Tidengewässern gibt es keine Methode, um schneller zu einem ungefähren Anhaltspunkt bezüglich Stromrichtung und -stärke zu kommen. Schon 1 sm nach Passieren der Tonne erhält der Navigator einen ungefähren Eindruck und kann zumindest seine Berechnungen überprüfen.

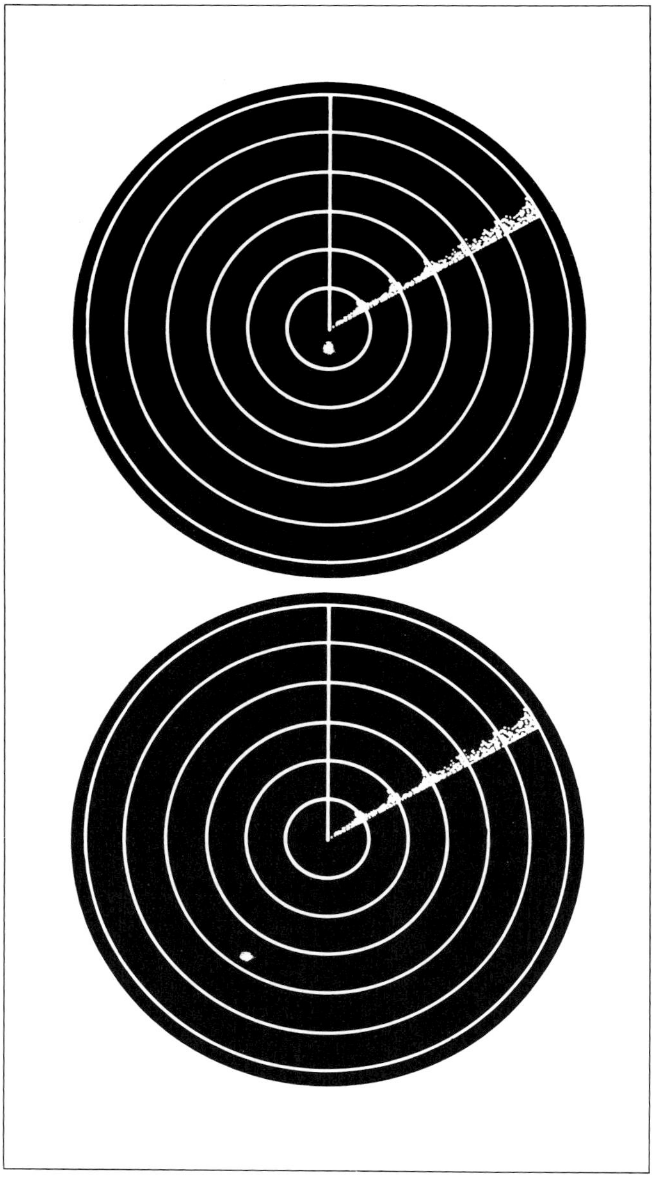

An der Versetzung der Tonne, die gerade passiert wurde, ist zu erkennen, daß ziemlich starker Strom nach Steuerbord setzt.

Setzt kein Strom, so kann diese Methode angewandt werden, um einen Begriff davon zu bekommen, um wieviel die Segelyacht bei unterschiedlichen Seegangs- und Windstärken durch den Wind abgetrieben wird. Man kann also genau das machen, was früher auf den Segelschiffen praktiziert wurde, nämlich eine Peilung achteraus, um so den Winkel zwischen Kielwasser und Kurs über Grund festzustellen.
Voraussetzung für beide Arten der Überprüfung ist natürlich ein möglichst genaues Steuern, weil Steuerfehler in diese Art von Betrachtung voll eingehen.

Welche Fehler sind beim Radar möglich?

Neben den Ungenauigkeiten, die bereits erwähnt wurden, können beim Radar keine technischen Fehler auftauchen, die vom Navigator nicht ohne weiteres erkannt werden. Mit anderen Worten: Solange ein Radargerät funktioniert, liefert es bessere und zuverlässigere Ergebnisse als irgendeine andere Navigationshilfe, vielleicht Horizontalwinkel mit dem Sextanten ausgeschlossen. Das einzige, was in seltenen Fällen für einen kurzen Zeitraum Verwirrung stiften kann, sind falsche Echos. Die Ursache dafür ist die Tatsache, daß ein Radarecho nicht auf dem schnellsten Weg zur Empfangsantenne zurückkommt, sondern auf dem Umweg von einer oder mehreren Reflexionen an anderen Gegenständen. In solchen Fällen hilft oft ein Reduzieren der Verstärkung (Gain).
Ebenso kann für den Anfänger die Tatsache Verwirrung stiften, daß optisch auffällige Peilobjekte – in seltenen Fällen – keine Echos ergeben. Das kann mit der Form des Objektes, aber auch mit seiner Materialbeschaffenheit zusammenhängen. Hier liegt auch die Ursache dafür, daß bei der Abbildung des Küstengebietes auf dem Radarschirm zwischen optischem Aussehen und den Echos erhebliche Unterschiede auftreten. Die einzige Konsequenz für den Navigator daraus ist, daß er möglicherweise Schwierigkeiten hat, auch andere Peilobjekte zu identifizieren, weil ihm in der Landschaft ein „Wegweiser" fehlt, oder aber, was meist viel weniger schlimm ist, daß ihm gerade dieses Objekt als Peilmarke abgeht. Im Regelfall wird er darauf kaum angewiesen sein, weil er auf dem Radarschirm mit Sicherheit noch weitere Peilobjekte findet, wobei sich der große Nutzen von Radar in der Navigation wiederum dadurch zeigt, daß dem Navigator bereits ein einziges von vielen zur Verfügung stehenden Peilobjekten reicht, um sehr genau den Schiffsort bestimmen zu können.

Das Gerät und sein Einbau

Im Vergleich zu anderen elektronischen Navigationshilfen auf dem Markt ist das Angebot an Radargeräten nicht allzu groß. Viele Geräte werden schon vom Preis, von ihrer Größe und auch vom Stromverbrauch her kaum in Frage kommen.
Es bleiben für den Normalverbraucher unter den Yachtleuten nicht viele Geräte übrig, die erschwinglich sind, deren Antennen Durchmesser von etwa über 1 m haben und bei denen der Stromverbrauch bei 12 oder 24 Volt (!) bei maximal 10 Ampere liegt.
Eine neue Generation von Radargeräten kommt auf uns zu. Farbig sind die Bilder und scharf. Mit den früheren „Waschküchen" sind sie nicht mehr zu vergleichen. Das

Bild wird meist digital aufbereitet, was eine Menge Vorteile hat. Statt Schirme mit einer phosphoreszierenden Schicht, deren Aufleuchten wieder abklingt, werden Fernsehschirme (Monitore) verwendet, die eine dauernde Betrachtung auch bei Tageslicht erlauben.
Ein weiterer Vorteil dieser Technik besteht auch darin, daß die Bilder „eingefroren" werden können. Bei einem konventionellen Radargerät müssen wir ja vor allem auf Segelyachten im Seegang damit rechnen, daß wegen der stark bewegten Antenne im Besan beispielsweise nur bei jedem fünften oder zehnten Umlauf der Antenne alle erreichbaren Peilobjekte scharf und in voller Echostärke angezeigt werden. Nach ein paar Augenblicken verschwindet dieses brauchbare Bild wieder, um dem nächsten Antennenumlauf Platz zu machen. Bei einem modernen Radar läßt sich eben dieses scharfe Bild auf Knopfdruck „einfrieren" – und sogar speichern –, sodaß dann in aller Ruhe so ein Bild das Bild ausgewertet werden kann.
Ein Farbradar sieht zwar auf den ersten Blick faszinierend aus, doch dürfen wir nicht gleich kritiklos vor diesem Wunder der Elektronik in die Knie gehen. Die Farben werden nämlich je nach Intensität der Echos – nicht etwa nach den natürlichen Echos – auf dem Bildschirm wiedergegeben. Das kann zu Fehldeutungen führen. Denn auch ein sehr schwaches Echo kann eine Gefahr für unsere Yacht darstellen.
Daß bei einem Antennengewicht von mindestens 25 kg, einem Stromverbrauch von 10 Ampere und einem Anschaffungspreis von über 5000 DM Radargeräte für Yachten von weniger als 10 m Länge von vornherein kaum in Betracht kommen, liegt auf der Hand. Geräte, die die Anforderungen für Yachten von ihrer Konzeption her erfüllen, stellen die Firmen Raytheon, Koden und Furuno her.
Es ist selbstverständlich, daß Radargeräte auf Yachten unter Segel nicht rund um die Uhr laufen können. Dafür ist selbst bei einer sehr leistungsfähigen Elektroanlage nicht genügend Strom vorhanden. In der Praxis ist hierfür aber auch keine Notwendigkeit gegeben, denn meistens wird das Radar ja bei der Hafenansteuerung benutzt, wo ohnehin schon zweckmäßigerweise die Maschine mitläuft, oder in seltenen Fällen im Nebel, um sich zurechtzufinden. Nachdem Radar eine so unersetzliche Navigationshilfe ist, kann es angebracht sein, zugunsten einer sicheren Navigation zeitweise auf sportliches Segeln zu verzichten und zur Stromerzeugung die Maschine mitlaufen zu lassen.

Welche Reichweite muß ein Gerät haben?

Die Reichweite eines Radargerätes hängt von folgenden Faktoren ab:

- Leistungsfähigkeit des Gerätes
- Oberflächen- und Materialbeschaffenheit sowie Höhe des Peilobjektes
- Höhe der Antenne

Radargeräte, die sich für Yachten eigenen, werden mit Reichweiten von 12, 16, 24 und 36 sm angeboten, das heißt, sie bringen die nötige Sendeleistung, um auch auf diese Entfernung ein gutes Echo zu erzeugen und es noch auf dem Bildschirm aufzeichnen zu können. Außerdem haben sie natürlich den entsprechenden Bereich, so daß der Bildschirm tatsächlich auch Echos noch aus 24 oder 36 sm Entfernung registrieren kann.
Der Autor hat Erfahrung mit einem 24-sm-Gerät (Decca 060) und muß sagen, daß der Bereich bis 24 sm ganz nett ist, daß er ihn aber nicht für unbedingt notwendig hält. Peilobjekte, die sich auf eine solche Entfernung von ihrer Beschaffenheit her gut abzeichnen, sind selten. Wenn aber beispielsweise bei der Annäherung an eine hohe felsige Küste sich diese schon aus einem Bereich von 24 sm abzeichnet, dann sind meistens auch die navigatorischen Verhältnisse so, daß der Bereich über 12 sm gar nicht notwendig ist. Wirklich wichtig für die Zwecke der Navigation ist erfahrungsgemäß ein Bereich bis maximal 12 sm.
Wen bei einem Radargerät die Größe der Antenne stört, der darf nicht dem Trugschluß erliegen, daß bei kleinerer Reichweite eine kleinere Antenne ausreicht. Die Antennengröße ist im allgemeinen von der Frequenz vorgegeben, auf dem das Radar arbeitet. Bei der für Yachten üblichen Frequenz von 3 cm, die auch der beste Kompromiß bezüglich der Leistungsfähigkeit des Radargerätes ist, beträgt die Antennenbreite im allgemeinen 62 bis ungefähr 100 cm.
Daß die Reichweite eines Radargerätes nicht von übermäßiger Wichtigkeit ist, zeigt nachstehende Tabelle, in der die mögliche Erkennbarkeit von einigen interessanten Peilobjekten in Seemeilen niedergelegt ist – selbstverständlich unter der Voraussetzung, daß der Sender in der Lage ist, die Entfernung zu überbrücken, und daß die Antennenhöhe ausreichend ist, um das Objekt überhaupt wahrnehmen zu können.

Schiffe	**Reichweite**
sehr große Schiffe über 10 000 BRT	16 bis 20 sm
kleinere Schiffe bis 10 000 BRT	8 bis 16 sm
Feuerschiff, Fischer und Trawler	6 bis 10 sm
Yachten aus Kunststoff mit richtig montiertem Radarreflektor	6 bis 8 sm
Stahlyachten mit Radarreflektor	6 bis 12 sm
Kunststoff- oder Holzyachten ohne Radarreflektor	0,5 bis 2,5 sm

Tonnen

große Tonne mit Radarreflektor	6 bis 10 sm
große Tonne ohne Radarreflektor	4 bis 6 sm
mittelgroße Tonne	2 bis 5 sm
kleine Tonne	0,5 bis 1 sm

Landziele und andere Objekte

felsige Steilküsten	bis zu 60 sm
bewachsene Berge und Erhebungen	bis zu 25 sm
Gebäude und Ortschaften	bis zu 20 sm
Werftanlagen, Molen, Industrieanlagen	bis zu 25 sm
Flachküsten und Sandbänke	4 bis 10 sm
Eisberge	3 bis 5 sm
Riffe	bis zu 2 sm
Eisschollen	0,5 bis 2 sm
Brandung	bis zu 1,5 sm

Landziele und andere Objekte

felsige Steilküsten	bis zu 60 sm
bewachsene Berge und Erhebungen	bis zu 25 sm
Gebäude und Ortschaften	bis zu 20 sm
Werftanlagen, Molen, Industrieanlagen	bis zu 25 sm
Flachküsten und Sandbänke	4 bis 10 sm
Eisberge	3 bis 5 sm
Riffe	bis zu 2 sm
Eisschollen	0,5 bis 2 sm
Brandung	bis zu 1,5 sm

Es ist übrigens wenig bekannt, daß die Größe eines Radarobjektes, wenn es in seiner Gesamtheit Echos reflektiert, also beispielsweise ein Schiff, auf dem Radarschirm ganz gut geschätzt werden kann. Hierbei halte man sich an die Angaben der Radarhersteller. Im allgemeinen wird die Größe des Punktes in der Bildmitte, der durch die Bildröhre selbst erzeugt wird, in ein bestimmtes Verhältnis zur Größe des Echos gesetzt, wobei darüber hinaus der eingeschaltete Bereich sowie die Impulslänge zu berücksichtigen sind.

Der Radarhorizont

Der Radarhorizont ist unter normalen Bedingungen um 6% weiter entfernt als der optische Horizont. Er hängt somit ebenfalls von der „Augeshöhe", also von der Antennenhöhe ab. Maßgebend ist hierfür folgende Formel:

$$\text{Entfernung in Seemeilen} = 2{,}23 \times \sqrt{\text{Antennenhöhe in Meter}}$$

Anbringung der Radarantenne bei einem Einmaster – seitwärts, um die Vorsegel nicht zu behindern. Diese Lösung hat sich nicht bewährt, weil insbesondere das Großsegel immer auf der empfindlichen Antennenhaube aufliegt.

Bei dieser offenen Radarantenne im Besan wäre ein Fallen- und Segelabweiser in Form eines Nirobügels zu empfehlen.

Radarantenne am Heck des Trimarans TRICK *ex* GREAT BRITAIN. *Sehr gute Lösung. Die Antennenhöhe ist für Yachtzwecke voll ausreichend.*

Die Entfernung des Radarhorizontes in Abhängigkeit von der Antennenhöhe:

Antennenhöhe	*Entfernung des Radarhorizontes*
2 m	3,2 sm
3 m	3,9 sm
4 m	4,5 sm
5 m	5,0 sm
6 m	5,5 sm
7 m	5,9 sm
8 m	6,3 sm
9 m	6,7 sm
10 m	7,1 sm

Diese Tabelle zeigt, daß die Antennenhöhe bei einem Radargerät häufig ganz erheblich überschätzt wird, denn schon eine Antennenhöhe von 5 m, auf die man auf einem Segelschiff leicht kommt, ergibt einen Radarhorizont von 5 sm. Ist das gepeilte Objekt nur ein paar Meter hoch, so kann es sich bereits aus wesentlich größeren Entfernungen auf dem Radarschirm abzeichnen. Es gilt hierfür die Formel:

$$\text{Entfernung in Seemeilen} = 2{,}23 \times (\sqrt{\text{Antennenhöhe in Meter}} + \sqrt{\text{Objekthöhe in Meter}})$$

Das sollte eigentlich beruhigen: Eine Tonne, die an der Spitze in 3 m Höhe mit einem Radarreflektor versehen ist, ist bereits bei einer Antennenhöhe von 2 m (über der Wasseroberfläche!) aus einer Entfernung von rund 7 sm zu sehen – wenn das Echo entsprechend stark ist. Die obige Tabelle zeigt, daß das Erkennen von Tonnen mit Radarreflektor aus einer Entfernung von 7 sm nur unter sehr guten Bedingungen möglich ist. Für Zwecke der Navigation bedeutet dies, daß eine Antennenhöhe von 3 m schon in hohem Maße zufriedenstellen kann.

Übliche – gute – Anbringung der Radarantenne bei einem Zweimaster in Höhe der Saling des Besanmastes

Häßliche, aber sehr zweckmäßige Lösung des Antennenproblems auf einer Slup. Der Radarmast könnte ruhig noch 1 m kürzer sein.

Bei Motoryachten bietet sich als Platz für die Antenne das Dach des Deckshauses an. Auch bei Zweimastern wird es wohl niemals Probleme geben; hier ist der optimale Platz ein Antennenstuhl am Besanmast. Wie letztlich die Antenne am Besanmast angebracht wird, hängt von ihrem Gewicht (20 bis 40 kg) und von der Dicke des Mastprofils ab. Fast immer sind wenige Bolzen durch den Mast zahlreichen Nieten vorzuziehen. Wenn aber schon ein Radarstuhl angenietet wird, so achte man darauf, daß die Nieten nicht in senkrechten Reihen, sondern in einer Zickzackfiguration eingesetzt werden. Verkäufer von elektronischen Anlagen sind meistens keine Segler, so daß sie sich über die Sicherheitsanforderungen auf Yachten (Maststärke, Riggdimension usw.) keinerlei Vorstellung machen.

Die Anbringung der Radarantenne auf dem Mast einer Slup ist ein echtes Problem und ein schlechter Kompromiß. Meist kommt es zu Schwierigkeiten mit den Vorsegeln. Man kann die Antenne am Großmast in Höhe der ersten Saling etwas seitlich versetzt montieren, um so dem Vorsegel noch genügend Platz zu lassen, bei der Wende am Radar vorbeizurutschen. Aber Achtung: Eine offene Antenne, die also nicht durch eine Kunststoffkuppel geschützt ist, eignet sich hierzu auf keinen Fall. Die Gefahr ist zu groß, daß eine Schot oder auch das Segel selbst in die kreisende Antenne gerät. Vorsicht ist jedoch auch dann geboten, wenn die Antenne durch eine Kunststoffkuppel abgedeckt ist. Die Kunststoffhauben sind nämlich kratzempfindlich, so daß das Bild sich bei leichten Beschädigungen sofort verschlechtert. Dies gilt übrigens auch dann, wenn die Haube salzüberkrustet oder verschmutzt ist. Sie sollte deshalb mindestens einmal wöchentlich mit Wasser abgewaschen werden.

Eine bessere Lösung des Antennenproblems auf einem Einmaster ist tatsächlich, eigens einen Radarmast aufzustellen. Dieser braucht nicht besonders hoch zu sein – 2 bis 3 m über Deck reichen vollkommen aus. Ist das Rohr für den Radarmast entsprechend stark dimensioniert (Aluminium), so muß er nicht einmal abgestagt werden. Eine optisch schöne Lösung ist das allerdings nicht. Auf einer 11-m-Slup wurde die Radarantenne direkt auf ein Deck montiert, also kaum 1,50 m über der Wasseroberfläche. Der Eigner dieser Yacht berichtete dem Autor, daß er damit hochzufrieden sei und daß er diese Lösung immer vorziehe, bevor er ganz auf das Radar verzichte. Es muß aber ausdrücklich darauf hingewiesen werden, daß nach jüngsten amerikanischen Untersuchungen Gesundheitsrisiken nicht ausgeschlossen werden können, wenn die Radarantenne in einem so kurzen Abstand von Menschen, besonders deren Augen, betrieben wird. Befindet sich die Antenne hingegen über Kopfhöhe, so scheint bei schwachen Yachtradars eine derartige Gefahr ausgeschlossen zu sein.

Guter Platz für den Bildschirm direkt am Kartentisch. Stundenlange Beobachtung ist hier in Sitzposition möglich.

Wer dennoch beim Einmaster das Radar am Mast installiert, erliegt leicht der Versuchung, die Antenne möglichst hoch anzubringen. Eine zu große Antennenhöhe hat aber auf einem Segelschiff unter Umständen große Nachteile. Abgesehen von der Belastung des Mastes, die durch die seitwärts gerichteten Kräfte mit der Antennenhöhe zunimmt, leidet das Radarbild außerordentlich durch die Schiffsbewegungen, die ebenfalls mit zunehmendem Abstand vom Deck verstärkt werden. Es ist deshalb nicht ratsam, aus Gründen der größeren Reichweite das Radar über der ersten Saling anzubringen, nachdem – wie schon dargelegt – auch eine vergleichsweise geringe Antennenhöhe für navigatorische Zwecke durchaus ausreicht.

Eigenartigerweise stört der Mast, der ja nur wenige Zentimeter von der Antenne entfernt ist, auf dem Bildschirm kaum – in vielen Fällen kann der „Mastsektor" gar nicht erkannt werden.

Es ist wichtig, zu wissen, daß hinter dem Mast befindliche Objekte in der Bordpraxis auf dem Radarschirm mit verminderter Intensität abgebildet werden, was deutlich die Überlegenheit der Radarstrahlen gegenüber den Lichtstrahlen für die Zwecke der Navigation zeigt.

Die Antennenhöhe wird übrigens noch von einem weiteren wichtigen Faktor begrenzt. Die Zuleitungen vom Bildschirm zur Antenne und zurück sind je nach Gerät nur bis zu einer bestimmten Länge möglich. Bei einigen Erzeugnissen handelt es sich hier beispielsweise um 12 m, die zu einem großen Teil schon durch eine saubere Verlegung der Kabel hinter den Wandverkleidungen aufgebraucht werden. Eine Verlängerung dieser Zulei-

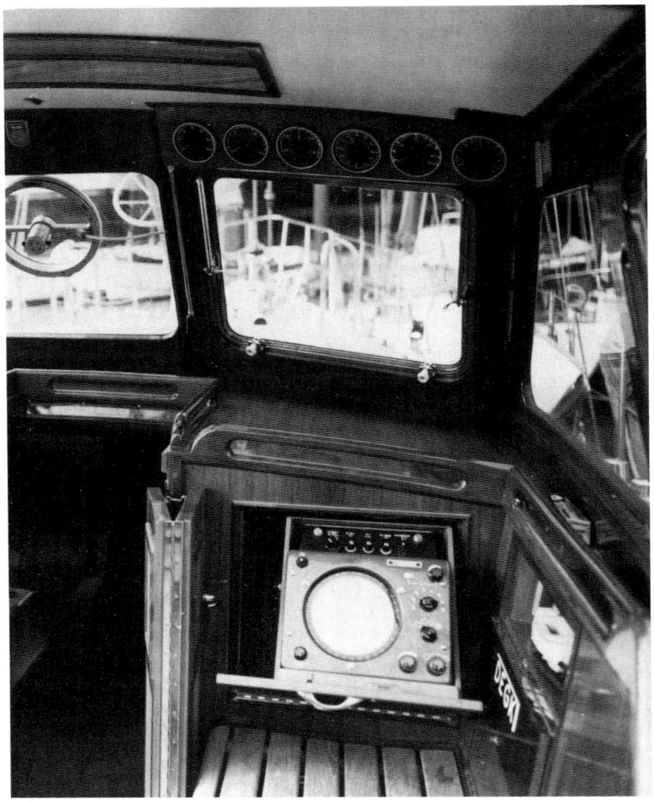

Durch einfallende Sonnenstrahlen kann die Betrachtung des Radarbildes erheblich gestört werden.

tungskabel ist nicht ohne weiteres möglich, weil die dadurch entstehenden Spannungsverluste einen erheblichen Einfluß auf die Qualität des Schirmbildes haben.

Aufstellung des Radarschirms

Der Platz im Cockpit ist für das Radar nicht günstig, weil einerseits die Gefahr groß ist, daß eine überkommende See den empfindlichen Mechanismus und die Elektronik beschädigt, und andererseits die Beobachtung des Bildschirms durch Sonneneinstrahlung – ähnlich wie bei einem Fernsehschirm – ganz unmöglich gemacht werden kann. Darüber hinaus sollte man sich keine Illusionen machen: Trotz der außerordentlichen Vorteile, die ein Radargerät bietet, ist es kein Navigationsmittel, bei dem es ausreicht, ab und zu einen Blick darauf zu werfen. Es sollte deshalb besser in der Nähe des Kartentisches eingebaut sein, und zwar so, daß der Navigator sich auch stundenlang bequem davor hinsetzen kann (Nebel!). Berücksichtigt man also die Notwendigkeiten sowohl bei der Aufstellung des Bildschirms als auch bei der Montage der Antenne, so werden auf einem Schiff nur noch sehr wenige Möglichkeiten für den Einbau des Radars übrigbleiben.

Navigation in naher Zukunft?

Alles wird sich um das universelle Navigationssystem GPS drehen. Wenn GPS voll freigegeben ist, dann wird nicht nur das alte Satellitensystem SATNAV überflüssig, sondern auch die Hyperbelnavigationssysteme LORAN C und DECCA. Es gilt als sicher, daß spätestens dann DECCA, LORAN C und SATNAV nach einer Übergangsfrist eingestellt werden. Denn die Leistungsfähigkeit von GPS übertrifft diese Systeme sowohl in der Genauigkeit als auch in der Abdeckung der Erdoberfläche. OMEGA bleibt zwar erhalten, weil es für militärische Sonderzwecke unverzichtbar ist, hat aber dann für Yachten keine Bedeutung mehr, weil GPS viel genauer, zuverlässiger und billiger ist.
Unersetzbar wird auch in den nächsten 10 Jahren RADAR sein, weil es mit extrem hoher Genauigkeit relative Positionsbestimmung zu Seefahrtshindernissen erlaubt und zur Kollisionsvermeidung ohnehin unverzichtbar ist. Beim RADAR werden wir weitere Verbesserungen der Anzeige erleben. Der Trend zur digitalen Aufbereitung des Bildes, wie es schon jetzt von einigen Firmen angeboten wird, setzt sich fort.
Mit Sicherheit werden wir auch auf Yachten in 10 Jahren Navigationssysteme mit hoher Integration erleben, die wiederum auf der unentbehrlichen Kombination RADAR/GPS basieren. Ein zentraler Bildschirm wird die Navigationsvorgänge transparenter machen. Wahlweise können auf diesen Bildschirm neben technischen Daten (beispielsweise der derzeitige Batteriezustand) das Radarbild, die Fahrtdaten oder aber die Seekarte mit eingezeichneter Schiffsposition eingespielt werden. Technisch wäre letzteres bereits heute zu realisieren. Einziges Hindernis in der Praxis war bisher das Fehlen eines geeigneten Datenspeichers. Mit der Verwendung der CD-Platte (die Nachfolgerin der Schallplatte) als Datenträger in der Computertechnologie zeichnen sich hier Lösungsmöglichkeiten für dieses Problem ab. Auf einer CD-Platte hat bereits heute der Dateninhalt mehrerer Bücher Platz. Genausogut kann man natürlich Seekarten auf einer solchen Platte abspeichern und bei Bedarf auf den zentralen Bildschirm einspielen. Gleichzeitig wird die GPS-Position auf diesem Schirm angezeigt, so daß der Navigator den Schiffsort in der natürlichen Umgebung abgebildet sieht und sich so ein wesentlich besseres Bild über das Vorwärtskommen oder aber über drohende Gefahren machen kann. Zur Gewinnung weiterer Informationen kann auch das Radarbild maßstabsgetreu, aber deutlich durch eine andere Farbgebung erkennbar, über das Seekartenbild geblendet werden.
Die Lösung des Hauptproblems bei dieser Art von hochintegrierter Navigation zeichnet sich noch nicht ab.

Notwendig ist nämlich nicht nur die Übertragunng der umfangreichen nautischen Literatur, die die Wasserflächen der Erde abdecken, auf Datenträger. Viel schwieriger wird es sein, sie auf dem laufenden zu halten. Dies kann nur dann gelingen, wenn sich die verschiedenen Lieferanten nautischer Informationen frühzeitig auf ein einheitliches Datenaustauschsystem einigen. Diese Bemühungen mag der skeptisch beurteilen, der sich heute wundert, daß man kaum ein Handbuch bekommt, das wirklich auf dem laufenden ist.

Bedenkt man die nahe Navigationszukunft, könnte man leicht dem Trugschluß verfallen, die alten Navigationssysteme seien durch GPS überflüssig geworden. Das ist nicht richtig, wie das alterwürdige und doch zukunftssichere Radar zeigt. Ein Ersatz für den Kompaß zeichnet sich noch nicht ab, und die Logge wird man schon benötigen, um Stromeinflüsse zu erkennen. Weder Radar noch GPS haben unter Wasser Augen, wohl aber das Echolot.

Der Navigator wird auch in 10 Jahren noch nicht ersetzt sein, schon gar nicht bei Ozeanüberquerungen. Denn Elektronik kann immer kaputtgehen. Man kann sich nicht dadurch schützen, bei einer Atlantiküberquerung eben zwei GPS-Empfänger mitzunehmen. Denn schließlich kann auch die Elektronik oder der Rechner im Satelliten versagen. Deshalb wird auf eine Ozeanyacht immer ein einfaches, unkompliziertes Hilfsmittel seinen Platz haben, mit dem schon die Altvorderen ihren Schiffsort bestimmt haben – der Sextant. Freilich – der Skipper muß die astronomische Navigation dann auch beherrschen.

Standlinien mit Hilfe von Gestirnsmessungen

(Astronomische Navigation)

Eine astronomische Standlinie ist praktisch eine Gerade.

Die Entwicklung und Leistungsfähigkeit des GPS führt dazu, daß immer mehr Yachtleute weite Reisen über die Ozeane unternehmen. Keiner von denen wird jedoch so verantwortungslos sein, allein auf die Elektronik zu vertrauen. Mehr denn je ist deshalb – zumindest als Reservesystem – die Kunst der Astronavigation, also die Schiffsortbestimmung mit Hilfe der Gestirne, gefragt. Niemand kann nämlich zum Beispiel vor Beginn einer Atlantiküberquerung garantieren, daß das GPS unterwegs nicht etwa versagt, sei es, weil das Gerät an Bord defekt wird, sei es, daß das System aus welchen Gründen auch immer vorübergehend abgeschalten wird, sei es, daß die Satellitensysteme und deren komplizierte Rechner eine Zeitlang „aussteigen". Natürliche Gestirne dagegen können nicht versagen, funktionieren immer. Deshalb ist die Navigation mit Hilfe von Sonne, Mond, Planeten und Sternen zeitlos. Was wohl auch seine Faszination ausmacht!

Kaum eine Navigationsart ist seit Hunderten von Jahren so geheimnisumwittert wie die der astronomischen Navigation. Es ist für den Laien aber auch schwer vorstellbar, daß ein Stern oder die Sonne in der unendlichen Weite des Universums in der Lage sein kann, den Standort des Schiffes und damit auch den Kurs zu fernen Zielen jenseits des Horizonts zu verraten. Faszinierend auch der Gedanke, daß trotz Satellitennavigation mit Sicherheit selbst in Zukunft nach den gleichen Regeln astronomisch navigiert werden wird, wie es bereits die Altvorderen getan haben. Die Arbeit erleichtern uns schon seit Jahrzehnten moderne Rechentafeln; hinzugekommen sind Wunderwerke an Elektronenrechnern, die dem Navigator die mühselige Rechenarbeit abnehmen können.

Der Sextant wird nach wie vor zum Grundhandwerkszeug des Hochseeseglers gehören, und es wird ein tiefes Gefühl der Befriedigung vermitteln, wenn der Skipper seine Schiffsorte, die er Sonne, Mond und Sternen verdankt, in Landnähe nachprüfen und für richtig befinden kann. Diese sicherlich reizvollste Art der Navigationskunst hat es verdient, in der täglichen Bordpraxis benutzt zu werden. Warum soll der Skipper bei guter Gestirnssicht nicht auch einmal in Landnähe astronomische Standlinien verwenden und unter Berücksichtigung der erzielbaren Genauigkeit von 1 bis 2 sm diese mit terrestrischen Standlinien zu einem Schiffsort koppeln?

Die Frage ist berechtigt, weil gerade in den letzten Jahren die astronomische Standortbestimmung von einigen Segelschulen offenbar zum Kriterium für das Prädikat „guter Navigator" gemacht wurde. Dabei ist es ein großer Unterschied, ob der Segelsportbegeisterte im Winterlehrgang am Schreibtisch theoretische Gestirnsmessungen verarbeitet oder ob er wirklich mit der Sonne navigiert, also seine eigenen Sextantmessungen in Standlinien verwandelt. Das heißt aber nicht, daß die theoretische Vorbereitung auf die astronomische Navigation zu Hause überflüssig ist, doch drängt sich der Verdacht auf, daß bei vielen die astronomische Navigation mit der Ablegung der Prüfung zum C-Schein oder Sporthochseeschifferzeugnis beendet ist. Kein Wunder, denn Monate später auf dem Urlaubstörn ist von dem – zugegebenermaßen umfangreichen – Wissen kaum noch etwas vorhanden, die rechnerische Ausarbeitung eines Sonnenschusses längst vergessen. Dies liegt zum Teil auch – den Vorwurf kann man manchem Segelbuchautor und Schulleiter nicht ersparen – an der praxisfrem-

den Ausbildung in der astronomischen Navigation, die mit der täglichen Navigation an Bord oft kaum etwas zu tun hat. Manchmal ist sogar der Eindruck nicht von der Hand zu weisen, daß der eine oder andere Ausbilder selbst noch nie eine Sonnenhöhe genommen und daraus eine Standlinie berechnet hat. Denn wie sonst ist es zu erklären, daß die Übungsaufgaben so ohne weiteres als solche zu erkennen sind? Da heißt es zum Beispiel: „Der Navigator nimmt eine Runde Sterne..." Jeder, der in der Praxis mit dem Sextanten in der Hand gearbeitet hat, weiß, daß es nur ganz wenige Navigatoren gibt, die beispielsweise im Mittelmeer und in den Tropen in der Lage sind, während der kurzen Zeit der Dämmerung überhaupt mehr als drei Sterne zu bekommen, wobei die einzelnen Messungen noch mit großem Fragezeichen zu versehen sind. Deutschlands bekannte Weltumsegler Elga und Ernst-Jürgen Koch haben einmal ehrlich eingeräumt, daß sie praktisch nie nach Sternen navigieren.
Wie soll dann ein Urlaubssegler, der nur einmal im Jahr zwei Wochen versucht, astronomisch zu navigieren, in der Lage sein, mit Fixsternen oder Planeten zu arbeiten, wenn ihm die Praxis fehlt? Da werden in Übungsaufgaben Beispiele durchgerechnet, bei denen mitten in der Nacht Mond, Sterne und Planeten verrechnet werden, wobei es jedem Praktiker bekannt ist, daß nachts eine astronomische Navigation mangels sichtbarem Horizont nicht stattfinden kann.
Viel besser wäre es, die theoretische Vorbereitung in der astronomischen Navigation auf das Wesentliche zu beschränken. Mindestens 99 % aller Messungen werden mit der Sonne vorgenommen. Warum sollte sich der Gelegenheitsskipper nicht allein auf die Sonne beschränken und diese dann aber auch in der Praxis verwenden?
Bei den folgenden Ausführungen wurde Wert darauf gelegt, den Leser nur insoweit mit Theorie zu belasten, als dies für das Verständnis der astronomischen Navigation notwendig ist. Es wird ihm aber nahegelegt, sich besonders die Ausführungen zur Meßpraxis zu Herzen zu nehmen und – bitte schön – in der Praxis den Sextanten auch wirklich zu benutzen und nicht nur als ein zugegebenermaßen schönes, romantisches Spielzeug – oder, besser gesagt, Statussymbol – anzusehen.

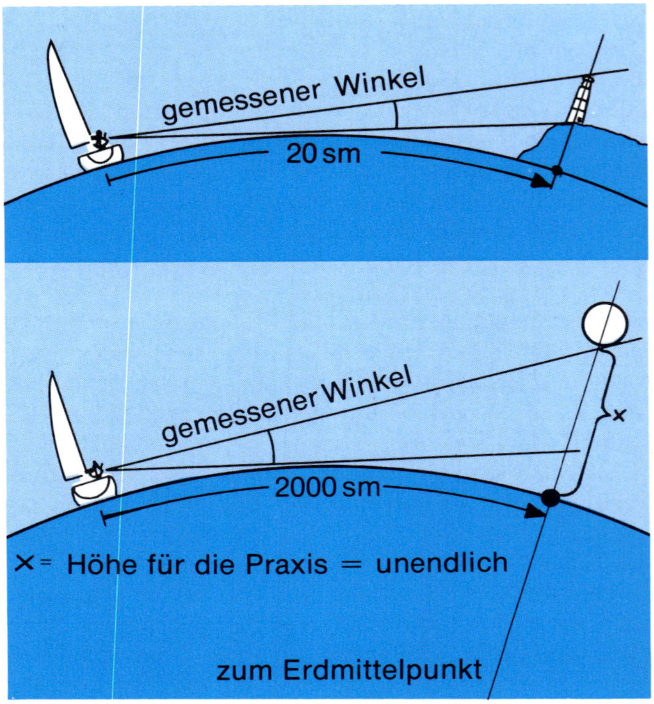

Das Prinzip der astronomischen Navigation läßt sich aus der Höhenwinkelmessung eines Landobjektes hinter der Kimm ableiten. Aus dem Winkel kann die Entfernung zum „Fußpunkt" des Leuchtfeuers beziehungsweise des Gestirns berechnet werden.

Das Prinzip der astronomischen Navigation

Wie auf Seite 123 erklärt, läßt sich in der terrestrischen Navigation aus dem Winkel zwischen Kimm und beispielsweise Leuchtfeuer die Entfernung zum Leuchtfeuer berechnen, worauf der Zirkel mit der Entfernung in der Seekarte beim Leuchtfeuer eingesteckt und ein Kreis gezogen wird, auf dem sich das Schiff befindet.
Auch bei der Astronavigation ergibt eine Winkelmessung nach dem gleichen Prinzip nur einen Kreis. Der einzige Unterschied zu obiger Leuchtfeuervermessung ist der, daß statt des Feuers ein Gestirn eingemessen wird. Ist der Navigator nahe an dem Gestirn, wird der Winkel groß sein, ist er weiter entfernt, so wird der Winkel klein sein (Abbildung oben). Natürlich kann der Navigator anschließend nicht seinen Zirkel mit der berechneten Entfernung in der Seekarte einstechen, weil die Position der Sonne auf der Erdoberfläche nicht gleichbleibt, sondern sich rasend schnell von Ost nach West verändert. Deshalb muß zusätzlich zur Zeichnung aus dem jährlich veröffentlichten Nautischen Jahrbuch die exakte Position des Gestirns für den Zeitpunkt der Messung herausgelesen werden, damit der Mittelpunkt des Kreises bestimmt wird.
Ist der Winkel zwischen Kimm (sichtbarer Horizont) und Gestirn nicht exakt gemessen, so geht ein diesbezüglicher Meßfehler direkt als Ungenauigkeit in die Standlinie ein. Es gilt deshalb alle Anstrengungen zu machen, den Winkel möglichst minutengenau zu messen.

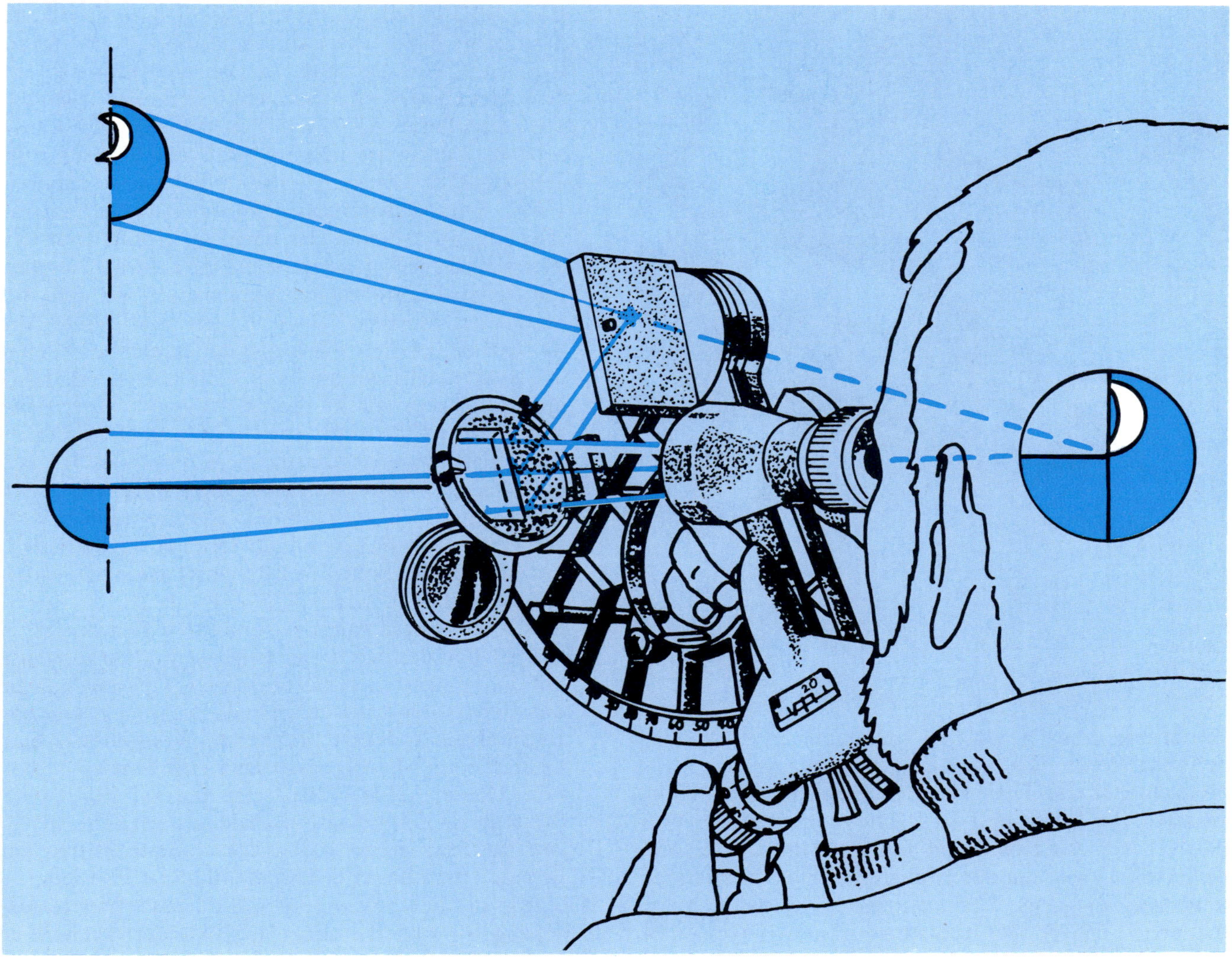

Strahlengang und Prinzip eines Sextanten. Das Gestirn wird mit der drehbaren Alhidade, auf der sich der Indexspiegel befindet, anvisiert und vom Indexspiegel auf den Horizontspiegel so gespiegelt, daß der Betrachter es gut im Bild hat. Gleichzeitig sieht der Navigator durch die halbrunde Öffnung im Horizontspiegel den eingespiegelten Horizont.

Wie funktioniert der Sextant?

Um begreifen zu können, wie Meßfehler überhaupt zustande kommen, muß die Funktionsweise des Sextanten verstanden werden (Abbildung oben).

Blickt der Navigator durch das Fernglas seines Sextanten, so wird er immer zwei Bilder sehen. Eines davon ist unverspiegelt, das heißt, er kann durch einen Kreis, der nur zur Hälfte mit einem Spiegel* (Horizontspiegel) ausgefüllt ist, ungehindert auf das anvisierte Objekt (Horizont) blicken. Das zweite Bild ist das in den halbkreisförmigen Spiegel von einem weiteren viereckigen Spiegel (Indexspiegel) reflektierte Bild, das beim Anvisieren des Horizonts nur dann das Gestirn wiedergibt, wenn die Alhidade, auf der der viereckige Spiegel angebracht ist, sich in der richtigen Stellung befindet. Wenn also die Alhidade diese Position einnimmt, sind gleichzeitig das Gestirn (im halbkreisförmigen Spiegel) und die Kimm (direkt) im Fernglas zu sehen. Die Stellung der Alhidade kann nun mit Hilfe der Gradeinteilung am Instrumentenkörper nach Winkelgraden und an einer gleich daneben befindlichen Meßtrommel nach Minuten abgelesen werden (Abbildung Seite 196).

Das Meßergebnis zeigt den Winkel zwischen gespiegeltem und ungespiegeltem Bild an, das heißt zwischen der

* nicht bei einem modernen Vollsichtspiegel

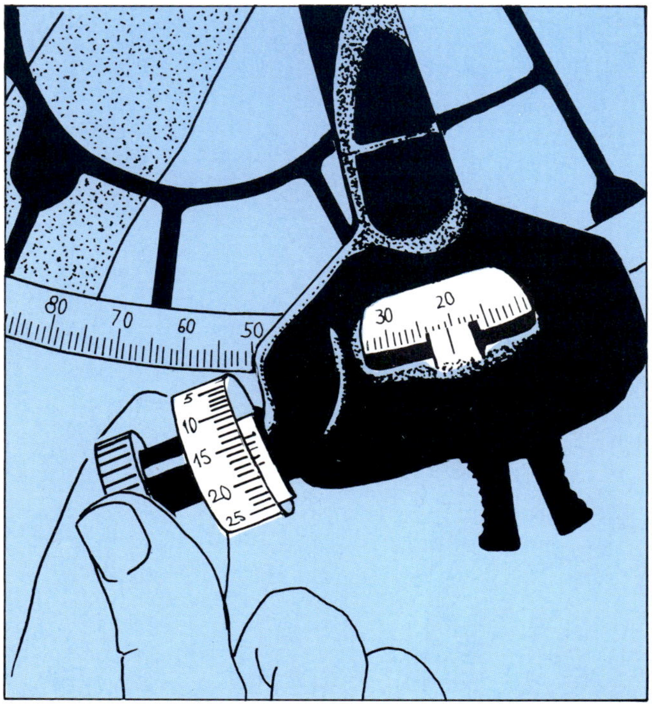

Auf Trommel und Gradbogen lassen sich die Grade und die Minuten des gemessenen Winkels ablesen.

Kimm und dem Objekt, das sich exakt im Kimmstrich befindet. Wenn also die Sonne gemessen wird, so wird je nach Bild im Fernglas des Sextanten der Winkel zwischen der Kimm und der Sonnenmitte oder der Winkel zwischen der Kimm und dem Sonnenoberrand oder der Winkel zwischen der Kimm und dem Sonnenunterrand usw. angezeigt. Nachdem bei der Sonne fast ausschließlich der Winkel zwischen Kimm und Sonnenunterrand gemessen wird, ist zum Zwecke der Winkelfeststellung der Sonnenunterrand genau auf die Kimm zu setzen.

Im wesentlichen haben wir es mit zwei Meßfehlern zu tun, wobei der erste leicht vermieden werden kann:

1. Es wird nicht der Winkel zwischen Kimm und Sonnenunterrand beziehungsweise Gestirn gemessen. Dies ist dann der Fall, wenn der Sonnenunterrand sich nicht ganz genau auf der Kimm befindet. Die Sonne soll die Kimm „küssen". Nur in der ruhigen Hand eines erfahrenen Navigators wird dieser Augenblick auch wirklich eindeutig erkannt. Der Anfänger schwindelt sich gern an, indem er die Messung dann gut sein läßt, wenn die Sonne sich – scheinbar – 1 mm unter oder über der Kimm befindet. In Ruhe kann er diese exakte Winkelmessung üben, indem er nicht die Sonne, deren Position sich durch das Steigen und Fallen ja ständig ändert, sondern beliebige Winkel zwischen Landmarken mißt und dabei darauf achtet, daß diese sich ganz leicht berühren.
2. Die größten Meßfehler aber basieren darauf, daß der Navigator nicht den kleinsten Winkel zwischen Kimm und Gestirn mißt, er also nicht den Winkel zwischen Gestirn und dem genau senkrecht darunter liegenden Punkt auf dem Horizont anvisiert. Voraussetzung hierbei ist nämlich, daß der Sextant zum Zeitpunkt des Messens absolut senkrecht gehalten wird. Ein schwieriges Unterfangen auf einem schwankenden Schiff, das auch der Könner nur mit einem Kunstgriff meistert: Der Sextant wird langsam um seine Fernrohrachse geschwenkt, so daß die Sonne am Horizont einen Bogen beschreibt. Am tiefsten Punkt dieses Bogens, der immer sehr deutlich ausgemacht werden kann, sollte die Alhidade so eingestellt sein, daß in diesem Augenblick der Sonnenunterrand die Kimm gerade küßt. Stellt der Navigator hierbei an der Mikrometerschraube nicht ständig nach, so wird dieser Moment ganz schnell wieder vorbei sein. Es ist deshalb notwendig, zusätzlich zum Schwenken des Sextanten die Trommel zu bedienen, um hierbei die Sonne beziehungsweise das Gestirn auf die Kimm zu setzen.
   Das bereitet dem Anfänger besondere Schwierigkeiten. Er übe deshalb dieses Bogenschreiben zunächst auf der ruhigen Pier, bis er den Dreh heraus hat. In der Bordpraxis wird er schließlich zu viel besseren Ergebnissen kommen. Auf keinen Fall sollte der Navigator beim Messen versuchen, eine Uhr zu bedienen. Hat er keine Hilfsperson, die auf Zuruf eine Stoppuhr in Gang setzt, so zähle er nach dem Absetzen des Sextanten 21 ... 22 ... usw., bis er die genaue Uhrzeit niederschreiben kann.

Wie groß die Fehler sind, die sich daraus ergeben, daß der Navigator zum Zeitpunkt der Messung seinen Sextanten nicht genau senkrecht hält, sondern wenige Grade aus der Senkrechten heraus, den tiefsten Punkt des Bogens also nicht erwischt, hängt von der Höhe des Gestirns über der Kimm ab. Mancher, der sich schon öfter in Astronavigation versucht hat, wird nunmehr erkennen, daß nicht etwa Rechenfehler an seinen falschen Ergebnissen schuld waren, sondern schlichte Meßfehler.

Aus folgender Tabelle ergibt sich der Meßfehler in Seemeilen, je nachdem, um wieviel die Senkrechte verfehlt wurde:

Grad, um die der Sextant sich bei der Messung nicht in der Senkrechten befunden hat (2 m Augeshöhe)	Höhe des Gestirns über der Kimm		
	20°	40°	60°
3°	01	02	02
5°	04	06	05
10°	17	25	22

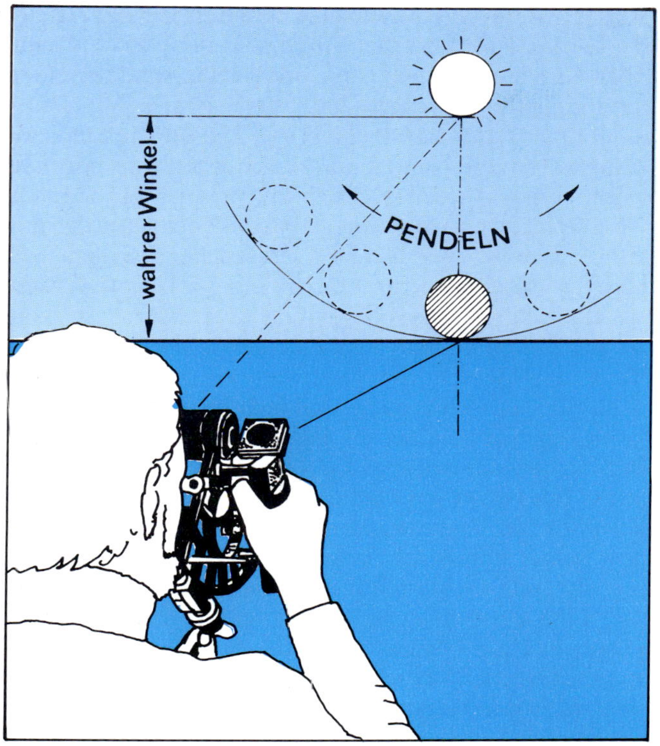

Eine Messung, bei der der Sextant nicht um seine Fernrohrachse geschwenkt wird, ist wertlos. Er muß so geschwenkt werden, daß das Gestirn gerade auf den sichtbaren Horizont aufsetzt.

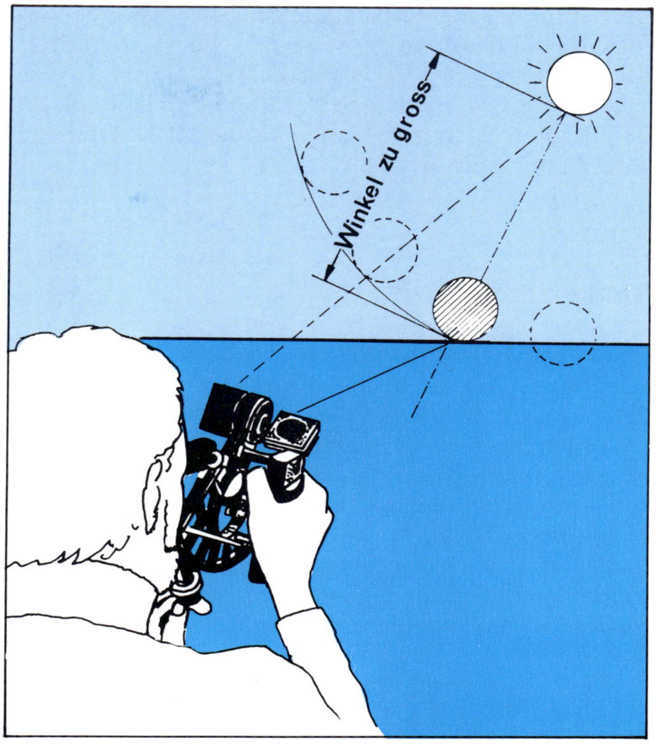

Wird der Sextant nicht geschwenkt, sind die gemessenen Winkel zu groß. Es können sich hieraus Fehler im Standort bis zu 30 sm ergeben.

Grundsätzlich sollte sich der Navigator merken, daß in fast allen Fällen von Anfängern ein zu großer Winkel gemessen wird, die Standlinie sich also meist näher beim Gestirn befindet. Diese Tabelle zeigt aber auch, wie wichtig es ist, mit dem Sextanten den vorgeschriebenen Bogen um die Fernrohrachse zu beschreiben. Wenn der Bogen nicht beschrieben, der Sextant also nach Gefühl senkrecht gehalten wird und dabei nur um 10° aus dem Lot herauspendelt – was auf einem schwankenden Deck nicht einmal sehr viel ist –, ergibt das bei den üblichen Höhen schon einen Meßfehler von 20 bis 30 sm.
Diese Meßfehler sind deshalb so gefährlich, weil sie meistens nicht ohne weiteres erkannt werden können und eine große Ungenauigkeit in die astronomische Navigation einbringen. Bei Rechenfehlern ist es dagegen sehr oft so, daß sie zu einem „verrückten" Ergebnis führen und deshalb die Rechnung meist noch einmal wiederholt werden muß.

Merke: Meßfehler sind viel gefährlicher als Rechenfehler.

Daraus folgt, daß die Technik des Messens mindestens genauso wichtig ist wie die Rechnung. Ohne über Astronavigation näher Bescheid zu wissen, kann auch der Anfänger seine Fähigkeiten im Messen von Gestirnswinkeln sehr leicht praktisch üben und sich nach folgender Methode kontrollieren:
Zu einer beliebigen Zeit am Vormittag oder Nachmittag, nicht aber, wenn sie am höchsten steht, wird die Sonne in ungefähr Zwei-Minuten-Abständen gemessen. Anschließend können die Messungen grafisch verarbeitet werden. Zu diesem Zweck wird eine waagrechte Skala mit der Uhrzeit (am besten für jede Minute 2 cm) und eine senkrechte Skala mit dem gemessenen Winkel (für je 2 Winkelminuten 1 cm) angefertigt. In diese Grafik werden sodann die Messungen eingetragen. Je mehr Messungen, die ja keine besondere Arbeit machen und in kurzen Zeitabständen genommen werden, um so besser wird die Vorstellung von der Meßgenauigkeit. Würde der Navigator ganz exakt messen, so müßten seine Messungen auf einer Linie liegen, die am frühen Vormittag und am späten Nachmittag praktisch einer Gerade entspricht. Je größer die Abweichungen von einer solchen Geraden sind, um so ungenauer die Messung.

Der Autor hat die Feststellung gemacht, daß sich viele Navigatoren eigenartigerweise vor einer derartigen Selbstprüfung drücken, wahrscheinlich weil sie Angst haben, ihre astronomischen Berechnungen auf hundertstel Minuten genau würden durch eine solche Grafik ad absurdum geführt werden.

Meßfehler in der Praxis

Es ist schwierig, anzugeben, wie ungenau Messungen in der Praxis tatsächlich sind. Eines darf man auf jeden Fall nicht tun: die Qualität einer astronomischen Standlinie nach den besten Ergebnissen beim Messen beurteilen. Auch dem Ungeübten kann es passieren, daß er – zufälligerweise – den exakt richtigen Winkel mißt. Das ist aber kein Maßstab, weil aus Gründen der Sicherheit immer mit den schlechtesten Ergebnissen gerechnet werden muß. Erfahrungsgemäß wird man wohl folgende Meßfehler einkalkulieren müssen:

	Anfänger	Geübte	Könner
Flaute	+/− 5′	+/− 2′	+/− 1′
mäßige See	+/− 7′	+/− 3′	+/− 2′
hartes Wetter	keine Messung möglich	+/− 5′	+/− 4′

Bei Sternmessungen kann man zu diesen Werten ruhig noch 50% hinzuzählen.

In einigen Büchern wird empfohlen, mehrere Messungen zu mitteln, bevor der „durchschnittliche“ Meßwert verrechnet wird. Eine solche Methode wendet in der Praxis kein Navigator an. Das sind reine Schreibtischmethoden, die zudem noch falsch sind. Denn: Wenn ein Fußballspieler mehrere Male am Tor vorbeigeschossen hat, kann er noch so viel mitteln: Ein Tor wird das nie! Der wirkliche Profi mißt das Gestirn einmal und verwendet diese eine Messung. Oder er verwirft sie, wenn sie schlecht war, denn das erkennt jeder Praktiker beim Messen sofort.

Ein recht patentes Mittel für Trockenübungen stellt ein selbstgebastelter künstlicher Horizont dar (ähnlich verfährt man auch auf Seefahrtsschulen, obwohl es dort etwas eleganter zugeht): Eine flache Schale mit einer öligen Flüssigkeit, beispielsweise grauschwarzem Altöl oder braunschwarzem Rübenkraut, wird – möglichst windgeschützt (wegen der Kräuselung) – so aufgestellt, daß die Sonne sich darin spiegelt. Bei der Übungsmessung wird der Sonnenunterrand (das ist der im künstlichen Horizont körperferne, der im Sextant wie „oben“ erscheint) mit dem Sonnenoberrand (das ist der körpernahe) zur Deckung gebracht.

Nach der Indexberichtigung (siehe Seite 203) muß lediglich berücksichtigt werden, daß nicht der Abstand zwischen Kimm und Sonne gemessen wurde, sondern exakt der doppelte Kimmabstand. Der gemessene Winkel muß also nur noch halbiert werden, um die Messung so auswerten zu können, als sei sie über eine normale Kimm gemacht worden. Auch mit dieser Methode läßt sich graphisch erfassen, wie genau der Navigator messen kann. Er sollte aber nicht zu selbstsicher werden, weil diese Trockenübung für den Anfänger zwar gut ist, den Ernstfall aber nur unvollkommen wiedergibt.*

Es ist auf einer kleinen Yacht nicht so leicht, den idealen Platz zum Messen von Gestirnen zu finden. Um den Sextanten gut schwenken und sich gleichzeitig auf die Krängung des Schiffes einrichten zu können, muß der Platz so gewählt werden, daß Arme und Kopf des Navigators frei beweglich bleiben. Keinesfalls darf der Kopf irgendwo angelehnt werden, in der Hoffnung, das Gestirn besser anvisieren zu können. Meistens eignet sich eine sitzende Position auf dem Kajütdach oder aber in der Nähe des Niedergangs auch von den Schiffsbewegungen her am besten. Segelt das Schiff hart am Wind und entsprechend feucht, so sollte der Rudergänger für die Dauer der Messung auf Vorwindkurs gehen, damit der Winkel Kimm – Gestirn möglichst genau herausgefunden werden kann. Das kommt selbstverständlich nur dann in Frage, wenn auf dem betreffenden Kurs die Sicht zum Gestirn nicht durch Segel verdeckt wird. Ungeeignet als Meßplatz sind die Überhänge des Vor- und Achterschiffes, weil dort erfahrungsgemäß die Bewegungen am heftigsten sind. Wichtig beim Messen ist auch die Augeshöhe, also der Abstand des Auges von der Wasseroberfläche, der nicht weniger als 1,50 m betragen sollte.

Bei normalem Segelwetter ist die Kimm von Bord einer Yacht aus fast immer gut auszumachen. Bei diesigem Wetter aber kann es passieren, daß sie vor grauem Himmel nur schlecht zu sehen ist. Hier hilft ein leichtes Schattenglas, das in den unverspiegelten Strahlengang geschwenkt wird.

Schwierigkeiten bereiten Messungen bei schwerem Seegang. Dann wird die Kimm, vor allem bei geringer Augeshöhe, häufig durch Seen im Vordergrund verdeckt. Das kann zu extremen Fehlmessungen führen. Bei erheblichem Seegang ist es deshalb viel sicherer – und richtiger –, Messungen nur dann vorzunehmen, wenn die Yacht gerade von einer See hochgehoben wird und die Kimm klar hervortritt. Irgendeine Zusatzberichti-

* Möchte der Navigator übungshalber mit seinen Sonnenschüssen vom Balkon aus weiterrechnen, so muß er bei der Rechnung die Gesamtbeschickung (siehe Seite 212) aus der Spalte für die Augeshöhe „Null“ entnehmen.

Rollo Gebhard bei einer Sonnenmessung. Wegen der Rollbewegung im Passat hat er sich im Niedergang eingeklemmt – ein vorteilhafter Platz mit frei beweglichem Oberkörper.

gung für eine größere Augeshöhe wäre hier falsch, weil sich die Kimm aus den Wellenbergen gleicher Höhe zusammensetzt.

Wie bringe ich das Gestirn auf die Kimm?

Bei der Sonne macht dies keine Schwierigkeiten. Wenn keine Gefahr besteht, daß sie bald von Wolken verdeckt wird, so kann sich der Navigator ruhig Zeit lassen. Am besten schwenkt er das stärkste Schattenglas in den verspiegelten Strahlengang, also vor den viereckigen Spiegel. Anschließend wird im unverspiegelten Teil der Horizont angepeilt und mit dem Sextanten auf diesem entlanggegangen, während gleichzeitig mit der linken Hand durch Zusammendrücken mit Zeigefinger und Daumen die Sperre an der Alhidade geöffnet und zügig hin und her bewegt wird. Nach mehrmaligen Versuchen wird die Sonne im verspiegelten Teil für einen kurzen Augenblick durchfahren, worauf der Navigator versucht, sie in dieser Richtung einzufangen. Ist dies einmal geschehen, bei einer bestimmten Alhidadestellung also irgendwo im Sextanten die Sonne zu sehen, so kann er das Instrument getrost für einen Moment absetzen, bevor er weiterfährt. Als nächsten Schritt gilt es nämlich, mit winzigen Bewegungen der Alhidade oder mehrfachen Drehungen der Trommel an der Alhidade die Sonne auf den Horizont herunterzuholen.

Wohlgemerkt: Dies ist noch nicht der Meßvorgang. Erst wenn die Sonne dann wirklich in unmittelbarer Nähe der Kimm ist, kann der Navigator beginnen, den Sextanten um die Fernrohrachse zu schwenken, damit der

erwähnte – scheinbare – Bogen der Sonne zu sehen ist. Die Sonne sollte dabei an der Grenze zum unverspiegelten Bild im Fernglas so weit zur Seite geholt werden, daß sie und die Kimm gleichzeitig untereinander zu sehen sind, so daß die Sonne also nicht ausschließlich im verspiegelten und durch ein Schattenglas gedrückten Bild erscheint.
Dies wird allein dann gelingen, wenn kein zu starkes Schattenglas eingeschwenkt wird, und zwar auch nur an der Grenze zwischen gespiegeltem und unverspiegeltem Bild. Man sollte deshalb nach dem Auffinden der Sonne nach Möglichkeit zu einem leichteren Schattenglas überwechseln, so daß der Naigator von der Sonne gerade noch nicht geblendet wird, sie aber als deutliche Scheibe und nicht nur als undefinierbarer heller Fleck zu erkennen ist.
Im Sextantenbau hat sich in den letzten 20 Jahren kaum noch etwas verändert. Nur deshalb hat der Autor Hemmungen, das Wort „revolutionär“ zu verwenden. Die Versuchung ist jedoch groß, wenn in diesem Zusammenhang die Vollsicht-Sextanten erwähnt werden.

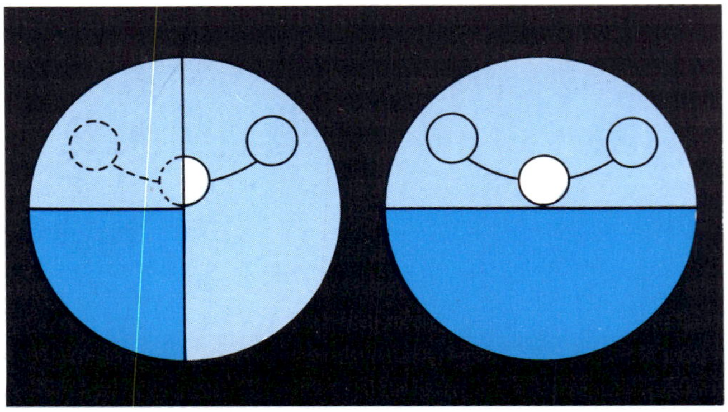

Die Sonne, wie sie in einem Sextanten mit Halbspiegel auf die Kimm gesetzt wird (links), und in einem Vollsicht-„Spiegel“ (rechts).

Bei diesen Sextanten gibt es keinen Horizontspiegel im eigentlichen Sinne mehr, statt dessen aber eine Scheibe aus Spezialglas, das die Eigenschaft hat, Lichtstrahlen nahezu voll durchzulassen. Andererseits aber werden solche Lichtstrahlen, die auf die dem Beobach-

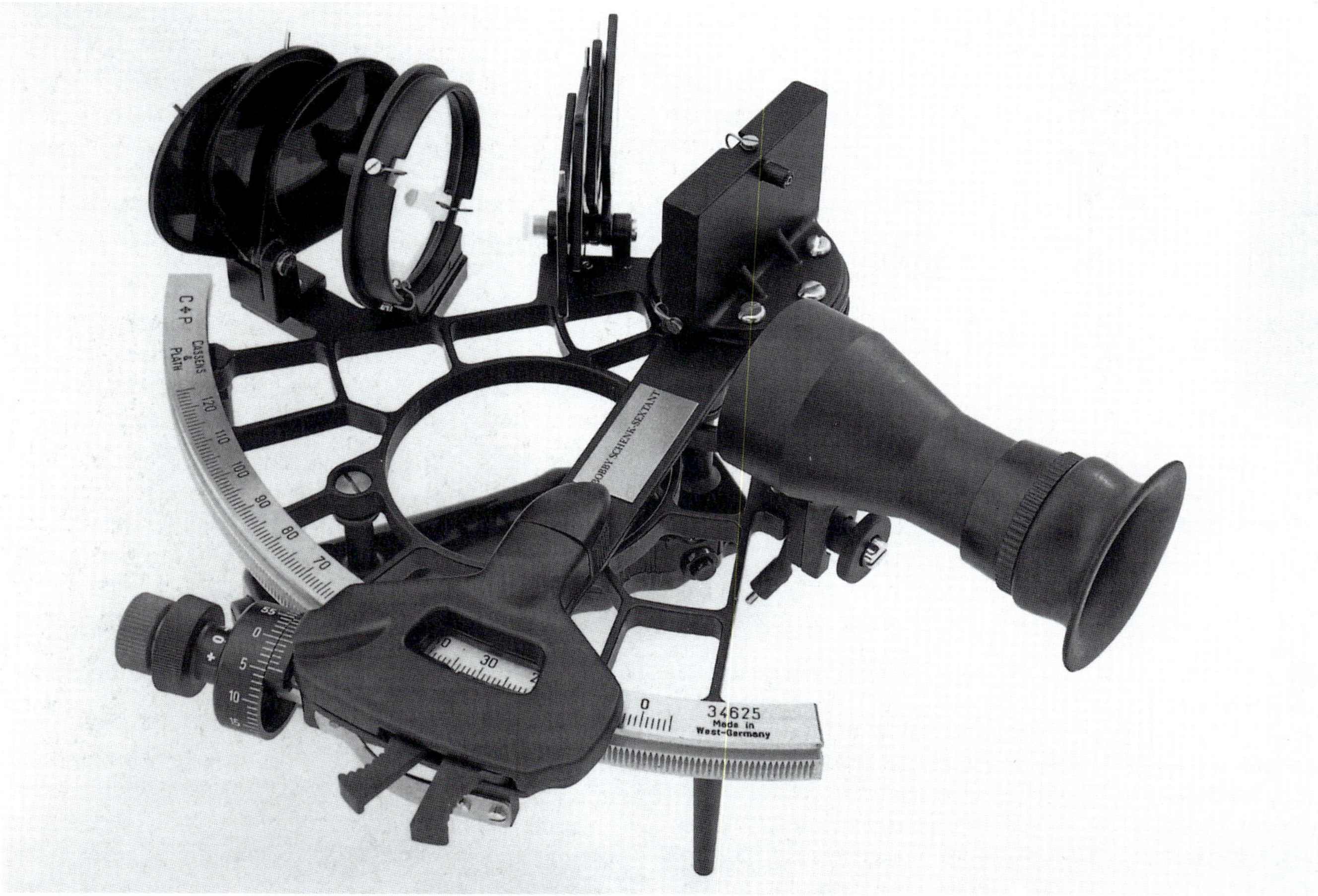

Vollsicht-Sextant von Cassens & Plath – vom Anfänger viel leichter zu bedienen als herkömmliche Sextanten

ter zugewandte Seite auftreffen, *wie ein Spiegel* reflektiert.
Der Vorteil dieser Lösung liegt auf der Hand: Der Navigator hat kein zweigeteiltes Bild mehr, sondern ein einziges Bild, in dem er bei der Gestirnsmessung sowohl den Horizont als auch den Himmelskörper sieht. Damit entfällt ein ganz wesentlicher Nachteil beim Messen von Gestirnen. Der Navigator braucht sich nicht mehr darum zu bemühen, daß die Sonne beim Schwenken des Sextanten in der Nähe der Bildteilung ist. Es läßt sich ohne Übertreibung sagen, daß dadurch die Messung der Gestirne enorm erleichtert wird, was letztlich vor allem der Meßgenauigkeit zugute kommt. Aufgrund eigener Erfahrung rät der Autor bei der Neuanschaffung ganz dringend zu einem Vollsicht-Sextanten.
Unabhängig davon, mit welchem Sextanten man arbeitet, läßt sich der Vorgang des Herunterholens des Gestirns auf die Kimm, also nicht der eigentliche Meßvorgang, dadurch erleichtern, daß der Winkel, unter dem die Sonne ungefähr zu sehen sein müßte, vorausberechnet wird. Freilich nur bei Verwendung moderner Spezialrechner, mit den Rechentafeln bei der Sonne jedoch nicht. Denn es wird wesentlich mehr Zeit damit vergehen, die notwendigen Berechnungen anzustellen, als an Deck nach der Sonne zu suchen. Bei kritischem Wetter jedoch, wo für die Messung nur ein kurzer Augenblick zur Verfügung steht, ist es durchaus angebracht, den Winkel, unter dem die Sonne zu sehen sein müßte, vorauszuberechnen.
Abgeraten wird von folgender Methode: Man verwende ein starkes Schattenglas, während die Alhidade auf 00° und die Trommel auf 00′ gestellt wird. Sodann wird die Sonne direkt angepeilt, um sie mit gleichzeitiger Bewegung von Alhidade und Sextant so lange nach unten zu schwenken, bis sie im unverspiegelten Teil des Fernglases auf der Kimm zu sehen ist. Das klingt in der Theorie sehr gut, führt aber in der Praxis auch in geübten Händen oftmals dazu, daß der Navigator die Sonne nicht mit dem verspiegelten Teil, also mit dem Schattenglas, erwischt, sondern ohne Schutz durch ein Schattenglas direkt auf die Sonne blickt, was zu einer momentanen Blendung führt, die das Auge für navigatorische Zwecke in der nächsten halben Stunde mit Sicherheit außer Funktion setzt. Wird zum Schutz vor derartiger Unbill auch in den unverspiegelten Teil des Sextanten ein Schattenglas eingeschwenkt, so wird es dem Navigator schwerfallen, beim Schwenken nach unten einen Horizont zu erkennen.
Bei der Sonne wird nicht etwa die Gestirnsmitte gemessen – dies würde bei der Größe der Scheibe zu beachtlichen Ungenauigkeiten führen –, sondern der Ober- oder Unterrand. Wesentlich einfacher aber ist es, den Sonnenunterrand auf die Kimm zu setzen. Deshalb wird in der Praxis nahezu ausschließlich mit dem Sonnenunterrand gearbeitet. Es kommt praktisch nie vor, daß der Oberrand verwendet wird. Denkbar ist dies allein in einer Situation, in der in einer Wolkenlücke nur für kurze Augenblicke die obere Hälfte der Sonne erscheint. Der Anfänger wird jedoch niemals in der Lage sein, in einem solchen ungünstigen Fall den Sonnenoberrand zu messen.

Das Messen des Mondes

Vorweg eine dringende Warnung: Der Mond darf in der Nacht nicht zu Navigationszwecken herangezogen werden – auch nicht im Notfall.

Der Grund hierfür ist die Tatsache, daß infolge von Überblendung während der Nacht die Kimm unter dem Mond überhaupt nicht gesehen wird. Das, was wir für die Kimm halten, hat mit dem sichtbaren Horizont nichts zu tun, sondern dies ist nur der Widerschein des Mondes im Wasser. Untertags wird er in gleicher Weise gemessen wie die Sonne, nur daß im verspiegelten Teil des Sextanten kein Schattenglas benutzt wird.
Beim Mond bedarf es keiner Diskussion, ob es besser ist, den Unterrand oder den Oberrand zu messen, weil meistens nur einer davon zu sehen ist. Man beobachtet den Mond daraufhin genau, ob der Rand, den man messen möchte, auch wirklich vorhanden ist und nicht bloß „fast" (Abbildung unten rechts).
Die größte Schwierigkeit beim Messen von Sternen liegt darin, daß dafür nur eine verhältnismäßig kurze Zeit zur Verfügung steht: die Morgen- und die Abenddämme-

Der Mond darf nie nachts zur Navigation benutzt werden, weil die Kimm immer von ihm überblendet ist und deshalb der Winkel Kimm – Beobachter – Mond gar nicht gemessen werden kann. Was der Navigator nachts unter dem Mond sieht, ist die Spiegelung des Mondscheins und nicht der sichtbare Horizont.

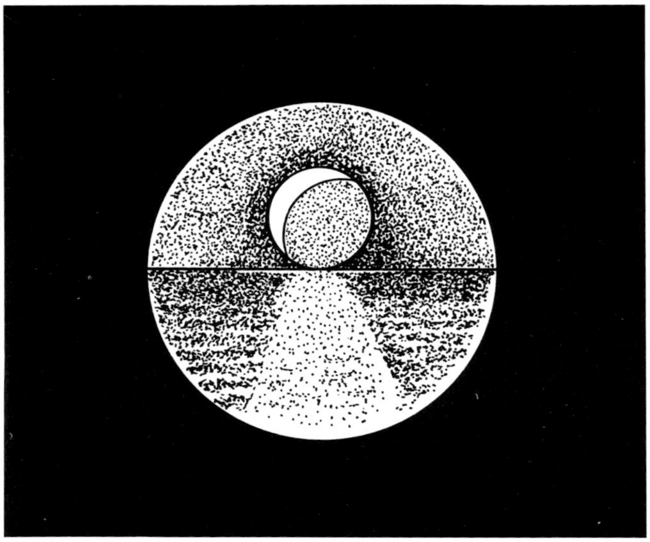

Wird der Mond gemessen, so ist darauf zu achten, ob der Unter- oder Oberrand auch wirklich zu sehen ist. Hier kann der Unterrand nicht verwendet werden.

rung. Untertags sind die Sterne nicht zu sehen, des Nachts kann die Kimm nicht mit der notwendigen Deutlichkeit ausgemacht werden. Auch hier muß noch mal vor dem Mond gewarnt werden. Einige Navigatoren meinen, das Mondlicht nachts zur Navigation benutzen zu können, in der Annahme, die Kimm zu sehen. In der Nähe des Mondes ist das aber in den meisten Fällen nur dessen Widerschein, während die Kimm weit dahinterliegt. Deshalb sind im Normalfall Sterne in der Nacht nicht zu messen. Ausnahmen gibt es lediglich in den hellen Nächten in sehr nördlichen oder sehr südlichen Breiten.

Das Messen von Sternen

Der große französische Segler Bernard Moitessier hat einmal die Meinung vertreten, daß er auch in der Nacht die Sterne messen könne, wenn er nur den Sextanten ohne Fernglas benutzen und hierbei *beide* Augen offenhalten würde. Der Autor hat dies häufig versucht – ohne Erfolg. In der Praxis erwies es sich als unmöglich, die Kimm auch in hellen Nächten noch auszumachen. Zumindest ergibt sich daraus, daß diese Methode für Segler nicht geeignet ist, die keine besseren Augen als der Autor haben.

Ganz besonders schwierig ist es, Sterne in den Tropen zu messen, weil dort der Zeitraum, in dem sowohl Sterne als auch die Kimm zu sehen sind, nur wenige Minuten ausmacht. In der Praxis können von Urlaubsnavigatoren Sterne überhaupt nur dann gemessen werden, wenn sowohl ihre Himmelsrichtung als auch ihr ungefährer Sextantwinkel vorausberechnet ist. Bei dem kleinen Ausschnitt, den das Teleskop des Sextanten zuläßt, ist es höchstwahrscheinlich, daß der Lichtfleck im Fernrohr in dieser Himmelsrichtung auch genau der gesuchte Stern ist. Alles andere wäre ein nicht sehr wahrscheinlicher Zufall. Hat man aber einmal den Stern gefunden, so läßt er sich in gleicher Weise wie die Sonne leicht messen, wobei selbstverständlich bei Sternen weder ein Unter- noch ein Oberrand, sondern nur ein winziger Punkt zu sehen ist.

Der andere Weg, der erfahrenen Navigatoren mit Grundkenntnissen in der Astronomie vorbehalten bleibt, ist das Aufsuchen eines Sternes am Firmament mit Hilfe von Sternbildern. Dies ist freilich nur dann möglich, wenn alle Sterne der einzelnen Sternbilder zu sehen sind, so daß sich der Navigator am Himmel überhaupt erst einmal zurechtfinden kann. Außer in sehr hohen Breiten versagt diese Methode zumindest in der Abenddämmerung, weil die Kimm mit Sicherheit nicht mehr zu sehen ist, wenn bereits ganze Sternbilder mit bloßem Auge zu erkennen sind. Sie läßt sich höchstens in der Morgendämmerung praktizieren.

Die zweite große – fast unüberwindbare – Schwierigkeit ergibt sich beim Herunterholen auf die Kimm: Stellt der Navigator die Alhidade auf 00°00′ und versucht wie bei der Sonne den Stern im Fernglas zu entdecken, um ihn anschließend auf die Kimm herunterzuholen, wird er Mühe haben, den im weiträumigen Sternbild ohne weiteres zu identifizierenden Stern in dem kleinen Ausschnitt wiederzufinden. Hat er ihn dann aber doch ausgemacht, so besteht immer noch die Gefahr, daß er beim Herunterschwenken den Stern verliert und möglicherweise einen anderen erwischt, was selbstverständlich – und das ist der einzige Trost dabei – hernach zu leicht entdeckbaren Fehlern führt.

Um einen Stern, der bei Null-Einstellung im Sextanten eingefangen wurde, nicht wieder zu verlieren, wurde auch schon folgende Methode vorgeschlagen: Man drehe den Sextanten um und behalte den Stern im unverspiegelten Teil, während mit der Alhidade der – nicht verwechselbare – Horizont gesucht wird. Ist es gelungen, so wird der Sextant umgedreht und der Stern bei der jetzt gültigen Voreinstellung über den Horizont nochmals gesucht und gemessen.

Nach Meinung des Autors aber ist die Vorausberechnung der Sternhöhe und der Himmelsrichtung, in der der Stern steht, den beiden anderen Methoden bei weitem überlegen.

Rein theoretisch scheint ein Ausweg aus diesem Dilemma ein „künstlicher Horizont“ zu sein. Tatsächlich wird von vielen Firmen ein solcher in Form eines Libellenzusatzes angeboten. Es muß jedoch ausdrücklich davor gewarnt werden, sich unnötig in derartige Mehrkosten (ab 500 DM) zu stürzen. Bei Versuchsmessungen von Deck eines Frachters (!) aus wurde nämlich festgestellt, daß nur etwa zwei von 100 Messungen brauchbar waren. Und dies, wohlgemerkt, mit Libellensextanten 1. Qualität – in den Händen erfahrener Berufsseeleute. Es ist also ausgeschlossen, mit Hilfe eines Libellensextanten auf einer lebhaften Yacht zu einer einigermaßen brauchbaren Sternmessung zu kommen.

Das Messen von Planeten

Lediglich die Venus kann untertags mit bloßem Auge beobachtet werden, meistens auch nur dann, wenn sie einen etwas größeren Abstand zur Sonne hat. In diesem Fall besteht keine Schwierigkeit, sie zu messen. Man verfahre wie beim Mond. Im Fernglas des Sextanten ist die Venus als winzige Scheibe zu erkennen, so daß es theoretisch möglich wäre, Unter- oder Oberrand zu messen. Man vermeidet aber unnötige Rechnereien, wenn man auch die Venus in ihrer Gestirnsmitte mißt, wodurch keine nennenswerten Ungenauigkeiten auftreten. Ansonsten gehe man wie bei den Fixsternen vor, wobei auch eine Vorberechnung der Planethöhe angezeigt ist.

„Fehler“ am Sextanten

Die nachfolgend beschriebenen Mängel, die zu Meßungenauigkeiten führen können, stellen im eigentlichen Sinne keine Fehler dar, sondern lediglich Dejustierungen. Von einem erfahrenen Navigator können sie bei allergrößter Vorsicht mit Bordmitteln behoben werden. Stellt dagegen ein Anfänger solche „Fehler“ fest – und das muß er können –, so möge er sich an einen Navigator von einer anderen Yacht wenden. Die folgenden Mängel sind periodisch zu überprüfen, insbesondere nach dem – seltenen – Auswechseln eines Spiegels, was mit Sicherheit zu derartigen Fehlern führt.

Indexfehler

Ein Indexfehler ist am leichtesten zu überprüfen. Er liegt dann vor, wenn man im unverspiegelten und im gespiegelten Teil des Sextanten ein einziges Objekt anpeilt, dessen „Winkel“ gemessen wird (der 00°00′ sein müßte), und man anschließend die Feststellung macht, daß ein Winkel tatsächlich angezeigt wird, die Alhidade also nicht auf 00°00′ steht. Zu diesem Zweck muß das Peilobjekt weiter als 2 sm vom Betrachter entfernt sein, um Parallaxenfehler weitgehend auszuschließen.
In der Praxis eignet sich hierzu am besten die Kimm, die in der Weise angepeilt wird, daß sie durch den verspiegelten Teil des Sextanten als eine gerade, *ungebrochene Linie* hindurchgeht. Wenn der Sextant nunmehr 00°00′ zeigt, so ist kein Indexfehler vorhanden. Zeigt dagegen die Trommel beispielsweise 58 oder 03 an, so besteht im ersten Fall ein Indexfehler von + 2′ und im zweiten Fall ein Indexfehler von − 3′. Zur Erinnerung: Eine Winkelminute bedeutet einen Fehler von 1 sm.
Es ist normal, daß ein Sextant einen Indexfehler hat, und es ist Zufall und sagt nichts über seine Qualität aus, wenn keiner festgestellt wird. Solange der Indexfehler

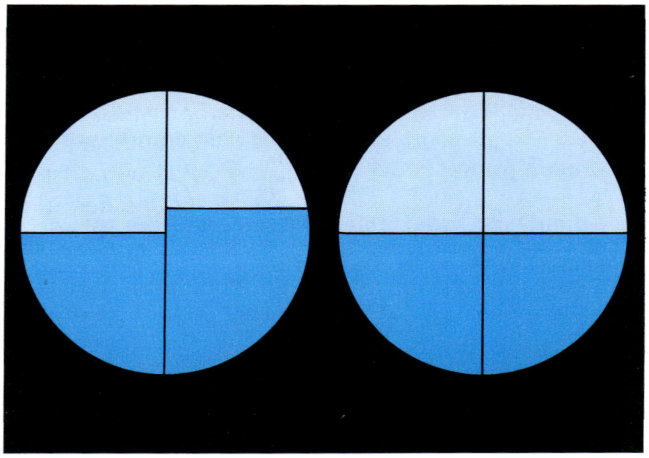

Wird der Sextant auf 00°00′ gestellt und der Horizont gemessen, muß dieser – ist kein Indexfehler vorhanden – eine ungebrochene Linie ergeben.

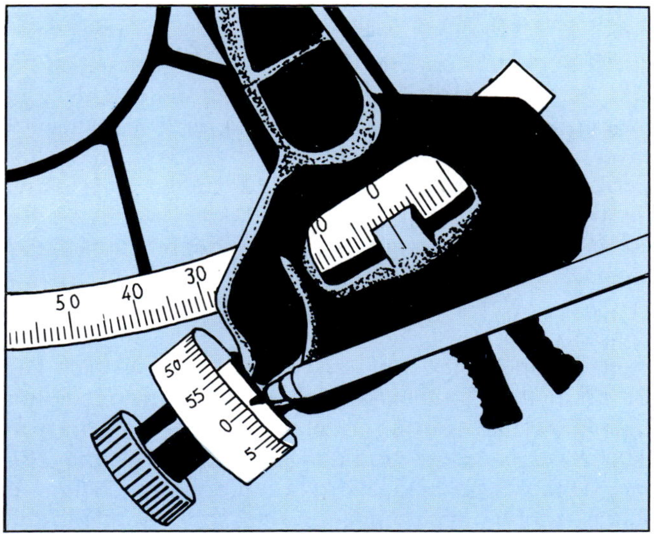

So läßt sich der Indexfehler ohne Rechnereien beseitigen: Gegenüber der Minuteneinteilung wird mit einem Filzschreiber ein neuer Nullpunkt markiert.

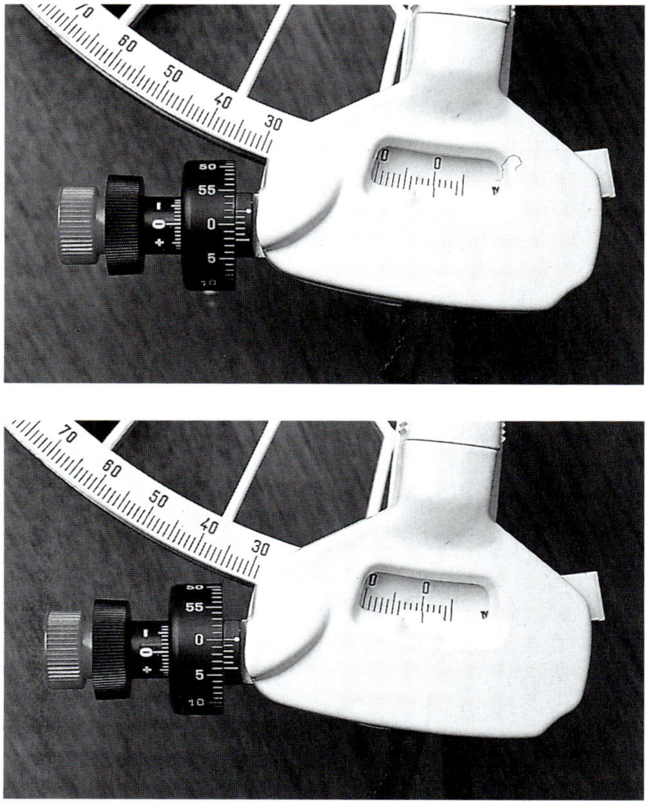

Hier wird der Indexfehler dadurch beseitigt, daß der Index selbst verschoben wird. Hierzu wird bei Vorliegen des Indexfehlers von zwei Minuten (links) nur die linke Schraube geöffnet und der Index so verschoben, daß schließlich der Indexfehler „Null" ist, also kein Indexfehler mehr vorliegt. So werden Rechenfehler vermieden!

besser als 3′ ist, wird er nicht beseitigt, sondern eher durch Rechnung eliminiert. Wenn ein und dasselbe Objekt gemessen wird, so bekommt der Indexfehler ein positives Vorzeichen, wenn ein kleinerer Winkel als 00′ gemessen wird, die Trommel also beispielsweise bei 58′ steht. Das Vorzeichen für den Indexfehler ist negativ, wenn die Trommel mehr als 00°00′, also beispielsweise 00°03′, zeigt. Angebracht wird der Indexfehler nach der alten Vorzeichenregel „vom falschen zum richtigen . . .", wobei der Sextantfehler berichtigt werden muß, also falsch ist.
Steht keine Kimm zur Verfügung, so eignet sich zur Bestimmung des Indexfehlers auch die Sonne recht gut. Man schwenke sowohl in den gespiegelten als auch in den unverspiegelten Strahlengang starke Schattengläser, damit die Sonne als klar umrandete Scheibe zu sehen ist. Die Schattengläser sind so zu wählen, daß „beide" Sonnen gleich hell sind. Sodann bringt man den Rand des gespiegelten Sonnenbildes oben zur Berührung und ermittelt den Indexfehler anschließend in folgender Weise: Der Winkel, der auf dem Vorbogen – das ist der Teil, der sich rechts von Null befindet – abgelesen wurde, wird vom zweiten Winkel abgezogen. Das Ergebnis ist der doppelte Indexfehler – gleich mit dem richtigen Vorzeichen.
Nachdem es aus Gründen der Sicherheit immer empfehlenswert ist, Rechnungen auf ein notwendiges Maß zu beschränken, weil sie die häufigste Fehlerquelle darstellen, ist es auch besser, den Indexfehler auf andere Weise zu eliminieren. Selbstverständlich kann jeder Navigator 2′ hinzuzählen oder abziehen, aber ich bin mir nicht mehr so sicher, ob er nicht in der Eile oder in schlechter körperlicher Verfassung einmal das Vorzeichen verwechselt, so daß sofort ein Fehler von mehreren Seemeilen zusätzlich erzeugt wird.
Der Indexfehler kann leicht ohne Rechnung auf folgende Art und Weise beseitigt werden: Üblicherweise ist am festen – nicht drehbaren – Teil der Trommel entweder eine einfache Null-Markierung oder eine Nonius-Einteilung angebracht. Letztere brauchen wir an Bord unserer kleinen Yachten mit Sicherheit nicht. Mit einem Filzschreiber kann ohne Genauigkeitsverlust ein neuer Nullpunkt markiert werden, wobei ganz einfach ein Objekt gemessen und gegenüber dem Nullstrich auf der Trommel die neue Nullmarke angebracht wird. In Zukunft werden dann Winkel nicht mehr an der Original-Nullmarke, sondern an der Filzstift-Nullmarke abgelesen (Abbildung Seite 203 rechts).
Der Sextant sollte mindestens zu Beginn eines Törns überprüft werden. In vielen Büchern wird die Meinung vertreten, daß der Indexfehler vor jeder einzelnen Messung ermittelt werden sollte, was nach den Erfahrungen des Autors überflüssig ist. Auf einer mehrjährigen Weltumseglung konnte er keine nennenswerte Veränderung des Indexfehlers feststellen. Möglicherweise aber verändert er sich, wenn der empfindliche Metallsextant – beispielsweise bei der Beobachtung der Mittagsbreite – längere Zeit der direkten Sonnenbestrahlung ausgesetzt wird, weil sich dann das Metall entsprechend ausdehnt. Dies ist leicht dadurch zu vermeiden, daß der Sextant nicht länger als fünf bis zehn Minuten in der prallen Sonne benutzt wird.

Beseitigung des Indexfehlers durch Neujustierung

Achtung: Justierungen sollten so selten wie möglich vorgenommen werden, weil hierbei leicht die Justierschrauben ausleiern.

Zur Beseitigung des Indexfehlers wird ganz geringfügig an einer kleinen Schraube gedreht, die sich an der Seite des Horizontspiegels (das ist meistens der halbrunde) befindet (Abbildung oben). Ist der Fehler damit innerhalb der zulässigen Grenzen von 2′ bis 3′, so

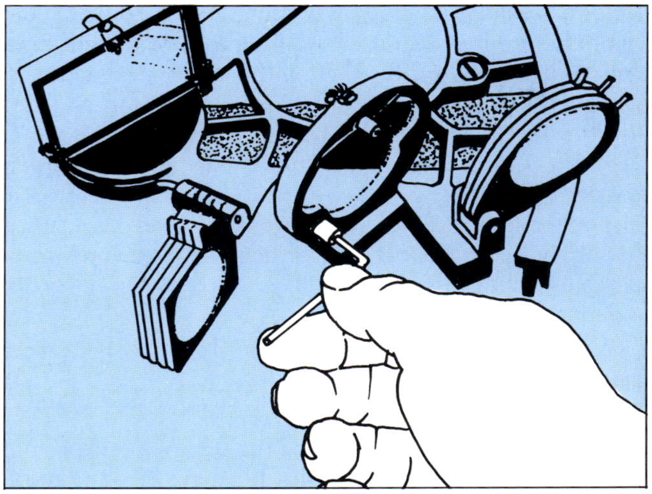

Mit dieser Schraube wird der Indexfehler berichtigt.

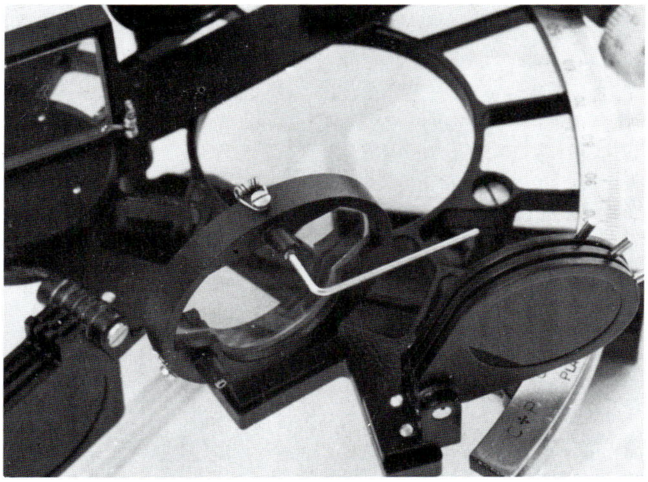

An dieser Schraube wird der Kippfehler des Horizontspiegels beseitigt.

versuche man nicht, ihn weiter auf 0 zu bringen, weil er sich durch Umwelteinflüsse (Temperatur) ohnehin verändern kann. Wird die Stellung des Indexfehlers oder der Kippfehler des Horizontspiegels mit Hilfe anderer Schrauben verstellt, so muß die Indexprüfung immer als letzte und in jedem Fall erfolgen. Anschließend sollten die Spiegel nochmals auf ihre anderen Fehler hin untersucht werden.

Kippfehler des Horizontspiegels

Auch der Kippfehler des Horizontspiegels (Abbildung oben) kann leicht mit Bordmitteln festgestellt werden. Am besten eignet sich hierzu der gleiche Weg, der auch bei der Ermittlung des Indexfehlers gegangen wurde. Man peilt die Kimm an und bringt ihren gespiegelten Teil mit dem ungespiegelten Teil derart in Deckung, daß sie durch beide Bilder als eine gerade ungebrochene Linie verläuft. Anschließend schwenkt man den Sextanten langsam um die Fernrohrachse, wobei die Kimm im Fernrohr weiter als ungebrochene Linie zu sehen sein muß. Wird sie gebrochen, dann liegt ein Kippfehler des Horizontspiegels vor. Zur Berichtigung wird die Schraube leicht gedreht, die in der Mitte der oberen Kante von hinten gegen den Spiegel drückt (Abbildung oben).

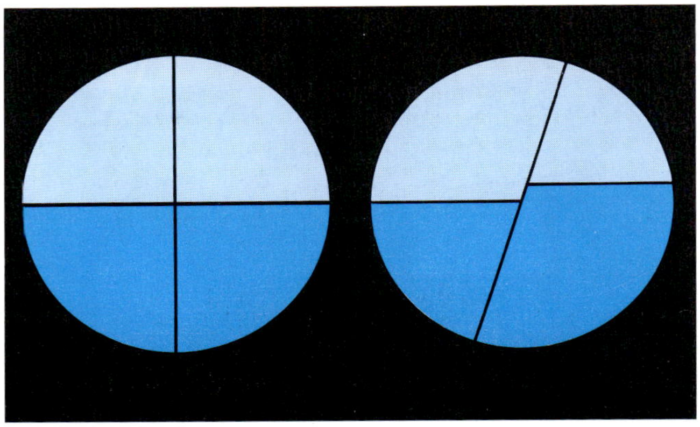

Kippfehler des Horizontspiegels

Kippfehler des Indexspiegels

Zur Ermittlung des Kippfehlers des Indexspiegels stellt man die Alhidade ganz grob in die Mitte des Gradbogens. Anschließend hält man den Sextanten mit gestrecktem Arm in der Weise von sich weg, daß der Betrachter an der inneren Kante des Indexspiegels vorbei auf den Nullpunkt des Gradbogens blicken kann. Er

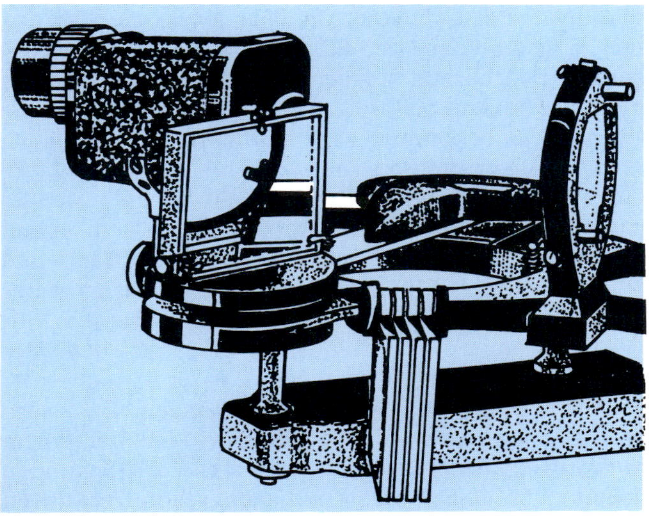

Hier liegt ein Kippfehler des Indexspiegels vor – der Gradbogen ist im Spiegelbild nicht ungebrochen.

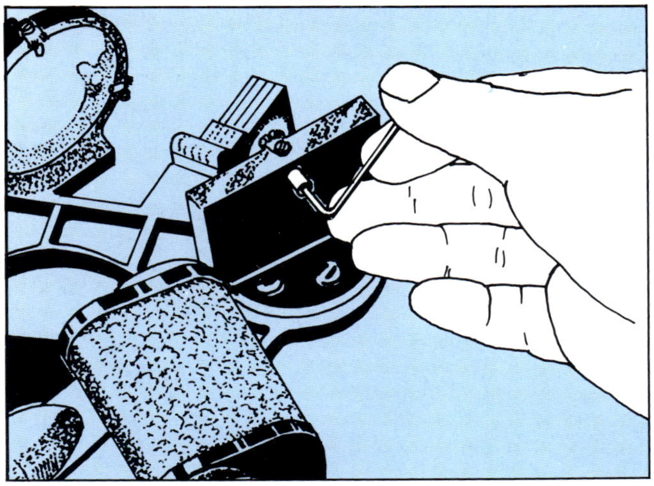

Mit dieser Schraube wird der Kippfehler des Indexspiegels beseitigt.

muß dicht daneben im Spiegel das entgegengesetzte Ende des Gradbogens sehen. Ein Kippfehler liegt nicht vor, wenn der direkt zu sehende und der gespiegelte Teil des Gradbogens in einer Ebene liegen.
Zur Beseitigung des Kippfehlers des Indexspiegels dient eine in der Mitte der oberen Kante von hinten auf den Spiegel drückende Justierschraube (Abbildung rechts).

Fabrikationsbedingte Fehler des Sextanten

Fabrikationsbedingte Fehler sind echte Fehler, die vom Benutzer kaum rechnerisch erfaßt werden können und die je nach Fabrikat – und Preis – gering sind. Sie bestimmen auch die Qualität des Sextanten. Meistens rühren sie daher, daß die Alhidade etwas Spiel hat, was sich nie ganz vermeiden läßt, soll sie leichtgängig bleiben. Mit Sicherheit werden auch Fehler auftauchen, wenn der Sextant beispielsweise einen Schlag gegen den Gradbogen bekommt. Mit Bordmitteln lassen sich solche Fehler weder feststellen noch beseitigen.
Um einen Eindruck von der materialbedingten Meßgenauigkeit zu vermitteln, hatte die YACHT in einem Testbericht die beim Bundesamt für Seeschiffahrt und Hydrographie (BSH) nachgemessene Präzision eines Metallsextanten von der heute auch für die Berufsschifffahrt üblichen Form und Qualität wiedergegeben. Der maximale Unterschied zwischen Vor- und Rückwärtsmessung betrug hierbei 22 Bogensekunden. Das zeigt, daß immerhin auch dieses Spitzenmodell bei einem Meßwinkel von 85° einen Fehler von bis zu 40 Sekunden haben kann. 40 Sekunden sind allein schon zwei drittel Winkelminuten beziehungsweise zwei drittel Seemeilen. Bei dem gleichen Test wurden auch einige Plastiksextanten überprüft. Hierbei war nur ein einziger in seiner Qualität so durchschnittlich, daß eine Messung auf dem Prüfgerät überhaupt möglich war. Alle anderen waren bezüglich ihrer Genauigkeit nicht nachmeßbar, scheiden also für die Zwecke der astronomischen Navigation aus. Genaugenommen können sie in der Navigation lediglich bei der terrestrischen Messung (Horizontalwinkel und Doppelwinkelmessungen) eingesetzt werden. Ihre Handhabung ist jedoch schwieriger als die von hochklassigen Metallsextanten.

Welcher Sextant?

Schon seit hundert Jahren wird für die Winkelmessung zwischen Kimm und Gestirn nur noch ein Sextant und – viel seltener – ein Oktant verwendet. Der Unterschied zwischen beiden Winkelmeßinstrumenten liegt ausschließlich im Meßbereich. Beim Sextanten geht dieser bis ungefähr 120°, während er beim Oktanten nur etwa 90° beträgt. Für die praktischen Zwecke der Astronavigation würde ein Oktant, der in seinen Abmessungen meistens kleiner als ein Sextant ist, vollkommen ausreichen. Mit ihm sind allerdings keine Überkopf-Beobachtungen möglich, wenn also beispielsweise die hochstehende Sonne in den Tropen nicht mit der unter ihr liegenden gleißenden Kimm, sondern der gegenüberliegenden gemessen werden soll. Dies kommt jedoch praktisch nie vor, so daß dieser Vorteil eines Sextanten wegfällt. Bei Übungsmessungen über dem künstlichen Horizont ist es insbesondere bei der Mittagsbreite durchaus

Qualitätssextant aus Japan – vom BSH baumustergeprüft

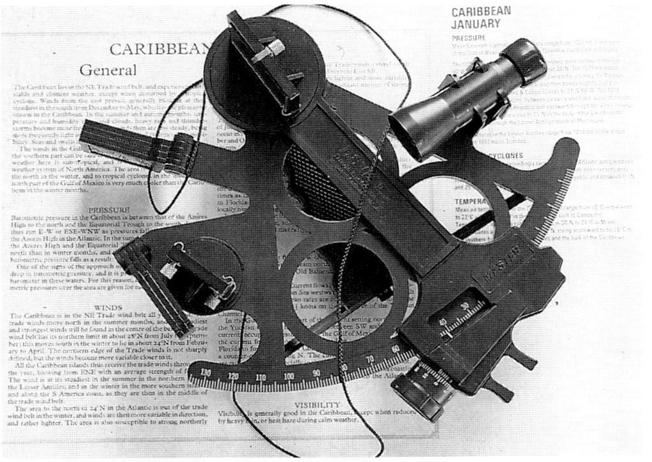

Plastiksextant der gehobenen Preisklasse, die sich wohl nur noch in der Präzision von Metallsextanten unterscheidet. Hier fragt es sich aber, ob ein etwa gleich teurer gebrauchter Metallsextant nicht die bessere Wahl ist.

Beim Vollsichtsextant ist der „runde Spiegel“ sowohl durchsichtig als auch spiegelnd. In der Praxis die Ideallösung!

möglich, daß größere als 90°-Winkel gemessen werden, so daß hierfür ein Sextant notwendig wäre.

Obwohl eigentlich keine Notwendigkeit dafür besteht, werden heutzutage fast ausschließlich Sextanten angeboten, wohl in erster Linie, um dem Yachtskipper das Gefühl zu vermitteln, er würde etwas Vollwertiges kaufen. Deshalb ist die Frage „Sextant oder Oktant?“ kaum noch von praktischer Bedeutung.

Besonders aus Japan werden Sextanten angeboten, die in den Abmessungen etwas kleiner sind als ihre Brüder aus der Berufsschiffahrt – meistens unter der Bezeichnung Yachtsextant. Sicher ist deren Meßgenauigkeit, wenn sie aus gutem Hause kommen, nicht viel schlechter als die eines richtigen Sextanten. Sie haben aber einen entscheidenden Nachteil: Im Falle einer Beschädigung (Schlag gegen den Sprossenkörper) wird es schwierig sein, ein geeignetes Meßinstrument zu finden, um ihre Qualität nachzuprüfen, was nach einem solchen Unfall unbedingt notwendig ist. Beim Deutschen Hydrographischen Institut jedenfalls besteht keine Möglichkeit, einen derartigen Sextanten überprüfen zu lassen.

Billiger Primitiv-Plastiksextant von Ebco. Reicht für Übungszwecke und für Sonnenschüsse auf hoher See aus. Ist jedoch schwieriger zu handhaben als ein teurer Metallsextant.

Wie soll ein Sextant ausgerüstet sein?

Vollsicht-„Spiegel“

Der Vollsicht-„Spiegel“ ersetzt den Horizontspiegel. Messungen in der Praxis erwiesen, daß derartige Sextanten in der Handhabung bei Könnern zwar keine genaueren Ergebnisse bringen, ansonsten jedoch ganz erhebliche Vorteile haben. Besonders der Anfänger wird es zu schätzen wissen, daß das Gestirn über das gesamte Bild zu sehen ist – also nicht bloß in einer Hälfte wie beim normalen Horizontspiegel.

Fernglas

Bezüglich des Fernglases braucht sich der Yachtskipper heutzutage keine großen Gedanken mehr zu machen, weil der Sextant meistens ohnehin mit einem Standardfernglas ausgerüstet ist, das seinen Bedürfnissen entspricht. Meistens wird hierzu ein Glas mit drei- bis sechsfacher Vergrößerung gewählt. Von noch stärkeren Gläsern ist abzuraten, weil dadurch das Bildfeld doch sehr eingeengt wird, der Navigator außerdem über eine ungewöhnlich ruhige Hand verfügen muß.

Beleuchtung

Eine Beleuchtung ist zu empfehlen, wenn der Navigator sich irgendwann einmal auch mit Sternmessungen befassen möchte – und wer denkt nicht daran. Insbesondere der Einhandsegler ist ohne Beleuchtung bei Sternmessungen fast hilflos.

Sternspreizglas

Ein Sternspreizglas verwandelt den Punkt eines Sterns in eine dünne waagerechte Linie. Der Vorteil soll darin liegen, daß es möglich sein soll, den Stern besser zu sehen und leichter festzustellen, wann der Sextant exakt senkrecht ist, nämlich dann, wenn sich die waagerechte Linie des Sterns im Sternspreizglas parallel zur Kimm befindet beziehungsweise sich mit dieser deckt. Der Autor, der über ein normales Sehvermögen verfügt, konnte dies jedoch in der Praxis nicht bestätigen. Das Sternspreizglas war für ihn jedenfalls keine Hilfe.

Polarisationsfilter

Ein Polarisationsfilter wird statt der Schattengläser in den verspiegelten Strahlengang beispielsweise bei der Sonne eingeschwenkt. In einer bestimmten Stellung – wir kennen dies von den Polarisationsbrillen – ist seine „Schattenwirkung" gleich Null, während das Sonnenlicht mit der Drehung des Filters verdunkelt werden kann.

Der Vorteil eines Polarisationsfilters liegt in der schnelleren Handhabung gegenüber Schattengläsern. Dies kann besonders dann wichtig sein, wenn die Sonne während eines bedeckten Tages nur für kurze Augenblicke zu sehen ist und außerdem in Sekundenschnelle die Helligkeit hinter den dünnen Wolkenfetzen schwankt, so daß oft durch die Zeit beanspruchende Auswahl des richtigen Schattenglases der einzig mögliche Meßzeitpunkt des Tages vertan wird.

Der Aufbewahrungskasten

Auch der Aufbewahrungskasten ist ein wichtiges Zubehör für den Sextanten. Nachdem dieses Instrument gegen Stoß und Schlag extrem empfindlich ist, kann es auf einem schwankenden Schiff nicht irgendwo abgelegt werden. Nach jedem Gebrauch muß es in seinen Aufbewahrungskasten zurückgelegt werden, wobei es aber andererseits stets griffbereit bleiben muß. Ein Kasten, der es nicht zuläßt, daß die Schattengläser im Strahlengang geschwenkt bleiben und die Alhidade in ihrer Meßstellung verbleibt, ist für den Bordgebrauch untauglich. Wie oft wird man sich erst beim Errechnen der Standlinie unsicher, ob man auch tatsächlich mit dem richtigen Winkel gerechnet hat. Dann ist es notwendig, sich mit einem kurzen Blick auf die Alhidade und die Meßtrommel von der Richtigkeit der Ablesung zu überzeugen. Man prüfe dies beim Kauf eines Sextanten und lasse sich vom Verkäufer nicht beschwichtigen, daß es erforderlich ist, die Alhidade jeweils wieder auf Null zu stellen. Es gibt eine ganze Reihe von Sextanten, bei denen dies ohne weiteres geht.

Die astronomische Standlinie

Es gibt eine ganze Reihe von Methoden und Sonderverfahren, um aus einer Winkelmessung Kimm – Gestirn zu einer astronomischen Standlinie zu kommen. Es seien nur einige genannt:

Mittagsbreite
Mittagslänge
Höhenverfahren
Nordsternbreite
Nebenmeridianbreite
Chronometerlänge

Das universellste dieser Verfahren ist das Höhenverfahren, weil es gestattet, im Gegensatz zu fast allen anderen Verfahren zu jedem Zeitpunkt, also wann immer Gestirn und Kimm sichtbar sind, zu einer Standlinie zu kommen. Der Grund für die Existenz der anderen Verfahren liegt in erster Linie darin, daß es sich um Sonderfälle handelt, bei denen ein großer Teil der beim Höhenverfahren notwendigen Rechnungen entfällt und die sich deshalb speziell für Anfänger eignen, die zu Recht eine große Scheu vor trigonometrischen Berechnungen haben. Indes: Aufgrund der Erstellung moderner Nautischer Tafeln, die dem Navigator schwierige Berechnungen weitgehend abnehmen, und hochleistungsfähiger vollprogrammierbarer Elektronen- oder Spezialrechner, die das Errechnen einer Standlinie zu einem Kinderspiel werden lassen, tritt die Existenzberechtigung einiger Verfahren in den Hintergrund, so daß sie nicht mehr besprochen zu werden brauchen. Neben dem Höhenverfahren wird deshalb nur noch auf die Mittagsbreite als einfachste Art der Standliniengewinnung, die Mittagslänge, die sich speziell beim Anfänger bewährt hat, der sich auch einmal astronomisch versuchen möchte und größere Investitionen für Tafeln und Rechner scheut, und die Nordsternbreite als einfachste Standlinie mit Hilfe eines Sterns eingegangen.

Die Gesamtbeschickung

Ob Höhenverfahren oder Mittagsbreite, immer geht es in der astronomischen Navigation um die Messung des Winkels zwischen einem Gestirn, dem Beobachter und dem sichtbaren Horizont. Aus diesem Winkel wird dann – ähnlich wie bei der Abstandsbestimmung mit Hilfe eines Höhenwinkels in der terrestrischen Navigation – eine Standlinie berechnet und gezeichnet. Nachdem es sich bei Gestirnen um Objekte handelt, die meist Millionen von Kilometern entfernt sind, wird einerseits der einfallende Lichtstrahl durch atmosphärische Bedingungen verfälscht und andererseits der für die Berechnungen der Standlinie notwendige wahre Horizont nicht gesehen, sondern lediglich die Kimm, also der sichtbare Horizont. Bei jeder astronomischen Standliniengewinnung muß deshalb die beobachtete Höhe des Gestirns über der Kimm zur wahren Höhe beschickt werden.

In der Praxis wird dies sehr einfach durchgeführt, indem der Navigator je nach Gestirn und Kimmabstand in eine Tafel eingeht und dort fix und fertig die Gesamtbeschikkung herausliest, die vom beobachteten Kimmabstand (Winkel) bei negativem Vorzeichen abgezogen oder diesem hinzugezählt wird, wenn das Vorzeichen positiv ist. Dies entspricht unserer bekannten Regel: „Vom falschen (gemessenen Winkel) zum richtigen mit richtigem Vorzeichen!"

Bis vor 25 Jahren hat sich der Navigator mit mehreren Tafeln abmühen müssen, um den Kimmabstand zu berichtigen. Heutzutage reicht eine einzige aus. Deshalb ist es für ihn nicht mehr unbedingt interessant, aus welchen Faktoren sich die Gesamtbeschickung zusammensetzt. Nur der Vollständigkeit halber seien sie deshalb erwähnt:

1. Kimmtiefe

Die Kimmtiefe hängt allein von der Augeshöhe ab. Deshalb findet sich in den Gesamtbeschickungstafeln immer auch der Eingang „Augeshöhe". Die Augeshöhe beträgt auf Yachten im allgemeinen 2 m. Man sehe sich einmal die Gesamtbeschickungstafel im Nautischen Jahrbuch für die Sonne oder für die Sterne an (Seite 212). Dabei wird man feststellen, daß die Gesamtbeschickung auf keinen Fall auf Dezimeter in der Augeshöhe interpoliert werden muß, weil die dadurch erfolgte Änderung viel zu gering ist. Auch hier gilt: Eine Winkelminute entspricht einer Seemeile. Wenn berücksichtigt wird, daß in der Praxis höchstens auf 1 bis 2 sm genau gemessen werden kann, würden Interpolationen für Augeshöhen zwischen den ganzen Metern allenfalls Anlaß zu Leichtsinnsfehlern beim Rechnen geben.

2. Strahlenbrechung

Genaugenommen befindet sich das Gestirn nicht an dem Ort des Himmels, an dem wir es sehen.

Dadurch, daß der Lichtstrahl die verschiedenen Luftschichten um die Erdkugel durchdringt, wird er mehrere Male gebrochen.

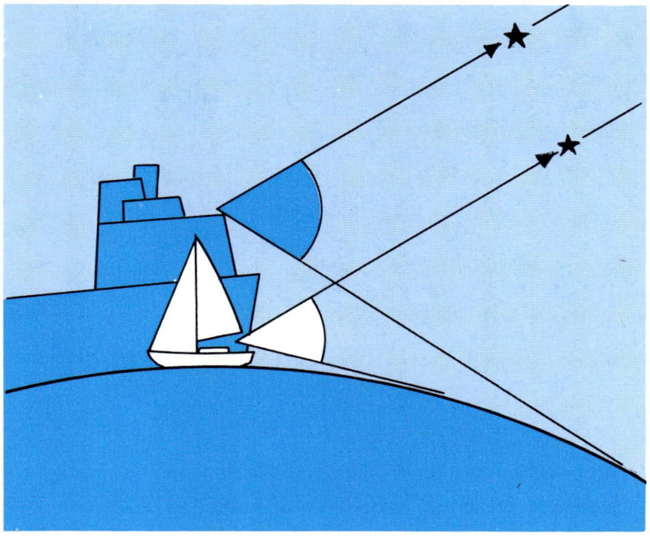

Ein Unterschied in der Augeshöhe wirkt sich gleich im gemessenen Winkel aus. Vom Heck eines Tankers aus wird ein viel größerer Winkel gemessen als von Deck einer Yacht.

Vom Wasser her ist dieses Phänomen bekannt. Wirft man mit einem Stein nach einem Fisch, so taucht er an einer Stelle ins Wasser, die deutlich vom Fisch entfernt ist. Der Fisch wird vom Auge dort gesehen, wo er sich gar nicht befindet. Das rührt daher, daß die von ihm ausgehenden Lichtstrahlen beim Übergang vom Medium Wasser zum Medium Luft gebrochen werden. Das gleiche gilt, wenn auch in geringerem Maße, für die verschiedenen Luftschichten, die sich durch ihre Temperatur und durch ihren Luftdruck unterscheiden.

Je höher ein Gestirn steht, desto weniger wird der Lichtstrahl gebrochen. Je flacher das Gestirn, um so stärker und unberechenbarer ist die Brechung.

Man hat vor Jahrzehnten schon versucht, das Problem der Lichtbrechung in der astronomischen Navigation in den Griff zu bekommen, indem für Luftdruck und Temperatur zusätzliche Berichtigungen eingeführt wurden. Diese Faktoren ließen sich jedoch wegen der schwer erfaßbaren Bedingungen in höheren Luftschichten so unvollkommen in Formeln ausdrücken, daß praktisch keine besseren Ergebnisse erzielt werden konnten.

Noch immer gilt in der astronomischen Navigation der Grundsatz, daß wegen der Lichtbrechung Gestirnsmessungen bei sehr geringen Kimmabständen (unter 18°) nach Möglichkeit zu vermeiden sind. Jeder hat dieses Phänomen der Lichtbrechung schon bei malerischen Sonnenuntergängen beobachtet, wo die Sonne knapp über dem Horizont nur noch sehr wenig Ähnlichkeit mit ihrer sonst geometrisch sauberen Scheibe hat. Für die Tropen wird deshalb auch geraten, Nachmittags-Mes-

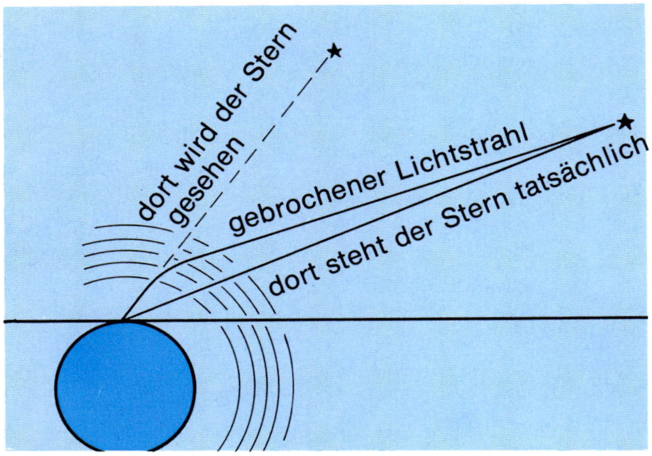

Lichtstrahlen von einem Gestirn werden beim Eintritt in die Atmosphäre optisch gebrochen und kommen deshalb für den Betrachter aus einer ganz anderen Richtung, als das Gestirn tatsächlich steht.

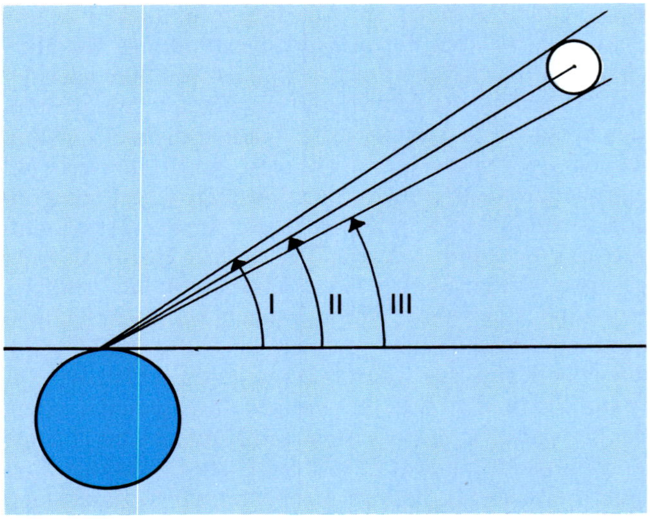

Je nachdem, ob der Oberrand, die Mitte oder der Unterrand eines Gestirns gemessen wird, ergeben sich verschiedene Winkel (I = Oberrand, II = Gestirnsmitte, III = Unterrand).

sungen mit größerer Vorsicht als Vormittags-Messungen zu betrachten, während es in höheren Breiten umgekehrt ist.

3. Beschickung für die Gestirnsmitte

Dieser Berichtigung bedürfte es beispielsweise bei der Sonne nicht, wenn sie von vornherein in ihrem Mittelpunkt gemessen würde. Da aber der Durchmesser der Sonnenscheibe ungefähr 32 Winkelminuten beträgt, ist es nicht möglich, die Gestirnsmitte genau zu schätzen. Durch eine Fehlschätzung von nur zwei Winkelminuten würde bei der Standortbestimmung sofort ein zusätzlicher Fehler von 2 sm entstehen. Deshalb mißt man die Sonne im allgemeinen am Unterrand (Symbol $\underline{\text{o}}$), weil sich hierbei die besten Meßbedingungen ergeben, denn der Sonnenunterrand hebt sich sehr gut gegen die Kimm ab – viel besser als der Oberrand. Deshalb auch haben die Gesamtbeschickungstafeln für die Sonne einen zusätzlichen Eingang für den Unterrand oder eine Zusatzbeschickung für den Oberrand (Symbol $\overline{\text{o}}$).
Bei den Sternen, die sich ohnehin nur als Punkt abzeichnen, mißt der Navigator die Gestirnsmitte. Beim Mond wird er wiederum nach Ober- oder Unterrand unterscheiden müssen. Die Planeten werden wie die Sterne behandelt, obwohl beispielsweise die Venus mit gutem Auge als kleine Scheibe zu erkennen ist. Nachdem die Scheibe aber derart klein ist, genügt es, die Gestirnsmitte zu schätzen, ohne daß sich hierdurch deutliche Fehler ergeben.

4. Horizontalparallaxe (HP)

Bei zwei Gestirnen muß die Horizontalparallaxe berücksichtigt werden: beim Mond und bei der Venus.

Die Horizontalparallaxe hängt neben dem Kimmabstand allein von der Entfernung des Gestirns zur Erde ab.

An und für sich wird bei der astronomischen Navigation – das macht sie letztlich so einfach – davon ausgegangen, daß sich alle Gestirne im Unendlichen befinden, so daß ihre Entfernung bei den Berechnungen der Standlinie nicht berücksichtigt werden muß. Bei nahen Entfernungen zum Gestirn aber spielt die Horizontalparallaxe deshalb eine Rolle, weil die Gestirnsmessung auf die Höhe vom wahren Horizont beschickt werden muß. Der wahre Horizont wird durch eine Ebene durch den Erdmittelpunkt bestimmt.
Bei unendlich weit entfernten Gestirnen (beispielsweise Fixsterne) ist der Winkel am Erdmittelpunkt zwischen dem wahren Horizont und dem Strahl zum Stern identisch mit dem Winkel beim Betrachter über dem scheinbaren Horizont. Man kann sich vorstellen, daß der Winkel beim unendlich weit entfernten Gestirn gleich Null ist, während er beim Mond wegen dessen geringerer Entfernung doch schon einen erheblichen Wert ausmacht (im Extremfall über 1°).
Auch bei den Planeten ist eine Horizontalparallaxe vorhanden, doch fällt sie nur bei der Venus ins Gewicht. Dort kann sie maximal 0,6′ betragen, so daß ihre Vernachlässigung bei Kimmabständen über 18° zu einer Ungenauigkeit von höchstens 0,5 sm führt. Im praktischen Bordgebrauch, vor allem außerhalb Landsicht, kann sie ohne weiteres außer acht gelassen werden. Wird sie aber berücksichtigt, so ist sie bei den Planeten

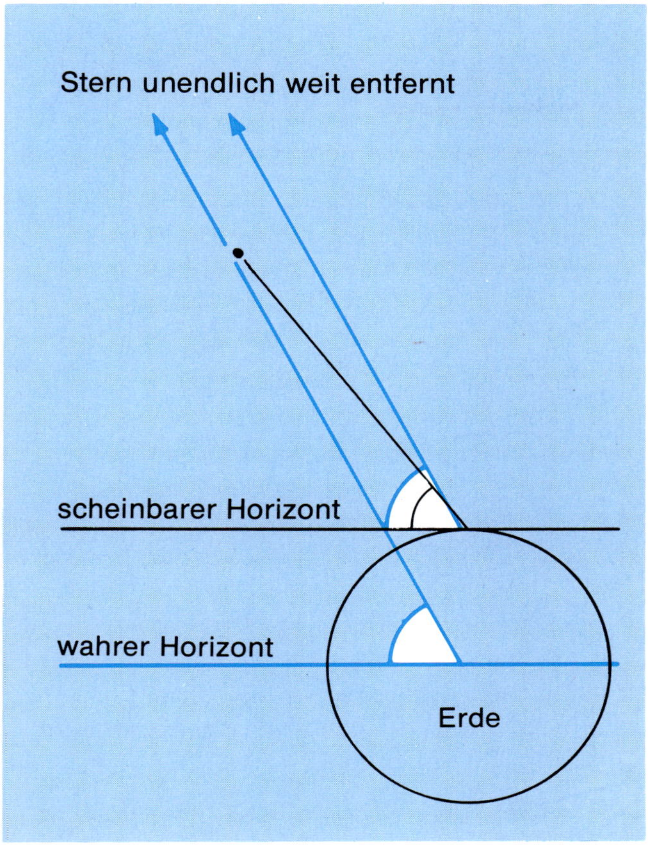

Für alle astronomischen Berechnungen ist der Winkel mit dem wahren Horizont im Erdmittelpunkt maßgebend. Wegen des Erddurchmessers ergibt sich bei nahen Gestirnen ein Unterschied zum Winkel mit dem scheinbaren Horizont. Bei praktisch unendlich weit entfernten Sternen und der Sonne besteht keine Horizontalparallaxe, weil die Lichtstrahlen von dort trotz des Erddurchmessers parallel auf der Erde eintreffen.

der Zusatzbeschickung, die unter der Gesamtbeschikkungstafel (Seite 213) abgedruckt ist, zu entnehmen. Beim Mond kann sie nicht vergessen werden, weil sie dort ein Haupteingang in die Gesamtbeschickungstafel ist (Seite 215).

Gesamtbeschickungstafeln

Gb-Tafeln für die Sonne

Die Gb-Tafeln befinden sich auf den Seiten 42 bis 45 des Nautischen Jahrbuches. Für den Gebrauch auf Yachten lassen sich aber erhebliche Vereinfachungen durchführen.

In der astronomischen Navigation entspricht eine Ungenauigkeit von einer Winkelminute genau einer Seemeile im Schiffsort.

Ein Blick in die Gesamtbeschickungstafel für den Kimmabstand des Sonnenunterrandes (Abbildung Seite 212) zeigt, daß bei einer bestimmten Augeshöhe, die sich bei Yachten während eines Törns ja kaum ändert, bei Auf- oder Abrundungen auf ganze Minuten sich die kompliziert erscheinende Tabelle auf wenige Zahlen zusammenstreichen läßt, zumal wenn man berücksichtigt, daß unter normalen Umständen kein Kimmabstand unter 18° genommen werden soll. Es wird deshalb jedem Navigator empfohlen, für sein Schiff auf einem Zettel die Gesamtbeschickung für die Sonne – den häufigsten Fall in der Navigation – zusammenzustellen und diesen über den Kartentisch zu kleben. Ein Beispiel für eine Augeshöhe von 2 m zeigt dies für den Sonnenunterrand:

Kimmabstand	Gesamtbeschickung (Gb)
ab 18°	11′
ab 25°	12′
ab 40°	13′

Auch die Zusatzbeschickung für den Kimmabstand des Sonnenunterrandes (nicht aber die für den Sonnenoberrand) kann vernachlässigt werden, weil der Gesamtfehler, der durch solche Vereinfachung entsteht, kaum 0,5 sm übersteigt, also weit innerhalb der Meßtoleranzen liegt. Mit dieser Meinung steht der Autor nicht allein; auch der mehrfache Weltumsegler und Nestor der Fahrtensegelei, Eric C. Hiscock, vertritt – zuletzt in seinem Buch „Willkommen an Bord“* – die Meinung, daß es auf einer kleinen Yacht unsinnig ist, in der astronomischen Navigation auf Dezimalstellen genau zu rechnen.
Dementsprechend wird bei allen folgenden Übungsaufgaben auch nur mit auf volle Minuten ab- oder aufgerundeten Werten gerechnet.

* Delius Klasing Verlag, Bielfeld 1980

Gesamtbeschickung für den Kimmabstand des Sonnenunterrandes

Kimm-abstand	Augeshöhe in Metern																				
	0	2	4	6	8	10	12	14	16	18	20	22	24	26	28	30	32	34	36	38	40
°	'	'	'	'	'	'	'	'	'	'	'	'	'	'	'	'	'	'	'	'	'
3	+ 1,8	-0,9	-2,0	-2,8	-3,6	-4,2	-4,8	-5,3	-5,7	-6,2	-6,6	-7,0	-7,4	-7,8	-8,2	-8,5	-8,8	-9,2	-9,5	-9,8	-10,1
3,5	+ 3,2	+0,6	-0,5	-1,3	-2,0	-2,6	-3,2	-3,7	-4,2	-4,7	-5,1	-5,5	-5,9	-6,3	-6,6	-6,9	-7,3	-7,6	-7,9	-8,2	-8,5
4	+ 4,4	+1,8	+0,7	-0,1	-0,8	-1,4	-2,0	-2,5	-3,0	-3,4	-3,8	-4,2	-4,6	-5,0	-5,4	-5,7	-6,0	-6,4	-6,7	-7,0	-7,3
4,5	+ 5,4	+2,8	+1,7	+0,9	+0,2	-0,4	-1,0	-1,5	-1,9	-2,4	-2,8	-3,2	-3,6	-4,0	-4,3	-4,7	-5,0	-5,3	-5,6	-5,9	-6,2
5	+ 6,3	+3,7	+2,6	+1,8	+1,1	+0,5	0,0	-0,5	-1,0	-1,5	-1,9	-2,3	-2,7	-3,0	-3,4	-3,7	-4,1	-4,4	-4,7	-5,0	-5,3
5,5	+ 7,0	+4,5	+3,4	+2,6	+1,9	+1,3	+0,7	+0,2	-0,3	-0,7	-1,1	-1,5	-1,9	-2,3	-2,6	-2,9	-3,3	-3,6	-3,9	-4,2	-4,5
6	+ 7,7	+5,1	+4,1	+3,3	+2,6	+2,0	+1,4	+0,9	+0,4	0,0	-0,4	-0,8	-1,2	-1,6	-1,9	-2,3	-2,6	-2,9	-3,2	-3,5	-3,8
6,5	+ 8,3	+5,7	+4,6	+3,8	+3,1	+2,5	+2,0	+1,5	+1,0	+0,6	+0,2	-0,2	-0,6	-1,0	-1,3	-1,7	-2,0	-2,3	-2,6	-2,9	-3,2
7	+ 8,8	+6,2	+5,1	+4,3	+3,6	+3,0	+2,5	+2,0	+1,5	+1,1	+0,7	+0,3	-0,1	-0,5	-0,8	-1,1	-1,5	-1,8	-2,1	-2,4	-2,7
7,5	+ 9,2	+6,7	+5,6	+4,8	+4,1	+3,5	+3,0	+2,5	+2,0	+1,6	+1,1	+0,7	+0,4	0,0	-0,3	-0,7	-1,0	-1,3	-1,6	-1,9	-2,2
8	+ 9,6	+7,0	+6,0	+5,2	+4,5	+3,9	+3,4	+2,9	+2,4	+2,0	+1,6	+1,2	+0,8	+0,4	+0,1	-0,3	-0,6	-0,9	-1,2	-1,5	-1,8
8,5	+10,0	+7,4	+6,4	+5,5	+4,8	+4,2	+3,7	+3,2	+2,8	+2,3	+1,9	+1,5	+1,1	+0,8	+0,4	+0,1	-0,2	-0,5	-0,9	-1,1	-1,4
9	+10,3	+7,7	+6,7	+5,9	+5,2	+4,6	+4,0	+3,5	+3,1	+2,6	+2,2	+1,8	+1,4	+1,1	+0,8	+0,4	+0,1	-0,2	-0,5	-0,8	-1,1
9,5	+10,6	+8,0	+7,0	+6,2	+5,5	+4,9	+4,3	+3,8	+3,4	+2,9	+2,5	+2,1	+1,8	+1,4	+1,1	+0,7	+0,4	0,0	-0,3	-0,6	-0,9
10	+10,9	+8,3	+7,2	+6,4	+5,7	+5,1	+4,6	+4,1	+3,7	+3,2	+2,8	+2,4	+2,1	+1,7	+1,3	+1,0	+0,7	+0,4	+0,1	-0,2	-0,5
11	+11,3	8,8	7,7	6,9	6,2	5,6	5,1	4,6	4,1	3,7	3,3	2,9	2,5	2,2	1,8	1,5	1,2	0,9	0,6	+0,3	0,0
12	+11,7	9,2	8,1	7,3	6,6	6,0	5,5	5,0	4,5	4,1	3,7	3,3	2,9	2,6	2,2	1,9	1,6	1,3	1,0	0,7	+0,4
13	+12,1	9,5	8,4	7,7	7,0	6,4	5,8	5,3	4,9	4,4	4,0	3,6	3,3	2,9	2,6	2,2	1,9	1,6	1,3	1,0	0,7
14	+12,4	9,8	8,8	8,0	7,3	6,7	6,1	5,6	5,2	4,7	4,3	3,9	3,6	3,2	2,9	2,5	2,2	1,9	1,6	1,3	1,0
15	+12,6	10,1	9,0	8,2	7,5	6,9	6,4	5,9	5,4	5,0	4,6	4,2	3,8	3,5	3,1	2,8	2,5	2,2	1,9	1,6	1,3
16	+12,8	10,3	9,2	8,4	7,8	7,2	6,6	6,1	5,7	5,3	4,8	4,4	4,0	3,7	3,4	3,0	2,7	2,4	2,1	1,8	1,5
17	+13,0	10,5	9,4	8,6	8,0	7,4	6,8	6,3	5,9	5,5	5,0	4,6	4,2	3,9	3,6	3,2	2,9	2,6	2,3	2,0	1,7
18	+13,2	10,7	9,6	8,8	8,1	7,5	7,0	6,5	6,1	5,6	5,2	4,8	4,4	4,1	3,7	3,4	3,1	2,8	2,5	2,2	1,9
19	+13,4	10,8	9,8	9,0	8,3	7,7	7,2	6,7	6,2	5,8	5,4	5,0	4,6	4,2	3,9	3,6	3,3	2,9	2,6	2,3	2,1
20	+13,5	11,0	9,9	9,1	8,4	7,8	7,3	6,8	6,4	5,9	5,5	5,1	4,8	4,4	4,1	3,7	3,4	3,1	2,8	2,5	2,2
22	+13,8	11,2	10,2	9,4	8,7	8,1	7,6	7,1	6,6	6,2	5,8	5,4	5,0	4,7	4,3	4,0	3,7	3,4	3,1	2,8	2,5
24	+14,0	11,4	10,4	9,6	8,9	8,3	7,8	7,3	6,8	6,4	6,0	5,6	5,2	4,9	4,5	4,2	3,9	3,6	3,3	3,0	2,7
26	+14,2	11,6	10,6	9,8	9,1	8,5	8,0	7,5	7,0	6,6	6,2	5,8	5,4	5,1	4,7	4,4	4,1	3,8	3,5	3,2	2,9
28	+14,3	11,8	10,8	10,0	9,3	8,7	8,2	7,7	7,2	6,8	6,4	6,0	5,6	5,2	4,9	4,6	4,2	3,9	3,6	3,3	3,1
30	+14,5	11,9	10,9	10,1	9,4	8,8	8,3	7,8	7,3	6,9	6,5	6,1	5,7	5,4	5,0	4,7	4,4	4,1	3,8	3,5	3,2
35	+14,8	12,2	11,2	10,4	9,7	9,1	8,6	8,2	7,7	7,3	6,9	6,5	6,1	5,7	5,4	5,1	4,7	4,4	4,1	3,8	3,5
40	+15,0	12,5	11,4	10,6	9,9	9,3	8,8	8,4	7,9	7,5	7,1	6,7	6,3	5,9	5.6	5,2	4,9	4,6	4,3	4,0	3,7
45	+15,1	12,6	11,6	10,8	10,1	9,4	8,9	8,5	8,0	7,6	7,2	6,8	6,4	6,1	5,7	5,4	5,1	4,8	4,5	4,2	3,9
50	+15,3	12,7	11,7	10,9	10,2	9,6	9,1	8,6	8,2	7,7	7,3	6,9	6,6	6,2	5,9	5,5	5,2	4,9	4,6	4,3	4,0
55	+15,4	12,9	11,8	11,0	10,3	9,7	9,2	8,7	8,3	7,8	7,4	7,1	6,7	6,3	6,0	5,6	5,3	5,0	4,7	4,4	4,1
60	+15,5	13,0	12,0	11,2	10,5	9,9	9,3	8,8	8,4	8,0	7,6	7,2	6,8	6,4	6,1	5,8	5,4	5,1	4,8	4,5	4,3
70	+15,7	13,2	12,2	11,4	10,7	10,1	9,5	9,0	8,6	8,2	7,8	7,4	7,0	6,6	6,3	6,0	5,6	5,3	5,0	4,7	4,4
80	+15,9	13,4	12,4	11,6	10,9	10,3	9,7	9,2	8,8	8,4	8,0	7,6	7,2	6,8	6,5	6,2	5,8	5,5	5,2	4,9	4,6
90	+16,0	13,5	12,5	11,7	11,0	10,4	9,8	9,3	8,9	8,5	8,1	7,7	7,3	6,9	6,6	6,3	5,9	5,6	5,3	5,0	4,7

Zusatzbeschickung für den Kimmabstand des Sonnenunterrandes

Jan	Feb	Mrz	Apr	Mai	Jun	Jul	Aug	Sep	Okt	Nov	Dez
+0,3'	+0,2'	+0,1'	0,0'	-0,2'	-0,2'	-0,2'	-0,2'	-0,1'	+0,1'	+0,2'	+0,3'

Zusatzbeschickung für den Kimmabstand des Sonnenoberrandes

Jan	Feb	Mrz	Apr	Mai	Jun	Jul	Aug	Sep	Okt	Nov	Dez
-32,3'	-32,2'	-32,1'	-32,0'	-31,8'	-31,8'	-31,8'	-31,8'	-31,9'	-32,1'	-32,2'	-32,3'

Gesamtbeschickungstafel für den Kimmabstand des Sonnenunterrandes aus dem Nautischen Jahrbuch

Gesamtbeschickung für den Kimmabstand eines Fixsterns oder Planeten ✳

Kimm-ab-stand	Augeshöhe in Metern																				
	0	2	4	6	8	10	12	14	16	18	20	22	24	26	28	30	32	34	36	38	40
°	'	'	'	'	'	'	'	'	'	'	'	'	'	'	'	'	'	'	'	'	'
3	-14,4	17,0	18,1	19,0	19,7	20,3	20,9	21,4	21,9	22,3	22,8	23,2	23,5	23,9	24,3	24,7	25,0	25,3	25,6	25,9	26,2
3,5	-12,9	15,5	16,6	17,5	18,2	18,8	19,4	19,9	20,4	20,8	21,2	21,6	22,0	22,4	22,8	23,1	23,4	23,8	24,1	24,4	24,7
4	-11,8	14,3	15,4	16,3	17,0	17,6	18,1	18,6	19,1	19,6	20,0	20,4	20,8	21,1	21,5	21,9	22,2	22,5	22,8	23,1	23,4
4,5	-10,8	13,3	14,4	15,2	16,0	16,6	17,1	17,6	18,1	18,5	19,0	19,4	19,7	20,1	20,5	20,8	21,1	21,5	21,8	22,1	22,4
5	- 9,9	12,4	13,5	14,3	15,0	15,6	16,2	16,7	17,2	17,6	18,0	18,5	18,9	19,2	19,5	19,9	20,2	20,5	20,8	21,1	21,4
5,5	- 9,1	11,7	12,8	13,6	14,3	14,9	15,4	15,9	16,4	16,8	17,3	17,7	18,0	18,4	18,8	19,1	19,4	19,7	20,1	20,4	20,6
6	- 8,5	11,0	12,1	12,9	13,6	14,2	14,8	15,3	15,7	16,2	16,6	17,0	17,4	17,7	18,1	18,4	18,7	19,0	19,4	19,7	19,9
6,5	- 7,9	10,5	11,5	12,3	13,0	13,6	14,2	14,7	15,2	15,6	16,0	16,4	16,8	17,1	17,5	17,8	18,2	18,5	18,8	19,1	19,4
7	- 7,4	9,9	11,0	11,8	12,5	13,1	13,7	14,2	14,7	15,1	15,5	15,9	16,2	16,6	17,0	17,3	17,6	17,9	18,2	18,5	18,8
7,5	- 7,0	9,5	10,6	11,4	12,1	12,7	13,2	13,7	14,2	14,6	15,0	15,4	15,8	16,1	16,5	16,8	17,2	17,5	17,8	18,1	18,4
8	- 6,6	9,1	10,2	11,0	11,7	12,3	12,8	13,3	13,8	14,2	14,6	15,0	15,4	15,7	16,1	16,4	16,7	17,0	17,3	17,7	18,0
8,5	- 6,2	8,8	9,8	10,6	11,3	11,9	12,4	12,9	13,4	13,8	14,2	14,6	15,0	15,4	15,7	16,1	16,4	16,7	17,0	17,3	17,6
9	- 5,9	8,4	9,5	10,3	11,0	11,6	12,1	12,6	13,1	13,5	13,9	14,3	14,7	15,0	15,4	15,7	16,0	16,4	16,7	17,0	17,3
9,5	- 5,6	8,1	9,2	10,0	10,7	11,3	11,8	12,3	12,8	13,2	13,6	14,0	14,4	14,7	15,1	15,4	15,8	16,1	16,4	16,7	17,0
10	- 5,3	7,8	8,9	9,7	10,4	11,0	11,5	12,0	12,5	12,9	13,3	13,7	14,1	14,5	14,8	15,1	15,5	15,8	16,1	16,4	16,7
11	- 4,8	7,4	8,5	9,3	10,0	10,6	11,1	11,6	12,0	12,5	12,9	13,2	13,6	14,0	14,3	14,7	15,0	15,3	15,6	15,9	16,2
12	- 4,4	7,0	8,1	8,9	9,6	10,2	10,7	11,2	11,6	12,1	12,5	12,8	13,2	13,6	13,9	14,3	14,6	14,9	15,2	15,5	15,8
13	- 4,1	6,7	7,7	8,5	9,2	9,8	10,3	10,8	11,3	11,7	12,1	12,5	12,9	13,2	13,6	13,9	14,2	14,5	14,8	15,1	15,4
14	- 3,8	6,3	7,4	8,2	8,9	9,5	10,0	10,5	11,0	11,4	11,8	12,1	12,5	12,9	13,2	13,6	13,9	14,2	14,5	14,8	15,1
15	- 3,6	6,1	7,2	8,0	8,7	9,3	9,8	10,2	10,7	11,1	11,5	11,9	12,3	12,7	13,0	13,3	13,7	14,0	14,3	14,6	14,9
16	- 3,3	5,9	7,0	7,8	8,4	9,0	9,5	10,0	10,5	10,9	11,3	11,7	12,1	12,4	12,8	13,1	13,4	13,7	14,0	14,3	14,6
17	- 3,1	5,7	6,8	7,6	8,2	8,8	9,3	9,8	10,3	10,7	11,1	11,5	11,9	12,2	12,6	12,9	13,2	13,5	13,8	14,1	14,4
18	- 2,9	5,5	6,6	7,4	8,0	8,6	9,1	9,6	10,1	10,5	10,9	11,3	11,7	12,1	12,4	12,7	13,0	13,4	13,7	14,0	14,2
19	- 2,8	5,3	6,4	7,2	7,9	8,5	9,0	9,5	9,9	10,4	10,8	11,2	11,5	11,9	12,2	12,6	12,9	13,2	13,5	13,8	14,1
20	- 2,6	5,2	6,2	7,0	7,7	8,3	8,8	9,3	9,8	10,2	10,6	11,0	11,3	11,7	12,0	12,4	12,7	13,0	13,4	13,7	13,9
22	- 2,4	4,9	6,0	6,8	7,5	8,1	8,6	9,0	9,5	9,9	10,3	10,7	11,1	11,5	11,8	12,2	12,5	12,8	13,1	13,4	13,7
24	- 2,2	4,7	5,8	6,6	7,3	7,9	8,4	8,8	9,3	9,7	10,1	10,5	10,9	11,3	11,6	11,9	12,2	12,6	12,9	13,2	13,4
26	- 2.0	4,5	5,6	6,4	7,1	7,7	8,2	8,6	9,1	9,6	10,0	10,3	10,7	11,1	11,4	11,7	12,1	12,4	12,7	13,0	13,3
28	- 1,8	4,3	5,4	6,2	6,9	7,5	8,0	8,5	8,9	9,4	9,8	10,2	10,5	10,9	11,2	11,6	11,9	12,2	12,5	12,8	13,1
30	- 1,7	4,2	5,3	6,0	6,7	7,3	7,8	8,3	8,8	9,2	9,6	10,0	10,4	10,8	11,1	11,4	11,8	12,1	12,4	12,7	12,9
35	- 1,4	3,9	4,9	5,7	6,4	7,0	7,6	8,1	8,6	9,0	9,4	9,8	10,2	10,5	10,8	11,2	11,5	11,8	12,1	12,4	12,6
40	- 1,1	3,7	4,7	5,5	6,2	6,8	7,3	7,8	8,3	8,7	9,1	9,5	9,9	10,2	10,5	10,9	11,2	11,5	11,8	12,1	12,4
45	- 1,0	3,5	4,5	5,3	6,0	6,6	7,1	7,6	8,1	8,5	8,9	9,3	9,7	10,0	10,4	10,7	11,0	11,3	11,6	11,9	12,2
50	- 0,8	3,3	4,4	5,2	5,9	6,5	7,0	7,5	7,9	8,4	8,8	9,2	9,5	9,9	10,2	10,6	10,9	11,2	11,5	11,8	12,1
55	- 0,7	3,2	4,3	5,1	5,7	6,3	6,9	7,4	7,8	8,3	8,7	9,1	9,4	9,8	10,1	10,4	10,8	11,1	11,4	11,6	11,9
60	- 0,6	3,1	4,1	4,9	5,6	6,2	6,7	7,2	7,7	8,1	8,5	8,9	9,3	9,6	10,0	10,3	10,6	10,9	11,2	11,5	11,8
70	- 0,4	2,9	3,9	4,7	5,4	6,0	6,5	7,1	7,5	7,9	8,3	8,7	9,1	9,4	9,8	10,1	10,4	10,7	11,0	11,3	11,6
80	- 0,2	2,7	3,7	4,5	5,2	5,8	6,3	6,8	7,3	7,7	8,1	8,5	8,9	9,2	9,6	9,9	10,2	10,5	10,8	11,1	11,4
90	- 0,0	2,5	3,6	4,4	5,1	5,7	6,2	6,7	7,1	7,5	7,9	8,3	8,7	9,1	9,4	9,7	10,1	10,4	10,7	11,0	11,3

Zusatzbeschickung für Planeten

Kimm-ab-stand	Horizontalparallaxe					
	0,1'	0,2'	0,3'	0,4'	0,5'	0,6'
°	'	'	'	'	'	'
10	+0,1	+0,2	+0,3	+0,4	+0,5	+0,6
30	+0,1	+0,2	+0,3	+0,3	+0,4	+0,5
50	+0,1	+0,1	+0,2	+0,3	+0,3	+0,4
70	0,0	+0,1	+0,1	+0,1	+0,2	+0,2
80	0,0	0,0	+0,1	+0,1	+0,1	+0,1
90	0,0	0,0	0,0	0,0	0,0	0,0

Gesamtbeschickungstafel für Fixsterne und Planeten. Achtung: Das Vorzeichen ist immer negativ!

ÜBUNGSAUFGABE 56

Wie lautet die beobachtete Gestirnshöhe nach Beschikkung (Hb)?
Bei einer Augeshöhe von 4 m wird der Sonnenunterrand unter einem Winkel von 67°14′ gemessen.

ÜBUNGSAUFGABE 57

Bei einer Augeshöhe von 3 m wird der Sonnenunterrand mit 22°54′ gemessen.

ÜBUNGSAUFGABE 58

Bei einer Augeshöhe von 2 m wird der Sonnenoberrand mit 44°11′ im Juli gemessen.

ÜBUNGSAUFGABE 59

Bei einer Augeshöhe von 3 m wird der Sonnenoberrand mit 78°12′ im August gemessen.

Hermann Albrecht hat für den Gebrauch in Elektronenrechnern die Gesamtbeschickung der Sonne in kurze Formeln komprimiert, die ohne Verwendung der Gesamtbeschickungstafel ebenfalls zu sehr genauen Ergebnissen führen:

Sonnenunterrand ab 14°

$$16{,}55 - \frac{60}{\text{Höhe}} +^{*}\ 0{,}25 \times \cos(30 \times \text{Monat}) - 1{,}8 \times \sqrt{\text{Augeshöhe}}$$

Anmerkung: Wird der Sonnenoberrand gemessen, was in der Praxis fast nie vorkommt, müssen statt des mit * gekennzeichneten Plus ein Minus eingesetzt und außerdem 32 Minuten abgezogen werden.

Es wird dringend empfohlen, derartige Formeln nur in einem Vollprogramm eines Elektronenrechners zu verwenden, weil sie sonst eine Quelle für zahlreiche Rechenfehler darstellen. Man darf hierbei nicht übersehen, daß die Ermittlung der Gesamtbeschickung nur einen kleinen Schritt auf dem Wege zur Berechnung der astronomischen Standlinie darstellt.

Gesamtbeschickung für Fixsterne oder Planeten

Die Gesamtbeschickung für Fixsterne oder Planeten ist immer negativ, wie ein Blick in die Gesamtbeschikkungstafel zeigt (siehe Abbildung Seite 213). Hier läßt sich ebenfalls eine Vereinfachung, beispielsweise für eine Augeshöhe von 2 m, durchführen:

Augeshöhe	Kimmabstand
ab 18°	− 5′
ab 26°	− 4′
ab 45°	− 3′

Wird für die Venus die Horizontalparallaxe benötigt, so kann sie im Nautischen Jahrbuch, in dem die Daten für alle Gestirne über ein ganzes Jahr angegeben sind, im betreffenden Tag am Ende der Spalte „Venus“ als HP nachgesehen werden.

237 40.0	8.4	N 10 33.9	10.2	279 9.5	33	245 26.1
252 7.4	8.5	10 44.1	10.3	294 12.0	35	234 28.7
266 34.9	8.4	10 54.4	10.1	309 14.5	37	221 45.8
281 2.3	8.5	11 4.5	10.1	324 16.9	41	194 22.9
					43	173 37.7
T= 3^h34^m	MGZ 4^h	12^h	20^h	T= 1^h26^m		
	HP 60.1	59.9	59.7			

MARS		JUPITER		SATURN	
Grt	δ	Grt	δ	Grt	δ
° ′	° ′	° ′	° ′	° ′	°
130 4.9	S 11 58.4	169 17.7	N 5 50.1	160 2.1	N 2
145 5.9	11 59.0	184 19.7	5 49.9	175 4.3	2
160 6.8	11 59.5	199 21.6	5 49.7	190 6.5	2

Angabe der Horizontalparallaxe HP (Mond) für den 30. August 1980 im Nautischen Jahrbuch

			HP 60.1	59.9	59.7	
	VENUS		MARS		JUPITER	
UT1	Grt	δ	Grt	δ	Grt	
h	° ′	° ′	° ′	° ′	° ′	
0	226 0.1	N 19 13.3	130 4.9	S 11 58.4	169 17.7	N
1	240 59.9	19 13.1	145 5.9	11 59.0	184 19.7	
2	255 59.8	19 13.0	160 6.8	11 59.5	199 21.6	
3	270 59.6	19 12.8	175 7.7	12 0.1	214 23.6	
4	285 59.4	19 12.6	190 8.6	12 0.7	229 25.6	
5	300 59.2	N 19 12.5	205 9.5	S 12 1.3	244 27.5	
6	315 59.1	19 12.3	220 10.4	12 1.9	259 29.5	
7	330 58.9	19 12.1	235 11.4	12 2.5	274 31.5	
8	345 58.7	19 11.9	250 12.3	12 3.1	289 33.4	
9	0 58.5	19 11.8	265 13.2	12 3.7	304 35.4	
10	15 58.3	N 19 11.6	280 14.1	S 12 4.3	319 37.4	
11	30 58.2	19 11.4	295 15.0	12 4.9	334 39.4	
12	45 58.0	19 11.2	310 15.9	12 5.5	349 41.3	
13	60 57.8	19 11.0	325 16.9	12 6.1	4 43.3	
14	75 57.6	19 10.9	340 17.8	12 6.7	19 45.3	
15	90 57.4	N 19 10.7	355 18.7	S 12 7.3	34 47.2	
16	105 57.2	19 10.5	10 19.6	12 7.9	49 49.2	
17	120 57.0	19 10.3	25 20.5	12 8.5	64 51.2	
18	135 56.9	19 10.1	40 21.4	12 9.1	79 53.1	
19	150 56.7	19 9.9	55 22.3	12 9.7	94 55.1	
20	165 56.5	N 19 9.8	70 23.3	S 12 10.3	109 57.1	
21	180 56.3	19 9.6	85 24.2	12 10.9	124 59.0	
22	195 56.1	19 9.4	100 25.1	12 11.5	140 1.0	
23	210 55.9	19 9.2	115 26.0	12 12.1	155 3.0	
Unt.	-0.2	0.2	0.9	0.6	2.0	
	T= 8^h56^m	HP=0.2	T=15^h19^m	HP=0.1	T=12^h41^m	
		Gr.=-3.9		Gr.=+1.5		

Die Horizontalparallaxe ist am Ende der jeweiligen Jahrbuchseite angegeben.

ÜBUNGS-AUFGABE 60

Wie groß ist die beobachtete Gestirnshöhe nach Beschickung für:
den Sirius bei einer Augeshöhe von 3 m und einem Kimmabstand von 33°24′?

ÜBUNGS-AUFGABE 61

den Polarstern bei einer Augeshöhe von 3 m und einem Kimmabstand von 44°19′?

ÜBUNGS-AUFGABE 62

die Wega bei einer Augeshöhe von 4 m und einem Kimmabstand von 21°04′?

Die Formel nach Albrecht zur Benutzung in einem vollprogrammierbaren Rechner für die Berechnung der Gesamtbeschickung der Fixsterne und Planeten lautet:

Fixsterne und Planeten bei einer Höhe von mehr als 14°

$$0{,}4 - \frac{60}{\text{Höhe}} - 1{,}8\sqrt{\text{Augeshöhe}} = \text{Gesamtbeschickung}$$

Anmerkung: Bei der Venus kann zur Steigerung der Genauigkeit zum Ergebnis addiert werden:
+ Horizontalparallaxe × cos Höhe

Gesamtbeschickung für den Mond

Die Gesambeschickung für den Mond scheint, weil unser Nachbar ein so unruhiger Kerl ist, etwas schwieriger zu sein. Wie ein Blick in die Gesamtbeschickungstafel des Mondes zeigt, geht es hier doch um ganz erhebliche Winkelbeträge, die im Falle der Nichtberücksichtigung als Seemeilen in das Ergebnis eingehen würden (siehe Abbildung Seite 216). Irgendwelche Verkürzungen der Gesamtbeschickungstafel für den Kimmabstand des Mondes sind deshalb nicht möglich. Bei der Gesamtbeschickung für den Mond empfiehlt es sich ausnahmsweise, die Berechnungen *zunächst* mit Dezimalbruchteilen durchzuführen, weil sich bei mehreren Rechnungen die Dezimalbruchteile einer Minute bis zu einer Ungenauigkeit von zwei Minuten addieren könnten. Nach Berechnung der ganzen Gesamtberichtigung wird selbstverständlich auf volle Winkelminuten auf- oder abgerundet.

In jedem Fall muß zunächst aus dem Nautischen Jahrbuch die Horizontalparallaxe (HP) herausgesucht werden.
Nachdem sich diese auch über den Tag erheblich ändern kann, muß die Horizontalparallaxe für den Meßzeitpunkt sogar „über den Daumen" festgelegt werden. Im Nautischen Jahrbuch ist die Horizontalparallaxe für alle acht Stunden angegeben (siehe Abbildung Seite 214), so daß es nicht allzu schwer sein dürfte, sie für den Meßzeitpunkt auf Zehntelminuten genau (!) festzulegen. Ein Beispiel soll diesen ersten Schritt zur Suche der Gesamtbeschickung für den Mond verdeutlichen:
Der Mondoberrand wird am 30. August 1980 um 13-00-21 mit einem Kimmabstand von 33°24′ aus einer Augeshöhe von 4 m gemessen. Zunächst wird also die HP festgestellt. Wenn sie um 1200 59,9′ und um 2000 59,7′ beträgt, dann ist sie um 1310 ungefähr 59,9′. Anschließend kann in die Tafel eingegangen werden. Nachdem die Horizontalparallaxe von 59,9′ nicht als Spalte angegeben ist, muß der endgültige Wert zwischen den Werten der Spalten „59,5" und „60,0" liegen.
Man kann sich die Tabelle nunmehr folgendermaßen selbst hinschreiben:

	59,5′	59,9′	60,0′
33°	59,1′		59,7′
34°	58,5′		59,1′

Nach Interpolation läßt sich dann die Tabelle für 59,9′ ohne weiteres erweitern:

	59,5′	59,9′	60,0′
33°	59,1′	59,6′	59,7′
34°	58,5′	59,0′	59,1′

Nachdem nunmehr die Gesamtbeschickung für den Kimmabstand des Mondunterrandes bei der Horizontalparallaxe von 59,9′ für den Kimmabstand von 33° und von 34° festliegt, muß zusätzlich noch eine weitere Interpolation nach folgendem Muster für den genauen Kimmabstand durchgeführt werden:

	59,9′
33°	59,6′
33,5°	59,3′
34°	59,0′

Damit ist die Gesamtbeschickung für den Mondunterrand gefunden, in der aber noch nicht die Augeshöhe

☾ **Gesamtbeschickung für den Kimmabstand des Mondunterrandes**

Kimm-abstand	Horizontal-Parallaxe 54,0'	54,5'	55,0'	55,5'	56,0'	56,5'	57,0'	57,5'	58,0'	58,5'	59,0'	59,5'	60,0'	60,5'	61,0'
°	'	'	'	'	'	'	'	'	'	'	'	'	'	'	'
3	+48,4	49,1	49,7	50,3	50,9	51,5	52,2	52,8	53,5	54,1	54,7	55,3	56,0	56,6	57,3
3,5	+49,8	50,5	51,1	51,7	52,3	52,9	53,6	54,3	55,0	55,6	56,2	56,8	57,5	58,1	58,8
4	+51,0	51,7	52,3	52,9	53,5	54,1	54,8	55,5	56,2	56,8	57,4	58,0	58,7	59,3	60,0
4,5	+52,0	52,7	53,3	53,9	54,5	55,1	55,8	56,5	57,1	57,8	58,4	59,0	59,7	60,3	60,9
5	+52,9	53,6	54,2	54,8	55,4	56,0	56,7	57,3	58,0	58,6	59,2	59,8	60,5	61,1	61,8
5,5	+53,6	54,3	54,9	55,5	56,1	56,8	57,4	58,1	58,7	59,3	59,9	60,6	61,3	61,9	62,5
6	+54,3	54,9	55,5	56,2	56,8	57,4	58,1	58,7	59,3	60,0	60,6	61,3	61,9	62,5	63,1
6,5	+54,8	55,4	56,0	56,7	57,3	57,9	58,6	59,2	59,8	60,5	61,1	61,8	62,4	63,0	63,6
7	+55,3	55,9	56,5	57,1	57,8	58,4	59,1	59,7	60,3	60,9	61,6	62,2	62,9	63,5	64,1
7,5	+55,7	56,3	56,9	57,5	58,2	58,8	59,5	60,1	60,7	61,3	62,0	62,6	63,3	63,9	64,5
8	+56,0	56,7	57,3	57,9	58,5	59,1	59,8	60,4	61,0	61,6	62,3	62,9	63,6	64,2	64,8
8,5	+56,3	57,0	57,6	58,2	58,8	59,4	60,1	60,7	61,3	61,9	62,6	63,2	63,9	64,5	65,1
9	+56,5	57,2	57,8	58,4	59,1	59,7	60,3	60,9	61,6	62,2	62,8	63,4	64,1	64,7	65,4
9,5	+56,8	57,4	58,0	58,6	59,3	59,9	60,5	61,1	61,8	62,4	63,0	63,6	64,3	64,9	65,6
10	+57,0	57,6	58,2	58,8	59,5	60,1	60,7	61,3	62,0	62,6	63,2	63,8	64,5	65,1	65,8
11	+57,3	57,9	58,5	59,1	59,8	60,4	61,0	61,6	62,3	62,9	63,5	64,1	64,8	65,4	66,1
12	+57,5	58,1	58,7	59,3	60,0	60,6	61,2	61,8	62,5	63,1	63,7	64,3	65,0	65,6	66,2
13	+57,6	58,3	58,9	59,5	60,1	60,7	61,3	61,9	62,6	63,2	63,9	64,5	65,1	65,7	66,3
14	+57,7	58,3	58,9	59,5	60,2	60,8	61,4	62,0	62,7	63,3	63,9	64,5	65,2	65,8	66,4
15	+57,7	58,4	59,0	59,6	60,2	60,8	61,4	62,0	62,7	63,3	63,9	64,5	65,2	65,8	66,4
16	+57,7	58,4	59,0	59,6	60,2	60,8	61,4	62,0	62,7	63,3	63,9	64,5	65,1	65,7	66,4
17	+57,6	58,3	58,9	59,5	60,1	60,7	61,3	61,9	62,6	63,2	63,8	64,4	65,0	65,6	66,3
18	+57,5	58,2	58,8	59,4	60,0	60,6	61,2	61,8	62,5	63,1	63,7	64,3	64,9	65,5	66,1
19	+57,4	58,0	58,6	59,2	59,8	60,4	61,1	61,7	62,3	62,9	63,5	64,1	64,7	65,3	65,9
20	+57,2	57,9	58,5	59,1	59,7	60,3	60,9	61,5	62,1	62,7	63,3	63,9	64,5	65,1	65,7
21	+57,0	57,7	58,3	58,9	59,5	60,1	60,7	61,3	61,9	62,5	63,1	63,7	64,3	64,9	65,5
22	+56,8	57,4	58,0	58,6	59,2	59,8	60,4	61,0	61,6	62,2	62,8	63,4	64,1	64,6	65,2
23	+56,6	57,2	57,8	58,4	59,0	59,6	60,2	60,8	61,4	62,0	62,6	63,2	63,8	64,3	64,9
24	+56,3	56,9	57,5	58,1	58,7	59,3	59,9	60,5	61,1	61,7	62,3	62,9	63,5	64,0	64,6
25	+56,0	56,6	57,2	57,8	58,4	59,0	59,6	60,2	60,8	61,3	61,9	62,5	63,1	63,7	64,3
26	+55,7	56,3	56,9	57,5	58,1	58,6	59,2	59,8	60,4	61,0	61,6	62,2	62,8	63,3	63,9
27	+55,4	56,0	56,5	57,1	57,7	58,3	58,9	59,4	60,0	60,6	61,2	61,8	62,4	62,9	63,5
28	+55,0	55,6	56,2	56,7	57,3	57,9	58,5	59,0	59,6	60,2	60,8	61,4	62,0	62,5	63,1
29	+54,6	55,2	55,8	56,3	56,9	57,5	58,1	58,6	59,2	59,8	60,4	61,0	61,6	62,1	62,7
30	+54,2	54,8	55,4	55,9	56,5	57,1	57,7	58,3	58,8	59,4	60,0	60,5	61,1	61,6	62,2
31	+53,8	54,4	55,0	55,5	56,1	56,6	57,2	57,8	58,4	58,9	59,5	60,0	60,6	61,2	61,8
32	+53,4	54,0	54,5	55,1	55,7	56,2	56,8	57,3	57,9	58,4	59,0	59,6	60,2	60,7	61,3
33	+53,0	53,6	54,1	54,6	55,2	55,7	56,3	56.9	57,4	57,9	58,5	59,1	59,7	60,2	60,8
34	+52,5	53,1	53,6	54,1	54,7	55,2	55,8	56,3	56,9	57,4	58,0	58,5	59,1	59,6	60,2
35	+52,0	52,6	53,1	53,6	54,2	54,7	55,3	55,8	56,4	56,9	57,5	58,0	58,6	59,1	59,7
36	+51,5	52,1	52,6	53,1	53,7	54,2	54,8	55,3	55,9	56,4	56,9	57,4	58,0	58,5	59,1
37	+51,0	51,6	52,1	52,6	53,2	53,7	54,2	54,7	55,3	55,8	56,4	56,9	57,5	58,0	58,5
38	+50,5	51,1	51,6	52,1	52,6	53,1	53,7	54,2	54,7	55,2	55,8	56,3	56,9	57,4	57,9
39	+49,9	50,5	51,0	51,5	52,0	52,5	53,1	53,6	54,2	54,7	55,2	55,7	56,3	56,8	57,3
40	+49,4	49,9	50,4	50,9	51,5	52.0	52,5	53,0	53,6	54,1	54,6	55,1	55,6	56,1	56,7
41	+48,8	49,3	49,8	50,3	50,9	51,4	51,9	52,4	52,9	53,4	54,0	54,5	55,0	55,5	56,0
42	+48,2	48,8	49,3	49,8	50,3	50,8	51,3	51,8	52,3	52,8	53,3	53,8	54,3	54,8	55,4
43	+47,6	48,2	48,7	49,2	49,7	50,2	50,7	51,2	51,7	52,2	52,7	53,2	53,7	54,2	54,7
Mond-durchm.	29,4'	29,7'	30,0'	30,3'	30,6'	30,8'	31,1'	31,4'	31,7'	32,0'	32,2'	32,5'	32,8'	33,0'	33,3'

Bei Beobachtung des Mondoberrandes ist die Gesamtbeschickung um den Betrag des Monddurchmessers zu vermindern.

Berichtigung wegen der Augeshöhe

Ah in m	0	2	4	6	8	10	12	14	16	18	20
Berichtigung	+5.6'	+3,1'	+2,0'	+1,2'	+0,6'	0,0'	-0,6'	-1,1'	-1,5'	-1,9'	-2,3'

Ah in m	20	22	24	26	28	30	32	34	36	38	40
Berichtigung	-2,3'	-2,7'	-3,1'	-3,4'	-3,8'	-4,1'	-4,4'	-4,7'	-5,0'	-5,3'	-5,6'

Gesamtbeschickungstafel für den Kimmabstand des Mondunterrandes. Eingänge sind: Kimmabstand, Horizontalparallaxe und Augeshöhe. Beim Oberrand kommt noch eine entsprechende Zusatzbeschickung hinzu.

berücksichtigt ist. Hierzu wird noch die Zusatzbeschikkung am Unterrand der Gesamtbeschickung durchgeführt, was auf keine Schwierigkeiten stoßen dürfte:

$$\begin{array}{r} 59{,}3' \\ +\quad 2{,}0' \\ \hline 61{,}3' \end{array}$$

Nachdem der Mondoberrand beobachtet wurde (was in der Praxis sehr häufig vorkommt), muß von der Gesamtbeschickung für den Mondunterrand der Monddurchmesser abgezogen werden. Der Monddurchmesser ist für die jeweilige Horizontalparallaxen-Spalte unten angegeben und muß – wenn man es ganz genau machen möchte – nochmals zwischen den Spalten für 59,5′ und 60,0′ gemittelt werden.

ÜBUNGS-AUFGABE 63

Am 30. 8. 1980 wird um 06-22-12 der Mondunterrand aus einer Augeshöhe von 3 m mit 42°30′ beobachtet. Wie lautet die beschickte Höhe?

ÜBUNGS-AUFGABE 64

Am 30. 8. 1980 wurde um 18-19-44 der Mondoberrand aus einer Augeshöhe von 2 m mit 19°31′ beobachtet. Wie lautet Hb?

Auch die Gesamtbeschickung für den Mond läßt sich innerhalb eines Rechenprogramms in einem vollprogrammierbaren Rechner mit einer Formel nach Albrecht leicht berechnen:

Mond über 18°

$$0{,}49 - \frac{60}{\text{Höhe} - 1} + \text{Horizontalp.} \times \cos \text{Höhe} - 1{,}8 \times \sqrt{\text{Augeshöhe}}$$

Anmerkung: Wenn der Oberrand gemessen wurde, ist vom Ergebnis noch abzuziehen:
(Horizontalparallaxe × 0,272)
Wenn der Unterrand gemessen wurde, müssen diese Werte noch hinzugezählt werden.
Wenn Höhen über 50° gemessen wurden, ist in die Formel statt 0,49 einzusetzen: 0,63.

Mond-Gb nach Länger

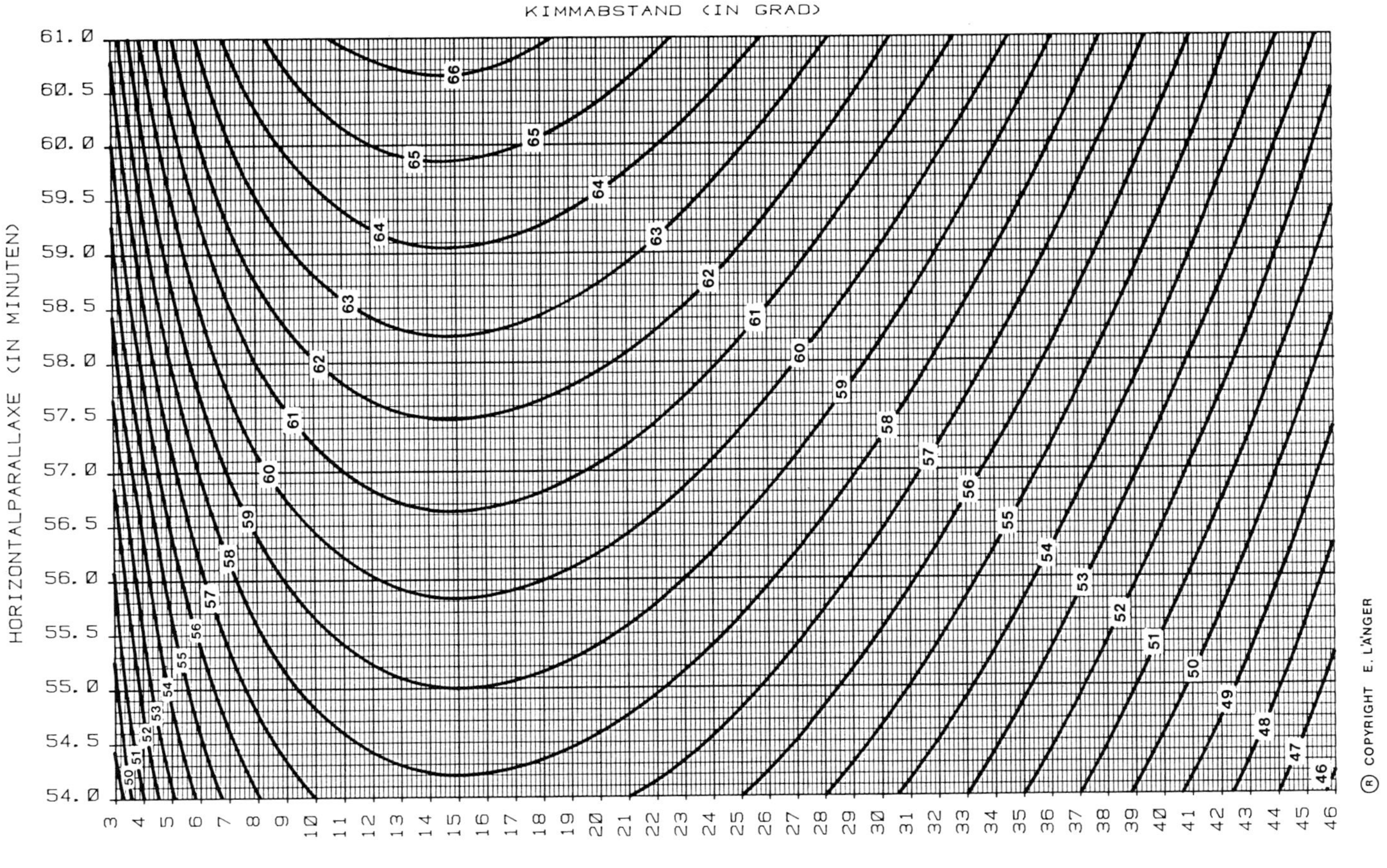

Dipl. Ing. Erich Länger hat eine sehr patente Methode erfunden, sich größeren Mühen bei der doch recht umständlichen Berechnung der Gesamtbeschickung für den Mond zu ersparen. Er verwendet zwei graphische Darstellungen, aus denen er die Beschickung für den Mond herauslesen kann. Hat man in der Praxis diese Methode ein paar Mal nur geübt, so funktioniert das anschließend in ein paar Sekunden. Auf der einen Seite geht man in die Tafel mit dem gemessenen Winkel und auf der anderen Seite mit der Horizontalparallaxe. Dort wo sich die waagrechten und senkrechten Eingänge schneiden, stellt man fest, auf welcher Kurve man sich befindet. Nachdem in der Astronavigation im wesentlichen nur die ganzen Winkelminuten entscheiden, braucht man auch nicht großartig zu interpolieren, wenn man sich zwischen zwei Kurven befindet (Seiten 217/218).

Wird der Mondoberrand gemessen, muß noch der Monddurchmesser, den man aus der vorangegangenen Gesamtbeschickungstafel unter der jeweiligen Horizontalparallaxe abliest, angebracht werden.

Ein Beispiel: Mondunterrand 52 Grad 22 Minuten, Horizontalparallaxe 54,8 Minuten. Aus den Kurvenblättern von Erich Länger ergibt sich eine Beschickung von 42 Minuten. Mühsam mit der Gb-Tafel aus dem Nautischen Jahrbuch ausgerechnet, kämen wir auf 42,1 Minuten. Wurde die Messung aus 4 m Augeshöhe vorgenommen, müssen dazu noch 2 Minuten hinzugerechnet werden und wenn der Mondoberrand gemessen wurde, müßten noch weitere 30 Minuten abgezogen werden, wie sich aus den Gb-Tafeln des Nautischen Jahrbuchs ergibt.

Das Höhenverfahren

Grundsätzlich *könnte* man eine astronomische Standlinie in gleicher Weise gewinnen wie eine Standlinie einer Höhenmessung eines Leuchtturms hinter der Kimm. Das heißt also:

1. Leuchtturm messen.
2. Aus dem gemessenen Kimmabstand die Entfernung zum Fußpunkt des Leuchtturms berechnen.

Mond-Gb nach Länger

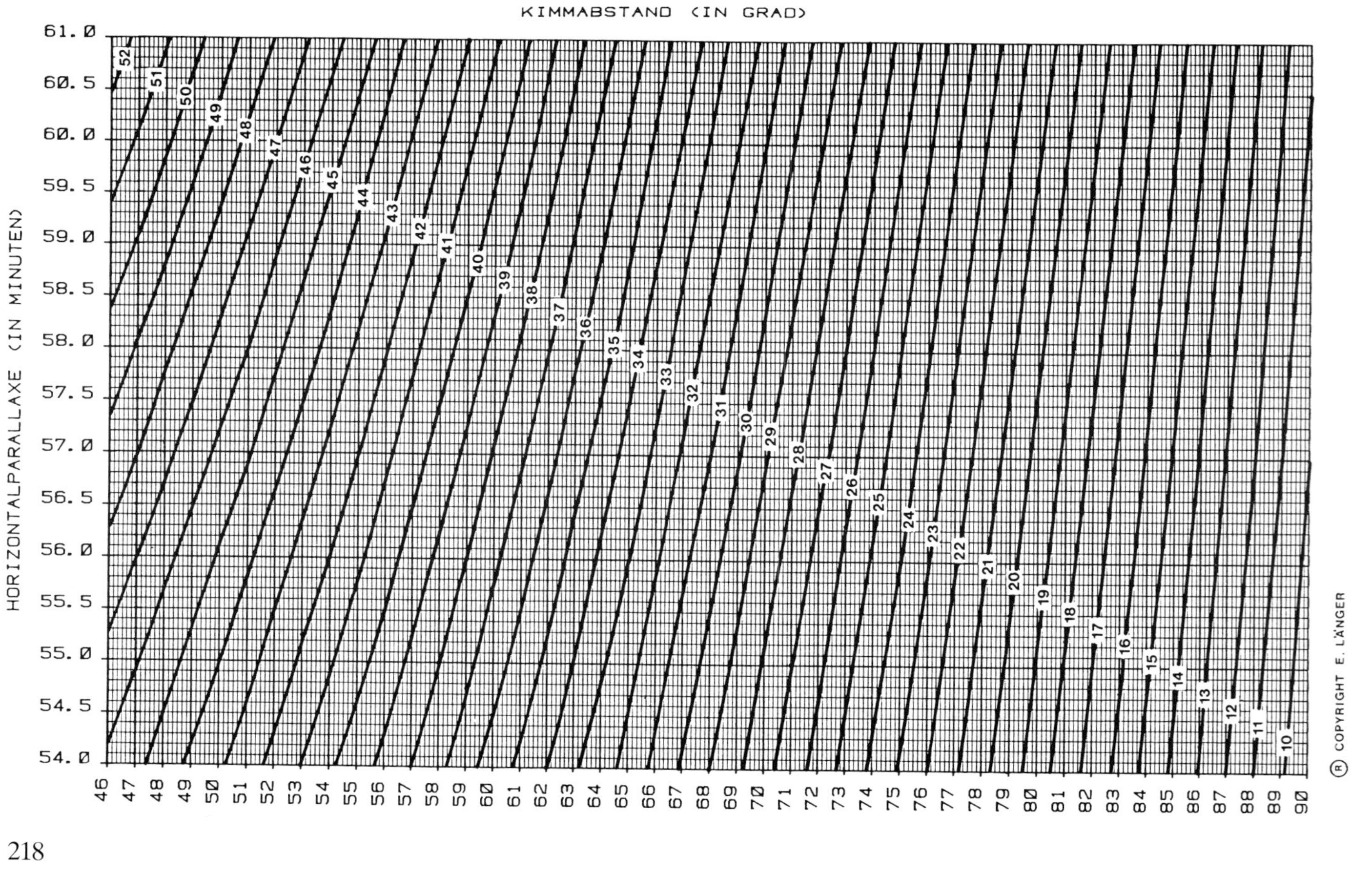

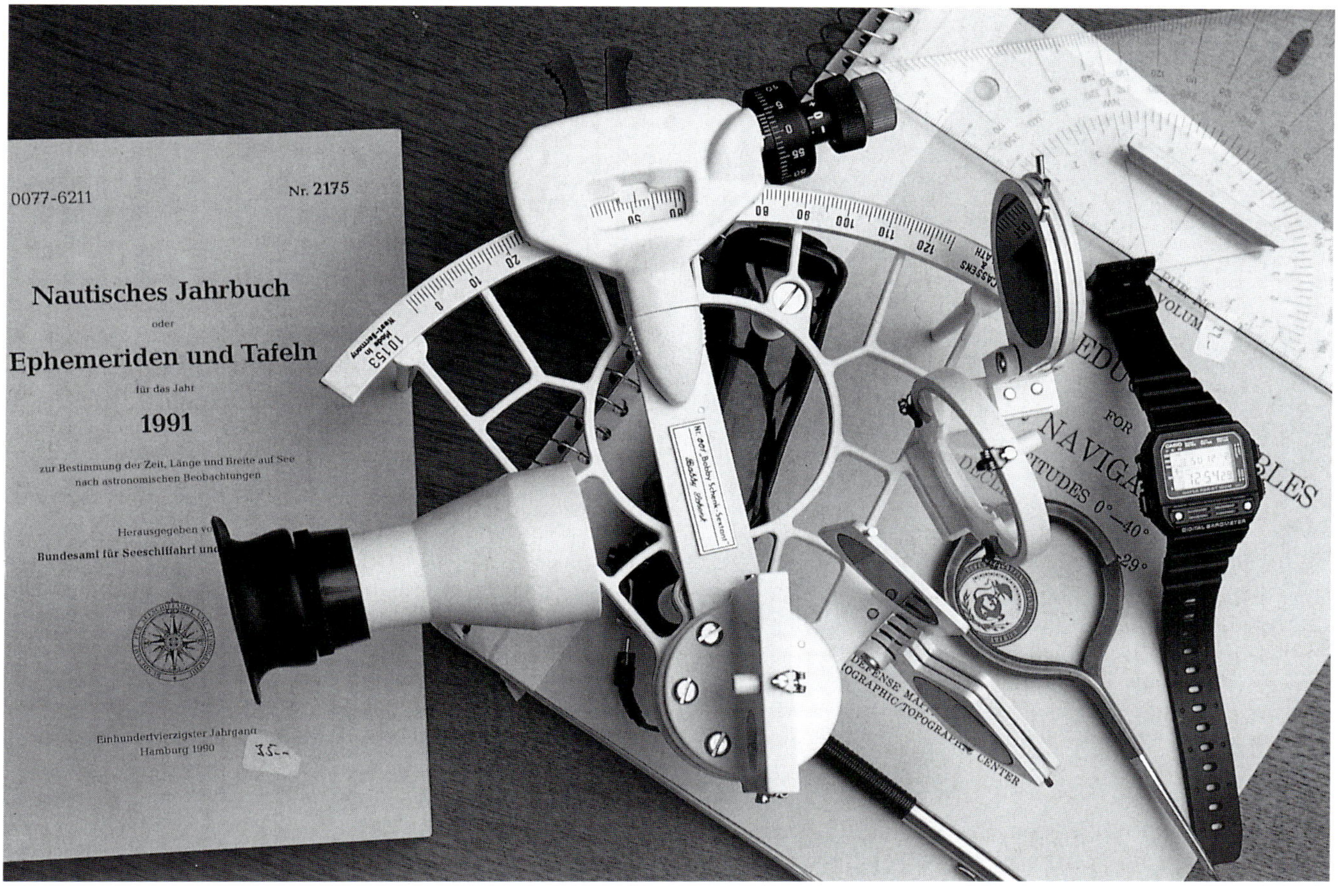

Komplette Ausrüstung für die Astronavigation. Damit ist man allen Aufgaben der Navigation mit Gestirnen gewachsen. Mit Quarzuhr, Sextant, Jahrbuch, H.O.-249-Tafeln und Zeichengerät kann man die Welt umsegeln. Wenn man es kann!

3. Position des Fußpunktes in der Seekarte suchen beziehungsweise festlegen.
4. Um den Fußpunkt des Leuchtturms einen Kreis mit der errechneten Entfernung schlagen (Standlinie).

Bei der Astronavigation würde das dann folgendermaßen aussehen:

1. Kimmabstand des Gestirns messen.
2. Entfernung zum „Fußpunkt“ des Gestirns messen.
3. Position des „Fußpunkts“ des Gestirns in der Karte festlegen.
4. Berechnete Entfernung in den Zirkel nehmen und um den Fußpunkt in der Karte einen Kreis schlagen (astronomische Standlinie).

Es handelt sich also im Grunde genommen um den gleichen Vorgang. Das einzige, was zunächst Schwierigkeiten machen dürfte, ist, den „Fußpunkt“ für das Gestirn zu finden. Natürlich hat jedes Gestirn einen „Fußpunkt“: Das ist jener Punkt, an dem ein Beobachter das Gestirn exakt senkrecht über sich hat. Oder mit anderen Worten: Das ist der Punkt, wo beispielsweise ein senkrechter Stab keinen Schatten wirft. Oder: Das ist der Punkt, an dem eine gedachte Linie vom Gestirn zum Erdmittelpunkt die Erdoberfläche durchstößt. Dieser Punkt wird auch Bildpunkt genannt.

Astronomische Navigation ohne Verständnis des Bildpunktes ist nicht möglich.

Es ist wichtig, sich zu vergegenwärtigen, daß dieser Punkt für den Augenblick einer logischen Sekunde tatsächlich existiert.

Daß beispielsweise die Sonne genau senkrecht über einer Person steht, kann man übrigens in Europa niemals erleben. Selbst im Hochsommer, wo die Sonne ihre Bahnen von Ost nach West relativ weit im Norden zieht, kommt sie über den 23. Breitengrad – genaugenommen über 23°26′N am 21. Juni – nicht hinaus, so daß uns Europäern dieses Schauspiel versagt bleibt. Im Winter

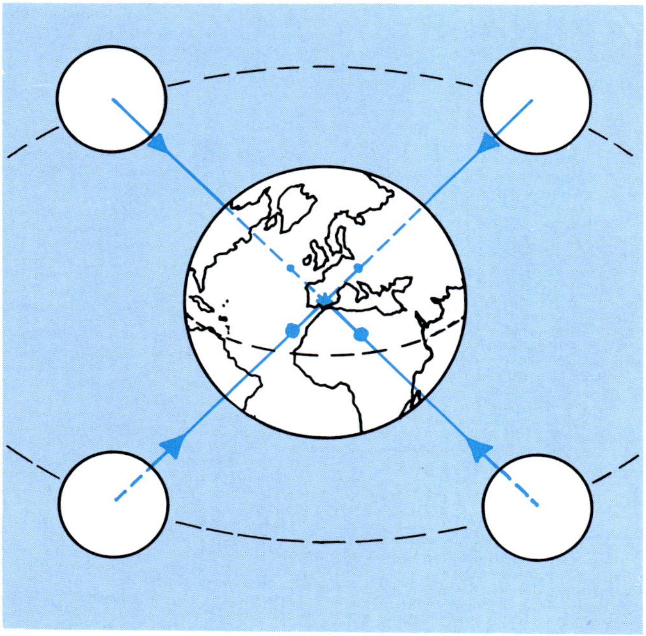

Der Bildpunkt entsteht durch eine gedachte Linie vom Gestirn zum Erdmittelpunkt an der Stelle, an der diese Linie auf die Erdoberfläche trifft. Der Bildpunkt ist also tatsächlich ein Ort mit geographischer Breite und Länge.

ist sie noch viel weiter von Europa entfernt; sie dreht sich parallel zum 23. südlichen Breitengrad um die Erde, was letztlich auch der Grund ist, daß es bei uns so kalt und daß zu diesem Zeitpunkt auf der Südhalbkugel Hochsommer ist.

Die Sonne dreht sich um die Erde? Natürlich nicht, doch ist es für die Zwecke der astronomischen Navigation gleichgültig, ob die Sonne um die Erde kreist oder umgekehrt. Denn bei jeder Messung geht es nur um zwei Gestirne: um die Erde und um ein weiteres Gestirn aus der Schar von Sonne, Mond und Sternen.

Wenn ein Betrachter das Glück hat, daß die Sonne sich genau über ihm befindet, hat er kaum Zeit, sich lange darüber zu freuen. Denn dies wird nur für Sekundenbruchteile der Fall sein. Bekanntlich benötigt die Sonne, die sich für uns scheinbar von Osten nach Westen um die Erde bewegt, genau 24 Stunden (einen Tag), um die Erde einmal zu umkreisen. Das bedeutet, daß auch ihr Bildpunkt auf der Erdoberfläche in 24 Stunden eine Erdumwanderung durchmachen muß; er hat also 360° zurückzulegen. Das ist eine ganz beachtliche Geschwindigkeit. Bewegt sich die Sonne beispielsweise am 21. März genau über dem Äquator (Frühlingsanfang!), so legt sie an einem Tag eine Strecke von 360 Längengraden zurück, wobei am Äquator jeder exakt 60 sm entspricht, denn am Äquator ist eine Längenminute ausnahmsweise genau so groß wie eine Breitenminute.

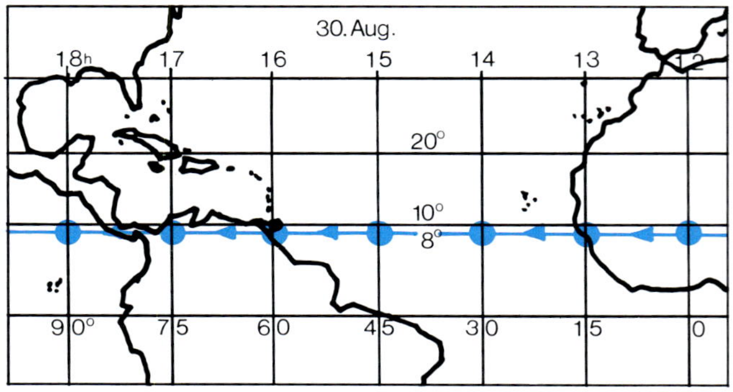

Der Bildpunkt bewegt sich rasend schnell, nämlich genau 15 Längengrade in einer Stunde! Das ist einmal um die Erde in 24 Stunden.

360 Längengrade in 24 Stunden bedeuten 15 Längengrade, also 900 sm in einer Stunde. Diese Geschwindigkeit von 900 kn ist Überschallgeschwindigkeit.

Nachdem sich der Bildpunkt also mit enormer Geschwindigkeit fortbewegt, er aber für die astronomische Navigation als „Fußpunkt" unter dem Gestirn nur dann brauchbar ist, wenn seine Position zum Zeitpunkt der Messung genau bekannt ist, braucht der Navigator ein Hilfsmittel, das ihm exakt sagt, wann er die Messung vorgenommen (Uhr) und wo sich der Bildpunkt zu diesem Meßzeitpunkt befunden hat: das Nautische Jahrbuch.

> Die Ost-West-Geschwindigkeit der Sonne ist genau 15 Längengrade pro Stunde.

Um das Höhenverfahren begreifen zu können, bedarf es nur weniger Überlegungen: Ausgangspunkt ist immer der Vergleich mit der Messung des Leuchtfeuers hinter der Kimm. Aus dem gemessenen Winkel läßt sich die Entfernung zum Fußpunkt des Leuchtturms beziehungsweise des Gestirns ausrechnen:

Man stelle sich vor, der Beobachter stünde exakt unter dem Gestirn. Er würde das Gestirn unter einem Winkel von 90° messen. Wäre er nicht genau unter dem Gestirn, so würde er es nicht mehr mit 90° messen, sondern bereits etwas flacher, also beispielsweise mit 89° oder 88°. Je weiter er vom Bildpunkt entfernt ist, um so niedriger mißt der Beobachter das Gestirn. Dabei entspricht wie immer in der astronomischen Navigation eine Winkelminute genau einer Seemeile. Wird beispielsweise die Sonne in einem berichtigten Winkel von 89°30′ gemessen, so würde sich der Beobachter 30 sm vom Bildpunkt befinden. Um eine astronomische Standlinie zeichnen zu können, bräuchte er also lediglich mit Hilfe des Nautischen Jahrbuches die Bildpunktkoordinaten für den Meßzeitpunkt festzustellen und dann um diesen Bildpunkt (die Engländer nennen ihn viel treffender GP = Geographical Position) den Abstandskreis zeichnen, um so die Standlinie zu erhalten. Würde ein Abstand von 70° gemessen, so betrüge der Kreisdurchmesser um den Bildpunkt 20°, also 1200 sm. Auf einer großformatigen Seekarte könnte dies unter Umständen noch gezeichnet werden. Es muß aber dabei berücksichtigt werden, daß es sich bei diesen Beispielen um Sonderfälle handelt, weil normalerweise wesentlich niedrigere Kimmabstände gemessen werden. Bei einem Ostseetörn handelt es sich im Hochsommer immerhin schon um Entfernungen von rund 2000 sm, und auch nur dann, wenn die Sonne am nächsten steht, wenn sie sich also genau südlich von der Ostsee befindet. Am Nachmittag befindet sich der Bildpunkt der Sonne bereits in der Karibik. An Bord ist sicher keine Karte vorhanden, wo diese Standlinie in Form eines riesigen Kreises um den Bildpunkt in der Karibik gezeichnet werden könnte.

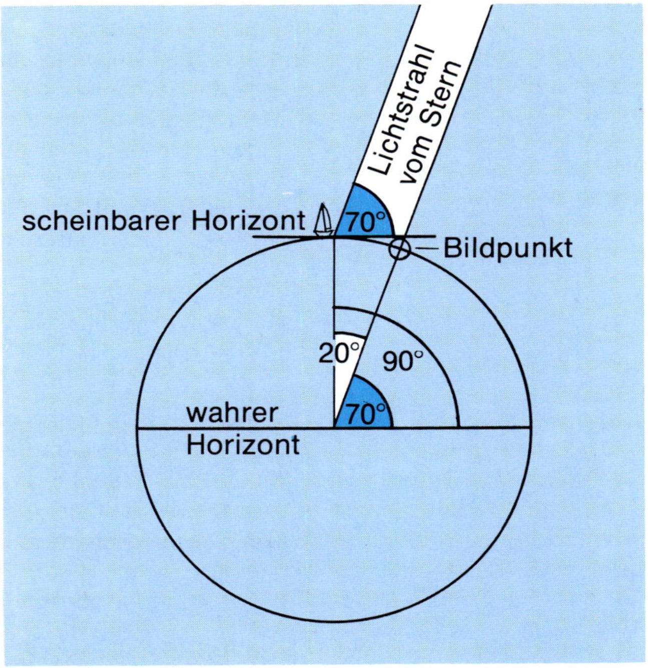

Die Entfernung des Beobachters vom Bildpunkt in Graden (= je 60 sm) ergibt sich aus dem berichtigten Höhenwinkel, nachdem dieser von 90° abgezogen wurde. Ein Blick auf den Erdmittelpunkt verklart dies. Der berichtigte Höhenwinkel erscheint dort noch einmal.

Allein um diese praktische Schwierigkeit beim Zeichnen zu umgehen, hat Marc St. Hilaire das Höhenverfahren entwickelt. Zum Verständnis dieses Systems sind keine physikalischen oder gar mathematischen Grundkenntnisse notwendig, der gesunde Menschenverstand reicht hierzu völlig aus. Gerade heute in der Zeit der immer leistungsfähiger werdenden Elektronenrechner und Computer ist die Versuchung groß, sich um das Prinzip der astronomischen Navigation nicht mehr zu kümmern. Es wäre aber schade, wenn der Leser aus Bequemlichkeit daran vorbeiginge. Immerhin handelt es sich beim Höhenverfahren um die schlechthin größte Entdeckung in der Geschichte der Navigation, als Ende einer jahrhundertelangen Entwicklung, um die sich so große Männer wie Kolumbus, Magellan, Diaz und vor allem James Cook – um nur einige stellvertretend für viele zu nennen – bemüht haben. Wenn der Leser nur einen Hauch von Liebe zur Kunst der Navigation verspürt, so möge er die nachfolgenden Schritte – einen nach dem anderen – durcharbeiten und geistig nachvollziehen:

1. Aus dem Kimmabstand kann der Navigator – wie eben dargelegt – die Entfernung zum Bildpunkt leicht ausrechnen. Je größer der Kimmabstand, um so näher befindet er sich am Bildpunkt (bei 90° ist er genau auf dem Bildpunkt), je kleiner der Kimmabstand, um so weiter ist er vom Bildpunkt entfernt. Es besteht also eine ganz feste Beziehung zwischen dem Kimmabstand und der Entfernung des Beobachters zum Bildpunkt.
2. Wenn aus dem Kimmabstand die Entfernung berechnet werden kann, so könnte umgekehrt auch aus der Entfernung der Kimmabstand berechnet werden. Gerade dieser Schritt wird oftmals nicht begriffen, obgleich er doch nur einen Umkehrschluß von dem darstellt, was oben gesagt wurde. Wenn der Beobachter, der sich zufälligerweise in der Nähe des Bildpunktes befindet, diesen nicht mehr genau senkrecht über sich, also mit 90° sieht, sondern nur noch mit 89°, so ist er ein Grad (= 60 sm) vom Bildpunkt entfernt. Umgekehrt aber kann der Winkel, unter dem das Gestirn gesehen wird, mit 89° angegeben werden, wenn aus irgendwelchen Gründen bekannt ist, daß der Beobachter 60 sm vom Bildpunkt entfernt steht.
3. Die Entfernung läßt sich aber nur zwischen zwei Punkten berechnen: zwischen dem Bildpunkt und dem Schiffsort. Der Schiffsort ist jedoch nicht bekannt, der soll ja erst durch die astronomischen Standlinien gefunden werden. Bekannt ist allerdings der gegißte Schiffsort.
4. Es ist also nicht möglich, die Entfernung zwischen dem Schiffsort und dem Bildpunkt auszurechnen. Als Notbehelf läßt sich für die Entfernungsberechnung zum Bildpunkt *zunächst* der gegißte Schiffsort verwenden. Nachdem die Entfernung zwischen allen Orten auf der Erdoberfläche ausgerechnet werden kann (siehe Seite 21), läßt sich ohne weiteres die Entfernung gegißter Schiffsort – Bildpunkt ermitteln.
5. Somit kann nunmehr nach dem Schluß unter Punkt

2 und 4 aus der Entfernung auch der Kimmabstand berechnet werden, der – und das ist wichtig – im gegißten Schiffsort *gemessen worden wäre, hätte sich der Beobachter im gegißten Schiffsort auch tatsächlich befunden.*

6. Wenn sich der Beobachter auf der Standlinie befindet, die durch den gegißten Schiffsort verläuft, also auf dem Kreis, der mit der Entfernung als Halbmesser um den Bildpunkt geschlagen werden könnte, so müßte er exakt den Winkel als Kimmabstand gemessen haben, der berechnet worden wäre.
7. In fast allen Fällen wird der Navigator nicht diesen berechneten Kimmabstand gemessen haben, sondern einen kleineren oder einen größeren Winkel. Ist der Winkel größer als der berechnete, so war der Navigator während des Messens näher am Bildpunkt, ist er kleiner, so war er weiter entfernt. Er befand sich also im ersteren Falle auf einem Kreis um den Bildpunkt mit einem geringeren Halbmesser und im zweiten Fall auf einem Kreis um den Bildpunkt mit einem größeren Halbmesser.
8. Wollte man den Unterschied, um den der Navigator näher zum Gestirn, beziehungsweise dessen Bildpunkt, oder weiter weg ist, auf der Karte abtragen, so könnte man das nur auf dem Radius des Abstandskreises zum Bildpunkt tun.
9. Die Kreise um den Bildpunkt sind so groß, daß für die Praxis vollkommen ausreichend das winzige Stückchen des Kreises, auf dem sich der Navigator befindet, als Gerade angesehen werden kann. Die Gerade hat die Richtung der Tangente an den Kreis, steht also auf der Richtung zum Bildpunkt genau senkrecht.
10. Zum Zeichen der Standlinie muß der Navigator also auch die Richtung zum Bildpunkt (– Azimut) berechnen, was der Aufgabenstellung auf Seite 25 entspricht, wo der rechtweisende Kurs (Großkreis) zwischen zwei Punkten – Bildpunkt oder gegißter Schiffsort – berechnet wurde. Hätte der Navigator nämlich die Richtung zum Gestirn nicht, so könnte er auch die Standlinie mangels Richtung nicht zeichnen, selbst wenn er wüßte, um wieviel näher am Bildpunkt oder weiter entfernt vom Bildpunkt er war, als es der gegißte Schiffsort war.

Zur Verdeutlichung: Wenn – was ein unwahrscheinlicher Zufall wäre – die beobachtete Gestirnshöhe nach Beschickung genau die berechnete Gestirnshöhe (Hc)* wäre, so bedeutet dies nicht, daß sich der Beobachter im gegißten Schiffsort befindet; vielmehr steht er auf der Standlinie, die durch den gegißten Schiffsort läuft: auf der Höhengleiche. Alle Beobachter, die sich auf diesem Kreis befinden würden, würden ja denselben Winkel messen.

Hier wird der aufmerksame Leser eine Frage stellen: Wenn der Navigator sich aber nicht im gegißten Schiffsort befindet, sondern auf der Höhengleiche (das ist der Kreis um den Bildpunkt) links oder rechts daneben, ist dann nicht die Berechnung der Richtung zum Bildpunkt beziehungsweise zum Gestirn sinnlos, da nunmehr der Beobachter ja ein anderes Azimut hat? Dieser Einwand ist berechtigt, spielt aber in der Praxis keine Rolle. Das Azimut benötigt der Navigator ja lediglich darum, daß er beim Zeichnen der Standlinie weiß, in welcher Richtung er den Unterschied zwischen beobachteter Ge-

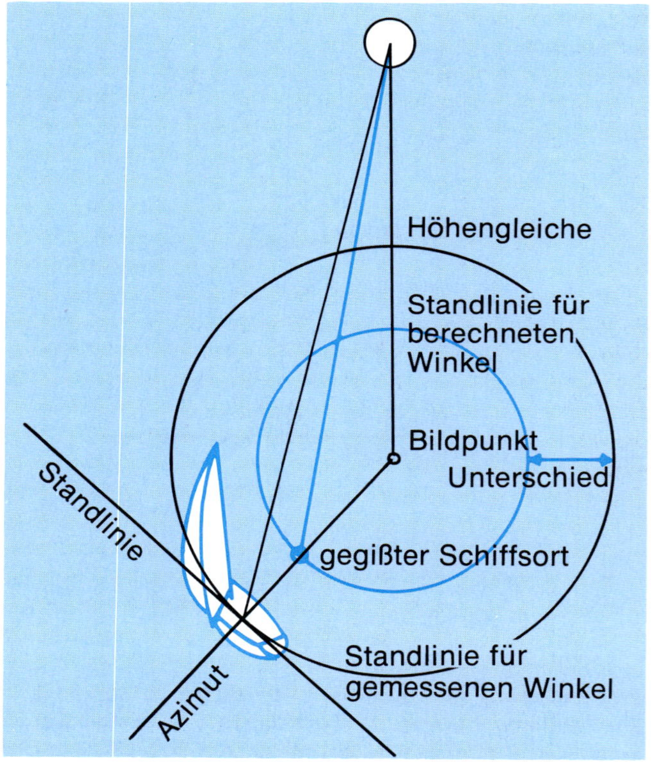

Die astronomische Standlinie ist genaugenommen ein Stück aus einem sehr großen Kreis, so daß sie in der Praxis als Gerade gezeichnet werden kann. Diese Gerade hat exakt dieselbe Richtung wie die Tangente an den Kreis. Die Tangente ist genau senkrecht zum Azimut. Auf dem Azimut wird auch der Unterschied zwischen gemessenem und berechnetem Winkel abgetragen. Wurde ein größerer Winkel gemessen als berechnet, so ist der Unterschied zum Gestirn hin abzutragen, anderenfalls von ihm weg. Der Abstandskreis wird als Höhengleiche bezeichnet, weil alle Beobachter, die sich auf diesem Kreis befinden, das Gestirn unter der gleichen Höhe sehen.

* Im folgenden wird die berechnete Gestirnshöhe meist mit Hc bezeichnet, entsprechend der Ausdrucksweise in den Nautischen Tafeln H. O. 249 und H. O. 229, die heutzutage ausschließlich in der astronomischen Navigation verwendet werden und englischer Herkunft sind. Hc kommt von height computed = berechnete Höhe.

stirnshöhe vom Bildpunkt weg oder zum Bildpunkt hin abtragen muß.
Nachdem im allgemeinen der Standlinienkreis außerordentlich groß ist, spielt eine seitliche Versetzung des Beobachters gegenüber dem gegißten Schiffsort nur – theoretisch – insofern eine Rolle, als bei einer seitlichen Versetzung von beispielsweise 20 sm das Azimut nicht wie berechnet 171°, sondern 171,4° beträgt. Dieser geringfügige Unterschied kann durchaus vernachlässigt werden.
Damit wird auch die Bedeutung des gegißten Schiffsortes aufgezeigt. Solange der gegißte Schiffsort sich einigermaßen in der Nähe des tatsächlichen Schiffsortes befindet, ergeben sich aus dieser Methode keine spürbaren Ungenauigkeiten. Bei einer aufmerksamen Schiffsführung sollte der gegißte Schiffsort kaum je weiter als 30 sm vom tatsächlichen Schiffsort entfernt sein. Aber auch wenn dieser Ausnahmefall einmal eintreten sollte, bedeutet es noch kein Unglück. Wenn nämlich dann aufgrund astronomischer Berechnungen letztlich der Schiffsort festgestellt ist, wird sich herausstellen, daß er weiter als beispielsweise 30 sm vom gegißten Schiffsort entfernt war, worauf der Navigator die Rechnungen ohne weiteres noch einmal durchführen kann. Dabei verwendet er statt des gegißten Schiffsortes den zuletzt berechneten Schiffsort, nachdem er gesehen hat, daß der berechnete Schiffsort zwar wegen der weiten Entfernung zum gegißten Schiffsort noch nicht genau sein kann, doch aber wesentlich präziser als der ursprünglich gegißte Schiffsort. Aber zur Beruhigung ängstlicher Navigatoren sei gesagt: Dieser Fall kommt in der Praxis außerordentlich selten vor, so daß deshalb niemand an der Methode von Marc St. Hilaire zweifeln muß.
Das Höhenverfahren funktioniert zusammengefaßt folgendermaßen:

- Es wird der gegißte Schiffsort festgestellt.
- Das Gestirn wird gemessen und der Meßzeitpunkt auf die Sekunde genau abgelesen.
- Es wird die Position des Bildpunktes auf der Erdoberfläche mit Hilfe des Nautischen Jahrbuches festgestellt.
- Es wird der Winkel berechnet, der hätte gemessen werden müssen, wenn das Schiff genau die gleiche Entfernung vom Blickpunkt gehabt hätte wie der gegißte Schiffsort.
- Es wird der Unterschied in Winkelminuten zwischen berechneter und beobachteter Gestirnshöhe nach der Beschickung festgestellt, wobei eine Winkelminute auf der Erdoberfläche genau einer Seemeile entspricht.
- Es wird die Richtung vom gegißten Schiffsort zum Bildpunkt (Azimut) berechnet, um auf dieser Gerade den Unterschied zwischen gemessenem und errechnetem Winkel vom gegißten Schiffsort zum Gestirn hin oder vom Gestirn weg abtragen zu können.
- Durch den so entstandenen neuen Punkt wird senkrecht zum Azimut die Standlinie gezeichnet.

Um nun eine astronomische Standlinie zeichnen zu können, sind nur noch zwei Fragen zu beantworten.

1. Wie wird die Position des Bildpunktes festgestellt?
2. Wie werden das Azimut (Richtung zum Gestirn beziehungsweise Bildpunkt) und der Winkel berechnet, der hätte gemessen werden müssen, wenn der Beobachter vom Bildpunkt die gleiche Entfernung gehabt hätte wie der gegißte Schiffsort?

Da sich alle Gestirne rasend schnell um die Erde bewegen, die Koordinaten des Bildpunktes auf der Erdoberfläche sich also dementsprechend schnell verändern, muß zu ihrer Bestimmung zunächst für den Meßzeitpunkt die genaue Zeit festgestellt werden.

Die Zeit

Man war schon vor vielen hundert Jahren in der Lage, mit Hilfe der Gestirne an einem *bekannten* Ort die Zeit festzustellen. Umgekehrt war es kein großes Problem, die Position der Gestirne bei bestimmter Zeit nicht nur für den bekannten Beobachterstandort, sondern auch für andere Orte vorauszuberechnen. Man hätte also schon vor zweihundert Jahren recht genau astronomisch navigieren können, wenn nicht eine Schwierigkeit bestanden hätte, die uns heute geradezu lächerlich erscheint: Bis vor etwa einhundert Jahren war es nicht möglich, die Zeit, die bei der Abfahrt festgestellt wurde, auf die Reise „mitzunehmen", weil genaugehende Uhren unbekannt waren. Fehler in der Zeit gehen ja voll in die Position des Bildpunktes und damit – weil die Entfernung des gegißten Schiffsortes zum Bildpunkt maßgeblich für die Standlinie ist – in den Standort ein. Wie dargelegt, bewegt sich die Sonne zu bestimmten Zeiten beispielsweise mit einer Geschwindigkeit von 900 kn, das heißt, eine einzige Minute Zeitfehler macht schon 15 sm, vier Sekunden immerhin 1 sm Fehler im Standort aus.
In der ersten Hälfte des 18. Jahrhunderts kannte man nur Uhren, die einen Fehler von bis zu zwei Minuten pro Tag zuließen. Der Standort wurde also jeden Tag um 30 sm schlechter, nur deshalb, weil eine genaue Uhr

oder, wie die Engländer besser sagen, ein *timekeeper* noch nicht bekannt war. Diese Unsicherheit bei der Standortbestimmung kostete Hunderte von Seeleuten das Leben, und es wurden Inseln entdeckt und nicht wiederaufgefunden, weil ihre Position nicht genau festgestellt werden konnte. In dieser Zeit spielt auch die erwähnenswerte Geschichte des John Harrison, der sich daranmachte, das Problem der Zeit endlich durch eine genaugehende Uhr zu lösen. Die englische Krone hatte 20 000 Pfund Sterling ausgesetzt, wenn nur jemand eine Uhr präsentieren würde, mit der die Schiffsposition besser als 30 sm bestimmt werden konnte. John Harrison – eigentlich Zimmermann von Beruf – widmete sich praktisch zeit seines Lebens dieser Aufgabe, baute zunächst riesige Uhren, die Harrison Nr. 1 (H1) und die Harrison Nr. 2 (H2), bis er schließlich 1764 die H4 auf eine Reise nach Barbados mitgab (siehe Abbildungen Seite 215 rechts und 216). Nach der fünf Monate langen Reise wurde ein Fehler von lediglich 15 Sekunden festgestellt, eine Meisterleistung nicht nur für die damalige, sondern auch für die heutige Zeit. Als über Siebzigjähriger kam Harrison so doch noch nach vielen Querelen in den Genuß des Riesenvermögens von 20 000 Pfund Sterling.

Aber es dauerte noch hundert Jahre, bis alle Schiffe mit einer genaugehenden Uhr ausgerüstet werden konnten, weil die Werke Harrisons, denen übrigens James Cook auf seiner zweiten und dritten Weltreise viele Entdekkungen verdankte, zu empfindlich waren, um dem rauhen Bordbetrieb gewachsen zu sein.

Da hat es der heutige Yachtskipper einfacher. Auch billige Quarzuhren übertreffen die bis vor wenigen Jahren gebräuchlichen Schiffschronometer weit an Genauigkeit und erst recht noch an Robustheit.

Wie genau muß eine Navigationsuhr sein?

Man kann heute erwarten, daß ein aufmerksamer Navigator immer über eine Zeit verfügt, die mindestens auf eine Sekunde genau ist, also der Zeitfehler höchstens eine viertel Seemeile beträgt. Die üblichen Quarzuhren, deren Qualität nicht unbedingt mit dem Preis steigt, haben eine Abweichung von maximal einer Sekunde pro Tag. Das Führen eines Chronometer-Tagebuchs, wie es bis vor wenigen Jahren zu den Pflichten eines Navigators gehört hat, ist heute sinnlos geworden, weil die Gangungenauigkeit von Quarzuhren derart gering gegenüber den früheren Chronometern ist, daß sie in einer graphischen Darstellung nicht mehr erfaßt werden kann. Sie hängt nämlich in erster Linie von Temperaturschwankungen, Stromspannung usw. ab, Bedingungen also, die sich von Tag zu Tag ohne Gesetzmäßigkeit ändern können. Trotzdem wird der Navigator bei längerer Beobachtung seiner Uhr automatisch feststellen, daß sie beispielsweise in drei Tagen um eine Sekunde verliert oder um eine Sekunde gewinnt.

Bei langen Atlantiktörns kommt es darauf nicht mehr an, weil der Navigator mit Hilfe eines Kurzwellenempfängers in der Lage ist, mehrmals am Tage seine Uhr zu überprüfen. Stellt er hier bei Reisefortdauer den „Stand" (das ist der Unterschied zur tatsächlichen Zeit) fest, so ist es bei den meisten Uhren untunlich, sie jeweils wieder auf das Zeitzeichen zu synchronisieren, weil dies einerseits je nach Uhrtyp recht kompliziert sein kann, andererseits tägliche Eingriffe in die Uhr sich nicht günstig auswirken. Viel besser ist es, sich den Stand der Navigationsuhr zu notieren und dann bei der Zeitmessung zu berücksichtigen. Dies ist so einfach, daß größere Ausführungen darüber überflüssig sind. Geht beispielsweise eine Uhr um drei Sekunden nach, so müssen eben zum Meßzeitpunkt drei Sekunden hinzugezählt werden. Bei einem größeren Stand als fünf Sekunden wird der Navigator die Uhr wieder neu stellen.

Eine große Erleichterung ist ein Einstellring, wie er oftmals an Taucheruhren zu finden ist. Der Einstellring braucht mit seiner Nullmarke lediglich auf die Stelle gestellt zu werden, die der Sekundenzeiger beim Zeit-

Diese Uhr hat einen „Stand" von acht Sekunden. Eine rechnerische Berücksichtigung ist aber nicht notwendig, weil die Uhrzeit auch am Taucheinstellring abgelesen werden kann und damit der Stand eliminiert ist. Im Moment ist es 03-34-00 UTC.

zeichen für die volle Minute angibt. Anschließend wird die genaue Meßzeit am Einstellring abgelesen.
Dies ist nur möglich bei einer Quarzuhr mit Analoganzeigen, also mit Zeigern. Quarzuhren mit Digitalanzeige eignen sich gleichermaßen gut für die Navigation – sind in den Händen eines laienhaften Zeitnehmers (Helfers) sogar viel besser –, aber nur dann, wenn sie über eine Flüssigkeitskristallanzeige (LCD) verfügen. Quarzuhren mit LED-Anzeige – das sind die roten oder grünen Leuchtziffern – sind für die Navigation weniger gut geeignet. Am untauglichsten sind die Quarzuhren der frühen Stunde, bei denen zum Ablesen eigens ein Knopf gedrückt werden mußte.
Quarzuhren sind nicht mehr wie frühere Chronometer gegen mechanische Erschütterungen empfindlich. Das heißt, durch die Bewegungen am Armgelenk wird ihre Genauigkeit nicht negativ beeinflußt. Wesentlich für die Genauigkeit von Quarzuhren ist eine gleichbleibende Temperatur, die am besten am Armgelenk gewährleistet ist. Dies setzt natürlich voraus, daß die Uhr ansonsten gegen Umwelteinflüsse weitgehend geschützt ist. Am besten eignet sich deshalb für den Navigator an Bord einer seegehenden Yacht eine Taucheruhr, die er Tag und Nacht trägt. Achtung: Gerade Taucheruhren sind besonders empfindlich gegen oftmaliges Verstellen der Zeit, weil hierdurch leicht die Dichtungen an der Krone in ihrer Wirksamkeit nachlassen. Beim Kauf achte man darauf, daß sie tatsächlich als Taucheruhr deklariert ist. Uhren, die nur als „wasserdicht" bezeichnet werden, taugen für den rauhen Bordbetrieb nicht besonders.
Steht man noch vor der Anschaffung einer Quarzuhr, entscheide man sich für eine solche mit Kalender. Bei Langtörns, bei denen man sich in der Nähe der Datumsgrenze befindet, ist es immer empfehlenswert, einen Kalender auf der Uhr zu haben, weil möglicherweise das Datum nach der koordinierten Weltzeit UTC (die allein maßgeblich ist für die astronomische Navigation) vom lokalen Datum um einen Tag abweicht.
Ob letztlich eine Uhr mit Digitalanzeige (Ziffern) oder Analoganzeige (Zeiger) zu bevorzugen ist, ist eine Frage des persönlichen Geschmacks. Ist der Navigator bei der Zeitnahme allerdings ständig auf einen Helfer angewiesen, der ihm die Uhrzeit abliest, so wird die Flüssigkeitskristallanzeige den Zeigern weit überlegen sein, weil dadurch Ablesefehler nahezu vollkommen ausgeschlossen sind. Der Trick mit dem Einstellring funktioniert dann allerdings nicht mehr. Dagegen schleichen sich beim Ablesen der Zeigeranzeige leicht Fehler dahingehend ein, daß man sich um ganze Minuten vertut. Meistens wird dies aber beim Errechnen der Standlinie auffallen; sicher ist es aber nicht.
Außer beim Einhandsegler empfiehlt es sich immer, während des Messens eines Gestirns die Zeit durch einen Helfer nehmen zu lassen. Wenn also die Sonne gerade im Bogen ist, der durch das Schwenken des Sextanten entsteht, ruft der Navigator dem Helfer „Stopp!" oder „Jeeetzt!" zu, damit er die Zeit abliest. Auf keinen Fall darf dies umgekehrt geschehen, wie man es so oft in Filmen sieht, wo der Erste Offizier seine Kadetten, die gerade die Sonne mit den Sextanten anvisieren, anweist: „Jeeetzt!" Denn der Zeitnehmer weiß ja gar nicht, wenn das Gestirn den untersten Punkt des Bogens über der Kimm erreicht hat.
Ein Einhandsegler sollte sich unmittelbar im Zeitpunkt des Messens sozusagen selbst dieses Stoppzeichen geben und anfangen zu zählen: „einundzwanzig, zweiundzwanzig . . .". Erfahrene Einhandsegler jedoch werden auch darauf verzichten können und unmittelbar nach dem Messen auf die Uhr blicken und nach Schätzung ein bis zwei Sekunden abziehen.
Bedient sich der Navigator eines unerfahrenen Helfers, so wird dringend empfohlen, eine Stoppuhr zu benutzen. Damit sind Ablesefehler weitgehend ausgeschaltet.

Die K1 gibt einen Einblick in das Meisterwerk der Feinmechanik. Erst die heutigen Quarzuhren übertreffen diese Schöpfungen an Genauigkeit.

Wahrscheinlich die berühmtesten Uhren der Welt: im Hintergrund die H1, der erste Versuch Harrisons, den 20 000-Pfund-Preis zu gewinnen. Vorne rechts die Preisgewinnerin, die H4; in der Mitte die K1, ein originalgetreuer Nachbau der H4 durch den Uhrmachermeister Kendall. Mit der K1 machte James Cook auf seiner zweiten Reise in den Pazifik eine Reihe von bedeutenden Entdeckungen. Links das Nachfolgemodell, die K2, die Captain Bligh auf der berühmten Reise der BOUNTY *mitführte. Sie wurde unversehrt in den Händen der Nachkommen der Meuterer auf Pitcairn gefunden. Alle Uhren ticken heute noch mit hoher Genauigkeit im Maritime Museum von Greenwich.*

Auf das Kommando „Stopp!" setzt der Helfer die Stoppuhr in Gang, während der Navigator in aller Seelenruhe seinen Sextanten wegstauen kann, um anschließend bei einer vollen Minute auf der Stoppuhr die Zeit auf der Navigationsuhr abzulesen. Die Anzahl der Minuten muß dann lediglich von der abgelesenen Zeit abgezogen werden, um zum genauen Meßzeitpunkt zu kommen.
Jeder Skipper, der in der Praxis schon mehrere Gestirnshöhen genommen hat, wird bestätigen, daß die Feststellung der genauen Zeit beim Messen das geringste Problem darstellt, weil es sich hierbei um einen Vorgang handelt, der auch im täglichen Leben ohne weiteres gemeistert wird: das Feststellen des genauen Zeitpunktes für einen bestimmten Vorgang.

Die genaue Zeit durch Zeitsignale aus dem Radio

Genauso wie ein Sextant, gehört heutzutage auch ein Kurzwellenempfänger zur Standardausrüstung einer hochseegehenden Yacht. Zum Empfang von Zeitsignalen reichen spezielle Yachtempfänger, die außerordentlich teuer sein können, oftmals nicht aus, weil sie nicht über die entsprechenden Wellenbereiche verfügen. Dagegen können manchmal relativ preiswerte Empfänger für Landratten durchaus geeignet sein. Zum Empfang der Zeitzeichen auf hoher See ist nämlich der gesamte Kurzwellenbereich bis 30 MHz (26 MHz reichen gerade) notwendig, eine möglichst breite Bandspreizung und Feinabstimmung höchst erwünscht. Man sehe sich daraufhin seinen Yachtempfänger einmal an, denn viele von ihnen hören genau dort auf, wo es eigentlich erst interessant wird: bei 4 MHz. Geht eine Yacht über den Atlantik, wird der erstaunte Navigator feststellen, daß aus einem solchen Gerät schon nach einigen hundert Seemeilen Entfernung von der Küste nichts mehr herauskommt.
Mit einem guten Empfänger ist es kein Kunststück, Zeitzeichen zu erhalten. Über das ganze Kurzwellenband sind Ausstrahlungen von Nachrichten (z. B. BBC) verteilt, zu deren Beginn Zeitzeichen gesendet werden. Es handelt sich hierbei um einen selbstverständlichen Dienst am Hörer, den als eine der ganz wenigen Sendeanstalten die Deutsche Welle zum Ärgernis der Fahrtensegler nicht leistet.

Spezielle Zeitzeichensender

Darüber hinaus gibt es eine Unzahl von speziellen Zeitzeichensendern, die über die ganze Welt verteilt sind und meistens ununterbrochen senden. In erster Linie sind hier die Sendungen der Zeitzeichensender WWV in Fort Collins, Colorado, und WWVH auf Hawaii zu nennen. Jeder Hochseesegler kennt das gleichmäßige Tick, Tick, Tick dieser Stationen, die auf den Frequenzen 2,5, 5, 10, 15 und 20 MHz rund um die Uhr die genaue Zeit senden.
Jetzt wird vielleicht auch klar, warum es notwendig ist, einen Empfänger zu besitzen, der nach Möglichkeit das gesamte Kurzwellenband überstreichen kann. Je nach Ausbreitungsbedingungen kann nämlich beispielsweise nur eine einzige Frequenz gehört werden, also 10 oder 5 oder 15 MHz, während die anderen Frequenzen stumm bleiben. Diese Ausbreitungsbedingungen können sich nicht nur von Ort zu Ort, sondern auch von Tageszeit zu Tageszeit ändern, so daß nur mit einem Empfänger für das gesamte Kurzwellenband gewährleistet wird, daß der Navigator jederzeit ein Zeitzeichen empfangen kann. Der große Vorteil der Station WWV für den Skipper ist der Umstand, daß nicht nur die vollen Minuten durch einen 0,8 Sekunden langen 1000-Hertz-Ton angezeigt werden, der deutlich vom übrigen Tick, Tick abhebt, sondern daß auch die Zeit zu jeder Minute zwischen der 45. und 52. Sekunde angesagt wird. Ein wenig hat diese verbale Ansage an Bedeutung verloren, weil mit den modernen Quarzuhren eigentlich niemals eine Unklarheit über die Minuten, sondern höchstens über die Sekunden aufkommen sollte.
Bei der Suche nach Zeitzeichensender und deren Decodierung ist das „World Radio TV Handbook" sehr hilfreich, in dem alle Rundfunksender der Welt mit Frequenzen, Kennungen und Sendezeiten enthalten sind. Dieses nahezu unentbehrliche Buch sollte in allen guten Fachgeschäften erhältlich sein, in denen Weltempfänger verkauft werden.
Die Zeitzeichensender geben über die angesagte Zeit hinaus noch eine ganze Reihe von Informationen, die für den Hochseenavigator von großem Interesse sein können. Nachdem die Sender WWV (Colorado) und WWVH (Hawaii) nahezu auf denselben Frequenzen senden, sind ihre gesprochenen Sonderdienste so aufeinander abgestimmt, daß im Falle guter Ausbreitungsbedingungen, wenn also beide Sender gleichzeitig gehört werden können, keine Störung gegeneinander auftritt.
Bei WWV gilt folgender Rhythmus:

0–45 Sekunden:	gesprochene Ansagen (Sonderdienste oder 500-Hertz-Ton)
45–52,5 Sekunden:	Stille, bis auf das Ticken
52,5–60 Sekunden:	gesprochene Zeitansagen
oder	
0–45 Sekunden:	600-Hertz-Ton
45–52,5 Sekunden:	Stille, bis auf das Ticken
52,5–60 Sekunden:	gesprochene Zeitansage

Dies war der Sekundenrhythmus. Über die volle Stunde sind rund um die Uhr folgende Sonderdienste verteilt, die jeweils von 0 bis 45 Sekunden während der Minute zur Ausstrahlung kommen:

3. Minute:	440 Hertz 1-Stunden-Zeichen
9.–11. Minute:	Sturminformationen
14. Minute:	Vorhersage der Ausbreitungsbedingungen
17. Minute:	Omega-Bericht

Für WWVH gilt:

0–45 Sekunden:	600-Hertz-Ton
45–52,5 Sekunden:	gesprochene Zeitansage
52,5–60 Sekunden:	Stille, bis auf das Ticken
oder	
0–45 Sekunden:	Sonderdienste oder 500-Hertz-Ton
45–52,5 Sekunden:	gesprochene Zeitansage
52,5–60 Sekunden:	Stille, außer Ticken

Über die volle Stunde verteilt werden folgende Sonderdienste ausgestrahlt:

2. Minute 400 Hertz:	Stundenzeichen
48. bis 51. Minute:	Sturminformationen

Welche Zeit wird in der Astronavigation benutzt?

In der Astronavigation wird ausschließlich mit der Weltzeit 1 (UT1) gearbeitet.

Grundsätzlich wäre es gleichgültig, nach welcher Zeit der Navigator navigiert. Es kommt lediglich darauf an, daß er die im Nautischen Jahrbuch für sämtliche Zeitpunkte angegebenen Koordinaten des Bildpunktes auch herauslesen und für seine Rechnungen benutzen kann. Mit anderen Worten, das Nautische Jahrbuch muß dem Navigator sagen können: „Jetzt, in dem Zeitpunkt, wo du die Sonne schießt, befindet sich ihr Bildpunkt exakt auf soundsoviel Grad Nord und soundsoviel Grad West.“ Das heißt, der Navigator darf nur die Zeit benutzen, die auch dem Nautischen Jahrbuch zugrunde gelegt wird und das war bis zum 31. 12. 1981 die mittlere Greenwichzeit (MGZ). Seit dem 1. 1 1982 wird in der Navigation mit der Weltzeit 1 (UT1 = UNIVERSAL TIME 1) gearbeitet. Sie ist für die Bordpraxis identisch mit der mittleren Greenwichzeit. Wie die MGZ ist die UT1 genau mitteleuropäische Zeit (nicht Sommerzeit!) minus 1 Stunde.

Die Weltzeit 1 (UT1) ist nur grob an den Lauf der Sonne gekoppelt. Wenn die Sonne über dem Längengrad von Greenwich einmal am Tag am höchsten steht, so ist es in Greenwich etwa (!) 12 Uhr, also Mittag. Oder: Wenn die mittlere Greenwichzeit 12 Uhr beträgt, so steht die Sonne auf ihrem Lauf nach Westen um die Erdkugel ungefähr auf dem Längengrad von Greenwich, also ungefähr auf 0°. Nachdem die Sonne in 24 Stunden einmal um die Erde rast, wird sie sich etwa zwölf Stunden später auf der anderen Seite der Erde befinden, die Fidschianer dort werden also sagen: „Jetzt ist Mittag!“ Sie werden zum Essen gehen, obwohl es nach UT1 24 Uhr, in Greenwich also Mitternacht ist. Für den Navigator auf der anderen Seite der Erde ist es etwas ungewöhnlich, wenn er für seine Mittagsbreite aus dem Nautischen Jahrbuch die Bildkoordinaten der Sonne für ca. 0000 UT1 heraussuchen muß; er gewöhnt sich aber sehr schnell daran.

Von den Zeitzeichensendern wird eine weitere Zeit gesendet, nämlich die UTC (UNIVERSAL TIME COORDINATED). Wir sollten uns dadurch aber nicht verwirren lassen, denn auch diese Zeit ist für unsere praktischen Zwecke identisch mit der MGZ oder mit der UT1. Die UTC wird von Cäsium-Atomuhren vorgegeben, die so genau, also gleichförmig arbeiten, daß es zu geringen, aber meßbaren Abweichungen zur UT1 kommt, die durch astronomische Beobachtung „gewonnen“ wird. Nähert sich der Unterschied einer ganzen Sekunde, so wird das durch gelegentliches Einfügen einer Schaltsekunde ausgeglichen.

Für die astronomische Navigation spielen diese Unterschiede keine Rolle.

Bei allen Überlegungen hinsichtlich der Zeit geht es in der astronomischen Navigation nur darum, daß der Navigator mit Hilfe des Nautischen Jahrbuchs die Koordinaten für die Gestirne herauslesen kann, er also dieselbe Zeit benutzt wie im Nautischen Jahrbuch angegeben. Deshalb ein dringender Rat:

Die Navigationsuhr läuft vom Betreten des Schiffes an bis zum Ende des Törns nur nach Weltzeit (UT1).

Ein Navigator, der dies beherzigt, braucht sich um keinerlei Zeitumrechnen mehr zu kümmern, gleichgültig, in welchem Teil der Erde, also in welcher Zeitzone er sich befindet. Auch mit dem früher bei Navigationsschülern so gefürchteten Datumssprung hat er nichts zu tun, weil er nur immer danach zu fragen hat, welche Uhrzeit und welcher Tag im Zeitpunkt des Messens in Greenwich ist.

Die Zonenzeiten und der Datumssprung haben mit der Navigation nichts zu tun und sind nur aus bürgerlichen Rücksichten geschaffen worden. Man wollte damit erreichen, daß der Fidschianer nicht um 24 Uhr, sondern eben um 12 Uhr sein Mittagessen einnimmt. Wenn eine Yacht über den Atlantik nach Barbados segelt, so werden zwar die Mannschaftsmitglieder ihre Armbanduhren nach der Ortszeit stellen, damit Termine an Land etc. eingehalten werden können; die Navigationsuhr des Navigators jedoch bleibt auf Weltzeit (UT1) eingestellt.

Weltzeit (UT1) = mitteleuropäische Zeit (MEZ) minus eine Stunde

Wenn es in Hamburg im Winter also 11 Uhr ist, so beträgt die Weltzeit oder die Greenwichzeit erst 10 Uhr. Der deutsche Navigator braucht also zu Beginn eines Törns seine Uhr lediglich um eine Stunde zurückzustellen. Gilt in Deutschland Sommerzeit, so beträgt der Zeitunterschied zwei Stunden.
Ganz abgesehen davon, daß beim Zeitzeichen aufgrund der hervorragenden Ganggenauigkeit unserer Quarzuhren niemals Unklarheiten über die Minuten und schon gar nicht über die Stunden bestehen sollten, kann es doch einmal sein, daß die Zeit verlorengegangen ist. Dann muß der Navigator beim Empfang des Zeitzeichens aufpassen, welche Uhrzeit gerade ausgestrahlt wird. Bei englischen Sendern muß darauf geachtet werden, ob es sich um die mittlere Greenwichzeit (regelmäßig im Winter) oder die britische Sommerzeit handelt. Die speziellen Zeitzeichensender wie WWV und WWVH senden die Weltzeit UTC (Universal Time Coordinàted).

Die Bildpunktkoordinaten

Die Bestimmung der Bildpunktkoordinaten für Gestirne ist nahezu der wichtigste Vorgang bei jeder astronomischen Berechnung. Es ist nicht möglich, mit Hilfe der Gestirne zu navigieren, wenn nicht ihre genaue Position für den Zeitpunkt der Messung festgelegt wird.
Genaugenommen sind in den Nautischen Jahrbüchern nicht die Bildpunktkoordinaten, sondern die Gestirnskoordinaten im Weltall angegeben. Dies spielt nur insofern eine Rolle, als die Bezeichnungen in den Jahrbüchern nicht „Breite" und „Länge" sind, sondern „Declination" und „Greenwicher Stundenwinkel".
Da aber die Himmelskoordinaten mit den Bildpunktkoordinaten nach Länge und Breite auf der Erdoberfläche exakt übereinstimmen, kann man sie direkt aus dem Nautischen Jahrbuch entnehmen.

Die Breite des Bildpunktes ist in deutschen Jahrbüchern mit Declination (abgekürzt „δ") bezeichnet. Die Länge des Bildpunktes heißt Greenwicher Stundenwinkel („Grt").

Nachdem in der astronomischen Navigation neben dem Nautischen Jahrbuch nur noch englische oder amerikanische Rechentafeln verwendet werden, ist es notwendig, sich auch die englischen Bezeichnungen für die Bildpunktkoordinaten zu merken:

Breite des Bildpunktes	=	Declination
Länge des Bildpunktes	=	Greenwicher Stundenwinkel oder Greenwich Hour Angle (GHA)

Die Breite des Bildpunktes ist in den Jahrbüchern also direkt als Süd- oder Nordkoordinate angegeben. Bei der Länge des Bildpunktes (Greenwicher Stundenwinkel) gibt es einen kleinen – nur äußerlichen – Unterschied zu einer normalen Längenkoordinate. Ein Blick in das Nautische Jahrbuch für den 30. 8. 1980 zeigt dies (Abb. S. 230).
Um 2000 UT1 ist der Bildpunkt der Sonne auf der Erdoberfläche genau auf 8°43,7′N und 119°54,0′. Es fällt auf, daß die Längenkoordinate nicht mit „West" angegeben ist, obwohl sich der Bildpunkt tatsächlich auf 119°54,0′ West befindet. Wenn die Sonne in den folgenden Stunden immer weiter in Richtung Westen wandert, so müßte sie den 180. Längengrad (Ost oder West) überschreiten und dann auf Ostlänge kommen. Wie aber aus der Tafel für 0000 und 0100 UT1 hervorgeht, wird die Länge des Bildpunktes im Gegensatz zur normalen Erdkoordinaten nicht 0 bis 179°W, dann bis 180° und dann wieder auf 179°E usw. gezählt, sondern vollkreisig von 0 bis 180°, dann auf 181° usw., bis sie sich kurz vor Greenwich auf 359° befindet. Es handelt sich hierbei aber um einen rein äußerlichen Unterschied; ansonsten sind die Bildpunktkoordinaten identisch mit der Angabe von Erdkoordinaten.
Mit einem Blick kann auch genau der Sonnenverlauf geprüft werden. Um 1200 UT1 beispielsweise befinden sich der Sonnenbildpunkt und damit die Sonne senkrecht darüber auf einer Länge von 359°52,4′. Es ist also auf einer Länge von 0°, beispielsweise in Greenwich, noch nicht Mittag, die mittlere Greenwichzeit somit also nicht identisch mit der „Sonnenzeit" in Greenwich.

1980 AUGUST 30 Sonnabend

243 UT1 h	SONNE r = 15.9 Grt ° '	δ ° '	MOND Alter = 19.2 Tage Grt ° '	Unt.	δ ° '	Unt.	FRÜHLP. Grt ° '	FIXSTERNE Nr.	Sternwinkel ° '	δ ° '
0	179 50.1	N 9 1.6	308 29.6	8.6	N 6 54.1	11.6	338 20.2	1	358 9.0	N 28 59.0
1	194 50.3	9 0.8	322 57.2	8.5	7 5.7	11.5	353 22.7	3	353 39.9	S 42 24.5
2	209 50.5	8 59.9	337 24.7	8.6	7 17.2	11.4	8 25.2	5	349 20.6	S 18 5.5
3	224 50.7	8 59.0	351 52.3	8.5	7 28.6	11.4	23 27.6	7	342 50.1	N 35 31.0
4	239 50.9	8 58.1	6 19.8	8.6	7 40.0	11.3	38 30.1	8	335 44.9	S 57 19.9
5	254 51.1	N 8 57.2	20 47.4	8.5	N 7 51.3	11.3	53 32.6	11	328 28.8	N 23 22.2
6	269 51.3	8 56.3	35 14.9	8.6	8 2.6	11.2	68 35.0	12	314 41.1	N 4 0.9
7	284 51.5	8 55.4	49 42.5	8.5	8 13.8	11.2	83 37.5	13	313 16.4	N 40 52.7
8	299 51.7	8 54.5	64 10.0	8.5	8 25.0	11.1	98 40.0	14	309 16.0	N 49 47.3
9	314 51.9	8 53.6	78 37.5	8.5	8 36.1	11.0	113 42.4	15	303 25.1	N 24 2.6
10	329 52.0	N 8 52.7	93 5.0	8.6	N 8 47.1	11.0	128 44.9	16	291 18.1	N 16 28.2
11	344 52.2	8 51.8	107 32.6	8.5	8 58.1	10.9	143 47.4	17	281 36.1	S 8 13.3
12	359 52.4	8 50.9	122 0.1	8.5	9 9.0	10.9	158 49.8	18	281 11.4	N 45 58.5
13	14 52.6	8 50.0	136 27.6	8.5	9 19.9	10.7	173 52.3	19	278 58.9	N 6 20.0
14	29 52.8	8 49.1	150 55.1	8.5	9 30.6	10.8	188 54.7	24	271 28.4	N 7 24.2
15	44 53.0	N 8 48.2	165 22.6	8.5	N 9 41.4	10.6	203 57.2	25	270 28.8	N 44 56.6
16	59 53.2	8 47.3	179 50.1	8.5	9 52.0	10.6	218 59.7	27	264 7.5	S 52 40.9
17	74 53.4	8 46.4	194 17.6	8.4	10 2.6	10.5	234 2.1	28	260 51.5	N 16 25.0
18	89 53.6	8 45.5	208 45.0	8.5	10 13.1	10.4	249 4.6	29	258 55.9	S 16 41.3
19	104 53.8	8 44.6	223 12.5	8.5	10 23.5	10.4	264 7.1	30	255 32.4	S 28 56.6
20	119 54.0	N 8 43.7	237 40.0	8.4	N 10 33.9	10.2	279 9.5	33	245 26.1	N 5 16.5
21	134 54.2	8 42.8	252 7.4	8.5	10 44.1	10.3	294 12.0	35	234 28.7	S 59 26.7
22	149 54.4	8 41.9	266 34.9	8.4	10 54.4	10.1	309 14.5	37	221 45.8	S 69 38.1
23	164 54.6	8 41.0	281 2.3	8.5	11 4.5	10.1	324 16.9	41	194 22.9	N 61 51.5
								43	173 37.7	S 62 59.5
	$T=12^h\ 1^m$	Unt.=0.9	$T=\ 3^h34^m$	MGZ 4^h HP 60.1	12^h 59.9	20^h 59.7	$T=\ 1^h26^m$			

UT1 h	VENUS Grt ° '	δ ° '	MARS Grt ° '	δ ° '	JUPITER Grt ° '	δ ° '	SATURN Grt ° '	δ ° '
0	226 0.1	N 19 13.3	130 4.9	S 11 58.4	169 17.7	N 5 50.1	160 2.1	N 2 59.2
1	240 59.9	19 13.1	145 5.9	11 59.0	184 19.7	5 49.9	175 4.3	2 59.1
2	255 59.8	19 13.0	160 6.8	11 59.5	199 21.6	5 49.7	190 6.5	2 59.0
3	270 59.6	19 12.8	175 7.7	12 0.1	214 23.6	5 49.5	205 8.7	2 58.9
4	285 59.4	19 12.6	190 8.6	12 0.7	229 25.6	5 49.2	220 10.9	2 58.7
5	300 59.2	N 19 12.5	205 9.5	S 12 1.3	244 27.5	N 5 49.0	235 13.1	N 2 58.6
6	315 59.1	19 12.3	220 10.4	12 1.9	259 29.5	5 48.8	250 15.3	2 58.5
7	330 58.9	19 12.1	235 11.4	12 2.5	274 31.5	5 48.6	265 17.5	2 58.4
8	345 58.7	19 11.9	250 12.3	12 3.1	289 33.4	5 48.4	280 19.7	2 58.3
9	0 58.5	19 11.8	265 13.2	12 3.7	304 35.4	5 48.2	295 21.8	2 58.1
10	15 58.3	N 19 11.6	280 14.1	S 12 4.3	319 37.4	N 5 48.0	310 24.0	N 2 58.0
11	30 58.2	19 11.4	295 15.0	12 4.9	334 39.4	5 47.8	325 26.2	2 57.9
12	45 58.0	19 11.2	310 15.9	12 5.5	349 41.3	5 47.6	340 28.4	2 57.8
13	60 57.8	19 11.0	325 16.9	12 6.1	4 43.3	5 47.4	355 30.6	2 57.7
14	75 57.6	19 10.9	340 17.8	12 6.7	19 45.3	5 47.2	10 32.8	2 57.5
15	90 57.4	N 19 10.7	355 18.7	S 12 7.3	34 47.2	N 5 46.9	25 35.0	N 2 57.4
16	105 57.2	19 10.5	10 19.6	12 7.9	49 49.2	5 46.7	40 37.2	2 57.3
17	120 57.0	19 10.3	25 20.5	12 8.5	64 51.2	5 46.5	55 39.4	2 57.2
18	135 56.9	19 10.1	40 21.4	12 9.1	79 53.1	5 46.3	70 41.6	2 57.1
19	150 56.7	19 9.9	55 22.3	12 9.7	94 55.1	5 46.1	85 43.8	2 57.0
20	165 56.5	N 19 9.8	70 23.3	S 12 10.3	109 57.1	N 5 45.9	100 45.9	N 2 56.8
21	180 56.3	19 9.6	85 24.2	12 10.9	124 59.0	5 45.7	115 48.1	2 56.7
22	195 56.1	19 9.4	100 25.1	12 11.5	140 1.0	5 45.5	130 50.3	2 56.6
23	210 55.9	19 9.2	115 26.0	12 12.1	155 3.0	5 45.3	145 52.5	2 56.5
Unt.	-0.2 $T=\ 8^h56^m$	0.2 HP=0.2 Gr.=-3.9	0.9 $T=15^h19^m$	0.6 HP=0.1 Gr.=+1.5	2.0 $T=12^h41^m$	0.2 HP=0.0 Gr.=-1.2	2.2 $T=13^h18^m$	0.1 HP=0.0 Gr.=+1.3

*Seite aus dem Nautischen Jahrbuch für den 30. August 1980. In der Spalte „Sonne" ist links die jeweilige Bildpunktlänge und rechts die Bildpunktbreite angegeben, und zwar für jede Stunde nach UT1**

* In den Originalunterlagen von 1980 waren natürlich die Bezeichnungen „MGZ", „Grw.Stw" und „Abw." enthalten. Die Überschriften hier wurden jedoch auf die heutigen Bezeichnungen umgestellt, so wie sie auch im gerade aktuellen Nautischen Jahrbuch enthalten sind.

Berechnung des Greenwicher Stundenwinkels der Sonne

Für die vollen Stunden können aus dem Nautischen Jahrbuch die Bildpunktkoordinaten für die Sonne direkt herausgelesen werden. Nahezu niemals aber wird eine Messung zur vollen Stunde vorgenommen, sondern für irgendeine Zeit dazwischen, so daß nach einer Möglichkeit gesucht werden muß, mit Hilfe der für die vollen Stunden genannten Bildpunktkoordinaten jene für jede Sekunde zu ermitteln. Dies geschieht durch Interpolation zwischen den vollen Stunden.

Wenn am 30. August 1980 die Sonne um 1300 UT1 auf einer Länge von 14°52,6′ und um 1400 UT1 auf einer Länge von 29°52,8′ war, wo war sie dann um 13–29–14?

Durch vorläufige Schätzung läßt sich zwar die Richtigkeit der nachfolgenden Rechnung überprüfen, sie darf die Rechnung aber auf keinen Fall ersetzen, weil sich der Bildpunkt derart schnell verändert, daß seine genauen Koordinaten für den Sekundenzeitpunkt der Messung festgestellt werden müssen.

Die Sonne bewegt sich nämlich mit einer recht gleichbleibenden Geschwindigkeit von 15 Längengraden pro Stunde. Den Schalttafeln am Ende des Nautischen Jahrbuchs (grüne Seiten) liegt diese Durchschnittsgeschwindigkeit zugrunde. Der Navigator braucht nur noch in diesen Schalttafeln nachzusehen, um wieviel Längengrade und Minuten die Sonne sich in einer bestimmten Minuten- und Sekundenzeit weiter fortbewegt und diesen „Zuwachs" der Bildpunktlänge zur vollen Stunde hinzuzählen.

Schalttafel **29ᵐ**

29ᵐ	Zuwachs Grt: Sonne Planet	Zuwachs Grt: Frühl.p.	Zuwachs Grt: Mond	Unt.	Verb.
s	° ′	° ′	° ′	′	′
0	7 15,0	7 16,2	6 55,2	0,0	0,0
1	15,3	16,4	55,4	0,3	0,1
2	15,5	16,7	55,7	0,6	0,3
3	15,8	16,9	55,9	0,9	0,4
4	16,0	17,2	56,1	1,2	0,6
5	7 16,3	7 17,4	6 56,4	1,5	0,7
6	16,5	17,7	56,6	1,8	0,9
7	16,8	17,9	56,9	2,1	1,0
8	17,0	18,2	57,1	2,4	1,2
9	17,3	18,4	57,3	2,7	1,3
10	7 17,5	7 18,7	6 57,6	3,0	1,5
11	17,8	18,9	57,8	3,3	1,6
12	18,0	19,2	58,0	3,6	1,8
13	18,3	19,4	58,3	3,9	1,9
14	18,5	19,7	58,5	4,2	2,1

Aus den Schalttafeln am Ende des Nautischen Jahrbuches kann der Zuwachs herausgelesen werden.

Im Beispiel (unten links) wird also der Zuwachs wie folgt aus der Tafel entnommen und daraus der exakte Greenwicher Stundenwinkel für den sekundengenauen Meßzeitpunkt festgestellt:

Grt		14°52,6′
Zuwachs	+	7°18,5′
		22°11,1′

Man beachte, daß in der grünen Schalttafel jeweils die richtige Spalte benutzt wird. Ein Irrtum in der Spalte ist ein häufiger Fehler bei astronomischen Berechnungen.

Berechnung der Declination

Wesentlich einfacher als die Berechnung der Bildpunktlänge der Sonne ist die Berechnung der Bildpunktbreite. Ein Blick in das Jahrbuch zeigt, daß sich die Bildpunktbreite um vieles langsamer ändert als die Bildpunktlänge, denn die Sonne muß ja in einem Tag, also in Stunden, die Erde einmal umkreisen, während sie von ca. 23°N, dem nördlichsten Punkt ihrer Laufbahn im Hochsommer, bis 23°S, dem südlichsten Punkt im Winter (Sommer auf der Südhalbkugel!), immerhin sechs Monate Zeit hat.

243	SONNE r = 15.9		MOND Alter = 19.2		
UT1	Grt	δ	Grt	Unt	δ
h	° ′	° ′	° ′	′	° ′
0	179 50.1	N 9 1.6	308 29.6	8.6	N 6 54.1
1	194 50.3	9 0.8	322 57.2	8.5	7 5.7
2	209 50.5	8 59.9	337 24.7	8.6	7 17.2
3	224 50.7	8 59.0	351 52.3	8.5	7 28.6
4	239 50.9	8 58.1	6 19.8	8.6	7 40.0
5	254 51.1	N 8 57.2	20 47.4	8.5	N 7 51.3
6	269 51.3	8 56.3	35 14.9	8.6	8 2.6
7	284 51.5	8 55.4	49 42.5	8.5	8 13.8
8	299 51.7	8 54.5	64 10.0	8.5	8 25.0
9	314 51.9	8 53.6	78 37.5	8.5	8 36.1
10	329 52.0	N 8 52.7	93 5.0	8.6	N 8 47.1
11	344 52.2	8 51.8	107 32.6	8.5	8 58.1
12	359 52.4	8 50.9	122 0.1	8.5	9 9.0
13	14 52.6	8 50.0	136 27.6	8.5	9 19.9
14	29 52.8	8 49.1	150 55.1	8.5	9 30.6
15	44 53.0	N 8 48.2	165 22.6	8.5	N 9 41.4
16	59 53.2	8 47.3	179 50.1	8.5	9 52.0
17	74 53.4	8 46.4	194 17.6	8.4	10 2.6
18	89 53.6	8 45.5	208 45.0	8.5	10 13.1
19	104 53.8	8 44.6	223 12.5	8.5	10 23.5
20	119 54.0	N 8 43.7	237 40.0	8.4	N 10 33.9
21	134 54.2	8 42.8	252 7.4	8.5	10 44.1
22	149 54.4	8 41.9	266 34.9	8.4	10 54.4
23	164 54.6	8 41.0	281 2.3	8.5	11 4.5
	$T=12^h\ 1^m$	Unt.=0.9	$T=3^h 34^m$	UT1 4^h / HP 60.1	12^h / 59.9

Der Unterschied „Unt" zwischen den vollen Stunden für die Bildpunktbreite ist in der Spalte „Sonne" angegeben.

Fehler und Ungenauigkeiten bei der Ortsbestimmung des Bildpunktes gehen in die astronomische Standlinie direkt als Fehler ein. Die sekundengenaue Berechnung der Bildpunkt*länge* ist also wegen der schnellen Geschwindigkeit der Sonne so wichtig. Bei der Bildpunkt*breite* ist die Änderung nur unmerklich; sie macht selten mehr als 1sm in der Stunde aus. Deshalb ist es zulässig, die Bildpunktbreite für den Sekundenzeitpunkt der Messung sozusagen über den Daumen zu peilen. Zu diesem Zweck ist der Unterschied (Unt) der Bildpunktbreiten für eine ganze Stunde unter der Spalte für die Abweichung jeweils in Minuten angegeben.

Die Bildpunktkoordinaten für alle übrigen Gestirne werden ähnlich wie die der Sonne berechnet, wobei es jedoch beim Mond geringfügige Zusatzberichtigungen gibt, während die Position der Fixsterne auf recht einfache Art und Weise gefunden werden kann. Im einzelnen wird bei den jeweiligen Gestirnen darauf eingegangen.

Die Feststellung der Bildpunktkoordinaten für die genauen Meßzeitpunkte kommt in jeder astronomischen Berechnung vor. Sie ist deshalb besonders wichtig und sollte daher ausreichend geübt werden (auf dem Klappblatt am Ende des Buches sind die für die Übungsaufgaben notwendigen Auszüge aus den Schalttafeln abgedruckt):

ÜBUNGS-AUFGABE 65

Wie lauten die Bildpunktkoordinaten der Sonne am 30. 8. 1980 um 2–29–14?

ÜBUNGS-AUFGABE 66

Wie lauten die Bildpunktkoordinaten der Sonne am 30. 8. 1980 um 14–53–39?

ÜBUNGS-AUFGABE 67

Wie lauten die Bildpunktkoordinaten der Sonne am 30. 8. 1980 um 22–29–02?

ÜBUNGS-AUFGABE 68

Wie lauten die Bildpunktkoordinaten der Sonne am 30. 8. 1980 um 12–29–59?

Berechnung der Bildpunktkoordinaten mit dem Elektronenrechner

Man könnte auch mit dem Elektronenrechner den Zuwachs für die Längenveränderung seit der vergangenen vollen Stunde ausrechnen. Erfahrungsgemäß geht dies jedoch mit den Schalttafeln am Ende des Nautischen Jahrbuchs schneller und einfacher. Innerhalb eines fertigen Rechenprogramms in einem vollprogrammierbaren Rechner mag die Ausrechnung des Zuwachses eine Rolle spielen. Hierbei muß berücksichtigt werden, daß alle Rechner lediglich Dezimalgrad und Bruchteile einer Stunde, nicht aber Minuten und Sekunden direkt verarbeiten. Die Längenkoordinaten müssen deshalb also in Dezimalgrad, die Minuten und Sekunden in Dezimalstunden verwandelt werden. Anschließend gilt:

Bildpunktlänge = (Grt nachfolgende Stunde – Grt vorangegangene Stunde) × (Stundenbruchteil des Meßzeitpunktes + Grt vorangegangene volle Stunde)

Obwohl der Berechnung der Bildpunktlänge eine gleichbleibende Bildpunktgeschwindigkeit von 15 Längengraden pro Stunde zugrunde gelegt wurde, ist die Bewegung der Sonne nicht so regelmäßig, daß zu ihrer Verwendung im Elektronenrechner eine kurze Formel ausreicht, um während des Ablaufs eines Programms die Bildpunktkoordinaten der Sonne ohne Nautisches Jahrbuch schnell berechnen zu können. Dank unserer leistungsfähigen Taschenrechner und Computer sind wir an Bord heute ohne weiteres in der Lage, mit Hilfe einer entsprechenden Formel die jeweiligen Gestirnpositionen für jede Messung auszurechnen, richtiger gesagt: ausrechnen zu lassen*. Denn diese Formeln sind viel zu kompliziert, um sie jedesmal per Hand durchzutippen. Ohne Rechner wäre dies selbstverständlich ein hoffnungsloses Unterfangen, zumal ein Blick in das Jahrbuch die Rechnerei erspart. Wenn aber einmal (!) die Formel in einen programmierbaren Rechner mit viel Geduld richtig eingebracht ist, reicht ein Tastendruck aus, um den Bildpunkt für die jeweilige Meß-Sekunde anzuzeigen.

Die anschließende Formel von Dr. Peter Förster zur Berechnung von Aries, Declination und Grt der Sonne gilt für das ganze 20. Jahrhundert. Sie ist so aufbereitet, daß jeder, der Spaß an Rechenspielen hat, sie in einen x-beliebigen Rechner mit entsprechender Kapazität eintippen kann. Erforderlich ist ein Programmplatz mit ca. 700 Schritten oder 3 Kilobyte. Die notwendige Kalenderformel findet sich auf Seite 304. Notfalls geht es auch ohne sie, wenn der Platz im Rechner nicht reicht: Der 1. 1. 1987 ist der 31 777. Tag seit dem 1. 1. 1900.

Sonnenposition

Declination = arc sin (sin J × sin W)
Greenwichw. = 360 − Z + C

* Bei großer Programmkapazität ist der recht preiswerte, jährlich erscheinende „Almanac for computers“ von Nutzen. Zu beziehen über: Nautical Almanac Office, United States Naval Observatory, Washington, D. C. 20390.

A = Tageszahl
B = A + .00064
C = (A − 36525) / 36525 × 36000.77005 + (A − Vorkommaanteil von A) × 360 + 280.4606
D = 279.6967 + .98564735 × B
E = 358.4758 + .9856002669 × B − 1.12437 × 10 ∧ − 13 × B^2
F = 212.6 + 1.602122 × B
G = 225.44 + .0830912 ×B
H = 350.738 + 12.190749 × B
I = 259.181 − .052953922 × B
J = 23.4523 − 3.565 × 10 ∧ − 7 × B + 2.555 × 10 ∧ − 3 × cosI
K = .64 × sin (231 + .000553 × B) + .19 × sin (57 + .004114 × B)
L = 690 × sin E
M = 7 × sin 2E
N = .48 × cos (299 + F − E)
O = .55 × cos (148 + 2F − 2E)
P = .25 × cos (316 + 2F − 3E)
Q = − sin (E − G + 90)
R = .65 × sin H
S = D + (K + L + M + N + O + P + Q + R)/360
T = − 1.72 × sin I
U = − .13 × sin 2S
V = − 2.05
W = S + (T + U + V)/360
X = sin W × cos J
Y = cos W
Z = arc tn (X/Y) wenn Y < 0 ist Z = Z ± 180 (Vorz. von X)
Z = Z + 360 (wenn Z < 0)
A = 0 für 1. 1. 1900 12^{00} UT. B = Ephemeridenzeit; C = Aries. Z = Rektaszension der Sonne. J = Ekliptikneigung.

Nach Berechnung der Terme A – Z errechnen sich Declination und Greenwichwinkel durch Einsetzen von J und W bzw. Z und C in Altgrad.

Die Genauigkeit der Formel beträgt im ungünstigsten Fall +/− 0,5 Winkelminuten, ist also für die Praxis voll ausreichend.
Das Basic-Programm auf Seite 305 verwendet diese Formel und beinhaltet auch schon den Kalender und Eingabenroutinen für Datum und genauen Meßzeitpunkt.

Die Ermittlung von Azimut (Az) und berechneter Höhe (Hc)

Genau diese Arbeit auf dem Wege zur astronomischen Standlinie hat noch vor einem Jahrzehnt die meisten Segler davon abgehalten, sich mit astronomischen Standlinien zu beschäftigen. Denn die Ermittlung von Azimut und Höhe war vor Einführung moderner Tafelwerke oder Elektronenrechner nur mit Hilfe von komplizierten trigonometrischen Berechnungen möglich, zu denen Logarithmentafeln zu Hilfe genommen werden mußten. Obgleich wesentlich vereinfacht, basieren die heutigen Berechnungen auf den gleichen Zusammenhängen wie schon früher die logarithmische Lösung. Auf keinen Fall aber ist es heute mehr notwendig, trigonometrische Formeln auswendig zu lernen, obgleich ein Blick auf das sphärisch-astronomische Grunddreieck die Zusammenhänge bei der Berechnung von Azimut und Höhe vielleicht erahnen läßt (Abbildung unten).
Von diesem sphärisch-astronomischen Grunddreieck sind bei jeder Berechnung die drei Ecken Pol, gegißter Schiffsort und Bildpunkt bekannt. Der LHA (englisch: Local Hour Angle) kann leicht berechnet werden. Er ist nichts anderes als der Längenunterschied vom gegißten Schiffsort nach Westen zum Bildpunkt gerechnet. Obwohl jeder unmathematisch Denkende ohne weiteres einsieht, daß zwischen den Seiten dieses Dreiecks ganz bestimmte Beziehungen herrschen (wenn beispielsweise die Bildpunktlänge geändert wird, ändert sich mindestens gleichzeitig der LHA etc.), sind zur Berechnung der verschiedenen Seiten recht komplizierte Formeln notwendig. Diese Formeln braucht der Navigator nicht zu verstehen.
Nur einen Umstand sollte sich der an der astronomischen Navigation Interessierte nochmals verklaren:

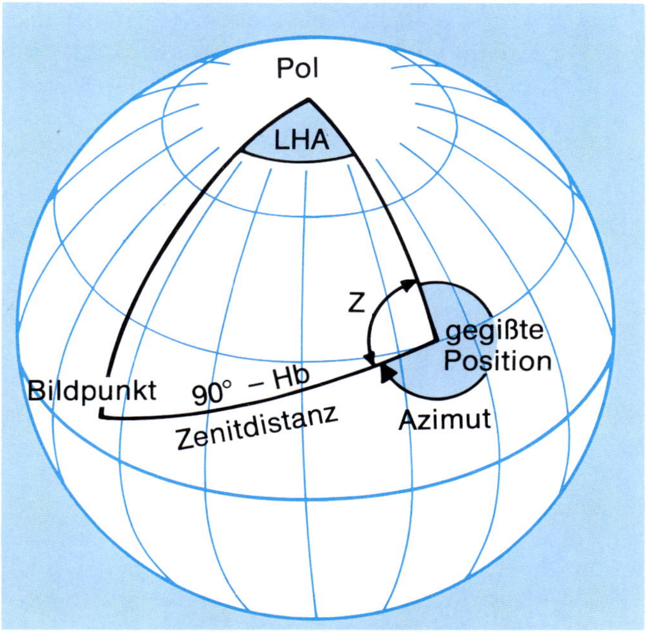

Das sphärisch-astronomische Grunddreieck mit den Ecken Pol, Beobachter und Bildpunkt

Beim Höhenverfahren wird *zunächst* davon ausgegangen, daß der Schiffsort (gegißter Schiffsort), der Bildpunkt, die dritte Ecke des Dreiecks, nämlich der Pol, sowie der LHA, also der Längenunterschied zwischen Schiffsposition und Bildpunkt, bekannt sind.

Gesucht werden die berechnete Höhe, die sich aus der Seite des Dreiecks „Zenitdistanz" ergibt, indem diese von 90° abgezogen wird, und das Azimut, das sich aus dem Winkel beim Schiffsort (Z) entnehmen läßt.

Nachstehende Formeln für die Ermittlung der berechneten Höhe (Hc) und des Azimuts (Az) werden nur der Vollständigkeit halber angegeben und sollen auf keinen Fall „auswendig" gelernt werden. In der Fahrtensegelei gibt es dank Rechentafeln und Elektronenrechnern heutzutage kaum noch einen Navigator, der sich mit diesen Formeln herumschlägt:

Höhenwinkel = arcsin [sin Declination × sin gegißte Breite + cos Declination × cos gegißte Breite × cos (Grt ± gegißte Länge)]

$$Z = \arccos \left(\frac{\text{sin Declination} - \text{sin gegißte Breite} \times \text{sin Höhenwinkel}}{\text{cos Höhenwinkel} \times \text{cos gegißte Breite}} \right)$$

Azimut = Z, wenn sin (Grt ± gegißte Länge) kleiner als 0

Azimut = 360° − Z, wenn sin (Grt ± gegißte Länge) größer als 0. Gegißte Länge muß hinzugezählt werden, wenn sie eine Ostlänge ist; Westlänge muß abgezogen werden.

Hilfreich sind diese Formeln für den Navigator, der sie innerhalb eines Rechenprogramms für einen leistungsfähigen Elektronenrechner verwenden möchte.
Bevor auf die Anwendung der verschiedenen Tafeln zur Berechnung von Höhenwinkel und Azimut eingegangen wird, soll aus Gründen der Klarheit nochmals kurz der Vorgang bei der Gewinnung einer astronomischen Standlinie dargelegt werden:

- Gestirn messen und gleichzeitig Stoppuhr in Gang setzen.
- Mit Hilfe der gestoppten Zeit auf der Navigationsuhr den genauen Meßzeitpunkt ermitteln.
- Die beobachtete Gestirnshöhe um die Gesamtbeschickung berichtigen.
- Für den genauen Meßzeitpunkt Bildpunktkoordinaten mit Hilfe des Nautischen Jahrbuchs ermitteln.
- Mit Hilfe von Nautischen Tafeln (H. 0. 249 oder H. O. 229) oder Elektronenrechner aus gegißtem Schiffsort und Bildpunkt Azimut und Höhenwinkel berechnen.
- Den Unterschied zwischen Beobachter und Gestirnshöhe nach Beschickung und berechnetem Höhenwinkel berechnen.
- Durch den gegißten Schiffsort das Azimut zeichnen.
- Auf dem Azimut den Unterschied zwischen beobachteter Gestirnshöhe nach Beschickung und Höhenwinkel in Seemeilen zum Gestirn hin (wenn der beobachtete Winkel größer war) oder vom Gestirn weg (wenn der beobachtete Winkel kleiner war) abtragen.
- Durch den so entstandenen Punkt senkrecht zum Azimut die astronomische Standlinie zeichnen.

Hilfsmittel zur Berechnung von Höhenwinkel und Azimut

Semiversusverfahren

Vielfach wird angenommen, daß das Semiversusverfahren eine Methode eigener Art ist, astronomische Standlinien zu berechnen. Das ist unrichtig; vielmehr liegt dem Semiversusverfahren die gleiche obenbeschriebene Formel zugrunde. Diese Formel wurde für die Zwecke der Navigation lediglich derart umgebaut, daß ein Teil aus der Formel, eben der Semiversus, in Tafeln niedergelegt werden konnte. Beim Semiversus handelt es sich genaugenommen um eine trigonometrische Funktion, die allerdings nur für Navigationszwecke geschaffen wurde. Es ist also falsch zu sagen, das Semiversusverfahren sei veraltet, weil es hierbei nur um die Lösung obiger Höhenformel mit Hilfe von nautischen trigonometrischen Tafeln und Logarithmen geht.
Kaum einer wird sich heute noch damit abquälen. Ein geübter Navigator brauchte für diese beiden Rechnungen etwa 20 Minuten. Zwar wurden mit dem Semiversusverfahren sehr genaue Ergebnisse erzielt, doch war andererseits die Gefahr immer sehr groß, daß sich angesichts der vielstelligen Zahlen Rechenfehler einschlichen, die den Vorteil der größeren Genauigkeit gegenüber der Lösung mit Nautischen Tafeln bei weitem wieder aufhoben.

Elektronenrechner

Die Lösung der Formeln ist mit jedem Elektronenrechner möglich, der über die trigonometrischen Funktionen verfügt. Hierbei ist nicht wichtig, ob der Benutzer weiß, was ein Sinus, Kosinus und Tangens ist; es reicht aus, wenn er die richtige Taste drückt. „Arkus“ vor den trigonometrischen Funktionen bedeutet nebenbei die Umkehrfunktion, die – je nach Rechner – beispielsweise als „Arkussinus“ oder aber auch „Sinus $^{-1}$“ bezeichnet wird, wobei letztere mißverständlich sein kann. Mit einem einfachen Rechner, der „nur“ über die trigonometrischen Funktionen verfügt, ist es auf keinen Fall ratsam, die Höhen- und Azimutformeln zu lösen. Es gilt hier im Prinzip das gleiche, was gegen die Verwendung des Semiversusverfahrens spricht. Es erscheint nahezu ausgeschlossen, daß der Navigator ohne einen Tippfehler durchkommt, wenn man bedenkt, daß zur Berechnung von Höhe und Azimut nahezu 150 Tastendrücke notwendig sind. Im Gegensatz zu einer schriftlichen Berechnung ist darüber hinaus auch schnelleres Nachprüfen der Rechnung nicht möglich. Dadurch wird auch hier der Vorteil der genaueren Berechnung leicht wieder ausgeglichen.

Besitzt der Rechner neben den trigonometrischen Funktionen aber mindestens zwei Speicher und eine Taste für die Umwandlung von polaren Koordinaten in rechtwinklige und umgekehrt, so läßt sich über seine Anwendung in der astronomischen Navigation durchaus reden, zumal es solche Elektronenrechner bereits für ca. 100 DM zu kaufen gibt, sie also nicht viel teurer als die nachfolgend besprochenen Tafeln H.O.249 sind. Dies gilt allerdings nur dann, wenn man sich an das geniale Rechenschema von Fritz Mietzsch hält, dem es als erstem gelungen ist, die gezeigten Formeln so umzustellen, daß mit einer unglaublich kleinen Anzahl von Tastendrücken Azimut und Höhenwinkel berechnet werden können.

Selbstverständlich ist auch beim Tastenschema von Fritz Mietzsch zu beachten, daß der Elektronenrechner normalerweise *nur* Dezimalgrade verarbeitet und nur solche eingegeben und auch die Ergebnisse in diesem Format gezeigt werden. Kurioserweise ist es gerade dieser Umstand, der die Berechnung von Azimut und Höhenwinkel mit dem Elektronenrechner so kompliziert macht. Man wird kaum umhin kommen, Zwischenwerte zu notieren.

Das Rechenschema ist so ausgelegt, daß alle westlichen Koordinaten – dazu gehört auch der Greenwicher Stundenwinkel – und alle nördlichen Koordinaten als positiv angesehen werden, während negative Zahlenwerte eingegeben werden müssen, wenn das „Vorzeichen“ Süd oder Ost ist.

Nachdem die Rechnerfabrikate untereinander recht verschieden sind, wird das Tastenschema für die beiden entgegengesetzten Arbeitsweisen von Rechnern gezeigt: die Umgekehrte polnische Notation (UPN), wie sie bei HP-Rechnern von Hewlett Packard verwendet wird, und das Algebraische Operationssystem (AOS), dessen sich Texas Instruments bei den TI-Rechnern bedient. Die Umwandlung von polaren in rechtwinklige Koordinaten wird mit „REC“ und der umgekehrte Vorgang mit „POL“ bezeichnet.

Bei Rechnern, die nach UPN arbeiten (HP-Rechner), geschieht die „Aufladung“ wie folgt:

1. Die gegißte Schiffsbreite kommt in das t-Register.
2. Die gegißte Schiffslänge wird zum Greenwichwinkel hinzugezählt, wenn das Schiff auf östlicher Länge segelt, und abgezogen, wenn der Schiffsort westlich ist (LHA). Das jeweilige Ergebnis wird mit einem negativen Vorzeichen versehen und kommt in das z-Register.
3. Die Declination wird in das y-Register eingegeben.
4. Das x-Register wird mit einer 1 belegt.

Bei Rechnern, die nach AOS arbeiten (TI-Rechner), geschieht das folgendermaßen:

1. Die gegißte Schiffsbreite wird in das Register 1 eingegeben.
2. Zum Greenwichwinkel wird die gegißte Schiffslänge hinzugezählt, wenn das Schiff auf östlicher Länge segelt, und abgezogen, wenn der Schiffsort westlich ist. Anschließend wird das jeweilige Ergebnis mit einem negativen Vorzeichen versehen und in das Register 2 eingegeben.
3. Eine 1 kommt in das t-Register.
4. Die Declination kommt in das x-Register.

Nach dem Drücken folgender Tasten sind bereits sowohl Höhe als auch Azimut – jeweils in Dezimalgrad! – fertig* (bei HP-Rechnern steht der Höhenwinkel im y-Register, bei TI-Rechnern wird er angezeigt; das Azimut ist bei HP-Rechnern im z-Register und bei TI-Rechnern im Register 2 enthalten):

* Eine Schiffsbreite von 40°N, ein Greenwichwinkel von 30°, eine Schiffslänge von 10°W und eine Declination von 23°N ergeben beispielsweise einen Höhenwinkel von 66,03° und ein Azimut von 230,8°. Die Tastenbezeichnungen weichen je nach Rechnertyp voneinander ab. Mit Hilfe des Rechnerhandbuches sollte es jedoch möglich sein, die Tasten für Speichertausch oder für die Verwandlung von polaren in rechtwinklige Koordinaten zu identifizieren.

AOS	*UPN*
P/R	R←
EXC	X⇄Y
02	↓R
P/R	R←
EXC	↑R**
02	→P
X⇄T	X⇄Y
INV	↑R
P/R	+
SUM	X⇄Y
01	R←
RCL	X⇄Y
01	↓R
P/R	→P
EXC	↑R
02	X⇄Y
INV	→P
P/R	
EXC	
02	
INV	
P/R	

Ist das Azimut negativ, müssen noch 360° hinzugezählt werden.

Für die modernen Taschen-Basic-Rechner eignet sich das nachfolgende BASIC-Programm, dem obige Tastenfolgen zugrunde liegen:

```
100 INPUT "BREITE?";E
110 INPUT "LAENGE?";L:T=1
120 INPUT "GRT?";G:Z=(G-L)x-1
130 INPUT "DECLINATION?";X
140 GOSUB 300:GOSUB 240
150 GOSUB 300:GOSUB 240
160 P=T:T=X:X=P
170 GOSUB 260:E=E+X:X=E
180 GOSUB 300:GOSUB 240
190 GOSUB 260:GOSUB 240
200 GOSUB 260
210 IF Z<0 THEN LET Z=Z+360
220 PRINT"HC:";X;"AZ:";Z:PAUSE
230 END
240 Y=Z:Z=X:X=Y
250 RETURN
260 C=SQR(T^2+X^2):X=ATN(X/T)
270 IF T<0 THEN LET Y=X+180
280 T=C
```

** Bei Rechnern, die nicht über die Taste ↑R verfügen, kann statt dessen dreimal die Taste ↓R gedrückt werden.

N. Lat. {LHA greater than 180°....... Zn=Z / LHA less than 180°........... Zn=360−Z

DEC

LHA	0° Hc	d	Z	1° Hc	d	Z	2° Hc	d	Z	3° Hc	d	Z	4° Hc	d	Z
	° ′	′	°	° ′	′	°	° ′	′	°	° ′	′	°	° ′	′	
0	50 00	+60	180	51 00	+60	180	52 00	+60	180	53 00	+60	180	54 00	+60	18
1	49 59	60	178	50 59	60	178	51 59	60	178	52 59	60	178	53 59	60	17
2	49 58	60	177	50 58	59	177	51 57	60	177	52 57	60	177	53 57	60	17
3	49 54	60	175	50 54	60	175	51 54	60	175	52 54	60	175	53 54	60	17
4	49 50	60	174	50 50	60	174	51 50	59	174	52 49	60	173	53 49	60	17
5	49 45	+59	172	50 44	+60	172	51 44	+59	172	52 43	+60	172	53 43	+60	17
6	49 38	59	171	50 37	60	171	51 37	59	170	52 36	60	170	53 36	59	17
7	49 30	59	169	50 29	59	169	51 28	60	169	52 28	59	169	53 27	59	16
8	49 20	60	168	50 20	59	167	51 19	59	167	52 18	59	167	53 17	59	16
9	49 10	59	166	50 09	59	166	51 08	59	166	52 07	59	165	53 06	58	16
10	48 58	+59	165	49 57	+59	164	50 56	+58	164	51 54	+59	164	52 53	+59	16
11	48 46	58	163	49 44	59	163	50 43	58	163	51 41	58	162	52 39	58	16
12	48 32	58	162	49 30	58	161	50 28	58	161	51 26	58	161	52 24	58	16
13	48 17	58	160	49 15	58	160	50 13	57	159	51 10	58	159	52 08	58	15
14	48 01	57	159	48 58	58	158	49 56	57	158	50 53	58	158	51 51	57	15
15	47 44	+57	157	48 41	+57	157	49 38	+57	157	50 35	+57	156	51 32	+57	15
16	47 25	57	156	48 22	57	156	49 19	57	155	50 16	56	155	51 12	57	15
17	47 06	57	155	48 03	56	154	48 59	57	154	49 56	56	153	50 52	56	15
18	46 46	56	153	47 42	56	153	48 38	56	152	49 34	56	152	50 30	56	15
19	46 25	56	152	47 21	55	151	48 16	56	151	49 12	55	150	50 07	55	15
20	46 03	+55	151	46 58	+55	150	47 53	+55	149	48 48	+55	149	49 43	+55	14
21	45 39	56	149	46 35	54	149	47 29	55	148	48 24	55	147	49 19	54	14
22	45 15	55	148	46 10	55	147	47 05	54	147	47 59	54	146	48 53	54	14
23	44 51	54	147	45 45	54	146	46 39	54	145	47 33	53	145	48 26	54	14
24	44 25	54	145	45 19	53	145	46 12	54	144	47 06	53	143	47 59	53	14
25	43 58	+54	144	44 52	+53	143	45 45	+53	143	46 38	+53	142	47 31	+52	14
26	43 31	53	143	44 24	53	142	45 17	52	142	46 09	53	141	47 02	52	14
27	43 03	52	142	43 55	53	141	44 48	52	140	45 40	52	140	46 32	51	13
28	42 34	52	140	43 26	52	140	44 18	52	139	45 10	51	138	46 01	51	13
29	42 04	52	139	42 56	51	139	43 47	52	138	44 39	51	137	45 30	51	1
30	41 34	+51	138	42 25	+51	137	43 16	+51	137	44 07	+51	136	44 58	+50	1
31	41 03	51	137	41 54	50	136	42 44	51	136	43 35	50	135	44 25	50	1
32	40 31	51	136	41 22	50	135	42 12	50	134	43 02	50	134	43 52	49	1
33	39 59	50	135	40 49	50	134	41 39	49	133	42 28	50	133	43 18	49	1
34	39 26	49	134	40 15	50	133	41 05	49	132	41 54	49	131	42 43	49	1
35	38 52	+49	133	39 41	+50	132	40 31	+48	131	41 19	+49	130	42 08	+48	1
36	38 18	49	132	39 07	49	131	39 56	48	130	40 44	48	129	41 32	48	1
37	37 43	49	131	38 32	48	130	39 20	48	129	40 08	48	128	40 56	47	1
38	37 08	48	129	37 56	48	129	38 44	48	128	39 32	47	127	40 19	47	1
39	36 32	48	128	37 20	48	128	38 08	47	127	38 55	47	126	39 42	46	1
40	35 56	+47	128	36 43	+48	127	37 31	+47	126	38 18	+46	125	39 04	+46	1
41	35 19	47	127	36 06	47	126	36 53	47	125	37 40	46	124	38 26	46	1
42	34 42	47	126	35 29	46	125	36 15	46	124	37 01	46	123	37 47	46	1
43	34 04	47	125	34 51	46	124	35 37	46	123	36 23	45	122	37 08	45	1
44	33 26	46	124	34 12	46	123	34 58	46	122	35 44	45	121	36 29	45	1
45	32 48	+46	123	33 34	+45	122	34 19	+45	121	35 04	+45	120	35 49	+45	1
46	32 09	45	122	32 54	46	121	33 40	44	120	34 24	45	120	35 09	44	1
47	31 30	45	121	32 15	45	120	33 00	44	119	33 44	44	119	34 28	44	1
48	30 50	45	120	31 35	44	119	32 19	45	119	33 04	44	118	33 48	43	1
49	30 10	45	119	30 55	44	118	31 39	44	118	32 23	43	117	33 06	44	1
50	29 30	+44	118	30 14	+44	118	30 58	+44	117	31 42	+43	116	32 25	+43	1
51	28 49	44	118	29 33	44	117	30 17	43	116	31 00	43	115	31 43	43	1
52	28 08	44	117	28 52	43	116	29 35	43	115	30 18	43	114	31 01	43	1
53	27 27	44	116	28 11	43	115	28 54	42	114	29 36	43	114	30 19	42	1
54	26 46	43	115	27 29	43	114	28 12	42	114	28 54	42	113	29 36	42	1
55	26 04	+43	114	26 47	+42	113	27 29	+43	113	28 12	+42	112	28 54	+41	1
56	25 22	42	113	26 04	43	113	26 47	42	112	27 29	42	111	28 11	41	1
57	24 40	42	113	25 22	42	112	26 04	42	111	26 46	41	110	27 27	42	1
58	23 57	42	112	24 39	42	111	25 21	42	110	26 03	41	110	26 44	41	1
59	23 14	42	111	23 56	42	110	24 38	41	110	25 19	41	109	26 00	41	1
60	22 31	+42	110	23 13	+41	110	23 54	+42	109	24 36	+40	108	25 16	+41	1
61	21 48	42	110	22 30	41	109	23 11	41	108	23 52	40	107	24 32	41	1
62	21 05	41	109	21 46	41	108	22 27	41	107	23 08	40	107	23 48	41	1
63	20 21	41	108	21 02	41	107	21 43	41	107	22 24	40	106	23 04	40	1
64	19 37	41	107	20 18	41	107	20 59	40	106	21 39	40	105	22 19	40	1
65	18 53	+41	107	19 34	+41	106	20 15	+40	105	20 55	+40	104	21 35	+40	1
66	18 09	41	106	18 50	40	105	19 30	40	104	20 10	40	104	20 50	40	1
67	17 25	40	105	18 05	41	105	18 46	39	104	19 25	40	103	20 05	40	1
68	16 41	40	105	17 21	40	104	18 01	40	103	18 41	39	102	19 20	40	1
69	15 56	40	104	16 36	40	103	17 16	40	102	17 56	39	102	18 35	39	1
	0°			1°			2°			3°			4°		

S. Lat. {LHA greater than 180°........ Zn=180−Z / LHA less than 180°........... Zn=180+Z

DE

H.O.249 für 40°

INATION (0°-14°) **SAME** NAME AS LATITUDE

LAT 40°

5°			6°			7°			8°			9°			10°			11°			12°			13°			14°			
Hc	d	Z	Hc	d	Z	Hc	d	Z	Hc	d	Z	Hc	d	Z	Hc	d	Z	Hc	d	Z	Hc	d	Z	Hc	d	Z	Hc	d	Z	LHA
° ′	′	°	° ′	′	°	° ′	′	°	° ′	′	°	° ′	′	°	° ′	′	°	° ′	′	°	° ′	′	°	° ′	′	°	° ′	′	°	
5 00	+60	180	56 00	+60	180	57 00	+60	180	58 00	+60	180	59 00	+60	180	60 00	+60	180	61 00	+60	180	62 00	+60	180	63 00	+60	180	64 00	+60	180	360
4 59	60	178	55 59	60	178	56 59	60	178	57 59	60	178	58 59	60	178	59 59	60	178	60 59	60	178	61 59	60	178	62 59	60	178	63 59	60	178	359
4 57	60	177	55 57	60	176	56 57	60	176	57 57	60	176	58 57	60	176	59 57	60	176	60 57	60	176	61 57	60	176	62 57	60	176	63 57	59	176	358
4 54	60	175	55 54	59	175	56 53	60	175	57 53	60	174	58 53	60	174	59 53	60	174	60 53	60	174	61 53	59	174	62 52	60	174	63 52	60	173	357
4 49	60	173	55 49	59	173	56 48	60	173	57 48	60	173	58 48	59	172	59 47	60	172	60 47	60	172	61 47	59	172	62 46	60	172	63 46	59	171	356
4 43	+59	171	55 42	+60	171	56 42	+59	171	57 41	+60	171	58 41	+59	171	59 40	+60	170	60 40	+59	170	61 39	+60	170	62 39	+59	169	63 38	+59	169	355
4 35	60	170	55 35	59	169	56 34	59	169	57 33	60	169	58 33	59	169	59 32	59	168	60 31	59	168	61 30	59	168	62 29	59	167	63 28	59	167	354
4 26	59	168	55 25	60	168	56 25	59	167	57 24	59	167	58 23	59	167	59 22	59	166	60 21	59	166	61 20	58	166	62 18	59	165	63 17	59	165	353
4 16	59	166	55 15	59	166	56 14	59	166	57 13	58	165	58 11	59	165	59 10	59	165	60 09	58	164	61 07	59	164	62 06	58	163	63 04	59	163	352
4 04	59	165	55 03	59	164	56 02	58	164	57 00	59	164	57 59	58	163	58 57	58	163	59 55	59	162	60 54	58	162	61 52	58	161	62 50	58	161	351
3 52	+58	163	54 50	+58	163	55 48	+59	162	56 47	+58	162	57 45	+58	161	58 43	+58	161	59 41	+58	160	60 39	+57	160	61 36	+58	159	62 34	+57	159	350
3 37	59	161	54 36	58	161	55 34	57	160	56 31	58	160	57 29	58	160	58 27	57	159	59 24	58	158	60 22	57	158	61 19	57	157	62 16	57	157	349
3 22	58	160	54 20	58	159	55 18	57	159	56 15	57	158	57 12	58	158	58 10	57	157	59 07	57	157	60 04	57	156	61 01	56	155	61 57	56	155	348
3 06	57	158	54 03	57	158	55 00	57	157	55 57	57	157	56 54	57	156	57 51	57	155	58 48	56	155	59 44	57	154	60 41	56	153	61 37	56	153	347
2 48	57	157	53 45	57	156	54 42	56	156	55 38	57	155	56 35	56	154	57 31	57	154	58 28	56	153	59 24	55	152	60 19	56	152	61 15	55	151	346
2 29	+57	155	53 26	+56	154	54 22	+56	154	55 18	+57	153	56 15	+55	153	57 10	+56	152	58 06	+56	151	59 02	+55	151	59 57	+55	150	60 52	+55	149	345
2 09	56	153	53 05	56	153	54 01	56	152	54 57	56	152	55 53	55	151	56 48	56	150	57 44	54	150	58 38	55	149	59 33	55	148	60 28	54	147	344
1 48	56	152	52 44	55	151	53 39	56	151	54 35	55	150	55 30	55	149	56 25	55	149	57 20	54	148	58 14	54	147	59 08	54	146	60 02	53	145	343
1 26	55	150	52 21	55	150	53 16	55	149	54 11	55	149	55 06	54	148	56 00	55	147	56 55	54	146	57 49	53	145	58 42	53	145	59 35	53	144	342
1 02	55	149	51 57	55	148	52 52	55	148	53 47	54	147	54 41	54	146	55 35	54	145	56 29	53	145	57 22	53	144	58 15	53	143	59 08	52	142	341
0 38	+55	148	51 33	+54	147	52 27	+54	146	53 21	+54	145	54 15	+53	145	55 08	+53	144	56 01	+53	143	56 54	+53	142	57 47	+52	141	58 39	+51	140	340
0 13	54	146	51 07	54	145	52 01	54	145	52 55	53	144	53 48	53	143	54 41	52	142	55 33	53	142	56 26	52	141	57 18	51	140	58 09	51	139	339
9 47	54	145	50 41	53	144	51 34	53	143	52 27	53	143	53 20	52	142	54 12	52	141	55 04	52	140	55 56	51	139	56 47	51	138	57 38	51	137	338
9 20	53	143	50 13	53	143	51 06	53	142	51 59	52	141	52 51	52	140	53 43	51	139	54 34	52	139	55 26	50	138	56 16	51	137	57 07	49	136	337
8 52	53	142	49 45	52	141	50 37	52	141	51 29	52	140	52 21	51	139	53 12	52	138	54 04	50	137	54 54	50	136	55 44	50	135	56 34	49	134	336
8 23	+53	141	49 16	+51	140	50 07	+52	139	50 59	+51	138	51 50	+51	138	52 41	+51	137	53 32	+50	136	54 22	+50	135	55 12	+49	134	56 01	+48	133	335
7 54	52	139	48 46	51	139	49 37	51	138	50 28	51	137	51 19	50	136	52 09	50	135	52 59	50	134	53 49	49	133	54 38	49	132	55 27	48	131	334
7 23	52	138	48 15	51	137	49 06	50	137	49 56	51	136	50 47	50	135	51 37	49	134	52 26	49	133	53 15	49	132	54 04	48	131	54 52	47	130	333
6 52	51	137	47 43	51	136	48 34	50	135	49 24	50	134	50 14	49	134	51 03	49	133	51 52	49	132	52 41	48	131	53 29	47	130	54 16	47	129	332
6 21	50	136	47 11	50	135	48 01	50	134	48 51	49	133	49 40	49	132	50 29	49	131	51 18	48	130	52 06	47	130	52 53	47	129	53 40	47	127	331
5 48	+50	134	46 38	+50	134	47 28	+49	133	48 17	+49	132	49 06	+48	131	49 54	+48	130	50 42	+48	129	51 30	+47	128	52 17	+46	127	53 03	+46	126	330
5 15	49	133	46 04	50	132	46 54	48	132	47 42	49	131	48 31	48	130	49 19	47	129	50 06	47	128	50 53	47	127	51 40	46	126	52 26	45	125	329
4 41	49	132	45 30	49	131	46 19	48	130	47 07	48	130	47 55	48	129	48 43	47	128	49 30	46	127	50 16	46	126	51 02	46	125	51 48	45	124	328
4 07	48	131	44 55	49	130	45 44	48	129	46 32	47	128	47 19	47	128	48 06	47	127	48 53	46	126	49 39	45	125	50 24	46	124	51 10	44	123	327
3 32	48	130	44 20	48	129	45 08	47	128	45 55	47	127	46 42	47	126	47 29	46	125	48 15	46	125	49 01	45	124	49 46	45	123	50 31	44	121	326
2 56	+48	129	43 44	+47	128	44 31	+47	127	45 18	+47	126	46 05	+46	125	46 51	+46	124	47 37	+45	123	48 22	+45	122	49 07	+44	121	49 51	+44	120	325
2 20	47	128	43 07	47	127	43 54	47	126	44 41	46	125	45 27	46	124	46 13	45	123	46 58	45	122	47 43	44	121	48 27	44	120	49 11	43	119	324
1 43	47	127	42 30	47	126	43 17	46	125	44 03	46	124	44 49	45	123	45 34	45	122	46 19	45	121	47 04	44	120	47 48	43	119	48 31	43	118	323
1 06	47	126	41 53	46	125	42 39	46	124	43 25	45	123	44 10	45	122	44 55	45	121	45 40	44	120	46 24	43	119	47 07	43	118	47 50	43	117	322
0 28	47	125	41 15	45	124	42 00	46	123	42 46	45	122	43 31	45	121	44 16	44	120	45 00	43	119	45 43	44	118	46 27	42	117	47 09	42	116	321
9 50	+46	124	40 36	+46	123	41 22	+45	122	42 07	+44	121	42 51	+45	120	43 36	+43	119	44 19	+44	118	45 03	+42	117	45 45	+43	116	46 28	+41	115	320
9 12	45	123	39 57	45	122	40 42	45	121	41 27	44	120	42 11	44	119	42 55	44	118	43 39	43	117	44 22	42	116	45 04	42	115	45 46	41	114	319
8 33	45	122	39 18	45	121	40 03	44	120	40 47	44	119	41 31	44	118	42 15	43	117	42 58	42	116	43 40	42	115	44 22	42	114	45 04	41	113	318
7 53	45	121	38 38	45	120	39 23	44	119	40 07	43	118	40 50	43	117	41 33	43	116	42 16	42	115	42 58	42	114	43 40	41	113	44 21	41	112	317
7 14	44	120	37 58	44	119	38 42	44	118	39 26	43	117	40 09	43	116	40 52	42	115	41 34	42	114	42 16	42	113	42 58	41	112	43 39	40	111	316
6 34	+44	119	37 18	+43	118	38 01	+44	117	38 45	+43	116	39 28	+42	115	40 10	+42	114	40 52	+42	113	41 34	+41	112	42 15	+41	111	42 56	+40	110	315
5 53	44	118	36 37	43	117	37 20	43	116	38 03	43	115	38 46	42	114	39 28	42	113	40 10	41	113	40 51	41	112	41 32	41	111	42 13	39	110	314
5 12	44	117	35 56	43	116	36 39	43	115	37 22	42	114	38 04	42	113	38 46	41	113	39 27	41	112	40 08	41	111	40 49	40	110	41 29	40	109	313
4 31	43	116	35 14	43	115	35 57	43	114	36 40	42	114	37 22	41	113	38 03	42	112	38 45	40	111	39 25	41	110	40 06	40	109	40 46	39	108	312
3 50	43	115	34 33	42	114	35 15	42	114	35 57	42	113	36 39	41	112	37 20	41	111	38 01	41	110	38 42	40	109	39 22	40	108	40 02	39	107	311
3 08	+43	114	33 51	+42	114	34 33	+42	113	35 15	+41	112	35 56	+41	111	36 37	+41	110	37 18	+40	109	37 58	+40	108	38 38	+40	107	39 18	+38	106	310
2 26	42	114	33 08	42	113	33 50	42	112	34 32	41	111	35 13	41	110	35 54	41	109	36 35	40	108	37 15	39	107	37 54	39	106	38 33	39	105	309
1 44	42	113	32 26	41	112	33 07	42	111	33 49	41	110	34 30	41	109	35 11	40	108	35 51	40	107	36 31	39	107	37 10	39	106	37 49	38	105	308
1 01	42	112	31 43	41	111	32 24	42	110	33 06	40	109	33 46	41	108	34 27	40	108	35 07	39	107	35 46	40	106	36 26	38	105	37 04	39	104	307
0 18	42	111	31 00	41	110	31 41	41	109	32 22	41	109	33 03	40	108	33 43	40	107	34 23	39	106	35 02	39	105	35 41	39	104	36 20	38	103	306
9 35	+42	110	30 17	+41	109	30 58	+40	109	31 38	+41	108	32 19	+40	107	32 59	+39	106	33 38	+40	105	34 18	+38	104	34 56	+39	103	35 35	+38	102	305
8 52	41	109	29 33	41	109	30 14	41	108	30 55	40	107	31 35	39	106	32 14	40	105	32 54	39	104	33 33	39	103	34 12	38	102	34 50	38	102	304
8 09	40	109	28 49	41	108	29 30	40	107	30 10	40	106	30 50	40	105	31 30	39	104	32 09	39	104	32 48	39	103	33 27	38	102	34 05	37	101	303
7 25	41	108	28 06	40	107	28 46	40	106	29 26	40	105	30 06	39	105	30 45	40	104	31 25	38	103	32 03	39	102	32 42	38	101	33 20	37	100	302
6 41	41	107	27 22	40	106	28 02	40	106	28 42	39	105	29 21	40	104	30 01	39	103	30 40	38	102	31 18	38	101	31 56	38	100	32 34	38	99	301
5 57	+40	106	26 37	+40	106	27 17	+40	105	27 57	+40	104	28 37	+39	103	29 16	+39	102	29 55	+38	101	30 33	+38	100	31 11	+38	100	31 49	+37	99	300
5 13	40	106	25 53	40	105	26 33	40	104	27 13	39	103	27 52	39	102	28 31	38	101	29 09	39	101	29 48	38	100	30 26	37	99	31 03	38	98	299
4 29	40	105	25 09	39	104	25 48	40	103	26 28	39	102	27 07	39	102	27 46	38	101	28 24	38	100	29 02	38	99	29 40	38	98	30 18	37	97	298
3 44	40	104	24 24	39	103	25 03	40	103	25 43	39	102	26 22	39	101	27 01	38	100	27 39	38	99	28 17	38	98	28 55	37	97	29 32	37	97	297
2 59	40	103	23 39	40	103	24 19	39	102	24 58	39	101	25 37	38	100	26 15	38	99	26 53	38	98	27 31	38	98	28 09	37	97	28 46	37	96	296
2 15	+39	103	22 54	+39	102	23 33	+40	101	24 13	+38	100	24 51	+39	99	25 30	+38	99	26 08	+38	98	26 46	+37	97	27 23	+38	96	28 01	+37	95	295
1 30	39	102	22 09	39	101	22 48	39	100	23 27	39	100	24 06	38	99	24 44	38	98	25 22	38	97	26 00	38	96	26 38	37	95	27 15	37	94	294
0 45	39	101	21 24	39	101	22 03	39	100	22 42	38	99	23 20	39	98	23 59	38	97	24 37	37	96	25 14	38	96	25 52	37	95	26 29	37	94	293
0 00	39	101	20 39	39	100	21 18	38	99	21 56	39	98	22 35	38	97	23 13	38	97	23 51	38	96	24 29	37	95	25 06	37	94	25 43	37	93	292
9 14	39	100	19 53	39	99	20 32	39	98	21 11	38	98	21 49	38	97	22 27	38	96	23 05	38	95	23 43	37	94	24 20	37	93	24 57	37	92	291
5°			6°			7°			8°			9°			10°			11°			12°			13°			14°			

LAT 40°

INATION (0°-14°) **SAME** NAME AS LATITUDE

```
290 RETURN
300 IF X<0 THEN LET X=X+360
310 I=COS(X)×T:J=SQR(T^2-I^2)
320 T=I:IF X>180 THEN LET J= -J
330 X=J
340 RETURN
```

Wie genial diese wenigen Tastendrücke sind, beweist die Tatsache, daß beispielsweise die Bände II und III der Tafeln H.O.249 dadurch vollkommen ersetzt werden können. Außerdem ist die Berechnung – was für die Praxis keine Rolle spielt – genauer und bei einiger Übung sicher auch schneller.

Die Tafeln H.O.249 (identisch mit den englischen Tafeln A.P.3270)

Trotz Elektronenrechner werden diese eigentlich für die Luftfahrt entwickelten Hilfstafeln nicht so schnell ersetzt werden können. Schließlich können Elektronenrechner auch einmal versagen, oder die Batterie entleert sich, so daß es auf einem Hochseetörn den Gesetzen der Seemannschaft entspricht, wenn der Navigator zumindest einen Satz Tafeln H.O.249 an Bord hat und mit ihnen auch umgehen kann.

> Wichtig: Die Tafeln H.O.249 dienen zu nichts anderem, als Azimut und Höhenwinkel zu berechnen.

Die Tafeln H.O.249 (offizielle Bezeichnung ist nunmehr Pub.No. 249) bestehen aus drei Bänden, wovon der erste ausschließlich für die Berechnung von Höhenwinkeln und Azimut bei ausgewählten Fixsternen dient, während der zweite und der dritte für alle anderen Gestirne gelten, vor allem für die Sonne, wobei Sterne nur bis zu einer Declination von 29° verwendet werden können. Diese Einschränkung macht sich in der Praxis so gut wie überhaupt nicht bemerkbar. Band II und III sind ewigwährend, während Band I (ausgewählte Sterne) nur für zehn Jahre gilt.
Entsprechend den Formeln für Azimut und berechnete Höhe (Hc) müssen Tafeleingänge für die Bildpunktkoordinaten des gegißten Schiffsortes und die Koordinaten des Bildpunktes vorhanden sein. Wer sich die H.O.249 daraufhin ansieht (Abbildung Seite 236/237), wird etwas enttäuscht sein, denn Eingänge sind (als Überschrift) zunächst lediglich zwei der vier gewünschten: die Declination und die Schiffsbreite (LAT = englisch *latitude*). Daraus ergeben sich jedoch nur scheinbar Schwierigkeiten. Zunächst findet sich als Tafeleingang wider die Schiffslänge noch der Greenwichwinkel, dafür aber der sogenannte Local Hour Angle (LHA). Der LHA ist aber nichts anderes – wie das sphärisch-astronomische Grunddreieck auf Seite 233 zeigt – als der Längenunterscheid zwischen Bildpunkt und Schiffsort. Im LHA sind also sowohl Greenwichwinkel als auch Schiffslänge enthalten.

> Wichtig: Der LHA ist der Längenunterschied vom Schiffsort zum Bildpunkt nach Westen gesehen.

Bei der Berechnung des LHA (der übrigens auch als Eingang in das Mietzsche Schema verwendet wird – siehe Seiten 235/236) werden die meisten Fehler gemacht. Deshalb wird dringend geraten, bei jeder Standlinie eine einfache Handskizze mit Blick auf den Nordpol zu machen.
Der Grund für viele Fehler liegt vor allem in dem schon erwähnten Unterschied in der Bezeichnung der Länge des Bildpunktes und der Länge des Schiffsortes: Während der Schiffsort von Osten nach Westen bis 179°W und 180° sowie nach Osten bis 179°E gezählt wird, reicht der Greenwichwinkel von Osten nach Westen fortlaufend bis 360°, was dann wieder dem Greenwichlängengrad entspricht.
Stünde eine Yacht beispielsweise auf 10°E und befände sich der Bildpunkt genau auf der Schiffslänge, dann wäre der Greenwichwinkel dementsprechend 350° (ohne Bezeichnung Ost oder West!)*.
Für diejenigen, die sich diese Zusammenhänge nicht immer wieder bei jeder Rechnung ins Gedächtnis zurückrufen wollen, bringt folgende Gleichung eine Erleichterung. Bitte auswendig lernen:

> - Bei Schiffsposition auf Ostlänge gilt:
>   LHA = Greenwichwinkel + Ostlänge
> - Bei Schiffsposition auf Westlänge gilt:
>   LHA = Greenwichwinkel − Westlänge

Ergeben sich bei der Berechnung des LHA bei Schiffsostlängen Beträge über 360°, so werden 360° abgezogen. Bei Schiffswestlängen kann ein negatives Ergebnis dastehen, das durch Hinzuzählen von 360° „begradigt“ wird.

> Noch einmal, weil es so wichtig ist: Der LHA zählt nur von der Schiffslänge nach Westen!

Beispiel: Wenn die Schiffsposition am 30. August 1980 28°22,9′N und 52°24,8′W beträgt, ist der LHA um 13-29-12 UT1:

* In diesem Fall würde der Navigator die Sonne an ihrem höchsten Punkt sehen, es wäre Schiffsmittag.

	Grt	14°52,6′
+	Zuwachs	7°18,0′
−	Westlänge	52°24,8′
	LHA	329°45,8′

Wenn die Schiffsposition am 30. August 1980 39°22,1′N und 4°11,3′E beträgt, ist der LHA um 11-53-44 UT1:

	Grt	344°52,2′
+	Zuwachs	13°26,0′
+	Ostlänge	4°11,3′
	LHA	2°29,5′

Beim Arbeiten mit der H.O.249 (auch mit dem Mietzsch-Schema auf Seite 235) muß immer der LHA berechnet werden. Dies zeigt, wie wichtig die richtige Berechnung des LHA ist. Deshalb wird empfohlen, die folgenden Übungsaufgaben unbedingt durchzurechnen!

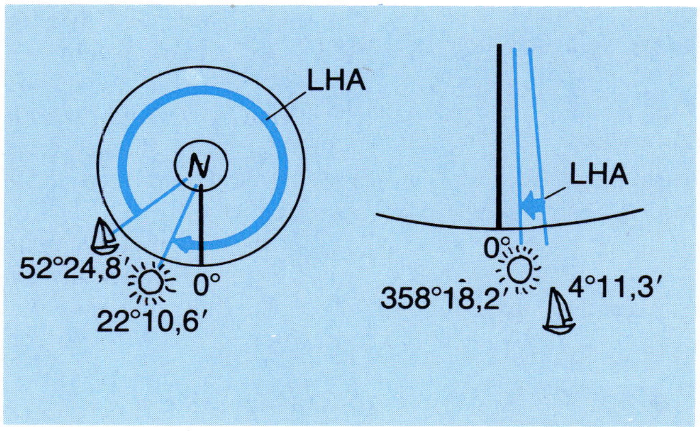

Der LHA zählt immer vom Schiff nach Westen zum Bildpunkt vollkreisig; links ist der LHA deshalb 329°45,8′ und rechts 2°29,5′.

ÜBUNGS-AUFGABE 69

Schiffsposition am 30. 8. 1980 = 12°9′S und 63°44,9′W. LHA um 09-53-12 UT1?

ÜBUNGS-AUFGABE 70

Schiffsposition am 30. 8. 1980 = 39°24′N und 3°59′E. LHA um 11-29-18 UT1?

ÜBUNGS-AUFGABE 71

Schiffsposition am 30. 8. 1980 = 30°59′N und 160°22,9′W. LHA um 22-53-19 UT1?

ÜBUNGS-AUFGABE 72

Schiffsposition am 30. 8. 1980 = 18°22,3′N und 170°24,3′E. LHA um 23-29-28 UT1?

Für H.O.249 müssen die Tafeleingänge „begradigt“ werden

Wollte man in den Tafeln zur Berechnung von Gestirnshöhe und Azimut die Ergebnisse für alle möglichen gegißten Schiffsorte auf der Erdoberfläche und alle möglichen Bildpunkte bringen, so hätten sie einen unendlich großen Umfang, und ihre Benutzung an Bord wäre nahezu unmöglich. Bei den Tafeln H.O.249 haben ihre Verfasser einen Ausweg gefunden, der es erlaubt, Höhe und Azimut in zwei relativ schmalen Bänden für alle praktischen Fälle ausreichend genau zu berechnen. Man ging hierbei von folgender Überlegung aus:
Das Höhenverfahren beruht ohnehin darauf, daß ein gegißter Schiffsort benutzt wird. Erfahrungsgemäß ist der gegißte Schiffsort auf hoher See bis zu 30 sm ungenau, ohne daß deshalb das Höhenverfahren nach Marc St. Hilaire unbrauchbar würde. Es mußte deshalb auch möglich sein, statt eines gegißten Schiffsortes, der auf ungenauen Koppelrechnungen basiert, als Tafeleingang einen anderen Ort zu wählen, wenn er einigermaßen in der Nähe des tatsächlichen Schiffsortes liegt. Die H.O. 249 ist für eine große Zahl von solchen speziellen Orten (sogenannte Rechenorte) berechnet worden, so daß ihr Umfang sich in Grenzen halten konnte. Der einzige – kleine – Nachteil bei der Benutzung der Tafeln H.O.249 liegt deshalb in dem Umstand, daß nicht mit einem beliebigen gegißten Schiffsort eingegangen werden kann, sondern mit dem *nächstgelegenen* Rechenort.

Der Rechenort muß folgende Voraussetzungen erfüllen:
- Seine Breite muß ganzgradig sein.
- Seine Länge muß mit der Bildpunktlänge einen ganzgradigen LHA bilden.

Um Mißverständnissen vorzubeugen, wird nochmals darauf hingewiesen: Die Länge des Rechenortes muß nicht ganzgradig sein; vielmehr muß sie so beschaffen sein, daß mit dem Greenwichwinkel ein ganzgradiger LHA gebildet wird. Das ist bei Schiffswestlänge nur dann der Fall, wenn der Greenwichwinkel – zufällig – ebenfalls ganzgradig ist, was selten genug vorkommt.
Die Breite des Rechenortes wird sehr einfach dadurch gefunden, daß die Breite des gegißten Schiffsortes auf volle Grad auf- oder abgerundet wird. Befindet sich das Schiff auf 39°29′N, muß in die Seite „39°“ eingegangen

werden, während bei 39°31′N die Seite mit „40°" aufgeschlagen werden muß.
Die Länge des *nächstgelegenen* Rechenortes ist etwas umständlich zu finden, was aber keine Schwierigkeiten macht, wenn sich der Navigator an das folgende Schema zum Auffinden des ganzgradigen LHA hält:

1. LHA wie auf Seite 238 beschrieben, ausrechnen
2. LHA ganzgradig auf- oder abrunden

Ein LHA von 331°31′ muß also zu einem LHA 332° aufgerundet werden, und ein LHA von 331°29′ muß zu einem LHA von 331° abgerundet werden.
Es sei auf einen häufig vorkommenden Fehler hingewiesen: Der Benutzer findet richtig seinen Rechenort, geht damit in die Tafel ein und berechnet Höhenwinkel und Azimut und zeichnet hiernach die astronomische Standlinie unter Verwendung des gegißten Schiffsortes. Dies ist falsch, weil Höhenwinkel und Azimut mit der H.O.249 niemals für den gegißten Schiffsort, sondern immer nur für den nächstgelegenen Rechenort ausgerechnet werden können, weil er ebenso falsch oder richtig ist wie der gegißte Schiffsort. Später muß dann auch in der Zeichnung der Rechenort verwendet werden!
Deshalb ergibt sich noch eine kleine Schwierigkeit beim Arbeiten mit dem ganzgradigen LHA. Es reicht nicht aus, den LHA ganzgradig auf- oder abzurunden. Denn dann wäre gar nicht bekannt, welche Rechenortlänge nun zum ganzgradigen LHA geführt hat. Die ganzgradige Rechenortlänge benötigt man aber zum späteren Zeichnen der Standlinie, weil ja vom Rechenort aus der Unterschied zwischen berechnetem und gemessenem Höhenwinkel auf dem Azimut zum Bildpunkt hin oder weg abgetragen wird.
Bevor also als letzter Schritt in die Tafeln eingegangen wird, muß noch festgestellt werden, welche Rechenortlänge den LHA ganzgradig gemacht hat, was dadurch erfolgt, daß aus dem ganzgradigen LHA die Bildpunktlänge wieder herausgerechnet wird, so daß letztlich die Rechenortlänge, die den LHA ganzgradig gemacht hat, übrigbleibt.

Somit gehe man bei Ostlängen in folgenden Schritten vor:
1. Bildpunktlänge bestimmen
2. LHA ausrechnen: Schiffslänge + Greenwichwinkel
3. LHA auf- oder abrunden
4. Rechenortlänge feststellen: ganzgradiger LHA – Bildpunktlänge

Beispiel: Am 30. 8. 1980 beträgt die Schiffslänge um 05-29-14 UT1 22°24′E. Wie sind der ganzgradige LHA und die Rechenortlänge?

Grt		254°51,1′
Zuwachs	+	7°18,5′
Bildpunktlänge		262°09,6′
Ostlänge	+	22°24′
LHA		284°33,6′

ganzgradiger LHA = 285°

ganzgradiger LHA		285°00′
Bildpunktlänge	–	262°09,6′
Rechenortlänge		22°50,4′

Bei Westlängen gehe man folgendermaßen vor:
1. Greenwichwinkel – Schiffswestlänge
2. LHA ganzgradig auf- oder abrunden
3. Ermittlung der Rechenortlänge, die den LHA ganzgradig gemacht hat: Bildpunktlänge – ganzgradiger LHA

Beispiel: Am 30. 8. 1980 beträgt die Schiffslänge 66°19,8′W. Wie sind um 19-53-52 UT1 der ganzgradige LHA und die Rechenortlänge?

Grt		104°53,8′
Zuwachs	+	13°28,0′
Bildpunktlänge		118°21,8′
Westlänge	–	66°19,8′
LHA		52°02,0′

ganzgradiger LHA = 52°00′

Bildpunktlänge		118°21,8′
ganzgradiger LHA	–	52°00,0′
Rechenortlänge		66°21,8′

ÜBUNGS-AUFGABE 73

Am 30. 8. 1980 beträgt die Schiffslänge 56°22,9′W. Wie lauten der ganzgradige LHA und die Rechenortlänge um 12-29-13 UT1?

ÜBUNGS-AUFGABE 74

Am 30. 8. 1980 steht ein Schiff auf 166°22,8′E. Ganzgradiger LHA und Rechenortlänge um 22-53-44 UT1?

Damit sind die drei Tafeleingänge fertig, nämlich:
1. ganzgradige Rechenortbreite
2. ganzgradiger LHA
3. ganze Grade bei Bildpunktbreite (Declination)

Auch bei der Declination kann unter Umständen ein Denkfehler gemacht werden: Sie darf keinesfalls aufge-

rundet werden. Sie wird auch nicht abgerundet.
Wohin aber mit den Minuten der Declination? Diese fallen nicht etwa unter den Tisch, nur wird der Höhenwinkel zunächst für den vollgradigen Anteil der Declination berechnet und am Ende mit einer Zusatzberichtigung versehen, in der die Minuten der Declination enthalten sind. Es wäre deshalb also falsch, bei einer Declination von 14°59′N in die Spalte für 15° einzugehen.
Zwei Dinge sind außerdem zu klären: Die Seiten der Bände II und III der Tafeln H.O.249 sind nicht mit 40° Nord- oder Südbreite oder mit Nord- oder Süddeclination überschrieben. Statt dessen lautet die Überschrift: „Declination same name as latitude.“ Derjenige, der Englisch kann, wird damit keine Schwierigkeiten haben. Aber auch alle übrigen brauchen sich nur folgende Vokabeln zu merken:

same	=	gleich
contrary	=	entgegengesetzt
latitude	=	Breite
name	=	Vorzeichen

„Declination same name as latitude“ bedeutet also nichts anderes, als daß diese Seite dann anzuwenden ist, wenn sowohl Breite als auch Declination Nord beziehungsweise Süd sind. Ist die Declination beispielsweise Nord und die Breite Süd, ihr Vorzeichen also entgegengesetzt, so muß der Navigator die Seite wählen, die überschrieben ist mit „Declination contrary name as latitude“.

	6°			7°			8°			9°			10°	
Z	Hc	d	Z	Hc	d	Z	Hc	d	Z	Hc	d	Z	Hc	d
°	° ′	′	°	° ′	′	°	° ′	′	°	° ′	′	°	° ′	′
180	56 00	+60	180	57 00	+60	180	58 00	+60	180	59 00	+60	180	60 00	+60
178	55 59	60	178	56 59	60	178	57 59	60	178	58 59	60	178	59 59	60
177	55 57	60	176	56 57	60	176	57 57	60	176	58 57	60	176	59 57	60
175	55 54	59	175	56 53	60	175	57 53	60	174	58 53	60	174	59 53	60
173	55 49	59	173	56 48	60	173	57 48	60	173	58 48	59	172	59 47	60
171	55 42	+60	171	56 42	+59	171	57 41	+60	171	58 41	+59	171	59 40	+60
170	55 35	59	169	56 34	59	169	57 33	60	169	58 33	59	169	59 32	59
168	55 25	60	168	56 25	59	167	57 24	59	167	58 23	59	167	59 22	59
166	55 15	59	166	56 14	59	166	57 13	58	165	58 11	59	165	59 10	59
165	55 03	59	164	56 02	58	164	57 00	59	164	57 59	58	163	58 57	58
163	54 50	+58	163	55 48	+59	162	56 47	+58	162	57 45	+58	161	58 43	+58
161	54 36	58	161	55 34	57	160	56 31	58	160	57 29	58	160	58 27	57
160	54 20	58	159	55 18	57	159	56 15	57	158	57 12	58	158	58 10	57
158	54 03	57	158	55 00	57	157	55 57	57	157	56 54	57	156	57 51	57
157	53 45	57	156	54 42	56	156	55 38	57	155	56 35	56	154	57 31	57

In der H.O.249 werden „Hc“, „d“ und „Z“ aufgefunden.

Geht der Navigator nunmehr
1. in die richtige Seite für die Schiffsbreite (Vorzeichen beachten!),
2. in die richtige Spalte für LHA,
3. in die richtige Spalte für die Declination,

so wird er als Ergebnis drei Zahlen vorfinden. Die Überschriften für die drei Zahlen stehen unter den ganzen Graden für die Declination und sind:

Hc	d	Z

Hc	=	height computed = Höhenwinkel
d	=	difference = Unterschied von Hc bei der nächst höheren Declination
Z	=	eine Zahl, die zum Azimut führt

Bei einer ganzgradigen Breite von 40°N, bei einem LHA von 35° und einer Declination von 9°N (!) ergibt sich ein Höhenwinkel (Hc) von 46°05′, eine Verbesserungszahl (d) von + 46′ (Achtung, das Vorzeichen steht nur alle fünf Zeilen!) und eine Zahl (Z) 125.

Was geschieht mit den Minuten der Declination?

Nun wird selten die Declination ganzgradig sein, so daß letztlich noch eine Verbesserung für den Minutenanteil der Declination bei Hc (und nur dort) angebracht werden muß.
Auch hier könnte man wieder eine einfache Dreisatzrechnung durchführen, die da lauten würde: Wenn beispielsweise die Declination von 9° einen Hc von 46°05′ und die Declination von 10° einen Hc von 46°51′ ergibt, wieviel ist dann Hc bei einer Declination von 9°30′? Die Antwort ist in diesem einfachen Fall simpel: Nachdem die Differenz (d) zwischen 9° und 10° für Hc + 46 beträgt, ist bei einem Minutenanteil von 30′ zu 46°05′ die Hälfte der Differenz, nämlich 23′, hinzuzuzählen, so daß sich für 9°30′ ein Hc von 46°28′ ergibt.
Diese Rechnung braucht selbstverständlich nicht auf einem Elektronenrechner oder gar im Kopf durchgeführt werden; hierzu gibt es in der H.O.249 eine Hilfstafel: die Tafel 5. Eingänge sind dabei „d“, das als zweite der drei gefundenen Zahlen auftaucht, und der Minutenanteil der Declination, im obigen Beispiel 30′. Ob mit „d“ links und mit dem Minutenanteil oben oder umgekehrt eingegangen wird, spielt keine Rolle. Immer wird in der Tafel 5 „23“ gefunden (Abbildung rechts).
Der letzte Schritt, bevor die Standlinie gezeichnet werden kann, ist die Bestimmung des Azimuts: Die dritte gefundene Zahl ist eine Zahl, die erst unter Anwendung der kurzen Formeln links oben und links unten auf jeder Seite der H.O.249 zum Azimut führt. Im vorliegenden Fall gilt:

N. Lat. {LHA greater than 180°....... Zn=Z
{LHA less than 180°.......... Zn=360−Z

	0°			1°			2*			3°			
LHA	Hc	d	Z	Hc	d	Z	Hc	d	Z	Hc	d	Z	Hc

Regel am Tafelrand für die Umwandlung von Z in das vollkreisige Azimut

* englisch: greater than = größer als
less than = kleiner als

TABLE 5.—Correction to Tabulated Altitude for Minutes of Declination

d / ′	1	2	3	4	5	6	7	8	9	10	11	12	13	14	15	16	17	18	19	20	21
0	0	0	0	0	0	0	0	0	0	0	0	0	0	0	0	0	0	0	0	0	0
1	0	0	0	0	0	0	0	0	0	0	0	0	0	0	0	0	0	0	0	0	0
2	0	0	0	0	0	0	0	0	0	0	0	0	0	0	0	1	1	1	1	1	1
3	0	0	0	0	0	0	0	0	0	0	1	1	1	1	1	1	1	1	1	1	1
4	0	0	0	0	0	0	0	1	1	1	1	1	1	1	1	1	1	1	1	1	1
5	0	0	0	0	0	0	1	1	1	1	1	1	1	1	1	1	1	2	2	2	2
6	0	0	0	0	0	1	1	1	1	1	1	1	1	1	2	2	2	2	2	2	2
7	0	0	0	0	1	1	1	1	1	1	1	1	2	2	2	2	2	2	2	2	2
8	0	0	0	1	1	1	1	1	1	1	1	2	2	2	2	2	2	2	3	3	3
9	0	0	0	1	1	1	1	1	1	2	2	2	2	2	2	2	3	3	3	3	3
10	0	0	0	1	1	1	1	1	2	2	2	2	2	2	2	3	3	3	3	3	4
11	0	0	1	1	1	1	1	1	2	2	2	2	2	3	3	3	3	3	3	4	4
12	0	0	1	1	1	1	1	2	2	2	2	2	3	3	3	3	3	4	4	4	4
13	0	0	1	1	1	1	2	2	2	2	2	3	3	3	3	3	4	4	4	4	5
14	0	0	1	1	1	1	2	2	2	2	3	3	3	3	4	4	4	4	4	5	5
15	0	0	1	1	1	2	2	2	2	2	3	3	3	4	4	4	4	4	5	5	5
16	0	1	1	1	1	2	2	2	2	3	3	3	3	4	4	4	5	5	5	5	6
17	0	1	1	1	1	2	2	2	3	3	3	3	4	4	4	5	5	5	5	6	6
18	0	1	1	1	2	2	2	2	3	3	3	4	4	4	4	5	5	5	6	6	6
19	0	1	1	1	2	2	2	3	3	3	3	4	4	4	5	5	5	6	6	6	7
20	0	1	1	1	2	2	2	3	3	3	4	4	4	5	5	5	6	6	6	7	7
21	0	1	1	1	2	2	2	3	3	4	4	4	5	5	5	6	6	6	7	7	7
22	0	1	1	1	2	2	3	3	3	4	4	4	5	5	6	6	6	7	7	7	8
23	0	1	1	2	2	2	3	3	3	4	4	5	5	5	6	6	7	7	7	8	8
24	0	1	1	2	2	2	3	3	4	4	4	5	5	6	6	6	7	7	8	8	8
25	0	1	1	2	2	2	3	3	4	4	5	5	5	6	6	7	7	8	8	8	9
26	0	1	1	2	2	3	3	3	4	4	5	5	6	6	6	7	7	8	8	9	9
27	0	1	1	2	2	3	3	4	4	4	5	5	6	6	7	7	8	8	9	9	9
28	0	1	1	2	2	3	3	4	4	5	5	6	6	7	7	7	8	8	9	9	10
29	0	1	1	2	2	3	3	4	4	5	5	6	6	7	7	8	8	9	9	10	10
30	0	1	2	2	2	3	4	4	4	5	6	6	6	7	8	8	8	9	10	10	10
31	1	1	2	2	3	3	4	4	5	5	6	6	7	7	8	8	9	9	10	10	11
32	1	1	2	2	3	3	4	4	5	5	6	6	7	7	8	9	9	10	10	11	11
33	1	1	2	2	3	3	4	4	5	6	6	7	7	8	8	9	9	10	10	11	12
34	1	1	2	2	3	3	4	5	5	6	6	7	7	8	8	9	10	10	11	11	12
35	1	1	2	2	3	4	4	5	5	6	6	7	8	8	9	9	10	10	11	12	12
36	1	1	2	2	3	4	4	5	5	6	7	7	8	8	9	10	10	11	11	12	13
37	1	1	2	2	3	4	4	5	6	6	7	7	8	9	9	10	10	11	12	12	13
38	1	1	2	3	3	4	4	5	6	6	7	8	8	9	10	10	11	11	12	13	13
39	1	1	2	3	3	4	5	5	6	6	7	8	8	9	10	10	11	12	12	13	14
40	1	1	2	3	3	4	5	5	6	7	7	8	9	9	10	11	11	12	13	13	14
41	1	1	2	3	3	4	5	5	6	7	8	8	9	10	10	11	12	12	13	14	14
42	1	1	2	3	4	4	5	6	6	7	8	8	9	10	10	11	12	13	13	14	15
43	1	1	2	3	4	4	5	6	6	7	8	9	9	10	11	11	12	13	14	14	15
44	1	1	2	3	4	4	5	6	7	7	8	9	10	10	11	12	12	13	14	15	15
45	1	2	2	3	4	4	5	6	7	8	8	9	10	10	11	12	13	14	14	15	16
46	1	2	2	3	4	5	5	6	7	8	8	9	10	11	12	12	13	14	15	15	16
47	1	2	2	3	4	5	5	6	7	8	9	9	10	11	12	13	13	14	15	16	16
48	1	2	2	3	4	5	6	6	7	8	9	10	10	11	12	13	14	14	15	16	17
49	1	2	2	3	4	5	6	7	7	8	9	10	11	11	12	13	14	15	16	16	17
50	1	2	2	3	4	5	6	7	8	8	9	10	11	12	12	13	14	15	16	17	18
51	1	2	3	3	4	5	6	7	8	8	9	10	11	12	13	14	14	15	16	17	18
52	1	2	3	3	4	5	6	7	8	9	10	10	11	12	13	14	15	16	16	17	18
53	1	2	3	4	4	5	6	7	8	9	10	11	11	12	13	14	15	16	17	18	19
54	1	2	3	4	4	5	6	7	8	9	10	11	12	13	14	14	15	16	17	18	19
55	1	2	3	4	5	6	6	7	8	9	10	11	12	13	14	15	16	16	17	18	19
56	1	2	3	4	5	6	7	7	8	9	10	11	12	13	14	15	16	17	18	19	20
57	1	2	3	4	5	6	7	8	9	10	10	11	12	13	14	15	16	17	18	19	20
58	1	2	3	4	5	6	7	8	9	10	11	12	13	14	14	15	16	17	18	19	20
59	1	2	3	4	5	6	7	8	9	10	11	12	13	14	15	16	17	18	19	20	21

d / ′	22	23	24	25	26	27	28	29	30	31	32	33	34	35	36	37	38	39	40
0	0	0	0	0	0	0	0	0	0	0	0	0	0	0	0	0	0	0	0
1	0	0	0	0	0	0	0	0	0	1	1	1	1	1	1	1	1	1	1
2	1	1	1	1	1	1	1	1	1	1	1	1	1	1	1	1	1	1	[illegible]
3	1	1	1	1	1	1	1	1	2	2	2	2	2	2	2	2	2	2	[illegible]
4	1	2	2	2	2	2	2	2	2	2	2	2	2	2	2	2	3	3	[illegible]
5	2	2	2	2	2	2	2	2	2	3	3	3	3	3	3	3	3	3	[illegible]
6	2	2	2	2	3	3	3	3	3	3	3	3	3	4	4	4	4	4	[illegible]
7	3	3	3	3	3	3	3	3	4	4	4	4	4	4	4	4	4	5	[illegible]
8	3	3	3	3	3	4	4	4	4	4	4	4	5	5	5	5	5	5	[illegible]
9	3	3	4	4	4	4	4	4	4	5	5	5	5	5	5	6	6	6	[illegible]
10	4	4	4	4	4	4	5	5	5	5	5	6	6	6	6	6	6	6	[illegible]
11	4	4	4	5	5	5	5	5	6	6	6	6	6	6	7	7	7	7	[illegible]
12	4	5	5	5	5	5	6	6	6	6	6	7	7	7	7	7	8	8	[illegible]
13	5	5	5	5	6	6	6	6	6	7	7	7	7	8	8	8	8	8	[illegible]
14	5	5	6	6	6	6	7	7	7	7	7	8	8	8	8	9	9	9	[illegible]
15	6	6	6	6	6	7	7	7	8	8	8	8	8	9	9	9	10	10	[illegible]
16	6	6	6	7	7	7	7	8	8	8	9	9	9	9	10	10	10	10	[illegible]
17	6	7	7	7	7	8	8	8	8	9	9	9	10	10	10	10	11	11	[illegible]
18	7	7	7	8	8	8	8	9	9	9	10	10	10	10	11	11	11	12	[illegible]
19	7	7	8	8	8	9	9	9	10	10	10	10	11	11	11	12	12	12	[illegible]
20	7	8	8	8	9	9	9	10	10	10	11	11	11	12	12	12	13	13	[illegible]
21	8	8	8	9	9	9	10	10	10	11	11	12	12	12	13	13	13	14	[illegible]
22	8	8	9	9	10	10	10	11	11	11	12	12	12	13	13	14	14	14	[illegible]
23	8	9	9	10	10	10	11	11	12	12	12	13	13	13	14	14	15	15	[illegible]
24	9	9	10	10	10	11	11	12	12	12	13	13	14	14	14	15	15	16	[illegible]
25	9	10	10	10	11	11	12	12	12	13	13	14	14	15	15	15	16	16	[illegible]
26	10	10	10	11	11	12	12	13	13	13	14	14	15	15	16	16	16	17	[illegible]
27	10	10	11	11	12	12	13	13	14	14	14	15	15	16	16	17	17	18	[illegible]
28	10	11	11	12	12	13	13	14	14	14	15	15	16	16	17	17	18	18	[illegible]
29	11	11	12	12	13	13	14	14	14	15	15	16	16	17	17	18	18	19	[illegible]
30	11	12	12	12	13	14	14	14	15	16	16	16	17	18	18	18	19	20	[illegible]
31	11	12	12	13	13	14	14	15	16	16	17	17	18	18	19	19	20	20	[illegible]
32	12	12	13	13	14	14	15	15	16	17	17	18	18	19	19	20	20	21	[illegible]
33	12	13	13	14	14	15	15	16	16	17	18	18	19	19	20	20	21	21	[illegible]
34	12	13	14	14	15	15	16	16	17	18	18	19	19	20	20	21	22	22	[illegible]
35	13	13	14	15	15	16	16	17	18	18	19	19	20	20	21	22	22	23	[illegible]
36	13	14	14	15	16	16	17	17	18	19	19	20	20	21	22	22	23	23	[illegible]
37	14	14	15	15	16	17	17	18	18	19	20	20	21	22	22	23	23	24	[illegible]
38	14	15	15	16	16	17	18	18	19	20	20	21	22	22	23	23	24	25	[illegible]
39	14	15	16	16	17	18	18	19	20	20	21	21	22	23	23	24	25	25	[illegible]
40	15	15	16	17	17	18	19	19	20	21	21	22	23	23	24	25	25	26	[illegible]
41	15	16	16	17	18	18	19	20	20	21	22	23	23	24	25	25	26	27	[illegible]
42	15	16	17	18	18	19	20	20	21	22	22	23	24	24	25	26	27	27	[illegible]
43	16	16	17	18	19	19	20	21	22	22	23	24	24	25	26	27	27	28	[illegible]
44	16	17	18	18	19	20	21	21	22	23	23	24	25	26	26	27	28	29	[illegible]
45	16	17	18	19	20	20	21	22	22	23	24	25	26	26	27	28	28	29	[illegible]
46	17	18	18	19	20	21	21	22	23	24	25	25	26	27	28	28	29	30	[illegible]
47	17	18	19	20	20	21	22	23	24	24	25	26	27	27	28	29	30	31	[illegible]
48	18	18	19	20	21	22	22	23	24	25	26	26	27	28	29	30	30	31	[illegible]
49	18	19	20	20	21	22	23	24	24	25	26	27	28	29	29	30	31	32	[illegible]
50	18	19	20	21	22	22	23	24	25	26	27	28	28	29	30	31	32	32	[illegible]
51	19	20	20	21	22	23	24	25	26	26	27	28	29	30	31	31	32	33	[illegible]
52	19	20	21	22	23	23	24	25	26	27	28	29	29	30	31	32	33	34	[illegible]
53	19	20	21	22	23	24	25	26	26	27	28	29	30	31	32	33	34	34	[illegible]
54	20	21	22	22	23	24	25	26	27	28	29	30	31	32	32	33	34	35	[illegible]
55	20	21	22	23	24	25	26	27	28	28	29	30	31	32	33	34	35	36	[illegible]
56	21	21	22	23	24	25	26	27	28	29	30	31	32	33	34	35	35	36	[illegible]
57	21	22	23	24	25	26	27	28	28	29	30	31	32	33	34	35	36	37	[illegible]
58	21	22	23	24	25	26	27	28	29	30	31	32	33	34	35	36	37	38	[illegible]
59	22	23	24	25	26	27	28	29	30	30	31	32	33	34	35	36	37	38	[illegible]

Tafel 5 zur Verbesserung von Hc für die Minuten der Declination

1	42	43	44	45	46	47	48	49	50	51	52	53	54	55	56	57	58	59	60	$\frac{d}{'}$
0	0	0	0	0	0	0	0	0	0	0	0	0	0	0	0	0	0	0	0	0
1	1	1	1	1	1	1	1	1	1	1	1	1	1	1	1	1	1	1	1	1
1	1	1	1	2	2	2	2	2	2	2	2	2	2	2	2	2	2	2	2	2
2	2	2	2	2	2	2	2	2	2	3	3	3	3	3	3	3	3	3	3	3
3	3	3	3	3	3	3	3	3	3	3	3	4	4	4	4	4	4	4	4	4
3	4	4	4	4	4	4	4	4	4	4	4	4	4	5	5	5	5	5	5	5
4	4	4	4	4	5	5	5	5	5	5	5	5	5	6	6	6	6	6	6	6
5	5	5	5	5	5	5	6	6	6	6	6	6	6	6	7	7	7	7	7	7
5	6	6	6	6	6	6	6	7	7	7	7	7	7	7	7	8	8	8	8	8
6	6	6	7	7	7	7	7	7	8	8	8	8	8	8	8	9	9	9	9	9
7	7	7	7	8	8	8	8	8	8	8	9	9	9	9	9	10	10	10	10	10
8	8	8	8	8	8	9	9	9	9	9	10	10	10	10	10	10	11	11	11	11
8	8	9	9	9	9	9	10	10	10	10	10	11	11	11	11	11	12	12	12	12
9	9	9	10	10	10	10	10	11	11	11	11	11	12	12	12	12	13	13	13	13
0	10	10	10	10	11	11	11	11	12	12	12	12	13	13	13	13	14	14	14	14
0	10	11	11	11	12	12	12	12	12	13	13	13	14	14	14	14	14	15	15	15
1	11	11	12	12	12	13	13	13	13	14	14	14	14	15	15	15	15	16	16	16
2	12	12	12	13	13	13	14	14	14	14	15	15	15	16	16	16	16	17	17	17
2	13	13	13	14	14	14	14	15	15	15	16	16	16	16	17	17	17	18	18	18
3	13	14	14	14	15	15	15	16	16	16	16	17	17	17	18	18	18	19	19	19
4	14	14	15	15	15	16	16	16	17	17	17	18	18	18	19	19	19	20	20	20
4	15	15	15	16	16	16	17	17	18	18	18	19	19	19	20	20	20	21	21	21
5	15	16	16	16	17	17	18	18	18	19	19	19	20	20	21	21	21	22	22	22
6	16	16	17	17	18	18	18	19	19	20	20	20	21	21	21	22	22	23	23	23
5	17	17	18	18	18	19	19	20	20	20	21	21	22	22	22	23	23	24	24	24
7	18	18	18	19	19	20	20	20	21	21	22	22	22	23	23	24	24	25	25	25
8	18	19	19	20	20	20	21	21	22	22	23	23	23	24	24	25	25	26	26	26
8	19	19	20	20	21	21	22	22	22	23	23	24	24	25	25	26	26	27	27	27
9	20	20	21	21	21	22	22	23	23	24	24	25	25	26	26	27	27	28	28	28
0	20	21	21	22	22	23	23	24	24	25	25	26	26	27	27	28	28	29	29	29
0	21	22	22	22	23	24	24	24	25	26	26	26	27	28	28	28	29	30	30	30
1	22	22	23	23	24	24	25	25	26	26	27	27	28	28	29	29	30	30	31	31
2	22	23	23	24	25	25	26	26	27	27	28	28	29	29	30	30	31	31	32	32
3	23	24	24	25	25	26	26	27	28	28	29	29	30	30	31	31	32	32	33	33
3	24	24	25	26	26	27	27	28	28	29	29	30	31	31	32	32	33	33	34	34
4	24	25	26	26	27	27	28	29	29	30	30	31	32	32	33	33	34	34	35	35
5	25	26	26	27	28	28	29	29	30	31	31	32	32	33	34	34	35	35	36	36
5	26	27	27	28	28	29	30	30	31	31	32	33	33	34	35	35	36	36	37	37
5	27	27	28	28	29	30	30	31	32	32	33	34	34	35	35	36	37	37	38	38
7	27	28	29	29	30	31	31	32	32	33	34	34	35	36	36	37	38	38	39	39
7	28	29	29	30	31	31	32	33	33	34	35	35	36	37	37	38	39	39	40	40
3	29	29	30	31	31	32	33	33	34	35	36	36	37	38	38	39	40	40	41	41
9	29	30	31	32	32	33	34	34	35	36	36	37	38	38	39	40	41	41	42	42
9	30	31	32	32	33	34	34	35	36	37	37	38	39	39	40	41	42	42	43	43
0	31	32	32	33	34	34	35	36	37	37	38	39	40	40	41	42	43	43	44	44
[illegible]	32	32	33	34	34	35	36	37	38	38	39	40	40	41	42	43	44	44	45	45
[illegible]	32	33	34	34	35	36	37	38	38	39	40	41	41	42	43	44	44	45	46	46
2	33	34	34	35	36	37	38	38	39	40	41	42	42	43	44	45	45	46	47	47
3	34	34	35	36	37	38	38	39	40	41	42	42	43	44	45	46	46	47	48	48
3	34	35	36	37	38	38	39	40	41	42	42	43	44	45	46	47	47	48	49	49
4	35	36	37	38	38	39	40	41	42	42	43	44	45	46	47	48	48	49	50	50
5	36	37	37	38	39	40	41	42	42	43	44	45	46	47	48	48	49	50	51	51
5	36	37	38	39	40	41	42	42	43	44	45	46	47	48	49	49	50	51	52	52
5	37	38	39	40	41	42	42	43	44	45	46	47	48	49	49	50	51	52	53	53
7	38	39	40	40	41	42	43	44	45	46	47	48	49	50	50	51	52	53	54	54
3	38	39	40	41	42	43	44	45	46	47	48	49	50	50	51	52	53	54	55	55
3	39	40	41	42	43	44	45	46	47	48	49	49	50	51	52	53	54	55	56	56
9	40	41	42	43	44	45	46	47	48	48	49	50	51	52	53	54	55	56	57	57
0	41	42	43	44	44	45	46	47	48	49	50	51	52	53	54	55	56	57	58	58
0	41	42	43	44	45	46	47	48	49	50	51	52	53	54	55	56	57	58	59	59

N.Lat. (links oben, weil Nordhalbkugel)
LHA greater than 180°: Zn = Z
LHA less than 180°: Zn = 360 − Z*

Das Azimut (Zn) ist also 360° − 125° = 235°.

Damit sind die zum Zeichnen erforderlichen Bestandteile gefunden. Nach dem Durchrechnen von fünf Standlinien wird der Navigator in der Lage sein, mit Hilfe der H.O.249 in ungefähr fünf Minuten eine Standlinie durchzurechnen.

Ein Beispiel aus der Praxis im Zusammenhang

Am 30. 8. 1980 steht die MARY auf einem gegißten Schiffsort von 39°34′N und 4°19′E. Der Skipper mißt um 11-29-13 UT1 aus 2 m Augeshöhe den Sonnenunterrand unter einem Winkel von 58°49′. Wie lauten Rechenort, berechnete Höhe und Azimut?

Rechenortbreite: 40°00′

Grt		344°52,5′
Zuwachs	+	7°18,3′
Bildpunktlänge		352°10,8′
Ostlänge	+	4°19,0′
LHA		356°29,8′
ganzgradiger LHA		356°00′
Bildpunktlänge	−	352°10,8′
Rechenortlänge		3°49,2′

Tafeleingänge: 40°N, Declination: 8°, LHA: 356°

Tafelausgänge:	Hc	d	Z
	57°48′	+ 60′	173°

Verbesserung für die genaue Declination von 8°51′ (Nautisches Jahrbuch) mit Hilfe von d und Tafel 5:

		57°48′
	+	51′
genauer Hc		58°39′

Azimut = 173°(Regel links oben am Tafelrand!)

Das Zeichnen einer Standlinie

Um eine Standlinie zu zeichnen, sind lediglich folgende Werte nötig:

1. Länge und Breite des Ortes, für den der Höhenwinkel berechnet wurde, also entweder gegißter Schiffsort (Elektronenrechner) oder Rechenort (H.O.249)
2. Richtung des Azimuts

3. Unterschied in Winkelminuten, also Seemeilen, um die die beobachtete Gestirnshöhe nach Beschickung größer als der berechnete Höhenwinkel war oder kleiner.

Das Zeichnen selbst ist einfach:

1. In die Seekarte wird der gegißte Schiffsort oder Rechenort eingezeichnet.
2. Durch ihn wird das Azimut gezeichnet.
3. Auf dem Azimut wird der Unterschied vom Rechenort zum Gestirn *hin* (Richtung ergibt das Azimut) gezeichnet, wenn die beobachtete Gestirnshöhe nach Beschickung größer, der Navigator also näher am Gestirn war (1 Winkelminute = 1 sm). Wenn die beobachtete Gestirnshöhe nach Beschickung kleiner als Hc, der Navigator also weiter vom Gestirn entfernt war, wird der Unterschied vom Rechenort vom Gestirn *weg* auf dem Azimut getragen.
4. Durch den so entstandenen neuen Punkt wird senkrecht zum Azimut die Standlinie gezeichnet.

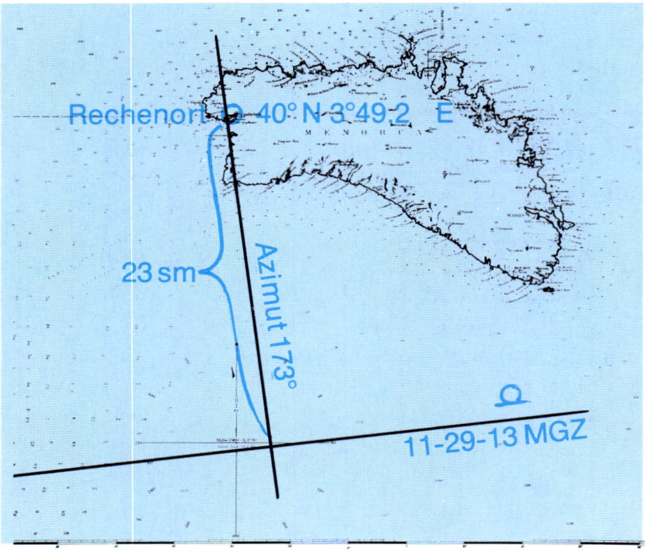

Vom Rechenort wird auf dem Azimut der Unterschied in Seemeilen zur Sonne hin, also in einer Richtung von 173°, abgetragen.

Im vorangegangenen Beispiel sind die Rechenortkoordinaten 40°N 3°49,2′E, das Azimut ist 173°.

beobachtete Höhe		58°49′
Gesamtbeschickung (Gb)	+	13′
		59°02′

Der Unterschied beträgt:		59°02′
	−	58°39′
		23 sm

Nachdem die berechnete Höhe kleiner als die gemessene Höhe war, steht der Navigator näher bei der Sonne; der Unterschied muß also vom Rechenort aus auf dem Azimut zur Sonne hin abgetragen werden (Abbildung oben).

Werden mehrere Standlinien gleichzeitig gezeichnet, was vor allem bei Sternhöhen häufig vorkommt, so wird dem Fortgeschrittenen empfohlen, das Azimut nicht mehr auszuzeichnen. Das läßt sich leicht dadurch bewerkstelligen, daß auf der langen Seite des Kartendreiecks (= Azimut) der Unterschied mit dem Zirkel deutlich markiert wird. Anschließend dreht man das Dreieck um 90° und legt wiederum die lange Seite durch die Markierung. Dies ist dann bereits die Standlinie. Erleichtert wird das Ganze dadurch, daß der Unterschied schon vor Zeichenbeginn mit dem Zirkel abgegriffen wird, weil dies die einzige Arbeit ist, zu der meistens beide Hände erforderlich sind.

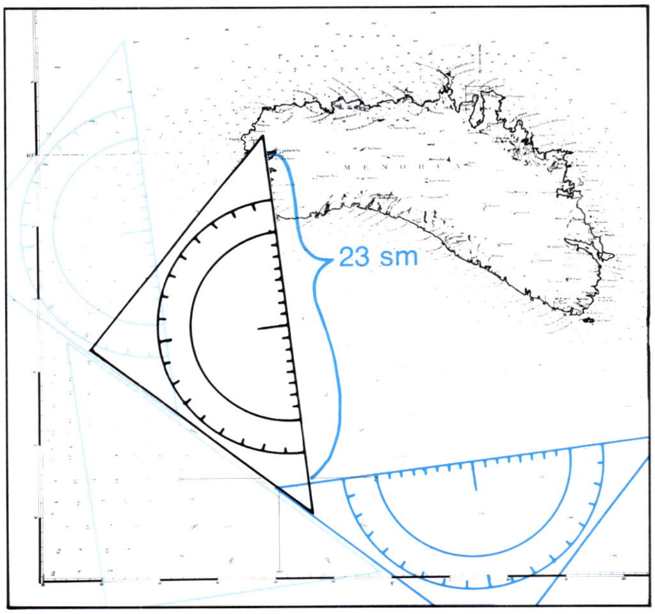

Das Azimut muß bei der Standlinienkonstruktion nicht unbedingt mitgezeichnet werden. Nachdem mit dem Zirkel am Dreieck der Unterschied abgetragen wurde, muß das Kartendreieck nur umgedreht werden, damit die um 90° verdrehte Standlinie erhalten wird.

ÜBUNGS-AUFGABE 75

Am 30. 8. 1980 dümpelt die SEEROSE in einer Flaute auf ca. 39°37′N und 3°58′E. Um 10-53-52 UT1 wird aus einer Augeshöhe von 2 m der Sonnenunterrand mit 57°02′ gemessen. Wie lauten die Rechenortkoordinaten?

ÜBUNGS-AUFGABE 76

Wie lauten das Azimut und der Unterschied?

ÜBUNGS-AUFGABE 77

Ohne daß inzwischen Wind aufgekommen wäre, wird um 12-29-40 UT1 der Sonnenuntergang noch einmal mit 57°20′ gemessen. Wie lautet der Schiffsort?

Plotting Sheets

Oftmals erweist es sich als ungünstig, für die Zwecke der astronomischen Navigation eine Seekarte zu benutzen, weil es besonders in Küstennähe durchaus passieren kann, daß der Rechenort überhaupt nicht auf der Karte vorhanden ist. Darüber hinaus ist vor allem bei Ozeanüberquerungen häufig nur ein „Übersegler" an Bord, auf dem wegen des ungünstigen Maßstabs ein genaues Arbeiten auch mit dem spitzesten Bleistift nicht mehr möglich ist. In einem solchen Fall empfiehlt es sich, auf sogenannte Leerkarten zurückzugreifen, die für alle Breiten erhältlich sind (Abbildung Seite 247).
Eine Leerkarte kann freilich nur für einen gewissen Breitenbereich benutzt werden, weil allein in diesem das eingezeichnete Gradnetz bezüglich des Längen- und Breitenverhältnisses den Anforderungen an die jeweilige Breite angepaßt ist. Meistens sind diese Leerkarten so gestaltet, daß sie umgedreht auf der korrespondierenden Südbreite benutzt werden können. Eine Längenbezeichnung gibt es nicht. Es ist dem Benutzer überlassen, welche Länge er den Meridianen zuteilt.

Die selbstgemachte Seekarte

Eine recht patente Möglichkeit, sich mit wenigen Handgriffen eine eigene Leerkarte herzustellen, hat Kapitän Kolkmann aufgezeigt. Der Autor selbst hat mit dieser Methode jahrelang auf einer Weltumseglung gearbeitet: Zunächst wird ein waagerechter Strich als Breitenparallel gezeichnet, der – bei Verwendung der H.O.249 – die Breite des Rechenortes erhält. Anschließend wird senkrecht dazu ein Meridian gezeichnet, der entsprechend der Rechenortlänge den nächsten ganzen Grad zugeteilt bekommt. Als Maßstab für die Arbeiten in dieser „See-

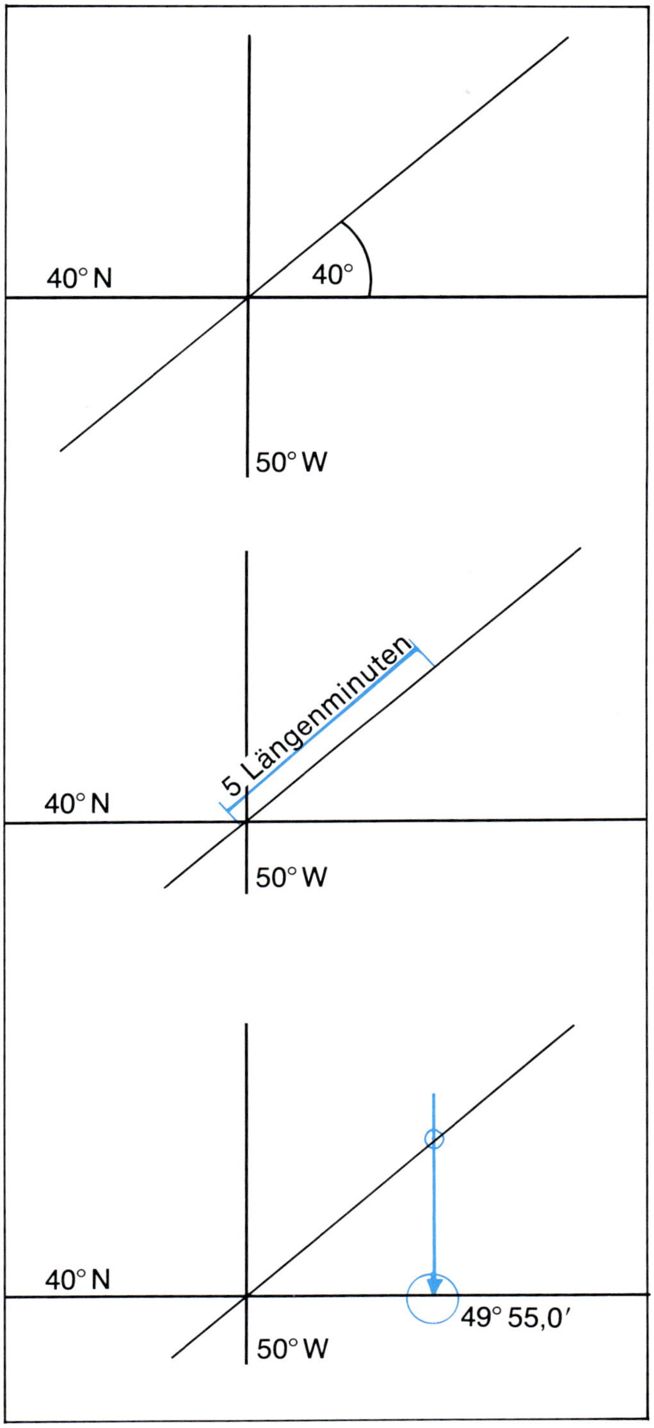

Leerkarten-Konstruktion nach Kapitän Kolkmann. Die Breiten können direkt im entsprechenden Maßstab (am besten 2 mm = 1 Breitenminute) hinein- und auch wieder herausgemessen werden, während sich die Längenminuten nur über die Hilfslinie in die Karte zeichnen und wieder herausmessen lassen. Die Hilfslinie bildet mit dem Breitenparallel den Winkel der betreffenden Breite.

karte" wird am besten 2 mm pro Breitenminute oder Seemeile genommen. Alle Breiten und Entfernungen können über diesen Maßstab direkt in die selbstgemachte Seekarte eingetragen und auch herausgemessen werden.
Längenminuten lassen sich nicht über diesen Maßstab direkt in die Karte einbringen, weil gemäß dem Prinzip der Mercatorprojektion je nach Breite die Längenminuten zu den Breitenminuten in einem ganz bestimmten Verhältnis stehen, das lediglich am Äquator eins zu eins ist. Statt dieses Verhältnis recht umständlich rechnerisch zu berücksichtigen, geschieht dies bei der Methode Kolkmann mittels einer Hilfslinie. Diese Hilfslinie wird durch den Schnittpunkt von Meridian und Breitenparallel gelegt und bildet mit dem Breitenparallel den Winkel der betreffenden Schiffsbreite. Ob die Hilfslinie dabei von rechts oben nach links unten oder von links oben nach rechts unten verläuft, spielt keine Rolle. Hauptsache ist, daß der Schiffsbreitenwinkel immer nur zwischen Hilfslinie und Breitenparallel und nicht etwa mit dem Meridian gebildet wird.

Als Grundsatz gilt: Alle Längenminuten können nur über diese Hilfslinie in die Karte eingetragen und nur über diese Hilfslinie herausgemessen werden.

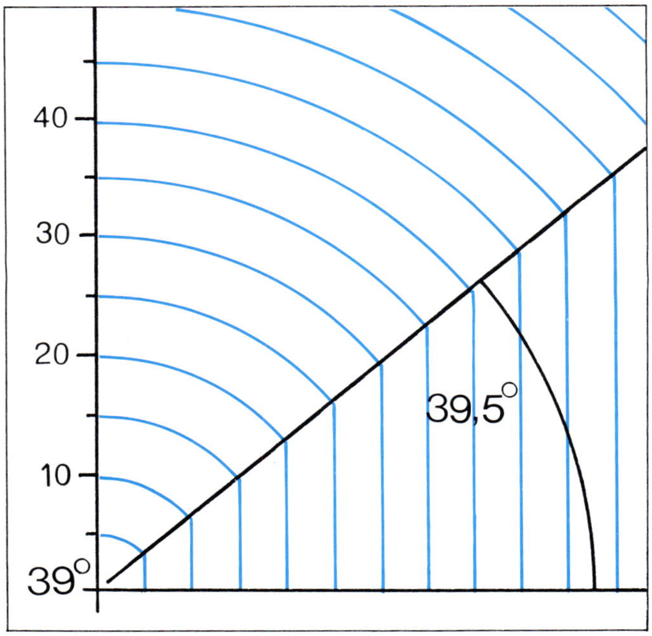

Beispiel für eine selbstangefertigte Leerkarte, in der automatisch die Verkürzung der Längen- gegenüber den Breitenminuten hergestellt ist. Diese Leerkarte läßt sich irgendwo zwischen 39° und 40° Breite verwenden.

Werden also beispielsweise 40°10′N eingetragen, so brauchen nur diese 10′ als 20 mm wie in eine ganz normale Seekarte über das Breitenparallel als waagerechte Linie eingezeichnet zu werden.
Werden dagegen beispielsweise fünf Längenminuten in die Seekarte eingezeichnet, so müssen zunächst 10 mm auf der Hilfslinie abgetragen werden; anschließend ist durch den so entstandenen Punkt eine senkrechte Parallele zum Meridian zu ziehen. Der Abstand der beiden Meridiane beträgt dadurch fünf Längenminuten. Selbstverständlich müssen die Längenminuten wieder über die Hilfslinie herausgemessen werden, indem man eine Senkrechte durch die Hilfslinie zeichnet und dann die entsprechenden Millimeter abmißt. Die Hälfte der Millimeter sind sodann die Längenminuten.
Von einer der erfahrensten deutschen Seglerinnen, Elga Koch, kommt hierzu noch ein interessanter Vorschlag, der für viele eine Vereinfachung bedeutet. Sie wählt statt eines ganzgradigen Meridians den Meridian, der der Rechenortlänge entspricht. Dadurch wird ein Schritt eingespart, nämlich das Einmessen der Rechenortlänge über der Hilfslinie. Die Rechenortlänge kann somit direkt eingetragen werden. Freilich ist das Herausmessen einer Länge später bei der Schiffsortbestimmung – unwesentlich – komplizierter.

Merke: Breitenminuten und Seemeilen werden direkt in die Seekarten eingemessen und herausgemessen. Längenminuten werden nur über die Hilfslinie hineingemessen und nur über die Hilfslinie herausgemessen.

Man kann auf recht preiswerte Art und Weise Leerkarten selbst anfertigen. Nachdem klar ist, in welchen Breiten auf dem Urlaubstörn man sich befindet, wird für jede Breite eine Leerkarte vorbereitet, indem in einem Abstand von 120 mm ein Koordinatenkreuz mit zwei Breitenparallelen gezeichnet wird. Anschließend legt man durch einen Schnittpunkt eine Schräglinie mit dem „Durchschnittswinkel" beider Breitengrade, für die die Leerkarte dann gelten soll. Sind also der 39. und der 40. Breitengrad eingezeichnet, so sollte der Winkel der Breitenlinie 39,5° betragen (siehe Abbildung links). Anschließend zeichnet man die Längenminuten in Fünfer-Abständen ein, weil später beim Ausarbeiten einer Seekarte auf eine Längenminute genau geschätzt werden kann, wobei die daraus entstehenden Ungenauigkeiten sicher geringer als Meßungenauigkeiten sind. Anschließend radiere man die Hilfslinie wieder heraus, denn sie würde in der endgültigen „Seekarte" nur Verwirrung stiften.
Von dieser Vorlage kann auf einfachen DIN-A4-Blät-

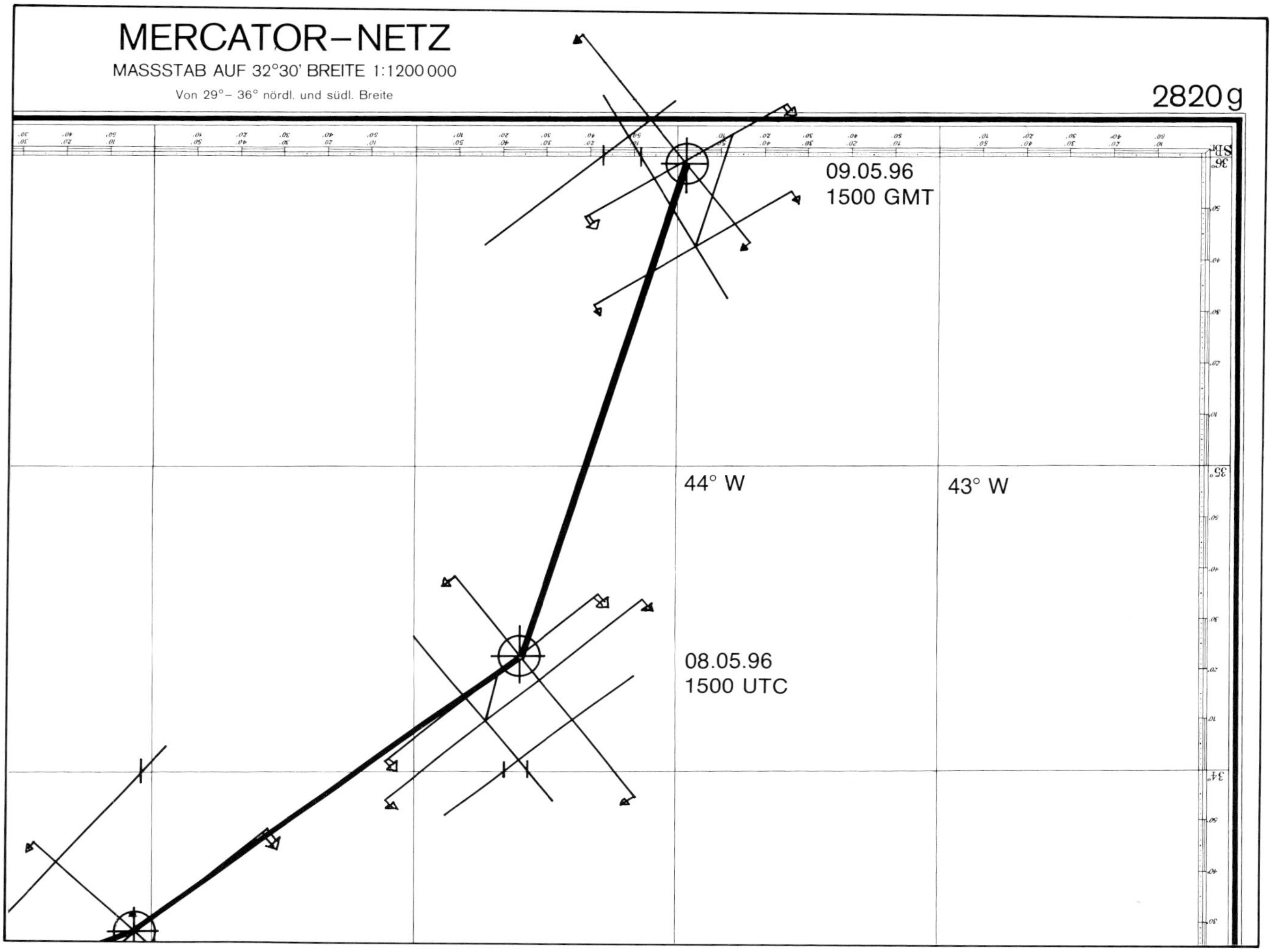

Mercator-Leerkarte. Sie läßt sich auf jeder Länge und auf der angegebenen Breite verwenden. Für südliche Breiten wird sie lediglich umgedreht.

tern die gewünschte Anzahl von Fotokopien hergestellt werden. Sollten sie ausgehen, kann die Leerkarte nach Ausradieren der Standlinie öfters benutzt werden.

Die Genauigkeit der Standlinie mit den Tafeln H.O.249 und H.O.229

Nicht spürbar ist die Ungenauigkeit, die daraus resultiert, daß statt des gegißten Schiffsortes ein Rechenort aufgezwungen wird, der immerhin mehr als 30 sm vom gegißten Schiffsort entfernt sein kann. Eine deutliche – aber in der Praxis unbedeutende – Ungenauigkeit wird jedoch dadurch eingebracht, daß der Navigator beim Gebrauch mit der H.O.249 nur die auf volle Minuten auf- oder abgerundete Declination benutzen kann. Im ungünstigsten Falle ergibt sich daraus eine Ungenauigkeit von 0,5 Winkelminuten, die 0,5 sm entspricht. Dies zeigt auch, daß die Empfehlung, die Declination „über den Daumen zu peilen" und sie auf volle Minuten auf- oder abzurunden, nicht nur zulässig, sondern im Falle der Verwendung der H.O.249 auch angebracht ist.
Eine geringfügige Ungenauigkeit wird auch dadurch verursacht, daß das Azimut für die Minuten der Declination nicht weiter berücksichtigt wird, so daß es eine um ein volles Grad verfälschte Richtung haben kann, was aber ebenfalls in der Praxis zu vernachlässigen ist. Alles in allem sind die Ungenauigkeiten jedoch so, daß durch die Verwendung der H.O.249 selten ein Fehler von mehr als 1 sm entsteht.

Die Tafeln H.O.229 bestehen aus sechs Bänden und entsprechen im wesentlichen Band II und III der Tafeln H.O.249. Trotz ihrer Bezeichnung sind sie moderner als die H.O.249. Die Bände sind ähnlich wie bei der H.O.249 nach Schiffsbreiten aufgeteilt, wobei der erste Band für die Breiten von 0° bis 15° steht, der zweite für 15° bis 30°, der dritte für 30° bis 45° und so fort. Da die H.O.229 im Gegensatz zur Pub.No. 249 (die ursprünglich für die Fliegerei entwickelt worden ist) für die Marinenavigation konzipiert war, bei der größere Genauigkeiten schon vom Messen her möglich sind, können mit diesen Tafeln, wenn auch etwas umständlicher als bei der H.O.249, die Fehler geringer gehalten werden. Dies hängt vor allem damit zusammen, daß die Declination nicht auf volle Minuten auf- oder abgerundet benutzt wird, sondern entsprechend den Angaben im Nautischen Jahrbuch auf eine Stelle hinter dem Komma genau – ein in der Yachtpraxis nicht notwendiger Gewinn an Genauigkeit (Abbildung Seite 249).

Rechnerische Konstruktion einer Standlinie

Besonders beim Umgang mit elektronischen Taschenrechnern entsteht oftmals der Wunsch, diesen Wunderkisten nach Möglichkeit die gesamte Arbeit zur Ermittlung einer astronomischen Standlinie zu überlassen, wodurch einem auch das unter Umständen recht mühsame Zeichnen auf schwankendem Schiff abgenommen wird. Tatsächlich ist es möglich, eine Standlinie bis zum Ende durchzurechnen, um sie anschließend mit einer zweiten Standlinie – ebenfalls rechnerisch – zum Schnittpunkt zu bringen. Es versteht sich von selbst, daß die nachfolgenden Ausführungen nicht für jene gedacht sind, die mehr oder weniger mühsam dabei sind, ihre H.O.-Tafeln durch einen Rechner zu ersetzen, sondern für jene, die bereits im Programmieren von leistungsfähigen Taschenrechnern geübt sind. Das rechnerische „Konstruieren" einer Standlinie kann aus Sicherheitsgründen nur innerhalb eines automatischen Programms vorgenommen werden. Es ist viel zu kompliziert, die entsprechenden Rechnungen im einzelnen herunterzutippen.

Wenn eine Standlinie nicht gezeichnet, sondern gerechnet wird, so muß zunächst einmal festgelegt werden, wie sie als Rechenergebnis definiert werden kann. Hierfür bieten sich mehrere Möglichkeiten an, beispielsweise durch Angabe von Azimut und Unterschied oder durch Errechnen zweier Punkte, durch die die Standlinie verläuft. Bekanntlich wird eine Gerade (in der Bordpraxis kann eine astronomische Standlinie als winziger Ausschnitt eines großen Kreises – nicht eines Großkreises – genau genug als Gerade bezeichnet werden) durch zwei Punkte bestimmt.

Praktischer ist ihre Definition aber durch einen Punkt, durch den die Standlinie verläuft, und die Richtung. Dieser Punkt kann als „möglicher Schiffsort" bezeichnet werden und entspricht genau jenem Punkt bei der Standlinienkonstruktion in der Seekarte, der sich durch das Abtragen des Unterschiedes auf dem Azimut ergibt und durch den man dann später die um 90° verdrehte Standlinie gewinnt. Die Bezeichnung „möglicher Schiffsort" ist korrekt, weil es sich um einen Ort auf der Standlinie handelt, der als Schiffsort durchaus in Frage kommt. Abzuraten ist dagegen von der Bezeichnung „sehr wahrscheinlicher Schiffsort", wie er häufig in amerikanischen Rechenprogramm-Beschreibungen gebraucht wird. Zur rechnerischen „Konstruktion" der Standlinie ist es also nur notwendig, die Koordinaten des möglichen Schiffsortes zu berechnen, nachdem die Richtung der Standlinie durch das Azimut, dem einfach 90° hinzugezählt werden müssen, schon gegeben ist.

Diese Rechenaufgabe entspricht exakt der Problemstellung beim Besteckrechnen, wo Abfahrtsbreite und Abfahrtslänge bekannt sind und das Schiff in einer bestimmten Richtung eine bestimmte Strecke zurücklegt. Die Richtung ist das Azimut, und die Strecke ist der „Unterschied". Hierbei muß lediglich beachtet werden, ob der Unterschied in gleicher Richtung wie das Azimut abgetragen wird, also zum Gestirn hin, wie es bei einem größeren beobachteten Winkel als dem errechneten gehandhabt werden muß, oder vom Gestirn weg, die Richtung des Azimuts also um 180° verdreht werden muß. Es ist in der Praxis gleichgültig, ob diese Aufgabe nach Mittelbreite erledigt wird oder richtigerweise als Großkreissegeln, weil es sich bei einem einigermaßen brauchbaren gegißten Schiffsort um so kurze Entfernungen handelt, daß diese Unterscheidung praktisch keine Auswirkungen hat.

Es empfiehlt sich, auch hierzu das auf Seite 236 gezeigte Tastenschema von Dr. Mietzsch zu benutzen. Bei der Höhen- und Azimutformel handelt es sich ja um nichts anderes als um die Bestimmung einer Großkreisstrecke (Zenitdistanz), wie das Dreieck auf Seite 233 zeigt. Mit anderen Worten: Ob mit dem Tastenschema von Dr. Mietzsch Höhenformel und Azimut, Großkreiskurse oder -entfernungen berechnet werden oder schließlich Ankunftsorte beim Großkreissegeln, bleibt sich gleich. Es wird deshalb empfohlen, auch diese Tastenfolge anzuwenden, weil durch die großartigen Vereinfachungen des Schemas die Gefahr von Rechenfehlern weitgehend reduziert wird.

Die Eingaben bei der Rechnung des Ankunftsortes aus

Die Tafeln H.O.229 sind etwas genauer als die Tafeln H.O.249, was aber für die Yachtpraxis keine Rolle spielt. Im Aufbau und in der Anwendung ähneln sie den für die Luftfahrt entwickelten Tafeln H.O.249.

24°, 336° L.H.A. LATITUDE SAME NAME AS DECLINATION

N. Lat. { L.H.A. greater than 180°......Zn=Z
L.H.A. less than 180°............Zn=360°−Z

Dec.	38° Hc	38° d	38° Z	39° Hc	39° d	39° Z	40° Hc	40° d	40° Z	41° Hc	41° d	41° Z
°	° ′	′	°	° ′	′	°	° ′	′	°	° ′	′	°
0	46 02.7	+53.1	144.1	45 13.9	+53.5	144.7	44 24.7	+53.9	145.3	43 35.2	+54.3	145.8
1	46 55.8	52.8	143.5	46 07.4	53.3	144.1	45 18.6	53.7	144.7	44 29.5	54.1	145.2
2	47 48.6	52.6	142.8	47 00.7	53.0	143.4	46 12.3	53.5	144.0	45 23.6	53.8	144.6
3	48 41.2	52.4	142.0	47 53.7	52.8	142.7	47 05.8	53.2	143.4	46 17.4	53.7	144.0
4	49 33.6	52.0	141.3	48 46.5	52.5	142.0	47 59.0	53.0	142.7	47 11.1	53.4	143.3
5	50 25.6	+51.7	140.5	49 39.0	+52.2	141.3	48 52.0	+52.7	142.0	48 04.5	+53.2	142.7
6	51 17.3	51.3	139.7	50 31.2	51.9	140.5	49 44.7	52.4	141.2	48 57.7	52.9	142.0
7	52 08.6	51.0	138.9	51 23.1	51.6	139.7	50 37.1	52.1	140.5	49 50.6	52.6	141.2
8	52 59.6	50.6	138.0	52 14.7	51.2	138.9	51 29.2	51.8	139.7	50 43.2	52.3	140.5
9	53 50.2	50.1	137.1	53 05.9	50.8	138.0	52 21.0	51.4	138.9	51 35.5	52.0	139.7
10	54 40.3	+49.7	136.2	53 56.7	+50.4	137.1	53 12.4	+51.1	138.0	52 27.5	+51.7	138.9
11	55 30.0	49.2	135.2	54 47.1	50.0	136.2	54 03.5	50.6	137.1	53 19.2	51.2	138.1
12	56 19.2	48.7	134.2	55 37.1	49.4	135.2	54 54.1	50.2	136.2	54 10.4	50.9	137.2
13	57 07.9	48.2	133.1	56 26.5	49.0	134.2	55 44.3	49.7	135.3	55 01.3	50.5	136.3
14	57 56.1	47.5	132.0	57 15.5	48.4	133.1	56 34.0	49.3	134.2	55 51.8	50.0	135.3
15	58 43.6	+46.9	130.8	58 03.9	+47.8	132.0	57 23.3	+48.6	133.2	56 41.8	+49.5	134.3
16	59 30.5	46.1	129.6	58 51.7	47.1	130.9	58 11.9	48.1	132.1	57 31.3	48.9	133.3
17	60 16.6	45.4	128.3	59 38.8	46.5	129.7	59 00.0	47.5	131.0	58 20.2	48.4	132.2
18	61 02.0	44.5	127.0	60 25.3	45.7	128.4	59 47.5	46.7	129.8	59 08.6	47.7	131.0
19	61 46.5	43.7	125.6	61 11.0	44.9	127.1	60 34.2	46.0	128.5	59 56.3	47.1	129.8
20	62 30.2	+42.7	124.1	61 55.9	+44.0	125.7	61 20.2	+45.2	127.2	60 43.4	+46.3	128.6
21	63 12.9	41.6	122.6	62 39.9	43.0	124.2	62 05.4	44.4	125.8	61 29.7	45.6	127.3
22	63 54.5	40.5	121.0	63 22.9	42.0	122.7	62 49.8	43.3	124.3	62 15.3	44.6	125.9
23	64 35.0	39.3	119.3	64 04.9	40.8	121.1	63 33.1	42.4	122.8	62 59.9	43.7	124.4
24	65 14.3	37.9	117.5	64 45.7	39.7	119.4	64 15.5	41.2	121.2	63 43.6	42.7	122.9
25	65 52.2	+36.6	115.6	65 25.4	+38.3	117.6	64 56.7	+40.0	119.5	64 26.3	+41.6	121.3
26	66 28.8	34.9	113.6	66 03.7	36.9	115.7	65 36.7	38.7	117.7	65 07.9	40.4	119.6
27	67 03.7	33.3	111.6	66 40.6	35.3	113.7	66 15.4	37.3	115.8	65 48.3	39.1	117.8
28	67 37.0	31.5	109.4	67 15.9	33.7	111.7	66 52.7	35.7	113.9	66 27.4	37.7	116.0
29	68 08.5	29.5·	107.2	67 49.6	31.8	109.5	67 28.4	34.1	111.8	67 05.1	36.1	114.0
30	68 38.0	+27.5·	104.8	68 21.4	+30.0·	107.2	68 02.5	+32.2	109.6	67 41.2	+34.4	111.9
31	69 05.5	25.2·	102.3	68 51.4	27.8·	104.9	68 34.7	30.3·	107.3	68 15.6	32.7	109.7
32	69 30.7	22.9·	99.8	69 19.2	25.6·	102.4	69 05.0	28.2·	104.9	68 48.3	30.7·	107.4
33	69 53.6	20.5·	97.1	69 44.8	23.3·	99.8	69 33.2	26.0·	102.4	69 19.0	28.6·	105.0
34	70 14.1	17.8·	94.3	70 08.1	20.7·	97.1	69 59.2	23.6·	99.8	69 47.6	26.4·	102.5
35	70 31.9	+15.0·	91.5	70 28.8	+18.1·	94.3	70 22.8	+21.1·	97.1	70 14.0	+23.9·	99.9
36	70 46.9	12.3·	88.6	70 46.9	15.4·	91.4	70 43.9	18.4·	94.3	70 37.9	21.4·	97.1
37	70 59.2	9.2·	85.6	71 02.3	12.4·	88.5	71 02.3	15.6·	91.4	70 59.3	18.7·	94.3
38	71 08.4	6.3·	82.5	71 14.7	9.5·	85.5	71 17.9	12.7·	88.4	71 18.0	15.9·	91.4
39	71 14.7	3.2·	79.5	71 24.2	6.4·	82.4	71 30.6	9.7·	85.3	71 33.9	12.9·	88.3
40	71 17.9	+ 0.1·	76.3	71 30.6	+ 3.3·	79.3	71 40.3	+ 6.5·	82.2	71 46.8	+ 9.9·	85.2
41	71 18.0	− 2.9·	73.2	71 33.9	+ 0.2·	76.1	71 46.8	3.4·	79.0	71 56.7	6.7·	82.1
42	71 15.1	6.1·	70.1	71 34.1	− 3.0·	72.9	71 50.2	+ 0.2·	75.9	72 03.4	3.5·	78.8
43	71 09.0	9.0·	67.0	71 31.1	6.1·	69.8	71 50.4	− 2.9·	72.6	72 06.9	+ 0.2·	75.6
44	71 00.0	12.0·	64.0	71 25.0	9.1·	66.7	71 47.5	6.2·	69.4	72 07.1	− 3.0·	72.3
45	70 48.0	−14.9·	61.0	71 15.9	−12.1·	63.6	71 41.3	− 9.2·	66.3	72 04.1	− 6.2·	69.1
46	70 33.1	17.6·	58.1	71 03.8	15.1·	60.5	71 32.1	12.3·	63.1	71 57.9	9.3·	65.9
47	70 15.5	20.2·	55.2	70 48.7	17.8·	57.6	71 19.8	15.2·	60.1	71 48.6	12.5·	62.7
48	69 55.3	22.7·	52.4	70 30.9	20.4·	54.7	71 04.6	18.0·	57.1	71 36.1	15.4·	59.6
49	69 32.6	25.1·	49.8	70 10.5	23.0·	51.9	70 46.6	20.8·	54.1	71 20.7	18.3·	56.5
50	69 07.5	−27.3·	47.2	69 47.5	−25.4·	49.2	70 25.8	−23.2·	51.3	71 02.4	−21.0·	53.6
51	68 40.2	29.4·	44.7	69 22.1	27.6·	46.6	70 02.6	25.7·	48.6	70 41.4	23.5·	50.7
52	68 10.8	31.4	42.4	68 54.5	29.7·	44.1	69 36.9	27.9·	46.0	70 17.9	26.0·	48.0
53	67 39.4	33.1	40.1	68 24.8	31.7	41.7	69 09.0	30.1·	43.5	69 51.9	28.3·	45.3
54	67 06.3	34.8	37.9	67 53.1	33.4	39.4	68 38.9	32.0	41.0	69 23.6	30.4·	42.8
55	66 31.5	−36.4	35.8	67 19.7	−35.2	37.2	68 06.9	−33.8	38.7	68 53.2	−32.3	40.4
56	65 55.1	37.9	33.9	66 44.5	36.7	35.2	67 33.1	35.5	36.6	68 20.9	34.2	38.1
57	65 17.2	39.2	32.0	66 07.8	38.2	33.2	66 57.6	37.0	34.5	67 46.7	35.9	35.9
58	64 38.0	40.4	30.2	65 29.6	39.5	31.3	66 20.6	38.6	32.5	67 10.8	37.4	33.8
59	63 57.6	41.5	28.5	64 50.1	40.7	29.5	65 42.0	39.8	30.6	66 33.4	38.9	31.8
60	63 16.1	−42.6	26.9	64 09.4	−41.9	27.8	65 02.2	−41.1	28.8	65 54.5	−40.2	29.9
61	62 33.5	43.6	25.3	63 27.5	42.9	26.2	64 21.1	42.2	27.1	65 14.3	41.4	28.1
62	61 49.9	44.5	23.9	62 44.6	43.9	24.6	63 38.9	43.2	25.5	64 32.9	42.5	26.4
63	61 05.4	45.3	22.5	62 00.7	44.8	23.2	62 55.7	44.2	23.9	63 50.4	43.6	24.8
64	60 20.1	46.1	21.1	61 15.9	45.6	21.8	62 11.5	45.1	22.5	63 06.8	44.5	23.2
65	59 34.0	−46.8	19.8	60 30.3	−46.4	20.4	61 26.4	−45.9	21.1	62 22.3	−45.4	21.8
66	58 47.2	47.5	18.6	59 43.9	47.0	19.2	60 40.5	46.7	19.7	61 36.9	46.2	20.4
67	57 59.7	48.1	17.4	58 56.9	47.8	17.9	59 53.8	47.3	18.5	60 50.7	47.0	19.0
68	57 11.6	48.6	16.3	58 09.1	48.3	16.8	59 06.5	48.0	17.3	60 03.7	47.6	17.8
69	56 23.0	49.2	15.3	57 20.8	48.9	15.7	58 18.5	48.6	16.1	59 16.1	48.3	16.6
70	55 33.8	−49.7	14.2	56 31.9	−49.4	14.6	57 29.9	−49.2	15.0	58 27.8	−48.9	15.4
71	54 44.1	50.1	13.3	55 42.5	49.9	13.6	56 40.7	49.6	13.9	57 38.9	49.4	14.3
72	53 54.0	50.6	12.3	54 52.6	50.4	12.6	55 51.1	50.2	12.9	56 49.5	49.9	13.3
73	53 03.4	50.9	11.4	54 02.2	50.8	11.7	55 00.9	50.6	12.0	55 59.6	50.4	12.3
74	52 12.5	51.4	10.5	53 11.4	51.1	10.8	54 10.3	50.9	11.0	55 09.2	50.8	11.3
75	51 21.1	−51.6	9.7	52 20.3	−51.6	9.9	53 19.4	−51.4	10.2	54 18.4	−51.2	10.4
76	50 29.5	52.0	8.9	51 28.7	51.8	9.1	52 28.0	51.8	9.3	53 27.2	51.6	9.5
77	49 37.5	52.3	8.1	50 36.9	52.2	8.3	51 36.2	52.0	8.5	52 35.6	52.0	8.7
78	48 45.2	52.6	7.4	49 44.7	52.5	7.5	50 44.2	52.4	7.7	51 43.6	52.2	7.8
79	47 52.6	52.8	6.6	48 52.2	52.7	6.8	49 51.8	52.7	6.9	50 51.4	52.6	7.1
80	46 59.8	−53.1	5.9	47 59.5	−53.0	6.1	48 59.1	−52.9	6.2	49 58.8	−52.9	6.3
81	46 06.7	53.3	5.3	47 06.5	53.3	5.4	48 06.2	53.2	5.5	49 05.9	53.1	5.6
82	45 13.4	53.5	4.6	46 13.2	53.5	4.7	47 13.0	53.4	4.8	48 12.8	53.4	4.9
83	44 19.9	53.8	4.0	45 19.7	53.7	4.0	46 19.6	53.7	4.1	47 19.4	53.6	4.2
84	43 26.1	53.9	3.4	44 26.0	53.9	3.4	45 25.9	53.8	3.5	46 25.8	53.8	3.5
85	42 32.2	−54.1	2.8	43 32.1	−54.1	2.8	44 32.1	−54.1	2.9	45 32.0	−54.1	2.9
86	41 38.1	54.3	2.2	42 38.0	54.2	2.2	43 38.0	54.3	2.2	44 37.9	54.2	2.3
87	40 43.8	54.5	1.6	41 43.8	54.5	1.6	42 43.7	54.4	1.7	43 43.7	54.4	1.7
88	39 49.3	54.6	1.1	40 49.3	54.6	1.1	41 49.3	54.6	1.1	42 49.3	54.6	1.1
89	38 54.7	54.7	0.5	39 54.7	54.7	0.5	40 54.7	54.7	0.5	41 54.7	54.7	0.5
90	38 00.0	−54.9	0.0	39 00.0	−54.9	0.0	40 00.0	−54.9	0.0	41 00.0	−54.9	0.0
	38°			39°			40°			41°		

42° Hc	42° d	42° Z	43° Hc	43° d	43° Z	44° Hc	44° d	44° Z	45° Hc	45° d	45° Z	Dec.
° ′	′	°	° ′	′	°	° ′	′	°	° ′	′	°	°
42 45.4	+54.6	146.4	41 55.4	+54.9	146.9	41 05.0	+55.2	147.3	40 14.3	+55.5	147.8	0
43 40.0	54.5	145.8	42 50.3	54.7	146.3	42 00.2	55.1	146.8	41 09.8	55.4	147.3	1
44 34.5	54.2	145.2	43 45.0	54.6	145.8	42 55.3	54.9	146.3	42 05.2	55.3	146.8	2
45 28.7	54.0	144.6	44 39.6	54.4	145.2	43 50.2	54.8	145.7	43 00.5	55.0	146.3	3
46 22.7	53.9	144.0	45 34.0	54.2	144.6	44 45.0	54.5	145.2	43 55.5	55.0	145.7	4
47 16.6	+53.6	143.3	46 28.2	+54.1	144.0	45 39.5	+54.4	144.6	44 50.5	+54.7	145.1	5
48 10.2	53.3	142.7	47 22.3	53.7	143.3	46 33.9	54.2	144.0	45 45.2	54.6	144.6	6
49 03.5	53.1	142.0	48 16.0	53.6	142.7	47 28.1	54.0	143.3	46 39.8	54.4	144.0	7
49 56.6	52.9	141.3	49 09.6	53.3	142.0	48 22.1	53.8	142.7	47 34.2	54.1	143.3	8
50 49.5	52.5	140.5	50 02.9	53.0	141.3	49 15.9	53.5	142.0	48 28.3	54.0	142.7	9
51 42.0	+52.2	139.7	50 55.9	+52.8	140.5	50 09.4	+53.2	141.3	49 22.3	+53.7	142.0	10
52 34.2	51.9	138.9	51 48.7	52.4	139.8	51 02.6	53.0	140.6	50 16.0	53.5	141.3	11
53 26.1	51.5	138.1	52 41.1	52.1	139.0	51 55.6	52.6	139.8	51 09.5	53.1	140.6	12
54 17.6	51.1	137.2	53 33.2	51.8	138.2	52 48.2	52.4	139.0	52 02.6	52.9	139.9	13
55 08.7	50.7	136.3	54 25.0	51.4	137.3	53 40.6	52.0	138.2	52 55.5	52.6	139.1	14
55 59.4	+50.3	135.4	55 16.4	+50.9	136.4	54 32.6	+51.6	137.4	53 48.1	+52.2	138.3	15
56 49.7	49.8	134.4	56 07.3	50.5	135.5	55 24.2	51.2	136.5	54 40.3	51.9	137.5	16
57 39.5	49.2	133.4	56 57.8	50.1	134.5	56 15.4	50.8	135.6	55 32.2	51.5	136.6	17
58 28.7	48.7	132.3	57 47.9	49.5	133.5	57 06.2	50.3	134.6	56 23.7	51.0	135.7	18
59 17.4	48.0	131.1	58 37.4	48.9	132.4	57 56.5	49.8	133.6	57 14.7	50.6	134.7	19
60 05.4	+47.4	130.0	59 26.3	+48.4	131.3	58 46.3	+49.2	132.5	58 05.3	+50.1	133.7	20
60 52.8	46.6	128.7	60 14.7	47.7	130.1	59 35.5	48.7	131.4	58 55.4	49.5	132.6	21
61 39.4	45.9	127.4	61 02.4	47.0	128.8	60 24.2	48.0	130.2	59 44.9	49.0	131.5	22
62 25.3	45.0	126.0	61 49.4	46.2	127.5	61 12.2	47.3	129.0	60 33.9	48.3	130.4	23
63 10.3	44.1	124.6	62 35.6	45.3	126.2	61 59.5	46.5	127.7	61 22.2	47.6	129.2	24
63 54.4	+43.0	123.1	63 20.9	+44.4	124.7	62 46.0	+45.7	126.3	62 09.8	+46.9	127.9	25
64 37.4	42.0	121.5	64 05.3	43.5	123.2	63 31.7	44.8	124.9	62 56.7	46.1	126.5	26
65 19.4	40.8	119.8	64 48.8	42.3	121.6	64 16.5	43.9	123.4	63 42.8	45.1	125.1	27
66 00.2	39.5	118.0	65 31.1	41.2	119.9	65 00.4	42.7	121.8	64 27.9	44.2	123.6	28
66 39.7	38.0	116.1	66 12.3	39.9	118.2	65 43.1	41.5	120.1	65 12.1	43.2	122.0	29
67 17.7	+36.5	114.1	66 52.2	+38.4	116.3	66 24.6	+40.3	118.3	65 55.3	+41.9	120.3	30
67 54.2	34.9	112.1	67 30.6	37.0	114.3	67 04.9	38.9	116.5	66 37.2	40.7	118.5	31
68 29.1	33.1	109.9	68 07.6	35.2	112.2	67 43.8	37.3	114.5	67 17.9	39.3	116.7	32
69 02.2	31.1·	107.6	68 42.8	33.5	110.0	68 21.1	35.7	112.4	67 57.2	37.8	114.7	33
69 33.3	29.0·	105.1	69 16.3	31.5·	107.7	68 56.8	33.9	110.2	68 35.0	36.1	112.6	34
70 02.3	+26.7·	102.6	69 47.8	+29.4·	105.3	69 30.7	+31.9·	107.8	69 11.1	+34.3	110.3	35
70 29.0	24.3·	100.0	70 17.2	27.1·	102.7	70 02.6	29.8·	105.4	69 45.4	32.3·	108.0	36
70 53.3	21.8·	97.2	70 44.3	24.7·	100.0	70 32.4	27.6·	102.8	70 17.7	30.3·	105.5	37
71 15.1	19.0·	94.3	71 09.0	22.1·	97.2	71 00.0	25.0·	100.1	70 48.0	27.9·	102.9	38
71 34.1	16.1·	91.3	71 31.1	19.3·	94.3	71 25.0	22.5·	97.3	71 15.9	25.4·	100.2	39
71 50.2	+13.2·	88.3	71 50.4	+16.5·	91.3	71 47.5	+19.6·	94.4	71 41.3	+22.8·	97.4	40
72 03.4	10.0·	85.1	72 06.9	13.3·	88.2	72 07.1	16.7·	91.3	72 04.1	20.0·	94.4	41
72 13.4	6.8·	81.9	72 20.2	10.3·	85.0	72 23.8	13.6·	88.2	72 24.1	17.0·	91.3	42
72 20.2	3.6·	78.6	72 30.5	6.9·	81.8	72 37.4	10.4·	84.9	72 41.1	13.8·	88.1	43
72 23.8	+ 0.3·	75.3	72 37.4	3.7·	78.4	72 47.8	7.1·	81.6	72 54.9	10.6·	84.8	44
72 24.1	− 3.0·	72.0	72 41.1	+ 0.3·	75.1	72 54.9	+ 3.8·	78.2	73 05.5	+ 7.2·	81.5	45
72 21.1	6.3·	68.7	72 41.4	− 3.1·	71.7	72 58.7	+ 0.3·	74.8	73 12.7	3.8·	78.0	46
72 14.8	9.5·	65.5	72 38.3	6.4·	68.4	72 59.0	− 3.2·	71.4	73 16.5	+ 0.3·	74.6	47
72 05.3	12.6·	62.2	72 31.9	9.6·	65.1	72 55.8	6.5·	68.0	73 16.8	− 3.2·	71.1	48
71 52.7	15.7·	59.1	72 22.3	12.8·	61.8	72 49.3	9.8·	64.6	73 13.6	6.6·	67.6	49
71 37.0	−18.5·	56.0	72 09.5	−15.9·	58.6	72 39.5	−13.0·	61.3	73 07.0	−10.0·	64.2	50
71 18.5	21.3·	53.0	71 53.6	18.9·	55.4	72 26.5	16.2·	58.0	72 57.0	13.3·	60.8	51
70 57.2	23.9·	50.1	71 34.7	21.6·	52.4	72 10.3	19.1·	54.9	72 43.7	16.4·	57.5	52
70 33.3	26.3·	47.3	71 13.1	24.2·	49.5	71 51.2	22.0·	51.8	72 27.3	19.5·	54.3	53
70 07.0	28.7·	44.7	70 48.9	26.7·	46.7	71 29.2	24.6·	48.8	72 07.8	22.3·	51.2	54
69 38.3	−30.7·	42.1	70 22.2	−29.0·	44.0	71 04.6	−27.1·	46.0	71 45.5	−25.0·	48.2	55
69 07.6	32.7	39.7	69 53.2	31.2·	41.4	70 37.5	29.4·	43.3	71 20.5	27.5·	45.3	56
68 34.9	34.6	37.3	69 22.0	33.1	39.0	70 08.1	31.5·	40.7	70 53.0	29.8·	42.6	57
68 00.3	36.3	35.1	68 48.9	34.9	36.6	69 36.6	33.6	38.2	70 23.2	32.0·	39.9	58
67 24.0	37.8	33.0	68 14.0	36.7	34.4	69 03.0	35.4	35.9	69 51.2	34.0	37.5	59
66 46.2	−39.2	31.0	67 37.3	−38.2	32.3	68 27.6	−37.0	33.6	69 17.2	−35.8	35.1	60
66 07.0	40.6	29.1	66 59.1	39.6	30.3	67 50.6	38.6	31.5	68 41.4	37.5	32.9	61
65 26.4	41.7	27.3	66 19.5	41.0	28.4	67 12.0	40.1	29.5	68 03.9	39.1	30.7	62
64 44.7	42.9	25.6	65 38.5	42.1	26.6	66 31.9	41.3	27.6	67 24.8	40.4	28.7	63
64 01.8	43.9	24.0	64 56.4	43.3	24.9	65 50.6	42.5	25.8	66 44.4	41.8	26.8	64
63 17.9	−44.9	22.5	64 13.1	−44.2	23.3	65 08.1	−43.7	24.1	66 02.6	−42.9	25.0	65
62 33.0	45.7	21.0	63 28.9	45.2	21.7	64 24.4	44.6	22.5	65 19.7	44.0	23.3	66
61 47.3	46.5	19.6	62 43.7	46.1	20.3	63 39.8	45.5	21.0	64 35.7	45.0	21.7	67
61 00.8	47.3	18.3	61 57.6	46.8	18.9	62 54.3	46.4	19.5	63 50.7	45.9	20.2	68
60 13.5	47.9	17.1	61 10.8	47.6	17.6	62 07.9	47.2	18.2	63 04.8	46.8	18.8	69
59 25.6	−48.6	15.9	60 23.2	−48.2	16.4	61 20.7	−47.9	16.9	62 18.0	−47.5	17.4	70
58 37.0	49.1	14.7	59 35.0	48.9	15.2	60 32.8	48.5	15.6	61 30.5	48.2	16.1	71
57 47.9	49.7	13.6	58 46.1	49.4	14.0	59 44.3	49.2	14.4	60 42.3	48.8	14.9	72
56 58.2	50.2	12.6	57 56.7	49.9	12.9	58 55.1	49.7	13.3	59 53.5	49.5	13.7	73
56 08.0	50.6	11.6	57 06.8	50.5	11.9	58 05.4	50.2	12.2	59 04.0	50.0	12.6	74
55 17.4	−51.1	10.7	56 16.3	−50.9	10.9	57 15.2	−50.7	11.2	58 14.0	−50.5	11.5	75
54 26.3	51.4	9.7	55 25.4	51.3	10.0	56 24.5	51.1	10.2	57 23.5	50.9	10.5	76
53 34.9	51.8	8.9	54 34.1	51.6	9.1	55 33.4	51.6	9.3	56 32.6	51.4	9.6	77
52 43.1	52.2	8.0	53 42.5	52.1	8.2	54 41.8	51.9	8.4	55 41.2	51.8	8.6	78
51 50.9	52.5	7.2	52 50.4	52.4	7.4	53 49.9	52.3	7.6	54 49.4	52.2	7.7	79
50 58.4	−52.8	6.4	51 58.0	−52.7	6.6	52 57.6	−52.6	6.7	53 57.2	−52.5	6.9	80
50 05.6	53.0	5.7	51 05.3	53.0	5.8	52 05.0	52.9	5.9	53 04.7	52.9	6.1	81
49 12.6	53.4	5.0	50 12.3	53.2	5.1	51 12.1	53.2	5.2	52 11.8	53.1	5.3	82
48 19.2	53.5	4.3	49 19.1	53.5	4.4	50 18.9	53.5	4.5	51 18.7	53.4	4.5	83
47 25.7	53.8	3.6	48 25.6	53.8	3.7	49 25.4	53.7	3.7	50 25.3	53.7	3.8	84
46 31.9	−54.0	3.0	47 31.8	−54.0	3.0	48 31.7	−53.9	3.1	49 31.6	−53.9	3.1	85
45 37.9	54.2	2.3	46 37.8	54.1	2.4	47 37.8	54.2	2.4	48 37.7	54.1	2.5	86
44 43.7	54.4	1.7	45 43.7	54.4	1.7	46 43.6	54.3	1.8	47 43.6	54.3	1.8	87
43 49.3	54.6	1.1	44 49.3	54.6	1.1	45 49.3	54.6	1.2	46 49.3	54.6	1.2	88
42 54.7	54.7	0.6	43 54.7	54.7	0.6	44 54.7	54.7	0.6	45 54.7	54.7	0.6	89
42 00.0	−54.9	0.0	43 00.0	−54.9	0.0	44 00.0	−54.9	0.0	45 00.0	−54.9	0.0	90
42°			43°			44°			45°			

24°, 336° L.H.A. LATITUDE SAME NAME AS DECLINATION

Abfahrtsort, versegelter Strecke und Richtung unterscheiden sich von der Berechnung des Azimuts und des Hc nur geringfügig:

Statt des negativen LHA wird das negative Azimut eingegeben, wenn der Unterschied bei der zeichnerischen Lösung zum Gestirn hin abgetragen werden müßte.
Oder statt des negativen LHA wird der Kurs + 180° eingegeben, nachdem er mit einem Minuszeichen versehen wurde.
Statt der Declination wird 90° – Unterschied in Graden eingegeben.
Die Breite des möglichen Schiffsortes wird dann gegenüber dem Schema auf Seite 236 statt des Hc angezeigt; der Wert, der statt des Azimuts steht, ergibt – zur Länge des gegißten Schiffsortes hinzugezählt – die Länge des möglichen Schiffsortes. Die Richtung der Standlinie ergibt sich aus dem Azimut + 90°.

Es drängt sich förmlich auf, in einem vollprogrammierbaren Elektronenrechner die Standlinie auf rechnerische Art und Weise zu finden, weil es sich nur noch um Sekunden handelt (bei den Rechnern von Texas Instruments um insgesamt sechs), um die das Programm verlängert wird. Außerdem beansprucht diese rechnerische Lösung nur wenig wertvollen Programmplatz, weil hierzu das rationelle Schema von Mietzsch ein zweites Mal benutzt werden kann, nachdem es bereits einmal zum Auffinden von Hc und Azimut gebraucht worden ist. Bei einem vollprogrammierbaren Rechner ist diese Lösung schon deshalb unbedingt zu empfehlen, weil damit Fehler beim Konstruieren der Standlinie (ist der Unterschied hin- oder wegzutragen?) ausgeschlossen sind. Wenn eine Standlinie fix und fertig durch einen möglichen Schiffsort und durch ihre Richtung definiert ist, können kaum noch Fehler gemacht werden.
Das Tastenschema von Dr. Mietzsch kann – wie schon erwähnt – auch fürs Großkreissegeln benutzt werden. Der eben besprochene Fall würde Anwendung finden, wenn der Abfahrtsort, die versegelte Strecke und der Kurs bekannt sind und der Ankunftsort gesucht wird. Es läßt sich aber genausogut verwenden, wenn Abfahrtsort und Ankunftsort gegeben sind und nach dem Abfahrtskurs und der Strecke zwischen beiden Orten gefragt ist. Es handelt sich hierbei selbstverständlich um die Großkreisentfernung und um den Großkreis-(Abfahrts-) Kurs. Der Großkreiskurs kann von einem Segelschiff genausowenig gesteuert werden wie eine Loxodrome. Daß sich Segler früher vor Großkreiskursen gedrückt haben, lag allein an der Tatsache, daß diese wesentlich schwieriger zu berechnen waren als einfache Mittelbreitenkurse. Nachdem aber durch das Schema von Mietzsch der Großkreiskurs gleich fertig ist, ist nicht einzusehen, warum auf die Großkreissegelei – rechnerisch – verzichtet werden soll. In der Literatur ist hiergegen eingewendet worden, eine derartige rechnerische Großkreissegelei sei ganz gefährlich, weil sie in unseren Breiten viel zu weit polwärts, also nördlich führen würde. Wie praxisfremd so ein Einwand ist, zeigt folgendes Beispiel: Wenn in schon recht polaren Breiten von 70° eine Strecke von immerhin 60 Seemeilen in Ost-West-Richtung – das ist der ungünstigste Fall – versegelt wird, beträgt der Kurs nach Mittelbreite 270° und nach Großkreis ganze 271°. Der Unterschied von einem einzigen Grad kann auf einer Yacht in der Praxis nicht ins Gewicht fallen, wo der Steuermann hier schon froh ist, wenn er den vorgegebenen Kurs auf 5° genau steuern kann.
Sind also Abfahrtsort und Ankunftsort gegeben, so wird gegenüber dem Schema auf Seite 236 eingegeben:

- Statt der gegißten Schiffsbreite die Breite des Abfahrtsortes
- statt des negativen LHA die Abfahrtslänge minus Ankunftslänge
- statt der Declination die Ankunftsbreite

Nach dem Runterdrücken des Schemas wird dann statt des Azimuts der Kurs angegeben und statt des Hc 90° – die Großkreisentfernung; das Ergebnis muß also erst von 90° abgezogen werden, damit die Großkreisentfernung in Graden (!) gefunden wird. Diese Entfernung × 60 genommen ergibt dann die Seemeilen.
Kommt hierbei als Kurs ein negatives Ergebnis heraus, so müssen lediglich 360° addiert werden, um den endgültigen Großkreiskurs zu finden.*

Schiffsortbestimmung mit Hilfe der Sonne

Die tägliche Praxis der Sonnenmessung

Daß bereits eine einzige Standlinie eine wertvolle Hilfe in der Navigation beziehungsweise beim Identifizieren von Landmarken (siehe Seite 87) sein kann, wurde bereits dargelegt. Das tägliche Brot bei der Astronavigation mit der Sonne aber ist die Standortbestimmung außer Landsicht.
Der einfachste Fall einer Schiffsortbestimmung ist dann gegeben, wenn die Yacht in einer Flaute dümpelt und die Sonne zweimal hintereinander gemessen wird, wobei der Zwischenraum zwischen den Messungen derart

* Die H.O.-Tafeln lassen sich in gleicher Weise für Großkreisberechnungen verwenden. Der Austausch der „Eingaben“ (= Eingänge) ist identisch.

gewählt sein sollte, daß die beiden Standlinien sich unter einem guten Schnittwinkel, also mindestens unter einem Winkel von mehr als 25°, schneiden. Um einem Irrtum vorzubeugen, wird darauf hingewiesen, daß dieser Winkel auch dann eingehalten werden muß, wenn die Sonnenstandlinien mit Hilfe des Elektronenrechners besonders genau ausgerechnet sind. Die Ungenauigkeiten bei der Astronavigation in Größenordnungen von 1, 2 oder 3 sm resultieren nämlich nicht aus der Rechnung, sondern allein aus der unvollkommenen Messung. Wird ein zu kleiner Schnittwinkel verwendet, so machen sich die Ungenauigkeiten in der Messung in einem extrem falschen Schiffsort bemerkbar.

Wieviel Zeit zwischen den beiden Sonnenmessungen liegen soll, kann generell nicht gesagt werden. Dies ist auch nicht notwendig, weil die H.O.249 darüber guten Aufschluß gibt – ein Vorteil gegenüber Elektronenrechnern. Nachdem die Standlinien eine Richtung haben, die sich exakt um 90° vom Azimut unterscheidet, reicht es aus, die Azimute der Standlinien auf ihren Schnittwinkel zueinander zu überprüfen, um so herauszufinden, ob er ausreichend groß gewählt ist. Man braucht lediglich die entsprechenden Azimute in der H.O.249 zu überfliegen. Ist beim Beispiel von Seite 243 ein Azimut von 173° bei einem LHA von 356° festgestellt worden, so wird nur noch geprüft, bei welchem LHA sich das Azimut um mehr als 25° unterscheidet. Ein Blick in die H.O.249 zeigt, daß dies bei einem LHA von 10° der Fall sein wird. (Regel am linken oberen Tafelrand beachten!)

Der LHA kann auch als Funktion der Zeit angesehen werden. Da die Sonne in einer Stunde 15 Längengrade zurücklegt, ist es in vier Minuten genau ein Grad. Nachdem sich der Schiffsort gegenüber der rasenden Geschwindigkeit der Sonne praktisch nicht ändert, steht damit fest, daß der LHA alle vier Minuten um ein Grad zunimmt. Wenn also bei einem LHA von 356° ein Azimut von 173° festgestellt ist, so sollte die nächste Standlinie frühestens bei einem LHA von 10° gemessen werden, also um 14 mal 4 Minuten = 56 Minuten später. Ein Blick in die H.O.249 zeigt, daß sich das Azimut um so schneller ändert, je mehr sich der LHA 0° beziehungsweise 360° nähert. Ein LHA von 0° ist dann gegeben, wenn die Sonne sich auf der gleichen Länge wie der Beobachter befindet, wenn sie also am höchsten steht und deshalb „Schiffsmittag" ist. Um die Mittagszeit können die Abstände zwischen den beiden Messungen deshalb am kürzesten gehalten werden, während am frühen Morgen und am späten Nachmittag eine erhebliche Zeit vergehen muß. Als grober Anhaltspunkt kann dienen, daß um die Mittagszeit zwischen beiden Messungen mindestens eine Stunde liegen sollte, während es zu anderen Tageszeiten zwei Stunden sein müssen.

Außer bei Verwendung vollprogrammierbarer Rechner wird die Schiffsortbestimmung aus zwei Sonnenstandlinien immer in der Karte durchgeführt. Bis jetzt wurde

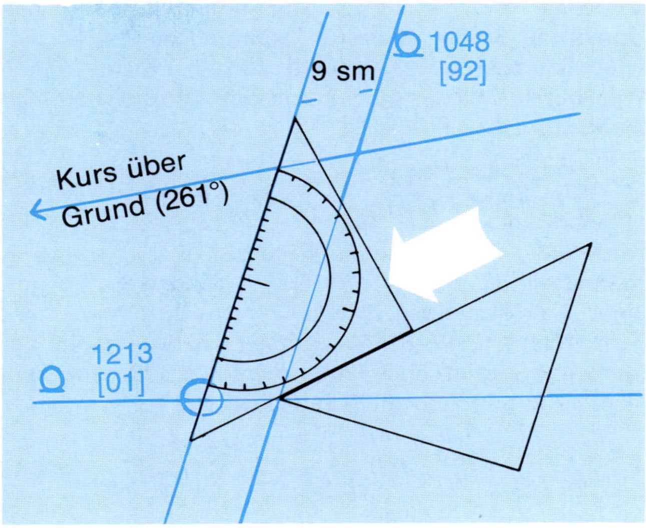

Versegelung einer Standlinie. Hierbei wird der Kurs über Grund (z. B. 261°) irgendwo durch die erste Standlinie gelegt, auf diesem die versegelte Strecke von 9 sm abgetragen und durch den so entstandenen Punkt eine Parallele zur Standlinie gezogen. Der Schnittpunkt mit der Standlinie um 1213 UT1 ergibt dann den Schiffsort.

davon ausgegangen, daß das Schiff zwischen den beiden Messungen in einer Flaute, also auf der Stelle bleibt. Dies wird normalerweise nicht der Fall sein, denn die Yacht wird zwischen den Messungen immer eine bestimmte Strecke in einer bestimmten Richtung weitersegeln. Mit jeder Versegelung werden Ungewißheiten in den Schiffsort eingebracht, weil beispielsweise Strom und Abdrift nur schwer erfaßbare Werte sind. Deshalb wäre es von dieser Seite her betrachtet wünschenswert, die Versegelung möglichst klein zu halten, also einen möglichst kleinen Abstand zwischen Messungen verstreichen zu lassen. Auf der anderen Seite aber sollten die Standlinien sich im idealen Fall in einem rechten Winkel schneiden, zumindest aber unter einem besseren Winkel als 25°, so daß der Abstand zwischen beiden Messungen doch erheblich sein sollte. Gleichgültig, wie lang dieser Abstand in der Praxis gewählt wird – oftmals wird er auch von den Sichtmöglichkeiten zur Sonne diktiert –, die Versegelung muß berücksichtigt werden. Dies ist sehr einfach; dazu braucht lediglich die erste Standlinie in einer bestimmten Richtung um eine bestimmte Strecke parallel verschoben zu werden (siehe Abbildung oben).

ÜBUNGS-AUFGABE 78

Am 30. 8. 1980 steht die MAUNA KEA auf einer gegißten Schiffsposition von 40°23′N und 44°51′W. Aus einer Augeshöhe von 4 m mißt der Navigator um 13-29-13 den Sonnenunterrand mit 52°15′. Um 15-53-44 wird aus gleicher Augeshöhe die Sonne noch einmal mit 56°03′ gemessen, während die Yacht zwischen den beiden Messungen wegen einer Flaute keinen Weg durchs Wasser gutgemacht hat. Wo befindet sich die MAUNA KEA?

ÜBUNGS-AUFGABE 79

Kurze Zeit darauf kommt Wind auf, und die MAUNA KEA setzt auf einem Kurs über Grund von 271° mit einer Durchschnittsgeschwindigkeit von 6,5 kn ihre Fahrt fort. Um 17-29-24 wird aus 4 m Augeshöhe der Sonnenunterrand noch einmal mit 44°13′ gemessen. Wie lautet nunmehr die Schiffsposition?

Sonderverfahren bei der Sonnenmessung

Die Mittagsbreite

Theoretisch könnte man die Mittagsbreite bei jedem Gestirn messen. In der Praxis aber wird dieses Verfahren ausschließlich bei der Sonne angewandt. Es handelt sich hierbei um eines der ältesten Verfahren in der Navigation überhaupt, weil es eine Standlinie ergibt, ohne daß der genaue Meßzeitpunkt nach UT1 bekannt sein muß. In diesem Falle gibt sozusagen die Natur die richtige Zeit für die Messung. Aus diesem Grunde war die Mittagsbreite vor Erfindung eines genaugehenden Chronometers *die* Methode der Astronavigation schlechthin, weil es die einzige Möglichkeit war, auf hoher See eine Standlinie zu bekommen. Zufällig ergibt die Mittagsbreite – wie der Name sagt – nicht nur irgendeine Standlinie, sondern eine Standlinie mit der Richtung von 270° beziehungsweise 90°, also genau die Schiffsbreite.

Die Mittagsbreite wird dann genommen, wenn die Sonne auf dem höchsten Punkt steht, wenn sie also kulminiert. Dies ist in unseren Breiten immer dann der Fall, wenn sie sich genau im Süden vom Navigator befindet, wenn also die rechtweisende Peilung zu ihr 180° ist. Ein Blick in die H.O.249 bestätigt das: Immer wenn der LHA 0° beziehungsweise 360° beträgt, lautet das Azimut 180°. Ist die Breite des Bildpunktes der Sonne nördlicher als der Schiffsort – das ist beispielsweise dann der Fall, wenn im Hochsommer die Schiffsbreite weniger als 23° beträgt –, dann steht die Sonne während ihrer Kulmination in einer rechtweisenden Peilung von 0° oder 360°. Nachdem der berichtigte beobachtete Höhenwinkel der Sonne direkt die Distanz zum Bildpunkt der Sonne in Breitengrad und Breitenminuten anzeigt, wenn er von 90° abgezogen wird (siehe Abbildung auf Seite 221), ist die Berechnung der Mittagsbreite so einfach, daß hierzu keinerlei Tafeln notwendig sind.

Für eine Sonnenmessung während des Schiffsmittags, wenn also der Bildpunkt sich genau auf der Schiffslänge befindet oder die Sonne in einer rechtweisenden Peilung von 180° oder 0°, gilt auf der Nordhalbkugel:

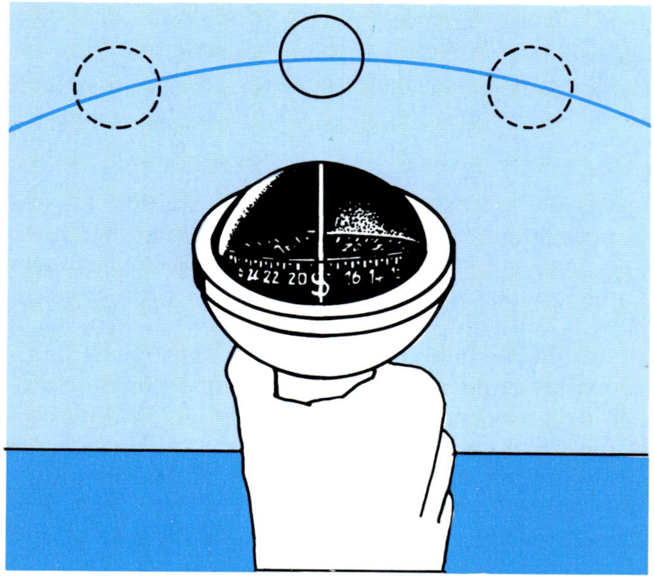

Mittag ist dann, wenn die Sonne genau im Süden steht. Und das ist dann der Fall, wenn sie sich am höchsten Punkt ihrer Bahn befindet.

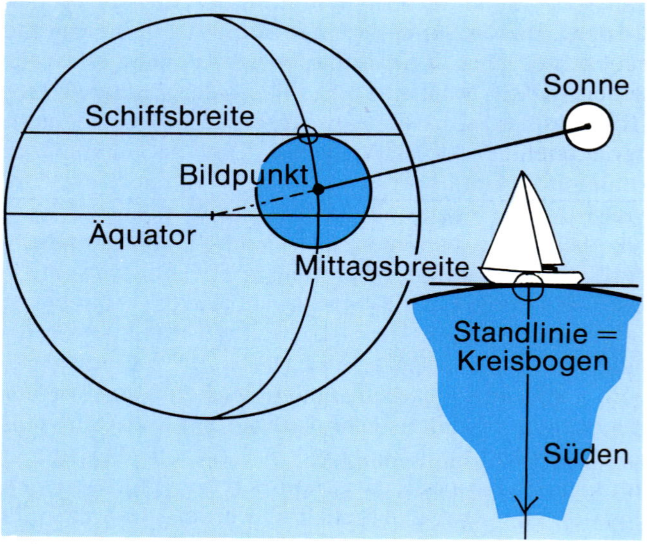

Die Mittagsbreite ergibt deshalb unmittelbar eine Standlinie in Ost-West-Richtung, also ein Breitenparallel, weil die Sonne im Moment der Messung genau im Süden vom Beobachter steht und der Abstandskreis so groß ist, daß auf dem vergleichsweise kurzen Stück, das als Standlinie in Frage kommt, der Kreis praktisch als Gerade angesehen werden kann.

Breite = 90° + Declination – berichtigter Höhenwinkel, wenn die Sonne eine nördliche Abweichung hat und sie während der Messung im Süden beobachtet wird
Oder:
Breite = 90° – Declination – berichtigter Höhenwinkel, wenn die Sonne eine südliche Abweichung hat
Oder:
Breite = Declination + berichtigter Höhenwinkel – 90°, wenn die Abweichung nördlich ist und die Sonne während der Beobachtung im Norden gesehen wird

Auf der Südhalbkugel gilt:

Breite = 90° + Declination – berichtigter Höhenwinkel, wenn die Sonne eine südliche Abweichung hat und sie während der Messung im Norden beobachtet wird
Oder:
Breite = 90° – Declination – berichtigter Höhenwinkel, wenn die Sonne eine nördliche Abweichung hat
Oder:
Breite = Declination + berichtigter Höhenwinkel – 90°, wenn die Abweichung südlich ist und die Sonne während der Beobachtung im Süden gesehen wird

In der Praxis wird die Mittagsbreite folgendermaßen beobachtet: Der Navigator stellt fest, wann ungefähr auf seinem Schiffsort Mittag ist. Dies läßt sich leicht mit Hilfe des Transitus (T), also dem Meridiandurchgang, bewerkstelligen. Im Nautischen Jahrbuch ist T für

21	134 54.2	8 42.8	252 7.4	8.5	10 44.1	10.3
22	149 54.4	8 41.9	266 34.9	8.4	10 54.4	10.1
23	164 54.6	8 41.0	281 2.3	8.5	11 4.5	10.1
	$T=12^h\ 1^m$	Unt.=0.9	$T=3^h34^m$	MGZ 4^h HP 60.1	12^h 59.9	20^h 59.7

„T" gibt an, daß in Greenwich, also auf 0° Länge, am 30. August 1980 Mittag um 1201 UT1 ist.

Greenwich in Stunden und Minuten unter der Spalte für die Sonne angegeben. Am 30. August 1980 findet die Sonnenkulmination über dem 0. Längenmeridian (von Greenwich) beispielsweise um 1201 UT1 statt. Nachdem die Sonne in einer Stunde 15 Längengrade zurücklegt, braucht lediglich festgestellt zu werden, wieviel Zeit sie benötigt, um auf die betreffende Schiffslänge zu kommen. Befindet sich das Schiff ungefähr auf 97°165′W, so braucht sie für 90° sechs Stunden, wobei die Zeit für die restlichen 7°16′ nur noch in den Schalttafeln des Nautischen Jahrbuchs festgestellt werden kann und mit den zuerst errechneten sechs Stunden dem Zeitpunkt der Sonnenkulmination in Greenwich zugerechnet werden muß. Das ergibt dann:

```
          12-01
+           6
+ ca.      29
       ----------
       18-30-00
```

Der Navigator wird dann einige Minuten vorher mit seinem Sextanten an Deck gehen. Herrscht Unklarheit über die Schiffslänge, was ja der Normalfall ist, so spielt dies nur eine sehr untergeordnete Rolle, weil durch eine Ungewißheit von 30 Längenminuten bei der Vorausberechnung des Mittagszeitpunktes höchstens ein Fehler von vier Minuten entstehen kann.
Beim Beobachten der Sonne wird der Navigator sehr schnell feststellen, ob er noch rechtzeitig an Deck gekommen ist, weil er sofort sieht, ob sie noch steigt. Verfolgt er sie in den folgenden Minuten, so wird sich herausstellen, daß das Steigen immer langsamer wird, bis er die Trommel des Sextanten über mehrere Minuten hinweg (etwa vier) nicht mehr zu bewegen braucht. Die Sonne steht nämlich scheinbar so lange an ihrem höchsten Punkt. Der Navigator kann sich des öfteren auch auf der Trommel vergewissern, welchen Winkel die Sonne auf ihrem höchsten Punkt zeigt*.
Anschließend wird die Sonne wieder zu sinken beginnen – ein Zeichen für den Navigator, daß er den Kulminationszeitpunkt auch tatsächlich gemessen hat.
Angenommen, beim obigen Beispiel wurde die Sonne bei einer gegißten Schiffsbreite von 40°12′N gegen 1830 mit 58°12′ (Sonnenunterrand aus 2 m Höhe) gemessen, so läßt sich Schiffsbreite leicht mit den angegebenen Formeln ausrechnen:

```
                  90°
Declination   +   8°45′
                 ------
                 98°45′
hb            –  58°25′        (58°12′
                 ------       +    13′ Gb
                 40°20′N       ---------
                                58°25′)
```

* Wie lange die Sonne – scheinbar – nicht mehr steigt und noch nicht fällt, hängt allein davon ab, wie weit der Beobachter von ihr entfernt ist. Ist die Abweichung nahezu identisch mit der Schiffsbreite, so wird die Sonne nur sehr kurz stillstehen, während bei großen Breitenunterschieden bis zu acht Minuten im Sextanten keine Veränderung festgestellt werden kann.

Zur Mittagszeit ist die Chance am größten, daß die Sonne Wolkendecken durchdringt.

Die Mittagsbreite ist immer noch up to date

Die Mittagsbreite ist durch die Elektronenrechner bei weitem noch nicht überholt. Das liegt nicht nur an der Einfachheit ihrer Ausrechnung; es sprechen auch eine ganze Reihe anderer Gründe für ihre Beibehaltung. Selbst in der Großschiffahrt gehört die Mittagsbreite selbst heute noch zum täglichen Brot des Navigators. Zwei Gründe seien hervorgehoben:

Die Mittagsbreite eignet sich besonders für zuverlässige Messungen. Der Navigator hat nämlich, was sonst nie der Fall ist, Gelegenheit, eine einzige Höhe (die Mittagshöhe) mehrere Minuten lang zu messen, so daß er sich durch Blicke auf die Trommel ausgezeichnet von der Richtigkeit seiner Messungen überzeugen kann. Im übrigen ist es wesentlich leichter, ein Gestirn genau zu messen, wenn es sozusagen ruhig am Himmel steht, als wenn es vergleichsweise schnell steigt und fällt. Darüber hinaus findet die Kulmination zu einem Zeitpunkt statt, der sich ohnehin zur Schiffsortbestimmung aufdrängt, weil sich um die Mittagszeit das Azimut besonders schnell ändert, so daß mit Hilfe einer zweiten Messung 90 Minuten vor oder 90 Minuten nach Mittag der Schiffsort festgestellt werden kann. Ein interessantes Argument für die Mittagsbreite stammt auch von Hiscock, der richtig bemerkt, daß die Schiffsmittagszeit gerade bei leicht bedecktem Himmel die beste Chance gibt, die Sonne zu messen, weil sie am höchsten steht, ihre Lichtstrahlen also am wenigsten Wolkenschichten zu durchdringen haben (Abbildung oben).

Und schließlich ist traditionsgemäß der Zeitpunkt Schiffsmittag dazu da, um die Mittagsposition festzustellen, von der aus schon von jeher das Etmal (Strecke, die in 24 Stunden zurückgelegt wird) ermittelt wird. Dies hat einen handfesten Grund: Rekordreisen werden ja meistens bei stetigem Wind, also im Passat, durchgeführt, wobei das Schiff fast immer in westliche Richtung segelt, so daß Schiffsmittag jeden Tag um einige Minuten später stattfindet. Dies gibt einen extra Gewinn von einigen Seemeilen.

ÜBUNGS-AUFGABE 80

Die Ard Sholas steht am 30. 8. 1980 auf ca. 4°16′N und 52°15′W. Wann ist Mittag?

ÜBUNGS-AUFGABE 81

Anschließend wird aus einer Augeshöhe von 2 m während des Schiffsmittags der Sonnenunterrand mit 85°10′ gemessen. Wie lautet die Schiffsbreite?

ÜBUNGS-AUFGABE 82

Die Kuan Yin befindet sich am 30. 8. 1980 auf ca. 38°09′N und 7°27′E. Wann ist Zeit für die Mittagsbreite?

ÜBUNGS-AUFGABE 83

Aus einer Augeshöhe von 2 m wird anschließend zum berechneten Zeitpunkt der Sonnenunterrand mit 60°20′ gemessen. Auf welcher Schiffsbreite befindet sich die Kuan Yin?

Mittagslänge aus zwei gleichen Höhen

Diese Methode wird hier nur deshalb besprochen, weil sie sich gerade für Anfänger, die nicht viel Zeit mit dem Studium von Lehrbüchern zubringen möchten, vorzüglich eignet und diesen in wenigen Stunden erklärt werden kann. Ein weiterer Vorteil ist, daß die Mittagslänge aus zwei gleichen Höhen zusammen mit der Mittagsbreite einen fertigen Standort nach Länge und Breite ergibt, ohne daß erst mühselig Standlinien konstruiert werden müssen.

So wie die Mittagszeit, also der Zeitpunkt, in dem sich die Sonne auf der gleichen Länge wie das Schiff befindet, aufgrund der Länge des Schiffes berechnet werden kann, läßt sich auch umgekehrt aus dem Mittagszeitpunkt, in dem die Sonne also genau im Süden oder im

Norden des Schiffes steht, die Länge des Schiffes finden. Allerdings ist die Berechnung nicht ganz so einfach wie bei der Mittagsbreite, weil dort die ungefähre Mittagszeit auf einige Minuten ausgereicht hat. Bei der Berechnung der Mittagslänge darf „T" aus dem Nautischen Jahrbuch schon deshalb nicht benutzt werden, weil hierfür nur die Sonnenkulmination in ganzen Minuten angegeben ist, was zur Längenbestimmung nicht ausreichen würde.

Kennt man die Mittagszeit auf Sekunden genau, so braucht lediglich festgestellt zu werden, wo die Sonne sich zur vorangegangenen vollen Stunde befunden hat und wieweit sie in den verbleibenden Minuten und Sekunden noch kommen konnte. Dieser Zuwachs wird wie üblich aus den grünen Schalttafeln am Ende des Nautischen Jahrbuchs herausgelesen und dann der Sonnenlänge zur vollen Stunde hinzugezählt. Fertig ist die Mittagslänge.

Die Kenntnis der sekundengenauen Mittagszeit, also des Zeitpunktes, in dem die Sonne am höchsten steht, gibt die Schiffslänge.

So in der Theorie! In der Praxis ergeben sich erhebliche Schwierigkeiten. Die Mittagszeit kann nämlich nicht ohne weiteres sekundengenau festgestellt werden, weil der größte Winkel im Sextanten über mehrere Minuten hinweg gleich zu bleiben scheint. Auch eine Peilung mit dem Peilkompaß, die mittags rechtweisend 360° oder 180° ergeben müßte, hilft hier nicht weiter, weil sich das Azimut um die Mittagszeit zwar rechnerisch sehr schnell ändert, aber immerhin zwei bis drei Minuten vergehen, bis das ein ganzes Grad ausmacht. Außerdem würde die Genauigkeit eines Peilkompasses zu diesem Zweck ohnehin nicht ausreichen.

Englische Yachtsegler behelfen sich mit einem einfachen Trick. Sie messen die Sonne, wenn sie noch stark im Steigen ist, also beispielsweise 60 Minuten vor der Mittagszeit, und warten nach dem Kulminieren, bis sie wieder unter dem gleichen Winkel von vor Mittag erscheint. Genau zwischen den beiden Meßzeitpunkten muß sie auf ihrem höchsten Punkt gewesen sein. Es bleibt nur noch, die beiden Meßzeitpunkte zu addieren und durch zwei zu teilen, um den sekundengenauen Mittagszeitpunkt zu finden.

Ein Beispiel mag dies verdeutlichen: Die SÜDWIND befindet sich auf einer gegißten Position von 20°21′N und 58°10′W. Um 14-44-19 UT1 wird der Sonnenunterrand mit einem Sextantwinkel von 69°31′ gemessen. Um 17-02-09 UT1 erscheint die Sonne im Sextanten wiederum unter dem gleichen Winkel. Wie ist die Schiffslänge?

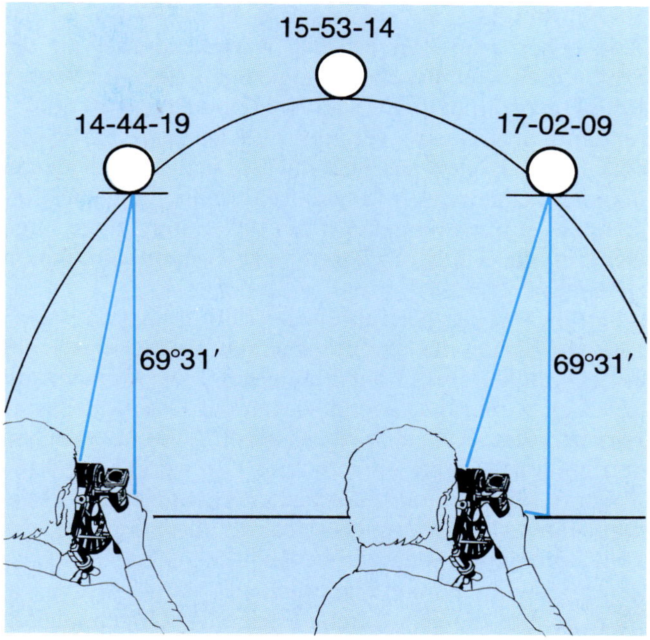

Prinzip der Mittagslänge aus zwei gleichen Höhen. Wenn die Sonne vor und nach Mittag zweimal unter dem gleichen Winkel gemessen wurde, muß genau zwischen beiden Meßzeitpunkten „Mittag" gewesen sein.

Berechnung des Mittagszeitpunktes:

	14-44-19	
+	17-02-09	
	31-46-28	=
	30-106-28	: 2 =
	15-53-14	= Mittagszeit

Grt für 15 Uhr	44°53,0′
Zuwachs	+ 13°18,5′
Schiffslänge	58°11,5′

ÜBUNGS-AUFGABE 84

Die NORDWIND steht am 30. 8. 1980 auf ungefähr 16°09′N und 68°10,7′W. Um 15-02-10 UT1 mißt der Skipper den Sonnenunterrand mit einem Winkel von 66°24′. Um 17-56-18 UT1 wird die Sonne noch einmal mit dem gleichen Winkel gemessen. Wie lautet die Länge der NORDWIND?

Wie gut ist die Mittagslänge aus zwei gleichen Höhen?

Die Genauigkeit des Verfahrens Mittagslänge aus zwei gleichen Höhen ist mindestens ebenso gut wie eine sonstige Standlinienbestimmung mit den Tafeln H.O.249. Es wurde unter dem Begriff „Zeitbestimmung mit zwei korrespondierenden Höhen" – wie der Name sagt – im

19. Jahrhundert, als man noch nicht im Radio auf das Zeitzeichen zum Zeitvergleich warten konnte, für die exakte Zeitbestimmung herangezogen. Der Engländer John Harrison, dem die Seefahrt den ersten funktionierenden Chronometer verdankt, hat so seine Uhrwerke vom festen Boden aus überwacht. Denn logisch: Kann man bei bekanntem Mittagszeitpunkt die Länge bestimmen, so ist auch umgekehrt bei bekannter Länge ohne weiteres die Uhrzeit während der Sonnenkulmination zu ermitteln.
Allerdings ist das Verfahren der Mittagslänge aus zwei gleichen Höhen nur dann sehr genau, solange das Schiff auf der Stelle, also in der Flaute liegt. Die Genauigkeit leidet nicht merkbar, wenn es sich auf Ost- oder Westkurs befindet. Anders wird es allerdings, wenn zwischen den beiden Messungen sehr viel Zeit vergeht und die Yacht in südlicher oder nördlicher Richtung läuft. Denn dann fährt sie ja beispielsweise auf die Sonne zu, das heißt, mit jeder Seemeile in Richtung Sonne wird der voreingestellte Winkel eigentlich zu spät gemessen.
Man könnte die sich daraus ergebende Ungenauigkeit exakt berechnen, was aber nicht Sinn des Mittagslängenverfahrens ist, denn es ist ja in erster Linie als höchst einfaches Verfahren gedacht. Deshalb eignet sich zur Verbesserung eine recht patente Regel, die von Albrecht stammt und lautet:

- Für jede Seemeile, die das Schiff sich während der beiden Messungen auf die Sonne zubewegt, wird dem voreingestellten Winkel am Sextanten eine Minute hinzugezählt.
- Für jede Seemeile, die sich das Schiff von der Sonne wegbewegt, wird dem voreingestellten Winkel eine Winkelminute abgezogen.

Unter Berücksichtigung dieser Regel läßt die Mittagslänge aus zwei gleichen Höhen einen Systemfehler von kaum mehr als 3 sm entstehen, was für den Anfänger, der auch mal astronomisch navigieren möchte, oder für den Rechnerbenutzer, dessen Batterie leer geworden ist, zunächst einmal vollkommen ausreicht.
Ein weiterer Nachteil der Mittagslänge fällt kaum ins Gewicht: die Gefahr, daß sich gerade zu dem Zeitpunkt, in dem die zweite Messung stattfinden müßte, eine Wolkendecke vor die Sonne schiebt. Ganz abgesehen davon, daß dieser Einwand beispielsweise auch bei der altbewährten und höchst genauen Mittagsbreite gemacht wird, läßt er sich im Gegensatz zu dieser leicht dadurch aus der Welt schaffen, daß sozusagen auf Vorrat vor Mittag eine Reihe von Winkeln gemessen wird, was kaum mehr Arbeit bedeutet, weil sie nicht ausgerechnet zu werden brauchen.
Auch bei der Mittagslänge befindet sich der Navigator wieder in einem Dilemma. Damit das Steigen und Fallen deutlicher ist, es also besser beobachtet werden kann, empfiehlt es sich, die Sonne auf einem möglichst steilen Teil ihrer Bahn zu messen, also lange vor Mittag. Andererseits aber wirken sich dadurch Fehler, die durch Versegelung entstehen, wesentlich mehr aus als bei Messungen kurz vor und kurz nach Mittag. Als Grundregel gilt: Zwischen beiden Messungen sollte mindestens eine Stunde liegen.
Aber auch für den gestandenen Navigator kann eine Mittagslänge unter Umständen großen Wert haben. Wie bereits erwähnt, läßt sich die Genauigkeit eines Sextanten mit Bordmitteln nicht überprüfen. Dies ist insbesondere dann bitter, wenn er auf einem Langtörn einen Schlag bekommen hat. Mit Hilfe der Mittagslänge kann selbst noch in diesem Fall die Länge exakt bestimmt werden, weil es ja nicht darauf ankommt, welcher Winkel gemessen wird, sondern daß die Sonne *zweimal im gleichen* Winkel erscheint. Dazu ist meist auch ein fragwürdiger Sextant noch in der Lage.

Die Auswertung von Sonnenmessungen bei sehr großen Höhen

Der Normalverbraucher kommt nur selten in die Verlegenheit, Sonnenmessungen bei Höhen von 88° und darüber auszuführen. Jeder Weltumsegler kennt aber diese Schwierigkeiten, die ihm spätestens im März (das ist die für diesen Törn günstigste Jahreszeit) in der Nähe der Galapagosinseln (diese liegen auf dem Äquator) begegnen. Wenn die Declination annähernd mit seiner Schiffsbreite übereinstimmt, so hat er vor Mittag ein Azimut von fast genau 90°, während es nach Mittag nahezu 270° beträgt, die Standlinien also praktisch parallel zueinander verlaufen und keinen Schnittpunkt ergeben.
Michael Richy, Direktor des britischen Royal Institute of Navigation, weiß einen Ausweg: Die Mittagszeit wird wie im vorangegangenen Kapitel vorausberechnet, und es werden zwei Messungen genommen – jede Messung etwa fünf oder sechs Minuten vor Mittag und nach Mittag. Anschließend werden die Positionen beider Bildpunkte in die Seekarte eingezeichnet. Nach Anbringen der Gesamtbeschickung kann aus der Höhe der Halbmesser für die Höhengleiche berechnet werden, nämlich:

90° – beobachtete Höhe nach Beschickung

Schlägt man nun um beide Bildpunkte die entsprechenden Standlinienkreise (1 Winkelminute = sm), so ergeben sich zwei Schnittpunkte, wovon einer als Schiffsposition dadurch festgestellt werden kann, indem beob-

achtet wird, ob die Sonne im Norden oder im Süden des Beobachters kulminiert hat.
Längere Zeiten vor und nach Mittag für die Sonnenmessungen sind hierbei kaum möglich, weil sonst die Bildpunkte zu weit von der Schiffsposition entfernt liegen, so daß sie möglicherweise beide nicht mehr auf der Karte sind und somit die Höhengleiche nicht mehr gezeichnet werden kann.

Der Mond

Warnung: Der Mond darf nicht in der Nacht zur Navigation benutzt werden.

Ansonsten ist der Mond ein außerordentlich hilfreiches Navigationsgestirn, weil er bei günstiger Stellung (Halbmond!) untertags zu einer zweiten Standlinie und damit zu einem Schiffsort ohne Versegelung verhilft. Naturgemäß ist der Mond bei Neumond oder auch bei Vollmond zusammen mit der Sonne nicht zu benutzen, weil die Richtung seiner Standlinie in etwa der Richtung der Sonnenstandlinie entspricht, so daß kein vernünftiger Schnittpunkt zwischen den beiden Standlinien gegeben ist. Letztlich bleiben dann aber immer noch zwei Wochen von einem Mondzyklus (ungefähr 28 Tage), um ihn zusammen mit der Sonne in der Navigation einsetzen zu können und somit mindestens einmal am Tag zu einem weitgehend genauen Schiffsort zu kommen.
Der Mond ist unter den Navigatoren gefürchtet, obwohl dies nicht gerechtfertigt ist. In der Messung ist er leichter als die Sonne (es müssen keine Schattengläser benutzt werden) und in der Berechnung nur unwesentlich schwieriger oder, besser gesagt, umständlicher. Die Berechnung einer Mondstandlinie unterscheidet sich nämlich nur in folgenden Punkten von der einer Sonnenstandlinie:

1. Die Gb ist etwas umständlicher, weil zusätzlich die Horizontalparallaxe aus dem Nautischen Jahrbuch entnommen und berücksichtigt werden muß.
2. Beide Bildpunktkoordinaten sind etwas langwieriger zu berechnen. Das Nautische Jahrbuch geht nämlich bei der Sonne von einer Mindestgeschwindigkeit von 15 Längengraden/Stunde aus. Die Schalttafeln können deshalb auf diese Geschwindigkeit beschränkt sein, so daß der Zuwachs für die Minuten und Sekunden des Meßzeitpunktes aus *einer* Schalttafel herausgelesen werden kann. Nicht so beim Mond. Dieser eiert ziemlich um die Erde herum, so daß sein Bildpunkt auf der Erdoberfläche keineswegs eine gleichbleibende Geschwindigkeit hat. Dies gilt nicht nur hinsichtlich des Greenwichwinkels, sondern auch bezüglich der Declination, die deshalb beim Mond keinesfalls wie bei der Sonne „über den Daumen" gepeilt werden darf.

Die Berechnung der Declination

Wie ein Blick ins Nautische Jahrbuch zeigt, ändert sich die Declination des Mondes in einer vollen Stunde um recht erhebliche Beträge. Am 30. August 1980 um 1000 UT1 beispielsweise beträgt sie 8°47,1'N und um 1100 UT1 8°58,1'N. Zwischen beiden vollen Stunden liegt also immerhin ein Unterschied von 11'. Dieser Unterschied muß allerdings nicht langwierig ausgerechnet werden, sondern ist fix und fertig neben den vollen Stunden in der Spalte „Unt" im Nautischen Jahrbuch angegeben.

1980 AUGUST 30

243	SONNE r = 15.9		MOND Alter = 19.2 Tage			
UT1	Grt	δ	Grt	Unt	δ	Unt
h	° '	° '	° '	'	° '	'
0	179 50.1	N 9 1.6	308 29.6	8.6	N 6 54.1	11.6
1	194 50.3	9 0.8	322 57.2	8.5	7 5.7	11.5
2	209 50.5	8 59.9	337 24.7	8.6	7 17.2	11.4
3	224 50.7	8 59.0	351 52.3	8.5	7 28.6	11.4
4	239 50.9	8 58.1	6 19.8	8.6	7 40.0	11.3
5	254 51.1	N 8 57.2	20 47.4	8.5	N 7 51.3	11.3
6	269 51.3	8 56.3	35 14.9	8.6	8 2.6	11.2
7	284 51.5	8 55.4	49 42.5	8.5	8 13.8	11.2
8	299 51.7	8 54.5	64 10.0	8.5	8 25.0	11.1
9	314 51.9	8 53.6	78 37.5	8.5	8 36.1	11.0
10	329 52.0	N 8 52.7	93 5.0	8.6	N 8 47.1	11.0
11	344 52.2	8 51.8	107 32.6	8.5	8 58.1	10.9
12	359 52.4	8 50.9	122 0.1	8.5	9 9.0	10.9
13	14 52.6	8 50.0	136 27.6	8.5	9 19.9	10.7
14	29 52.8	8 49.1	150 55.1	8.5	9 30.6	10.8

Der Unterschied zwischen den Declinationen des Mondes von Stunde zu Stunde ist im Nautischen Jahrbuch angegeben.

Ähnlich wie bei der Bestimmung der Sonnen*länge* muß allerdings der für die Minuten und Sekunden des Meßzeitpunktes anfallende Anteil des Unterschiedes nicht berechnet werden, sondern ist in den Schalttafeln am Ende des Nautischen Jahrbuches nachzulesen. Hierbei wird lediglich in die Seite der vollen Minuten eingegangen, weil eine Berücksichtigung der Sekunden bei der Declination (aber nur dort!) keine nennenswerte zusätzliche Genauigkeit mehr bringen würde.

Schalttafel					29m
29m	Zuwachs Grt			Unt.	Verb.
	Sonne Planet	Frühl.p.	Mond		
s	° ′	° ′	° ′	′	′
0	7 15,0	7 16,2	6 55,2	0,0	0,0
1	15,3	16,4	55,4	0,3	0,1
2	15,5	16,7	55,7	0,6	0,3
3	15,8	16,9	55,9	0,9	0,4
4	16,0	17,2	56,1	1,2	0,6
5	7 16,3	7 17,4	6 56,4	1,5	0,7
6	16,5	17,7	56,6	1,8	0,9
7	16,8	17,9	56,9	2,1	1,0
8	17,0	18,2	57,1	2,4	1,2
9	17,3	18,4	57,3	2,7	1,3
10	7 17,5	7 18,7	6 57,6	3,0	1,5
11	17,8	18,9	57,8	3,3	1,6
12	18,0	19,2	58,0	3,6	1,8
13	18,3	19,4	58,3	3,9	1,9
14	18,5	19,7	58,5	4,2	2,1
15	7 18,8	7 19,9	6 58,8	4,5	2,2
16	19,0	20,2	59,0	4,8	2,4
17	19,3	20,5	59,2	5,1	2,5
18	19,5	20,7	59,5	5,4	2,7
19	19,8	21,0	6 59,7	5,7	2,8
20	7 20,0	7 21,2	7 0,0	6,0	3,0
21	20,3	21,5	0,2	6,3	3,1
22	20,5	21,7	0,4	6,6	3,2
23	20,8	22,0	0,7	6,9	3,4
24	21,0	22,2	0,9	7,2	3,5
25	7 21,3	7 22,5	7 1,1	7,5	3,7
26	21,5	22,7	1,4	7,8	3,8
27	21,8	23,0	1,6	8,1	4,0
28	22,0	23,2	1,9	8,4	4,1
29	22,3	23,5	2,1	8,7	4,3
30	7 22,5	7 23,7	7 2,3	9,0	4,4
31	22,8	24,0	2,6	9,3	4,6
32	23,0	24,2	2,8	9,6	4,7
33	23,3	24,5	3,1	9,9	4,9
34	23,5	24,7	3,3	10,2	5,0
35	7 23,8	7 25,0	7 3,5	10,5	5,2
36	24,0	25,2	3,8	10,8	5,3
37	24,3	25,5	4,0	11,1	5,5
38	24,5	25,7	4,3	11,4	5,6
39	24,8	26,0	4,5	11,7	5,8
40	7 25,0	7 26,2	7 4,7	12,0	5,9
41	25,3	26,5	5,0	12,3	6,0

Ausschnitt aus der Schalttafel für den Mond

Die Declination für den 30. August 1980 um 10-29-15 beträgt also:

$$\begin{array}{rr} & 8°47{,}1' \\ + & 5{,}4' \\ \hline & 8°52{,}5' \end{array}$$

Achtung: Welches Vorzeichen der Unterschied hat, ergibt sich ganz allein aus dem Nautischen Jahrbuch, und zwar aus dem Vergleich der Declination mit der vorangegangenen Stunde und der nachfolgenden Stunde: „Wächst" die Declination, so ist das Vorzeichen positiv, im anderen Fall negativ.

Die Berechnung des Greenwichwinkels

Um die unregelmäßige Ost-West-Geschwindigkeit des Mondes in den Griff zu bekommen, verfiel man auf den Trick, eine Schalttafel zu benutzen – ähnlich wie bei der Sonne. Dieser Schalttafel wird allerdings die Mindestgeschwindigkeit des Mondes zugrunde gelegt, die 14°19′ beträgt. Aus der Differenz der Greenwichwinkel beim Mond für den 30. August 1980 um 1000 und 1100 UT1 läßt sich ersehen, daß dort die Geschwindigkeit aber nicht 14°19′ beträgt, sondern 14°27,6′. Der Unterschied zur Mindestgeschwindigkeit beträgt also 8,6′. Dieser Wert ist mit der Bezeichnung „Unt" neben der Spalte „Grt" angegeben. Zur Berechnung der Bildpunktlänge des Mondes müssen also aus dem Nautischen Jahrbuch entnommen werden:

1. der Greenwichwinkel (Grt) für die volle Stunde der Messung (Jahrbuch)
2. der Zuwachs für die Minuten und Sekunden des Meßzeitpunktes für die Mindestgeschwindigkeit des Mondes (Schalttafel)
3. die Verbesserung dafür, daß der Mond an diesen Tagen nicht seine Mindestgeschwindigkeit hat, mit Hilfe des „Unt" (Jahrbuch) und der Schalttafeln (ähnlich wie bei der Declination)

Im Gegensatz zur Declination sind diese drei Werte beim Mond stets zu addieren, weil ja seine Richtung immer von Ost nach West ist.
Die Bildpunktlänge des Mondes für den 30. August 1980 um 10-29-15 UT1 beträgt also:

		93°05,0′	
Zuwachs	+	6°58,8′	(Spalte „Mond" benutzen!)
Verbesserung	+	4,2′	
Grt		100°08,0′	

Gerade bei den Mondbildpunktkoordinaten ist der Einsatz eines elektronischen Taschenrechners durchaus zu überlegen, wenn er zumindest über eine Umrechnungstaste „Dezimalstunden" verfügt. Die Nachkommastellen bei den im Nautischen Jahrbuch genannten Bildpunktkoordinaten müssen dann aber auch in Sekunden angegeben werden, was leicht dadurch geschehen kann, daß die Nachkommastelle mal 6 genommen wird.
Die übrige Höhenwinkel- und Azimut-Berechnung des Mondes erfolgt in gleicher Weise wie bei der Sonne, und zwar mit Hilfe der Tafeln H.O.249 oder H.O.229 oder

mit dem Elektronenrechner nach der Mietzschen Tastenfolge. Ausgangswerte sind auch wieder Bildpunktkoordinaten und Koordinaten des gegißten Schiffsorts.

ÜBUNGS-AUFGABE 85

Am 30. 8. 1980 steht die RIK auf einem gegißten Schiffsort von 40°25′N und 44°22′W. Um 10-53-20 UT1 wird aus einer Augeshöhe von 2 m der Mondoberrand mit einem Winkel von 26°20′ gemessen. Während die Yacht keine Fahrt durchs Wasser macht, wird um 11-29-33 UT1 der Sonnenunterrand mit 34°25′ gemessen. Wie lautet der Schiffsort?

Standlinien mit Planeten

Zum Sonnensystem gehören neun große Planeten (die Reihenfolge entspricht ihrer Entfernung von der Sonne):

Merkur
Venus
Erde
Mars
Jupiter
Saturn
Uranus
Neptun
Pluto

Nur vier von ihnen werden zur Navigation benutzt: Venus, Mars, Jupiter und Saturn.

Neben der Sonne und dem Mond sind insbesondere Venus und Jupiter von großer Wichtigkeit für die Navigation, weil sie auch untertags – am sternenleeren Himmel – neben der Sonne eine zweite Standlinie und damit einen Schiffsort ohne Versegelung versprechen.
Die Venus kann unter Umständen sogar mit bloßem Auge am Taghimmel gesehen werden, denn sie ist neben Sonne und Mond der hellste Himmelskörper. Meistens ist sie morgens oder am späten Nachmittag auszumachen, was ihr die Namen Morgenstern und Abendstern eingebracht hat. An hellen und klaren Tagen kann man sie immer sehen, es sei denn, sie steht zu nahe bei der Sonne. Dann aber ist sie für die Navigation ohnehin weitgehend überflüssig, weil ihre Standlinie mit der der Sonne keinen guten Schnittwinkel ergibt. In der Einleitung zum Nautischen Jahrbuch wird beschrieben, wann die Planeten, darunter die Venus, sich besonders gut zu Beobachtungen eignen. Wertvoller wäre allerdings, wenn wie im Reed's Nautical Almanac für jeden Monat auf der betreffenden Seite ihre scheinbare Größe und ihre Sichtbarkeitsverhältnisse angegeben würden.

Hat der Navigator Schwierigkeiten, die Venus aufzufinden, so sollte er für den *geplanten* Meßzeitpunkt aus gegißtem Schiffsort und Bildpunktkoordinaten „Hc" vorausberechnen, was mit Hilfe der Tafeln H.O.249 eine Sache von wenigen Minuten ist. Wenn er dann im Sextanten den Winkel einstellt und mit dem Instrument den Horizont in der Richtung des Azimuts entlangstreicht, so wird er die Venus höchstwahrscheinlich als winzigen Lichtpunkt entdecken. Anschließend kann er sie dann unter Festhaltung der genauen Greenwichzeit messen und ausrechnen.
Der Jupiter läßt sich am Tage nur selten zur Navigation heranziehen. Mit bloßem Auge wird man ihn kaum ausmachen können, doch hilft auch hier die Vorausberechnung weiter. Ein Blick auf die Bildpunktkoordinaten im Nautischen Jahrbuch zeigt dem Navigator, wie der Jupiter im Vergleich zur Sonne steht, woraus er abschätzen kann, ob es sich um einen guten Schnittwinkel mit einer Sonnenstandlinie handelt. Eignet er sich für eine Tagbeobachtung, so werden in gleicher Weise wie bei der Venus die Höhe und das Azimut ausgerechnet.
Der Mars hat für die Navigation keine besondere Bedeutung, weil er am Tage nicht sichtbar ist und in der Nacht eine große Anzahl anderer Sterne zur Verfügung steht. Seine Entfernung von der Erde variiert sehr stark, so daß er manchmal sehr hell und manchmal kaum auszumachen ist. Er hat eine rötliche Farbe.
Saturn ist der schwächste dieser vier Planeten und auch nicht heller als die Sterne – mit einer Größe 1. Ordnung. Er ist gelblich und spielt in der Praxis bei der Navigation keine Rolle.
Venus und Jupiter sind im starken Fernglas eines Sextanten manchmal als kleine Scheibchen zu erkennen. Damit keine zusätzlichen Ungenauigkeiten in die Standlinienberechnung eingehen, sollten diese Scheibchen immer in der Mitte gemessen werden, weil sonst der Halbmesser berücksichtigt werden müßte. Ansonsten unterscheiden sie sich nur wenig von der Berechnung einer Sonnenstandlinie.

Unterschiede liegen
1. bei der Gesamtbeschickung,
2. bei der Berechnung der Bildpunktkoordinaten.

Zu 1: Bei der Venus muß in der Tafel für die Gesamtbeschickung von Fixsternen und Planeten eingegangen werden und zusätzlich – je nach Horizontalparallaxe – eine Zusatzberichtigung für HP durchgeführt werden. HP ist bei der Venus jeweils unter der Spalte „δ" angegeben.
Zu 2: Die Berechnung der Bildpunktbreite erfolgt in gleiche Weise wie bei der Sonne. Dagegen muß bei der

Berechnung der Bildpunktlänge – wie beim Mond – zunächst in die Schalttafel (Spalte „Sonne Planet“) eingegangen und zusätzlich der Unterschied „Unt“ berücksichtigt werden, der daraus resultiert, daß die Geschwindigkeit der Planeten nicht exakt mit der der Sonne übereinstimmt. Der Unt ist unter der Spalte für den Greenwichwinkel im Nautischen Jahrbuch angegeben. Er wird für die vollen Minuten des Meßzeitpunktes in der Schalttafel berücksichtigt, also für den 30. August 1980 um 20-53-12 UT1 folgendermaßen (Venus):

Bildpunktlänge für die volle Stunde	165°56,5′
Zuwachs für 53 Minuten 12 Sekunden	+ 13°18,0′
Berichtigung für den Unterschied von −0,2 (auf Vorzeichen achten!)	− 0,2′
Bildpunktlänge beträgt also	179°14,3′

Achtung: Nahezu immer ist der Unt bei der Venus positiv. Sowohl der Zuwachs als auch die Berichtigung für den Unterschied werden zur Bildpunktlänge der vollen Stunde hinzugezählt. Es kommt bei diesem Planeten selten vor, daß der Unterschied negativ wird, was dann aber stets am Minuszeichen erkennbar ist (Abbildung rechts).

Im übrigen werden Höhenwinkel und Azimut für die Planeten in gleicher Weise wie bei der Sonne berechnet, also aus Bildpunktkoordinaten und Position des gegißten Schiffsortes mit Hilfe der Tafeln H.O.249 oder des Elektronenrechners.

UT1	VENUS Grt	VENUS δ	MARS Grt	MARS δ
h	° ′	° ′	° ′	° ′
0	226 0.1	N 19 13.3	130 4.9	S 11 58.4
1	240 59.9	19 13.1	145 5.9	11 59.0
2	255 59.8	19 13.0	160 6.8	11 59.5
3	270 59.6	19 12.8	175 7.7	12 0.1
4	285 59.4	19 12.6	190 8.6	12 0.7
5	300 59.2	N 19 12.5	205 9.5	S 12 1.3
6	315 59.1	19 12.3	220 10.4	12 1.9
7	330 58.9	19 12.1	235 11.4	12 2.5
8	345 58.7	19 11.9	250 12.3	12 3.1
9	0 58.5	19 11.8	265 13.2	12 3.7
10	15 58.3	N 19 11.6	280 14.1	S 12 4.3
11	30 58.2	19 11.4	295 15.0	12 4.9
12	45 58.0	19 11.2	310 15.9	12 5.5
13	60 57.8	19 11.0	325 16.9	12 6.1
14	75 57.6	19 10.9	340 17.8	12 6.7
15	90 57.4	N 19 10.7	355 18.7	S 12 7.3
16	105 57.2	19 10.5	10 19.6	12 7.9
17	120 57.0	19 10.3	25 20.5	12 8.5
18	135 56.9	19 10.1	40 21.4	12 9.1
19	150 56.7	19 9.9	55 22.3	12 9.7
20	165 56.5	N 19 9.8	70 23.3	S 12 10.3
21	180 56.3	19 9.6	85 24.2	12 10.9
22	195 56.1	19 9.4	100 25.1	12 11.5
23	210 55.9	19 9.2	115 26.0	12 12.1
Unt.	-0.2	0.2	0.9	0.6
	T= 8^h56^m	HP=0.2	T=15^h19^m	HP=0.1
		Gr.=-3.9		Gr.=+1.5

Nur selten ist bei der Venus der Unt zur Geschwindigkeit von 15°/Stunde negativ wie hier.

ÜBUNGS-AUFGABE 86

Die Seerose befindet sich auf einer gegißten Position von 39°44′N und 29°44,8′W. Um 15-53-19 UT1 wird aus einer Augeshöhe von 2 m der Sonnenunterrand mit 49°43′ gemessen. Anschließend segelt das Schiff mit einer Durchschnittsgeschwindigkeit von 4 kn auf einem Kurs über Grund von 268° weiter. Um 18-53-33 UT1 wird der Jupiter mit 23°54′ gemessen. Wie lautet die Schiffsposition?

Standlinien aus Fixsternmessungen

Die Fixsterne sind nicht besonders schwer zu berechnen, was die meisten Segelschüler bestätigen können, die einmal eine C-Schein-Aufgabe gelöst haben. Sie werden dort besonders gern verwendet, weil immer mehrere Sterne zur Verfügung stehen, so daß sich eine fertige Schiffsposition aus zwei, drei oder gar mehreren Standlinien ergibt. Meistens beginnen die Aufgaben so: „Der Navigator nimmt eine Runde Sterne.“

Leider sieht die Praxis ganz anders aus. In der Nacht können Sterne überhaupt nicht gemessen werden, weil – außer in sehr hohen Breiten, wo sich Segler sowieso kaum herumtreiben – nachts die Kimm gar nicht sichtbar ist. Der Einsatz eines künstlichen Horizonts, der dieses Problem lösen würde, ist an Bord einer Yacht nicht möglich. Untertags, wo die Kimm deutlich zu sehen ist, kann auch im starken Fernrohr eines Sextanten kein Stern erkannt werden, außer vielleicht der Sirius, was allerdings der Autor aus eigener Erfahrung nicht bestätigen kann.

Bleibt also der relativ kurze Zeitraum der Abend- und der Morgendämmerung. Es müssen nämlich die Sterne schon und die Kimm noch (oder umgekehrt) zu sehen sein. Je mehr die Schiffsbreite sich der Declination der Sonne nähert, um so kürzer ist dieser Zeitraum und um so mehr Erfahrung gehört dazu, die wenigen Minuten zu mehreren Sternbestimmungen zu nutzen.

Die meiste Angst hat der angehende Navigator ganz zu Unrecht davor, daß er die richtigen Sterne nicht erkennt. Kenntnis einzelner Sterne ist aber gar nicht notwendig, weil sie unter Umständen nichts hilft. Wenn es nämlich abends gilt, die kurze Zeit der Dämmerung zu nutzen, und der Navigator mit astronomischen Kenntnissen erst warten muß, bis ganze Sternbilder zu sehen sind (denn die braucht er ja zum Auffinden eines einzelnen Sternes), dann ist es mit Sicherheit schon zu spät für eine Sternmessung, weil die Kimm bereits verschwunden ist. Höchstens in der Morgendämmerung könnte ein Navigator von seinen Ortskenntnissen am Firmament Gebrauch machen. Aber auch dann besteht noch die große Gefahr, daß er den Stern beim Herunterholen auf die Kimm verliert oder einen anderen erwischt. Im Fernrohr des Sextanten ist der Stern kaum zu identifizieren, weil wegen des engen Bildwinkels die Nachbarsterne ausgeschlossen sind.

Der einzige Weg, der bei einem Urlaubssegler, wie wir ja alle sind, zum Erfolg führen kann, ist das Vorausberechnen eines Sternes nach Höhe und Azimut, um ihn im voreingestellten Sextanten rechtzeitig vor Verdunkelung der Kimm oder morgens vor dem „Erlöschen" zu suchen. Sogenannte „Starfinder" oder Sternkarten sind für die Zwecke der Navigation also nur von begrenztem Wert.

Nicht unbedingt notwendig, aber wünschenswert ist es trotzdem, ein paar Grundkenntnisse vom Himmel zu haben, um sich beispielsweise für die nächste Dämmerung die richtigen Sterne nach Größe und Richtung herauszusuchen. Hierbei gilt – wie immer in der Navigation –, daß sich ihre Richtungen, und damit auch ihre Standlinien, um mehr als 30° unterscheiden sollten.

Die Größe der Sterne ist auch im Nautischen Jahrbuch angegeben, mit einem für einen Laien etwas ungewöhnlichen Maßstab, an den man sich erst gewöhnen muß. Die hellsten Sterne haben nämlich eine negative Größe, während die weniger hellen bei Größe 0 oder darüber liegen. Die sichtbaren Sterne werden in sechs Helligkeitsgrößen eingeteilt, wobei jene 1. Größe ungefähr zweieinhalb mal so hell sind wie jene 2. Größe. Ein Stern der Größe 0 ist also um 2,5 mal (genau 2,521) heller als ein Stern 1. Größe, der wieder 2,5 mal heller als ein Stern 2. Größe ist. Aus diesem Grunde haben die zwei hellsten Sterne, Sirius und Canopus, negative Größen von −1,6 beziehungsweise −0,9.

Wenn der Navigator sich also Sterne für seine abendliche Standortbestimmung auswählen möchte, so sollte er in dem im Nautischen Jahrbuch eingehefteten orangefarbenen Blatt unter der Größe nach möglichst kleinen beziehungsweise negativen Zahlen suchen. Auf diesem Blatt sind 80 Sterne verzeichnet, die – rein theoretisch – so hell sind, daß sie für die Navigation in Frage kommen. Tatsächlich wird man sich aber nur mit den hellsten befassen, wobei einige in ihrer Helligkeit etwas variieren, worauf es aber in der Praxis nicht ankommt.

Die zehn hellsten Sterne ihrer Helligkeit nach sind:

Sternname	*Größe*
1. Sirius	−1,6
2. Canopus	−0,9
3. α-Centauri	0,1
4. Arcturus	0,2
5. Wega	0,1
6. Capella	0,2
7. Rigel	0,3
8. Beteigeuze	0,1–1,2
9. Procyon	0,5
10. Achernar	0,6

α-Centauri spielt keine große Rolle, weil er in der Nähe des Arcturus steht, der wegen seiner besseren Erkenntlichkeit in der Navigation lieber benutzt wird.

Wie bei der Sonne, dem Mond und den Planeten sind zur Berechnung einer Standlinie aus einer Sternbeobachtung die Koordinaten des gegißten Schiffsortes und des Bildpunktes notwendig. Wäre im Nautischen Jahrbuch nur für diese hellsten Sterne der Bildpunkt fertig ausgerechnet, so müßte es allein schon deswegen ungefähr den doppelten Umfang haben. Für weitere Sterne müßte entsprechend mehr Platz bereitgestellt werden. Nachdem sich die Fixsterne – wie der Name sagt – über das Jahr hinweg gesehen im Verhältnis zueinander kaum verändern, reicht es aus, im Nautischen Jahrbuch einen gemeinsamen Bezugspunkt für alle nach Länge und Breite anzugeben und nur noch die Differenz zu dem jeweiligen Stern, wobei – wie gesagt – diese Differenz sich über das ganze Jahr hinweg nur so geringfügig ändert, daß dies in der Astronavigation praktisch keine Rolle spielt.

Als gemeinsamen Bezugspunkt hat man den Frühlingspunkt genommen, der auch Widderpunkt oder Aries genannt wird. Ausdrücklich wird darauf hingewiesen, daß es sich hierbei weder um einen einzelnen Stern noch um ein ganzes Sternbild handelt, sondern nur um einen rechnerischen Bezugspunkt am Firmament. Dieser Bezugspunkt ändert sich über 24 Stunden hinweg lediglich bezüglich seiner Länge; deshalb wird im Nautischen Jahrbuch unter der Überschrift „Frühlingspunkt" auch nur der Greenwichwinkel, nicht aber die Declination angegeben. Selbstverständlich wird die Betrachtungsweise in der Astronavigation beibehalten, daß sich nämlich alles auf der Erdoberfläche abspielt und die einzelnen Gestirne und Punkte am Firmament mit Hilfe des Bildpunktes auf der Erdoberfläche entsprechend bezeichnet werden können. Der Greenwichwinkel für den Frühlingspunkt oder Aries gibt also die Länge seines Bildpunktes auf der Erdoberfläche an.

1981, Fixsterne

Örter der Sterne

Nr.		Name und Größe		Sternwinkel	Abweichung
				° '	° '
1	α	Andromedae .... (S i r r a h)	2,2	358 8,8	N 28 59,2
2	γ	Pegasi .... (A l g e n i b)	2,9	356 56,0	N 15 4,7
3	α	Phoenicis	2,4	353 39,7	S 42 24,5
4	α	Cassiopeiae .... (S c h e d i r)	2,5	350 8,4	N 56 26,1
5	β	Ceti .... (D e n e b K a i t o s)	2,2	349 20,3	S 18 5,4
6	γ	Cassiopeiae	1,6-2,8	346 6,4	N 60 36,9
7	β	Andromedae .... (M i r a c h)	2,4	342 49,8	N 35 31,3
8	α	Eridani .... (A c h e r n a r)	0,6	335 44,9	S 57 20,0
9	α	Ursae minoris .... (N o r d s t e r n)	2,1	326 41,2	N 89 10,7
10	γ	Andromedae .... (A l a m a k)	2,2	329 18,9	N 42 14,4
11	α	Arietis .... (H a m e l)	2,2	328 28,3	N 23 22,4
12	α	Ceti .... (M e n k a r)	2,8	314 40,6	N 4 0,9
13	β	Persei .... (A l g o l)	2,2-3,5	313 15,8	N 40 53,0
14	α	Persei .... (A l g e n i b)	1,9	309 15,3	N 49 47,7
15	η	Tauri .... (A l c y o n e)	3,0	303 24,5	N 24 2,8
16	α	Tauri .... (A l d e b a r a n)	1,1	291 17,4	N 16 28,3
17	β	Orionis .... (R i g e l)	0,3	281 35,5	S 8 13,4
18	α	Aurigae .... (C a p e l l a)	0,2	281 10,5	N 45 58,7
19	γ	Orionis .... (B e l l a t r i x)	1,7	278 58,2	N 6 19,9
20	β	Tauri	1,8	278 43,4	N 28 35,5
21	ε	Orionis	1,8	276 11,1	S 1 12,9
22	ζ	Orionis	2,0	275 2,9	S 1 57,2
23	κ	Orionis	2,2	273 17,0	S 9 40,6
24	α	Orionis .... (B e t e i g e u z e)	0,1-1,2	271 27,7	N 7 24,2
25	β	Aurigae	2,1	270 27,7	N 44 56,7
26	β	Canis majoris	2,0	264 31,9	S 17 56,8
27	α	Carinae .... (C a n o p u s)	-0,9	264 6,9	S 52 41,2
28	γ	Geminorum	1,9	260 50,6	N 16 24,9
29	α	Canis majoris .... (S i r i u s)	-1,6	258 55,2	S 16 41,5
30	ε	Canis majoris	1,6	255 31,7	S 28 56,8
31	δ	Canis majoris	2,0	253 5,6	S 26 21,8
32	α	Geminorum .... (C a s t o r)	1,6	246 39,0	N 31 55,8
33	α	Canis minoris .... (P r o c y o n)	0,5	245 25,2	N 5 16,3
34	β	Geminorum .... (P o l l u x)	1,2	243 57,5	N 28 4,3
35	ε	Carinae	1,7	234 28,0	S 59 27,0
36	λ	Velorum	2,2	223 10,4	S 43 21,4
37	β	Carinae	1,8	221 44,8	S 69 38,4
38	α	Hydrae .... (A l p h a r d)	2,2	218 20,0	S 8 34,6
39	α	Leonis .... (R e g u l u s)	1,3	208 9,4	N 12 3,5
40	ϑ	Carinae	3,0	199 25,6	S 64 17,8

Im orangefarbenen Beiblatt zum Nautischen Jahrbuch sind die Sterne mit ihrer Helligkeit und ihrer Position zum Frühlingspunkt angegeben. Zwar ändern sich die Positionen kaum merklich über das ganze Jahr, es reicht aber durchaus, die Bildpunktdaten dem Beiblatt und nicht der betreffenden Tagesseite zu entnehmen.

Der *Sternwinkel* ist die Längendifferenz der jeweiligen Fixsterne zum Frühlingspunkt.

Um also die Bildpunktkoordinaten eines Fixsternes auszurechnen, muß immer zuerst der Greenwichwinkel für den Frühlingspunkt gerechnet werden, damit sich anschließend durch Hinzuzählen des Sternwinkels die Bildpunktlänge und direkt aus dem Nautischen Jahrbuch die Bildpunktbreite ergibt.

Die Berechnung der Bildpunktlänge des Aries ist sehr einfach und funktioniert nach dem gleichen Schema wie bei der Sonne. Zunächst wird die Bildpunktlänge für die vorangegangene Stunde festgestellt und anschließend in den Schalttafeln in der Spalte „Frühlingspunkt" (immer aufpassen, daß in die richtige Spalte eingegangen wird!) der Zuwachs gefunden. Am 30. August 1980 um 23-53-12 UT1 also beträgt die Bildpunktlänge beim Aries:

Grt		324°16,9′
Zuwachs	+	13°20,2′
		337°37,1′

Im Nautischen Jahrbuch sind für die wichtigsten Navigationssterne für jeden Tag der genaue Sternwinkel und die Declination angegeben. Man kann aber auch mit den auf dem orangefarbenen Beiblatt genannten Werten für Sternwinkel und Declination arbeiten, wodurch eine Ungenauigkeit in der Rechnung von weniger als 1 sm über das ganze Jahr entsteht. Band I der Tafeln H.O.249, in dem ausgewählte Navigationssterne vorausberechnet sind, nimmt beispielsweise diese Ungenauigkeit in Kauf.

Daß im Nautischen Jahrbuch auf den einzelnen Tagesseiten die Sterne nicht mit Namen, sondern lediglich mit Nummern bezeichnet sind, dürfte keine Schwierigkeiten bereiten, weil die Nummern auf den orangefarbenen Tafeln mit jenen auf der jeweiligen Tagesseite identisch sind. Es fällt auch auf, daß nicht alle Sterne aus der Tafel für den betreffenden Tag angegeben sind, was aber in der Praxis keine Rolle spielt, da dem Navigator ohnehin weit mehr Sterne zur Verfügung stehen, als er braucht – wenn er sie messen kann.

Die Positionen der wichtigsten Navigationssterne auf der Nord- und auf der Südhalbkugel – angegeben nach Sternwinkel und Declination – zeigt die Karte rechts.

Mit einem Blick in diese Sternkarten lassen sich also ganz grob die Höhe des Sterns und seine Richtung abschätzen, wenn man als Anhaltspunkt die Länge des Frühlingspunktes heranzieht.

Die Berechnung einer Fixsternstandlinie entspricht in ihrer Schwierigkeit bezüglich der Gb also genau der

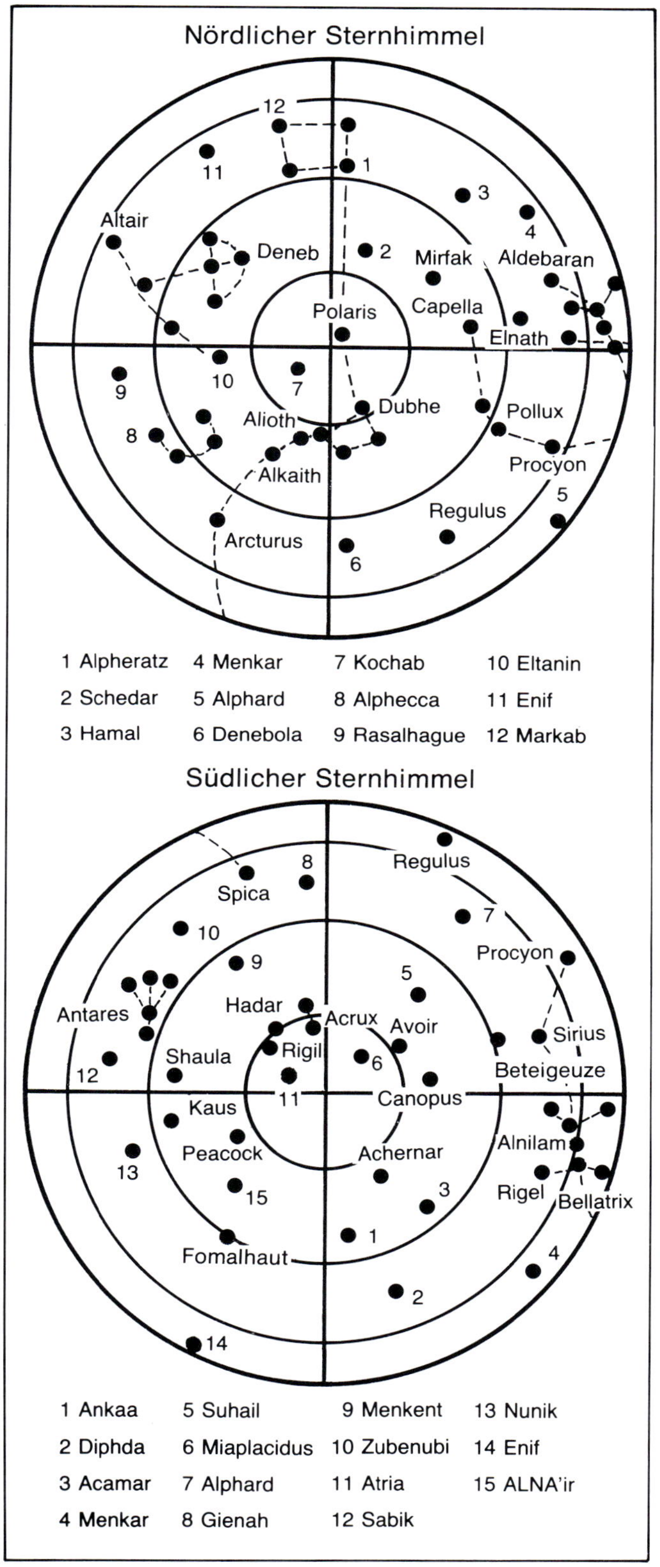

Sternkarte von Nord- und Südhimmel. In der Bordpraxis ist die Kenntnis der Sterne jedoch nicht nötig.

Sonne, während die Gestirnskoordinaten auf der Erdoberfläche um einen Rechengang erweitert sind: um das Hinzuzählen des Sternwinkels. Eine Einschränkung muß allerdings für die Benutzer von Band II und III der Tafeln H.O.249 gemacht werden: Dort sind lediglich Declinationen von 0° bis 29° enthalten, so daß Sterne mit mehr als 29° Declination, also beispielsweise so helle wie Wega, Deneb, Kochab, Dubhe, Canopus, Capella, Achernar oder auch der Nordstern, nicht verarbeitet werden können. Bei Verwendung der Tafeln H.O.229 sind hier selbstverständlich keine Grenzen gesetzt, doch würde der Autor nicht allein deshalb zu diesen zwar etwas genaueren, aber auch umständlicheren Tafeln überwechseln.
Die Berechnung einer Sternstandlinie mit Hilfe von Band II und III der Tafeln H.O.249 unterscheidet sich von der einer Sonnenstandlinie nur in der Berechnung der Bildpunktkoordinaten. Hierzu wird also zunächst die Bildpunktlänge des Frühlingspunktes berechnet und durch Addieren des Sternwinkels der Greenwichstundenwinkel für den betreffenden Stern gefunden. Die Declination, die sich über den ganzen Tag hinweg nicht ändert, wird direkt beim betreffenden Stern dem Nautischen Jahrbuch entnommen.

Beispiel: Berechnung der Bildpunktkoordinaten für den Stern Nr. 12 (Menkar) am 30. 8. 1980 um 05-29-13 UT1:

Declination = 4°00,9′N

Grt Aries (Frühlingspunkt)		53°32,6′
Zuwachs Aries	+	7°19,4′*
Sternwinkel Nr. 12	+	314°41,1′
Grt für Stern Nr. 12		15°33,1′

Ein Elektronenrechner verarbeitet natürlich alle Declinationen. In Taschenrechner mit entsprechender Kapazität (500 Programmschritte) läßt sich übrigens sehr leicht die Formel für den Frühlingspunkt (Aries) einbauen:

Aries = Uhrzeit in Dezimalstunden : 24 × 360,9856644 + b + c + 99,20189733

b = (Nachkommaanteil von a) × 1440,02509
c = (Vorkommaanteil von a) × 0,0307572
a = (T − 693960) : 1461
T = Anzahl der Tage nach dem 1. 1. 1980 + 723 180

Wieviel Sterne zur Verfügung stehen, wird meistens vom vorhandenen Speicherraum abhängen, wo Sternwinkel und Declination für eine Reihe von Sternen „aufbewahrt“ werden können. Um jeweils einen möglichst genauen Sternwinkel zu haben, nehme man am besten die Sternwinkel vom Sommer (zumal um diese Zeit ohnehin meist die Urlaubstörns stattfinden).

*Achtung, richtige Tafelspalte benutzen!

Sternberechnungen mit Hilfe von Band I der Tafeln H.O.249: Selected Stars

Ein großer Vorteil von Band I der Tafeln H.O.249 (Selected Stars) gegenüber den Tafeln H.O.229 und Band II und III der Tafeln H.O.249 besteht in folgenden Punkten:

- Für jeden Zeitpunkt sind die Höhenwinkel für sieben ganz bestimmte Sterne vorausberechnet.
- Ebenso ist das Azimut fix und fertig gerechnet, also nicht bloß „Z“ wie in Band II und III.
- Die sieben zur Verfügung stehenden Sterne sind nicht nur nach ihrer Helligkeit, sondern auch nach ihren Schnittwinkeln optimal für den Navigator ausgewählt.
- In die Tafeln wird nur mit dem LHA zwischen Schiffsort und dem Frühlingspunkt eingegangen. Die Sternwinkel brauchen also nicht berücksichtigt zu werden.
- Auch um die Declination braucht sich der Navigator nicht zu kümmern.

Um nach Band I der Tafeln H.O.249 den Höhenwinkel und das Azimut eines Sterns auszurechnen, muß der Navigator also lediglich den LHA zwischen dem gegißten Schiffsort und dem Frühlingspunkt berechnen und diesen durch Finden eines neuen Rechenortes ganzgradig machen. Er hat dann folgende Eingänge:

1. Nord- oder Südbreite (also keine Beachtung mehr von „contrary“ oder „same“)
2. LHA

Als Ergebnis zeigt die H.O.249 dann sofort Höhenwinkel und Azimut, ohne daß wie bei der Sonne noch irgendeine Verbesserung in Tafel 5 notwendig wäre (Abbildung rechts).
Die „Selected Stars“ sind nicht etwa nach den hellsten Sternen am Firmament ausgesucht, sondern danach, wie sich ihre Standlinien am besten schneiden. Zunächst sind diejenigen Sterne mit einem Rhombus gekennzeichnet, die von ihrem Schnittwinkel her einen besonders günstigen Schiffsort ergeben. Im nachfolgenden Beispiel sind dies Deneb, Antares und Alkaid.
Beispiel für eine Standlinie: Am 30. 8. 1980 um 18-53-24 UT1 wird aus einer Augeshöhe von 2 m der Deneb mit einem Winkel von 57°11′ gemessen. Die

gegißte Schiffsposition ist 39°40′N und 4°01′E. Standlinie?

Rechenortbreite		40°00′N
Grt Aries		249°04,6′
Zuwachs	+	13°23,2′
		262°27,8′
Schiffslänge	+	4°01′
LHA Aries		266°28,8′
ganzgradiger LHA		266°00′
Grt	–	262°27,8′
Rechenortlänge		3°32,2′
Aus „Selected Stars“:		
Hc Deneb		57°29′ Azimut 066°
gemessener Winkel		57°11′
Gb	–	3′
hb		57°09′
hb		57°09′
Hc	–	57°29′
	–	20 weg

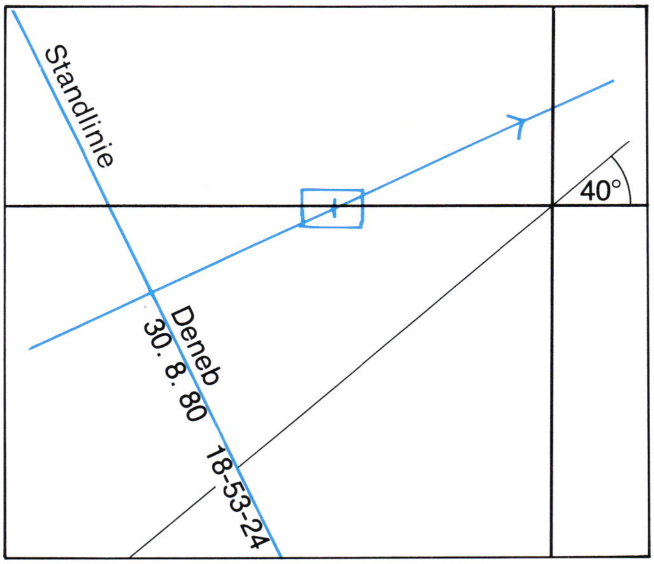

Deneb-Standlinie am 30. 8. 1980 um 18-53-24 UT1

Die Standlinienberechnung mit Hilfe des Bandes I „Selected Stars“ ist also um einiges einfacher als beispielsweise die Berechnung einer Sonnenstandlinie. Dies gilt auch dann, wenn in den 1980 folgenden Jahren Sternstandlinien ermittelt werden. Die „Selected Stars“ sind nämlich genau nur für das Jahr 1980 (Epoche 1980) vorausgerechnet worden. Wie bereits erwähnt, ändert sich der Sternwinkel, also das Verhältnis der Fixsterne zueinander, nur unmerklich, so daß es ausreicht, ein und denselben Sternwinkel und die Declination für ein ganzes Jahr zu benutzen. Deshalb ist Band I nur für ein ganz bestimmtes Jahr, also für eine Epoche, vorausberechnet.*

Wird die Tafel in einem anderen Jahre benutzt, muß an die Standlinie eine geringfügige „Versegelung“ angebracht werden, um der Tatsache Rechnung zu tragen, daß der Sternwinkel sich in diesem Jahr leicht geändert hat. Dies geschieht durch den Gebrauch der Tafel 5 in Band I, die nicht mit der Tafel 5 in Band II und III verwechselt werden darf. In dieser Tafel haben die verschiedenen Jahre nur zwei Eingänge: Nord- oder Südbreite und den LHA. Ohne die Notwendigkeit des Interpolierens können so mit einem Blick die Anzahl der Seemeilen und die Richtung in vollen Zehnergraden herausgelesen werden, in die die Standlinie zu versegeln ist (Abbildung Seite 267).

In der Praxis versegelt man den Rechenort am besten von vornherein bei der Zeichnung. Hat man einen Schiffsort aus mehreren Sternstandlinien erhalten, so reicht es aus, wenn nur der Schiffsort versegelt wird. Aber Achtung: Wenn sich unter den Sternstandlinien auch eine Planetstandlinie befindet, so darf sie selbstverständlich nicht versegelt werden.

ÜBUNGS-AUFGABE 87

Die Yacht KAPDUVA steht auf ca. 40°22′N und 30°24′W. Aus einer Augeshöhe von 2 m wird am 30. 8. 1980 um 19-53-01 UT1 der Deneb mit 44°30′ gemessen. Wie lauten Rechenortlänge, Azimut und Unterschied?

ÜBUNGS-AUFGABE 88

Um 19-53-33 UT1 mißt der Skipper dann den Antares mit 23°49′. Wie lauten Rechenortlänge, Unterschied und Azimut?

ÜBUNGS-AUFGABE 89

Um 19-53-57 UT1 wird der Alkaid mit 60°02′ gemessen. Wie lauten Rechenortlänge, Azimut und Unterschied?

ÜBUNGS-AUFGABE 90

Auf welchem Schiffsort befand sich die KAPDUVA?

* Bei Erscheinen dieser Auflage galt die Epoche 1990.

LAT 40°N

LHA ♈	Hc Zn	Hc Zn	Hc Zn	Hc Zn	Hc Zn	Hc Zn	Hc Zn
	•VEGA	Alphecca	ARCTURUS	•SPICA	REGULUS	•POLLUX	CAPELLA
180	17 58 054	44 10 090	54 29 116	35 20 154	52 38 230	36 48 278	21 02 313
181	18 35 055	44 56 090	55 10 117	35 40 156	52 02 231	36 03 279	20 28 314
182	19 12 055	45 42 091	55 51 118	35 59 157	51 27 232	35 17 279	19 55 314
183	19 50 056	46 28 092	56 31 119	36 16 158	50 50 233	34 32 280	19 22 314
184	20 28 056	47 14 092	57 11 120	36 33 159	50 13 234	33 47 280	18 49 315
185	21 06 056	48 00 093	57 51 122	36 49 160	49 35 236	33 01 281	18 17 315
186	21 45 057	48 46 094	58 30 123	37 04 161	48 57 237	32 16 281	17 45 316
187	22 24 057	49 32 094	59 08 124	37 18 163	48 18 238	31 31 282	17 13 316
188	23 02 058	50 17 095	59 45 126	37 32 164	47 39 239	30 46 282	16 41 317
189	23 41 058	51 03 096	60 22 127	37 44 165	47 00 240	30 02 283	16 10 317
190	24 21 059	51 49 097	60 59 129	37 56 166	46 20 241	29 17 284	15 39 318
191	25 00 059	52 35 097	61 34 130	38 06 167	45 39 242	28 32 284	15 08 318
192	25 40 060	53 20 098	62 09 132	38 16 169	44 58 243	27 48 285	14 38 319
193	26 19 060	54 06 099	62 43 133	38 24 170	44 17 244	27 03 285	14 07 319
194	26 59 061	54 51 100	63 16 135	38 32 171	43 36 245	26 19 286	13 38 320
	DENEB	•VEGA	ARCTURUS	•SPICA	REGULUS	•POLLUX	Dubhe
195	13 05 041	27 40 061	63 48 137	38 38 172	42 54 246	25 35 286	61 51 331
196	13 36 041	28 20 062	64 19 139	38 44 174	42 12 247	24 51 287	61 28 330
197	14 06 042	29 00 062	64 49 140	38 48 175	41 29 248	24 07 287	61 05 329
198	14 37 042	29 41 062	65 17 142	38 52 176	40 47 249	23 23 288	60 41 329
199	15 08 043	30 22 063	65 45 144	38 54 177	40 04 250	22 39 288	60 17 328
200	15 40 043	31 03 063	66 11 146	38 56 179	39 20 250	21 56 289	59 53 328
201	16 11 044	31 44 064	66 36 149	38 57 180	38 37 251	21 12 289	59 28 327
202	16 43 044	32 25 064	66 59 151	38 56 181	37 53 252	20 29 290	59 04 327
203	17 16 045	33 07 065	67 20 153	38 55 182	37 10 253	19 46 291	58 38 327
204	17 48 045	33 48 065	67 41 155	38 52 184	36 26 254	19 03 291	58 13 326
205	18 21 046	34 30 065	67 59 158	38 49 185	35 41 255	18 20 292	57 47 326
206	18 54 046	35 12 066	68 15 160	38 44 186	34 57 255	17 38 292	57 21 326
207	19 27 047	35 54 066	68 30 163	38 39 188	34 12 256	16 55 293	56 55 325
208	20 01 047	36 36 067	68 43 165	38 32 189	33 28 257	16 13 293	56 29 325
209	20 35 048	37 19 067	68 54 168	38 25 190	32 43 258	15 31 294	56 02 325
	DENEB	•VEGA	Rasalhague	ANTARES	•SPICA	REGULUS	•Dubhe
210	21 09 048	38 01 068	35 47 105	15 11 146	38 16 191	31 58 258	55 36 324
211	21 43 048	38 44 068	36 31 106	15 37 147	38 07 192	31 13 259	55 09 324
212	22 17 049	39 26 068	37 15 106	16 02 148	37 56 194	30 28 260	54 42 324
213	22 52 049	40 09 069	37 59 107	16 26 148	37 45 195	29 42 261	54 14 324
214	23 27 050	40 52 069	38 43 108	16 50 149	37 33 196	28 57 261	53 47 323
215	24 02 050	41 35 070	39 27 109	17 13 150	37 19 197	28 12 262	53 20 323
216	24 38 051	42 18 070	40 10 110	17 36 151	37 05 199	27 26 263	52 52 323
217	25 13 051	43 01 070	40 53 111	17 58 152	36 50 200	26 40 263	52 24 323
218	25 49 051	43 45 071	41 36 111	18 19 153	36 34 201	25 55 264	51 56 323
219	26 25 052	44 28 071	42 19 112	18 40 154	36 17 202	25 09 265	51 29 323
220	27 02 052	45 12 072	43 01 113	19 00 154	36 00 203	24 23 265	51 01 322
221	27 38 053	45 55 072	43 43 114	19 19 155	35 41 204	23 37 266	50 33 322
222	28 15 053	46 39 072	44 25 115	19 38 156	35 22 206	22 51 267	50 04 322
223	28 52 053	47 23 073	45 07 116	19 56 157	35 02 207	22 06 267	49 36 322
224	29 29 054	48 07 073	45 48 117	20 14 158	34 41 208	21 20 268	49 08 322
	DENEB	•ALTAIR	Rasalhague	ANTARES	•SPICA	Denebola	•Dubhe
225	30 06 054	19 04 094	46 28 118	20 31 159	34 19 209	41 13 253	48 40 322
226	30 43 055	19 50 095	47 09 119	20 47 160	33 56 210	40 29 254	48 12 322
227	31 21 055	20 36 096	47 49 120	21 02 161	33 33 211	39 45 254	47 43 322
228	31 58 055	21 22 097	48 28 121	21 17 162	33 09 212	39 00 255	47 15 322
229	32 36 056	22 07 097	49 07 122	21 31 163	32 44 213	38 16 256	46 47 322
230	33 14 056	22 53 098	49 46 123	21 44 164	32 19 214	37 31 257	46 18 322
231	33 53 056	23 38 099	50 24 125	21 57 165	31 52 215	36 46 258	45 50 322
232	34 31 057	24 24 099	51 01 126	22 09 165	31 26 216	36 01 258	45 22 322
233	35 10 057	25 09 100	51 38 127	22 20 166	30 58 217	35 16 259	44 54 322
234	35 48 058	25 54 101	52 15 128	22 31 167	30 30 218	34 31 260	44 25 322
235	36 27 058	26 39 101	52 51 130	22 40 168	30 01 219	33 46 261	43 57 322
236	37 06 058	27 24 102	53 26 131	22 49 169	29 32 220	33 00 261	43 29 322
237	37 45 059	28 09 103	54 00 132	22 57 170	29 02 221	32 15 262	43 01 322
238	38 25 059	28 54 104	54 34 134	23 05 171	28 31 222	31 29 263	42 33 322
239	39 04 059	29 39 104	55 07 135	23 11 172	28 00 223	30 44 263	42 05 322
	•DENEB	ALTAIR	Nunki	•ANTARES	ARCTURUS	•Alkaid	Kochab
240	39 43 060	30 23 105	12 18 141	23 17 173	59 22 235	64 47 303	54 49 352
241	40 23 060	31 07 106	12 47 142	23 22 174	58 44 237	64 08 303	54 42 352
242	41 03 060	31 51 107	13 15 142	23 27 175	58 05 238	63 29 303	54 35 351
243	41 43 060	32 35 107	13 43 143	23 30 176	57 26 239	62 51 302	54 28 351
244	42 23 061	33 19 108	14 10 144	23 33 177	56 46 240	62 12 302	54 20 350
245	43 03 061	34 03 109	14 37 145	23 35 178	56 06 242	61 33 302	54 12 350
246	43 43 061	34 46 110	15 03 146	23 36 179	55 26 243	60 54 302	54 04 349
247	44 24 062	35 29 111	15 29 146	23 37 180	54 44 244	60 15 302	53 56 349
248	45 04 062	36 12 111	15 54 147	23 36 181	54 03 245	59 36 302	53 47 349
249	45 45 062	36 55 112	16 18 148	23 35 182	53 21 246	58 57 302	53 38 348
250	46 26 062	37 37 113	16 42 149	23 33 183	52 39 247	58 18 302	53 28 348
251	47 06 063	38 19 114	17 06 150	23 31 184	51 56 248	57 39 302	53 18 348
252	47 47 063	39 01 115	17 29 151	23 27 185	51 14 249	57 00 302	53 08 347
253	48 28 063	39 42 116	17 51 151	23 23 186	50 31 250	56 21 302	52 58 347
254	49 09 064	40 24 117	18 13 152	23 18 187	49 47 251	55 42 302	52 47 346
	•DENEB	ALTAIR	Nunki	•ANTARES	ARCTURUS	•Alkaid	Kochab
255	49 51 064	41 05 118	18 34 153	23 12 188	49 04 252	55 03 302	52 36 346
256	50 32 064	41 45 119	18 54 154	23 05 189	48 20 253	54 24 302	52 25 346
257	51 13 064	42 25 120	19 14 155	22 58 190	47 36 254	53 45 302	52 14 346
258	51 55 064	43 05 121	19 33 156	22 50 191	46 52 255	53 06 302	52 02 345
259	52 36 065	43 44 122	19 52 157	22 41 192	46 07 255	52 27 302	51 50 345
260	53 18 065	44 23 123	20 09 158	22 31 193	45 23 256	51 48 302	51 38 345
261	53 59 065	45 01 124	20 27 159	22 21 194	44 38 257	51 10 303	51 26 344
262	54 41 065	45 39 125	20 43 159	22 10 194	43 53 258	50 31 303	51 14 344
263	55 23 065	46 17 126	20 59 160	21 58 195	43 08 259	49 52 303	51 01 344
264	56 05 066	46 54 127	21 14 161	21 46 196	42 23 260	49 14 303	50 48 344
265	56 47 066	47 30 128	21 28 162	21 32 197	41 38 260	48 35 303	50 35 343
266	57 29 066	48 06 129	21 42 163	21 18 198	40 52 261	47 57 303	50 21 343
267	58 11 066	48 41 131	21 55 164	21 04 199	40 07 262	47 18 304	50 08 343
268	58 53 066	49 16 132	22 07 165	20 48 200	39 21 263	46 40 304	49 54 343
269	59 35 066	49 49 133	22 19 166	20 32 201	38 36 263	46 02 304	49 40 342

LAT 40°N

LHA ♈	Hc Zn	Hc Zn	Hc Zn	Hc Zn	Hc Zn	Hc Zn	Hc Zn
	•Alpheratz	ALTAIR	Nunki	•ANTARES	ARCTURUS	•Alkaid	Kochab
270	16 51 066	50 23 134	22 30 167	20 15 202	37 50 264	45 24 304	49 26 342
271	17 33 067	50 55 136	22 40 168	19 58 203	37 04 265	44 46 304	49 12 342
272	18 16 067	51 27 137	22 49 169	19 40 204	36 18 265	44 08 305	48 58 342
273	18 58 068	51 58 138	22 58 170	19 21 205	35 33 266	43 30 305	48 43 342
274	19 41 068	52 28 140	23 05 171	19 01 205	34 47 267	42 52 305	48 29 341
275	20 23 069	52 57 141	23 12 172	18 41 206	34 01 267	42 15 305	48 14 341
276	21 06 069	53 25 143	23 19 173	18 21 207	33 15 268	41 37 305	47 59 341
277	21 49 070	53 53 144	23 24 174	17 59 208	32 29 269	41 00 306	47 44 341
278	22 33 070	54 19 146	23 29 175	17 38 209	31 43 269	40 23 306	47 29 341
279	23 16 071	54 45 147	23 33 176	17 15 210	30 57 270	39 46 306	47 14 341
280	23 59 071	55 09 149	23 36 177	16 52 211	30 11 271	39 09 307	46 58 340
281	24 43 072	55 32 150	23 38 178	16 28 211	29 25 271	38 32 307	46 43 340
282	25 27 072	55 54 152	23 40 179	16 04 212	28 39 272	37 55 307	46 27 340
283	26 11 073	56 15 154	23 41 180	15 39 213	27 53 273	37 18 307	46 12 340
284	26 55 074	56 35 155	23 41 180	15 14 214	27 07 273	36 42 308	45 56 340
	•Alpheratz	Enif	ALTAIR	•Rasalhague	ARCTURUS	Alkaid	•Kochab
285	27 39 074	42 54 118	56 54 157	56 41 221	26 21 274	36 06 308	45 40 340
286	28 23 075	43 34 119	57 11 159	56 10 222	25 36 274	35 29 308	45 24 340
287	29 07 075	44 14 120	57 27 161	55 39 224	24 50 275	34 53 309	45 08 340
288	29 52 076	44 53 122	57 42 162	55 07 225	24 04 276	34 18 309	44 52 340
289	30 37 076	45 32 123	57 55 164	54 34 226	23 18 276	33 42 309	44 36 340
290	31 21 077	46 11 124	58 07 166	54 00 228	22 33 277	33 06 310	44 20 339
291	32 06 077	46 49 125	58 17 168	53 26 229	21 47 277	32 31 310	44 04 339
292	32 51 078	47 26 126	58 26 170	52 51 230	21 01 278	31 56 310	43 48 339
293	33 36 078	48 03 127	58 34 172	52 15 232	20 16 279	31 21 311	43 32 339
294	34 21 079	48 40 128	58 40 173	51 39 233	19 31 279	30 46 311	43 16 339
295	35 06 079	49 15 129	58 44 175	51 02 234	18 45 280	30 11 311	42 59 339
296	35 51 080	49 51 131	58 47 177	50 24 235	18 00 280	29 37 312	42 43 339
297	36 37 081	50 25 132	58 49 179	49 46 237	17 15 281	29 02 312	42 27 339
298	37 22 081	50 59 133	58 49 181	49 07 238	16 30 282	28 28 312	42 10 339
299	38 07 082	51 32 134	58 47 183	48 28 239	15 45 282	27 54 313	41 54 339
	•Mirfak	Alpheratz	•Enif	ALTAIR	Rasalhague	•Alphecca	Kochab
300	18 25 040	38 53 082	52 05 136	58 44 185	47 49 240	34 11 278	41 38 339
301	18 54 040	39 38 083	52 36 137	58 39 187	47 09 241	33 26 279	41 22 339
302	19 24 040	40 24 083	53 07 138	58 33 189	46 29 242	32 40 279	41 05 339
303	19 54 041	41 10 084	53 37 140	58 25 191	45 48 243	31 55 280	40 49 339
304	20 24 041	41 55 084	54 07 141	58 16 192	45 07 244	31 10 280	40 33 339
305	20 55 042	42 41 085	54 35 143	58 06 194	44 25 245	30 25 281	40 16 339
306	21 25 042	43 27 086	55 02 144	57 54 196	43 43 246	29 39 281	40 00 339
307	21 56 043	44 13 086	55 28 146	57 40 198	43 01 247	28 54 282	39 44 339
308	22 27 043	44 59 087	55 54 148	57 26 200	42 19 248	28 10 283	39 28 339
309	22 59 043	45 45 087	56 18 149	57 09 201	41 36 249	27 25 283	39 12 340
310	23 31 044	46 31 088	56 41 151	56 52 203	40 53 249	26 40 284	38 56 340
311	24 02 044	47 17 089	57 03 152	56 33 205	40 10 250	25 55 284	38 40 340
312	24 35 045	48 03 089	57 23 154	56 13 207	39 27 251	25 11 285	38 24 340
313	25 07 045	48 48 090	57 43 156	55 52 208	38 43 252	24 27 285	38 08 340
314	25 40 045	49 34 091	58 01 158	55 30 210	37 59 253	23 42 286	37 52 340
	•Mirfak	Hamal	Diphda	•FOMALHAUT	ALTAIR	•VEGA	Kochab
315	26 12 046	24 46 079	12 12 127	15 12 154	55 07 211	62 23 279	37 36 340
316	26 45 046	25 31 080	12 48 127	15 32 155	54 42 213	61 38 280	37 21 340
317	27 19 046	26 17 081	13 25 128	15 51 156	54 17 214	60 53 280	37 05 340
318	27 52 047	27 02 081	14 01 129	16 10 157	53 50 216	60 07 280	36 49 340
319	28 26 047	27 48 082	14 36 130	16 28 157	53 23 217	59 22 281	36 34 340
320	28 59 048	28 33 082	15 12 130	16 45 158	52 54 219	58 37 281	36 18 340
321	29 33 048	29 19 083	15 46 131	17 02 159	52 25 220	57 52 282	36 03 341
322	30 08 048	30 04 084	16 21 132	17 18 160	51 55 222	57 07 282	35 48 341
323	30 42 049	30 50 084	16 55 133	17 34 161	51 24 223	56 22 282	35 33 341
324	31 17 049	31 36 085	17 28 134	17 48 162	50 52 224	55 37 283	35 18 341
325	31 51 049	32 22 085	18 01 134	18 02 163	50 19 226	54 52 283	35 03 341
326	32 26 050	33 07 086	18 34 135	18 16 163	49 46 227	54 08 284	34 48 341
327	33 01 050	33 53 087	19 06 136	18 29 164	49 12 228	53 23 284	34 33 341
328	33 37 050	34 39 087	19 38 137	18 41 165	48 38 229	52 38 284	34 19 342
329	34 12 051	35 25 088	20 09 138	18 52 166	48 02 231	51 54 285	34 04 342
	•CAPELLA	Hamal	Diphda	•FOMALHAUT	ALTAIR	•VEGA	Kochab
330	16 54 043	36 11 088	20 40 139	19 03 167	47 27 232	51 10 285	33 50 342
331	17 26 044	36 57 089	21 10 139	19 13 168	46 50 233	50 25 286	33 35 342
332	17 58 044	37 43 090	21 39 140	19 22 169	46 13 234	49 41 286	33 21 342
333	18 30 045	38 29 090	22 08 141	19 30 170	45 36 235	48 57 286	33 07 342
334	19 02 045	39 15 091	22 37 142	19 38 171	44 58 236	48 13 287	32 53 342
335	19 35 046	40 01 092	23 05 143	19 45 172	44 19 237	47 29 287	32 39 343
336	20 08 046	40 47 092	23 32 144	19 52 172	43 40 238	46 45 288	32 26 343
337	20 42 047	41 33 093	23 59 145	19 57 173	43 01 239	46 01 288	32 12 343
338	21 15 047	42 19 094	24 25 146	20 02 174	42 21 240	45 17 288	31 59 343
339	21 49 048	43 04 094	24 51 147	20 06 175	41 41 241	44 34 289	31 46 343
340	22 23 048	43 50 095	25 16 148	20 10 176	41 01 242	43 50 289	31 33 344
341	22 57 048	44 36 096	25 40 149	20 13 177	40 20 243	43 07 290	31 20 344
342	23 32 049	45 22 096	26 04 150	20 15 178	39 38 244	42 24 290	31 07 344
343	24 06 049	46 07 097	26 27 150	20 16 179	38 57 245	41 41 290	30 54 344
344	24 41 050	46 53 098	26 49 151	20 16 180	38 15 246	40 57 291	30 42 344
	•CAPELLA	ALDEBARAN	Diphda	•FOMALHAUT	ALTAIR	•VEGA	Kochab
345	25 16 050	15 15 081	27 11 152	20 16 181	37 33 247	40 15 291	30 29 345
346	25 52 050	16 00 082	27 32 153	20 15 182	36 51 248	39 32 292	30 17 345
347	26 27 051	16 46 082	27 52 154	20 13 183	36 08 249	38 49 292	30 05 345
348	27 03 051	17 31 083	28 11 155	20 11 184	35 25 249	38 06 292	29 53 345
349	27 39 052	18 17 084	28 30 156	20 08 184	34 42 250	37 24 293	29 42 345
350	28 15 052	19 03 084	28 48 158	20 04 185	33 58 251	36 42 293	29 30 346
351	28 51 052	19 48 085	29 05 159	19 59 186	33 15 252	36 00 294	29 19 346
352	29 28 053	20 34 085	29 22 160	19 53 187	32 31 253	35 18 294	29 08 346
353	30 05 053	21 20 086	29 37 161	19 47 188	31 47 253	34 36 294	28 57 346
354	30 42 054	22 06 087	29 52 162	19 40 189	31 03 254	33 54 295	28 46 347
355	31 19 054	22 52 087	30 06 163	19 33 190	30 19 255	33 12 295	28 35 347
356	31 56 054	23 38 088	30 19 164	19 24 191	29 34 256	32 31 296	28 25 347
357	32 33 055	24 24 089	30 32 165	19 15 192	28 50 256	31 49 296	28 15 347
358	33 11 055	25 10 089	30 43 166	19 06 193	28 05 257	31 08 297	28 05 347
359	33 49 055	25 55 090	30 54 167	18 55 194	27 20 258	30 27 297	27 55 348

TABLE 5—CORRECTION FOR PRECESSION AND NUTATION

L.H.A. ♈	North latitudes								South latitudes							L.H.A. ♈
	N. 89°	N. 80°	N. 70°	N. 60°	N. 50°	N. 40°	N. 20°	0°	S. 20°	S. 40°	S. 50°	S. 60°	S. 70°	S. 80°	S. 89°	
								1977								
°	′ °	′ °	′ °	′ °	′ °	′ °	′ °	′ °	′ °	′ °	′ °	′ °	′ °	′ °	′ °	°
0	1 170	1 190	1 210	1 230	1 230	2 240	2 250	2 250	2 250	2 240	2 240	1 230	1 220	1 210	1 190	0
30	1 200	1 220	1 230	1 240	2 240	2 240	2 250	2 250	2 250	1 240	1 230	1 220	1 210	1 180	1 160	30
60	1 230	1 240	1 250	2 250	2 250	2 250	2 260	2 250	2 250	1 240	1 230	1 220	1 190	1 150	1 130	60
90	1 260	1 260	1 260	2 260	2 270	2 270	2 270	2 270	1 260	1 260	1 260	0 —	0 —	0 —	1 100	90
120	1 290	1 280	1 280	2 280	2 280	2 280	2 280	2 280	1 280	1 290	1 290	0 —	0 —	1 060	1 070	120
150	1 320	1 310	1 300	2 290	2 290	2 290	2 290	2 290	2 290	1 300	1 310	1 320	1 350	1 020	1 040	150
180	1 350	1 330	1 320	1 310	2 300	2 300	2 290	2 290	2 300	2 300	1 310	1 320	1 330	1 350	1 010	180
210	1 020	1 000	1 330	1 320	1 310	1 300	2 300	2 290	2 290	2 300	2 300	1 300	1 310	1 320	1 340	210
240	1 050	1 030	1 350	1 320	1 310	1 300	2 290	2 290	2 290	2 290	2 290	2 290	1 290	1 300	1 310	240
270	1 080	0 —	0 —	0 —	1 290	1 280	1 280	2 280	2 270	2 280	2 280	2 280	1 280	1 280	1 280	270
300	1 110	1 120	0 —	0 —	1 250	1 250	1 260	2 260	2 260	2 260	2 260	2 260	1 260	1 260	1 250	300
330	1 140	1 160	1 190	1 220	1 230	1 240	2 250	2 250	2 250	2 250	2 250	2 250	1 240	1 230	1 220	330
360	1 170	1 190	1 210	1 230	1 230	2 240	2 250	2 250	2 250	2 240	2 240	1 230	1 220	1 210	1 190	360
								1978								
0	1 160	0 —	1 210	1 220	1 230	1 240	1 240	1 250	1 250	1 240	1 240	1 240	1 230	1 220	1 200	0
30	1 190	1 210	1 220	1 230	1 240	1 240	1 250	1 250	1 240	1 240	1 230	1 220	1 210	1 190	1 170	30
60	1 220	1 230	1 240	1 250	1 250	1 250	1 250	1 250	1 250	1 240	1 230	0 —	0 —	0 —	1 140	60
90	1 250	1 260	1 260	1 260	1 260	1 260	1 260	1 260	1 260	1 250	0 —	0 —	0 —	0 —	1 110	90
120	1 280	1 280	1 280	1 280	1 280	1 280	1 280	1 280	1 280	1 280	0 —	0 —	0 —	0 —	1 080	120
150	1 310	1 300	1 300	1 290	1 290	1 290	1 290	1 290	1 290	1 300	1 310	0 —	0 —	0 —	1 050	150
180	1 340	1 320	1 310	1 310	1 300	1 300	1 290	1 290	1 300	1 300	1 310	1 320	1 330	0 —	1 020	180
210	1 010	1 350	1 330	1 320	1 310	1 300	1 300	1 290	1 300	1 300	1 300	1 310	1 320	1 330	1 350	210
240	1 040	0 —	0 —	0 —	1 310	1 300	1 290	1 290	1 290	1 290	1 290	1 290	1 300	1 310	1 320	240
270	1 070	0 —	0 —	0 —	0 —	1 290	1 280	1 280	1 280	1 280	1 280	1 280	1 280	1 280	1 290	270
300	1 100	0 —	0 —	0 —	0 —	1 260	1 260	1 270	1 270	1 270	1 270	1 260	1 260	1 260	1 260	300
330	1 130	0 —	0 —	0 —	1 230	1 240	1 250	1 250	1 250	1 250	1 250	1 250	1 250	1 240	1 230	330
360	1 160	0 —	1 210	1 220	1 230	1 240	1 240	1 250	1 250	1 240	1 240	1 240	1 230	1 220	1 200	360
					There is no correction for **1979** or **1980**											
								1981								
0	0 —	0 —	1 050	1 050	1 060	1 060	1 070	1 070	1 060	1 060	1 050	1 040	0 —	0 —	0 —	0
30	0 —	1 060	1 060	1 070	1 070	1 070	1 070	1 070	1 070	1 060	0 —	0 —	0 —	0 —	0 —	30
60	0 —	1 080	1 080	1 080	1 080	1 080	1 080	1 080	1 080	0 —	0 —	0 —	0 —	0 —	0 —	60
90	0 —	1 100	1 100	1 100	1 100	1 100	1 100	1 100	1 100	0 —	0 —	0 —	0 —	0 —	0 —	90
120	0 —	1 120	1 120	1 110	1 110	1 110	1 110	1 110	1 110	1 120	0 —	0 —	0 —	0 —	0 —	120
150	0 —	0 —	1 130	1 130	1 120	1 120	1 110	1 110	1 120	1 120	1 130	1 140	0 —	0 —	0 —	150
180	0 —	0 —	0 —	1 140	1 130	1 120	1 120	1 110	1 110	1 120	1 120	1 130	1 140	0 —	0 —	180
210	0 —	0 —	0 —	0 —	0 —	1 120	1 110	1 110	1 110	1 110	1 110	1 110	1 120	1 130	0 —	210
240	0 —	0 —	0 —	0 —	0 —	0 —	1 100	1 100	1 100	1 100	1 100	1 100	1 100	1 100	0 —	240
270	0 —	0 —	0 —	0 —	0 —	0 —	1 080	1 080	1 090	1 090	1 080	1 080	1 080	1 080	0 —	270
300	0 —	0 —	0 —	0 —	0 —	1 060	1 070	1 070	1 070	1 070	1 070	1 070	1 070	1 060	0 —	300
330	0 —	0 —	0 —	1 040	1 050	1 060	1 070	1 070	1 070	1 060	1 060	1 060	1 050	0 —	0 —	330
360	0 —	0 —	1 050	1 050	1 060	1 060	1 070	1 070	1 060	1 060	1 050	1 040	0 —	0 —	0 —	360

Wenn in den auf 1980 folgenden Jahren mit Band I der Tafeln H.O.249 navigiert wird, sollte die Verbesserung aus der Tafel 5 angebracht werden.

Links: In Band I der Tafeln H.O.249 sind für einen LHA mit dem Aries sieben Sterne mit Azimut und Höhenwinkel vorausberechnet.

N. Lat. {LHA greater than 180°....... Zn=Z / LHA less than 180°.......... Zn=360−Z}

DECLINATION (0°-14°) SAME NAME AS LATITUDE

LHA	0°			1°			2°			3°			4°			5°			6°			7°			8°			9°		
	Hc	d	Z	Hc	d	Z	Hc	d	Z	Hc	d	Z	Hc	d	Z	Hc	d	Z	Hc	d	Z	Hc	d	Z	Hc	d	Z	Hc	d	Z
	° ′	′	°	° ′	′	°	° ′	′	°	° ′	′	°	° ′	′	°	° ′	′	°	° ′	′	°	° ′	′	°	° ′	′	°	° ′	′	°
70	15 11	+40	103	15 51	+40	102	16 31	+40	102	17 11	+39	101	17 50	+39	100	18 29	+39	99	19 08	+39	98	19 47	+38	98	20 25	+39	97	21 04	+38	96
71	14 27	39	103	15 06	40	102	15 46	39	101	16 25	40	100	17 05	39	99	17 44	39	99	18 23	38	98	19 01	39	97	19 40	38	96	20 18	38	95
72	13 42	39	102	14 21	40	101	15 01	39	100	15 40	39	100	16 19	39	99	16 58	39	98	17 37	39	97	18 16	38	96	18 54	38	96	19 32	38	95
73	12 57	39	101	13 36	39	100	14 15	40	100	14 55	39	99	15 34	39	98	16 13	38	97	16 51	39	96	17 30	38	96	18 08	38	95	18 46	38	94
74	12 11	40	100	12 51	39	100	13 30	39	99	14 09	39	98	14 48	39	97	15 27	39	97	16 06	38	96	16 44	38	95	17 22	38	94	18 00	38	93
75	11 26	+39	100	12 05	+40	99	12 45	+39	98	13 24	+39	97	14 03	+38	97	14 41	+39	96	15 20	+38	95	15 58	+38	94	16 36	+38	94	17 14	+38	93
76	10 41	39	99	11 20	39	98	11 59	39	98	12 38	39	97	13 17	39	96	13 56	38	95	14 34	38	94	15 12	39	94	15 51	38	93	16 29	37	92
77	09 55	40	98	10 35	39	98	11 14	38	97	11 52	39	96	12 31	39	95	13 10	38	95	13 48	38	94	14 26	39	93	15 05	38	92	15 43	37	91
78	09 10	39	98	09 49	39	97	10 28	39	96	11 07	38	96	11 45	39	95	12 24	38	94	13 02	39	93	13 41	38	92	14 19	38	92	14 57	37	91
79	08 24	39	97	09 03	39	96	09 42	39	96	10 21	38	95	10 59	39	94	11 38	38	93	12 16	39	93	12 55	38	92	13 33	38	91	14 11	37	90
80	07 39	+39	97	08 18	+38	96	08 56	+39	95	09 35	+39	94	10 14	+38	93	10 52	+38	93	11 30	+39	92	12 09	+38	91	12 47	+38	90	13 25	+38	89
81	06 53	39	96	07 32	39	95	08 11	38	94	08 49	39	94	09 28	38	93	10 06	39	92	10 45	38	91	11 23	38	90	12 01	38	90	12 39	38	89
82	06 07	39	95	06 46	39	94	07 25	38	94	08 03	39	93	08 42	38	92	09 20	39	91	09 59	38	91	10 37	38	90	11 15	38	89	11 53	38	88
83	05 21	39	95	06 00	39	94	06 39	38	93	07 17	39	92	07 56	38	91	08 34	39	91	09 13	38	90	09 51	38	89	10 29	38	88	11 07	38	88
84	04 36	38	94	05 14	39	93	05 53	38	92	06 31	39	92	07 10	38	91	07 48	39	90	08 27	38	89	09 05	38	89	09 43	38	88	10 21	38	87
85	03 50	+38	93	04 28	+39	92	05 07	+38	92	05 45	+39	91	06 24	+38	90	07 02	+39	89	07 41	+38	89	08 19	+38	88	08 57	+38	87	09 35	+38	86
86	03 04	38	93	03 42	39	92	04 21	38	91	04 59	39	90	05 38	38	90	06 16	39	89	06 55	38	88	07 33	38	87	08 11	38	86	08 49	38	86
87	02 18	38	92	02 56	39	91	03 35	39	90	04 14	38	90	04 52	38	89	05 30	39	88	06 09	38	87	06 47	38	87	07 25	38	86	08 03	38	85
88	01 32	38	91	02 10	39	91	02 49	39	90	03 28	38	89	04 06	38	88	04 44	39	87	05 23	38	87	06 01	38	86	06 39	39	85	07 18	38	84
89	00 46	39	91	01 25	38	90	02 03	39	89	02 42	38	88	03 20	39	88	03 59	38	87	04 37	38	86	05 15	39	85	05 54	38	85	06 32	38	84
90	00 00	+39	90	00 39	+38	89	01 17	+39	88	01 56	+38	88	02 34	+39	87	03 13	+38	86	03 51	+39	85	04 30	+38	85	05 08	+38	84	05 46	+39	83
91	−0 46	39	89	−0 07	38	89	00 31	39	88	01 10	38	87	01 48	39	86	02 27	38	86	03 05	39	85	03 44	38	84	04 22	39	83	05 01	38	82
92	−1 32	39	89	−0 53	38	88	−0 15	39	87	00 24	38	86	01 02	39	86	01 41	39	85	02 20	38	84	02 58	39	83	03 37	38	83	04 15	39	82
93	−2 18	39	88	−1 39	38	87	−1 01	39	87	−0 22	39	86	00 17	38	85	00 55	39	84	01 34	39	83	02 13	38	83	02 51	39	82	03 30	38	81
94	−3 04	39	87	−2 25	39	87	−1 46	38	86	−1 08	39	85	−0 29	39	84	00 10	38	84	00 48	39	83	01 27	39	82	02 06	38	81	02 44	39	81
95	−3 50	+39	87	−3 11	+39	86	−2 32	+38	85	−1 54	+39	84	−1 15	+39	84	−0 36	+39	83	00 03	+38	82	00 41	+39	81	01 20	+39	81	01 59	+39	80
96	−4 36	38	86	−3 57	39	85	−3 18	39	85	−2 39	39	84	−2 00	38	83	−1 22	39	82	−0 43	39	82	−0 04	39	81	00 35	39	80	01 14	39	79
97	−5 21	38	85	−4 43	39	85	−4 04	39	84	−3 25	39	83	−2 46	39	82	−2 07	39	82	−1 28	39	81	−0 49	39	80	−0 10	39	79	00 29	39	79
98	−6 07	39	85	−5 28	38	84	−4 50	39	83	−4 11	39	83	−3 32	39	82	−2 53	39	81	−2 14	40	80	−1 34	39	80	−0 55	39	79	−0 16	39	78
99				−6 14	39	83	−5 35	39	83	−4 56	39	82	−4 17	39	81	−3 38	39	80	−2 59	39	80	−2 20	40	79	−1 40	39	78	−1 01	39	77
100							−6 21	+39	82	−5 42	+40	81	−5 02	+39	80	−4 23	+39	80	−3 44	+39	79	−3 05	+40	78	−2 25	+39	77	−1 46	+39	77
101										−6 27	39	81	−5 48	40	80	−5 08	39	79	−4 29	39	78	−3 50	40	78	−3 10	39	77	−2 31	40	76
102																−5 54	40	78	−5 14	40	78	−4 34	39	77	−3 55	40	76	−3 15	39	75
103																			−5 59	40	77	−5 19	40	76	−4 39	39	75	−4 00	40	75
104																						−6 04	40	76	−5 24	40	75	−4 44	40	74
105																									−6 08	+40	74	−5 28	+40	73
106																												−6 12	40	73
107																														

LHA	0°			1°			2°			3°			4°			5°			6°			7°			8°			9°		
98	−6 07	39	85	262																										
97	−5 21	39	85	−6 00	39	86	263																							
96	−4 36	38	86	−5 14	39	87	−5 53	38	88	−6 31	39	88	264																	
95	−3 50	−38	87	−4 28	−39	88	−5 07	−38	88	−5 45	−39	89	−6 24	−38	90	265														
94	−3 04	38	87	−3 42	39	88	−4 21	38	89	−4 59	39	90	−5 38	38	90	−6 16	39	91	266											
93	−2 18	38	88	−2 56	39	89	−3 35	39	90	−4 14	38	90	−4 52	38	91	−5 30	39	92	−6 09	38	93	267								
92	−1 32	38	89	−2 10	39	89	−2 49	39	90	−3 28	38	91	−4 06	38	92	−4 44	39	93	−5 23	38	93	−6 01	38	94	268					
91	−0 46	39	89	−1 25	38	90	−2 03	39	91	−2 42	38	92	−3 20	39	92	−3 59	38	93	−4 37	38	94	−5 15	39	95	−5 54	38	95	269		
90	00 00	−39	90	−0 39	−38	91	−1 17	−39	92	−1 56	−38	92	−2 34	−39	93	−3 13	−38	94	−3 51	−39	95	−4 30	−38	95	−5 08	−38	96	−5 46	−39	97
89	00 46	39	91	00 07	38	91	−0 31	39	92	−1 10	38	93	−1 48	39	94	−2 27	38	94	−3 05	39	95	−3 44	38	96	−4 22	39	97	−5 01	38	98
88	01 32	39	91	00 53	38	92	00 15	39	93	−0 24	38	94	−1 02	39	94	−1 41	39	95	−2 20	38	96	−2 58	39	97	−3 37	38	97	−4 15	39	98
87	02 18	39	92	01 39	38	93	01 01	39	93	00 22	39	94	−0 17	38	95	−0 55	39	96	−1 34	39	97	−2 13	38	97	−2 51	39	98	−3 30	38	99
86	03 04	39	93	02 25	39	93	01 46	38	94	01 08	39	95	00 29	39	96	−0 10	38	96	−0 48	39	97	−1 27	39	98	−2 06	38	99	−2 44	39	99
85	03 50	−39	93	03 11	−39	94	02 32	−38	95	01 54	−39	96	01 15	−39	96	00 36	−39	97	−0 03	−38	98	−0 41	−39	99	−1 20	−39	99	−1 59	−39	100
84	04 36	39	94	03 57	39	95	03 18	39	95	02 39	39	96	02 00	38	97	01 22	39	98	00 43	39	98	00 04	39	99	−0 35	39	100	−1 14	39	101
83	05 21	38	95	04 43	39	95	04 04	39	96	03 25	39	97	02 46	39	98	02 07	39	98	01 28	39	99	00 49	39	100	00 10	39	101	−0 29	39	101
82	06 07	39	95	05 28	38	96	04 50	39	97	04 11	39	97	03 32	39	98	02 53	39	99	02 14	40	100	01 34	39	100	00 55	39	101	00 16	39	102
81	06 53	39	96	06 14	39	97	05 35	39	97	04 56	39	98	04 17	39	99	03 38	39	100	02 59	39	100	02 20	40	101	01 40	39	102	01 01	39	103
80	07 39	−39	97	07 00	−39	97	06 21	−39	98	05 42	−40	99	05 02	−39	100	04 23	−39	100	03 44	−39	101	03 05	−40	102	02 25	−39	103	01 46	−39	103
79	08 24	39	97	07 45	39	98	07 06	39	99	06 27	39	99	05 48	40	100	05 08	39	101	04 29	39	102	03 50	40	102	03 10	39	103	02 31	40	104
78	09 10	39	98	08 31	39	99	07 52	40	99	07 12	39	100	06 33	39	101	05 54	40	102	05 14	40	102	04 34	39	103	03 55	40	104	03 15	39	105
77	09 55	39	98	09 16	39	99	08 37	39	100	07 58	40	101	07 18	40	102	06 38	39	102	05 59	40	103	05 19	40	104	04 39	39	105	04 00	40	105
76	10 41	39	99	10 02	40	100	09 22	39	101	08 43	40	101	08 03	40	102	07 23	39	103	06 44	40	104	06 04	40	104	05 24	40	105	04 44	40	106
75	11 26	−39	100	10 47	−40	101	10 07	−39	101	09 28	−40	102	08 48	−40	103	08 08	−40	104	07 28	−40	104	06 48	−40	105	06 08	−40	106	05 28	−40	107
74	12 11	39	100	11 32	40	101	10 52	39	102	10 13	40	103	09 33	40	104	08 53	40	104	08 13	40	105	07 33	41	106	06 52	40	107	06 12	40	107
73	12 57	40	101	12 17	40	102	11 37	40	103	10 57	40	103	10 17	40	104	09 37	40	105	08 57	40	106	08 17	41	106	07 36	40	107	06 56	41	108
72	13 42	40	102	13 02	40	103	12 22	40	103	11 42	40	104	11 02	40	105	10 22	41	106	09 41	40	106	09 01	41	107	08 20	40	108	07 40	41	109
71	14 27	40	103	13 47	40	103	13 07	41	104	12 26	40	105	11 46	40	106	11 06	41	106	10 25	40	107	09 45	41	108	09 04	41	109	08 23	41	109
70	15 11	−40	103	14 31	−40	104	13 51	−40	105	13 11	−41	106	12 30	−40	106	11 50	−41	107	11 09	−41	108	10 28	−41	109	09 47	−41	109	09 06	−41	110
	0°			1°			2°			3°			4°			5°			6°			7°			8°			9°		

S. Lat. {LHA greater than 180°....... Zn=180−Z / LHA less than 180°.......... Zn=180+Z}

DECLINATION (0°-14°) CONTRARY NAME TO LATITUDE

Am 30. August 1980 ist die bürgerliche Dämmerung bei einem LHA von 255°.

10° Hc	d	Z	11° Hc	d	Z	12° Hc	d	Z	13° Hc	d	Z	14° Hc	d	Z	LHA
′	′	°	° ′	′	°	° ′	′	°	° ′	′	°	° ′	′	°	
42	+37	95	22 19	+38	94	22 57	+37	94	23 34	+37	93	24 11	+37	92	290
56	38	95	21 34	37	94	22 11	37	93	22 48	37	92	23 25	37	91	289
10	38	94	20 48	37	93	21 25	37	92	22 02	37	91	22 39	37	91	288
24	38	93	20 02	37	92	20 39	37	92	21 16	37	91	21 53	37	90	287
38	38	93	19 16	37	92	19 53	38	91	20 31	36	90	21 07	37	89	286
52	+38	92	18 30	+37	91	19 07	+38	90	19 45	+37	89	20 22	+36	89	285
06	38	91	17 44	37	90	18 21	38	90	18 59	37	89	19 36	36	88	284
20	38	91	16 58	37	90	17 35	38	89	18 13	37	88	18 50	36	87	283
34	38	90	16 12	37	89	16 49	38	88	17 27	37	88	18 04	37	87	282
48	38	89	15 26	38	89	16 04	37	88	16 41	37	87	17 18	37	86	281
03	+37	89	14 40	+38	88	15 18	+37	87	15 55	+37	86	16 32	+37	85	280
17	37	88	13 54	38	87	14 32	37	86	15 09	37	86	15 46	37	85	279
31	37	87	13 08	38	87	13 46	37	86	14 23	38	85	15 01	37	84	278
45	37	87	12 22	33	86	13 00	38	85	13 38	37	84	14 15	37	84	277
59	38	86	11 37	37	85	12 14	38	85	12 52	37	84	13 29	37	83	276
13	+38	86	10 51	+38	85	11 29	+37	84	12 06	+38	83	12 44	+37	82	275
27	38	85	10 05	38	84	10 43	38	83	11 21	37	83	11 58	37	82	274
41	38	84	09 19	38	83	09 57	38	83	10 35	38	82	11 13	37	81	273
56	38	84	08 34	38	83	09 12	38	82	09 50	37	81	10 27	38	80	272
10	38	83	07 48	38	82	08 26	38	81	09 04	38	81	09 42	38	80	271
25	+38	82	07 03	+38	82	07 41	+38	81	08 19	+38	80	08 57	+38	79	270
39	38	82	06 17	39	81	06 56	38	80	07 34	38	79	08 12	38	79	269
54	38	81	05 32	38	80	06 10	39	80	06 49	38	79	07 27	38	78	268
08	39	80	04 47	38	80	05 25	39	79	06 04	38	78	06 42	38	77	267
23	39	80	04 02	38	79	04 40	39	78	05 19	38	78	05 57	38	77	266
38	+38	79	03 16	+39	78	03 55	+39	78	04 34	+38	77	05 12	+39	76	265
53	38	79	02 31	39	78	03 10	39	77	03 49	39	76	04 28	38	75	264
08	39	78	01 47	39	77	02 26	38	76	03 04	39	76	03 43	39	75	263
23	39	77	01 02	39	76	01 41	39	76	02 20	39	75	02 59	39	74	262
22	39	77	00 17	39	76	00 56	40	75	01 36	39	74	02 15	39	74	261
07	+40	76	−0 27	+39	75	00 12	+40	74	00 52	+39	74	01 31	+39	73	260
51	39	75	−1 12	40	75	−0 32	39	74	00 07	40	73	00 47	40	72	259
36	40	75	−1 56	40	74	−1 16	40	73	−0 36	39	72	00 03	40	72	258
20	40	74	−2 40	40	73	−2 00	40	72	−1 20	40	72	−0 40	40	71	257
04	40	73	−3 24	40	73	−2 44	40	72	−2 04	40	71	−1 24	41	70	256
48	+40	73	−4 08	+41	72	−3 27	+40	71	−2 47	+40	70	−2 07	+41	70	255
32	41	72	−4 51	40	71	−4 11	41	71	−3 30	40	70	−2 50	41	69	254
5	40	71	−5 35	41	71	−4 54	41	70	−4 13	40	69	−3 33	41	68	253
		108	−6 18	41	70	−5 37	41	69	−4 56	41	68	−4 15	41	68	252
					109	−6 20	41	68	−5 39	41	68	−4 58	42	67	251
								110	−6 21	+41	67	−5 40	+42	66	250
											111	−6 22	42	66	249

10° Hc	d	Z	11° Hc	d	Z	12° Hc	d	Z	13° Hc	d	Z	14° Hc	d	Z	LHA
5	−38	98	270												
9	38	98	−6 17	39	99	271									
4	38	99	−5 32	38	100	−6 10	39	100	272						
8	39	100	−4 47	38	100	−5 25	39	101	−6 04	38	102	273			
3	39	100	−4 02	38	101	−4 40	39	102	−5 19	38	102	−5 57	38	103	274
8	−38	101	−3 16	−39	102	−3 55	−39	102	−4 34	−38	103	−5 12	−39	104	275
3	38	101	−2 31	39	102	−3 10	39	103	−3 49	39	104	−4 28	38	105	276
8	39	102	−1 47	39	103	−2 26	38	104	−3 04	39	104	−3 43	39	105	277
3	39	103	−1 02	39	104	−1 41	39	104	−2 20	39	105	−2 59	39	106	278
2	39	103	−0 17	39	104	−0 56	40	105	−1 36	39	106	−2 15	39	106	279
7	−40	104	00 27	−39	105	−0 12	−40	106	−0 52	−39	106	−1 31	−39	107	280
1	39	105	01 12	40	105	00 32	39	106	−0 07	40	107	−0 47	40	108	281
6	40	105	01 56	40	106	01 16	40	107	00 36	39	108	−0 03	40	108	282
0	40	106	02 40	40	107	02 00	40	108	01 20	40	108	00 40	40	109	283
4	40	107	03 24	40	107	02 44	40	108	02 04	40	109	01 24	41	110	284
8	−40	107	04 08	−41	108	03 27	−40	109	02 47	−40	110	02 07	−41	110	285
2	41	108	04 51	40	109	04 11	41	109	03 30	40	110	02 50	41	111	286
5	40	109	05 35	41	109	04 54	41	110	04 13	40	111	03 33	41	112	287
9	41	109	06 18	41	110	05 37	41	111	04 56	41	112	04 15	41	112	288
2	41	110	07 01	41	111	06 20	41	112	05 39	41	112	04 58	42	113	289
5	−41	111	07 44	−41	111	07 03	−42	112	06 21	−41	113	05 40	−42	114	290
10°			11°			12°			13°			14°			

LAT 40°

LAT 40°

Die Praxis der Sternbeobachtungen

Eine sichere Methode zur Sternmessung in der Dämmerung ist deshalb nach Meinung des Autors nur die der Vorausberechnung von Azimut und Höhe, damit der richtige Stern überhaupt gefunden werden kann. Selbstverständlich muß hierzu zunächst der Zeitpunkt bekannt sein, in dem der Stern sichtbar wird. Erfahrungsgemäß läßt sich der Zeitpunkt besonders in Breiten, die nicht allzuweit von der Declination entfernt sind, also etwa in den Tropen, nicht exakt vorausberechnen. Bei einem längeren Törn ist dies keine Schwierigkeit, weil der Navigator vom Vortag weiß, welche Minuten in der Länge zwischen dem Vortag auch in der Zeit berücksichtigt werden. Wenn also die Yacht seit dem Vorabend von 68°10′W bis 69°40′W weitergesegelt ist, so hat sie genau 1,5 Längengrade zurückgelegt, was einem Zeitunterschied von sechs Minuten entspricht.

Auch wird der Navigator sich mit bestimmten Sternen anfreunden, von denen er weiß, daß sie besonders gut zu messen sind. Neben ihrer scheinbaren Größe hängt dies nämlich in erster Linie von ihrer Himmelsrichtung ab. Abends sind relativ niedrige Sterne im Osten viel besser zu messen als Fixsterne im Westen. Morgens ist es genau umgekehrt.

Berechnung der Dämmerungszeit

Die – rechnerisch – günstigste Zeit zum Beobachten von Fixsternen liegt in der „bürgerlichen Dämmerung".

Die ist dann gegeben, wenn die Sonne gerade 6° unter dem Horizont ist. Eine Vorausberechnung dieser Zeit ist nicht allzu schwierig, wenn man sich dabei der Bände II beziehungsweise III der Tafeln H.O.249 bedient. Man sieht unter der betreffenden Schiffsbreite und der herrschenden vollen Gradzahl der Declination nach, bei welchem LHA die Sonne einen Winkel von −6° hat.

Am 30. August 1980 beispielsweise sind bei einem LHA von 255° −6° (genau −6°08′) erreicht. Die Frage lautet nun: Welcher Greenwichwinkel der Sonne, und damit welche UT1, bildet mit der gegißten Schiffslänge von 43°12′W einen LHA von 255°?

		255°	
Schiffswestlänge	+	43°12′	
Grt		298°12′	
	−	284°51,5′	(= 07-00-00 UT1)
		13°20,5′	(= 00-53-22 UT1)
Dämmerungszeit			07-53-22 UT1

Nachdem es aus praktischen Gründen nicht angebracht ist, die Dämmerung sekunden- oder auch auf eine Minute genau zu berechnen und dann die Messungen vorzunehmen, spielt es an Bord keine Rolle, daß hierbei in die Spalte für 8°00′ Declination eingegangen wurde, während die tatsächliche Declination 8°55′ betragen hat. Bei der Vorausberechnung der Dämmerungszeit geht es ja nur darum, einen ungefähren Zeitpunkt für die Messung zu finden.

Nicht viel leichter kann der ungefähre Dämmerungszeitpunkt auch mit Hilfe der Tafeln auf Seite 23 ff. im Nautischen Jahrbuch berechnet werden.
Bei diesen Tafeln wird mit dem nächstliegenden Datum in die nächstliegende Breite eingegangen. Die dort angegebene Uhrzeit bezieht sich auf die mittlere Ortszeit, was bedeutet, daß die genannten Zahlen – ähnlich wie „T“ – nur für Schiffe gelten, die sich genau auf 0° Länge befinden (Abbildung unten).

1980, Sonnenaufgang (A) und -untergang (U) in MOZ für 0° Länge und Dauer der bürgerlichen Dämmerung (D)

	0°			15° N			30° N			40° N		
	A	D	U	A	D	U	A	D	U	A	D	U
		min			min			min			min	
Jan 1	6h 0m	22	18h 7m	6h26m	23	17h41m	6h56m	26	17h11m	7h22m	30	16h45m
6	6 2	22	18 9	6 27	23	17 44	6 57	26	17 15	7 22	30	16 49
11	6 4	22	18 11	6 29	23	17 47	6 57	26	17 18	7 22	30	16 54
16	6 6	22	18 13	6 29	23	17 50	6 57	26	17 23	7 20	30	16 59
21	6 8	22	18 15	6 30	23	17 53	6 56	26	17 27	7 18	29	17 5
26	6 9	22	18 16	6 30	23	17 55	6 54	25	17 31	7 14	29	17 11
31	6 10	22	18 17	6 29	22	17 58	6 51	25	17 36	7 10	29	17 17
Feb 5	6 11	22	18 17	6 28	22	18 0	6 48	25	17 40	7 6	28	17 23
10	6 11	21	18 18	6 27	22	18 2	6 45	25	17 44	7 0	28	17 29
15	6 11	21	18 18	6 25	22	18 4	6 41	24	17 48	6 54	28	17 35
20	6 10	21	18 17	6 23	22	18 5	6 36	24	17 52	6 48	28	17 41
25	6 10	21	18 17	6 20	22	18 7	6 31	24	17 56	6 41	27	17 46
Mrz 1	6 9	21	18 16	6 17	22	18 8	6 26	24	17 59	6 33	27	17 52
6	6 8	21	18 15	6 14	21	18 9	6 20	24	18 3	6 26	27	17 57
11	6 7	21	18 13	6 11	21	18 10	6 15	24	18 6	6 18	27	18 3
16	6 5	21	18 12	6 7	21	18 10	6 9	24	18 9	6 10	27	18 8
21	6 4	21	18 10	6 3	21	18 11	6 3	24	18 12	6 2	27	18 13
26	6 2	21	18 9	6 0	21	18 12	5 57	24	18 15	5 54	27	18 18
31	6 1	21	18 7	5 56	21	18 12	5 51	24	18 18	5 46	27	18 23
Apr 5	5 59	21	18 6	5 53	22	18 13	5 45	24	18 21	5 38	27	18 28
10	5 58	21	18 5	5 49	22	18 14	5 39	24	18 24	5 30	28	18 33
15	5 57	21	18 3	5 46	22	18 14	5 33	25	18 27	5 22	28	18 38
20	5 56	21	18 2	5 43	22	18 15	5 28	25	18 30	5 15	28	18 44
25	5 55	21	18 1	5 40	22	18 16	5 23	25	18 34	5 8	29	18 49
30	5 54	21	18 1	5 37	22	18 17	5 18	25	18 37	5 1	29	18 54
Mai 5	5 53	22	18 0	5 35	22	18 18	5 14	26	18 40	4 55	30	18 59
10	5 53	22	18 0	5 33	23	18 20	5 10	26	18 43	4 50	30	19 4
15	5 53	22	18 0	5 32	23	18 21	5 7	26	18 46	4 45	31	19 8
20	5 53	22	18 0	5 30	23	18 23	5 4	26	18 50	4 40	31	19 13
25	5 53	22	18 0	5 30	23	18 24	5 1	27	18 53	4 37	32	19 17
30	5 54	22	18 1	5 29	23	18 26	5 0	27	18 55	4 34	32	19 21
Jun 4	5 55	22	18 2	5 29	23	18 28	4 59	27	18 58	4 32	32	19 25
9	5 56	22	18 3	5 29	24	18 29	4 58	27	19 0	4 31	33	19 28
14	5 57	23	18 4	5 30	24	18 31	4 58	27	19 2	4 30	33	19 30
19	5 58	23	18 5	5 31	24	18 32	4 59	27	19 4	4 31	33	19 32
24	5 59	23	18 6	5 32	24	18 33	5 0	27	19 5	4 32	33	19 33
29	6 0	22	18 7	5 33	24	18 34	5 2	27	19 5	4 34	33	19 33
Jul 4	6 1	22	18 8	5 35	24	18 34	5 4	27	19 5	4 36	33	19 32
9	6 2	22	18 9	5 36	23	18 34	5 6	27	19 4	4 39	32	19 31
14	6 2	22	18 9	5 38	23	18 34	5 9	27	19 3	4 43	32	19 28
19	6 3	22	18 10	5 39	23	18 33	5 11	27	19 1	4 47	31	19 25
24	6 3	22	18 10	5 41	23	18 32	5 14	26	18 58	4 51	31	19 21
29	6 3	22	18 10	5 42	23	18 31	5 17	26	18 55	4 56	31	19 17
Aug 3	6 3	22	18 10	5 43	23	18 29	5 20	26	18 52	5 0	30	19 11
8	6 2	22	18 9	5 44	22	18 27	5 23	26	18 48	5 5	30	19 6
13	6 1	21	18 8	5 45	22	18 24	5 26	25	18 43	5 10	29	18 59
18	6 0	21	18 7	5 46	22	18 21	5 29	25	18 38	5 14	29	18 52
23	5 59	21	18 6	5 47	22	18 18	5 32	25	18 33	5 19	28	18 45
28	5 58	21	18 4	5 47	22	18 15	5 35	25	18 27	5 24	28	18 38
Sep 2	5 56	21	18 3	5 48	22	18 11	5 37	24	18 21	5 29	28	18 30
7	5 55	21	18 1	5 48	22	18 8	5 40	24	18 15	5 33	27	18 22
12	5 53	21	17 59	5 48	21	18 4	5 43	24	18 9	5 38	27	18 14
17	5 51	21	17 58	5 49	21	18 0	5 46	24	18 3	5 43	27	18 5
22	5 49	21	17 56	5 49	21	17 56	5 48	24	17 57	5 48	27	17 57
27	5 48	21	17 54	5 49	21	17 52	5 51	24	17 50	5 52	27	17 49
Okt 2	5 46	21	17 53	5 50	21	17 49	5 54	24	17 44	5 57	27	17 41
7	5 44	21	17 51	5 50	21	17 45	5 57	24	17 38	6 2	27	17 33

Tafel aus dem Nautischen Jahrbuch zur Berechnung der Dämmerungszeit

Zunächst kümmere man sich aber um diesen Umstand nicht, sondern berechne die Dämmerungszeit für den Greenwicher Meridian. Hierzu ist es notwendig, daß auch in die auf der anderen Seite nahegelegene Breitenspalte eingegangen wird. So läßt sich der Zeitpunkt für den Sonnenauf- und -untergang (für Greenwich) recht genau eingrenzen.

Als letztes bleibt dann noch, die mittlere Ortszeit in die Greenwichzeit umzurechnen. Dies geschieht in umgekehrter Weise, als es der Leser bereits bei der Berechnung des Zeitpunktes „Schiffsmittag" kennengelernt hat. Zur mittleren Ortszeit muß lediglich die Westlänge in Zeiteinheiten (also pro 15° eine Stunde) hinzugewählt werden. Bei Ostlänge wird die Länge in Zeiteinheiten von der Greenwichzeit abgezogen. Dies ergibt dann die mittlere Ortszeit.

Ein Beispiel mag dies verdeutlichen: Am 12. August 1980 steht eine Yacht auf 25°10′N und 43°30′W. Um wieviel Uhr (UT1) geht die Sonne unter?

1. Stünde die Yacht auf 15°N und auf dem Meridian von Greenwich, so würde die Sonne nach der Tafel im Nautischen Jahrbuch um 1824 untergehen, während sie bei einer Schiffsbreite von 30° erst um 1843 hinter der Kimm verschwinden würde.
2. Die Differenz zwischen den beiden Zeitpunkten beträgt 19 Minuten. Nachdem die Yacht nicht auf 15° und auch nicht auf 30°, sondern auf ca. 25°N steht, müssen zur Dämmerungszeit von 15°N zwei Drittel der Differenz von 19, also etwa zwölf Minuten, hinzugerechnet werden. Auf 25°N würde die Sonne demnach um 1836 untergehen.
3. Diese Untergangszeit bezieht sich allerdings auf ein Schiff auf dem Meridian von Greenwich. Da die Yacht jedoch auf 43°30′W steht, muß die mittlere Ortszeit von 1836 noch in die Greenwichzeit umgewandelt werden. 43°30′ ergeben zunächst zwei volle Stunden, während der Rest von 13°30′ noch in Minuten umgewandelt werden muß. Dies geschieht mit Hilfe der Nautischen Tafeln und ergibt eine zusätzliche Zeit von 54 Minuten. Zur mittleren Ortszeit von 1836 müssen also 2 Stunden und 54 Minuten hinzugerechnet werden:

18 Uhr	36 Minuten
2 Stunden	54 Minuten
21 Uhr	30 Minuten

Die Zeit des Sonnenuntergangs beträgt also 2130 UT1. Die günstigste Zeit zum Messen der Sterne liegt am Ende der bürgerlichen Dämmerung. Sie beginnt mit dem Untergang der Sonne (beim Aufgang beginnt sie vor dem Aufgang der Sonne), wobei ihre Dauer ebenfalls aus der Tafel herausgelesen werden kann, und zwar als Zahl in Minuten in der Spalte „D". Hierzu reicht es aus, über den Daumen zu peilen. Bei dem obigen Beispiel ist die Zeit der bürgerlichen Dämmerung bei 15°22′ und bei 30°25′, so daß sie etwa 24 Minuten dauert. Der günstigste Zeitpunkt zum Messen der Sterne ist also in diesem Beispiel um

	21 Uhr 30 Minuten
+	24 Minuten
	2154 UT1

H.O.249 – die praktischste Hilfe zum Sterneschießen

Selbst wenn für mehrere Sterne für den Dämmerungszeitpunkt Höhenwinkel und Azimut vorausberechnet sind, ist es durchaus möglich, daß die Sterne nicht zum Dämmerungszeitpunkt zu sehen sind, sondern kurze Zeit vorher oder auch kurze Zeit später. Aufgrund dessen kann es leicht passieren, daß der Stern wegen seines Steigens oder Fallens nicht unter dem vorausberechneten Höhenwinkel auszumachen ist, so daß der Navigator im engen Winkel des Sextantenfernrohrs vergeblich nach ihm sucht.

Bei diesem Problem erweist sich der überragende Vorteil von Band I der Tafeln H.O.249, denn darin sind für ein und denselben LHA gleichzeitig sieben Sterne vorausberechnet. Der Navigator braucht den LHA für den Beginn der Dämmerung also nur einmal auszurechnen, und zwar für den Frühlingspunkt, um auf einen Schlag sieben Höhenwinkel und die dazugehörigen Azimute vor sich zu haben. Durch einen Blick in die Spalte „Visual Mag" auf Seite III der „Selected Stars" kann er sich noch vergewissern, welche der sieben Sterne die helleren sind, welche also in der Abenddämmerung zuerst erscheinen und in der Morgendämmerung zuletzt verschwinden.

Zum vorberechneten Zeitpunkt sucht er sodann mit voreingestelltem Sextanten in der Richtung des Azimuts nach den Sternen. Findet er keinen, was nicht unwahrscheinlich ist, so zeigt sich ein weiterer großer Vorteil von Band I der Tafeln H.O.249. Nachdem die Geschwindigkeit des Ariesbildpunktes nahezu die gleiche ist wie die des Sonnenbildpunktes, der sich in vier Minuten um ein Grad nach Westen bewegt, wächst ensprechend der LHA für den Aries alle vier Minuten um ein ganzes Grad. Man braucht also in der Tafel vier Minuten später sein Lineal nur um eine Zeile herunterzuschieben und hat wiederum für einen Zeitpunkt sieben Sterne fertig berechnet.

Dies kann man beliebig lange fortsetzen, wobei man sich zweckmäßigerweise einer Hilfsperson bedient, die dem Navigator draußen mit dem Sextanten immer einen

Höhenwinkel und das dazugehörige Azimut zuruft. Selbstverständlich muß der Navigator den Namen des Sterns gar nicht wissen, weil er ihn ja mit bloßem Auge sowieso nicht sieht und erst durch die Voreinstellung am Sextanten hofft, daß er als winziger kleiner Lichtpunkt aus dem Blau des Firmaments heraustritt.
Ein Blick auf die „Selected Stars" zeigt, daß zwischen den ganzgradigen LHA das Azimut sich nur unwesentlich, der Höhenwinkel nicht stark verändert. Wenn die Hilfsperson, die dem Navigator Höhenwinkel und Azimut zuruft, nur ein bißchen mitdenkt, so können mit einem Blick auf eine Digitaluhr (gegenüber einem Zeiger sind Ziffern hier stark im Vorteil) die jeweiligen Höhenwinkel gefühlsmäßig gemittelt werden, etwa so: „40 Winkelminuten steigt der Stern in einem Grad LHA weiter, jetzt ist es noch etwa eine Minute bis zum nächsten LHA, also addiere ich zum vorangegangenen Hc 30 Winkelminuten." Aber auch wenn diese Berichtigung nicht gemacht wird, ist es unwahrscheinlich, daß der Stern sich so weit verändert hat, daß er im Sextantfernrohr nicht mehr gesehen werden kann. Selbstverständlich wirken sich beim Höhenwinkel auch Unsicherheiten im gegißten Schiffsort aus, aber in der Praxis nicht so stark, daß deshalb ein Stern „verlorengeht".
Die Gb, die ja bei Fixsternen genauso wie bei Planeten nur so um −5 Minuten schwankt, kann die Hilfsperson im Kopf beim Höhenwinkel berücksichtigen, um eine etwas größere Sicherheit zum Sternfinden zu erreichen. Unbedingt notwendig ist dies aber nicht.
Es empfiehlt sich, seine Sternbeobachtungen frühzeitig zu beginnen, sich also nicht allzusehr auf die Berechnung der bürgerlichen Dämmerung zu verlassen. Der erste LHA sollte für einen Zeitpunkt etwa zehn Minuten vor der bürgerlichen Dämmerung berechnet werden.
Natürlich ist es – wie schon dargelegt – nur einmal notwendig, den LHA auszurechnen, weil er alle vier Minuten um ein Grad zunimmt. Es empfiehlt sich, zur Vorbereitung für die Abendbeobachtung eine Zeitliste anzufertigen, was nur wenige Minuten erfordert. Diese wird der Hilfsperson neben die H.O.249 gelegt, damit sie dann jeweils mit dem Lineal eine Zeile herunterrutschen kann.

Folgendes Beispiel veranschaulicht die Vorausberechnung des LHA mit dem Aries für eine praktische Sternbeobachtung in der Abenddämmerung. Angenommen, die THALASSA steht auf ca. 39°22′N und 24°00′W. Am 30. 8. 1980 hat der Navigator mit Hilfe der Tafeln im Nautischen Jahrbuch die Dämmerungszeit für ca. 20-39-00 UT1 vorausberechnet. Zur Sicherheit möchte er mit seinen Messungen zehn Minuten vor Eintritt der bürgerlichen Dämmerung beginnen, also um 20-29-00 UT1:

Grt Aries		279°09,5′
Zuwachs	+	7°16,2′
		286°25,7′
Schiffslänge	−	24°00,0′
LHA		262°25,7′
abgerundeter LHA		262°00,0′

Jetzt kann für die Abendbeobachtung folgende Liste gemacht werden:

UT1	*LHA*
20-29-00	262°
20-33-00	263°
20-37-00	264°
20-41-00	265°
usw.	usw.

Wenn der Navigator nach dieser Methode verfährt, wird er in den meisten Fällen zum Ziel kommen. Allerdings verschenkt er unnötigerweise etwas an Genauigkeit, weil er bei obiger Rechnung nicht berücksichtigt hat, daß er sich mit seinem gegißten Schiffsort ja doch ziemlich weit vom Rechenort befinden kann, nämlich den Unterschied, der sich aus der Ab- oder Aufrundung des LHA zum ganzgradigen LHA ergibt. In einem ungünstigen Fall ist er somit um 30 sm von dem Ort entfernt, für den der Höhenwinkel vorausberechnet ist. Oder umgekehrt betrachtet: Der Höhenwinkel könnte immerhin um 30 Winkelminuten falsch sein, was eigentlich schon eine ganze Menge ist. Dieser Ungenauigkeit kann der Navigator dadurch begegnen, daß er für die Berechnung des ersten LHA nicht irgendeinen Zeitpunkt („10 Minuten"), sondern einen Zeitpunkt „daneben" auswählt, für den sich mit dem gegißten Schiffsort und dem Aries ein ziemlich gerader LHA ergibt.
Zu diesem Zweck braucht er nur von folgender Überlegung auszugehen: Zunächst hat sich ein LHA von 262°25,7′ ergeben. Wenn die Sonne nur 25 Winkelminuten früher dran gewesen wäre, wenn es also um ca. 2 Zeitminuten früher gewesen wäre (1 Grad = 4 Zeitminuten), wie in der grünen Schalttafel des Nautischen Jahrbuchs nachgelesen werden kann, dann wäre bei Verwendung des gleichen Schiffsortes ein – fast – gerader LHA herausgekommen. Für diesen Zeitpunkt sind dann auch in Band I der Tafeln H.O.249 Hc und Azimut recht genau vorausberechnet, weil dann wirklich der fast ganzgradige LHA geherrscht hat. Der Navigator wird die Liste also mit einem LHA von 262° und einer Uhrzeit von 20-27-00 beginnen.
Die Liste für die Abendbeobachtung am 30. August 1980 auf der THALASSA würde dann so aussehen:

239	39 04 059	29 39 104	55 07 135	23 11 172	28 00 223	30 44 263	42 05 322
	•DENEB	ALTAIR	Nunki	•ANTARES	ARCTURUS	•Alkaid	Kochab
240	39 43 060	30 23 105	12 18 141	23 17 173	59 22 235	64 47 303	54 49 352
241	40 23 060	31 07 106	12 47 142	23 22 174	58 44 237	64 08 303	54 42 352
242	41 03 060	31 51 107	13 15 142	23 27 175	58 05 238	63 29 303	54 35 351
243	41 43 060	32 35 107	13 43 143	23 30 176	57 26 239	62 51 302	54 28 351
244	42 23 061	33 19 108	14 10 144	23 33 177	56 46 240	62 12 302	54 20 350
245	43 03 061	34 03 109	14 37 145	23 35 178	56 06 242	61 33 302	54 12 350
246	43 43 061	34 46 110	15 03 146	23 36 179	55 26 243	60 54 302	54 04 349
247	44 24 062	35 29 111	15 29 146	23 37 180	54 44 244	60 15 302	53 56 349
248	45 04 062	36 12 111	15 54 147	23 36 181	54 03 245	59 36 302	53 47 349
249	45 45 062	36 55 112	16 18 148	23 35 182	53 21 246	58 57 302	53 38 348
250	46 26 062	37 37 113	16 42 149	23 33 183	52 39 247	58 18 302	53 28 348
251	47 06 063	38 19 114	17 06 150	23 31 184	51 56 248	57 39 302	53 18 348
252	47 47 063	39 01 115	17 29 151	23 27 185	51 14 249	57 00 302	53 08 347
253	48 28 063	39 42 116	17 51 151	23 23 186	50 31 250	56 21 302	52 58 347
254	49 09 064	40 24 117	18 13 152	23 18 187	49 47 251	55 42 302	52 47 346
	•DENEB	ALTAIR	Nunki	•ANTARES	ARCTURUS	•Alkaid	Kochab
255	49 51 064	41 05 118	18 34 153	23 12 188	49 04 252	55 03 302	52 36 346
256	50 32 064	41 45 119	18 54 154	23 05 189	48 20 253	54 24 302	52 25 346
257	51 13 064	42 25 120	19 14 155	22 58 190	47 36 254	53 45 302	52 14 346
258	51 55 064	43 05 121	19 33 156	22 50 191	46 52 255	53 06 302	52 02 345
259	52 36 065	43 44 122	19 52 157	22 41 192	46 07 255	52 27 302	51 50 345
260	53 18 065	44 23 123	20 09 158	22 31 193	45 23 256	51 48 302	51 38 345
261	53 59 065	45 01 124	20 27 159	22 21 194	44 38 257	51 10 303	51 26 344
262	54 41 065	45 39 125	20 43 159	22 10 194	43 53 258	50 31 303	51 14 344
263	55 23 065	46 17 126	20 59 160	21 58 195	43 08 259	49 52 303	51 01 344
264	56 05 066	46 54 127	21 14 161	21 46 196	42 23 260	49 14 303	50 48 344

329	34 12 051	35 25 088	20 09 138	18 52 166	48 02 231	51 54 285	34 04 342
	•CAPELLA	Hamal	Diphda	•FOMALHAUT	ALTAIR	•VEGA	Kochab
330	16 54 043	36 11 088	20 40 139	19 03 167	47 27 232	51 10 285	33 50 342
331	17 26 044	36 57 089	21 10 139	19 13 168	46 50 233	50 25 286	33 35 342
332	17 58 044	37 43 090	21 39 140	19 22 169	46 13 234	49 41 286	33 21 342
333	18 30 045	38 29 090	22 08 141	19 30 170	45 36 235	48 57 286	33 07 342
334	19 02 045	39 15 091	22 37 142	19 38 171	44 58 236	48 13 287	32 53 342
335	19 35 046	40 01 092	23 05 143	19 45 172	44 19 237	47 29 287	32 39 343
336	20 08 046	40 47 092	23 32 144	19 52 172	43 40 238	46 45 288	32 26 343
337	20 42 047	41 33 093	23 59 145	19 57 173	43 01 239	46 01 288	32 12 343
338	21 15 047	42 19 094	24 25 146	20 02 174	42 21 240	45 17 288	31 59 343
339	21 49 048	43 04 094	24 51 147	20 06 175	41 41 241	44 34 289	31 46 343
340	22 23 048	43 50 095	25 16 148	20 10 176	41 01 242	43 50 289	31 33 344
341	22 57 048	44 36 096	25 40 149	20 13 177	40 20 243	43 07 290	31 20 344
342	23 32 049	45 22 096	26 04 150	20 15 178	39 38 244	42 24 290	31 07 344
343	24 06 049	46 07 097	26 27 150	20 16 179	38 57 245	41 41 290	30 54 344
344	24 41 050	46 53 098	26 49 151	20 16 180	38 15 246	40 57 291	30 42 344
	•CAPELLA	ALDEBARAN	Diphda	•FOMALHAUT	ALTAIR	•VEGA	Kochab
345	25 16 050	15 15 081	27 11 152	20 16 181	37 33 247	40 15 291	30 29 345
346	25 52 050	16 00 082	27 32 153	20 15 182	36 51 248	39 32 292	30 17 345
347	26 27 051	16 46 082	27 52 154	20 13 183	36 08 249	38 49 292	30 05 345
348	27 03 051	17 31 083	28 11 155	20 11 184	35 25 249	38 06 292	29 53 345
349	27 39 052	18 17 084	28 30 156	20 08 184	34 42 250	37 24 293	29 42 345
350	28 15 052	19 03 084	28 48 158	20 04 185	33 58 251	36 42 293	29 30 346
351	28 51 052	19 48 085	29 05 159	19 59 186	33 15 252	36 00 294	29 19 346
352	29 28 053	20 34 085	29 22 160	19 53 187	32 31 253	35 18 294	29 08 346
353	30 05 053	21 20 086	29 37 161	19 47 188	31 47 253	34 36 294	28 57 346
354	30 42 054	22 06 087	29 52 162	19 40 189	31 03 254	33 54 295	28 46 347

Wenn der Navigator für die Dämmerung eine LHA-Liste fertig hat, stehen ihm immer sieben Sterne – vorausberechnet – zur Verfügung.

UT1	*LHA*
20-27-00	262°
20-31-00	263°
20-34-00	264°
20-37-00	265°
usw.	usw.

Hat der Navigator mit Hilfe seines Sternsuchsystems den ersten Stern gefunden, wird er diesen in der gewohnten Weise messen, hierbei dem Helfer am Kartentisch „stopp!“ zurufen, der sich die Meßzeit notiert und vom Navigator den Winkel zugerufen bekommt (Beleuchtung am Sextanten). Anschließend wird sofort weitergesucht, weil besonders bei diesen Lichtverhältnissen für die gesamte Messung nicht viel mehr als ein paar Minuten zur Verfügung stehen. Auch ein guter Navigator wird kaum mehr als vier Sterne einfangen können, was aber zu einem guten Schiffsort ausreicht.
Die gemessenen Sterne werden dann in der gewohnten Weise verarbeitet:

1. Errechnen der Bildpunktlänge des Frühlingspunktes
2. Errechnen des LHA und Feststellung, welche Länge zum ganzgradigen LHA geführt hat (Rechenort!)
3. Eingehen in die Tafel mit ganzgradigem LHA und ganzgradiger Breite
4. Abziehen des beobachteten Höhenwinkels nach Beschickung von Hc und Festlegung des Unterschiedes *hin* oder *weg*
5. Einzeichnen des Rechenortes in die Seekarte
6. Versegelung des Rechenortes nach Tafel 5 in Band I (wegen der Berichtigung für die Jahre 1981 ff.)
7. Einzeichnen des Azimuts durch den Rechenort
8. Abtragen des Unterschiedes auf dem Azimut
9. Errichten der Standlinie

Es ist ohnehin unwahrscheinlich, daß beim Suchen des Sterns ein falscher erwischt wird, weil die Sterne in der H.O.249 schon so ausgesucht sind, daß aus Versehen kaum ein anderer genommen wird. Doch würde dieses Malheur mit Sicherheit spätestens beim Zeichnen entdeckt werden.

Bei drei Standlinien entsteht ein Dreieck, bei mehreren Standlinien ein Vieleck. Es ist falsch, in einem Standliniendreieck den Schiffsort als in der Mitte befindlich anzunehmen.

Er kann ebensogut – wenn auch weniger wahrscheinlich – außerhalb dieses Dreiecks liegen. Es läßt sich aber feststellen, daß ein großes Dreieck gegen die Genauigkeit und ein kleines Dreieck für die Genauigkeit der Messungen spricht.
Angesichts der langsamen Geschwindigkeit einer Yacht ist es auf keinen Fall angebracht, die einzelnen Standlinien zu versegeln, weil zwischen den Messungen eine gewisse Entfernung zurückgelegt worden ist. Nachdem die Messungen in der Dämmerung sich erfahrungsgemäß innerhalb von zehn Minuten abspielen, die Yacht währenddessen kaum mehr als 6 kn läuft, müßte also

höchstens 1 sm versegelt werden, und die wird leicht von der Meßungenauigkeit aufgebraucht.
Die leichte Handhabung des Bandes „Selected Stars“ beim Sternsuchen ist wahrscheinlich sein größter Vorteil. In der Praxis werden deshalb Sternstandlinien ohne die H.O.249 kaum mehr ermittelt, abgesehen davon, daß das Ausrechnen der Sternposition mit Hilfe des Sternwinkels wesentlich komplizierter ist als das sofortige Ausrechnen des LHA mit dem Frühlingspunkt. Aus diesem Grunde auch werden die „Selected Stars“ gegenüber vielen Elektronenrechnern im Vorteil sein, es sei denn, man bastelt sich in einem leistungsfähigen Elektronenrechner ein Programm (mit mindestens 500 Programmschritten) zusammen, in dem der Aries und eine Reihe von Sternwinkeln fertig einprogrammiert sind. Bei der Geschwindigkeit dieser Rechner dauert es dann nur ca. 30 Sekunden, um für einen beliebigen Zeitpunkt einen Stern vorauszuberechnen. Wenn der Navigator dann den Horizont nach diesem Stern absucht, kann bereits der nächste berechnet werden.

Sonderverfahren bei der Sternmessung

Alle Fixsterne und Planeten kulminieren in gleicher Weise wie die Sonne und der Mond. In der Praxis aber haben Kulminationshöhen von Sternen keine praktische Bedeutung, weil es höchst selten vorkommt, daß ein Stern während der kurzen Beobachtungszeit in der Dämmerung kulminiert. Außerdem wäre es Zeitverschwendung, den Kulminationszeitpunkt abzuwarten, zumal die Berechnung einer Sternhöhe mit Band I der Tafeln H.O.249 mindestens ebenso schnell, wenn nicht schneller vor sich geht als eine Mittagsbreite mit Hilfe eines Sterns. Lediglich ein Sonderverfahren für den Polarstern hat heute noch eine – untergeordnete – Bedeutung.

Die Nordsternbreite

Die Nordsternbreite war vor allem früher sehr beliebt, weil die Berechnung wesentlich einfacher ist als die Anwendung des Semiversusverfahrens mit Logarithmen. Außerdem ergibt sich aus der Nordsternhöhe immer gleich die Schiffsbreite, was eben eine „runde“ Sache ist. Dies kommt daher, weil der Nordstern – wie der Name sagt – ziemlich genau über dem Nordpol steht, sein Bildpunkt also nahe beim Nordpol ist. Befindet sich der Beobachter genau unter dem Nordstern, also auf dem Bildpunkt, so wird er eine Höhe von 90° messen. Mit jeder Seemeile, die er sich vom Bildpunkt entfernt, wird der Winkel um eine Winkelminute kleiner: Bei einer Nordsternhöhe von 80° wird der Beob-

1980, Nordstern

aus der Höhe des Nordsterns — **Erste Berichtigung**

Ortsstundenwinkel des Frühlingspunktes

°	'	180°	195°	210°	225°	240°	255°	270°	285°	300°	315°	330°	345°	Sch. T.
°	'	'	'	'	'	'	'	'	'	'	'	'	'	
0		+41,2	+46,7	+49,0	+48,1	+43,9	+36,7	+27,1	+15,5	+ 2,9	-10,1	-22,4	-33,2	Sch. T.
	30	41,4	46,8	49,0	48,0	43,7	36,4	26,7	15,1	2,4	10,5	22,8	33,5	
1		41,7	46,9	49,1	47,9	43,5	36,1	26,3	14,7	2,0	10,9	23,1	33,9	
	30	41,9	47,1	49,1	47.8	43,3	35,9	26,0	14,3	1,6	11,3	23,5	34,2	0,3'
2		42,1	47,2	49,1	47,7	43,1	35,6	25,6	13,9	1,1	11,8	23,9	34,5	
	30	42,3	47,3	49,1	47,6	42,9	35,3	25,2	13,5	0,7	12,2	24,3	34,8	5' 0,0'
3		42,5	47,4	49,1	47,5	42,7	35,0	24,9	13,0	+ 0,3	12,6	24,7	35,1	10 0,1
	30	42,8	47,5	49,1	47,4	42,4	34,7	24,5	12,6	- 0,2	13,0	25,1	35.4	15 0,1
4		43,0	47,6	49,1	47,2	42,2	34,4	24,1	12,2	0,6	13,4	25,4	35,7	20 0,1
	30	43,2	47,7	49,1	47,1	42,0	34,1	23,8	11,8	1,0	13,9	25,8	36,0	25 0,2
5		+43,4	+47,8	+49,1	+47,0	+41,8	+33,7	+23,4	+11,4	- 1,5	-14,3	-26,2	-36,3	
	30	43,6	47,9	49,0	46,9	41,6	33,4	23,0	11,0	1,9	14,7	26,6	36,6	
6		43,8	48,0	49,0	46,8	41,3	33,1	22,6	10,5	2,3	15,1	26,9	36,9	
	30	43,9	48,1	49,0	46,6	41,1	32,8	22,2	10,1	2,8	15,5	27,3	37,2	0,2'
7		44,1	48,2	49,0	46,5	40,9	32,5	21,9	9,7	3,2	15,9	27,7	37,5	
	30	44,3	48,3	48,9	46,4	40,6	32,2	21,5	9,3	3,6	16,4	28,0	37,8	5' 0,0'
8		44,5	48,3	48,9	46,2	40,4	31,8	21,1	8,9	4,1	16,8	28,4	38,1	10 0,1
	30	44,7	48,4	48,9	46,1	40,2	31,5	20,7	8,4	4,5	17,2	28,7	38,4	15 0,1
9		44,9	48,5	48,8	45,9	39,9	31,2	20,3	8,0	4,9	17,6	29,1	38,7	20 0,1
	30	45,0	48,5	48,8	45,8	39,7	30,9	19,9	7,6	5,4	18,0	29,5	38,9	25 0,2

Erste Berichtigung für den Nordstern. Die Spalte für 255° ist die richtige. Der Rest von 8° (Differenz auf 263°) wird über die Randspalte links angegangen, die Minuten über die kleine Schalttafel rechts. Abbildung rechts: Zweite und dritte Berichtigung für den Nordstern.

achter 10° vom Nordpol entfernt sein, also auf dem 80. Breitengrad stehen. Der Höhenwinkel würde also ohne weitere Umrechnung die Breite des Beobachters auf der Nordhalbkugel angeben.
Wie gesagt: in der Theorie. In der Praxis schleichen sich einige – nicht sehr wesentliche – Schwierigkeiten ein. Der Nordstern steht nämlich nicht genau über dem Nordpol, sondern auf einer Bildpunktbreite (Declination) von etwas über 89°. Sternwinkel ist bei ca. 330°. Diese „Unkorrektheit" der Natur läßt sich aber leicht durch Hilfstafeln ausgleichen, die sich im Nautischen Jahrbuch befinden.
Die Anwendung der Nordsterntafel im Nautischen Jahrbuch ist sehr einfach. Die gemessene Höhe wird zunächst – wie gehabt – mit der Gb verbessert. Dann werden insgesamt drei Berichtigungen zur Höhe addiert, die unmittelbar aus den Tafeln im Nautischen Jahrbuch herausgelesen werden können. Zum Eingang in die Berichtigungstafeln ist lediglich der Ortsstundenwinkel (LHA) erforderlich.
In der Tafel „Erste Berichtigung" (Abbildung Seite 274) ist in der waagerechten Spalte der Ortsstundenwinkel des Frühlingspunktes von 15° zu 15° angegeben. Nachdem aber in diese Tafel mit dem genauen Ortsstundenwinkel eingegangen werden muß, sind in der senkrechten Spalte zusätzlich die dazwischenliegenden Grade und Halbgrade aufgeführt. Außerdem befindet sich rechts neben der Tafel eine kleine Schalttafel (Sch.T.), die eine zusätzliche Verbesserung für die Minuten des Ortsstundenwinkels ergibt.
Bei der zweiten Berichtigung geht es dann nicht mehr so genau: Hier wird lediglich mit dem Ortsstundenwinkel auf 15° genau und mit der berichtigten Höhe des Nordsterns eingegangen. In gleicher Weise wird bei der dritten Berichtigung mit dem Datum verfahren. Seite 275.
Für die Bedürfnisse der Praxis reicht es völlig aus, auf die zweite und dritte Berichtigung zu verzichten, wenn überhaupt jemals mit der Nordsternbreite navigiert werden sollte.
Gleich ein Beispiel: Am 30. August 1980 steht die Yacht

Zweite Berichtigung

Wahre Höhe des Nordst.	Ortsstundenwinkel des Frühlingspunktes 0°	15°	30°	45°	60°	75°	90°	105°	120°	135°	150°	165°	180°	195°	210°	225°	240°	255°	270°	285°	300°	315°
°	'	'	'	'	'	'	'	'	'	'	'	'	'	'	'	'	'	'	'	'	'	'
0	-0,2	0,1	0,0	0,0	0,1	0,3	0.4	0.6	0,6	0,6	0,5	0,3	0,2	0,1	0,0	0,0	0,1	0,3	0,4	0,6	0,6	0,6
10	-0,2	0,1	0,0	0,0	0,1	0,2	0,4	0,5	0,6	0,5	0,4	0,3	0,2	0,1	0,0	0,0	0,1	0,2	0,4	0,5	0,6	0,5
20	-0,1	0,0	0,0	0,0	0,1	0,2	0,3	0,4	0,5	0,5	0,4	0,3	0,1	0,0	0,0	0,0	0,1	0,2	0,3	0,4	0,5	0,5
30	-0,1	0,0	0,0	0,0	0,1	0,2	0,3	0,4	0,4	0,4	0,3	0,2	0,1	0,0	0,0	0,0	0,1	0,2	0,3	0,4	0,4	0,4
40	-0,1	0,0	0,0	0,0	0,1	0,1	0,2	0,3	0,3	0,3	0,3	0,2	0,1	0,0	0,0	0,0	0,1	0,1	0,2	0,3	0,3	0,3
50	-0,1	0,0	0,0	0,0	0,0	0,1	0,1	0.2	0,2	0,2	0,2	0,1	0,1	0,0	0,0	0,0	0,0	0,1	0,1	0,2	0,2	0,2
55	-0,0	0,0	0,0	0,0	0,0	0,0	0,1	0,1	0,1	0,1	0,1	0,1	0,0	0,0	0,0	0,0	0,0	0,0	0,1	0,1	0,1	0,1
60	0,0	0,0	0,0	0,0	0,0	0,0	0,0	0,0	0,0	0,0	0,0	0,0	0,0	0,0	0,0	0,0	0,0	0,0	0,0	0,0	0,0	0,[illegible]
65	+0,0	0,0	0,0	0,0	0,0	0,1	0,1	0,1	0,1	0.1	0,1	0,1	0,0	0,0	0,0	0,0	0,0	0,1	0,1	0,1	0,1	0,[illegible]
70	+0,1	0,0	0.0	0,0	0,1	0,2	0,3	0,3	0.4	0,3	0,3	0,2	0,1	0,0	0,0	0,0	0,1	0,2	0,3	0,3	0,4	0,[illegible]
75	+0,2	0,1	0,0	0,0	0.1	0,3	0,5	0,6	0,7	0,7	0,6	0,4	0,2	0,1	0,0	0,0	0,1	0,3	0,5	0,6	0,7	0,[illegible]
80	+0.4	0,1	0,0	0,1	0,3	0,6	1,0	1,3	1,4	1,3	1,1	0,8	0,4	0,1	0,0	0,1	0,3	0,6	1,0	1,3	1,4	1,[illegible]

Dritte Berichtigung

1980	Ortsstundenwinkel des Frühlingspunktes 0°	15°	30°	45°	60°	75°	90°	105°	120°	135°	150°	165°	180°	195°	210°	225°	240°	255°	270°	285°	
	'	'	'	'	'	'	'	'	'	'	'	'	'	'	'	'	'	'	'	'	
Jan 1	+0,6	0,6	0,6	0,6	0,6	0,5	0,5	0,5	0,4	0,4	0,3	0,3	0,3	0,3	0,3	0,3	0,4	0,4	0,4	0,5	[illegible]
Feb 1	+0,6	0,6	0,7	0,7	0,7	0,7	0,7	0,6	0,6	0,5	0,5	0,4	0,4	0,3	0,3	0,3	0,2	0,3	0,3	0,3	[illegible]
Mrz 1	+0,5	0,5	0,6	0,7	0.7	0,8	0,8	0,8	0,7	0,7	0,6	0,6	0,5	0,4	0,3	0,3	0,2	0,2	0,2	0,2	[illegible]
Apr 1	+0,3	0.4	0,5	0,6	0,7	0,7	0,8	0,8	0,8	0,8	0,8	0,7	0,6	0,6	0,5	0,4	0,3	0,2	0,2	0,1	[illegible]
Mai 1	+0,2	0,2	0,3	0,4	0,5	0,6	0,7	0,8	0,8	0,9	0,9	0,8	0,8	0,7	0,6	0,5	0,4	0,3	0,2	0,2	[illegible]
Jun 1	+0,1	0,1	0,2	0,3	0,4	0,5	0,6	0,7	0,7	0,8	0,8	0,9	0,8	0,8	0,8	0,7	0,6	0,5	0,4	0,3	[illegible]
Jul 1	+0,1	0,1	0,1	0,2	0,2	0,3	0,4	0,5	0,6	0,7	0,7	0,8	0,8	0,8	0,8	0,8	0,7	0,6	0,5	0,4	[illegible]
Aug 1	+0,2	0,2	0,2	0,2	0,2	0,2	0,3	0,3	0,4	0,5	0,6	0,7	0,7	0,8	0,8	0,8	0,8	0,7	0,7	0,6	[illegible]
Sep 1	+0,4	0,3	0,3	0,2	0,2	0,2	0,2	0,2	0,3	0,3	0,4	0,5	0,6	0,6	0,7	0,7	0,8	0,8	0,8	0,7	[illegible]
Okt 1	+0,6	0,5	0,4	0,3	0,3	0,2	0,2	0,2	0.2	0.2	[illegible]	[illegible]	[illegible]	[illegible]	[illegible]	[illegible]	0.7	0,7	0,8	0,8	[illegible]

auf 59°14′W. Um 22-53-10 UT1 wird der Nordstern aus einer Augeshöhe von 2 m mit 26°14′ gemessen. Wie ist die Schiffsbreite?

1. Gb anbringen:
   26°14′
   − 4′
   26°10′

2. LHA berechnen:
   Grt 309°14,5′
   Zuwachs + 13°19,7′
   Aries 322°34,2′
   Schiffslänge − 59°14,0′
   LHA 263°20,2′

3. 1. Berichtigung ermitteln:
   + 31,8′
   − 0,1′ (aus Sch.T.)
   31,7′

   26°10′
   + 31,7′
   Breite nach 1. Berichtigung 26°41,7′

4. 2. Berichtigung ermitteln: − 0,2′

5. 3. Berichtigung ermitteln: + 0,8′

   26°41,7′N
   − 0,2′
   + 0,8′
   Breite nach der 3. Berichtigung 26°42,3′N

Astronomische Kompaßkontrolle

Wie auf Seite 60 bereits beschrieben, ist eine Deviationskontrolle oder die Aufstellung einer Steuertafel mit Hilfe der Sonne wesentlich bequemer, schneller und einfacher als mit terrestrischen Peilobjekten. Die astronomische Deviationskontrolle besteht ganz einfach darin, daß mit Hilfe eines Schattenstiftes die Sonne angepeilt, anschließend das Azimut für den minutengenauen Meßzeitpunkt festgestellt und dann unter Berücksichtigung von Ablenkung und Mißweisung die Steuertafel überprüft wird.
In gleicher Weise geht der Navigator beim Aufstellen einer ganzen Steuertafel vor. Das Schiff fährt langsam einen Kreis, wobei (siehe Seite 61) in kurzen Zeitabständen Peilungen der Sonne genommen werden.
Es ist nun nicht erforderlich, für beispielsweise 40 Sonnenmessungen das jeweilige Azimut auszurechnen, weil sich dieses relativ langsam ändert. Es muß auch nicht für jede Messung der sekundengenaue Meßzeitpunkt ermittelt werden, weil sich zwar der Höhenwinkel schnell ändert, jedoch nicht das Azimut. Es wird dringend empfohlen, sich für die Auswertung von Sonnenpeilungen mit wenig Rechenaufwand eine ähnliche Tafel anzulegen wie für die Vorausberechnung des LHA für die abendlichen oder morgendlichen Sternbeobachtungen. Für eine volle Minute wird ganz einfach der LHA mit der Sonne berechnet, dieser auf- oder abgerundet und sodann aus Band II beziehungsweise III der Tafeln H.O.249 das Azimut herausgerechnet. Anschließend kann man sich eine Tafel aufstellen, wobei der LHA alle vier Minuten um ein Grad wächst und deshalb auch ein anderes Azimut zeigt, das durch den Wert Z und der Formel links oben oder links unten am Tafelrand angegeben wird.
Ein Beispiel: Wenn sich die GIN auf 39°40′N und 4°00′E befindet und am 30. 8.1980 um 1029 UT1 die Sonne mit Hilfe des Schattenstiftes angepeilt wird, so errechnet sich das Azimut wie folgt:

(0°-14°) SAME NAME AS LATITUDE														
6°			7°			8°			9°			10°		
Hc	d	Z	Hc	d	Z	Hc	d	Z	Hc	d	Z	Hc	d	Z
° ′	′	°	° ′	′	°	° ′	′	°	° ′	′	°	° ′	′	°
56 00	+60	180	57 00	+60	180	58 00	+60	180	59 00	+60	180	60 00	+60	180
55 59	60	178	56 59	60	178	57 59	60	178	58 59	60	178	59 59	60	178
55 57	60	176	56 57	60	176	57 57	60	176	58 57	60	176	59 57	60	176
55 54	59	175	56 53	60	175	57 53	60	174	58 53	60	174	59 53	60	174
55 49	59	173	56 48	60	173	57 48	60	173	58 48	59	172	59 47	60	172
55 42	+60	171	56 42	+59	171	57 41	+60	171	58 41	+59	171	59 40	+60	170
55 35	59	169	56 34	59	169	57 33	60	169	58 33	59	169	59 32	59	168
55 25	60	168	56 25	59	167	57 24	59	167	58 23	59	167	59 22	59	166
55 15	59	166	56 14	59	166	57 13	58	165	58 11	59	165	59 10	59	165
55 03	59	164	56 02	58	164	57 00	59	164	57 59	58	163	58 57	58	163
54 50	+58	163	55 48	+59	162	56 47	+58	162	57 45	+58	161	58 43	+58	161
54 36	58	161	55 34	57	160	56 31	58	160	57 29	58	160	58 27	57	159
54 20	58	159	55 18	57	159	56 15	57	158	57 12	58	158	58 10	57	157
54 03	57	158	55 00	57	157	55 57	57	157	56 54	57	156	57 51	57	155
53 45	57	156	54 42	56	156	55 38	57	155	56 35	56	154	57 31	57	154
53 26	+56	154	54 22	+56	154	55 18	+57	153	56 15	+55	153	57 10	+56	152
53 05	56	153	54 01	56	152	54 57	56	152	55 53	55	151	56 48	56	150
52 44	55	151	53 39	56	151	54 35	55	150	55 30	55	149	56 25	55	149
52 21	55	150	53 16	55	149	54 11	55	149	55 06	54	148	56 00	55	147
51 57	55	148	52 52	55	148	53 47	54	147	54 41	54	146	55 35	54	145
51 33	+54	147	52 27	+54	146	53 21	+54	145	54 15	+53	145	55 08	+53	144
51 07	54	145	52 01	54	145	52 55	53	144	53 48	53	143	54 41	52	142
50 41	53	144	51 34	53	143	52 27	53	143	53 20	52	142	54 12	52	141
50 13	53	143	51 06	53	142	51 59	52	141	52 51	52	140	53 43	51	139
49 45	52	141	50 37	52	141	51 29	52	140	52 21	51	139	53 12	52	138
49 16	+51	140	50 07	+52	139	50 59	+51	138	51 50	+51	138	52 41	+51	137
48 46	51	139	49 37	51	138	50 28	51	137	51 19	50	136	52 09	50	135
48 15	51	137	49 06	50	137	49 56	51	136	50 47	50	135	51 37	49	134
47 43	51	136	48 34	50	135	49 24	50	134	50 14	49	134	51 03	49	133
47 11	50	135	48 01	50	134	48 51	49	133	49 40	49	132	50 29	49	131

Aus der H.O.-Tafel läßt sich für alle vier Minuten (1° LHA) das Azimut herauslesen.

Grt		329°52,0′
Zuwachs	+	7°15,0′
Bildpunktlänge		337°07,0′
Schiffslänge	+	4°00′
LHA		341°07′
abgerundeter LHA		341°00′

Eine Tafel für die Peilungen würde dann wie folgt aussehen:

UT1	*LHA*	*Azimut*
10-29-00	341°	147
10-33-00	342°	149
10-37-00	343°	150
10-41-00	344°	152
10-45-00	345°	153

Jetzt braucht der Navigator zu seinen verschiedenen Meßzeitpunkten nur noch das jeweils geltende Azimut, also die rechtweisende Peilung zur Sonne, hinzuzuschreiben.
Möchte man es etwas genauer haben, so nehme man als Ausgangsrechenzeitpunkt für den ersten LHA nicht irgendeinen minutengenauen Zeitpunkt, sondern suche sich einen solchen, der zwar wegen der Sekunden ungerade wird, aber von vornherein für den bekannten Standort einen ganzgradigen LHA ergibt. Dies macht nur wenig mehr Arbeit; ob sich's rentiert, wird von der Meßgenauigkeit beim Peilen der Sonne und vom Schleppfehler des Kompasses bestimmt.

Die Kartenecke

Die Kartenecke ist der Platz, an dem unter normalen Wetterverhältnissen die wichtigsten Entscheidungen für die Schiffsführung gefällt werden. Hier wird der Navigator seine in der Natur gemachten Messungen auf die Seekarte projizieren, seinen Schiffsort ermitteln und schließlich – als Ergebnis jeder Navigation – den Kompaßkurs errechnen.
Hat man das Glück, für einen Schiffsneubau die Navigationsecke selbst planen zu können, so wird man sich sehr wohl Gedanken darüber machen, wo man sie unterbringt und wie groß sie sein muß. Es ist keineswegs so, daß hierzu starre Regeln aufgestellt werden können. Zu sehr hängt diese Frage vom Verwendungszweck des Schiffes und natürlich auch von seiner Größe ab.
Man wird sich hierbei immer zwischen zwei Extremen bewegen. Das erste ist die Yacht, in der gar kein Kartentisch unterzubringen ist, und das zweite jene, die Platz für eine richtige Navigationskammer bietet, mit riesigem Kartentisch, auf dem Seekarten ungefaltet ausgebreitet werden können – umgeben mit allen erdenklichen Navigationsinstrumenten.
Beginnen wir mit dem ersten Extrem. Manch kleiner Kajütkreuzer, der durchaus diesen Namen verdient, ist räumlich so beengt, daß es übertrieben wäre, neben dem – meist vorhandenen – Eßtisch wertvollen Raum für einen zweiten Tisch, den Kartentisch, zu verschwenden. Hier drängt sich die Navigation auf dem Eßtisch oder aber auf den Knien im Cockpit auf. Daß die letztere Möglichkeit nicht schön und eigentlich schon an der Grenze des Unseemännischen ist, ist selbstverständlich, aber in vielen Fällen läßt sich diese Notlösung nicht vermeiden. Meistens befinden sich kleine Offshore-Kreuzer ohnehin nicht auf großer Fahrt, so daß sich die Navigation auf Revierkenntnisse und eine kurze Nachprüfung in der Seekarte beschränkt.
Es ist aber durchaus vertretbar, auch auf einer größeren Yacht auf einen Kartentisch zu verzichten, wenn beispielsweise eine Weltumsegelung mit kleiner Besatzung geplant ist. Auf einer solchen Reise ist die Crew – meist Mann und Frau – derart in die Schiffsführung eingespannt, daß es nicht vorstellbar ist, daß während eines Landfalls, wo der Navigator sich eingehend mit der Karte beschäftigt, gleichzeitig der Kajüttisch zum Essen benutzt wird. Warum also soll wertvoller Platz in der Kajüte für einen zweiten (Karten-)Tisch hergegeben werden, nur damit der Navigator ständig seine Karte auf dem Tisch liegen lassen kann. Oftmals ist es auch so, daß der Kajüttisch wesentlich größer ist als der Kartentisch, so daß er sich zum Arbeiten in der Karte besser eignet. Der eigentliche Kartentisch wird dann häufig zum Ablageplatz für irgendwelche Bücher degradiert.
Wenn also nicht Platz im Übermaß vorhanden ist, so kann auf einen Kartentisch ohne weiteres dann verzichtet werden, wenn das Schiff in der Regel mit kleiner Mannschaft gefahren wird.
Üblicherweise wird es aber so sein, daß sich auf Schiffen ab 8 m Länge über alles ein Platz für die Navigationsecke durchaus finden läßt; bei solchen über 11 m Länge ist er immer vorhanden.

Wohin gehört die Navigationsecke?

Den idealen Platz schlechthin gibt es nicht, denn er sollte folgende Voraussetzungen erfüllen:

- Er sollte so nah am Ort des Geschehens wie möglich sein (also am Niedergang).
- Er sollte möglichst trocken sein.
- Er sollte möglichst magenfreundlich sein.
- Er sollte möglichst hell sein.
- Er sollte möglichst groß sein.
- Er sollte eine gute Kommunikationsmöglichkeit mit dem Mann am Ruder bieten.

Aus dieser Aufstellung ersieht man leicht, daß sich alle Forderungen nicht unter einen Hut bringen lassen, denn schon der dem Niedergang nächste Platz ist nicht der trockenste. Hier erweist sich übrigens der Vorteil eines Klappverdecks – auch Kinderwagenverdeck genannt –,

Auf dieser Yacht lassen sich bei nicht zu schlechtem Wetter auf der Ablage steuerbord über dem Niedergang im Schutze des Deckshauses die Tonnen abhaken. Je größer die Yacht, um so unbedenklicher.

denn es vergrößert den Innenraum der Yacht in dem Maße, daß auch ein Navigationsplatz am Niedergang bei nicht zu schlechtem Wetter durchaus trocken bleibt. Allerdings kann es nicht ausbleiben, daß die Mitsegler mit ihrem nassen Ölzeug dann immer an der Seekarte vorbeimüssen, wobei es sich kaum vermeiden läßt, daß sie den einen oder anderen Spritzer abbekommt. Würde man die Kartenecke weiter ins Schiffsinnere verlegen, also weiter nach vorne, so würde der Vorteil der Nähe zum Niedergang wieder aufgegeben.

Untauglich ist eine festinstallierte Navigationsecke unter einem Klappverdeck im Cockpit. Offenbar ist dieser Platz aber gar nicht einmal so unbeliebt, wie die vielen Instrumente beweisen, die sich auf einigen Yachten im Cockpit befinden. Es mag jahrelang gutgehen, seitlich vom Niedergang auf dem Kajütdach im Schutze einer Windschutzscheibe oder eines Klappverdecks zu navigieren, bis dann eines Tages von achtern der große Einsteiger kommt, der nicht nur die Karte für Stunden funktionsuntüchtig macht, sondern mit ziemlicher Sicherheit auch die schönsten Instrumente ruiniert, selbst wenn sie von den Herstellern mit dem Prädikat „wasserdicht" versehen sind. Solchermaßen ausgerüstete Schiffe können eigentlich nicht als hochseetüchtig bezeichnet werden.

Je weiter die Kartenecke ins Schiffsinnere verlegt wird, um so mehr wird sie in den eigentlichen Wohnraum hineingedrängt, der ohnehin – außer bei sehr großen Yachten – meistens zu klein ist. Deshalb wird bei Schiffen bis 11 m Länge über alles nur der Platz zu Füßen des Niedergangs – meist gegenüber der Pantry – in Frage kommen. Recht gut eignet sich die Kombination mit einer Hundekoje, die als Navigationsecke und als Stauraum gleichermaßen dient. Als Hundekoje findet sie

Die Kartenecke beim Niedergang – luftig und ohne Kommunikationsschwierigkeiten. Ein Brückendeck würde besseren Schutz vor überkommendem Wasser bieten.

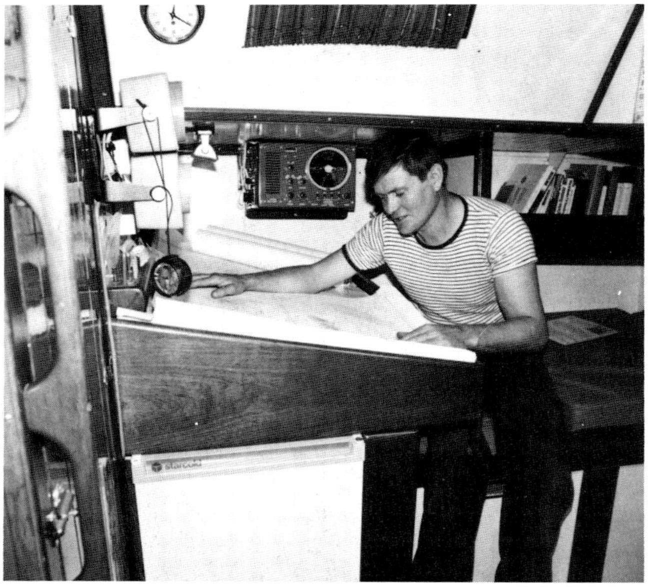

Ein großer Kartentisch mit viel Platz für Instrumente und Bücher. Der Tisch ist aufklappbar. Darunter können eine Menge Seekarten verstaut werden, der Navigator aber erreicht kaum noch das Schott.

lediglich im Notfall Verwendung, wozu der Kartentisch jeweils abgebaut werden muß.
Es ist vollkommen überflüssig, sich tiefsinnige Gedanken darüber zu machen, in welcher Richtung der Navigator am Kartentisch zu sitzen hat. Wenn er nämlich ernsthaft in der Karte navigiert, so wird er sehr schnell Begriffe wie „da drüben, hinter uns, recht voraus, an Steuerbord" über Bord werfen und nur noch nach Graden navigieren. Es wird ihn nicht stören, daß er nicht wie in einem Autobus in Fahrtrichtung am Kartentisch sitzt, sondern mit Blick auf eine Bordwand oder gar mit Blick nach achtern navigiert. Letzteres kommt natürlich immer bei sehr großen Yachten vor, bei denen der Kartentisch am vorderen Ende des Salons eingebaut ist – eine unorthodoxe Lösung, doch eine für die Praxis empfehlenswerte Anordnung. Gerade in Küstennähe ist es nämlich wichtig, daß der Rudergänger ständig mit dem Navigator korrespondiert, also für diesen ohne Schwierigkeiten im Dialog Gegebenheiten der Umwelt nach unten auf den Kartentisch weitergeben kann. Insbesondere bei einer nächtlichen Ansteuerung dauert es ja oft Stunden, bis die Hafeneinfahrt gefunden ist, so daß es für den Navigator außerordentlich mühsam ist, sich jedesmal umdrehen zu müssen, um den Rudergänger zu fragen: „Wie ist die Kennung des Feuers, auf das das Schiff gerade zuläuft?" oder: „Ist die Huk schon querab?"

Die Einrichtung der Kartenecke

Mittelpunkt jeder Navigationsecke ist der Kartentisch. Man kann lange Streitgespräche darüber führen, wie groß er sein müßte. Es wäre jedoch Platzverschwendung, ihn übergroß zu dimensionieren, zumal in den meisten Fällen die ganze Tischoberfläche zur Navigation gar nicht ausgenutzt wird. Voraussetzung ist, daß sich der Navigator mit dem Oberkörper weit vornüberbeugen kann, was nur dann möglich ist, wenn er vor dem Kartentisch stehen kann. Ist er so angeordnet, daß man an ihm auch sitzen kann, so darf er nicht zu tief sein.
Andererseits sollte ein möglichst großer Teil der Seekarte auf dem Kartentisch Platz finden, weil es für die Genauigkeit der Navigation nicht gerade förderlich ist, wenn zu oft über Knicke in der Karte hinwegnavigiert werden muß. Es ist nicht möglich, ein bestimmtes Format des Kartentisches als ideal anzusehen, weil die Formate der einzelnen Seekarten zu stark differieren. Eine Auflagefläche von 70 × 50 cm reicht in der Praxis aus, um auch im Sitzen arbeiten und mit Zirkel und Dreieck operieren zu können.
An den Seiten des Kartentisches sollte sich ein sehr niedriger Süllrand (5 mm) befinden, damit Bleistifte,

Auch auf mittleren Yachten läßt sich ein Platz für einen großzügigen Kartentisch finden, wie hier auf einer Dehler-Sprinta. Als Sitz muß die Hundekoje herhalten – praktisch.

Kartenecke am Ende des Salons einer 15-m-Yacht mit Blick zum Cockpit, also entgegen der Fahrtrichtung. Gute Kommunikation mit dem Rudergänger.

Die Kartenecke auf einem 9-m-Kreuzer. Die Instrumente und Sicherungen sitzen an der Bordwand, weit weg vom Spritzwasser. Das Echolot ist schwenkbar und kann auch vom Rudergänger beobachtet werden.

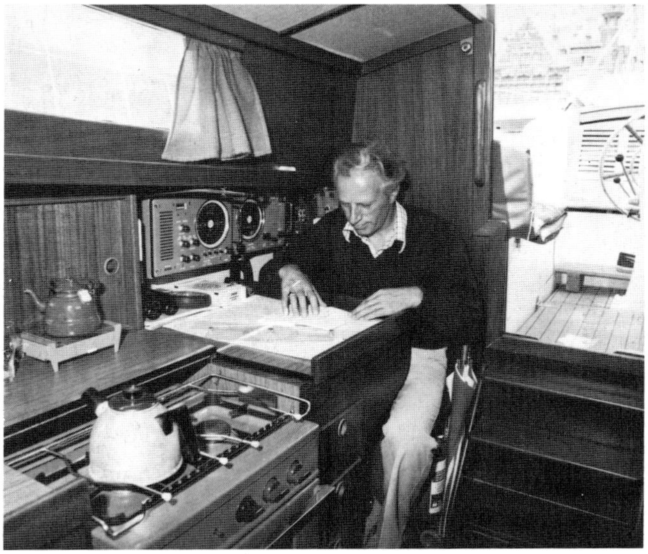

11-m-Yacht: Kartenecke gleich neben dem Niedergang; geeignet bei kleiner Mannschaft. Der Navigator bleibt immer am Ball. Aber wehe den Instrumenten, wenn einmal eine See einsteigt, was meistens von der Seite geschieht!

Dreiecke und Zirkel bei Lage nicht herunterrutschen. Auch wenn in der Regel am Kartentisch stehend gearbeitet wird, so sollte doch eine Sitzgelegenheit vorhanden sein. Es muß darauf geachtet werden, daß der Navigator sich schnell und bequem hinsetzen kann, weil besonders in Landnähe ein ständiges Hin- und Herlaufen zwischen Cockpit (Kompaßpeilungen) und Navigationstisch kaum zu vermeiden ist. Wenn der Navigator sich jedesmal erst mühsam auf seinen Sitz quälen muß, so leidet unweigerlich die Navigation darunter.
Besonders wichtig ist eine Halterung, in die Zirkel und Dreiecke nach Gebrauch wieder zurückgelegt werden können. Bei etwas bewegter See ist es auf kleinen Yachten kaum möglich, diese Werkzeuge auch nur für wenige Sekunden auf dem Kartentisch liegenzulassen, ohne daß sie herunterrutschen. Das kann besonders beim Zirkel gefährlich werden. Es ist ein Fall bekannt, wo beim plötzlichen Überlegen der Zirkel vom Tisch über die ganze Breitseite des Schiffes geflogen ist und haarscharf das Auge eines in der gegenüberliegenden Ecke schlafenden Mitseglers verfehlt hat.

Die Grundausrüstung für die Kartenarbeit:

- mehrere Bleistifte der Stärke HB
- Radiergummi
- 2 Kartendreiecke
- 1 Kartenzirkel
- 1 Halterung für obige Werkzeuge
- 1 einfacher Taschenrechner

Kartentisch auf einer 15-m-Yacht. Man beachte den Sitz, der auch bei Lage eine gute Position ermöglicht.

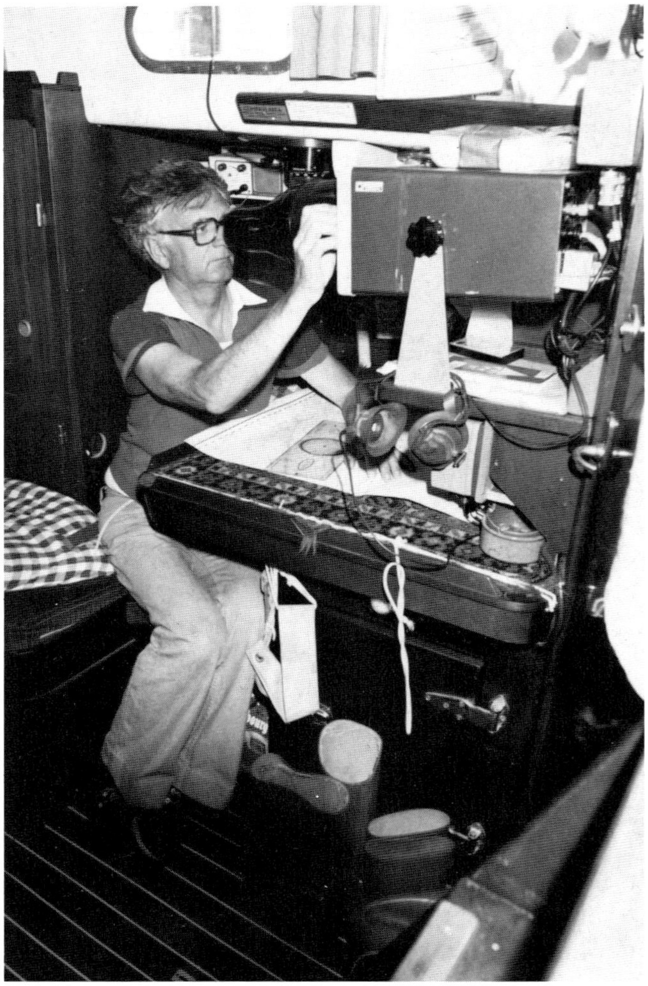

Es ist schwierig, wertvolle Navigationsinstrumente übersichtlich, leicht bedienbar und spritzwassergeschützt unterzubringen.

Kartentisch auf der Hundekoje eines Seekreuzers

Kartenecke in einer Swan 48. Vom Satellitenempfänger bis zum Kartenzirkel ist alles in greifbarer Nähe. Der Kompaß dürfte eine recht beachtliche Deviation aufweisen, was wenig stört, wenn er nur der ungefähren Kurskontrolle dient.

Beleuchtung des Kartentisches

Die Kartentischbeleuchtung muß so hell wie möglich sein, sollte aber andererseits in der Nacht die schlafenden Mitsegler recht wenig stören. Aus diesem Grunde verbietet es sich eigentlich auch, die Kartenecke in einem so versteckten Winkel bei der Hundekoje unterzubringen, daß selbst das Tageslicht die Karte kaum noch erreichen kann. Nicht bewährt hat sich eine rote Lampe, die an und für sich den Vorteil hat, daß die Augen sich nicht erst an die Dunkelheit gewöhnen müssen, wenn man nach oben geht, um Ausschau zu halten. Eine rote Kartentischbeleuchtung ist nämlich meistens nicht ausreichend, um kleinere Details in der Seekarte deutlich zu erkennen. Das gilt auch dann, wenn ein Vergrößerungsglas benutzt wird.
Meist ist sie nicht vorhanden, die griffbereite Taschenlampe, im Notfall aber ist sie unersetzlich!

Taschenrechner

Hier sind nicht jene Wunderkästen der Elektronik gemeint, die lange Programme verarbeiten und ebenfalls nicht größer als Taschenrechner sind, sondern die einfachen Rechengeräte, die zu Preisen von weit unter 30 DM angeboten werden. Sie stellen praktisch den Ersatz für den früheren Rechenschieber dar und sind noch dazu meistens billiger. Diese kleinen Helfer haben heute fast ausschließlich eine stromsparende LCD-Anzeige und kommen deshalb mit den handelsüblichen kleinen Batterien viele hundert Stunden aus. Der Anwendungsbereich solch einfacher Rechner ist trotz ihrer Primitivität recht groß. Mit ein paar Tastendrücken können aus der zurückgelegten Strecke in einer bestimmten Zeit die Durchschnittsgeschwindigkeit, die voraussichtliche Ankunftszeit und auch der Spritverbrauch ausgerechnet werden. Noch besser ist die Kombination von Rechner und Stoppuhr, die ebenfalls in jeder Kartenecke unentbehrlich ist. Solche patenten Geräte, die nicht größer als ein Notizbuch sind, gibt es ebenfalls schon für unter 50 DM. Oftmals ist sogar die Möglichkeit gegeben, Weckalarme vorzuprogrammieren, so daß der Navigator mit Hilfe der Stoppeinrichtung aus dem zurückgelegten Weg zwischen zwei Tonnen die Geschwindigkeit und anschließend die voraussichtliche Zeit bis zu einem Kurswechsel ausrechnen kann. Es läßt sich sogar ein Alarmzeichen für den Kurswechsel vorprogrammieren. Selbstredend, daß diese Quarzuhren sich für die astronomische Navigation genauso gut eignen wie noch vor ein paar Jahren ein Schiffschronometer für mehrere tausend Mark.

Idealer Aufbewahrungsschrank für die Seekarten unter dem Kartentisch auf einem Choy-Lee-Clipper mit 12 m Länge.

Die Instrumente am Kartentisch

Jeder Navigator wird den Ehrgeiz haben, die für die Navigation notwendigen Geräte um sich herum am Kartentisch anzuordnen. Dies ist aber nicht immer möglich. So wertvoll beispielsweise ein Echolot als Navigationsinstrument ist, so große Dienste leistet es auch beim Aufsuchen eines geeigneten Ankerplatzes, wobei der Rudergänger es ständig im Blickfeld haben muß. Deshalb ist für das Echolot eine recht günstige Anordnung ein drehbares Gestell, so daß es je nach Einsatzzweck – Navigationsinstrument oder Vermeidung von Grundberührung – entweder vom Navigator oder vom Rudergänger eingesehen werden kann. Der Platz muß so beschaffen sein, daß durch Sonneneinstrahlung die Ablesbarkeit des Gerätes nicht beeinträchtigt wird.

Der Funkpeiler sollte sich ebenfalls in Griffnähe des Rudergängers befinden, damit er die Peilantenne auch selbst drehen kann. Aber auch hier kann es vorkommen, daß der Navigationsort nicht identisch ist mit dem Anbringungsort der drehbaren Peilantenne, so daß eine solche Anordnung nicht in Frage kommt.

In jedem Fall gehört in die Navigationsecke eine Quarzuhr mit Sekundenzeiger, die auch dann auf koordinierte Weltzeit (UTC) eingestellt werden sollte, wenn nicht astronomisch navigiert wird. Denn vielen nautischen Unterlagen (z. B. Gezeitentafeln) liegt die UT1 zugrunde.

Nicht unmittelbar wichtig für die Navigation ist ein Radioempfänger, der aber seiner Bestimmung gemäß ebenfalls in die Navigationsecke gehört. Wird astronomisch navigiert, so muß er unbedingt über das gesamte Kurzwellenband bis 26 MHz (besser bis 30 MHz) verfügen.

Bücherbord am Kartentisch

Der Navigator sollte die benötigten Navigationsunterlagen griffbereit neben dem Kartentisch in einem Bücherbord stehen haben. Leider ist dies leichter gesagt als verwirklicht. Alle jene Bücher, die bei der Vorbereitung auf die Segelsaison im Winter am häuslichen Schreibtisch recht handlich und klein aussehen, entpuppen sich nämlich auf unseren kleinen Yachten als ausgesprochene Monstren, die praktisch nirgends unterzubringen sind. Man probiere nur einmal, ein Leuchtfeuerverzeichnis des Bundesamtes für Seeschiffahrt und Hydrographie (BSH) in ein Bücherregal an Bord zu stellen – seine Maße sind 22 × 24 cm. Zwar paßt es in der Höhe, doch ist es an Bord einer seegehenden Yacht nicht möglich, so ein Buch ohne Sicherung im Regal zu stauen, weil es bei Lage herausfallen würde. Zum Schutz davor sollte statt einer Holzleiste ein Gummistropp verwendet werden, der vor die Bücher gespannt wird, so daß auch ein Band wie das Leuchtfeuerverzeichnis, der ja eigentlich sehr tief ist, bei Lage dem Navigator nicht gleich auf den Kopf fällt.

Am meisten Schwierigkeiten machen natürlich größere Tafelwerke, wie die H.O.249 mit einer Höhe von 30 cm und einer Tiefe von 24 cm. Zum Verzweifeln bringt den Hochseesegler eines der wertvollsten und aufschlußreichsten Werke: das Buch „Ocean Passages for the World“ mit dem unmöglichen Format von 20 cm Tiefe

Spärlich sieht diese komplette Instrumentierung auf einer werftneuen Segelyacht aus. Und trotzdem handelt es sich hier um eine topausgerüstete Hochseeyacht. Mit Radar und GPS ist die Navigationsausrüstung für weltweite Fahrt komplett – solange Radar und GPS funktionieren ... oder Sextant und Nautische Tafeln für alle Fälle an Bord sind!

und 35 cm Höhe. Es ist schade, daß auf den meisten Hochseeyachten ein solch unbezahlbares Werk letztlich in der Backskiste verschwinden muß, weil es sonst nirgendwo aufbewahrt werden kann.
Glücklich kann sich derjenige Eigner schätzen, der der Werft von vornherein solche Selbstverständlichkeiten klarmachen kann, um so zu einem der wenigen Schiffe zu kommen, wo die Navigationsunterlagen auch den ihnen gebührenden Platz haben.

Aufbewahrung der Karten

Ein besonderes Problem stellt die Aufbewahrung der Seekarten dar. Auf keinen Fall dürfen sie gerollt verstaut werden, also in dem Zustand, in dem sie von der Seekartenvertriebsstelle meist geliefert werden. Auf einer kleinen Yacht, die über keinen eigenen Kartenschrank verfügt (das sind die meisten), gibt es deshalb nur einen rechten Platz für die Karten, und das ist unter

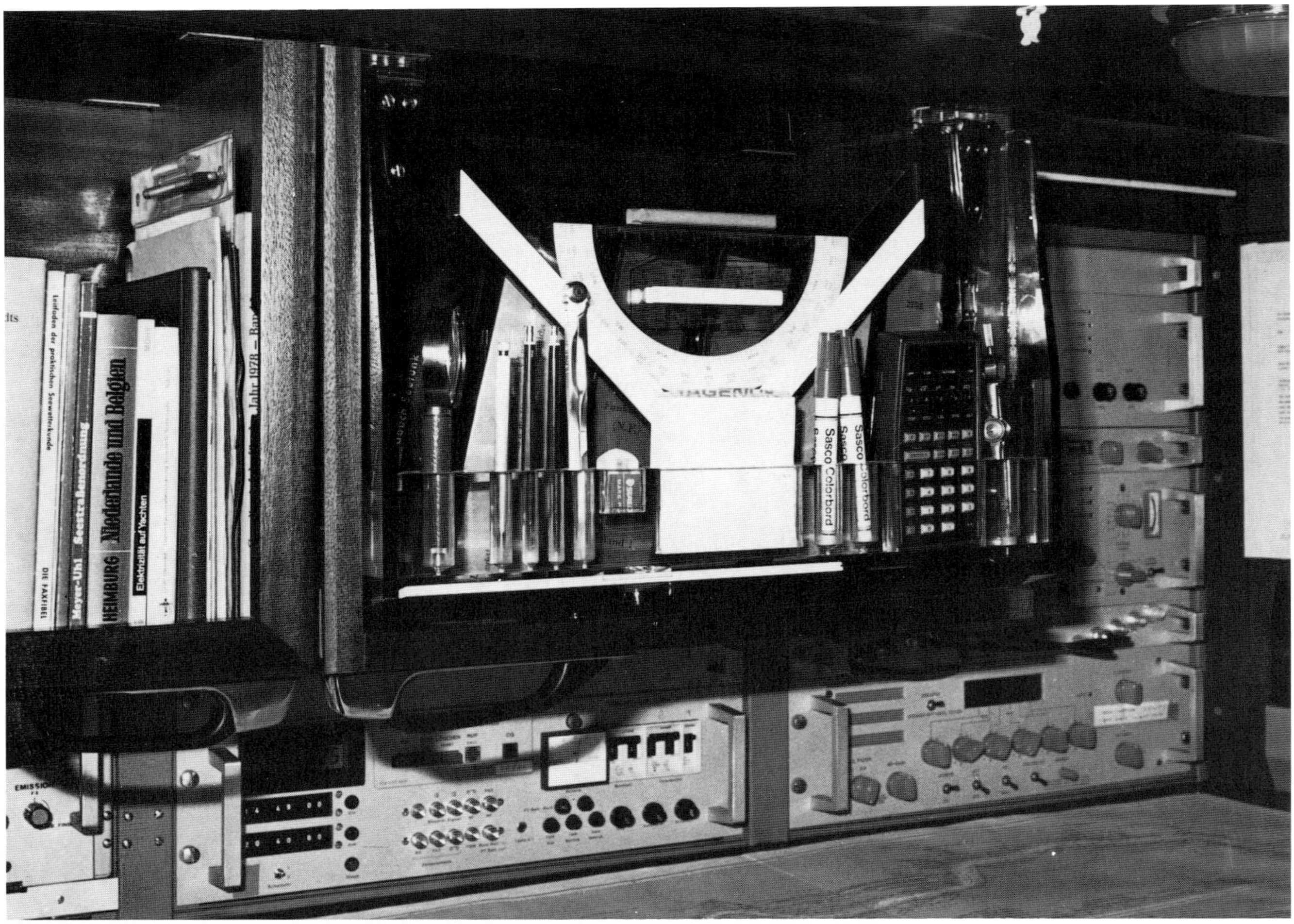

Vorbildliche Aufbewahrung der Kartentisch-Utensilien. Der gesamte Plexiglaskasten kann nach vorne geklappt werden, um an die Bücher dahinter beziehungsweise an die Instrumente heranzukommen.

den Kojenpolstern. Natürlich ist die Aufnahmefähigkeit dieser Plätze recht beschränkt, so daß meistens nur die gerade benötigten Karten mitgenommen werden können.

Auf größeren Yachten wird es oftmals möglich sein, Kartenschubladen einzubauen, die allerdings bereits beim Bau vorgesehen werden müssen. Ein nachträglicher Einbau einer solchen Schublade ist kaum machbar. Eine Notlösung ist, bei entsprechend viel Stehhöhe, die Karten an der Decke in einem Fach zu verstauen.

Natürlich sollten Kartenschubladen so groß wie möglich sein, damit die Seekarten so wenig wie möglich gefaltet werden müssen. Ungefaltete Seekarten werden auf Yachten gewöhnlicher Größe nur sehr selten den benötigten Platz finden. Die unterste Größe einer Kartenschublade sollte 70 × 90 cm sein. Man beachte dabei aber, daß Seekarten wegen der Dicke des Papiers sehr schwer sind, so daß bereits 50 Seekarten für eine Schublade mit sehr dünnem Sperrholzboden die Gefahr bringen, daß dieser durchgebrochen wird.

Seekarten werden vor einem Törn immer so gestaut, daß sie in der Reihenfolge in der Schublade liegen, wie sie später gebraucht werden. Es wird dringend empfohlen, jeweils außen auf die Karte mit Bleistift ihren Titel zu schreiben. Wenn dann schnell mal eine spätere Karte benötigt wird, so müssen nicht sämtliche Karten herausgenommen und aufgefaltet werden. Vielmehr hat der Navigator die einzelnen Gebiete schön säuberlich geordnet vor sich liegen und braucht die Karten in der Schublade nur durchzublättern. Wer einmal bei Seegang und schlechten Wetterverhältnissen aus einem Wust von Seekarten am Boden sitzend krampfhaft nach der fehlenden Karte gesucht hat, wird für diese Art der Vorbereitung sehr dankbar sein.

Aufbewahrung des Sextanten

Dies stellt ein besonderes Problem dar. Selbstverständlich muß der Sextant in seinem Originalkasten – oft aus Mahagoni – aufbewahrt sein, damit er nicht durch die Gegend rutscht und durch Anstoßen unbrauchbar wird. Andererseits sollte eben jener Kasten nicht irgendwo ganz hinten im Schrank verstaut sein, weil es wegen der Empfindlichkeit des Instrumentes empfehlenswert ist, die Strecke vom Meßplatz draußen an Deck bis zu seinem Aufbewahrungsort möglichst kurz zu halten. Wenn es sich also ermöglichen läßt, ist es auf einer Hochseeyacht am günstigsten, den Sextantkasten möglichst nahe beim Niedergang so festzuschrauben, daß Beschädigungen des Kastens und damit des Sextanten durch Drauftreten oder Gegenstoßen ausgeschlossen sind.

Praktisch ist die Anbringung des Sextantenkastens an einem Schott in Reichweite des Navigators.

Welche Navigationsausrüstung für welche Yacht?

Hierfür Vorschläge zu machen, kann nur ein Versuch bleiben. Zu sehr hängt die Auswahl der Navigationsausrüstung vom Einzelfall ab. Für eine Weltumsegleryacht, die sich beispielsweise ausschließlich in den Tropen aufhält, wird sicher eine andere Ausrüstung gewählt werden als für eine Yacht, die vorzugsweise in den nebelreichen Gewässern der Nordsee oder in noch nördlicheren Gefilden segelt. Außerdem – und das ist nicht zu leugnen – hängt die Ausrüstung einer Segelyacht auch von ihrem Wert ab, wenn dies auch paradox klingt. Der stolze Eigner eines 6-m-Kajütkreuzers für 15 000 DM wird es sich wohl verkneifen, Elektronik für 10 000 DM zu kaufen, obwohl er es strommäßig durchaus verkraften könnte. Andererseits spielt die Größe einer Yacht insofern eine Rolle, als bestimmte Geräte nicht in Frage kommen können. Die wirkungsvollste Navigationshilfe in Küstennähe stellt ein Radargerät dar. Trotzdem wird es kaum auf einer 7-m-Yacht eingesetzt werden können, selbst wenn der Preis von ca. 5000 DM noch akzeptabel erscheint. Die elektrische Anlage wird den Stromverbrauch dieses Gerätes kaum verkraften, und außerdem werden sich unüberwindliche Platzprobleme aufbauen. Jede Yacht, die auf die offene See hinausfährt, wird aber unabhängig von Preis und Größe über eine bestimmte Mindestausrüstung verfügen. Nach Meinung des Autors besteht diese aus:

Kompaß (ca. 300 DM)
Schlepplog oder Log (ca. 500 DM)
Peilkompaß (ca. 200 DM)
Echolot (ca. 400 DM)
Plastiksextant (ca. 100 DM)

Dies ist auch die Ausrüstung einer Yacht von über zwei Tonnen Verdrängung. Bei einer Schiffsgröße von zwei bis acht Tonnen schlägt der Autor folgende Ausrüstung für Hochseefahrt vor, wobei es sich hier um eine sehr persönliche Meinung handelt, gegen die alle Vorbehalte gelten:

Kompaß (ca. 500 DM)
Schlepplog (ca. 500 DM)
Peilkompaß (ca. 200 DM)
Echolot (ca. 400 DM)
Handfunkpeiler (ca. 800 DM)
Metallsextant (ca. 1000 bis 2000 DM)
GPS-Gerät (ca. 1500 DM)
Spezialnavigationsrechner (ab 700 DM)

Bei Yachten über acht Tonnen sollte unbedingt die Anschaffung eines Radargerätes (ab 5000 DM) angestrebt werden, weil es in Küstennähe die beste Lebensversicherung und das unproblematischste Navigationshilfsmittel überhaupt ist – solange es funktioniert.

Die elektrische Versorgung der Navigationsgeräte

Es gehört zu den Grundsätzen der Bordelektrizität, daß sämtliche Verbraucher eine eigene Zuleitung von einer Verteilerplatte haben, die unmittelbar hinter der Batterie angebracht ist, und zweiadrig verlegt sind. Dies hört sich selbstverständlich an, ist aber gerade bei Navigationsecken nur sehr selten hundertprozentig verwirklicht. Der Grund dafür ist die Tatsache, daß von der Werft Navigationsecken wegen des besseren Preisbildes nur sehr sparsam mit Instrumenten ausgerüstet sind und daß der Schiffseigner im Laufe der Zeit immer mehr Instrumente hinzukauft.

Wenn dann neue Navigationseinrichtungen in der Navigationsecke angebracht werden, fehlt es meistens an der Zuleitung, so daß kaum ein Eigner der Versuchung widerstehen kann, etwa das neue Radiogerät bei der Kartentischbeleuchtung mit anzuklemmen. Dies sollte, auch wenn es noch so praktisch ist, unbedingt vermieden werden. Am einfachsten dadurch, daß bereits im Bau des Schiffes – selbst wenn man es sich in diesem Moment noch nicht leisten kann – großzügige Überlegungen angestellt werden, welche Navigationsinstrumente für die Zukunft vorgesehen sind. Wenn schließlich die eine oder andere Zuleitung umsonst verlegt ist (weil beispielsweise die erwarteten Weihnachtsgeschenke ausbleiben), so bedeutet es im Vergleich zum Gesamtpreis doch nur einen kleinen Aufpreis, leere Leitungen zu haben.

Die Leitungen selbst sollten, was ihren Querschnitt anbetrifft, großzügig bemessen sein. Es ist zwar richtig, daß dickere Kabel mehr Geld kosten als dünne, doch fällt dies angesichts der Gesamtkosten eines Schiffes in keiner Weise ins Gewicht.

Der Querschnitt der Stromleitungskabel hängt sowohl von der Bordspannung (meistens 12 Volt) als auch vom Stromverbrauch der angeschlossenen Geräte ab. Je höher die Bordspannung und je geringer der Stromverbrauch, um so dünnere Kabel können verwendet werden. Aber noch ein Kriterium spielt eine Rolle: Je länger die Zuleitung zum Stromverbraucher ist, um so größer ist in jeder (!) Leitung der Spannungsabfall. Mit anderen Worten: Wenn bei der Batterie noch 12 Volt vorhanden sind, kommen nach zehn Meter Zuleitung nicht mehr 12 Volt, sondern 11,5 oder noch weniger an. Manche Geräte sind diesbezüglich weitgehend unempfindlich, andere vertragen kaum einen Spannungsverlust von 2%, ohne erhebliche Funktionseinbußen zu zeigen (Positionslampen!).

Mit einem Taschenrechner läßt sich leicht der erforderliche Querschnitt errechnen, wenn folgende Formeln benutzt werden:

1. Querschnitt des Drahtes =

$$\frac{\text{Länge des Drahtes}}{50 \times \text{Widerstand in Ohm}}$$

2. Widerstand in Ohm =

$$\frac{\text{zulässiger Spannungsabfall in Volt}}{\text{Strom in Ampere}}$$

3. Strom in Ampere =

$$\frac{\text{Stromverbrauch in Watt}}{\text{Spannung in Volt}}$$

Ein Beispiel soll dies verdeutlichen: Der Stromverbrauch eines Radargerätes für 12 Volt ist vom Hersteller mit 120 Watt angegeben. Der Strom, der also von der Batterie zum Radargerät fließt, beträgt genau:

120 Watt : 12 Volt = 10 Ampere

Der Skipper möchte – ohne Rücksicht auf Kosten – sein Radargerät so optimal wie möglich betreiben, also mit dem geringen Spannungsverlust von 5%. 5% von 12 Volt sind 0,6 Volt. Der Widerstand in Ampere (zweite Formel) ist also:

0,6 : 10 = 0,06 Ohm

Letztlich ist noch zu berücksichtigen, daß alle Navigationsgeräte zweiadrig angeschlossen werden, daß also in die erste Formel als „Länge des Drahtes" die doppelte Länge der Zuleitung eingesetzt werden muß. Wenn die Navigationsecke beispielsweise 5 m von dem Hauptverteiler entfernt ist, so muß man in die erste Formel die Länge des Drahtes mit 10 m einbringen. Der Leitungsquerschnitt beträgt also:

10 : (50 × 0,06) = 3,33

Der Leitungsquerschnitt ist somit 3,33 mm^2. Nachdem es Leitungen mit einem Querschnitt von 3,33 mm^2 nicht gibt, sollte man den nächst höheren Querschnitt nehmen, nämlich 4 mm. Kupferleitungen (und nur solche werden verwendet) gibt es in 1,5, 2,5, 4, 6 und 10 mm^2. Aufschluß darüber, wie hoch der Spannungsverlust sein darf, gibt meistens die Beschreibung. Größere Spannungsverluste als 5% sollten nicht zugelassen werden. Im Zweifelsfalle entscheide man sich für den nächst höheren Leitungsquerschnitt.

Im folgenden wird der Stromverbrauch einiger typischer

Navigationsgeräte in Ampere angegeben, wobei dies nur Anhaltswerte sein können, weil der Stromverbrauch von Gerätetyp zu Gerätetyp verschieden sein kann.

Echolot	0,8 A
Funkpeiler	1 A
Radioempfänger	1 A
Log	0,5 A
Kartentischbeleuchtung (je Lampe)	1 A
Radar	7–11 A
Loran C	1–2 A
Decca	1 A
vollprogrammierbarer Taschenrechner	0,15 A
Kassettenrecorder (Wetterberichte)	0,5 A
Satellitennavigator	2,5 A
Omega	0,15 A
GPS	0,5 A

12 Volt oder 24 Volt?

Der Autor rät dringend dazu, sich entgegen vielen anderen Empfehlungen auch auf großen Yachten für 12 Volt zu entscheiden. Es ist zwar richtig, daß diese etwas niedrige Spannung Probleme hinsichtlich der Spannungsverluste herbeiführen kann, doch läßt sich dies – wie oben dargelegt – durch entsprechende Dimensionierung der Leitungen schon zu Beginn abfangen. Der eigentliche Grund, der für die Verwendung von 12 Volt spricht, ist der, daß alle Zubehör- beziehungsweise Navigationsgeräte in der Regel für 12 Volt und nur im Ausnahmefall für 24 Volt zu bekommen sind. Dies hat schon häufig dazu geführt, daß der Eigner einer größeren Yacht wegen ein oder zwei Geräten neben dem bereits vorhandenen 24-Volt- eigens ein 12-Volt-System installieren mußte.

Computer

Die Entwicklung läßt sich nicht aufhalten: Die Elektronen revolutionieren die gesamte Navigation. Als vor einem Jahrzehnt die ersten Taschenrechner auf den Markt kamen, wurden sie von den einen belächelt, von den anderen begeistert begrüßt. Allgemein war man sich aber darüber einig, daß die Elektronenrechner niemals die Handarbeiter unter den Navigatoren verdrängen könnten. Heute müssen Einschränkungen gemacht werden.

Nicht einmal von den technisch verständnisvollen Navigatoren wurde nämlich vorausgesehen, welch ungeheure Leistungen Elektronenrechner bereits in den 80er Jahren erbringen sollten. Es ist tatsächlich so, daß heute Rechner auch Anfängern in der Navigation die Mittel in die Hand geben, selbst schwierige Navigationsmethoden, die früher nur gut ausgebildeten Navigatoren vorbehalten waren, meistern zu können – und zwar mit einer viel, viel größeren Sicherheit und Genauigkeit, als es sich die Altvorderen jemals haben träumen lassen.

Zwischenzeitlich haben sich Elektronenrechner an Bord auch unter rauhen Bedingungen bewährt, so daß Vorbehalte gegen ihre Zuverlässigkeit nicht mehr angebracht sind. Die Leistungen der modernen Elektronenrechner sind so beeindruckend, daß es fast deprimierend ist, mit welch verzweifelten Argumenten manch einer gegen diesen Fortschritt in Form von zigarettenschachtelgroßen Elektronengehirnen angeht. Mit Vorliebe beschwören sie einen Wassereinbruch im Schiff herauf, der einen Elektronenrechner zerstören kann, oder verweisen auf die Gefahr des Stromausfalls. Es ist fast überflüssig, zu erwähnen, daß solche Argumente gegen alle Ausrüstungsgegenstände eines Schiffes vorgebracht werden können und damit ihre Existenzberechtigung in Frage gestellt wird. Welcher Gegenstand ist empfindlicher: der Elektronenrechner, der ohnehin nur immer am Kartentisch bleibt, oder der Sextant, der durch einen leichten Schlag gegen den Gradbogen für die Dauer des Törns nicht mehr verwendet werden kann? Oder können sich nicht auch in das Nautische Jahrbuch verhängnisvolle Druckfehler einschleichen? Niemand ist vollkommen, auch nicht das Bundesamt für Seeschiffahrt und Hydrographie. Trotz aller Sorgfalt, die dort aufgewendet wird, stand im Nautischen Jahrbuch 1982, daß das gleiche Buch für die Sonne auch noch 1983 verwendet werden kann, wenn zum Greenwichwinkel des Jahres 1982 „97 Grad" addiert werden. Tatsächlich hätte es aber heißen müssen: „87 Grad."

Es ist aber nicht so, daß der Autor jedem rät, blind den Elektronen zu vertrauen. Eine Grundausbildung, die dem Navigator auch das Warum noch erklärt, hat noch nie geschadet. Dieser Frage wird wohl jeder nachgehen, schon aus Liebe zum Hobby. Es bleibt aber eine Tatsache, daß Elektronenrechner in vielerlei Hinsicht die Sicherheit von Berechnungen gegenüber der geistigen Arbeit eines Navigators alter Schule um ein Vielfaches gesteigert haben, so daß es bald ein Gebot der Sicherheit sein wird, Elektronenrechner zu benutzen. In wenigen Jahren wird die Arbeit des Navigators am Kartentisch ohnehin auf ein Minimum reduziert sein, was den seemännischen Vorteil bringt, daß er sich darauf beschränken kann, die Natur zu beobachten, zu messen und navigatorische Entscheidungen zu treffen. Die primitive Kleinarbeit wird ihm vollständig vom Rechner abgenommen werden. Es ist deshalb an der Zeit, sich intensiv mit Taschenrechnern zu beschäftigen.

Elektronenrechner sind mittlerweile derart preiswert geworden, daß auch das Argument der Anschaffungskosten nicht mehr zieht. Primitivrechner, die ein Vielfaches eines Rechenschiebers leisten, kosten weniger als jener. Für den Gegenwert eines Echolots erhält man

Rechner, die für die Bedürfnisse der Navigation – auch die der Astronavigation – fix und fertig vorprogrammiert sind. Und für unter 1000 DM kann der Navigator sich einen regelrechten Computer auf den Kartentisch stellen, der ihm nicht nur die richtigen Ergebnisse anzeigt, sondern diese auch in einem Dialogsystem mit ihm erarbeitet, ohne daß noch eine Gebrauchsanweisung notwendig ist. Elektronenrechner sind preiswerter als manche Tafelwerke und leisten mehr.

Ist es nun konservativ oder seemännisch, wenn der Autor trotzdem der Meinung ist, neben dem Rechner müsse der Navigator immer noch eine zweite Navigationshilfe parat haben, meist in Form von Tafelwerken? Es ist das seemännische Gebot der Sicherheit auf einer Yacht, das generell nach einem Ausweg verlangt, für den Fall, daß ein Navigationssystem ausfällt. Aber dieses Argument gilt nicht nur im Falle der Elektronenrechner, sondern für alle Navigationshilfen.

Heute kann der Navigator mit einem Knopfdruck in wenigen Sekunden zu Ergebnissen kommen, die er sich noch vor zehn Jahren in halbstündiger magenunfreundlicher Kleinarbeit aus Tafeln heraussuchen mußte. Durch diese Mühsal freilich wurde das Mißtrauen gegen die Genauigkeit der Meßergebnisse wachgehalten. Nicht mehr beim Elektronenrechner! Dort erscheinen die Ergebnisse in Leuchtziffern, oft mit zehn Stellen hinter dem Komma. Niemals jedoch darf der Navigator sich von der Schnelligkeit und scheinbaren Exaktheit der Anzeige einlullen lassen. Sicher, die Rechenergebnisse sind genauer, doch die Unwägbarkeiten bei der Messung bleiben bestehen.

Rechner und Navigationscomupter: Alle bringen Nutzen in die Navigationsecke. Obere Reihe links: einfacher – nicht programmierbarer Rechner – mit allen trigonometrischen Funktionen – unkomplizierte Stromversorgung (ein Jahr und länger) – für 20 DM bester Ersatz für altmodischen Rechenschieber. – 2. v. links: Bobby Schenk's YACHT-Computer – universeller Rechner HP41 CV mit Spezial-Navigationsmodul, ist allen Aufgaben der Navigation gewachsen. – 3. v. links: Billigstrechner für fünf Mark, auch eine Hilfe, denn er rechnet sicherer als der beste Kopfrechner. – rechts: das Beste an Navigationsrechner vor zehn Jahren, der TEXAS INSTRUMENTS mit Schenk-Navigations-Modul, heute bereits museumsreif. – unten: Taschencomputer SHARP PC 1600.

Welcher Rechner für welchen Navigator?

Auf diese Frage wird gleich zu Beginn eine Antwort gegeben, denn wer keine Lust hat, einen Rechner zu programmieren, sollte sich auch nicht mit der Programmiertechnik beschäftigen müssen.
Derjenige, der in der Schule schon mit dem Fach Rechnen auf Kriegsfuß gestanden hat, ist wohl nicht der richtige Käufer für einen hochkomplizierten programmierbaren Rechner. Was nicht heißen soll, daß es ein besonderes Kunststück ist, sich eigene Programme zu erstellen. Auch jener Navigator, dessen Freizeit zu wertvoll ist, um sich mit Zahlenkolonnen herumzuschlagen, wird mit einem fertig programmierten Navigationsrechner wohl besser bedient sein. Oder, und das gilt mit großer Wahrscheinlichkeit für die Zukunft, er sieht sich auf dem Markt um nach geeigneter „Software" (fertige Programme). Glaubt er ein Programmpaket gefunden zu haben, das seinen Ansprüchen genügt, kauft er sich hierzu dann den passenden Rechner – nicht umgekehrt. Für ihn ist es müßig, den Ausführungen über die Programmiertechnik zu folgen. Er möge gleich auf Seite 312 weiterlesen!
Anders dagegen der Segler, der Spaß hat am Lösen von – nennen wir es ruhig so – Denksportaufgaben, denn mit Mathematik hat die Rechnerbedienung oder -programmierung nichts zu tun. Er wird sich einen programmierbaren Rechner kaufen und sich diesen nach den Bedürfnissen für seine Navigationszwecke präparieren. Stellt er fest, daß er damit überfordert ist, so kann er die nötigen Programme immer noch käuflich erwerben.
Jener Navigator aber, der keine großen Ambitionen hat und vornehmlich im Küstenbereich herumschippert, ist vielleicht mit einem einfachen – nicht programmierbaren – Rechner am besten bedient, wenn er auch nicht vergessen sollte, daß einfache Rechner in der Hand eines interessierten Navigators sehr bald ihre Leistungsgrenze erreichen.
Alle diejenigen, die sich nicht von vornherein für einen fertig programmierten Navigationsrechner entscheiden, sollten sich zur Auffrischung ihrer Schulkenntnisse ein ganz klein wenig mit der Arbeitsweise von Taschenrechnern vertraut machen.
Welcher Rechner eignet sich also für die Navigation? Fast widerstrebt es, hier festzustellen: je teurer, um so besser. Oder anders ausgedrückt: Mit einem raffinierten Rechner lassen sich auch einfache Aufgaben durchführen, aber nicht umgekehrt. Auf keinen Fall darf sich der Käufer eines Rechners durch die vielen Tasten, deren Bedeutung er nicht kennt, irritieren lassen. Auch auf dem teuersten Rechner wird er die vier Grundrechenarten entdecken, und wenn er die anderen Tasten einmal nicht brauchen wird, kann er sie immer noch mit Tesaband abkleben.

Von Primitivrechnern, die nur die vier Grundrechenarten beherrschen, wird in diesem Kapitel nicht die Rede sein. Sie sind für Nebenrechnungen, nicht jedoch für eigentliche Navigationsrechnungen geeignet. Ein Rechner, der in der Kartenecke sinnvoll eingesetzt werden soll, muß mindestens über folgende Funktionen verfügen: Sinus, Tangens, Kosinus und deren Umkehrfunktionen, Umwandlung von rechtwinkligen in polare Koordinaten und umgekehrt, zwei Speicher.
Zum wiederholten Male wird in diesem Zusammenhang darauf hingewiesen, daß es nicht erforderlich ist, die trigonometrischen Funktionen Sinus, Tangens und Kosinus zu begreifen. Es reicht aus, wenn man den richtigen Knopf drückt.
Wie gesagt, das sind die Grundanforderungen. Alles, was darüber hinausgeht, ist besser. Das Gebot nach Sicherheit in der Navigation verlangt nach einem Rechner, aus dem mit einem Minimum an Tastendrücken ein Optimum an Ergebnis herausgeholt werden kann.
Wenn der Navigator nicht gerade einen Spezialnavigationsrechner benutzt, muß er – will er den Rechner in der Navigation verwenden – zumindest die einfachen Rechengrundregeln beherrschen.

Die Rechengrundregeln

1. Einzelfunktionen müssen zuerst gelöst werden

Einzelfunktionen sind: Wurzel, Quadrat, trigonometrische Funktionen usw.

$\sin 45 + \sqrt{4} \quad = \ ?$
$0{,}71 + 2 \quad = 2{,}71$

Wenn eine Einzelfunktion vor einer Klammer steht, so muß zuerst der Klammerinhalt aufgelöst werden.

$\tan (22 + 33) \quad =$
$\tan 55 = 1{,}43$

2. Punkt geht vor Strich

Wenn in einer Formel sowohl „Strichrechnungen" („+" „–") als auch „Punktrechnungen" („:" „×") vorkommen, so müssen die letzteren zuerst durchgeführt werden.

$1 + 4 \times 3 = 13$

Wenn obige Regel nicht befolgt, also rein mechanisch von links nach rechts gerechnet würde, wäre das Ergebnis „15" und damit falsch.

3. Der Klammerinhalt muß zuerst gerechnet werden

$5 - (4 + 2) = -1$

Würde diese Regel nicht beachtet werden, so käme das falsche Ergebnis von „3“ heraus.

4. Ein Bruchstrich wird dergestalt aufgelöst, daß alle Zahlen auf dem Bruchstrich in Klammern gesetzt, der Bruchstrich selbst durch das Divisionszeichen ersetzt und alle Zahlen unter dem Bruchstrich wiederum eingeklammert werden

$$\frac{5 \times 4}{4 + 2 - 1} = (5 \times 4) : (4 + 2 - 1) = 4$$

Diese Aufgaben überfordern bereits die ganz einfachen Rechner, wie sie in jedem Kaufhaus für 10 DM zu kaufen sind. Denn wenn der Anwender und nicht der Rechner die Rechengrundregel (Punkt geht vor Strich) berücksichtigen muß, ist es immer notwendig, sich die Formel von vornherein umzustellen, was außerordentlich kompliziert ist und zu häufigen Fehlern führt.
Das gleiche gilt für die Regel, daß der Klammerinhalt bevorzugt berechnet werden muß. Bei Primitivrechnern wird es notwendig sein, zunächst die Klammerinhalte auszurechnen und unter Umständen Zwischenergebnisse zu notieren, was eigentlich vermieden werden soll. Man lasse sich deshalb nicht durch Wurzeltasten, trigonometrische Funktionen und Prozenttasten täuschen. Ein für die Navigation tauglicher Rechner muß in erster Linie in der Lage sein, längere Rechengänge ohne Umstellung von „links nach rechts“ zu verarbeiten. Wenn der Navigator vor Beginn einer Rechnung größere Schlachtpläne aufzustellen hat, wie er die Formel anpackt, so taugt der Rechner nicht für die Navigation.
Zwei Rechensysteme haben sich in der Praxis auch in der Navigation bewährt: das Algebraische Operationssystem (AOS) und die Umgekehrte polnische Notation (UPN). Respekt vor diesen Fachausdrücken ist nicht am Platze, weil es sich hier um ganz einfache Dinge handelt.

Das Algebraische Operationssystem (AOS)

Beim Algebraischen Operationssystem werden längere Formeln so eingegeben, wie sie auf dem Papier stehen. Ein Beispiel:

$12 - (5 + 3 \times 2) = ?$

Bei dieser Rechnung, bei der es also gilt, sowohl die Klammer- als auch die Punkt/Strich-Regel zu beachten, werden beim AOS folgende Tasten gedrückt:

[1] [2] [−] [(] [5] [+] [3] [×] [2] [)] [=]

Worauf der Rechner das richtige Ergebnis mit „1“ anzeigt. Der Navigator braucht also kaum mitzudenken, sondern er kann sich darauf beschränken, die Formel rein mechanisch Taste für Taste einzutippen. Natürlich ist obige Rechnung ein sehr einfaches Beispiel, wie es sehr selten in der Praxis vorkommt. Meistens sind in einer Formel mehrere Klammern und auch trigonometrische Funktionen enthalten, was allerdings den „besseren“ Rechnern keine Schwierigkeiten macht. Die Elektronen finden schon zum richtigen Ergebnis, indem sie zuallererst die trigonometrischen Funktionen ausrechnen, anschließend die Punkt/Strich-Regel und zuletzt die Klammerregel berücksichtigen.
Es gibt innerhalb der AOS-Systeme gewisse Unterschiede in der Leistungsfähigkeit. Manche Rechner können nur zwei Klammerebenen (also vier Klammern) in einem Rechengang bewältigen, manche neun. Am fortgeschrittensten dürften hierbei die Erzeugnisse der Firma Texas Instruments (TI) sein, die bis zu neun Klammerebenen berücksichtigen und bei Überlastung dieser Klammerkapazität entsprechend anzeigen. Allerdings lehrt die Erfahrung, daß in der Praxis mehr als fünf Klammerebenen niemals benötigt werden.

Die Umgekehrte polnische Notation (UPN)

Diese Eingabemethode wird nahezu ausschließlich von der Firma Hewlett Packard (HP) propagiert. Ihre Anhänger schwören darauf und lassen sich durch keine Argumente von der Umgekehrten polnischen Notation abbringen. Wie oft mit diesen Dingen, hängt es davon ab, mit welcher Eingabeart der Navigator großgeworden ist. Tatsache ist, daß UPN eine Reihe von Vorteilen gegenüber AOS hat, die sich meistens in der geringeren Zahl der notwendigen Tastendrücke zeigen. Der wesentliche Nachteil der Umgekehrten polnischen Notation liegt wohl darin, daß die Rechenregeln (Hierarchien) nicht automatisch berücksichtigt werden, was allerdings auch dem Anfänger nach einer gewissen Einarbeitungszeit keine Probleme mehr macht.

Bei UPN werden zunächst die beiden Zahlen eingegeben, die miteinander verrechnet werden. Anschließend erst wird dem Rechner der Befehl gegeben, was mit den beiden Zahlen zu geschehen hat. Die einfache Rechnung

$7 \times 2 = ?$

wird also wie folgt eingegeben:

[7] [ENTER] [2] [×]

Die Taste [ENTER] bewirkt, daß die Zahl 7 in ein sogenanntes Stackregister eingeschoben und das Anzeigeregister für die zweite Zahl frei wird. Würde [ENTER] nicht gedrückt werden, so würde der Rechner in der Anzeige 72 aufleuchten lassen. Im allgemeinen haben die Rechner der Umgekehrten polnischen Notation vier Stackregister, das heißt, es können mit Hilfe der Taste [ENTER] bis zu vier Zahlen hintereinander eingeschoben werden. Das Funktionszeichen ×, −, + oder : verrechnet dann die jeweils zuletzt eingegebenen Zahlen, ohne daß die vorher eingegebenen davon berührt werden.

$3 + 2 \times 6 = ?$

wird also bei der UPN wie folgt eingegeben:

1. [3]
2. [ENTER]
3. [2]
4. [ENTER]
5. [6]
6. [×]
7. [+]

Nach dem letzten Tastendruck zeigt der Rechner mit „15" das richtige Ergebnis an.
Was hat sich während der einzelnen Schritte abgespielt? Bis zum Schritt 5 hat der Rechner keine Rechnungen durchgeführt, sondern lediglich die Zahlen 3, 2 und 6 gespeichert, und zwar in den Stackregistern. Diese sind so angeordnet, daß quasi die drei eingegebenen Zahlen hintereinander im Rechner stehen. Die zuletzt eingegebene Zahl bleibt im Anzeigeregister. Wenn nun die Taste [×] (Schritt 6) gedrückt wird, so rechnet der Rechner die beiden zuletzt eingegebenen Zahlen aus, er wird also im Anzeigeregister nach dem Schritt 6 „12" anzeigen. Damit sind die beiden Zahlen 2 und 6 miteinander verarbeitet, und es stehen im Rechner lediglich die 12, die auch im Anzeigeregister zu sehen ist, und dahinter immer noch die beim Schritt 1 eingegebene Zahl 3.
Wenn ein zweites Mal die Funktionstaste, nämlich [+] (Schritt 7), gedrückt wird, so verrechnet der Rechner die übriggebliebenen Zahlen miteinander, bis das richtige Ergebnis mit „15" erscheint.
Bei der Umgekehrten polnischen Notation ist kein „="-Zeichen erforderlich. Wie dieses Primitivbeispiel aber zeigt, muß der Navigator hier mitdenken und selbständig die Punkt/Strich- und die Klammerregel berücksichtigen. Wäre nach dem Schritt 3 bereits die Taste + gedrückt worden, so hätte der Rechner zunächst das Ergebnis „6" errechnet, was dann zu einem falschen Resultat geführt hätte.

AOS oder UPN?

Keine Antwort darauf! Prospekte der beiden Marktriesen Texas Instruments und Hewlett Packard zeigen Rechenbeispiele, in denen entweder AOS oder UPN als das überragende System herausgestellt wird. Mit anderen Worten: Beide Eingabearten haben ihre Vor- und Nachteile:

AOS	*UPN*
für den Rechenanfänger wesentlich einfacher zu bedienen	kommt der Denkweise von Technikern mehr entgegen
Formelumstellung je nach Leistungsfähigkeit des Rechners sehr selten nötig	Formelumstellung häufig nötig
bei Überlastung der Klammerebenen blinkende Fehlanzeige	keine Warnung, ob die meist vier Stackregister überzogen werden
	meistens weniger Tastendrücke notwendig

Basic-Computer

Seit wenigen Jahren sind richtige Computer im Taschenformat auf dem Markt, die sich der „eingebauten" Computer-Sprache „BASIC" bedienen. Sie eignen sich hervorragend für die Navigation, wobei ihre Einsatzmöglichkeiten nur durch die Größe ihres Datenspeichers (RAM = Random Access Memory) bestimmt werden. Je größer RAM ist, um so besser. Ab 4 Kilobyte kann der Navigator schon eine Menge damit anfangen. Diese Computer können aber auch zum einfachen Rechnen eingesetzt werden. Hat man sich nur ganz kurz an die Sprache BASIC gewöhnt, geht die Arbeit mit dem Computer – auch wenn von Hand gerechnet wird, also kein Programm abläuft – flink. Man hat sogar gegenüber den konventionellen Taschenrechnern den Vorteil, daß man auf der meist viel längeren Anzeige den Rechengang weit überblicken kann, weil nicht nur die letzte Eingabe angezeigt wird. BASIC ist eher mit AOS verwandt als mit UPN.
Jeder, der selbst ein Programm erstellen will, wird an den Punkt kommen, wo er die Leistungsfähigkeit seiner Programme immer weiter steigern möchte und er schließlich Schwierigkeiten bekommt, die hierzu erforderlichen Formeln im Schrifttum zu entdecken. Denn die meisten Autoren, die sich mit Navigation befaßt haben, haben nicht so sehr an die Leistungsfähigkeit der späteren Elektronenrechner gedacht. Das heißt, man

findet im Schrifttum meist nur vergleichsweise einfache Formeln, die sich auch für Rechnungen an Bord „per Hand“ eignen.
Inzwischen gibt es Formel- und Programmsammlungen, die speziell für Freunde der Navigation geschrieben wurden. Erwähnenswert ist eine Programmsammlung für CASIO- (und wohl auch SHARP-)Computer, erschienen bei der Firma Fischel GmbH, Berlin.

Was leistet ein guter Navigationsrechner?

Genauigkeit

Der Rechner muß genau sein. Das hört sich selbstverständlich an, ist aber nicht so. Es gibt gewisse Billigfabrikate, die zwar immer noch schneller und präziser rechnen, als es der beste Navigator jemals könnte, die aber trotzdem so ungenau arbeiten, daß in der Praxis bei der Häufung von Toleranzüberschreitungen gefährliche Ergebnisse erwartet werden können. Ein einfacher Genauigkeitstest läßt sich in wenigen Sekunden mit jedem Taschenrechner durchführen. Man drücke diese Tastenfolge:

[4] [5] [sin] [cos] [tan] [tan^{-1}] [cos^{-1}] [sin^{-1}]

Kaum ein Rechner wird zum einzig richtigen Ergebnis von 45,0000000000 kommen. Mindestens die ersten vier Stellen hinter dem Komma müssen aber fehlerfrei sein, also entweder 45,0000 usw. oder 44,9999 usw. Es gibt Billigfabrikate, die bei diesem einfachen Rechentest um ganze Grade danebenliegen.

Eingabesystem

Der Rechner muß über ein leistungsfähiges Eingabesystem (AOS oder UPN), über die trigonometrischen Funktionen, über die Umwandlung in polare Koordinaten und über mindestens zwei Speicher verfügen. BASIC-Computer kommen diesen Forderungen fast immer nach. Weniger geeignet sind BASIC-Computer, die nur über das Grund-BASIC verfügen, also nur im RAD-Modus arbeiten und keine Umkehrfunktionen für Sinus und Cosinus haben. Eine Taste für die Umwandlung in polare Koordinaten und umgekehrt haben sie fast nie, doch kann man diesem kleinen Mangel leicht dadurch abhelfen, indem man hierfür ein kurzes BASIC-Programm schreibt. Im BASIC-Programm „Mietzsch“ auf Seite 236 sind die beiden Umwandlungen in den Zeilen 260 ff. und 300 ff. enthalten.
Auch wenn bei BASIC-Computern andere Funktionen fehlen, die vielleicht bei UPN- oder AOS-Rechnern eine Selbstverständlichkeit sind, lassen sich leicht kleine entsprechende Programme bereitstellen.

Speicher

Ein Rechner sollte soviel Speicher wie nur irgend möglich haben.
Ein Speicher dient – wie der Name sagt – dazu, eine Zahl darin abzuspeichern und bei Bedarf wieder aufzurufen. Die Taste zum Abspeichern trägt auf fast allen Rechnern die Bezeichnung „STO“, während der Speicherinhalt mit der Taste [RCL] abgerufen wird. Speicher ersetzen das umständliche Notieren einer langen Zahl auf einem Stück Papier und das anschließende nochmalige Eintippen in den Rechner. Es ist auch keine Seltenheit, daß das Zwischenergebnis, bestehend aus zehnstelligen Zahlen, später wieder benötigt wird. Wird hierfür ein Speicher benutzt, so reichen zwei bis sechs Tastendrücke aus, während ohne Speicher schon das Wiedereintippen zehn Tastendrücke erfordert. Hierbei ist noch nicht einmal berücksichtigt, daß beim Aufnotieren Fehler gemacht werden können.

Umwandlungstaste für Dezimalgrad

Wünschenswert ist eine Taste für die Umwandlung von Winkel, Grad und Minuten in Dezimalgrad oder von Stunden, Minuten und Sekunden in Dezimalstunden beziehungsweise umgekehrt. Leider erfolgen nämlich die meisten Angaben in der Navigation in einem recht unlogischen Format, nämlich in Grad, Minuten und Zehntelminuten. Rechner aber arbeiten nahezu ausschließlich in Dezimalgrad beziehungsweise Dezimalstunden. Dies bedeutet in der Praxis eine ernste Schwierigkeit. Eine Taste für die Umwandlung in Dezimalgrad vermag zwar auch mit Grad, Minuten und Zehntelminuten unmittelbar nichts anzufangen, doch lassen sich die Zehntelminuten leicht in Sekunden umrechnen – sogar im Kopf. Trotzdem hilft eine derartige Umwandlungstaste sehr viel weiter.
Tatsache ist, daß gerade diese kleine praktische Hürde jahrelang den Siegeszug von Elektronenrechnern auf die Kartentische gehemmt hat. Zwar war es plötzlich möglich, recht komplizierte nautische Berechnungen durchzuführen, doch fast ebenso viele Tastendrücke waren notwendig, um überhaupt die Ausgangswerte im richtigen Maß in den Rechner einzubringen.
Wie kompliziert Rechnungen ohne eine Winkelumwandlungstaste sind, zeigen die folgenden Beispiele: 15°30′ kann der Rechner nicht direkt verarbeiten. 30′ ist ein halbes Grad, so daß es ohne weiteres einzusehen ist, daß in diesem Fall 15,5 eingegeben werden müssen. Dies ist allerdings ein Primitivbeispiel, wie es in der Praxis fast nie vorkommt. Nehmen wir einmal ein anderes einfaches Beispiel (16°15′), um zu zeigen, welche Rechenschritte der Navigator durchführen muß, um letztlich zu 16,25 zu kommen. Er muß

1. die Minuten in Dezimalbruchteile der vollen Grade verwandeln,
2. anschließend das Ergebnis zu den vollen Graden hinzuzählen.

Im einzelnen wird dies wie folgt durchgeführt:
1. Anzahl der Minuten durch 60 ist gleich Dezimalbruchteil eines ganzen Grades,
also 15 : 60 = 0,25

2.
$$\begin{array}{r} 16 \\ +\ \underline{0{,}25} \\ 16{,}25 \end{array}$$

Die Rückverwandlung in Stunden und Minuten beziehungsweise Grad und Minuten erfolgt genau umgekehrt. Der Nachkommaanteil, also 0,25, wird mit 60 multipliziert, worauf sich direkt die Minuten, also 15, ergeben. Der Vorkommaanteil, also 16, ist die Gradzahl. In gleicher Weise verfährt man, wenn den Minuten noch Zehntelminuten anhängen:

$$\begin{array}{rl} 42°24{,}6' = & 42{,}00 \\ + & \underline{0{,}41}\ (24{,}6 : 60) \\ & 42{,}41° \end{array}$$

Werden, was wesentlich seltener vorkommt, Stunden, Minuten und Sekunden in Dezimalstellen verwandelt und umgekehrt, so müssen zunächst die Sekunden in Zehntelminuten verwandelt werden, was dadurch geschieht, daß die Sekunden durch 60 geteilt werden. Anschließend wird dann wie oben bei der Verwandlung von Minuten und Zehntelminuten weiterverfahren. Ein Beispiel:

14-24-36

1. Verwandlung der Sekunden in Zehntelminuten:
   36 : 60 = 0,6

2. Verwandlung der Minuten und Bruchteile der Minuten, also 24,6 in Bruchteile von Stunden:
   24,6 : 60 = 0,41

3. Zusammenzählen der Stunden und der Bruchteile der Stunden, also:
$$\begin{array}{r} 14{,}00 \\ +\ \underline{0{,}41} \\ 14{,}41° \end{array}$$

Die mühselige Rückverwandlung von Dezimalstunden in Stunden, Minuten und Sekunden geschieht in umgekehrter Weise.
Insgesamt also viel Rechnerei, so daß es wünschenswert wäre, für diese immer wiederkehrenden Aufgaben eigens eine Taste zur Verfügung zu haben. Viele Rechner haben eine solche Taste, nämlich [D.MS] . Mit dieser Taste lassen sich auf einen Druck Grade, Minuten und Sekunden oder Stunden, Minuten und Sekunden in Dezimalgrad beziehungsweise in Dezimalstunden verwandeln. Hierbei muß jeweils nach den Graden beziehungsweise Stunden ein Komma eingefügt werden, so daß die Umwandlung von 15°45′22″ folgendermaßen aussieht:

15,4522 → [D.MS] → 15,7561

Wird die Umkehrfunktion von D.MS gedrückt, steht im Rechner sofort wieder „15,4522".
Diese Taste erleichtert den Umgang mit Elektronenrechnern in der Navigation ungemein. Mischzahlen, die bei uns so häufig vorkommen, kann sie, wie gesagt, nicht unmittelbar verarbeiten. 15°42,8′ können also nicht ohne weiteres mit der Taste [D.MS] behandelt werden. Die Vorbereitung für diese Taste ist aber so einfach, daß sie ausnahmsweise im Kopf durchgeführt werden darf. Es geht ja nur darum, die „8" in Sekunden zu verwandeln, was dadurch geschieht, daß im Kopf „8 × 6" gerechnet wird, was 48 Sekunden ergibt.
In gleicher Weise lassen sich Dezimalgrad in Grad, Minuten und Zehntelminuten rückverwandeln, wenn die Dezimalgrade zunächst mit der Umkehrfunktion von D.MS in Gradminuten und Sekunden verwandelt und anschließend die Sekunden durch Dividieren mit 6 als Zehntelminuten ausgewiesen werden. Also:

1. 15,52, Umkehrfunktion D.MS, 15,3112
2. 12 : 6 = 2 Zehntelminuten, also 15°31,2′

All das klingt recht kompliziert, stellt aber keine Schwierigkeit dar, wenn der Navigator über ein wenig Übung verfügt. Es ist jedoch leider so, daß das Vorbereiten der Rechenwerte für den Rechner in Dezimalgrad und umgekehrt oft mehr Aufwand bedeutet als die eigentliche Rechnung. Es wäre deswegen wünschenswert, daß ein Rechner für derartige Aufgaben vorbereitet werden kann, daß er also die Umwandlung von Gradminuten und Zehntelminuten in Dezimalgrad und umgekehrt selbsttätig vornimmt. Es gibt aber auf dem Markt keinen Rechner, der für diesen Standardfall ausgerüstet ist, jedoch eine ganze Reihe solcher, die diese Rechnung beliebig oft auf *einen* Tastendruck hin durchführen können, wenn ihnen die Rechnung einmal eingegeben, also einprogrammiert ist. Das sind die sogenannten programmierbaren Rechner.

Programmierbare Taschenrechner – besser gesagt: Taschencomputer – zwischen 200 und 900 DM. Das große Problem ist die fehlende Kompatibilität zwischen den Computern, das heißt, ein Programm für den A-Rechner kann nicht auf dem B-Rechner abgespielt werden. Vor der mühsamen Programmierarbeit überlege man also gut, für welches Modell man sich entscheidet.

Der beste Navigationsrechner ist programmierbar

Programmierbar bedeutet eigentlich nichts anderes, als daß der Rechner in der Lage ist, eine einmal eingegebene Reihenfolge von Tastendrücken auf Kommando beliebig oft zu wiederholen. Ein programmierbarer Rechner läßt sich gut mit einem Tonbandgerät vergleichen: Wenn über Mikrofon eine Anzahl von Informationen auf das Band aufgespielt sind, kann es diese Informationen beliebig oft abspielen, ohne daß sie irgendwie „verbraucht" werden.
Ein Beispiel kann dies verdeutlichen: Auf jedem programmierbaren Rechner finden sich sogenannte Programmtasten, die nichts anderes als eine sogenannte Leertaste darstellen. Schaltet man einen programmierbaren Rechner ein und würde man anschließend die Programmtaste [A] drücken, so würde bei den meisten Fabrikaten die Anzeige blinken, weil die Taste [A] – noch – keine Bedeutung hat. Dies ändert sich dann, wenn dieser Taste durch den Benutzer des Gerätes eine Reihe von Befehlen zugeordnet werden.
Beispiel: Eine Segelyacht verbraucht bei Marschfahrt (7,5 kn) ziemlich genau 3,2 l. Der Navigator möchte sich ein Programm zurechtlegen, das ihm jeweils sagt, wie viele Seemeilen er noch im Tank hat, wenn er die verbliebenen Liter im Brennstofftank dem Rechner eingibt. Zu diesem Zweck wird er der Taste [A] folgende Aufgaben zuordnen:

1. Teile die eingegebene Brennstoffmenge (Anzeigewert) durch 3,2
2. Multipliziere das Ergebnis mit 7,5
3. Zeige das Ergebnis an

Bei einem Rechner von Texas Instruments (AOS!) braucht er also im Eingabemodus nach der Taste [A] lediglich eintippen:

: 3,2 × 7,5 = R/S

Die letzte Taste ([RUN/STOP]) bedeutet nichts anderes als den Stoppbefehl, der notwendig ist, damit das Rechenergebnis angezeigt wird.

Bei Rechnern von Hewlett Packard (UPN) wird nach der Taste [A] eingegeben:

ENTER 3,2 : 7,5 × R/S

Wenn dieses Programm dem Rechner erst einmal eingegeben ist, braucht der Navigator für diese einfache Aufgabe nur jeweils die Taste [A] zu drücken. Gibt er beispielsweise 160 l Brennstoff in den Rechner ein und drückt er auf die Taste [A], so hat er im Nu das Ergebnis, das ihm anzeigt, daß – rein rechnerisch – mit dem verbleibenden Treibstoff noch 375 sm zurückgelegt werden können. Oder gibt er 280 l ein, so zeigt ihm der Rechner das beachtliche Ergebnis von 656 sm an.
Es wird jedoch wohl kaum einen Navigator geben, der wegen dieser einfachen Rechnung gleich ein ganzes Programm aufstellt. Denn derartige Berechnungen kommen so selten vor, daß es weniger aufwendig ist, in einem solchen Fall die Rechnung per Hand durchzuführen. Das Beispiel zeigt aber andererseits, wie einfach die Programmierung eines Rechners ist und daß dies auch bei schwierigeren Problemen eigentlich eine ganz unterhaltsame Denksportaufgabe sein kann.

Obwohl beim obigen Beispiel nur eine einzige „Variable“ (das ist die von Fall zu Fall veränderliche Eingabe) benutzt wurde, hat der Rechner immerhin – je nach Fabrikat – zwölf Programmschritte verbraucht. Wenn beim Eingeben eines Programms eine Taste gedrückt wird, so entspricht das einem Programmschritt. Die Zahl von 7,5 kn hat also bereits drei Programmschritte verbraucht. Dies zeigt, daß die Verwendungsfähigkeit eines programmierbaren Rechners in erster Linie dadurch bestimmt wird, wie groß seine Programmkapazität ist. 100 Programmschritte sind deshalb das Minimum an Programmkapazität, was mit Nutzen verwendet werden kann. Aber Vorsicht, die reine Anzahl der Programmschritte darf nicht so wörtlich genommen werden! Während bei dem einen Rechner jeder Tastendruck eine ganze Programmzeile aufbraucht, kann beim anderen Typ unter Umständen eine ganze Programmzeile mit mehreren Befehlen belegt werden.
Damit der Leser sich einen Begriff von der erforderlichen Programmkapazität machen kann, werden einige Beispiele für den beanspruchten Platzbedarf gegeben:

So erfordert die Umrechnung von Grad, Minuten und Sekunden in Dezimalgrad	ca. 8 Schritte
der umgekehrte Vorgang nochmals	ca. 8 Schritte
der Höhenwinkel bei einem Objekt vor der Kimm	ca. 10 Schritte
der Höhenwinkel bei einem Objekt hinter der Kimm	ca. 30–40 Schritte
Großkreis-Entfernung und -kurs	ca. 30–40 Schritte
Azimut und Höhenwinkel aus gegißter Schiffsbreite, LHA und Declination	ca. 30–40 Schritte
dasselbe mit Umwandlung in Dezimalgrad und Rückverwandlung	ca. 60 Schritte
dasselbe, jedoch mit Eingabe von Greenwichwinkel und Schiffslänge	ca. 80 Schritte
dasselbe, jedoch mit Eingabe von Declination und Greenwichwinkel zur vorangegangenen und nachfolgenden vollen Stunde	ca. 100 Schritte
dasselbe mit Berechnung der gesamten Standlinie	ca. 150 Schritte
dasselbe, jedoch mit Berechnung des gesamten Schiffsortes aus zwei Messungen (mit oder ohne Versegelung)	ca. 220 Schritte
dasselbe, jedoch ohne Eingabe von Daten aus dem Nautischen Jahrbuch	ca. 1000 Schritte

Um den erforderlichen Platzbedarf bei BASIC-Computern herauszufinden, wird empfohlen, obige Anzahl der Rechenschritte mit „3“ zu multiplizieren, um einen groben Anhaltspunkt von der nötigen RAM-Kapazität zu bekommen. Man hat dann die Byte, meistens angegeben in „K“, also Kilobyte (1K = ungefähr 1000 Byte). Genauer lassen sich hier keine Angaben machen, weil der Platzbedarf bei den verschiedenen Computern unterschiedlich ist. Viel hängt auch von deren Befehlsvorrat ab. Bei Benutzung eines BASIC-Computers ist auch die Versuchung groß, von den Dialogmöglichkeiten ausgiebig Gebrauch zu machen, was wiederum zusätzlichen Platz benötigt.
Obige Beispiele sind wahllos herausgegriffen und dienen nur dazu, aufzuzeigen, wie mit Erhöhung der Ansprüche sofort der benötigte Programmplatz steigt. Diese Aufstellung zeigt aber noch etwas. Gerade die in der Anwendung viel interessanteren Rechenbeispiele mit wenig Eingaben, bei denen also die Hauptarbeit dem Rechner überlassen werden soll, eignen sich nicht für Rechner, die nach dem Ausschalten das Programm wieder verlieren. Es gibt jedoch solche, bei denen das einmal eingegebene Programm aus Magnetkarten aufgezeichnet werden kann, so daß es ähnlich wie bei einem Tonbandgerät beim nächsten Mal nicht mühsam wieder eingetippt werden muß, sondern mit Hilfe der Magnetkarte in den Rechner eingeschoben wird.
Aus diesem Grunde sind programmierbare Rechner ohne Datenträger (Magnetkarten, Kassetten oder Disketten) in ihrer Anwendung doch sehr beschränkt, zumal ja der Rechner, wenn einmal ein Programm eingegeben ist, für ein zweites Programm nicht zur Verfügung stehen kann. Das heißt aber nicht, daß diese Rechner für nautische Zwecke untauglich sind. Es ist beispielsweise schon eine sehr große Hilfe, wenn der Navigator zu Beginn seines Urlaubstörns die für die astronomische Navigation nötige Höhen- und Azimutformel eingeben kann, um sie während des ganzen Törns zu benutzen.
Bei solchen Rechnertypen gilt es auch zu unterscheiden, ob das Programm beim Ausschalten zerstört wird oder ob es, wie bei modernen Rechnermodellen oft der Fall,

Der PSION Serie III hat einen Speicherplatz von 256 KB und läßt sich ausbauen bis vier MB. Allerdings ist auf dem Markt keine Navigations-Software erhältlich. Man muß sie selber schreiben, was viel Arbeit und Spaß macht.

über Monate hinweg gespeichert werden kann (Continuous Memory) und selbst einen Batteriewechsel heil übersteht.
Wirklich voll tauglich sind deshalb nur die sogenannten vollprogrammierbaren Rechner, die sich auch in der Navigation neben den fertig programmierten Rechner immer mehr durchsetzen, weil navigatorische Berechnungen durch sie ganz einfach zuverlässiger und genauer geworden sind. Freilich ist hierzu auch ein anwenderfreundliches Programm nötigt, das – und das ist der große Reiz bei vollprogrammierbaren Rechnern – von jedermann selbst erstellt werden kann. Der Phantasie sind hierbei keine Grenzen gesetzt.
Es wird jedem dringend empfohlen, sich einmal mit diesem interessanten Gebiet zu befassen. Er wird feststellen, daß keine mathematischen Vorkenntnisse erforderlich sind und daß es sich hierbei um eines der letzten Gebiete handelt, auf dem in unserer hochtechnisierten Zeit auch ein einzelner allein mit gesundem Menschenverstand durchaus originelle Programme für seinen persönlichen Bedarf oder auch zum Nutzen der Allgemeinheit aufstellen kann. Voraussetzung hierfür sind lediglich ein vollprogrammierbarer Rechner mit möglichst großer Programmkapazität (ab 224 Schritte), Geduld, richtige Formeln für das Problem und ein ganz klein bißchen laienhafte Programmiertechnik.

Jeder Laie kann programmieren, wenn er nur ein paar Regeln beachtet

Alle programmierbaren Rechner werden mit einer ausführlichen Gebrauchsanweisung geliefert, die oftmals mehrere hundert Seiten umfaßt. Es ist ziemlich frustrierend, wenn ein Navigator meint, zum Erstellen eines Programms müsse er zunächst einmal die gesamte Gebrauchsanweisung „lernen". Leider oder Gott sei Dank sind die heutigen Rechner so leistungsfähig, daß es für den im Beruf stehenden Hobby-Nautiker nahezu unmöglich ist, so ein Gerät mit allen dazugehörigen Raffinessen wirklich zu beherrschen.
Das heißt aber nicht, daß er dadurch nicht in der Lage ist, Programme zu erstellen. Der beste Weg, seinen Rechner kennenzulernen, ist, sich eine nicht so schwierige Programmaufgabe vorzunehmen (Beispiel: Höhenwinkelmessungen von Landobjekten usw.) und diese dann mit Hilfe des Stichwortverzeichnisses in der Gebrauchsanweisung langsam durchzuarbeiten. Ist das einmal geschafft, so ist es beim nächsten Mal viel leichter, ein Programm auszubauen oder aber sich an ein schwierigeres Programm heranzuwagen. Die Hauptarbeit beim ganzen Programmieren liegt eigentlich im Kennenlernen des Rechners.
Trotzdem sollte der Navigator von Anfang an versuchen, bei seinen Programmen ein paar Grundregeln zu beachten, und sich auf keinen Fall damit begnügen, irgendwie zu einem richtigen Ergebnis zu kommen. Diese Programme sind in der Regel meistens wertlos, weil er nach einer gewissen Zeit kaum noch etwas mit ihnen anfangen kann.

Folgende Punkte sind deshalb immer zu beachten:

- Das angestrebte Ergebnis muß mit so wenig Eingaben wie nur irgend möglich erreicht werden.
- Das Eingabeformat soll logischen Grundsätzen folgen.
- Das Ergebnis muß im gleichen Format ausgewiesen werden wie die Eingaben.
- Die Eingaben müssen auf unkomplizierte Art und Weise in den Rechner gebracht werden.
- Das Programm sollte nach Möglichkeit von jedermann angewendet werden können.

Das Eingabeformat

Grundsätzlich könnte es gleichgültig sein, ob der Navigator beispielsweise 15°02,4′W als „15,024" oder als „15024" oder als „1502,4" oder mit negativem Vorzeichen eingibt. Es sollte deshalb von Anfang an darauf geachtet werden,

- daß ein und dasselbe Eingabeformat immer verwendet wird und
- daß das Eingabeformat möglichst auch der üblichen Praxis entspricht.

Auf keinen Fall darf der Navigator später am Kartentisch mit mehreren Programmen arbeiten, die jeweils anders zu bedienen sind. Nach Möglichkeit muß jedes Programm mit ganz kurzen präzisen Gebrauchsanleitungen heruntergespielt werden können.
Welches Eingabeformat letztlich verwendet wird, bleibt sich gleich, doch sollte auch hier gewisse Logik vorherrschen. „15,024" für eine Koordinate ist beispielsweise nicht sehr logisch, weil rechts vom Komma gegenüber der Gradzahl links vom Komma eine Mischzahl steht, nämlich Minuten und Zehntelminuten. Klarer ist deshalb die Eingabe „1502,4", weil hier durch das Komma die Grade und Minuten als sexagesimales Format vom dezimalen Format, den Zehntelminuten, getrennt ist.

Empfehlung: Koordinaten und Werte aus dem Nautischen Jahrbuch sollten grundsätzlich so eingegeben werden, daß die Zehntelminuten rechts vom Komma stehen.

Unklarheit besteht derzeit, wie die Himmelsrichtungen bezeichnet werden sollen. Daß Nord positiv und Süd negativ ist, wird allgemein anerkannt. Bei den Längengraden hingegen gibt es Unterschiede. Einige glauben, daß es richtig ist, West als negativ zu bezeichnen. Dies widerspricht zumindest in der astronomischen Navigation, dem Hauptanwendungsgebiet für Rechenprogramme, der Tatsache, daß dort beispielsweise der Greenwichwinkel immer positiv angegeben, die Länge der Sonne, deren Bildpunkt beispielsweise auf 110°W ist, also mit +110° eingegeben wird. Es ist – nach Meinung des Autors – deshalb unlogisch, diese 110° mit einem Pluszeichen zu versehen, während die Schiffslänge von 110°W mit „−110°" in den Rechner zu geben ist. Logischer ist es, alle Westlängen mit „+" und alle Ostlängen mit „−" zu bezeichnen.
Uhrzeiten sollten zur Vermeidung von Verwechslungen mit Koordinaten in einem anderen Format angezeigt werden. Empfehlenswert ist es deshalb, das Komma ganz wegzulassen oder es nach den vollen Stunden einzusetzen, was den Vorteil hat, daß Uhrzeiten unmittelbar mit der Taste [D.MS] in Dezimalstunden umgewandelt werden können, was wertvollen Programmplatz spart.
Richtungen und Kurse werden in der Navigation üblicherweise von vornherein als Dezimalgrad benutzt, weil die Minuten oder gar die Zehntelminuten nicht mehr zu zeichnen und schon gar nicht mehr zu steuern sind. Deshalb ist es logisch, daß Richtungen auch so in den Rechner eingegeben und entsprechend wieder als Ergebnis angezeigt werden.
Aber auch die Art und Weise, wie die Ausgangswerte für eine nautische Berechnung in den Rechner eingegeben werden, sollte sich der Navigator frühzeitig überlegen, damit jedes seiner Programme ungefähr das gleiche System hat. Nachdem jeder programmierbare Rechner über mindestens fünf Programmtasten verfügt, die wahlweise für die Eingabe der Variablen verwendet werden können, sollte sich der Navigator auch hier von vornherein gewisse Richtlinien auferlegen. Es ist beispielsweise bei vielen nautischen Berechnungen so, daß der feste oder gegißte Schiffsort gebraucht wird. Dies ist eine der wenigen Gemeinsamkeiten bei den mannigfaltigen Berechnungen in der Navigation. Man sollte deshalb für den Schiffsort stets ein und dieselbe Taste benutzen, beispielsweise die Taste [A].
Es entspricht auch seemännischer Tradition, daß bei Koordinaten zuerst die Breite und dann erst die Länge eingegeben beziehungsweise angezeigt wird. Würde der Navigator hier von Programm zu Programm wechseln, so könnten Fehler kaum ausbleiben, wenn er nicht immer zu jedem Programm – selbst wenn er es täglich benutzte – nicht die Gebrauchsanweisung verwenden würde.

Das Programm muß anwenderfreundlich und dialogfähig sein

Der praktische Nutzen eines Programms wird in erster Linie davon bestimmt, wie leicht und fehlerfrei es in der Hand eines jeden anzuwenden ist. Die Berechnung mit einem Rechnerprogramm spielt sich in drei Schritten ab:

1. Die Variablen werden eingegeben und der Rechner gestartet.
2. Der Rechner rechnet.
3. Das Ergebnis wird angezeigt, und die weiteren Ergebnisse werden abgerufen.

Es versteht sich von selbst, daß der Navigator nur beim ersten und beim dritten Schritt aktiv beteiligt ist. Ein Programm, bei dem der Rechner anhält, um irgendwelche uninteressanten Zwischenergebnisse anzuzeigen, ist in der Praxis nicht brauchbar, wenn der Navigator daraufhin den Rechner erst wieder starten muß. Seine Tätigkeit muß streng darauf beschränkt sein, so einfach wie möglich die Variablen einzugeben und das Ergebnis abzuwarten. Daraus folgt auch, daß er nur bei der Eingabe die Möglichkeit haben darf, Fehler zu machen. Diese Gefahr muß dadurch gering gehalten werden, daß der Rechner auch bei der Eingabe dem Navigator durch ein Dialogsystem hilft. Ein Dialogsystem bestünde beispielsweise darin, daß der Rechner immer nach der nächsten Eingabe fragt, also im Anzeigeregister stehen würde:

„Schiffslänge?“

Es ist faszinierend, wie der Rechner den Benutzer eines Programms mit Fragen nach Breite, Länge usw. durch das Programm führen kann:

Anzeige:
LAT? → Eingabe → Programmtaste
LON? → Eingabe → Programmtaste
usw.

Heute ist die alphanumerische Anzeigemöglichkeit (also mit Buchstaben) schon eine Selbstverständlichkeit bei Rechnern der gehobenen Preisklasse. Bei den BASIC-Computern ist dies ohnehin vorgegeben.
Ein Programm, das nicht dialogfähig ist, ist in der praktischen Navigation unbrauchbar. Bei der Planung eines Programms sollte übrigens der Platzbedarf schon berücksichtigt werden; sonst erlebt der Navigator später unangenehme Überraschungen, wenn er feststellt, daß der vorhandene Programmplatz unter Umständen gar nicht mehr ausreicht.

Die Planung eines Programms

Es ist wichtig, daß ein Programm sich tatsächlich nur nach den bereits erwähnten drei Arbeitsgangregeln abspielt:

1. Eingaben
2. Rechnen
3. Ergebnisse

Dringend abzuraten ist von der häufig zu beobachtenden Methode, die Eingaben über das gesamte Programm zu verstreuen, das heißt, sie nicht in einem Zug durchzuführen, sondern nach jeder Eingabe schon Teile des Programms durchzurechnen. Die Rechendauer umfangreicher Programme kann nämlich mehrere Minuten ausmachen, so daß der Navigator die Eingaben möglichst hintereinanderweg durchführen sollte. Dann braucht er sich beim Eintippen nur 20 oder 25 Sekunden lang zu konzentrieren.

Hält sich der Programmierer nicht an die Dreiteilung „Eingeben – Rechnen – Ergebnisse anzeigen“, ist bei langwierigen Programmen eine Aufmerksamkeit über mehrere Minuten erforderlich, die naturgemäß mit fortschreitender Zeitdauer nachlassen kann. Bei Verwendung von guten Rechenprogrammen können Fehler praktisch allein bei der Eingabe gemacht werden. Der Benutzer muß sich also nur für eine relativ kurze Zeitspanne konzentrieren.
Soll ein Rechenprogramm diesem Bedürfnis nach Sicherheit der Eingaben nachkommen, so muß von Anfang an mehr Programmplatz einkalkuliert werden. Jede Eingabe muß nämlich in Speichern abgelegt werden, aus denen später das Programm selbsttätig die jeweiligen Variablen abruft. Pro Eingabe kann man so in Verbindung mit einem wirksamen Dialogsystem – je nach Rechnertyp – vier bis acht Programmschritte planen.

Die Eingabedaten müssen erhalten werden

Noch vor ein paar Jahren, als nur einfache Elektronenrechner zur Verfügung standen, war ein gewichtiges Argument gegen ihre Verwendung in der Navigation der Vorteil von schriftlichen Berechnungen. Der Rechengang auf einem Blatt Papier läßt sich beliebig oft überfliegen und nachprüfen. Nach ähnlichen Kontrollmöglichkeiten muß auch beim Einsatz von Elektronenrechnern gesucht werden. Am leichtesten läßt sich dies da-

Der HP 95LX ist ein vollwertiger Computer mit 512 KB RAM. Sein Speicher ist erweiterbar bis 20 MB. Er läuft sogar mit dem verbreiteten DOS-System. Wegen der Anzeige von „nur“ 40 Zeichen mal 10 Zeilen kann allerdings die normale DOS-Software nicht unverändert übernommen werden, so daß letztlich das Software-Angebot auf dem Gebiet der Navigation klein ist. Er ist aber ideal für die Erstellung eigener Programme.

durch realisieren, daß die eingegebenen Daten erhalten und zur Kontrolle zurückgerufen werden können. Wenn nämlich das Programm fehlerfrei ist und die Eingaben richtig erfolgten, was durch das Rückrufprogramm nachgeprüft werden kann, muß in der Anzeige das richtige Ergebnis erscheinen. Die Wahrscheinlichkeit, daß der Rechner – soweit genügend Strom vorhanden – selbst Fehler macht, ist praktisch gleich Null.
Wenn während des Programms Eingaben gelöscht werden würden, könnte der Navigator zur Überprüfung der Richtigkeit nur noch den recht mühevollen Weg einschlagen, die Berechnungen von vorn zu beginnen. Es versteht sich von selbst, daß die Abfrage des Rechners nach den Eingabedaten nicht in der Weise erfolgen darf, daß der Navigator erst in der Gebrauchsanweisung oder gar in der Auflistung der Programme nachsehen muß, in welchen Speichern sich die Eingaben befinden. Das wäre genauso kompliziert wie ein erneutes Durchrechnen der ganzen Aufgabe.
Es ist deshalb ein Gebot der Sicherheit, immer ein Zusatzprogramm „Abfrage der Eingabedaten" anzuhängen, durch das mit Hilfe von einer oder höchstens zwei Programmtasten alle Werte zurückgeholt werden können. Aber auch dies erfordert zusätzlichen Programmplatz, der von Anfang an mit berücksichtigt werden muß.

Programmiertechnik und -hilfen

Programmtasten

Wenn der Rechner ein Programm durchführt, so bearbeitet er der Reihe nach die Befehle, die ihm zuvor eingegeben worden sind. Er springt also von Befehl zu Befehl. Mit Hilfe der sogenannten Programmtasten kann er dazu gebracht werden, an eine ganz bestimmte Stelle dieser Befehlsreihe zu springen, nämlich genau dorthin, wo die Programmarke (Label) vorprogrammiert ist, um von dort aus das Programm weiter abzufahren, bis er irgendwo auf einem Stoppbefehl ankommt.
Es sind zwei Programmtasten zu unterscheiden: die bestimmte und die unbestimmte. Der Unterschied ist folgender: Wird beispielsweise die Taste [A] gedrückt, so geht der Rechner automatisch an die Stelle des Programms A, wo dieses Label einprogrammiert ist, und beginnt dort mit dem Ablauf des Programms, bis er den Befehl zum Anhalten bekommt. Die unbestimmte Programmtaste – meistens mit [R/S] (RUN/STOP) bezeichnet – hat dagegen nur die Wirkung, daß der Rechner genau an der Stelle in der Befehlsreihe, an der er zuvor stehengeblieben ist oder noch steht, im Programm weiterfährt. Diese Unterscheidung spielt eine große Rolle bei der Planung des ganzen Programms.
Wie bereits gesagt, sollten möglichst sämtliche Eingaben, also die Variablen, in einem Zug eingegeben werden, damit der Rechner anschließend die ganze Rechnung durchführt. Wenn er nun aber beispielsweise nur über fünf bestimmte Programmtasten verfügt, so könnten nicht mehr als fünf Eingaben verarbeitet werden, was bei der großen sonstigen Leistungsfähigkeit der Elektronenrechner nicht besonders viel wäre. Deshalb wird hier der unbestimmte Programmbefehl [R/S] eingesetzt.
In der Praxis bedeutet dies, daß beispielsweise die erste Variable, vielleicht die Schiffsbreite, ins Anzeigeregister eingegeben und anschließend über die Taste [A] mit nachfolgendem Speicherbefehl in ein Register abgelegt wird, worauf im Programm die Taste [R/S] (RUN/STOP) bei diesem Befehl anhält. Nun hat der Navigator die Möglichkeit, seine Schiffslänge einzugeben und durch Drücken der Taste [R/S] den Rechner wieder in Gang zu setzen, bis im Programm der nächste Stoppbefehl (R/S) das Programm zum Halten zwingt. So kann mit der Taste [R/S] eine beliebige Vielzahl von Variablen in den Rechner eingegeben werden, ohne daß die wertvollen Programmtasten aufgebraucht werden.
Der Nachteil von [R/S] zeigt sich aber erst in komplexeren Programmen, wo mehrere Rechnungen hintereinander durchgeführt werden sollen. Werden nämlich nur die Taste [A] für den ersten Programmstart und ausschließlich weitere R/S-Befehle benutzt, so muß der Navigator sämtliche Eingaben wiederholen, auch wenn sich gegenüber der in der vorangegangenen Rechnung verwendeten Variablen nur die sechste Eingabe geändert hat.
Ein Beispiel: In einem sehr umfangreichen Programm aus der Astronavigation sollen mehrere Standlinien hintereinander berechnet werden. Wenn die erste Eingabe nach der Taste [A] das Datum und die Augeshöhe sind, während anschließend der gemessene Winkel folgt, so müssen für jede weitere Standlinie das Datum und die Augeshöhe immer wieder mit eingegeben werden, obwohl sich zumindest das Datum während des ganzen Tages nicht ändert. In einem solchen Fall würde man die Augeshöhe und das Datum der Taste [A] und der nachfolgenden Taste [R/S] zuordnen, während der gemessene Winkel beispielsweise mit der Taste [B] in den Rechner gebracht wird. Bei der Berechnung der zweiten Standlinie kann dann also getrost bei der Taste [B] begonnen werden, während die Eingaben für Datum und Augeshöhe gespart werden können.
Die Zahl der Eingaben auf ein Minimum zu reduzieren, dient ebenfalls der Sicherheit eines Rechnerprogramms, weil die Wahrscheinlichkeit von Irrtümern vermindert wird. Die Programmtasten lassen sich sehr gut mit

Schubladen vergleichen, die hintereinander liegende Fächer aufweisen. Wenn die Schublade [A] bereits mit den richtigen Eingaben gefüllt ist, kann bei der Berechnung der zweiten Standlinie ohne weiteres mit dem Aufziehen der Schublade [B] begonnen werden. Würden sich aber Sextantwinkel im dritten Fach der Schublade [A] befinden, so müßten die einzelnen Fächer noch einmal durchgegangen werden, um im dritten Fach der Schublade [A] den zweiten Sextantwinkel einzugeben.

Selbst wenn der Rechner, wie beispielsweise die HP-Rechner, über nahezu beliebig viele Programmtasten verfügt, ist der Einsatz der Taste [R/S] unter Umständen auch angebracht. Wenn etwa Schiffskoordinaten eingegeben werden, ist es unsinnig, für die Breite die Taste [A] zu nehmen und für die Länge die Taste [B]. Die Koordinaten werden nämlich immer gemeinsam eingegeben, so daß es nur verwirrend ist, wenn der Navigator sowohl bei der Breite als auch bei der Länge nachsehen muß, welche Programmtaste er drücken muß, um die Koordinaten einzubringen. Mit Eingabe der Breite befindet er sich schon in der richtigen Schublade, so daß es ausreicht, die Taste [R/S] nachfolgend für die Länge zu drücken.

Labels

Man könnte „Label" durchaus mit Überschrift oder aber auch mit Adresse bezeichnen. Die Programmtasten [A] [B] [C] [D] [E] stellen bereits solche Labels dar. Wenn die Taste [A] gedrückt wird, so wird der Rechner, gleichgültig, an welcher Stelle des Programms er sich gerade befindet, automatisch zu der Stelle des Programms zurückkehren oder vorspringen, an der „A" einprogrammiert ist. Gleichzeitig wird er an dieser Stelle das Programm fortsetzen, ohne einen weiteren Befehl erhalten zu müssen. Ein derartiges Springen ist aber nicht nur manuell durch Tastendruck herbeizuführen, sondern oftmals auch ein Befehl innerhalb eines Programms, wozu meistens die Taste [GTO] benutzt wird, was nichts anderes bedeutet als *go to* (gehe nach!). Um dem Rechner auch noch zu sagen, wohin er gehen muß, muß nach dem GTO-Befehl unbedingt die Adresse angegeben werden, was meistens in Form eines Labels geschieht. Wenn also in einem Programm der Befehl gegeben wird, GTO „go to" D, muß selbstverständlich auch im Programm irgendwo das Label D enthalten sein, worauf der Rechner unmittelbar an diese Stelle springt und – wenn der „go to"-Befehl innerhalb eines Programms gegeben wurde – dort auch die Rechnung fortsetzt. Labels müssen deshalb vor Beginn der Erstellung eines Programms sehr sorgfältig geplant werden, damit man bei Bedarf den Rechner anweisen kann, zu einer bestimmten Adresse zu springen. Man kann übrigens auch derartige Adressen nicht mit Hilfe eines Labels angeben, sondern mit Hilfe des Programmplatzes, also beispielsweise „go to" Schritt Nr. 221. Der Rechner wird bei diesem Befehl zum 221. Programmschritt springen und dort die Rechnung fortsetzen. Das gleiche würde er aber auch vollziehen, wenn er den Befehl GTO A erhalten hätte und bei 221 tatsächlich „A" einprogrammiert wäre.

Es wird dringend empfohlen, keine Sprungbefehle nach Programmschrittzahl anzugeben, sondern immer mit Labels zu arbeiten. Der Grund ist folgender: Es ist sehr selten, daß ein einmal aufgestelltes Programm sofort einwandfrei funktioniert und es den Anwender voll befriedigt. Meistens werden von Zeit zu Zeit noch Verbesserungen durchgeführt, indem zusätzliche Schritte eingefügt oder aber auch Teile des Programms gestrichen werden. Beides führt dazu, daß im obigen Beispiel beim 221. Programmschritt eben nicht mehr der Programminhalt steht, der ursprünglich dort vorhanden war, und der Rechner dann an einer falschen Stelle weiterrechnet. Hätte der Programmierer dort das Label D und den Sprungbefehl mit GTO D angegeben, so wäre der Rechner zu D gesprungen, gleichgültig, wo sich dieser nun nach Einfügen von zusätzlichen Schritten in der Mitte des Programms befunden hätte.

Unterprogramme

Größte Ersparnis von wertvollem Programmraum erzielt man bei Verwendung von Unterprogrammen, auch Subroutinen genannt. Ein Beispiel verdeutlicht dies am besten: Nachdem jeder Rechner nur Dezimalgrad direkt verarbeiten kann, ist es notwendig, sämtliche Eingaben, die in Gradminuten und Zehntelminuten erfolgen, zunächst einmal in Dezimalgrad umzurechnen, bevor sie in der eigentlichen Rechnung verwendet werden. Würde man diese immer wiederkehrende Umrechnung nach jeder Eingabe einprogrammieren, so würde dies eine ganze Reihe von Programmschritten bedeuten, die sich während des Laufs eines ganzen Programms mehrfach wiederholen würden. Man kann deshalb im eigentlichen Programm nach jeder Eingabe einer Zahl, bestehend aus Grad, Minuten und Zehntelminuten, den Befehl erteilen:

Gehe zum Unterprogramm für die Umrechnung in Dezimalgrad und kehre daraus wieder zurück!

Jeder elektronisch programmierbare Rechner hat solche Unterprogrammbefehle, die durch ein Label begonnen und durch einen Rücksprungbefehl abgeschlossen wer-

den. Im obigen Beispiel kann also ein einziges Programm für die Umwandlung in Dezimalgrad von jeder beliebigen Stelle des Programms aus aufgerufen werden, wobei es unerheblich ist, ob dieses Unterprogramm die Rechnung zweimal oder 20mal durchführen muß. Wie wichtig solche Unterprogramme sind, zeigt die Tatsache, daß jedes gute Astro-, Koppel- oder Strom-Programm bereits mindestens zwei Unterprogramme hat, nämlich die Umwandlung in Dezimalgrade und die Rückverwandlung in Grade, Minuten und Zehntelminuten, bevor das Ergebnis angezeigt wird.
Fortschrittliche Rechner verfügen sogar über mehrere Unterprogrammebenen, das heißt, ein Unterprogramm kann wiederum selbst ein weiteres Unterprogramm aufrufen, was allerdings in der Praxis nicht sehr häufig vorkommt.

Bedingte Verzweigungen oder logische Entscheidungen

Jeder vorprogrammierbare Taschenrechner hat die Möglichkeit, Fragen zu stellen, zu beantworten und je nach Antwort „ja“ oder „nein“ eine Verzweigung vorzunehmen, um das Programm an anderer Stelle der Antwort entsprechend fortzusetzen. Auch hier kann dies am besten ein Beispiel verdeutlichen:
Nachdem in der Navigation vollkreisig, also von 0° bis 360° navigiert wird, werden Zahlen über 360° nicht verwendet. Der Navigator macht dies manuell dadurch, daß er beispielsweise bei einem Rechenergebnis von 432° automatisch 360° abzieht und als Ergebnis 72° ansieht. Der Rechner kann dies nicht unmittelbar, so daß dies zu dem paradoxen Ergebnis führen würde, daß die Elektronen zwar in Sekundenschnelle zu einem Resultat kämen, der Navigator aber dann recht primitiv zum Bleistift greifen und die Rechnung durchführen müßte: 432° − 360° = 72°.
Verfügt der Rechner über die Möglichkeit der logischen Verzweigung, so kann er in das sogenannte Testregister 360° einspeichern und nunmehr die Frage stellen:

> Ist das Ergebnis größer als die Zahl im Testregister? Wenn ja, verzweige zum Unterprogramm X, wenn nein, zeige das Ergebnis an.

Bei einem Ergebnis von 432° würde der Rechner also zum Unterprogramm X verzweigen, indem nichts anderes getan wird, was der Navigator nicht auch manuell durchführen würde, nämlich ganz einfach 360° vom Ergebnis abzuziehen. Programme aus der Astronavigation können kaum ohne die Möglichkeit der logischen Verzweigungen durchgeführt werden.

Flag

Ein Flag ist ebenfalls ein sehr wichtiger Programmbefehl. Er hat Ähnlichkeit mit den erwähnten logischen Verzweigungen. Allerdings lautet die Frage hier:

> Ist ein Flag gesetzt, dann verzweige zum Unterprogramm.

Ein Flag läßt sich beispielsweise bei der Diagnose eines Programms einsetzen, also bei einer Überprüfung, ob es einwandfrei arbeiten würde. Meistens wird diese Diagnose so durchgeführt, daß der Rechner automatisch alle auf der Magnetkarte enthaltenen Programme durchrechnet und anschließend ein ganz bestimmtes Ergebnis anzeigt, aus dem hervorgeht, ob die Programme einwandfrei arbeiten. Würde das Fehlerdiagnoseprogramm etwa mit der Taste [D] aufgerufen, so würde nach D der Befehl kommen, das erste auf der Magnetkarte enthaltene Programm durchzurechnen. Ohne Flag würde der Rechner am Ende des ersten Programms anhalten und ein Ergebnis aufzeigen, das im Moment noch gar nicht interessiert, denn er soll ja bei der Fehlerdiagnose sämtliche Programme durchrechnen und überprüfen. Deshalb wird nach der Taste [D] der Befehl gegeben, Flag Nr. 1 zu setzen. Kommt nunmehr nach dem Durchrechnen des ersten Programms der Rechner an die Stelle, wo er üblicherweise das Ergebnis anzeigt, wird er vorher noch den Befehl vorfinden:

> Ist Flag 1 gesetzt?
> Wenn nein, zeige das Ergebnis an.
> Wenn ja, rechne mit dem bisherigen Ergebnis im Programm Nr. 2 weiter und fahre deshalb in der Rechnung ohne anzuhalten fort.

Nach dem Programm 2 wird der Rechner sich ebenfalls diese Frage stellen und anhalten, ein Ergebnis zeigen und dann im Programm 3 weiterfahren. Bevor er dann schließlich nach dem Durchrechnen sämtlicher Einzelheiten das Ergebnis anzeigt, wird er noch den Befehl durchführen, Flag Nr. 1 zu löschen, so daß bei den nächsten Berechnungen nach dem jeweiligen aufgerufenen Programm das Ergebnis angezeigt wird.

Einige Routinetastenfolgen zur Verwendung in längeren Navigationsprogrammen

Umwandlung von Grad, Minuten und Zehntelminuten in Dezimalgrad (wenn das Komma vor den Zehntelminuten steht)

AOS	*UPN*
INV	H.MS
D.MS	1
:	0
1	0
0	:
0	H
=	
D.MS	

Rückverwandlung von Dezimalgrad in Grad, Minuten und Zehntelminuten

AOS	*UPN*
INV	H.MS
D.MS	1
x	0
1	0
0	x
0	H
=	
D.MS	

Umwandlung von negativen Gradzahlen in das vollkreisige System

Bei vielen Kurs- oder Richtungsberechnungen kommen ein negativer Wert oder auch mehr als 360° heraus. Es ist deshalb immer empfehlenswert, bei Kurs- und Richtungsberechnungen ein Routineprogramm anzuhängen, das sicherstellt, daß nur positive Werte unter 360° ausgewiesen werden. Die Tastenfolge sieht folgendermaßen aus:

AOS	*UPN*	*UPN (HP 41C)*
+	3	3
3	6	6
6	0	0
0	0	MOD
0	+	
=	3	
:	6	
3	0	
6	:	
0		
=		
INV ← Abspaltung des Nachkommaanteils →	FRAC	
INT	3	
x	6	
3	0	
6	x	
0		
=		

Kalender

Dieser wird dann benötigt, wenn man über einen leistungsfähigen vollprogrammierbaren Taschenrechner verfügt. Nur mit Hilfe des Kalenders läßt sich beispielsweise der Aries, also der Frühlingspunkt, für den Zeitpunkt der Messung genau bestimmen.
Mit der folgenden Formel wird ausgerechnet, der wievielte Tag (T) nach einem angenommenen Tag um Christi Geburt das betreffende Datum darstellt. Nach diesen Daten nämlich richten sich die Formeln für Aries und Bildpunktkoordinaten auf den folgenden Seiten. Die genannte Formel gilt nur für Januar und Februar:

> 365 × Jahr + Tag + 31 × Monat − 46 +
> Vorkommaanteil von [(Jahr − 1) : 4] =
> Anzahl der Tage seit Christi Geburt

Wenn es sich um ein Datum außerhalb von Januar und Februar (logische Verzweigung) handelt, gilt folgende Formel:

> 365 × Jahr + Tag + 31 × Monat − 46 −
> Vorkommaanteil von (0,4 × Monat + 2,3) +
> Vorkommaanteil von (Jahr : 4) =
> Anzahl der Tage nach Christi Geburt

Diese Formeln können nur im 20. Jahrhundert verwendet werden.

Die „Profis" unter den vollprogrammierbaren Rechnern

Dazu zählen alle BASIC-Taschencomputer. Häufig haben sie im gleichen Gerät noch einen leistungsfähigen Rechner integriert, so daß dem Benutzer ein riesiger Befehlsvorrat zur Verfügung steht.
Die Geräte sind heute so leistungsfähig geworden, daß der Skipper, der sich eigene Programme zurechtschneidern möchte, unbedingt einen Drucker und ein Speichermedium für seine Programme haben sollte. Ohne

Drucker kann die unausbleibliche Fehlersuche beim Porgrammieren zur Qual werden. Zudem ist ein batteriebetriebener Drucker ein ideales Aufzeichnungsgerät für die an Bord vorgenommenen Navigationsberechnungen.

Die „gute alte Magnetkarte“ war noch vor ein paar Jahren der letzte Schrei, um seine Programme dauerhaft aufzeichnen zu können. Der Recheninhalt ist aber heute meist so umfangreich geworden, daß die Aufnahmekapazität einer Magnetkarte bei weitem nicht mehr ausreichend ist. Statt 20 und mehr Magnetkarten für ein einziges Astroprogramm zu benutzen, speichert nunmehr eine Kassette oder ein kleines Diskettenlaufwerk die Programme.

Alle modernen Rechner behalten ihre Programme auch beim Ausschalten. Trotzdem darf sich der Skipper darauf nicht verlassen. Durch falsche Tastenbedienung, elektrostatische Ereignisse oder schlicht durch hohe Übergangswiderstände an den Batteriekontakten kann es zu einem Datenverlust – einem „Crash“ – kommen. Bei einem Tagestörn ist das meist kein Unglück, auf einem Atlantiktörn schon eher, wenn an Bord keine Möglichkeiten vorhanden sind, das Programm neu einzulesen. Deshalb meine Empfehlung: Kassettenlaufwerke oder zumindest ein zweiter vorgeladener Rechner!

Für die gehobene – astronomische – Navigation eignet sich am besten ein Rechner, in dem eine Quarzuhr integriert ist und die in der Lage ist, auch mit den Programmen zu kommunizieren.

Mit der Steigerung der Leistungsfähigkeit der Rechner, der Hardware also, ist leider nicht das Angebot der Software größer geworden. Sind früher der Navigation mit Rechner durch die beschränkte Leistungsfähigkeit der Rechner Grenzen gesetzt worden, jammern die Navigatoren heute über das Fehlen der entsprechenden Software (also der Programme). Es ist gar nicht so einfach, gute Programme zu schreiben; um so mehr verwundert es, wie kritiklos manche Navigatoren irgendwelche Magnetkarten oder vorgeladene Rechner einkaufen, ohne sich darüber Gedanken zu machen, ob die Programme praxisgerecht geschrieben sind oder auch nur stimmen. Unverständlich ist das, denn schließlich navigieren die Skipper mit diesen Programmen und vertrauen ihnen sozusagen die Sicherheit ihres Schiffes an. Ich kenne einen Programm-Schreiberling, der ist weder ein berufsmäßiger Programmierer noch ein Segler oder Motorbootfahrer. Trotzdem verkauft er erfolgreich seine Tastenfolgen. Und die Käufer sind der Meinung, daß sie hochwertige Ware einkaufen, wo doch die Gebrauchsanweisung so schön gedruckt ist und die Programme so teuer sind.

Man sollte generell kein Programm kaufen, ohne den Verfasser zu kennen und nach dessen Qualifikationen zu fragen. Schließlich kauft man auch kein Buch, ohne über den Autor Bescheid zu wissen. Bei einem Buch könnte man den einen oder anderen Fehler noch überlesen, ohne daß der Lesegenuß darunter leidet, bei der Navigations-Software bringt man sein Schiff in Gefahr.

Ein BASIC-Programm zur Berechnung von Aries und Sonnenbildpunkt

Dieses Programm eignet sich für die meisten BASIC-Computer. Es ist unmöglich, alle Funktionsbezeichnungen der verschiedenen Rechner zu berücksichtigen. Nachdem aber in diesem Programm keine ausgefallenen Befehle enthalten sind, dürfte es sich für alle BASIC-Computer der Firmen CASIO, SHARP, TEXAS INSTRUMENTS und HEWLETT PACKARD eignen. Das nachfolgende Listing stammt vom SHARP PC 1600. Es kann aber auf jeden anderen BASIC-Computer übertragen werden. Bei manchen wird es nötig sein, die negativen Exponenten, zum Beispiel in der Zeile 250, in Klammern zu setzen.

```
100:INPUT "TAG?";T1
110:INPUT "MONAT?";M1
120:INPUT "JAHR?";J1
130:INPUT "STUNDEN?";S1
140:INPUT "MINUTEN?";M9
150:INPUT "SEKUNDEN?";S9
160:Z2=(S1+M9/60+S9/3600)/24
170:IF M1>2THEN 200
180:T2=365*J1+T1+31*M1-46+INT ((J1-1)/4)
190:GOTO 210
200:T2=365*J1+T1+31*M1-46-INT (.4*M1+2.3)+INT (J1/4)
210:A=T2-693960-.5+Z2
220:B=A+.00064
230:C=(A-36525)/36525*36000.77005+(A-INT (A))*360+280.4606
240:D=279.6967+.98564735*B
250:E=358.4758+.9856002669*B-1.12437E-13*B^2
260:F=212.6+1.602122*B
270:G=225.44+.0830912*B
280:H=350.738+12.190749*B
290:I=259.181-.052953922*B
300:J=23.4523-3.565E-7*B+2.555E-3*COS (I)
310:K=.64*SIN (231+.000553*B)+.19*SIN (57+.004114*B)
320:L=690*SIN (E)
330:M=7*SIN (2*E)
340:N=.48*COS (299+F-E)
350:O=.55*COS (148+2*F-2*E)
360:P=.25*COS (316+2*F-3*E)
370:Q=-SIN (E-G+90)
380:R=.65*SIN (H)
390:S=D+(K+L+M+N+O+P+Q+R)/360
400:T=-1.72*SIN (I)
410:U=-.13*SIN (2*S)
420:V=-2.05
430:W=S+(T+U+V)/360
440:X=SIN (W)*COS (J)
450:Y=COS (W)
460:D9=ASN (SIN (J)*SIN (W))
470:Z=ATN (X/Y)
480:IF Y>0THEN GOTO 500
490:Z=Z+180:IF X<0THEN LET Z=Z-360
500:Z=Z+360
510:G9=360-Z+C
520:Z5=C:GOSUB 620:A9=Z5
530:Z5=G9:GOSUB 620:G9=Z5
540:Z9=D9:GOSUB 600:D9=Z8
550:Z9=G9:GOSUB 600:G9=Z8
560:Z9=A9:GOSUB 600:A9=Z8
570:CLS :PRINT "GRT:";G9
580:PRINT "DECLINATION:";D9
590:PRINT "ARIES:";A9:END
600:IF Z9>0THEN LET Z8=(Z9-INT (Z9))*60+INT (Z9)*100
610:IF Z9<0THEN LET Z9=-Z9:Z8=-1*((Z9-INT (Z9))*60+INT (Z9)*100):RETURN
620:Z5=Z5+72000-INT ((Z5+72000)/360)*360:RETURN
```

Dieses Programm benutzt die Formeln für die Sonnenephemeriden nach Dr. Förster (Seite 232). Es berechnet innerhalb weniger Sekunden mit einer für die Praxis voll ausreichenden Genauigkeit den Greenwichwinkel, die Declination und den Aries. Alle Werte werden in Graden, Minuten und Zehntelminuten angezeigt. Das Programm kann außerhalb unseres Jahrhunderts nicht benutzt werden.
Damit es sich leichter ausbauen läßt und zunächst zu raffinierte Schrittfolgen vermieden werden, erfolgt die Eingabe der Uhrzeit in kleinen „Portionen“, also Stunden, Minuten und Sekunden.
Der Kalender, der sich in den Schritten 170–210 befindet, ist identisch mit dem Kalender auf Seite 264. Dieses Programm ist als Anregung gedacht, es weiter auszubauen. Mit der Tastenfolge von Mietzsch auf Seite 236 können HC und das Azimut berechnet werden. Der nächste Schritt: Mit den Gesamtbeschickungsformeln auf Seite 208 kann sodann die gemessene Höhe berechnet und durch deren Vergleich mit HC das Interzept festgelegt werden usw.
Achtung: Dieses Programm funktioniert nur, wenn der Basic-Computer auch Altgrad verarbeitet. Das Ergebnis wird in Grad, Minuten, Zehntelminuten angezeigt. Greenwichwinkel (Bildpunktlänge) am 20. Januar 1990 um 14 Uhr 22 Minuten 48 Sekunden: 3256.41056 = 32 Grad, 56,4 Minuten; Declination (Bildpunktbreite): −2005.741369 = 20 Grad, 05,7 Minuten Süd; Aries: 33524.1599 = 335 Grad 24,1 Minuten.

Der 48SX von Hewlett Packard gilt als der Nachfolger des wohl populärsten Taschencomputers, des HP 41.

Schiffsort aus Gestirnsmessungen mit und ohne Versegelung mit dem HP 41*

Etwas mühselig ist es schon, das umfangreiche Programm auf Seite 307 in den HP 41 einzutippen, aber wenn es erst einmal darin ist, haben die H.O.-Tafeln einstweilen ausgedient. Mit diesem Programm lassen sich Standlinien und -orte aus Sonnen- und Fixsternmessungen ohne Nautisches Jahrbuch berechnen. Wegen des begrenzten Programmplatzes haben sich jedoch nur 21 der hellsten Fixsterne fertig einprogrammieren lassen. Die übrigen Gestirne können bei Zugrundelegung der Jahrbuchdaten zur vollen Stunde verwendet werden.
Dank des Dauerspeichers bleiben das Programm und die Eingaben auch nach dem Ausschalten des Rechners erhalten. Der besseren Darstellung in der Anzeige wegen sollten nach der Programmierung die Flags 28 und 29 gelöscht werden.

Gebrauchsanweisung für das eingetippte Programm

Eingabeformat:

– Koordinaten:	40°29′N	=	4029
	16°2,8′S	=	− 1602,8
	22°59′W	=	2259
	14°E	=	− 1400

Ost und Süd müssen also immer negativ (mit CHS) eingegeben werden.

- Sextantwinkel vom Sonnenunterrand werden ebenso wie Koordinaten eingegeben, also: 40°22,5′ = 4022,5.
- Kurse und Azimut werden als Dezimalgrad eingegeben, ein Kurs von 122° also als 122.
- Uhrzeit: Die mittlere Greenwichzeit wird ohne Komma eingetippt: 02-01-44 MGZ = 20144.
- Das Datum wird ohne Komma eingegeben, und zwar werden Tag, Monat und Jahr in dieser Reihenfolge jeweils zweistellig eingetippt, also: 12. Mai 1981 = 120581.

* Der HP 41 ist nicht mehr auf dem Markt, sein Nachfolger ist derzeit der HP 48. Da aber der HP41C der verbreitetste programmierbare Taschenrechner der Welt und dieser Markt so schnellebig ist, wird hier der HP 41 angesprochen. Immerhin ist er ja noch „second hand“ erhältlich. Das Nachfolgemodell ist der HP 48.

```
PRFLAGS

STATUS:
SIZE= 042
Σ= 11
DEG
FIX 9

PRKEYS

USER KEYS:
 11 "AS"
-14 "U"

PRREG

R00=  502,8088938
R01=  0,228610541
R02= -7,677813167
R03=  124,8459566
R04=  12,00000000
R05=  1,000000000
R06=  318,2378303
R07= -16690,69913
R08=  279,0817172
R09=  35,38943244
R10=  0,016666667
R11=  0,016666667
R12=  318,2455355
R13=  0,625000000
R14=  1,000000000
R15=  57,95000000
R16=  1,000000000
R17= -9,833333333
R18=  139,0000000
R19=  1,000000000
R20=  51,36412549
R21= -8225,760342
R22= -57325,90655
R23=  45975,75923
R24=  7403,732991
R25= -16690,69913
R26=  5275,662683
R27= -52685,71315
R28=  12065,56207
R29=  38768,21849
R30=  8818,168854
R31= -11058,42919
R32=  19288,39503
R33= -60756,37916
R34= -47053,07627
R35=  28073,65874
R36=  6331,753264
R37=  16416,70438
R38= -28946,68997
R39=  14683,49407
R40=  16468,78653
R41= -60281,40335

LIST 999

 01♦LBL 42
CF 22  AVIEW

 04♦LBL 43
PSE  FC? 22  GTO 43  RTN

 09♦LBL "U"
"D.LAT?"  XEQ 42  XEQ 01
STO 17  "D.LON?"  XEQ 42
XEQ 01  STO 18

 18♦LBL "AS"
"ASS.LAT?"  XEQ 42
XEQ 01  STO 10
"ASS.LON?"  XEQ 42
XEQ 01  STO 11

 27♦LBL B
"DATE?"  XEQ 42  STO 14
"H. OF EYE?"  XEQ 42
STO 19

 34♦LBL c
"BODY?"  XEQ 42  STO 05
STO 16

 39♦LBL C
"GMT?"  XEQ 42  CF 03
1 E4  /  HR  24  /
STO 13  "HO? O. E"
XEQ 42  XEQ 01  STO 15
16  X>Y?  GTO 99  SF 01
"SM? O. E"  XEQ 42
SF 02  60  /  STO 20
X=0?  GTO E  "COURSE?"
XEQ 42

 67♦LBL E
FIX 0  CF 04  STO 04
FS? 02  XEQ 84  CF 05
CF 06  CF 07  1  STO 07
RCL 05  RCL 16  5  X<Y?
SF 05  RDN  3  X=Y?
SF 10  RDN  4  X=Y?
SF 09  RDN  2  X=Y?
SF 07  RDN  3  /  INT  1
X=Y?  SF 06  "BODY*"
ARCL 16  AVIEW  FIX 1
FS? 05  GTO 15  FS? 06
GTO 49  GTO 16

111♦LBL 49
"GHA?"  ASTO 00  SF 04
XEQ 50  STO 07  "DECL?"
ASTO 00  XEQ 50  SF 05
FS?C 10  GTO 53  CF 05
SF 08

125♦LBL 53
RDN  RCL 07  X<>Y

129♦LBL 17
X<>Y  RCL 11  -  CHS
X<>Y  1  RCL 10  RDN
XEQ 06  RDN  STO 09
X<>Y  360  MOD  STO 08
X<>Y  XEQ 90  FS?C 01
GTO 80  FS? 04  RTN
XEQ 02  FIX 0
"HEIGHT* "  ARCL X
PROMPT  "AZIM*"  ARCL 08
PROMPT  GTO a

160♦LBL 01
HMS  1 E2  /  HR  RTN

166♦LBL 02
HMS  1 E2  *  HR  RTN

172♦LBL 18
RCL 14  1 E4  /  INT
STO 01  LASTX  -  CHS
1 E2  *  INT  STO 00
LASTX  -  CHS  1 E2  *
1900  +  STO 07  365  *
46  -  RCL 01  +  31
RCL 00  *  +  RCL 00  3
X>Y?  GTO 05  RDN  ,4  *
2,3  +  INT  -  RCL 07
4  /  INT  +  STO 01
RTN

221♦LBL 05
RDN  RDN  RCL 07  1  -
4  /  INT  +  STO 01
RTN

233♦LBL 06
P-R  X<>Y  RDN  P-R  R↑
R-P  X<>Y  R↑  +  X<>Y
P-R  X<>Y  RDN  R-P  R↑
X<>Y  R-P  RTN

252♦LBL 16
XEQ 18  722449  -
RCL 13  +  STO 00
,98564734  *  279,306  +
STO 07  -104,55  RCL 07
SIN  *  429,266  RCL 07
COS  *  -  RCL 07  2  *
STO 01  SIN  595,63  *
+  RCL 01  COS  2,283  *
-  RCL 07  3  *  STO 01
SIN  4,6  *  +  RCL 01
COS  18,7333  *  +
RCL 07  4  *  SIN  13,2
*  -  RCL 07  5  *
STO 01  COS  -  RCL 01
SIN  3  /  -  RCL 07  6
*  STO 01  SIN  ,5  *  +
,231  +  240  /  360
RCL 13  ,5  +  *  +  360
MOD  RCL 00  368,5637  -
STO 00  ,98560912  *
STO 07  SIN  ,016718  *
RCL 07  +  2  /  TAN
1,0337  *  ATAN  2  *
102,585  +  382 E-7
RCL 00  *  +  360  MOD
180  +  SIN  23,4412
SIN  *  ASIN  FS? 04
RTN  GTO 17

375♦LBL 90
1/X  CHS  ,276  +
FS?C 05  XEQ 04  FS? 07
XEQ 07  FS?C 08  XEQ 54
RCL 19  SQRT  ,03  *  -
CHS  RCL 09  16  X<>Y
X<=Y?  RTN  X<>Y  RDN  +
RTN

401♦LBL 04
,2692  -  RTN

405♦LBL 07
,533  -  RTN

409♦LBL 81
X<>Y  180  +  X<>Y  RTN

415♦LBL D
CF 00  17  STO 00  18
STO 01  XEQ 08  GTO 83

423♦LBL J
2  STO 00  3  STO 01
SF 00

429♦LBL 08
RCL 10  RCL 11
RCL IND 01  -
RCL IND 00  1  XEQ 06
RDN  90  -  CHS  60  *
"DIST*"  ARCL X  "⊢ SM"
PROMPT  FS?C 00  XEQ 81
RDN  360  MOD  "COURSE*"
ARCL X  PROMPT  RTN

456♦LBL 80
RCL 15  -  X>0?  XEQ 81
ABS

462♦LBL 85
CHS  90  +  1  RCL 10
RDN  XEQ 06  RDN  STO 10
RDN  CHS  ST+ 11  90
RCL 08  +  STO 12
FS? 02  GTO 89  FS? 03
XEQ 86

483♦LBL a
RCL 10  XEQ 02  "LAT* "
ARCL X  PROMPT  RCL 11
XEQ 02  "LON*"  ARCL X
PROMPT  FS?C 03  GTO D
496♦LBL 83
RCL 12  360  MOD  FIX 0
"LOP* "  ARCL X  PROMPT
RCL 15  XEQ 02  "HO* "
ARCL X  PROMPT  RCL 13
510♦LBL 98
24  *  HMS  1 E4  *
"GMT* "  ARCL X  FS? 04
RTN  PROMPT  RCL 14
"DATE* "  ARCL X  PROMPT
FIX 1  GTO a
527♦LBL 84
RCL 12  STO 06  RCL 04
RCL 20  GTO 85
533♦LBL 89
RCL 10  STO 20  RCL 11
STO 04  CF 02  SF 03
RTN
541♦LBL 86
RCL 04  RCL 11  -
RCL 10  RCL 20  +  2  /
COS  STO 07  *  CHS
RCL 20  RCL 10  -  R-P
X<>Y  RCL 06  -  SIN  *
RCL 06  RCL 12  -  SIN
/  STO 08  RCL 12  COS
*  CHS  ST+ 10  RCL 08
RCL 12  SIN  *  RCL 07
/  ST+ 11  GTO a
582♦LBL 15
XEQ 18  693960  -  1461
/  STO 01  INT  ,0307572
*  RCL 01  FRC
1440,02509  *  +
99,20189733  +  RCL 13
360,985644  *  +  FS? 04
RTN

605♦LBL 00
RCL 16  15  +  42  X=Y?
BEEP  RDN  RCL IND X
STO 07  FRC  1 E3  *
ABS  2,7  /  X<>Y  RDN
+  360  MOD  RCL 07  INT
1 E3  /  GTO 17

631♦LBL 52
360  +  RTN

635♦LBL 51
X<=Y?  XEQ 52  RTN

639♦LBL 50
CLA  "1."  ARCL 00
XEQ 42  XEQ 01  ENTER↑
CLA  "2."  ARCL 00
XEQ 42  XEQ 01  FS?C 04
XEQ 51  -  CHS  RCL 13
24  *  FRC  *  +  RTN

662♦LBL 54
,2667  -  "HP?"  XEQ 42
XEQ 01  STO 00  RCL 09
COS  *  +  RCL 00  ,272
*  -  FS?C 09  XEQ 55
RTN

680♦LBL 55
LASTX  2  *  +  RTN

686♦LBL F
"EVENING"  AVIEW  6
STO 04  XEQ 09  +
GTO 10

694♦LBL 09
SF 04  0  STO 13  XEQ 16
STO 00  SIN  RCL 10  SIN
*  CHS  RCL 04  CHS  SIN
+  RCL 00  CHS  COS
RCL 10  COS  *  /  ACOS
X<>Y  CHS  RTN

720♦LBL G
"MORNING"  AVIEW  12
STO 04  XEQ 09  -  CHS

728♦LBL 10
RCL 11  +  360  MOD
LASTX  /  STO 13  FIX 0
XEQ 98  AVIEW  XEQ 15
STO 00  5  STO 16

743♦LBL 44
1  ST+ 16  RCL 00
XEQ 00  17  X<=Y?
XEQ 11  GTO 44

752♦LBL 11
TONE 1  RCL 16  RDN  RDN
1 E5  /  X<>Y  INT  1 E3
/  +  +  FIX 5  "STAR*"
ARCL X  AVIEW  RTN  END
```

Gestirnsprogramm für den Taschenrechner HP 41C

– Seemeilen werden wie geschrieben eingegeben, also: 124 sm = 124.

Nach jedem Tastendruck fordert die Anzeige zur Eingabe bestimmter Werte auf. Es bedeuten:

D.LAT?	Bestimmungsortbreite?
D.LON?	Bestimmungsortlänge?
ASS.LAT?	gegißte Breite?
ASS.LON?	gegißte Länge?
DATE?	Datum?
H. OF EYE?	Augeshöhe in Meter?
BODY?	Nummer des Gestirns? – siehe Gestirnsverzeichnis (unten)
GMT?	mittlere Greenwichzeit?
HO? O. E	gemessener Sextantwinkel? oder – wenn Höhe erst berechnet werden soll – Taste [E] drücken
SM? O. E	versegelte Seemeilen? oder – wenn nur eine Standlinie berechnet werden soll – Taste [E] drücken
COURSE?	versegelter Kurs?
1. GHA?	Greenwichwinkel zur vorangegangenen vollen Stunde (siehe N. J.)? – Nur bei nicht vorprogrammierten Gestirnen. Eingabeformat wie bei Koordinaten!
2. GHA?	Greenwichwinkel zur nachfolgenden vollen Stunde?
1. DECL?	Declination zur vorangegangenen vollen Stunde?
2. DECL?	Declination zur nachfolgenden vollen Stunde?
HP?	Horizontalparallaxe? – nur beim Mond

Gestirnsverzeichnis:
1 = Sonnenunterrand, 2 = Sonnenoberrand, 3 = Planet, 4 = Mondunterrand, 5 = Mondoberrand, 6 = Rigel, 7 = Achernar, 8 = Capella, 9 = Beteigeuze, 10 = Sirius, 11 = Procyon, 12 = Canopus, 13 = Regulus, 14 = Wega, 15 = Atair, 16 = Spica, 17 = Arcturus, 18 = α-Centauri, 19 = α-Gruis, 20 = Pollux, 21 = Bellatrix, 22 = γ-Geminorum, 23 = ε-Canis, 24 = Denebola, 25 = Aldebaran, 26 = β-Centauri

Die Anwendung der Programme

Der Rechner ist so programmiert, daß er eine Sekunde nach Eingabe automatisch – also ohne Drücken einer Programmtaste – weiterarbeitet. Solange eine Taste gedrückt bleibt, läuft das Programm allerdings nicht. Damit lassen sich die Eingaben beliebig lange überprüfen oder korrigieren. Übernimmt der Rechner trotzdem eine falsche Eingabe, so beginne man ganz von vorne. Ob der Computer rechnet, erkennt der Benutzer an einem kleinen „PRGM" in der unteren Zeile der Anzeige. Dieses Zeichen ist auch dann zu sehen, wenn der Rechner zur Eingabe auffordert. Werden mehrere Ergebniswerte berechnet, lassen sich die weiteren Ergebnisse mit [R/S] abrufen.

1. Vorausberechnung von Sextanthöhe und rechtweisender Peilung zum Gestirn:
   Programmstart mit [A]
   Fragt der Rechner im Laufe der Eingabenabfrage „HO? O. E", muß [E] gedrückt werden, weil der Sextantwinkel ja erst berechnet werden soll.
2. Berechnung einer Gestirnsstandlinie:
   Programmstart mit [A]
   Fragt der Rechner „SM? O. E", muß [E] gedrückt werden, weil bei Standlinienberechnungen keine versegelte Strecke nötig ist. Als Ergebnis gibt der Rechner die Breite und die Länge (nach Drücken von [R/S]) eines Ortes auf der Standlinie und anschließend ihre Richtung an. Will der Navigator die Standlinie in die Karte einzeichnen, so muß er lediglich diesen Ort und hierdurch die Richtung der Standlinie (also nicht das Azimut!) eintragen. Wird weiter die Taste [R/S] betätigt, können alle Eingaben zur Kontrolle zurückgerufen werden.
3. Berechnung eines Fixortes aus zwei Gestirnsmessungen:
   Zunächst wird die erste Messung wie unter 2 beschrieben zu einer Standlinie verarbeitet. Anschließend:

   Start des Programms mit [C]

   Ergebnisse: Breite des Fixortes, dann [R/S] drücken
   Länge des Fixortes, dann [R/S] drücken
   Entfernung zum Ziel, dann [R/S] drücken
   Kurs zum Ziel, dann [R/S] drücken
   Richtung der zweiten Standlinie, dann [R/S] drücken
   (womit der Navigator sich wiederum im Eingabenrückrufprogramm befindet und zur Überprüfung fortlaufend [R/S] betätigen kann)

Hat zwischen den beiden Messungen keine Versegelung stattgefunden, muß bei der Frage nach den Seemeilen eine „0" eingetippt werden.
Wenn zwischen dem ursprünglich gegißten Schiffsort und dem errechneten Fix ein zu großer Unterschied (mehr als 60 sm) besteht, empfiehlt es sich, die gesamte Rechnung zu wiederholen, wobei als gegißter Schiffsort der berechnete Fixort verwendet wird.
Achtung: Sextantwinkel unter 16° sind aus Sicher-

Der HP 41C läßt kaum Wünsche für den Navigator offen. Freilich ist es nicht ganz einfach, alle seine Möglichkeiten auszunutzen. Bis zu 1800 Schritte lassen sich bei aufgesetztem Kartenhalter programmieren. Ein leistungsfähiger Drucker kann angesteckt werden. Umfangreiche Navigationsprogramme sind käuflich zu erwerben.

heitsgründen nicht verwendbar. Der Rechner zeigt bei einem solchen Versuch „NONEXISTENT" an.
Die zweite Standlinie kann mit einer weiteren Sonnenmessung wiederum zu einem Fixort verarbeitet werden, selbst wenn der Rechner zwischenzeitlich ausgeschaltet war. Zwischen den einzelnen Messungen sollen mindestens 120 Minuten liegen.
Hat sich zwischen den beiden Messungen das Datum oder die Augeshöhe geändert, muß mit [B] statt mit [C] gestartet werden. Wird ein anderes Gestirn verwendet, erfolgt der Start mit gelb [C].

4. Eingabe des Zielortes:
   Start des Programms mit gelb [D]
   Der Zielort muß nur einmal eingegeben werden, weil sich der Rechner die Koordinaten merkt. Es werden anschließend gleich Entfernung und Kurs vom momentan im Rechner enthaltenen Ort berechnet. Ist erst eine Standlinie oder der gegißte Schiffsort im Rechner, so werden von da aus Entfernung und Kurs berechnet.
5. Berechnung von Entfernung und Kurs zum Ziel:
   Start des Programms jederzeit mit [D]
   Es erscheinen die Entfernung und nach [R/S] der rechtweisende (Großkreisanfangs-)Kurs.
6. Datenrückrufprogramm:
   Start des Programms mit gelb [A]
   und Fortsetzung mit [R/S]
7. Dämmerungsberechnung:
   Programmstart mit [F] (Abend) oder mit [G] (Morgen). Das Programm gibt die zum Sternemessen günstige Dämmerungszeit und anschließend die zur Verfügung stehenden Sterne an. „6,11734" bedeutet, daß der Stern Nummer 6 zur Dämmerung in einer Richtung von 117° und 34° hoch ist.

Beispiel: Die Yacht KLEE befindet sich am 20. Januar 1982 auf ungefähr 22°24'N und 43°22,5'W und steuert Barbados (13°06'N und 59°39'W) an. Bei einer Augeshöhe von 3 m nimmt der Skipper um 13-00-12 MGZ eine Sonnenhöhe mit 37°30,5'. Nachdem die KLEE auf einem Kurs von 268° weitere 11 sm zurückgelegt hat, schießt der Skipper die Sonne nochmals um 14-59-12 MGZ mit 47°10'. Nach der Berechnung mit dem HP 41C ist der Schiffsort 22°30,3'N und 43°31,2'W. Nach Barbados sind es noch 1079 sm auf einem Kurs von 241°. Abenddämmerung ist um 20-57-35 MGZ. Zum Messen stehen die Sterne 6, 8, 9, 21, 22 und 25 zur Verfügung.

Das Programm funktioniert bei angeschlossenem Drukker nur, wenn dieser auch eingeschaltet ist!

Laptop-, Notebook-, Palmtop-Computer

Diese Überschrift wurde absichtlich so gewählt, obwohl sich hinter den drei Ausdrücken mehr oder weniger das gleiche verbirgt, nämlich Personal Computer. Gerade diese drei Ausdrücke „Laptop", „Notebook" und „Palmtop" symbolisieren die rasende Entwicklung in der Computertechnik.
Der PC ist nichts anderes als ein Vollcomputer, der dazu erfunden wurde, die kleinen Büros und Haushalte zu erobern, sich also dort unentbehrlich zu machen, wo Großrechenanlagen finanziell und platzmäßig nichts zu suchen haben. Um das Jahr 1980 ließ der Computerriese

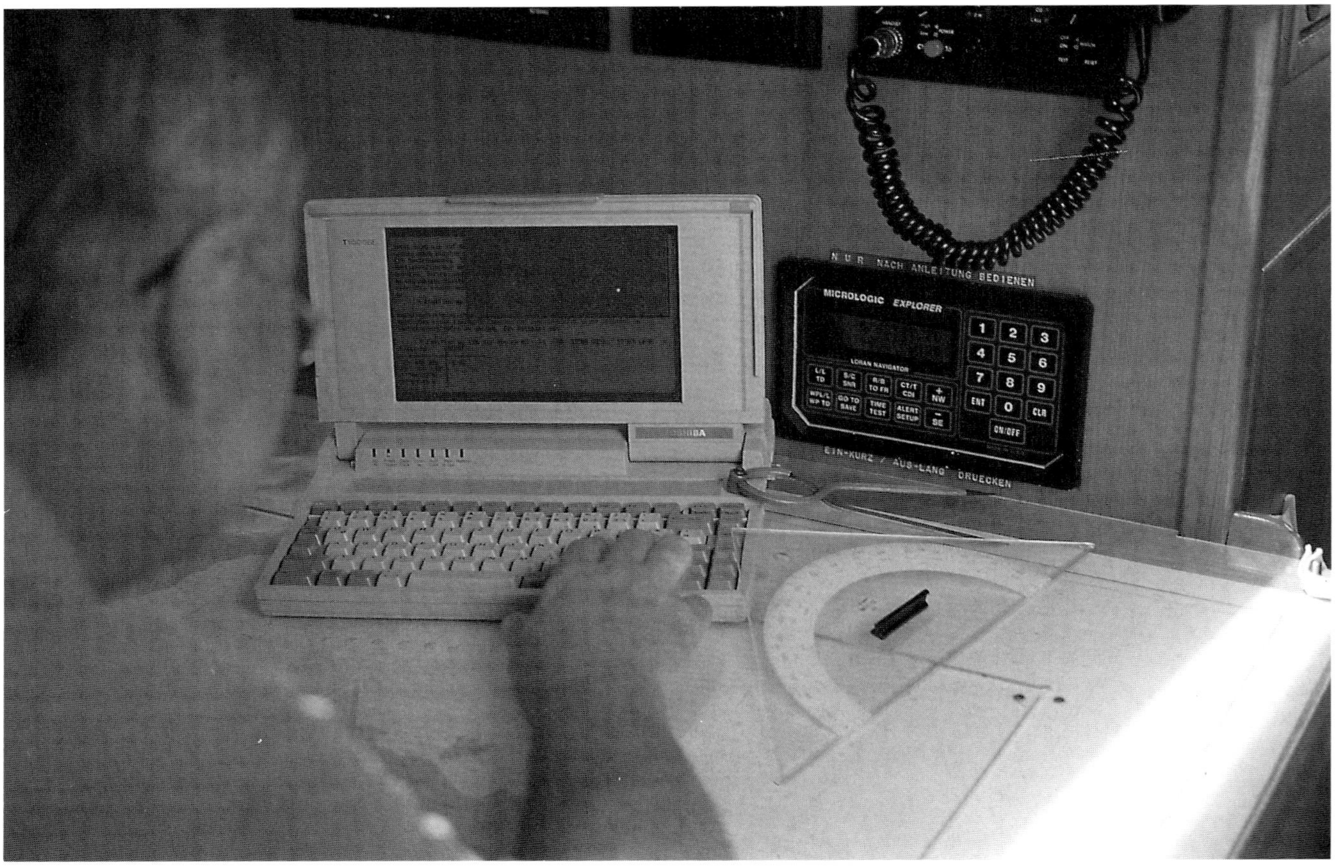

Ein Laptop in der Navigationsecke wird immer mehr zu einem wertvollen Helfer in der Navigation, zumal er auch andere Aufgaben übernehmen kann, wie hier die Logbuchführung.

IBM den Weltbedarf von PCs mit ca. fünfunfzwanzigtausend prognostizieren. Welch ein Irrtum! Heute sind Millionen im Einsatz und überall zu finden. In großen Firmen, in Studentenbuden, in Handwerksbetrieben und in kleinen privaten Haushalten. Auf Yachten haben sie nur zögerlich Einzug gehalten, was durchaus praktische Gründe hatte. Mit Sicherheit wird in naher Zukunft aber der PC (in welcher Form auch immer) auf jeder Yacht, auf der ernsthaft Navigation getrieben wird, vorhanden sein.
Der Grund, warum der PC gerade auch Yachten, für die er von der Rechenleistung her geradezu prädestiniert zu sein scheint, nur langsam zum Zuge gekommen ist, liegt im Preis und in der Größe und damit auch im Stromverbrauch (das heikelste Kriterium beim Einsatz auf Yachten). Dann kamen die Laptops, was nichts anderes heißt als „Aktentaschencomputer". Kaum hatte man sich an deren Idealgewicht von drei Kilo gewöhnt, tauchten die ersten Notebooks auf, „Notizbuchgröße" war zwar etwas übertrieben, denn die Notebooks unterschritten selten das DIN-A 4-Format, und sie wogen unter zwei Kilogramm, doch war das bereits die (fast) ideale Größe für unsere Navigationsecke.
Damit waren sie schon deutlich kleiner als manche Nautische Tafel. Aber, was das Wichtigste war: Sie brachten die Rechenleistung von großen Schreibtischcomputern aus dem Büro mit. Der Stromverbrauch war damit auch kein Thema mehr, denn sie hielten zwar mit dem mitgelieferten Akku selten länger durch als zwei Stunden, doch liefen sie mit weniger als 12 Volt, ließen sich also problemlos aus dem Bordnetz von Yachten versorgen.
Jetzt nähern wir uns dem Ideal, was die Größe betrifft. „Palmtops" nennt sich die neue Generation von Computern, also die „handflächengroßen". Ein wenig übertrieben ist dies schon, denn wie soll eine Schreibmaschinentastatur auf Handflächengröße untergebracht werden, zumal die einzelnen Tasten für den praktischen Gebrauch unseren Fingern entsprechend groß sein müssen. Also viel kleiner als zum Beispiel der SHARP PC 3000 geht es nicht mehr. Zusammengeklappt ist dieser nicht mehr größer als eine dicke Brieftasche. Letztere ist bei der Anschaffung nicht einmal mehr nötig, denn

diese vollwertigen DOS-Computer kosten um 600 DM, also nicht viel mehr, als man damals für den verbreitetsten programmierbaren Taschenrechner, den HP 41, bei seinem Erscheinen bezahlen mußte.
Das Leistungsangebot des PC 3000 kann sich sehen lassen, denn immerhin bekommt man schon in der Grundausstattung 1 MB RAM (beim PC 3100 2 MB) mit. Batteriegepufferte RAM-Karten (maximal zwei zu je vier MB) ersetzen Diskette oder Festplatte. Es ist also ein externes Laufwerk oder zu Hause mindestens ein zweiter Computer notwendig, um den PC 3000 mit Software zu bespielen. Drei Mignon-Batterien sollen dreißig Stunden Betrieb gewährleisten, was in der Bordpraxis kaum erreicht wird. Aber zehn Stunden aus drei kleinen Batterien ist ja auch ganz schön. Im übrigen gibt es bei der Firma Schüngel Datentechnik in Bonn einen Bordanschluß und sogar wassergeschützte Gehäuse für den rauhen Bordbetrieb.
Die Rede ist hier, das ist wichtig, nur von vollwertigen DOS-Computern. Denn was hilft mir ein noch so feiner Computer, wenn ich darauf kein Programm laufen lassen kann. Für diejenigen, die in einem Computer nichts anderes sehen als einen Gebrauchsgegenstand, der ihnen lästige Arbeit abnimmt, muß erwähnt werden, daß ein Computer ohne Software nichts anderes ist als ein Buch mit leeren Seiten oder ein Videorecorder ohne Videoband. Wir benötigen also eine für Navigationszwecke maßgeschneiderte „Software“: ein Navigationsprogramm. Genauso wie beim Videorecorder gibt es auch beim Computer ein sogenanntes Betriebssystem, ohne das gar nichts läuft. Auf einem VHS-Videorecorder laufen also nur VHS-Bänder, und so funktioniert auf einem DOS-Computer nur ein DOS-Programm. Das Angebot an DOS-Software ist mit riesigem Abstand das größte auf der Welt, so daß es ein Muß ist, auf einer Yacht ebenfalls einen DOS-Computer einzusetzen.
Bezüglich der Leistungsfähigkeit der batteriebetriebenen Computer hat sich ein gewisser Standard herausgebildet. Heute verlangen fast alle Programme die RAM-Höchstausstattung von 640 Kilobyte. Gleiches gilt für die Anzeige. Auch der kleinste DOS-Computer muß die übliche Anzeige von 80 mal 25 Zeichen bringen, soll er Navigationsprogramme „spielen“ können. Auch das begrenzt die Größe eines für die Praxis brauchbaren Computers nach unten. Daneben sollte der Bildschirm auch für Grafiken geeignet sein. Die kleinen tragbaren Computer sind also nichts anderes als die besonders kompakte und stromsparende Ausgabe von Bürocomputern.
Um beispielsweise den 12-Volt-Betrieb zu ermöglichen, „vertragen“ die Notebooks als Bildschirm keine stromfressenden Fernsehröhren als Anzeige, sondern sie benutzen den sparsamen, aber auch nicht so leuchtenden

Kleiner kann der Computer nicht mehr werden, denn der Tastengröße sind nach unten natürliche Grenzen gesetzt. Zusammengeklappt ist der SHARP PC 3000 nicht mehr größer als eine dicke Brieftasche. Und mit 480 Gramm genauso leicht.

Flüssigkeitsbildschirm. Sonst jedoch sind sie ihren großen Brüdern auf dem Schreibtisch in der Leistung durchaus ebenbürtig. Ja, die kleinen, batteriebetriebenen Computer haben sogar den Vorteil, daß sie wegen des stromsparenden Betriebs kein lautes Gebläse benötigen. Deshalb finden sich schon gelegentlich die Notebooks auch im häuslichen Betrieb auf dem Schreibtisch.
Zwei Kriterien verursachen die großen Preisunterschiede bei Computern, nämlich die Schnelligkeit des Prozessors und die Speicherkapazität. Beide spielen für uns keine große Rolle, sollen aber erwähnt werden, um unnötige Geldausgaben zu vermeiden. Das „Gehirn“ des Computers ist sein Prozessor. Sie nennen sich zum Beispiel „8086, 8088, 80286, 80386 und 80486“. Davon gibt es dann noch ein paar Unterarten, z. B. den „80386SX“ oder den „80386DX“. Wichtig: Alle Rechner leisten exakt dasselbe, doch mehr oder weniger schnell. Der 80486 ist ungefähr zehnmal so schnell als der 80286. Daraus folgt, daß diese Unterschiede für uns keinen praktischen Wert haben, denn es spielt in der Bordpraxis sicher keine Rolle, ob eine astronomische Standlinie in einer halben Sekunde oder in einer zehntel Sekunde durchgerechnet ist. Das Ergebnis ist bis auf die letzte Kommastelle das gleiche.
Unterschiede in den Angeboten finden sich auch in den Speichermöglichkeiten. Ob nun der Navigator zwei Megabyte Speicherkapazität auf einer batteriegepufferten RAM-Card (die Werte bleiben auch nach dem Ausschalten erhalten!) für ausreichend hält oder lieber eine Festplatte von 40 MB in seinem Notebook-Computer bevorzugt, ist nicht mehr eine Frage der Navigation, sondern der Vorliebe des Navigators für Beschäftigung

mit Alltagskram an Bord. Denn mit 40 MB (auf einem Megabyte läßt sich – theoretisch – der Text von 500 Schreibmaschinenseiten unterbringen) kann man schon die Buchhaltung eines Kleinbetriebs ranschleppen. Heutzutage kommt noch jedes Navigationsprogramm mit einem oder zwei MB Speicherplatz aus – nicht zu verwechseln mit dem RAM-Bereich zum Rechnen, der ist bei DOS systembedingt immer auf 640 K (also den Platz für ungefähr 320 Schreibmaschinenseiten Text) beschränkt!

Yachtleute wünschen sich kleine und leichte Computer. Sie sollen so stromsparend arbeiten, daß sie auch vom Bordnetz oder gar mit den üblichen Migon- oder Taschenlampenbatterien betrieben werden können. Diesem Wunschdenken kommen die Palmtops sehr nahe. Es sind halt vollwertige DOS-Computer ohne Wenn und Aber – was die Leistungsfähigkeit anbetrifft. Ein kleiner Kompromiß wird doch eingegangen: Häufig verfügen sie über keine eigenen Laufwerke mehr, also weder über ein Diskettenlaufwerk noch über eine Festplatte. Das hat zur Folge, daß das jeweilige Programm auf einem entsprechenden Medium geliefert werden muß, also häufig auf (recht teuren) Eproms (das sind Module, die auch ohne Strom, also Batterien, den Speicherinhalt halten können) oder auf Ramkarten, die aber wiederum auf eine eigene Batterie zur Bewahrung des Speicherinhalts angewisen sind.

Ein anderer Weg, ein Programm auf einen Palmtop ohne eigenes Diskettenlaufwerk aufzuspielen, bietet das häufig angebotene externe Diskettenlaufwerk. Der dritte Weg ist schließlich ein Computer, wie ihn heute schon viele Menschen zu Hause auf dem Schreibtisch oder zumindest am Arbeitsplatz im Büro haben. Dann ist zum „Überspielen" eines Programms vom PC zu Hause auf den kleinen Bruder nur ein Spezialkabel nötig, mit dem beide Computer über die serielle Schnittstelle verbunden werden. Fast immer ist im Lieferumfang des Palmtops ein sogenanntes „Laplink"-Programm enthalten, mit dem dann über das Spezialkabel die Programme vom großen PC auf den kleinen „herübergeschaufelt" werden können.

Keine Lösung ohne Nachteil! Die dann im Palmtop enthaltenen Programme und Daten sind vor Datenverlust meist zweifach geschützt: durch die normale Batterie, die den Computer an Bord mit Strom versorgt, und eine sogenannte Backup-Batterie, die im Falle des Entleerens der Hauptbatterie dafür sorgt, daß Daten und Programme sich nicht in Nichts auflösen. Allerdings: Auf Grund eigener Erfahrung habe ich zu diesem System kein hundertprozentiges Vertrauen. Es passiert eben doch hin und wieder, daß man vergißt, die Backup-Batterie (Lebensdauer häufig ein Jahr und mehr) rechtzeitig zu erneuern. Beim Wechsel der Hauptbatterie kann man dann feststellen, daß die Backup-Batterie ebenfalls längst hätte ausgetauscht werden sollen. Merkt der Navigator das auf diesem Weg, hat er bereits alle Daten verloren. Weit weg vom häuslichen Computer gibt es keine Möglichkeit mehr, die Software in den Computer wieder einzuspielen.

Deshalb ist die Lösung eines Computers ohne eigenes Laufwerk wohl bei einem Urlaubstörn zu tolerieren (auf dem Computer allein wird sich hoffentlich niemand verlassen), auf einer Blauwasserfahrt oder auf einer Weltumseglung ist der superleichte Palmtop allein keine Ideallösung.

Erst das Computerprogramm, die Software, macht aus einem Computer an Bord auch einen Navigationsgehilfen. Auf dem Markt sind zahlreiche Navigationsprogramme, meist von nicht sehr bekannten Autoren, über deren Kompetenz also wenig bekannt ist. Der Käufer sollte sich also vorher sehr genau über die Zuverlässigkeit des Autors informieren, denn schließlich vertraut er diesem bei späteren nautischen Berechnungen die Sicherheit seines Schiffes an. Genauso, wie sich in jedem Buch Druckfehler finden lassen, kann Software fehlerhaft sein. Während aber Fehler in einem Buch meistens harmlos sind – der Leser selbst nimmt ja die Berechnungen für die ganz konkrete nautische Situation vor –, übernimmt der Computer mit einem fehlerhaften Programm diese Arbeit, gibt also unter Umständen im konkreten Fall ein falsches Ergebnis vor.

Es existiert die Erkenntis:

Eine fehlerfreie Software gibt es nicht!

Dies gilt auch für den nautischen Bereich. Selbstverständlich werden auftretende Fehler von den Programmautoren fortlaufend ausgebessert, so daß mit zunehmender Verbreitung eine höhere Gewähr an Fehlerfreiheit vorliegt.

*Bobby Schenk's GPS-NavTools**

Im nachfolgenden werden die Möglichkeiten von Navigationssoftware anhand des Programms GPS-NavTools aufgezeigt. Dies deshalb, weil sie dem Autor bestens bekannt ist, weil sie in verschiedenen Formen seit fast zwanzig Jahren auf dem Markt ist und fortlaufend verbessert und kontrolliert wurde. Zudem ist sie im deutschsprachigen Raum mit großem Abstand die ver-

* Bobby Schenk's GPS-NavTools sind die Nachfolger von NavTools. Sie enthalten Programme aus NavTools (Astronavigation, Terrestrische Navigation, Hilfsprogramme) mit erheblichen Erweiterungen und umfangreiche Programme zur GPS-Navigation – siehe auch Seite 177.

breitetste. Es sei aber nicht verschwiegen, daß das Programm vom Autor nach seinen eigenen Vorstellungen von einem guten Navigationsprogramm programmiert wurde, so daß die folgenden Ausführungen – subjektiv – die Meinung des Autors über ein zweckdienliches Navigationsprogramm wiedergeben.

Das Programm läuft auf jedem DOS-Computer, also auch auf Palmtops, Notebooks etc., wenn sie mindestens 640 K RAM aufweisen. Der Bildschirm muß über eine Anzeige von 80 Zeichen mal 25 Zeilen verfügen und sollte grafikfähig sein.

GPS-NavTools ist als Navigationshilfe bei allen alltäglichen Navigationsaufgaben gedacht. Dementsprechend spannt sich sein Einsatzbereich von der terrestrischen Navigation über die Radarnavigation, der Ortsbestimmung mit Hilfe der Gestirne bis zur GPS-Navigation mit Protokolliermöglichkeiten langer Seetörns. Alle hierfür an und für sich notwendigen Tafelwerke sind bereits in die GPS-NavTools einprogrammiert, so daß diese Nautischen Tafeln höchstens zur Sicherheit an Bord sein müssen.

Wenn dem Computer Rechenarbeiten anvertraut werden, die auch mit Zirkel und Dreieck in der Seekarte erledigt werden können (und zwar ohne zu rechnen!), dann muß das Programm so effektiv arbeiten können, daß es letztlich weniger Arbeitsaufwand bedeutet, wenn mit dem Computer gearbeitet wird.

Der Computer benötigt immer Koordinaten von Punkten aus der Karte, sonst kann er ja nicht rechnen. Um diese aufwendige Vorarbeit rationell zu erledigen, muß ein Programm mit Wegpunkten umgehen können. Bei GPS-NavTools wurde deshalb großer Wert darauf gelegt, zahlreiche Wegpunkte bequem zu verwalten. Das heißt, wenn sie einmal (!) eingetippt sind, können sie spielend aktualisiert, aufgerufen oder auch mit bestimmten Filtern gelöscht werden, zum Beispiel durch den Befehl: „Lösche alle Wegpunkte südlich von 41°22′N.“

Wenn sich der Benutzer einmal einen Vorrat von entsprechenden Häfen, Leuchttürmen oder Peilobjekten angelegt hat, dann wird er mit dem Navigationsprogramm weitaus rationeller und weniger fehlerträchtig arbeiten können als mit Dreiecken und Zirkel in der Seekarte. Daß damit die Seekarte nicht überflüssig wird, braucht nicht eigens betont zu werden.

Nunmehr ist mit ein paar wenigen Tastendrücken nicht nur die schnelle Berechnung von Kurs und Entfernung zum jeweiligen Ziel (das im Computer erhalten bleibt) mit und ohne Stromeinfluß möglich, sondern es können in Bruchteilen von Sekunden auch Positionen berechnet werden, und zwar aus:

- zurückgelegtem Kurs und zurückgelegter Strecke
- Kreuzpeilung zu zwei Peilobjekten
- Entfernung und Kurs zu einem Peilobjekt

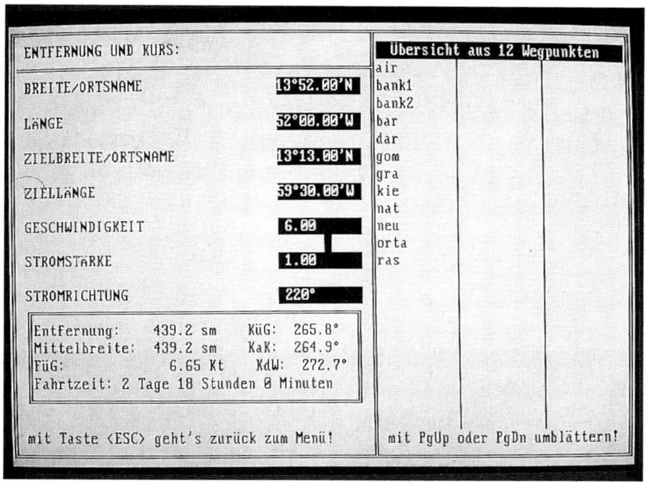

Wie weit ist es noch nach Barbados? Der Zielort wird als Wegpunkt „bar“ im rechten „Fenster“ angeklickt, und schon weiß der Navigator, daß er beim geschätzten Strom nach Südwesten von einem Knoten zum Ziel rund 260 Grad steuern muß und wahrscheinlich in zweieinhalb Tagen ankommt.

- zwei Entfernungen zu zwei Peilobjekten (ergibt in der Radarnavigation hochgenaue Schiffsorte)
- Doppel-(Horizontal-)Winkel zu drei Peilobjekten (Pothenot)

Gerade letztere Doppelwinkelmessung zeigt den Vorteil des Einsatzes von Computern auch in der terrestrischen Navigation. Bei der Doppelwinkelmessung handelt es sich wohl um das genaueste Ortsbestimmungsverfahren in der terrestrischen Navigation. Den weitverbreiteten Einsatz hat aber die Umständlichkeit der Auswertung in der Seekarte verhindert (siehe Seite 121). Für GPS-NavTools müssen einmal drei Wegpunkte mit ihren Namen aufgerufen (z. B. mit „TONNE1 ENTER“) und anschließend nur noch die beiden mit dem Sextanten gemessenen Winkel eingetippt werden. Schon ist ein hochgenauer Schiffsort fertig. Beim nächsten Mal werden nur noch die beiden Winkel benötigt. Der Arbeitsaufwand für eine solche Schiffsortbestimmung mit gleicher Anzeige von Kurs und Entfernung zum Ziel liegt dann im Sekundenbereich.

Aber nicht nur bei der Schiffsortbestimmung hilft GPS-NavTools, sondern auch bei sonstigen nautischen Arbeiten, die auch dann für eine saubere Navigation wichtig sind, wenn der Skipper meint, er brauche sich nur noch auf das GPS zu verlassen. Bei der Ausstellung der Steuertafel und damit der Deviationsbestimmung hilft diese Software. Dem Computer werden die Deviationswerte für die betreffenden Kompaßkurse eingegeben. Eine bestimmte Reihenfolge bei der Eingabe ist hierfür nicht notwendig. Erst recht nicht müssen Deviationswerte für „Zehnerkurse“ eingetippt werden, sondern es genügen beliebige „krumme“ Kompaßkurse. Theore-

tisch reichen vier Wertepaare aus, um vom Computer die Steuertafel von 000° bis 350° zu erhalten. Erheblich genauer wird das Ergebnis aber, wenn möglichst viele Werte benutzt werden. Also zum Beispiel zwanzig oder dreißig. Die Deviationen, die wegen Sichtabdeckung nicht gemessen werden konnten, interpoliert der Computer dann automatisch und gibt eine ausdruckbare Tabelle aus. Die Deviationskurve zeigt dann Fehlmessungen oder magnetische Störfelder an Bord.
Seine ganze Leistungsfähigkeit aber zeigt der Computer bei den erheblich anspruchsvolleren Aufgaben der Astronavigation. Zur Standlinienberechnung müssen nur noch der ungefähre Schiffsort (der wahrscheinlich von der vorherigen Berechnung noch vorhanden ist), der gemessene Winkel und der genaue Meßzeitpunkt eingegeben werden. Fertig ist die Standlinie. Irgendwelche Spezialkenntnisse sind hier nicht mehr nötig, Rechenfehler gibt es nicht mehr. Damit ist kein Kind überfordert.
Möglich ist eine derartige Effektivität nur deshalb, weil

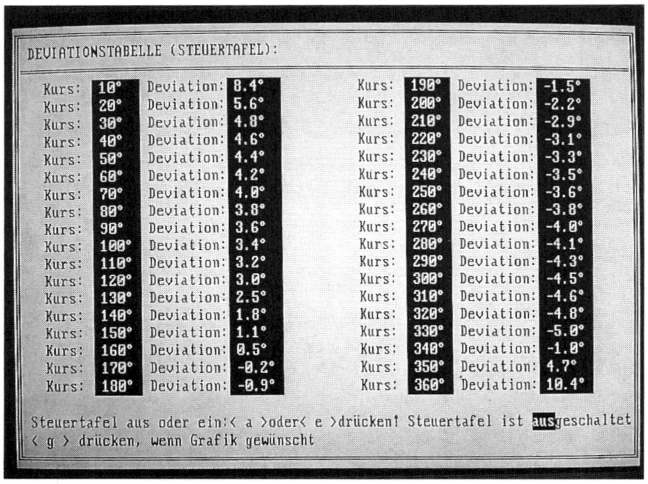

Mindestens vier Kompaßkurse mit den dazugehörigen Deviationswerten benötigt GPS-NavTools, um innerhalb einer Sekunde eine ausdruckbare Steuertafel für jeden Kompaßkurs in Zehn-Grad-Abständen zu erstellen.

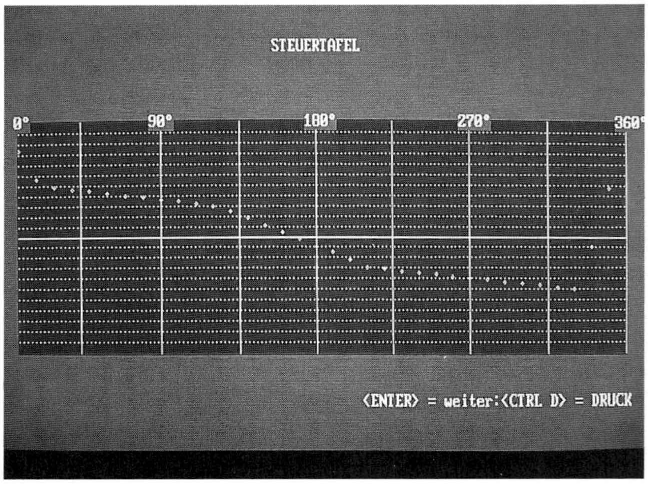

Die Deviationskurve zeigt magnetische Störfelder oder Fehlmessungen auf – wie hier wahrscheinlich!

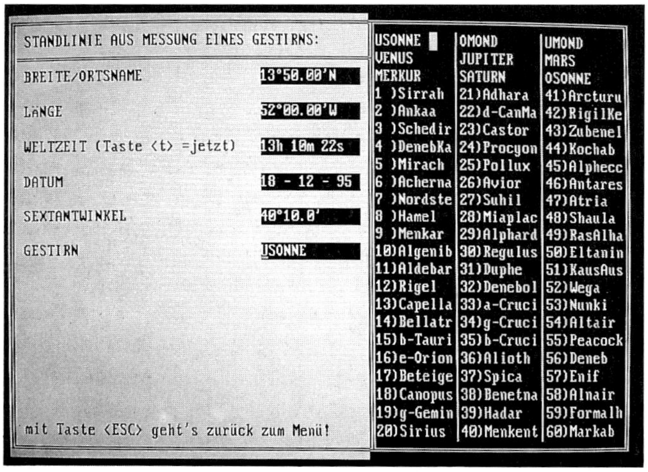

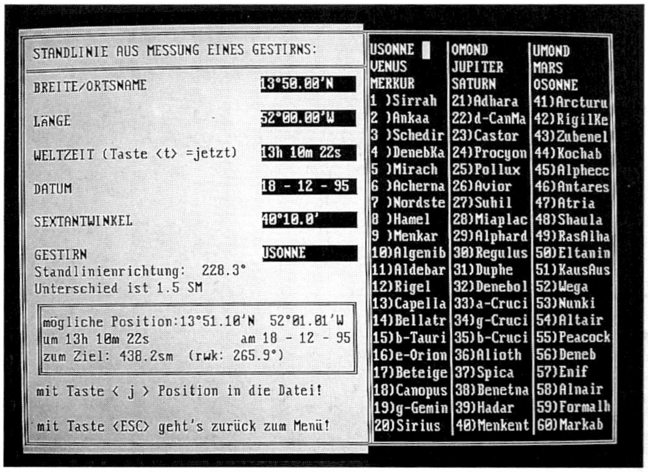

Das linke Bild zeigt alle Eingaben, die für eine astronomische Standlinie am 18. Dezember 1995 etwa 500 Meilen vor Barbados notwendig sind: den ungefähren Schiffsort (auf 100 Meilen genau reicht!), den genauen Meßzeitpunkt und den gemessenen Winkel von 40°10'.
Wenn dann rechts der Sonnenunterrand (es könnte auch jedes andere Gestirn sein, selbst der „schwierige" Mond) zeigt der Computer die fertige Sonnenstandlinie an. Eine Messung ergibt niemals einen Standort, sondern immer nur eine Standlinie. Es ist eine Linie, die in einer Richtung von 228° durch einen Ort mit den Koordinaten 13°51,10'N 52°01,01'W verläuft. Weil der Unterschied zwischen dem geschätzten Schiffsort und dem berechneten Ort auf der Standlinie nur 1,5 Seemeilen ist, dürfte der gegißte Schiffsort recht genau gewesen sein.

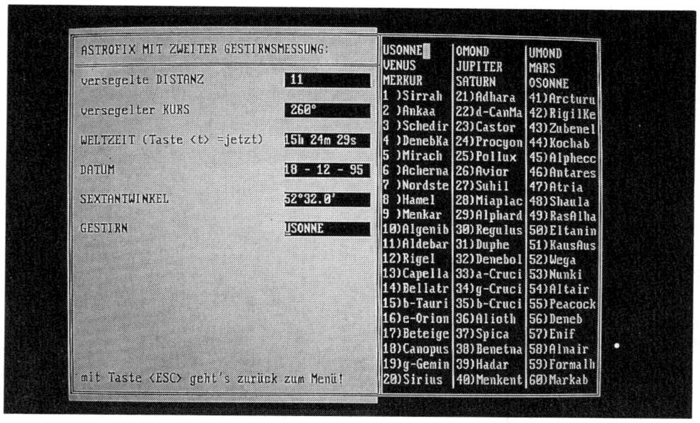

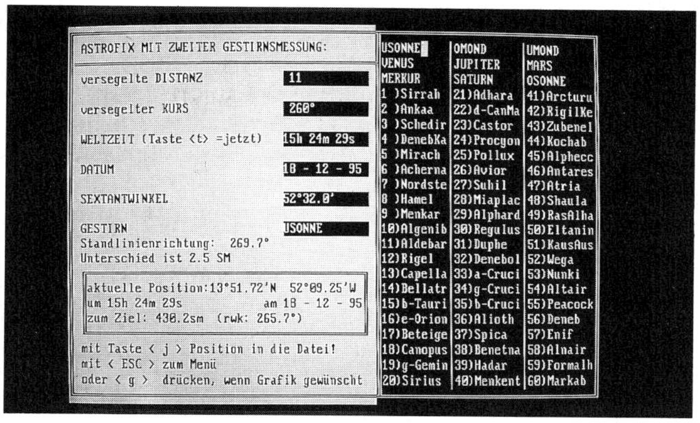

Erst eine zweite Messung ergibt einen Standort. Inzwischen wurden 11 Seemeilen in einer Richtung von 260° versegelt, und die Sonne wurde erneut mit 52°32' gemessen (links). Einen Tastendruck weiter zeigt der Computer nunmehr den Schiffsort mit 13°51.72'N und 52°09.25'W an. Nach Barbados sind es noch 430 Seemeilen, und rechtweisend müssen 266° dorthin gesteuert werden (rechts).

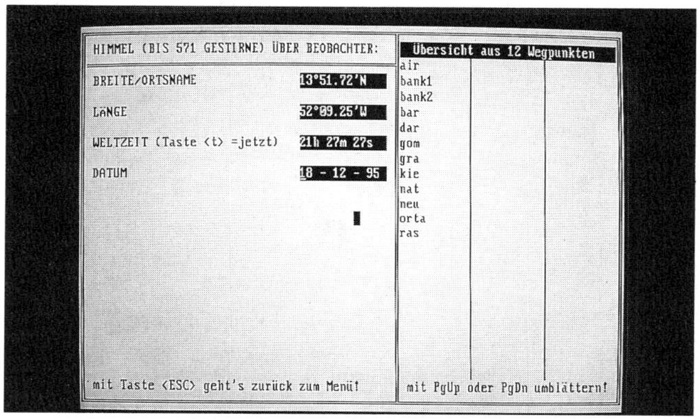

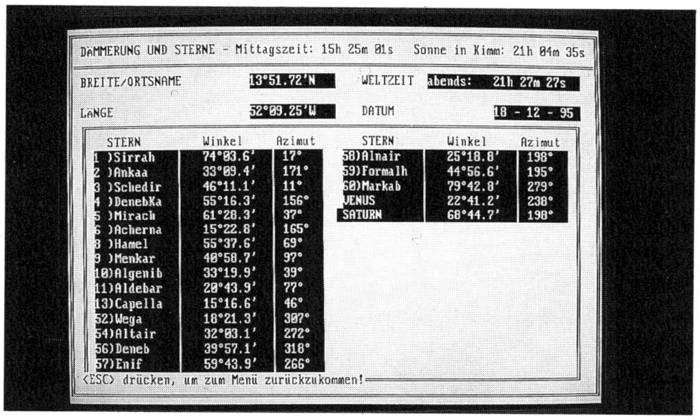

Um für die abendliche Ortsbestimmung die richtigen Sterne und die geeignete Meßzeit herauszufinden, muß der Navigator im Dämmerungsprogramm als Zeit nur „a" (wie „Abenddämmerung") eingeben, und schon sieht er die Dämmerungszeit mit 21h 27m und alle zur Verfügung stehenden Navigationsgestirne nach Höhe und Richtung (rechts). Um die Venus zu finden und zu messen, muß er den Horizont mit seinem Sextanten bei voreingestellten 22°41' im Südwesten entlangstreichen und dann den dort sichtbaren Lichtpunkt messen.

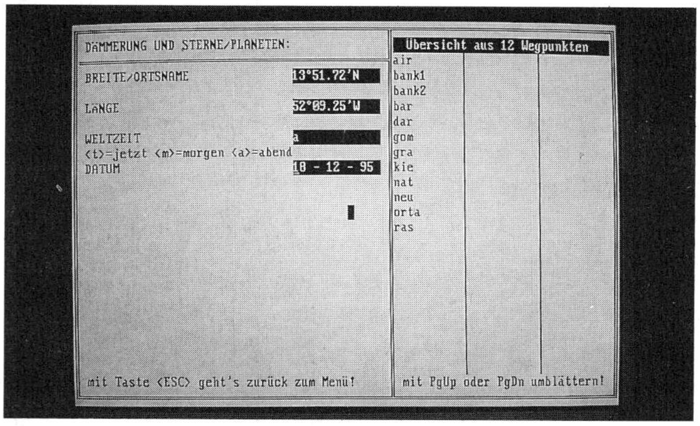

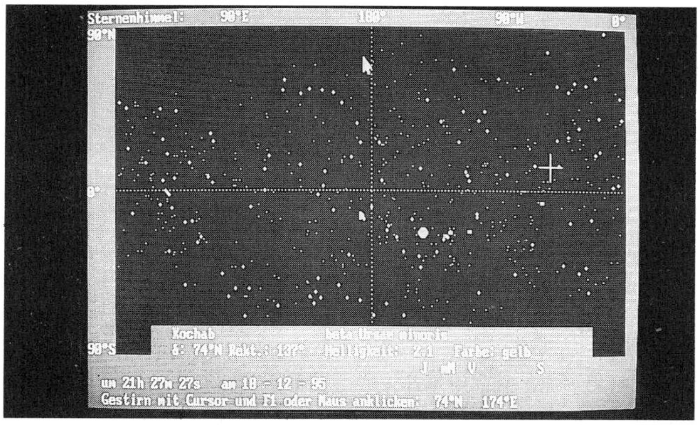

Für die Navigation nicht unbedingt notwendig, aber schön ist ein Überblick über den aktuellen Sternenhimmel. Hierzu muß nur das Programm „STERNENHIMMEL" eingetippt werden. Die Eingaben stehen von der Berechnung der Dämmerungszeit noch da, so daß keine neuen Daten eingegeben werden müssen. Arbeit also gleich „Null" (links). Schon zeigt der Computer die Verteilung aller Bildpunkte über die Erdoberfläche (rechts). Die etwas dickeren Punkte in der südlichen Hemisphäre sind die Planeten, Jupiter steht vor der Sonne. Im Norden ist gut der Große Wagen zu erkennen. Das Kreuz ist der Schiffsort. Der Große Wagen wird also wegen der großen Bildpunktentfernung zum Schiffsort von diesem aus wohl nicht zu sehen sein.

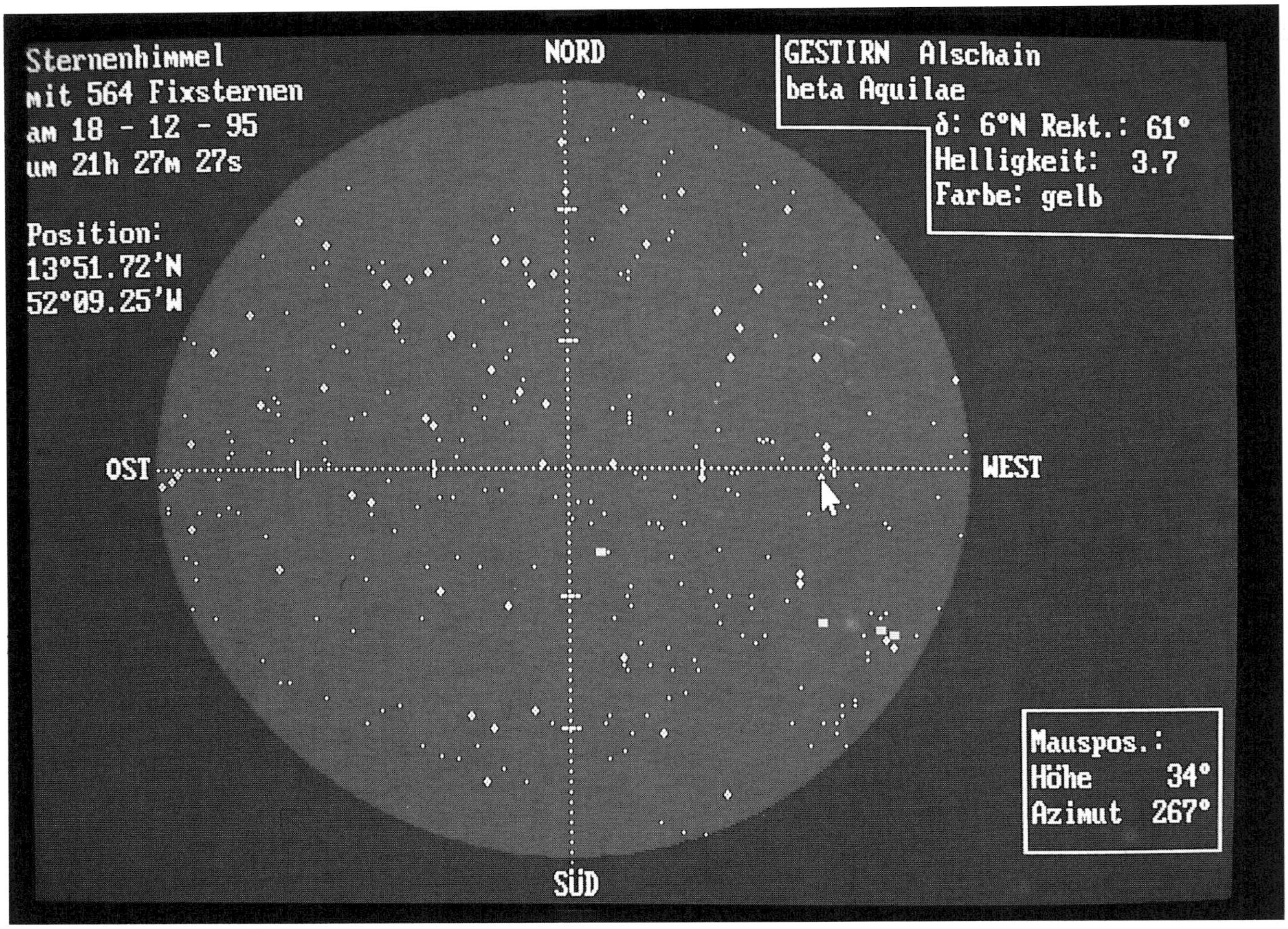

Ein Tastendruck weiter ergibt den aktuellen Sternenhimmel über dem Beobachter (rechts) um 21h 27m, wobei der äußere Kreis der sichtbare Horizont und die Bildmitte der Punkt genau senkrecht über der Yacht ist. Der Große Wagen ist noch nicht da. Deutlich ist im Norden die Cassiopeia und darüber – von der Gradeinteilung fast verdeckt – der Nordstern zu sehen. Logisch, die Yacht befindet sich ja auf dem 14. Breitengrad, also muß auch der Nordstern ungefähr 14 Grad über dem Horizont sein. Jeder Stern läßt sich übrigens anklicken, damit Name, Farbe usw. abgefragt werden können.

alle Gestirnsdaten für hundert Jahre in Bruchteilen von Sekunden vom Computer berechnet werden. Daß der Computer alle Navigationsgestirne, also Sonne, Mond und 60 Fixsterne, sowie alle Planeten „im Kopf" hat, ist selbstverständlich.
Der Fachmann weiß, daß damit die Schwierigkeit in der Astronavigation nur noch darin besteht, die richtigen Gestirne zu messen. Auch hier helfen GPS-NavTools. Nach Eingabe eines Ortes und des Datums werden die zum Sternemessen einzige mögliche Zeit, nämlich die Dämmerungszeit, und alle zu diesem Zeitpunkt sichtbaren Sterne mit Höhenwinkel und Richtung zum Gestirn angezeigt. Auch wenn jemand keinen Stern mit Namen kennt, braucht er zur Messung nur einen beliebigen Stern aus der Liste nach seinem Höhenwinkel im Sextanten einzustellen und den Horizont in der angegebenen Richtung abzusuchen. Dort wird er dann einen Lichtpunkt wahrnehmen, diesen exakt im Sextanten auf den Horizont setzen und dann im Computer mit der aktuellen Meßzeit zu einer Standlinie verrechnen.
Eine Standlinie in der Praxis ist meist uninteressant. Schiffsorte benötigen wir, um den Kurs zum Ziel zu finden. Deshalb müssen in den Computer nur eine zweite Messung und der genaue Meßzeitpunkt eingetippt werden, und schon ist der Schiffsort aus zwei Gestirnmessungen fertig.
Wenn's um die Gestirne geht, kann GPS-NavTools alles, was man sich auf einer Hochseefahrt wünscht. Einen unbekannten Stern oder Planeten am Himmel kann der Navigator messen und dann den Namen ausrechnen

lassen. Auf Wunsch bildet das Programm für jeden Punkt der Erde und für jeden Zeitpunkt den aktuellen Sternenhimmel ab. Mit über 500 Gestirnen. Kein Starfinder kann dies so schnell, so flexibel und so genau. Ist doch der Sternenhimmel immer ein klein wenig anders, je nachdem, wo sich der Betrachter befindet und wann er zum Firmament blickt. Dies ist auch das Problem für jede Zeitschrift oder für jeden Atlanten. Wenn dort der Sternenhimmel abgebildet ist, so steht in der Unterschrift immer eine Einschränkung, zum Beispiel: „Der Sternenhimmel in Hamburg am 21. November 1994."

GPS-NavTools lassen sich aber nicht nur zur Navigation an Bord sehr zweckmäßig einsetzen, sondern bereits vorher bei der Planung eines Törns. Es ist dann eine Angelegenheit von Minuten, nach den vorhandenen Wegpunkten einen Törn zusammenzustellen. Mit einem Blick erkennt man am Bildschirm, ob man sich von den Gesamtmeilen her vielleicht etwas zuviel vorgenommen hat. Die Törngrafik gibt ein plastisches Bild vom Vorhaben.

Mit GPS-NavTools läßt sich auch der GPS-Empfänger an Bord (der einen NMEA-0183-Ausgang haben muß) gleich in die Computerauswertung miteinbeziehen. Der Hauptvorteil von GPS-NavTools liegt wohl darin, daß nahezu alle GPS-Empfänger, gleichgültig welcher Preislage, in ihren Leistungen erheblich aufgewertet werden können. So leiden viele GPS-Geräte daran, daß sie eine nicht sehr eindrucksvolle Anzeige haben, so daß es zum Beispiel sehr schwierig ist, nach dem Display am GPS zu steuern. Auf dem Computer sieht der Rudergänger dagegen fortlaufend Geschwindigkeit und Kurs in großen Ziffern. Selbstverständlich läßt sich so der Computer auch quasi als Tochtergerät des GPS im Cockpit nutzen.

Der Computer liefert gleich ein CDI (Course Deviation Indicator) mit. Das CDI ist aus der Fliegerei bekannt und sagt dem Steuermann, nach welcher Seite er halten muß, um auf einem ganz bestimmten Kurs (!), also nicht auf dem nächsten Weg, zum Ziel zu kommen. Dieser Sollkurs läßt sich vorwählen, was sinnvoll ist, um zum Beispiel Untiefen sicher aus dem Weg zu gehen.

Jeder Törn läßt sich mit GPS-NavTools anhand der GPS-Einspeisung auf wenige hundert Meter genau vollständig protokollieren. Der Computer schreibt in frei wählbaren Zeitabständen die GPS-Positionen mit (bis zu 3000), so daß sich später leicht nachlesen läßt, welche Kurse mit welchen Geschwindigkeiten zurückgelegt wurden. Es ist niemandem zu wünschen, aber bei einem Notfall oder bei einer angeblichen Fahrwasserverletzung hat ein solches (ausdruckbares) Protokoll sicher einen erheblich höheren Beweiswert als ein nachträglich geschriebenes Logbuch.

Quasi ein Abfallprodukt der GPS-Messungen: GPS-NavTools macht sich zunutze, daß der GPS-Empfänger vom Satelliten nicht nur die genaue Position bekommt,

Ein Palmtop, angeschlossen an einem GPS-Empfänger mit Hilfe der Software GPS-NavTools.

sondern auch eine hochgenaue Uhrzeit. Die Systemuhr im Computer ist bekannt dafür, daß sie nicht besonders ganggenau ist. Pro Tag eine Minute Abweichung ist schon beobachtet worden, war für eine moderne Uhr selbstverständlich nicht mehr diskutabel ist. GPS-NavTools aktualisiert mit jeder Datenübernahme aus dem GPS automatisch die Uhr des Computers, so daß dieser dann plötzlich als supergenau erscheint.

Mit GPS-NavTools lassen sich praktisch unbegrenzt viele Wegpunkte verwalten, sogar mehr als die vorgesehenen 40 000. Aus denen wiederum können Törnpläne entworfen und gespeichert werden – bis zu 3000. In die zoombare Törnplangrafik wird unterwegs fortlaufend der GPS-Ort eingezeichnet, so daß sich eine gute optische Kontrolle über den tatsächlichen Törnverlauf ergibt. Daß sich zusätzlich akustische und optische Alarme für das Verlassen oder Betreten eines Sektors auf der Törngrafik setzen lassen, ist selbstverständlich. Dies kann auch für einen Ankeralarm genutzt werden.

Statt eines GPS-Gerätes kann mit Hilfe von GPS-NavTools auch der YEOMAN an den Computer angeschlossen werden. Der YEOMAN wird auf einem Punkt einer beliebigen Seekarte plaziert. Wenn dieser Punkt dann mit dem YEOMAN angeklickt wird, übernimmt automatisch der Computer recht genau nach geographischer Breite und Länge diesen Wegpunkt. Mit einem Namen versehen, kann er dann abgespeichert und weiterverwaltet werden. Ganze Küstenverläufe können so in kurzer Zeit als Wegpunktgruppen in den Computer eingespeist werden, ohne daß ein mühseliges Herausmessen und Eintippen der Koordinaten erforderlich wäre.

Mit dem YEOMAN können mittels Knopfdruck beliebige Punkte auf einer Seekarte in den Computer übernommen werden. Die mühsame und fehlerträchtige Eintipperei von Koordinaten entfällt. Hier speist der YEOMAN – mittels GPS-NavTools an den Computer angeschlossen – einen Ort mit den Koordinaten 54°33.23 N und 10°47.79 E ein. Wenn jetzt der Punkt noch mit einem Namen versehen wird, z. B. „PunktA", dann lassen sich in Zukunft obige Koordinaten immer mit der Eingabe „PunktA" aufrufen.

Lösungen der Übungsaufgaben

1. 1 Tag 10-05-20

2. 9-47-32

3. 201°14,6′

4. 20°52,8′

5. 16 sm

6. 2153,40

7. 131°

8. 27,5 sm

9. 127°

10. 23,9 sm

11. 39°21,3′N 2°35,3′E

12.

000	−2	180	−6
010	−1	190	−7
020	0	200	−8
030	1	210	−9
040	2	220	−9,5
050	3	230	−10
060	3	240	−10
070	3	250	−11
080	3	260	−11
090	2,5	270	−11
100	2	280	−10,5
110	1	290	−10
120	0,5	300	−9,5
130	0	310	−8
140	−1	320	−7,5
150	−2	330	−3
160	−3,5	340	−2,5
170	−4,5	350	−2

13.

KüG		138°
BW	+	5°
Mw	+	3,2°
Abl	−	4,9°
MgK		141,3°

14.

KüG		341°
BS	+	10°
BW	+	15°
Mw	+	3°
Abl		0°
MgK		009°

15.

MgK		350°
Abl	−	2°
Mw	−	3°
BW	−	15°
BS	−	10°
KüG		320°

16.

KüG		103°
BW	+	15°
BS	+	15°
Mw	+	3,1°
Abl	−	5,5°
MgK		130,6°

17.

KüG		103,5°
BS	+	15°
Mw	+	3,1°
Abl	−	6°
		115,6°

18. 54,5°

19.

KüG		54,5°
BW	−	12°
Mw	+	3°
Abl	−	2,5°
MgK		43°

20. 39,8
− 22,9
16,9 : 182 × 60 = 5,57 kn

21. 39°14,8′N 3°18,5′E

22. 5,4 sm

23. 183°

24. 071,5°

25. 5,4 : 182 × 60 = 1,78 kn

26. 4,8 kn

27. 032°
− 012°
+ 003°
− 001°
022°

28. 4,1 kn

29. 60,2
− 39,8
20,4 : 5,57 = 3,66 Stunden
3,66 × 4,1 = 15,00 sm über Grund
39°19′N 3°32,7′E

30. 50 sm

31. 1. Peilung:

MgP		270°
Abl	−	6°
Mw	−	3°
rwP		261°

32. 2. Peilung:

MgK		270°
SP	+	313°
MgP		583°
	−	360°
MgP		223°
Abl	−	6°
Mw	−	3°
rwP		214°

33. Position: 39°43,4′N 3°31,5′E

34.

MgP		020°
Abl	+	1°
Mw	−	3°
rwP		018°

35. 39°28,9′N 2°16,0′E

36.

rwK		123°
Mw	+	3°
Abl	−	6°
MgK		120°

37. Pt. Anciola

38. ca. 26 sm

39.

MgP		125°
Mw	−	3°
rwP		122°

40. 39°21,5′N 2°27′E

41.

MgK		160°
Abl	+	3°
Mw	−	3°
KüG		160°

42. 39°57,6′N 3°19′E

43. $R = \dfrac{4{,}3}{2 \times \sin 36°}$

R = 3,66 sm

SP		131°
MgK	+	160°
		291°
Abl	+	3°
Mw	−	3°
		291°

39°55,2′N 3°20,7′E

44. 2,4 sm/150°

45. $R_1 = \dfrac{4{,}3}{2 \times \sin 31°}$

$R_1 = 4{,}17$ sm

$R_2 = \dfrac{8{,}9}{2 \times \sin 72°}$

$R_2 = 4{,}68$ sm

39°54,5′N 3°22′E

46. rwP 210°

47. 40°03,8′N 3°43,1′E

48. KüG = 161°

49. 3,7 sm

50. rwP = 071°

51. 39°54,3′N 3°44,9′E

52. Flugfunkfeuer Pollensa

53.

q		142°
f	−	7,6°
p		134,4°
MgK	+	130,0°
Abl	+	5,5°
Mw	−	3,2°
rwP		266,7°

54.

MgP		183°
Mw	−	3,2°
		179,8°

55. 39°55,6′N 3°28,5′E

56. 67°14′ + 12′ = 67°26′

57. 22°54′ + 11′ = 23°05′

58. 44°11′ − 19′ = 43°52′

59. 78°12′ − 19′ = 77°53′

60. 33°24′ − 4′ = 33°20′

61. 44°19′ − 4′ = 44°15′

62. 21°04′ − 6′ = 20°56′

63. 42°30′ + 54′ + 2,6′ = 43°26,6′

64. 19°31′ + 64,2′ + 3,1′ = 20°38,3′
− 32,7′ = 20°05,6′

65. 209°50,5′ + 7°18,5′ = 217°09,0′ 8°59′N

66. 29°52,8′ + 13°24,8′ = 43°17,6′ 8°48′N

67. 149°54,4′ + 7°15,5′ = 157°09,9′ 8°41′N

68. 359°52,4′ + 7°29,8′ = 367°22,2′ 8°50′N
007°22,2′

69. 314°51,9′ + 13°18,0′ − 63°44,9′ = 264°25,0′

70. 344°52,2′
\+ 7°19,5′
\+ 3°59,0′
356°10,7′

71. 149°54,4′
\+ 13°19,8′
− 160°22,9′
2°51,3′

72. 164°54,6′
\+ 7°22,0′
\+ 170°24,3′
342°40,9′

73. 359°52,4′
\+ 7°18,3′
367°10,7′
− 56°22,9′
310°47,8′

ganzgradiger LHA 311°00′

367°10,7′
− 311°00,0′
56°10,7′ Rechenortlänge

74. 149°54,4′
\+ 13°26,0′
163°20,4′
\+ 166°22,8′
329°43,2′

ganzgradiger LHA 330°00,0′
− 163°20,4′
Rechenortlänge 166°39,6′

75. 40°N

329°52,0′
\+ 13°28,0′
343°20,0′
\+ 3°58,0′
347°18′ LHA = 347°00′

347°00′
− 343°20′
3°40′E

76. Hc = 55°57′
d = +57
Z = 157°

55°57′
\+ 49′
56°46′

Gb 57°02′
\+ 13′
57°15′
− 56°46′
Unterschied 29′

Azimut = 157°

77. Rechenortkoordinaten: 40°N

359°52,4′
\+ 7°25,0′
007°17,4′
\+ 3°58,0′
11°15,4′ LHA = 11°00′

11°00′
− 7°17,4′
3°42,6′E

56°31′
\+ 48′
57°19′

57°20′
\+ 13′
57°33′
− 57°19′
Unterschied 14′ *hin*

Azimut = 360° − 160° = 200°

Schiffsort: 39°38,4′N 4°08,3′E

78. 40°24′N 45°02′W

79. 40°22′N 45°12′W

80. 52°15′
− 45°00′ (3 Stunden)
7°15′ (= ca. 29 min)

12°01′
\+ 3°00′
\+ 29′
ca. 15-30-00

81. 8°48′
\+ 85°23′ (85°10′ + 13′)
− 90°00′
4°11′N

82. 12°01′
− ca. 30′
ca. 11-31-00

83. 90°
\+ 8°51′
− 60°33′
38°18′

84. 15-02-10
\+ 17-56-18
32-58-28 : 2 =

16-29-14 = Mittagszeitpunkt

Grt	59°53,2′
Zuwachs	+ 7°18,5′
Mittagslänge	67°11,7′

85.

Grt	93°05,0′
Zuwachs	+ 12°43,6′
Verbesserung	+ 7,7′
	105°56,3′
	− 44°22,0′
LHA	61°34,3′

ganzgradiger LHA	62°00′
Rechenortlänge	43°56,3′
Declination	8°47,1′N
Verbesserung	9,9′
	8°57,0′

Hc 26°28′ Z = 102
\+ 37′
27°05′ Azimut = 360°
− 102°
258°

26°20′
\+ 62,6′
27°22,6′
− 32,8′ (Oberrand)
26°49,8′

27°05′
− 26°52,9′
12,1′ Unterschied *weg*

Sonne:

Grt	344°52,2′
Zuwachs	+ 7°23,3′
	352°15,5′
	− 44°22′
	307°53,5′ LHA = 308°00′

Rechenort	44°15,5′
Declination	8°51′

33°49′ Azimut = 110°
\+ 35′
34°24′
− 34°37′
− 13 sm *hin*

Schiffsposition 40°22′N 43°46′W

86. 39°26′N 29°34′W

87. 40°N

	264°07,1′
+	13°17,4′
	277°24,5′
−	30°24,0′
LHA	247°00,5′ ganzgradiger LHA: 247°00,0′

Rechenortlänge: 30°24,5′
Hc: 44°24′ Azimut: 062°

	44°24′	
−	44°26′	(44°30′ − 04′)
−	2′	(Unterschied: 2 sm *hin*)

88. 40°N

	264°07,1′
+	13°25,4′
	277°32,5′
−	30°24,0′
	247°06,4′ ganzgradiger LHA: 247°00,0′

Rechenortlänge: 30°30,4′
Hc: 23°37′ Azimut: 180°

	23°37′	
−	23°44′	(23°49′ − 05′)
−	7′	(Unterschied: 7 sm *hin*)

89. 40°N

	264°07,1′
+	13°31,5′
	277°38,6′
−	30°24,0′
	247°14,6′ ganzgradiger LHA: 247°

Rechenortlänge: 30°38,6′
Hc: 60°15′ Azimut: 302°

	60°15′	
−	59°59′	
	16′	(Unterschied: 16 sm *weg*)

90. Schiffsposition: 39°54′N 30°18′W

Stichwortverzeichnis